Befestigung und Abdichtung von Fenstern und Türen

Befestigung und Abdichtung von Fenstern und Türen

Regelwerke, Bauphysik, Baurecht, Praxisbeispiele

Jürgen Küenzlen
Eckehard Scheller
Marc Klatecki

Mit einem Beitrag von RA Frank Zillmer

2., erweiterte Auflage

Ernst & Sohn
A Wiley Brand

Autoren
Dr.-Ing. Dipl.-Wirt.-Ing. (FH)
Jürgen Küenzlen LL.M. M.A. M.A.
Adolf Würth GmbH & Co. KG, Künzelsau

Dipl.-Ing. (FH) Eckehard Scheller
ISB Block und Becker Beratende Ingenieure
PartGmbB, Bochum

Dipl.-Ing. Marc Klatecki
K&P Bauphysik GmbH, Fuldabrück

Cover: Reinhold Horn und Benedict Hauswirth, FeBaTec Fenster- und Bauelementetechnik GmbH, Rosenheim und Ernst & Sohn GmbH/ Petra Franke

Satz: Newgen KnowledgeWorks (P) ltd., Chennai, India

Bibliografische Information der Deutschen Nationalbibliothek
Die Deutsche Nationalbibliothek verzeichnet diese Publikation in der Deutschen Nationalbibliografie; detaillierte bibliografische Daten sind im Internet über http://dnb.d-nb.de abrufbar.

Print ISBN: 978-3-433-03486-6
2. Auflage 2026

Aus Gründen der besseren Lesbarkeit wird in diesem Fachbuch auf die gleichzeitige Verwendung der Sprachformen männlich, weiblich, divers (m/w/d) verzichtet. Sämtliche Personenbezeichnungen gelten gleichermaßen für alle Geschlechter.

Vielen Dank für Ihr Verständnis!

Hersteller gemäß EU-Produktsicherheitsverordnung: Ernst & Sohn GmbH, Rotherstr. 21, 10245 Berlin, Germany, e-mail: Product_Safety@wiley.com.

Geleitwort

In Gebäuden sind Fenster und Glasflächen immer von besonderer Bedeutung, da sie für das Erscheinungsbild des Raumes maßgeblich sind und deshalb erhöhte Aufmerksamkeit der Bauherren auf sich ziehen. Fenster und Türen sind komplexe technische Bauteile, die eine Vielzahl unterschiedlicher Anforderungen – seien sie thermischer, abdichtender oder tragender Funktion – erfüllen müssen. Mit den stetig gewachsenen Anforderungen an die Fenster, stieg auch die Komplexität der Montage. Vieles, was früher über die Erfahrung des ausführenden Handwerkers abgedeckt wurde, bedarf heute genauer Planung.

Insbesondere die mit Einführung der Wärmeschutzverordnung im Jahr 1977 begonnene thermische Optimierung der Fensterkonstruktionen hat sich dabei maßgeblich ausgewirkt. Fenster sind, vor allem aufgrund der Mehrfachverglasung, schwerer geworden und die Abmessungen, insbesondere die Rahmentiefe, haben sich deutlich vergrößert. Zusammen mit dem generellen Trend größer werdender Fensterelemente, erschwert dies die sichere und dauerhafte Befestigung deutlich. Zudem müssen große Fenster oft auch Anforderungen an die Absturzsicherung erfüllen. Die entsprechende Horizontalbelastung ist in den meisten Fällen bemessungsmaßgebend.

Hinzu kommt die stetige Verbesserung der restlichen Gebäudehülle hinsichtlich ihrer Wärmedämmeigenschaften. Diese wird grundsätzlich durch die Verringerung der Masse des Wandbaustoffs – bei monolithischen Wandbauarten – erreicht. In wenig Masse kann man allerdings auch nur wenig befestigen, was neben den zuvor angesprochenen Herausforderungen zusätzliche statische und damit sicherheitsrelevante Aspekte bedingt. Auch der Einbruchschutz gewinnt an Bedeutung, was aufgrund der thermischen Optimierung an den immer weniger festen Wandbaustoffen liegt.

Diese Punkte führen zu einer großen Verunsicherung unter planenden Ingenieuren, Architekten und Bauausführenden. Fensterbefestigung ist keine Standardaufgabe und findet leider in den Lehrplänen der Hochschulen und Universitäten nicht statt. Erschwerend kommt der stetig wachsende Marktanteil von Bauvorhaben im Bestand hinzu, welcher gute Kenntnisse mit neuen Befestigungen in bestehenden Wänden erfordert. Die Bemessung der Fensterbefestigung ist daher in vielen Fällen nur versuchstechnisch möglich. In diesem Zusammenhang sei auf Heft 4 der Schriftenreihe des Deutschen Ausschusses für Mauerwerk e. V. hingewiesen (Titel: (Dübel-) Versuche am Bauwerk in Mauerwerk: Aktuelle Regelungen für Kunststoffdübel und Metall-Injektionsanker zur Verankerung im Mauerwerk).

Das vorliegende Werk fasst die Anforderungen, Grundlagen und Bemessungsmethoden der Befestigung von Fenstern und Türen zusammen, ergänzt die Aspekte Abdichtung und Bauphysik und liefert eine Übersicht über die rechtlichen Grundlagen. Anhand von Beispielen werden die Bemessung und der Entwurf der Befestigung praxisnah und anschaulich erläutert. Dieses Buch stellt insgesamt ein unverzichtbares Hilfsmittel für Praxis und Lehre dar. Dass es sich bei dieser Ausgabe bereits um die zweite Auflage handelt, unterstreicht die Wichtigkeit des Themas.

Ich wünsche Ihnen eine angenehme Lektüre.

Ihr *Eric Brehm*
Vorstandsvorsitzender Deutscher Ausschuss für Mauerwerk e. V.

Vorwort

Nach dem großen Erfolg der ersten Auflage vom April 2022 erfolgte jetzt, knapp 4 Jahre später, eine notwendig gewordene Aktualisierung der umfangreichen Regelwerke in den Bereichen „Befestigung“ und „Bauphysik“. Diese Überarbeitung umfasst nicht nur die Integration neuer Erkenntnisse aus Versuchen zur Dauerhaftigkeit bei der Befestigung von Türen und im Bereich des Einbruchschutzes, sondern auch eine Erweiterung des Fachbuchs um zwei bedeutende Zukunftsthemen: die „Befestigung von Fenstern in Lehmmauerwerk“ sowie die „Befestigung von Fenstern im Bereich des Holzbaus“, wobei die einbruchhemmende Montage in beiden Baustoffen berücksichtigt wird.

Mit der „Befestigung hochwasserdichter Fenster und Türen“ wurde ein vollständig neues Thema aufgenommen, das durch die verstärkt spürbaren Klimaveränderungen immer wichtiger wird. Für das Bauen im Bestand wird zudem die Möglichkeit eingeführt, (Dübel-)Versuche am Bauwerk auch mit Abstandsmontageschrauben durchzuführen.

Zusätzlich wurde ein komplett neuer Teil 2 ergänzt, der umfangreiches Hintergrundwissen zur allgemeinen Dübeltechnik in Beton und Mauerwerk enthält.

Mit dem nun in der zweiten Auflage vorliegenden Fachbuch sollen Lösungsansätze für die befestigungstechnischen und bauphysikalischen Anforderungen an die Montage von Fenstern und Türen vorgestellt werden. Diese Anforderungen sind in den vergangenen Jahren aufgrund zunehmender Fenstergrößen und -gewichte einerseits und moderner Verankerungsgründe andererseits „spürbar“ angestiegen, was durch die vorliegenden geltenden Regelungen dokumentiert wird, auch wenn diese nicht immer vollständig im Einklang zueinander stehen.

Bei den befestigungstechnischen Anforderungen wurde der Schwerpunkt auf die Befestigung von

- Fenstern und Türen allgemein,
- Fenstern mit absturzsichernden Eigenschaften und
- Fenstern mit einbruchhemmenden Eigenschaften

gelegt.

Der Schwerpunkt bei den bauphysikalischen Themen wurde auf

- allgemeine Anforderungen und Berechnungsvorschriften,
- Fugenausbildungen und
- deren praktische Umsetzung

gelegt.

Dieses Fachbuch kann und soll keine „Patentrezepte" für die Montage von Fenstern und Türen bieten. Vielmehr ist es unerlässlich, dass die am Bau Beteiligten in jedem Einzelfall individuelle Überlegungen anstellen. Die Entscheidung, wie die Planung und Montage von Fenstern und Türen erfolgen soll bzw. möglich ist, kann dabei – vor allem in der Altbausanierung – oftmals nur direkt vor Ort auf der jeweiligen Baustelle getroffen werden.

Als Hilfe zur Entscheidungsfindung stellt dieses Fachbuch die aktuell geltenden Regelwerke vor und bietet auf der Grundlage von detaillierten Praxisbeispielen und umfangreichen Hintergrundinformationen Argumente für eine konstruktive Diskussion zur Lösung von Befestigungs- und Abdichtungsaufgaben bei der Fenster- und Türenmontage.

Februar 2026

Dr. Jürgen Küenzlen
Eckehard Scheller
Marc Klatecki

Inhaltsverzeichnis

Einleitung

Genauso wie sich über viele Jahre das germanische Wort „Windauge“ (Bedeutung: Rauchabzug) zum heutigen englischen Wort „window“ bzw. das lateinische Wort „fenestra“ (Bedeutungen: das Fenster, die Maueröffnung, die Luke) zu unserem heutigen deutschen Wort „Fenster“ entwickelt hat, so hat sich das Fenster selbst von anfänglich mit Häuten überspannten Öffnungen in Außenwänden zu hocheffizienten, multifunktionalen Bauelementen durch die Integration von anlagentechnischen Elementen, wie beispielsweise Lüftung mit Wärmerückgewinnung, weiterentwickelt. Der Wärmedurchgangskoeffizient U_W von Fenstern betrug vor Einführung der 1. Wärmeschutzverordnung im Jahr 1977 (Wärmeschutzverordnung, 1977) noch ungefähr 5,0 W/(m²·K), wohingegen heutzutage Wärmedurchgangskoeffizienten $U_W \leq 1{,}0$ W/(m²·K) dem Standard entsprechen. In Bild E.1 ist die energetische Entwicklung von Fenstern dargestellt. Von einer anfänglich einfach verglasten Rahmenkonstruktion entwickelte sich das Fenster zu einem mit Dämmkern versehenen dreifachverglasten energieeffizienten Bauelement.

Zusätzlich zur energetischen Qualität der Fenster hat sich die Montage von Fenstern ebenfalls stetig weiterentwickelt. Von der früher gängigen Vorgehensweise des ausschließlichen „Ausschäumens“ oder „Ausstopfens“ der Anschlussfuge nach Befestigung der Fenster im Mauerwerk, hat sich die Montage zu einem komplexen Themengebiet weiterentwickelt.

Die Fragen zur Befestigung von Fenstern konnten in der Vergangenheit in vielen Fällen durch die Erfahrungswerte des Handwerkers beantwortet werden. Durch neue Normen, die rasante Entwicklung moderner Baustoffe – mit fast jährlich besseren

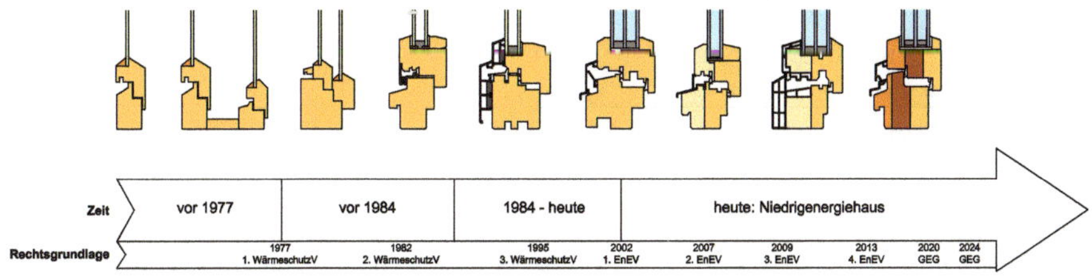

Bild E.1 Historische Entwicklung von Fenstern

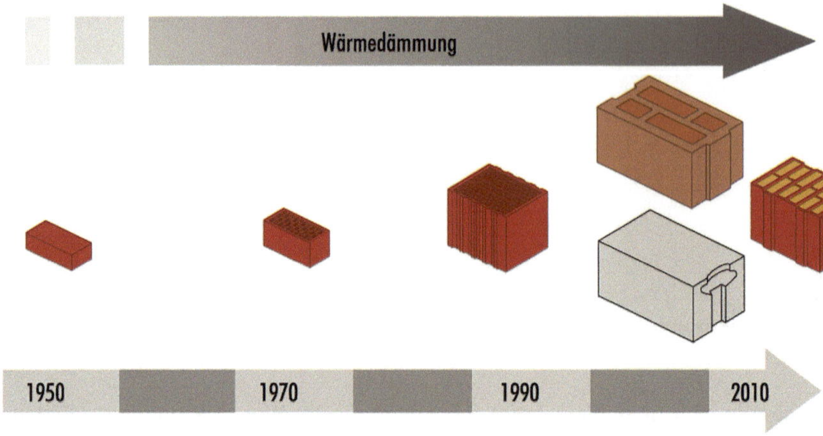

Bild E.2 Entwicklung der Wandbaustoffe in den letzten Jahrzehnten (Küenzlen, 2012)

Wärmedämmeigenschaften und daraus oft resultierender Zunahme der Porosität insbesondere von Mauersteinen und damit in der Regel auch einer Reduzierung der Tragfähigkeiten für Befestigungsmittel (Bild E.2) – ist die Fensterbefestigung in den letzten Jahren jedoch immer mehr zur Herausforderung geworden. Auch die Entwicklung der Fensterprofile mit immer größeren Bautiefen oder die Zunahme der Glasgewichte (bei gleichzeitig immer größer werdenden Fensterelementen) sorgt für ständig neue (Befestigungs-)Situationen in der Praxis (Bild E.1).

In vielen Bereichen sind heute dreifachverglaste Fenster mit einem Glasgewicht von rund 30 kg/m^2 Glasfläche Standard (Bild E.3). Entsprechend herausfordernd ist die sichere und dauerhafte Befestigung der Fenster.

Eine detaillierte Regelung, wie Fensterbefestigungen in den verschiedenen Verankerungsgründen ausgeführt werden müssen, gibt es derzeit (noch) nicht (Teil 1 dieses Fachbuchs). Hinweise und Grundlagen können aus dem Bereich der allgemeinen Dübeltechnik sinngemäß übertragen werden (Teil 2 dieses Fachbuchs).

Bild E.3 Modernes Wohngebäude aus Ziegelmauerwerk (Foto: Firma Wienerberger GmbH)

Auch die Ausbildung der Anschlussfuge wirft immer wieder viele Fragen auf (Teil 3 dieses Fachbuchs). Aus diesem Grund soll dieses Fachbuch aktuelle Erfahrungen aus Versuchen, der Literatur und der täglichen Praxis zusammenstellen, um für die Planung und Ausführung eine Unterstützung für die Fenstermontage zur Verfügung zu stellen.

Ergänzend und abschließend werden diese aktuellen Erfahrungen in einen allgemeinen Kontext mit dem derzeit geltenden Baurecht gestellt, bei der die immer wieder auftauchenden Fragen dazu kurz und prägnant aus Sicht eines Juristen beantwortet werden (Teil 4 dieses Fachbuchs).

Dieses Fachbuch kann und soll keine „Patentrezepte" bieten; es soll vielmehr dargestellt werden, dass es notwendig ist, dass man sich für jedes individuelle Bauprojekt im Einzelfall immer wieder neu Gedanken machen muss, wie montiert werden soll bzw. kann. Vor allem in der Altbausanierung können diese Entscheidungen oftmals nur direkt vor Ort getroffen werden. Dabei soll auch dafür sensibilisiert werden, dass es immer öfter erforderlich ist, bereits in der *Planungsphase* diverse Randbedingungen einzuhalten, um später in der *Bauphase* Fenster überhaupt noch sicher und dauerhaft montieren zu können.

Teil 1

Befestigung von Fenstern und Türen – aktuelle Regelungen und Praxisbeispiele

1

Anforderungen an die mechanische Befestigung: Einführung – Definition „Fenster“

Das Thema „Mechanische Befestigung von Fenstern und Türen“ ist so alt wie die Fenster und Türen selbst. 1899 findet sich im Fachbuch von Hans Issel „Der innere Ausbau“ zur Befestigung von Fenstern Folgendes (Issel, 1899):

> *„Die eigentlichen Fenster werden an einen Futterrahmen gehängt, der in massiven Wänden hinter dem „Anschlage“ der Fensteröffnung liegt. [...] Bei massiven Wänden erfolgt die Befestigung durch zwei oder drei Bankeisen auf jeder Seite, die in das Mauerwerk eingetrieben werden und an ihrem ovalen Lappen durch Nagelung mit dem Futterrahmen verbunden werden. Besser sind Bankeisen mit viereckigen, scharfkantigen Lappen oder Steinschrauben. Die Lappen werden sauber in den Fensterrahmen eingelassen und verschraubt, die Steinschrauben werden in das Mauerwerk eingegipst.“*

In einem weiteren Fachbuch (Wickop, 1943) aus dem Jahre 1943 finden sich zur Befestigung im Neubau *„Dübelsteine“* und *„Dübelbrettchen“* (Bild 1.1). Diese sollten aus Kiefernholz und mit *„Karbolineum oder besser in Raco“* imprägniert sein. Dabei sollten *„an jeder Leibungskante ein Dübelstein in Fußleistenhöhe, zwei weitere in Höhe der Bänder, je zwei an jeder Sturzkante [...] zusammen also in 11/2 Stein starker Wand 12 bis 16 Stück Dübelsteine“* vorgesehen werden (Bild 1.1 und Bild 1.2).

Bei der Begriffsdefinition stellt sich für die Planung der Befestigung immer wieder die Frage nach der Abgrenzung zwischen einem Fenster und einer Fassade bzw. wo das Fenster endet und ab welcher Größe es sich um eine „Fassade“ handelt. Bis zum Jahr 2006 gab es hier (durch entsprechende „Interpretation des Anwenders“) eine relativ eindeutige Regelung:

Nach DIN 18056:1966-06 „Fensterwände, Bemessung und Ausführung“ waren

> *„Fensterwände“ mit einer Fläche ≥ 9 m² und einer Länge der kürzesten Seite ≥ 2 m zu bemessen und „das Traggerippe der Fensterwand [...] in den umgebenden Bauteilen sicher zu verankern“.*

Befestigung und Abdichtung von Fenstern und Türen. Regelwerke, Bauphysik, Baurecht, Praxisbeispiele. 2. Auflage.
J. Küenzlen, E. Scheller, M. Klatecki.

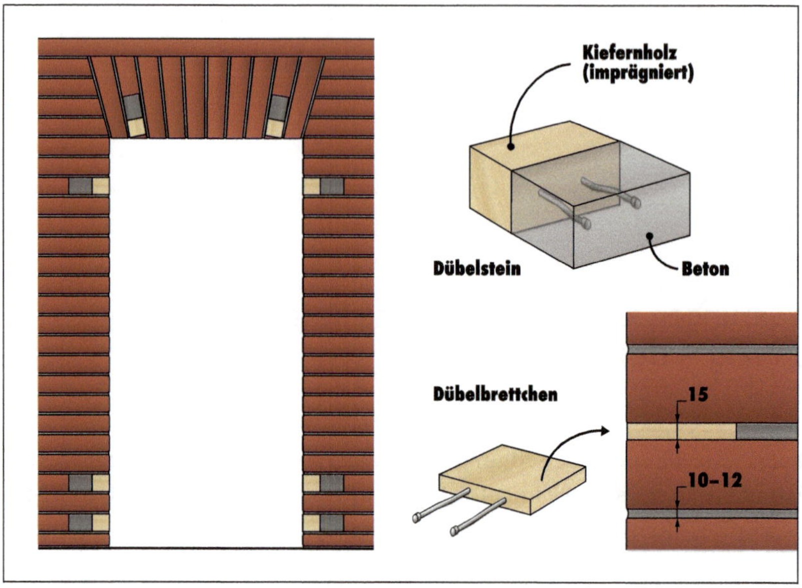

Bild 1.1 „Dübelsteine und Dübelbrettchen" (Grafik: Adolf Würth GmbH & Co. KG nach Wickop, 1943)

Bild 1.2 „Dübelbrettchen" im eingebauten Zustand, gefunden unter einer verputzten Wand in einem Altbau (Foto: Scheller)

Diese Formulierung wurde vom Anwender in der Praxis so interpretiert, dass ab dieser Fenstergröße im Prinzip immer den Anforderungen der Landesbauordnungen entsprechende Befestiger mit Ü- oder CE-Zeichen zu verwenden waren. Auf eine Darstellung dieser Regelungen wird an dieser Stelle verzichtet und auf Teil 2 dieses Fachbuchs bzw. auf die einschlägige Literatur, z. B. Scheller und Küenzlen, Hrsg. (2013) verwiesen, da DIN 18056 mit der Einführung von DIN EN 14351-1 „Fenster und Türen – Produktnorm" zurückgezogen wurde. Dies bedeutet, dass neue aktuelle Ansätze zur Befestigung erforderlich wurden; diese Ansätze werden in Teil 1 dieses Fachbuchs ausführlich vorgestellt.

Unter einem Fenster ist nach der „Begriffsnorm" DIN EN 12519 ein Bauteil zu verstehen, das in eine Öffnung einer Wand bzw. einer geneigten Dachfläche montiert und zur Belichtung und gegebenenfalls zur Belüftung verwendet wird.

Es werden dabei die folgenden Fenstervarianten unterschieden:

- Fenster in einer Fassadenöffnung bzw. vor der Fassade (Bild 1.3),
- Fenster in einer horizontaler Öffnung (Bild 1.4),
- Fenster in einer vertikaler Öffnung (Bild 1.5).

Bild 1.3 Fenster in einer Fassadenöffnung bzw. vor der Fassade

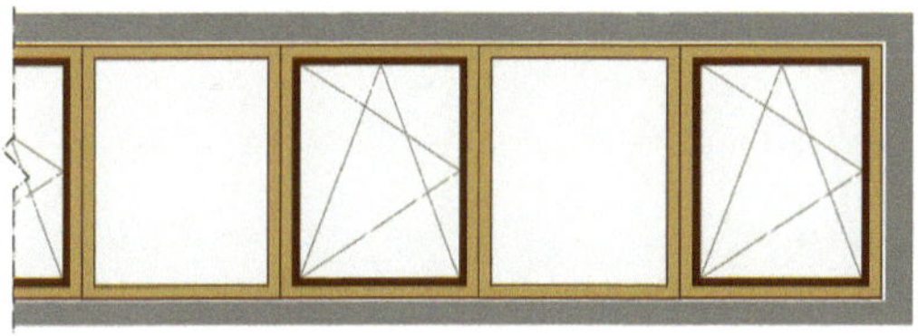

Bild 1.4 Fenster in einer horizontalen Öffnung

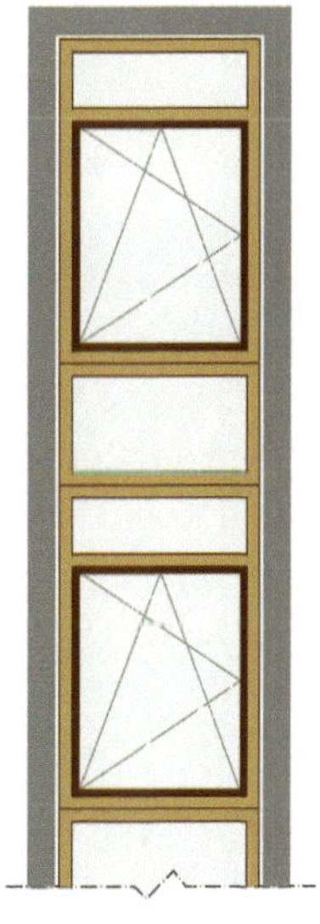

Bild 1.5 Fenster in einer vertikalen Öffnung

2 Regelwerke

Nachfolgend werden einige wichtige Regelwerke im Bereich der Fenster – mit direktem Bezug zur Befestigung der Fenster – vorgestellt, ein Anspruch auf Vollständigkeit besteht nicht.

2.1 Allgemeine Anforderungen an die Dübeltechnik

Die Befestigung von Fenstern in mineralischen Verankerungsgründen (Mauerwerk und Beton), die in Teil 1 dieses Fachbuchs schwerpunktmäßig behandelt wird, ist eng mit der allgemeinen Dübeltechnik verknüpft. So werden beispielsweise Fenstermontageschienen mit Kunststoff-Rahmendübeln befestigt (vgl. Abschnitt 8.5.1) und die Funktionsweise von Abstandsmontageschrauben entspricht der von Betonschrauben oder Schraubankern zur Verankerung in Mauerwerk.

So gesehen ist die Planung und Montage eines (absturzsichernden) Fensterelements mit Fensterbefestigern das Gleiche wie die Planung und Montage einer Fassade bzw. deren Unterkonstruktion mit Dübel-Systemen. Nach Ansicht der Autoren müss(t)en folglich auch Fensterbefestiger und Dübel-Systeme die gleichen Bewertungskriterien zur Erlangung eines bauaufsichtlichen Ver- bzw. Anwendbarkeitsnachweises („Zulassung") haben (vgl. Abschnitt 2.9).

In verschiedenen Literaturquellen wird im Detail auf die Grundlagen und Regelungen der allgemeinen Dübeltechnik eingegangen, siehe Müller und Scheller (2011), Scheller und Küenzlen, Hrsg. (2013), u. a.. Ergänzend dazu bietet der Teil 2 dieses Fachbuchs einen praxisorientierten Überblick zur allgemeinen Dübeltechnik, um die zuvor genannten Parallelen aufzuzeigen. Dabei werden auch einige Dübel-Systeme vorgestellt, die üblicherweise gar nicht bzw. eher weniger für die eigentliche Fenstermontage zum Einsatz kommen, die aber am Rand der Fenstermontage durchaus auch einmal eine Rolle spielen könn(t)en.

Dass es für Dübel Zulassungen gibt, zeigt, dass es sich für den dort beschriebenen Anwendungsfall um nicht geregelte Bauprodukte im Sinne von § 17 Abs. 1 Satz 1 der Musterbauordnung (MBO) handelt, siehe hierzu Musterbauordnung (2024). Wesentliche Abweichungen von den in den Zulassungen der Befestigungsmittel getroffenen

Befestigung und Abdichtung von Fenstern und Türen. Regelwerke, Bauphysik, Baurecht, Praxisbeispiele. 2. Auflage.
J. Küenzlen, E. Scheller, M. Klatecki.

Bestimmungen verursachen im Geltungsbereich der Landesbauordnungen im Allgemeinen die Notwendigkeit eines neuen bzw. erweiterten Verwendbarkeitsnachweises, z. B. einer Zustimmung im Einzelfall (ZiE), einer vorhabenbezogenen Bauartgenehmigung (vBG) oder einer erweiterten Zulassung.

Bei der Befestigung von Fenstern wird in der Praxis oftmals ohne entsprechenden neuen bauaufsichtlichen Verwendbarkeitsnachweis (z. B. ZiE oder vBG) wesentlich von den Zulassungen abgewichen. Dieses Vorgehen ist dann baurechtlich nicht zu beanstanden, wenn die in den folgenden Kapiteln geschilderte Vorgehensweise eingehalten wird. Aus Sicht der Autoren handelt es sich hierbei um Regelungen, die als anerkannte Regeln der Technik im Sinne von § 17 Abs. 1 Satz 1 der MBO verstanden werden können. Es handelt sich also um Regeln bzw. Regelwerke, die in der Praxis bekannt sind und entsprechend angewendet werden, weil sich diese Regelungen im praktischen Baualltag bewährt haben (vgl. Abschnitt 44.2.2.1). Für Fenster werden diese Regelwerke nachfolgend vorgestellt.

Im Bereich der einbruchhemmenden Fenstermontage werden vor allem durch die mechanischen Angriffe auf die Befestigungsmittel, wie diese bei der Prüfung von einbruchhemmenden Systemen aus Verankerungsgrund, Befestiger und Fenster vorkommen, extreme Anforderungen an die Befestigung gestellt. Diese können nicht z. B. über einen Verwendbarkeitsnachweis für einen Befestiger abgedeckt werden. Hier können daher nur Versuchserfahrungen dazu beitragen, die jeweilige Befestigungsaufgabe für das individuelle Bauvorhaben zu lösen. Aus diesem Grund werden in Kapitel 22 umfangreiche Versuche zur Befestigung von einbruchhemmenden Fenstern in den Widerstandsklassen WK 2 und WK 3 sowie RC 2 und RC 3 nach der Normenreihe DIN EN 1627 bis DIN EN 1630 vorgestellt. In diesem Bereich gibt es bisher keine allgemeingültigen Regelungen, wie diese Befestigungen ausgeführt werden können. Des Weiteren gilt die genannten Normenreihe nur für die Zertifizierung der Elemente selbst, nicht für eine Zertifizierung der Befestiger oder der Wandbaustoffe. Daher werden hier aktuell alle Erkenntnisse aus Versuchen mit den entsprechenden Produkten abgeleitet.

2.2 Leitfaden zur Planung und Ausführung der Montage von Fenstern und Haustüren

Im „Leitfaden zur Planung und Ausführung der Montage von Fenstern und Haustüren" waren historisch die bauphysikalischen Anforderungen an die Fenstermontage das Hauptthema (vgl. hier Teil 3, Kapitel 38–40). Erst mit der Ausgabe aus dem Jahre 2010 (RAL Gütegemeinschaft, 2010) wurde die Befestigung von Fenstern am Verankerungsgrund umfangreich aufgegriffen.

Die wichtigste Neuerung aus der Auflage von 2014 war die Einteilung der Montagesituation in drei Hauptbereiche die in der Auflage von 2020 aktualisiert wurde und auch wieder in die aktuelle Auflage von 2024 übernommen wurde (Gütegemeinschaft, 2024, S. 153, Bild 5.2; vgl. hier sinngemäß Bild 2.1).

Befestigung von Fenstern und Außentüren nach (Gütegemeinschaft, 2024) bzw. bisher nach (RAL-Gütegemeinschaft, 2014 bzw. 2020)		
Standardfall 1 (bis 2020: „Standardfall“)	Standardfall 2 (bis 2020: „Sonderfall 1“)	Sonderfall (bis 2020: „Sonderfall 2“)

Bild 2.1 Aufteilung der Befestigung von Fenstern und Außentüren in drei Fälle

Die aktuelle Aufteilung Standardfall 1 und Standardfall 2 wurde hauptsächlich aufgrund der Unterschiede in den Verankerungsgründen und den Fensterelementen selbst vorgenommen. Gerade bei den Verankerungsgründen haben sich in den letzten Jahren insbesondere bei den Mauersteinen große Veränderungen in Bezug auf die vorhandene Druckfestigkeit und Rohdichte ergeben. Die detaillierte Darstellung der drei Fälle erfolgt in den nachfolgenden Abschnitten.

2.2.1 Standardfall 1

Der „Standardfall 1“ beinhaltet die Montagesituationen, zu denen im Handwerk ausreichende Erfahrungen über viele Jahre vorhanden sind, d. h. bei den Situationen bei denen durch die Einhaltung der bekannten allgemeingültigen Regeln der Technik eine dauerhafte und sichere Befestigung der Fenster gewährleistet werden kann. Dazu gehört vor allem, dass tragfähiges Mauerwerk bezüglich der Befestigung vorhanden ist.

Als Entscheidungsmöglichkeit, ob tragfähiges Mauerwerk vorliegt oder nicht, kann Tabelle NA.2 „Zuordnung der Widerstandsklassen von einbruchhemmenden Bauteilen zu Massivwänden“ aus dem nationalen Anhang von DIN EN 1627:2011-09 herangezogen werden (vgl. Abschnitt 21.2.1.3 mit Tabelle 21.4). Hier muss deshalb auf die Fassung der DIN EN 1627 aus dem Jahr 2011 zugrückgegriffen werden, da in der aktuellen Ausgabe aus dem Jahr 2021 weitere – moderne – Baustoffe im Bereich der Einbruchhemmung ergänzt wurden, die jedoch bei der allgemeinen Befestigung eines Fensters bereits in den Standardfall 2 fallen können.

Zusätzlich zu den in der Tabelle genannten Untergründen können auch Porenbeton ab der Druckfestigkeitsklasse 4 und Holz als tragfähiger Verankerungsgrund nach DIN EN 1627 verstanden werden.

Damit nach den Vorgaben des Standardfalls 1 montiert werden kann, sind neben den Randbedingungen zum Verankerungsgrund auch nachfolgende Randbedingungen zu den Fensterelementen selbst einzuhalten:

- Montage in der Laibung und Befestigung umlaufend,
- maximal 2 Flügel mit einer Flügelfläche $\leq$ 2,6 m^2 (bis zum Jahr 2020: 2,2 m^2),
- bei Dreh- oder Drehkippflügeln Flügelformat b/h $\leq$ 1,

- geforderte Windwiderstandsklasse ≤ B3 (2 Flügel) bzw. B4 (1 Flügel); vgl. Abschnitt 2.8.2.1,
- bei Ausführung einer symmetrischen Über-Eck-Befestigung im Eck- und Scherenlagerbereich (vgl. Bild 7.3) bei Dreh- oder Drehkippflügeln mit einem Glasgewicht ≤ 45 kg/m^2 und Berücksichtigung vertikaler Nutzlasten (Klassen 1 und 2, vgl. Tabelle 4.8).

Ergänzend dazu enthält die Ausgabe des Leitfadens von 2024 noch eine „Bagatellgrenze“ für Fenster, die sonst in den Standardfall 2 fallen würden. Das heißt, Fenster aus dem Standardfall 2 bleiben im Standardfall 1, wenn folgende Grenzen eingehalten werden:

- 1 Flügel mit einer Flügelfläche ≤ 1,5 m^2,
- Flügelformat b/h ≤ 1,3.

Es genügt dann eine rein seitliche Befestigung für Windwiderstandsklassen ≤ B3, im Gegensatz zur sonstigen Forderung für den Standardfall 1 eine umlaufende Befestigung vorzunehmen, siehe Gütegemeinschaft (2024, S. 154, Ergänzende Hinweise zu Bild 5.2).

2.2.2 Standardfall 2

In den „Standardfall 2“ – bis 2020 bezeichnet mit „Sonderfall 1“ – sind nachfolgende Montagesituationen einzuordnen:

- Mauerwerk mit geringer Tragfähigkeit bezüglich der Befestigung, womit nach Gütegemeinschaft (2024, S. 154, Ergänzende Hinweise zu Bild 5.2) Steine mit porigem Gefüge oder Steine mit hohem Dämmstoffanteil gemeint sind:

  > *„Insbesondere neuere Entwicklungen hoch wärmedämmender Eigenschaften weisen [...] eine erheblich reduzierte Tragfähigkeit bezüglich der Fensterbefestigung auf.“*

  Weiter heißt es dort:

  > *„Werden im Leibungsbereich jedoch Leibungssteine mit optimierter Befestigungszone (kleines Lochbild, dicke Wandungen und Stege) eingesetzt, können diese dem Standardfall 1 zugeordnet werden.“*

  Hier muss jedoch angemerkt werden, dass es bei diesen Laibungssteinen auf die genaue Geometrie der Steinstege in Kombination mit dem gewählten Dübel-System ankommt und diese Formulierung nicht auf alle als „Laibungssteine“ bezeichneten und entsprechend vertriebenen Mauersteine angewendet werden kann, sondern wirklich nur auf Mauersteine mit ganz besonders ausgebildeten Lochbildern.

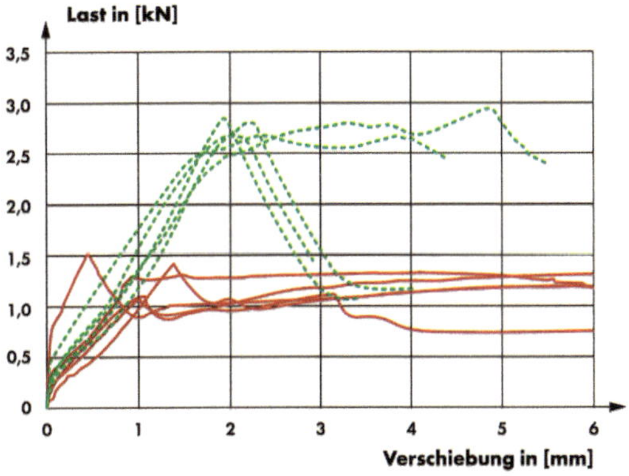

Bild 2.2 Last-Verformungskurven eines nur auf Querlast belasteten Kunststoffdübels in zwei unterschiedlichen Laibungssteinen

Bild 2.2 zeigt beispielhaft die Last-Verformungskurven aus Querlastversuchen

- mit einem Kunststoffdübel verankert in einem Laibungsstein mit besonderer Ausbildung der Lochgeometrie im Bereich der Laibung (obere gestrichelte Kurven) und
- mit einem Kunststoffdübel verankert in einem Lochbild, das einem „normalen" Wandstein (untere durchgezogene Kurven) ähnelt.

Wie man deutlich erkennt, können Unterschiede in der Dübeltragfähigkeit von über 100 % in Laibungssteinen abhängig vom jeweiligen Lochbild und insbesondere auch der Ausbildung des Außensteges auftreten.

- Montage außerhalb der Mauerlaibung (Vorwandmontage mit Konsolen, Winkeln oder Zargen, vgl. Kapitel 19 und 20)
- Übergrößen (abweichend vom Standardfall 1)
- Berücksichtigung vertikaler Nutzlasten (Klassen 1 bis 4 nach DIN EN 13115, vgl. Abschnitt 4.4)
- Fenstereinbau im Hochhausbereich, bisher Sonderfall 2 nach RAL Gütegemeinschaft (2014): Entsprechend den Landesbauordnungen werden Gebäude meist als Hochhäuser bezeichnet, wenn sich der Fußboden mindestens eines Aufenthaltsraums mehr als 22 m über der für das Aufstellen von Feuerwehrfahrzeugen notwendigen Fläche befindet (max. Rettungshöhe von Drehleitern).

Nach der ift-Richtlinie MO-02/1 (ift Rosenheim, 2015), vgl. auch Abschnitt 2.9, kann eine Bewertung des Standardfalls 2 bei neuen Befestigungssituationen – bei neuartigen Befestigungssystemen und/oder Verankerungsgründen – mit einem Bauteilversuch erfolgen (vgl. Abschnitt 2.9). Wenn zu diesen Punkten keine Erfahrungen vorliegen, dann ist gemäß Gütegemeinschaft (2024, S. 153, Bild 5.2) eine *„Dimensionierung der Befestigung erforderlich"*. Dazu sind die Tragfähigkeiten der Befestigungssysteme erforderlich, die z. B. nach der ift Richtlinie MO-02/01 (ift Rosenheim, 2015) bzw. nach Becker et al. (2018) ermittelt werden können (vgl. auch Abschnitt 2.9).

Die zuvor aufgeführten Punkte werden in den nachfolgenden Abschnitten umfangreich erläutert.

2.2.3 Sonderfall

Dem „Sonderfall“ – bisher „Sonderfall 2“ – werden alle Anwendungen von Befestigungen von Fenstern und Türen zugeordnet, an die weitere z. B. bauaufsichtliche Anforderungen gestellt werden; dazu gehören

- die Befestigung von absturzsichernden Verglasungen (statischer Nachweis, Verwendbarkeitsnachweis, vgl. Kapitel 8),
- der Einbau von einbruchhemmenden Elementen (Prüfnachweis, vgl. Kapitel 21 und 22),
- Brandschutztüren (Verwendbarkeitsnachweis – Zulassung) und
- Beschuss- und explosionshemmende Elemente.

2.2.4 Korrosionsschutz

Ein weiterer wichtiger Aspekt der Fensterbefestigung ist die Dauerhaftigkeit bzw. der Korrosionsschutz.

Im Bereich der allgemeinen Dübeltechnik kann die Materialauswahl relativ einfach vorgenommen werden (siehe in Scheller & Küenzlen, Hrsg., 2013 bzw. Teil 2 dieses Fachbuchs). Im trockenen Innenbereich genügen in der Regel Dübel aus galvanisch verzinktem Stahl, während im Außenbereich oder in Feuchträumen in der Regel Dübel aus nichtrostendem Stahl der Mindestgüte „A4“ (umgangssprachlich) zum Einsatz kommen. Für besonders aggressive Umgebungen gibt es noch hoch korrosionsbeständige Stähle, die z. B. in Schwimmbädern oder im Küstenbereich eingesetzt werden. Weitere Details zum Thema Korrosion im Bereich der allgemeinen Dübeltechnik enthält Teil 2 dieses Fachbuchs, Abschnitt 30.5.

Als Besonderheit bei der Befestigung von Fenstern bzw. Außentüren erfolgt hier die Montage in der Regel in der Fenster- bzw. Türlaibung und damit im „Zwischenbereich“ zwischen Außen- und Innenklima. Unter den Voraussetzungen, dass

- die Befestigung im Funktionsbereich der Anschlussfuge zwischen Fenster und Wand erfolgt,
- keine hohen chemischen Belastungen vorliegen,
- keine nennenswerte Tauwasserbelastung und
- eine raum- und außenseitige Abdichtung vorhanden sind,

genügt als Korrosionsschutz für die Befestigungsmittel die Korrosionswiderstandsklasse CRC I. Das bedeutet, es können beispielsweise galvanisch verzinkte oder feuerverzinkte Stähle für die Befestigungselemente eingesetzt werden (siehe Gütegemeinschaft, 2024, S. 197, Abschnitt 5.2.1).

Bei höheren chemischen Belastungen bzw. Befestigungen im Außenbereich sind nichtrostende Stähle bzw. hochkorrosionsbeständige Stähle für die Befestigung erforderlich.

2.3 Allgemeine Technische Vertragsbedingungen für Bauleistungen (VOB/C)

Eine wichtige „Grundlage“ zur Befestigung von Fenstern ist z. B. DIN 18355:2019-09 (VOB Vergabe- und Vertragsordnung für Bauleistungen – Teil C: Allgemeine Technische Vertragsbedingungen für Bauleistungen (ATV) – Tischlerarbeiten), die für *„das Herstellen und Einbauen von Bauteilen aus Holz und Kunststoff, z. B. Türen, Tore, Fenster und Fensterelemente“* u. a. gilt. Dort findet sich zur Befestigung der Hinweis (DIN 18355:2019-09):

> *„Bauteile sind so zu befestigen und aufzulagern, dass die Kräfte sicher in den Baukörper übertragen und Bewegungen aus den Bauteilen aufgenommen werden.“*

Des Weiteren heißt es:

> *„Befestigungselemente müssen korrosionsgeschützt sein.“*

Genaue Angaben werden jedoch nicht gemacht. Eine ähnliche Formulierung findet sich beispielsweise auch in DIN 18360:2019-09 (VOB Vergabe- und Vertragsordnung für Bauleistungen – Teil C: Allgemeine Technische Vertragsbedingungen für Bauleistungen (ATV) – Metallbauarbeiten). Damit gehört aber eine dauerhafte und gebrauchstaugliche Befestigung zu jeder Fenstermontage dazu.

2.4 Gütesicherung – RAL-GZ 695

Die Güte- und Prüfbestimmungen RAL-GZ 695 (2021) legen Anforderungen an die Montage von *„betriebsfertigen“* Fenstern, Fenstertüren und Haustüren fest. Ab 2.4 *„Anschluss an den Baukörper / Anforderungen an die Montage“* finden sich folgende Vorgaben in Bezug auf die Befestigung der genannten Elemente (RAL-GZ 695, 2021):

> *„2.4.5 Befestigung*
> *Die Befestigung ist so vorzunehmen, dass*
> - *die zu erwartenden äußeren Einwirkungen (Wind, Horizontallast),*
> - *die Beanspruchung aus der bestimmungsgemäßen Nutzung,*
> - *das Eigengewicht*
>
> *in den Baukörper abgeleitet werden. Für die Festlegung der Einwirkungen gelten DIN EN 1991-1.“*

Dabei ist die Befestigung so zu planen und auszuführen, dass *„am Bauteil keine unzulässigen Zwängungen entstehen z. B. durch temperaturbedingte Längenänderungen im Bauteil“*.

Auch in Bezug auf die explizite Verwendung von Dübeln macht RAL-GZ 695 (2021) in 2.4.7 „Werkstoffe und Zulieferteile für die Montage“ Vorgaben:

- *„Befestigungselemente – Bei Verwendung von Dübeln sind die zulässigen Beanspruchungen und die Verarbeitungshinweise der Hersteller einzuhalten. Diese gelten auch hinsichtlich der Randabstände und der Einstecktiefe* (Anmerkung: Setztiefe, h_{nom} bzw. h_{ef}) *für die verschiedenen Wandbaustoffe.“*
- *„Die Befestigungsmittel müssen für den vorgesehenen Verwendungszweck geeignet sein.“*

Um diese Vorgaben einhalten zu können, muss nach 2.4.8 „Ausführung“ vor Beginn der Arbeiten in Bezug auf die Befestigungsmittel geprüft werden, ob

- *„eine ausreichende Befestigung mit den vorhandenen Befestigungselementen möglich ist“*

und dass

- *„für die Abdichtungssysteme die zulässige Gesamtverformung nicht überschritten wird“.*

Als abschließende Hinweise folgen, dass für *„die Verarbeitung die allgemein anerkannten Regeln der Technik“* gelten und die Aussage *„die Verarbeitungsrichtlinien der Hersteller sind zu beachten“.*

2.5 Normenreihe DIN 18040 „Barrierefreies Bauen“

Die Bauproduktenverordnung (BauPVO) aus dem Jahr 2024 (Bauproduktenverordnung, 2024) enthält in Anhang 1 die *„Grundanforderungen an Bauwerke“*. Dazu zählt unter Punkt 4

> *„Sicherheit und Barrierefreiheit von Bauwerken“,* dass *„bei Entwurf und der Ausführung des Bauwerks insbesondere die Barrierefreiheit sowie die Nutzung durch Menschen mit Behinderungen und Menschen mit eingeschränkter Mobilität oder Orientierung berücksichtigt werden müssen“.*

In Deutschland ist DIN 18040 die Grundlage für das barrierefreie Bauen und Planen. Ziel dieser Norm ist die Barrierefreiheit baulicher Anlagen, dass diese für Menschen mit Behinderung in der allgemein üblichen Weise – ohne besondere Erschwernis und grundsätzlich ohne fremde Hilfe – zugänglich und nutzbar sind (nach § 4 BGG Behindertengleichstellungsgesetz).
Berücksichtigt werden die Bedürfnisse von

- Menschen mit Sehbehinderung oder Hörbehinderung,
- Menschen mit motorischen Einschränkungen, die Mobilitätshilfen und Rollstühle benutzen,

- Menschen, die großwüchsig oder kleinwüchsig sind,
- Menschen mit kognitiven Einschränkungen,
- Menschen, die bereits älter sind,
- Kindern sowie
- Menschen mit Kinderwagen oder Gepäck.

DIN 18040 Teil 1 gilt dabei für Neubauten von öffentlich zugänglichen Gebäuden und DIN 18040 Teil 2 für Wohnungen. Die Regelungen sollten (Teil 1) bzw. können (Teil 2) sinngemäß für die Planung von Umbauten oder Modernisierungen angewendet werden. Nach dieser Norm gelten für Türen folgende Anforderungen, die in Bezug auf die Befestigung der Türen Konsequenzen haben können:

- Türen müssen sich leicht öffnen lassen. Das bedeutet, dass das Öffnen und Schließen von Türen auch mit geringem Kraftaufwand möglich sein muss. Dies wird durch Anforderungen an die Bedienkräfte und -momente in der Klasse 3 nach DIN EN 12217 erreicht (vgl. Abschnitt 4.3 bzw. Tabelle 4.6). Können diese Anforderungen nicht eingehalten werden, werden automatische Türsysteme erforderlich.
- Drehtüren müssen eine Mindestdurchgangsbreite von 90 cm haben, Wohnungstüren nach Teil 2 mindestens 80 cm.

DIN 18040, Teil 2 beinhaltet neben den Anforderungen für Türen in Abschnitt 5.3.2 „Fenster“ auch Anforderungen für Fenster in Wohnräumen. Dabei muss ein Fenster je Raum

> *„für Menschen mit motorischen Einschränkungen bzw. für Rollstuhlnutzer leicht zu öffnen und zu schließen sein. Auch in sitzender Position muss ein Teil der Fenster in Wohn- und Schlafräumen einen Durchblick in die Umgebung ermöglichen“.*

Weitere Anforderungen sind:

- Die Bedienkraft zum Öffnen und Schließen von Fenstern darf höchstens 30 N, das maximale Moment 5 Nm betragen, dies entspricht Klasse 2 nach DIN 13115 (vgl. hier Abschnitt 4.3 bzw. Tabelle 4.7).
- Einen Durchblick in die Umgebung ermöglichen Fenster, deren Brüstungen ab 60 cm über OFF (Oberkante Fertigfußboden) durchsichtig sind.

Die in DIN 18040 Teil 2 geforderte Brüstungshöhe für den *„Durchblick in die Umgebung“* von nur 60 cm führt dazu, dass bei der Befestigung dieser Fenster am Gebäude immer die Anforderungen an absturzsichernde Verglasungen nach Kapitel 8 in diesem Fachbuch einzuhalten sind, da die 60 cm deutlich unter den Vorgaben der entsprechenden Landesbauordnungen liegen, um auf eine Absturzsicherung verzichten zu können (vgl. Tabelle 2.1).

Tabelle 2.1 Brüstungs- und Umwehrungshöhen nach Landesbauordnungen (bauregelwerk.de, 2025)

BUNDESLAND Umwehrung ab 1,0 m Absturzhöhe sonst (*)	Fenster-brüstungen bis 12 m Absturzhöhe	Fenster-brüstungen über 12 m Absturzhöhe	Umwehrungen bis 12 m Absturzhöhe	Umwehrungen über 12 m Absturzhöhe
Musterbauordnung	0,8 m	0,9 m	0,9 m	1,1 m
Baden-Württemberg	ab 20 cm Tiefe: 0,8 m; sonst 0,9 m			
Bayern (0,5 m)	nicht definiert			
Berlin	0,8 m	0,9 m	0,9 m	1,1 m
Brandenburg	0,9 m	1,1 m	0,9 m	1,1 m
Bremen	0,8 m	0,9 m	0,9 m	1,1 m
Hamburg	ab 15 cm Tiefe: 0,8 m	0,9 m	0,9 m	1,1 m
Hessen	0,8 m	0,9 m	0,9 m; Arbeitsstätten: 1,0 m	1,1 m
Mecklenburg-Vorpommern	0,8 m	0,9 m	0,9 m	1,1 m
Niedersachsen	0,8 m	0,9 m	0,9 m	1,1 m
Nordrhein-Westfalen	0,8 m	0,9 m	0,9 m	1,1 m
Rheinland-Pfalz	0,8 m	0,9 m	0,9 m	1,1 m
Saarland	0,8 m	0,9 m	0,9 m	1,1 m
Sachsen	0,8 m	0,9 m	0,9 m	1,1 m
Sachsen-Anhalt	0,8 m	0,9 m	0,9 m	1,1 m
Schleswig-Holstein	0,8 m	0,9 m	0,9 m	1,1 m
Thüringen	0,8 m	0,9 m	0,9 m	1,1 m

2.6 Normenreihe DIN 18008 „Glas im Bauwesen"

2.6.1 Allgemeines

Im Jahre 2015 wurde die Normenreihe DIN 18008 "Glas im Bauwesen – Bemessungs- und Konstruktionsregeln" bauaufsichtlich eingeführt. Damit ist diese Normenreihe das baurechtlich maßgebende Regelwerk zum Umgang mit Glas im Bauwesen geworden. Zwei Teile der bisher insgesamt 6-teiligen Norm enthalten Hinweise für die Befestigung von den hier in Kapitel 1 definierten Fenstern, mit denen sich die nachfolgenden Kapitel dieses Buchs befassen werden:

- DIN 18008-1: Begriffe und allgemeine Grundlagen,
- DIN 18008-4: Zusatzanforderungen an absturzsichernde Verglasungen.

2.6.2 DIN 18008, Teil 1: Begriffe und allgemeine Grundlagen

Verglasungen in Fenstern zählen zu „linienförmig gelagerten Verglasungen“ und fallen damit in den Regelungsbereich dieser Normenreihe. Damit müssen nach DIN 18008-1 (2020, Abschnitt 5.1.1)

> *„Verglasungskonstruktionen so bemessen und ausgebildet sein, dass sie mit angemessener Zuverlässigkeit allen Einwirkungen, die planmäßig während ihrer vorgesehenen Nutzung auftreten, standhalten und gebrauchstauglich bleiben“.*

Auf dieser Grundlage ist im Anwendungsbereich dieser Normenreihe zu empfehlen, dass nur dann auf eine Bemessung der Befestigung von Fenstern am Gebäude verzichtet wird, wenn Befestiger für die Montage der Fenster eingesetzt werden, die bereits in einem entsprechend vergleichbaren System aus Fenster, Befestiger und Verankerungsgrund erfolgreich geprüft wurden. Eine detaillierte Beschreibung dieser Prüfungen erfolgt hier ab Kapitel 4.

Ist für die Verglasung eines Fensters ein Standsicherheitsnachweis erforderlich, so ist die Weiterleitung der zu verankernden Lasten im tragenden Verankerungsgrund (Bauteil) nachzuweisen. Gemäß DIN 18008-1 (2020, Abschnitt 8.1.1), gilt:

> *„Für die Nachweise der Glasbefestigung, Unterkonstruktion, Befestigung am Gebäude, usw. gelten die einschlägigen technischen Regeln.“*

Der bereits mehrfach genannte Leitfaden (Gütegemeinschaft, 2024) – der auch im Folgenden immer wieder Erwähnung findet – kann als eine solche „einschlägige technische Regel“ verstanden werden.

Ergänzend zu diesem Leitfaden wurde vom Institut für Fenstertechnik e. V. in Rosenheim die „ift-Richtlinie MO-02/1 Verfahren zur Ermittlung der Gebrauchstauglichkeit von Befestigungssystemen“ veröffentlicht (Bild 2.10 bzw. ift Rosenheim, 2015); diese Richtlinie wird in Abschnitt 2.9 vorgestellt.

Eine weitere Möglichkeit für eine Nachweisführung ist die Durchführung einer kompletten statischen Bemessung in Kombination mit bauaufsichtlich zugelassenen Befestigungsmitteln. Hierzu enthält dieses Fachbuch zahlreiche Praxisbeispiele (Kapitel 5, 7, 9 bis 14, 16, 18, 20, 24 und 26).

2.6.3 DIN 18008, Teil 4: Regelungen für absturzsichernde Verglasungen

Auf die Regelungen für absturzsichernde Verglasungen wird ausführlich in Kapitel 8 eingegangen, daher wird an dieser Stelle auf weitere Informationen verzichtet.

2.7 Produktnorm DIN EN 14351-1

Die seit Februar 2010 harmonisierte Produktnorm DIN EN 14351-1 „Fenster und Außentüren – Produktnorm“ regelt in Kombination mit der Bauproduktenverordnung (2024) u. a. die Anforderungen an das Inverkehrbringen bzw. die Handelbarkeit sowie die Bereitstellung von Produkten. Als Grundlage zur Ermittlung der Anforderungen, die eine Fensterbefestigung erfüllen muss, kann jedoch DIN EN 14351-1 herangezogen werden. Diese Produktnorm für Fenster und Außentüren enthält zwar keine konkretisierenden Anforderungen an die Befestigung, sondern beschreibt nur die Leistungseigenschaften dieser Bauteile für deren Handelbarkeit, es ist aber leicht nachvollziehbar, dass die Leistungseigenschaften an ein Fenster auch vom Gesamtsystem aus Verankerungsgrund, Befestiger und Fenster erfüllt werden müssen.

Im Rahmen der Fensterprüfung nach dieser Produktnorm werden die Elemente in der Regel aber nur in starre Stahl- bzw. Holzrahmen eingebaut und die Versuche nicht im realistischen Montagefall (beispielsweise montiert in Mauerwerk) durchgeführt (Bild 2.3).

In bereits durchgeführten Versuchen zeigen sich jedoch deutliche Unterschiede einer Montage in einem tragfähigen Verankerungsgrund wie beispielsweise Beton oder Kalksandvollsteinen oder in porösen Untergründen wie beispielsweise Ziegeln mit hohen Anforderungen an die Wärmedämmung oder Porenbeton. Im Einzelnen erfolgt im Rahmen der Prüfung – zur CE-Kennzeichnung bzw. zum Nachweis zusätzlicher Eigenschaften – eine entsprechende Einordnung und Klassifizierung nach den folgenden Merkmalen und Eigenschaften:

Prüfungen im Rahmen der CE-Kennzeichnung:

- Widerstandsfähigkeit bei Windlast: DIN EN 12210
- Schlagregendichtheit: DIN EN 12208
- Luftdurchlässigkeit: DIN EN 12207
- Tragfähigkeit von Sicherheitsvorrichtungen: DIN EN 14351-1

Bild 2.3 Fenster zur Prüfung in starrem Stahl- oder Holzrahmen montiert (Foto: Küenzlen)

Nachweis von zusätzlichen Eigenschaften, z. B. im Rahmen der RAL-Gütesicherung (RAL-GZ 695, 2021):

- Bedienkräfte und mechanische Festigkeit: Türen, DIN EN 12217 bzw. Fenster, DIN EN 13115
- Dauerfunktion: DIN EN 12400
- Differenzklimaverhalten: DIN EN 13420
- Stoßfestigkeit: DIN EN 13049

Hinweis: Aussagen über die Leistungsfähigkeit von Fenstern und Fenstertüren in Bezug auf horizontale Lasten, die sogenannten Holmlasten nach DIN EN 1991-1-1 enthält DIN EN 14351-1 dagegen nicht (vgl. Breitschaft, 2015).

Zu den Merkmalen, die ein Fenster erfüllen muss, vergleiche Abschnitt 2.8.2.

Mit Einführung der Bauproduktenverordnung (2011) wurde außerdem die sogenannte „Leistungserklärung" (Bild 2.6) verpflichtend. Nach Art. 15 Abs. 1 BauPVO (2024) gibt die Leistungserklärung

> *„die Leistung von Produkten in Bezug auf die wesentlichen Merkmale dieser Produkte gemäß den einschlägigen harmonisierten technischen Spezifikationen oder Europäischen Bewertungsdokumenten an".*

Im Falle eines Fensters wäre DIN EN 14351-1 die harmonisierte technische Spezifikation, d. h., dass mit wenigen Ausnahmen zu jedem Fenster neben der CE-Kennzeichnung des Elements (Bild 2.4) auch eine Konformitätsbescheinigung (Bild 2.5) und Leistungserklärung (Bild 2.6) gehören.

In der Leistungserklärung werden beispielsweise die bereits genannten Eigenschaften eines Fensters (z. B. Widerstandsfähigkeit bei Windlast, Schlagregendichtheit usw.) dokumentiert.

Da die DIN EN 14351-1 – wie bereits erwähnt – keine Aussagen über die Leistungsfähigkeit von Fenstern und Fenstertüren in Bezug auf horizontale Lasten, die sogenannten Holmlasten nach DIN EN 1991-1-1 enthält, ist aktuell für diese Einwirkungen auch keine CE-Kennzeichnung bzw. Erstellung

Bild 2.4 Beispiel für die CE-Kennzeichnung eines Fensters mittels Etikett (Quelle: PaX AG)

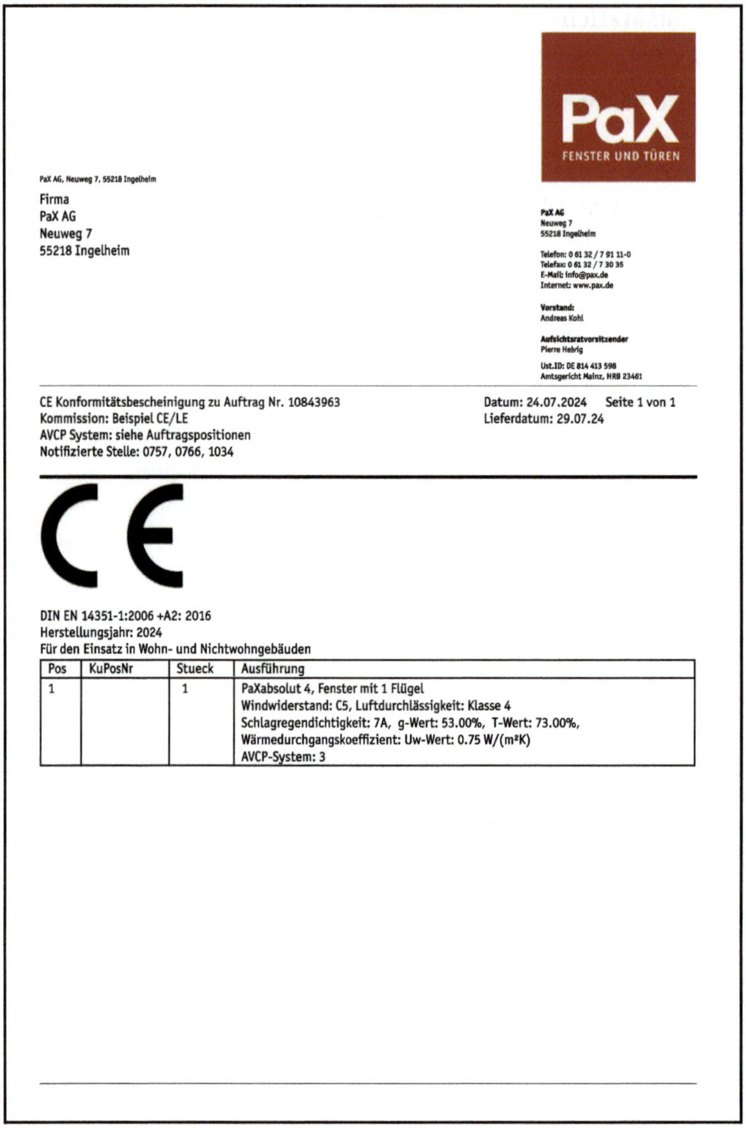

PaX
FENSTER UND TÜREN

PaX AG, Neuweg 7, 55218 Ingelheim

Firma
PaX AG
Neuweg 7
55218 Ingelheim

PaX AG
Neuweg 7
55218 Ingelheim

Telefon: 0 61 32 / 7 91 11-0
Telefax: 0 61 32 / 7 30 35
E-Mail: info@pax.de
Internet: www.pax.de

Vorstand:
Andreas Kohl

Aufsichtsratvorsitzender
Pierre Helvig

Ust.ID: DE 814 413 598
Amtsgericht Mainz, HRB 23461

CE Konformitätsbescheinigung zu Auftrag Nr. 10843963
Kommission: Beispiel CE/LE
AVCP System: siehe Auftragspositionen
Notifizierte Stelle: 0757, 0766, 1034

Datum: 24.07.2024 Seite 1 von 1
Lieferdatum: 29.07.24

CE

DIN EN 14351-1:2006 +A2: 2016
Herstellungsjahr: 2024
Für den Einsatz in Wohn- und Nichtwohngebäuden

Pos	KuPosNr	Stueck	Ausführung
1		1	PaXabsolut 4, Fenster mit 1 Flügel Windwiderstand: C5, Luftdurchlässigkeit: Klasse 4 Schlagregendichtigkeit: 7A, g-Wert: 53.00%, T-Wert: 73.00%, Wärmedurchgangskoeffizient: Uw-Wert: 0.75 W/(m²K) AVCP-System: 3

Bild 2.5 Beispiel für die CE-Konformitätsbescheinigung eines Fensters (Quelle: PaX AG)

einer Leistungserklärung mit diesen Merkmalen auf Basis der DIN EN 14351-1 möglich.

Die wichtigsten Leistungsmerkmale aus dieser Produktnorm werden hier in Kapitel 4 im direkten Zusammenhang mit durchgeführten Prüfungen im Detail beschrieben, weshalb an dieser Stelle auf eine detaillierte Darstellung verzichtet wird.

PaX
FENSTER UND TÜREN

PaX AG, Neuweg 7, 55218 Ingelheim

Firma
PaX AG
Neuweg 7
55218 Ingelheim

PaX AG
Neuweg 7
55218 Ingelheim

Telefon: 0 61 32 / 7 91 11-0
Telefax: 0 61 32 / 7 30 35
E-Mail: info@pax.de
Internet: www.pax.de

Vorstand:
Andreas Kohl
Aufsichtsratvorsitzender
Pierre Helvig

Ust.ID: DE 814 413 598
Amtsgericht Mainz, HRB 23461

Leistungserklärung zu Auftrag Nr. 10843963
Kommission: Beispiel CE/LE

Datum: 24.07.2024 Seite 1 von 1
Lieferdatum: 29.07.24

DIN EN 14351-1:2006 +A2: 2016
Herstellungsjahr: 2024
Für den Einsatz in Wohn- und Nichtwohngebäuden
Notifizierte Stelle: 0757, 0766, 1034
AVCP System: siehe Auftragspositionen

Pos	KuPosNr	Stueck	Ausführung
1		1	PaXabsolut 4, Fenster mit 1 Flügel Windwiderstand: C5, Luftdurchlässigkeit: Klasse 4 Schlagregendichtigkeit: 7A, g-Wert: 53.00%, T-Wert: 73.00%, Wärmedurchgangskoeffizient: Uw-Wert: 0.75 W/(m²K) Schallschutz: Rwp (C, Ctr) 40 dB (npd, npd) Gefährliche Substanzen: - Tragfähigkeit von Sicherheitsvorrichtungen: - AVCP-System: 3

Die Leistung der vorstehenden Produkte
entsprechen der erklärten Leistung.

K. Schürer

Konrad Schürer (CE - Beauftragter)
Ingelheim den 24.07.2024
Unterzeichnet für den Hersteller und im Namen
des Herstellers.

Bild 2.6 Beispiel einer Leistungserklärung für ein Fenster eines Objektes (Quelle: PaX AG)

2.8 DIN 18055: Anforderungen und Empfehlungen an Fenster und Außentüren

Für die Ermittlung der Einwirkungen, die auf die Befestigung eines Fensters wirken, steht als wichtigste Grundlage DIN 18055 zur Verfügung, wobei es sich hierbei allerdings nicht um eine bauaufsichtlich eingeführte Norm handelt.

Basis für diese Fassung der Norm ist die in Abschnitt 2.7 vorgestellte Produktnorm DIN EN 14351-1. Diese Produktnorm enthält, wie bereits ausgeführt, nur die Leistungsmerkmale eines Fensters für dessen *freie Handelbarkeit* im europäischen Wirtschaftsraum, aber keine Regelungen über die *Verwendung* der Produkte und die sich daraus ergebenden Anforderungen an die konkrete (Ein-)Bausituation. Sie gibt ebenfalls keine Mindestvorgaben für den Einsatz von bestimmten Merkmalen oder Klassen vor. Dieser Regelungsbereich ist den einzelnen Mitgliedsstaaten der Europäischen Union vorbehalten.

Damit entsteht für die Praxis die Frage, ob und welche Merkmale in einer bestimmten baulichen Situation überhaupt erforderlich oder gewünscht sind und welche Klasse oder Ausprägung dann objektspezifisch auszuschreiben, also umzusetzen ist.

Um die Produktnorm DIN EN 14351-1 in der Praxis verstehen und anwenden zu können, wurde DIN 18055 immer wieder aktualisiert und überarbeitet (vgl. auch Kapitel 4). Die nachfolgenden Ausführungen zum aktuellen Stand von DIN 18055 wurden teilweise Oberacker (2013) entnommen.

2.8.1 Allgemeines

DIN 18055 ist kein eigenständiges, neue Sachverhalte beschreibendes Regelwerk, sondern – als „nationale Verbindung“ zwischen den Leistungsmerkmalen von DIN EN 14351-1 und der baulichen Praxis – eine „Auswahlhilfe“ zur Ermittlung objektspezifischer Eigenschaften für Fenster und Türen. Sie hilft Planern, Bauherren und Ausführenden auf der Basis der bestehenden Regeln das technisch richtige Produkt auszuwählen, auszuschreiben und einzubauen. Der Anwender soll durch Aufarbeitung, Kommentierung und Beispiele zu den in der Produktnorm (DIN EN 14351-1) genannten Merkmalen in die Lage versetzt werden, diese richtig anzuwenden. Der Planer eines Objektes kann und muss nun die für sein individuelles Bauwerk geltenden und erforderlichen oder auch gewünschten Anforderungen ermitteln; dabei sind für das einzelne Bauwerk

- einzelne Leistungsmerkmale, z. B. Anforderungen an die Widerstandsfähigkeit bei Windlast, *zwingend* zu erfüllen (vgl. Abschnitt 2.8.2.1), während
- andere Leistungsmerkmale, wie beispielsweise die Bedienkräfte unter die Rubrik „zusätzlicher Komfort“ fallen können (vgl. Abschnitt 4.3) und damit im Prinzip *„freiwillig“* sind, wobei es wiederum im barrierefreien Bauen auch

normative Anforderungen z. B. in DIN 18040-1 und DIN 18040-2 gibt (vgl. Abschnitt 2.4).

Damit findet eine Verknüpfung der erklärten Leistungseigenschaften mit der konkreten baulichen Situation statt. Die Anforderungen, also der konkrete bauliche Bedarf, ergeben sich aus der Einbausituation, z. B. durch die regionale Lage, die Geländekategorie, die Gebäudegeometrie, die Gebäudehöhe und auch durch staatliche Vorgaben oder Kundenwünsche. Die Beziehung zur Produktnorm (DIN EN 14351-1) wird durch einen Verweis auf die dort enthaltenen Tabellen mit Leistungsmerkmalen hergestellt, in deren Reihenfolge auch die aktuelle Fassung von DIN 18055 gegliedert ist.

Über diese Norm und die darin enthaltene Festlegung der für das lokale Bauobjekt beispielsweise notwendigen Klassifizierung der Windlast können damit auch die entsprechenden Festlegungen für die Befestigung der Fenster getroffen werden, d. h. es kann damit ebenfalls ermittelt werden, welche Anforderungen an die Befestigung der Fenster für das lokale Bauobjekt gestellt werden müssen. Allgemein sagt DIN 18055, Absatz 3.1 Folgendes zur Anbindung bzw. Befestigung der Fenster:

> *„Das Fenster schließt eine Öffnung in der Wand bzw. der Gebäudehülle. Das Fenster muss an mindestens zwei gegenüberliegenden Seiten an eine tragende Struktur sicher angebunden werden. Nach bauaufsichtlicher Definition gilt eine Neigung bis einschließlich 10° zur Senkrechten als vertikal.“*

Weitere Ausführungen zu DIN 18055 enthält Oberacker (2011).

2.8.2 Merkmale, die ein Fenster erfüllen muss

2.8.2.1 Widerstandsfähigkeit bei Windlast

Die Windbeanspruchung eines Fensters ergibt sich aus der Einwirkung von Wind auf das Bauwerk, welche aus Winddruck, Windsog und Zuschlagswerten besteht. Die Windlasten sind abhängig von

- Gebäudehöhe,
- Gebäudelage (Windzone, Geländekategorie) und
- Gebäudeform.

Speziell die Normen zur Ermittlung der objektspezifisch anzusetzenden Windlast sind zuletzt einem sehr deutlichen Wandel unterlegen. Dieser Wandel betrifft sowohl den Aufwand zur Ermittlung als auch der Höhe der anzusetzenden Windlasten. Bereits ab 1966 gab es in Deutschland mit DIN 18056 „Fensterwände, Bemessung und Ausführung“ und ab 1986 mit DIN 1055-4 „Lastannahmen für Bauten – Windlasten bei nicht schwingungsanfälligen Bauwerken“ bauaufsichtlich eingeführte Normen mit sehr übersichtlichen Angaben von Windlasten; diese sind zur Information in Tabelle 2.2 zusammengestellt.

Bild 2.7 Windzonenkarte (Quelle: Firma Wienerberger GmbH)

Tabelle 2.2 Windlasten nach „alter" DIN 1055-4:1986-08 und DIN 18056:1966

Höhe	Normales Bauwerk	Turmartiges Bauwerk
0–8 m	0,60 kN/m²	0,80 kN/m²
8–20 m	0,96 kN/m²	1,28 kN/m²
20–100 m	1,32 kN/m²	1,76 kN/m²

Am 1. Juli 2012 wurde die neue europäische Windlastnorm

- DIN EN 1991-1-4:2010-12 „Eurocode 1: Einwirkungen auf Tragwerke – Teil 1-4: Allgemeine Einwirkungen – Windlasten" mit dem nationalen Anhang
- DIN EN 1991-1-4/NA:2010-12 „Nationaler Anhang – National festgelegte Parameter – Eurocode 1: Einwirkungen auf Tragwerke – Teil 1-4: Allgemeine Einwirkungen – Windlasten"

bauaufsichtlich eingeführt.

Hinweis: Zum Zeitpunkt der Drucklegung lag der Nationale Anhang DIN EN 1991-1-4/NA:2024-08 vor, der sich auf DIN EN 1991-1-4:2010-12 bezieht. Die Norm selbst lag zur Drucklegung als *Entwurf* E DIN EN 1991-1-4:2024-03 vor.

Die nachfolgenden Aussagen und Fundstellen beziehen sich noch auf die ursprünglich im Dezember 2010 eingeführte Norm (DIN EN 1991-1-4:2010-12 und DIN EN 1991-1-4/NA:2010-12), da sich DIN 18055:2020-09 auf diese Fassung der Windlastnorm bezieht.

Nach Überprüfung durch die Autoren behalten DIN EN 1991-1-4/NA:2024-08 und E DIN EN 1991-1-4:2024-03 – soweit das für einen Normen-ENTWURF abzusehen ist – die hier in diesem Fachbuch wiedergegebenen Aussagen (sinngemäß) bei, auch wenn diese in der aktuellen Norm- bzw. Entwurfsfassung zum Teil an anderen Stellen wiederzufinden sind.

Auf eine doppelte Zitierung bzw. Nennung der Fundstellen wird hier aus Übersichtsgründen verzichtet.

Nach dieser Norm erfolgt die Ermittlung der Bemessungswindlast für den Standsicherheitsnachweis eines Gebäudes wie folgt:

- Zunächst ist zu entscheiden, ob die Ermittlung der Bemessungswindlast durch
  - Anwendung des vereinfachten Verfahrens (nach DIN EN 1991-1-4/NA:2024-08, S. 21, Anhang NA.B, Abschnitt NA.B.3.2 für Gebäudehöhen bis 25 m und Bauwerksstandort bis 800 m über NN) oder durch
  - Anwendung des genauen Verfahrens (nach DIN EN 1991-1-4/NA:2024-08, S. 22, Anhang NA.B, Abschnitt NA.B.3.3)

  erfolgen soll.

- Aus dem Standort, der Windzone (vgl. Bild 2.7) und der Geländekategorie ergibt sich der Geschwindigkeitsdruck.
- Dieser Geschwindigkeitsdruck ist je nach Lasteinzugsfläche mit dem Außendruckbeiwert c_{pe} zu multiplizieren, womit man als Ergebnis Winddruck (in der Lasteinzugsfläche D) bzw. Windsog (in den anderen Lasteinzugsflächen) erhält.

Auf Grundlage von DIN EN 1991-1-4/NA:2010-12 mussten die Windlasten, die noch im Entwurf von DIN 18055 aus dem Jahr 2010 ausgewiesen waren, für DIN 18055:2014-11 deutlich erhöht werden, da die Windlasten, die auf ein Fenster wirken, genauso groß sein müssen, wie die Windlasten, die auf das Gesamtgebäude wirken, in dem das Fenster eingebaut ist.

Einen Vergleich der „Windlasten alt“ (E DIN 18055:2010-10) und „Windlasten aktuell“ (mittlerweile DIN 18055:2020-09) und der damit verbundenen Höher-Klassifizierungen gemäß DIN EN 14351-1 ermöglichen Tabelle 2.3 und Tabelle 2.4.

War beispielsweise für ein Einfamilienhaus, Höhe < 10 m, Lage im Binnenland, Windzone 1 nach E DIN 18055:2010-10 („alt“) ein Fenster mit der Windwiderstandsklasse B1 ausreichend (vgl. Markierung in Tabelle 2.3), so muss das Fenster in gleicher Einbaulage nach DIN 18055:2020-09 („aktuell“) jetzt B2 (vgl. Markierung in Tabelle 2.4) klassifiziert sein. Die höhere Windlast auf das Fenster selbst bedeutet in Konsequenz natürlich auch für die Befestigung des Fensters, dass hier höhere Lasten bei der Auslegung der Verankerungen berücksichtigt werden müssen.

DIN 18055 (2020-09, S. 25–27, Anhang A, Abschnitt A.1 und Abschnitt A.3 mit Tabelle A.1) verweist für die Herleitung der Bemessungswindlast für den Standsicherheitsnachweis eines Gebäudes auf DIN EN 1991-1-4:2010-12 und DIN EN 1991-1-4/NA:2010-12 und das im Anhang NA.B, Abschnitt NA.B.3.2 dargestellte vereinfachte Verfahren. In Abhängigkeit vom Standsicherheitsnachweis des Gebäudes, speziell der Bemessungswindlast, ergeben sich dann die Anforderungen an die Widerstandsfähigkeit bei Windlast.

Die Höhe des bei der Dimensionierung von Pfosten und Riegeln anzusetzenden Geschwindigkeitsdrucks kann damit für den Regelfall bis 25 m Gebäudehöhe auch direkt DIN EN 1991-1-4/NA (2010-12, S. 18, Anhang NA.B, Tabelle NA.B.3) entnommen werden; vgl. hier Tabelle 2.5. Die Werte des Geschwindigkeitsdrucks liegen zwischen 0,5 und 1,55 kN/m² und müssen noch mit dem gebäudeabhängigen Außendruckbeiwert c_{pe} multipliziert werden; vgl. Tabelle 2.4.

Hinweis: DIN EN 1991-1-4 unterscheidet die Außendruckbeiwerte $c_{pe,1}$ und $c_{pe,10}$. Dazu heißt es in der Norm wie folgt (DIN EN 1991-1-4/NA:2010-12, S. 32, Abschnitt 7.2.1):

> *„$c_{pe,1}$-Werte dienen dem Entwurf kleiner Bauteile und deren Verankerungen, mit einer Lasteinflussfläche kleiner oder gleich 1 m², wie z. B. Verkleidungs- und*

Dachelementen. $c_{pe,10}$-Werte werden zur Bemessung des gesamten Tragwerks verwendet."

In vielen Fällen ist die Lasteinflussfläche für einen Befestigungspunkt eines Fensters kleiner oder gleich 1 m² groß, weshalb DIN 18055:2020-09 auch nur die größeren $c_{pe,1}$-Werte ausweist (vgl. hier Tabelle 2.4); siehe dazu auch DIN EN 1991-1-4 (2010, S. 38, Tabelle 7.1).

Tabelle 2.3 Auszug aus E DIN 18055:2010-10 („alt"), Tabelle A.1: Beanspruchungsklassen für Fenster – Geländekategorie Binnenland

Fenster-Einbauhöhe	Windzone WZ	Klassifizierung	Wind $c_{pe,10}$ für Gebäude-	
			Mitte	Rand
			0,8	1,4
≤ 10 m	1	Bemessungswindlast in kN/m²	0,40	0,70
		Klasse Windwiderstand	**B 1**	B 2
	2	Bemessungswindlast in kN/m²	0,52	0,91
		Klasse Windwiderstand	B 2	B 3
	3	Bemessungswindlast in kN/m²	0,64	1,12
		Klasse Windwiderstand	B 2	B 3
	4	Bemessungswindlast in kN/m²	0,76	1,33
		Klasse Windwiderstand	B 2	B 4
> 10–18 m	1	Bemessungswindlast in kN/m²	0,52	0,91
		Klasse Windwiderstand	B 2	B 3
	2	Bemessungswindlast in kN/m²	0,64	1,12
		Klasse Windwiderstand	B 2	B 3
	3	Bemessungswindlast in kN/m²	0,76	1,33
		Klasse Windwiderstand	B 2	B 4
	4	Bemessungswindlast in kN/m²	0,92	1,61
		Klasse Windwiderstand	B 3	B 5
> 18–25 m	1	Bemessungswindlast in kN/m²	0,60	1,05
		Klasse Windwiderstand	B 2	B 3
	2	Bemessungswindlast in kN/m²	0,72	1,26
		Klasse Windwiderstand	B 2	B 4
	3	Bemessungswindlast in kN/m²	0,88	1,543
		Klasse Windwiderstand	B 3	B 4
	4	Bemessungswindlast in kN/m²	1,04	1,82
		Klasse Windwiderstand	B 3	B 5

Tabelle 2.4 Umformatierter Auszug aus DIN 18055:2020-09 („aktuell"), Anhang A, A.3, Tabelle A.1: Beanspruchungsklassen für Fenster – Geländekategorie Binnenland

Gebäudehöhe	Windzone WZ	Klassifizierung		Mitte	Rand
≤ 10 m	**1**	Geschwindigkeitsdruck in kN/m^2 [1)]		0,50	0,50
		Winddruck in kN/m^2	$c_{pe,1}$ = 1,0/1,0	0,50	0,50
		Windsog in kN/m^2	$c_{pe,1}$ = –1,1/–1,7	0,55	0,85
		Widerstand gegen Windlast[2)]		**B2**	B3
	2	Geschwindigkeitsdruck in kN/m^2 [1)]		0,65	0,65
		Winddruck in kN/m^2	$c_{pe,1}$ = 1,0/1,0	0,65	0,65
		Windsog in kN/m^2	$c_{pe,1}$ = –1,1/–1,7	0,72	1,11
		Widerstand gegen Windlast[2)]		B2	B3
	3	Geschwindigkeitsdruck in kN/m^2 [1)]		0,80	0,80
		Winddruck in kN/m^2	$c_{pe,1}$ = 1,0/1,0	0,80	0,80
		Windsog in kN/m^2	$c_{pe,1}$ = –1,1/–1,7	0,88	1,36
		Widerstand gegen Windlast[2)]		B3	B4
	4	Geschwindigkeitsdruck in kN/m^2 [1)]		0,95	0,95
		Winddruck in kN/m^2	$c_{pe,1}$ = 1,0/1,0	0,95	0,95
		Windsog in kN/m^2	$c_{pe,1}$ = –1,1/–1,7	1,05	1,62
		Widerstand gegen Windlast[2)]		B3	B5
>10–18 m	**1**	Geschwindigkeitsdruck in kN/m^2 [1)]		0,65	0,65
		Winddruck in kN/m^2	$c_{pe,1}$ = 1,0/1,0	0,65	0,65
		Windsog in kN/m^2	$c_{pe,1}$ = –1,1/–1,7	0,72	1,11
		Widerstand gegen Windlast[2)]		B2	B3
	2	Geschwindigkeitsdruck in kN/m^2 [1)]		0,80	0,80
		Winddruck in kN/m^2	$c_{pe,1}$ = 1,0/1,0	0,80	0,80
		Windsog in kN/m^2	$c_{pe,1}$ = –1,1/–1,7	0,88	1,36
		Widerstand gegen Windlast[2)]		B3	B4
	3	Geschwindigkeitsdruck in kN/m^2 [1)]		0,95	0,95
		Winddruck in kN/m^2	$c_{pe,1}$ = 1,0/1,0	0,95	0,95
		Windsog in kN/m^2	$c_{pe,1}$ = –1,1/–1,7	1,05	1,62
		Widerstand gegen Windlast[2)]		B3	B5
	4	Geschwindigkeitsdruck in kN/m^2 [1)]		1,15	1,15
		Winddruck in kN/m^2	$c_{pe,1}$ = 1,0/1,0	1,15	1,15
		Windsog in kN/m^2	$c_{pe,1}$ = –1,1/–1,7	1,27	1,96
		Widerstand gegen Windlast[2)]		B4	B5

Tabelle 2.4 (Fortsetzung)

Gebäudehöhe	**Windzone WZ**	**Klassifizierung**		**Mitte**	**Rand**
>18–25 m	1	Geschwindigkeitsdruck in kN/m² 1)		0,75	0,75
		Winddruck in kN/m²	$c_{pe,1}$ = 1,0/1,0	0,75	0,75
		Windsog in kN/m²	$c_{pe,1}$ = –1,1/–1,7	0,83	1,28
		Widerstand gegen Windlast 2)		B3	B4
	2	Geschwindigkeitsdruck in kN/m² 1)		0,90	0,90
		Winddruck in kN/m²	$c_{pe,1}$ = 1,0/1,0	0,90	0,90
		Windsog in kN/m²	$c_{pe,1}$ = –1,1/–1,7	0,99	1,53
		Widerstand gegen Windlast 2)		B3	B4
	3	Geschwindigkeitsdruck in kN/m² 1)		1,10	1,10
		Winddruck in kN/m²	$c_{pe,1}$ = 1,0/1,0	1,10	1,10
		Windsog in kN/m²	$c_{pe,1}$ = –1,1/–1,7	1,21	1,87
		Widerstand gegen Windlast 2)		B4	B5
	4 3)	Geschwindigkeitsdruck in kN/m² 1)		**1,30**	**1,30**
		Winddruck in kN/m²	$c_{pe,1}$ = **1,0/1,0**	**1,30**	**1,30**
		Windsog in kN/m²	$c_{pe,1}$ = **–1,1/–1,7**	**1,43**	**2,21**
		Widerstand gegen Windlast 2)		B4	E2210

1) nach EN 1991-1-4
2) nach DIN EN 14351-1
3) Beispiel zur Nutzung der Tabelle für Gebäudehöhe > 18–25 m und Windzone 4:

- Geschwindigkeitsdruck in der Mitte bzw am Rand: $q_p = 1{,}30$ kN/m² (für q_p vgl. auch Tabelle 2.5)
  Die charakteristischen Windkräfte ergeben sich mit $q_k = q_p \cdot c_{pe,1}$
- Charakteristischer Winddruck in der Mitte: $q_k = 1{,}30 \cdot 1{,}0 = 1{,}30$ kN/m²
- Charakteristischer Winddruck am Rand: $q_k = 1{,}30 \cdot 1{,}0 = 1{,}30$ kN/m²
- Charakteristischer Windsog in der Mitte: $q_k = 1{,}30 \cdot (-1{,}1) = -1{,}43$ kN/m²
- Charakteristischer Windsog am Rand: $q_k = 1{,}30 \cdot (-1{,}7) = -2{,}21$ kN/m²

Es ist weiterhin zu beachten, dass DIN 18055:2010-10 („alt“) die Windlasten für die jeweilige Einbauhöhe der Fenster angibt, während DIN 18055:2020-09 („aktuell“, Abschnitt 3.4) jetzt die Windlasten in Abhängigkeit der Gebäudehöhe bis zum Dachfirst ausweist (vgl. Bild 2.8).

Für die Rand- bzw. Eckbereiche von Gebäuden sind nach DIN EN 1991-1-4 (2010-12, S. 38, Tabelle 7.1) bzw. in Deutschland nach DIN EN 1991-1-4/NA (2010-12, S. 8, Tabelle NA.1) höhere Außendruckbeiwerte c_{pe} als für die Gebäudemitte anzusetzen; vgl. auch Tabelle 2.4. Im Eck- und Randbereich müssen die Windlasten also gegenüber dem Mittenbereich von Gebäuden erhöht werden.

Tabelle 2.5 Vereinfachte Geschwindigkeitsdrücke für Bauwerke bis 25 m Höhe (DIN EN 1991-1-4/NA:2010-12, S. 18, Anhang NA.B, Tabelle NA.B.3)

Windzone		Geschwindigkeitsdruck q_p in kN/m² bei einer Gebäudehöhe (h) in den Grenzen von		
		h ≤ 10 m	10 m < h ≤ 18 m	18 m < h ≤ 25 m
1	Binnenland	0,50	0,65	0,75
2	Binnenland	0,65	0,80	0,90
	Küste [1)] und Inseln der Ostsee	0,85	1,00	1,10
3	Binnenland	0,80	0,95	1,10
	Küste [1)] und Inseln der Ostsee	1,05	1,20	1,30
4	Binnenland	0,95	1,15	1,30
	Küste [1)] der Nord- und Ostsee und Inseln der Ostsee	1,25	1,40	1,55
	Inseln der Nordsee	1,40	—	—

1) Die Werte für „Küste" gelten für küstennahe Gebiete in einem 5 km breiten Streifen von der Küste landeinwärts sowie auf den Inseln der Ostsee. Auf den Inseln der Nordsee ist das vereinfachte Verfahren nur bis zu einer Gebäudehöhe von 10 m zugelassen.

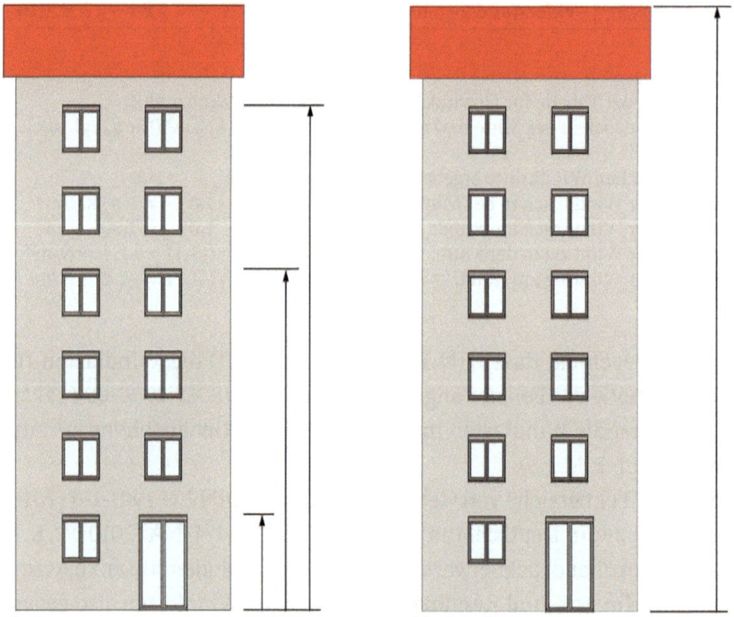

a) alt b) aktuell

Bild 2.8 a) Einbauhöhe nach DIN 18055:2010-10 und b) Gebäudehöhe nach DIN 18055:2020-09

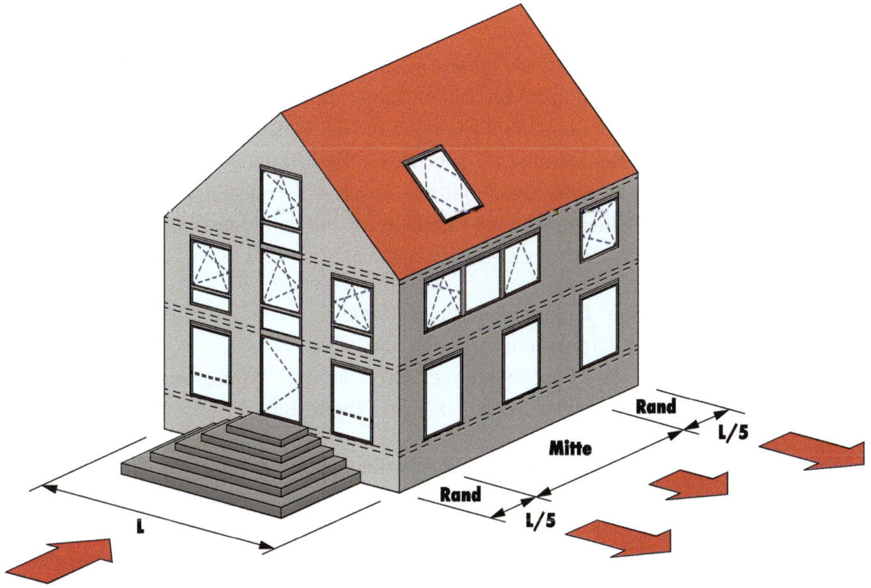

Bild 2.9 Definition von Rand- und Mittenbereichen nach DIN 18055:2020-09 (Grafik: Adolf Würth GmbH & Co. KG)

Für Wind*sog* werden in DIN 18055:2020-09 (gegenüber DIN EN 1991-1-4) vereinfachend nur „Randbereiche" als 1/5 der jeweils durch Winddruck belasteten Breite des Gebäudes definiert (vgl. Bild 2.9).

Das bedeutet, dass in DIN 18055:2020-09 *keine* Differenzierung zwischen Eck- und Randbereichen stattfindet, wie sie in DIN EN 1991-1-4 (2010-12, S. 37, Abschnitt 7.2.2, Bild 7.5) für *„vertikale Wände von Gebäuden mit rechteckigem Grundriss"* für unterschiedliche Verhältnisse von Breite zu Höhe des Gebäudes dargestellt werden.

Dafür wird für den „Randbereich" in DIN 18055:2020-09 auf der sicheren Seite einheitlich ein sehr großer Außendruckbeiwert für Windsog $c_{pe,1}$= -1,7 angesetzt (vgl. Tabelle 2.4).

Dieser Außendruckbeiwert $c_{pe,1}$= -1,7 gilt gemäß DIN EN 1991-1-4/NA (2010-12, S. 8, Tabelle NA.1) sonst nur für den Eckbereich „A" und nur für das Verhältnis von Gebäudehöhe zu Gebäudebreite h/d = 5, also für Gebäude, die fünfmal höher sind als ihre Breite.

Für den Randbereich „B" und für andere Verhältnisse von Gebäudehöhe zu Gebäudebreite ist der Betrag des Außendruckbeiwerts nach DIN EN 1991-1-4/NA (2010-12, S. 8, Tabelle NA.1) in der Regel immer kleiner: $|c_{pe,1}| \leq 1{,}7$

Das bedeutet zusammenfassend, dass hier für „normale" bzw. „übliche" Gebäude (mit rechteckigem Grundriss bis zu einer Gebäudehöhe von h ≤ 25 m) zu Gunsten einer vergleichsweise einfachen und schnellen Berechnung der Windlasten zum Ausgleich entsprechend höhere Sicherheiten berücksichtigt werden.

Hinweis: Die Praxiserfahrungen der Autoren zeigen, dass die in DIN 18055:2020-09 („aktuell"), Anhang A, Abschnitt A.3, Tabelle A.1 ausgewiesenen Windlasten grundsätzlich zur statischen Berechnung für die Dimensionierung von Pfosten und Riegeln und entsprechend auch als Grundlage für die Bemessung der Fensterbefestiger angewendet werden können. Die Vereinfachung für „normale" bzw. „übliche" Gebäude (mit rechteckigem Grundriss bis zu einer Gebäudehöhe von h ≤ 25 m) reduziert bei „kleinen" Projekten den Umfang einer statischen Berechnung und damit auch die entsprechend erforderliche Bearbeitungszeit. Insbesondere aber bei

- großen Fenster- oder Türenelementen und/oder
- wenig tragfähigen Verankerungsgründen und/oder
- hohen anzusetzenden Geschwindigkeitsdrücken (vgl. Windzonen 2, 3 und 4 in Bild 2.7 und zugehörige Werte für q_p z. B. in Tabelle 2.5)

kann die Vereinfachung auch zu einer „Unlösbarkeit" der Befestigungsaufgabe führen (z. B. Überlastung einzelner Befestigungspunkte und/oder Ermittlung einer so hohen Anzahl von Befestigern, die baupraktisch nicht mehr „vernünftig" angeordnet werden können). Für solche Fälle empfiehlt sich dann die genaue Ermittlung der Windlasten nach DIN EN 1991-1-4 bzw. DIN EN 1991-1-4/NA, um nach Möglichkeit die in DIN 18055:2020-09 („aktuell"), Anhang A, Abschnitt A.3, Tabelle A.1 enthaltenen „zusätzlichen Sicherheiten" nunmehr als „Reserven" nutzen zu können.

2.8.2.2 Schlagregendichtheit und Luftdurchlässigkeit

Die Bereiche Schlagregendichtheit und Luftdurchlässigkeit sind durch die jeweiligen Abdichtungssysteme zwischen Fensterrahmen und Mauerwerk abzudecken und werden in Teil 3 dieses Fachbuchs erläutert, weshalb an dieser Stelle nicht weiter darauf eingegangen und zunächst nur auf den folgenden Hinweis aufmerksam gemacht wird:

Hinweis: Es wird ausdrücklich darauf hingewiesen, dass grundsätzlich auch die Abdichtungssysteme auf die Befestiger – und umgekehrt – abgestimmt werden müssen.

Es kann *nicht* jede Befestigungslösung mit jedem Abdichtungssystem kombiniert werden.

2.8.2.3 Tragfähigkeit von Sicherheitsvorrichtungen

Mit „Sicherheitsvorrichtungen" sind nach DIN EN 14351-1, Abschnitt 4.8 z. B. Befestigungsvorrichtungen und Fangscheren sowie Feststeller und Befestigungsvorrichtungen für Reinigungszwecke gemeint (Beschläge – wie z. B. Drehkippbeschläge, Türschließer mit Öffnungsbegrenzern, Feststellanlagen für Außentüren, Sperrbügel und Sicherheitsketten – sind *keine* Sicherheitsvorrichtungen in diesem Sinne);

sie dienen u. a. zur Vermeidung von heraus- und/oder herunterfallenden Elementen bzw. Elementteilen. Im speziellen Anwendungsfall ist zu prüfen, ob diese Sicherheitsvorrichtungen zusätzliche Belastungen für das Fenster und dessen Befestigung bedeuten oder nicht.

2.9 ift-Richtlinie MO-02/1: Baukörperanschluss von Fenstern[1]

2.9.1 Allgemeines

Eine immer größer werdende Anzahl von Verankerungsgründen und Befestigungssystemen macht es für den Anwender immer schwerer, aus den eigenen Erfahrungen heraus handwerkliche Lösungen für die Befestigung von Fenstern zu finden. Die ift-Richtlinie MO-02/1 (ift Rosenheim, 2015, vgl. Bild 2.10) richtet sich deshalb an die Hersteller von Befestigungssystemen, um die Eignung ihrer Befestigungsmittel und -systeme reproduzierbar nachzuweisen und dem Anwender entsprechende Daten zur Lösung seiner Befestigungsaufgabe zur Verfügung zu stellen. Die Richtlinie bietet dabei die Grundlagen zur Bewertung der entsprechenden Systeme und berücksichtigt sowohl die Funktion als auch die Dauerhaftigkeit und Tragfähigkeit der Befestigungssysteme.

Die Richtlinie MO-02/1 ist deshalb – z. B. neben den Zulassungen für Dübel-Systeme – eine weitere Möglichkeit die „Lücke" zwischen dem Vorgehen im Montageleitfaden (vgl. Abschnitt 2.2) in Bezug auf eine Befestigungslösung z. B. im Standardfall 2 zu finden. Dabei unterscheiden sich jedoch die Ermittlung und Auswertung der Versuche zur Ermittlung der Dübeltragfähigkeiten signifikant vom Vorgehen im Rahmen vergleichbarer Zulassungen, die auf Grundlage der allgemeinen Dübeltechnik erteilt werden.

Grundsätzlich können Systeme mit allgemeiner bauaufsichtlicher Zulassung bzw. Europäischer Technischer Bewertung ohne neue Prüfung im Anwendungsbereich der Richtlinie MO-02/1 eingesetzt werden, wenn der Anwendungsbereich der entsprechenden Zulassung die Verwendung für die Befestigung von Fensterelementen und Außentüren zulässt. Die Richtlinie behandelt deshalb die Prüfung und Bewertung von Systemen, die in der Regel keine Zulassung haben.

Anfragen an die Autoren dieses Fachbuchs lassen darauf schließen, dass die Grundlage der Richtlinie MO-02/1 und die Grundlagen der allgemeinen Dübeltechnik „im Wettbewerb" zueinander stehen. Dieser Abschnitt 2.9 zeigt daher die wesentlichen Unterschiede der aktuell vorliegenden Papiere auf.

[1] Die nachfolgenden Ausführungen wurden dieser Quelle entnommen: Becker et. al: *Vergleich der Regelungen der ift-Richtlinie MO-02/1 mit den Regelwerken der allgemeinen Dübeltechnik*, in: Konstruktiver Ingenieurbau, Bundesanzeiger Verlag GmbH, Köln 2025, Heft 01/2025, S. 40–53.

R

ift-RICHTLINIE MO-02/1
Juni 2015

ift ROSENHEIM

Baukörperanschluss von Fenstern

Teil 2 Verfahren zur Ermittlung der Gebrauchstauglichkeit von Befestigungssystemen

© ift Rosenheim

Bild 2.10 ift-Richtlinie MO-02/1: Baukörperanschluss von Fenstern – Teil 2: Verfahren zur Ermittlung der Gebrauchstauglichkeit von Befestigungssystemen (Quelle: ift Rosenheim GmbH)

2.9.2 Anwendungsbereich

Bei Abweichungen von den Vorgaben nach Gütegemeinschaft (2024) bzw. der Konkretisierung durch die Richtlinie kommen für die Lastabtragung der Verglasung über das Fenster und die Lastweiterleitung in das tragende Bauteil in der Regel nur noch Dübel in Frage, die über eine allgemeine bauaufsichtliche Zulassung/allgemeine Bauartgenehmigung (abZ/aBG), Europäische Technische Bewertung (ETA), eine Zustimmung im Einzelfall (ZiE) und/oder eine vorhabenbezogenen Bauartgenehmigung (vBG) geregelt sind (vgl. u. a. Abschnitte 8.4 und 14.7.4).

Die ift-Richtlinie MO-02/1 „Baukörperanschluss von Fenstern – Teil 2: Verfahren zur Ermittlung der Gebrauchstauglichkeit von Befestigungssystemen" vom Juni 2015 behandelt deshalb *„Befestigungsmittel/-systeme für die Befestigung von Fensterelementen und Außentüren zum Baukörper. Es werden Verfahren zur Ermittlung der Eignung Funktion und Dauerhaftigkeit und des Leistungsvermögens (Tragfähigkeit) von Befestigungsmitteln/-systemen ... festgelegt"* (vgl. ift Rosenheim, 2015, S. 4, Abschnitt 1).

Der „Anwendungsbereich" wird im Abschnitt 1 der Richtlinie angegeben:

> *„Sie gilt für*
> - *Dübel und Schrauben,*
> - *Kombinationen mit Winkeln und Laschen,*
> - *Einbauzargen,*
> - *Befestigungssysteme mit Sonderfunktionen (justierbar, mit Lastabtragung in Fensterebene ...),*
> - *Befestigungssysteme zur Montage in der Dämmebene."*

Die Richtlinie gilt dagegen nicht für Bereiche, in denen nach baurechtlichen Vorgaben immer mit zugelassenen Befestigern gearbeitet werden muss (z. B. Fassaden, absturzsichernde Verglasungen) oder andere Nachweise erforderlich werden wie z. B. bei der Einbruchhemmung (Prüfnachweise); vgl. nachfolgendes Zitat aus ift Rosenheim (2015, S. 4, Abschnitt 1):

> *„Sie gilt nicht für*
> - *Fassaden und Wintergärten,*
> - *Belastungen aus absturzsichernden Konstruktionen,*
> - *Einflüsse infolge außergewöhnlicher mechanischer Einwirkungen (Einbruch, Explosionen,...),*
> - *Einsatz bei aggressiven Medien,*
> - *Direkte Verklebung des Rahmens mit dem Wandsystem."*

In Bezug auf die allgemeine Dübeltechnik kann zusammenfassend festgehalten werden, dass die ift-Richtlinie MO-02/1 auf die Befestigung von Fenstern „beschränkt" ist und dabei nicht nur Dübel und (Fenstermontage-) Schrauben behandelt, sondern auch „Befestigungssysteme" (vgl. die zuerst zitierte Aufzählung). Hierbei ist allerdings festzuhalten, dass diese „Befestigungssysteme" nach Abschnitt 4 der Richtlinie offenbar in den meisten Fällen wiederum mit Dübeln und Schrauben am tragenden Baukörper (= Verankerungsgrund) befestigt werden (vgl. ift Rosenheim, 2015, S. 6 ff., Abschnitt 4, Tabelle 1 mit den Zeilen 1, 3, 6 und 8).

Gleichzeitig stellt die Richtlinie selbst einen Bezug zur allgemeinen Dübeltechnik her. Dabei referenziert sie einerseits die Leitlinie ETAG 020 für Kunststoffdübel [vgl. ift Rosenheim, 2015, S. 5 (mitgeltende Richtlinie), S. 10 (Prüfaufbau und Abstützung der Proben), S. 15 (Festlegung der Material-Teilsicherheitsbeiwerte) und S. 16 (Durchbiegungsbeschränkung)], führt aber anderseits explizit nur Folgendes aus (vgl. ift Rosenheim, 2015, S. 4, Abschnitt 1):

> *„Befestigungsmittel/-systeme mit allgemeiner bauaufsichtlicher Zulassung (abZ) bzw. europäischer technischer Zulassung (ETA) können für die Befestigung von Fensterelementen und Außentüren ebenfalls eingesetzt werden.*
>
> *Eine neuerliche Prüfung nach dieser Richtlinie ist nicht erforderlich, sofern in der Zulassung entsprechende Anwendungsbereiche und Lasten angegeben werden.“*

Durch diese Aussagen entsteht der eingangs beschriebene „Wettbewerb“, deren Ursachen in Abschnitt 2.9.5 erläutert werden.

2.9.3 Weitere Regelungen

Auch zur Gebrauchstauglichkeit von Befestigungsmitteln trifft die ift-Richtlinie MO-02/1 Aussagen. Demnach dürfen bei den Versuchen im Rahmen eines Bauteilversuchs

- keine Lockerungen,
- kein Versagen,
- nur reversible Verformungen ≤ 3 mm unter Last und
- eine maximale bleibende Verformung < 1 mm

auftreten. Insbesondere die Verformungskriterien spielen für die u. a. in Kapitel 4 beschriebenen Versuche eine wesentliche Rolle.

2.9.4 Regelwerke der „allgemeinen Dübeltechnik“

Als Überleitung von Abschnitt 2.9.2 ist anzumerken, dass sich das Zulassungswesen seit dem Erscheinen der ift-Richtlinie MO-02/1 im Jahr 2015 weiterentwickelt hat. Für Deutschland müsste im letzten Zitat in Abschnitt 2.9.2 die

- allgemeine bauaufsichtliche Zulassung/allgemeine Bauartgenehmigung (abZ/aBG)

ergänzt werden. In Europa wurden zwischenzeitlich

- die Leitlinien für Europäische Technische Zulassungen (ETAGs) durch Europäische Bewertungsdokumente (EADs) und
- die Europäischen Technischen Zulassungen (ETAs) durch Europäische Technische Bewertungen (ebenfalls abgekürzt mit ETAs)

ersetzt.

Entsprechend müsste heute für die Beurteilung bzw. die Durchführung von Zulassungs- bzw. Bewertungsversuchen für Kunststoffdübel anstelle der Leitlinie ETAG 020 das

- European Assessment Document – EAD 330284-00-0604 (2021) Plastic Anchors for redundant non-structural Systems in Concrete and Masonry in Bezug genommen werden. Im Hinblick auf (Fenstermontage-) Schrauben im Verankerungsgrund Beton bzw. Mauerwerk wären außerdem das

- European Assessment Document – EOTA EAD 330232-00-0601 (2016) Mechanical fasteners for use in concrete und zukünftig das
- European Assessment Document – EOTA EAD 330460-00-0604 (2020) – Screw anchor for use in masonry

mit zu berücksichtigen.

Für die Bemessung müssten der

- Technical Report TR 064 (2022) Design of Plastic Anchors in Concrete and Masonry bzw. das
- Bemessungsverfahren für Kunststoffdübel zur Verankerung in Beton und Mauerwerk (Deutsches Anwendungsdokument zu EOTA TR 064 vom Mai 2018)

sowie für (Beton-) Schrauben

- DIN EN 1992-4:2019-04: Eurocode 2 – Bemessung und Konstruktion von Stahlbeton- und Spannbetontragwerken – Teil 4: Bemessung der Verankerungen von Befestigungen in Beton und
- DIN EN 1992-4:2019-04/NA: Nationaler Anhang – National festgelegte Parameter – Eurocode 2: Bemessung und Konstruktion von Stahlbeton- und Spannbetontragwerken – Teil 4: Bemessung von Befestigungen in Beton

und für Schraubanker in Mauerwerk

- Technical Report TR 054 (2023) Design methods for anchorages with metal injection anchors and screw anchors for use in masonry

beachtet werden.

Nachfolgend wird zunächst nur auf die geltenden Regelungen der „allgemeinen Dübeltechnik" eingegangen. Dieses Vorgehen gibt der Betrachtung nach Ansicht der Autoren die notwendige Aktualität. Außerdem gingen die in diesem Abschnitt aufgeführten Quellen im Wesentlichen aus den Leitlinien hervor, die zum Zeitpunkt der Veröffentlichung der Richtlinie MO-02/1, also im Jahr 2015, gültig waren. Falls erforderlich wird auch auf die nicht mehr geltenden Leitlinien (ETAGs) hingewiesen.

2.9.5 Unterschiede bei der Beurteilung von Fensterbefestigern

Zunächst werden in Tabelle 2.6 kurz und übersichtlich die wesentlichen Unterschiede zwischen der im Abschnitt 2.9.2 dargestellten ift-Richtlinie MO-02/1 (ift Rosenheim, 2015) und den in Abschnitt 2.9.4 aufgeführten Regelwerken der „allgemeinen Dübeltechnik" gegenübergestellt. In den Folgeabschnitten werden diese Unterschiede dann ausführlicher erörtert.

Tabelle 2.6 Unterschiede bei der Beurteilung von Fensterbefestigern zwischen ift-Richtlinie MO-02/1 (ift Rosenheim, 2015) und den Regelwerken der allgemeinen Dübeltechnik

Zeile	**Regelungen der ...**		**Erörterung siehe Abschnitt**
	... ift-Richtlinie MO-02/1	**... allgemeinen Dübeltechnik**	
1	Die Bewertung der Versuchsergebnisse beruht auf (einer Aussagewahrscheinlichkeit bzw.) einem Vertrauensniveau von **75 %**. (vgl. ift Rosenheim, 2015, S. 5, Abschnitt 3.1 und S. 15, Abschnitt 5.1)	Die Bewertung der Versuchsergebnisse beruht auf (einer Aussagewahrscheinlichkeit bzw.) einem Vertrauensniveau von **90 %**. Außerdem muss ggf. in Abhängigkeit vom Variationskoeffizienten der Versuchsergebnisse ein Abminderungsfaktor bei der Ermittlung der charakteristischen Tragfähigkeit berücksichtigt werden.	2.9.5.1
2	Aus der Richtlinie geht nicht hervor, inwieweit die verschiedenen Versagensmöglichkeiten (Dübel bzw. Spreizelement, Verankerungsgrund) untersucht werden. (vgl. ift Rosenheim, 2015, S. 5 ff., Abschnitt 4.1.3)	Die verschiedenen Versagensmöglichkeiten (Dübel bzw. Spreizelement, Verankerungsgrund) werden im Rahmen der Bewertung des Dübels versuchstechnisch untersucht und müssen bei der Bemessung getrennt voneinander betrachtet werden.	2.9.5.2
3	„*Weicht die Druckfestigkeit des Verankerungsgrundes der Proben bei Beton vom Nennwert der charakteristischen Druckfestigkeit und bei Mauersteinen von der standardisierten mittleren Druckfestigkeit ab, ist eine*" **einheitliche** „*Korrektur nach Gl. (2.2) durchzuführen*". $F_{Rk,c/b} = F_{Rk} \cdot (f_{ck/b} / f_{c,test/b,test})$ (vgl. ift Rosenheim, 2015, S. 15, Abschnitt 5.1)	Die Umrechnung von Bruchlasten auf die Nennfestigkeit ist abhängig vom Verankerungsgrund (Beton, Mauerwerk, Porenbeton).	2.9.5.3

Tabelle 2.6 (Fortsetzung)

Zeile	Regelungen der ...		Erörterung siehe Abschnitt
	... ift-Richtlinie MO-02/1	... allgemeinen Dübeltechnik	
4	*„Die empfohlene Last (Gebrauchslast) ermittelt sich aus der Bemessungslast geteilt durch einen kombinierten Teilsicherheitsbeiwert für ständige und veränderliche Einwirkungen (Gl. (2.4)).* $F_{empf} = F_{Rd} / \gamma_F$ *mit:* $\gamma_F = 1{,}4$ *Alternativ können auch getrennte Teilsicherheitsbeiwerte für ständige und veränderliche Einwirkungen mit Kombinationsbeiwerten verwendet werden.“* (vgl. ift Rosenheim, 2015, S. 15, Abschnitt 5.1)	*„Die Teilsicherheitsbeiwerte für Einwirkungen können aus DIN EN 1990 in Verbindung mit DIN EN 1990/NA entnommen werden.“* (vgl. z. B. DIBt TR 064, 2019, S. 7, Abschnitt 2.1)	2.9.5.4
5	Aus der Richtlinie geht nicht hervor, welches Sicherheitskonzept und welche Zuverlässigkeit vorliegen.	Basierend auf DIN EN 1990 (2010, Anhang B, Abschnitt B.3.2, Tabelle B.2) ergibt sich für die Reliability-Class RC 2 ein Zuverlässigkeitsindex $\beta = 3{,}8$ für den Bezugszeitraum von 50 Jahren.	2.9.5.5

2.9.5.1 Vertrauensniveau für die Bewertung der Versuchsergebnisse

Regelungen der ...	
... ift-Richtlinie MO-02/1	... allgemeinen Dübeltechnik
Die Bewertung der Versuchsergebnisse beruht auf (einer Aussagewahrscheinlichkeit bzw.) einem Vertrauensniveau von **75 %**. (vgl. ift Rosenheim, 2015, S. 5, Abschnitt 3.1 und S. 15, Abschnitt 5.1)	Die Bewertung der Versuchsergebnisse beruht auf (einer Aussagewahrscheinlichkeit bzw.) einem Vertrauensniveau von **90 %**. Außerdem muss ggf. in Abhängigkeit vom Variationskoeffizienten der Versuchsergebnisse ein Abminderungsfaktor bei der Ermittlung der charakteristischen Tragfähigkeit berücksichtigt werden.

In EOTA EAD 330284-00-0604 (2021, Annex A, S. 58, Abschnitt A3.3) heißt es dazu wie folgt:

> *„The 5 %-fractile of the ultimate loads measured in a test series is to be calculated according to statistical procedures for a confidence level of 90 %. If a precise verification does not take place, in general, a normal distribution and an unknown standard deviation of the population shall be assumed."*

Die gleiche Aussage findet sich in EOTA ETAG 020 Part 1 (2012, S. 33, Abschnitt 6.4.1.1) sowie in der deutschen Übersetzung der Vorgängerfassung aus dem Jahr 2006:

> *„Die 5 %-Fraktile der Bruchlasten in einer Versuchsreihe ist nach statistischen Methoden für eine Aussagewahrscheinlichkeit von 90 % zu berechnen. Falls keine genauen Nachweise geführt werden, ist im Allgemeinen eine Normalverteilung und eine unbekannte Standardabweichung der Grundgesamtheit anzunehmen."*

Ebenso heißt es in EOTA EAD 330232-00-0601 (2016, Anhang A, S. 53, Abschnitt A2.3) u. a. für (Beton-) Schrauben und auch in EOTA EAD 330460-00-0604 (2020, S. 56, Annex B, Abschnitt B.1) u. a. für Schraubanker in Mauerwerk, wobei für letztere eine logarithmische Normalverteilung anzunehmen ist.

Die Versuchsergebnisse sollen somit in der Regel unter Zugrundelegung einer Normalverteilung (Ausnahme Schraubanker in Mauerwerk) und immer mit einem Vertrauensniveau von 90 % nach der folgenden Gl. (2.1) ausgewertet werden:

$$F_{Rk} = F_{Ru,m} \cdot (1 - k_s \cdot v) \tag{2.1}$$

mit:

F_{Rk}	5%-Quantil der Versagenslasten unter Verwendung einer Normalverteilung und (einer Aussagewahrscheinlichkeit bzw.) einem Vertrauensniveau von $(1-\alpha) = 90\ \%$
$F_{Ru,m}$	mittlere auf die Festigkeit des versagenden Bauteils normierte Tragfähigkeit
k_s	statistischer Beiwert zur Berücksichtigung der Umrechnung vom Mittelwert auf das 5%-Quantil ($k_s = 3{,}40$ für $n = 5$; $k_s = 2{,}57$ für $n = 10$)
n	Anzahl der Versuche in einer Serie
v	Variationskoeffizient der Versagenslasten

Hinweis: Der in Tabelle 2.6 verwendete Begriff „Aussagewahrscheinlichkeit" wird im Allgemeinen auch mit dem Begriff „Aussagegrenzen" oder „Vertrauensniveau" bezeichnet: Mit den in Stichproben-Versuchen untersuchten Eigenschaften wird auf der Basis von stochastischen Methoden versucht, den tatsächlichen Wert des 5%-Quantils der Grundgesamtheit ($n = \infty$) mit einem gewissen Stichprobenumfang ($n << \infty$) zu ermitteln. Das

Vertrauensniveau (1−α) ist, vereinfacht ausgedrückt, ein Maß für das Vertrauen bzw. die Sicherheit, dass die angenommene Hypothese des 5%-Quantils bestätigt wird und wahr ist.

Dem Vertrauensniveau (1−α) gegenüber steht das Signifikanzniveau α, welches den Fehler zwischen der angenommenen Hypothese und der tatsächlichen Realität, in diesem Fall der Verteilung und den konkreten Werten der Tragfähigkeit, definiert. Das Signifikanzniveau α ist, etwas vereinfacht formuliert, die Wahrscheinlichkeit, dass diese Hypothese bzw. Nullhypothese fälschlicherweise abgelehnt wird, obwohl sie stimmt bzw. wahr ist. In dem vorliegenden Fall bedeutet das Signifikanzniveau dieser Nullhypothese, dass die geschätzte Tragfähigkeit, ermittelt mit der konkreten Stichprobe, mit der Wahrscheinlichkeit α [%] von dem tatsächlichen Wert der Grundverteilung der Tragfähigkeit abweicht.

Das Vertrauensniveau von 90 % für die Ermittlung der Tragfähigkeit von Befestigungselementen gilt in Europa seit Jahrzehnten als Stand der Technik. Damit werden auf der sicheren Seite allgemeine Streuungen berücksichtigt, die aus

- der Montage der Befestigungen,
- dem Herstellungsprozess und lokalen Inhomogenitäten der Baustoffe Beton und Mauerwerk sowie
- der Annahme der empirischen Verteilungsfunktion (EDF) für die Verallgemeinerung von diversen Befestigungssystemen

resultieren.

Die ift-Richtlinie MO-02/1 (ift Rosenheim, 2015) berücksichtigt „nur“ ein Vertrauensniveau von 75 %.

Durch diese andere Betrachtungsweise können sich für Befestigungen, die nach der ift-Richtlinie MO-02/1 beurteilt werden, deutlich höhere Tragfähigkeiten im Baustoff Mauerwerk/Beton ergeben bei erhöhtem, statistischem Risiko für ein falsch positives Hypothesenergebnis. Hierbei werden allerdings statistische Unsicherheiten der Befestigungstechnik unzureichend berücksichtigt, z. B.

- Herstellungsprozesse und Eigenschaften der Baustoffe Beton und Mauerwerk,
- mechanische Interaktionen und Wechselwirkungen der konstruktiven Systemelemente und/oder
- statistische Verteilungstreue der Stichproben bei Verallgemeinerung diverser Systeme.

Nach den europäischen Regelwerken werden für Befestigungssysteme besonders große Streuungen zusätzlich mit dem Abminderungsfaktor α_V bzw. β_{CV} berücksichtigt. Das bedeutet, dass die charakteristische Tragfähigkeit bei hohen Streuungen je nach Versuch in Abhängigkeit des Regelwerks (bei v > 15 / 20 / 30 %) weiter abgemindert werden muss. Siehe hierzu:

- Kunststoffdübel: α_V nach EOTA EAD 330284-00-0604 (2021, Annex A, S. 58, Abschnitt A3.2)

- u. a. für (Beton-) Schrauben: β_{CV} nach EOTA EAD 330232-00-0601 (2016, Anhang A, S. 53, Abschnitt A2.3)
- u. a. für Schraubanker in Mauerwerk: α_V nach EOTA EAD 330460-00-0604 (2020, S. 56, Annex B, Abschnitt B.2)

2.9.5.2 Versagensmöglichkeiten (Dübel bzw. Spreizelement, Verankerungsgrund)

Regelungen der ...	
... ift-Richtlinie MO-02/1	**... allgemeinen Dübeltechnik**
Aus der Richtlinie geht nicht hervor, inwieweit die verschiedenen Versagensmöglichkeiten (Dübel bzw. Spreizelement, Verankerungsgrund) untersucht werden. (vgl. ift Rosenheim, 2015, S. 5 ff., Abschnitt 4.1.3)	Die verschiedenen Versagensmöglichkeiten (Dübel bzw. Spreizelement, Verankerungsgrund) werden im Rahmen der Bewertung des Dübels versuchstechnisch untersucht und müssen bei der Bemessung getrennt voneinander betrachtet werden.

Nach den europäischen Bemessungsregeln sind im Rahmen der Bewertung eines Dübels die unterschiedlichen Versagensmöglichkeiten versuchstechnisch zu untersuchen. Dazu werden dann in den Zulassungen bzw. Bewertungen (vgl. Abschnitt 2.9.4) unterschiedliche charakteristische Tragfähigkeiten F_{Rk} ausgewiesen. Im statischen Nachweis einer Befestigung müssen dann für die jeweiligen Versagensmöglichkeiten nachgewiesen werden, dass der Bemessungswert der Einwirkungen ($F_{Ed} = F_{Ek} \cdot \gamma_F$) kleiner ist als der jeweilige Bemessungswert der Tragfähigkeit ($F_{Rd} = F_{Rk} / \gamma_M$).

In Tabelle 2.7 und Tabelle 2.8 werden exemplarisch die erforderlichen Nachweise bei Zug- und Querbeanspruchung für Kunststoffdübel nach DIBt TR 064 (2019) dargestellt.

Tabelle 2.7 Erforderliche Nachweise bei Zugbeanspruchung nach DIBt TR 064 (2019, S. 9, Abschnitt 4.2.1.1, Tabelle 2)

		Einzeldübel	**Dübelgruppe**	
Versagen des Spreiz-elements	Metall (Stahl)	$N_{Ed} \leq N_{Rk,s}/\gamma_{Ms}$	$N^h_{Ed} \leq N_{Rk,s}/\gamma_{Ms}$	
	Kunststoff	$N_{Ed} \leq N_{Rk,pol}/\gamma_{Mpol}$	$N^h_{Ed} \leq N_{Rk,pol}/\gamma_{Mpol}$	
Versagen durch Herausziehen		$N_{Ed} \leq N_{Rk,p}/\gamma_{Mc}$	$N^h_{Ed} \leq N_{Rk,p}/\gamma_{Mc}$	
Versagen durch Betonausbruch		$N_{Ed} \leq N_{Rk,c}/\gamma_{Mc}$		$N^g_{Ed} \leq N_{Rk,c}/\gamma_{Mc}$

Tabelle 2.8 Erforderliche Nachweise bei Querbeanspruchung nach DIBt TR 064 (2019, S. 10, Abschnitt 4.2.2.1, Tabelle 3)

		Einzeldübel	**Dübelgruppe**
Versagen des Spreizelements: Querlast ohne Hebelarm	Metall (Stahl)	$V_{Ed} \leq V_{Rk,s}/\gamma_{Ms}$	$V_{Ed}^{h} \leq V_{Rk,s}/\gamma_{Ms}$
	Kunststoff	$V_{Ed} \leq V_{Rk,pol}/\gamma_{Mpol}$	$V_{Ed}^{h} \leq V_{Rk,pol}/\gamma_{Mpol}$
Versagen des Spreizelements: Querlast mit Hebelarm	Metall (Stahl)	$V_{Ed} \leq V_{Rk,s}/\gamma_{Ms}$	$V_{Ed}^{h} \leq V_{Rk,s}/\gamma_{Ms}$
	Kunststoff	Querlast mit Hebelarm (Abstandsmontage) ist nicht erlaubt	
Versagen durch Betonkantenbruch		$V_{Ed} \leq V_{Rk,c}/\gamma_{Mc}$	$V_{Ed}^{g} \leq V_{Rk,c}/\gamma_{Mc}$

Dabei wird darauf hingewiesen, dass für die Bemessung von (Beton-) Schrauben und Schraubankern in Mauerwerk noch weitere/andere Nachweise geführt werden müssen. Siehe hierzu:

- u. a. für (Beton-) Schrauben: DIN EN 1992-4 (2019-04, S. 52, Tabelle 7.1 und S. 66, Tabelle 7.2)
- u. a. für Schraubanker in Mauerwerk: EOTA TR 054 (2023, S. 13, Abschnitt 4.2.1 sowie S. 15, Abschnitt 4.3.1)

Demnach ist neben dem Versagen durch Herausziehen oder Bruch des Baustoffs in der Regel immer auch die Stahltragfähigkeit zu beurteilen.

Die Stahltragfähigkeit ist insbesondere dann relevant, wenn Untersuchungen an direkten Verschraubungen (ohne Laschenverbindung) bei Querlast mit Abstand (= Hebelarm) durchgeführt werden (vgl. ift Rosenheim, 2015, S. 7 ff., Tabelle 2.1, Zeile 6: bezeichnet als „Durchsteckmontage").

In der Regel wird bei diesen Versuchen eine Plastifizierung der Schraube einsetzen, ohne dass ein erkennbares Versagen durch Abreißen o. ä. erfolgt. Ein Versagen hat aber insoweit dann bereits stattgefunden, da das Stahlgefüge durch die Plastifizierung verändert wird.

Die Tragfähigkeit unter Querlast mit Hebelarm ermittelt sich nach DIN EN 1992-4 (2019-04, S. 69, Abschnitt 7.2.2.3.2) mit Hilfe von Gl. (2.2):

$$V_{Rk,s,M} = \frac{\alpha_M \cdot M_{Rk,s}}{l_a} \tag{2.2}$$

mit:

α_M Beiwert zur Berücksichtigung des Einspanngrades

$M_{Rk,s} = M_{Rk,s}^{0} = 1{,}2 \cdot W_{el} \cdot f_{uk} = 1{,}2 \cdot \frac{\pi \cdot d^3}{32} \cdot f_{uk}$

charakteristisches Biegemoment für den hier relevanten Fall einer einzelnen Schraube
(hier ohne Wirkung einer Normalkraft!)

d	Durchmesser der Schraube im Bereich des maximalen Moments
f_{uk}	charakteristische Zugtragfähigkeit der Schraube im o. g. Querschnitt
l_a	Hebelarm der einwirkenden Querlast

Bei der Anwendung von Gl. (2.2) ist für die Verankerung von Fensterprofilen ohne Lasche nach derzeitigem Stand der Technik die in Bild 2.11 dargestellte Situation für die Definition bzw. Bestimmung des Hebelarms l_a der einwirkenden Querlast maßgebend. Dabei manifestiert sich das maximale Moment etwa 0,5 · d unterhalb der Oberfläche des Verankerungsgrunds (Maß a_3 gemäß Bild 2.11).

Für α_M in Gl. (2.2) findet sich in DIN EN 1992-4 (2019, S. 44, Abschnitt 6.2.2.3) folgende Definition:

> *„α_M ist der Faktor zur Berechnung des Einspanngrades des Befestigungselementes auf der Anbauteilseite. Er sollte nach guter Ingenieurspraxis bestimmt werden.“*

Die einwirkende Querkraft V_{Ed} wirkt nach Bild 2.11 in der Schwerachse des Anschlussbauteils.

In der Zulassungspraxis für Fensterbefestiger wird diese Schwerachse schon immer zur Vereinfachung an den laibungsseitigen Rand des Fensterprofils verschoben und nur die freie Schrauben- bzw. Dübellänge e_f angesetzt; vgl. exemplarisch Bild 2.12 sowie in abZ/aBG AMO-Combi (2022) und abZ/aBG AMO Y/IV (2024).

Dieser Ansatz steht im Einklang mit den Regelungen nach ift Rosenheim (2015, S. 7, Tabelle 1, Zeile 4); vgl. „*Beispiel*“ in Bild 2.13.

Durch diese Verschiebung des Lastangriffspunktes bzw. Vereinfachung werden gewisse Einspannungen des Fensterbefestigers, die im Fensterprofil möglich und vorhanden sind, wieder aufgezehrt. Entsprechend ist als ingenieurmäßiger Ansatz auf der sicheren Seite anzunehmen, dass keine Einspannung in Kombination zur

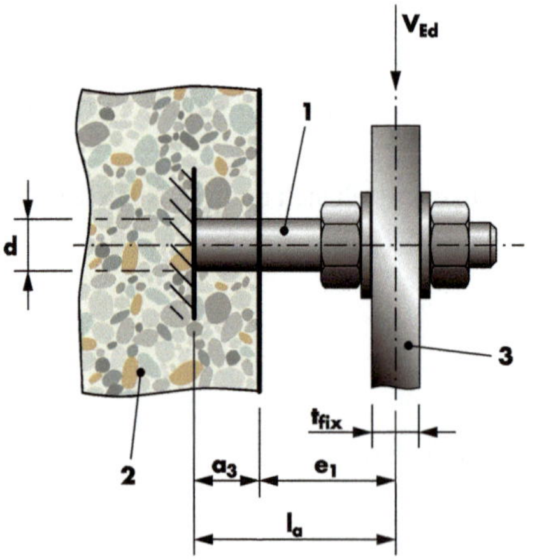

Legende:
- 1 Befestigungselement
- 2 Betonbauteil
- 3 Anbauteil
- t_{fix} Anbauteildicke
- a_3 Abstand zwischen Betonoberfläche und Stelle der angenommenen Einspannung eines Befestigungselementes unter Querlast mit Hebelarm
- e_1 Abstand zwischen Querlast und Betonoberfläche
- l_a Hebelarm der einwirkenden Querlast
- d Durchmesser
- V_{Ed} einwirkende Querlast

Bild 2.11 Definition bzw. Bestimmung des Hebelarms der einwirkenden Querlast für eine Abstandsmontage nach DIN EN 1992-4 (2019, S. 44, Abschnitt 6.2.2.3, Bild 6.6a)

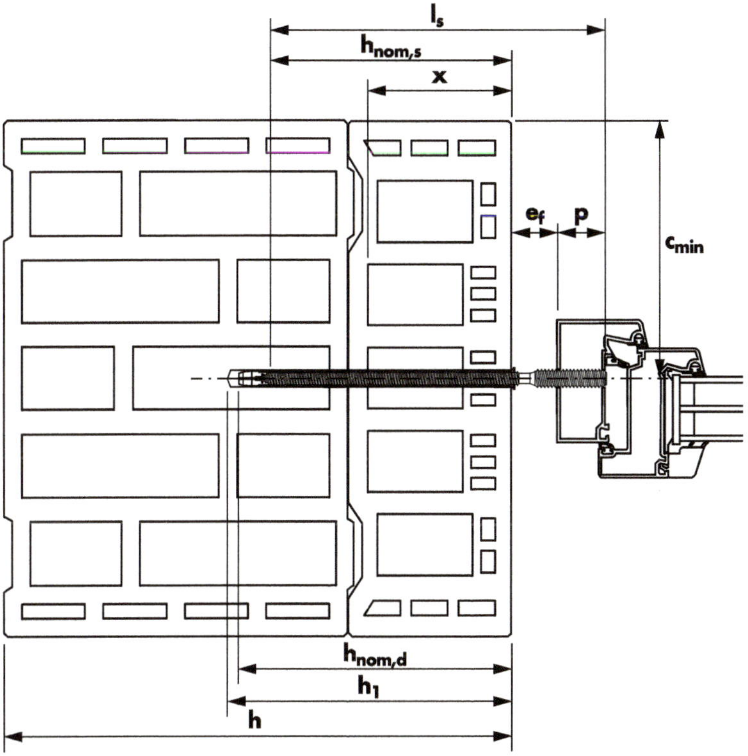

Bild 2.12 Freie Schrauben- bzw. Dübellänge e_f nach abZ/aBG AMO-Combi (2022, Anlage 3)

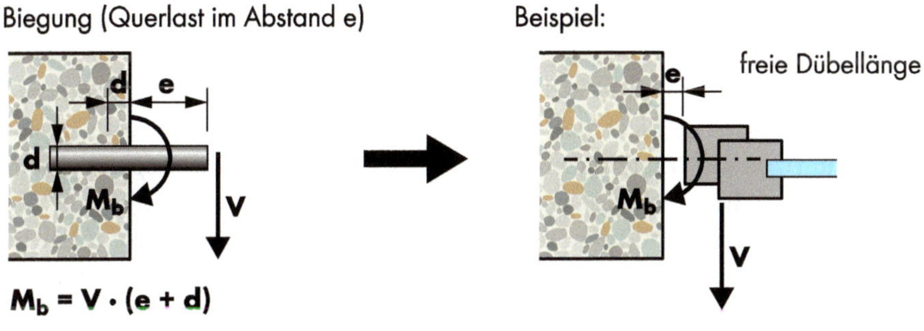

Bild 2.13 Querlast mit Abstand e nach ift Rosenheim (2015, S. 7, Tabelle 1, Zeile 4)

freien Dübellänge bis zum laibungsseitigen Rand mehr vorhanden ist und sich das Anbauteil frei verdrehen kann. In Konsequenz ist in Gl. (2.2) $\alpha_M = 1{,}0$ anzusetzen.

Das Diagramm in Bild 2.14 zeigt den Vergleich

- der Verformungen im Einzelversuch an Dübelbefestigungen mit unterschiedlichen Einspanngraden („Einspannung“ und „frei drehbar“) und
- die Verformung im Systemversuch.

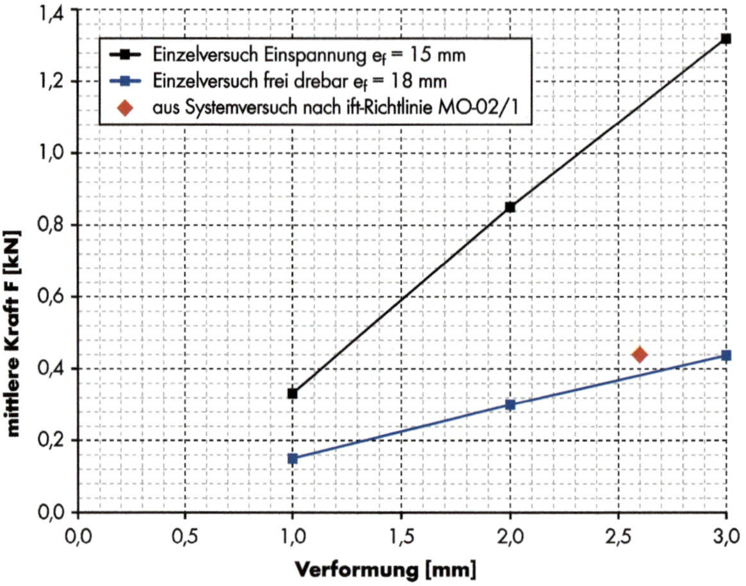

Bild 2.14 Vergleich der Tragfähigkeiten zwischen Einzelversuch mit Einspannung und mit gelenkiger Lagerung sowie dem Systemversuch

Dabei sind die Tragfähigkeit aus dem Systemversuch und dem Versuch an Einzelbefestigungen mit Gelenk direkt vergleichbar, da die freie Schraubenlänge in beiden Versuchen etwa 25 mm betrug. Im Versuch mit Einspannung lag der Abstand zwischen der Schwerachse des Anbauteils und der Oberfläche des Verankerungsgrunds bei ca. 30 mm. Für die Bewertung des Systemversuchs ist dabei bereits die Lasteinleitung in das laibungsseitige Blech des Verstärkungsprofils berücksichtigt.

Es wird deutlich, dass die Verlagerung des Lastangriffs von der Schwerachse in das laibungsseitige Blech des Verstärkungsprofils noch zu plausiblen Ergebnissen führt, da die Tragfähigkeit im Bereich zwischen Einspannung und gelenkiger Lagerung liegt. Außerdem wird deutlich, dass durch die Verschiebung des Lastangriffs keine Teileinspannung der Verankerung in das Fensterprofil mehr unterstellt werden kann, sondern vielmehr von einer gelenkigen Lagerung der Verankerung im Fensterprofil auszugehen ist.

Siehe hierzu sinngemäß auch:

- für Kunststoffdübel: DIBt TR 064 (2019, S. 8, Abschnitt 3.2 mit Abbildung 3.1 und S. 10, Abschnitt 4.2.2.3),
- u. a. für Schraubanker in Mauerwerk: EOTA TR 054 (2023, S. 11/12, Abschnitt 3.2 mit Figure 3.1 und 3.2 sowie S. 16, Abschnitt 4.3.3).

Zur Veranschaulichung der in Abschnitt 2.9.5.1 und hier in Abschnitt 2.9.5.2 dargestellten Ausführungen wird in Abschnitt 2.9.5.5 beispielhaft eine Reihe von

Querlastversuchen ausgewertet – einmal nach der ift-Richtlinie MO-02/1 (ift Rosenheim, 2015) und zum anderen nach dem geltenden europäischen Regelwerk für Dübel.

2.9.5.3 Umrechnung von Bruchlasten auf die Nennfestigkeit

Regelungen der ...	
... ift-Richtlinie MO-02/1	**... allgemeinen Dübeltechnik**
„*Weicht die Druckfestigkeit des Verankerungsgrundes der Proben bei Beton vom Nennwert der charakteristischen Druckfestigkeit und bei Mauersteinen von der standardisierten mittleren Druckfestigkeit ab, ist eine*“ **einheitliche** „*Korrektur nach Gl. (2.2) durchzuführen.*“ $F_{Rk,c/b} = F_{Rk} \cdot (f_{ck/b} / f_{c,test/b,test})$ (vgl. ift Rosenheim, 2015, S. 15, Abschnitt 5.1)	Die Umrechnung von Bruchlasten auf die Nennfestigkeit ist abhängig vom Verankerungsgrund (Beton, Mauerwerk, Porenbeton).

Die ift-Richtlinie MO-02/1 kennt nur eine lineare Korrektur der charakteristischen Tragfähigkeiten der Fensterbefestiger im Verhältnis der Druckfestigkeit des Verankerungsgrunds der vorhandenen Proben

- zum Nennwert der charakteristischen Druckfestigkeit bei Beton f_{ck} / $f_{c,test}$ bzw.
- zur standardisierten mittleren Druckfestigkeit bei Mauersteinen f_b / $f_{b,test}$.

Die diesbezüglich gängigen europäischen Regelwerke sind die Folgenden:

- Kunststoffdübel: EOTA EAD 330284-00-0604 (2021, Annex A, S. 57/58, Abschnitt A3.1)
- u. a. für (Beton-) Schrauben: EOTA EAD 330232-00-0601 (2016, Anhang A, S. 53, Abschnitt A2.1)
- u. a. für Schraubanker in Mauerwerk: EOTA EAD 330460-00-0604 (2020, S. 60, Annex B, Abschnitt B.5)

Danach deckt sich die Normierung für Mauersteine mit der ift-Richtlinie MO-02/1.

Für Verankerungen in Beton und Porenbeton ist das Vorgehen gemäß ift-Richtlinie MO-02/1 so lange nicht zu beanstanden, so lange nicht für höhere Druckfestigkeiten als in den Versuchen auf höhere Tragfähigkeiten normiert wird.

Generell ist der Einfluss der unterschiedlichen Normierungen auf die Tragfähigkeit tendenziell eher als gering einzuschätzen. Der Vollständigkeit halber wird hier aber auf die Unterschiede hingewiesen.

2.9.5.4 Teilsicherheitsbeiwert der Einwirkungen

Regelungen der ...	
... ift-Richtlinie MO-02/1	**... allgemeinen Dübeltechnik**
„Die empfohlene Last (Gebrauchslast) ermittelt sich aus der Bemessungslast geteilt durch einen kombinierten Teilsicherheitsbeiwert für ständige und veränderliche Einwirkungen (Gl. (2.4)). $F_{empf} = F_{Rd} / \gamma_F$ *mit:* $\gamma_F = 1{,}4$ *Alternativ können auch getrennte Teilsicherheitsbeiwerte für ständige und veränderliche Einwirkungen mit Kombinationsbeiwerten verwendet werden.“* (vgl. ift Rosenheim, 2015, S. 15, Abschnitt 5.1)	*„Die Teilsicherheitsbeiwerte für Einwirkungen können aus DIN EN 1990 in Verbindung mit DIN EN 1990/NA entnommen werden.“* (vgl. z. B. DIBt TR 064, 2019, S. 7, Abschnitt 2.1)

Die empfohlene Last (Gebrauchslast) in der ift-Richtlinie MO-02/1 F_{empf} entspricht im Prinzip der charakteristischen Einwirkung F_{Ek}, wie sie in den europäischen Regelwerken nach Abschnitt 2.9.4 bekannt sind, da offensichtlich Folgendes gilt:

$$F_{empf} = \frac{F_{Rd}}{\gamma_F} = \frac{(F_{Rk}/\gamma_M)}{\gamma_F} = F_{Ek} \tag{2.3}$$

mit:

F_{empf} empfohlene Last (Gebrauchslast) nach ift-Richtlinie MO-02/1

F_{Rd} Bemessungswert der Tragfähigkeit

F_{Rk} charakteristische Tragfähigkeit

γ_F Teilsicherheitsbeiwert der Einwirkung

γ_M Material-Teilsicherheitsbeiwert

F_{Ek} charakteristische Einwirkung

Gemäß ift-Richtlinie MO-02/1 (ift Rosenheim, 2015) wird empfohlen, die Gebrauchslast auf der Grundlage eines kombinierten Teilsicherheitsbeiwerts γ_F = 1,4 zu ermitteln. Diese Vorgehensweise ist ingenieurmäßige Praxis und stellt einen Mittelwert von γ_F = 1,35 (für ständige Einwirkungen) und γ_F = 1,5 (für veränderliche Einwirkungen) dar, wenn bei der Bemessung eines üblichen Bauteils im Hochbau 60 % Eigengewicht und 40 % veränderliche Lasten wirken.

Nach

- DIBt TR 064 (2019, S. 7, Abschnitt 2.1) für Kunststoffdübel bzw.
- DIN EN 1992-4 (2019-04, S. 31, Abschnitt 4.4.1) u. a. für (Beton-) Schrauben
- EOTA TR 054 (2023, S. 10, Abschnitt 2.1) u. a. für Schraubanker in Mauerwerk

sind die individuellen Teilsicherheitsbeiwerte der Einwirkungen nach DIN EN 1990 anzusetzen,

Befestiger für Fenster, die in der Laibung montiert werden, werden in den meisten Fällen durch Querlasten beansprucht. Das Eigengewicht bleibt unberücksichtigt, da es über Tragklötze direkt in die Brüstung abgetragen wird. Bei der Bemessung sind dann vielfach die zu 100 % veränderlichen Einwirkungen aus Wind (Druck und Sog) und bei absturzsichernden Fensterelementen zusätzlich die horizontalen Nutzlasten (nach außen und nach innen wirkend) maßgebend. Für diese veränderlichen Lastfälle bzw. Lastfallkombinationen allein ist immer der konkrete Teilsicherheitsbeiwert $\gamma_F = 1{,}5$ zu berücksichtigen, andernfalls reduziert sich die Sicherheit um ca. 7 % (1,4 / 1,5 = 0,93).

2.9.5.5 Zuverlässigkeit

Regelungen der ...	
... ift-Richtlinie MO-02/1	**... allgemeinen Dübeltechnik**
Aus der Richtlinie geht lediglich hervor, dass es sich um ein Teilsicherheitskonzept handelt. Es werden jedoch keine Angaben zu weiteren Konzeptannahmen gemacht und welche Zuverlässigkeit vorliegen.	Basierend auf DIN EN 1990 (2010, Anhang B, Abschnitt B.3.2, Tabelle B.2) ergibt sich für die Reliability-Class RC 2 ein Zuverlässigkeitsindex $\beta = 3{,}8$ für den Bezugszeitraum von 50 Jahren bzw. $\beta = 4{,}0$ für den Bezugszeitraum von 25 Jahren.

Gemäß DIN EN 1990 (2021, S. 18, Abschnitt 1.5.2.17) ist die „Zuverlässigkeit" die

> *„Fähigkeit eines Tragwerks oder eines tragenden Bauteils die festgelegten Anforderungen innerhalb der geplanten Nutzungsdauer zu erfüllen. Die Zuverlässigkeit wird i. d. R. mit probabilistischen Größen angegeben"; sie „gilt für Tragsicherheit, Gebrauchstauglichkeit und Dauerhaftigkeit eines Tragwerks".*

Ergänzend heißt es dann in DIN EN 1990 (2021, S. 88, Anhang B, Abschnitt B1):

> *„Die Differenzierung der Zuverlässigkeit kann durch den Zuverlässigkeitsindex β (...) ausgedrückt werden, der bekannte oder angenommene statistische Verteilungen der Auswirkungen von Einwirkungen, der Widerstände und der Modellungenauigkeiten berücksichtigt."*

Die Zuverlässigkeitsanalyse im Nachweisverfahren von DIN EN 1990 ist als ein komplettes Konzept mit den übergeordneten Komponenten Einwirkung und Widerstand zu verstehen. Dieses Konzept ist abhängig vom spezifischen Anwendungsfall mit stochastisch, mathematischen Verfahren kalibriert und verifiziert.

Die Ermittlung des charakteristischen Widerstands ist dabei nur ein Element, welches zur Gesamtheit des Konzepts und der entsprechenden Zuverlässigkeit passen muss.

Unter Berücksichtigung der Widerstands- und Einwirkungsfunktion als stochastische Größe mit den Teilsicherheitsfaktoren beider Regelungen ift-Richtlinie MO-02/1 (ift Rosenheim, 2015) bzw. der allgemeinen Dübeltechnik ergeben sich im Grenzzustand der Bemessung (Einwirkung ist äquivalent zum Widerstand) mit den hier verwendeten Randbedingungen und Annahmen

- der Widerstandsfunktion als eine Normalverteilung mit den Informationen aus Tabelle 2.9 und der statistischen Prüfung der vorliegenden Daten mit dem Signifikanzniveau von $\alpha = 6$ % für eine Normalverteilung mit dem Shapiro-Wilk-Test, Cramér-von Mises-Test und Anderson-Darling-Test,
- der unterschiedlichen Vertrauensniveaus zur Ermittlung des charakteristischen Widerstands,
- einem gleichen Variationskoeffizienten der Grundgesamtheit und
- als hinreichende Vereinfachung eine identische, normalverteilte Einwirkung mit 30 % Variationskoeffizenten

in Übereinstimmung mit dem nachfolgenden Beispiel differenzierte Zuverlässigkeitsindizes β_{HL}.

Im Vergleich zur detaillierten First Order Reliability Methode (FORM) – Stufe II nach DIN EN 1990 mit dem Verfahren nach Hasofer/Lind liegt eine robuste und sichere Zuverlässigkeit im Fall des 90 % Vertrauensniveaus bei einer Stichprobenanzahl von n = 5 Tests vor, auch bei einer Abweichung des Variationskoeffizienten der Stichprobe größer als 10 % vom Variationskoeffizienten der Grundgesamtheit (n = ∞; dünne, gestrichelte Linien in Bild 2.15); siehe Hasofer und Lind (1974).

Tabelle 2.9 Versuchsergebnisse Querlastversuche mit einem Fensterbefestiger in einem Kalksandlochstein

Nr.	h^t_{ef} [mm]	δ_{Fu} [mm]	V^t_{Ru} [kN]	Versagen
1	120,0	24,12	8,73	Steinausbruch
2	120,0	25,08	8,04	Steinausbruch
3	120,0	27,75	8,63	Steinausbruch
4	120,0	31,27	8,30	Steinausbruch
5	120,0	23,05	6,11	Steinausbruch
		Mittelwert $V_{Ru,m}$:	7,96	

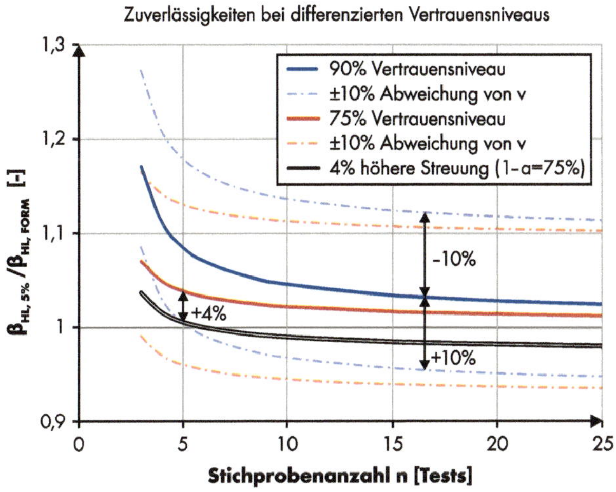

Bild 2.15 Verhältniswerte der Zuverlässigkeitsindexe zur First Order Reliability Methode (FORM)

Wird dagegen nur ein Vertrauensniveau von 75 % gewählt, liegt dies zwar bei einem gleichbleibend geschätzten Variationskoeffizenten zwischen Stichprobe und Grundgesamtheit zunächst auch auf der sicheren Seite (durchgezogene Linie), kann jedoch bereits bei geringen Abweichungen des Variationskoeffizienten von ≈ 4 % bei n = 5 Versuchsergebnissen kritisch werden und in den unsicheren Bereich im Vergleich zur FORM fallen (Doppel-Linie in Bild 2.15).

Abweichungen zwischen Stichprobe und Grundgesamtheit mit Fehlinterpretationen bzw. den in Abschnitt 2.9.5.1 erläuterten statistischen Fehlern sind unter ingenieursmäßigen Aspekten aufgrund

- relativ geringer Stichprobenumfänge mit eventuellen Ausreißern,
- Mischverteilungsverhalten und der
- grundsätzlichen Verallgemeinerung von diversen Befestigungssystemen

mit einer vorbestimmten empirischen Verteilungsfunktion zu berücksichtigen und können vergleichsweise einfach entstehen. Diese fehlende Robustheit und resultierende Unsicherheit ist im Konzept der ift-Richtlinie für Befestigungssysteme kritisch anzumerken.

In Europa besteht seit langer Zeit Konsens, dass im Bereich der Befestigungstechnik ein Vertrauensniveau von 90 % anzusetzen ist, um die diversen Streuungen von Befestigungssystemen zu berücksichtigen, die aus

- der tatsächlichen Montage der Befestigungen,
- dem Herstellungsprozess der Baustoffe Beton und Mauerwerk,
- den mechanischen Wechselwirkungen und
- der statistischen Verteilungstreue von Stichproben diverser Systeme

resultieren (vgl. Abschnitt 2.9.5.1). Dieser Konsens, dokumentiert in den ersten Ausgaben der Europäischen Leitlinien ETAG 001 (1997) und ETAG 020 (2006), bestand bereits vor der bauaufsichtlichen Einführung der Eurocodes in Deutschland im Jahr 2012.

Hierzu wird in Hofmann (2020) Folgendes festgestellt:

> *„In der Befestigungstechnik wird hingegen eine Aussagewahrscheinlichkeit von 90 % angestrebt. Dies liegt daran, dass Verankerungen fast ausschließlich die Zugfestigkeit beziehungsweise die Bruchenergie des Materials planmäßig ausnutzen."*

2.9.6 Beispiel

2.9.6.1 Allgemeines

Zur Veranschaulichung der Bewertungen nach der ift-Richtlinie MO-02/1 (ift Rosenheim, 2015) und dem europäischen Regelwerk wird im Folgenden eine Reihe von Querlastversuchen mit einem Fensterbefestiger nach beiden Regelungen ausgewertet:

- Zur exemplarischen Bewertung wurde ein Kalksandlochstein als Verankerungsgrund ausgewählt.
- Der Randabstand des Fensterbefestigers in den Versuchen betrug $c = 90$ mm.
- Die Lasteinleitung in die Verschraubung erfolgte gelenkig mit einem Hebelarm von 20 mm.
- Die Befestigung versagte jeweils durch Steinausbruch.
- Insgesamt wurden 5 Versuchsergebnisse erzielt, die in Tabelle 2.9 ausgewiesen werden.

2.9.6.2 Auswertung nach allgemeiner Dübeltechnik

Eine statistische Auswertung nach EOTA EAD 330232-00-0601 (2016, Anhang A, S. 58, Abschnitt A3.3) entsprechend Gl. (2.1) in Abschnitt 2.9.5.1 führt zu folgender charakteristischen Quertragfähigkeit:

$$V_{Rk,EAD} = V_{Ru,m} \cdot (1 - k_s \cdot v) = 7{,}96 \cdot (1 - 3{,}40 \cdot 0{,}134) = 4{,}32\,\text{kN} \tag{2.4}$$

Damit ist das Versagen für den Verankerungsgrund bewertet.

Hinzu kommt noch die Bewertung der Stahltragfähigkeit des Fensterbefestigers bei Einwirkung einer Querlast mit Hebelarm nach Gl. (2.5). Unter Berücksichtigung einer Festigkeit von $f_{uk} = 1200$ N/mm² und einem Hebelarm der Einwirkung von $l_a = 23{,}75$ mm ergibt sich die folgende charakteristische Stahl-Quertragfähigkeit (vgl. Abschnitt 2.9.5.2):

$$V_{Rk,s,M} = \frac{\alpha_M \cdot M_{Rk,s}}{l_a} = \frac{1{,}0 \cdot 23\,521}{23{,}75} = 990\,\text{N} = 0{,}99\,\text{kN} \tag{2.5}$$

mit:

$\alpha_M = 1{,}0$	Beiwert zur Berücksichtigung des Einspanngrades: keine Einspannung ($\alpha_M = 1{,}0$) muss angenommen werden, wenn sich das Anbauteil frei verdrehen kann.

$$M_{Rk,s} = 1{,}2 \cdot W_{el} \cdot f_{uk} = 1{,}2 \cdot \frac{\pi \cdot d^3}{32} \cdot f_{uk} = 1{,}2 \cdot \frac{\pi \cdot 5{,}5^3}{32} \cdot 1200 = 23\,521\ \text{Nmm}$$

charakteristisches Biegemoment (hier ohne Wirkung einer Normalkraft!)

$d = 5{,}5$ mm	Durchmesser der Schraube im Bereich des maximalen Moments
$f_{uk} = 1200$ N/mm²	charakteristische Zugtragfähigkeit der Schraube im o. g. Querschnitt
$l_a = 23{,}75$ mm	Hebelarm der einwirkenden Querlast (vgl. Bild 2.11 in Abschnitt 2.9.5.2)

Unter Verwendung der unterschiedlichen Teilsicherheitsbeiwerte ergibt sich nach dem europäischen Regelwerk der folgende maßgebende Bemessungswert der Quertragfähigkeit des Fensterbefestigers:

$$V_{Rd,EAD} = \min\left(\frac{V_{Rk,EAD}}{\gamma_{Mm}}; \frac{V_{Rk,s}}{\gamma_{Ms}}\right) = \min\left(\frac{4{,}32}{2{,}5}; \frac{0{,}99}{1{,}5}\right) = \min(1{,}73; 0{,}66) = 0{,}66\ \text{kN} \tag{2.6}$$

Hierzu ist – mit Bezug auf Abschnitt 2.9.6.5 – folgender Hinweis zu beachten:

Hinweis: Gemäß DAfStb (2019, S. 152/153, Abschnitt 5.2) wird bei der Bemessung von Verankerungen mit Hebelarm in der Gleichung

$$V_{Rd,h} = \alpha_M \cdot \frac{M_{Rk,s}}{(e_1 + a_3)} \cdot \frac{1}{\gamma_{Ms}} = \frac{\alpha_M \cdot M_{Rk,s}}{l_a} \cdot \frac{1}{\gamma_{Ms}} = V_{Rd,s,M} = V_{Rd,EAD} = 0{,}66\ \text{kN}$$

„gleichzeitig die Gebrauchstauglichkeit bis zu einer maximalen Verdrehung von 10° sichergestellt“.

Bei einem Hebelarm von 20 mm entspricht das folgender Verformung: $20 \cdot \tan 10° = 3{,}5$ mm.

2.9.6.3 Auswertung nach der ift-Richtlinie MO-02/1

Die Bewertung der Ergebnisse nach der ift-Richtlinie MO-02/1 (ift Rosenheim, 2015) wäre dagegen die Folgende:

Das 5 %-Quantil wird analog zu Gl. (2.1) in Abschnitt 2.9.5.1 allerdings auf Basis eines Vertrauensniveaus von 75 % ermittelt.

$$V_{R,k,MO-02/1} = V_{Ru,m} \cdot (1 - k_s \cdot v) = 7{,}96 \cdot (1 - 2{,}463 \cdot 0{,}134) = 5{,}32\ \text{kN} \tag{2.7}$$

Unter Verwendung des Material-Teilsicherheitsbeiwerts für Mauerwerk $\gamma_{Mm} = 2{,}5$ ergibt sich auf Grundlage der Versagenswerte in Tabelle 2.9 (nur) ein maßgebender Bemessungswert der Quertragfähigkeit des Fensterbefestigers:

$$V_{Rd,MO-02/1} = \frac{V_{R,k,MO-02/1}}{\gamma_{Mm}} = \frac{5{,}32}{2{,}5} = 2{,}13\ kN \gg 0{,}66\,kN = V_{Rd,EAD} \tag{2.8}$$

2.9.6.4 Vergleich Tragfähigkeit: allgemeine Dübeltechnik ⇔ ift-Richtlinie MO-02/1

Gemäß Abschnitt 2.9.6.2 und 2.9.6.3 ist offenbar

$$V_{Rd,MO-02/1} = 2{,}13\ kN \gg 0{,}66\,kN = V_{Rd,EAD} \tag{2.9}$$

Die Tragfähigkeit nach EAD entspräche also lediglich 0,66 / 2,13 = 0,31 ≙ 31 % der Tragfähigkeit nach der ift-Richtlinie MO-02/1 (ift Rosenheim, 2015).

2.9.6.5 Vergleich Gebrauchstauglichkeit: allgemeine Dübeltechnik ⇔ ift-Richtlinie MO-02/1

Beschränkt man als Gebrauchslastnachweis die Durchbiegung auf 3 mm (vgl. ift Rosenheim, 2015, S. 5, Abschnitt 3.1 bzw. S. 16, Abschnitt 5.1, Lastfall Biegung) ergibt sich aus den hier nicht weiter abgebildeten entsprechenden Versuchsergebnissen mit globaler Sicherheit 1,0 ($\gamma_F = \gamma_M = 1{,}0$) ein $V_{Ek,max} = 1{,}08$ kN.

Demgegenüber ist die Gebrauchslast nach EAD nur 0,66 / 1,4 = 0,47 kN (vgl. den Hinweis in Abschnitt 2.9.6.2); das entspricht lediglich 0,47 / 1,08 = 0,43 ≙ 43 % der Auswertung gemäß der ift-Richtlinie MO-02/1.

2.9.6.6 Ergänzende Hinweise

Eine Normierung der Tragfähigkeit auf eine bestimmte Festigkeit bleibt in diesem Beispiel außer Acht, da sie in beiden Bewertungsverfahren in gleicher Weise gehandhabt wird (vgl. Abschnitt 2.9.5.3).

In Bild 2.16 ist exemplarisch das Last-Verformungsverhalten des Dübels im o. g. Kalksandlochstein dargestellt. Es zeigt sich deutlich eine Änderung der Steifigkeit (rote Geraden im Diagramm), die aus der Bildung eines plastischen Gelenks und

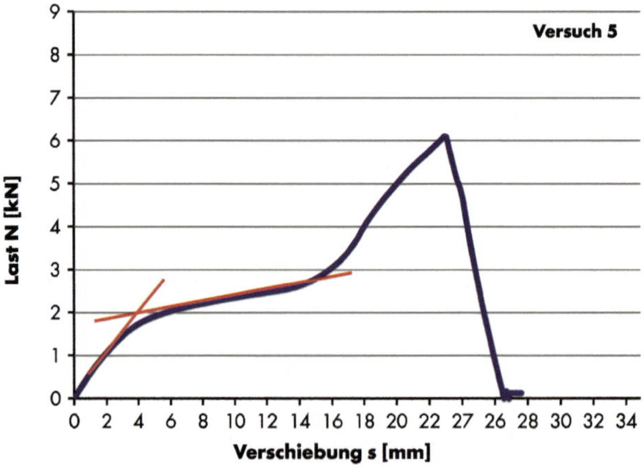

Bild 2.16 Last-Verformungsverhalten der Verankerung des Fensterbefestigers in einem Kalksandlochstein exemplarisch für Versuch 5 nach Tabelle 2.9

dem konstruktiven Verformungsverhalten des Dübel-Systems und den befestigten Lasteinleitungselementen resultiert.

Die Größenordnung der Tragfähigkeit bei Bildung des plastischen Gelenks vor dem Erreichen der charakteristischen Tragfähigkeit ist systembedingt und wird in diesem Fall durch Reibungs- und Abstützungseffekte des Lasteinleitungselements sowie der Verformung und Rotation des Dübels im Oberflächenbereich des Untergrunds in Richtung der Last mit zugehöriger Umlagerung der Lastanteile (Seileffekte) hervorgerufen.

Effekte von Überfestigkeit der Schraube und ungleicher Verteilung der Festigkeit über den Schraubendurchmesser begleiten das voranschreitende Plastifizierungsverhalten und wirken sich im Prozess der voranschreitenden Schraubenrotation und -verformung durch inhomogene, mehraxiale Spannungszustände im Querschnitt aus.

2.9.7 Fazit

Die ift-Richtlinie MO-02/1 (ift Rosenheim, 2015) berücksichtigt nur ein Vertrauensniveau von 75 %. Durch diese andere Betrachtungsweise können sich für Befestigungen, die nach der ift-Richtlinie MO-02/1 beurteilt werden, deutlich höhere Tragfähigkeiten im Baustoff Mauerwerk/Beton ergeben. Hierbei werden allerdings die allgemeinen Streuungen aus Montage der Verankerung und Herstellungsprozess der Baustoffe Beton und Mauerwerk außer Acht gelassen.

Im hier dargestellten Beispiel nach Abschnitt 2.9.6 beträgt die nach der ift-Richtlinie MO-02/1 ermittelte Tragfähigkeit mehr als das Dreifache – bei Beschränkung der Biegung auf 3 mm mehr als das Doppelte – der Tragfähigkeit, die nach den geltenden europäischen Dübel-Regelwerken ermittelt wird, die immer ein Vertrauensniveau von 90 % berücksichtigen (vgl. Abschnitt 2.9.5.1).

Weitere Ursachen für diese Unterschiede sind die weniger bzw. differenzierter und restriktiver durchgeführte Untersuchung der möglichen Versagensursachen der Befestigung (Abschnitt 2.9.5.2 und 2.9.5.3).

Im Hinblick auf die stetig zunehmenden Gewichte und Größen für Fensterelemente und die damit zunehmende Gefährdung für Leib und Leben bei Versagen der Befestigung eines Fensters empfehlen die Autoren, dass für die Ermittlung und Beurteilung der Tragfähigkeit eines Fensterbefestigers die gleichen europäischen Anforderungen gestellt werden wie für alle anderen „allgemeinen" Befestigungsmittel.

Als Beispiel sei hier die Befestigung einer vorgehängten hinterlüftete Fassaden genannt, die ebenfalls „nur" durch Wind und Eigengewicht belastet wird und wie ein Fenster ein Teil der Außenhülle des Bauwerks darstellt. Hier gelten alle Anforderungen an die Befestigung nach den europäischen Regelwerken. Sollen nur für ein Fenster, das vielleicht sogar direkt innerhalb dieser Fassadenverkleidung liegt, andere Maßstäbe bei der Bewertung der Befestiger gelten?

Dies kann von den Autoren nicht nachvollzogen werden.

2.10 DIN 18104: Einbruchhemmende Nachrüstprodukte

Zur Vollständigkeit soll hier auch kurz auf das Thema Nachrüstung im Bereich der Einbruchhemmung eingegangen werden. Der Schwerpunkt dieses Buchs liegt allerdings auf von vorneherein geplanten und geprüften einbruchhemmenden Fenstern und Türen nach DIN EN 1627 (vgl. Kapitel 21 und 22).

Nach den Empfehlungen der Kriminalpolizeilichen Beratungsstellen (polizeiberatung.de, 2025) können

> *„geeignete Fenster und Türen jedoch auch nachgerüstet werden. Die Polizei empfiehlt den Einbau von Nachrüstsystemen gemäß DIN 18104 Teil 1 und 2.*
>
> *Kommen beispielsweise geprüfte einbruchhemmende Türen nicht in Frage, ist eine deutliche Verbesserung des Einbruchschutzes immer noch* [nachträglich] *möglich. Voraussetzung ist allerdings, dass es sich um eine widerstandsfähige Grundkonstruktion handelt".*

Des Weiteren weist die Polizei auf Folgendes hin (polizei-dein-partner.de, 2025):

> *„Die Türzarge (Türrahmen) muss fest mit dem Mauerwerk verbunden und druckfest hinterfüttert sein."*

Nach DIN 18104, Teil 1 ist jedem Nachrüstprodukt *„eine mindestens in deutscher Sprache abgefasste, bebilderte Montageanweisung beizulegen"*. Die Montageanleitung muss u. a. die Befestigungsmittel und deren Verwendungszweck beschreiben. Dies ist vor allem dann nötig, wenn das Montagematerial nicht beigepackt ist.

Gerade zu dieser Anmerkung kann Kapitel 22 erste wertvolle Hinweise darüber geben, wie sich Befestigung und *„Mauerwerk"* unter den Anforderungen „Einbruch" verhalten. Diese Lösungen können ebenfalls im Bereich der Nachrüstung eingesetzt werden, indem beispielswiese die vorgestellten Befestigungsmittel entsprechend eingesetzt und die in Kapitel 22 vorgestellten Erfahrungen bei der Planung der Nachrüstung berücksichtig werden.

Für den Nachweis der Widerstandsfähigkeit unter statischer Belastung gemäß DIN EN 1628 muss die statische Prüflast bei Nachrüstprodukten für Fenster (darin sind Terassentüren enthalten) nach DIN 18104-1 (siehe dort den Abschnitt 4.9.1) 6 kN bei einer maximalen erlaubten Auslenkung von 10 mm betragen. Die Belastung darf dabei nach DIN EN 1628 erfolgen. Der Wert der statischen Belastung von 6 kN entspricht dabei den in Kapitel 22 dargestellten Versuchen in der Widerstandsklasse WK 3 bzw. RC 3 (Abschnitt 22.4) nach DIN EN 1627, Tabelle 3. Die Erkenntnisse aus den Versuchen der Klassen WK 3 bzw. RC 3 können in Bezug auf die Befestigung der nachgerüsteten Produkte also erste Anhaltswerte bieten – in Bezug auf die Verankerung im Mauerwerk und die dafür geeigneten Befestigungsmittel.

Bei Querriegelschlössern nach DIN 18104-1, Abschnitt 4.9.2 (vgl. z. B. Bild 2.17) liegt die statische Prüflast sogar bei 10 kN bei der gleichen maximalen Auslenkung

Bild 2.17 Am Baukörper montiertes Querriegelschloss nach DIN 18104 Teil 1 (Foto: ABUS August Bremicker Söhne KG)

von 10 mm. Diese Prüflast, die ebenfalls nach DIN EN 1628 geprüft werden darf, entspricht sogar der Widerstandklasse RC 4 nach DIN EN 1627, Tabelle 3.

Eine direkte Vergleichbarkeit einer Nachrüstung mit den Klassen der DIN EN 1627 ist aus den statischen Belastungen allerdings *nicht* ableitbar. Dabei ist in der Regel die Prüfung mit dem entsprechenden Werkzeugsatz maßgebend. Hier kommt beispielsweise in der Klasse RC 4 nach DIN EN 1627 anderes Werkzeug zum Einsatz als bei der Prüfung der Nachrüstprodukte.

Den Autoren sind in diesem Bereich keine praktischen Versuchserfahrungen in Bezug auf die Verankerung der Elemente im Mauerwerk selbst bekannt. Betrachtet man nun die Forderungen, dass auch hier *„fest mit dem Mauerwerk"* verbunden werden muss, dann macht eine Produktprüfung unter diesen hohen Anforderungen nur dann Sinn, wenn die geforderten Belastungen auch in das Bauwerk eingeleitet werden können.

Einen Hinweis welche Befestigungsmittel gewählt werden können, geben hier die Produktunterlagen der Hersteller der Befestigungsmittel. Üblicherweise finden sich dort meist Angaben zu „empfohlenen" oder „zulässigen" Lasten. Diese beinhalten in der Regel bereits Teilsicherheitsbeiwerte, da die Befestigungsmittel auf Dauer gebrauchstauglich sein sollen und in den meisten Fällen nicht nur kurzeitig Widerstand gegen eine Einwirkung leisten müssen, wie in diesem Anwendungsfall.

Deshalb vertreten die Autoren die Ansicht, dass für die Verankerung von beispielsweise Querriegelschlössern auf die charakteristischen Tragfähigkeiten der entsprechenden Befestigungsmittel zurückgegriffen werden kann, d. h. auf die um die entsprechenden Sicherheiten reduzierten Werte aus den Unterlagen der Hersteller für eine einmalige Verwendung, quasi eine „außergewöhnlichen Einwirkung", vergleichbar mit dem Anprall bei einer absturzsichernden Verglasung (vgl. Abschnitt 8.3.3).

Für den mechanischen Angriff wird weiter der Werkzeugsatz A2 nach DIN EN 1630 verwendet. Teile davon zeigt Bild 21.8 in Abschnitt 21.2.4. Zusätzlich gibt Tabelle 1 in DIN 18104, Teil 1 eine Widerstandszeit von 3 Minuten bei einer Gesamtprüfzeit von 15 Minuten vor. Das heißt auch in diesem Fall können damit die in Abschnitt 22.3 dargestellten Versuchserfahrungen in den Klasse WK 2 und RC 2 in Bezug auf das Verhalten der Befestigung im Mauerwerk bei einem mechanischen Angriff für die Einschätzung einer Nachrüstung in diesem Bereich herangezogen werden, indem beispielsweise Fenster- oder Türelemente entsprechend nachbefestigt werden bzw. die vorhandene Befestigung entsprechend der dargestellten Erfahrungen beurteilt wird.

Die Vorschläge für die Planung und Ausführung der Befestigung am Mauerwerk gelten sinngemäß auch für die in DIN 18104, Teil 2 dargestellten *„im Falz eingelassenen Nachrüstprodukte“,* da auch hier eine statische Belastung von 6 kN in den Prüfungen aufgebracht wird und der Werkzeugsatz A2 für den mechanischen Angriff verwendet wird. Weitere Empfehlungen, gerade für die Nachrüstung im privaten Bereich, enthält die Richtlinie VdS 691 (2022) „Einbruchdiebstahl“.

3

Einwirkungen auf ein Fenster

Ein Fenster ist im Rahmen seiner Nutzung verschiedenen Belastungen ausgesetzt (Bild 3.1). Diese sind nachfolgend zusammengestellt und können z. B. nach DIN EN 1991 (Windlast nach 1991-1-4 und DIN EN 1991-1-4/NA), DIN 18055 (vgl. Abschnitt 2.8) bzw. der ETB-Richtlinie (vgl. Abschnitt 8.3) ermittelt werden:

- Eigenlast (ständig)
- Windlast (veränderlich)
- Gegebenenfalls Schnee- und Eislasten bei Dachfenstern
- Gegebenenfalls Zusatzlasten durch Anbauteile, z. B. Rollladenkästen
- Vertikale und gegebenenfalls horizontale Nutzlasten
- Anprall
- Bewegliche Teile (z. B. Fensterflügel)

Die Befestigung des Fensters muss alle planmäßig auf das Fenster einwirkenden Belastungen in den Verankerungsgrund übertragen können. Je nach Art der Belastung bzw. Montagart des Fensters werden die auftretenden Belastungen entweder

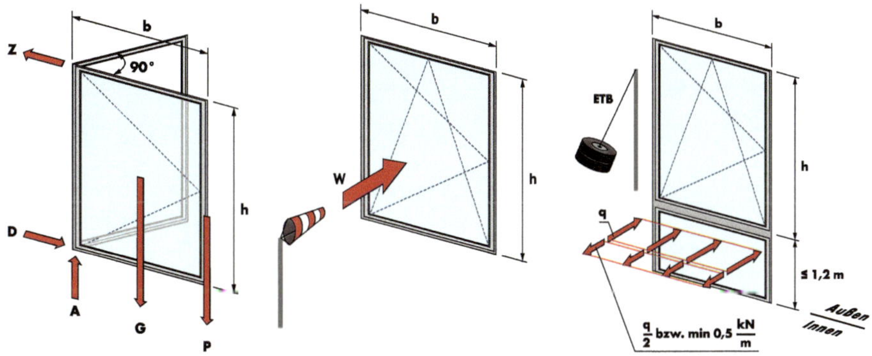

a) Einwirkung durch Eigenlast (G) und vertikale Nutzlast (P)

b) Einwirkung durch Windlast (Druck + Sog)

c) Einwirkung durch horizontale Nutzlast und Anprall

Bild 3.1 Einwirkungen auf ein Fenster

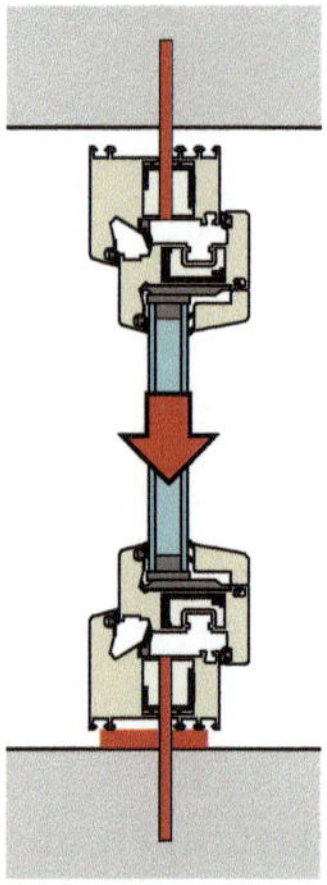

- Eigenlast vertikal
- Eigenlast horizontal, abhängig von der Öffnungsart
- Vertikale Nutzlast
- Zusatzlasten durch Anbauteile
- Lastabtragung in Fensterebene über Tragklötze (unten)

a) vertikal

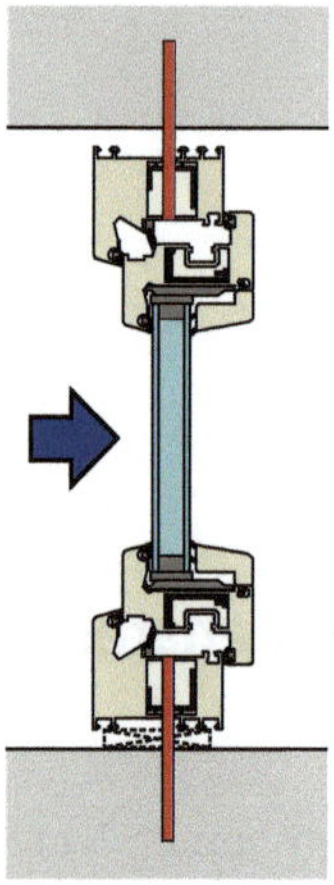

- Windlast (Druck + Sog)
- Eigenlast horizontal, abhängig von der Öffnungsart
- Vertikale, ggf. horizontale Nutzlast
- Anprall
- Lastabtragung rechtwinklig zur Fensterebene umlaufend durch Befestigungsmittel wie z. B. Dübel

b) horizontal

Bild 3.2 Lastabtragung

durch die Befestiger direkt oder durch Trag- bzw. Distanzklötze in den Verankerungsgrund eingeleitet. Eine typische Aufteilung der auftretenden Belastungen zeigt Bild 3.2. Die vertikalen Lasten werden dabei durch Tragklötze (Bild 3.2a) und die horizontalen Lasten, wie beispielsweise die Windbelastung, durch die Befestiger in den Verankerungsgrund eingeleitet (Bild 3.2b).

4

Prüfung von Befestigern für Fenster am Gesamtsystem

4.1 Allgemeines

Wie bereits erwähnt, werden im Rahmen der Klassifizierung von Fenstern nach der europäischen Produktnorm DIN EN 14351-1 (vgl. Abschnitt 2.7) „nur“ Versuche in starren Holz- oder Stahlrahmen durchgeführt (Bild 2.3). Diese Versuche bieten wenige bis gar keine Informationen darüber, wie sich das entsprechende Gesamtsystem aus Verankerungsgrund, Befestiger und Fenster im realen Montagefall verhält bzw. ob ein Befestigungssystem überhaupt prinzipiell für die Montage eines Fensterelements geeignet ist.

Um Aussagen für die Praxis, vor allem bei der Befestigung von schweren, dreifachverglasten Fenstern in der Fensterlaibung treffen zu können bzw. die generelle Eignung des Befestigungssystems nachzuweisen, wurden von der Adolf Würth GmbH & Co. KG in den letzten Jahren verschiedene Bauteilprüfungen am Institut für Fenstertechnik e. V. in Rosenheim durchgeführt (vgl. Tabelle 4.2 bzw. ift Rosenheim, 2007b bis ift Rosenheim 2024g).

Eine detaillierte Beschreibung der Durchführung dieser Versuche und der Bewertung der Ergebnisse enthält ift Rosenheim (2015) (vgl. Abschnitt 2.9).

Nachfolgend werden Versuche in Kalksandvollsteinen, Porenbeton, Ziegeln mit hohen Anforderungen an die Wärmedämmung (z. B. Hochlochziegel mit filigraner Stegstruktur oder Mineralwolle gefüllt – vgl. z. B. Bild 4.1) sowie Lehmblocksteinen und Lehmlochsteinen vorgestellt bzw. die Erfahrungen bei den einzelnen Anforderungen erläutert.

a) b)

Bild 4.1 Mit Mineralwolle gefüllter Hochlochziegel a) Wienerberger POROTON-T8-36,5-MW und b) Wienerberger Plan-T10-30,0 mit filigraner Stegstruktur

Befestigung und Abdichtung von Fenstern und Türen. Regelwerke, Bauphysik, Baurecht, Praxisbeispiele. 2. Auflage.
J. Küenzlen, E. Scheller, M. Klatecki.

Dabei ist es für einen Hersteller von Befestigungsmaterial unmöglich, ein „Patentrezept" für jede in der Praxis vorkommende Kombination aus Verankerungsgrund und Fensterelement liefern zu können. Es ist immer eine Entscheidung am realen Objekt notwendig, wie die entsprechende Befestigung ausgeführt werden kann bzw. muss.

Die nachfolgend zusammengestellten Versuche bzw. die erwähnten Prüfberichte können dabei eine Entscheidungshilfe bieten, da die Versuche in verschiedenen Fällen auch aufzeigen, wo die Grenzen der jeweiligen Befestigungsart liegen und wo besondere Überlegungen notwendig sind.

Fensterprüfungen im Gesamtsystem werden *in Anlehnung* an die „Normversuche" für die Fensterklassifizierung durchgeführt, d. h., dass die Versuche zur Erfüllung der einzelnen Anforderungen, die bereits in einem starren Holz- bzw. Stahlrahmen durchgeführt wurden, noch einmal in einer individuellen Einbausituation (gewähltes Fenster, definierter Verankerungsgrund und darauf abgestimmter Befestiger) wiederholt werden. Diese Versuche werden in der Regel in Prüfberichten dokumentiert. Es ist einfach nachvollziehbar, dass die darin dokumentierten Ergebnisse nur dann auf den realen Praxisfall übertragen werden können, wenn auch vergleichbare Randbedingungen in den Prüfungen vorhanden waren. Die wichtigsten Parameter, die Prüfberichte in der Regel immer enthalten, sind:

- Glasgewicht,
- Temperaturbereich,
- Befestigungsabstände,
- Randabstand,
- Abstand zwischen Fensterrahmen und Laibung im Mauerwerk,
- Verankerungsgrund,
- Distanzverklotzung.

Außerdem wird in der Regel angegeben, welchen Anforderungen die Prüfungen für die Befestigungen in Bezug auf die Prüfungen nach DIN EN 14351-1 entsprechen:

Es ergibt natürlich wenig Sinn, bei einem Fenster einen Windwiderstand der Klasse 5 (vgl. Abschnitt 4.2) zu fordern, wenn die gewählte Montageart beispielsweise nur nach Klasse 3 nachgewiesen wurde bzw. überhaupt nur die Anforderungen bis Klasse 3 erfüllt (vgl. Abschnitt 4.2). Dann erfüllt natürlich das Gesamtsystem aus Verankerungsgrund, Fenster und Befestiger nur die Anforderungen nach Klasse 3.

Wie in Abschnitt 2.8 kurz dargestellt, gibt DIN 18055 die entsprechenden Anhaltswerte, welchen Windwiderstand die Fensterelemente – abhängig von den örtlichen Gegebenheiten – erfüllen müssen (vgl. auszugsweise Tabelle 2.4).

Wie bereits ausgeführt, werden nachfolgend Versuche in

- Kalksandvollsteinen (ift Rosenheim, 2007b und 2010b),
- Porenbetonplansteinen P1,6 (Windklasse 3) (ift Rosenheim, 2012a) und PP2 (Windklasse 5) der Firma Xella International GmbH (ift Rosenheim, 2011a),
- Hochlochziegelmauerwerk Plan-T12-24,0 der Firma Wienerberger GmbH (ift Rosenheim, 2010c),

Bild 4.2 Lehmlochstein (GIMA Lehmziegel LZ) (Foto: Immel)

- Hochlochziegelmauerwerk POROTON-T8-36,5 MW (Bild 4.1a) der Firma Wienerberger GmbH (ift Rosenheim, 2011c),
- Hochlochziegelmauerwerk Plan-T10-30,0 (Bild 4.1b) der Firma Wienerberger GmbH (ift Rosenheim, 2013a) und
- Lehmsteinmauerwerk aus Lehmblocksteinen und Lehmlochsteinen (Bild 4.2) der Firma Girnghuber GmbH (ift Rosenheim, 2024f und 2024g)

näher erläutert (Gesamtübersicht vgl. Tabelle 4.2).

Dabei wurde in der Regel bei allen Versuchen

- eine Dreifachverglasung bzw. schwere Schallschutzverglasung verwendet, um ein sehr hohes Glasflächengewicht zu prüfen,
- ein Fensterrahmen in dunkler Farbe simuliert, um die höchste Beanspruchung bei Temperaturwechseln zu erreichen,
- ohne seitliche Distanzverklotzung montiert, weil dies die in der Praxis am meisten verbreitete Art der Montage ist,
- Tragklötze auf der Unterseite der Fenster verwendet, um das Eigengewicht der schweren Elemente in den Verankerungsgrund einleiten zu können,
- Randabstände im Bereich c = 50 bis 60 mm zur Wandaußenkante eingehalten und
- ein Abstand zwischen Fensterlaibung und Rastfüßen des Fensterrahmens von rund 15 mm eingehalten (vgl. Bild 4.3), um den Einbau einer Abdichtung zu ermöglichen.

Variiert wurden in den Versuchen

- die Elementgröße zwischen normalem Fenster (ift Rosenheim, 2007b, 2010b und 2011a, 2024c und 2024d), einer Kunststofffenstertür (ift Rosenheim 2010c, 2011c und 2012a) und einem zweiflügeligen Element (ift Rosenheim, 2013a),
- Elemente mit umlaufender Stahlverstärkung und ohne Stahlverstärkung, dafür faserverstärkt (normales Fenster ift Rosenheim, 2010a und 2010b) und Kunststofffenstertür (ift Rosenheim, 2012a),
- die Befestigungsabstände zwischen den einzelnen Befestigern, je nach Verankerungsgrund,
- die Anzahl der Befestiger bzw. die Lage der Befestiger (oben, Seite, unten),

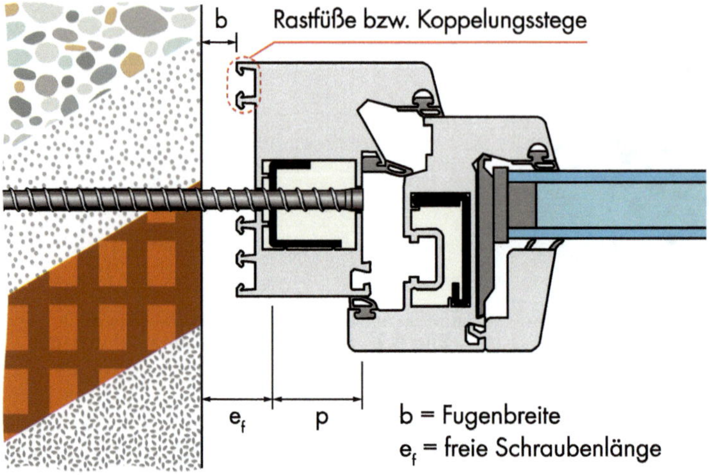

Bild 4.3 Definition wichtiger Maße; beachte für die freie Schraubenlänge (e_f) auch Abschnitt 6.2.2 mit Bild 6.5 (Grafik: Adolf Würth GmbH & Co. KG)

- die Windbelastung sowie
- die Befestigungssysteme (vgl. Tabelle 4.1).

Einen Überblick über die durchgeführten Prüfungen und die zugehörigen Prüfberichte bietet Tabelle 4.2. Die Details – vor allem zu den aufgetretenen Verformungen – zeigen die nächsten Abschnitte. Die nachfolgenden Erläuterungen der einzelnen Prüfungen wurden im Wesentlichen dem Kommentar zu DIN EN 14351-1 (Lass und Niemöller, 2024) entnommen.

Tabelle 4.1 In den Prüfungen verwendete Befestigungssysteme nach Tabelle 4.2 (Fotos: Adolf Würth GmbH & Co. KG)

Verankerungsgrund	Geprüfte Befestigungssysteme	
Porenbeton	AMO®-Y Schraube 7, 5 mm	
	AMO®-Y Schraube 11,5 mm	
Hochlochziegel mit Füllung (Bild 4.1a) und Lehmlochstein (Bild 4.2)	AMO®-Combi Schraube 7,5/11,5 mm mit Kunststoff-Dübelhülse W-UR 10 XXL	
Hochlochziegel mit filigraner Stegstruktur (Bild 4.1b)	AMO®-Combi Schraube 7,5/11,5 mm mit Kunststoffdübel W-RD 10	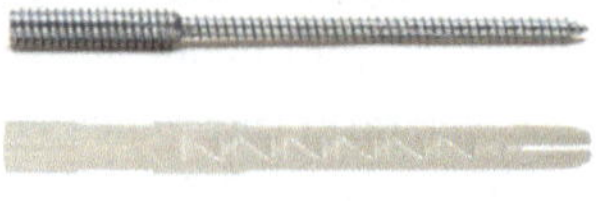
Lehmvollstein	AMO® IV-Schraube 11,5 mm	
Kalksandvollstein	AMO® III-Schraube 7,5 mm	

AMO: Abstandsmontageschraube

Tabelle 4.2 Übersicht über die durchgeführten Prüfungen

Befestigungssystem	Prüfberichte				
	Bezeichnung	Untergründe	Befestigung	Tür / Fenster	Prüfbericht
AMO® III Ø 7,5	Befestigung einer Kunststofffenstertür, ohne seitliche Trag- und Distanzklötze	Hochlochziegel (Poroton Planziegel T12 24,0)	AMO® III Ø 7,5 in Verbindung mit Kunststoff-Rahmendübel W-RD 10	Kunststofffenstertür Flügelgewicht: 95,5 kg Rahmenfarbe: dunkelbraun	105 44179/2 ift Rosenheim
	Befestigung eines Kunststofffensters, ohne seitliche Trag- und Distanzklötze	Kalksandstein (DIN V 106 – KS 12 – 1,6 – 4DF)	AMO® III Ø 7,5	Kunststofffenster – System Rehau GENEO Flügelgewicht: 70 kg Rahmenfarbe: dunkelbraun	105 35697 ift Rosenheim
	Befestigung eines Kunststofffensters, ohne seitliche Trag- und Distanzklötze	Kalksandstein (DIN V 106 – KS 12 – 1,6 – 4DF)	AMO® III Ø 7,5	Kunststofffenster Flügelgewicht: 72,5 kg Rahmenfarbe: dunkelbraun	105 34261 ift Rosenheim
	Befestigung eines Kunststofffensters, ohne seitliche Trag- und Distanzklötze	Kalksandstein (DIN V 106 – KS 12 – 1,6 – 4DF)	AMO® III Ø 7,5	Kunststofffenster – System Rehau GENEO Flügelgewicht: 70 kg Rahmenfarbe: dunkelbraun	105 43036 ift Rosenheim
	Prüfung zur Eignung für die Montage von hochwasserbeständigen Fenstern	Betonwand	AMO® III Ø 7,5	Kunststofffenster-VEKA Topline DK – Hochwasserfenster	202 31790 ift Rosenheim
	Befestigung eines Kunststofffensters, ohne seitliche Trag- und Distanzklötze	Hochlochziegel	AMO® III Ø 7,5	Kunststofffenster-Fa. VEKA Flügelgewicht: 75 kg Rahmenfarbe: dunkelbraun	509 22462/KF ift Rosenheim
AMO® III Ø 11,5	Befestigung eines Kunststofffensters, ohne seitliche Trag- und Distanzklötze	Hochlochziegel (Rohdichteklasse 1,2)	AMO® III Ø 11,5	Kunststofffenster – Fa. Weru AG Flügelgewicht: 43 kg Rahmenfarbe: dunkelbraun	105 30599 ift Rosenheim
AMO® IV Ø 11,5	Befestigung eines Kunststofffensters	Lehmblockstein (GIMA Lehmstein Block) 5 DF	AMO® IV Ø 11,5	Kunststofffenster – PaXabsolut 4 Flügelgewicht 54 kg	24-001512-PR01 ift Rosenheim

(*Fortsetzung*)

Tabelle 4.2 (Fortsetzung)

Befestigungssystem	Prüfberichte				
	Bezeichnung	Untergründe	Befestigung	Tür / Fenster	Prüfbericht
AMO®-Y	Befestigung eines Kunststofffensters, ohne seitliche Trag- und Distanzklötze	Porenbeton-Planstein (DIN V 4165 – PP2 – 0,35)	AMO®-Y Ø 7,5	Kunststofffenster – System Rehau Flügelgewicht: 58 kg	105 42538/1 ift Rosenheim
	Befestigung einer Kunststofffenstertür, ohne seitliche Trag- und Distanzklötze	Porenbeton-Planstein (DIN V 4165 – PP1,6 – 0,30)	AMO®-Y Ø 11,5 und Ø 7,5	Kunststofffenstertür – System Rehau GENEO Flügelgewicht: 95,5 kg Rahmenfarbe: dunkelbraun	11-002642-PR01 ift Rosenheim
AMO®-Combi	Befestigung einer Kunststofffenstertür, ohne seitliche Trag- und Distanzklötze	Hochlochziegel (Poroton Planziegel T8-36,5 MW)	AMO®-Combi in Verbindung mit Kunststoff-Rahmendübel W-UR 10 XXL	Kunststofffenstertür Flügelgewicht: 95,5 kg Rahmenfarbe: dunkelbraun	11-001214-PR01 ift Rosenheim
	Bauteilversuch zur Befestigung einer zweiflügeligen Kunststofffenstertür am Baukörper	Hochlochziegel (Poroton T10)	AMO®-Combi in Verbindung mit Kunststoff-Rahmendübel W-RD 10	Kunststofffenstertür – System Ideal Flügelgewicht 74,5 kg Rahmenfarbe: dunkelbraun	11-002744-PR01 ift Rosenheim
	Befestigung eines Kunststofffensters	Lehmlochstein (GIMA Lehmziegel LZ)	AMO®-Combi in Verbindung mit Kunststoff-Rahmendübel W-UR 10 XXL	Kunststofffenster – PaXabsolut 4 Flügelgewicht 54 kg	24-001513-PR01 ift Rosenheim
Kunststoff-Rahmendübel W-UR F 8 mit Panhead-Schraube	Bauteilversuch Konsolenbefestigung für die Vorwandmontage eines Kunststofffensters, ohne Trag- und Distanzklötze	Hochlochziegel (Poroton Blockziegel T 20/1,2)	JB-D System und W-UR 8	Kunststofffenster – System Rehau GENEO Flügelgewicht: 70,5 kg Rahmenfarbe: dunkelbraun	105 44179/1 ift Rosenheim
	Bauteilversuch zur justierbaren Befestigung von Fenstern vor dem tragenden Baukörper	Kalksandsteinmauerwerk (Typ DIN V 106 – 4DF-12-1,8)	JB-D System und W-UR 8	Kunststofffenster Flügelgewicht: 55 kg Rahmenfarbe: dunkelbraun	12-000263-PR01 ift Rosenheim

4.2 Widerstandsfähigkeit bei Windlast

Die Klassifizierung von Fenstern in Bezug auf die Widerstandsfähigkeit bei Windlast erfolgt nach DIN EN 12210. Grundlage dieser Klassifizierung ist ein Prüfverfahren nach DIN EN 12211 zur Bestimmung der Belastungsgrenzwerte P1, P2 und P3 des Prüfkörpers (Fenster oder Tür). Die Klassifizierung erfolgt dabei nach den Prüfergebnissen zur Widerstandsfähigkeit bei positiven und negativen Prüfdrücken. Die verschiedenen Klassen werden vom Fensterhersteller in den entsprechenden Unterlagen angegeben. Die Bedeutung der Belastungsgrenzwerte P1, P2 und P3 und der einzelnen Klassen, d. h. die entsprechend geprüfte Belastung in Pascal [Pa] zeigt Tabelle 4.3; dabei entspricht 1 Pa dem Druck von 1 N/m².

Zur Gesamtklassifizierung der Windlast gehört außerdem die relative frontale Durchbiegung des am stärksten verformten Rahmenteils des Prüfkörpers, gemessen nach dem statischen Prüfdruck P1 (Tabelle 4.3). In den Unterlagen der Fensterhersteller findet sich dann beispielsweise die Angabe für Widerstandsfähigkeit des Elements gegen Windlast „B5“, also eine kombinierte Bezeichnung aus den Angaben aus Tabelle 4.3 und Tabelle 4.4.

Tabelle 4.3 Klassifizierung der Windlast (Tabelle 1 aus DIN EN 12210) in Pascal (Pa) [1)]

Klasse	P1	P2	P3
0	nicht geprüft		
1	400	200	600
2	800	400	1200
3	1200	600	1800
4	1600	800	2400
5	2000	1000	3000
E xxxx	xxxx		

mit:
P1 Einmalige *statische* Druck- und Sogbelastung (Messung der Verformung der Tragglieder) in Pa
P2 Druck-Sog-*Wechsel*belastung des Bauteils (50 Wiederholungen bei der Prüfung) in Pa
P3 Sicherheitstest berücksichtigt kurzfristige Windböen in Pa
E Klassifizierung oberhalb der Klasse 5 durch Angabe der real geprüften Werte in Klasse E
1) $1\ \text{Pa} = 1\ \text{N/m}^2 = 1\ \text{kg·m/s}^2$ $(1\ \text{kg·m/s}^2) / (9{,}81\text{m/s}^2) \approx 0{,}1\ \text{kg} \approx 100\ \text{g}$

Tabelle 4.4 Klassifizierung der relativen frontalen Durchbiegung (Tabelle 2 aus DIN EN 12210).

Klasse	Relative frontale Durchbiegung
A	$\leq l/150$
B	$\leq l/200$
C	$\leq l/300$

In Tabelle 4.5 erfolgt eine Gegenüberstellung der Windbelastung und der entsprechend auftretenden Auswirkungen im Vergleich zum auftretenden Winddruck in Pascal. Farblich hervorgehoben wird die Windklasse 3 nach DIN EN 12210 (vgl. Tabelle 4.3). Die Windklasse 3 entspricht damit in der geprüften Druck-Sog-Wechselbelastung P2 dem Beaufortgrad 12, also einem „Orkan", bei dem bereits „schwere Verwüstungen" auftreten können. Damit bildet dieser Versuch eine realitätsnahe Simulation eines Orkans - wie er in Deutschland durchaus auftreten kann - ab.

So hatte beispielsweise der „Orkan Lothar" am 26.12.1999 in Deutschland Spitzenböen bis 259 km/h und der „Orkan Kyrill" am 18.01.2007 Spitzenböen bis 202 km/h (Deutscher Wetterdienst, 1999 und 2017).

Welche hohen Belastungen - vor allem beim Sicherheitsversuch in Klasse 5 - auftreten, zeigt Bild 4.4:

- Bei 2800 Pa Windsog kam es aufgrund der Lage des Fensters in der Öffnung (Randabstand des Dübels von nur 5 cm, Verankerung in der ersten Steinkammer, vgl. Bild 4.1), zu einem Ausbrechen der Steine.
- Die Anforderungen an Klasse 4 mit P3 = 2400 Pascal konnten dagegen selbst bei diesem sehr kleinen Randabstand erfüllt werden; dieser Belastung hielt das Gesamtsystem ohne Probleme stand.
- Bei einem Randabstand (wie vom Ziegelhersteller aus bauphysikalischen Gründen vorgegeben - mittleres Drittel der Wand) von ca. c = 15 cm (Verankerung in der dritten Steinkammer, vgl. Bild 4.1) konnten die Anforderungen der Klasse 5 erfüllt werden (ift Rosenheim, 2011c).

Bild 4.4 Steinausbruch beim Sicherheitsversuch bei ca. 2800 Pa und einem Randabstand von nur 5 cm (ift Rosenheim, 2011c)

Tabelle 4.5 Gegenüberstellung Windbelastung und ihre Auswirkungen und der auftretende Winddruck in Pascal (farbliche Hervorhebung P1, P2 und P3 in Klasse 3 nach Tabelle 4.3), in Anlehnung an Deutscher Wetterdienst (2020)

Beaufortgrad	Bezeichnung	Mittlere Windgeschwindigkeit in 10m Höhe über freiem Gelände		Druck Pa	Beispiele für die Auswirkungen des Windes im Binnenland
		m/s	km/h		
0	Windstille	0 - 0,2	< 1		Rauch steigt senkrecht auf
1	leiser Zug	0,3 - 1,5	1 - 5		Windrichtung angezeigt durch den Zug des Rauches
2	leichte Brise	1,6 - 3,3	6 - 11		Wind im Gesicht spürbar, Blätter und Windfahnen bewegen sich
3	schwache Brise schwacher Wind	3,4 - 5,4	12 -19		Wind bewegt dünne Zweige und streckt Wimpel
4	mäßige Brise mäßiger Wind	5,5 - 7,9	20 - 28	42	Wind bewegt Zweige und dünnere Äste, hebt Staub und loses Papier
5	frische Brise frischer Wind	8,0 - 10,7	29 - 38	58	kleine Laubbäume beginnen zu schwanken, Schaumkronen bilden sich auf Seen
6	starker Wind	10,8 - 13,8	39 - 49	93	starke Äste schwanken, Regenschirme sind nur schwer zu halten, Telegrafenleitungen pfeifen im Wind
7	steifer Wind	13,9 - 17,1	50 - 61	142	fühlbare Hemmungen beim Gehen gegen den Wind, ganze Bäume bewegen sich
8	stürmischer Wind	17,2 - 20,7	62 - 74	200	Zweige brechen von Bäumen, erschwert erheblich das Gehen im Freien
9	Sturm	20,8 - 24,4	75 - 88	304	Äste brechen von Bäumen, kleinere Schäden an Häusern (Dachziegel oder Rauchhauben abgehoben)
10	schwerer Sturm	24,5 - 28,4	89 - 102	426	Wind bricht Bäume, größere Schäden an Häusern
11	orkanartiger Sturm	28,5 - 32,6	103 - 117	563	Wind entwurzelt Bäume, verbreitet Sturmschäden
12	Orkan	ab 32,7	120	676	schwere Verwüstungen
			130	793	
			140	926	
			150	1058	
			160	1200	
			170	1362	
			180	1528	
			190	1705	
			200	1891	
			210	2080	
			220	2295	
			230	2510	
			240	2730	
			250	2950	

4.2.1 Auswirkung der Windbelastungen bei einflügeligen Elementen

Nachfolgend werden exemplarisch die Verformungen infolge Windbelastungen im Bereich der Befestiger für einflügelige Fenster mit einer Größe von 1,23 m × 1,49 m (Breite × Höhe) bzw. eine Fenstertür dargestellt.

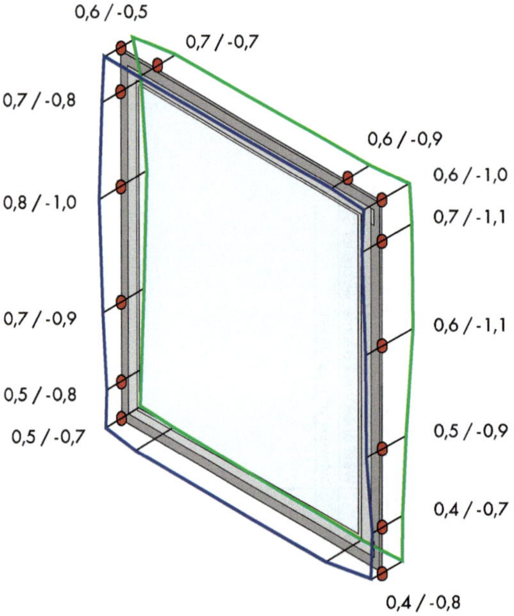

Bild 4.5 Maximale Verformungen des Blendrahmens in mm bei Druck-Sog-Wechselbelastung mit P2 = ±1000 Pa (ift Rosenheim, 2011a)

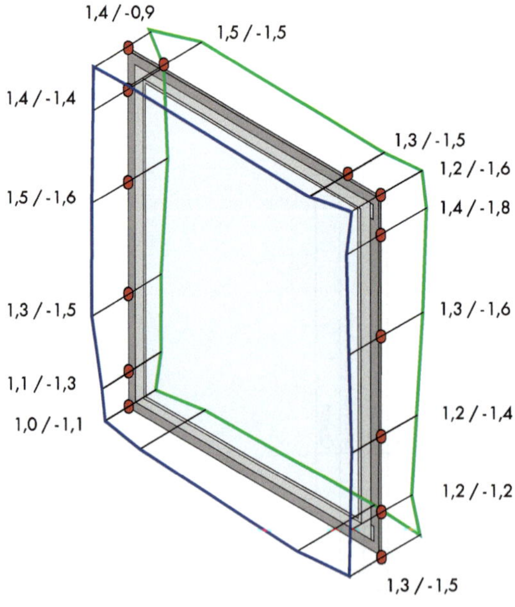

Bild 4.6 Maximale Verformungen des Blendrahmens in mm bei einmaliger statischer Druck- und Sogbelastung mit P1 = +2000 Pa (blau) und P1 = -2000 Pa (grün) (ift Rosenheim, 2011a)

Bild 4.5 und Bild 4.6 zeigen die gemessenen Verformungen in der Windklasse 5 nach Tabelle 4.3 bei einem umlaufend mit der AMO®-Y Schraube 7,5 mm in Porenbeton befestigten, einflügeligen Fenster. An der Seite betrug der Achsabstand der Befestiger ca. s = 40 cm (vgl. Bild 5.3 in Abschnitt 5.3), oben und unten wurde zusätzlich nur in Nähe der Fensterecke befestigt.

Bei der Druck-Sog-Wechselbelastung (P2) wurden Verformungen im Bereich von einem Millimeter gemessen. Bei einer Verdopplung der Windbelastung auf die einmalige statische Druck- und Sogbelastung P1 (Bild 4.6) trat auch eine deutliche

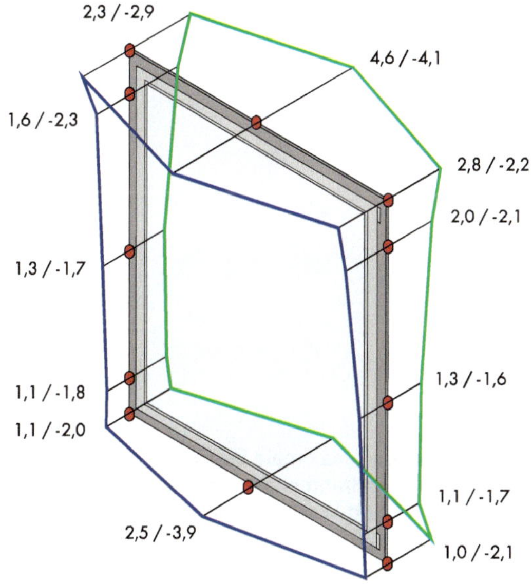

Bild 4.7 Maximale Verformungen des Blendrahmens in mm bei Druck-Sog-Wechselbelastung mit P2 = ±1000 Pa (ift Rosenheim, 2007b)

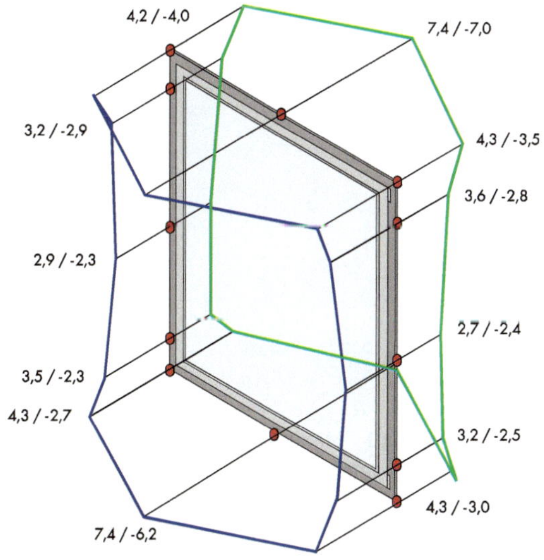

Bild 4.8 Maximale Verformungen des Blendrahmens in mm bei einmaliger statischer Druck- und Sogbelastung mit P1 = +2000 Pa (blau) und P1 = −2000 Pa (grün) (ift Rosenheim, 2007b)

Zunahme der Verformungen auf. In beiden Fällen blieben die gemessenen Verformungen jedoch in einem Bereich, der in der Regel keine Beeinträchtigung für beispielsweise gängige Abdichtungssysteme bedeutet hätte, bzw. unter den Forderungen nach ift Rosenheim (2015); vgl. hierzu auch Abschnitt 2.9.3.

Bild 4.7 und Bild 4.8 zeigen ebenfalls die Verformungen bei Versuchen in der Windklasse 5. Es handelte sich (wie beim bereits erwähnten Element) um ein einflügeliges Fenster mit einer Größe von 1,23 m × 1,49 m (Breite × Höhe). Der

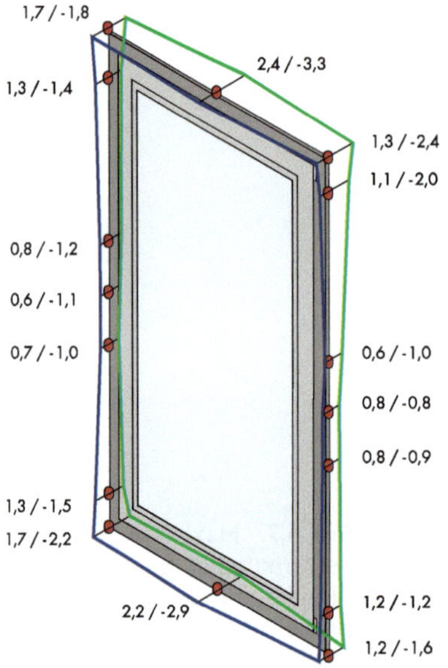

Bild 4.9 Maximale Verformungen des Blendrahmens in mm bei Druck-Sog-Wechselbelastung mit P2 = ±1000 Pa (ift Rosenheim, 2010b)

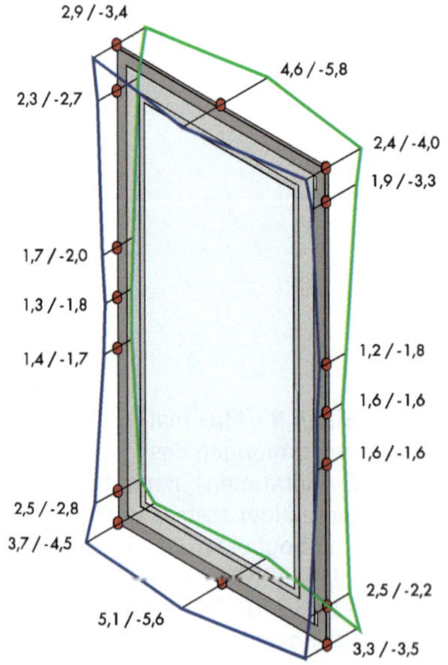

Bild 4.10 Maximale Verformungen des Blendrahmens in mm bei einmaliger statischer Druck- und Sogbelastung mit P1 = +2000 Pa (blau) und P1 = −2000 Pa (grün) (ift Rosenheim, 2010c)

Unterschied lag in der Montagesituation. Beide Fenster waren mit Abstandsmontageschrauben mit einem Außendurchmesser von 7,5 mm befestigt.

Das Element in Bild 4.7 und Bild 4.8 war sowohl oben als auch unten *nicht* befestigt und der Achsabstand der seitlichen Befestiger lag in einem Bereich von ca. s = 60 cm. Die gemessenen Verformungen nehmen aufgrund der reduzierten Anzahl von Fensterbefestigern deutlich zu. In Bild 4.8 liegen diese teilweise über dem für Abdichtungssysteme vertretbaren Bereich von ca. 3 mm nach ift Rosenheim (2015); vgl. hierzu auch Abschnitt 2.9.3.

Bild 4.9 und Bild 4.10 zeigen die Verformungen bei einer einflügeligen Fenstertür, ebenfalls wieder in der Windklasse 5. Hier wurde der Achsabstand der seitlichen Befestiger (AMO®-Combi Schraube 7,5/11,5 mm mit Kunststoffdübel W-RD) auf im Mittel s = 35 cm (vgl. Bild 5.3 in Abschnitt 5.3) reduziert, eine Befestigung oben und unten erfolgte nicht.

Durch die fehlende Befestigung oben und unten sind hier bereits bei einer Belastung von P2 = 1000 Pa Verformungen im Bereich von 3 mm vorhanden. Bei der Bemessungswindlast P1 liegen die Verformungen sogar im Bereich von 5–6 mm.

4.2.2 Auswirkung der Windbelastungen bei einem zweiflügeligen Element

4.2.2.1 Allgemeines

Vor allem die im Jahr 2012 durchgeführten Versuche mit einer zweiflügeligen Kunststofffenstertür (mit mittigem Pfosten) haben bei einer Größe von 2,0 m × 2,4 m (Breite × Höhe) deutlich aufgezeigt, mit welchen Verformungen bei einem derart großen Element bereits bei Windbelastungen der Klasse 3 (vgl. Tabelle 4.3) zu rechnen ist (ift Rosenheim, 2013a).

Durch geeignete Maßnahmen (Verstärkungsprofile und zusätzliche Befestiger) wurden die Einbausituation optimiert und die Versuche wiederholt. In den nachfolgenden Grafiken sind für die unterschiedlichen Einbausituationen bzw. Verstärkungsmaßnahmen auszugsweise die entsprechenden Verformungen bei den jeweiligen Windbelastungen dargestellt.

Bild 4.11 zeigt zunächst die Anordnung der Messaufnehmer (M XX) und die Lage der Befestigungspunkte.

4.2.2.2 Versuch 1 in der Ausgangssituation (nur seitliche Befestigung)

Seitlich war der Blendrahmen der zweiflügeligen Kunststofffenstertür mit einem mittleren Achsabstand der Befestiger (AMO®-Combi Schraube 7,5/11,5 mm mit dem Kunststoffdübel W-RD) von s = 35 cm eingebaut worden (vgl. Bild 5.3 in Abschnitt 5.3). Das Element war bei allen Versuchen oberseitig nicht befestigt. Diese Art des Einbaus simuliert das spätere Vorhandensein eines Rollladenkastens in der wirklichen Einbausituation auf der Baustelle.

Für die erste Versuchsreihe war auch das untere horizontale Blendrahmenprofil der zweiflügeligen Kunststofffenstertür ohne Befestigung im Verankerungsgrund ausgeführt worden.

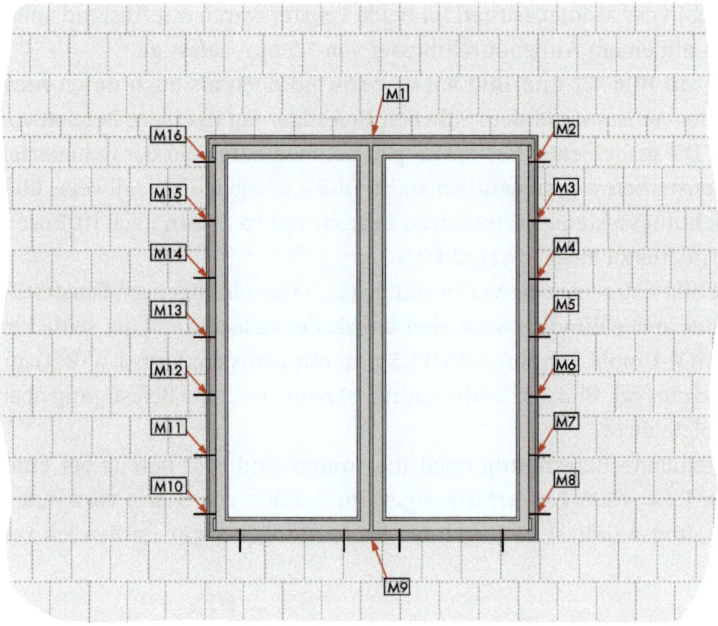

Bild 4.11 Anordnung der Messaufnehmer (M XX) und der Befestigungspunkte (ift Rosenheim, 2013a)

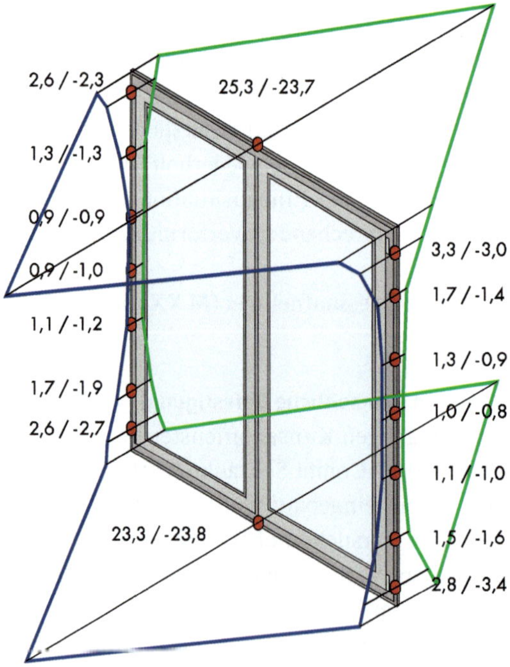

Bild 4.12 Maximale Verformungen des Blendrahmens in mm bei Druck-Sog-Wechselbelastung P2 = ±600 Pa, Ober- und Unterseite nicht befestigt (ift Rosenheim, 2013a)

Bild 4.12 zeigt für diese Einbausituation die gemessenen Verformungen bei einer Druck-Sog-Wechselbelastung von P2 = ±600 Pascal (vgl. Tabelle 4.3). Aufgrund der fehlenden Befestigungen an Ober- und Unterseite traten hier – in Elementmitte – maximale Verformungen von über 20 mm in beide Richtungen auf.

4.2.2.3 Versuch 2 (seitliche und untere Befestigung)

Zur Reduzierung dieser Verformungen wurde im ersten Schritt das untere horizontale Blendrahmenprofil mit vier AMO®-Combi Schrauben 7,5/11,5 mm mit dem Kunststoffdübel W-RD befestigt. Der Abstand zwischen den beiden Dübeln je Türfeld betrug 60 cm (vgl. Bild 4.11). Die unterseitige Befestigung durch das Profil selbst war möglich, da die Rohbauöffnung auch im unteren Bereich mit einem Ziegelsturz ausgeführt worden war (Bild 4.13).

Diese Art der Bauausführung hat den Vorteil, dass keine offene Wabenstruktur der Hochlochziegel (vgl. Bild 4.1) – wie sonst in Fensteröffnungen im Brüstungsbereich üblich – vorhanden ist. Durch diese einfache bauliche Maßnahme können Fenster an der Unterseite mit normalen Befestigern montiert werden. Des Weiteren hat man eine saubere und glatte Aufstandsfläche für die Lastabtragung des Fensters nach unten sowie für den späteren Einbau der Abdichtung, die sonst ebenfalls ein Verschließen der offenen Wabenstruktur der Hochlochziegel erfordert. Derartige Stürze sind auch mit entsprechender Dämmstofffüllung lieferbar (Bild 4.14).

Bild 4.13 Rohbauöffnung in der „Versuchswand" mit zusätzlichem Ziegelsturz an der Unterseite (Foto: Küenzlen)

Bild 4.14 Ziegelsturz mit Dämmkern (Foto: Küenzlen)

4.2.2.4 Versuch 3 (seitliche und untere Befestigung; Verstärkung oben mit Stahlprofil)

Im zweiten Schritt zur Reduzierung der Verformungen infolge von Windlasten wurde der Blendrahmen an der Oberseite durch ein Stahlprofil verstärkt, das außen auf das obere horizontale Blendrahmenprofil aufgeschraubt wurde (vgl. Bild 4.15).

Durch die unterseitige Befestigung im Ziegelsturz mit vier zusätzlichen Befestigern konnte dort bei gleicher Belastung die maximale Verformung von ca. 20 mm (vgl. Bild 4.12) auf ca. 2 mm, also um 90 % reduziert werden (Bild 4.16). Auf der Oberseite war lediglich eine Reduzierung um 50 % von ca. 20 auf ca. 10 mm möglich, was bedeutet, dass die zusätzliche Aussteifung des oberen horizontalen Blendrahmenprofils ohne Befestigung im Verankerungsgrund nicht ausreichte, um gebrauchstaugliche Verformungen (Abdichtung der Fuge zwischen Element und Wand) sicherzustellen (Bild 4.16); vgl. hierzu auch Abschnitt 2.9.3.

Bei Verdopplung der Windbelastung auf P1 = ±1200 Pa (einmalige statische Druck- und Sogbelastung nach Tabelle 4.3) traten an der mit dem Stahlprofil verstärkten Oberseite wieder Verformungen von über 20 mm auf (Bild 4.17).

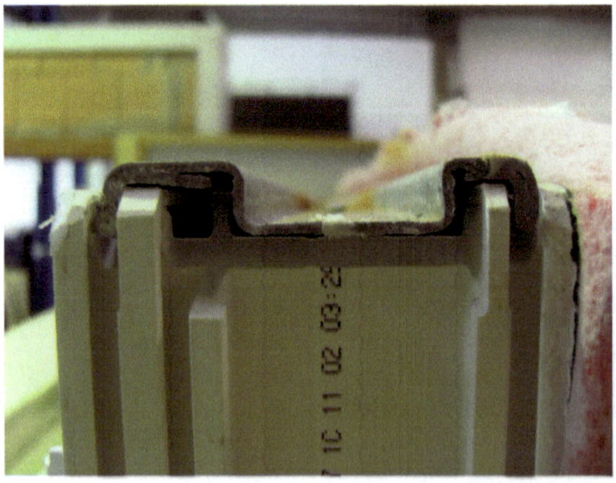

Bild 4.15 Oberseitige Verstärkung des Fensterprofils mit zusätzlichem Stahlprofil (ift Rosenheim, 2013a)

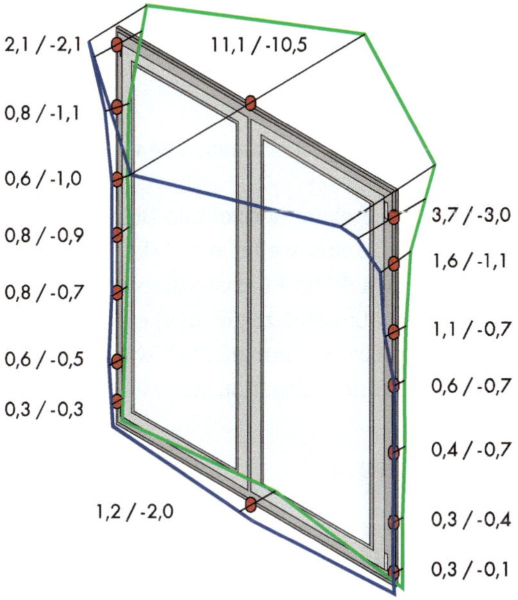

Bild 4.16 Maximale Verformungen des Blendrahmens in mm bei Druck-Sog Wechselbelastung mit P2 = ±600 Pa, Oberseite nicht befestigt, Verstärkung mit Profil (ift Rosenheim, 2013a)

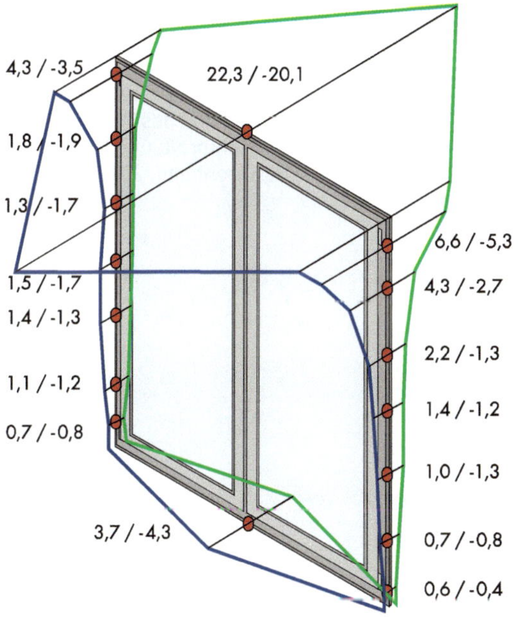

Bild 4.17 Maximale Verformungen des Blendrahmens in mm bei einmaliger statischer Druck- und Sogbelastung mit P1 = ±1200 Pa, Oberseite nicht befestigt, Verstärkung mit Profil (ift Rosenheim, 2013a)

Auch mit der unterseitigen Befestigung durch vier Dübel ergaben sich an der Unterseite immer noch Verformungen von rund 4 mm (Bild 4.17).

Dagegen konnten nahe den seitlichen Befestigungen – vor allem im unteren Bereich – nur Verformungen von ca. 1 mm gemessen werden. Hier hat sich der reduzierte Achsabstand von 35 cm zwischen den Befestigern bewährt.

An der Unterseite hätte der Abstand der Befestiger ebenfalls reduziert werden können, um die Verformungen auf einen für die Gebrauchstauglichkeit vertretbaren Bereich zu begrenzen.

4.2.2.5 Versuch 4 (seitliche und untere Befestigung; Verstärkung oben mit Stahlprofil und Stahlrohr)

Im letzten Schritt wurde das bereits verstärkte obere horizontale Blendrahmenprofil durch ein zusätzliches Stahlrohr 40 × 50 mm weiter verstärkt (Bild 4.18). Dieses Stahlrohr wurde ca. alle 15 cm mit dem Stahl im Kunststofffensterprofil verschraubt. Selbst diese massive Verstärkungsmaßnahme zeigte, dass eine Reduzierung der maximalen Verformungen nur bis auf ca. 5–7 mm möglich war (Bild 4.19, oben). Das bedeutet, dass die vorhandene Einbausituation der zweiflügeligen

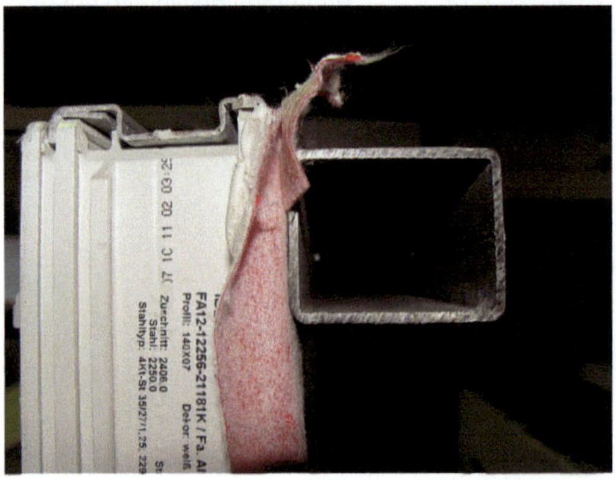

Bild 4.18 Oberseitige Verstärkung des Fensterprofils mit Stahlprofil und Rohr (ift Rosenheim, 2013a)

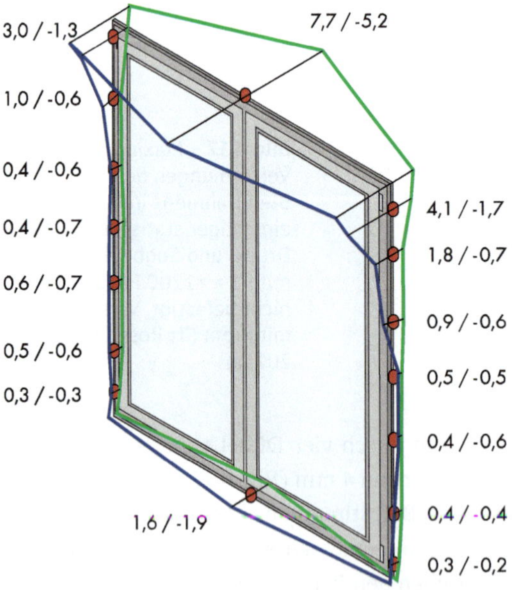

Bild 4.19 Maximale Verformungen des Blendrahmens in mm bei Druck-Sog-Wechselbelastung mit P2 = ±600 Pa, Oberseite nicht befestigt, Verstärkung mit Profil und Rohr (ift Rosenheim, 2013a)

Kunststofffenstertür inklusive aller dargestellten Optimierungsmaßnahmen – ohne obere Befestigung – für die Windklasse 3 nicht ausreicht, um die Verformungen (je nach Abdichtungssystem) auf ein für die Gebrauchstauglichkeit vertretbares Maß von ca. 3 mm zu begrenzen; vgl. hierzu auch Abschnitt 2.9.3.

4.2.3 Auswirkung der Windbelastungen bei einem zweiflügeligen Element – reduzierte Achsabstände bei unterschiedlicher statischer Druck- und Sogbelastung (P1)

Nachfolgend werden exemplarisch die Verformungen infolge einer einmaligen statischen Druck- und Sogbelastung (P1) im Bereich der Befestiger für eine umlaufend mit AMO®-Y Schrauben in Porenbeton befestigte zweiflügelige Fenstertür mit einer Größe von 2,00 m × 2,00 m (Breite × Höhe) dargestellt:

- Der Abstand der Befestiger betrug an der Seite 25 cm (vgl. Bild 4.20).
- An der Unter- und Oberseite betrug der Befestigungsabstand zwischen 25 und 40 cm.
- Zusätzlich war an der Unterseite ein Fensterbankanschlussprofil mit einer Höhe von 25 mm ohne Stahlarmierung angeschraubt.

Bild 4.20 Dunkles Fensterelement aus Kunststoff seitlich in der Laibung alle 25 cm mit der Porenbeton-Wand verschraubt (Foto: Küenzlen)

Bild 4.21 zeigt die gemessenen Verformungen bei P1 = ±1200 Pa; Bild 4.22 zeigt das gleiche Elemente bei einer Erhöhung der Belastung auf P1 = ±1600 Pa. Man erkennt deutlich die Zunahme der Verformungen mit Zunahme der einmaligen statischen Druck-Sogbelastung.

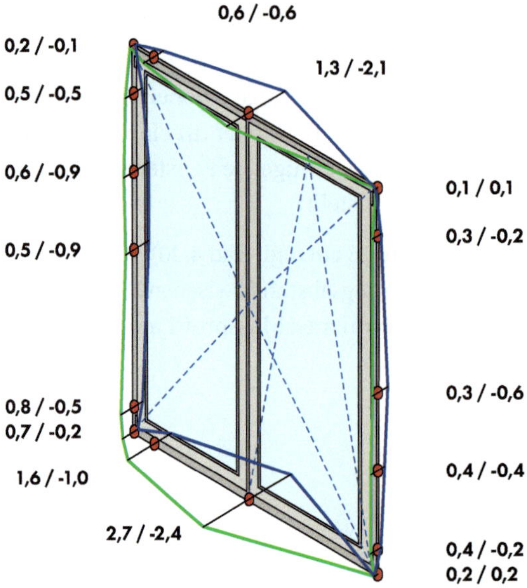

Bild 4.21 Maximale Verformungen des Blendrahmens in mm bei einmaliger statischer Druck- und Sogbelastung mit P1 = +1200 Pa (blau) und P1 = −1200 Pa (grün) (ift Rosenheim, 2021c)

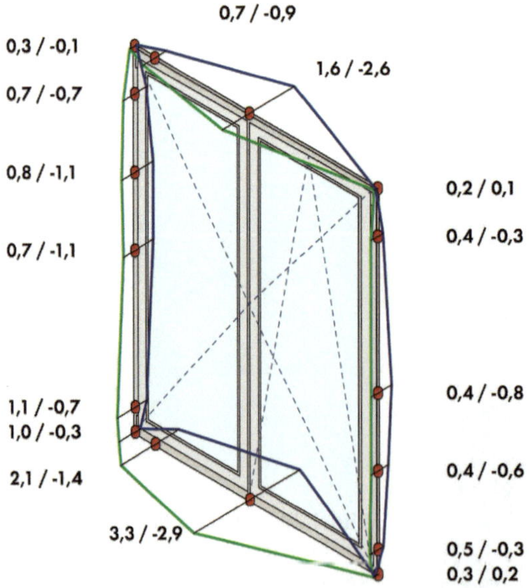

Bild 4.22 Maximale Verformungen des Blendrahmens in mm bei einmaliger statischer Druck- und Sogbelastung mit P1 = +1600 Pa (blau) und P1 = −1600 Pa (grün) (ift Rosenheim, 2021c)

Bei P1 = +1600 Pa übersteigt die Verformung an der Unterseite des Elements das Kriterium der ift-Richtlinie MO-02/1 (ift Rosenheim, 2015) mit 3 mm knapp. Dies kann darauf zurückzuführen sein, dass an der Unterseite die freie Schraubenlänge bedingt durch das stahlfreie Fensterbankanschlussprofil, größer war als an der Oberseite, an der das Verformungskriterium eingehalten werden konnte.

Weiter zeigen sich an den Seiten deutlich kleinere Verformungen durch die kleinen Achsabstände der Schrauben von 25 cm. Je Seite waren 9 Schrauben und oben und unten jeweils nur 5 Schrauben im Porenbeton verschraubt. Dabei waren an der Ober- und Unterseite jeweils eine Schraube mittig und je eine Schraube rechts und links der mittigen Befestigung mit einem Achsabstand von 25 cm angeordnet. Die starken Verformungen in Elementmitte oben und unten können auch auf eine Lastkonzentration an den Stulpenden zurückgeführt werden.

4.2.4 Auswirkung der Windbelastungen bei einem zweiflügeligen Element mit Profilverbreiterungen

In einem weiteren Versuch (ift Rosenheim, 2014b) wurde ein zweiflügeliges Dreh-Drehkippelement mittels AMO®-Combi Schraube 7,5/11,5 mm mit Kunststoff-Dübelhülse W-UR 10 XXL in einem mit Mineralwolle gefüllten Stein montiert (Bild 4.23).

Die Besonderheit bei diesem Versuch war, dass zusätzlich zum Element selbst eine Koppelung mit einer Profilverbreiterung an der Unterseite und zwei Verbreiterungen an der Oberseite mit dem Element erfolgte. Die Profilverbreiterungen waren an der Unter- und Oberseite mit massiven Stahlwinkeln und Kunststoffdübeln am Verankerungsgrund (Ziegelsturz) befestigt.

Bild 4.24 zeigt die Verformungen bei P2 = ±600 Pascal (Druck-Sogbelastung des Bauteils, Tabelle 4.3). Im Bereich der Verbindung Stahlwinkel – Verankerungsgrund traten nur geringe Verformungen auf. Im Bereich der Verschraubung der

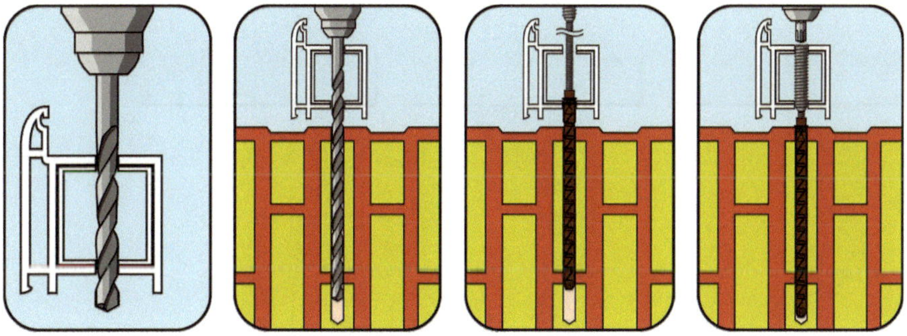

a) b) c) d)

Bild 4.23 Montagevorgang der in den Versuchen verwendeten AMO®-Combi Schraube 7,5/11,5 mm mit Kunststoff-Dübelhülse W-UR 10 XXL (Grafiken: Adolf Würth GmbH & Co. KG)

Profilverbreiterungen mittels Fensterelement selbst, traten an der Oberseite (zwei Profilverbreiterungen mit jeweils ca. 10 cm, miteinander verschraubt) Verformungen im Bereich von 5 – 7 mm auf, d. h. hier kam es zu einer offenen Fuge zwischen Element und Koppelung.

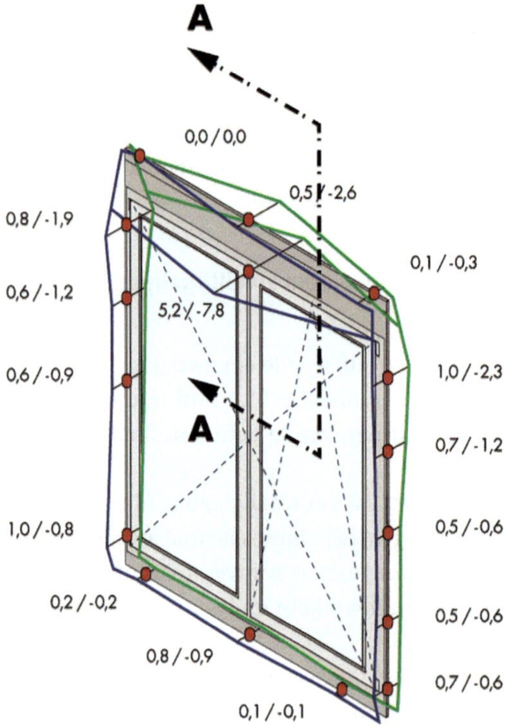

Bild 4.24 Maximale Verformungen des Elementes in mm bei statischer Druck-Sog-Wechselbelastung mit P2 = ±600 Pa, Profilverbreiterung oben und unten (ift Rosenheim, 2014b); für Schnitt A-A vgl. Bild 4.25

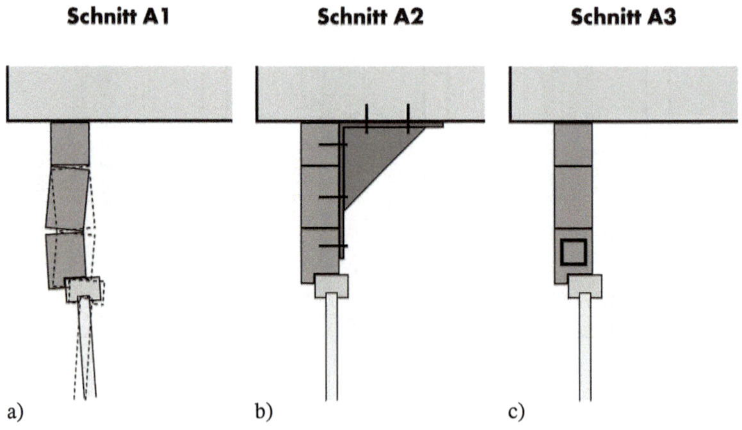

Bild 4.25 Ausführungsmöglichkeiten bei Profilverbreiterungen; für Verlauf von Schnitt A-A vgl. Bild 4.24

Profilverbreiterungen sind bei Kunststofffenstern in der Regel (wie im durchgeführten Versuch) „gelenkig“ mit dem Element verbunden (Bild 4.25, Schnitt A1) und bieten ab ca. 60 mm Breite keine ausreichende Lastabtragung mehr. Mehrfachkoppelungen reduzieren die Tragfähigkeit weiter, wie der Versuch an der Fensteroberseite (zwei verschraubte Verbreiterungen) gezeigt hat. Fachgerechte Ausführungen nach Gütegemeinschaft (2024) können z. B. die Verwendung von lastabtragenden Konsolen sein (Bild 4.25, Schnitt A2) oder spezielle, statisch freitragend dimensionierte Verbreiterungen (Bild 4.25, Schnitt A3).

4.3 Bedienkräfte nach DIN EN 12217 bzw. nach DIN EN 13115

Tür- und Fensterelemente müssen nicht nur sicher und dauerhaft im Verankerungsgrund befestigt werden, sie müssen in der Regel auch geöffnet und geschlossen werden können (Ausnahme Festverglasungen). Dafür gibt es klassifizierte Grenzwerte für die Bedienbarkeit, die nicht überschritten werden sollten. Die einzelnen *Klassen* zeigen hier in diesem Fachbuch

- Tabelle 4.6 für Türen nach DIN EN 12217 sowie
- Tabelle 4.7 für Fensterelemente nach DIN 13115.

Als Grundlage für diese Klassifizierung dienen die *Prüfverfahren* gemäß

- DIN EN 12046-1 für Fenster und
- DIN EN 12046-2 für Türen.

Mit Bezug auf das barrierefreie Bauen (vgl. Abschnitt 2.5) sind hier konkrete Anforderungen verknüpft:

- DIN 18040-1 gibt beispielsweise den Grenzwert nach Klasse 3 für die Bedienkräfte von *Türen* nach Tabelle 4.6 vor, damit auch Kinder, ältere Personen oder Personen mit körperlichen Einschränkungen Türen noch öffnen und schließen können.
- DIN 18040-2 legt diesen Grenzwert für *Fenster* in Wohnräumen auf Klasse 2 nach Tabelle 4.7 fest.

Tabelle 4.6 Klassifizierung von Bedienkräften für Türen (Auszug aus Tabelle 1 aus DIN EN 12217)

Beständigkeit gegen:	Klasse 0	Klasse 1	Klasse 2	Klasse 3	Klasse 4	Klasse 5
Schließkraft bzw. Kraft zur Einleitung einer Bewegung, Höchstwert in N	keine Anforderungen	75	50	25	10	50

Tabelle 4.7 Klassifizierung von Bedienkräften für Fenster (Tabelle 1 aus DIN EN 13115)

Maximale Bedienkraft für	Klasse 0	Klasse 1	Klasse 2
a) Flügelfenster (nicht für Vertikalschiebefenster):	> 100 N	≤ 100 N	≤ 30 N
	außerdem		
b) Hebelgriffe (handbetätigt)	> 100 N oder >10 Nm	≤ 100 N oder ≤ 10 Nm	≤ 30 N oder ≤ 5 Nm
	außerdem		
c) Beschläge (fingerbetätigt)	> 50 N oder >5 Nm	≤ 50 N oder ≤ 5 Nm	≤ 20 N oder ≤ 2 Nm

In der Ausgabe aus dem Jahr 2010 von RAL-GZ 695 wurde als Leistungsfähigkeit für gütegesicherte Produkte in Tabelle 2.9 (RAL-GZ 695, 2010) für *Fenster* die Klasse 1 empfohlen (vgl. hier Tabelle 4.7). Für gütegesicherte *Haustüren* enthielt Tabelle 4.1 (RAL-GZ 695, 2010) als Empfehlung die Klasse 2 (vgl. hier Tabelle 4.6).

Die Montage der Befestiger im Verankerungsgrund kann auf diese Anforderung einen direkten Einfluss haben:

Werden Befestigungssysteme eingesetzt, die zu einer Verspannung des Fensterrahmens in der Wandöffnung führen, kann dies zum Klemmen der Fensterflügel und damit zu hohen Bedienkräften, vor allem unter Temperatureinfluss (vgl. Abschnitt 4.5.1), führen. Aus diesem Grund ist es empfehlenswert, Befestigungssysteme einzusetzen, die eine weitgehend spannungsfreie Montage der Elemente ermöglichen. Die einfachsten Befestigungssysteme, die diese Anforderungen erfüllen, sind beispielsweise die selbstschneidenden Abstandsmontageschrauben. Durch Schrauben bzw. Befestiger, die nur über einen kleinen bzw. gar keinen Schraubkopf verfügen (vgl. Bild 4.26), wird vermieden, dass der Rahmen bei der Montage zum Verankerungsgrund gezogen und damit bereits bei der Montage verspannt wird.

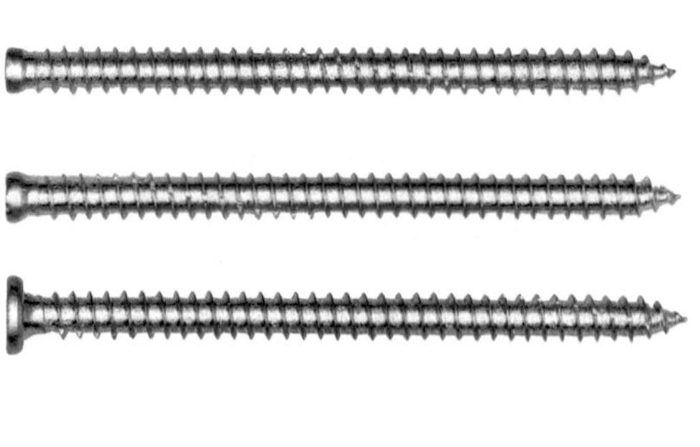

Bild 4.26 Unterschiedliche Kopfformen bei selbstschneidenden Abstandsmontageschrauben (Foto: Adolf Würth GmbH & Co. KG)

Bild 4.27 Montage eines Fensterrahmens mit einer Abstandsmontageschraube mit Panhead-Kopf (Foto: Küenzlen)

Werden Abstandsmontageschrauben z. B. mit Panhead-Kopf verwendet (vgl. Bild 4.26 unten und Bild 4.27), muss bei der Montage darauf geachtet werden, dass der Fensterrahmen nicht zum Verankerungsgrund gezogen und dabei bereits beim Einbau des Fensters „verzogen" wird.

4.4 Mechanische Festigkeit nach DIN EN 13115

Durch die Prüfung der mechanischen Festigkeit nach DIN EN 14608 und 14609 soll der üblicherweise vom Nutzer zu erwartende „Missbrauch" im Rahmen der Nutzung geprüft werden, z. B. ein unbeabsichtigtes Belasten des Fensterflügels beim Fensterputzen oder das Anhängen von Gegenständen an einen Fenster- oder Türflügel.

Es gibt allerdings keine bauaufsichtlichen Anforderungen in Bezug auf die mechanische Festigkeit, d. h. es handelt sich um ein reines „Komfort-Merkmal", das gesondert bei der Auftragsvergabe vereinbart werden muss.

Wird dieses Merkmal jedoch vereinbart, dann hat dies direkte Auswirkungen auf die Befestigung des jeweiligen Fenster- oder Türenelementes und muss bei der Auswahl der Befestiger berücksichtigt werden.

Diese Prüfung erfolgt durch Anbringen von Zusatzgewichten (statische Ersatzlast) am Fensterflügel (vgl. Bild 4.28). Bedingt durch den recht großen Hebelarm (90° Öffnung des Fensterflügels) können durch die zusätzliche Belastung ebenfalls hohe Kräfte auf die Befestiger resultieren. Deshalb sind diese Belastungen bei der Auswahl der Befestiger ebenfalls zu berücksichtigen (vgl. Berechnungsbeispiel Kapitel 5), wenn diese Anforderungen an das Element selbst gestellt werden.

In der Ausgabe aus dem Jahr 2010 von RAL-GZ 695 wurde als Leistungsfähigkeit für gütegesicherte Produkte in Tabelle 2.9 (RAL-GZ 695, 2010) für *Fenster* die Klasse 3 empfohlen (vgl. hier Tabelle 4.8). Für gütegesicherte *Haustüren* enthielt Tabelle 4.1 (RAL-GZ 695, 2010) als Empfehlung ebenfalls die Klasse 3 (vgl. hier nochmals Tabelle 4.8).

Bild 4.28 Versuch zur Überprüfung der Verformung bei statischer Zusatzlast am Fensterflügel (ift Rosenheim, 2013a)

Tabelle 4.8 Klassifizierung für Vertikallasten und statische Verwindung nach DIN EN 13115

Widerstandsfähigkeit gegen	Klasse 0	Klasse 1	Klasse 2	Klasse 3	Klasse 4
Vertikallasten	< 200 N	200 N	400 N	600 N	800 N
statische Verwindung	< 200 N	200 N	250 N	300 N	350 N

In ift Rosenheim (2011a) wurden Versuche mit einem einflügeligen Fensterelement, befestigt mit AMO®-Y Schrauben 7,5 mm (vgl. Tabelle 4.1 in Abschnitt 4.1) in Porenbeton PP2-035 und einer zusätzlichen Vertikallast von 800 N (entsprechend Klasse 4 nach Tabelle 4.8) dargestellt:

- Im ersten Schritt der Prüfung wurde bei einer Fensterhöhe von 1,49 m (Breite 1,23 m) mit drei Schrauben pro Seite, d. h. mit einem Achsabstand von ca. s = 60 cm, geprüft (vgl. Bild 5.3 in Abschnitt 5.3). Dabei kam es direkt beim Anbringen der Vertikallast in Höhe von 800 N (Flügelgewicht 58,2 kg) zu einem Versagen der Befestigung auf der Bandseite.
- Im zweiten Schritt wurde an jeder Seite mit vier Schrauben (Achsabstand im Mittel ca. s = 40 cm) befestigt. Des Weiteren wurden auf der Unterseite zwei Schrauben mit einem Eckabstand von jeweils ca. E = 15 cm eingeschraubt (für „E" vgl. Bild 5.3 in Abschnitt 5.3).
  Damit konnte erreicht werden, dass die Verformungen bei Aufbringen der Vertikallast in einem für die Gebrauchstauglichkeit vertretbaren Bereich von 1,5 mm (≤ 3 mm nach Abschnitt 2.9.3) begrenzt werden konnten.

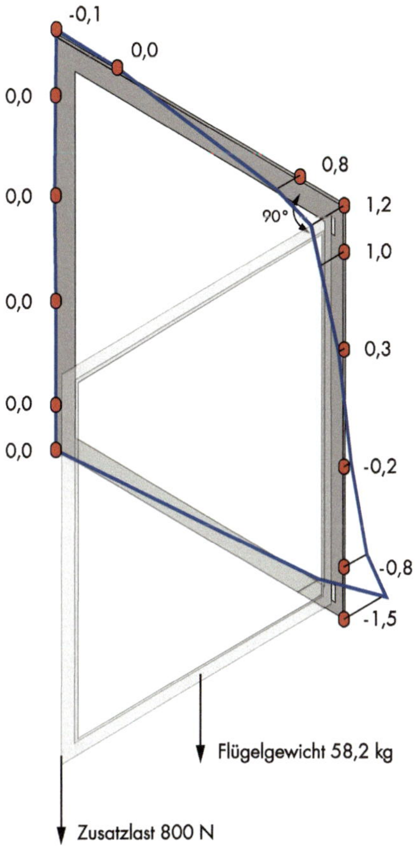

Bild 4.29 Verformungen des Blendrahmens in mm bei geöffnetem Flügel (Eigengewicht 58,2 kg) und einer Zusatzlast von 800 N (ift Rosenheim, 2011a)

Bild 4.29 zeigt die Verformungen der endgültigen Befestigungslösung mit umlaufender Befestigung und seitlichem Befestigungsabstand von rund 40 cm. Die oberseitige Befestigung wurde aufgrund der Dauerfunktionsversuche (vgl. Abschnitt 4.5) notwendig, da hier die im zweiten Schritt gewählte Befestigung seitlich und unten (Simulation Rollladenkasten oben) zu einem Versagen der Befestigung geführt hatte. Als Ergebnis konnten also durch

- die umlaufende Befestigung gegenüber einer zunächst nur seitlichen Befestigung
- und die Reduzierung der seitlichen Achsabstände

die Verformungen bei Anbringen der Zusatzlast auf maximal 1,5 mm begrenzt werden.

Bild 4.30 zeigt die Verformungen bei gleicher Fenstergröße und einem Achsabstand der seitlichen Befestiger von ca. s = 60 cm bei einer Befestigung mit AMO® III-Schrauben 7,5 mm in einem Kalksandvollstein. Durch das ca. 15 kg höhere Flügelgewicht (72,5 kg anstelle von 58,2 kg in Bild 4.29, also einer Erhöhung von 25 %) und die rein seitliche Befestigung kann eine deutliche Zunahme der Verformung beobachtet werden. In diesem Falle hätte zur Reduzierung der Verformungen auf ≤ 3 mm nach Abschnitt 2.9.3 ebenfalls der Befestigungsabstand

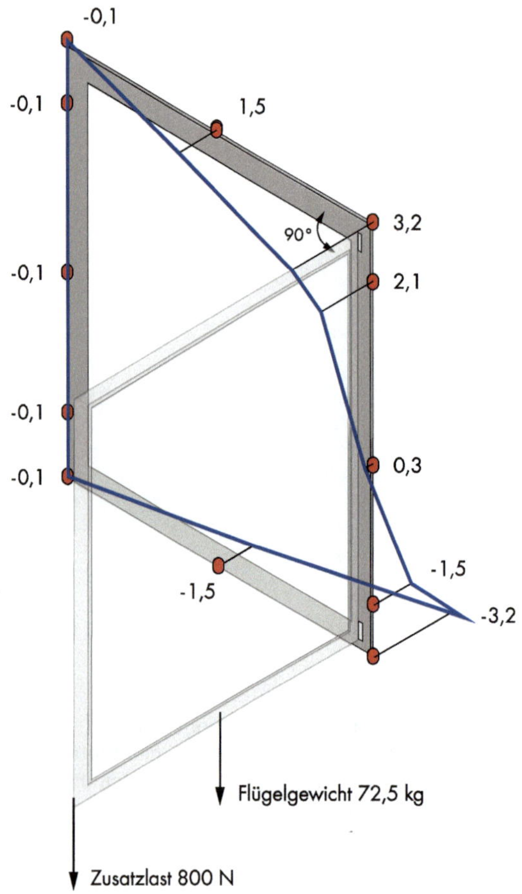

Bild 4.30 Verformungen des Blendrahmens in mm bei geöffnetem Flügel (Eigengewicht 72,5 kg) und einer Zusatzlast von 800 N (ift Rosenheim, 2007b)

reduziert werden, d. h. die seitliche Befestigung mit vier Schrauben oder umlaufend erfolgen können.

Bild 4.31 zeigt die Verformungen bei einer Fenstertür mit einer Größe von 1,176 m × 2,576 m (Breite × Höhe). Hier wurde ebenfalls nur an der Seite mit in den Kunststoffdübel W-RD eingeschraubten AMO® III-Schrauben befestigt; auf eine ober- und unterseitige Befestigung wurde verzichtet.

Durch die reduzierten Achsabstände der seitlichen Befestiger von im Mittel s = 35 cm konnten die Verformungen bei einem Flügelgewicht von 95,5 kg und einer zusätzlichen Vertikallast in Höhe von 800 N im Bereich von maximal einem Millimeter begrenzt werden.

Bei den Versuchen in Steinen aus Lehm im Jahr 2024 wurde in zwei Wänden aus Lehmsteinmauerwerk jeweils das gleiche Fenster eingebaut. Hierbei wurden die Lehmsteine und Fensterbefestiger nach Tabelle 4.9 verbaut.

Die zwei eingebauten Fenster hatten

- die gleiche Größe (Breite × Höhe = 1230 mm × 1480 mm),
- das gleiche Flügelgewicht (54 kg),

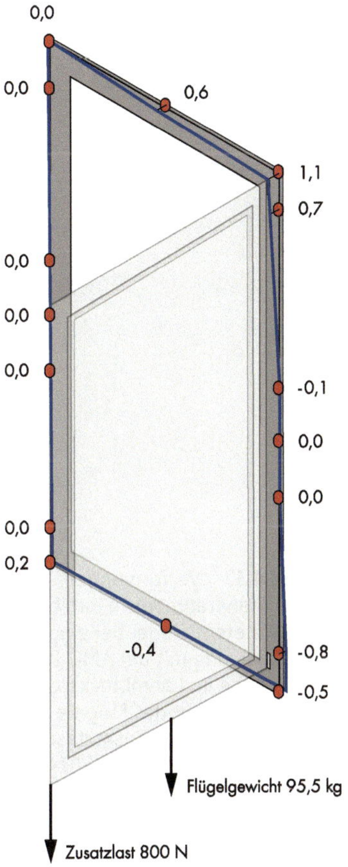

Bild 4.31 Verformungen des Blendrahmens in mm bei geöffnetem Flügel (Eigengewicht 95,5 kg) und einer Zusatzlast von 800 N (ift Rosenheim, 2010c)

Tabelle 4.9 Übersicht: In den Versuchen verbaute Lehmsteine und Fensterbefestiger

Wand	Lehmstein	Fensterbefestiger	siehe Prüfbericht
1	Lehmblockstein (GIMA Lehmstein Block)	Abstandsmontageschraube AMO IV 11,5 mm (vgl. Tabelle 4.1)	(ift Rosenheim, 2024f)
2	Lehmlochstein (GIMA Lehmziegel LZ)	AMO-Combi Schraube 7,5/11,5 (l = 242 mm) mit der Kunststoff-Dübelhülse W-UR 10 XXL (vgl. Tabelle 4.1)	(ift Rosenheim, 2024g)

- die gleiche Zusatzlast (= vertikale Nutzlast) von 600 N und in der Einbausituation
- die gleiche große Fugenbreite von rund 30 mm zwischen den Rastfüßen des PVC Profils und der Wand (vgl. Bild 4.3).

Bild 4.32 zeigt die Verformungen bei der Prüfung im Lehmblockstein und Bild 4.33 im Lehmlochstein.

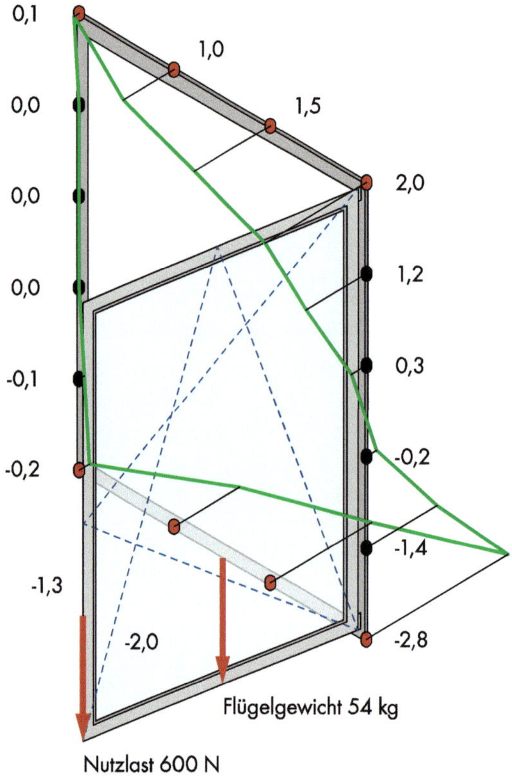

Bild 4.32 Verformungen des Blendrahmens in mm bei geöffnetem Flügel bei einer Befestigung mit der AMO IV Schraube im Lehmblockstein (Eigengewicht des Flügels 54 kg) und einer Zusatzlast von 600 N (ift Rosenheim, 2024f)

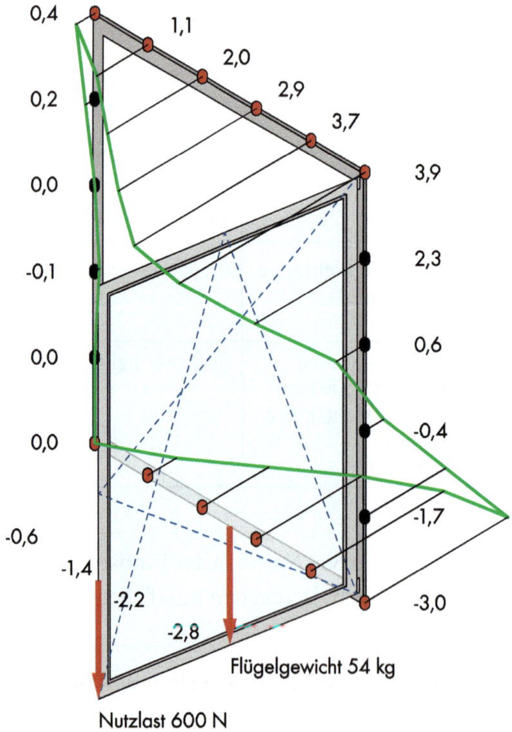

Bild 4.33 Verformungen des Blendrahmens in mm bei geöffnetem Flügel bei einer Befestigung mit der AMO-Combi Schraube 7,5/242 mit der Kunststoff-Dübelhülse W-UR 10 XXL in einem GIMA Lochziegel LZ (Eigengewicht des Flügels 54 kg) und einer Zusatzlast von 600 N (ift Rosenheim, 2024g)

Bei der rein seitlichen Befestigung mit der AMO IV Schraube 11,5 mm kann man Bild 4.32 entnehmen, dass im Lehmblockstein selbst bei einer großen Fugenbreite von rund 30 mm alle gemessenen Verformungen unterhalb der in der ift-Richtlinie MO-02/1 (ift Rosenheim, 2015) geforderten 3 mm Begrenzung liegen; vgl. hierzu auch Abschnitt 2.9.3.

Im GIMA Lochziegel LZ liegen die gemessenen Verformungen am oberen Ecklager etwas über der 3 mm Grenze. Dies kann darauf zurückgeführt werden, dass hier „nur" mit einer der AMO-Combi Schraube geprüft wurde und auf Grund der großen Fugenbreite die Leistungsgrenze der Schraube mit einem Gewindeaußendurchmesser von 7,5 mm erreicht wurde.

Beide Versuche zeigen jedoch auch deutlich, dass das Verhalten der Befestigungen in Steinen aus Lehm – sowohl Voll- als auch Lochstein – in diesem Versuch keine sichtbaren Unterschiede zu den bereits dargestellten Verankerungsgründen zeigt.

Die bleibenden Lageveränderungen an den Befestigungspunkten blieben in beiden Versuchen unter 1 mm.

4.5 Dauerfunktion nach DIN EN 1191

Im Rahmen der Prüfung zur Dauerfunktion nach DIN EN 1191 wird die reguläre Nutzung eines Fensters oder einer Tür simuliert. Dabei wird das Fenster bzw. die Tür in einen Prüfstand eingebaut, der es ermöglicht das Fenster/die Tür in relativ kurzer Zeit automatisch sehr häufig zu öffnen und zu schließen. Dieser Dauerfunktionsversuch offenbart die Schwachstellen eines Fensters/einer Tür und seiner Befestigung oft erst nach mehreren tausend Öffnungs- und Schließvorgängen. Für die normale Fensterprüfung sind deshalb 10 000 Zyklen vorgesehen (Tabelle 4.10). Die Prüfung von Türen geht weit über diese Zyklenzahl hinaus.

Prüfungen zur Dauerfunktion eines *Fensters* mit dieser Anzahl von 10 000 Zyklen können aber in der Regel nicht ohne weiteres z. B. auf *Haustüren* übertragen werden.

Tabelle 4.10 Anzahl der Zyklen zur Klassifizierung der Beanspruchung von Fenstern und Türen nach DIN EN 12400

Klasse	Anzahl der Zyklen		Beanspruchung
0	-	Türen und Fenster	leicht
1	5000		mittel
2	10 000		stark
3	20 000		
4	50 000	nur Türen	mittel
5	100 000		normal
6	200 000		häufig
7	500 000		stark
8	1 000 000		sehr oft

a) b)

Bild 4.34 Befestigung einer schweren Glastür in einem Krankenhaus mit Kunststoffdübeln (Fotos: Küenzlen)

Bei einer Eingangstür eines Ladengeschäfts oder einer Tür in einem Krankenhaus, die jeweils täglich von sehr vielen Menschen geöffnet und geschlossen werden, ist es offensichtlich, dass 10 000 Zyklen in sehr kurzer Zeit erreicht werden (vgl. Bild 4.34). In der Ausgabe aus dem Jahr 2010 von RAL-GZ 695 wurde als Leistungsfähigkeit für gütegesicherte Produkte in Tabelle 2.9 (RAL-GZ 695, 2010) für *Fenster* die Klasse 2 empfohlen (vgl. hier Tabelle 4.10). Die Klasse 2 würde z. B. bei einem Zyklus (1× kippen und 1× drehen) pro Tag eine simulierte Nutzungszeit von ca. 27 Jahren ergeben (Lass und Niemöller, 2024).

Für gütegesicherte *Haustüren* enthielt Tabelle 4.1 (RAL-GZ 695, 2010) als Empfehlung die Klasse 5 (vgl. hier nochmals Tabelle 4.10). Geringere Anforderungen waren für gütegesicherte Produkte nicht „erlaubt“.

Aus den bisher von der Adolf Würth GmbH & Co. KG durchgeführten Versuchen am ift in Rosenheim kann abgeleitet werden, dass dieser Versuch mit die höchsten Anforderungen an die jeweilige Kombination aus Verankerungsgrund und Befestiger stellt. Das Problematische daran ist, dass man in der Praxis nach dem Einbau des Fenster- bzw. Türelementes oft den Eindruck hat, dass das Element fest am Untergrund verankert ist, nicht tragfähige Befestigungen aber häufig erst nach Jahren auffallen, wenn die Elemente eine gewisse Anzahl an Öffnungs- und Schließvorgängen hinter sich haben (Bild 4.34). Eine Abschätzung, ob ein Befestigungssystem im entsprechenden Verankerungsgrund geeignet und dauerhaft eingesetzt werden kann, liefern exemplarisch die entsprechenden Prüfberichte (z. B. ift Rosenheim, 2007–2024) der Befestigungsmittel-Hersteller.

4.5.1 Prüfung von Fenstern und Fenstertüren

Eine Bestätigung für die Aussagen in Abschnitt 4.5 sind zum Beispiel Vorprüfungen zur Untersuchung der Dauerfunktion in Porenbeton (ift Rosenheim, 2011a). Diese Vorprüfungen zeigten, dass sich die Befestiger durch die Öffnungs- und Schließvorgänge in das Untergrundmaterial eindrücken und damit lösen können. Aufgrund dieser Ergebnisse wurde das Fensterelement für die Realisierung einer funktionsfähigen Befestigung in den weiteren Prüfungen umlaufend befestigt, um die entsprechende Gebrauchstauglichkeit nachweisen zu können.

Aus den vorliegenden Erfahrungen, z. B. der o. g. Dauerfunktionsversuche, hat die Firma YTONG für den Planstein P1,6-0,25 entsprechende anwendungstechnische Auflagen (YTONG, 2012) erarbeitet, die bereits bei der Gebäudeplanung berücksichtigt werden müssen. Diese Vorgaben machen ebenfalls für andere Baustoffe mit geringer Dübeltragfähigkeit Sinn und sollten zur Sicherstellung einer dauerhaften Gebrauchstauglichkeit der Fensterbefestigung sinngemäß auf entsprechende Verankerungsgründe übertragen werden.

Im Einzelnen wurde in YTONG (2012) für eine Fensterbefestigung festgelegt, dass

- ausreichend dimensionierte Trag- und Distanzklötze eingebaut werden müssen,
- die Befestigung umlaufend zu erfolgen hat,
- mit nicht spreizenden Befestigungsmitteln, z. B. der AMO®-Y Schraube oder Injektionsdübeln, zu montieren ist,
- bei großen und schweren Elementen im Brüstungsbereich ein Fenstersturz eingebaut werden muss, um das Element dort zu verankern, und
- Rollladensystemen so ausgewählt werden müssen, dass eine oberseitige Befestigung im Sturzbereich möglich ist.

4.5.2 Prüfung von Haustüren

In der Regel werden Haustüren bei den Öffnungs- und Schließvorgängen höheren Belastungen ausgesetzt als normale Fenster oder Fenstertüren (vgl. Tabelle 4.10). Dies liegt zum einen daran, dass Haustüren deutlich öfter geöffnet und geschlossen werden und zum anderen an dynamischen Lasten, die z. B. aus einem kräftigen Zuschlagen der Tür resultieren (vgl. Bild 4.34).

Bild 4.35 zeigt eine in einem automatischen Prüfstand befestigte Haustür, die planmäßig zunächst mit einer Anzahl von über 100 000 Zyklen bzw. Öffnungs- und Schließvorgängen geprüft wurde. Diese Anzahl von Zyklen entspricht der Klasse 5 nach DIN EN 12400 (vgl. Tabelle 4.10). Die Haustür war dabei umlaufend in einem gefüllten Großkammerziegel mit dem System AMO®-Combi Schraube mit den Kunststoff-Dübelhülsen W-UR 10 XS (Sturz, oben) und W-UR 10 XXL (Seite) befestigt. Die Flügelgröße betrug 1,25 m × 2,40 m (Breite × Höhe) bei einem Flügelgewicht von 56 kg/m².

Bild 4.35 Haustür im automatischen Prüfstand zur Prüfung der möglichen Öffnungs- und Schließvorgänge (Foto: Küenzlen)

Um zu untersuchen, ob die Haustür auch noch die Klasse 6 nach DIN EN 12400 erreicht (200 000 Zyklen), wurden die Öffnungs- und Schließvorgänge im automatischen Prüfstand fortgesetzt. Das Bauteilversagen erfolgte nach rund 180 000 Zyklen durch Ermüdungsbruch einer Schraube (ift Rosenheim 2014c).

In zwei weiteren direkt vergleichbaren Versuchen wurde, sowohl in einem filigranen Hochlochziegel (ift Rosenheim 2022) als auch einem gefüllten Hochlochziegel (ift Rosenheim 2024d), mit der Abstandsmontageschraube AMO IV mit dem Außendurchmesser 11,5 mm geprüft. Durch die Wahl des größeren Durchmessers sollte der Ermüdungsbruch der Schraube vermieden werden.

Beim Versuch im filigranen Hochlochziegel trat nach ca. 160 000 Öffnungs- und Schließvorgänge eine Lockerung der Schrauben auf Seite des Schlosses auf. Zur Weiterführung des Versuchs wurden zwei weitere Schrauben im direkten Bereich des Schlosses gesetzt (Bild 4.36). Nach erfolgtem Neustart des Versuchs konnten damit die 200 000 Öffnungs- und Schließvorgänge positiv abgeschlossen und so die Klasse 6 nach DIN EN 12400 erreicht werden. Insgesamt lief also die Prüfung – inkl. Ergänzung der Befestigter – über gesamt 360 000 Öffnungs- und Schließvorgänge.

Im gefüllten Hochlochziegel wurde die Tür bereits zu Beginn des Versuches – aus Erfahrung des Versuchs im filigranen Hochlochziegel – mit zwei Abstandsmontageschrauben im Bereich des Schlosses montiert. Ab ca. 32 000 Öffnungs- und Schließvorgängen trat eine Nachgiebigkeit im Bereich der Befestigung im Bereich des Schlosses von ca. 2 mm auf. Bei rund 100 000 Öffnungs- und Schließvorgängen musste die Befestigung zur Weiterführung des Versuchs im Bereich des Schlosses

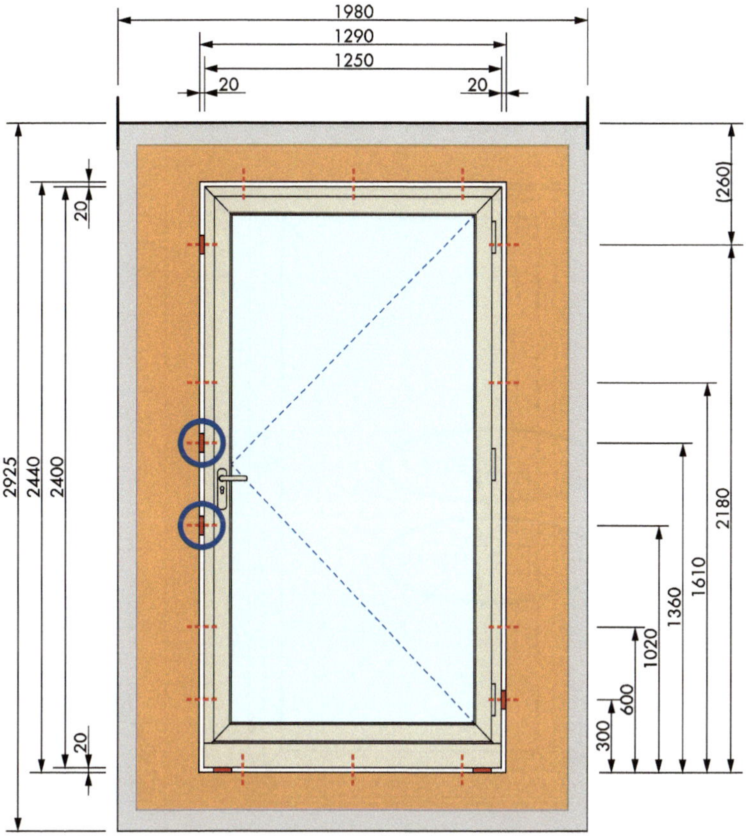

Bild 4.36 Lage der Befestigungspunkte bei der Türmontage im filigranen Hochlochziegel mit Lage der zusätzlich bei 160 000 Öffnungs- und Schließvorgängen ergänzten Abstandsmontageschrauben im Bereich des Schlosses (ift Rosenheim 2022)

um weitere zwei Abstandsmontageschrauben im Abstand von rund 60 mm bzw. 110 mm im Bereich der vorhandenen Schrauben ergänzt werden (Bild 4.37). Damit konnten gesamt 400 000 Öffnungs- und Schließvorgänge ohne weitere Zwischenfälle positiv abgeschlossen werden.

Beide Versuche zeigen, dass auch sehr schwere Türen (hier Flügelgewicht von 120 kg) in modernen Lochsteinen – sowohl filigran als auch gefüllt – befestigt werden und dauerhaft genutzt werden können. Wobei das hier geprüfte Türelement mit einer Breite von ca. 1,3 m, einer Höhe von ca. 2,4 m bei einem Flügelgewicht von 120 kg als extremes Beispiel zu sehen ist. Selbst dieses Beispiel konnte durch eine einfache – und immer nachträglich mögliche – Ergänzung von zwei Befestigern auf eine sehr lange Nutzungsdauer ertüchtigt werden. Auch die im Anschluss der Dauerfunktion durchgeführten Versuche nach der ift-Richtlinie MO-02/1 (ift Rosenheim, 2015) zeigten keine Ausfälle beispielsweise in Bezug auf die Anforderungen an die Windlasten.

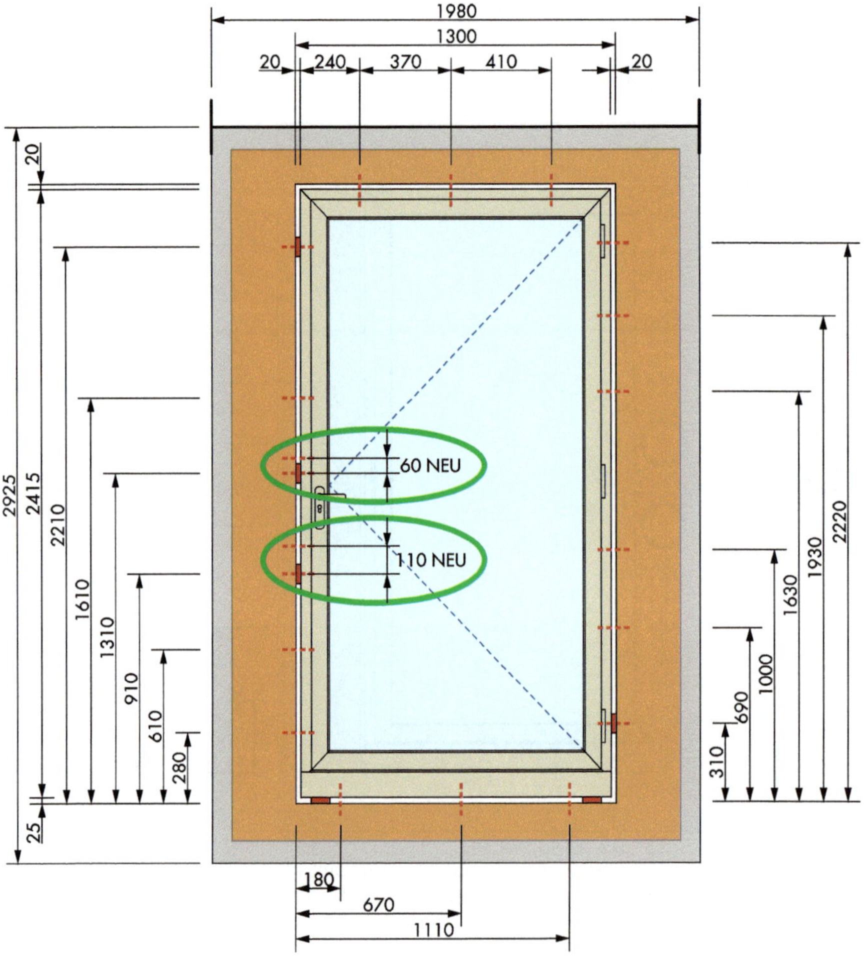

Bild 4.37 Lage der Befestigungspunkte bei der Türmontage im gefüllten Hochlochziegel mit Lage der zusätzlich bei 100 000 Öffnungs- und Schließvorgängen ergänzten Abstandsmontageschrauben im Bereich des Schlosses (ift Rosenheim 2024d)

4.6 Differenzklimaverhalten nach DIN EN 13420

Durch die Montagesituation eines Fensters, z. B. in einer Außenwand, ist dieses im Rahmen seiner bestimmungsgemäßen Nutzung teilweise hohen Temperaturunterschieden zwischen Innen- und Außenseite ausgesetzt. Bedingt durch den Wechsel der Jahreszeiten kann die wärmere Seite sowohl innen als auch außen auftreten. Diese Temperaturunterschiede führen zu unterschiedlichen Längenausdehnungen des Fensterelements.

Gerade bei anthrazitfarbenen Fenstern können im Sommer Oberflächentemperaturen – bei direkter Sonneneinstrahlung – bis zu 80 °C und mehr auftreten. Nach

Tabelle 4.11 Temperaturbedingte Längenänderung von ausgewählten Rahmenwerkstoffen bei Temperaturunterschieden von 70 K (z. B. von –10 °C bis +60 °C) nach (Fachverband der Stuckateure für Ausbau und Fassade Baden-Württemberg et al., 2021)

Rahmenwerkstoff	Baupraktische Längenänderung
PVC hart, weiß	ca. 1,6 mm/m
PVC hart, farbig	ca. 2,4 mm/m
Aluminium, wärmegedämmt, hell	ca. 1,2 mm/m
Aluminium, wärmegedämmt, dunkel	ca. 1,3 mm/m

Gütegemeinschaft Kunststoff-Fenstersysteme (2004) verdoppeln sich bei farbigen Oberflächen die Werte der Längenausdehnung im Vergleich zu weißen PVC Profilen, da bei farbigen Oberflächen die Oberflächentemperatur im Sommer deutlich über der bei weißen Oberflächen liegt (vgl. auch Tabelle 4.11).

Durch die Versuche in Anlehnung an DIN EN 13420 soll aufgezeigt werden, wie sich das Gesamtsystem bei unterschiedlichen Temperaturbelastungen verhält. Dabei ist beispielsweise denkbar, dass ein Fenstersystem durch die Wahl des Befestigungssystems in seiner Wärmeausdehnung behindert werden kann und es u. a. zu höheren Bedienkräften durch Zwängungen kommt. Deshalb ist es auch wichtig, dass solche Temperaturunterschiede und die dabei auftretenden Verformungen vom Befestigungssystem aufgenommen werden können.

In ift Rosenheim (2007–2013) wurde dieses Verformungsverhalten des Gesamtsystems aus Fenster, Befestiger und Verankerungsgrund durch die Prüfung von 10 Zyklen mit einer Außentemperatur von rund +60 °C bzw. –15 °C und Raumtemperatur auf der Innenseite simuliert (vgl. Bild 4.38). Die Simulation erfolgt in dieser Art von Versuchen nicht durch Sonneneinstrahlung, sondern durch ein Aufheizen der „Prüfkammer".

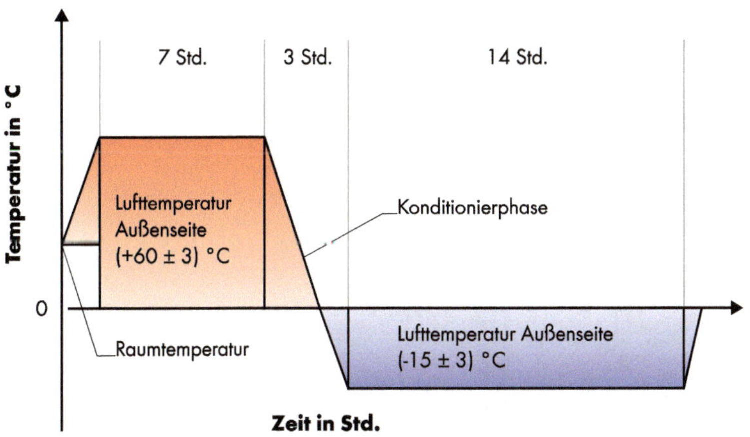

Bild 4.38 Temperaturwechselbelastung für einen Zyklus (ift Rosenheim, 2013a)

Teilweise wurden die Versuche (ift Rosenheim, 2021c und ift Rosenheim 2024f) auch mit einer erhöhten Außentemperatur durchgeführt, um am Prüfstand die höhere Aufheizung von beispielsweise sehr dunklen Profilen zu simulieren. Hier wurde dann eine Prüfung von 10 Zyklen mit einer Außentemperatur von bis zu +80 °C bzw. –15 °C und Raumtemperatur auf der Innenseite simuliert (vgl. Bild 4.39).

Die nachfolgenden Bilder zeigen exemplarisch die in den Versuchen gemessenen Verformungen, wobei

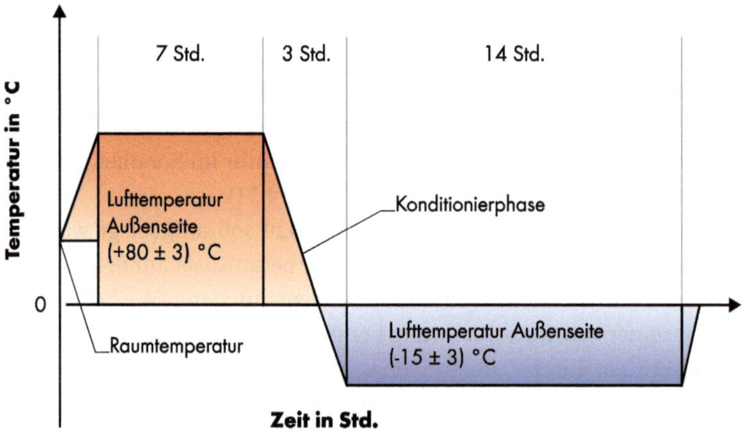

Bild 4.39 Temperaturwechselbelastung mit erhöhter Außentemperatur von +80 °C für einen Zyklus (ift Rosenheim, 2024f)

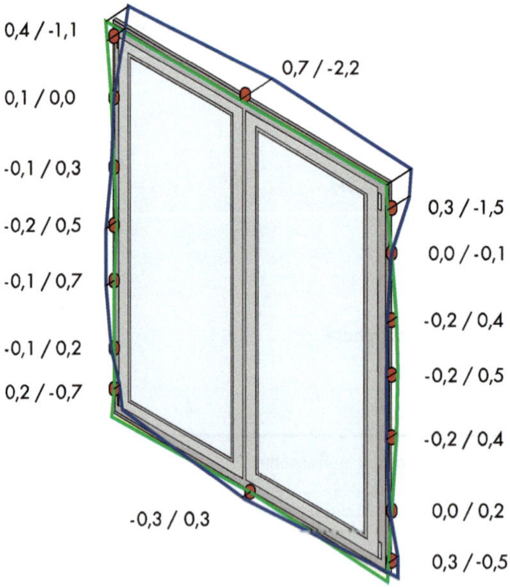

Bild 4.40 Maximale Verformungen in mm unter Temperaturwechselbelastung zwischen +60 °C (grün) und –15 °C (blau) (ift Rosenheim, 2013a)

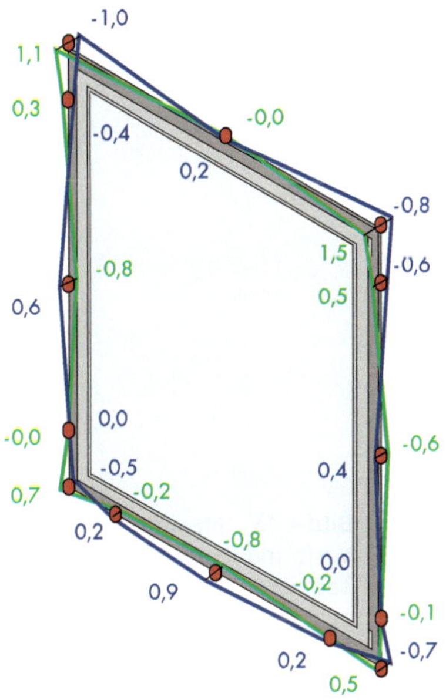

Bild 4.41 Maximale Verformungen in mm unter Temperaturwechselbelastung zwischen +60 °C (grün) und −15 °C (blau) (ift Rosenheim, 2011a)

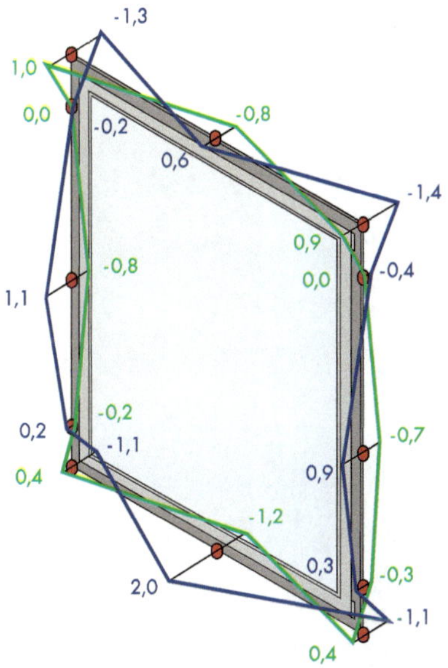

Bild 4.42 Maximale Verformungen in mm unter Temperaturwechselbelastung zwischen +60 °C (grün) und −15 °C (blau) (ift Rosenheim, 2007b)

- Bild 4.40 ein zweiflügeliges Fenster ohne obere Befestigung, d. h. nur mit seitlicher und unterer Befestigung (vgl. Bild 4.11),
- Bild 4.41 ein oben nicht befestigtes einflügeliges Fenster,
- Bild 4.42 ein nur an der Seite befestigtes, einflügeliges Fenster,
- Bild 4.43 ein zweiflügeliges Fenster, umlaufend mit sehr kleinen Achsabständen befestigt, und
- Bild 4.44 ein nur an der Seite befestigtes, einflügeliges Fenster bei einer Temperatureinwirkung von 80 °C zeigt.

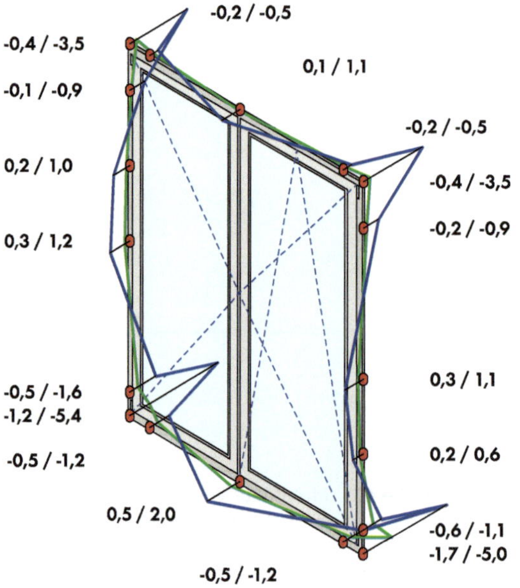

Bild 4.43 Maximale Verformungen in mm unter Temperaturwechselbelastung zwischen +75 °C (grün) und −15 °C (blau); (ift Rosenheim, 2021c)

a) Übersicht b) Detail

Bild 4.44 Bleibende Verformung des Blendrahmens aus PVC im Bereich von 6 mm auf Grund der Temperatureinwirkung von +80 °C (Foto: ift Rosenheim, 2024f)

Im Gegensatz zum Fenster in Bild 4.41 wurden beim Fenster in Bild 4.42 außerdem die Achsabstände der seitlichen Befestiger von ca. s = 40 cm auf s = 60 cm erhöht.

Die Bilder zeigen deutlich, dass sich Kunststofffensterprofile unter Temperaturbelastung im Millimeterbereich verformen.

Bedingt durch statische Anforderungen kann es notwendig werden, dass die Achsabstände der Befestiger in Teilbereichen von s = 200 bis 250 mm verringert und die Elemente umlaufend befestigt werden müssen. Durch diese Art der Befestigung wird das Element sehr starr mit dem Verankerungsgrund verbunden.

Um den Effekt der Temperatur-Ausdehnung bei diesen kleinen Schraubabständen zu untersuchen, wurde ein Fensterelement (vgl. Abschnitt 4.2.3) umlaufend in der Öffnung einer Porenbetonwand verschraubt (vgl Bild 4.20). Zur Simulation der stärkeren Aufheizung bei einer dunklen Farbe (durch die Sonneneinstrahlung) wurde im Vergleich zu Bild 4.38 auf dem Prüfstand an der Außenseite mit +75 °C geprüft. Das Element war dabei nicht eingeputzt. Bild 4.43 zeigt die gemessenen Verformungen:

- Im Bereich der Ecken des Elementes konnten bei maximaler Temperatur Verformungen im Bereich von 3–5 mm gemessen werden.
- Eine Beschädigung des Elementes konnte trotz der engen Schraubabstände von 25 cm an den Seiten und der großen Verformungen in den Ecken nicht festgestellt werden.

Bei den im Jahr 2024 durchgeführten und in ift Rosenheim (2024f und 2024g) dokumentierten Versuchen mit einer Temperatur von +80 °C in der Prüfkammer traten bleibende Verformungen des PVC-Profiles auf (Bild 4.44). Ebenfalls deutliche Unterschiede zeigen auch die in Bild 4.45 dargestellten Verformungen im Vergleich zu ähnlichen Prüfungen bei „nur“ +60 °C als maximale Temperaturbelastung

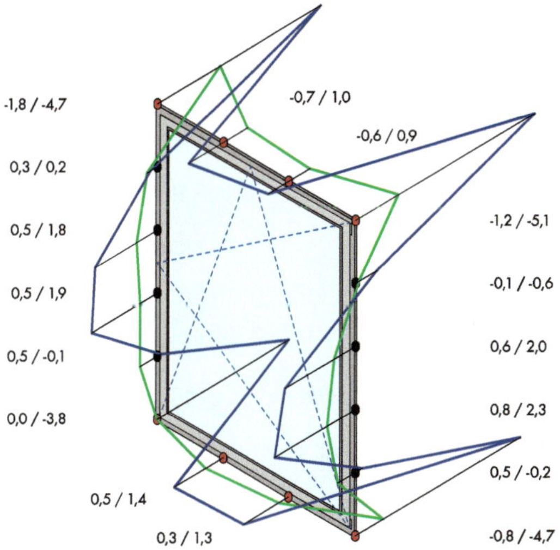

Bild 4.45 Maximale Verformungen in mm unter Temperaturwechselbelastung zwischen +80 °C (grün) und −15 °C (blau); (ift Rosenheim, 2024f)

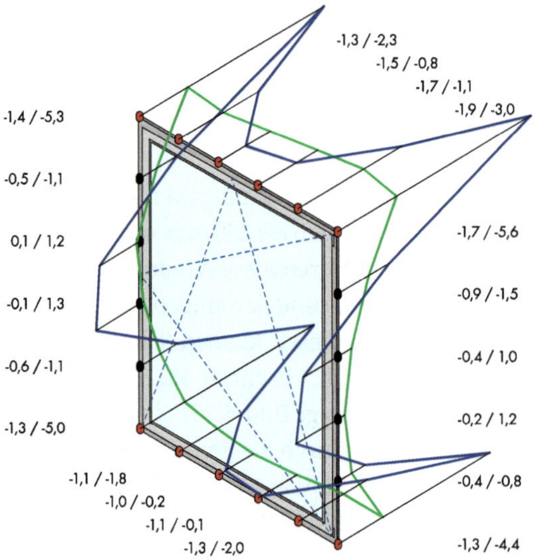

Bild 4.46 Maximale Verformungen in mm unter Temperaturwechselbelastung zwischen +80 °C (grün) und −15 °C (blau); (ift Rosenheim 2024g)

in Bild 4.41 und Bild 4.42. Dieser Versuch zeigt sehr deutlich, welcher Belastung ein dunkles Fensterprofil unter direkter Sonneneinstrahlung ausgesetzt ist und wozu diese Belastung aus Sonneneinstrahlung (bis +80 °C und mehr) in der Praxis führen kann.

Weitere Unterschiede zeigen sich bei den maximalen gemessen Verformungen. Bild 4.45 zeigt das Fensterelement befestigt mit der Abstandsmontageschraube AMO IV 11,5 mm in einem Lehmblockstein und Bild 4.46 befestigt mit der Kunststoffdübelhülse W-UR 10 XXL mit der AMO-Combi Schraube 7,5/11,5 mm einem Lehmlochstein. Die gemessenen Verformungen unter Temperatureinfluss hängen damit auch vom Durchmesser des Befestigungsmittels ab.

Die infolge des Differenzklimaverhaltens ermittelten Verformungen im Bereich der Anschlussfuge sind u. a. ein Grund dafür, dass Fenster nicht starr angeputzt werden sollen. Es ist immer darauf zu achten, dass zwischen Fensterprofil und Putz eine „Trennschicht“ eingefügt wird, um die auftretenden Bewegungen zu ermöglichen. Mögliche Anschluss-Systeme können Bild 4.47 entnommen werden.

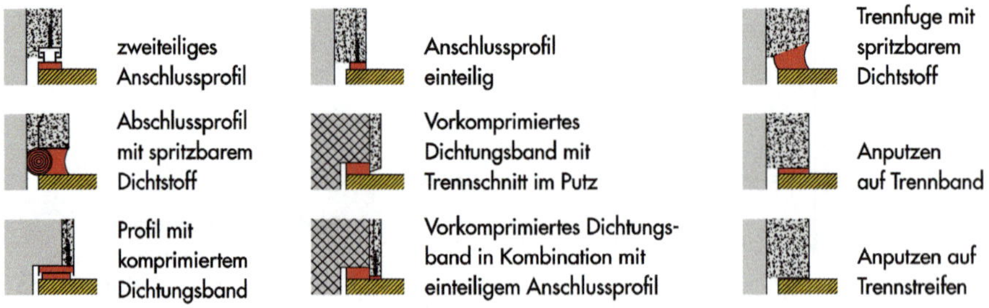

Bild 4.47 Beispiele für Putzanschlüsse an Fensterprofile (Fachverband der Stuckateure für Ausbau und Fassade Baden-Württemberg, 2010)

Hinweis: Aus Gründen der Übersichtlichkeit und der Einfachheit wird an dieser Stelle (exemplarisch nur) die Grafik (Bild 4.47) aus der „Richtlinie Anschlüsse an Fenster und Rollläden bei Putz, Wärmedämmverbundsystemen und Trockenbau" übernommen (Fachverband der Stuckateure für Ausbau und Fassade Baden-Württemberg, 2010).

Die aktuelle Ausgabe aus dem Jahr 2021 enthält weitere Anschlussmöglichkeiten sowie viele Beispiele für Anschlüsse von Fenstern bei WDVS-Fassaden (Fachverband der Stuckateure für Ausbau und Fassade Baden-Württemberg et al., 2021).

4.7 Stoßfestigkeit nach DIN EN 13049

Durch die Prüfung der Stoßfestigkeit in Anlehnung an DIN EN 13049 soll eine unplanmäßige Nutzung von Fenstern und verglasten Außentüren simuliert werden. Diese Prüfung „*beschreibt das Verhalten der Füllung und deren Anbindung*" und darf nicht mit den Anforderungen an eine absturzsichernde Verglasung verwechselt werden, die in Kapitel 8 ausführlich beschrieben werden.

Hinweis: Fenster und Außentüren, die nach DIN EN 13049 geprüft wurden, haben nicht den Nachweis erbracht, zusätzliche horizontale Nutzlasten aufnehmen zu können (Lass und Niemöller, 2024).

Im Rahmen der Klassifizierung der Stoßfestigkeit wird das Element nach erfolgreicher Prüfung in die in Tabelle 4.12 angegebenen Klassen eingeteilt. Dabei hängt die Einteilung von der jeweils „positiv geprüften Fallhöhe" eines Doppelreifenpendels mit einer Gesamtmasse von 50 kg ab. Bild 4.48 zeigt einen typischen Versuchsaufbau zur Prüfung der Stoßfestigkeit.

Die Prüfungen sind einzeln durchzuführen, ein Stoß je Prüfkörper. Der gefährlichste Aufschlagpunkt ist z. B. durch Vorprüfungen oder Berechnungen zu wählen, um auf Folgendes zu treffen:

- den Mittelpunkt der Füllung oder
- eine Ecke der Füllung oder
- den Mittelpunkt der längsten Kante der größten Fläche der Füllung.

Die Aufschlagrichtung ist vom Antragsteller oder Hersteller festzulegen.

Tabelle 4.12 Belastungsstufen und Fallhöhen gemäß DIN EN 13049 zur Ermittlung der Stoßfestigkeit

Klassifizierung	Klasse 0	Klasse 1	Klasse 2	Klasse 3	Klasse 4	Klasse 5
Fallhöhe in mm	100	200	300	450	700	950

Bild 4.48 Simulation einer unplanmäßigen Nutzung mit einem Doppelreifenpendel (ift Rosenheim, 2013a)

Die Anforderungen für eine „positiv geprüfte Fallhöhe“ nur für das Element (Fenster oder die verglaste Außentür) sind in DIN EN 13049 (siehe in der Norm den Abschnitt 8) festgelegt. Diese Anforderungen beziehen sich allerdings nur auf das *Element*, das wiederum (nur) im starren Stahl- bzw. Holzrahmen (vgl. Abschnitt 2.7) befestigt ist. Sinngemäß übertragen auf die *Befestigung* des Fensterelements im tatsächlich vorhandenen Baustellen-Verankerungsgrund bedeutet eine „positiv geprüfte Fallhöhe“, dass die Anforderungen in DIN EN 13049 auch bei einer Verankerung im realen Baustoff erfüllt werden.

5

Praxisbeispiel 1a: Fensterbefestiger – Abschätzung der Einwirkungen

5.1 Einleitung und allgemeine Hinweise

In RAL Gütegemeinschaft (2010) wurde im Jahr 2010 ein Rechenmodell für die rechnerische Abschätzung der Einwirkungen auf ein Fensterelement vorgestellt. Dieses Rechenmodell wird nachfolgend dargestellt und ergänzend mit Hintergrund-Informationen erläutert.

In der aktuellen Auflage Gütegemeinschaft (2024) wird ein vergleichbares Rechenmodell für ein Fenster – allerdings erweitert um einem Aufsatzrollladenkasten (Zusatzlast) – gezeigt. Die Randbedingungen der aktuellen Rechenschritte sind ähnlich, aber etwas umfangreicher, weshalb hier aus Gründen der Übersicht das etwas einfachere Beispiel aus RAL Gütegemeinschaft (2010) beibehalten wird – *ohne* zusätzliche Last aus dem Aufsatzkasten.

Als Fortführung dieses Beispiels enthält hier das Kapitel 7 einen Vorschlag für die Bemessung der Fensterbefestigung.

5.2 Schritt 1: Zusammenstellung der Ausgangsdaten

Bild 5.1 zeigt die Ausgangsdaten für das aus RAL Gütegemeinschaft (2010) entnommene Beispiel.

5.3 Schritt 2: Festlegung der Befestigungsabstände/Anzahl der Befestiger

Für eine Berechnung der auf einen Befestiger einwirkenden Belastungen sind zunächst die Befestigungsabstände durch eine erste Abschätzung festzulegen (Bild 5.2). Diese erste Abschätzung muss dann – je nach Resultat der nachfolgenden Schritte – eventuell verändert werden.

Für eine grobe erste Planung liefert Gütegemeinschaft (2024) einen ersten Anhaltswert; vgl. hier Bild 5.3. Dabei ist jedoch besonders darauf zu achten, dass die

Befestigung und Abdichtung von Fenstern und Türen. Regelwerke, Bauphysik, Baurecht, Praxisbeispiele. 2. Auflage.
J. Küenzlen, E. Scheller, M. Klatecki.

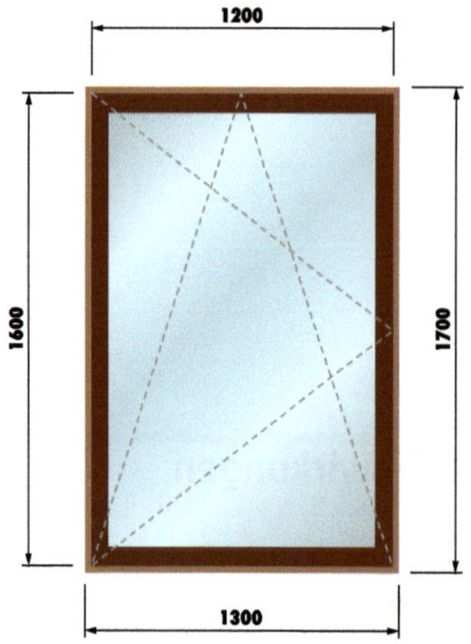

- Kunststofffenster mit Stahlarmierung und Dreifach-Isolierverglasung im Aufbau 4/12/4/12/4 (4 = Glasdicke; 12 = Zwischenraumbreite, jeweils in mm)
- Gebäudestandort: Frankfurt
- Einbau im Mittenbereich des Gebäudes
- Abweichend zu RAL Gütegemeinschaft (2010) wird hier wegen Bild 2.8 „Einbauhöhe" zu „Gebäudehöhe": 18 m
- Einbaulage in der Laibung der tragenden Wand
- Zu berücksichtigende, vertikale Nutzlast am geöffneten Flügel: P = 600 N

Bild 5.1 Rechenbeispiel, entnommen aus RAL Gütegemeinschaft (2010); Maße in mm

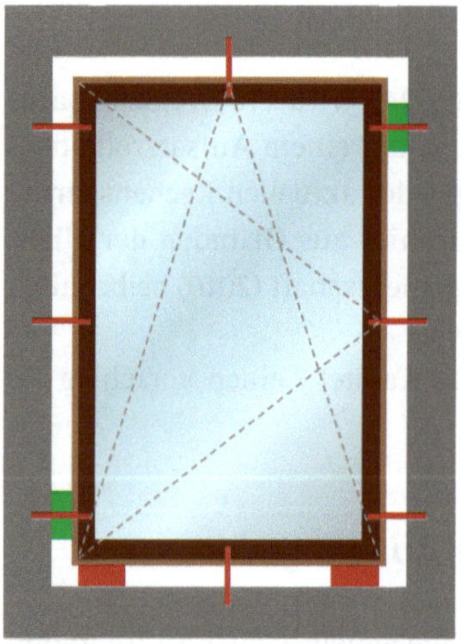

Bild 5.2 Erster Schritt: Festlegung der Befestigungsabstände (RAL Gütegemeinschaft, 2010)

in der Literatur angegebenen Abstände zwischen den einzelnen Befestigern *maximale* Achsabstände darstellen und keinesfalls als fest vorgegebene Abstände zu verstehen sind. Das bedeutet nur, dass die für das jeweils angegebene Rahmenmaterial ausgewiesenen Achsabstände (A) nicht überschritten werden sollen (Bild 5.3).

Hinweis: Im Bereich der (internationalen) Dübeltechnik wird – abweichend zum Leitfaden zur Montage – der Achsabstand zwischen Dübeln nicht mit dem Großbuchstaben „A" („*Ankerabstand*" vgl. Bild 5.3), sondern mit dem Kleinbuchstaben „s" (Englisch: „spacing") bezeichnet bzw. abgekürzt. Aus diesem Grunde wird in diesem Fachbuch ausschließlich die Abkürzung „s" verwendet.

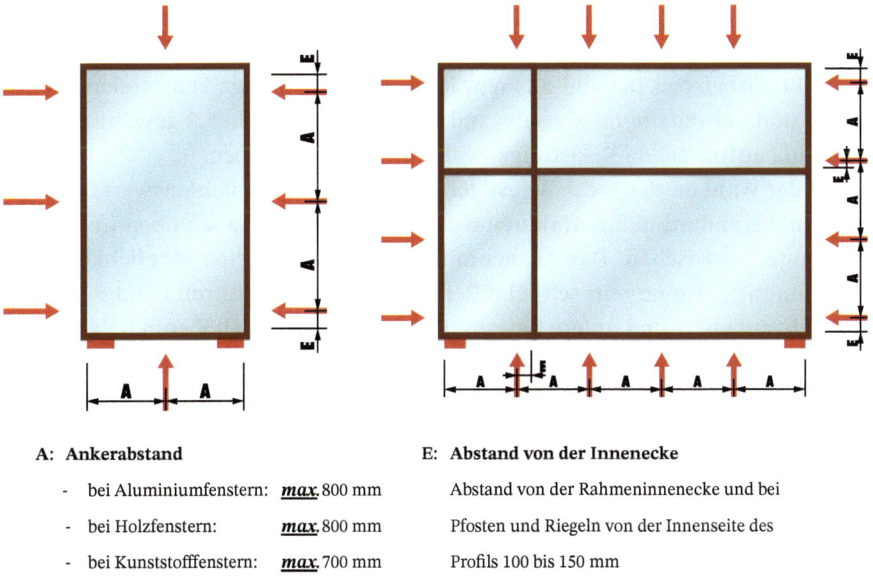

Bild 5.3 Befestigungsabstände nach Gütegemeinschaft (2024, S. 160, Bild 5.7)

Die Angaben in Bild 5.3 zu den maximalen Abständen und zur Empfehlung einer umlaufenden Befestigung der Fensterelemente finden sich bereits in der ersten Ausgabe des Leitfadens zur Montage aus dem Jahr 1994 (RAL Gütegemeinschaft, 1994) und haben sich seitdem in der Praxis als „gefühlte“ Vorgabe für den Achsabstand zwischen den Befestigern etabliert, der vermeintlich immer einzuhalten ist.

Tatsächlich ist aber – seit der ersten Darstellung dieser Art der Ausführung der Befestigung in der „RAL Schulungsmappe“ des ift Rosenheim im Jahr 1991 – immer *nur eine Begrenzung auf die maximalen Abstände* gemeint. Diese maximalen Abstände werden also offenbar schon immer durch das jeweilige Material der Profile bestimmt (Aluminium-, Holz- oder Kunststofffenster), d. h. in welchem Abstand dieses Profil (je nach Material) mindestens zu befestigen ist, und haben nichts mit den Dübel-Tragfähigkeiten im Verankerungsgrund zu tun. Gleichzeitig wurde dazu auch immer eine umlaufende Befestigung empfohlen.

Gerade bei modernen, dreifach verglasten Fensterelementen und porösen Verankerungsgründen ist es empfehlenswert, diese Abstände teilweise deutlich zu verringern, um – durch die damit verbundene Erhöhung der Anzahl der Befestiger – die Belastung auf die einzelnen Befestiger reduzieren zu können (siehe z. B. in ift Rosenheim 2010b–2013a).

In Abschnitt 4.2.2 wurde außerdem dargestellt, welche Auswirkungen – entgegen den Empfehlungen in Bild 5.3 – ein Verzicht auf eine umlaufende Befestigung bei einem zweiflügeligen Element haben kann, wenn das Element nicht für eine derartige Montagesituation ausgelegt wurde.

Im Praxisbeispiel 1a (Bild 5.1) wurde für das einflügelige Fensterelement aus Kunststoff der *maximale* Achsabstand s = 70 cm nach Bild 5.3 gewählt, um die *maximal* auftretenden Belastungen verdeutlichen zu können.

Bei der Wahl der Lage der Befestiger ist es ebenfalls empfehlenswert, Fensterelemente standardmäßig umlaufend zu befestigen, d. h. auch oben und unten Befestiger vorzusehen. Das Rechenmodell enthält auch eine Möglichkeit, eine Berechnung für eine rein seitliche Befestigung durchzuführen (Bild 5.10). Der Verzicht auf obere und untere Befestigungspunkte führt zu höheren Belastungen der Befestiger an den Fensterseiten (vgl. Abschnitt 5.8.3).

Muss auf eine Befestigung oben und unten ganz verzichtet werden, weil beispielsweise bauseits auf der Oberseite des Fensterelements ein Rollladenkasten vorgesehen wird, sind immer weitere Überlegungen anzustellen bzw. es ist zu prüfen, ob die Weiterleitung der auf das Fensterelement einwirkenden Lasten in den Verankerungsgrund alleine durch eine reine seitliche Befestigung überhaupt sichergestellt werden kann, beispielsweise durch eine Bemessung (vgl. Kapitel 7).

5.4 Schritt 3: Lastermittlung

Im nächsten Schritt werden die Gewichte (kg) der einzelnen Bauteile ermittelt und die daraus resultierenden Lasten (kN) zusammengestellt (vgl. Tabelle 5.1). Anhaltspunkte für typische Rahmen- und Glasgewichte enthält der Leitfaden zur Montage (siehe in Gütegemeinschaft, 2024, S. 162, Abschnitt 5.1.2.1, Tabelle 5.3).

Tabelle 5.1 Annahmen zu den Gewichten von Rahmen und Glas nach RAL Gütegemeinschaft (2010)

Zeile	Bauteil	Rechenweg	Ergebnis
1	Blendrahmen	(2 · 1,3 m + 2 · 1,7 m) · 3,5 kg/m =	21,0 kg
2	Flügelrahmen	(2 · 1,2 m + 2 · 1,6 m) · 3,5 kg/m =	19,6 kg
3	Isolierverglasung	2,5 $^{kg}/_{(mm \cdot m^2)}$ · (3 · 4 mm) · (1,1 · 1,5) m² =	49,5 kg
4	Fenster	(Zeile 1 + 2 + 3) =	90,1 kg
5	Eigenlast: $G_{Fenster}$	90,1 kg · 9,81 m/s² = 883,9 N [1)]	0,88 kN
6	Flügel	(Zeile 2 + 3) =	69,1 kg
7	Eigenlast: $G_{Flügel}$	69,1 kg · 9,81 m/s² = 677,9 N [1)]	0,68 kN

1) 1 kg·m/s² = 1 N = 0,001 kN

5.5 Schritt 4: Ermittlung der Einwirkungen in Wand- bzw. Fensterebene

Mit den in Tabelle 5.1 ermittelten Lasten können die entsprechenden Einwirkungen berechnet werden (Bild 5.4).

Die vertikalen Auflagerkräfte aus dem Eigengewicht des Fensters ergeben sich bei geschlossenem Flügel zu:

$$V_1 = V_2 = \frac{G_{\text{Fenster}}}{2} = \frac{0{,}88}{2} = 0{,}44\,\text{kN} \tag{5.1}$$

Die höchsten Einwirkungen in Wand- bzw. Fensterebene ergeben sich aus dem Eigengewicht und vertikaler Nutzlast (P, Definition siehe vorherige Abschnitte – vgl. Bild 3.1 bzw. Bild 4.28), die je nach Anforderung festgelegt wird, bei minimal geöffnetem Flügel auf der Bandseite:

$$V_1 = G_{\text{Flügel}} + \frac{G_{\text{Blendrahmen}}}{2} + P = 0{,}68 + 0{,}1 + 0{,}60 = 1{,}38\,\text{kN} \tag{5.2}$$

$$H_1 = H_2 = \frac{b}{h} \cdot \left(\frac{G_{\text{Flügel}}}{2} + P\right) = \frac{1{,}20}{1{,}60} \cdot \left(\frac{0{,}68}{2} + 0{,}60\right) = 0{,}71\,\text{kN} \tag{5.3}$$

Hinweis: Der Abstand für die Lasteinleitung der horizontalen Lasten (H_1 und H_2) ist nach Bild 5.4 die Höhendifferenz zwischen den Befestigungspunkten BP 2 (bzw. BP 8) und BP 4 (bzw. BP 6).

Für das hier aus RAL Gütegemeinschaft (2010) übernommene Beispiel (vgl. Abschnitt 5.1) werden in Gl. (5.3) für die Ermittlung von H_1 und H_2 nach RAL Gütegemeinschaft (2010) bzw. Gütegemeinschaft (2024) die Flügelaußenmaße (hier im Beispiel b / h = 1,2 m / 1,6 m) angesetzt. Dieses Vorgehen stellt eine Vereinfachung für die Bemessungspraxis dar, die sowohl hier als auch für die Ermittlung der Einwirkungen rechtwinklig zur Fensterebene (vgl. Schritt 5 dieses Praxisbeispiels bzw. Abschnitt 5.6) aus Übersichtsgründen übernommen wird.

5.6 Schritt 5: Ermittlung der Einwirkungen rechtwinklig zur Fensterebene

Zusätzlich zu den Lasten in Wand- bzw. Fensterebene müssen die Lasten rechtwinklig dazu berücksichtigt werden (vgl. Bild 3.1). Hier im Praxisbeispiel 1a gehören dazu die maximale Last aus Eigengewicht und vertikaler Nutzlast bei um 90° geöffnetem Flügel (vgl. Bild 3.1a und Bild 4.28) auf der Bandseite und die Einwirkungen aus den auftretenden Windlasten (vgl. Bild 3.1b):

- Die Einwirkung aus Eigengewicht und vertikaler Nutzlast bei 90° geöffnetem Flügel auf der Bandseite entspricht den bereits ermittelten Lasten $H_1 = H_2 = 0{,}71$ kN bei minimal geöffnetem Flügel (vgl. Abschnitt 5.5 mit Gl. (5.3)),

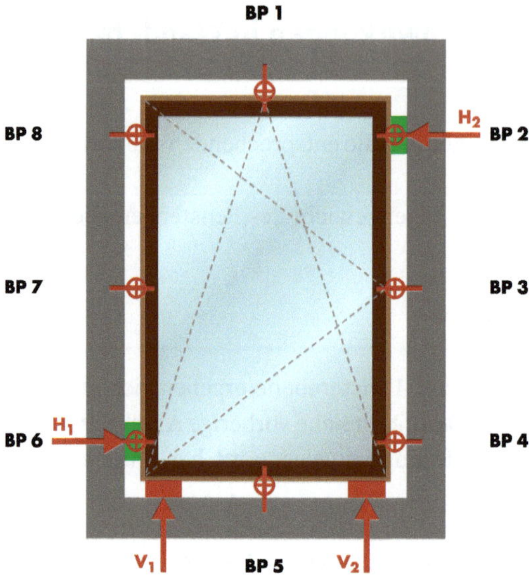

Bild 5.4 Ermittlung der Einwirkungen in Wandebene (BP = Befestigungspunkt)

wirkt jedoch in diesem Lastfall als Querlast und nicht als Zug- bzw. Drucklast auf die Befestiger.

- Die Einwirkungen aus den auftretenden Windlasten werden in Abschnitt 5.8 ermittelt.

5.7 Schritt 6: Anordnung von Trag- und Distanzklötzen

Die Einwirkungen in Wand- bzw. Fensterebene können entweder von Befestigern oder von sogenannten Trag- und Distanzklötzen übernommen werden. Die schematische Lage der Klötze bei einem Drehkippflügel zeigt Bild 5.5.

Bild 5.5 Schematische Darstellung der Lage der Trag- (unten) und Distanzklötze (Seite) bei einem Drehkippflügel

Bild 5.6 Vergrößerung der Aufstandsfläche bei Montage eines schweren Fensters in Porenbeton mit geringer Druckfestigkeit (Foto: Küenzlen)

Bei zweiflügeligen Drehkippelementen sollte die mögliche Lage der Distanzklötze mit dem Fenster- bzw. Profilhersteller abgeklärt werden, um ein Einspannen des Elementes z. B. bei Temperaturbelastungen zu vermeiden.

Aufgrund der hohen Vertikallasten bei leicht geöffnetem Fensterflügel sollte auf die Tragklötze an der Unterseite des Fensters nicht verzichtet werden. Nach Gütegemeinschaft (2024, S. 158, Abschnitt 5.1.1.1, Bild 5.6) sind begehbare Schwellen von Fenster- und Außentüren trittfest – Empfehlung mindestens alle 30 cm – zu unterfüttern.

Bei der Auswahl der Tragklötze ist ebenfalls darauf zu achten, dass diese ausreichend dimensioniert werden (Aufstandsfläche), um bei Untergründen mit geringer Druckfestigkeit ein Eindrücken in den Untergrund zu vermeiden (Bild 5.6), und dass diese aus einem geeigneten und dauerhaften Material bestehen.

Nach Gütegemeinschaft (2024, S. 159, Abschnitt 5.1.1.1) gilt Folgendes:

> *„Dübel, biegeweiche Laschen, Ortschäume und dergleichen sind zur Abtragung der in Fensterebene wirkende Lasten nicht ausreichend.*
>
> *Bei Befestigungssystemen mit Distanzbefestigung, bei der der Rahmen auf definiertem Abstand zum Baukörper gehalten wird, sind Trag- und Distanzklötze dann nicht erforderlich, wenn entsprechende Nachweise durch den Befestigungsmittelhersteller vorliegen und die von ihm vorgegebenen Anwendungsgrenzen (z. B. maximales Flügelgewicht) eingehalten werden.“*

Als *„Nachweise durch den Befestigungsmittelhersteller“* sind aus Sicht der Autoren dieses Fachbuchs die Angabe von Tragfähigkeiten in axialer Richtung der Befestiger, also Zug- und Druckkräfte für die Befestiger im jeweiligen Verankerungsgrund sowie im verwendeten Fenster-Blendrahmenprofil, geeignet:

- Nur wenn diese Angaben vorliegen, kann der rechnerische Nachweis für die Horizontallasten nach Bild 5.4 überhaupt geführt werden (vergleiche Praxisbeispiel 12 in Kapitel 26).
- Liegen diese nicht vor, kann im Rahmen einer Bemessung der Nachweis der Horizontallasten H1 und H2 an BP 2 und BP 6 in Bild 5.4 nicht geführt werden.

In diesem Falle muss die Diagonale des Elementes geklotzt werden, damit die Zug- und Druckkräfte auf die Befestiger als Druckkräfte von den jeweiligen Klötzen aufgenommen werden.

Als weitere entsprechende Nachweise können - bei vergleichbaren Fenstergrößen/ Fenstergewichten und Verankerungsgründen - z. B. Bauteilversuche nach der ift Richtlinie MO-02/1 (ift Rosenheim, 2015) herangezogen werden.

Bei der Materialauswahl der Trag- und Distanzklötze ist außerdem darauf zu achten, dass ein Material mit einem sehr geringen Wärmedurchgangskoeffizienten verwendet wird, damit der Wärmeverlust - bedingt durch den Klotz - sehr gering gehalten wird.

Bild 5.7 zeigt den Wärmedurchgangskoeffizient χ für einen Montageklotz (Bild 5.8) in Abhängigkeit vom Wärmeschutzniveau der Außenwand. Nach Klatecki (2015a) verlaufen

> *„die Wärmeverluste annähernd konstant bei 0,005 W/K je zwei übereinanderliegender Klötze, was einen zusätzlichen Öl-Verbrauch von ca. 0,001 Liter je Jahr und Klotz (10 mm) bedeutet.“*

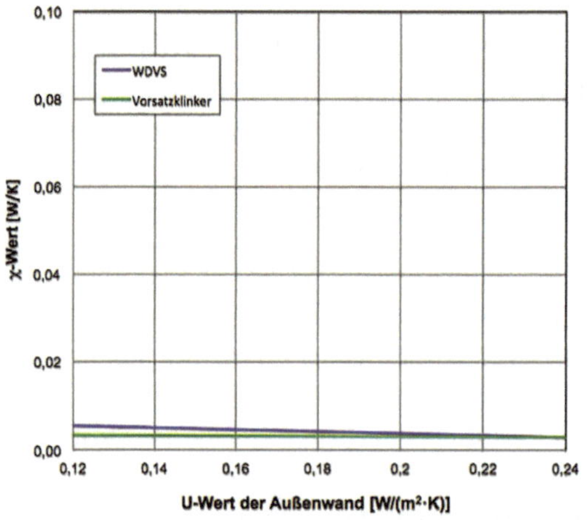

Bild 5.7 Punktbezogener Wärmedurchgangskoeffizient χ eines Montageklotzes in Abhängigkeit vom Wärmeschutzniveau der Außenwand (Klatecki, 2015a)

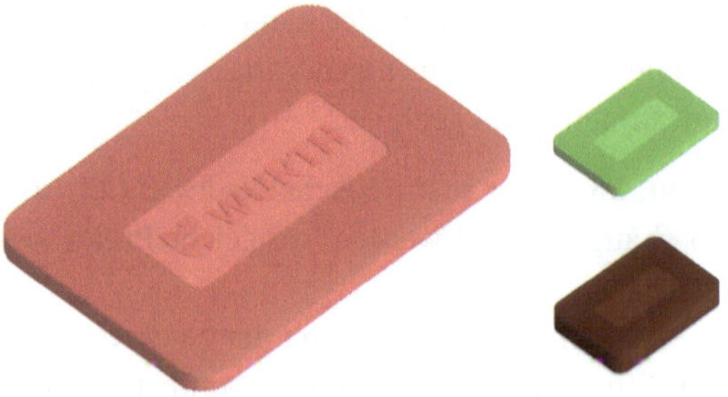

Bild 5.8 Montageklötze aus Polypropylen (Foto: Adolf Würth GmbH & Co. KG)

5.8 Schritt 7: Ermittlung der Einwirkungen aus Windlast

5.8.1 Allgemeines

Für die Ermittlung der Einwirkungen aus Windlast sieht Gütegemeinschaft (2024) drei mögliche Rechenwege vor. Es wird dabei unterschieden, ob das Fensterelement

- umlaufend (Bild 5.9) oder
- nur seitlich (Bild 5.10) befestigt wird bzw.
- unterteilt ist (Bild 5.11).

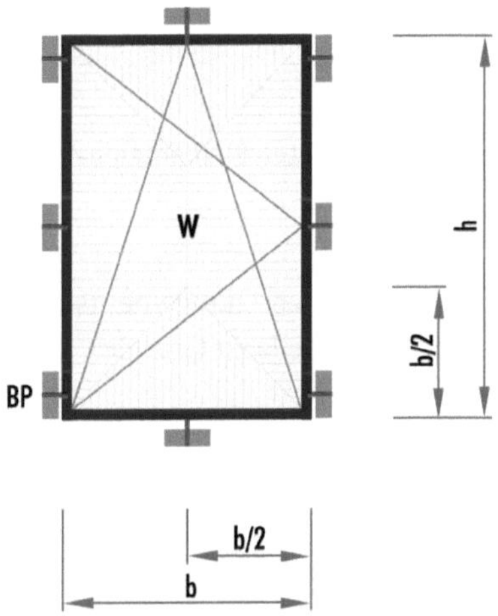

F_{BP} = w · b · h / Anzahl der BP

mit:

F_{BP} = Kraft am Befestigungspunkt in kN

BP = Befestigungspunkt

w = Windlast in kN/m²

b = Elementbreite in m

h = Elementhöhe in m

Bild 5.9 Ermittlung der Einwirkungen aus Windlast bei umlaufender Befestigung nach Gütegemeinschaft (2024, S. 164, Abschnitt 5.1.2.2, Bild 5.10)

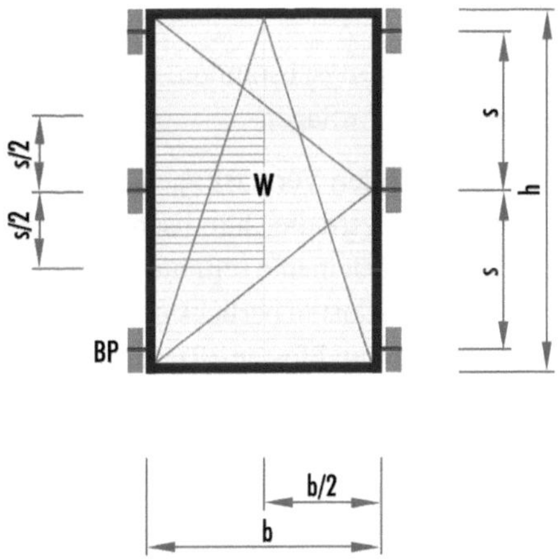

F_{BP} = w · s · b/2

mit:

F_{BP} = Kraft am Befestigungspunkt in kN

BP = Befestigungspunkt

w = Windlast in kN/m²

b = Elementbreite in m

h = Elementhöhe in m

s = Befestigungsabstand in m (Achsabstand)

Bild 5.10 Ermittlung der Einwirkungen aus Windlast bei seitlicher Befestigung nach Gütegemeinschaft (2024, S. 165, Abschnitt 5.1.2.2, Bild 5.11)

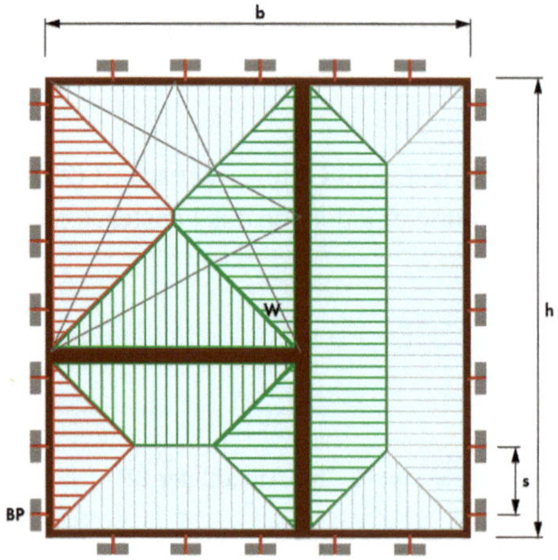

BP = Befestigungspunkt
w = Windlast in kN/m²
b = Elementbreite in m
h = Elementhöhe in m
s = Befestigungsabstand in m (Achsabstand)

Bild 5.11 Ermittlung der Einwirkungen aus Windlast bei unterteilten Elementen nach Gütegemeinschaft (2024, S. 165, Abschnitt 5.1.2.2, Bild 5.12)

Bei einer umlaufenden Befestigung nach Bild 5.9 liegen nach Gütegemeinschaft (2024) folgende Annahmen zur Anwendung des Rechenmodells zu Grunde:

- Keine Unterteilung durch Pfosten und Riegel
- Umlaufende Befestigung mit gleichmäßigen Befestigungsabständen
- Annahme gleichmäßige Verteilung der Windlast auf alle Befestigungspunkte

Die Querlast je Befestigungspunkt (BP) wird hier ermittelt, indem die Windlast mit der Fensterfläche multipliziert und eine gleichmäßige Verteilung der Windlast auf alle Befestiger angenommen wird.

Bei einer reinen seitlichen Befestigung nach Bild 5.10 liegen dem vereinfachten Rechenmodell nach Gütegemeinschaft (2024) folgende Annahmen zu Grunde:

- Keine Unterteilung durch Pfosten und Riegel.
- Zweiseitige Befestigung mit gleichmäßigen Befestigungsabständen.
- Annahme maximale Auflagerkraft beim mittleren Auflager.

Bei unterteilten Elementen – z. B. bei absturzsichernden Verglasungen mit Holm und festverglastem Feld, wie in Bild 5.11 dargestellt – wird die „händische" Ermittlung der Einwirkungen auf die einzelnen Befestigungselemente sehr aufwendig, da ggf. auch weitere Einwirkungen wie Holm- und Anprallasten berücksichtig werden müssen. Des Weiteren erfolgt eine „Lastkonzentration" an Pfosten-/Riegelanschlüssen in Folge der Windlast.

Für eine nur durch einen Holm unterteile Verglasung zeigt Kapitel 9 die Ermittlung der Einwirkungen.

Für die Annahme der Windlast (w) stehen verschiedene Möglichkeiten zur Verfügung. Hierzu stellt z. B. das DIBt auf seiner Internetseite eine Excel-Datei zur Verfügung (DIBt.de, 2022), die für Deutschland die nach Verwaltungsgrenzen sortierten Windzonen enthält. Für das Rechenbeispiel würde die Stadt Frankfurt entsprechend DIBt.de (2022) in die Windzone 1 eingruppiert werden.

Hinweis: Unter dem Suchbegriff „Windzonen nach Postleitzahlen" lassen sich im Internet auch diverse Seiten finden, auf denen – lediglich unter der Eingabe der Postleitzahl für das konkrete Bauvorhaben – die entsprechend zugehörige Windzone ausgegeben wird.

DIN 18055 (2020-09, Tabelle A.1) weist auf Grundlage der Angaben in Abschnitt 5.2 für eine Gebäudehöhe von 18 m und Windzone 1 eine Wind*druck*kraft von 0,65 kN/m² (wie im Rechenbeispiel in RAL Gütegemeinschaft, 2010) sowohl für den Mitten- als auch für den Randbereich des Gebäudes aus (vgl. Tabelle 2.4). Allerdings ist hier die maßgebende Wind*sog*kraft von 0,72 kN/m² im *Mittenbereich* bzw. 1,11 kN/m² im *Randbereich* anzusetzen (vgl. Abschnitt 2.8.2.1 mit Bild 2.9 und Tabelle 2.4).

Dabei beruht die Anwendung von DIN 18055, Tabelle A.1 auf Berechnungen mit dem vereinfachten Verfahren nach DIN EN 1991-1-4 und DIN EN 1991-1-4/NA. Diese praxisnahe Vorgehensweise liegt für übliche Gebäude auf der sicheren Seite. Sofern eine Abminderung der Werte aus Tabelle A.1 angestrebt wird, ist eine genaue Berechnung der Außendruckbeiwerte nach DIN EN 1991-1-4/NA, Tabelle NA.1, bzw. eine genaue Windlastermittlung nach DIN EN 1991-1-4/NA, NA.B.3.3, erforderlich. Vergleiche hierzu auch die ausführlichen Ausführungen in Abschnitt 2.8.2.1.

Das Beispiel aus RAL Gütegemeinschaft (2010) aus dem Jahr 2010 wird hier mit der Wind*sog*kraft von 0,72 kN/m² für den Mittenbereich aktualisiert (vgl. auch Abschnitt 5.1 bzw. 5.2).

5.8.2 Fortsetzung Praxisbeispiel 1a

Damit ergibt sich für das Beispiel eine maximale Windbelastung pro Befestigungspunkt F_{BP} (hierbei handelt es sich um *charakteristische* Einwirkungen – vgl. Abschnitt 7.2.1):

- Bei gleichmäßiger Verteilung auf alle Befestigungspunkte

$$F_{BP} = \frac{w \cdot b \cdot h}{n_{BP}} = \frac{0{,}72 \cdot 1{,}30 \cdot 1{,}70}{8} = 0{,}20\,\text{kN} \tag{5.4}$$

- Bei nur zweiseitiger Befestigung

$$F_{BP} = w \cdot s \cdot \frac{b}{2} = 0{,}72 \cdot 0{,}70 \cdot \frac{1{,}30}{2} = 0{,}33\,\text{kN} \tag{5.5}$$

Das Beispiel zeigt damit, dass ein Verzicht auf eine umlaufende Befestigung, d. h. eine nur seitliche Befestigung eines Fensterelementes – bei reduzierter Anzahl von Befestigern, zu einer deutlich höheren Belastung durch Wind auf die einzelnen Befestiger führt. Aus diesem Grund sollte *vor* Verzicht auf eine umlaufende Befestigung immer die Lasterhöhung bereits in die Planung der Befestigung mit einbezogen werden.

5.8.3 Einfluss der Achsabstände bei umlaufender oder rein seitlicher Befestigung

Ein rechnerischer Nachweis der Windeinwirkungen im Standardfall 2 (vgl. Abschnitt 2.2) kann in modernen Baustoffen oder bei großen Fensterelementen bei üblichen Achsabständen zwischen den Befestigern (s ≈ 700 mm) über Empfehlungen der Dübel-Hersteller oder über Zulassungen der entsprechenden Dübel-Produkte kaum noch realisiert werden.

Tabelle 5.2 (vgl. Tabelle 5.5. in RAL Gütegemeinschaft, 2014) zeigt die Einwirkungen auf die Befestigungspunkte aufgrund einer Windlast von 1,2 kN/m² – bei umlaufender Befestigung – von Fenstergrößen ab (1 m × 1 m) bis (3 m × 3 m).

In Gütegemeinschaft (2024, S. 171, Abschnitt 5.1.2.3) findet sich eine ähnliche Tabelle 5.5 mit Einwirkungen auf die Befestigungspunkte aufgrund einer Windlast von 1,0 kN/m². Diese Werte gelten für einen Befestigungsabstand s ≤ 700 mm. Die Original-Tabellen beider Auflagen (RAL Gütegemeinschaft, 2014 und Gütegemeinschaft, 2024) enthalten keine Angaben der tatsächlich vorhandenen Achsabstände „s" zwischen den einzelnen Befestigungspunkten; diese Achsabstände „s" wurden in Tabelle 5.2 ergänzt. Dabei wurde angenommen, dass der erste seitliche Befestigungspunkt jeweils 150 mm aus der Ecke angeordnet ist. Die oberen und unteren Befestigungspunkte wurden „gemittelt" (vgl. sinngemäß Bild 5.3).

Nach Bild 5.9 bewirkt eine Erhöhung der Anzahl der Befestiger eine direkt proportionale Reduzierung der Dübelkräfte. Wird die Anzahl der Befestiger z. B. verdoppelt, reduzieren sich die Dübelkräfte um 50 %.

Tabelle 5.2 Ermittlung der Auflagerkraft F_{BP} je Befestigungspunkt in kN infolge einer Windlast von 1,2 kN/m² (Windwiderstandsklasse B3) **bei umlaufender Befestigung** mit Abständen s ≤ 700 mm in Anlehnung an RAL Gütegemeinschaft (2014) mit zusätzlich ergänzten Achsabständen s der Befestiger in mm

Auflagerkräfte je Befestigungspunkt F_{BP} in [KN] bei Elementbreite B und Elementhöhe H und Anzahl der Befestigungspunkte n_{BP} je Kante													
	B [mm]		1000	1200	1400	1600	1800	2000	2200	2400	2600	2800	3000
H [mm]	n_{BP}		1	1	1	2	2	2	2	3	3	3	4
		s [mm]	–	–	–	533	600	666	700	600	650	700	600
1000	2	700	0,20	0,24	0,28	0,24	0,27	0,30	0,26	0,29	0,31	0,34	0,30
1200	3	450	0,18	0,22	0,25	0,23	0,26	0,29	0,26	0,29	0,31	0,34	0,31
1400	3	550	0,21	0,25	0,29	0,27	0,30	0,34	0,31	0,34	0,36	0,39	0,36
1600	3	650	0,24	0,29	0,34	0,31	0,35	0,38	0,35	0,38	0,42	0,45	0,41
1800	4	500	0,22	0,26	0,30	0,29	0,32	0,36	0,34	0,37	0,40	0,43	0,41
2000	4	566	0,24	0,29	0,34	0,32	0,36	0,40	0,38	0,41	0,45	0,48	0,45
2200	4	633	0,26	0,32	0,37	0,35	0,40	0,44	0,41	0,45	0,49	0,53	0,50
2400	4	700	0,29	0,35	0,40	0,38	0,43	0,48	0,45	0,49	0,53	0,58	0,54
2600	5	575	0,26	0,31	0,36	0,36	0,40	0,45	0,43	0,47	0,51	0,55	0,52
2800	5	625	0,28	0,34	0,39	0,38	0,43	0,48	0,46	0,50	0,55	0,59	0,56
3000	5	675	0,30	0,36	0,42	0,41	0,46	0,51	0,50	0,54	0,59	0,63	0,60

Tabelle 5.3 Ermittlung der Auflagerkraft F_{BP} je Befestigungspunkt in kN infolge einer Windlast von 1,2 kN/m² (Windwiderstandsklasse B3) **bei umlaufender Befestigung** mit reduzierten Achsabständen s in mm

Auflagerkräfte je Befestigungspunkt F_{BP} in [KN] bei Elementbreite B und Elementhöhe H und Anzahl der Befestigungspunkte n_{BP} je Kante													
	B [mm]		1000	1200	1400	1600	1800	2000	2200	2400	2600	2800	3000
H [mm]	n_{BP}		2	2	2	3	3	4	5	6	6	6	7
		s [mm]	333	400	467	650	700	566	475	420	460	500	450
1000	3	350	0,12	0,14	0,17	0,16	0,18	0,17	0,17	0,16	0,17	0,19	0,18
1200	3	450	0,14	0,17	0,20	0,19	0,22	0,21	0,20	0,19	0,21	0,22	0,22
1400	3	550	0,17	0,20	0,24	0,22	0,25	0,24	0,23	0,22	0,24	0,26	0,25
1600	3	650	0,19	0,23	0,27	0,26	0,29	0,27	0,26	0,26	0,28	0,30	0,29
1800	5	375	0,15	0,19	0,22	0,22	0,24	0,24	0,24	0,24	0,26	0,27	0,27
2000	5	425	0,17	0,21	0,24	0,24	0,27	0,27	0,26	0,26	0,28	0,31	0,30
2200	6	380	0,17	0,20	0,23	0,23	0,26	0,26	0,26	0,26	0,29	0,31	0,30
2400	6	420	0,18	0,22	0,25	0,26	0,29	0,29	0,29	0,29	0,31	0,34	0,33
2600	7	383	0,17	0,21	0,24	0,25	0,28	0,28	0,29	0,29	0,31	0,34	0,33
2800	7	417	0,19	0,22	0,26	0,27	0,30	0,31	0,31	0,31	0,34	0,36	0,36
3000	8	386	0,18	0,22	0,25	0,26	0,29	0,30	0,30	0,31	0,33	0,36	0,36

Tabelle 5.4 Ermittlung der Auflagerkraft F_{BP} je Befestigungspunkt in kN infolge einer Windlast von 1,2 kN/m² (Windwiderstandsklasse B3) **bei 2-seitiger Befestigung** mit Abständen s ≤ 700 mm in Anlehnung an RAL Gütegemeinschaft (2014) mit zusätzlich ergänzten Achsabständen s der Befestiger in mm

Auflagerkräfte je Befestigungspunkt F_{BP} in [KN] bei Elementbreite B und Elementhöhe H und Anzahl der Befestigungspunkte n_{BP} je Kante													
	B [mm]	s [mm]	1000	1200	1400	1600	1800	2000	2200	2400	2600	2800	3000
H [mm]	n_{BP}		–	–	–	–	–	–	–	–	–	–	–
1000	2	700	0,30	0,36	0,42	0,48	0,54	0,60	0,66	0,72	0,78	0,84	0,90
1200	3	450	0,27	0,32	0,38	0,43	0,49	0,54	0,59	0,65	0,70	0,76	0,81
1400	3	550	0,33	0,40	0,46	0,53	0,59	0,66	0,73	0,79	0,86	0,92	0,99
1600	3	650	0,39	0,47	0,55	0,62	0,70	0,78	0,86	0,94	1,01	1,09	1,17
1800	4	500	0,30	0,36	0,42	0,48	0,54	0,60	0,66	0,72	0,78	0,84	0,90
2000	4	566	0,34	0,41	0,48	0,54	0,61	0,68	0,75	0,82	0,88	0,95	1,02
2200	4	633	0,38	0,46	0,53	0,61	0,68	0,76	0,84	0,91	0,99	1,06	1,14
2400	4	700	0,42	0,50	0,59	0,67	0,76	0,84	0,92	1,01	1,09	1,18	1,26
2600	5	575	0,35	0,41	0,48	0,55	0,62	0,69	0,76	0,83	0,90	0,97	1,04
2800	5	625	0,38	0,45	0,53	0,60	0,68	0,75	0,83	0,90	0,98	1,05	1,13
3000	5	675	0,41	0,49	0,57	0,65	0,73	0,81	0,89	0,97	1,05	1,13	1,22

Tabelle 5.3 zeigt die deutliche Reduzierung der Belastung aus Wind auf den einzelnen Befestigungspunkt bei einer Erhöhung der Anzahl der Befestiger, d. h. Reduzierung der Achsabstände „s“, im Vergleich zu Tabelle 5.2 aus RAL Gütegemeinschaft (2014).

Tabelle 5.4 greift Tabelle 5.6 aus RAL Gütegemeinschaft (2014) auf und zeigt, wiederum ergänzt um die tatsächlich vorhandenen Achsabstände, die deutliche Erhöhung der Einwirkungen auf die Befestigungspunkte – ebenfalls aufgrund einer Windlast von 1,2 kN/m² – allerdings bei nur seitlicher Befestigung. Auch hier führt eine Erhöhung der Anzahl der Befestigungspunkte zu einer deutlichen Reduzierung der Einwirkungen auf den einzelnen Befestigungspunkt, wie die anschließende Tabelle 5.5 zeigt.

Tabelle 5.5 Ermittlung der Auflagerkraft F_{BP} je Befestigungspunkt in kN infolge einer Windlast von 1,2 kN/m² (Windwiderstandsklasse B3) **bei 2-seitiger Befestigung** mit Achsabständen s ≤ 350 mm

Auflagerkräfte je Befestigungspunkt F_{BP} in KN bei Elementbreite B und Elementhöhe H und Anzahl der Befestigungspunkte n_{BP} je Kante													
	B [mm]	**s [mm]**	**1000**	**1200**	**1400**	**1600**	**1800**	**2000**	**2200**	**2400**	**2600**	**2800**	**3000**
H [mm]	**n_{BP}**		–	–	–	–	–	–	–	–	–	–	–
1000	3	350	0,21	0,25	0,29	0,34	0,38	0,42	0,46	0,50	0,55	0,59	0,63
1200	4	300	0,18	0,22	0,25	0,29	0,32	0,36	0,40	0,43	0,47	0,50	0,54
1400	5	275	0,17	0,20	0,23	0,26	0,30	0,33	0,36	0,40	0,43	0,46	0,50
1600	5	325	0,20	0,23	0,27	0,31	0,35	0,39	0,43	0,47	0,51	0,55	0,59
1800	6	300	0,18	0,22	0,25	0,29	0,32	0,36	0,40	0,43	0,47	0,50	0,54
2000	7	283	0,17	0,20	0,24	0,27	0,31	0,34	0,37	0,41	0,44	0,48	0,51
2200	7	316	0,19	0,23	0,27	0,30	0,34	0,38	0,42	0,46	0,49	0,53	0,57
2400	8	300	0,18	0,22	0,25	0,29	0,32	0,36	0,40	0,43	0,47	0,50	0,54
2600	8	328	0,20	0,24	0,28	0,32	0,35	0,39	0,43	0,47	0,51	0,55	0,59
2800	9	312	0,19	0,23	0,26	0,30	0,34	0,38	0,41	0,45	0,49	0,53	0,56
3000	10	270	0,18	0,22	0,25	0,29	0,32	0,36	0,40	0,43	0,47	0,50	0,54

6

Konzept zur Ermittlung der Tragfähigkeit eines Fensterbefestigers[1]

6.1 Allgemeines

Im Gegensatz zu einem Bewertungsverfahren für einen „normalen" Kunststoffdübel, bei dem es ein Europäisches Bewertungsdokument (EOTA EAD 330284-00-0604, 2021) gibt, auf dessen Grundlage Versuche durchgeführt und deren Ergebnisse bewertet werden, liegen solche Grundlagen für die Ermittlung der Tragfähigkeit eines Fensterbefestigers bis dato nicht vor.

Im Rahmen des erstmaligen Zulassungsverfahrens für die AMO®-Combi Schraube mit der Kunststoff-Dübelhülse W-UR 10 XS oder W-UR 10 XXL (abZ AMO-Combi, 2017) musste deshalb ein Konzept zur Ermittlung der Tragfähigkeit erstellt werden, das im folgenden Abschnitt auszugsweise erläutert wird. Dieses Konzept aus Versuchen sowie der Aufstellung und Verifizierung eines statischen Modells ermöglicht in Kombination mit dem Beispiel in Kapitel 5 (Abschätzung der Einwirkungen) nun mehr auch eine Bemessung für einen Fensterbefestiger, die exemplarisch in Kapitel 7 vorgestellt wird.

6.2 Statisches Modell

6.2.1 Lastweiterleitung aus dem Blendrahmen in den Fensterbefestiger

Die in Kapitel 5 ermittelten Einwirkungen auf das Fenster werden über den Blendrahmen in den Fensterbefestiger eingeleitet. Diese Lastweiterleitung muss im Detail betrachtet werden.

Bei der hier betrachteten Art von Fensterbefestigern ist das Schraubengewinde des Befestigers in das Blendrahmenprofil eingebunden (vgl. Bild 4.23). So ist zunächst die Frage zu klären, wie die Einwirkungen aus dem Blendrahmenprofil in den Fensterbefestiger übertragen werden: Kann sich der Schraubenkopf bei der Krafteinwirkung frei verdrehen oder wird er durch das Fensterprofil an der Verdrehung gehindert?

---

1 Die in diesem Kapitel enthaltenen Ausführungen wurden dieser Quelle entnommen: Becker, R.; Scheller, E.; Küenzlen, J.: *Rechnerische und experimentelle Bestimmung der Tragfähigkeit eines Fensterbefestigers*, in: Bautechnik, Verlag Ernst & Sohn, Berlin 2018, Heft 04/2018, S. 296–307.

Bild 6.1 Lasteinleitungen in den Zulassungsversuchen: a) starre Einspannung (Befestigung verdeckt) b) freie Drehbarkeit des Schraubenkopfes (Fotos: Immel)

Durch die Rahmenwirkung des Fensters und die Torsionssteifigkeit des Blendrahmenprofils liegt eine gewisse Verdrehsteifigkeit vor, die an den Ecken des Fensters größer ist als in der Mitte. Daher wurde in den Versuchen sowohl eine möglichst starre Einspannung als auch eine freie Verdrehbarkeit des Schraubenkopfes geprüft. Bild 6.1 zeigt die beiden unterschiedlichen Lasteinleitungsvarianten.

Für die Versuche mit Einspannung wurde ein starres Anbauteil aus massivem Stahl (Bild 6.1a) und für die Versuche mit gelenkiger Lagerung (Bild 6.1b) ein freidrehbarer Bolzen für die Lasteinleitung verwendet.

Die Ergebnisse dieser Versuche wurden mit den Ergebnissen aus Bauteilprüfungen verglichen, die am Institut für Fenstertechnik ift in Rosenheim durchgeführt wurden (vgl. Kapitel 4). Hintergrund dieser Untersuchungen ist die Abschätzung des Einspanngrades, der sich aus der Positionierung des Dübels im Blendrahmen ergibt.

Im nachfolgend vorgestellten Bauteilversuch wurde eine Fenstertür der Abmessungen 1,175 m × 2,575 m (Breite × Höhe) mit ausschließlich seitlichen Befestigungen untersucht (ift Rosenheim, 2011c). Zur Vereinfachung wird angenommen, dass der Angriffspunkt der Kraft aus dem Fenster im Verstärkungsprofil des Blendrahmens liegt, und zwar in dem Verankerungsgrund zugewandten Blechrücken des Profils (vgl. auch Bild 6.4). Das Diagramm in Bild 6.2 zeigt den Vergleich der Einzelversuche mit und ohne Einspannung und ordnet das Ergebnis des Bauteilversuchs (ift Rosenheim, 2011c) zu.

Der Bauteilversuch wurde in der Mitte des Blendrahmens, also weit entfernt von den aussteifenden Ecken, bewertet, da an dieser Stelle der geringste Widerstand gegen ein Verdrehen des Profils vorliegt.

Aus der Abbildung folgt, dass der Blendrahmen eine gewisse Torsionssteifigkeit besitzt und daher eine „Teileinspannung" für die Verankerung vorliegt. Die Größenordnung und Auswirkung dieser „Teileinspannung" können bis dato noch nicht quantifiziert werden. Aus Sicht der Autoren sollte für die Berechnung der Tragfähigkeit daher vorläufig auf der sicheren Seite von einer „freien Verdrehbarkeit" im Bereich der Lasteinleitung ausgegangen werden.

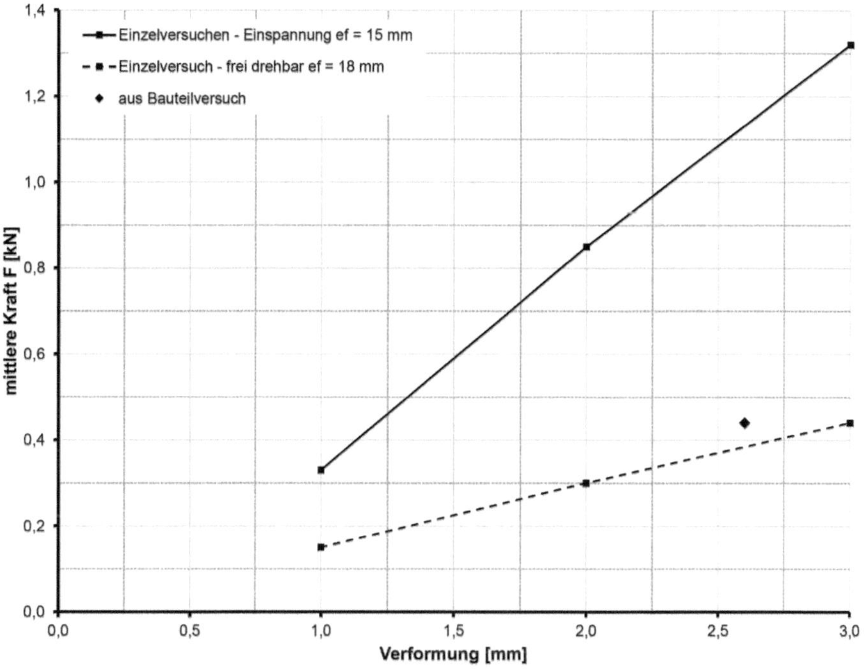

Bild 6.2 Einspannwirkung im Blendrahmenprofil

6.2.2 Lastweiterleitung aus dem Fensterbefestiger in den Verankerungsgrund: Darstellung des realen statischen Systems

Direkte Verschraubungen eines Fensters durch den Blendrahmen in den Verankerungsgrund werden aufgrund der „Montierbarkeit" mit einer umlaufenden Fuge ausgeführt. Unter der Einwirkung einer Querlast, z. B. infolge Wind oder einem 90° geöffneten Fensterflügel (vgl. Bild 3.1), ergibt sich daher für die Verankerung die Situation einer Abstandsmontage.

Das statische Modell der Verankerung kann dabei wie ein Einfeld- oder Mehrfeldträger mit Kragarm interpretiert werden, an dessen Ende die Last eingeleitet wird. Die Ausbildung der Auflager innerhalb des Mauerwerks ist bei Lochsteinen abhängig von der Art und Verteilung der Ziegelstege. Bild 6.3 zeigt exemplarisch zwei Hochlochziegel mit grundsätzlichen Unterschieden bezüglich der Lage dieser Ziegelstege.

Im Vollstein kann vereinfachend von einem Einfeldsystem mit Kragarm ausgegangen werden (Block und Dimitrova, 2014). In DIN 18516, Teil 3 sind dazu ebenfalls Hinweise enthalten.

Bild 6.4 zeigt beispielhaft die Befestigung eines Fensterprofils in einem Lochstein mit dem vorgeschlagenen statischen System. Zur Berücksichtigung der Rahmenwirkung des Fensters und der Torsionssteifigkeit des Blendrahmenprofils (vgl.

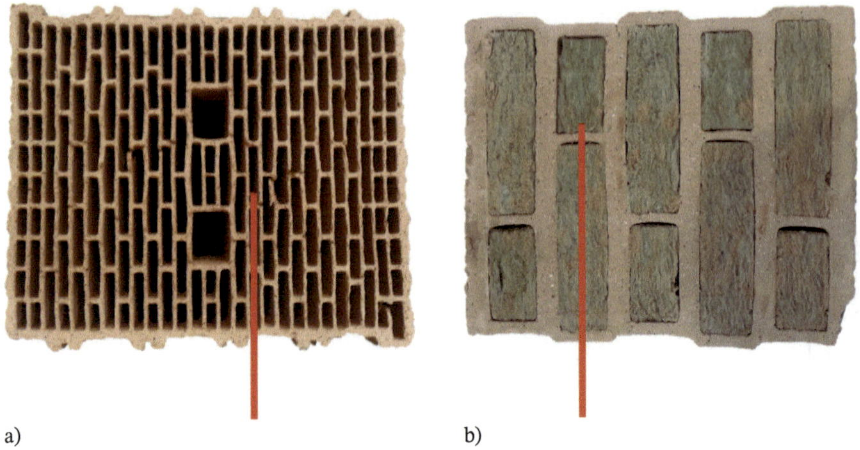

Bild 6.3 Lage der Ziegelstege bei Lochsteinen bei a) und b) unterschiedlichen Lochbildern und jeweils exemplarische Anordnung des Fensterbefestigers (Fotos: Immel)

Abschnitt 6.2.1) wird am Ende des Kragarms eine Verdrehbehinderung definiert bzw. dargestellt, die aber Verformungen in alle Richtungen zulässt.

Die Länge des Kragarms „b" ermittelt sich bei diesem Beispiel (Bild 6.4) aus der Summe der halben Außenstegdicke des Hochlochziegels (wenn der Dübeldurchmesser größer ist als die Außenstegdicke, sonst halber Dübeldurchmesser) und der freien Schraubenlänge „e_f". Die freie Schraubenlänge ist dabei vom Material des Fensterrahmens abhängig (vgl. Bild 6.5). In Bild 6.4 bzw. Bild 6.5a) reicht die freie

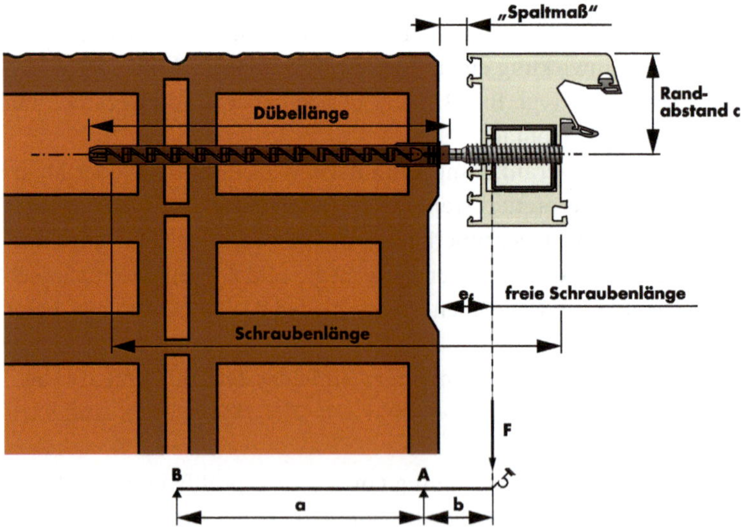

Bild 6.4 Querschnitt der Befestigung eines Blendrahmens im Lochstein mit dem vorgeschlagenen statischen System (Grafik: Adolf Würth GmbH & Co. KG)

Schraubenlänge von der Außenseite des Hochlochziegels bis zum Stahlkern des Kunststoff-Fensterrahmens.

Bei Holz- und Holz-Aluminium-Fensterrahmen ist die freie Schraubenlänge dagegen gleich dem Abstand zwischen Außenkante Verankerungsgrund und Beginn des größeren Durchmessers der AMO®-Combi Schraube (vgl. Bild 6.5d).

Besteht der Verankerungsgrund nicht wie in Bild 6.4 und Bild 6.5 dargestellt aus Hochlochziegeln mit schmalen Außenstegen sondern aus Vollsteinen oder Beton, so ist das Auflager „A" nicht bei der halben Außenstegdicke, sondern in Anlehnung an DIN EN 1992-4 (2019, S. 43/44, Abschnitt 6.2.2.3) um einen halben Durchmesser des Verankerungselements hinter der Außenkante des Vollbaustoffs anzunehmen.

Zusammenfassend ist festzuhalten, dass der Abstand zwischen der Außenseite des Verankerungsgrunds und des Blendrahmens von unterschiedlichen Randbedingungen abhängt. Standardmäßig ist hier von einer Fugenbreite (b) von mindestens

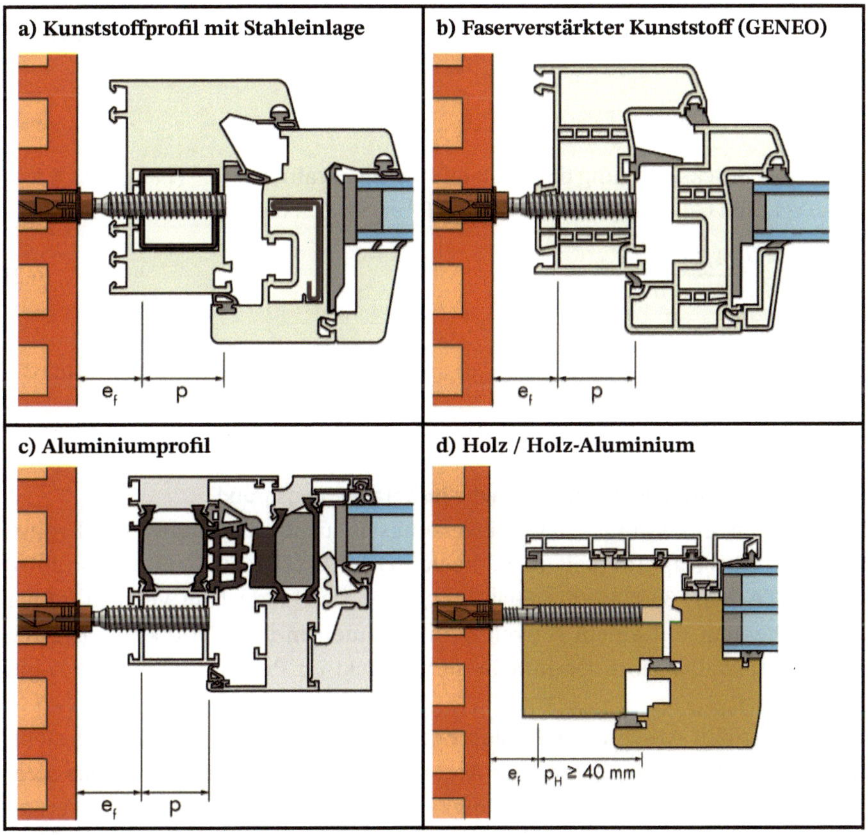

Bild 6.5 Maximale freie Schraubenlänge (e_f) zwischen Verankerungsgrund und Fensterprofilrahmen bei verschiedenen Fensterprofilmaterialien, siehe in (abZ AMO-Combi, 2017)

15 mm auszugehen, um eine Montage zu ermöglichen (vgl. Abschnitt 4.1 mit Bild 4.3). Für die Ermittlung der in der Zulassung (abZ AMO-Combi, 2017) angegebenen Tragfähigkeiten ist mit einer Toleranz von ±5 mm geprüft bzw. bewertet worden. Bei einer Sanierung im Bestand können diese Werte allerdings erheblich abweichen. In diesem Fall sind gesonderte Beurteilungen erforderlich.

6.2.3 Betrachtung der unterschiedlichen Versagensstellen

6.2.3.1 Allgemeines

Die Einwirkung F am Blendrahmenprofil (vgl. Bild 6.4) wird über die Schraube in den Verankerungsgrund weitergeleitet. Dieser Kraftverlauf ist an den verschiedenen Versagensstellen zu beurteilen: Zum einen ist die Biegetragfähigkeit der Schraube und zum anderen die Quertragfähigkeit der Schraube im jeweiligen Verankerungsgrund zu beurteilen.

6.2.3.2 Biegetragfähigkeit der Schraube

Betrachtet man die Biegetragfähigkeit der Schraube, so gilt gemäß DIN EN 1992-4 (2019, S. 124, Anhang D, Abschnitt D.4.3.1, Gl. D.7) sinngemäß die folgende Gleichung:

$$M_{max} = 1{,}2 \cdot W_{el} \cdot f_{uk} \tag{6.1}$$

Unter der Berücksichtigung des Abstands des Blendrahmens „b" (Länge des Kragarms, vgl. Bild 6.4) und der Einwirkung „F" ergibt sich die folgende Beziehung:

$$F_{max} = \frac{1{,}2 \cdot W_{el} \cdot f_{uk}}{b} \tag{6.2}$$

Hinweis: Bei dieser Betrachtung ist b die Länge des Kragarms nach Bild 6.4 (und NICHT die Fugenbreite nach Bild 4.3)!

6.2.3.3 Quertragfähigkeit der Schraube im Verankerungsgrund

Bei üblichen Zulassungs- bzw. Bewertungsversuchen für Dübel zur Ermittlung der Quertragfähigkeit z. B. nach EOTA EAD 330232-00-0601 (2016) oder EOTA EAD 330284-00-0604 (2021) wird die Querlast im Versuch immer oberflächennah mit einem starren Stahlanbauteil in den Verankerungsgrund eingeleitet, so dass dort vereinfacht ausgedrückt im Prinzip immer F = A gilt (vgl. Bild 6.4).

In den gemäß Abschnitt 6.2.1 durchgeführten Versuchen wurde festgestellt, dass diese Beziehung aufgrund der Abstandsmontage des Fensterrahmens nicht mehr zutrifft, wobei die Quertragfähigkeit der Schraube im Verankerungsgrund „A" messtechnisch nicht bestimmt werden konnte. Es ist aber offensichtlich, dass diese Quertragfähigkeit bedingt durch den jeweiligen Verankerungsgrund auf einen bestimmten konstanten Wert „A“ begrenzt wird.

Die beiden folgenden Gleichungen werten das statische System in Bild 6.4 aus. Gemäß Abschnitt 6.2.1 wird vorläufig auf der sicheren Seite von einer freien Verdrehbarkeit im Bereich der Lasteinleitung ausgegangen, d. h. die tatsächlich vorhandene Drehfeder wird nicht berücksichtigt:

$$\sum M(B) = 0: \quad \Rightarrow A = F \cdot \frac{a+b}{a} \qquad (6.3)$$

$$\sum V = 0: \quad \Rightarrow A = F+B \qquad (6.4)$$

Wenn „A“ konstant ist, bedeutet dies, dass die Höhe der Einwirkung „F“ ebenfalls begrenzt wird und die Höhe dieser Einwirkung offensichtlich abnehmen muss, je größer der Kragarm „b“ wird (vgl. Abschnitt 6.2.2).

Ebenso hat offensichtlich auch die Lage der Innenstege eines Lochsteins (Abstand „a“ in Bild 6.4) Einfluss auf die aufnehmbare Einwirkung „F“.

6.2.4 Verifizierung des statischen Modells der Quertragfähigkeit der Schraube im Verankerungsgrund anhand von Versuchen

6.2.4.1 Allgemeines

Zur Ermittlung der Quertragfähigkeit der Schraube wurden unter anderem im Großkammerziegel nach Bild 6.6 umfangreiche Versuche mit unterschiedlichen Randabständen (im Bild 6.6: c ≈ 80 mm) sowie mit Einspannung und freier Verdrehbarkeit an der Lasteinleitung (vgl. Bild 6.4) durchgeführt. Außerdem wurde der Abstand zwischen Lasteinleitung und der Außenseite des Steins (freie Schraubenlänge e_f) variiert.

Damit künftig anhand weniger Versuchsergebnisse die Quertragfähigkeit der Schraube im Verankerungsgrund für verschiedene in der Praxis vorkommende

Bild 6.6 Ermittlung der Tragfähigkeit im Versuch am Beispiel eines mit Perlite gefüllten Großkammerziegels (Foto: Immel)

freie Schraubenlängen e_f (vgl. Bild 6.5) ermittelt werden kann, wird nachfolgend die rechnerische Ermittlung der Quertragfähigkeit dargestellt und exemplarisch mit den Versuchen in einem Großkammerziegel (vgl. Bild 6.6) verglichen. Dazu wird das in Abschnitt 6.2.2 vorgestellte statische System im direkten Vergleich mit Versuchen verifiziert. Im Gegensatz zum in Bild 6.4 dargestellten realitätsnahen statischen Modell wird jedoch die in der Realität vorhandene Federsteifigkeit am Kragarmende (Verdrehungsbehinderung durch das Blendrahmenprofil) auf der sicheren Seite zu Null gewählt, da diese derzeit noch nicht quantifizierbar ist (vgl. Abschnitt 6.2.1).

Als Referenzsystem wurde das System mit starrem Anbauteil aus Stahl (Bild 6.1a) gewählt, da vergleichbare Anbauteile zum Einsatz kommen, die für übliche Zulassungs- bzw. Bewertungsversuche mit Dübeln zur Ermittlung der Quertragfähigkeit; z. B. nach EOTA EAD 330232-00-0601 (2016) oder EOTA EAD 330284-00-0604 (2021) verwendet werden.

6.2.4.2 Vergleich von Ergebnissen mit unterschiedlichen Versuchsanordnungen

Tabelle 6.1 zeigt die mittleren Tragfähigkeiten „F_{Ru}“ aus den durchgeführten Versuchen, also im Prinzip die maximal aufbringbare Last „F“ aus dem Fenster (vgl. Bild 6.4) auf einen Fensterbefestiger. Diese Tragfähigkeiten aus den Versuchen werden in Tabelle 6.2 auf das Referenzsystem bei starrer Einspannung und freier Schraubenlänge e_f = 15 mm bezogen, um eine bessere Vergleichbarkeit mit den Rechenwerten des statischen Modells erreichen zu können.

Tabelle 6.1 Mittlere Tragfähigkeiten aus den durchgeführten Versuchen

Freie Schraubenlänge e_f		**10 mm**	**15 mm**	**20 mm**
mittlere Tragfähigkeit aus Versuchen mit starrer Einspannung	$F_{Ru,m,E}$	1,40 kN	1,39 kN	1,38 kN
mittlere Versagenslast aus Versuchen mit freier Verdrehbarkeit der Lasteinleitung	$F_{Ru,m,fV}$	–	1,18 kN	–

Tabelle 6.2 Ermittlung der Verhältniswerte „ξ“ aus den mittleren Tragfähigkeiten $F_{Ru,m}$ im jeweiligen Versuch in Bezug auf das Referenzsystem mit starrer Einspannung bei freier Schraubenlänge e_f = 15 mm

Freie Schraubenlänge e_f		**10 mm**	**15 mm**	**20 mm**
Verhältniswert aus $F_{Ru,mE}$ bei e_f = x mm zu $F_{Ru,mE}$ des Referenzsystems mit starrer Einspannung	$\xi_{V,E}$	1,007	1,000	0,993
Verhältniswert aus $F_{Ru,fV}$ bei e_f = x mm zu $F_{Ru,mE}$ des Referenzsystems mit starrer Einspannung	$\xi_{V,fV}$	–	0,853	–

Ermittlung der Verhältniswerte ξ aus den Versuchen:

starre Einspannung: $\xi_{V,E} = F_{Ru,m,E}\,(e_f = x\,mm)/F_{Ru,m,E}\,(e_f = 15\,mm)$ (6.5)

freie Verdrehbarkeit: $\xi_{V,fV} = F_{Ru,m,fV}\,(e_f = x\,mm)/F_{Ru,m,E}\,(e_f = 15\,mm)$ (6.6)

Hinweis: Bei dieser Betrachtung wird angenommen, dass „A" die maximale Tragfähigkeit des Steins unabhängig von e_f, d. h. konstant, ist. „A" braucht hier deshalb nicht berücksichtigt werden.

6.2.4.3 Rechenmodell für die verschiedenen Versuchsanordnungen

Zur Ermittlung der maximalen Auflagerkraft „A" (vgl. Bild 6.4) in den beiden betrachteten Fällen, d. h. mit starrer Einspannung oder freier Verdrehbarkeit, wurden aus dem realen Modell (Bild 6.4) zwei Rechenmodelle abgeleitet; beide Modelle und die Gleichungen zur Ermittlung der rechnerischen Auflagerkraft „A" im jeweiligen Fall sind in Tabelle 6.3 dargestellt.

„F" wird in beiden Rechenmodellen als Einheitslast 1 angesetzt, da die Höhe der Last „F" bei Betrachtung der Verhältniswerte nicht maßgebend ist. Die so ermittelten rechnerischen Auflagerkräfte „A" sind in Tabelle 6.4 zusammen gestellt.

Tabelle 6.3 Statisches Modell für Auflagerung mit Einspannung und freier Verdrehbarkeit

<table>
<tr><th>Statisches Modell mit Einspannung</th><th>Statisches Modell mit freier Verdrehbarkeit</th></tr>
<tr><td>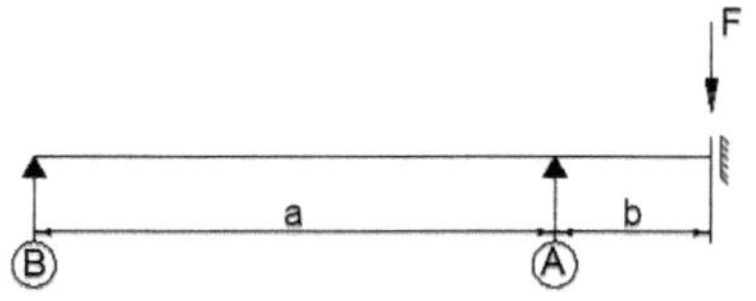
</td><td>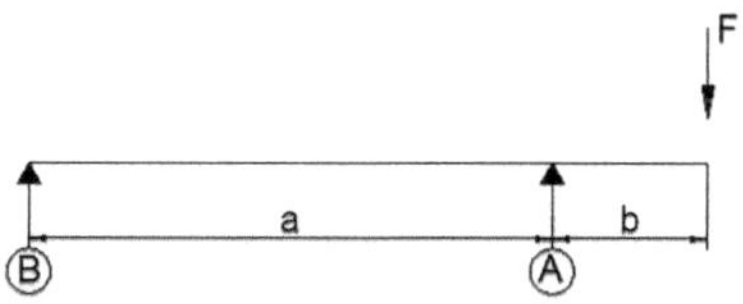
</td></tr>
<tr><td colspan="2">Die Auflagerkraft A:</td></tr>
<tr><td>$A = F \cdot \left(1 + \frac{0{,}5 \cdot b^2}{a \cdot \left(\frac{a}{3} + b\right)}\right)$ (6.7)</td><td>$A = F \cdot \frac{a+b}{a}$ (6.8)</td></tr>
</table>

Tabelle 6.4 Rechnerische Auflagerkraft „A"

Freie Schraubenlänge e_f		10 mm	15 mm	20 mm
mit starrer Einspannung	A_E	1,015 kN	1,025 kN	1,037 kN
mit freier Verdrehbarkeit der Lasteinleitung	A_{fV}	–	1,213 kN	–

Tabelle 6.5 Ermittlung der Verhältniswerte ξ_R aus den Auflagerkräften A der in Tabelle 6.3 dargestellten Rechenmodelle in Bezug auf das Referenzsystem mit starrer Einspannung bei freier Schraubenlänge e_f = 15 mm

Freie Schraubenlänge e_f		**10 mm**	**15 mm**	**20 mm**
Bei Betrachtung des Systems mit e_f = 15 mm und Einspannung als Referenzsystem:				
mit Einspannung	$\xi_{R,E}$	1,010	1,000	0,989
frei verdrehbar	$\xi_{R,fV}$	–	0,846	–

Diese Auflagerkräfte „A“ werden in Tabelle 6.5 auf das Referenzsystem bei starrer Einspannung und freier Schraubenlänge e_f = 15 mm bezogen, um eine bessere Vergleichbarkeit mit den Rechenwerten des statischen Modells erreichen zu können:

$$\xi_R = [F_{Ru,m}(e_f = x\,mm)/A_E(e_f = x\,mm)]/[F_{Ru,m}(e_f = 15\,mm)/A_E(e_f = 15\,mm)] \quad (6.9)$$

Mit F = 1 (Einheitslast) ergeben sich die Verhältniswerte ξ_R aus den Rechenwerten wie folgt:

$$\text{starre Einspannung: } \xi_{R,E} = A_E(e_f = 15\,mm)/A_E(e_f = x\,mm) \quad (6.10)$$

$$\text{freie Verdrehbarkeit: } \xi_{R,fV} = A_E(e_f = 15\,mm)/A_{fV}(e_f = x\,mm) \quad (6.11)$$

6.2.4.4 Vergleich Rechenmodelle mit den Tragfähigkeiten aus den Versuchen

Das Bild 6.7 zeigt eine Gegenüberstellung der Verhältniswerte ξ_V aus den Versuchsergebnissen (Tabelle 6.2) mit den Verhältniswerten ξ_R aus den Rechenwerten (Tabelle 6.5).

Es wird deutlich, dass die Rechenwerte eine gute Übereinstimmung mit den Versuchswerten zeigen. Die Ergebnisse mit voller Einspannung liegen im Prinzip auf einer Geraden, so dass die im Versuch ermittelten Tragfähigkeiten auf weitere Abstände zwischen Blendrahmen und Verankerungsgrund übertragen werden können.

Darüber hinaus lassen sich Versuchsergebnisse, die lediglich in Versuchen mit Einspannung an der Lasteinleitung ermittelt wurden, auf Tragfähigkeiten bei freier Verdrehbarkeit an der Lasteinleitung umwerten, was in Abschnitt 6.2.4.5 exemplarisch für den Stein in Bild 6.6 einmal dargestellt wird.

Mit diesem Rechenmodell ist es damit möglich, Versuche mit einem einfachen starren Anbauteil bei einer freien Schraubenlänge von z. B. e_f = 15 mm durchzuführen und auf eine freie Verdrehbarkeit und verschiedene freie Schraubenlängen umzurechnen. Liegt künftig eine quantifizierbare Verdrehungsbehinderung durch den Blendrahmen vor, kann diese Erhöhung der Quertragfähigkeit auf einfache Art und Weise im vorgestellten Modell als prozentuale Erhöhung der rechnerischen Tragfähigkeit in Bezug auf die auf der sicheren Seite liegenden freien Verdrehbarkeit berücksichtigt werden.

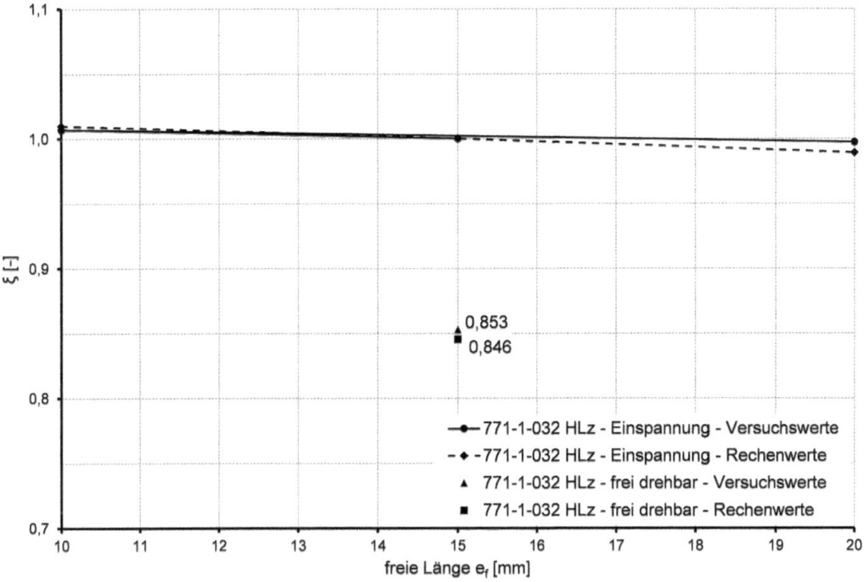

Bild 6.7 Vergleich der Verhältniswerte für verschiedene Versuchsanordnungen und zugehörigem Rechenmodell

6.2.4.5 Ermittlung von Bemessungswerten für verschiedene freie Schraubenlängen

Für den Stein in Bild 6.6 ergab sich im Versuch mit voller Einspannung und einer freien Schraubenlänge von $e_f = 15$ mm eine charakteristische Quertragfähigkeit von $F_{Rk,V} = 1{,}09$ kN. Aufgrund des statischen Systems (vgl. Tabelle 6.3) lässt sich der Widerstand am Auflager A mit voller Einspannung gemäß folgender Gleichung berechnen.

Ermittlung der maximalen rechnerischen Auflagerkraft „A“ (Steinversagen) im Versuch mit voller Einspannung:

$$A = F_{Rk,V} \cdot \left(1 + \frac{0{,}5 \cdot b^2}{a \cdot \left(\frac{a}{3} + b\right)}\right) = 1{,}09 \cdot 1{,}025 = 1{,}12\,\text{kN} \qquad (6.12)$$

mit:

$b = e_f + d/2 = 20$ mm	Kragarmlänge (Bild 6.4) im Versuch
$a = 127$ mm	Kammertiefe zuzüglich Steganteile im Versuch

Hinweis: Im dargestellten Beispiel (Stein gemäß Bild 6.6) wurden die Versuche in der größeren Kammer (a = 127 mm) durchgeführt. In der realen Anwendung kann die Montagestelle jedoch auch in der kleinen Kammer (a = 67 mm) liegen und stellt dann die rechnerisch ungünstigere Setzstelle dar.

Tabelle 6.6 Ermittlung der rechnerischen charakteristischen Tragfähigkeit bei freier Verdrehbarkeit und unterschiedlichen freien Schraubenlängen e_f

Freie Schraubenlänge e_f		10 mm	20 mm	30 mm
$F_{Rk,R} = A \cdot \frac{a}{a+b}$	a = 127 mm	1,03 kN	0,96 kN	0,90 kN
	a = 67 mm	0,97 kN	0,88 kN	0,81 kN

Dieser Widerstand am Auflager „A" kann als konstant für diesen Stein angenommen werden und ist somit auch gültig für das andere statische System mit freier Verdrehbarkeit an der Lasteinleitung. Ist „A" also bekannt aus dem Versuch mit voller Einspannung, kann durch Umstellung der Formel für freie Verdrehbarkeit in Tabelle 6.3 nun mehr die Quertragfähigkeit $F_{Rk,R}$ für freie Verdrehbarkeit an der Lasteinleitung ermittelt werden, auch wenn ein solcher Versuch nicht durchgeführt wurde.

Tabelle 6.6 enthält die Ermittlung der rechnerischen charakteristischen Tragfähigkeit für unterschiedliche Kammertiefen und das statische System mit freier Verdrehbarkeit an der Lasteinleitung.

Für eine freie Schraubenlänge von e_f = 20 mm ergibt sich für den Beispielstein (Bild 6.6) somit eine maßgebende charakteristische Tragfähigkeit von $F_{Rk,R}$ = 0,88 kN für das statische System mit freier Verdrehbarkeit an der Lasteinleitung. Im Vergleich zur ermittelten Tragfähigkeit im Versuch von $F_{Rk,V}$ = 1,09 kN beträgt die Reduktion gegenüber dem statischen System mit voller Einspannung an der Lasteinleitung somit rund 20 % (0,88 kN/1,09 kN = 0,807).

Die Umrechnung von charakteristischen Tragfähigkeiten in Bemessungswerte berücksichtigt in Anlehnung an EOTA EAD 330196-01-0604 (2017) für Verankerungen von Wärmedämm-Verbundsystem-Fassaden einen Teilsicherheitsbeiwert von γ_M = 2,0. Die entsprechenden Bemessungswerte enthält Tabelle 6.7.

Im Anschluss an die Ermittlung des Bemessungswerts der Tragfähigkeit der Steinkante ist noch die Tragfähigkeit der Schraube bei Biegebeanspruchung zu bewerten. Die Gleichung zur Ermittlung dieser Tragfähigkeit wurde bereits in Abschnitt 6.2.3.2 vorgestellt. Für die Berechnung des Bemessungswerts der Tragfähigkeit der Schraube bei Biegebeanspruchung ist ein Teilsicherheitsbeiwert von γ_M = 1,5 anzusetzen.

Tabelle 6.7 Bemessungswerte der Tragfähigkeiten bei Versagen des Verankerungsgrundes

Freie Schraubenlänge e_f		10 mm	20 mm	30 mm
$F_{Rd,R} = \frac{F_{Rk,R}}{\gamma_m}$	a = 67 mm	**0,49 kN**	**0,44 kN**	0,41 kN

Tabelle 6.8 Bemessungswerte der Tragfähigkeiten bei Versagen der Schraube durch Biegung

Freie Schraubenlänge e_f		**10 mm**	**20 mm**	**30 mm**
$F_{Rk,s}$	a = 67 mm	1,32 kN	0,79 kN	0,56 kN
$F_{Rd,s} = \frac{F_{Rk,s}}{1,5}$		0,88 kN	0,53 kN	**0,38 kN**

Es ergeben sich somit die in Tabelle 6.8 gezeigten Bemessungswerte der Tragfähigkeit bei Stahlversagen der Schraube

In diesem Beispiel ist somit die Tragfähigkeit der Steinkante bei $e_f = 10$ mm und 20 mm für den Bemessungswert maßgebend. Bei $e_f = 30$ mm bestimmt die Schraubenbiegung den Bemessungswert.

Die hier beschriebene Vorgehensweise ist in der Zulassung abZ AMO-Combi (2017 bzw. aktuell 2022) bereits berücksichtigt, so dass der Planer für den entsprechenden Stein und das einzubauende Fenster die Tragfähigkeit des Fensterbefestigers aus den jeweiligen Tabellen der Zulassungsanlagen direkt entnehmen kann.

7

Praxisbeispiel 1b: Fensterbefestiger – Bemessung am Beispiel der AMO®-Combi Schraube

7.1 Einleitung und allgemeine Hinweise

In Kapitel 5 wurden für ein Fensterelement im Detail die Einwirkungen aus Wind, Eigengewicht und vertikaler Nutzlast ermittelt (Rechenbeispiel 1a).

Nachfolgend soll darauf aufbauend der Nachweis der Befestigungspunkte anhand der allgemeinen bauaufsichtlichen Zulassung/allgemeinen Bauartgenehmigung abZ/aBG AMO-Combi (2022)

- für die AMO®-Combi Schraube 7,5/11,5 mm
- in Kombination mit der Kunststoff-Dübelhülse W-UR 10 XXL

exemplarisch für den Verankerungsgrund

- ThermoPlan MZ7 – 10 DF, Planhochlochziegel,
- Rohdichte $\rho \geq 0{,}60$ kg/dm³
- Mittlere Steindruckfestigkeit nach DIN EN 771 ≥ 7,5 N/mm²
- L × B × H = (248 × 300 × 249) mm,

geführt werden (siehe in abZ/aBG AMO-Combi, 2022, Anlage 63 und 64).

Hinweis: Die in der abZ/aBG bzw. ETA – für den jeweils hier im Fachbuch verwendeten Fensterbefestiger bzw. Kunststoffdübel – ausgewiesenen charakteristischen Tragfähigkeiten bzw. Bemessungswerte der Tragfähigkeit beziehen sich bei Verankerungen in Mauerwerk (Ausnahme Lehmsteine) immer auf die „mittlere Steindruckfestigkeit nach DIN EN 771".

In der Praxis gibt es für Mauersteine nach DIN EN 771 in den zugehörigen Anwendungsnormen (DIN 20000-401 bis 404) unverändert „Druckfestigkeitsklassen".

Für die Umrechnung der Druckfestigkeitsklasse in die mittlere Steindruckfestigkeit nach DIN EN 771 siehe (sinngemäß) Becker et al. (2022).

Befestigung und Abdichtung von Fenstern und Türen. Regelwerke, Bauphysik, Baurecht, Praxisbeispiele. 2. Auflage.
J. Küenzlen, E. Scheller, M. Klatecki.

Dabei wird angenommen, dass die Zuglasten (minimal geöffneter Fensterflügel auf der Bandseite) durch Distanzklötze aufgenommen werden (vgl. Bild 5.2) und dass das Eigengewicht in Wandebene über Tragklötze in das Bauwerk eingeleitet wird.

Aus Sicht der Autoren muss die Windlast nicht mit dem Eigengewicht des Fensterflügels und der vertikalen Nutzlast überlagert werden (vgl. Bild 3.1), da das Fenster bei Sturm entweder geschlossen ist, d. h. keine Einwirkungen aus geöffnetem Fensterflügel und Nutzlast bestehen, bzw. das Fenster offen ist und damit keine Windlast auf den Fensterflügel wirkt.

Das Fenster wird mittig in der Laibung eingebaut, so dass der Mindestrandabstand nach innen und nach außen eingehalten wird ($c_{vorh} = 300 / 2 = 150\,mm \geq 95\,mm = c_{min}$; siehe in abZ/aBG AMO-Combi, 2022, Anlage 63 bzw. siehe hier Bild 7.1).

7.2 Windlast

7.2.1 Charakteristische Einwirkungen

Im Praxisbeispiel 1a, in Abschnitt 5.8 bzw. 5.8.2 wurde unter Berücksichtigung einer Windbelastung von $w = 0{,}72\ kN/m^2$ folgende Einwirkungen ermittelt. Diese Werte sind sogenannte „charakteristische Einwirkungen“ und werden nachfolgend mit tiefgestelltem Index „k“ gekennzeichnet.

a) umlaufende Befestigung: $F_{BP} = V_{k,a} = 0{,}20\ kN$
b) seitliche Befestigung: $F_{BP} = V_{k,b} = 0{,}33\ kN$

7.2.2 Bemessungswerte der Einwirkungen

In der modernen Bemessung müssen die charakteristischen Werte der Einwirkungen mit einem Teilsicherheitsbeiwert der Einwirkungen (γ_F) multipliziert und damit in „Bemessungswerte“ umgerechnet werden. Die Bemessungswerte werden nachfolgend mit tiefgestelltem Index „d“ gekennzeichnet.

Gemäß DIN EN 1990/NA (2010, S. 11, Tabelle NA.A.1.2(B)) ist der Teilsicherheitsbeiwert der Einwirkungen für Wind $\gamma_F = 1{,}5$:

$$V_{Ed,a} = V_{ka} \cdot \gamma_F = 0{,}20 \cdot 1{,}5 = 0{,}30\,kN \tag{7.1}$$

$$V_{Ed,b} = V_{kb} \cdot \gamma_F = 0{,}33 \cdot 1{,}5 = \underline{0{,}50\,kN} \Rightarrow \text{maßgebend} \tag{7.2}$$

7.2.3 Tragfähigkeit des Fensterbefestigers im Verankerungsgrund

Die Quertragfähigkeit der AMO®-Combi Schraube 7,5/11,5 mm in Kombination mit der Kunststoff-Dübelhülse W-UR 10 XXL, exemplarisch für den Verankerungsgrund ThermoPlan MZ7, kann in diesem Beispiel der zugehörigen Zulassung (bereits) als Bemessungswert der Tragfähigkeit entnommen werden, siehe in abZ/aBG AMO-Combi (2022, Anlage 64) bzw. vgl. hier Bild 7.2; für Kunststofffenster mit maximaler freier Schraubenlänge $e_f = 20$ mm, vgl. auch Bild 6.5a bzw. Bild 6.5b:

$$F_{Rd} = V_{Rd} = 0{,}50\ kN$$

Allgemeine bauaufsichtliche Zulassung/
Allgemeine Bauartgenehmigung
Nr. Z-21.2-2017 vom 23. August 2022

Deutsches Institut für Bautechnik DIBt

Verankerungsgrund Mauerwerk aus Planhochlochziegel: ThermoPlan MZ7

Tabelle 29.1: Steinkennwerte

Steinbezeichnung			**ThermoPlan MZ7**
Steinart			Planhochlochziegel
Rohdichte	ρ ≥	[kg/dm³]	0,60
Norm bzw. abZ/aBG			DIN EN 771-1:2015-11
Steinhersteller			Mein Ziegelhaus GmbH & Co. KG Märkerstraße 44 D-63755 Alzenau
Format, Steinabmessung	LxBxH	[mm]	10DF (248x300x249) 12DF (248x365x249)

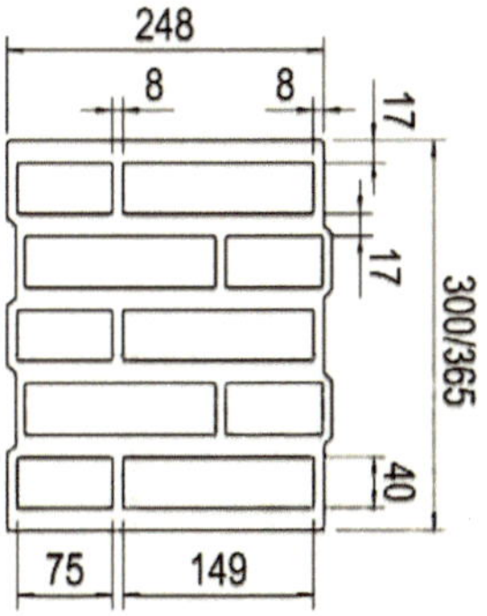

Tabelle 29.2: Montagekennwerte

Dübelgröße			**W-UR 10 XXL**
Bohrernenndurchmesser	$d_0 =$	[mm]	10
Bohrerschneidendurchmesser	$d_{cut} \leq$	[mm]	10,45
Tiefe des Bohrlochs bis zum tiefsten Punkt[1)]	$h_1 \geq$	[mm]	210
Mindesteinschraubtiefe[1)]	$h_{nom,s} \geq$	[mm]	175
Bohrlochdurchmesser im Fensterrahmen	$d_{Fenst} =$	[mm]	10,5
Bohrverfahren		[-]	Drehbohren
Gesamtlänge der Dübelhülse im Verankerungsgrund	$h_{nom,d} =$	[mm]	200
Minimaler Randabstand	$c_{min} \geq$	[mm]	95

1) Siehe Anlage 2

Würth AMO®-Combi Schraube mit Kunststoff- Dübelhülse W-UR 10 XS und W-UR 10 XXL zur Befestigung von Fensterrahmen in Mauerwerk

Planhochlochziegel: ThermoPlan MZ7
Steinkennwerte, Montagekennwerte

Anlage 63

Z77618.22 1.21.2-29/19

Bild 7.1 Steinkennwerte und Montagekennwerte für die AMO®-Combi Schraube 7,5/11,5 mm in Kombination mit der Kunststoff-Dübelhülse W-UR 10 XXL in einem Planhochlochziegel ThermoPlan MZ7 – 10 DF (Quelle: abZ/aBG AMO-Combi, 2022, Anlage 63)

Allgemeine bauaufsichtliche Zulassung/
Allgemeine Bauartgenehmigung
Nr. Z-21.2-2017 vom 23. August 2022

Deutsches Institut für Bautechnik DIBt

Tabelle 29.3: Bemessungswerte der Tragfähigkeit V_{Rd}[3] in [kN] für Einzeldübel unter Querbeanspruchung

Dübelgröße		W-UR 10 XXL				
Fensterprofil aus		Kunststoff	Aluminium	Holz / Holz-Alu		
Freie Schraubenlänge e_f[2] ≤	[mm]	20	30	10	20	30
Mittlere Steindruckfestigkeit nach DIN EN 771						
Planhochlochziegel ThermoPlan MZ7, ≥ 8,4 N/mm²	[kN]	0,55	0,25	0,60	0,55	0,25
Planhochlochziegel ThermoPlan MZ7, ≥ 7,5 N/mm²	[kN]	0,50	0,25	0,55	0,50	0,25

2) Siehe Anlage 7
3) Zwischenwerte bei der freien Schraubenläge e_f dürfen linear interpoliert werden.

Würth AMO®-Combi Schraube mit Kunststoff- Dübelhülse W-UR 10 XS und W-UR 10 XXL zur Befestigung von Fensterrahmen in Mauerwerk

Planhochlochziegel: ThermoPlan MZ7
Bemessungswerte der Tragfähigkeit

Anlage 64

Z77618.22 1.21.2-29/19

Bild 7.2 Bemessungswerte der Tragfähigkeit für die AMO®-Combi Schraube 7,5/11,5 mm in Kombination mit der Kunststoff-Dübelhülse W-UR 10 XXL in einem Planhochlochziegel ThermoPlan MZ7 – 10 DF (Quelle: abZ/aBG AMO-Combi, 2022, Anlage 64)

7.2.4 Statischer Nachweis

Es gilt das übliche Nachweisformat mit Teilsicherheitsbeiwerten:

$$F_{Ek} \cdot \gamma_F = F_{Ed} \leq F_{Rd} = F_{Rk}/\gamma_M \quad (7.3)$$

Entsprechend gilt hier:

$$V_{Ed,b}/V_{Rd} = 0{,}50/0{,}50 = 1{,}0 \leq 1{,}0 \Rightarrow \text{Nachweis erfüllt} \quad (7.4)$$

7.3 Überlagerung vertikale Nutzlast plus Last aus 90° geöffnetem Fenster

7.3.1 Charakteristische Einwirkungen

Im Praxisbeispiel 1b, Abschnitt 5.4 wurden aus Eigengewicht und vertikaler Nutzlast folgende charakteristische Einwirkungen ermittelt:

$$H_1 = H_2 = \frac{b}{h} \cdot \left(\frac{G_{Flügel}}{2} + P\right) = \frac{1{,}20}{1{,}60} \cdot \left(\frac{0{,}68}{2} + 0{,}60\right) = 0{,}71\,\text{kN} = V_{Ek} \quad (7.5)$$

7.3.2 Bemessungswerte der Einwirkungen

Wie in Abschnitt 7.2.2 müssen die ermittelten charakteristischen Einwirkungen (V_{Ek}) mit Teilsicherheitsbeiwerten der Einwirkungen (γ_F) in Bemessungslasten umgerechnet werden (V_{Ed}). Gemäß DIN EN 1990 und DIN EN 1990/NA (2010, S. 11, Tabelle NA.A.1.2(B)) wäre der Teilsicherheitsbeiwert für Einwirkungen aus dem Eigengewicht mit $\gamma_F = \gamma_G = 1{,}35$ und für Nutz- bzw. Verkehrslasten mit $\gamma_F = \gamma_Q = 1{,}5$ anzusetzen. Das Bemessungsbeispiel vermischt bei der Ermittlung der Einwirkungen Eigengewicht und vertikale Nutzlast. „Vereinfachend" wird nachfolgend als erste Abschätzung die Nutzlast als Eigengewicht angesetzt.

$$V_{Ed} = V_{Ek} \cdot \gamma_F = 0{,}71 \cdot 1{,}35 = 0{,}96\,\text{kN} \quad (7.6)$$

mit:

$V_{Ek} = 0{,}71$ kN	vgl. Abschnitt 7.3.1: charakteristische vertikale Nutzlast bzw. Zusatzlast (P)
$\gamma_G = 1{,}35$	Teilsicherheitsbeiwert für unabhängige ständige Einwirkung mit ungünstiger Auswirkung nach DIN EN 1990/NA (2010, S. 11, Tabelle NA.A.1.2(B))

7.3.3 Tragfähigkeit des Fensterbefestigers im Verankerungsgrund

Vgl. hierfür Abschnitt 7.2.3!

7.3.4 Statischer Nachweis

Wie in Abschnitt 7.2.4 gilt hier:

$$V_{Ed}/V_{Rd} = 0{,}96/0{,}50 = 1{,}92 >> 1{,}0 \Rightarrow \text{Nachweis NICHT erfüllt} \quad (7.7)$$

Der statische Nachweis kann nicht erfüllt werden, weil die Einwirkung aus dem Fenster größer ist als die Tragfähigkeit des Dübels im Verankerungsgrund. Daher werden in den nachfolgenden vier Abschnitten Möglichkeiten untersucht, wie die Befestigungsaufgabe ggf. doch gelöst werden kann.

7.3.4.1 Lösungsmöglichkeit 1

Aus Sicht der Autoren handelt es sich bei der Zusatzlast bzw. vertikalen Nutzlast P um ein „Komfort-Merkmal", d. h. diese Nutzlast P findet sich (bisher) weder in DIN EN 1991 (Eurocode 1) noch in der MVV TB und damit nicht im baurechtlichen Kontext.

Dieses Merkmal wird im Rahmen der Zertifizierung der Elemente nach DIN EN 14351-1 am Fenster nach DIN EN 14608 mit einer statischen Prüflast geprüft und dokumentiert (vgl. Abschnitt 4.4). Hier wird nur dokumentiert, dass die Beschläge die vorhandenen statischen Prüflasten ohne weitere Sicherheitsaufschläge aufnehmen können.

Aus diesem Grund kann hier ein Teilsicherheitsbeiwert der Einwirkung für die Zusatzbelastung P von $\gamma_A = \gamma_F = 1{,}0$ angesetzt werden. Das heißt, es liegt nach DIN EN 1990/NA (2010, S. 11, Tabelle NA.A.1.2(B)) eine „außergewöhnliche Einwirkung" vor, die einzig dazu dient bei einer unsachgemäßen Nutzung ein Versagen zu verhindern. Es muss nicht von einer dauerhaften und geplanten Einwirkung ausgegangen werden. Somit würde sich V_{Ed} wie folgt ergeben:

$$H_{1,1} = H_{2,1} = \frac{b}{h} \cdot \left(\frac{G_{\text{Flügel}}}{2}\right) = \frac{1{,}20}{1{,}60} \cdot \left(\frac{0{,}68}{2}\right) = 0{,}26\,\text{kN} = V_{EK,1} \quad (7.8)$$

$$H_{1,2} = H_{2,2} = \frac{b}{h} \cdot P = \frac{1{,}20}{1{,}60} \cdot 0{,}60 = 0{,}25\,\text{kN} = V_{EK,2} \quad (7.9)$$

$$\begin{aligned} V_{Ed} &= V_{Ek,1} \cdot \gamma_F + V_{Ek,2} \cdot \gamma_A \\ &= 0{,}26 \cdot 1{,}35 + 0{,}45 \cdot 1{,}0 = 0.35 + 0{,}45 = 0{,}80\,\text{kN} \end{aligned} \quad (7.10)$$

$$\begin{aligned} &V_{Ed}/V_{Rd} = 0{,}80/0{,}50 = 1{,}62 >> 1{,}0 \\ &\Rightarrow \text{Nachweis immer noch NICHT erfüllt} \end{aligned} \quad (7.11)$$

7.3.4.2 Lösungsmöglichkeit 2

Da es sich bei der vertikalen Nutzlast um ein Komfort-Merkmal bzw. um eine Empfehlung handelt (vgl. Abschnitt 4.4), wird auf den Ansatz der Nutzlast verzichtet.

$$H_{1,1} = H_{2,1} = \frac{b}{h} \cdot \left(\frac{G_{\text{Flügel}}}{2}\right) = \frac{1{,}20}{1{,}60} \cdot \left(\frac{0{,}68}{2}\right) = 0{,}26\,\text{kN} = V_{EK,1} \quad (7.12)$$

$$V_{Ed,1} = V_{Ek,1} \cdot \gamma_F = 0{,}26 \cdot 1{,}35 = 0{,}35\,\text{kN} \quad (7.13)$$

$$V_{Ed,1}/V_{Rd} = 0{,}35/0{,}50 = 0{,}70 \leq 1{,}0 \Rightarrow \text{Nachweis erfüllt} \quad (7.14)$$

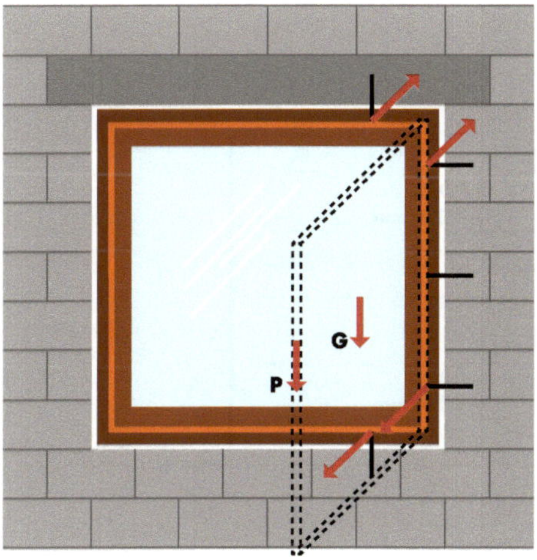

Bild 7.3 Einwirkungen und Verteilung der Widerstände über Eck (schematisch) bei voll geöffnetem Fensterflügel (Grafik: Adolf Würth GmbH & Co. KG)

7.3.4.3 Lösungsmöglichkeit 3

Sollte oberhalb und unterhalb des Fensters ein tragfähiger Verankerungsgrund vorliegen, z. B. in Form eines Sturzes (vgl. Bild 4.13), oder eine nachweisbare Verankerung über einen besonderen Rollladenkasten möglich sein, ist eine umlaufende Befestigung möglich. Je größer der Abstand der Verankerung zur Ecke ist, desto geringer ist jedoch der Anteil der Einwirkung, deshalb sollten die Befestigungspunkte so nahe wie möglich im Bereich der Ecke angeordnet werden.

Damit kann eine Aufteilung bzw. Verteilung der Einwirkungen aus Eigengewicht und vertikaler Nutzlast auf jeweils zwei über Eck angeordnete Befestigungspunkte (vgl. Bild 7.3) erfolgen. Dabei wird aus Autorensicht – zur Vereinfachung des Systems – angenommen, dass die angreifenden Lasten aufgrund der Anordnung der Beschläge in der Fensterrahmenecke (die in der Realität etwas unterhalb der Ecke sitzen) angreifen.

Für einen von zwei Eckdübeln wäre dann mit $V_{Ed,gesamt} = 0{,}80$ kN (Lösungsmöglichkeit 2, vgl. Abschnitt 7.3.4.1):

$$V_{Ed} = 0{,}5 \cdot V_{Ed,gesamt} = 0{,}5 \cdot 0{,}80 = 0{,}40\,\text{kN} \tag{7.15}$$

$$V_{Ed}/V_{Rd} = 0{,}40/0{,}50 = 0{,}80 \leq 1{,}0 \Rightarrow \text{Nachweis erfüllt} \tag{7.16}$$

7.3.4.4 Lösungsmöglichkeit 4

Durch die Konzentration der Einwirkung an der oberen und unteren Bandseite sind die Möglichkeiten, an dieser Stelle mehrere Befestigungen anzuordnen, stark eingeschränkt, insbesondere wenn aufgrund eines Rollladenkastens keine Befestigung im Sturz (wie in Abschnitt 7.3.4.3) vorgenommen werden kann. Für diesen Fall sind zwei nebeneinanderliegende Befestiger im Bereich der oberen und unteren Fensterecke denkbar (vgl. Bild 7.4). Hierbei ist zu beachten, dass nach DIBt TR 064 (2019, S. 11, Abschnitt 4.3) für Verankerungen in Mauerwerk ein Mindestachsabstand von s ≥ 250 mm einzuhalten wäre, wenn jeder Kunststoffdübel als „Einzeldübel" mit der vollen Tragfähigkeit angesetzt werden soll. Diese Forderung resultiert aus

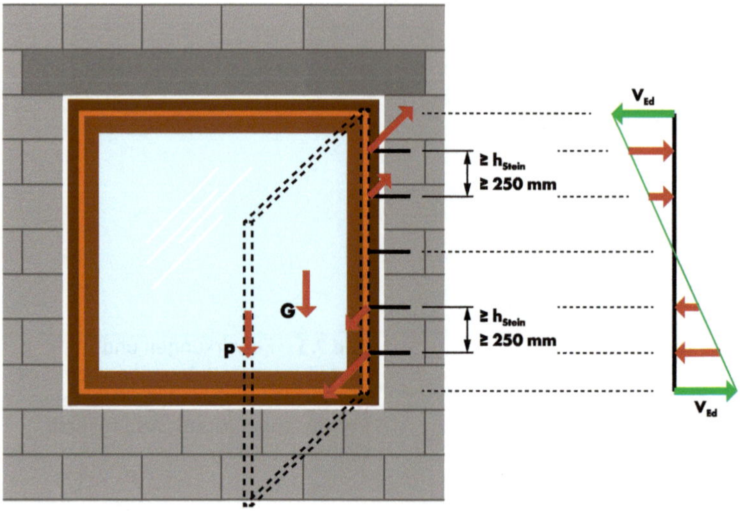

Bild 7.4 Einwirkungen und seitliche Verteilung der Widerstände (schematisch) bei voll geöffnetem Fensterflügel bei einem Achsabstand s ≥ 250 mm (Grafik: Adolf Würth GmbH & Co. KG)

der Überlegung, dass sichergestellt werden soll, dass keine zwei Befestiger in einem Stein angeordnet werden (vgl. hierzu auch Abschnitt 5.3).

Für die in Bild 7.4 dargestellte Situation wird es in der Realität so sein, dass der oberste und unterste Befestiger an der Bandseite der höchsten Belastung ausgesetzt sind, die Lasten aber über das vertikale Blendrahmenprofil auf die benachbarten Befestiger umgelagert werden, wenn die Verformungen unter Belastung zu groß werden. Bild 7.4 zeigt als vereinfachte Annahme der Autoren eine lineare Verteilung der Lastaufnahme durch die Fensterbefestiger.

Der Leitfaden zur Montage schlägt eine Verteilung der Lasten im Verhältnis 70 : 30 auf die ecknahen seitlichen Befestiger vor (siehe in Gütegemeinschaft, 2024, S. 168, Abschnitt 5.1.2.2, Bild 5.14).

Abschließend wird daher vorgeschlagen, im konkreten Anwendungsfall jeweils geeignete ingenieurmäßige Betrachtungen vorzunehmen, da sich die Vorgaben aus DIBt TR 064 (2019, S. 11, Abschnitt 4.3) und Gütegemeinschaft (2024) in diesem Punkt für Befestigungen in Mauerwerk deutlich widersprechen und ein so geringer Befestigungsabstand – gerade im Mauerwerk – kritisch gesehen und im Einzelfall bewertet werden muss. Besonders ist ein Spalten eines Mauersteins bei der Montage und bei der späteren Belastung durch zwei sehr nahe beieinanderliegende Befestiger zu beachten. In Beton sind Mindestachsabstände s < 250 mm denkbar, hier gelten andere Regelungen als im Mauerwerk.

8

Befestigung von absturzsichernden Fensterelementen

8.1 Einführung

In den letzten Jahren hat sich das Bauen in vielen Bereichen grundlegend verändert. Eine weithin sichtbare Veränderung sind immer größer werdende Glasflächen im modernen Neubau. In modernen Mehrfamilienhäusern finden sich kaum noch Fensterelemente ohne absturzsichernde Funktion (Bild 8.1).

Beim Bauen im Bestand bzw. der Sanierung geht der Trend zur Vergrößerung von Fensteröffnungen (Bild 8.2). Gerade das barrierefreie Bauen nach Abschnitt 2.5 macht auch beim Bauen im Bestand das Absenken der Fensterbrüstung erforderlich (vgl. Bild 8.2, Fenster im Dachgeschoss links bzw. Bild 8.3, Fenster im ersten Obergeschoß mit Reduzierung der Brüstungshöhe). Dabei werden sogenannte absturzsichernde Fensterelemente eingesetzt, die zusätzlich die Funktion einer absturzsichernden Umwehrung, wie z. B. ein Geländer, übernehmen.

Des Weiteren wird fast vollständig auf „französische Balkongeländer" aus Metall verzichtet, wenn öffenbare Flügel auf der gesamten Fensterhöhe verbaut werden. Diese Geländer nach handwerklicher Tradition (Bild 8.4) werden immer öfter durch Glasscheiben ersetzt, die mit speziellen Haltekonstruktionen direkt auf den Fensterrahmen „geschraubt" werden (Bild 8.5). Damit kommt der Befestigung des

Bild 8.1 Rohbau eines Mehrfamilienhauses im Jahre 2023 mit absturzsichernden Fensterelementen (Foto: Küenzlen)

Befestigung und Abdichtung von Fenstern und Türen. Regelwerke, Bauphysik, Baurecht, Praxisbeispiele. 2. Auflage.
J. Küenzlen, E. Scheller, M. Klatecki.

Bild 8.2 Bei der Sanierung nachträglich eingebautes Element mit absturzsichernder Verglasung (Fenster im Dachgeschoss links) und Vergrößerung der Fensterflächen (Foto: Petter)

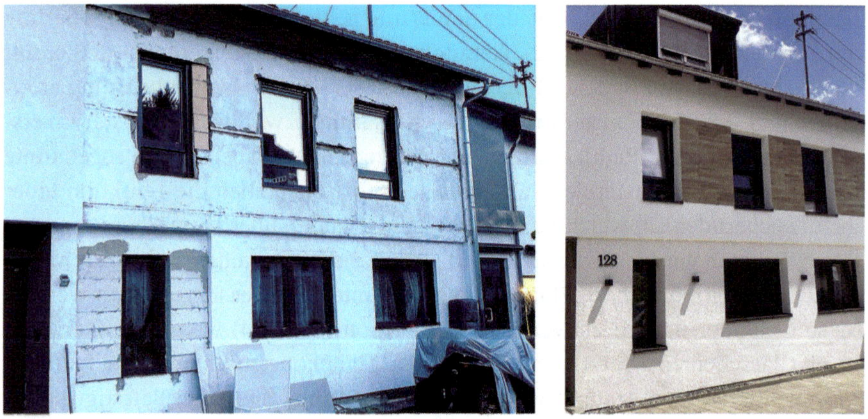

a) Rohbau-Zustand

b) Endzustand

Bild 8.3 Bei der Sanierung nachträglich berücksichtige Barrierefreiheit im ersten Obergeschoß durch Reduzierung der Brüstungshöhe (Fotos: Küenzlen)

a) Ansicht

b) Ausschnitt

Bild 8.4 Geländer nach handwerklicher Tradition befestigt an der Außenwand im Obergeschoß: „Französisches Balkongeländer" (Fotos: Scheller)

Bild 8.5 „Fenstergeländer" zur Sicherung gegen einen Absturz montiert auf einem Fensterblendrahmen (Foto: Küenzlen)

Fensterrahmens die gleiche Bedeutung zu, wie bei den bereits genannten absturzsichernden Verglasungen, die „nur" aus Rahmen und Scheibe ohne zusätzliches Geländer bestehen. Daher gelten die nachfolgenden Ausführungen auch für die Verankerung am Bauwerk der in Bild 8.5 gezeigten Fenster mit zusätzlichem „Fenstergeländer".

Man vergisst im praktischen Baualltag bzw. bei der Planung leider allzu oft, dass es sich bei einer derartigen Verglasung bzw. dem Einsatz eines „Fenstergeländers" bauordnungsrechtlich dann nicht mehr nur um ein „einfaches" Lochfenster, sondern um eine bauliche Sicherung gegen einen Absturz handelt und diese entsprechend *im Vorfeld* nach den technischen Baubestimmungen geplant und bemessen werden muss, siehe z. B. Hamm (2025b). Im Folgenden soll deshalb der aktuelle Stand zu dieser Thematik zusammengestellt, d. h. auf die Verbindung der Absturzsicherung (absturzsichernde Verglasung bzw. Fenster mit „Fenstergeländer") mit dem Bauwerk eingegangen werden.

8.2 DIN 18008, Teil 4: Regelungen für absturzsichernde Verglasungen

8.2.1 Allgemeines

Bis zur vollständigen bauaufsichtlichen Einführung von DIN 18008-4:2013-07 im Jahr 2015 galten die bauaufsichtlich eingeführten *„Technischen Regeln für die Verwendung von absturzsichernden Verglasungen"* (TRAV) in der Fassung vom Januar 2003 (DIBt TRAV, 2003). DIN 18008-4 zeigt, dass die Regelungen aus den TRAV nahezu vollständig in der Norm übernommen wurden. Gegenüber den TRAV wurden in diesem Normteil weitergehende Regelungen aufgenommen, so zum Beispiel, dass auch Horizontalverglasungen mit Scheibenneigung zur Angriffsseite hin oder punktförmig gelagerte Verglasungen der Kategorie A verwendet werden können. Detaillierte Ausführungen zu dieser neuen Norm, den Inhalten und Anwendungsbedingungen können z. B. Oberacker (2012) entnommen werden.

Nach Gütegemeinschaft (2024, S. 203/204, Abschnitt 5.3.2) erfolgt nach DIN 18008-4 nur der Nachweis für das Bauteil, im Besonderen die Verglasung und die unmittelbare Glasanbindung (Lagerung der Scheibe durch Klemmleisten, Glasfalzanschlag). Entsprechend müssen die tragenden Teile der Konstruktion einschließlich der Verankerung im Baukörper den einschlägigen Technischen Baubestimmungen entsprechen.

Allgemein ist nach der Musterbauordnung (siehe hierzu in Musterbauordnung, 2024, §38) eine Umwehrung (also Absturzsicherung) erforderlich, wenn ein festgelegter Höhenunterschied zwischen Verkehrsflächen besteht. Verkehrsflächen sind solche Flächen, auf denen sich Personen (sowohl in öffentlichen als auch in privaten Bereichen) aufhalten können. Der Höhenunterschied zwischen diesen Verkehrsflächen, ab dem Umwehrungen vorzusehen sind, ist, mit Ausnahme von Bayern, in allen Bundesländern mit > 1 m definiert; in der Bayerischen Bauordnung (BayBO, Artikel 36) sind dagegen *„Flächen, die im Allgemeinen zum Begehen bestimmt sind und unmittelbar an mehr als 0,50 m tiefer liegende Flächen angrenzen“* zu umwehren, d. h. mit einer Absturzsicherung zu versehen. Weitere Details zu den Regelungen der einzelnen Bundesländer zeigt Abschnitt 2.5 mit Tabelle 2.1.

Glasausfachungen von Fensterelementen sind als absturzsichernde Verglasungen zu behandeln, wenn die betreffende Verglasung unterhalb der nach jeweiligen Landesbauordnung bzw. eventuellen Nebenvorschriften vorgegebenen Umwehrungshöhe (Holmhöhe) zum Einbau kommt (vgl. Abschnitt 2.5 mit Tabelle 2.1 sowie Schnitte C-C und D-D in Bild 8.6).

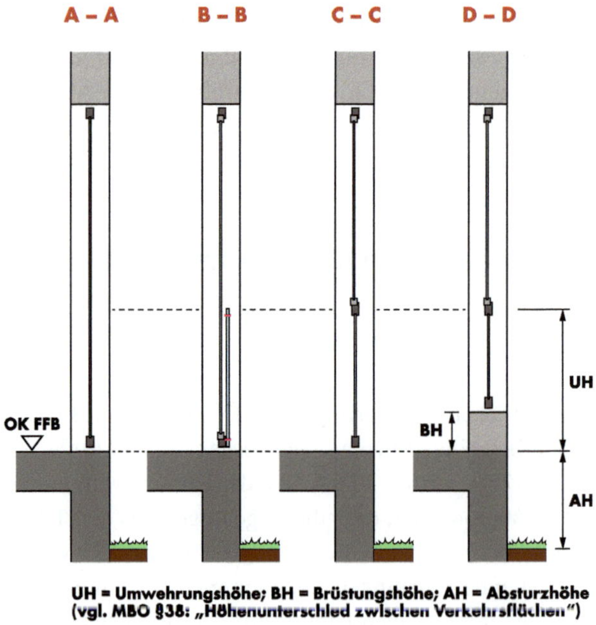

Bild 8.6 Beispiele für die Unterscheidung von Absturz- Brüstungs- und Umwehrungshöhen für absturzsichernde Fensterelemente. Hinweis: Die Details der jeweiligen LBO sind zu beachten! (Grafiken: Adolf Würth GmbH & Co. KG)

8.2.2 Kategorien nach DIN 18008-4

DIN 18008-4 (2013, S. 4/5, Abschnitt 1) unterteilte, wie zuvor die TRAV, absturzsichernde Verglasungen in die Kategorien A, B, C1, C2 und C3; mit DIN 18008-4 (2024, S. 5/6, Abschnitt 1) wurde die Kategorie A noch in A1, A2 und A3 unterteilt; vgl. hier Tabelle 8.1.

Tabelle 8.1 Kategorien absturzsichernder Verglasungen nach DIN 18008-4 (2024, S. 5/6, Abschnitt 1)

<table>
<tr><th rowspan="2">Kategorie</th><th colspan="2">Beschreibung</th></tr>
<tr><th>Unter-teilung</th><th></th></tr>
<tr><td rowspan="4">A</td><td colspan="2">• Verglasungen nach DIN 18008-2 und DIN 18008-3, die horizontale Nutzlasten abtragen (vgl. Bild 8.5).
• Die Verglasungen entsprechen einer der folgenden drei Gruppen:</td></tr>
<tr><td>A1</td><td>• Glaselement, das mindestens an drei Rändern linienförmig gelagert wird oder
• Glaselement, das durch Tellerhalter oder kombiniert linien- und mit Tellerhaltern gelagert wird.
• Glaselement entspricht nicht Kategorie A2 oder A3.</td></tr>
<tr><td>A2</td><td>• Glaselement, das nur am unteren Rand mittels Klemmung oder Tellerhaltern eingespannt wird.</td></tr>
<tr><td>A3</td><td>• Glaselement, das an mindestens zwei gegenüberliegenden Rändern entweder linienförmig oder mittels Senkkopfhaltern oder mittels Randklemmhaltern oder mittels Kombinationen der vorgenannten Lagerungsarten, auch mit Tellerhaltern gelagert wird.</td></tr>
<tr><td>B</td><td colspan="2">• Verglasungen nach DIN 18008-2 und DIN 18008-3, die horizontale Nutzlasten indirekt abtragen.
• Die einzelnen Scheiben sind durch einen durchgehenden Handlauf in erforderlicher Höhe verbunden.
• Der Handlauf kann auf der oberen Scheibenkante oder durch Tellerhalter oder Senkkopfhalter nach DIN 18008-3 befestigt sein.</td></tr>
<tr><td rowspan="4">C</td><td colspan="2">• Verglasungen nach DIN 18008-2 und DIN 18008-3, die keine horizontalen Nutzlasten in erforderlicher Höhe abtragen.
• Die Verglasung ist nur Füllelement, der Handlauf ist an die angrenzende Baukonstruktion (z. B. Stahlpfosten, Betonwand) angeschlossen.
• Die Verglasungen entsprechen einer der folgenden drei Gruppen:</td></tr>
<tr><td>C1</td><td>• Geländerausfachungen</td></tr>
<tr><td>C2</td><td>• Verglasungen unterhalb eines in erforderlicher Höhe angeordneten lastabtragenden Querriegels</td></tr>
<tr><td>C3</td><td>• Verglasungen mit in erforderlicher Höhe vorgesetztem, lastabtragendem Holm</td></tr>
</table>

Verglasungen, die oberhalb eines in erforderlicher Höhe angeordneten Holmes bzw. Querriegels (Kämpfer) zum Einbau kommen, sind mit Ausnahme der Kategorie C3 nicht als absturzsichernd einzustufen. In absturzsichernden Fensterkonstruktionen kommen i. d. R. die Kategorien A1, A2 und C2 zur Verwendung (vgl. Bild 8.2 und Bild 8.5).

Bei bodentiefen absturzsichernden Fensterelementen sind Umwehrungen von außen unmittelbar vor dem Element anzuordnen, die auch bei geöffnetem Element die Umwehrungsfunktion erfüllen. Solche Brüstungsgeländer werden umgangssprachlich auch als „Französische Balkone" bezeichnet. Die Geländer-Ausfachungen solcher „Französischen Balkone" können z. B. als Stabgeländer, Lochblech-Füllungen oder Glas-Ausfachungen (Kategorie A3 und C1) ausgeführt werden (vgl. Praxisbeispiel 6 in Kapitel 13).

Bei Geländern und Umwehrungen aus Metall ist zusätzlich die Geländer Richtlinie (Bundesverband Metall, 2023) zu beachten.

8.2.3 Erforderliche Holmhöhe

Die erforderlichen Brüstungs- und Umwehrungshöhen werden in den Landesbauordnungen (LBOen) als Mindesthöhe über der jeweiligen Verkehrsfläche angegeben (vgl. Abschnitt 2.5 mit Tabelle 2.1).

Gemessen wird in der Regel von Oberkante Fertigfußboden. Für die Brüstungshöhe (BH) ist in der Regel die Oberkante der raumseitigen Fensterbank maßgebend (vgl. Gütegemeinschaft, 2024, S. 202, Abschnitt 5.3.2). Allerdings sind in einzelnen Bundesländern Abweichungen zu beachten, wobei ggf. zusätzlich noch die Brüstungstiefe zu berücksichtigen ist.

Bei absturzsichernden Fensterkonstruktionen beträgt die erforderliche Umwehrungshöhe (Höhe des lastabtragenden Holmes bzw. Querriegels) UH = 0,90 m bis zu Absturzhöhen von AH = 12 m. Bei größeren Absturzhöhen ist UH = 1,10 m einzuhalten

Neben den bauordnungsrechtlichen Vorschriften sind, sofern es sich um Arbeitsstätten handelt, auch die Technischen Regeln für Arbeitsstätten ASR A2.1 (2022) zu beachten. Hier ist die Holmhöhe bis zur Absturzhöhe von 12 m mit 1,00 m festgelegt.

Bei Schulbauten ist die Muster-Schulbau-Richtlinie (MSchulbauR, 2009) zu beachten. Nach Punkt 4 gilt hier *„Geländer und Umwehrungen müssen mindestens 1,1 m hoch sein"*. Einen Anspruch auf die Nennung aller diesbezüglichen Regelwerke erhebt dieses Fachbuch ausdrücklich nicht.

Eine Übersicht der zu berücksichtigenden Regelwerke (LBOen, ASR A2.1, SchulbauR, ...) und die daraus resultierenden Brüstungs- und Umwehrungshöhen in Abhängigkeit von der Absturzhöhe kann z. B. Bauregelwerk.de (2025)

entnommen werden. Eine weitere Übersicht und ergänzende Erläuterungen zum Thema sind im b.v.S Standpunkt „Brüstungs- und Geländerhöhen" enthalten (BVS, 2015).

8.2.4 Nachweis der Tragfähigkeit von absturzsichernden Verglasungen

DIN 18008-4 fordert, genau wie zuvor die TRAV (DIBt TRAV, 2003), dass für absturzsichernde Verglasungen immer zwei Nachweise zur Tragsicherheit zu führen sind (DIN 18008-4:2024-12, Seite 9 ff., Abschnitt 6 mit DIN 18008-1:2020-05, S. 13 ff., Abschnitt 8):

- Nachweis der Tragsicherheit für statische Einwirkungen wie z. B. Wind, Klima, horizontale Nutzlast (oder kurz „Holmlast", vgl. Bild 8.7)
- Nachweis der Tragfähigkeit für stoßartige Einwirkungen aus Personenanprall

Verglasungen der Kategorie C1, C2 und C3, die im Innenbereich verwendet werden, erfordern nur den Nachweis der Tragfähigkeit für stoßartige Einwirkungen.

Für den „Nachweis der Tragfähigkeit für stoßartige Einwirkungen aus Personenanprall" gibt es nach DIN 18008-4 verschiedene Alternativen:

- Nachweis der Stoßsicherheit von Verglasungen mittels Bauteilversuch (Anhang A der Norm, vgl. hier in diesem Fachbuch Tabelle 8.2 und Bild 8.8);
- Konstruktionen mit versuchstechnisch nachgewiesener Stoßsicherheit (Anhang B der Norm);
- Nachweis der Stoßsicherheit von Glasaufbauten durch Berechnung (Anhang C der Norm).

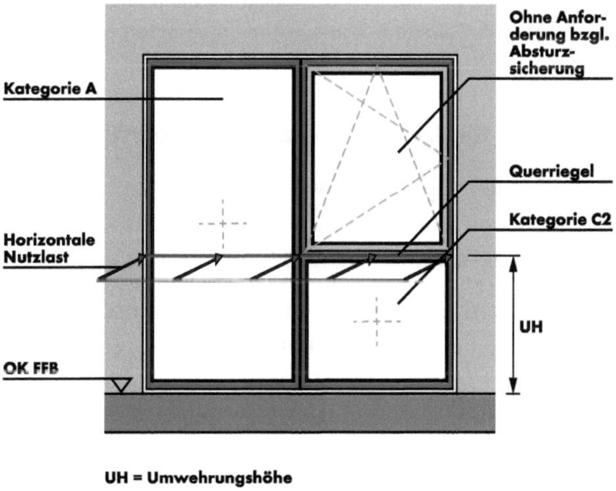

Bild 8.7 Einwirkung einer Horizontallast in Holmhöhe

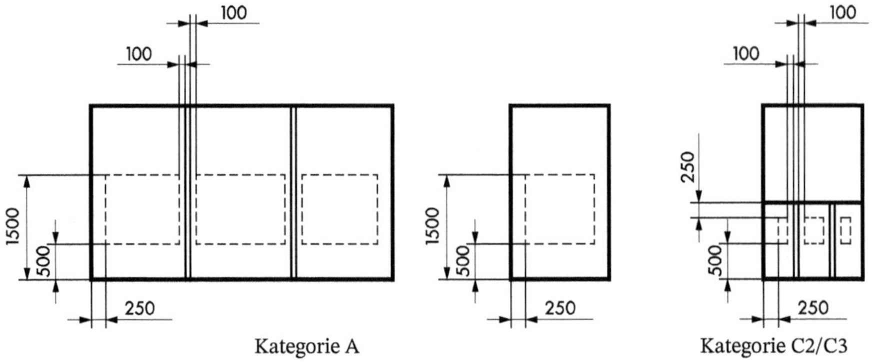

Bild 8.8 Auftreffflächen für stoßartige Einwirkungen (auszugsweise) nach DIN 18008-4 (2024, S. 18/19, Anhang A, Bild A.3 a und d) bzw. DIBt TRAV (2003)

Tabelle 8.2 Pendelfallhöhen für die Verglasungskategorien nach DIN 18008-4 (2013, S. 11, Anhang A, Tabelle A.1)* und DIBt TRAV (2003)

Kategorie	**A**	**B**	**C**
Pendelfallhöhe h in mm	900	700	450

*** Hinweis:** DIN 18008-4 (2024, S. 17, Anhang A, Tabelle A.1) differenziert die Pendelfallhöhen noch weiter unter Berücksichtigung des Bruchzustands der Verglasung („Stoßzugewandte Scheibe gebrochen" und „Beide äußeren Glasscheiben gebrochen"); hierbei reduzieren sich die Pendelfallhöhen.

Aus Übersichtsgründen wird hier auf diese Differenzierung nur hingewiesen, nicht aber weiter im Detail darauf eingegangen, da die in Tabelle 8.2 ausgewiesen Pendelfallhöhen nach DIN 18008-4 (2013, S. 11, Anhang A, Tabelle A.1) ansonsten unverändert blieben.

8.2.5 Nachweis der Tragfähigkeit für die unmittelbaren Glasbefestigungen

Auch für die unmittelbaren Glasbefestigungen, wie Klemmleisten, Glasfalzanschlag, Verschraubungen, Halter usw., sind immer die Nachweise zur Tragfähigkeit unter statischen Einwirkungen und unter stoßartigen Einwirkungen zu führen:

- Nachweise unter *statischen* Einwirkungen erfolgen nach den einschlägigen Technischen Baubestimmungen, bei Metallbaukonstruktionen z. B. nach DIN EN 1993 bzw. DIN EN 1999.
- Nachweise unter *stoßartigen* Einwirkungen sind nach DIN 18008-4, Anhang D *„Nachweis der Stoßsicherheit von Lagerungskonstruktionen"* zu führen (siehe DIN 18008-4, 2024, S.36). Diese Nachweise können rechnerisch unter Berücksichtigung der technischen Baubestimmungen erfolgen, oder wenn dies nicht möglich ist, versuchstechnisch durchgeführt werden.

Zusätzlich zu den hier beschriebenen Nachweisen zur Tragfähigkeit unter statischen und stoßartigen Einwirkungen sind für absturzsichernde Verglasungen außerdem die Nachweise zur Gebrauchstauglichkeit, d. h. die Einhaltung der zulässigen Durchbiegung, zu führen.

8.2.6 „Nachweiskette" für absturzsichernde Fensterelemente

Bei der Planung und Ausführung von absturzsichernden Fensterelementen sind alle Bestandteile der Konstruktion nachweistechnisch zu berücksichtigen. Es wird hierfür der Begriff „Nachweiskette" verwendet; siehe hierzu in Gütegemeinschaft (2024, S. 204, Abschnitt 5.3.2):

> *„Die Lastableitung muss vom absturzsichernden Bauteil bis in den tragenden Baugrund nachgewiesen sein (Nachweiskette von der Einwirkungsstelle bis in den tragenden Baugrund)."*

Für den Nachweis der Befestigung von absturzsichernden Fensterelementen ohne zusätzliches Geländer (Bild 8.6a, c und d) ergeben sich ab der Einwirkungsstelle zunächst die folgenden „Kettenglieder":

- Glied 1 der Kette: Absturzsichernde Verglasung
- Glied 2 der Kette: Unmittelbare Glasbefestigung bzw. Glaslagerung
- Glied 3a der Kette: wenn vorhanden: Brüstungsriegel (Bild 8.6c und d)
- Glied 3b der Kette: wenn vorhanden: Verbindung Brüstungsriegel an Fensterrahmen (Bild 8.6c und d)
- Glied 4 der Kette: Fensterrahmen
- Glied 5 der Kette: Befestigung bzw. Verankerung des Fensterrahmens am Baukörper, also die „örtliche Lasteinleitung" z. B. in eine tragende Wand aus Mauerwerk

Erfolgt die Absturzsicherung dagegen mit einem auf den Blendrahmen geschraubten (Fenster-) Geländer (Bild 8.6b) stellt sich die Nachweiskette wie folgt dar:

- Glied 1 der Kette: Absturzsichernde Verglasung des Geländers
- Glied 2 der Kette: Unmittelbare Glasbefestigung bzw. Glaslagerung des Geländers
- Glied 3 der Kette: Verbindung des Geländers mit dem Fensterrahmen
- Glied 4 der Kette: Fensterrahmen
- Glied 5 der Kette: Befestigung bzw. Verankerung des Fensterrahmens am Baukörper, also die „örtliche Lasteinleitung" z. B. in eine tragende Wand aus Mauerwerk

Man sieht aber sofort, dass die Befestigung am Baukörper (Glied 5 der Kette), die in diesem Fachbuch schwerpunktmäßig behandelt wird, in beiden Fällen identisch ist.

Anschließend und abschließend ist dann noch der Nachweis der Lastweiterleitung *„bis in den tragenden Baugrund"* zu führen (vgl. Zitat zu Beginn dieses Abschnitts).

Ergänzende Vorgaben für die Nachweise der Verglasung und der unmittelbaren Glasbefestigung (Glieder 1 und 2 der Nachweiskette) sind, wie in Abschnitt 8.2.4 und 8.2.5 erläutert, DIN 18008-4 zu entnehmen.

Die Vorgaben für den statischen Nachweis der Glieder 3 bis 5 sind der ETB-Richtlinie „Bauteile, die gegen Absturz sichern" (ETB, 1985) bzw. den entsprechenden

Zulassungen oder Bewertungen der Befestigungssysteme zu entnehmen (vgl. hierzu die folgenden Abschnitte sowie die Praxisbeispiele dieses Fachbuchs; eine entsprechende Übersicht zeigt Tabelle 8.5 in Abschnitt 8.6).

Hinweis: Die Tragfähigkeit einer „Kette" wird im Allgemeinen vom schwächsten Kettenglied bestimmt. Dies lässt sich unmittelbar auch auf absturzsichernde Fensterkonstruktionen übertragen. Erst die vollständige Nachweisführung aller Glieder der Nachweiskette belegt die hinreichende Tragfähigkeit eines absturzsichernden Fensterelementes als Ganzes.

8.3 ETB-Richtlinie – Bauteile, die gegen Absturz sichern

8.3.1 Allgemeines

Die im Jahre 1985 veröffentlichte ETB-Richtlinie (ETB, 1985) ist bis heute, d. h. rund 40 Jahre nach ihrer Veröffentlichung, eine eingeführte technische Baubestimmung (siehe DIBt MVV TB, 2025/1, S. 12, Teil A, lfd. Nr. A 1.2.1.3) und damit noch immer unverändert gültig. In den Anlagen der Muster-Verwaltungsvorschrift Technische Baubestimmungen (siehe DIBt MVV TB, 2025/1, S. 21, Teil A, Anlage A 1.2.1/8) bzw. in den Verwaltungsvorschriften Technische Baubestimmungen der Bundesländer finden sich dafür drei „aktuelle" Hinweise, die bei der Anwendung der ETB-Richtlinie zu beachten sind. Auf zwei dieser Hinweise wird im Folgenden an entsprechender Stelle eingegangen.

Die ETB-Richtlinie gilt für Bauteile, die außer ihrer Eigenlast nur auf ihre Fläche wirkende Lasten aufnehmen und auf andere Bauteile übertragen. Diese Bauteile haben darüber hinaus die Aufgabe, einen von ihnen umschlossenen Raum oder Raumabschnitt so zu sichern, dass Personen und Gegenstände, die auf diese Bauteile einwirken, nicht gefährdet werden (Sicherungsfunktion gegen Absturz).

Die Richtlinie ist bei Bauteilen anzuwenden, die einen Höhenunterschied zwischen Verkehrsflächen von mehr als 1 m sichern (vgl. Abschnitt 8.2.3 sowie Abschnitt 2.5 mit Tabelle 2.1). Für Bauteile, die aus Erfahrung als ausreichend sicher beurteilt werden können, braucht ein Nachweis der Stoßbelastung gemäß der Richtlinie nicht geführt zu werden.

Dabei unterscheidet die ETB-Richtlinie zwei Einbaubereiche für raumabschließende Bauteile, Brüstungen, Umwehrungen und dergleichen:

- Einbaubereich 1: Wohnungen, Hotel- oder Büroräumen usw. mit geringer Menschenansammlung.
- Einbaubereich 2: Größere Versammlungsräume, Schulräume usw. mit großen Menschenansammlungen.

Weiterhin unterscheidet die Richtlinie bei der Belastung der Bauteile, die gegen Absturz sichern, zum einen in „*horizontale, statische Lasten*" und zum anderen in

„stoßartige Belastungen“ (siehe in ETB, 1985, Abschnitte 3.1 und 3.2; vgl. hier in diesem Fachbuch die folgenden Abschnitte 8.3.2 und 8.3.3).

Hinweis: Nicht unerwähnt bleiben darf, dass die ETB-Richtlinie (ETB, 1985) *nicht* für Bauteile aus Glas gilt (siehe DIBt MVV TB, 2025/1, S. 21, Teil A, Anlage A 1.2.1/8, Absatz 3).
Bauteile aus Glas fallen in den Anwendungsbereich der bereits erwähnten und bauaufsichtlich eingeführten DIN 18008-4.

8.3.2 Horizontale, statische Lasten

Für den Einbaubereich 1 sind als *„horizontale Last (Linienlast)“* 0,5 kN/m und 1,0 kN/m für den Einbaubereich 2 in einer Höhe von 90 cm über dem Fußboden anzusetzen. Bei Geländern ist die Last auf Holmhöhe anzusetzen, auch wenn die Holmhöhe von 90 cm abweicht (vgl. hierzu auch Abschnitt 2.5 mit Tabelle 2.1).

Die Windlasten sind mit diesen Lasten zu überlagern (siehe ETB, 1985, Abschnitt 3).

Gemäß DIBt MVV TB (2025/1, S. 21, Teil A, Anlage A 1.2.1/8) sind aktuell bei der Anwendung der ETB-Richtlinie u. a. auch noch die zwei folgenden Punkte zu beachten:

> *„Sofern sich nach DIN EN 1991-1-1:2010-12 in Verbindung mit DIN EN 1991-1-1/NA:2010-12 größere horizontale Linienlasten ergeben, müssen diese berücksichtigt werden.“*

Auf diesen Aspekt wird in Abschnitt 8.5.2.1 dieses Fachbuchs eingegangen. Weiterhin gilt auch der nachfolgende Punkt:

> *„Anstelle des Satzes „Windlasten sind diesen Lasten zu überlagern“ gilt: „Windlasten sind diesen Lasten zu überlagern, ausgenommen für Brüstungen von Balkonen und Laubengängen, die nicht als Fluchtwege dienen.“*

Dieses Zitat ist so zu verstehen, dass die horizontalen Linien- bzw. Nutzlasten (Holmlasten) mit den Windlasten (Windsog/Winddruck) zu überlagern sind.

Nur bei Brüstungen von Balkonen und Laubengängen, die nicht als Fluchtweg genutzt werden, braucht diese Überlagerung nicht durchgeführt zu werden.

Der rechnerische Nachweis der *„horizontalen statischen Lasten“* (Bezeichnung nach ETB-Richtlinie) bzw. der *„horizontalen Nutzlasten“* (Bezeichnung nach DIN EN 1991-1-1/NA, 2010, S. 12/13, Abschnitt 6.4) für die Befestigung von absturzsichernden Fensterelementen wird in Abschnitt 8.5.2 dargestellt. Bezüglich der Überlagerung der horizontalen Nutzlast (Holmlast) mit den Windlasten wird auf die Ausführungen in Abschnitt 8.5.2.2 hingewiesen.

8.3.3 Stoßartige Belastung

Für die Differenzierung von Personen und Gegenständen, die auf absturzsichernde Bauteile einwirken können, unterscheidet die ETB-Richtlinie den „weichen Stoß“ und den „harten Stoß“:

- *Der weiche Stoß* entspricht einer wirkenden Stoßkörpermasse von 50 kg und einer Aufprallgeschwindigkeit von 2,0 m/s. Dieser Stoß wird dabei für den Nachweis an der Aufprallstelle wirkend betrachtet, der im Bauteil die ungünstigste Biegebeanspruchung erzeugt. Eine Überlagerung mit anderen Lastfällen ist nicht erforderlich (siehe in ETB, 1985, Abschnitt 3.2.2, Absatz 1)
- *Der harte Stoß* entspricht einer einwirkenden Stoßkörpermasse von 1 kg und einer Aufprallgeschwindigkeit von 4,47 m/s. Mit diesem Stoß soll der Aufprall einer kleinen kompakten Masse bei großer Geschwindigkeit nachgewiesen werden, um das Verhalten des Bauteils bei örtlich begrenzter Zerstörung beurteilen zu können (siehe in ETB, 1985, Abschnitt 3.2.2)

Bauteile der Einbaubereiche 1 und 2 dürfen bei weichem oder hartem Stoß nicht insgesamt zerstört oder örtlich durchstoßen werden. Nach dem Stoß sind folgende Bedingungen einzuhalten (ETB, 1985, Abschnitt 3.2.1):

a) Die Standsicherheit der Bauteile muss erhalten bleiben.
b) Das Bauteil darf nicht aus seiner Halterung herausgerissen werden.
c) Bruchstücke, die Menschen ernsthaft verletzten können, dürfen nicht herabfallen.
d) Das Bauteil darf von den in der Richtlinie definierten Lasten in seiner gesamten Dicke nicht durchstoßen werden.

Grundsätzlich ermöglicht die ETB-Richtlinie die Nachweise für „*Bauteile*, die gegen Absturz sichern“ gemäß Tabelle 8.3.

Für die Befestigung am Bauwerk braucht der harte Stoß nicht nachgewiesen zu werden (ETB, 1985 Abschnitt 3.2.2.2.3, letzter Absatz).

Für baupraktische Fälle genügt der (rechnerische) Nachweis des weichen Stoßes, bei dem nachgewiesen wird, dass das Befestigungselement für diesen Fall eine größere Widerstandskraft besitzt als 2,8 kN (ETB, 1985 Abschnitt 3.2.2.2.3, vorletzter Absatz).

„*Eine Überlagerung mit anderen Lastfällen ist nicht erforderlich*“; siehe ETB (1985, Abschnitt 3.2.2.1, Absatz 1).

Auch wenn für die *Befestigung* offenbar der rechnerische Nachweis „*genügt*“, wird der Nachweis des weichen Stoßes durch Versuche für die Befestigung von der Richtlinie auch nicht direkt ausgeschlossen. Dieser versuchstechnische Nachweis für die *Befestigung* kann unter ingenieurmäßigen Annahmen nach Abschnitt 8.3.4 erbracht werden, wenn die eingangs in diesem Abschnitt zitierten vier Bedingungen a) bis d) eingehalten werden.

Tabelle 8.3 Nachweise für „*Bauteile*, die gegen Absturz sichern“ nach ETB (1985)

	Nachweis	**siehe ETB (1985) Abschnitt ....**
weicher Stoß	Rechnerischer Nachweis	3.2.2.2.1
	Nachweis durch Versuche	3.2.2.2.2
harter Stoß	nur Nachweis durch Versuche	3.2.3

Zum rechnerischen Nachweis der *Befestigung* macht die ETB-Richtlinie folgende Aussage (ETB, 1985, Abschnitt 3.2.2.2.3):

> *„Als Widerstandskraft darf die Kraft angesetzt werden, bei der ein Versagen gerade noch nicht eintritt."*

Im aktuellen Leitfaden zur Planung und Ausführung der Montage von Fenstern und Haustüren wird die Widerstandskraft von 2,8 kN wie folgt definiert (Gütegemeinschaft, 2024, S. 204, Abschnitt 5.3.2):

> *„Bruchlast, nach heutiger Auslegung ist dies die statistisch ermittelte, charakteristische Tragfähigkeit ohne Berücksichtigung von Sicherheiten."*

Der „Selbstversuch" von Prof. Schuler (Bild 8.9) zeigt deutlich, dass die maximal gemessene Kraft bei einem Pendelschlagversuch (Fallhöhe 450 mm und Gewicht des Pendels 50 kg) mit rund 12 kN, weit über dem „Schulteranprall" einer Person aus vollem Lauf mit rund 4,3 kN liegt. Der Versuch zeigt jedoch auch, dass der gemessene „Personenanprall" ebenfalls deutlich über der „Widerstandskraft" nach der ETB-Richtlinie von 2,8 kN liegt. Der Nachweis eines Anpralls – bei absturzsichernden Verglasungen – hat also durchaus seine Relevanz für die Praxis.

Das Prinzip für den rechnerischen Nachweis der stoßartigen Belastung für die Befestigung von absturzsichernden Fensterelementen wird in Abschnitt 8.5.3 dargestellt. Entsprechende Praxisbeispiele finden sich in diesem Fachbuch; eine Übersicht dazu findet sich in Tabelle 8.5 im Abschnitt 8.6.

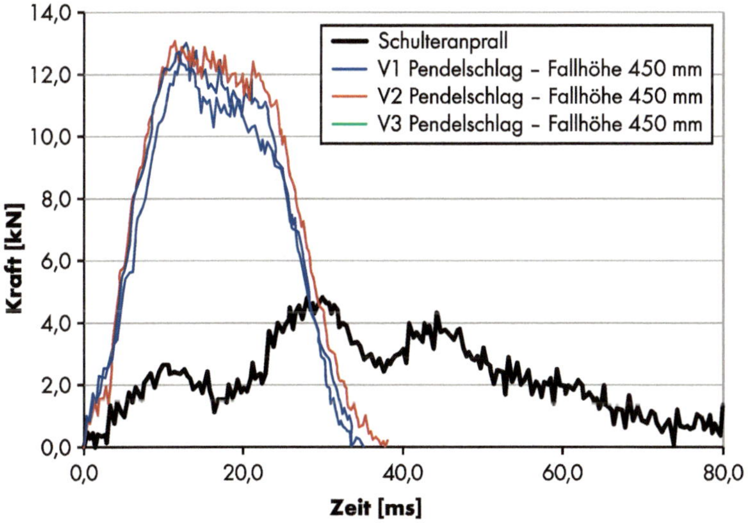

Bild 8.9 Vergleich Pendelschlagversuche (Fallhöhe 450 mm und Gewicht von 50 kg) – Schulteranprall (dicke schwarze Linie, Prof. Schuler im vollen Lauf mit rund 85 kg) (Quelle: Vorlesungsunterlagen Prof. Dr. Christian Schuler, Hochschule München)

8.3.4 Nachweis durch Versuche

8.3.4.1 Allgemeines

Im Schlusskapitel der ETB-Richtlinie wird zum Nachweis über Versuche Folgendes ausgeführt (ETB, 1985, Abschnitt 4, Absatz 1 und 2):

> ***„4 Durchführung der Versuche und Auswertung***
> *Wenn der Nachweis, dass die Anforderungen nach Abschnitt 3 erfüllt werden, nicht rechnerisch unter Einbeziehung durch Normen oder Zulassungen festgelegter oder durch Materialuntersuchungen bestätigter Eigenschaften der verwendeten Baustoffe und Befestigungselemente geführt werden kann, darf die Erfüllung der Anforderungen auch durch Versuche nachgewiesen werden.*
> *Die Versuche sind nach DIN 4103 Teil 1 /07.84, Abschnitt 5 durchzuführen und auszuwerten.“*

Bezüglich der genannten DIN 4103 Teil 1 „Nichttragende innere Trennwände – Teil 1: Anforderungen und Nachweise“ wird auf folgende Punkte hingewiesen:

- Die in ETB (1985, Abschnitt 4, Absatz 1) genannte Normenfassung (DIN 4103-1:1984-07) wurde aktualisiert (DIN 4103-1:2015-06).
- Beide Normfassungen gelten grundsätzlich nur für nichttragende innere Trennwände.
- Nach DIN 4103-1 (2015, S. 3. Abschnitt 1, Absatz 3) kann die Norm „*auch für innere Trennwände mit absturzsichernder Funktion angewendet werden.*“
- Zusätzlich werden in DIN 4103-1 (2015, S. 8. Abschnitt 5.1.1, Absatz 3) „*durchscheinende Wände und Wandteile (z. B. Glastrennwände)*“ genannt, die in der Lage sein müssen „leichte Konsollasten abzutragen“.

Wie bereits im Hinweis in Abschnitt 8.3.1 ausgeführt, kann die ETB-Richtlinie (ETB, 1985) nicht für Bauteile aus Glas angewendet werden. Es kann damit ausschließlich die Verankerung am Gebäude beurteilt werden.

Daher können die in DIN 4103-1 (2015) beschriebenen Versuche aus Sicht der Autoren nur für den Nachweis der Befestigungselemente eines absturzsichernden Fensterelements verwendet werden, wenn dieses sinngemäß wie eine „Trennwand“ betrachtet und die Regelungen für Trennwände auf diese Elemente übertragen werden können.

8.3.4.2 Horizontale Einwirkungen

Nach DIN 4103-1 (2015, S. 15. Abschnitt 6.1, Absatz 3) kann der Nachweis durch Versuche nur für Linienlasten durchgeführt werden. In der Norm heißt es wie folgt:

> *„Die Belastung ist so aufzubringen, dass sie einer horizontalen, gleichmäßig verteilten, 0,9 m über dem Fußpunkt angreifenden Linienlast entspricht (sofern bauaufsichtlich keine andere Höhe gefordert wird).“*

Da sich

- DIN 4103-1 ausdrücklich auf innere Trennwände bezieht und
- die ETB-Richtlinie nur Linienlasten nennt, die mit Windlasten überlagert werden müssen (siehe ETB, 1985, Abschnitt 3.1),

wird hier die Ansicht vertreten, dass diese Überlagerung – die Kombination aus Linienlasten und flächig wirkenden Windlasten – *nicht* durch Versuche nach

- ETB (1985, Abschnitt 4) bzw.
- DIN 4103-1 (2015, S. 15. Abschnitt 6.1)

beurteilt werden kann (vgl. Breitschaft, 2015). Eine Kombination mit einer Windlast auf die gesamte Fläche kann mit diesen Versuchen nicht geprüft werden bzw. diese Prüfung ist nach DIN 4103-1 nicht vorgesehen, da für Windlasten der Nachweis der Standsicherheit rechnerisch geführt werden muss (DIN 4103-1, 2015, S. 8. Abschnitt 5.1.1, Absatz 4):

> *„Wenn Trennwände durch Windkräfte beansprucht werden, z. B. in Hallenbauten mit großen, häufig offenstehenden Toren, ist hierfür [...] auch der Nachweis der Standsicherheit für Windbeanspruchungen nach DIN EN 1991-1-4 (unter Beachtung von DIN EN 1991-1-4/NA) erforderlich, wobei der Lastfall „Windlast" nicht mit anderen Lastfällen nach dieser Norm zu kombinieren ist."*

8.3.4.3 Stoßartige Einwirkungen

Der versuchstechnische Nachweis des weichen Stoßes auf eine leichte Trennwand ist nach DIN 4103-1 (2015, S. 11, Abschnitt 5.3.2.1) versuchstechnisch möglich.

Da die ETB-Richtlinie diese Versuche zum Nachweis der Verankerung eines absturzsichernden Elements mit Verweis auf die DIN 4103 Teil 1 vorsieht, vertreten die Autoren die ingenieurmäßige Ansicht, dass es – im Gegensatz zu Kombination aus Holm- und Windlasten – keinen signifikanten Unterschied macht, ob eine leichte Trennwand geprüft wird oder ein Fensterelement.

Dieser Nachweis kann erfolgreich erbracht werden, wenn die in Abschnitt 8.3.3 zitierten vier Bedingungen a) bis d) eingehalten werden; vgl. hierzu auch das Praxisbeispiel 5 in Kapitel 12 (Abschnitt 12.7.1.3).

Der versuchstechnische Nachweis für den weichen Stoß kann nach drei verschiedenen Verfahren geführt werden (DIN 4103-1:2015, S. 11. Abschnitt 5.3.2.1):

- durch Pendelversuche mit einem Glaskugelsack;
- durch eine Punktlast, die im statischen Versuch durch eine geeignete Prüfeinrichtung aufgebracht wird;
- durch Pendelschlagversuche in Anlehnung an ETAG 003.

Hierbei muss angemerkt werden, dass die hier genannte ETAG 003 inzwischen durch das EAD 210005-00-0505 „Internal Partition Kits For Use As Non-Loadbearing Walls" aus dem Jahr 2019 ersetzt wurde.

8.4 Baurechtliche Grundlagen für die Befestigung am Bauwerk

Es sollte selbstverständlich sein, dass bei der normativen Forderung eines Standsicherheitsnachweises für die Verglasung eines Fensters nach DIN 18008-4 auch die Weiterleitung der zu verankernden Lasten im tragenden Verankerungsgrund (Bauteil) nachzuweisen sind.

In den DIBt TRAV (2003, Abschnitt 2.3) stand dazu Folgendes:

> *„Die tragenden Teile der Glaskonstruktionen (Pfosten, Riegel, Verankerung am Gebäude usw.) müssen den einschlägigen technischen Baubestimmungen entsprechen."*

Für DIN 18008-1 wurde eine ähnliche Formulierung gewählt; dort heißt es wie folgt (DIN 18008-1:2020-05, S. 13, Abschnitt 8.1.1):

> *„Für die Nachweise der Glasbefestigung, Unterkonstruktion, Befestigung am Gebäude, usw. gelten die einschlägigen technischen Regeln."*

Der Leitfaden zur Montage führt dazu aus (Gütegemeinschaft, 2024, S. 205, Abschnitt 5.3.2):

> *„Für die Ausführung bedeutet dies, dass ausschließlich geregelte (mit CE Kennzeichnung auf Basis einer harmonisierten Produktnorm oder einer europäisch technischen Bewertung (ETA)) Befestigungssysteme/-mittel oder nicht geregelte Befestigungssysteme/-mittel mit Ver- oder Anwendbarkeitsnachweis [...] zu verwenden sind, welche die tatsächliche Einbausituation und den Anwendungsfall abdecken."*

Diese Formulierung bedarf jedoch zweier Ergänzungen:

a) In Deutschland dürfen für diesen Anwendungsfall auch *Befestigungssysteme* mit allgemeiner bauaufsichtlicher Zulassung (abZ) in Kombination mit einer allgemeinen Bauartgenehmigung (aBG) als Ver- und Anwendbarkeitsnachweis – versehen mit einem nationalen Ü Zeichen satt einem CE-Zeichen – verwendet werden. Dabei sei darauf hingewiesen, dass hier mit „Befestigungssystemen" nicht ausschließlich „Dübel-Systeme" gemeint sind (vgl. dazu z. B. Abschnitt 8.5.1 mit Bild 8.14).

b) Außerdem gibt es im Bereich der *Dübel*-Systeme bisher *keine* CE-Kennzeichnung auf Grundlage einer harmonisierten europäischen Produktnorm (hEN). Hier erfolgt die CE-Kennzeichnung (voraussichtlich bis auf Weiteres) ausschließlich über eine Leistungserklärung bei Vorliegen einer Europäischen Technischen *Bewertung* (ETA). Diese ETA wird auf Basis einer technischen Spezifikation ausgestellt, welche relevante Bewertungsverfahren enthält. Derartige Spezifikationen werden als Europäisches Bewertungsdokument (EAD, vom Englischen „European Assessment Document") bezeichnet.

Die *Abtragung/Weiterleitung* der Lasten, die auf absturzsichernde Fensterelemente einwirken, vom Fensterelement in den tragenden Baukörper bzw. die *Befestigung* von absturzsichernden Fensterelementen am tragenden Baukörper (wobei mit „Baukörper" i. d. R. die Gebäude-Außenwand gemeint ist) kann daher im Prinzip nur auf Grundlage der folgenden vier Regelungen statisch nachgewiesen und entsprechend ausgeführt werden:

1. Verwendung von Befestigungssystemen, die über eine abZ/aBG und/oder ETA geregelt sind. Die Bemessung/der statische Nachweis dieser Systeme erfolgt auf Grundlage der in der abZ/aBG und/oder ETA angegebenen bauaufsichtlich eingeführten Bemessungsregeln.
2. Verwendung von Befestigungssystemen, die über eine abZ/aBG und/oder über ETA verfügen, wobei der konkrete Anwendungsfall nicht von der abZ/aBG und/oder ETA abgedeckt ist. Ergänzend wird hier eine vorhabenbezogene Bauartgenehmigung (vBG) erforderlich, die die Anwendung des Systems (Bauart) ergänzend für den konkreten Einzelfall (vorhabenbezogen) regelt (genehmigt); vgl. hierzu auch Abschnitt 15.2.3.
3. Verwendung von Befestigungssystemen, die *nicht* über eine abZ/aBG und/oder über ETA verfügen: Das ungeregelte System und dessen Anwendung für den konkreten Einzelfall werden über eine Zustimmung im Einzelfall (ZiE) geregelt; vgl. hierzu auch Abschnitt 15.2.3.
4. Verwendung eines (Befestigungs-)Systems z. B. aus einem biegesteifen „Montageanker" (siehe in Gütegemeinschaft, 2024, S. 181, Abschnitt 5.1.2.3 mit Tabelle 5.7) und einem zugelassenen Dübel. Hierbei kann der Rechteckquerschnitt des „Montageankers" aus genormtem Stahl (z. B. S235) nach geltender Stahlbau-Normung bemessen werden. Für den zugelassenen Dübel gilt Punkt 1 dieser Aufzählung. Kann der „Montageanker" nicht nach geltender Stahlbau-Normung bemessen werden (z. B. besonders profilierter Stahlquerschnitt), gelten für den „Montageanker" ebenfalls die Punkte 1 bis 3.

Hinweis: Gemäß Gütegemeinschaft (2024, S. 205, Abschnitt 5.1.2.3, Tabelle 5.19, Fußnote 2) sind allgemeine bauaufsichtliche Prüfzeugnisse (abP) *„nicht anwendbar für Befestigungsmittel"*.

DIBt (2023, S. 7, Abschnitt 9) führt dazu Folgendes aus:

> *„Ein allgemeines bauaufsichtliches Prüfzeugnis (abP) wird für Bauprodukte und Bauarten erteilt, die nach allgemein anerkannten Prüfverfahren beurteilt werden können. Diese Produkte sind in den Technischen Baubestimmungen abschließend gelistet (vgl. MVV TB Kapitel C 3 und C 4)."*

Diese allgemein anerkannten Prüfverfahren liegen für Dübel-Systeme bzw. Fensterbefestiger nicht vor, so dass allgemeine bauaufsichtliche Prüfzeugnisse (abP) auch nicht erteilt werden können.

Auch die Bemessung der Verglasung nach DIN 18008-4 impliziert, dass man den Lastfluss der Einwirkungen auf die absturzsichernde Verglasung bzw. die in Abschnitt 8.2.6 genannte „Nachweiskette" im Prinzip von der Einwirkungsstelle der Stoßlast bis in den tragenden Baugrund verfolgen und nachweisen muss und dass man nicht einfach bei der Nachweisführung der Befestigung unterbrechen bzw. abbrechen darf. Statisch bemessen werden können aber nur – wie bereits zuvor erwähnt – Befestigungssysteme mit abZ/aBG und/oder ETA bzw. solche, die über eine Zustimmung im Einzelfall (ZiE) bzw. eine vorhabenbezogene Bauartgenehmigung (vBG) geregelt werden.

Bei Baukörperanschlüssen aus anderen Baustoffen sind die Nachweise gemäß den eingeführten Technischen Baubestimmungen, z. B. im Stahlbau nach DIN EN 1993, zu führen.

Vor allem bei Verankerungen im Mauerwerksbau, wie beispielsweise Hochlochziegeln mit sehr dünnen Stegen und geringen Druckfestigkeiten, kann es sehr schwer werden, die erforderlichen Bemessungslasten aus den Anforderungen einer absturzsichernden Verglasung für die Kombination Dübel/Verankerungsgrund nachzuweisen (vgl. hierzu auch Abschnitt 2.8.2.1). Außerdem können hier geringe Randabstände zu einem Versagen des Verankerungsgrunds bei einem Anprall führen, d. h. das gesamte Fensterelement kann sich aus dem umgebenden Mauerwerk lösen, weil es zu einem Ausbrechen der Steine im Bereich der Dübel kommt. Bei der Planung derartiger Elemente sind an dieser Stelle deshalb immer weitergehende Überlegungen anzustellen, um zu ermitteln, ob in den entsprechenden Verankerungsgründen überhaupt die Anforderungen an die Absturzsicherheit von der gewählten Befestigungsart erfüllt werden kann oder ob weitere konstruktive Maßnahmen notwendig sind.

8.5 Nachweisführung für die Befestigung

8.5.1 Allgemeines

Mit Schreiben vom 02.12.2014 (Scheuermann, 2014) wurde von der Bauministerkonferenz bereits schriftlich dargelegt, wie die Verankerung am Gebäude zu planen ist. Dort heißt es wörtlich:

> *„Die Standsicherheit von Bauteilen, die gegen Absturz sichern, ist mittels technischer Baubestimmungen nachzuweisen. Abschnitt 6.4 der Norm DIN EN 1991-1-1/NA:2010-12 enthält Angaben zu Horizontallasten zur Absturzsicherung. Die Abtragung der Horizontallasten, die gegen Absturz sichern, in die tragenden Bauteile des Tragwerks ist nachzuweisen. Dafür kommen nur geregelte Bauprodukte und Bauprodukte mit allgemeinem Verwendbarkeitsnachweis in Betracht. Es wird noch darauf hingewiesen, dass die ETB Richtlinie neben dem o. g. Nachweis […] noch ergänzende Nachweise gegenüber stoßartigen Belastungen vorsieht."*

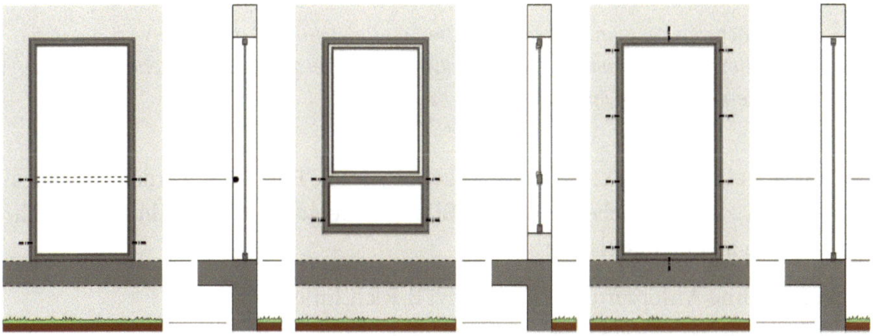

a) b) c)

Bild 8.10 Abtragung der *„stoßartigen Belastung"* nach ETB (1985): Beispiele für die Anordnung der Befestigungspunkte

Bild 8.10, Bild 8.16 und Bild 9.1 zeigen insgesamt fünf Beispiele für absturzsichernde Fensterelemente und die mögliche Anordnung der Befestigungspunkte zur Abtragung der *„stoßartigen Belastung"* nach ETB (1985).

In den drei Beispielen Bild 8.10a, Bild 8.10b und Bild 8.16 müssen in jedem Fall zusätzliche Befestigungspunkte angeordnet werden, um die weiteren auf das jeweilige Fensterelement einwirkenden Lasten, z. B. aus Wind und ggf. aus 90° geöffnetem Fensterflügel (vgl. Bild 8.10b mit unterer Festverglasung und oberem Fensterflügel), abtragen zu können.

Hinweis: Bild 8.10a, Bild 8.10b, Bild 8.16 und Bild 9.1 zeigen nur seitliche Befestigungspunkte und keine unteren Befestigungspunkte zur Abtragung der *„stoßartigen Belastung"* nach ETB (1985). Diese unteren Befestigungspunkte sind wie in Gütegemeinschaft (2024, S. 206, Abschnitt 5.3.2, Bild 5.25) ausgeführt *„Optionale Befestigungspunkte (wenn erforderlich z. B. aufgrund der Elementbreite)"*.

Die unteren Befestigungspunkte können entfallen, wenn – wie im Praxisbeispiel 2 (Kapitel 9) gezeigt – *alle* auf das Fenster einwirkenden Lasten (ETB-Last, Windlast, horizontale Nutzlast, ...) allein durch die seitlichen Befestigungspunkte aufgenommen werden können und das Element selbst keine weitere untere Befestigung benötigt.

Werden dagegen eine oder mehrere *untere* Befestigungspunkte erforderlich, um die einwirkenden Lasten abtragen zu können, so sind auch diese *unteren* Befestigungspunkte derart auszuführen, dass sie jeweils die *„stoßartige Belastung"* nach ETB (1985) aufnehmen können.

Dieser Nachweis kann gerade bei gemauerter Brüstung oftmals gar nicht erbracht werden, da die Lastweiterleitung in das Bauwerk ebenfalls nachgewiesen werden muss. In der aktuellen MVV TB heißt es dazu in Anhang 3 „Anforderungen an Planung, Bemessung und Ausführung von Verankerungen in Mauerwerk mit nachträglich gesetzten Befestigungsmitteln" wie folgt (siehe DIBt MVV TB, 2025/1, S. 171, Abschnitt 3):

„Der Nachweis der unmittelbaren örtlichen Krafteinleitung in das Mauerwerk gilt unter Beachtung der Bestimmungen der jeweiligen ETA als erbracht. Die Weiterleitung der zu verankernden Lasten im Bauteil ist nachzuweisen."

In Gütegemeinschaft (2024, S. 206, Abschnitt 5.3.2, Bild 5.25) werden die Befestigungen in zwei Bereiche unterteilt; Bild 8.11 zeigt diese Aufteilung grafisch/schematisch an einem Beispiel:

- Bereich ohne Anforderungen gemäß ETB-Richtlinie
  „Befestigung (Winddruck/-sog / Nutzung) ohne Anforderungen an Absturzsicherheit"

- Bereich mit Anforderungen gemäß ETB-Richtlinie nach DIBt MVV TB (2025/1, S. 12, Teil A, lfd. Nr. A 1.2.1.3)
  „Befestigung zusätzlich mit Anforderungen nach ETB-Richtlinie (getrennt nach Winddruck/-sog / Nutzung / Anprallast im definierten Pendelschlagbereich.")

Diese Unterteilung nach Gütegemeinschaft (2024) wird in der Praxis häufig so verstanden, dass „nur"

- im Bereich der *„zusätzlichen Anforderungen"* nach Gütegemeinschaft (2024, S. 206, Abschnitt 5.3.2, Bild 5.25) Befestigungsmittel verwendet werden müssen, die die Vorgaben nach Scheuermann (2014) erfüllen;
- im Bereich *„ohne Anforderungen an die Absturzsicherheit"* könnten dann auch andere Befestigungsmittel – ohne Verwendbarkeits-/Anwendbarkeitsnachweis – eingesetzt werden.

Aus Sicht der Autoren ist diese Aufteilung in der Praxis nicht möglich. Dafür müssten sonst (eventuell) vorhandene Steifigkeitsunterschiede der Befestigungsmittel

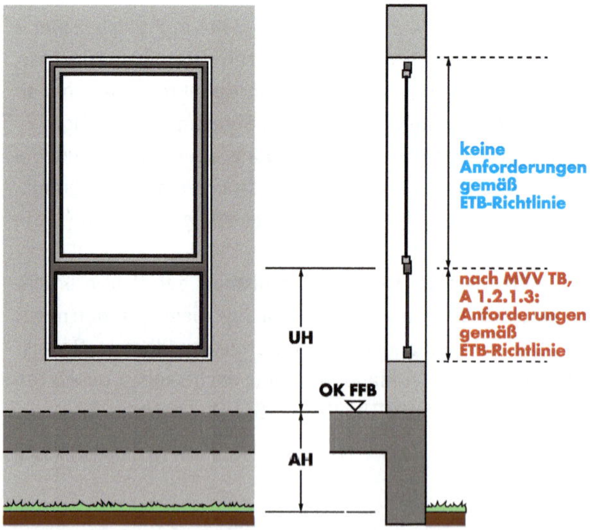

Bild 8.11 Beispiel für ein absturzsicherndes Fensterelement mit Aufteilung der Bereiche, in der die ETB-Richtlinie nicht beachtet bzw. beachtet werden muss (UH = Umwehrungshöhe gemessen ab Oberkante Fertigfußboden; AH = Absturzhöhe)

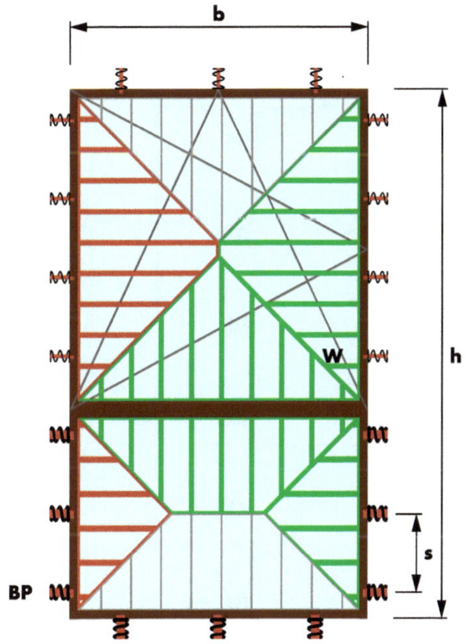

Bild 8.12 Befestigung eines absturzsichernden Fensterelements mit unterer Festverglasung sowie zwei verschiedenen Befestigungssystemen und damit auch zwei verschiedenen (Feder- bzw. Auflager-) Steifigkeiten in den Befestigungspunkten (BP)

im Rahmen des rechnerischen Nachweises betrachtet werden, damit sichergestellt werden kann, dass

- ausschließlich die Befestigungsmittel nach Vorgaben von Scheuermann (2014) die Einwirkungen im Sinne der *„Absturzsicherheit"* aufnehmen und
- keine Lastweiterleitung im System dazu führt, dass Befestigungsmittel *„ohne Anforderung"* einen Anteil der Einwirkung aufnehmen müssen.

Diesem Umstand wurde in einigen allgemeinen bauaufsichtlichen Zulassungen/allgemeinen Bauartgenehmigungen (abZ/aBG) des DIBt mit folgender Formulierung Rechnung getragen:

> *„[...] erfolgen mit Befestigungs- oder Verankerungselementen nach den Regeln der Landesbauordnung mit entsprechendem Verwendbarkeitsnachweis unter Berücksichtigung der Steifigkeiten der zu verwendenden Befestigungssysteme."*

Bild 8.12 und Bild 8.13 visualisieren jeweils die Befestigung eines Fensterelements mit zwei verschiedenen Befestigungssystemen und damit auch zwei unterschiedlicher (Feder- bzw. Auflager-) Steifigkeiten in den Befestigungspunkten (BP).

In der Statik bzw. Tragwerkslehre gibt es dazu die beiden folgenden einfachen Merksätze (siehe z. B. Eierle, 2021, S. D.2):

> *„Steifere Bauteile ziehen Lasten an, beteiligen sich also stärker an der Lastabtragung. Weichere Bauteile entziehen sich der Lastabtragung durch Verformung."*

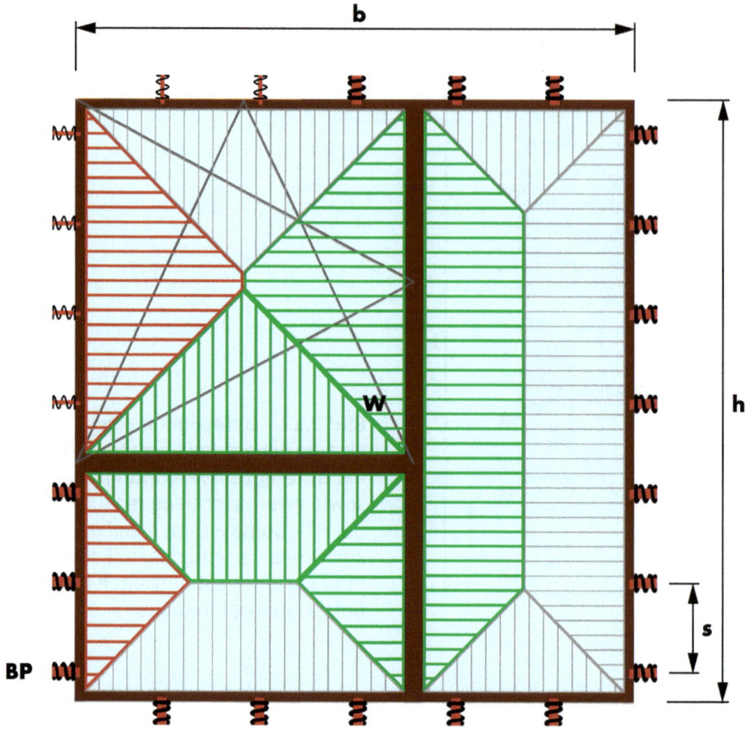

Bild 8.13 Befestigung eines absturzsichernden Fensterelements in Pfosten-Riegel-Konstruktion sowie zwei verschiedenen Befestigungssystemen und damit auch zwei verschiedenen (Feder- bzw. Auflager-) Steifigkeiten in den Befestigungspunkten (BP)

Mit Bezug auf diese Merksätze, die Anschauung der beiden Bilder (Bild 8.12 und Bild 8.13) und unter Berücksichtigung, dass auch die verschiedenen Fenster-, Pfosten- und Riegelprofile

- aus den unterschiedlichen Materialien,
- mit und ohne Profilverbreiterungen und
- mit den unterschiedlich konstruktiv ausgebildeten Eckverbindungen

sehr unterschiedliche Steifigkeiten ausweisen können, ist eine rechnerische Bestimmung der Verteilung der Einwirkungen auf Befestiger mit unterschiedlichen Steifigkeiten im Prinzip nicht ohne erhöhten Rechen- und Nachweisaufwand möglich.

Ver- bzw. Anwendbarkeitsnachweise mit entsprechenden Steifigkeiten und Erläuterungen wie diese Steifigkeiten berücksichtigt werden könn(t)en sind den Autoren zum Zeitpunkt der Drucklegung dieses Fachbuchs nicht bekannt.

Hinweis: Es wird deshalb an dieser Stelle von den Autoren empfohlen, dass an einer Seite des Elementes nur identische Befestigungsmittel verwendet werden, um die Situationen von Bild 8.12 und Bild 8.13 zu vermeiden.

Umlaufend ist zu empfehlen, ebenfalls die identischen Befestigungsmittel zu verwenden. Dies lässt sich in der Praxis jedoch z. B. bei Rollladenkästen oder hohen Unterbauprofilen nicht immer umsetzen, weshalb hier empfohlen wird, eine Seite des Elements immer mit identischen Befestigungsmitteln mit dem Bauwerk zu verbinden.

Eine Möglichkeit die Forderungen nach Scheuermann (2014) zu erfüllen sind im System zugelassene Befestigungslösungen wie z. B. die „Absturzsichernde Fensterelementbefestigung W-ABZ" (vgl. Bild 8.14 und Bild 8.15). Dieses „Befestigungssystem" (vgl. Abschnitt 8.4) verfügt über eine allgemeine bauaufsichtliche Zulassung/allgemeine Bauartgenehmigung (abZ/aBG W-ABZ, 2024), die sowohl die Fenstermontageschiene W-ABZ selbst als auch die Befestigung am Fensterrahmen (PVC mit Stahlarmierung, Holz oder Aluminium) regelt.

Für einen Kunststoffdübel regelt diese Zulassung (abZ/aBG W-ABZ, 2024) außerdem, dass dieser Dübel im System mit der W-ABZ für diese besondere Anwendung auch mit einer ETA nur für Mehrfachbefestigungen von *nichttragenden* Systemen (ETA SHARK UR, 2021) verwendet werden kann, da die System-Zulassung der

Bild 8.14 Fenstermontageschiene mit allgemeiner bauaufsichtlicher Zulassung/allgemeiner Bauartgenehmigung (abZ/aBG W-ABZ, 2024)

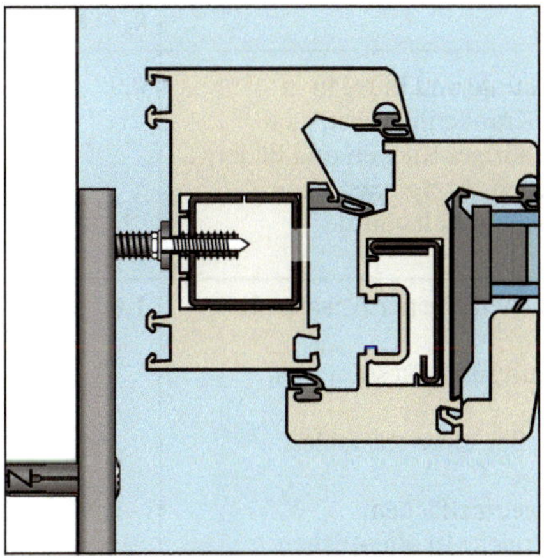

a) Kunststoff-Dübelhülse mit zugehöriger Spezialschraube und Fenstermontageschiene

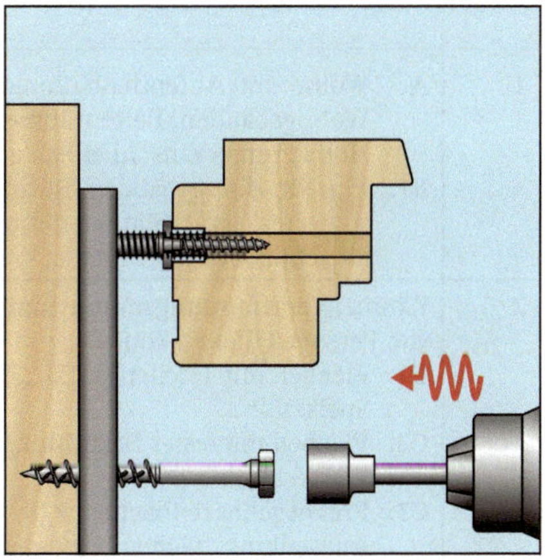

b) Holzschraube und Fenstermontageschiene

Bild 8.15 Allgemein bauaufsichtlich zugelassenes System zur Verbindung von Fensterrahmen mit dem Verankerungsgrund bei einer abzusichernden Verglasung (siehe abZ/aBG W-ABZ, 2024, auch für weitere mögliche Kombinationen)

W-ABZ die Anwendung in diesem Sonderfall – Befestigung absturzsichernder Fenster, einem *tragenden* System – neu regelt, also quasi die allgemeine Bauartgenehmigung für die Verwendung des Kunststoffdübels in dieser Anwendung darstellt.

In abZ/aBG W-ABZ (2024) sind neben der ETA für den Kunststoffdübel weitere ETAs aufgeführt, nach denen ein direkter Nachweis der Befestigung Fenstermontageschiene W-ABZ am Bauwerk bzw. in unterschiedlichen *Verankerungsgründen* nachweisbar ist:

- Kunststoffdübel zur Verankerung in *Beton* und *Mauerwerk* (vgl. Absatz zuvor),
- Metall-Injektionsanker zur Verankerung im *Mauerwerk,*
- *Beton*schrauben und
- *Holz*schrauben

8.5.2 Nachweis der horizontalen Nutzlast (Holmlast)

8.5.2.1 Lastannahmen für horizontale Nutzlasten (Holmlasten)

In ETB (1985, Abschnitt 3.1) wurden die „*horizontalen, statischen Lasten*" bzw. die „*horizontalen Lasten (Linienlasten)*" für die Einbaubereiche 1 und 2 differenziert (vgl. hier Abschnitt 8.3.2).

In der modernen Normung ist dagegen für die „Bereichseinteilung" DIN EN 1991-1-1 mit dem zugehörigen nationalen Anhang DIN EN 1991-1-1/NA maßgebend. Tabelle 8.4

Tabelle 8.4 Horizontale Lasten auf Absturzsicherungen auszugsweise nach DIN EN 1991-1-1/NA (2010, S. 13, Tabelle 6.12DE)

Zeile	Beispiele für belastete Fläche inkl. Kategorie (auszugsweise)	Horizontale Nutzlast q_k in kN/m
1	**A:** Wohn- und Aufenthaltsräume: Räume und Flure in Wohngebäuden, Bettenräume in Krankenhäusern, Hotelzimmer einschließlich zugehöriger Küchen und Bäder, ... **B1:** Flure in Bürogebäuden, Büroflächen, Arztpraxen ohne schweres Gerät, Stationsräume, Aufenthaltsräume einschließlich der Flure, ...	**0,5**
2	Räume, Versammlungsräume und Flächen, die der Ansammlung von Personen dienen können **C1:** Flächen mit Tischen; z. B. ..., Schulräume, Restaurants, Speisesäle ... **C2:** Flächen mit fester Bestuhlung; z. B. ..., Kongresssäle, ..., Wartesäle ... **C3:** Frei begehbare Flächen; z. B. Museumsflächen, Ausstellungsflächen, Eingangsbereiche in öffentlichen Gebäuden, Hotels, ..., sowie die zur Nutzungskategorie C1 bis C3 gehörigen Flure **D:** Verkaufsräume	**1,0**
3	**C5:** Flächen für große Menschenansammlungen; z. B. in Gebäuden wie Konzertsäle, ...	**2,0**

zeigt hier auszugsweise einige dieser „modernen“ Einbaubereiche. Für Bereiche mit Menschenansammlungen wie z. B. Konzertsälen ist dabei nach DIN EN 1991-1-1/NA sogar eine „*horizontale Nutzlast*“ (Holmlast) von 2,0 kN/m anzusetzen.

Gemäß DIN EN 1991-1-1/NA (2010, S. 13, Abschnitt 6.4, Tabelle 6.12DE und Absatz 2) sind die horizontalen Nutzlasten nach Tabelle 8.4 in Absturzrichtung in voller Höhe und in Gegenrichtung mit 50 %, mindestens jedoch mit 0,5 kN/m anzusetzen.

Hinweis: Die horizontale Nutzlast in Gegenrichtung ist aus Sicht der Autoren nur bei geländerartigen Umwehrungen, wie z. B. Brüstungsgeländern („Französische Balkone“) oder feststehenden Brüstungen (Querholm) von Fensterelementen mit darüber angeordneten Drehflügeln, nicht jedoch bei feststehenden Fensterelementen oder raumhohen Festverglasungen, anzusetzen.

Vergleiche hierzu als *Beispiel* Bild 8.7:

- Auf der linken Seite des Fensterelements (raumhohe Festverglasung) ist die horizontale Nutzlast nur *nach außen wirkend* anzusetzen.
- Auf der rechten Seite des Fensterelements (feststehende Brüstung (Querholm) mit darüber angeordnetem Drehkippflügel) ist die horizontale Nutzlast (Holmlast) *nach außen wirkend* in voller Höhe anzusetzen (DIN EN 1991-1-1/NA:2010, Tabelle 6.12DE, S. 13).
  In Gegenrichtung, *nach innen wirkend*, wären 50 % (der nach außenwirkenden horizontalen Nutzlast), mindestens jedoch 0,5 kN/m anzusetzen (DIN EN 1991-1-1/NA:2010, Abschnitt 6.4, Tabelle 6.12DE und Absatz 2, S. 13).

Damit sind die entsprechenden Befestigungen im Bereich des Holmes für folgende Einwirkung (F_{ED}) aus der horizontalen Linienlast zu bemessen:

$$F_{Ed} = q_k \cdot \gamma_Q \tag{8.1}$$

mit:

$q_k \geq 0{,}5$ kN/m	beachte Tabelle 8.4: charakteristische horizontale Nutzlast (Holmlast)
$\gamma_Q = 1{,}5$	Teilsicherheitsbeiwert für unabhängige veränderliche Einwirkung mit ungünstiger Auswirkung nach DIN EN 1990/NA (2010, S.11, Tabelle NA.A.1.2(B)).

Neben den bauordnungsrechtlichen Vorschriften sind, sofern es sich z. B. um Arbeitsstätten handelt, wiederum auch die Technischen Regeln Arbeitsstätten ASR A2.1 (2022) zu beachten (vgl. auch Abschnitt 8.2.3). Hier ist für Umwehrungen für den allgemeinen Fall immer eine horizontale Nutzlast von 1,0 kN/m anzusetzen. Für die Kategorie B1 gemäß Tabelle 8.4, z. B. Büro-Flure (= Arbeitsstätte), stehen damit

- DIN EN 1991-1-1/NA (2010, S. 13, Abschnitt 6.4, Tabelle 6.12DE) mit 0,5 kN/m und
- ASR A2.1 (2022, S. 9, Abschnitt 5.1, Absatz 7) mit 1,0 kN/m

als horizontale Linienlast im Widerspruch.

Im Gegensatz zur bauaufsichtlich eingeführten DIN EN 1991-1-1/NA ist die Forderung der ASR A2.1 nicht rechtlich bindend. Vergleich hierzu auch in Bundesanstalt für Arbeitsschutz und Arbeitsmedizin (2019):

> *„Die ASR sind keine verbindlichen Rechtsnormen. Ein Arbeitgeber kann anstelle der ASR andere Maßnahmen einsetzen, wenn diese die gleiche Sicherheit und den gleichen Schutz der Beschäftigten erreichen. Soll von Anforderungen in ASR abgewichen werden, ist im Rahmen einer Gefährdungsbeurteilung ein gleichwertiges Schutzniveau nachzuweisen."*

Hier könnte also über ein Sicherheitskonzept auch eine andere Lösung – unter Einhaltung des gleichen Sicherheitsniveaus – gewählt werden.

Aus Sicht der Autoren sollte daher bis zu einer Abstimmung beider Regelwerke auf der sicheren Seite mit $q_k = 1{,}0$ kN/m gerechnet werden, sofern die Anforderungen der ASR A2.1 nicht anderweitig gelöst werden können.

8.5.2.2 Überlagerung von horizontaler Nutzlast (Holmlast) und Windlast

Bei absturzsichernden Verglasungen wird es sich in den meisten Fällen um Außenfenster handeln, die zusätzlich zu den horizontalen Linienlasten auch durch Windlasten beansprucht werden. Die Windlasten und die horizontalen Linienlasten sind gemäß Abschnitt 8.3.2 zu überlagern (Ausnahme vgl. ebenfalls Abschnitt 8.3.2).

Das in Abschnitt 8.5.1 vorgestellte Befestigungssystem W-ABZ kann nach abZ/aBG W-ABZ (2024) auch für Windlasten bemessen werden, d. h. das entsprechende absturzsichernde Element kann umlaufend mit dem System befestigt werden, wobei dann auch die Befestigungselemente entsprechend nachzuweisen sind (vgl. auch Praxisbeispiel 2 in Kapitel 9).

Die Lastüberlagerung erfolgt nach DIN EN 1990/NA (2010, S. 5, NCI zu 6.4.3.2(3)). Danach beträgt der Kombinationsbeiwert für die horizontale Linienlast (Holmlast) $\Psi_0 = 0{,}7$ und für Windlasten $\Psi_0 = 0{,}6$ (siehe in DIN EN 1990/NA, 2010, S. 8, Tabelle NA.A.1.1). Somit sind mindestens zwei Lastfallkombinationen zu untersuchen:

1. Die Holmlast wird voll und die Windlast um den Faktor $\Psi_0 = 0{,}6$ reduziert angesetzt.
2. Die Windlast wird voll und die Holmlast um den Faktor $\Psi_0 = 0{,}7$ reduziert angesetzt.

Aufgrund der Lastüberlagerung kann es durchaus erforderlich werden, dass zur Aufnahme der horizontalen Nutzlast (Holmlast) und der Windlast insgesamt vier Fenstermontageschienen W-ABZ in Holmhöhe (zwei je Seite) erforderlich werden. Diese Schienen sollten dann symmetrisch zum Holm bzw. der angenommenen Höhe der horizontalen Nutzlast angeordnet werden (Bild 8.16).

Dabei ist zu beachten, dass das in einem PVC-Fensterprofil vorhandene Stahlprofil zur Lastübertragung auf zwei Fenstermontageschienen W-ABZ geeignet sein muss und dass der entsprechende Achsabstand des Dübel-Systems, also der Abstand zwischen zwei Schienen gemäß der jeweiligen Zulassung des Dübel-Systems,

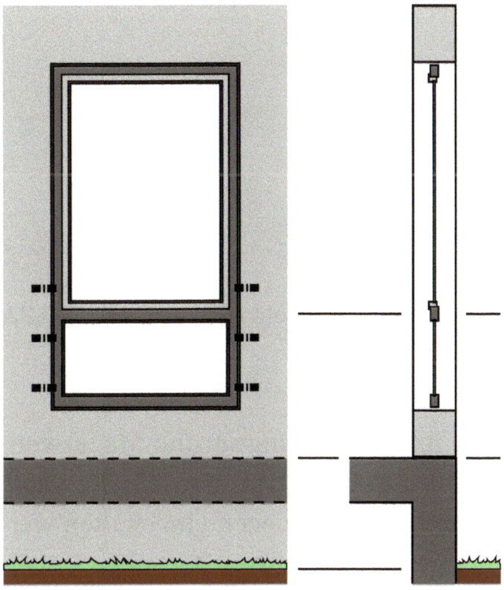

Bild 8.16 Beispiele für Befestigungspunkte (nur) zur Abtragung von horizontaler Nutzlast (Holmlast) *und* Windlast mit vier Fenstermontageschienen W-ABZ in Holmhöhe (zwei je Seite); für den Abtrag der übrigen Lasten sind weitere Fenstermontageschienen erforderlich

eingehalten wird. Das Gleiche gilt sinngemäß bei der Befestigung im Verankerungsgrund Holz.

8.5.2.3 Besonderheit bei der Verwendung von Kunststoffdübeln mit ETA

Die Verwendung des Systems „Absturzsichernde Fensterelementbefestigung W-ABZ“ (abZ/aBG W-ABZ, 2024) bzw. deren Befestigung am Verankerungsgrund ist unter anderem auch mit dem Kunststoff-Rahmendübel SHARK UR 8 nach ETA SHARK UR (2021) geregelt. Ohne diese Regelung nach abZ/aBG W-ABZ (2024) können Kunststoffdübel mit einer Europäischen Technischen Bewertung (ETA), die „nur“ für Mehrfachbefestigungen von *nichttragenden* Systemen zugelassen sind, in dieser Anwendung, d. h. bei der Befestigung von absturzsichernden Fensterelementen (einem *tragenden* System), nicht ohne weiteres verwendet werden. Weitere Regelungen zur Verwendung dieser Art von Dübel-Systemen enthält beispielsweise der Teil 2 dieses Fachbuchs oder Scheller und Küenzlen, Hrsg. (2013).

In der Regel enthalten Europäische Technische Bewertungen für Kunststoffdübel charakteristische Tragfähigkeiten für die Mehrfachbefestigung von *nichttragenden* Systemen (z. B. abgehängten Decken oder Rohrleitungen) unter Belastungen aus allen Richtungen (Zug, Querlast und Schrägzug).

Die Regelung nach abZ/aBG W-ABZ (2024) gilt wiederum nur für reine Querlasten im Zusammenhang mit der Verwendung als Befestigung von absturzsichernden Fensterelementen, was mit ein Grund dafür ist, dass hier eine Abweichung zu den Regelungen der Europäischen Technischen Bewertung ETA SHARK UR (2021) für den Kunststoffdübel möglich ist. Die Zulassung der W-ABZ (abZ/aBG W-ABZ, 2024) stellt in diesem Fall einen neuen bauaufsichtlichen Verwendbarkeitsnachweis *dieses* Kunststoffdübels in *dieser* Anwendung dar.

Die ETA SHARK UR (2021) berücksichtigte diesen Umstand als erste Europäische Technische Bewertung, indem diese Bewertung charakteristische Tragfähigkeiten für reine Querlasten in der Laibung enthält.

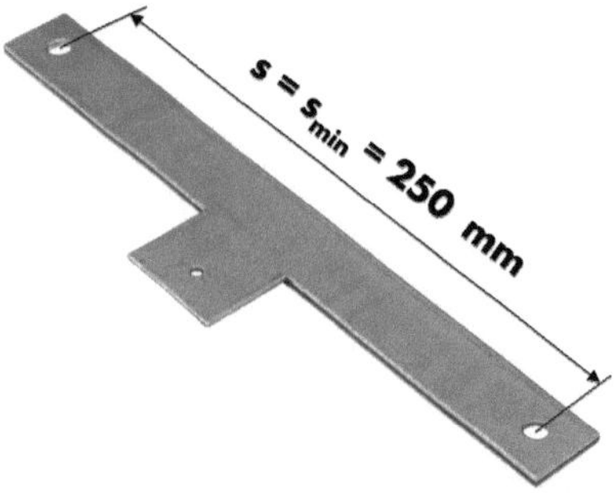

Bild 8.17 T-Konsole nach abZ/aBG W-ABZ (2024)

Bei Kunststoffdübeln muss zusätzlich z. B. im Verankerungsgrund Mauerwerk ein *„minimaler zulässiger Achsabstand"* für Einzeldübel von a = 25 cm, siehe ETA SHARK UR (2021) zwischen den Fenstermontageschienen eingehalten werden, um jeden Dübel (und damit jede Fenstermontageschiene) mit der vollen Dübeltragfähigkeit ausnutzen zu können.

Bei geringeren Abständen a < 25 cm dürfen die Dübel in Mauerwerk nicht als „Einzeldübel" betrachtet werden, d. h. eine zweite Fenstermontageschiene in Holmhöhe wäre hier rechnerisch nutzlos.

Dieser relativ große Achsabstand der Kunststoffdübel in Mauerwerk ist dem Umstand geschuldet, dass die Höhe von Mauersteinen häufig h = 24 cm beträgt und mit einem Achsabstand a ≥ 25 cm sichergestellt wird, dass in jedem Stein nur *ein* Dübel mit seiner vollen charakteristischen Tragfähigkeit zum Ansatz gebracht werden kann.

Aus diesem Grund sind nur im Verankerungsgrund Beton (*keine* Mauersteine aus Beton!) kleinere Achsabstände zum Ansatz von Einzeldübeln mit der vollen charakteristischen Tragfähigkeit möglich.

Soll dagegen ein absturzsicherndes Fensterelement z. B. in einer Mauerwerkswand aus Hochlochziegeln (HLz) befestigt werden, die in der Regel immer eine deutlich geringere Tragfähigkeit für Kunststoffdübel aufweisen wird als eine Wand aus Stahlbeton, so kann die Fenstermontageschiene W-ABZ auf Grundlage der abZ/aBG W-ABZ (2024) mit der T-Konsole kraftschlüssig verschraubt werden (Bild 8.17).

Auf diese Weise kann dann die Einwirkung aus einer Fenstermontageschiene – bei Einhaltung eines Mindestachsabstandes von 25 cm – nach DIBt TR 064 (2019) auf zwei Kunststoffdübel aufgeteilt werden (vgl. Bild 8.18), für die jeweils die volle charakteristische Tragfähigkeit des Einzeldübels angesetzt werden kann.

Siehe hierzu DIBt TR 064 (2019, S. 11, Abschnitt 4.3 (2)):

> *„Der charakteristische Widerstand F_{Rk} für einen einzelnen Kunststoffdübel kann auch für eine Gruppe aus zwei oder vier Kunststoffdübeln angesetzt werden, deren Achsabstand mindestens s_{min} beträgt.*
>
> *Der Abstand zwischen Einzeldübeln bzw. einer Dübelgruppe beträgt a ≥ 250 mm und a > s_{min}."*

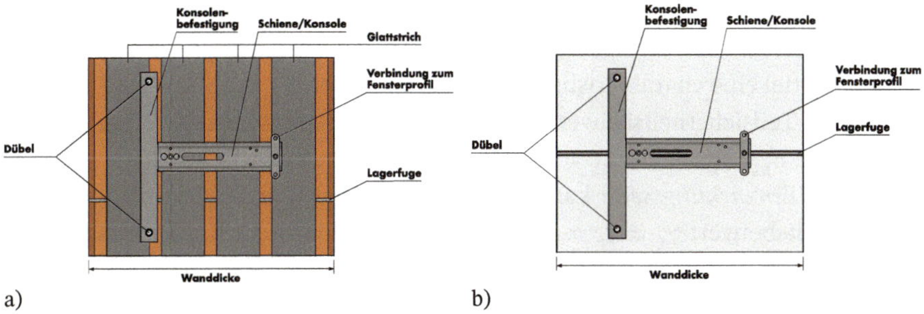

Bild 8.18 Fenstermontageschiene W-ABZ mit T-Konsole nach abZ/aBG W-ABZ (2024) und zwei Dübeln im Achsabstand von 25 cm

Bei einem kleineren Achsabstand der Durchgangslöcher in der T-Konsole als 25 cm, würden demnach die zwei Kunststoffdübel, also die Zweiergruppe, nur mit der maximalen Tragfähigkeit eines Einzeldübels beaufschlagt werden können.

Für den Fall, dass die Tragfähigkeiten der Kunststoffdübel in der Zweiergruppe mit dem Achsabstand 25 cm für das entsprechende Mauerwerk noch immer nicht ausreichen, kann es sinnvoll sein, Injektionssysteme mit Europäischer Technischer Bewertung (ETA) nach EOTA EAD 330076-00-0604 (2017) zur Verankerung für die Befestigung in Mauerwerk in Betracht zu ziehen.

8.5.3 Nachweis der stoßartigen Belastung

Die bereits in Abschnitt 8.3 vorgestellte ETB-Richtlinie (ETB, 1985), die in diesem Zusammenhang noch immer das maßgebliche baurechtliche Dokument darstellt, stammt aus einer Zeit weit vor der heute relevanten Normenreihe der Eurocodes, die keine Einwirkung aus einem Stoß auf ein absturzsicherndes Fensterelement kennen.

Zum Entstehungszeitpunkt der ETB-Richtlinie gab es auch das heute übliche Sicherheitskonzept mit Teilsicherheitsbeiwerten noch nicht, was die heutige Umsetzung im Rahmen der aktuellen Normung und die Einbindung der Richtlinie in eine moderne Bemessung schwierig macht, zumal die Regelungen aus der ETB-Richtlinie ausdrücklich nicht für Bauteile aus Glas gelten (DIBt MVV TB, 2025/1, S. 21, Teil A, Anlage A 1.2.1/8).

In der ETB-Richtlinie (ETB, 1985) wird, wie in Abschnitt 8.3.3 gezeigt, der Nachweis des Befestigungselements für eine „Widerstandskraft“ von 2,8 kN als statische Ersatzlast aus einem weichen Stoß gefordert. Gemäß dem in Abschnitt 8.3.3 wiedergegebenen Zitat aus Gütegemeinschaft (2024, S. 204, Abschnitt 5.3.2) ist diese Widerstandskraft als die *„charakteristische Tragfähigkeit ohne Berücksichtigung von Sicherheiten“* zu verstehen.

Zum Zeitpunkt der Veröffentlichung der ETB-Richtlinie wurde noch mit einem globalen Sicherheitskonzept gearbeitet, wobei die Richtlinie selbst keine zu berücksichtigenden globalen Sicherheitsfaktoren γ_{global} nennt.

- *Auf der Widerstandsseite* kann so gesehen – im Rahmen einer aktuellen Bemessung unter Berücksichtigung der heute aktuellen Begriffe – für das Befestigungsmittel eine charakteristische Tragfähigkeit von $F_{Rk} \geq 2{,}8$ kN bzw. mit dem Material-Teilsicherheitsbeiwert $\gamma_M = 1{,}0$ ein Bemessungswert der Tragfähigkeit von $F_{Rd} \geq F_{Rk} \cdot \gamma_M = 2{,}8 \cdot 1{,}0 = 2{,}8$ kN gefordert werden.
- *Auf der Einwirkungsseite* kann für die stoßartige Belastung mit dem Teilsicherheitsbeiwert $\gamma_A = \gamma_F = 1{,}0$ eine „außergewöhnliche Einwirkung" nach DIN EN 1990/NA angesetzt werden, da nur ein komplettes Versagen bzw. Herabfallen vermieden werden muss (vgl. Abschnitt 8.3.3).
  Die in der ETB-Richtlinie genannten 2,8 kN können dann entsprechend als charakteristische Einwirkung $F_{Ek} = 2{,}8$ kN bzw. mit dem Teilsicherheitsbeiwert der Einwirkungen $\gamma_A = \gamma_F = 1{,}0$ auch als Bemessungswert der Einwirkungen $F_{Ed} = F_{Ek} \cdot \gamma_F = 2{,}8 \cdot 1{,}0 = 2{,}8$ kN interpretiert werden.

Zum Zeitpunkt der Veröffentlichung der ETB-Richtlinie (ETB, 1985) gab es ebenfalls noch kein europäisches Zulassungs- bzw. Bewertungssystem für Befestigungssysteme wie Dübel oder selbstbohrende Holzschrauben. Auch Dübel-Systeme wurden zum damaligen Zeitpunkt nach einem globalen Sicherheitskonzept beurteilt. Die Richtlinie enthält keinen Hinweis für den Umgang mit diesen Produkten.

In den meisten aktuellen Zulassungen/Bewertungen für Dübel-Systeme findet sich die Bemerkung, dass die jeweiligen Dübel nur für statische oder quasi-statische Einwirkungen bemessen werden können. Die Leitlinie EOTA ETAG 020 Part 1 (2012, S.13, Abschnitt 2.1.4), die bisher für die Beurteilung von Kunststoffdübeln im Rahmen eines europäischen Bewertungsverfahrens anzuwenden war, schloss Stoßeinwirkungen sogar explizit aus, wenn diese als dynamische Einwirkungen auftreten.

In diesem Zusammenhang ist die Einwirkung aus der ETB-Richtlinie jedoch keine dynamische Einwirkung, da man von einem einmaligen „weichen" Stoß ausgehen kann (vgl. Abschnitt 8.3.3).

Deshalb bezeichnet abZ/aBG W-ABZ (2024, S. 9, Abschnitt 3.2.1.1) die Einwirkung aus der ETB-Richtlinie als *„statische Ersatzlast von $F_{Ek} = 2{,}8$ kN"*.

„Dynamische Einwirkungen" können nach DIN EN 1990 (2010, S.16, Abschnitt 1.5.3.13) als *„quasi-statische Einwirkung"* betrachtet werden, wenn die dynamische Einwirkung (hier der Stoß) als *„äquivalente statische Ersatzeinwirkung"* beschrieben werden kann.

Die in der ETB-Richtlinie ausgewiesene Last von 2,8 kN für den rechnerischen Nachweis des weichen Stoßes (vgl. Abschnitt 8.3.3) stellt im Prinzip bereits eine *„äquivalente statische Ersatzeinwirkung"* und damit eine *„quasi-statische Einwirkung"* bzw. *„statische Ersatzlast"* im Sinne von abZ/aBG W-ABZ (2024) dar. Auf dieser Grundlage ist es hier möglich die Dübel entsprechend zu bemessen.

Der rechnerische Nachweis für die Einwirkung aus stoßartiger Belastung (weicher Stoß) ergibt sich damit wie folgt:

$$F_{Ed}/F_{Rd} = 2{,}8\,\text{kN}/F_{Rd} \leq 1{,}0 \tag{8.2}$$

mit:

$F_{Ed} = F_{Ek} \cdot \gamma_F = 2{,}8\ \text{kN}\ 1{,}0 = 2{,}8\ \text{kN}$
Bemessungswert der Einwirkung

$F_{Ek} = 2{,}8\ \text{kN}$
charakteristische Einwirkung nach ETB-Richtlinie (vgl. hier Abschnitt 8.3.3)

$\gamma_F = \gamma_A = 1{,}0$
Teilsicherheitsbeiwert für außergewöhnliche Einwirkung nach DIN EN 1990/NA (2010, S.11, Tabelle NA.A.1.2(B))

$F_{Rd} = F_{Rk} / \gamma_M$
Bemessungswert der Tragfähigkeit

$F_{Rk} =$ charakteristische Tragfähigkeit des Befestigungssystems
(für einen positiven rechnerischen Nachweis ist $F_{Rk} \geq 2{,}8\ \text{kN}$ erforderlich)

$\gamma_M = 1{,}0$
Material-Teilsicherheitsbeiwert (siehe in Gütegemeinschaft, 2024, Abschnitt 5.3.2, S. 204 und in abZ/aBG W-ABZ, 2024, S. 9, Abschnitt 3.2.1.1)

8.5.4 Ansatz einer Mehrfachbefestigung bei stoßartiger Belastung

8.5.4.1 Im Allgemeinen: Mehrfachbefestigung von nichttragenden Systemen

Im Bereich der allgemeinen Dübeltechnik werden seit vielen Jahren Dübel zugelassen bzw. bewertet, die nur als „Mehrfachbefestigung von nichttragenden Systemen“ verwendet werden dürfen. Diese Zulassungen bzw. Bewertungen setzen z. B. für die Befestigung von abgehängten Decken oder Rohrleitungen immer mindestens 3 Befestigungspunkte mit jeweils mindestens einem Dübel voraus. Diese Befestigungspunkte müssen durch eine ausreichend steife Konstruktion verbunden sein (z. B. eine Stahlrohrleitung oder die Fassadenunterkonstruktion).

Man geht hier davon aus, dass beim Versagen einer Befestigungsstelle die Last, die bis zum Versagen auf diese Befestigungsstelle wirkte, durch die steife Unterkonstruktion auf mindestens zwei benachbarte Befestigungspunkte umgelagert wird (Bild 8.19) und damit das Ausfallen der Befestigung im Ganzen verhindert wird.

In Küenzlen et al. (2022, S. 134, Abschnitt 7.3.3.2) wird die Unterscheidung zwischen tragenden und nichttragenden Systemen erläutert und dabei Folgendes aus Laternser (2006, S. 1) zitiert:

> *„Unter nichttragenden Systemen (...) sind Bauteile zu verstehen, die zur Standsicherheit des Bauwerks nicht beitragen.“*

Die allgemeine bauaufsichtlichen Zulassung/allgemeine *Bauartgenehmigung* der W-ABZ Schiene (vgl. Abschnitt 8.5.1 mit Bild 8.14; siehe abZ/aBG W-ABZ, 2024) enthält eine Besonderheit für die Befestigung von absturzsichernden Fensterelementen, die als *tragend* einzustufen sind: Die Schiene darf auf Grundlage der abZ/aBG auch zusammen mit einem Kunststoff-Rahmendübel verwendet werden, der

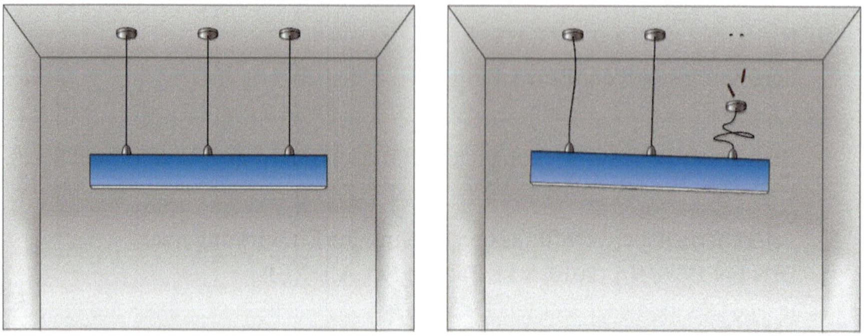

a) Ausgangssituation

b) Versagen eines Befestigungspunktes

Bild 8.19 Einfaches Beispiel: *Mehrfachbefestigung* einer *nichttragenden* Hängeleuchte an drei Befestigungspunkten, vgl. Küenzlen et al. (2022, S. 132, Bild 5.7)

sonst nur für die *Mehrfachbefestigung* von *nichttragenden* Systemen „zugelassen" ist (SHARK UR, 2021). Weitere Ausführungen zum Thema Mehrfachbefestigungen im Sinne der Dübeltechnik finden sich in Teil 2 dieses Fachbuchs.

8.5.4.2 Im Besonderen: Mehrfachbefestigung von absturzsichernden Fensterelementen

Im Rahmen der Befestigung von absturzsichernden Fensterelementen bekam der Begriff „Mehrfachbefestigung" mit den im Jahr 2022 erteilten allgemeinen bauaufsichtlichen Zulassungen/allgemeinen Bauartgenehmigungen abZ/aBG (W-ABZ, 2022) und abZ/aBG AMO-Combi (2022) eine weitere Bedeutung:

Die Befestigung von Fenstern erfolgt in der Praxis im Allgemeinen immer durch mehrere Befestigungsmittel. Selbst sehr kleine Fenster werden in der Praxis mit mindestens zwei Befestigern pro Seite befestigt. Bis zur Erteilung der abZ/aBG W-ABZ (2022) war es jedoch nicht zulässig diese Befestigung mit mehreren Befestigern positiv für den statischen Nachweis der absturzsichernden Eigenschaften der einzelnen Befestiger anzusetzen. Speziell im Bereich des Personenanpralls musste nach bisherigem Stand der Technik immer die Einwirkung von 2,8 kN aus der ETB-Richtlinie (vgl. Abschnitte 8.3.3 und 8.5.3) als charakteristische Einwirkung auf einen Befestiger bei der Anbindung an das Fenster angesetzt werden.

Erst bei der Verankerung im Wandbaustoff durfte diese „ETB-Last" von 2,8 kN auf eine Gruppe von zwei oder mehr Dübeln aufgeteilt werden (vgl. Abschnitt 8.5.2.3). Dieser Ansatz ist jedoch nur bei der Verwendung von Konsolen denkbar, da nur hier die konstruktive Möglichkeit vorhanden ist die Einwirkung aus einem Anprall auf zwei oder mehr Dübel zu verteilen (vgl. z. B. Bild 8.17 und Bild 8.18).

Bei den in der Praxis mehrheitlich verwendeten Direktverschraubungen – wie z. B. der AMO-Combi Schraube (vgl. Abschnitt 4.1, Tabelle 4.1), ist dagegen technisch gar keine Aufteilung im Verankerungsgrund möglich, d. h. es kann keine Gruppe von Befestigern ausgeführt werden. Hier musste bisher die volle charakteristische Einwirkung von 2,8 kN von einer Befestigung im Wandbaustoff aufgenommen werden können, was den Einsatzbereich in der Vergangenheit deutlich einschränkte. Gerade in modernen energetisch optimierten Baustoffen lässt sich diese Einwirkung auf einen Befestigungspunkt in den meisten Fällen rechnerisch nicht nachweisen.

Um die Frage zu klären, ob bei der Befestigung eines Fensters im Falle eines Anpralles eine Lastumlagerung stattfindet und damit nicht die volle charakteristische Einwirkung von 2,8 kN von einem einzigen Befestiger aufgenommen werden muss, wurde ein Forschungsprojekt ins Leben gerufen. Dieses Projekt wurde vom Deutschen Institut für Bautechnik (DIBt) finanziell gefördert und vom ift Rosenheim fachlich betreut. Die folgenden zwei Zitate aus dem zugehörigen Abschlussbericht „*Erarbeitung einer Handlungsanleitung zur Bewertung der Absturzsicherung von Fenstern in der Gebäudehülle und deren Einbau sowie einer Erläuterung zur Anwendung der ETB-Richtlinie*“ enthalten kurz zusammengefasst den Inhalt und das Ergebnis dieses Forschungsprojektes (ift Forschungsbericht, 2020, Zusammenfassung und S. 77, Abschnitt 7.3.3.1):

(1) *„Ein wesentlicher Teil der Untersuchungen beschäftigte sich mit dem rechnerischen Nachweis des weichen Stoßes, insbesondere mit der Frage der Lastweiterleitung der lokalen Stoßbeanspruchung auf benachbarte Befestigungspunkte. Um diese Fragestellung zu beantworten, wurden die wesentlichen Parameter, die die Lastweiterleitung beeinflussen, in FEM-Berechnungen variiert. Das Berechnungsmodell wurde zuvor durch experimentelle Untersuchungen validiert. Aus der Parameterstudie wurde ein Vorschlag erarbeitet, unter welchen konstruktiven Randbedingungen eine Lastweiterleitung an benachbarte Befestigungspunkte angesetzt und hierdurch die Last am direkt beanspruchten Befestigungspunkt reduziert werden kann.“*

(2) *„Im Anwendungsfall lagert sich die Ersatzlast für den weichen Stoß bei Ausfall eines Befestigungspunktes komplett auf die beiden benachbarten Befestigungspunkte um. Bei einem Befestigungsabstand von max. 40 cm ist dies für den Blendrahmen ohne statischen Nachweis möglich, der bei Ausfall eines Befestigungselementes eine freie Spannweite von maximal 80 cm aufweist. Im günstigsten Fall verteilt sich die Last zu jeweils 50 % auf die benachbarten Befestigungspunkte. Um eine nicht genau gleichmäßige Lastverteilung abzudecken, ist ein Ansatz von 60 % der Ersatzlast als Bemessungsgröße sinnvoll.“*

Die „*konstruktiven Randbedingungen*“ aus dem 1. Zitat zuvor sind die folgenden vier „*konstruktiven Voraussetzungen*“ (ift Forschungsbericht, 2020, S. 77, Abschnitt 7.3.3.1):

1. *„Mindestbiegesteifigkeit des Rahmenprofils von 75 000 kNcm^2. Holz- und Aluminiumfenster überschreiten diesen Wert ohne weitere Maßnahmen. Bei Kunststofffenstern ist mindestens eine Stahlverstärkung im Blendrahmen von 3,5 cm^4 erforderlich, z. B. in Form eines Hohlprofils 30x30x3 mm.*
2. *Befestigungsabstand von max. 40 cm.*
3. *Symmetrische Eckbefestigung mit zwei Befestigungspunkten pro Eckpunkt, jeweils im Abstand 15 cm von der Innenecke.*
4. *Konstruktive Ausbildung der Rahmenecke, so dass eine Lastüberleitung von 900 N möglich ist. Bei Holz- und Aluminiumfenstern kann dies bei üblichen Eckausbildungen als erfüllt angesehen werden.“*

Hinweis: Die Mindestbiegesteifigkeit des Rahmenprofils (Holz- und Aluminiumfenster) bzw. der Stahlverstärkung bei Kunststofffenstern („*1. Randbedingung*") ergibt sich aus dem folgenden Produkt:

$$S = E \cdot I_y$$

mit:

S Biegesteifigkeit hier in $kNcm^2$

E Elastizitätsmodul (E-Modul von Holz bzw. Aluminium bzw. Stahlverstärkung) hier in kN/cm^2

I_y axiales Flächenträgheitsmoment des Querschnitts bezüglich der Biegeachse y hier in cm^4; dieses Trägheitsmoment wird der Profilhersteller in der Regel als Information zur Verfügung stellen.

Bezüglich der „*4. Randbedingung*" zeigt Bild 8.20 eine Möglichkeit für die konstruktive Ausbildung einer Rahmenecke bei einem PVC Profil zur Lastübertragung.

Die gesamte Regelung (Erfordernis der Berücksichtigung aller 4 „*Randbedingungen*" für den Ansatz einer Mehrfachbefestigung) wurde erstmalig in die beiden allgemeinen bauaufsichtlichen Zulassungen/allgemeinen Bauartgenehmigungen

- abZ/aBG W-ABZ (2022, S. 9/10, Abschnitt 3.2.1.2) und
- abZ/aBG AMO-Combi (2022, S. 6, Abschnitt 3.2.3) integriert.

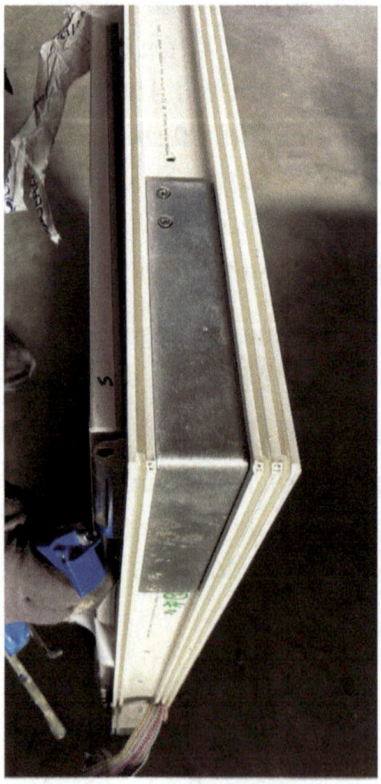

Bild 8.20 Möglichkeit einer konstruktiven Ausbildung einer Rahmenecke bei einem PVC Profil zur Lastübertragung (Foto: Küenzlen)

Für den statischen Nachweis eines Befestigers gegen einen Anprall nach „ETB-Richtlinie" ist grundsätzlich eine charakteristische Einwirkung in Höhe von $F_{E,k} = 2{,}8$ kN zu berücksichtigen, wobei der Teilsicherheitsbeiwert der Einwirkungen und der Material- Teilsicherheitsbeiwert auf der Widerstandseite mit $\gamma_F = \gamma_M = 1{,}0$ angesetzt werden darf; vgl. Abschnitt 8.5.3 mit Gl. (8.2).

Können für das zu befestigende Fensterelement die bereits genannten vier konstruktiven Vorrausetzungen für eine „Mehrfachbefestigung" erfüllt werden, darf für den jeweiligen statischen Nachweis gegen Anprall

- der Bemessungswert der Tragfähigkeit des Kunststoff-Rahmendübels SHARK UR 8 (SHARK UR, 2021) in Kombination mit der Fenstermontageschiene W-ABZ mit dem Faktor (1/0,6) erhöht werden (siehe abZ/aBG W-ABZ, 2022, S. 9, Abschnitt 3.2.1.2) bzw.
- die Einwirkung F_{Ed} auf den einzelnen Befestigungspunkt mit einer AMO-Combi Schraube auf 60 % reduziert werden (siehe abZ/aBG AMO-Combi, 2022, S. 6, Abschnitt 3.2.3).

In der Zulassung für die Fenstermontageschiene W-ABZ wird der statische Nachweis des Dübels dann ausführlich mit $\gamma_F = \gamma_M = 1{,}0$ wie folgt beschrieben (siehe abZ/aBG W-ABZ, 2022, S. 9, Abschnitt 3.2.1.2):

$$\frac{F_{Ek} \cdot \gamma_F}{\left(\frac{F_{Rk}}{\gamma_M}\right)} = \frac{F_{Ek} \cdot 1{,}0}{\left(\frac{F_{Rk}}{1{,}0}\right)} = \frac{F_{Ek}}{F_{Rk}} = \frac{F_{Ed}}{F_{Rd}} = \frac{2{,}8}{\left(F_{Rd,Befestiger}/0{,}6\right)} \leq 1{,}0 \tag{8.3}$$

mit:

$F_{Ek} = F_{Ed} =$	2,8 kN ETB-Anpralllast
F_{Rk}	charakteristische Tragfähigkeit (allgemein)
F_{Rd}	Bemessungswert des Widerstands (allgemein)
$F_{Rd,Befestiger}$	Bemessungswert des Widerstands im Bescheid des Befestigers
$\gamma_F = 1{,}0$	Teilsicherheitsbeiwert der Einwirkung für Nachweis der ETB-Anpralllast
$\gamma_M = 1{,}0$	Material-Teilsicherheitsbeiwert für den Nachweis der ETB-Anpralllast
0,6	Faktor zur Berücksichtigung der Mehrfachbefestigung

Können die vier konstruktiven Voraussetzungen nach ift Forschungsbericht (2020) für eine „Mehrfachbefestigung" nicht erfüllt werden, darf der Faktor zur Berücksichtigung der Mehrfachbefestigung nicht angewendet werden. Der statische Nachweis für den Lastfall Anprall muss dann mit 2,8 kN = F_{Rd} als Bauteilwiderstand geführt werden. Dabei kann F_{Rd} natürlich auch größer als 2,8 kN sein.

Für die AMO-Combi Schraube mit dem Kunststoff-Dübelhülse W-UR 10 XS oder W-UR 10 XXL gilt sinngemäß, dass die Einwirkung F_{Ed} nicht auf 60 % reduziert werden darf, wenn die Voraussetzungen nach ift Forschungsbericht (2020) nicht erfüllt werden können.

8.6 Fazit, Überleitung und Übersicht zu den Praxisbeispielen 2 bis 9 und 12

Das Kapitel 8 zeigt bereits deutlich, wie komplex die Bemessung von absturzsichernden Fenstern ist und wie viele Einflussfaktoren eine Rolle spielen können.

Diese unterschiedlichen Einflussfaktoren sollen – mit unterschiedlichen Schwerpunkten – in den folgenden Praxisbeispielen 2 bis 9 und 12 dargestellt werden. Eine Übersicht dieser Praxisbeispiele zeigt Tabelle 8.5.

Die (Außen-) Geometrie der absturzsichernden Fensterelemente ist in diesen Beispielen aus Übersichtsgründen und als Vereinfachung jeweils nahezu gleich. Nicht immer wird es allerdings in der Realität möglich sein, eine komplexe Befestigungsaufgabe im Bereich der absturzsichernden Fensterelemente mit einer vorhandenen Software berechnen zu lassen. Deshalb werden hier (jeweils nur) die unterschiedlichen Schwerpunkte ausführlich dargestellt, mit Verweisen versehen und – wo notwendig – im Detail erläutert.

In jedem Fall empfiehlt sich bei einer „Handrechnung" immer auch die Einhaltung einer Systematik – wie sie hier versucht wird einzuhalten – um den Überblick nicht zu verlieren.

Hinweis: Grundsätzlich gilt, dass die statische Bemessung einer absturzsichernden Fensterelement-Befestigung VOR dem Einbau der Fenster durchgeführt werden muss, wenn man im Anschluss an die Montage keine bösen Überraschungen erleben möchte, weil nachträglich ein statischer Nachweis ggf. nicht mehr möglich ist.

Für die Ausschreibung (der Befestigung) von absturzsichernden Fenstern sollte daher unbedingt auf diesen erforderlichen statischen Nachweis hingewiesen werden.

Dabei sind die Verankerungen immer *„ingenieurmäßig zu planen"*.

Bei einer entsprechenden Angebotsabgabe darf der erforderliche statische Nachweis deshalb auch nicht vergessen werden! Wird der statische Nachweis nicht explizit in der Ausschreibung gefordert, empfiehlt es sich unbedingt nachzufragen, wer für diesen statischen Nachweis verantwortlich ist.

Die Praxisbeispiele 8 und 9 beinhalten als Schwerpunkt zusätzlich das Thema (Dübel-) Versuche am Bauwerk.

Tabelle 8.5 Übersicht Praxisbeispiele 2 bis 9 und 12: Befestigung von absturzsichernden Fenstern

Praxis-beispiel	Beschreibung		Kapitel
2	Befestigung eines absturzsichernden Fensterelements mit unterer Festverglasung		9
	Verankerungsgrund 1	Kalksandvollstein Silka XL Basic	
	Befestigung 1	• Fenstermontageschiene • Kunststoffdübel	
	Verankerungsgrund 2	Konstruktionsvollholz KVH	
	Befestigung 2	• Fenstermontageschiene • Holzschraube	
3	Befestigung eines absturzsichernden Fensterelements im Verankerungsgrund Holz mit einem Direktbefestiger		10
	Verankerungsgrund	Konstruktionsvollholz KVH	
	Befestigung	• Abstandsmontageschraube ∅ 11,5 mm	
4	Befestigung eines bodentiefen absturzsichernden Fensterelements mit Festverglasung in Mauerwerk mit einem Direktbefestiger		11
	Verankerungsgrund	Hochlochziegel (Laibungsziegel)	
	Befestigung	• AMO-Combi Schraube mit Kunststoffdübelhülse W-UR 10 XXL	
5	Befestigung eines bodentiefen absturzsichernden Fensterelements mit Festverglasung mit einer Fenstermontageschiene – Nachweis der „Mehrfachbefestigung" oder durch Versuche		12
	Verankerungsgrund	Hochlochziegel (Laibungsziegel)	
	Befestigung	• Fenstermontageschiene • Kunststoffdübel	
6	Befestigung eines bodentiefen absturzsichernden Fensterelements mit Drehkippflügel und auf dem Fensterrahmen aufgeschraubtem Fenstergeländer		13
	Verankerungsgrund	Hochlochziegel (Laibungsziegel)	
	Befestigung	• Befestigungssystem BS 100 zur lastabtragenden und absturzsichernden Befestigung von Anbauteilen an Fensterrahmenprofilen • AMO-Combi Schraube mit Kunststoffdübelhülse W-UR 10 XXL	
7	Bemessung der Befestigung eines absturzsichernden Fensterelements in Lehmsteinmauerwerk		14
	Verankerungsgrund	Lehmlochstein	
	Befestigung	• Fenstermontageschiene mit T-Konsole • Kunststoffdübel	

(*Fortsetzung*)

Tabelle 8.5 (Fortsetzung)

Praxis-beispiel	Beschreibung		Kapitel
8	Befestigung eines absturzsichernden Fensterelements mit vorheriger Ermittlung der Dübeltragfähigkeit		16
	Verankerungsgrund	Hohlblockstein aus Normalbeton	
	Befestigung	• Fenstermontageschiene mit T-Konsole • Kunststoffdübel	
9	Querlast-Versuche am Bauwerk in der Fensterlaibung mit der Abstandsmontageschraube ∅ 11,5 mm in Leichtbeton-Vollsteinen		18
	Verankerungsgrund	Leichtbeton-Vollsteinen	
	Befestigung	• Abstandsmontageschraube ∅ 11,5 mm	
12	Befestigung eines absturzsichernden Fensterelements im Verankerungsgrund Stahl mit einem Direktbefestiger		26
	Verankerungsgrund	Stahl (Rechteckhohlprofil)	
	Befestigung	• Abstandsmontageschraube ∅ 11,5 mm	

Unser Leistungsspektrum zum Them
Fenster und Fassade
Sanierungskonzepte & Planung / Entwicklung
maßgeschneiderte Konzepte, Kostenschätzungen u
Begleitung von Ausschreibungsprozessen.
Gutachten
Neutrale und unabhängige Bewertungen von
Schäden und Mängeln als Entscheidungsgrundlage
Gerichte, Bauherren, Eigentümer und Versicherung
Qualitätssicherung
Fachliche Begleitung der Bauausführung
durch Kontrollen, Dokumentationen und
Mängelaufnahmen.
Prüfdienstleistungen
Blowerdoor, Schlagregendichtheitsprüfung im Bes
Auszugstests, Bauforensik,
Büro Mitte/Nord:
Feldstraße 108
58791 Werdohl
02392 - 659 27 51
Büro Süd:
Nordstraße 17
73432 Aalen
07367 -393 97 83
sv bür
schütt
www.sv-schuett.

9

Praxisbeispiel 2 – Befestigung eines absturzsichernden Fensterelements mit unterer Festverglasung

9.1 Einleitung und allgemeine Hinweise

9.1.1 Einleitung

Nachfolgend wird ein einfaches Bemessungsbeispiel für die Befestigung eines absturzsichernden Fensterelements mit unterer Festverglasung dargestellt (Bild 9.1). Für die Verankerung des Elements in der Fensterlaibung eines Gebäudes werden zwei Befestigungssysteme und zwei Wandbildner (Baustoffe bzw. Verankerungsgründe) unterschieden:

- Befestigungssystem 1: Verankerung in Mauerwerk mit Fenstermontageschiene und Kunststoffdübel
- Befestigungssystem 2: Verankerung an einem Holzständer mit Fenstermontageschiene und Holzschraube

9.1.2 Fenstermontageschiene mit Kunststoffdübel

Für die Befestigung des absturzsichernden Fensterelements kommt als Befestigungssystem 1 die Fenstermontageschiene W-ABZ in Kombination mit dem Kunststoff-Rahmendübel SHARK UR 8 zur Anwendung, das bereits ausführlich u. a. in den Abschnitten 8.5.1 bis 8.5.3 vorgestellt wurde.

Das Befestigungssystem 2 ist die gleiche Fenstermontageschiene W-ABZ in Kombination mit der ASSY®plus VG 4 COMBI Konstruktionsschraube (Stahl verzinkt Vollgewinde, Sechskantkopf 8x80 nach ETA ASSY, 2018); vgl. Abschnitt 9.2.3.

9.1.3 Allgemeine Hinweise

Für die in Abschnitt 8.2.6 beschriebene vollständige Nachweisführung aller Glieder der „Nachweiskette“ wird in diesem Praxisbeispiel zumindest die Lastermittlung bzw. der Lastfluss von der Einwirkung auf das absturzsichernde Fensterelement

Befestigung und Abdichtung von Fenstern und Türen. Regelwerke, Bauphysik, Baurecht, Praxisbeispiele. 2. Auflage.
J. Küenzlen, E. Scheller, M. Klatecki.

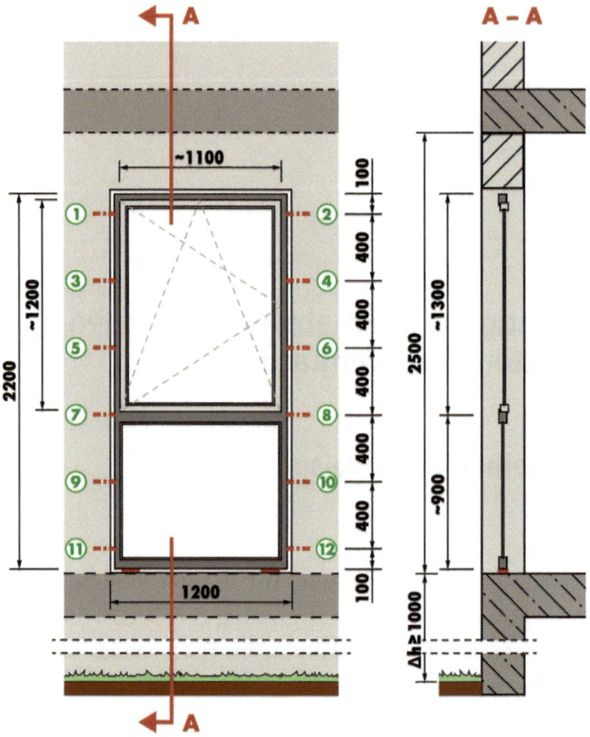

--- = 1 Stk. Fenstermontageschiene
1 Stk. Kunststoffdübel
(bzw. 1 Stk. Holzschraube
für Befestigung am Holz)

Bild 9.1 Schematische Darstellung für Praxisbeispiel 2 – Bodentiefes absturzsicherndes Fensterelement mit unterer Festverglasung (Ansicht von außen): Befestigung links und rechts mit je 6 Fenstermontageschienen W-ABZ und jeweils einem zugehörigen Kunststoff-Rahmendübel SHARK UR 8 in Kalksandvollstein (Befestigungssystem 1) bzw. jeweils einer zugehörigen Holzschraube in Konstruktionsvollholz KVH (Befestigungssystem 2), Maße in mm

bis zur Befestigung zusammengestellt. Da der Fokus dieses Fachbuchs jedoch auf der Befestigung bzw. Verankerung des Fensterrahmens am Baukörper liegt (hier – abweichend zu Abschnitt 8.2.6 – das 6. Glied der Nachweiskette), wird auf die statischen Nachweise der folgenden „Kettenglieder" aus Übersichtsgründen verzichtet:

- Glied 1 der Kette: Absturzsichernde (Brüstungs- bzw. Fest-) Verglasung
- Glied 2 der Kette: Unmittelbare Glasbefestigung
- Glied 3 der Kette: Brüstungsriegel
- Glied 4 der Kette: Verbindung Brüstungsriegel an Fensterrahmen
- Glied 5 der Kette: Fensterrahmen

Diese Nachweise müssten für ein reales Projekt abhängig vom gewählten Fensterrahmen-System und der gewählten Verglasung entsprechend ergänzt werden.

Für den Nachweis der Befestigung der absturzsichernden Fensterelemente am Gebäude wird im Hinblick auf die Verwendung von *zugelassenen* Dübel-Systemen auf die „Hinweise für die Montage von Dübelverankerungen" des DIBt hingewiesen. In DIBt Hinweise (2010) finden sich u. a. folgende Aussagen:

- *„Dübelsysteme müssen geplant und bemessen werden."*
- *„Dabei wird vorausgesetzt, dass Auswahl, Planung und Bemessung ausschließlich vom Planer vorgenommen werden."*
- *„Die Auswahl, Planung und Bemessung eines Dübelsystems gehören nicht zu den Aufgaben der Monteure."*
- *„Abweichungen von den Vorgaben der Konstruktionszeichnungen dürfen durch den Monteur nicht eigenmächtig vorgenommen werden."*

Ergänzend wird in den jeweiligen Zulassungen bzw. Bewertungen der Dübel-Systeme der Begriff „Planer" definiert. So findet sich z. B. in ETA SHARK UR (2021, S. 10, Anhang B 1) folgende Aussage:

> *„Die Bemessung der Verankerungen erfolgt [...] unter der Verantwortung eines auf dem Gebiet der Verankerungen und des Mauerwerks erfahrenen Ingenieurs."*

Für Verankerungen in Beton ist dieses Zitat entsprechend anzupassen, siehe z. B. ETA W-BS (2021, S. 10, Anhang B2).

Die Bemessung eines zugelassenen Dübels auf Grundlage der jeweiligen Zulassung/Bewertung bzw. auf Grundlage der in der Zulassung/Bewertung angegebenen Bemessungsregeln erbringt dabei immer nur den Nachweis der „örtlichen Krafteinleitung in den Verankerungsgrund", weshalb hier abschließend noch einmal auf das Zitat aus Gütegemeinschaft (2024) in Abschnitt 8.2.6 verwiesen wird. Danach ist die Weiterleitung der zu verankernden Lasten im Bauteil *„von der Einwirkungsstelle bis in den tragenden Baugrund"* nachzuweisen:

Würde also z. B. für ein reales Projekt von einem gesondert beauftragten (Fach-) Planer – wie im nachfolgenden Praxisbeispiel 2 dargestellt – nur der statische Nachweis der Befestigung des absturzsichernden Fensterelements erbracht, so wäre für den Nachweis der Lastweiterleitung bis in den tragenden Baugrund der für die Gesamtstatik des Gebäudes zuständige Tragwerksplaner verantwortlich.

Hier werden ab Abschnitt 9.9 nur die beiden genannten Befestigungssysteme 1 und 2 nachgewiesen. Dabei wird das „Glied 6 der Nachweiskette" (vgl. Abschnitt 8.2.6) zur besseren Übersicht in die folgenden Glieder 6 und 7 sowie 8.1 *oder* 8.2 unterteilt:

- Glied 6 der Kette: Verbindung Fensterrahmen mit Fenstermontageschiene W-ABZ
- Glied 7 der Kette: Fenstermontageschiene W-ABZ
- Glied 8.1 der Kette: Befestigung W-ABZ mit Kunststoffdübel in Mauerwerk
- Glied 8.2 der Kette: Befestigung W-ABZ mit Holzschraube in Holzständer

9.2 Zusammenstellung der Ausgangsdaten

9.2.1 Allgemeines

Gegebene Ausgangssituation für Praxisbeispiel 2 – Absturzsicherndes Fensterelement mit unterer Festverglasung, vgl. Bild 9.1:

- Bürogebäude in der Hansestadt Bremen (Postleitzahl 28195)
- Gebäudehöhe ≤ 10 m
- Lage des absturzsichernden Fensterelements in Bezug auf die einwirkenden Windlasten: Randbereich des Gebäudes
- Einsatzbereich: Flur in einem Bürogebäude (vgl. Tabelle 8.4), der als Fluchtweg dient (vgl. Abschnitt 8.3.2)
- Lichte Raumhöhe 2,50 m
- PVC-Fenster mit Stahlarmierung und 3-fach-Isolierverglasung
  - Stahlarmierung: □-Armierung aus Werkstoff DX51D (Werkstoffnummer 1.0917) nach DIN EN 10346, Materialdicke vorh. t = 1,6 mm
  - Aufbau der Isolierverglasung: (von außen nach innen): 6 mm ESG-H / 12 mm SZR / 4 mm ESG / 12 mm SZR / 8 mm VSG (44.2)
  - Fenstergröße: B × H ≈ 1,2 m × 2,2 m
  - unten Festverglasung: $B \times H_u \approx 1{,}2$ m × 0,9 m
  - oben Drehkippflügel-Bereich: $B \times H_o \approx 1{,}2$ m × 1,3 m
  - Drehkippflügel: b × h ≈ 1,1 m × 1,2 m
  - Glasfläche Drehkippflügel: b × h ≈ 1,0 m × 1,1 m
- Der Drehkippflügel wird auf der linken Ansichtsseite, nahe den Befestigungspunkten (1) und (7), angeschlagen (vgl. Bild 9.1).
- Der Höhenunterschied zwischen den Verkehrsflächen (Flur im Bürogebäude und OK Gelände) beträgt Δh ≥ 1,00 m: Nach Musterbauordnung (2024, § 38 Abs. 1 Satz 1) ist daher eine Umwehrung (= Absturzsicherung) vorzusehen.
- Annahme:
  Es wird zur Vereinfachung angenommen, dass für die Lösung der Befestigungsaufgabe – sowohl für das Befestigungssystem 1 als auch für das Befestigungssystem 2 – das Fensters derart in der Laibung liegt, dass der Befestiger (Kunststoffdübel bzw. Holzschraube) mittig in der Laibung (Mitte des Mauersteins bzw. Mitte des Holzständers) zu montieren ist. Für den Randabstand c der Befestiger in der Laibung gilt dann:

  $$c_{\text{innen}} = c_{\text{außen}}$$

9.2.2 Befestigungssystem 1

- Verankerungsgrund Mauerwerk:
  - Kalksandvollstein Silka XL Basic
  - Format/Steinabmessung: L × B × H ≥ 248 mm × 175 mm × 498 mm

- Rohdichte: $\rho \geq 2{,}0\ kg/dm^3$
- Mittlere Steindruckfestigkeit nach EN 771: $\geq 35\ N/mm^2$

- Annahme: Abstand a = 20 mm (vgl. Bild 9.4);
  beachte abZ/aBG W-ABZ (2024, Anlage 4.1)
- Befestigung gemäß Bild 9.1 nur seitlich links und rechts in der Laibung mit je 6 Stück Fenstermontageschienen W-ABZ („Absturzsichernde Fensterelementbefestigungen W-ABZ“ nach abZ/aBG W-ABZ, 2024)
- Kunststoffdübel:
  - je Fenstermontageschiene ein Kunststoff-Rahmendübel SHARK UR 8x10/80 nach ETA SHARK UR (2021)
  - $c_{innen} = c_{aßuen} = 175\,mm/2 = 87{,}5\,mm > 50\,mm = c_{min}$
  - (siehe ETA SHARK UR, 2021, Anhang C80, Tabelle C 11.65.2)

Hinweis: Die in der abZ/aBG bzw. ETA – für den jeweils hier im Fachbuch verwendeten Fensterbefestiger bzw. Kunststoffdübel – ausgewiesenen charakteristischen Tragfähigkeiten bzw. Bemessungswerte der Tragfähigkeit beziehen sich bei Verankerungen in Mauerwerk (Ausnahme Lehmsteine) immer auf die „mittlere Steindruckfestigkeit nach DIN EN 771“.

In der Praxis gibt es für Mauersteine nach DIN EN 771 in den zugehörigen Anwendungsnormen (DIN 20000-401 bis 404) unverändert „Druckfestigkeitsklassen“.

Für die Umrechnung der Druckfestigkeitsklasse in die mittlere Steindruckfestigkeit nach DIN EN 771 siehe (sinngemäß) Becker et al. (2022).

9.2.3 Befestigungssystem 2

- Verankerungsgrund Holz:
  - Konstruktionsvollholz KVH 80/200, Fichte
  - Festigkeitsklasse C24
  - Holzrohdichte $\rho_k = 350\ kg/m^3$ gemäß DIN EN 388
- Annahme: Abstand a = 20 mm (vgl. Bild 9.4; beachte abZ/aBG W-ABZ, 2024, Anlage 4.1)
- Befestigung gemäß Bild 9.1 nur seitlich links und rechts in der Laibung mit je 6 Stück Fenstermontageschienen W-ABZ („Absturzsichernde Fensterelementbefestigungen W-ABZ“ nach abZ/aBG W-ABZ, 2024)
- Holzschraube:
  - je Fenstermontageschiene eine ASSY®plus VG 4 COMBI Konstruktionsschraube Stahl verzinkt Vollgewinde, Sechskantkopf 8x80 nach ETA ASSY (2018); vgl. hier Bild 9.2;
  - Randabstand (vorhanden): $c_{innen} = c_{außen} = a_{4,t} = a_{4,c} = 200\ mm / 2 = 100\ mm$ (Für die Definition der Abstände zum beanspruchten Rand ($a_{4,t}$) bzw. unbeanspruchten Rand ($a_{4,c}$) im Verankerungsgrund Holz siehe DIN EN 1995-1-1:2010-12, S. 72, Abschnitt 8.3.1.2, Bild 8.7 b), (3) und (4)).
  - Achsabstand (vorhanden): $s = a_1 \geq 400\ mm$ (vgl. Bild 9.1)

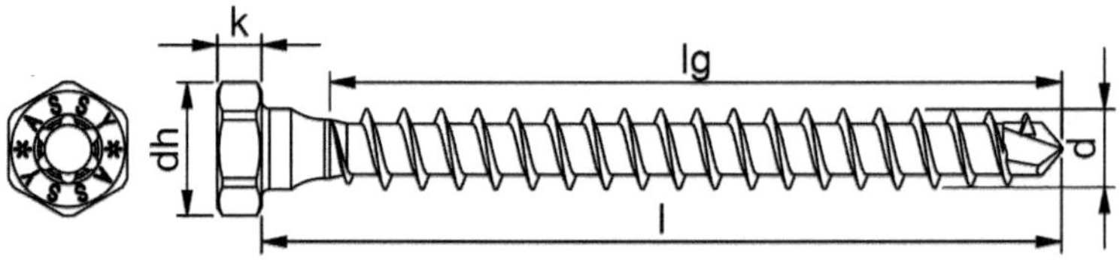

Bild 9.2 ASSY®plus VG 4 COMBI Konstruktionsschraube Stahl verzinkt Vollgewinde, Sechskantkopf 8x80 nach ETA ASSY (2018, Anlage 9.59 und 9.61); l = 80 mm (Schraubenlänge) und l_g = 67 mm (Gewindelänge)

Hinweis: Die Holzschraube ASSY®plus VG 4 COMBI wurde aus baupraktischen Gründen gewählt, da für deren Montage kein Vorbohren notwendig ist. Siehe hierzu ETA ASSY (2018, S. 17, Anhang 2, Abschnitt A.2.4.2).

Soll ein anderer Holzschrauben-Typ nach ETA ASSY (2018) gewählt werden, muss überprüft werden, ob

- diese Holzschraube auch ohne Vorbohren montiert werden kann,
- die geometrischen Randbedingungen – insbesondere die Mindestrandabstände $a_{4,t}$ und $a_{4,c}$ – angepasst werden müssen und ob
- die für die Bemessung in Abschnitt 9.13.2 angesetzte Gewindelänge (l_g) von Bild 9.2 abweicht und deshalb vielleicht ebenfalls angepasst werden muss.

9.3 Einwirkungen

9.3.1 Stoßartige Lasten nach ETB-Richtlinie (Außergewöhnliche Einwirkung)

Aufgrund des in Abschnitt 9.2 festgestellten Höhenunterschieds $\Delta h \geq 1{,}00$ m zwischen den Verkehrsflächen (Flur im Bürogebäude und OK Gelände) muss das Fensterelement absturzsichernde Eigenschaften aufweisen.

Gemäß „ETB-Richtlinie – Bauteile, die gegen Absturz sichern" werden die beiden konzipierten *Befestigungssysteme* (Fenstermontageschiene W-ABZ mit Kunststoffdübel in Mauerwerk *oder* Fenstermontageschiene W-ABZ mit Holzschraube in Holzständer) zur Befestigung des absturzsichernden Fensterelements gegen Versagen bemessen. Dabei muss für „Befestigungselemente" nur der „weiche Stoß", nicht aber der „harte Stoß" nachgewiesen werden, siehe ETB (1985, Abschnitt 3.2.2.2.3).

Gemäß der Zulassung für die „Absturzsichernde Fensterelementbefestigung W-ABZ" gilt Folgendes, siehe abZ/aBG W-ABZ (2022, S. 11, Abschnitt 3.2.3.4):

> *„Die statische Ersatzlast für den Nachweis der Befestigung der Fensterelementbefestigung an der Laibung ist nach ETB-Richtlinie mit 2,8 kN für jeden Befestigungspunkt anzusetzen.*

Für die Ermittlung des Bemessungswertes der Einwirkung aus Personenanprall ist ein Teilsicherheitsbeiwert von $\gamma_F = 1{,}0$ anzusetzen (außergewöhnliche Bemessungssituation).“

Demnach ist die für die Bemessung der beiden Befestigungssysteme folgender Bemessungswert der Einwirkungen anzusetzen:

$$F_{Ed} = F_{Ek} \cdot \gamma_F = 2{,}8 \cdot 1{,}0 = 2{,}8\,\text{kN} \tag{9.1}$$

mit:

F_{Ed} = 2,8 kN Bemessungswert der Einwirkungen

F_{Ek} = 2,8 kN siehe ETB (1985, Abschnitt 3.2.2.2.3)

γ_F = 1,0 Teilsicherheitsbeiwert der Einwirkungen für außergewöhnliche Bemessungssituation; siehe abZ/aBG W-ABZ (2024, S. 11, Abschnitt 3.2.3.4)

9.3.2 Windlasten

Das Bürogebäude, in das das absturzsichernde Fensterelement eingebaut wird, steht nach Abschnitt 9.2 in der Hansestadt Bremen. Im Verzeichnis „Windzonen nach Verwaltungsgrenzen“, DIBt.de (2022), wird für die „Stadt Bremen“ die „Windzone 3“ ausgewiesen.

Alternativ lassen sich unter dem Suchbegriff „Windzonen nach Postleitzahlen“ im Internet auch diverse Seiten finden, auf denen – lediglich unter der Eingabe der Postleitzahl für das konkrete Bauvorhaben – die entsprechend zugehörige Windzone ausgegeben wird.

Nach DIN 18055 (2020, S. 26, Anhang A, Tabelle A.1) ergibt sich für

- die Windzone 3,
- eine Gebäudehöhe ≤ 10 m und
- den Einbau des absturzsichernden Fensterelements im Randbereich des Bürogebäudes

folgende charakteristische Windbelastung (vgl. hier Abschnitt 2.8.2.1 mit Tabelle 2.4 und Tabelle 2.5):

$q_{wd,k}$ = 0,80 kN/m² (Winddruck)

$q_{ws,k}$ = 1,36 kN/m² (Windsog)

Die Bemessungswerte der Einwirkungen ergeben sich wie folgt:

$$q_{wd,d} = q_{wd,k} \cdot \gamma_F = 0{,}80 \cdot 1{,}5 = 1{,}20\,\text{kN/m}^2 \text{ Winddruck} \tag{9.2}$$

$$q_{ws,d} = q_{wd,k} \cdot \gamma_F = 1{,}36 \cdot 1{,}5 = 2{,}04\,\text{kN/m}^2 \text{ Windsog} \Rightarrow \text{maßgebend} \tag{9.3}$$

mit:

$\gamma_F = 1{,}5$ Teilsicherheitsbeiwert für veränderliche Einwirkungen (Verkehrslast/Windlast)

Hinweis: Die Anwendung von DIN 18055 (2020, S. 26, Anhang A, Tabelle A.1) beruht auf Berechnungen mit dem vereinfachten Verfahren nach DIN EN 1991-1-4 und DIN EN 1991-1-4/NA. Diese praxisnahe Vorgehensweise liegt für übliche Gebäude auf der sicheren Seite.

Sofern eine Abminderung der Werte aus Tabelle A.1 angestrebt wird, ist eine genaue Berechnung der Außendruckbeiwerte nach DIN EN 1991-1-4/NA (2024, S. 11/12, Tabelle NA.1), bzw. eine genaue Windlastermittlung nach DIN EN 1991-1-4/NA (2024, S. 22, Abschnitt NA.B.3.3), erforderlich (vgl. hierzu auch die ausführlichen Ausführungen in Abschnitt 2.8.2.1).

9.3.3 Horizontale Nutzlast (Holmlast auf den Brüstungsriegel)

Die charakteristische horizontale Nutzlast – in Absturzrichtung nach außen – ergibt sich für einen Flur in einem Bürogebäude, der als Fluchtweg dient, aus DIN EN 1991-1-1/NA (2010, S. 13, Tabelle 6.12DE) bzw. nach ASR A2.1 (2022, S. 9, Abschnitt 5.1, Absatz 7):

$$\Rightarrow\ q_{k,\text{außen}} = 1{,}0\,\text{kN/m}$$

Gemäß DIN EN 1991-1-1/NA (2010, S. 13, Abschnitt 6.4, Tabelle 6.12DE und Absatz 2) sind die horizontalen Nutzlasten in Absturzrichtung in voller Höhe und in Gegenrichtung – nach innen wirkend – mit 50 %, mindestens jedoch mit 0,5 kN/m anzusetzen:

$$\Rightarrow\ q_{k,\text{innen}} = 0{,}5\,\text{kN/m}$$

Die Bemessungswerte der Einwirkungen ergeben sich wie folgt:

$$q_{kd,\text{außen}} = q_{k,\text{außen}} \cdot \gamma_F = 1{,}0 \cdot 1{,}5 = 1{,}50\,\text{kN/m} \quad \Rightarrow \text{maßgebend} \tag{9.4}$$

$$q_{kd,\text{innen}} = q_{k,\text{innen}} \cdot \gamma_F = 0{,}5 \cdot 1{,}5 = 0{,}75\,\text{kN/m} \tag{9.5}$$

mit:

$\gamma_F = 1{,}5$ Teilsicherheitsbeiwert für unabhängige veränderliche Einwirkung mit ungünstiger Auswirkung nach DIN EN 1990/NA (2010, S. 11, Tabelle NA.A.1.2(B))

9.3.4 Last aus 90° geöffnetem Fensterflügel

Wird der im absturzsichernden Fensterelement oben angeordnete Drehkippflügel um 90° geöffnet, treten auf der Bandseite infolge des Eigengewichts des Fensterflügels zusätzliche Querlasten auf. Hierzu wird zunächst das Eigengewicht des Drehkippflügels ermittelt (vgl. Tabelle 9.1; siehe auch Gütegemeinschaft, 2024, S. 162, Abschnitt 5.1.2.1, Tabelle 5.3 und Tabelle auf S. 173).

Das resultierende Kräftepaar (Z = D) aus dem 90° in den Innenraum geöffneten Flügel wird auf der Bandseite oben durch den Befestigungspunkt (1) und unten in Höhe des Brüstungsriegels durch den Befestigungspunkt (7) aufgenommen (vgl.

Tabelle 9.1 Praxisbeispiel 2: Ermittlung des Eigengewichts des Drehkippflügels

Zeile	Bauteil	Rechenweg	Ergebnis
1	Flügelrahmen	(2 · 1,1 m + 2 · 1,2 m) · 3,5 kg/m =	16,1 kg
2	Isolierverglasung	2,5 kg/(mm·m²) · (6 mm + 4 mm + 8 mm) · (1,0 m · 1,1 m) =	49,5 kg
3	Drehkippflügel	(Zeile 1 + 2) =	65,6 kg
4	Eigenlast $G_{Flügel}$	65,6 kg · 9,81 m/s² = 643,5 N [1)]	0,64 kN

1) 1 kg · m/s² = 1 N = 0,001 kN

Bild 9.1). Dabei wirkt die Einwirkung $Z = V_{fd,1}$ in Richtung des Innenraums und die Einwirkung $D = V_{fd,7}$ nach außen (vgl. Bild 9.3).

Der Bemessungswert der Einwirkungen auf die Befestigungspunkte (1) und (7) durch den 90° geöffneten Fensterflügel ergibt sich nach Gütegemeinschaft (2024) wie folgt:

$$V_{fd,1} = Z$$

$$V_{fd,7} = D$$

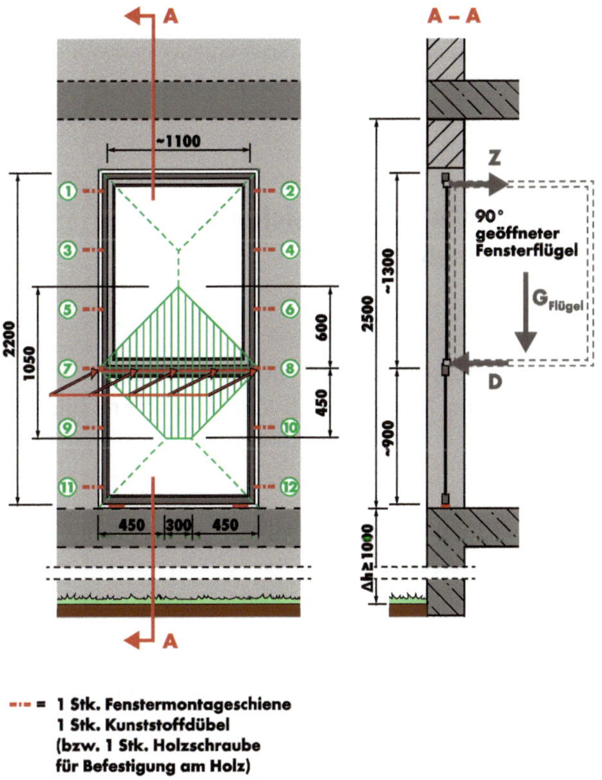

Bild 9.3 Praxisbeispiel 2: Belastung des Brüstungsriegels und Kräftepaar aus 90° geöffnetem Fensterflügel

$$V_{fd,1} = V_{fd,7} = \frac{b}{h} \cdot \left(\frac{G_{Flügel}}{2} \cdot \gamma_F\right) = \frac{1{,}10}{1{,}20} \cdot \left(\frac{0{,}64}{2} \cdot 1{,}35\right) = 0{,}92 \cdot 0{,}43 = 0{,}40\,\text{kN} \tag{9.6}$$

mit:

B	=	1,1 m	vgl. Abschnitt 9.2
h	=	1,2 m	vgl. Abschnitt 9.2 (Beachte hierzu auch den Hinweis in Abschnitt 5.5!)
$G_{Flügel}$	=	0,64 kN	vgl. Tabelle 9.1
γ_F	=	1,35	Teilsicherheitsbeiwert für ständige Einwirkungen (Eigengewicht)

Hinweis: Der Abstand für die Lasteinleitung der horizontalen Lasten (Z und D bzw. $V_{fd,1}$ und $V_{fd,7}$) ist nach Bild 9.3 die Höhendifferenz zwischen den Befestigungspunkten (1) und (7).

In Gl. (9.6) werden für die Ermittlung von Z und D nach Gütegemeinschaft (2024, S. 169, Abschnitt 5.1.2.3, Tabelle 5.4, Zeile 1) allerdings die Flügelaußenmaße (hier im Beispiel b / h = 1,10 m / 1,20 m) angesetzt.

Dieses Vorgehen stellt eine Vereinfachung für die Bemessungspraxis dar, da die reale Lasteinleitung aus dem Flügelrahmen über Bänder bzw. Scherenlager in den Blendrahmen bei jedem Fensterelement unterschiedlich ist. Diese Vereinfachung wird aus Übersichtsgründen übernommen.

9.4 Glied 1 der Nachweiskette: Absturzsichernde (Brüstungs- bzw. Fest-) Verglasung

9.4.1 Statische Lasten

Die einwirkenden Windlasten können Abschnitt 9.3.2 entnommen werden

Die Fläche der unteren Festverglasung beträgt gemäß Abschnitt 9.2 und Bild 9.3: $A_{Festverglasung} < B \times H_u \approx 1{,}2\,\text{m} \times 0{,}9\,\text{m}$.

Nachweis:
Auf die glastechnische Bemessung wird hier aus Übersichtsgründen verzichtet (vgl. Abschnitt 9.1.3).

9.4.2 Stoßartige Lasten

Gemäß Bild 8.8 und Bild 9.1 handelt es sich bei diesem Beispiel um eine absturzsichernde Verglasung der Kategorie C2 nach DIN 18008-4 (2024, S. 6, Bild 1).

Für den Nachweis der Stoßsicherheit der Verglasungen mittels Bauteilversuch ist gemäß Tabelle 8.2 eine Pendelfallhöhe von 450 mm einzuhalten.

Nachweis:
Auf die glastechnische Bemessung wird hier aus Übersichtsgründen verzichtet (vgl. Abschnitt 9.1.3).

9.5 Glied 2 der Nachweiskette: Unmittelbare Glasbefestigung

Gemäß DIN 18008-4 (2024, S. 36, Anhang D, Abschnitt D.1.2) muss der stoßbeanspruchte Glasfalzanschlag einer statischen Ersatzlast von $q_d = 10$ kN/m standhalten (vgl. auch Abschnitt 8.2.5).

Nachweis:
Auf den Nachweis der unmittelbaren Glasbefestigung wird hier aus Übersichtsgründen verzichtet (vgl. Abschnitt 9.1.3).

9.6 Glied 3 der Nachweiskette: Brüstungsriegel

9.6.1 Statische Lasten

Für die Ermittlung der einwirkenden Windsoglasten nach Abschnitt 9.3.1 auf den Brüstungsriegel werden in Bild 9.3 die Lasteinzugsflächen dargestellt. Für diese Lasteinzugsflächen werden nachfolgend in den Gln. (9.7) bis (9.12) nur die Lastordinaten ermittelt.

Gemäß DIN EN 1990/NA (2010, S. 5, NCI zu 6.4.3.2(3) und S. 8, Tabelle NA.A.1.1) sind die horizontale Linienlast nach Abschnitt 9.3.3 und die Windlast zu überlagern, wobei zwei Lastfallkombinationen untersucht werden (vgl. hier auch Abschnitt 8.5.2.2).

Lastfallkombination 1
Die Holmlast wird voll und die Windlast um den Faktor $\Psi_0 = 0{,}6$ reduziert angesetzt:

$$q_{wd,1,o} = \Psi_0 \cdot q_{ws,d} \cdot b_{w,o} = 0{,}6 \cdot 2{,}04 \cdot 0{,}60 = 0{,}73\,\text{kN/m} \tag{9.7}$$

$$q_{wd,1,u} = \Psi_0 \cdot q_{ws,d} \cdot b_{w,u} = 0{,}6 \cdot 2{,}04 \cdot 0{,}45 = 0{,}55\,\text{kN/m}$$

$$q_{kd,1} = q_{kd} = 1{,}50\,\text{kN/m}$$

Lastfallkombination 2
Die Windlast wird voll und die Holmlast um den Faktor $\Psi_0 = 0{,}7$ reduziert angesetzt:

$$q_{wd,2,o} = q_{wd} \cdot b_{w,o} = 2{,}04 \cdot 0{,}60 = 1{,}22\,\text{kN/m} \tag{9.8}$$

$$q_{wd,2,u} = q_{wd} \cdot b_{w,u} = 2{,}04 \cdot 0{,}45 = 0{,}92\,\text{kN/m}$$

$$q_{kd,2} = \Psi_0 \cdot q_{kd} = 0{,}7 \cdot 1{,}50 = 1{,}05\,\text{kN/m}$$

Nachweis:
Auf den Nachweis des Brüstungsriegels wird hier aus Übersichtsgründen verzichtet (vgl. Abschnitt 9.1.3).

9.6.2 Stoßartige Lasten

Sie hierzu sinngemäß Abschnitt 9.5.

Nachweis:
Auf den Nachweis des Brüstungsriegels wird hier aus Übersichtsgründen verzichtet (vgl. Abschnitt 9.1.3).

9.7 Glied 4 der Nachweiskette: Verbindung Brüstungsriegel an Fensterrahmen

9.7.1 Statische Lasten

B = Rahmenbreite = ca. Länge Brüstungsriegel = 1,20 m
Für die Berechnungen vgl. Abschnitt 9.6.1 und Bild 9.3.

Lastfallkombination 1

$$\begin{aligned} F_{d1} &= \left(q_{wd,1,o} \cdot B\right)/4 + \left[q_{wd,1,u} \cdot (1{,}2 + 0{,}3)/2\right]/2 + \left(q_{kd,1} \cdot B\right)/2 \\ &= (0{,}73 \cdot 1{,}2)/4 + [0{,}55 \cdot 1{,}50/2]/2 + (1{,}50 \cdot 1{,}2)/2 \\ &= 0{,}22 + 0{,}21 + 0{,}90 \\ &= 1{,}33\,\text{kN} \end{aligned} \tag{9.9}$$

Lastfallkombination 2

$$\begin{aligned} F_{d2} &= \left(q_{wd,2,o} \cdot B\right)/4 + \left[q_{wd,2,u} \cdot (1{,}2 + 0{,}3)/2\right]/2 + \left(q_{kd,2} \cdot B\right)/2 \\ &= (1{,}22 \cdot 1{,}2)/4 + [0{,}92 \cdot 1{,}50/2]/2 + (1{,}50 \cdot 1{,}2)/2 \\ &= 0{,}37 + 0{,}34 + 0{,}63 \\ &= 1{,}34\,\text{kN} \Rightarrow \text{maßgebend} \end{aligned} \tag{9.10}$$

Nachweis:
Auf den Nachweis der Verbindung des Brüstungsriegel an den Fensterrahmen wird hier aus Übersichtsgründen verzichtet (vgl. Abschnitt 9.1.3).

9.7.2 Stoßartige Lasten

Vgl. Abschnitt 9.3.1:

$$F_{Ed} = 2{,}8\,\text{kN}$$

Nachweis:
Auf den Nachweis der Verbindung des Brüstungsriegel an den Fensterrahmen wird hier aus Übersichtsgründen verzichtet (vgl. Abschnitt 9.1.3).

9.8 Glied 5 der Nachweiskette: Fensterrahmen

9.8.1 Statische Lasten

Die Lastermittlung für Wind erfolgt wie für den Brüstungsriegel (vgl. Abschnitt 9.6.1) mit den entsprechenden in Bild 9.3 dargestellten Lasteinzugsflächen.

Für die Lasten aus dem Brüstungsriegel vgl. Abschnitt 9.7.1.

Nachweis:
Auf den Nachweis des Fensterrahmens wird hier aus Übersichtsgründen verzichtet (vgl. Abschnitt 9.1.3).

9.8.2 Stoßartige Lasten

Sie hierzu sinngemäß Abschnitt 9.5.

Nachweis:
Auf den Nachweis des Fensterrahmens wird hier aus Übersichtsgründen verzichtet (vgl. Abschnitt 9.1.3).

9.9 Zwischenschritt: Ermittlung der maßgebenden Querkräfte für Befestigungspunkt (7) für die zwei zu untersuchenden Befestigungssysteme

Hier werden nachfolgend die beiden genannten Befestigungssysteme 1 und 2 nach Abschnitt 9.2 nachgewiesen. Dabei wird das „Glied 6 der Nachweiskette" gemäß Abschnitt 8.2.6 zur besseren Übersicht in die folgenden Glieder 6 und 7 sowie 8.1 *oder* 8.2 unterteilt:

- Glied 6 der Kette: Verbindung Fensterrahmen mit Fenstermontageschiene W-ABZ
- Glied 7 der Kette: Fenstermontageschiene W-ABZ
- Glied 8.1 der Kette: Befestigung W-ABZ mit Kunststoffdübel in Mauerwerk
- Glied 8.2 der Kette: Befestigung W-ABZ mit Holzschraube in Holzständer

Zunächst werden hier im Abschnitt 9.9 die maßgebenden Querkräfte ermittelt, die für beide Befestigungssysteme, also die Glieder 6 und 7 sowie 8.1 *oder* 8.2 identisch sind.

Bild 9.3 zeigt, dass an Befestigungspunkt (7) die horizontalen Lasten aus dem Brüstungsriegel und die Lasten aus dem 90° geöffneten Fenster aufgenommen werden, weshalb es sich hierbei offensichtlich um den maßgebenden der insgesamt 12 Befestigungspunkte handelt.

Daher werden nachfolgend nur für den Befestigungspunkt (7) für alle möglichen Lastfälle die Lasten zusammengetragen und anschließend wiederum nur die maßgebenden Nachweise geführt. Die anderen Befestigungspunkte werden auf der sicheren Seite baugleich ausgeführt.

9.9.1 Lastfall 1: Stoßartige Lasten

Maßgebende Querkraft (vgl. hierzu Abschnitt 9.3.1):

$$V_{Ed,LF1} = F_{Ed} = 2{,}8\,\text{kN} \tag{9.11}$$

Gemäß ETB-Richtlinie (ETB, 1985, Abschnitt 3.1) sind nur die horizontalen Nutzlasten (= Holmlasten) mit den Windlasten zu überlagern. Die stoßartigen Lasten müssen also mit keinen weiteren Lasten überlagert werden.

9.9.2 Lastfall 2: Windsoglast

Maßgebende Querkraft (vgl. hierzu Bild 9.1 und Abschnitt 9.3.2):

$$\begin{aligned} V_{Ed,LF2} &= A_{Wind} \cdot q_{ws,d} \\ &= [(1{,}2/2) \cdot 0{,}4] \cdot 2{,}04 \\ &= 0{,}49\,\text{kN} \end{aligned} \tag{9.12}$$

9.9.3 Lastfall 3: Winddrucklast

Maßgebende Querkraft (vgl. hierzu Bild 9.1 und Abschnitt 9.3.2):

$$\begin{aligned} V_{Ed,LF3} &= A_{Wind} \cdot q_{wd,d} \\ &= [(1{,}2/2) \cdot 0{,}4] \cdot 1{,}20 \\ &= 0{,}29\,\text{kN} \end{aligned} \tag{9.13}$$

9.9.4 Lastfall 4: Horizontale Nutzlast (Holmlast auf den Brüstungsriegel)

Maßgebende Querkraft (vgl. hierzu Bild 9.1 und Abschnitt 9.3.3):

$$\begin{aligned} V_{Ed,LF4} &= (B/2) \cdot q_{kd,außen} \\ &= (1{,}2/2) \cdot 1{,}5 \\ &= 0{,}90\,\text{kN} \end{aligned} \tag{9.14}$$

Die horizontale Nutzlast in Gegenrichtung wird nicht weiter untersucht; beachte hierzu den folgenden Abschnitt 9.9.5.

9.9.5 Lastfall 5: Überlagerung horizontale Nutzlast (Holmlast) plus Windsoglast

Hier werden nur die in Absturzrichtung nach außen wirkende Windsoglast und horizontale Nutzlast (Holmlast) überlagert:

$$V_{Ed,Sog} = V_{Ed,LF2} = 0{,}49\,kN \text{ (vgl. Abschnitt 9.9.2)} \tag{9.15}$$

$$V_{Ed,Holm} = V_{Ed,LF4} = 0{,}90\,kN \text{ (vgl. Abschnitt 9.9.4)} \tag{9.16}$$

Gemäß DIN EN 1990/NA (2010, S. 5, NCI zu 6.4.3.2(3) und S. 8, NDP zu A.1.2.2, Tabelle NA.A.1.1) werden zwei Lastfallkombinationen untersucht (vgl. hier auch Abschnitt 8.5.2.2).

Lastfallkombination 1
Die Holmlast wird voll und die Windlast um den Faktor $\Psi_0 = 0{,}6$ reduziert angesetzt:

$$V_{Ed,LF5\text{-}1} = V_{Ed,Holm} + (\Psi_0 \cdot V_{Ed,Sog}) = 0{,}90 + (0{,}6 \cdot 0{,}49) = 1{,}19\,kN \Rightarrow \text{maßgebend} \tag{9.17}$$

Lastfallkombination 2
Die Windlast wird voll und die Holmlast um den Faktor $\Psi_0 = 0{,}7$ reduziert angesetzt:

$$V_{Ed,LF5\text{-}2} = V_{Ed,Sog} + (\Psi_0 \cdot V_{Ed,Holm}) = 0{,}49 + (0{,}7 \cdot 0{,}90) = 1{,}12\,kN \tag{9.18}$$

Gemäß Abschnitt 9.3.3 ist auch in Gegenrichtung, ins Rauminnere, eine horizontalen Nutzlast von mindestens 0,5 kN/m anzusetzen, die dann mit dem Winddruck überlagert werden müsste. Aus der Anschauung des Fensters entfällt diese Überlagerung, da dafür Personen am Brüstungsriegel horizontal nach innen ziehen müssten, damit die horizontale Nutzlast in diese Richtung aufgebracht werden kann. Dieses „Ziehen“ könnte aber nur dann erfolgen, wenn der obere Drehkippflügel geöffnet wird, damit sich die Personen am Brüstungsriegel festhalten können. Ist aber der obere Fensterflügel geöffnet, so wirkt nicht mehr gleichzeitig der maximale Winddruck auf das Fenster.

Außerdem ist der Winddruck kleiner als der Windsog und die horizontale Nutzlast nach innen kleiner als die horizontale Nutzlast nach außen. Eine Überlagerung von beiden ist also kleiner als die nach außen wirkende Kombination.

9.9.6 Lastfall 6: Überlagerung horizontale Nutzlast (Holmlast) plus Last aus 90° geöffnetem Fenster

Aus Sicht der Autoren müssen die Querlasten aus dem 90° geöffnetem Fenster nur mit der horizontalen Nutzlast (Holmlast) überlagert werden: Ist das Fenster

90° geöffnet, so kann auf das Fenster keine oder wenn, dann nur eine sehr eingeschränkte Windlast wirken.

Die Querlast aus dem 90° geöffnetem Fenster und die Horizontallast wirken zusammen nur auf den Befestigungspunkt (7) ein (vgl. Bild 9.3) und werden beide auf der sicheren Seite voll angesetzt (vgl. Abschnitt 9.3.4 und 9.9.4):

$$\begin{aligned} V_{Ed,LF6} &= V_{fd,7} + V_{Ed,LF4} \\ &= 0{,}40 + 0{,}90 \\ &= 1{,}30\,kN \end{aligned} \tag{9.19}$$

9.9.7 Übersicht der maßgebenden Querkräfte für das Praxisbeispiel 2

In der Tabelle 9.2 werden alle maßgebenden Querkräfte der einzelnen Lastfälle übersichtlich zusammengestellt. Für den Nachweis der Befestigungssysteme 1 und 2 müssen danach nur die beiden maßgebenden Lastfälle 1 und 6 weiter untersucht werden.

Tabelle 9.2 Übersicht der maßgebenden Querkräfte für alle Lastfälle (Praxisbeispiel 2)

<table>
<tr><th rowspan="2">Last-fall</th><th rowspan="2">Beschreibung</th><th rowspan="2">Ermittlung V_{Ed} siehe Abschnitt</th><th rowspan="2">V_{Ed} [kN]</th><th rowspan="2">Maß-gebend [kN]</th><th colspan="2">Bemessung vgl. Abschnitte</th></tr>
<tr><th>Befestigungs-System 1[1)]</th><th>Befestigungs-System 2[2)]</th></tr>
<tr><td>1</td><td>Stoßartige Lasten</td><td>9.9.1</td><td>2,80</td><td>2,80</td><td>Glied 6: 9.10
Glied 7: 9.11.1
Glied 8.1: 9.12.1</td><td>Glied 6: 9.10
Glied 7: 9.11.1
Glied 8.2: 9.13.7.4</td></tr>
<tr><td>2</td><td>Windsoglast</td><td>9.9.2</td><td>0,49</td><td rowspan="5">1,30</td><td rowspan="5">Glied 6: 9.10
Glied 7: 9.11.2
Glied 8.1: 9.12.2
9.12.3</td><td rowspan="5">Glied 6: 9.10
Glied 7: 9.11.2
Glied 8.2: 9.13.7.5</td></tr>
<tr><td>3</td><td>Winddrucklast</td><td>9.9.3</td><td>0,29</td></tr>
<tr><td>4</td><td>Horizontale Nutzlast</td><td>9.9.4</td><td>0,90</td></tr>
<tr><td>5</td><td>Überlagerung horizontale Nutzlast plus Windsoglast</td><td>9.9.5</td><td>1,19</td></tr>
<tr><td>6</td><td>Überlagerung horizontale Nutzlast plus Last aus 90° geöffnetem Fenster</td><td>9.9.6</td><td>1,30</td></tr>
</table>

1) Fenstermontageschiene W-ABZ und Kunststoff-Rahmendübel SHARK UR in Kalksandvollstein Silka XL Basic

2) Fenstermontageschiene W-ABZ und ASSY®plus VG 4 COMBI in Holzständer

9.10 Glied 6 der Nachweiskette: Verbindung Fensterrahmen mit Fenstermontageschiene W-ABZ

Die Befestigung der Lasche der Fenstermontageschiene W-ABZ am absturzsichernden PVC-Fensterelement mit Stahlarmierung erfolgt mit zwei zugelassenen Bohrschrauben Zebra Piasta 6,3 × L; die Mindestlänge dieser Schrauben beträgt min. L = 27 mm (siehe abZ/aBG W-ABZ, 2024, S. 3, Tabelle 1).

Der PVC-Blendrahmen des absturzsichernden Fensterelements hat gemäß Abschnitt 9.2 eine □-Stahlarmierung aus dem Werkstoff DX51D (Werkstoffnummer 1.0917) mit einer Materialdicke t = 1,6 mm. Gemäß DIN EN 10346 (2015, S. 19, Tabelle 7) weist dieser Stahl eine Zugfestigkeit R_m zwischen 270 und 500 MPa auf. Mit

- einer Zugfestigkeit vorh. $R_m \geq 270$ MPa = 270 N/mm² = erf. R_m sowie
- einer Materialstärke vorh. $t = 1{,}6 \geq 1{,}5$ mm = erf. t

erfüllt der Stahl die Anforderungen gemäß abZ/aBG W-ABZ (2024, S. 3, Tabelle 1).

Nach abZ/aBG W-ABZ (2024, S. 9, Abschnitt 3.2.1.1) gilt dann Folgendes:

> *„Die Befestigung der Lasche am Fensterprofil mit Bohrschrauben für das jeweilige Rahmenprofil ... ist Bestandteil der absturzsichernden Fensterelementbefestigungen und muss nicht separat nachgewiesen werden."*

⇒ <u>o. w. N.</u>

9.11 Glied 7 der Nachweiskette: Fenstermontageschiene W-ABZ

9.11.1 Nachweis Lastfall 1: Stoßartige Lasten

Nach abZ/aBG W-ABZ (2024, S. 9, Abschnitt 3.2.1.1) gilt Folgendes:

> *„Für die Fensterelementbefestigung gilt der Nachweis zur Aufnahme der Einwirkungen aus Personenanprall als erbracht."*

⇒ <u>o. w. N.</u>

9.11.2 Nachweis Lastfall 6: Überlagerung horizontale Nutzlast (Holmlast) plus Last aus 90° geöffnetem Fenster

Der Bemessungswert der *„Fensterelementbefestigung mit Montageschiene W-ABZ in beide Richtungen (Zug und Druck) mit und ohne Verwendung der T-Konsole"* (vgl. Bild 8.17) kann für den Abstand a = 20 mm (vgl. Abschnitt 9.2 und Bild 9.4), abZ/aBG W-ABZ (2024, S. 10, Tabelle 6) entnommen werden: $F_{Rd} = 1{,}28$ kN $= V_{Rd}$.

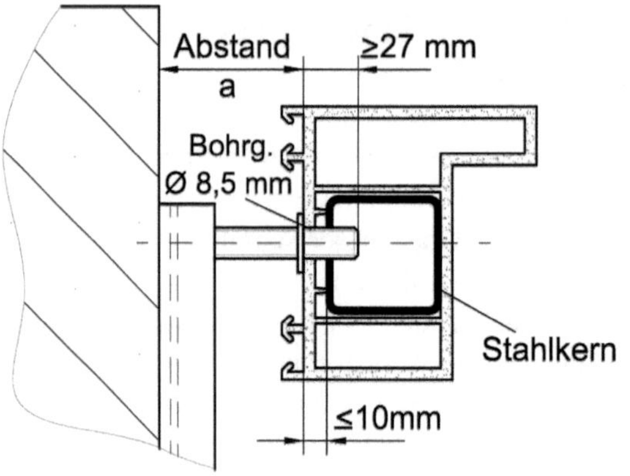

Bild 9.4 Definition des Abstands „a" nach abZ/aBG W-ABZ (2024, Anlage 4.1) für armierte PVC-Blendrahmen-Profile

Nachweis:

$$\frac{V_{Ed,LF6}}{V_{Rd}} = \frac{1{,}30}{1{,}28} = 1{,}02 \approx 1{,}0 \Rightarrow \text{Nachweis gerade noch erfüllt} \qquad (9.20)$$

mit:

$V_{Ed,LF6} = 1{,}30\,kN$ vgl. Abschnitt 9.9.6 bzw. bzw. Tabelle 9.2

$V_{Rd} = 1{,}28\,kN$ siehe abZ/aBG W-ABZ (2024, S. 10, Tabelle 6)

9.12 Glied 8.1 der Nachweiskette: Befestigung der W-ABZ mit Kunststoffdübel in Mauerwerk

Für den verwendeten Kunststoff-Rahmendübel SHARK UR 8x10/80 kann für den im Bürogebäude verbauten Kalksandvollstein (vgl. Abschnitt 9.2) Silka XL Basic KS mit der mittleren Steindruckfestigkeit nach EN 771 $f_b \geq 35\,N/mm^2$ der ETA SHARK UR (2021, S. 94, Anhang C 80) folgende charakteristische Tragfähigkeit für Zug, Querlast oder Schrägzug entnommen werden:

$$F_{Rk} = 4{,}5\,kN = V_{Rk}$$

Dieser Wert gilt mit Blick auf die gemauerte Wand innen, außen und in der Laibung.

Für den Dübel wird gemäß Abschnitt 9.2 $c_{innen} = c_{außen} = 175\,mm / 2 = 87{,}5\,mm > 50\,mm = c_{min}$ eingehalten.

9.12.1 Nachweis Lastfall 1: Stoßartige Lasten

Nach abZ/aBG W-ABZ (2022, S. 9, Abschnitt 3.2.1.1) gilt Folgendes:

„Für den Nachweis der Verankerung in Beton/Mauerwerk/Holz darf bei Personenanprall mit einer statischen Ersatzlast von $\boldsymbol{F_{E,k} = 2{,}8\,kN}$ *nach ETB-Richtlinie beim Nachweis der Verankerungselemente nach Tabelle 2 abweichend von*

den in Tabelle 2 genannten Technischen Baubestimmungen der Teilsicherheitsbeiwert des Widerstandes von $\boldsymbol{\gamma_M}$ ***= 1,0*** *angesetzt werden."*

Nachweis:

$$\frac{V_{Ed,LF1}}{V_{Rk/\gamma_M}} = \frac{2{,}8}{4{,}5/1{,}0} = 0{,}62 \leq 1{,}0 \Rightarrow \text{Nachweis erbracht} \qquad (9.21)$$

mit:

$V_{Ed,LF1}$	=	2,80 kN	vgl. Abschnitt 9.9.1 bzw. Tabelle 9.2
V_{Rk}	=	4,50 kN	siehe ETA SHARK UR (2021, S. 94, Anhang C 80)
γ_M	=	1,0	Teilsicherheitsbeiwert des Widerstands; siehe abZ/aBG W-ABZ (2022, S. 9, Abschnitt 3.2.1.1)

9.12.2 Nachweis Lastfall 6: Überlagerung horizontale Nutzlast (Holmlast) plus Last aus 90° geöffnetem Fenster

Der Material-Teilsicherheitsbeiwert für Verankerungen in Mauerwerk kann für die Bemessung von Kunststoffdübeln DIBt TR 064 (2019, S. 7, Abschnitt 2.2) entnommen werden: $\gamma_{Mm} = 2{,}5$

Nachweis:

$$\frac{V_{Ed,LF6}}{V_{Rk/\gamma_M}} = \frac{1{,}3}{4{,}5/2{,}5} = 0{,}72 \leq 1{,}0 \Rightarrow \text{Nachweis erbracht} \qquad (9.22)$$

mit:

$V_{Ed,LF6}$	=	1,30 kN	vgl. Abschnitt 9.9.6 bzw. Tabelle 9.2
V_{Rk}	=	4,50 kN	siehe ETA SHARK UR (2021, S. 94, Anhang C 80)
γ_{Mm}	=	2,5	Material-Teilsicherheitsbeiwert für Mauerwerk; siehe DIBt TR 064 (2019, S. 7, Abschnitt 2.2)

9.12.3 Nachweis Lastfall 6 – Ergänzende Überprüfung „Herausschieben eines Mauersteins"

Ergänzend wird abschätzend überprüft, ob durch einen Dübel in Höhe von Befestigungspunkt (7) ein einzelner Kalksandvollstein aus dem Verband herausgeschoben werden kann. Dieser Nachweis erfolgt in Anlehnung an DIBt TR 054 (2019, S. 8, Abschnitt 4.2.1.5) mit folgendem Nachweis-Format:

$$N_{Ed}/N_{Rd,pb} \leq 1{,}0 \qquad (9.23)$$

Hinweis: Dieser Nachweis gilt gemäß dem oben zitierten Regelwerk DIBt TR 054 (2019) nur für Metall-Injektionsanker zur Verankerung im Mauerwerk, wird hier aber als Abschätzung auf der sicheren Seite auch für Kunststoffdübel geführt.

Auf der sicheren Seite wird die Stoßfuge als nicht vermörtelt angenommen:

$$\begin{aligned} N_{Rk,pb} &= 2 \cdot l_{brick} \cdot b_{brick} \cdot (0{,}5 \cdot f_{vko} + 0{,}4 \cdot \sigma_d) \\ &= 2 \cdot 248 \cdot 175 \cdot (0{,}5 \cdot 0{,}15 + 0{,}4 \cdot 0{,}025)/1000 \\ &= 7{,}38\,\text{kN} \end{aligned} \tag{9.24}$$

mit:

l_{brick} = 248 mm — vgl. Abschnitt 9.2 sowie ETA SHARK UR (2021, S. 94, Anhang C 80)

b_{brick} = 175 mm — vgl. Abschnitt 9.2 sowie ETA SHARK UR (2021, S. 94, Anhang C 80)

f_{vko} = 0,15 N/mm² — siehe DIBt TR 054 (2019, S. 8, Abschnitt 4.2.1.5, Tabelle 2): Mörtel-Druckfestigkeitsklasse ≥ M 2,5

σ_d = ½ · H · (ρ· 10) / 1000
= ½ · 2,5 · (2,0 · 10) / 1000 = 0,025 N/mm²

- σ_d — minimale Bemessungsdruckspannung senkrecht zur Querbelastung in Höhe des Befestigungspunktes (7)
- Annahme: — halbe Geschoßhöhe als mitwirkende Höhe ⇒ ½ ·H (H = 2,50 m; vgl. Abschnitt 9.2)
- ρ = 2,0 kg/dm³ — Rohdichte des Kalksandvollsteins, siehe ETA SHARK UR (2021, S. 94, Anhang C 80)

Nachweis:

$$\frac{N_{Ed}}{N_{Rk,pb}/\gamma_M} = \frac{1{,}3}{7{,}38/2{,}5} = 0{,}44 \leq 1{,}0 \Rightarrow \text{Nachweis erbracht} \tag{9.25}$$

mit:

N_{Ed} = $V_{Ed,LF6}$ = 1,30 kN — vgl. Abschnitt 9.9.6 bzw. Tabelle 9.2

$N_{Rk,pb}$ = 7,38 kN — vgl. Gl. (9.24)

γ_{Mm} = 2,5 — Material-Teilsicherheitsbeiwert für Mauerwerk; siehe DIBt TR 064 (2019, S. 7, Abschnitt 2.2) bzw. DIBt TR 054 (2019), dort jeweils Abschnitt 2.2

Die Last $N_{Ed} = V_{Ed,LF6} = 1{,}30$ kN tritt nur an Befestigungspunkt (7) auf. Dieser Nachweis beinhaltet eine ausreichend große Reserve, dass auch ein halber Stein zur Lasteinleitung ausreichen würde und nicht aus dem Verband herausgezogen werden könnte.

9.13 Glied 8.2 der Nachweiskette: Befestigung der W-ABZ mit Holzschraube in Holzständer

9.13.1 Allgemeines

Die Fenstermontageschiene W-ABZ wird gemäß Abschnitt 9.2 mit einer zugelassenen Holzschraube ASSY®plus VG 4 COMBI 8x80 nach ETA ASSY (2018) an einem Konstruktionsvollholz 80 mm × 200 mm befestigt.

Dabei liegt das Fenster derart in der Laibung, dass unter Verwendung einer Fenstermontageschiene W-ABZ die Holzschraube mittig im Konstruktionsvollholz eingeschraubt werden kann (vgl. Abschnitt 9.2): $c_{innen} = c_{außen} = a_{4,t} = a_{4,c} = 200$ mm / 2 = 100 mm

9.13.2 Ausgangswerte der Holzschraube ASSY 4 Combi 8x80

l_s = 80 mm Länge der Holzschraube ASSY®plus VG 4 COMBI 8x80

l_g = 67 mm Gewindelänge (vgl. Bild 9.2)

d = 8,0 mm Gewindeaußendurchmesser der Holzschraube

Gemäß ETA ASSY (2018, S. 10, Anhang 2, Abschnitt A.2.2.1) gilt für Beanspruchungen rechtwinklig zur Schraubenachse:

> *„Der Gewindeaußendurchmesser d soll als wirksamer Durchmesser der Schraube in Übereinstimmung mit EN 1995-1-1 verwendet werden."*

9.13.3 Kontrolle der Mindestbauteildicke und der Mindesteinschraubtiefe

Gemäß ETA ASSY (2018, S. 10, Anhang 2, Abschnitt A.2.1) muss die Mindesteinbindetiefe der Schrauben im tragenden Holzbauteil l_{ef} mindestens

$$l_{ef} = \min\begin{cases} 4 \cdot d/\sin\alpha \\ 20 \cdot d \end{cases} = \min\begin{cases} 4 \cdot 8/\sin 90° \\ 20 \cdot 8 \end{cases} = 32\,\text{mm} \tag{9.26}$$

betragen.

Diese Mindesteinschraubtiefe wird durch die vorhandene Einbindetiefe $l_{ef} = 67$ mm > 32 mm (vgl. Abschnitt 9.13.2 und Bild 9.2) und die vorhandene Holzdicke von 80 mm (vgl. Abschnitt 9.13.1) eingehalten.

9.13.4 Kontrolle des Mindestachsabstandes (Abstand in Faserrichtung)

Hier gilt ETA ASSY (2018, S. 17, Anhang 2, Abschnitt A.2.4.2):

> *„Beim Eindrehen von Würth Schrauben in vorgebohrte Holzbauteile und bei "ASSY plus", "ASSY plus VG" und "Jamo plus"13 Schrauben in nicht vorgebohrte Holzbauteile aus Nadelholz dürfen die Werte der Mindestabstände nach EN 1995-1-1, Abschnitt 8.3.1.2 und Tabelle 8.2, wie bei Nägeln mit vorgebohrten Nagellöchern, angesetzt werden.*
>
> *Dabei ist der Gewindeaußendurchmesser d zu verwenden."*

Damit ergibt sich mit DIN EN 1995-1-1 (2010, S. 71, Abschnitt 8.3.1.2, Tabelle 8.2) mit

- $\alpha = 90°$
- $\rho_k = 350\ \text{kg/m}^3 \leq 420\ \text{kg/m}^3$
- $d = 8$ mm ≥ 5 mm und
- Ansatz der Schraube wie bei Nägeln mit vorgebohrten Nagellöchern

folgender Mindestachsabstand (Abstand a_1 in Faserrichtung):

$$a_1 = (4 + |\cos\alpha|) \cdot d = (4 + |\cos 90°|) \cdot 8 = 32\,\text{mm} \tag{9.27}$$

Der erforderliche Achsabstand $a_1 = s = 32$ mm wird gemäß Bild 9.1 mit $s \geq 400$ mm offensichtlich eingehalten.

Hinweis: Soll ein anderer Holzschrauben-Typ nach ETA ASSY (2018) gewählt werden, gilt ggf. ETA ASSY (2018, S. 17, Anhang 2, Abschnitt A.2.4.2) für nicht vorgebohrte Holzbauteile.

Dann würden für diese Schraube die Mindestabstände nach DIN EN 1995-1-1 (2010, S. 71, Abschnitt 8.3.1.2, Tabelle 8.2), wie bei Nägeln mit nicht vorgebohrten Nagellöchern gelten.

Unter ansonsten gleichen Ausgangsparametern ($\alpha = 90°$, $\rho_k = 350$ kg/m³ und $d = 8$ mm ≥ 5 mm) würde sich dann der folgende, *größere* Mindestachsabstand ergeben:

$$a_1 = (5 + 7 \cdot |\cos\alpha|) \cdot d = (5 + 7 \cdot |\cos 90°|) \cdot 8 = 40\,\text{mm}$$

9.13.5 Kontrolle der Mindestrandabstände (Mindestabstände zum beanspruchten und unbeanspruchten Rand)

Nach Abschnitt 9.13.4 können die Holzschrauben ASSY®plus VG 4 COMBI 8x80 auch für die Mindestrandabstände ($a_{4,t}$ und $a_{4,c}$) wie Nägel in Löchern mit Vorbohrung betrachtet werden.

Damit ergeben sich mit DIN EN 1995-1-1 (2010, S. 71, Abschnitt 8.3.1.2, Tabelle 8.2) für die ASSY®plus VG 4 COMBI 8×80 mit

- $\alpha = 90°$
- $\rho_k = 350\,\text{kg/m}^3 \leq 420\,\text{kg/m}^3$
- $d = 8\,\text{mm} \geq 5\,\text{mm}$ und
- Ansatz der Schraube wie bei Nägeln mit vorgebohrten Nagellöchern

folgende Mindestabstände quer zu Faserrichtung zum beanspruchten Rand ($a_{4,t}$) und zum unbeanspruchten Rand ($a_{4,c}$):

$$\begin{aligned} a_{4,t} &= (3 + 4 \cdot \sin\alpha) \cdot d = (3 + 4 \cdot \sin 90°) \cdot 8 \\ &= (3 + 4 \cdot 1) \cdot 8 = 56\,\text{mm} \quad \text{beanspruchter Rand} \end{aligned} \tag{9.28}$$

$$a_{4,c} = 3 \cdot d = 3 \cdot 8 = 24\,\text{mm} \quad \text{unbeanspruchter Rand} \tag{9.29}$$

Die erforderlichen Randabstände $a_{4,t} = 56$ mm bzw. $a_{4,c} = 24$ mm werden offensichtlich durch die mittige Anordnung der Schraube im Konstruktionsvollholz mit $c_{innen} = c_{außen} = a_{4,t} = a_{4,c} = 200$ mm / 2 = 100 mm eingehalten.

Hinweis: Soll ein anderer Holzschrauben-Typ nach ETA ASSY (2018) gewählt werden, gilt ggf. ETA ASSY (2018, S. 17, Anhang 2, Abschnitt A.2.4.2) für nicht vorgebohrte Holzbauteile.

Dann würden für diese Schraube die Mindestabstände nach DIN EN 1995-1-1 (2010, S. 71, Abschnitt 8.3.1.2, Tabelle 8.2), wie bei Nägeln mit nicht vorgebohrten Nagellöchern gelten.

Unter ansonsten gleichen Ausgangsparametern ($\alpha = 90°$, $\rho_k = 350$ kg/m³ und d = 8 mm ≥ 5 mm) würden sich dann die folgenden, *größeren* Mindestrandabstände ergeben:

$$a_{4,t} = (5 + 5 \cdot \sin\alpha) \cdot d = (5 + 5 \cdot \sin 90°) \cdot 8 = 80\,\text{mm}$$

$$a_{4,c} = 5 \cdot d = 5 \cdot 8 = 50\,\text{mm}$$

9.13.6 Nachweis Verbindungsmittelkräfte unter einem Winkel zur Faserrichtung (Querzugspannungen)

9.13.6.1 Erläuterungen

Diesen Nachweis erläutert DIN EN 1995-1-1 (2010, S. 61, Abschnitt 8.1.4 „*Verbindungsmittelkrafte unter einem Winkel zur Faserrichtung*“, Absatz (1)P):

> *„Wenn eine Kraft in einer Verbindung unter einem Winkel zur Faserrichtung wirkt (...), dann ist die Gefahr eines Querzugversagens infolge der Querzugkraft $F_{Ed} \cdot \sin\alpha$ zu berücksichtigen.“*

Gemäß DIN EN 1995-1-1/NA (2013, S. 61, NCI zu 8.1.4 „*Verbindungsmittelkrafte unter einem Winkel zur Faserrichtung*“) gilt dann Folgendes:

> *„(NA.6) Werden Bauteile mit Rechteckquerschnitt durch eine Krafteinleitung unter einem Winkel zur Holzfaserrichtung beansprucht (siehe z. B. Bild NA.13), dürfen die durch eine Querzugkraft $F_{v,Ed} = F_{Ed} \cdot \sin\alpha$ verursachten Querzugspannungen wie folgt berücksichtigt werden:*
>
> *Für Queranschlüsse mit $h_e / h > 0{,}7$ ist ein Nachweis nicht erforderlich.*
>
> *Queranschlüsse mit $h_e / h < 0{,}2$ dürfen nur durch kurze Lasteinwirkungen (z. B. Windsogkräfte) beansprucht werden.“*

Übertragen auf die vorhandenen Randabstände $c_{innen} = c_{außen} = a_{4,t} = a_{4,c} = 200$ mm / 2 = 100 mm ergibt sich folgendes Verhältnis:

$$h_e/h = c/h = 100/200 = \underline{0{,}5} < 0{,}7 \tag{9.30}$$

Folglich ist hier der Nachweis der Querzugspannungen zu führen.

9.13.6.2 Eingangswerte für den Nachweis der Querzugspannungen

Abweichend zu DIN EN 1995-1-1/NA (2013, S. 62, NCI zu 8.1.4, Gleichung NA.104) wird hier zunächst die charakteristische Querzugtragfähigkeit $F_{90,Rk}$ ermittelt, da k_{mod} und γ_M in den Nachweisen für Lastfall 1 (Abschnitt 9.13.6.3) und Lastfall 6 (Abschnitt 9.13.6.4) unterschiedlich angesetzt werden.

- **Beiwert zur Berücksichtigung mehrerer nebeneinander angeordneter Verbindungsmittel k_s**

Vergleiche hierzu DIN EN 1995-1-1/NA (2013, S. 62, NCI zu 8.1.4, Gleichung NA.105):

$$k_s = \max\begin{cases} 1 \\ 0{,}7 + \frac{1{,}4 \cdot a_r}{h} \end{cases} = \max\begin{cases} 1 \\ 0{,}7 + \frac{1{,}4 \cdot 0}{200} \end{cases} = 1 \tag{9.31}$$

mit:

$a_r = 0$	Abstand der beiden äußersten Verbindungsmittel in mm (siehe DIN EN 1995-1-1/NA:2013, S. 63, NCI Zu 8.1.4, Bild NA.13), der Abstand der Verbindungsmittel untereinander in Faserrichtung des querzuggefährdeten Holzes darf 0,5 · h nicht überschreiten: Hier ist nur *eine* Holzschraube und somit kein Abstand vorhanden.
$h = 200$ mm	Höhe des Bauteils; vgl. Abschnitt 9.2

- **Beiwert zur Berücksichtigung mehrerer übereinander angeordneter Verbindungsmittel (k_r)**

Vergleiche hierzu DIN EN 1995-1-1/NA (2013, S. 62, NCI zu 8.1.4, Gleichung NA.106):

$$k_r = \frac{n}{\sum_{i=1}^{n}\left(\frac{h_1}{h_i}\right)^2} = \frac{1}{\sum_{i=1}^{1}\left(\frac{100}{100}\right)^2} = 1 \tag{9.32}$$

mit:

$n = 1$	Anzahl der Verbindungsmittelreihen
$h_i = 100$ mm	Abstand der jeweiligen Verbindungsmittelreihe vom unbeanspruchten Bauteilrand, siehe DIN EN 1995-1-1/NA (2013, S. 63, NCI zu 8.1.4, Bild NA.13)

- **Wirksame Anschlusstiefe t_{ef}**

Vergleiche hierzu DIN EN 1995-1-1/NA (2013, S. 63, NCI zu 8.1.4, Absatz NA.9) für einen einseitigen Queranschluss für Stahlblech-Holz-Nagelverbindungen:

$$t_{ef} = \min\begin{cases} b \\ t_{pen} \\ 15 \cdot d \end{cases} = \min\begin{cases} 80 \\ 74 \\ 15 \cdot 8 \end{cases} = 74\,\text{mm} \tag{9.33}$$

mit:

b	$= 80$ mm	Dicke des Holzbauteils, siehe DIN EN 1995-1-1/NA (2013, S. 63, NCI zu 8.1.4, Bild NA.13)
t_{pen}	$= 80–7{,}1 = 72{,}9$ mm	Eindringtiefe der Verbindungsmittel, siehe DIN EN 1995-1-1/NA (2013, S. 63, NCI zu 8.1.4, Bild NA.13); siehe hierfür auch Bild 9.5
d	$= 8{,}0$ mm	Gewindeaußendurchmesser der Holzschraube

Auf der sicheren Seite wird nachfolgend nur $t_{ef} = 6 \cdot d = 6 \cdot 8 = 48$ mm für Stabdübel- und Bolzenverbindungen angesetzt.

- **Charakteristische Querzugtragfähigkeit $F_{90,Rk}$**

Vergleiche hierzu sinngemäß DIN EN 1995-1-1/NA (2013, S. 62, NCI zu 8.1.4, Gleichung NA.104):

$$\begin{aligned} F_{90,Rk} &= k_s \cdot k_r \cdot \left(6{,}5 + \frac{18 \cdot h_e^2}{h^2}\right) \cdot (t_{ef} \cdot h)^{0{,}8} \cdot f_{t,90,k} \\ &= 1 \cdot 1 \cdot \left(6{,}5 + \frac{18 \cdot 100^2}{200^2}\right) \cdot (48 \cdot 200)^{0{,}8} \cdot 0{,}4 \cdot 10^{-3} \\ &= 1 \cdot 1 \cdot 11 \cdot 1533{,}97 \cdot 0{,}0004 \\ &= 6{,}75\,\text{kN} \end{aligned} \tag{9.34}$$

mit:

k_s	$= 1$	siehe Ermittlung zuvor, Gl. (9.31)
k_r	$= 1$	siehe Ermittlung zuvor, Gl. (9.32)
h_e	$= 100$ mm	Abstand des vom beanspruchten Holzrand am weitesten entfernt angeordneten Verbindungsmittels (siehe DIN EN 1995-1-1/NA, 2013, S. 63, NCI Zu 8.1.4, Bild NA.13)
h	$= 200$ mm	Höhe des Bauteils; vgl. Abschnitt 9.2
t_{ef}	$= 48$ mm	siehe Ermittlung zuvor, Gl. (9.33) sowie anschließende Festlegung auf der sicheren Seite
$f_{t,90,k}$	$= 0{,}4\ \text{N/mm}^2$	charakteristische Zugfestigkeit rechtwinklig zur Faserrichtung; siehe DIN EN 338 (2016, S. 7, Abschnitt 5, Tabelle 1) für Konstruktionsvollholz KVH 80/200, Fichte Festigkeitsklasse C24 gemäß Abschnitt 9.2

9.13.6.3 Nachweis der Querzugspannungen für Lastfall 1: Stoßartige Lasten

Der Bemessungswert der Querzugtragfähigkeit ergibt sich nach DIN EN 1995-1-1 (2010, S. 28, Abschnitt 2.4.3, Gleichung (2.17)), hier nach Gl. (9.35) zu:

$$F_{90,Rd,LF1} = k_{mod} \cdot \left(\frac{F_{90,Rk}}{\gamma_M}\right) = 1{,}1 \cdot \left(\frac{6{,}75}{1{,}0}\right) = 7{,}43\,\text{kN für Lastfall 1} \tag{9.35}$$

mit:

k_{mod} = Modifikationsbeiwert für Lasteinwirkungsdauer nach DIN EN 1995-1-1 (2010, S. 30, Abschnitt 3.1.2, Tabelle 3.1):

- ETB-Last ⇒ *„sehr kurze Einwirkung"*
- Feuchtegehalt ⇒ *„Nutzungsklasse 2"* nach DIN EN 1995-1-1 (2010, S. 25, Abschnitt 2.3.1.3)

= 1,1

$F_{90,Rk}$ = 6,75 kN — vgl. Abschnitt 9.13.6.2, Gl. (9.34)

γ_M = 1,0 — Teilsicherheitsbeiwert des Widerstands; siehe abZ/aBG W-ABZ (2022, S. 9, Abschnitt 3.2.1.1)

Nachweis:

$$\frac{F_{v,Ed,LF1}}{F_{90,Rd,LF1}} = \frac{2{,}80}{7{,}43} = 0{,}38 < 1{,}0 \Rightarrow \text{Nachweis erbracht} \tag{9.36}$$

mit:

$F_{v,Ed,LF1} = V_{Ed,LF1} = 2{,}80\,\text{kN}$ — vgl. Abschnitt 9.9.1 bzw. Tabelle 9.2

9.13.6.4 Nachweis der Querzugspannungen für Lastfall 6: Überlagerung horizontale Nutzlast (Holmlast) plus Last aus 90° geöffnetem Fenster

Der Bemessungswert der Querzugtragfähigkeit ergibt sich nach DIN EN 1995-1-1 (2010, S. 28, Abschnitt 2.4.3, Gleichung (2.17)), hier nach Gl. (9.37) zu:

$$F_{90,Rd,LF6} = k_{mod} \cdot \left(\frac{F_{90,Rk}}{\gamma_M}\right) = 0{,}8 \cdot \left(\frac{6{,}75}{1{,}3}\right) = 4{,}15\,\text{kN für Lastfall 6} \tag{9.37}$$

mit:

k_{mod} = Modifikationsbeiwert für Lasteinwirkungsdauer nach DIN EN 1995-1-1 (2010, S. 30, Abschnitt 3.1.2, Tabelle 3.1):

- Holmlast bzw. 90° geöffnetes Fenster nicht ständig ⇒ *„mittlere Einwirkung"*
- Feuchtegehalt ⇒ *„Nutzungsklasse 2"* nach DIN EN 1995-1-1 (2010, S. 25, Abschnitt 2.3.1.3)

= 0,8

$F_{90,Rk}$ = 6,75 kN — vgl. Abschnitt 9.13.6.2, Gl. (9.34)

γ_M = 1,3 — Material-Teilsicherheitsbeiwert gemäß DIN EN 1995-1-1/NA (2013, S. 18, Abschnitt NDP zu 2.4.1(1)P, Tabelle NA.2 fur Vollholz)

Nachweis:

$$\frac{F_{v,Ed,LF6}}{F_{90,Rd,LF6}} = \frac{1{,}30}{4{,}15} = 0{,}31 < 1{,}0 \Rightarrow \text{Nachweis erbracht} \quad (9.38)$$

mit:

$F_{v,Ed,LF6} = V_{Ed,LF6} = 1{,}30\,\text{kN}$ vgl. Abschnitt 9.9.6 bzw. Tabelle 9.2

9.13.7 Nachweis der Tragfähigkeit auf Abscheren

9.13.7.1 Vorgehensweise

Grundsätzlich gilt nach DIN EN 1995-1-1 (2010-12, S. 63, Abschnitt 8.2.1, Absatz (1) P), dass bei der Berechnung der charakteristischen Tragfähigkeit von Verbindungen mit stiftförmigen Verbindungsmitteln aus Metall die Einflüsse

- der Fließgrenze,
- der Lochleibungsfestigkeit und
- des Ausziehwiderstandes

des Verbindungsmittels zu beachten sind.

Die weitere Berechnung erfolgt hier nach DIN EN 1995-1-1 (2010, S. 65, Abschnitt 8.2.3) für Stahl-Holz-Verbindungen.

Bild 8.3 in DIN EN 1995-1-1 (2010, S. 65, Abschnitt 8.2.3) unterscheidet *einschnittige* Holz-Stahl-Verbindungen

- mit „*dünnen* Stahlblechen“ (Bilder 8.3a und b) und
- mit „*dicken* Stahlblechen” (Bilder 8.3c bis e):

Absatz (1) in DIN EN 1995-1-1 (2010, S. 67, Abschnitt 8.2.3) definiert dazu Folgendes:

> *„Stahlbleche mit Dicken bis zu 0,5d werden als dünne Bleche eingestuft, solche mit Dicken von mindestens d, bei denen die Toleranz der Lochdurchmesser weniger als 0,1d beträgt, werden als dicke Bleche eingestuft. Der charakteristische Wert der Tragfähigkeit von Verbindungen mit Stahlblechdicken zwischen einem dünnen und einem dicken Blech ist durch geradlinige Interpolation zwischen den Grenzwerten für dünne und dicke Bleche zu bestimmen.“*

Hierbei ist „d“ der Durchmesser des Verbindungsmittels, also d = 8 mm für die Holzschraube ASSY®plus VG 4 COMBI 8×80 nach ETA ASSY (2018).

Bild 9.5 zeigt, dass die Fenstermontageschiene W-ABZ nicht eindeutig als dünnes oder dickes Stahlblech eingestuft werden kann. Während die Anbauteildicke mit t_{fix} = 7,1 mm angesetzt werden kann, ist das ungeformte Stahlblech selbst nur t = 2,5 mm dick:

$$t = 2{,}5\,\text{mm} < 4\,\text{mm} = 0{,}5 \cdot 8 = 0{,}5 \cdot d \Rightarrow \text{dünnes Blech} \quad (9.39)$$

$$t_{fix} = 7{,}1\,\text{mm} < 8\,\text{mm} = d \quad (9.40)$$

Gleichzeitig bildet der Querschnitt der Schiene eine Art „U-Form“. Die Schiene liegt nur links und rechts neben der Schraube auf (Bild 9.5).

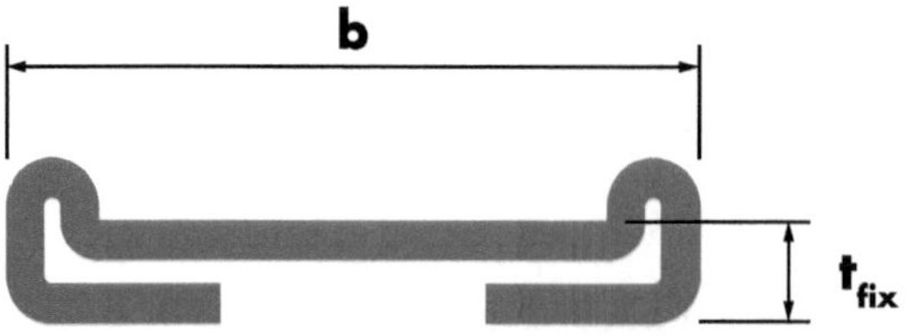

Bild 9.5 Querschnitt der Fenstermontageschiene W-ABZ; Bezeichnung der relevanten Maße

Als Vereinfachung wird angenommen, dass es sich bei der Schiene nur um ein dünnes, durchgehend aufliegendes Rechteck-Blech mit der Dicke t = 2,5 mm handelt. Dafür bleibt die deutliche höhere Steifigkeit der Schiene, die das „U" gegenüber einem einfachen Rechteckquerschnitt mit der Dicke t = 2,5 mm bzw. t_{fix} = 7,1 mm aufweist, unberücksichtigt.

Gemäß DIN EN 1995-1-1 (2010, S. 65, Abschnitt 8.2.3, Absatz (3)) ist *„die charakteristische Tragfähigkeit je Scherfuge und Verbindungsmittel für ... Bolzen, ... und Schrauben als der kleinste Wert"* anzunehmen, der sich aus den aufgeführten Gleichungen ergibt.

Auf der sicheren Seite liegend wird die charakteristische Tragfähigkeit nur aus den Gleichungen für dünne Stahlbleche ermittelt (siehe in DIN EN 1995-1-1, 2010, S. 65/66, Abschnitt 8.2.3 die Gleichungen 8.9a und 8.9b) bzw. vgl. hier in diesem Fachbuch im Abschnitt 9.13.7.3 die Gln. (9.47) und (9.48).

Die einzelnen Komponenten bzw. Eingangswerte dieser Gleichungen werden aus ETA ASSY (2018) entnommen bzw. werden auf Grundlage der Formeln in ETA ASSY (2018) bestimmt.

9.13.7.2 Eingangswerte für die Gleichungen

- **Charakteristischen Wert der Lochleibungsfestigkeiten im Holzteil f_{hk}**

Siehe hierfür in ETA ASSY (2018, S. 10, Anhang 2, Abschnitt A.2.2.2) für Vollholz und nicht vorgebohrte Löcher die Gl. (2.2); hier die folgende Gl. (9.41):

$$f_{hk} = \frac{0{,}082 \cdot \rho_k \cdot d^{-0{,}3}}{2{,}5 \cdot \cos^2\alpha + \sin^2\alpha} = \frac{0{,}082 \cdot 350 \cdot 8^{-0{,}3}}{1} = 15{,}38\,\text{N/mm}^2 \tag{9.41}$$

mit:

ρ_k = 350 kg/m³ für Nadelholz C24 (vgl. hier Abschnitt 9.2)

d = 8 mm vgl. Abschnitt 9.2 mit Bild 9.2 und Abschnitt 9.13.2

α = 90° Winkel zwischen Kraftrichtung und Faserrichtung (siehe in DIN EN 1995-1-1:2010, S. 72, Abschnitt 8.3.1.2, Bild 8.7)

- **Charakteristischer Wert des Fließmomentes des Verbindungsmittels**

$M_{y,Rk}$ = 23 000 Nmm

charakteristischer Wert des Fließmoments; siehe in ETA ASSY (2018, S. 9, Anhang 2, Tabelle A.2.2) für *„übrige Schrauben"* mit Gewindeaußendurchmesser d = 8 mm

- **Charakteristischer Wert des Ausziehwiderstands der Verbindung unter einem Winkel α**

Siehe hierfür in ETA-11/0190 (2018, S. 12, Anhang 2, Abschnitt A.2.3.2) für Vollholz die Gleichung (2.12); hier die folgende Gl. (9.42):

$$
\begin{aligned}
F_{ax,\alpha,Rk} &= \frac{n_{ef} \cdot k_{ax} \cdot f_{ax,k} \cdot d \cdot l_{ef}}{k_\beta} \cdot \left(\frac{\rho_k}{\rho_a}\right)^{0,8} \\
&= \frac{1 \cdot 11 \cdot 8 \cdot 67 \cdot 10^{-3}}{1} \cdot \left(\frac{350}{350}\right)^{0,8} \\
&= 5{,}90\,\text{kN}
\end{aligned}
\tag{9.42}
$$

mit:

n_{ef}	$= 1{,}0$	effektive Anzahl der Schrauben
k_{ax}	$= 1{,}0$	für $\alpha = 90°$ (Faktor, der den Winkel α zwischen Schraubenachse und Faserrichtung berücksichtigt)
$f_{ax,k}$	$= 11{,}0\ \text{N/mm}^2$	charakteristischer Ausziehparameter (Bauteil aus Vollholz) für Schrauben mit 7,5 mm ≤ d ≤ 10,0 mm gemäß ETA ASSY (2018, S. 13, Anhang 2, Abschnitt A.2.3.2)
d	$= 8$ mm	Gewindeaußendurchmesser der Holzschraube; vgl. Abschnitt 9.2 mit Bild 9.2 und Abschnitt 9.13.2
l_{ef}	$= 67$ mm	Einbindetiefe des Gewindeteils der Schraube im Holzbauteil; vgl. Abschnitt 9.13.2 und Bild 9.2
k_β	$= 1{,}0$	für Vollholz gemäß ETA ASSY (2018, S. 13, Anhang 2, Abschnitt A.2.3.2)

9.13.7.3 Ermittlung der charakteristischen Tragfähigkeiten der Holzschraube ASSY®plus VG 4 COMBI 8 × 80 $F_{v,RK}$

- **Lochleibungsversagen des Holzes gemäß DIN EN 1995-1-1, Abschnitt 8.2.3, Gleichung (8.9a) für dünnes Stahlblech $F_{v,RK,(a)}$**

$$F_{V,Rk,(a)} = 0{,}4 \cdot f_{hk} \cdot t_1 \cdot d = 0{,}4 \cdot 15{,}38 \cdot 67 \cdot 8 \cdot 10^{-3} = 3{,}29\,\text{kN} \tag{9.43}$$

mit:

f_{hk}	$= 15{,}38\ \text{N/mm}^2$	charakteristischen Wert der Lochleibungsfestigkeit im Holzteil; vgl. Abschnitt 9.13.7.2 mit Gl. (9.41)
t_1	$= l_{ef} = 67$ mm	der kleinere Wert der Seitenholzdicke oder der Eindringtiefe; vgl. Abschnitt 9.13.3 und Bild 9.2
d	$= 8$ mm	Gewindeaußendurchmesser der Holzschraube; vgl. Abschnitt 9.2 mit Bild 9.2 und Abschnitt 9.13.2

- **Schraubenbiegung und Seilwirkung gemäß DIN EN 1995-1-1, Abschnitt 8.2.3, Gleichung (8.9b) für dünnes Stahlblech $F_{v,RK,(b)}$**

$$\begin{aligned} F_{v,Rk,(b)} &= 1{,}15 \cdot \sqrt{2 \cdot M_{y,Rk} \cdot f_{hk} \cdot d} + \frac{F_{ax,Rk}}{4} \\ &= 1{,}15 \cdot \sqrt{2 \cdot 23.000 \cdot 15{,}38 \cdot 8} \cdot 10^{-3} + \frac{5{,}9}{4} \\ &= 2{,}74 + 1{,}48 \\ &= 4{,}22\,\text{kN} \end{aligned} \tag{9.44}$$

mit:

$M_{y,Rk}$	= 23 000 Nmm	charakteristischer Wert des Fließmoments des Verbindungsmittels; vgl. Abschnitt 9.13.7.2
f_{hk}	= 15,38 N/mm²	charakteristischen Wert der Lochleibungsfestigkeit im Holzteil; vgl. Abschnitt 9.13.7.2 mit Gl. (9.41)
d	= 8 mm	Gewindeaußendurchmesser der Holzschraube; vgl. Abschnitt 9.2 mit Bild 9.2 und Abschnitt 9.13.2
$F_{ax,Rk}$	= $F_{ax,\alpha,Rk}$ = 5,9 kN	Charakteristischer Wert des Ausziehwiderstands der Verbindung unter einem Winkel α; vgl. Abschnitt 9.13.7.2 mit Gl. (9.42)

Der Wert $F_{v,Rk,(a)} = 3{,}29$ kN = V_{Rk} ist der kleinere Wert und damit maßgebend ($F_{v,Rk,(b)} = 4{,}22$ kN).

9.13.7.4 Nachweis Lastfall 1: Stoßartige Lasten

Der Bemessungswert der Tragfähigkeit ergibt sich nach DIN EN 1995-1-1 (2010, S. 28, Abschnitt 2.4.3) mit Gleichung (2.17) – hier nach Gl. (9.45) – zu:

$$V_{Rd,LF1} = k_{mod} \cdot \left(\frac{V_{RK}}{\gamma_M}\right) = 1{,}1 \cdot \left(\frac{3{,}29}{1{,}0}\right) = 3{,}62\,\text{kN} \quad \text{für Lastfall 1} \tag{9.45}$$

mit:

k_{mod} = Modifikationsbeiwert für Lasteinwirkungsdauer nach DIN EN 1995-1-1 (2010, S. 30, Abschnitt 3.1.2, Tabelle 3.1):
- ETB-Last ⇒ *„sehr kurze Einwirkung"*
- Feuchtegehalt ⇒ *„Nutzungsklasse 2"* nach DIN EN 1995-1-1 (2010, S. 25, Abschnitt 2.3.1.3)

= 1,1

V_{Rk}	= 3,29 kN	vgl. Abschnitt 9.13.7.3
γ_M	= 1,0	Teilsicherheitsbeiwert des Widerstands; siehe abZ/aBG W-ABZ (2024, S. 9, Abschnitt 3.2.1.1)

Nachweis:

$$\frac{V_{Ed,LF1}}{V_{Rd,LF1}} = \frac{2,80}{3,62} = 0,77 < 1,0 \Rightarrow \underline{\text{Nachweis erbracht}} \tag{9.46}$$

mit:

$V_{Ed,LF1} = 2,80\,kN$ vgl. Abschnitt 9.9.1 bzw. Tabelle 9.2

9.13.7.5 Nachweis Lastfall 6: Überlagerung horizontale Nutzlast (Holmlast) plus Last aus 90° geöffnetem Fenster

Der Bemessungswert der Tragfähigkeit ergibt sich nach DIN EN 1995-1-1 (2010, S. 28, Abschnitt 2.4.3) mit Gleichung (2.17) – hier nach Gl. (9.47) – zu:

$$V_{Rd,LF6} = k_{mod} \cdot \left(\frac{V_{Rk}}{\gamma_M}\right) = 0,8 \cdot \left(\frac{3,29}{1,3}\right) = 2,39\,kN \quad \text{für Lastfall 6} \tag{9.47}$$

mit:

k_{mod} = Modifikationsbeiwert für Lasteinwirkungsdauer nach DIN EN 1995-1-1 (2010, S. 30, Abschnitt 3.1.2, Tabelle 3.1):

- Holmlast bzw. 90° geöffnetes Fenster nicht ständig ⇒ *„mittlere Einwirkung"*
- Feuchtegehalt ⇒ *„Nutzungsklasse 2"* nach DIN EN 1995-1-1 (2010-12, S. 25, Abschnitt 2.3.1.3)

= 0,8

VRk = 3,29 kN vgl. Abschnitt 9.13.7.3

γM = 1,3 Material-Teilsicherheitsbeiwert gemäß DIN EN 1995-1-1/NA (2013, S. 18, Abschnitt NDP Zu 2.4.1(1)P, Tabelle NA.2 für Vollholz)

Nachweis:

$$\frac{V_{Ed,LF6}}{V_{Rd,LF6}} = \frac{1,30}{2,39} = 0,54 < 1,0 \Rightarrow \text{Nachweis erbracht} \tag{9.48}$$

mit:

$V_{Ed,LF6} = 1,30\,kN$ vgl. Abschnitt 9.9.6 bzw. Tabelle 9.2

9.14 Fazit zu Praxisbeispiel 2

9.14.1 Mauerwerk mit hoher Tragfähigkeit

Das Praxisbeispiel 2 zeigt, dass man die Befestigung eines absturzsichernden Fensterelements in Mauerwerk aus Kalksandvollsteinen mit höherer Druckfestigkeit je Fensterseite mit der zugelassenen Fenstermontageschiene W-ABZ und einem Kunststoff-Rahmendübel SHARK UR 8 nachweisen kann. Dies gilt sowohl für die horizontale Nutzlast bis $q_K = 1,0$ kN/m als auch für die Verankerung der statischen Ersatzlast aus weichem Stoß gemäß ETB-Richtlinie (ETB, 1985).

9.14.2 Mauerwerk mit geringer Tragfähigkeit

Aufgrund der teilweise geringen Dübel-Tragfähigkeiten verschiedener Mauerwerksbaustoffe kann es bei der Bemessung der Dübel jedoch notwendig werden, die statische Ersatzlast auf mehrere Befestiger im Verankerungsgrund zu verteilen.

In der ETB-Richtlinie (ETB, 1985) wird von einem „Befestigungselement“ gesprochen. Im aktuellen Sprachgebrauch könnte man dies entweder als Einzeldübel oder als Befestigungspunkt mit mehreren Dübeln (z. B. eine Gruppe aus zwei oder vier Dübeln) verstehen.

Eine mögliche Aufteilung der Belastung auf ein „Befestigungselement“ mit 2 Dübeln zeigen Bild 8.17 und Bild 8.18 (vgl. Abschnitt 8.5.2.3) und das Praxisbeispiel 8 in Kapitel 16.

Eine weitere Möglichkeit ist der Nachweis einer Mehrfachbefestigung des Fensterelementes gemäß Abschnitt 8.5.4.2 und damit der Nachweis einer reduzierten statischem Ersatzlast von 1,6 kN/Befestigungspunkt.

9.14.3 Randabstände in Mauerwerk und Holz

Im Praxisbeispiel wurde in Bezug auf die Randabstände des Kunststoffdübels (Befestigungssystem 1 verankert in Kalksandvollstein) bzw. der Holzschraube (Befestigungssystem 2 im Holzständer) die Annahme getroffen, dass der Kunststoffdübel bzw. die Holzschraube mittig in der Laibungsseite des Kalksandvollsteins bzw. des Holzständers montiert wird (vgl. Abschnitt 9.2: $c_{innen} = c_{außen}$). Diese Vereinfachung sollte die ohnehin schon sehr komplexe und umfangreiche Nachweisführung etwas übersichtlicher machen.

Für den statischen Nachweis der Befestigungsmittel sind – wie hier dargestellt – die Randabstände im jeweiligen Verankerungsgrund zu beachten.

Beim Einsatz der Fenstermontageschiene W-ABZ in Kombination mit der T-Konsole ist zusätzlich darauf zu achten, dass sich der Randabstand der zwei Befestiger in der T-Konsole – bei gleichbleibender Lage der Fenstermontageschiene W-ABZ in der Laibung – gegenüber einem alleinigen Einsatz der Fenstermontageschiene mit nur einem Befestiger – um ±25 mm bzw. ±45 mm verschiebt; (vgl. hierzu exemplarisch Bild 9.6).

Hinweis: Können die Mindestrandabstände für Dübel c_{min} und für Holzschrauben $a_{4,t}$ und $a_{4,c}$ gemäß dem vorliegenden Regelwerk (ETA für Dübel bzw. ETA und Norm für Holzschrauben) nicht eingehalten werden, so werden ggf. ergänzende Betrachtungen z. B. in Form einer ergänzenden Prüfung und/oder gutachterlichen Stellungnahme erforderlich. In Abstimmung mit den am Bau Beteiligten (Auftraggeber, Planer, Prüfingenieur, ...) ist vorzugsweise im Vorfeld der Montage abzustimmen, ob es sich bei den tatsächlichen Randabständen um eine wesentliche Abweichung zum Regelwerk handelt und ggf. eine vorhabenbezogene Bauartgenehmigung (vBG) erforderlich wird (vgl. Abschnitt 8.4).

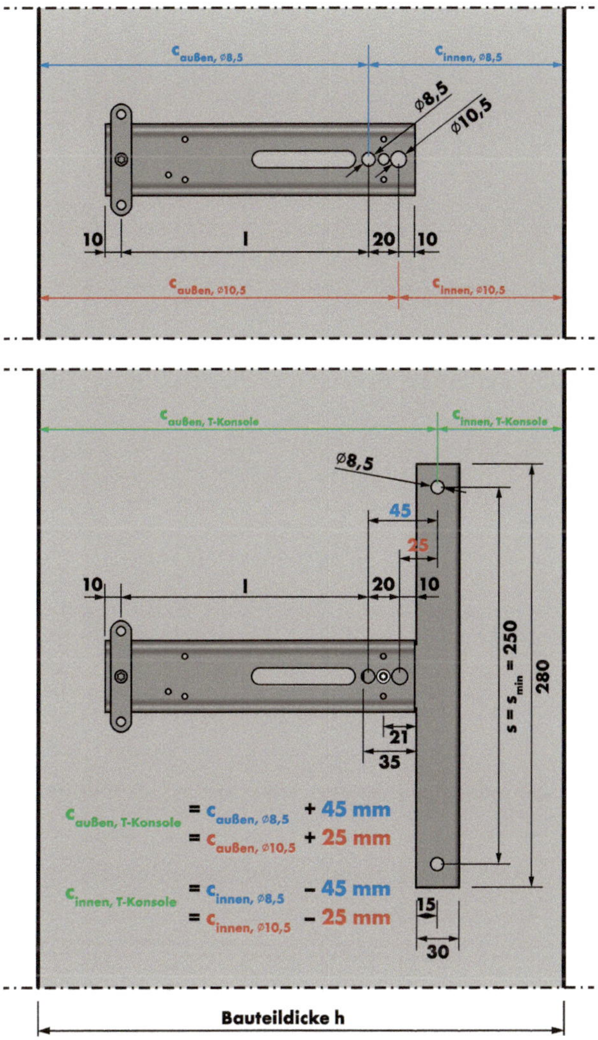

Bild 9.6 Veränderung der Randabstände von Dübel(n) oder Holzschraube(n) bei Verwendung der T-Konsole nach Bild 8.17 und Bild 8.18 bei gleichbleibender Lage der Fenstermontageschiene W-ABZ in der Laibung, siehe abZ/aBG W-ABZ (2024)

10

Praxisbeispiel 3 – Befestigung eines absturzsichernden Fensterelements im Verankerungsgrund Holz mit einem Direktbefestiger

10.1 Einleitung und allgemeine Hinweise

10.1.1 Bezug zu Praxisbeispiel 2

Das Praxisbeispiel 2 im Kapitel 9 hat insbesondere in Abschnitt 9.13 gezeigt, wie umfangreich der Nachweis einer einzelnen Holzschraube ist, wenn man diese Bemessung nicht mit einer Software führen kann, sondern mit einer Handrechnung führen muss.

Sowohl bezüglich der Bemessung als auch in Bezug auf die Montage ermöglichen seit dem Jahr 2024 zugelassene Abstandsmontageschrauben (Bild 10.1) eine deutlich einfachere Planung und Anwendung, vorausgesetzt, dass es die Lage des jeweiligen (absturzsichernden) Fensterelements erlaubt, d. h. in diesem Fall insbesondere, dass die Mindestrandabstände eingehalten werden.

Aus diesem Grund bzw. als direkter Vergleich mit dem Praxisbeispiel 2 wird hier im Praxisbeispiel 3 die Bemessung der Befestigung – des im Prinzip gleichen absturzsichernden Fensterelements (vgl. Bild 9.1 und Bild 10.2) – nur mit einer Abstandsmontage dargestellt.

Da die Abstandsmontageschraube im Gegensatz zur Fenstermontageschiene nicht in Höhe des Brüstungsriegels montiert werden kann, müssen die Befestigungspunkte oberhalb und unterhalb des Brüstungsriegels angeordnet werden.

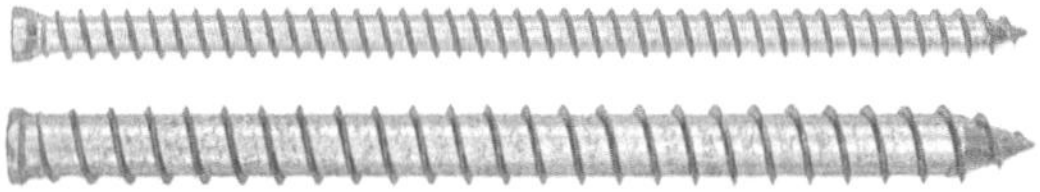

Bild 10.1 Abstandsmontageschrauben AMO® IV ∅ 7,5 mm und ∅ 11,5 mm (Stahl galvanisch verzinkt) nach aBG AMO Y/IV (2024) (Foto: Adolf Würth GmbH & Co. KG)

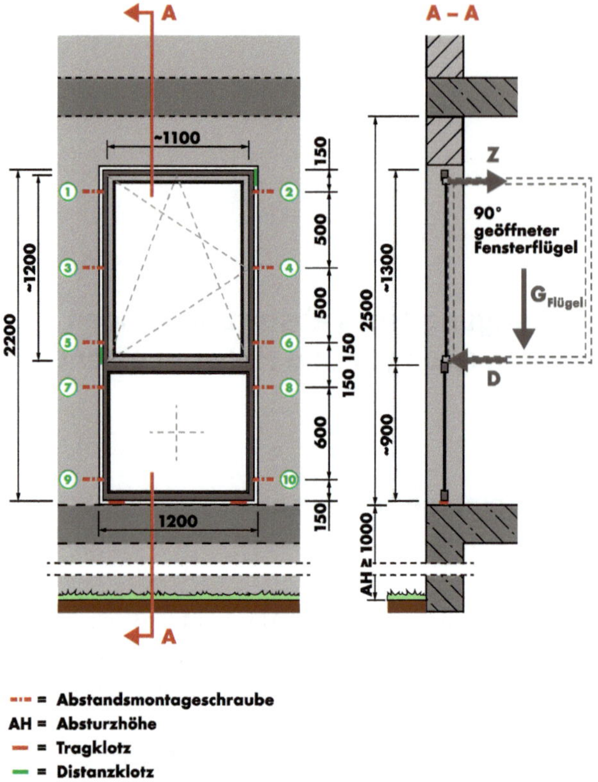

Bild 10.2 Schematische Darstellung für Praxisbeispiel 3 – Bodentiefes absturzsicherndes Fensterelement mit unterer Festverglasung (Ansicht von außen): Befestigung links und rechts im Verankerungsgrund Holz mit je 5 Abstandsmontageschrauben AMO® IV Ø 11,5 mm; Maße in mm

10.1.2 Zugelassene Abstandsmontageschrauben für den Verankerungsgrund Holz

Die Abstandsmontageschrauben gemäß der allgemeinen Bauartgenehmigung aBG AMO Y/IV (2024) sind bereits über eine andere allgemeine bauaufsichtliche Zulassung/allgemeine Bauartgenehmigung für die Verankerung in Beton und Mauerwerk geregelt (abZ/aBG AMO Y/IV, 2024). Die ergänzende Bauartgenehmigung (aBG) wurde erforderlich, da die Tragfähigkeit der Abstandsmontageschrauben im Verankerungsgrund Holz nach anderem Regelwerk geprüft und bewertet werden musste.

Der Regelungsgegenstand wird wie folgt beschrieben (aBG AMO Y/IV, 2024, S. 3, Abschnitt 1.1); vgl. auch Bild 10.3:

> *„Regelungsgegenstand ist die Planung, Bemessung und Ausführung von Anschlüssen von Fensterrahmen unter Verwendung von AMO Y Schrauben und AMO IV Schrauben in Unterkonstruktionen aus Holzbaustoffen. Die Anschlüsse bestehen aus*

Maximale freie Schraubenlänge e_f zwischen dem Verankerungsgrund Holz und Fensterprofilrahmen bei verschiedenen Fensterprofilmaterialien

Kunststoffprofil mit Stahleinlage OHNE und MIT Verbreiterung
(z-förmig, u-förmig, Rechteckquerschnitt)

OHNE Verbreiterung **MIT Verbreiterung**

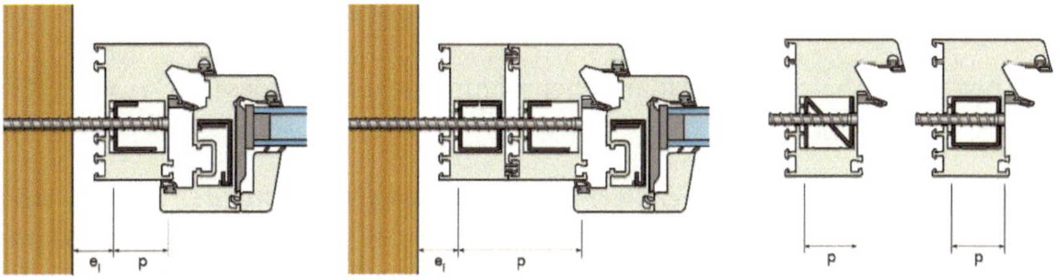

p = Oberkante Kunststoff-Blendrahmenprofil bis Unterkante Stahlprofil

Bei Personenanprall nach ETB-Richtlinie müssen die Verbreiterungen mit Stahlarmierung beidseitig von der Fensterelementbefestigung im Abstand von 200 mm mit Bohrschrauben Zebra Piasta 6,3 x L mit der Stahlarmierung der Blendrahmen biegesteif und schubfest verbunden werden.

Aluminiumprofil OHNE und MIT Verbreiterung

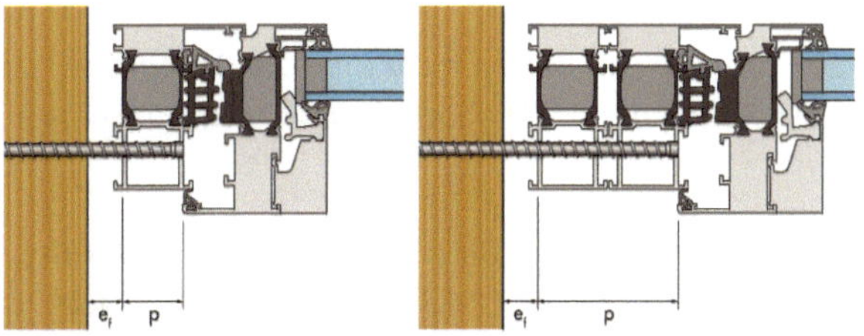

Bei Personenanprall nach ETB-Richtlinie müssen die Verbreiterungen beidseitig von der Fensterelementbefestigung im Abstand von 200 mm mit Bohrschrauben Zebra Piasta 6,3 x L mit der Stahlarmierung der Blendrahmen biegesteif und schubfest verbunden werden.

Holz / Holz-Aluminium

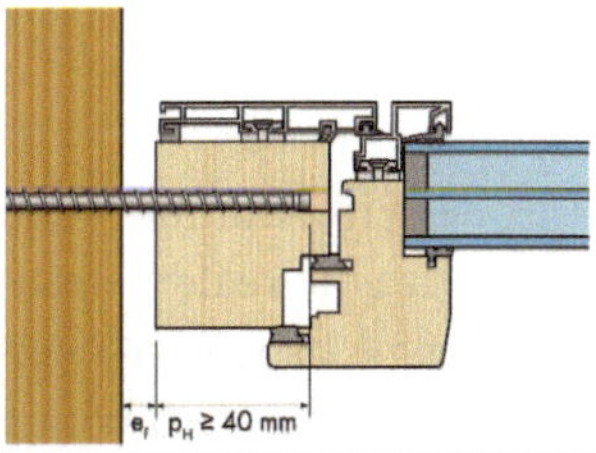

Bild 10.3 Einbauzustand der Abstandsmontageschraube nach Bild 10.1 im Verankerungsgrund Holz bei Fensterrahmen aus unterschiedlichen Materialien; Definition der freien Schrauben länge e_f (siehe aBG AMO Y/IV, 2024, Anlage 4)

- *AMO Y Schrauben und AMO IV Schrauben mit einem Gewindeaußendurchmesser von d = 7,5 mm oder d = 11,5 mm aus Kohlenstoffstahl nach der allgemeinen bauaufsichtlichen Zulassung Nr. Z-21.1-2097 … ..*
- *Fensterrahmen aus den folgenden Materialien:*
  - *Holz,*
  - *Holz-Aluminium-Verbund,*

  - *Aluminium,*
  - *mit Stahlprofilen verstärkter Kunststoff, mit einer Zugfestigkeit der Stahlprofile R_m von mindestens 270 N/mm².*
- *Unterkonstruktionen aus Vollholz aus den Holzarten Fichte (Picea abies), Tanne (Abies alba) oder Kiefer (Pinus sylvestris) mindestens der Festigkeitsklasse C24 nach DIN EN 14081-1 in Verbindung mit DIN 20000-5."*

Im Anwendungsbereich der Bauartgenehmigung steht Folgendes (aBG AMO Y/IV, 2024, S. 3, Abschnitt 1.1):

> *„Die Anschlüsse von Fensterrahmen unter Verwendung der AMO Y und AMO IV Schrauben dürfen durch statische oder quasi-statische Einwirkungen beansprucht werden. Ermüdungsrelevante Beanspruchungen sind auszuschließen.*
>
> *Von dieser allgemeinen Bauartgenehmigung sind Beanspruchungen der Anschlüsse rechtwinklig zur Schraubenachse aus Windlasten und anderen Horizontallasten mit sehr kurzer und kurzer Lasteinwirkungsdauer erfasst.*
>
> *Vertikale Lasten (z. B. Eigengewicht) dürfen nicht über die Anschlüsse von Fensterrahmen unter Verwendung der AMO Y und AMO IV Schrauben abgetragen werden."*

Unter „*und anderen Horizontallasten mit sehr kurzer und kurzer Lasteinwirkungsdauer*" wird auch der Personenanprall nach ETB (1985) erfasst. Der Nachweis bei absturzsichernder Funktion ist in der aBG AMO Y/IV (2024, S. 5, Abschnitt 2.3.2) geregelt. Dabei kann auch eine „Mehrfachbefestigung" berücksichtigt werden (vgl. hierzu Abschnitt 8.5.4.2 in diesem Fachbuch).

10.1.3 Allgemeine Hinweise

Das Praxisbeispiel 3 beschränkt sich auf die Bestimmung der Einwirkungen und die statischen Nachweise der Abstandsmontageschraube. Für eine reale Befestigungsaufgabe wären auch für die absturzsichernde (Brüstungs- bzw. Fest-) Verglasung, die unmittelbare Glasbefestigung, den Brüstungsriegel, die Verbindung Brüstungsriegel an Fensterrahmen und für den Fensterrahmen alle relevanten Einwirkungen zu bestimmen (vgl. Praxisbeispiel 2 in Kapitel 9) und alle erforderlichen statischen Nachweise zu führen.

Die Bemessung der Abstandsmontageschraube auf Grundlage der aBG AMO Y/IV (2024) bzw. auf Grundlage der in der abZ/aBG angegebenen Bemessungsregeln erbringt immer nur den Nachweis der „örtlichen Krafteinleitung in den Verankerungsgrund".

Gemäß Gütegemeinschaft (2024, S. 204, Abschnitt 5.3.2) ist die Weiterleitung der zu verankernden Lasten im Bauteil „*von der Einwirkungsstelle bis in den tragenden Baugrund*" nachzuweisen:

Würde also z. B. für ein reales Projekt von einem gesondert beauftragten (Fach-) Planer – wie im nachfolgenden Praxisbeispiel 3 dargestellt – nur der statische Nachweis der Befestigung des absturzsichernden Fensterelements erbracht, so wäre für den Nachweis der Lastweiterleitung bis in den tragenden Baugrund der für die Gesamtstatik des Gebäudes zuständige Tragwerksplaner verantwortlich.

10.2 Zusammenstellung der Ausgangsdaten

10.2.1 Allgemeines

Gegebene Ausgangssituation für das Praxisbeispiel 3 – Absturzsicherndes Fensterelement mit unterer Festverglasung, vgl. Bild 10.2 (vgl. hierzu im Prinzip identisch auch Praxisbeispiel 2 in Abschnitt 9.2):

- Bürogebäude in der Hansestadt Bremen (Postleitzahl 28195)
- Gebäudehöhe ≤ 10 m
- Lage des absturzsichernden Fensterelements in Bezug auf die einwirkenden Windlasten: Randbereich des Gebäudes
- Einsatzbereich: Flur in einem Bürogebäude, der als Fluchtweg dient
- Lichte Raumhöhe 2,50 m
- PVC-Fenster mit Stahlarmierung und 3-fach-Isolierverglasung
  - Stahlarmierung: □-Armierung aus Werkstoff DX51D (Werkstoffnummer 1.0917) nach DIN EN 10346, Materialdicke vorh. t = 1,6 mm
  - Aufbau der Isolierverglasung: (von außen nach innen):
    6 mm ESG-H / 12 mm SZR / 4 mm ESG / 12 mm SZR / 8 mm VSG (44.2)
    ⇒ Gesamtglasdicke = 6 + 4 + 8 = 18 mm
  - Fenstergröße: $B \times H \approx 1{,}2\ \text{m} \times 2{,}2\ \text{m}$
  - unten Festverglasung: $B \times H_u \approx 1{,}2\ \text{m} \times 0{,}9\ \text{m}$
  - oben Drehkippflügel-Bereich: $B \times H_o \approx 1{,}2\ \text{m} \times 1{,}3\ \text{m}$
  - Drehkippflügel: $b \times h \approx 1{,}1\ \text{m} \times 1{,}2\ \text{m}$
  - Glasfläche Drehkippflügel: $b \times h \approx 1{,}0\ \text{m} \times 1{,}1\ \text{m}$
- Der Drehkippflügel wird auf der linken Ansichtsseite, nahe den Befestigungspunkten (1) und (5), angeschlagen (vgl. Bild 10.2).
- Der Höhenunterschied zwischen den Verkehrsflächen (Flur im Bürogebäude und OK Gelände) beträgt $\Delta h \geq 1{,}00$ m: Nach Musterbauordnung (2024, § 38 Abs. 1 Satz 1) bzw. BremLBO (2022, § 38 Abs. 1 Satz 1) ist daher eine Umwehrung (= Absturzsicherung) vorzusehen.
- Annahme:
  Es wird zur Vereinfachung angenommen, dass für die Lösung der Befestigungsaufgabe das Fensterelement derart in der Laibung liegt, dass die Abstandsmontageschraube mittig in der Laibung (Mitte des Holzständers) zu montieren ist. Für den Randabstand c der Abstandsmontageschraube in der Laibung gilt dann:
  $c_{innen} = c_{außen}$

- Verankerungsgrund Holz:
  - Konstruktionsvollholz KVH 80/200, Fichte
  - Festigkeitsklasse C24
  - Holzrohdichte $\rho_k = 350\ kg/m^3$ gemäß DIN EN 338

10.2.2 Befestigungssystem

- Befestigung gemäß Bild 10.2 nur seitlich links und rechts in der Laibung mit je 5 Stück Abstandsmontageschrauben AMO® IV ∅ 11,5 mm (aBG AMO Y/IV, 2024)
- Annahme: Fugenbreite zwischen Fenster und Laibung b = 15 mm (vgl. Bild 4.3)
- Annahme: freie Schraubenlänge e_f = 25 mm (beachte Bild 10.3, obere Zeile rechts: Kunststoffprofil mit Stahleinlage OHNE Verbreiterung)
- Randabstand: $c_{innen} = c_{außen} = a_{4,t} = a_{4,c}$ = 200 mm / 2 = 100 mm (beachte Bild 10.4; siehe hierzu auch DIN EN 1995-1-1:2010, S. 72, Abschnitt 8.3.1.2, Bild 8.7 b), (3) und (4))
- Achsabstand im Verankerungsgrund Holz in Faserrichtung: vorh. s ≥ 300 mm > 40 mm = a_1 (vgl. Bild 10.2 und siehe aBG AMO Y/IV, 2024, Anlage 6, Tabelle 3)

Hinweis: Für die Montage der Abstandsmontageschrauben AMO® IV ∅ 11,5 mm ist der Verankerungsgrund Holz immer vorzubohren, vgl. aBG AMO Y/IV (2024, Anlage 7).

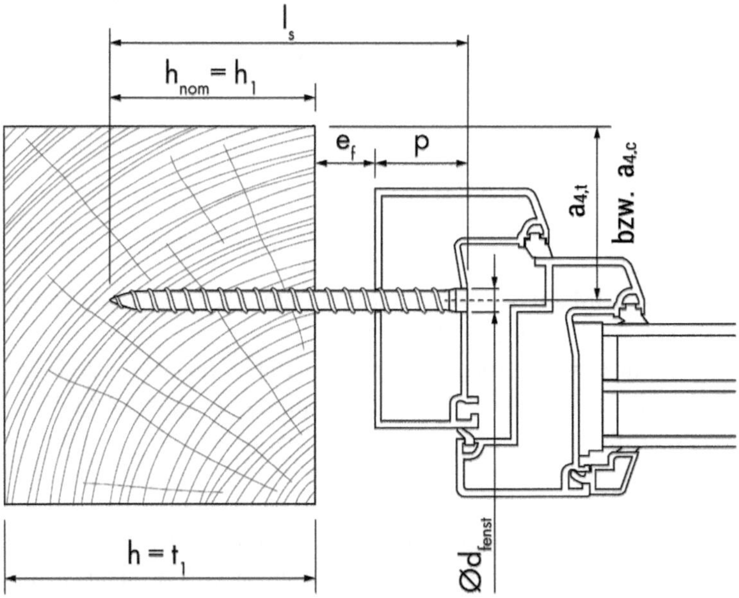

Bild 10.4 Schematische Darstellung des Einbauzustands der Abstandsmontageschrauben nach Bild 10.1 im Verankerungsgrund Holz; Definition der freien Schraubenlänge e_f und des Randabstands $a_{4,t}$ bzw. $a_{4,c}$; siehe aBG AMO Y/IV (2024, Anlage 1)

10.3 Einwirkungen

10.3.1 Stoßartige Lasten nach ETB-Richtlinie (Außergewöhnliche Einwirkung)

Aufgrund des in Abschnitt 10.2.1 festgestellten Höhenunterschieds $\Delta h \geq 1{,}00$ m zwischen den Verkehrsflächen (Flur im Bürogebäude und OK Gelände) muss das Fensterelement absturzsichernde Eigenschaften aufweisen.

Gemäß „ETB-Richtlinie – Bauteile, die gegen Absturz sichern" werden die Abstandsmontageschrauben im Holzständer zur Befestigung des absturzsichernden Fensterelements gegen Versagen bemessen. Dabei muss für „Befestigungselemente" nur der „weiche Stoß", nicht aber der „harte Stoß nachgewiesen werden; siehe ETB (1985, Abschnitt 3.2.2.2.3).

Demnach ist die für die Bemessung der Abstandsmontageschrauben folgender Bemessungswert der Einwirkungen anzusetzen:

$$F_{Ed} = F_{Ek} \cdot \gamma_A = 2{,}8 \cdot 1{,}0 = 2{,}8\,\text{kN} \tag{10.1}$$

mit:

F_{Ed}	= 2,8 kN	Bemessungswert der Einwirkungen (Stoßlasten aus Personenanprall) je Befestigungspunkt (statische Ersatzlast nach ETB-Richtlinie, der Teilsicherheitsbeiwert für außergewöhnliche Einwirkungen $\gamma_A = 1{,}0$ ist enthalten)
F_{Ek}	= 2,8 kN	siehe ETB (1985, Abschnitt 3.2.2.2.3)
γ_A	= 1,0	Teilsicherheitsbeiwert der Einwirkungen für außergewöhnliche Bemessungssituation; siehe aBG AMO Y/IV (2024, S. 6, Abschnitt 2.3.2)

10.3.2 Windlasten

Das Bürogebäude, in das das absturzsichernde Fensterelement eingebaut wird, steht nach Abschnitt 10.2.1 in der Hansestadt Bremen. Im Verzeichnis „Windzonen nach Verwaltungsgrenzen", DIBt.de (2022), wird für die „Stadt Bremen" die „Windzone 3" ausgewiesen.

Alternativ lassen sich unter dem Suchbegriff „Windzonen nach Postleitzahlen" im Internet auch diverse Seiten finden, auf denen – lediglich unter der Eingabe der Postleitzahl für das konkrete Bauvorhaben – die entsprechend zugehörige Windzone ausgegeben wird.

Nach DIN 18055 (2020, S. 26, Anhang A, Tabelle A.1) ergibt sich für

- die Windzone 3,
- eine Gebäudehöhe ≤ 10 m und
- den Einbau des absturzsichernden Fensterelements im Randbereich des Bürogebäudes

folgende charakteristische Windbelastung:

$q_{wd,k} = 0{,}80\,\text{kN/m}^2$ (Winddruck)

$q_{ws,k} = 1{,}36\,\text{kN/m}^2$ (Windsog)

Die Bemessungswerte der Einwirkungen ergeben sich wie folgt:

$$q_{wd,d} = q_{wd,k} \cdot \gamma_F = 0{,}80 \cdot 1{,}5 = 1{,}20\,\text{kN/m}^2 \text{ Winddruck} \quad (10.2)$$

$$q_{ws,d} = q_{ws,k} \cdot \gamma_F = 1{,}36 \cdot 1{,}5 = 2{,}04\,\text{kN/m}^2 \text{ Windsog} \Rightarrow \underline{\text{maßgebend}} \quad (10.3)$$

mit:

$\gamma_F = 1{,}5$ Teilsicherheitsbeiwert für veränderliche Einwirkung (Windlast)

Hinweis: Die Anwendung von DIN 18055 (2020, S. 26, Anhang A, Tabelle A.1) beruht auf Berechnungen mit dem vereinfachten Verfahren nach DIN EN 1991-1-4 und DIN EN 1991-1-4/NA. Diese praxisnahe Vorgehensweise liegt für übliche Gebäude auf der sicheren Seite.

Sofern eine Abminderung der Werte aus Tabelle A.1 angestrebt wird, ist eine genaue Berechnung der Außendruckbeiwerte nach DIN EN 1991-1-4/NA (2024, S. 11/12, Tabelle NA.1) bzw. eine genaue Windlastermittlung nach DIN EN 1991-1-4/NA (2024, S. 22, Abschnitt NA.B.3.3) erforderlich (vgl. hierzu auch die ausführlichen Ausführungen in Abschnitt 2.8.2.1).

10.3.3 Horizontale Nutzlast (Holmlast auf den Brüstungsriegel)

Die charakteristische horizontale Nutzlast – in Absturzrichtung nach außen – ergibt sich für einen Flur in einem Bürogebäude, der als Fluchtweg dient, aus DIN EN 1991-1-1/NA (2010, S. 13, Tabelle 6.12DE) bzw. nach ASR A2.1 (2022, S. 9, Abschnitt 5.1, Absatz 7):

$\Rightarrow q_{k,außen} = 1{,}0\,\text{kN/m}$

Gemäß DIN EN 1991-1-1/NA (2010, S. 13, Abschnitt 6.4, Tabelle 6.12DE und Absatz 2) sind die horizontalen Nutzlasten in Absturzrichtung in voller Höhe und in Gegenrichtung – nach innen wirkend – mit 50 %, mindestens jedoch mit 0,5 kN/m anzusetzen:

$\Rightarrow q_{k,innen} = 0{,}5\,\text{kN/m}$

Die Bemessungswerte der Einwirkungen ergeben sich wie folgt:

$$q_{kd,außen} = q_{k,außen} \cdot \gamma_F = 1{,}0 \cdot 1{,}5 = 1{,}50\,\text{kN/m} \Rightarrow \text{maßgebend} \quad (10.4)$$

$$q_{kd,innen} = q_{k,innen} \cdot \gamma_F = 0{,}5 \cdot 1{,}5 = 0{,}75\,\text{kN/m} \quad (10.5)$$

mit:

γ_F = 1,5 Teilsicherheitsbeiwert für unabhängige veränderliche Einwirkung mit ungünstiger Auswirkung nach DIN EN 1990/NA (2010, S. 11, Tabelle NA.A.1.2(B)).

10.3.4 Last aus 90° geöffnetem Fensterflügel

Wird der im absturzsichernden Fensterelement oben angeordnete Drehkippflügel um 90° geöffnet, treten auf der Bandseite infolge des Eigengewichts des Fensterflügels zusätzliche Querlasten auf. Hierzu wird zunächst das Eigengewicht des Drehkippflügels ermittelt (vgl. Tabelle 9.1; siehe auch in Gütegemeinschaft, 2024, S. 162, Abschnitt 5.1.2.1, Tabelle 5.3 und Tabelle auf S. 173).

Das resultierende Kräftepaar (Z = D) aus dem 90° in den Innenraum geöffneten Flügel wird auf der Bandseite oben durch den Befestigungspunkt (1) und unten in Höhe des Brüstungsriegels durch den Befestigungspunkt (5) aufgenommen (vgl. Bild 10.2). Dabei wirkt die Einwirkung $Z = V_{fd,1}$ in Richtung des Innenraums und die Einwirkung $D = V_{fd,5}$ nach außen (vgl. Bild 10.2).

Der Bemessungswert der Einwirkungen auf die Befestigungspunkte (1) und (5) durch den 90° geöffneten Fensterflügel ergibt sich nach Gütegemeinschaft (2024, S. 169, Abschnitt 5.1.2.3, Tabelle 5.4, Zeile 1) wie folgt:

$$V_{fd,1} = Z$$

$$V_{fd,5} = D$$

$$\begin{aligned} V_{fd,1} = V_{fd,5} &= \frac{b}{h} \cdot \left(\frac{G_{Flügel}}{2} \cdot \gamma_F\right) \\ &= \frac{1,10}{1,20} \cdot \left(\frac{0,64}{2} \cdot 1,35\right) \\ &= 0,92 \cdot 0,43 \\ &= 0,40\,\text{kN} \end{aligned} \quad (10.6)$$

mit:

b = 1,1 m vgl. Abschnitt 9.2.1 und 10.2.1

h = 1,2 m vgl. Abschnitt 9.2.1 und 10.2.1
(Beachte hierzu auch den folgenden Hinweis!)

$G_{Flügel}$ = 0,64 kN vgl. Tabelle 9.1 und Tabelle 10.1

γ_F = 1,35 Teilsicherheitsbeiwert für ständige Einwirkungen (Eigengewicht)

> **Hinweis:** Der Abstand für die Lasteinleitung der horizontalen Lasten (Z und D bzw. $V_{fd,1}$ und $V_{fd,5}$) ist nach Bild 10.2 die Höhendifferenz zwischen den Befestigungspunkten (1) und (5).

In Gl. (10.6) werden für die Ermittlung von Z und D nach Gütegemeinschaft (2024, S. 169, Abschnitt 5.1.2.3, Tabelle 5.4, Zeile 1) allerdings die Flügelaußenmaße (hier im Beispiel b / h = 1,10 m / 1,20 m) angesetzt.

Dieses Vorgehen stellt eine Vereinfachung für die Bemessungspraxis dar, da die reale Lasteinleitung aus dem Flügelrahmen über Bänder bzw. Scherenlager in den Blendrahmen bei jedem Fensterelement unterschiedlich ist. Diese Vereinfachung wird aus Übersichtsgründen übernommen.

Tabelle 10.1 Praxisbeispiel 3: Ermittlung des Eigengewichts des Drehkippflügels

Zeile	Bauteil	Rechenweg	Ergebnis
1	Flügelrahmen	$(2 \cdot 1{,}1\,\text{m} + 2 \cdot 1{,}2\,\text{m}) \cdot 3{,}5\,\text{kg/m} =$	16,1 kg
2	Isolierverglasung	$2{,}5\,{}^{\text{kg}}/_{(\text{mm}\cdot\text{m}^2)} \cdot (6\,\text{mm} + 4\,\text{mm} + 8\,\text{mm}) \cdot (1{,}0\,\text{m} \cdot 1{,}1\,\text{m}) =$	49,5 kg
3	Drehkippflügel	(Zeile 1 + 2) =	65,6 kg
4	Eigenlast $G_{\text{Flügel}}$	$65{,}6\,\text{kg} \cdot 9{,}81\,\text{m/s}^2 = 643{,}5\,\text{N}$ [1)]	0,64 kN

1) $1\,\text{kg} \cdot \text{m/s}^2 = 1\,\text{N} = 0{,}001\,\text{kN}$

10.4 Ermittlung der maßgebenden Querkräfte für Befestigungspunkt (5)

Hier wird nachfolgend nur die maßgebende Abstandsmontageschraube im Holzständer nach Abschnitt 10.2 nachgewiesen.

Für die erforderlichen Nachweise werden hier im Abschnitt 10.4 zunächst die maßgebenden Querkräfte ermittelt.

Bild 10.2 zeigt, dass an Befestigungspunkt (5) offenbar die halben horizontalen Lasten aus dem Brüstungsriegel und die Lasten aus dem 90° geöffneten Fenster aufgenommen werden, weshalb es sich hierbei offensichtlich um den maßgebenden der insgesamt 10 Befestigungspunkte handelt.

Daher werden nachfolgend nur für den Befestigungspunkt (5) für alle möglichen Lastfälle (bzw. Lastfallkombinationen) die Lasten zusammengetragen und anschließend wiederum nur die maßgebenden Nachweise geführt.

Die anderen Befestigungspunkte werden auf der sicheren Seite jeweils baugleich ausgeführt.

10.4.1 Lastfall 1: Stoßartige Lasten

Maßgebende Querkraft (vgl. hierzu Abschnitt 10.3.1):

$$V_{\text{Ed,LF1}} = F_{\text{Ed}} = 2{,}8\,\text{kN} \tag{10.7}$$

Gemäß ETB (1985, Abschnitt 3.1) sind nur die horizontalen Nutzlasten (= Holmlasten) mit den Windlasten zu überlagern. Die stoßartigen Lasten müssen also mit keinen weiteren Lasten überlagert werden.

10.4.2 Lastfall 2: Windsoglast

Maßgebende Querkraft (vgl. hierzu Bild 10.2 und Abschnitt 10.3.2):

$$V_{Ed,LF2} = A_{Wind} \cdot q_{ws,d} = \frac{1{,}20}{2} \cdot \left(0{,}15 + \frac{0{,}50}{2}\right) \cdot 2{,}04 = 0{,}49\,\text{kN} \tag{10.8}$$

10.4.3 Lastfall 3: Winddrucklast

Maßgebende Querkraft (vgl. hierzu Bild 10.2 und Abschnitt 10.3.2):

$$V_{Ed,LF3} = A_{Wind} \cdot q_{wd,d} = \frac{1{,}20}{2} \cdot \left(0{,}15 + \frac{0{,}50}{2}\right) \cdot 1{,}20 = 0{,}29\,\text{kN} \tag{10.9}$$

10.4.4 Lastfall 4: Horizontale Nutzlast (Holmlast auf den Brüstungsriegel)

Die horizontale Nutzlast (Holmlast auf den Brüstungsriegel) verteilt sich gemäß Bild 10.2 offenbar zu gleichen Teilen auf die 4 Befestigungspunkte (5), (6), (7) und (8). Somit ergibt sich für den Befestigungspunkt (5) die maßgebende Querkraft wie folgt (vgl. Abschnitt 10.3.3):

$$V_{Ed,LF4} = \frac{1}{2} \cdot \frac{B}{2} \cdot q_{kd,außen} = \frac{1}{2} \cdot \left(\frac{1{,}20}{2} \cdot 1{,}50\right) = 0{,}45\,\text{kN} \tag{10.10}$$

Die horizontale Nutzlast in Gegenrichtung wird nicht weiter untersucht; beachte hierzu Abschnitt 10.4.5.

10.4.5 Lastfall 5: Überlagerung horizontale Nutzlast (Holmlast) plus Windsoglast

Hier werden nur die in Absturzrichtung nach außen wirkende Windsoglast und horizontale Nutzlast (Holmlast) überlagert:

$$V_{Ed,Sog} = V_{Ed,LF2} = 0{,}46\,\text{kN (vgl. Abschnitt 10.4.2)} \tag{10.11}$$

$$V_{Ed,Holm} = V_{Ed,LF4} = 0{,}45\,\text{kN (vgl. Abschnitt 10.4.4)} \tag{10.12}$$

Gemäß DIN EN 1990/NA (2010, S. 5, NCI zu 6.4.3.2(3) und S. 8, NDP zu A.1.2.2, Tabelle NA.A.1.1) werden zwei Lastfallkombinationen untersucht (vgl. hier auch Abschnitt 8.5.2.2):

Lastfallkombination 1
Die Holmlast wird voll und die Windlast reduziert mit dem Faktor $\Psi_0 = 0{,}6$ angesetzt:

$$V_{Ed,LF5\text{-}1} = V_{Ed,Holm} + \left(\Psi_0 \cdot V_{Ed,Sog}\right) = 0{,}45 + (0{,}6 \cdot 0{,}49) = 0{,}74\,\text{kN} \tag{10.13}$$

Lastfallkombination 2
Die Windlast wird voll und die Holmlast reduziert mit dem Faktor $\Psi_0 = 0{,}7$ angesetzt:

$$V_{Ed,LF5\text{-}2} = V_{Ed,Sog} + \left(\Psi_0 \cdot V_{Ed,Holm}\right) = 0{,}49 + (0{,}7 \cdot 0{,}45) = 0{,}81\,\text{kN} \Rightarrow \text{maßgebend} \tag{10.14}$$

Gemäß Abschnitt 10.3.3 ist auch in Gegenrichtung, ins Rauminnere, eine horizontalen Nutzlast von mindestens 0,5 kN/m anzusetzen, die dann mit dem Winddruck überlagert werden müsste. Aus der Anschauung des Fensters entfällt diese Überlagerung, da dafür Personen am Brüstungsriegel horizontal nach innen ziehen müssten, damit die horizontale Nutzlast in diese Richtung aufgebracht werden kann. Dieses „Ziehen" könnte aber nur dann erfolgen, wenn der obere Drehkippflügel geöffnet wird, damit sich die Personen am Brüstungsriegel festhalten können. Ist aber der obere Fensterflügel geöffnet, so wirkt nicht mehr gleichzeitig der maximale Winddruck auf das Fenster.

Außerdem ist der Winddruck kleiner als der Windsog und die horizontale Nutzlast nach innen kleiner als die horizontale Nutzlast nach außen. Eine Überlagerung von beiden ist also kleiner als die nach außen wirkende Kombination.

10.4.6 Lastfall 6: Überlagerung horizontale Nutzlast (Holmlast) plus Last aus 90° geöffnetem Fenster

Aus Sicht der Autoren müssen die Querlasten aus dem 90° geöffnetem Fenster nur mit der horizontalen Nutzlast (Holmlast) überlagert werden: Ist das Fenster 90° geöffnet, so kann auf das Fenster keine oder wenn, dann nur eine sehr eingeschränkte Windlast wirken.

Die Querlast aus dem 90° geöffnetem Fenster und die Horizontallast wirken zusammen nur auf den Befestigungspunkt (5) ein (vgl. Bild 10.2) und werden beide auf der sicheren Seite voll angesetzt (vgl. Abschnitt 10.3.4 und 10.4.4):

$$V_{Ed,LF6} = V_{fd,5} + V_{Ed,LF4} = 0{,}40 + 0{,}45 = 0{,}85\,\text{kN} \tag{10.15}$$

10.4.7 Übersicht der maßgebenden Querkräfte für das Praxisbeispiel 3

In der Tabelle 10.2 werden alle maßgebenden Querkräfte der einzelnen Lastfälle übersichtlich zusammengestellt. Für den Nachweis der Abstandsmontageschraube müssen danach nur die beiden maßgebenden Lastfälle 1 und 6 weiter untersucht werden.

Tabelle 10.2 Übersicht der maßgebenden Querkräfte für alle Lastfälle (Praxisbeispiel 3)

Lastfall	Beschreibung	Ermittlung V_{Ed} siehe Abschnitt	V_{Ed} [kN]	Maß-gebend [kN]	Bemessung vgl. Abschnitte
1	**Stoßartige Lasten**	10.4.1	**2,80**	**2,80**	10.5.1
2	Windsoglast	10.4.2	0,49	**0,85**	10.5.2
3	Winddrucklast	10.4.3	0,29		
4	Horizontale Nutzlast	10.4.4	0,45		
5	Überlagerung horizontale Nutzlast plus Windsoglast	10.4.5	0,81		
6	**Überlagerung horizontale Nutzlast plus Last aus 90° geöffnetem Fenster**	10.4.6	**0,85**		

10.5 Statischer Nachweis

10.5.1 Lastfall 1: Stoßartige Lasten

Der Bemessungswert der Tragfähigkeit ergibt sich nach aBG AMO Y/IV (2024, S. 7, Abschnitt 2.3.2, Tabelle 5) für die Ausgangswerte nach Abschnitt 10.2 in diesem Fachbuch

- Fensterprofil aus mit einem Stahlprofil verstärkten Kunststoff, mit einer Zugfestigkeit der Stahlprofile R_m von mindestens 270 N/mm²,
- $e_f = 25$ mm (freie Schraubenlänge) und
- $h = t_1 = 80$ mm (Holzdicke)

zu $V_{Rd,LF1} = F_{v,Rd,5} = 2{,}8$ kN; vgl hier Bild 10.5.

Nachweis:

$$\frac{V_{Ed,LF1}}{V_{Rd,LF1}} = \frac{2{,}80}{2{,}80} = 1{,}0 \leq 1{,}0 \Rightarrow \underline{\text{Nachweis erbracht}} \qquad (10.16)$$

mit:
$V_{Ed,LF1} = 2{,}80$ kN vgl. Abschnitt 10.4.1 bzw. Tabelle 10.2

10.5.2 Lastfall 6: Überlagerung horizontale Nutzlast (Holmlast) plus Last aus 90° geöffnetem Fenster

Der Bemessungswert der Tragfähigkeit ergibt sich nach aBG AMO Y/IV (2024, S. 5, Abschnitt 2.3.1, Tabelle 2) für die Ausgangswerte nach Abschnitt 10.2

Allgemeine Bauartgenehmigung
Nr. Z-9.1-919

Deutsches Institut für Bautechnik DIBt

Seite 7 von 8 | 19. Februar 2024

Tabelle 5 Bemessungswerte der Tragfähigkeit der Anschlüsse von Fensterrahmen aus Kunststoff oder Aluminium unter Verwendung der AMO Y und AMO IV Schrauben mit d = 11,5 mm bei einer Beanspruchung durch Personenanprall $F_{v,Rd,5}$ (sehr kurze Lasteinwirkungsdauer k_{mod} = 1,0 und außergewöhnliche Bemessungssituation γ_M = 1,0)

Fensterrahmen nach Abschnitt 1.1			Kunststoff/ Aluminium				
Maximale freie Schraubenlänge e_f [mm]			20	30	40	50	60
Unterkonstruktion nach Abschnitt 1.1			Vollholz aus Nadelholz				
$F_{v,Rd,5}$ [kN]	Mindestholz-dicke [mm]	60	2,8	1,6			
		67	2,8	2,8	1,6		

Bild 10.5 Bemessungswerte der Tragfähigkeit bei einer Beanspruchung durch Personenanprall nach aBG AMO Y/IV (2024, S. 7 auszugsweise, Abschnitt 2.3.2, Tabelle 5)

- Fensterprofil aus mit einem Stahlprofil verstärkten Kunststoff, mit einer Zugfestigkeit der Stahlprofile R_m von mindestens 270 N/mm²,
- e_f = 25 mm (freie Schraubenlänge) und
- h = t_1 = 80 mm (Holzdicke)

Allgemeine Bauartgenehmigung
Nr. Z-9.1-919

Deutsches Institut für Bautechnik DIBt

Seite 5 von 8 | 19. Februar 2024

Tabelle 2 Bemessungswerte der Tragfähigkeit der Anschlüsse von Fensterrahmen aus Kunststoff oder Aluminium unter Verwendung der AMO Y und AMO IV Schrauben mit d = 11,5 mm bei einer Beanspruchung rechtwinklig zur Schraubenachse $F_{v,Rd,2}$

Fensterrahmen nach Abschnitt 1.1			Kunststoff/ Aluminium				
Maximale freie Schraubenlänge e_f [mm]			20	30	40	50	60
Unterkonstruktion nach Abschnitt 1.1			Vollholz aus Nadelholz				
$F_{v,Rd,2}$ [kN]	Mindestholzdicke [mm]	60	1,65	1,25	0,58	0,34	0,22

Bild 10.6 Bemessungswerte der Tragfähigkeit nach aBG AMO Y/IV (2024, S. 5 auszugsweise, Abschnitt 2.3.1, Tabelle 2)

zu $V_{Rd,LF6} = F_{v,Rd,2} = 1{,}45$ kN (interpoliert zwischen $e_f = 20$ mm und $e_f = 30$ mm; vgl hier Bild 10.6)

Nachweis:

$$\frac{V_{Ed,LF6}}{V_{Rd,LF6}} = \frac{0{,}85}{1{,}45} = 0{,}59 < 1{,}0 \Rightarrow \underline{\text{Nachweis erbracht}} \qquad (10.17)$$

mit:

$V_{Ed,LF6} = 0{,}85$ kN vgl. Abschnitt 10.4.6 bzw. Tabelle 10.2

10.6 Fazit zum Praxisbeispiel 3

Der statische Nachweis für die Abstandsmontageschraube im Verankerungsgrund Holz ist vom Umfang deutlich geringer als für die Befestigung des Fensterelements mit der Fenstermontageschiene und einer entsprechenden Holzschraube. Für die Holzschrauben müssen noch diverse Zwischenschritte ermittelt werden, die u. a. vom Verankerungsgrund Holz (Rohdichte ρ_k) und der Einbindetiefe der Schraube im Holz l_{ef} abhängig sind (vgl. vom Prinzip her Abschnitt 9.13).

11

Praxisbeispiel 4 – Befestigung eines bodentiefen absturzsichernden Fensterelements mit Festverglasung in Mauerwerk mit einem Direktbefestiger

11.1 Einleitung und allgemeine Hinweise

11.1.1 Einleitung

Das Praxisbeispiel 4 gehört mit den Praxisbeispielen 5 und 6 in den Kapiteln 12 und 13 zusammen. Alle drei Beispiele sollen zeigen, wie schnell der Aufwand für die statische Berechnung der Befestigung zunimmt, wenn schrittweise einige Parameter ergänzt oder verändert werden.

Alle drei Praxisbeispiele zeigen außerdem, dass die Befestigung von bodentiefen absturzsichernden Fensterelementen in modernen Hochlochziegeln, in allen drei Fällen in einem Laibungsstein, möglich ist.

Die beiden Praxisbeispiele 4 und 5 (Kapitel 11 und 12) zeigen die drei Möglichkeiten, wie Befestigungen von absturzsichernden Fensterelementen im baupraktischen Alltag nachgewiesen werden können:

- Praxisbeispiel 4: Nachweis der „ETB-Last“ in Höhe von 2,8 kN (Kapitel 11)
- Praxisbeispiel 5:
  a) Nachweis der reduzierten „ETB-Last“ in Höhe von 1,6 kN, wenn eine „Mehrfachbefestigung“ nachgewiesen werden kann (Kapitel 12, Abschnitt 12.7.1.2)
  b) Nachweis durch Pendelschlagversuch im Labor oder auf der Baustelle (Kapitel 12, Abschnitt 12.7.1.3)

Zur schnelleren Übersicht steht dafür ein übliches bodentiefes absturzsicherndes Fenster mit Festverglasung im Mittelpunkt (Bild 11.1). Für eine solche Festverglasung reduzieren sich die Einwirkungen sowie die Glieder der Nachweiskette.

In den zwei Praxisbeispielen werden zwei verschiedene Fensterbefestiger verwendet. Dabei wird gezeigt, dass bereits die Veränderung eines Parameters – z. B. die Veränderung der Windzone – die Produktwahl mitbestimmen kann. Die Produktwahl beeinflusst wiederum den statischen Nachweis, der für die Befestigung des

Befestigung und Abdichtung von Fenstern und Türen. Regelwerke, Bauphysik, Baurecht, Praxisbeispiele. 2. Auflage.

ansonsten *gleichen* absturzsichernden Fensterelements geführt werden muss, da auch unterschiedliche Lastfälle maßgebend werden können.

11.1.2 AMO-Combi Schraube mit Kunststoff-Dübelhülse W-UR 10 XS oder W-UR 10 XXL

Für die seitliche Verankerung des Elements in der Fensterlaibung eines Gebäudes wird zunächst die AMO-Combi Schraube zusammen mit der Kunststoff-Dübelhülse W-UR 10 XXL verwendet (Bild 11.1).

Die AMO-Combi Schraube mit Kunststoff-Dübelhülse W-UR 10 XS oder W-UR 10 XXL (Bild 11.2) wird aktuell in der Zulassung abZ/aBG AMO-Combi (2022) geregelt. Die zuletzt am 23. August 2022 erteilte, erweiterte und ergänzte Zulassung kann auch für die Befestigung von absturzsichernden Elementen verwendet werden.

Wie die absturzsichernde Fensterelementbefestigung (W-ABZ) im Praxisbeispiel 2 in Kapitel 9 darf auch die AMO-Combi Schraube in Kombination mit verschiedenen Fensterprofil-Materialien, zum Teil *mit* und *ohne* Profilverbreiterung, eingesetzt werden (Kunststoff-Fensterrahmen verstärkt mit Stahlprofilen, Fensterprofile aus Aluminium oder aus Holz sowie in Fensterprofilen "GENEO" der Firma Rehau). Exemplarisch ist die eingebaute Schraube in Bild 11.3 in Kombination mit einem Kunststoffprofil mit und ohne Profilverbreiterung, jeweils mit Stahleinlage dargestellt.

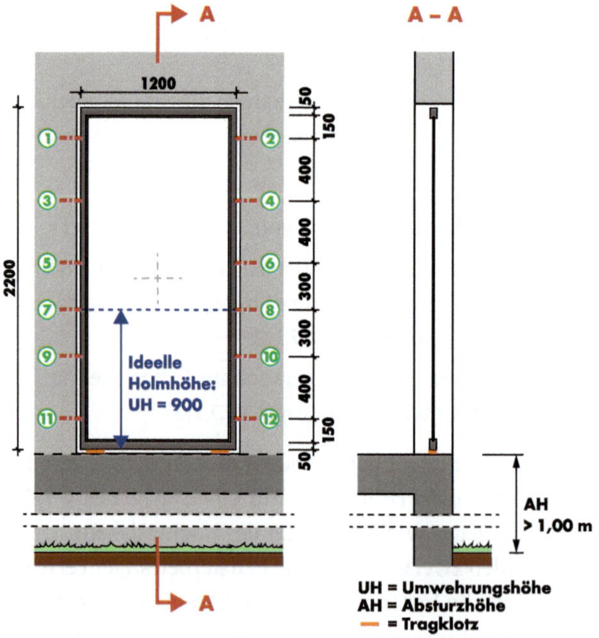

Bild 11.1 Schematische Darstellung für Praxisbeispiel 4 – Bodentiefes absturzsicherndes Fensterelement mit Festverglasung (Ansicht von außen): Befestigung links und rechts im Planhochlochziegel mit je 6 Befestigern (AMO-Combi Schraube mit Kunststoffdübelhülse W-UR 10 XXL); die „ideelle Holmhöhe“ ist gestrichelt angedeutet; Maße in mm

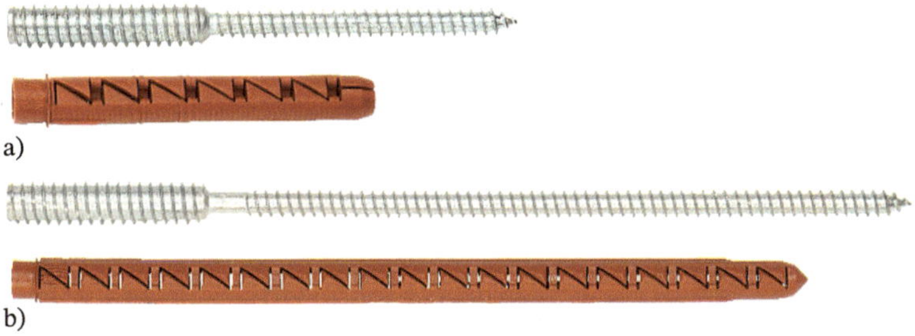

Bild 11.2 AMO-Combi Schraube mit (a) Kunststoff-Dübelhülse W-UR 10 XS oder (b) W-UR 10 XXL

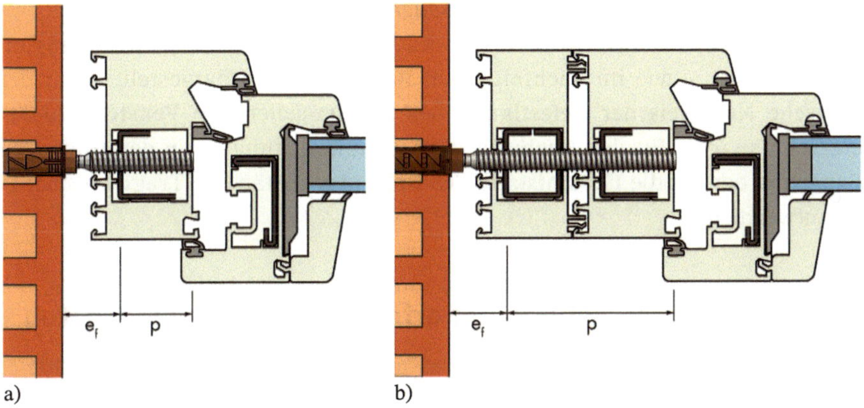

Bild 11.3 Allgemein bauaufsichtlich zugelassenes System z. B. als Kombination aus AMO Combi Schraube und Kunststoff-Dübelhülse zur Verbindung von Fensterrahmen mit dem Verankerungsgrund bei einer absturzsichernden Verglasung; siehe auch für weitere mögliche Kombinationen abZ/aBG AMO-Combi (2022, Anlage 7)

11.1.3 Allgemeine Hinweise

Für die in Abschnitt 8.2.6 beschriebene vollständige Nachweisführung aller Glieder der „Nachweiskette“ ergibt sich hier Folgendes:

- Glied 1 der Kette: Absturzsichernde Festverglasung
- Glied 2 der Kette: Unmittelbare Glasbefestigung bzw. Glaslagerung
- Glied 3 der Kette: Fensterrahmen
- Glied 4 der Kette: Befestigung des Fensterrahmens am Baukörper

Da sich dieses Praxisbeispiel 4 schwerpunktmäßig mit der Befestigung absturzsichernder Fensterelemente am Baukörper beschäftigt, wird aus Übersichtsgründen auf die Lastermittlung und die statischen Nachweise für die Kettenglieder 1 bis 3 verzichtet. Die Bemessung von Festverglasung, unmittelbarer Glasbefestigung und Fensterrahmen müssten für ein reales Projekt abhängig vom gewählten Fensterrahmen-System und der gewählten Verglasung entsprechend ergänzt werden; sie wird in der Regel vom Profilhersteller und/oder dem Fensterhersteller bereitgestellt. Die Ermittlung der Einwirkungen auf die Kettenglieder 1 bis 3 kann sinngemäß bzw. exemplarisch dem Praxisbeispiel 2 in Kapitel 9 dieses Fachbuchs entnommen werden.

Die Bemessung eines zugelassenen Dübels auf Grundlage der jeweiligen Zulassung (abZ/aBG, aBG, ETA) bzw. auf Grundlage der in der Zulassung angegebenen Bemessungsregeln erbringt dabei immer nur den Nachweis der „örtlichen Krafteinleitung in den Verankerungsgrund“, weshalb hier abschließend noch einmal auf das Zitat aus Gütegemeinschaft (2024) in Abschnitt 8.2.6 hingewiesen wird. Danach ist die Weiterleitung der zu verankernden Lasten im Bauteil *„von der Einwirkungsstelle bis in den tragenden Baugrund“* nachzuweisen:

Würde also z. B. für ein reales Projekt von einem gesondert beauftragten (Fach-) Planer – wie im nachfolgenden Praxisbeispiel 4 dargestellt – nur der statische Nachweis der Befestigung des absturzsichernden Fensterelements erbracht, so wäre für den Nachweis der Lastweiterleitung bis in den tragenden Baugrund der für die Gesamtstatik des Gebäudes zuständige Tragwerksplaner verantwortlich.

11.2 Zusammenstellung der erforderlichen Ausgangsdaten

11.2.1 Allgemeines

Gegebene Ausgangssituation für Praxisbeispiel 4 – Bodentiefes absturzsicherndes Fensterelement mit Festverglasung, vgl. Bild 11.1:

- Wohngebäude in Künzelsau (Postleitzahl 74653, Baden-Württemberg)
- Gebäudehöhe ≤ 10 m
- Lage des absturzsichernden Fensterelements in Bezug auf die einwirkenden Windlasten: Mittenbereich des Gebäudes
- Lichte Raumhöhe 2,50 m
- Absturzsicherndes Fensterelement mit 3-fach-Isolierverglasung:
  - Fenstergröße: B × H ≈ 1,2 m × 2,2 m
  - Fensterprofile aus Aluminium (Werkstoff EN AW 6060 T66 mit $R_m \geq 215$ N/mm² und t ≥ 1,5 mm) mit thermischer Trennung (Kunststoffteile der thermischen Trennung aus Polyamid PA; vgl. Bild 11.5)
  - ohne (Profil-) Verbreiterungen
  - mit Festverglasung (beachte Abschnitt 11.1.1)
  - Aufbau der Isolierverglasung: (von außen nach innen):
    6 mm ESG-H / 12 mm SZR / 4 mm ESG / 12 mm SZR / 8 mm VSG (44.2)

a) Isometrie

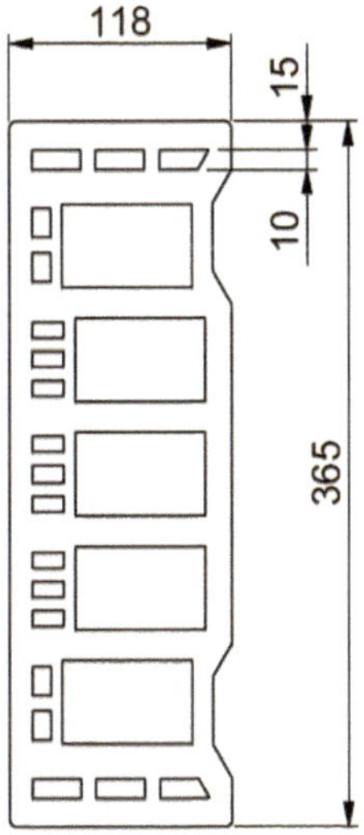

b) Querschnitt

Bild 11.4 Planhochlochziegel „ThermoPlan MZ Ergänzung"; siehe abZ/aBG AMO-Combi (2022, Anlage 75)

- Der Höhenunterschied zwischen den Verkehrsflächen (OK FFB Wohnung und OK Gelände) bzw. die Absturzhöhe beträgt $1{,}00 < AH \leq 12{,}00$ m: Nach Musterbauordnung (2024, § 38 Abs. 1 Satz 1) ist daher eine Umwehrung (= Absturzsicherung) vorzusehen (vgl. Bild 8.6 und Bild 11.1: UH = 900 mm).
- Verankerungsgrund Mauerwerk:
  - Planhochlochziegel „ThermoPlan MZ Ergänzung" (vgl. Bild 11.4)
    Hersteller: Mein Ziegelhaus GmbH & Co. KG, Märkerstraße 44 D-63755 Alzenau
  - Format/Steinabmessung: 6DF; L × B × H = 123 mm × 365 mm × 249 mm
  - Rohdichte: $\rho \geq 0{,}8$ kg/dm³
  - Mittlere Steindruckfestigkeit nach DIN EN 771: $\geq 8{,}0$ N/mm²

Hinweis: Die in der abZ/aBG bzw. ETA – für den jeweils hier im Fachbuch verwendeten Fensterbefestiger bzw. Kunststoffdübel – ausgewiesenen charakteristischen Tragfähigkeiten bzw. Bemessungswerte der Tragfähigkeit beziehen sich bei Verankerungen in Mauerwerk (Ausnahme Lehmsteine) immer auf die „mittlere Steindruckfestigkeit nach DIN EN 771".

In der Praxis gibt es für Mauersteine nach DIN EN 771 in den zugehörigen Anwendungsnormen (DIN 20000-401 bis 404) unverändert „Druckfestigkeitsklassen".

Für die Umrechnung der Druckfestigkeitsklasse in die mittlere Steindruckfestigkeit nach DIN EN 771 siehe (sinngemäß) Becker et al. (2022).

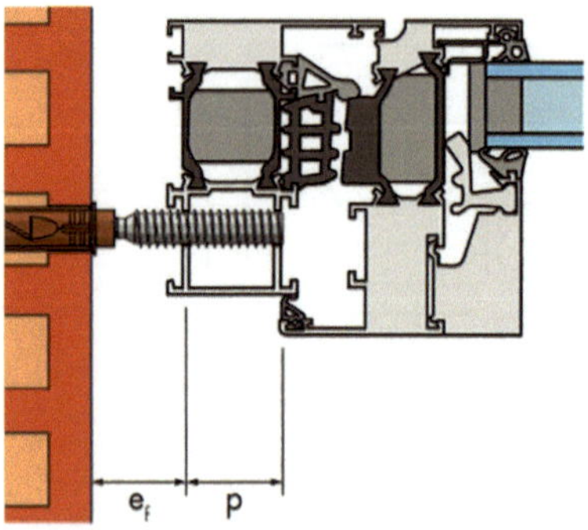

Bild 11.5 Freie Schraubenlänge e_f für Fensterrahmenprofile aus Aluminium, siehe abZ/aBG AMO-Combi (2022, Anlage 7)

11.2.2 Befestigungssystem

- Befestigung gemäß Bild 11.1 nur seitlich links und rechts in der Laibung mit je 6 Stück AMO-Combi Schrauben mit Kunststoff-Dübelhülse W-UR 10 XXL nach abZ/aBG AMO-Combi (2022)
- Annahme:
  Es wird zur Vereinfachung angenommen, dass für die Lösung der Befestigungsaufgabe das Fenster derart in der Laibung liegt, dass das gewählte Dübel-System mittig in der Laibung (Mitte des Mauersteins) zu montieren ist. Für den Randabstand c der AMO-Combi Schraube mit der Kunststoff-Dübelhülse W-UR 10 XXL in der Laibung gilt dann:
  $c_{innen} = c_{außen}$
- Annahme:
  Maximale freie Schraubenlänge $e_f = 25$ mm
  siehe abZ/aBG AMO-Combi (2022, Anlage 7 bzw. vgl. hier Bild 11.5)

11.3 Einwirkungen

11.3.1 Stoßartige Lasten nach ETB-Richtlinie (Außergewöhnliche Einwirkung)

Aufgrund des in Abschnitt 11.2.1 festgestellten Höhenunterschieds $1{,}00 < AH \leq 12{,}00$ m zwischen den Verkehrsflächen (OK FFB Wohngebäude und OK Gelände) muss das Fensterelement absturzsichernde Eigenschaften aufweisen.

Gemäß „ETB-Richtlinie – Bauteile, die gegen Absturz sichern" wird die verwendete AMO-Combi Schraube mit Kunststoff-Dübelhülse W-UR 10 XXL zur Befestigung des absturzsichernden Fensterelements gegen Versagen bemessen. Dabei muss für „Befestigungselemente" nur der „weiche Stoß", nicht aber der „harte Stoß nachgewiesen werden (siehe in ETB, 1985, Abschnitt 3.2.2.2.3).

Demnach ist die für die Bemessung der Fensterbefestiger folgender Bemessungswert der Einwirkungen anzusetzen:

$$F_{Ed} = F_{Ek} \cdot \gamma_A = 2{,}8 \cdot 1{,}0 = 2{,}8\,\text{kN} \tag{11.1}$$

mit:

F_{Ed}	= 2,8 kN	Bemessungswert der Einwirkungen (Stoßlasten aus Personenanprall) je Befestigungspunkt (statische Ersatzlast nach ETB-Richtlinie, der Teilsicherheitsbeiwert für außergewöhnliche Einwirkungen $\gamma_A = 1{,}0$ ist enthalten)
F_{Ek}	= 2,8 kN	siehe in ETB (1985, Abschnitt 3.2.2.2.3)
γ_A	= 1,0	Teilsicherheitsbeiwert der Einwirkungen für außergewöhnliche Bemessungssituation; siehe in abZ/aBG AMO-Combi (2022, S. 6, Abschnitt 3.2.3)

11.3.2 Windlasten

Das Wohngebäude, in das das absturzsichernde Fensterelement eingebaut wird, steht nach Abschnitt 11.2.1 in Künzelsau. Im Verzeichnis „Windzonen nach Verwaltungsgrenzen", DIBt.de (2022), wird für den „Regierungsbezirk Stuttgart", zu dem Künzelsau gehört, die „Windzone 1" ausgewiesen. Alternativ lassen sich unter dem Suchbegriff „Windzonen nach Postleitzahlen" im Internet auch diverse Seiten finden, auf denen – lediglich unter der Eingabe der Postleitzahl für das konkrete Bauvorhaben – die entsprechend zugehörige Windzone ausgegeben wird.

Nach DIN 18055 (2020, S. 26, Anhang A, Tabelle A.1) ergibt sich für

- die Windzone 1,
- eine Gebäudehöhe ≤ 10 m und
- den Einbau des absturzsichernden Fensterelements im Mittenbereich des Wohngebäudes

folgende charakteristische Windbelastung:

$$q_{wd,k} = 0{,}50\ \text{kN/m}^2 \quad \text{(Winddruck)}$$

$$q_{ws,k} = 0{,}55\ \text{kN/m}^2 \quad \text{(Windsog)}$$

Die Bemessungswerte der Einwirkungen ergeben sich wie folgt:

$$q_{wd,d} = q_{wd,k} \cdot \gamma_F = 0{,}50 \cdot 1{,}5 = 0{,}75\ \text{kN/m}^2 \quad \text{Winddruck} \tag{11.2}$$

$$q_{ws,d} = q_{ws,k} \cdot \gamma_F = 0{,}55 \cdot 1{,}5 = 0{,}83\ \text{kN/m}^2 \quad \text{Windsog} \Rightarrow \underline{\text{maßgebend}} \tag{11.3}$$

mit:

γ_F = 1,5 Teilsicherheitsbeiwert für veränderliche Einwirkung (Windlast)

Hinweis: Die Anwendung von DIN 18055 (2020, S. 26, Anhang A, Tabelle A.1) beruht auf Berechnungen mit dem vereinfachten Verfahren nach DIN EN 1991-1-4 und DIN EN 1991-1-4/NA. Diese praxisnahe Vorgehensweise liegt für übliche Gebäude auf der sicheren Seite.

Sofern eine Abminderung der Werte aus Tabelle A.1 angestrebt wird, ist eine genaue Berechnung der Außendruckbeiwerte nach DIN EN 1991-1-4/NA (2024, S. 11/12,

Tabelle NA.1) bzw. eine genaue Windlastermittlung nach DIN EN 1991-1-4/NA (2024, S. 22, Abschnitt NA.B.3.3) erforderlich (vgl. hierzu auch die ausführlichen Ausführungen in Abschnitt 2.8.2.1).

11.3.3 Horizontale Nutzlast in ideeller Holmhöhe

Die charakteristische horizontale Nutzlast – in Absturzrichtung nach außen – ergibt sich für ein Wohnhaus aus DIN EN 1991-1-1/NA (2010, S. 13, Tabelle 6.12DE) in der ideellen Holmhöhe (vgl. Bild 11.1):

$$\Rightarrow q_{k,\text{außen}} = 0{,}5\,\text{kN/m}$$

Gemäß DIN EN 1991-1-1/NA (2010, S. 13, Abschnitt 6.4, Tabelle 6.12DE und Absatz 2) sind die horizontalen Nutzlasten in Absturzrichtung in voller Höhe und in Gegenrichtung – nach innen wirkend – mit 50 %, mindestens jedoch mit 0,5 kN/m anzusetzen.

Da es sich hier aber um eine durchgängige absturzsichernde Festverglasung über das gesamte bodentiefe Fensterelement handelt, kann dieser Ansatz entfallen, da man nicht von innen an der Glasscheibe „ziehen“ wird. Somit entfällt auch die Überlagerung mit dem Winddruck auf das Gebäude (vgl. Abschnitt 11.4.5).

Der Bemessungswert der Einwirkungen ergibt sich wie folgt:

$$q_{kd,\text{außen}} = q_{k,\text{außen}} \cdot \gamma_F = 0{,}5 \cdot 1{,}5 = 0{,}75\,\text{kN/m} \tag{11.4}$$

mit:

$\gamma_F = 1{,}5$ Teilsicherheitsbeiwert für unabhängige veränderliche Einwirkung mit ungünstiger Auswirkung nach DIN EN 1990/NA (2010, S. 11, Tabelle NA.A.1.2(B))

11.3.4 Last aus 90° geöffnetem Fensterflügel

Da es sich hier um eine durchgängige absturzsichernde Festverglasung über das gesamte bodentiefe Fensterelement handelt, kann das Fenster überhaupt nicht und damit auch nicht 90° geöffnet werden. Daraus entstehen folglich keine Einwirkungen auf die Fensterbefestiger.

11.4 Ermittlung der maßgebenden Querkräfte für Befestigungspunkt (7) bzw. (8) für das zu untersuchende Dübel-System

Bild 11.1 zeigt, dass durch die Befestigungspunkte (7) bzw. (8) die ideelle Holmhöhe verläuft. Für diese beiden Befestigungspunkte müssen daher sowohl

1. der Nachweis für stoßartige Lasten als auch
2. der Nachweis für die Überlagerung der horizontalen Nutzlast mit der Windsoglast (beide Lasten nach außen wirkend)

geführt werden. Deshalb und auf Grund der folgenden beiden Überlegungen sind diese beiden Befestigungspunkte (7) und (8) offenbar für die Bemessung maßgebend:

- Die Befestigungspunkte (1) bis (4) müssten nur für Windsog nachgewiesen werden (Winddruck ist nicht maßgebend), da sie oberhalb der Auftrefffläche für den Pendelschlagversuch liegen (vgl. Bild 8.8, Bild 11.1 und siehe Gütegemeinschaft, 2024, S. 206, Bild 5.25).
- Die Befestigungspunkte (5) bis (6) und (9) bis (12) müssten nur getrennt voneinander, d. h. ohne Überlagerung, a) für stoßartige Lasten und b) für Windsog nachgewiesen werden.

Daher werden nachfolgend nur für die beiden Befestigungspunkte (7) und (8) für alle möglichen Lastfälle die Einwirkungen zusammengetragen und anschließend wiederum nur die maßgebenden statischen Nachweise geführt.

Die anderen Befestigungspunkte (1) bis (6) und (9) bis (12) werden ohne weitere Nachweise auf der sicheren Seite baugleich ausgeführt.

11.4.1 Lastfall 1: Stoßartige Lasten

Maßgebende Querkraft (vgl. hierzu Abschnitt 11.3.1):

$$V_{Ed,LF1} = F_{Ed} = 2{,}8\,kN \qquad (11.5)$$

Gemäß ETB (1985, Abschnitt 3.1) sind nur die horizontalen Nutzlasten (= Holmlasten) mit den Windlasten zu überlagern. Die stoßartigen Lasten müssen also mit keinen anderen Lasten überlagert werden.

11.4.2 Lastfall 2: Windsoglast

Maßgebende Querkraft (vgl. hierzu Bild 11.1 und Abschnitt 11.3.2):

$$V_{Ed,LF2} = A_{Wind} \cdot q_{ws,d} = \frac{1{,}20}{2} \cdot \left(0{,}30 + \frac{0{,}30}{2}\right) \cdot 0{,}83 = 0{,}15\,kN \qquad (11.6)$$

11.4.3 Lastfall 3: Winddrucklast

Maßgebende Querkraft (vgl. hierzu Bild 11.1 und Abschnitt 11.3.2):

$$V_{Ed,LF3} = A_{Wind} \cdot q_{wd,d} = \frac{1{,}20}{2} \cdot \left(0{,}30 + \frac{0{,}30}{2}\right) \cdot 0{,}75 = 0{,}14\,kN \qquad (11.7)$$

11.4.4 Lastfall 4: Horizontale Nutzlast in ideeller Holmhöhe

Maßgebende Querkraft (vgl. hierzu Bild 11.1 und Abschnitt 11.3.3):

$$V_{Ed,LF4} = \frac{B}{2} \cdot q_{kd,außen} = \frac{1{,}20}{2} \cdot 0{,}75 = 0{,}45\,kN \qquad (11.8)$$

11.4.5 Lastfall 5: Überlagerung horizontale Nutzlast plus Windsoglast

Hier werden nur die in Absturzrichtung nach außen wirkende Windsoglast und horizontale Nutzlast (Holmlast) überlagert:

$$V_{Ed,Sog} = V_{Ed,LF2} = 0{,}15\,kN\ (\text{vgl. Abschnitt } 11.4.2) \tag{11.9}$$

$$V_{Ed,Holm} = V_{Ed,LF4} = 0{,}45\,kN\ (\text{vgl. Abschnitt } 13.4.3) \tag{11.10}$$

Gemäß DIN EN 1990/NA (2010, S. 5, NCI zu 6.4.3.2(3) und S. 8, NDP zu A.1.2.2, Tabelle NA.A.1.1) werden zwei Lastfallkombinationen untersucht (vgl. hier auch Abschnitt 8.5.2.2):

Lastfallkombination 1
Die Holmlast wird voll und die Windlast um den Faktor $\Psi_0 = 0{,}6$ reduziert angesetzt:

$$V_{Ed,LF5\text{-}1} = V_{Ed,Holm} + (\Psi_0 \cdot V_{Ed,Sog}) = 0{,}45 + (0{,}6 \cdot 0{,}15) = 0{,}54\,kN \Rightarrow \text{maßgebend} \tag{11.11}$$

Lastfallkombination 2
Die Windlast wird voll und die Holmlast um den Faktor $\Psi_0 = 0{,}7$ reduziert angesetzt:

$$V_{Ed,LF5\text{-}2} = V_{Ed,Sog} + (\Psi_0 \cdot V_{Ed,Holm}) = 0{,}15 + (0{,}7 \cdot 0{,}45) = 0{,}47\,kN \tag{11.12}$$

11.4.6 Übersicht der maßgebenden Querkräfte für das Praxisbeispiel 4

In Tabelle 11.1 werden alle maßgebenden Querkräfte der einzelnen Lastfälle übersichtlich zusammengestellt. Für den Nachweis des Fensterbefestigers müssen danach nur die beiden maßgebenden Lastfälle 1 und 5 weiter untersucht werden.

Tabelle 11.1 Übersicht der maßgebenden Querkräfte für alle Lastfälle (Praxisbeispiel 4) für die maßgebenden Befestigungspunkte (7) und (8) nach Bild 11.1

Lastfall	Beschreibung	Ermittlung V_{Ed}, siehe Abschnitt	V_{Ed} [kN]	Maßgebend [kN]	Bemessung, vgl. Abschnitt
1	**Stoßartige Lasten**	11.4.1	**2,80**	**2,80**	11.5.1
2	Windsoglast	11.4.2	0,15	**0,54**	11.5.2
3	Winddrucklast	11.4.3	0,14		
4	Horizontale Nutzlast	11.4.4	0,45		
5	**Überlagerung horizontale Nutzlast plus Windsoglast**	11.4.5	**0,54**		

11.5 Glied 4 der Nachweiskette: Befestigung des Fensterrahmens mit dem Direktbefestiger im Mauerwerk

Auf Grund der Annahme in Abschnitt 11.2.2, dass das Fensters derart in der Laibung liegt, dass das gewählte Dübel-System mittig in der Laibung (Mitte des Mauersteins) montiert wird, gilt für die vorhandenen Randabstände im vorhandenen Planhochlochziegel „ThermoPlan MZ Ergänzung“ Folgendes; vgl. Bild 11.4 und abZ/aBG AMO-Combi (2022, Anlage 75 Tabelle 35.2):

$$c_{\text{innen}} = c_{\text{außen}} = 365/2 \; > 125\,\text{mm} = c_{\min}$$

Die Tragfähigkeit der AMO-Combi Schraube mit der Kunststoff-Dübelhülse W-UR 10 XXL in dem in Abschnitt 11.2.2 ausgewiesenen Mauerstein kann der abZ/aBG AMO-Combi (2022, Anlage 76, Tabellen 35.3 und 35.4) bzw. hier Bild 11.6 entnommen werden.

Ein Abminderungsfaktor für Fugen muss nicht berücksichtigt werden, da es sich bei dem verbauten Stein um einen *Plan*hochlochziegel handelt, vgl. abZ/aBG AMO-Combi (2022, S. 6, Abschnitt 3.2.4).

11.5.1 Nachweis Lastfall 1: Stoßartige Lasten

Das erforderliche Nachweisformat wird in abZ/aBG AMO-Combi (2022, S. 6, Abschnitt 3.2.3) vorgegeben.

Tabelle 35.3: Bemessungswerte der Tragfähigkeit V_{Rd} ³⁾ in [kN] für Einzeldübel unter Querbeanspruchung

Dübelgröße			**W-UR 10 XXL**				
Fensterprofil aus			Kunststoff / Aluminium		Holz / Holz-Alu		
Freie Schraubenlänge	e_f ²⁾ ≤	[mm]	20	30	10	20	30
Mittlere Steindruckfestigkeit nach DIN EN 771							
Planhochlochziegel ThermoPlan MZ Ergänzung, ≥ 8,0 N/mm²		[kN]	0,65	0,45	1,10	0,65	0,45
Planhochlochziegel ThermoPlan MZ Ergänzung, ≥ 7,5 N/mm²		[kN]	0,65	0,45	1,10	0,65	0,45

Tabelle 35.4: Tragfähigkeit F_{Rk} in [kN] für Einzeldübel bei Personenanprall

Dübelgröße			**W-UR 10 XXL**				
Fensterprofil aus			Kunststoff / Aluminium		Holz / Holz-Alu		
Freie Schraubenlänge	e_f ²⁾ ≤	[mm]	20	30	10	20	30
Mittlere Steindruckfestigkeit nach DIN EN 771							
Planhochlochziegel ThermoPlan MZ Ergänzung, ≥ 8,0 N/mm²		[kN]	2,8	2,8	2,8	2,8	2,8
Planhochlochziegel ThermoPlan MZ Ergänzung, ≥ 7,5 N/mm²		[kN]	2,8	2,8	2,8	2,8	2,8

²⁾ Siehe Anlage 7

³⁾ Zwischenwerte bei der freien Schraubenläge e_f dürfen linear interpoliert werden.

Bild 11.6 Auszug aus abZ/aBG AMO-Combi (2022, Anlage 76): Verankerung im Planhochlochziegel „ThermoPlan MZ Ergänzung“

Nachweis:

$$\frac{F_{Ed}}{F_{Rd}} = \frac{V_{Ed,LF1}}{F_{Rk/\gamma_M}} = \frac{2{,}8}{2{,}8/1{,}0} = 1{,}0 \leq 1{,}0 \Rightarrow \text{Nachweis erbracht} \quad (11.13)$$

mit:

$V_{Ed,LF1}$	= 2,80 kN	vgl. Abschnitt 11.4.1 bzw. Tabelle 10.2
F_{Rk}	= 2,80 kN	siehe abZ/aBG AMO-Combi (2022, Anlage 76, Tabelle 35.4) bzw. Bild 11.6, untere Tabelle
γ_M	= 1,0	Teilsicherheitsbeiwert für außergewöhnlicher Lastfall; siehe abZ/aBG AMO-Combi (2022, S. 6, Abschnitt 3.2.3)

11.5.2 Nachweis Lastfall 5: Überlagerung horizontale Nutzlast (Holmlast) plus Windsog (nach außen wirkend)

Das Nachweisformat ist in abZ/aBG AMO-Combi (2022, S. 5, Abschnitt 3.2.2) angegeben. In den Anlagen der abZ/aBG werden bereits Bemessungswerte V_{Rd} ausgewiesen (vgl. Bild 11.6 obere Tabelle).

Nachweis:

$$\frac{V_{Ed}}{V_{Rd}} = \frac{V_{Ed,LF5}}{V_{Rd}} = \frac{0{,}54}{0{,}55} = 0{,}98 \leq 1{,}0 \Rightarrow \text{Nachweis erbracht} \quad (11.14)$$

mit:

$V_{Ed,LF5}$	= 0,54 kN	vgl. Abschnitt 11.4.5 bzw. Tabelle 10.2
V_{Rd}	= 0,55 kN	siehe abZ/aBG AMO-Combi (2022, Anlage 76, Tabelle 35.4) bzw. hier Bild 11.6; für mittlere Steindruckfestigkeit nach EN 771 ≥ 8,0 N/mm²; linear interpoliert für e_f = 25 mm (vgl. Abschnitt 11.2.2 mit Bild 11.5): (0,65 + 0,45)/2 = 0,55

11.6 Fazit

Das Praxisbeispiel 4 zeigt, dass die Befestigung eines absturzsichernden Fensterelements auch mit einem Direktbefestiger, hier der AMO-Combi Schraube mit Kunststoff-Dübelhülse W-UR 10 XXL nach Abschnitt 11.1.2, in einem (Plan-) Hochlochziegel rechnerisch nachgewiesen und entsprechend ausgeführt werden kann.

12

Praxisbeispiel 5 – Befestigung eines bodentiefen absturzsichernden Fensterelements mit Festverglasung mit einer Fenstermontageschiene – Nachweis der „Mehrfachbefestigung“ oder durch Versuche

12.1 Einleitung und allgemeine Hinweise

12.1.1 Einleitung

Praxisbeispiel 5 ist nahezu unverändert gegenüber Praxisbeispiel 4 im Kapitel 11. Hier ist die Befestigung für dasselbe bodentiefe absturzsichernde Fensterelement rechnerisch nachzuweisen wie für Praxisbeispiel 4 (vgl. Bild 11.1 und Bild 12.1). Allerdings befindet sich das Bauvorhaben nicht mehr in Künzelsau, sondern in Berlin und damit nicht mehr in Windzone 1, sondern jetzt in Windzone 2. Außerdem liegt das einzubauende Fenster nicht mehr im Mittenbereich, sondern im Randbereich des Gebäudes.

Der hohe Ausnutzungsgrad von 98 % im Nachweis für Lastfall 5 in Praxisbeispiel 4 zeigt (vgl. Abschnitt 11.5.2: Überlagerung Windsog- und Holmlast, Windzone 1, Mittenbereich), dass hier im Praxisbeispiel 5 die Befestigung mit einer höheren Windsoglast (Windzone 2, Randbereich) für die AMO-Combi Schraube mit Kunststoff-Dübelhülse W-UR 10 XXL offensichtlich nicht mehr rechnerisch nachgewiesen werden kann.

12.1.2 Fenstermontageschiene mit Kunststoffdübel

Aus diesem Grund kommt hier wieder die Fenstermontageschiene W-ABZ in Kombination mit dem Kunststoff-Rahmendübel SHARK UR 8 zur Anwendung, die bereits ausführlich u. a. in den Abschnitten 8.5.1 bis 8.5.3 sowie im Praxisbeispiel 2 in Kapitel 9 vorgestellt wurde.

Für die Geometrie der Anordnung dieses Befestigungssystems gilt *zunächst* unverändert Bild 12.1 (vgl. dazu auch Bild 11.1 in Praxisbeispiel 4).

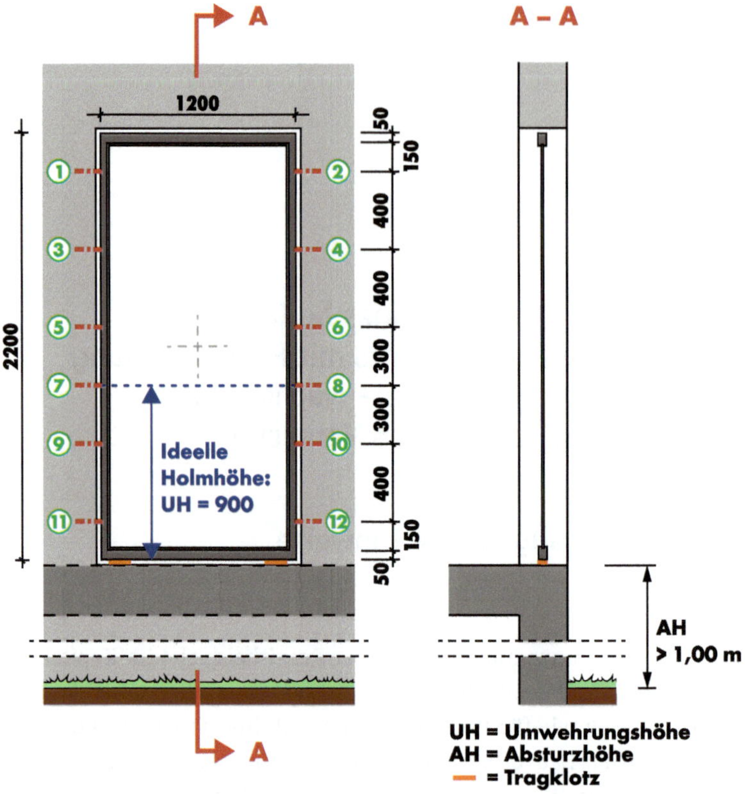

Bild 12.1 Schematische Darstellung für Praxisbeispiel 5 – Bodentiefes absturzsicherndes Fensterelement mit Festverglasung (Ansicht von außen): Befestigung links und rechts im Planhochlochziegel mit je 6 Fenstermontageschienen W-ABZ und einem zugehörigen Kunststoff-Rahmendübel SHARK UR 8; die „ideelle Holmhöhe" ist gestrichelt angedeutet; Maße in mm

12.1.3 Allgemeine Hinweise

Für die in Abschnitt 8.2.6 beschriebene vollständige Nachweisführung aller Glieder der „Nachweiskette" ergibt sich hier Folgendes:

- Glied 1 der Kette: Absturzsichernde Festverglasung
- Glied 2 der Kette: Unmittelbare Glasbefestigung
- Glied 3 der Kette: Fensterrahmen
- Glied 4 der Kette: Verbindung Fensterrahmen mit Fenstermontageschiene W-ABZ
- Glied 5 der Kette: Fenstermontageschiene W-ABZ
- Glied 6 der Kette: Befestigung W-ABZ mit Kunststoffdübel in Mauerwerk

Da sich auch dieses Praxisbeispiel 5 schwerpunktmäßig mit der Befestigung absturzsichernder Fensterelemente am Baukörper beschäftigt, wird aus Übersichtsgründen auf die Lastermittlung und die statischen Nachweise für die Kettenglieder 1 bis 3 verzichtet. Die Bemessung von Festverglasung, unmittelbarer Glasbefestigung und Fensterrahmen müssten für ein reales Projekt abhängig vom gewählten Fensterrahmen-System und der gewählten Verglasung entsprechend ergänzt werden; sie wird in der Regel vom Profilhersteller und/oder dem Fensterhersteller bereitgestellt. Die Ermittlung der Einwirkungen auf die Kettenglieder 1 bis 3 kann sinngemäß bzw. exemplarisch dem Praxisbeispiel 2 in Kapitel 9 dieses Fachbuchs entnommen werden.

Die Bemessung eines zugelassenen Dübels auf Grundlage der jeweiligen Zulassung (abZ/aBG, aBG, ETA) bzw. auf Grundlage der in der Zulassung angegebenen Bemessungsregeln erbringt dabei immer nur den Nachweis der „örtlichen Krafteinleitung in den Verankerungsgrund", weshalb hier abschließend ein weiteres Mal auf das Zitat aus Gütegemeinschaft (2024) in Abschnitt 8.2.6 hingewiesen wird. Danach ist die Weiterleitung der zu verankernden Lasten im Bauteil *„von der Einwirkungsstelle bis in den tragenden Baugrund"* nachzuweisen:

Würde also z. B. für ein reales Projekt von einem gesondert beauftragten (Fach-) Planer – wie im Praxisbeispiel 5 dargestellt – nur der statische Nachweis der Befestigung des absturzsichernden Fensterelements erbracht, so wäre für den Nachweis der Lastweiterleitung bis in den tragenden Baugrund der für die Gesamtstatik des Gebäudes zuständige Tragwerksplaner verantwortlich.

12.2 Zusammenstellung der erforderlichen Ausgangsdaten

12.2.1 Allgemeines

Gegebene Ausgangssituation für Praxisbeispiel 5 – Bodentiefes absturzsicherndes Fensterelement mit Festverglasung, vgl. Bild 12.1:

- Wohngebäude in Berlin (Postleitzahl 10829)
- Gebäudehöhe ≤ 10 m
- Lage des absturzsichernden Fensterelements in Bezug auf die einwirkenden Windlasten: Randbereich des Gebäudes
- Lichte Raumhöhe 2,50 m
- Absturzsicherndes Fensterelement mit 3-fach-Isolierverglasung:
  - Fenstergröße: B × H ≈ 1,2 m × 2,2 m
  - Fensterprofile aus Aluminium (Werkstoff EN AW 6060 T66 mit $R_m \geq 215$ N/mm² und t ≥ 1,5 mm) mit thermischer Trennung (Kunststoffteile der thermischen Trennung aus Polyamid PA)
  - ohne (Profil-) Verbreiterungen
  - mit Festverglasung
  - Aufbau der Isolierverglasung: (von außen nach innen): 6 mm ESG-H / 12 mm SZR / 4 mm ESG / 12 mm SZR / 8 mm VSG (44.2)
- Der Höhenunterschied zwischen den Verkehrsflächen (OK FFB Wohnung und OK Gelände) bzw. die Absturzhöhe beträgt 1,00 < AH ≤ 12,00 m:

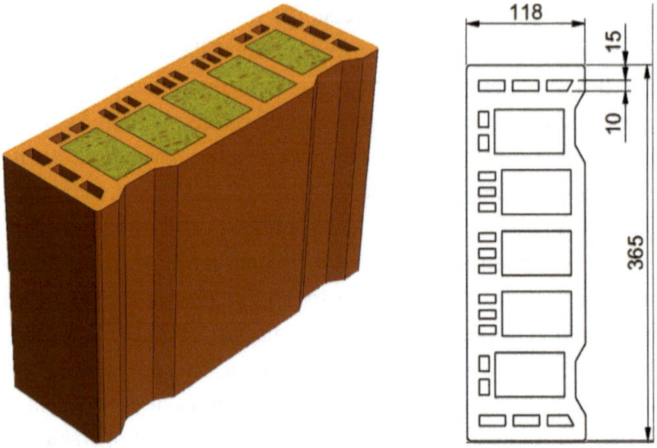

a) Isometrie b) Querschnitt

Bild 12.2 Planhochlochziegel „ThermoPlan MZ Ergänzung", siehe abZ/aBG AMO-Combi (2022, Anlage 75)

Nach Musterbauordnung (2024, § 38 Abs. 1 Satz 1) ist daher eine Umwehrung (= Absturzsicherung) vorzusehen (vgl. Bild 8.6 und Bild 12.1: UH = 900 mm).

- Verankerungsgrund Mauerwerk:
  - Planhochlochziegel „ThermoPlan MZ Ergänzung" (vgl. Bild 12.2)
    Hersteller: Mein Ziegelhaus GmbH & Co. KG, Märkerstraße 44 D-63755 Alzenau
  - Format/Steinabmessung: 6DF; L × B × H = 123 mm × 365 mm × 249 mm
  - Rohdichte: $\rho \geq 0{,}8$ kg/dm^3
  - Mittlere Steindruckfestigkeit nach DIN EN 771: ≥ 8,0 N/mm^2

Hinweis: Die in der abZ/aBG bzw. ETA – für den jeweils hier im Fachbuch verwendeten Fensterbefestiger bzw. Kunststoffdübel – ausgewiesenen charakteristischen Tragfähigkeiten bzw. Bemessungswerte der Tragfähigkeit beziehen sich bei Verankerungen in Mauerwerk (Ausnahme Lehmsteine) immer auf die „mittlere Steindruckfestigkeit nach DIN EN 771".

In der Praxis gibt es für Mauersteine nach DIN EN 771 in den zugehörigen Anwendungsnormen (DIN 20000-401 bis 404) unverändert „Druckfestigkeitsklassen".

Für die Umrechnung der Druckfestigkeitsklasse in die mittlere Steindruckfestigkeit nach DIN EN 771 siehe (sinngemäß) Becker et al. (2022).

12.2.2 Befestigungssystem

- Befestigung gemäß Bild 12.1 *zunächst* nur seitlich links und rechts in der Laibung mit je 6 Stück „zugelassenen" Fenstermontageschienen W-ABZ

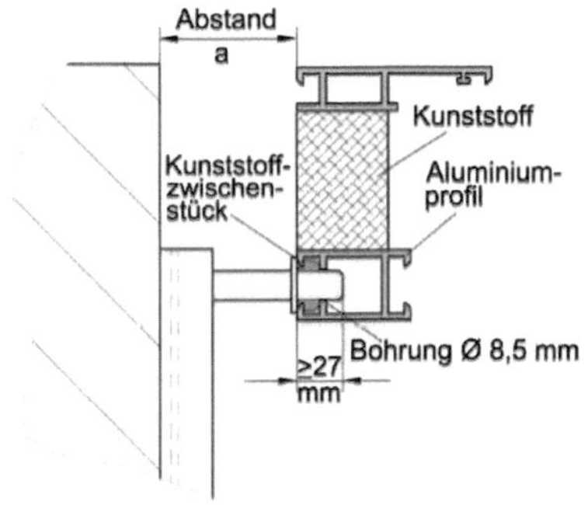

Bild 12.3 Abstand a zwischen Außenkante Laibung und Aluminium-Fensterrahmenprofil, siehe abZ/aBG W-ABZ (2024, Anlage 5.1)

(abZ/aBG W-ABZ, 2024) in Kombination mit einem „zugelassenen" Kunststoff-Rahmendübel SHARK UR 8 (ETA SHARK UR, 2021).

- Annahme:
  Es wird zur Vereinfachung angenommen, dass für die Lösung der Befestigungsaufgabe das Fenster derart in der Laibung liegt, dass das gewählte Befestigungssystem so montiert werden kann, dass das zugehörige Dübel-System mittig in der Laibung (Mitte des Mauersteins) montiert wird. Für den Randabstand c des Kunststoff-Rahmendübels SHARK UR 8 in der Laibung gilt dann:
  $c_{\text{innen}} = c_{\text{außen}}$
- Annahme:
  Abstand zwischen Außenkante Laibung und Aluminium Fensterrahmenprofil a = 20 mm (siehe abZ/aBG W-ABZ, 2024 Anlage 5.1 bzw. vgl. hier Bild 12.3)

12.3 Einwirkungen

12.3.1 Stoßartige Lasten nach ETB-Richtlinie (Außergewöhnliche Einwirkung)

Auch die Befestigung dieses Fensterelements muss absturzsichernde Eigenschaften aufweisen und deshalb für stoßartige Lasten nachgewiesen werden (vgl. Abschnitt 11.3.1).

Gemäß der allgemeinen bauaufsichtlichen Zulassung/allgemeinen Bauartgenehmigung (abZ/aBG) für die Fenstermontageschiene W-ABZ gilt Folgendes, siehe abZ/aBG W-ABZ (2024, S. 11, Abschnitt 3.2.3.4):

> *„Die statische Ersatzlast für den Nachweis der Befestigung der Fensterelementbefestigung an der Laibung ist nach ETB-Richtlinie mit 2,8 kN für jeden Befestigungspunkt anzusetzen.*
>
> *Für die Ermittlung des Bemessungswertes der Einwirkung aus Personenanprall ist ein Teilsicherheitsbeiwert von $\gamma_F = 1{,}0$ anzusetzen (außergewöhnliche Bemessungssituation)."*

Demnach ist die für die Bemessung der Fensterbefestiger folgender Bemessungswert der Einwirkungen anzusetzen:

$$F_{Ed} = F_{Ek} \cdot \gamma_F = 2{,}8 \cdot 1{,}0 = 2{,}8\,kN \quad (12.1)$$

mit:

F_{Ed}	= 2,8 kN	Bemessungswert der Einwirkungen (Stoßlasten aus Personenanprall) je Befestigungspunkt (statische Ersatzlast nach ETB-Richtlinie, der Teilsicherheitsbeiwert für außergewöhnliche Einwirkungen $\gamma_A = 1{,}0$ ist enthalten)
F_{Ek}	= 2,8 kN	siehe in ETB (1985, Abschnitt 3.2.2.2.3)
γ_F	= 1,0	Teilsicherheitsbeiwert der Einwirkungen für außergewöhnliche Bemessungssituation ($\gamma_F = \gamma_A$); siehe abZ/aBG W-ABZ (2024, S. 11, Abschnitt 3.2.3.4)

12.3.2 Windlasten

Das Wohnhaus, in das das absturzsichernde Fensterelement eingebaut wird, steht nach Abschnitt 11.2.1 nun in der Stadt Berlin. Im Verzeichnis „Windzonen nach Verwaltungsgrenzen“, DIBt.de (2022), wird für die ganze Stadt die „Windzone 2“ ausgewiesen.

Alternativ lassen sich unter dem Suchbegriff „Windzonen nach Postleitzahlen“ im Internet auch diverse Seiten finden, auf denen – lediglich unter der Eingabe der Postleitzahl für das konkrete Bauvorhaben – die entsprechend zugehörige Windzone ausgegeben wird.

Nach DIN 18055 (2020, S. 26, Anhang A, Tabelle A.1) ergibt sich für

- die Windzone 2,
- eine Gebäudehöhe ≤ 10 m und
- den Einbau des absturzsichernden Fensterelements im Randbereich des Wohngebäudes

folgende charakteristische Windbelastung (mit Bezug auf Praxisbeispiel 4 muss der Winddruck auch hier nicht weiter untersucht werden; vgl. Abschnitt 11.3.3):

$$q_{ws,k} = 0{,}55\,kN/m^2 \qquad \text{(Windsog)}$$

Die Bemessungswerte der Einwirkungen ergeben sich wie folgt:

$$q_{ws,d} = q_{ws,k} \cdot \gamma_F = 0{,}55 \cdot 1{,}5 = 0{,}83\,kN/m^2 \qquad \text{Windsog} \Rightarrow \underline{\text{maßgebend}} \quad (12.2)$$

mit:

γ_F = 1,5 Teilsicherheitsbeiwert für veränderliche Einwirkung (Windlast)

Hinweis: Die Anwendung von DIN 18055 (2020, S. 26, Anhang A, Tabelle A.1) beruht auf Berechnungen mit dem vereinfachten Verfahren nach DIN EN 1991-1-4 und DIN EN 1991-1-4/NA. Diese praxisnahe Vorgehensweise liegt für übliche Gebäude auf der sicheren Seite.

Sofern eine Abminderung der Werte aus Tabelle A.1 angestrebt wird, ist eine genaue Berechnung der Außendruckbeiwerte nach DIN EN 1991-1-4/NA (2024, S. 11/12, Tabelle NA.1) bzw. eine genaue Windlastermittlung nach DIN EN 1991-1-4/NA (2024, S. 22, Abschnitt NA.B.3.3) erforderlich (vgl. hierzu auch die ausführlichen Ausführungen in Abschnitt 2.8.2.1).

12.3.3 Horizontale Nutzlast in ideeller Holmhöhe

Die charakteristische horizontale Nutzlast – in Absturzrichtung nach außen – ergibt sich für ein Wohnhaus aus DIN EN 1991-1-1/NA (2010, S. 13, Tabelle 6.12DE) in der ideellen Holmhöhe (vgl. Bild 12.1):

$$\Rightarrow q_{k,\text{außen}} = 0{,}5\,\text{kN/m}$$

Gemäß DIN EN 1991-1-1/NA (2010, S. 13, Abschnitt 6.4, Tabelle 6.12DE und Absatz 2) sind die horizontalen Nutzlasten in Absturzrichtung in voller Höhe und in Gegenrichtung – nach innen wirkend – mit 50 %, mindestens jedoch mit 0,5 kN/m anzusetzen.

Da es sich hier aber um eine durchgängige absturzsichernde Festverglasung über das gesamte bodentiefe Fensterelement handelt, kann dieser Ansatz entfallen, da man nicht von innen an der Glasscheibe „ziehen“ wird. Somit entfällt auch die Überlagerung mit dem Winddruck auf das Gebäude (vgl. Abschnitt 12.4.4).

Der Bemessungswert der Einwirkungen ergibt sich wie folgt:

$$q_{kd,\text{außen}} = q_{k,\text{außen}} \cdot \gamma_F = 0{,}5 \cdot 1{,}5 = 0{,}75\,\text{kN/m} \qquad (12.3)$$

mit:

$\gamma_F = 1{,}5$ Teilsicherheitsbeiwert für unabhängige veränderliche Einwirkung mit ungünstiger Auswirkung nach DIN EN 1990/NA (2010, S. 11, Tabelle NA.A.1.2(B))

12.3.4 Last aus 90° geöffnetem Fensterflügel

Da es sich hier um eine durchgängige absturzsichernde Festverglasung über das gesamte bodentiefe Fensterelement handelt, kann das Fenster überhaupt nicht und damit auch nicht 90° geöffnet werden. Daraus entstehen folglich keine Einwirkungen auf die Fensterbefestiger.

12.4 Ermittlung der maßgebenden Querkräfte für Befestigungspunkt (7) bzw. (8) für das zu untersuchende Dübel-System

Bild 12.1 zeigt, dass durch die Befestigungspunkte (7) bzw. (8) die ideelle Holmhöhe verläuft. Für diese beiden Befestigungspunkte müssen daher sowohl

1. der Nachweis für stoßartige Lasten als auch
2. der Nachweis für die Überlagerung der horizontalen Nutzlast mit der Windsoglast (beide Lasten nach außen wirkend)

geführt werden. Deshalb und auf Grund der folgenden beiden Überlegungen sind diese beiden Befestigungspunkte (7) und (8) offenbar für die Bemessung maßgebend:

- Die Befestigungspunkte (1) bis (4) müssten nur für Windsog nachgewiesen werden (Winddruck ist nicht maßgebend), da sie oberhalb der Auftrefffläche für den Pendelschlagversuch liegen; vgl. Bild 8.8, Bild 12.1 und siehe Gütegemeinschaft (2024, S. 206, Bild 5.25).
- Die Befestigungspunkte (5) bis (6) und (9) bis (12) müssten nur getrennt voneinander, d. h. ohne Überlagerung, a) für stoßartige Lasten und b) für Windsog nachgewiesen werden.

Daher werden nachfolgend nur für die beiden Befestigungspunkte (7) und (8) für alle möglichen Lastfälle die Einwirkungen zusammengetragen und anschließend wiederum nur die maßgebenden statischen Nachweise geführt.

Die anderen Befestigungspunkte (1) bis (6) und (9) bis (12) werden ohne weitere Nachweise auf der sicheren Seite baugleich ausgeführt.

12.4.1 Lastfall 1: Stoßartige Lasten

Maßgebende Querkraft (vgl. hierzu Abschnitt 12.3.1):

$$V_{Ed,LF1} = F_{Ed} = 2{,}8\,kN \tag{12.4}$$

Gemäß ETB (1985, Abschnitt 3.1) sind nur die horizontalen Nutzlasten (= Holmlasten) mit den Windlasten zu überlagern. Die stoßartigen Lasten müssen also mit keinen anderen Lasten überlagert werden.

12.4.2 Lastfall 2: Windsoglast

Maßgebende Querkraft (vgl. hierzu Bild 12.1 und Abschnitt 12.3.2):

$$V_{Ed,LF2} = A_{Wind} \cdot q_{ws,d} = \frac{1{,}20}{2} \cdot \left(0{,}30 + \frac{0{,}30}{2}\right) \cdot 0{,}83 = 0{,}15\,kN \tag{12.5}$$

12.4.3 Lastfall 3: Horizontale Nutzlast in ideeller Holmhöhe

Maßgebende Querkraft (vgl. hierzu Bild 12.1 und Abschnitt 12.3.3):

$$V_{Ed,LF4} = \frac{B}{2} \cdot q_{kd,außen} = \frac{1{,}20}{2} \cdot 0{,}75 = 0{,}45\,kN \tag{12.6}$$

12.4.4 Lastfall 4: Überlagerung horizontale Nutzlast plus Windsoglast

Hier werden nur die in Absturzrichtung nach außen wirkende Windsoglast und horizontale Nutzlast (Holmlast) überlagert:

$$V_{Ed,Sog} = V_{Ed,LF2} = 0{,}15\,kN \quad \text{(vgl. Abschnitt 12.4.2)} \tag{12.7}$$

$$V_{Ed,Holm} = V_{Ed,LF4} = 0{,}45\,kN \quad \text{(vgl. Abschnitt 12.4.3)} \tag{12.8}$$

Gemäß DIN EN 1990/NA (2010, S. 5, NCI zu 6.4.3.2(3) und S. 8, NDP zu A.1.2.2, Tabelle NA.A.1.1) werden zwei Lastfallkombinationen untersucht (vgl. hier auch Abschnitt 8.5.2.2):

Lastfallkombination 1

Die Holmlast wird voll und die Windlast um den Faktor $\Psi_0 = 0{,}6$ reduziert angesetzt:

$$V_{Ed,LF5\text{-}1} = V_{Ed,Holm} + \left(\Psi_0 \cdot V_{Ed,Sog}\right) = 0{,}45 + (0{,}6 \cdot 0{,}15) = 0{,}54\,kN \tag{12.9}$$

$\Rightarrow$ maßgebend

Lastfallkombination 2

Die Windlast wird voll und die Holmlast um den Faktor $\Psi_0 = 0{,}7$ reduziert angesetzt:

$$V_{Ed,LF5\text{-}2} = V_{Ed,Sog} + \left(\Psi_0 \cdot V_{Ed,Holm}\right) = 0{,}15 + (0{,}7 \cdot 0{,}45) = 0{,}47\,kN \tag{12.10}$$

Tabelle 12.1 Übersicht der maßgebenden Querkräfte für alle Lastfälle (Praxisbeispiel 5) für die maßgebenden Befestigungspunkte (7) und (8) nach Bild 12.1

<table>
<tr><th>Lastfall</th><th>Beschreibung</th><th>Ermittlung V_{Ed}, siehe Abschnitt</th><th>V_{Ed} [kN]</th><th>Maßgebend [kN]</th><th>Bemessung, vgl. Abschnitt</th></tr>
<tr><td>1</td><td>Stoßartige Lasten</td><td>12.4.1</td><td>2,80</td><td>2,80</td><td>12.6.1
12.7.1</td></tr>
<tr><td>2</td><td>Windsoglast</td><td>12.4.2</td><td>0,15</td><td rowspan="3">0,54</td><td rowspan="3">12.6.2
12.7.2</td></tr>
<tr><td>3</td><td>Horizontale Nutzlast</td><td>12.4.3</td><td>0,45</td></tr>
<tr><td>4</td><td>Überlagerung horizontale Nutzlast plus Windsoglast</td><td>12.4.4</td><td>0,54</td></tr>
</table>

12.4.5 Übersicht der maßgebenden Querkräfte für das Praxisbeispiel 5

In Tabelle 12.1 werden alle maßgebenden Querkräfte der einzelnen Lastfälle übersichtlich zusammengestellt. Für den Nachweis des Fensterbefestigers müssen danach nur die beiden maßgebenden Lastfälle 1 und 5 weiter untersucht werden.

12.5 Glied 4 der Nachweiskette: Verbindung Fensterrahmen mit Fenstermontageschiene W-ABZ

Die Befestigung der Lasche der Fenstermontageschiene W-ABZ am absturzsichernden Fensterelement mit Aluminiumprofilen erfolgt mit zwei zugelassenen Bohrschrauben Zebra Piasta 6,3 × L; die Mindestlänge dieser Schrauben beträgt min. L = 27 mm, siehe abZ/aBG W-ABZ (2024, S. 3, Tabelle 1).

Die Aluminiumprofile des absturzsichernden Fensterelements bestehen laut Angaben des Herstellers bzw. gemäß Abschnitt 12.2.1

- aus dem Werkstoff EN AW 6060 T66 mit $R_m \geq 215\ \text{N/mm}^2 > 200\ \text{N/mm}^2$
- sowie einer Materialstärke $t \geq 1{,}5$ mm

und erfüllen damit die Anforderungen in abZ/aBG W-ABZ (2024, S. 3, Tabelle 1).

Nach abZ/aBG W-ABZ (2024, S. 9, Abschnitt 3.2.1.1) gilt dann Folgendes:

> *„Die Befestigung der Lasche am Fensterprofil mit Bohrschrauben für das jeweilige Rahmenprofil ... ist Bestandteil der absturzsichernden Fensterelementbefestigungen und muss nicht separat nachgewiesen werden.“*

⇒ o. w. N.

12.6 Glied 5 der Nachweiskette: Fenstermontageschiene W-ABZ

12.6.1 Nachweis Lastfall 1: Stoßartige Lasten

Nach abZ/aBG W-ABZ (2024, S. 9, Abschnitt 3.2.1.1) gilt Folgendes:

> *„Für die Fensterelementbefestigung gilt der Nachweis zur Aufnahme der Einwirkungen aus Personenanprall als erbracht.“*

⇒ o. w. N.

12.6.2 Nachweis Lastfall 4: Überlagerung horizontale Nutzlast plus Windsog (nach außen wirkend)

Der Bemessungswert der *„Fensterelementbefestigung mit Montageschiene W-ABZ in beide Richtungen (Zug und Druck) mit und ohne Verwendung der“* T-Konsole (vgl. Bild 8.17) kann für den Abstand a = 20 mm, die Fugenbreite zwischen Fenster und Laibung (vgl. Abschnitt 12.2.2 und Bild 12.3), mit F_{Rd} = 1,28 kN = V_{Rd} der abZ/aBG W-ABZ (2024, S. 10, Tabelle 6) entnommen werden.

Nachweis:

$$\frac{V_{Ed,LF4}}{V_{Rd}} = \frac{0{,}63}{1{,}28} = 0{,}49 \leq 1{,}0 \Rightarrow \text{Nachweis erbracht} \qquad (12.11)$$

mit:

$V_{Ed,LF4} = 0{,}63\,kN$ vgl. Abschnitt 12.4.4 bzw. Tabelle 12.1

$V_{Rd} = 1{,}28\,kN$ siehe abZ/aBG W-ABZ (2024, S. 10, Tabelle 6)

12.7 Glied 6 der Nachweiskette: Befestigung der W-ABZ mit Kunststoffdübel in Mauerwerk

Für den verwendeten Kunststoff-Rahmendübel SHARK UR 8 × 10/80 kann für den im Wohnhaus verbauten Planhochlochziegel „ThermoPlan MZ Ergänzung" (vgl. Abschnitt 12.2.1) mit der mittleren Steindruckfestigkeit nach EN 771 ≥ 8,0 N/mm² der ETA SHARK UR (2021, Anhang C 63 – beachte Fußnote 7 auf Anhang C 3) folgende charakteristische Tragfähigkeit für Querlast in der Laibung entnommen werden:

$$F_{Rk} = 2{,}0\,kN = V_k$$

Für den Dübel wird gemäß Abschnitt 12.2.2 $c_{innen} = c_{außen} = 365\,mm / 2 > 55\,mm = c_{min}$ eingehalten.

12.7.1 Nachweis Lastfall 1: Stoßartige Lasten

12.7.1.1 ETB-Last 2,8 kN

Nach abZ/aBG W-ABZ (2024, S. 9, Abschnitt 3.2.1.1) gilt Folgendes:

> *„Für den Nachweis der Verankerung in Beton/Mauerwerk/Holz darf bei Personenanprall mit einer statischen Ersatzlast von $F_{E,k}$ = 2,8 kN nach ETB-Richtlinie beim Nachweis der Verankerungselemente nach Tabelle 2 abweichend von den in Tabelle 2 genannten Technischen Baubestimmungen der Teilsicherheitsbeiwert des Widerstandes von γ_M = 1,0 angesetzt werden."*

Nachweis:

$$\frac{V_{Ed,LF1}}{V_{Rk}/\gamma_M} = \frac{2{,}8}{2{,}0/1{,}0} = 1{,}4 >> 1{,}0 \Rightarrow \text{Nachweis }\underline{\text{NICHT}}\text{ erbracht} \qquad (12.12)$$

mit:

$V_{Ed,LF1}$	= 2,8 kN	vgl. Abschnitt 12.4.1 bzw. Tabelle 12.1
V_{Rk}	= 2,0 kN	siehe ETA SHARK UR (2021, Anhang C 63)
γ_M	= 1,0	Teilsicherheitsbeiwert des Widerstands; siehe abZ/aBG W-ABZ (2024, S. 9, Abschnitt 3.2.1.1)

Hinweis: Der statische Nachweis kann für einen Einzeldübel für die „ETB-Last“ 2,8 kN nicht erfüllt werden. Für einen positiven Nachweis wäre eine Gruppe mit 2 Dübeln SHARK UR unter Verwendung der T-Konsole notwendig (vgl. Bild 8.17 und Bild 8.18 in Kapitel 8, Nachweisführung siehe sinngemäß Praxisbeispiel 2 in Kapitel 9).
Die Abschnitte 12.7.1.2 und 12.7.1.3 zeigen zwei weitere Lösungsmöglichkeiten auf!

12.7.1.2 Lösungsmöglichkeit a): Nachweis einer „Mehrfachbefestigung“

Diese Lösungsmöglichkeit basiert auf den Ausführungen in Abschnitt 8.5.4. Danach müssen die folgenden vier Bedingungen erfüllt werden, damit der Bemessungswert der Tragfähigkeit des Kunststoff-Rahmendübels SHARK UR 8 (ETA SHARK UR, 2021) in Kombination mit der Fenstermontageschiene W-ABZ mit dem Faktor (1/0,6) erhöht werden darf. In abZ/aBG W-ABZ (2024, S. 9/10, Abschnitt 3.2.1.2) heißt es entsprechend wie folgt:

> *„Der Nachweis der Mehrfachbefestigung für die Befestigung eines Fensterelements ist nur zulässig, wenn alle nachfolgenden Anforderungen erfüllt werden:*
>
> - *Mindestens drei seitliche Befestigungspunkte je Blendrahmenprofil und symmetrische Eckbefestigung mit zwei Befestigungspunkten pro Eckpunkt, jeweils im Abstand von 15 cm von der Innenecke (...).*
> - *Mindestbiegesteifigkeit des Rahmenprofils von ≥ 75 000 kNcm². Bei Holz- und Aluminiumfenstern kann davon ausgegangen werden, dass dieser Wert ohne weitere Maßnahmen erreicht bzw. überschritten wird. Bei PVC-Fenstern ist mindestens eine Stahlverstärkung im Blendrahmen mit einem Flächenträgheitsmoment von ≥ 3,5 cm⁴ erforderlich z. B. in Form eines Stahl-Hohlprofils 30x30x3 mm.*
> - *Der Befestigungsabstand maximal 40 cm beträgt.*
> - *Konstruktive Ausbildung der Rahmenecke, so dass eine Lastübertragung von 900 N möglich ist. Bei Holz- und Aluminiumfenstern kann dies bei üblichen Eckausbildungen als erfüllt angesehen werden.*
>
> *Können die vorstehend aufgeführten Anforderungen für eine "Mehrfachbefestigung" nicht erfüllt werden, darf der Faktor zur Berücksichtigung der Mehrfachbefestigung nicht angewendet werden. Somit muss der statische Nachweis für den Lastfall Anprall mit 2,8 kN = F_{Rd} als Bauteilwiderstand geführt werden.“*

Für das absturzsichernde Fensterelement aus Aluminiumprofilen werden die Punkte 2 (Mindestbiegesteifigkeit des Rahmenprofils) und 4 (konstruktive Ausbildung Rahmenecke) ohne weitere Nachweise eingehalten. Auch Punkt 3 (Befestigungsabstand von max. 40 cm) wird mit Verweis auf Bild 12.1 erfüllt.

Damit Punkt 1 (mindestens drei Befestigungspunkte/symmetrische Eckbefestigung) konstruktiv eingehalten werden kann, gibt es in der Zulassung für die Fenstermontageschiene W-ABZ eine Abbildung, die hier als Bild 12.4 wiedergegeben wird, siehe abZ/aBG W-ABZ (2024 Anlage 7).

Demnach müssen gegenüber Bild 12.1 unten noch drei Fenstermontageschienen angeordnet werden; diese Anordnung zeigt Bild 12.5.

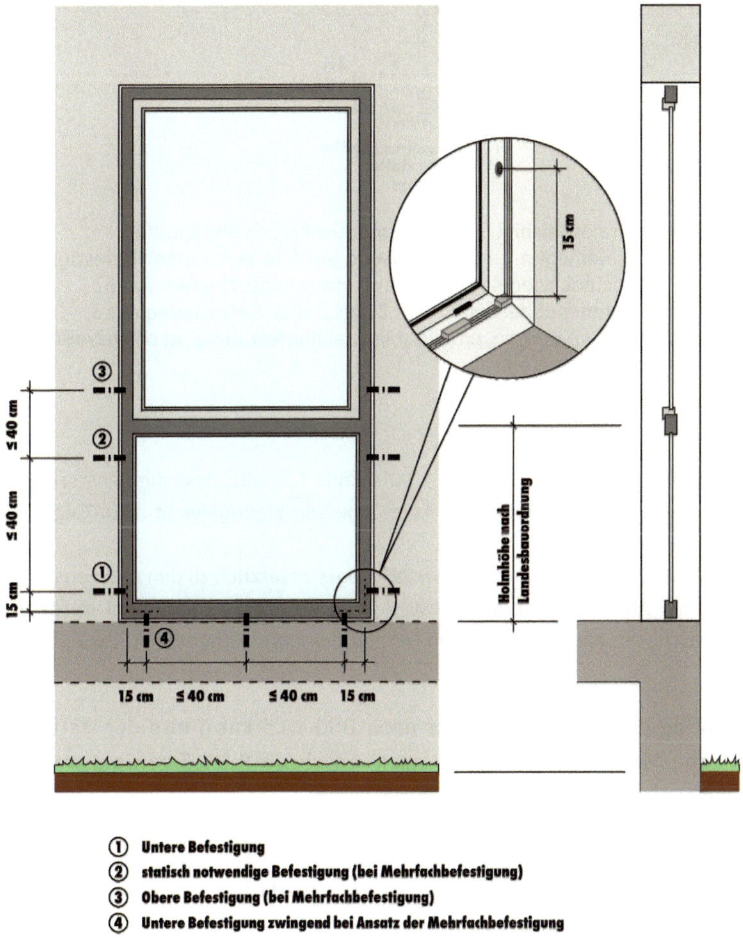

Bild 12.4 Lage der Befestigungen der Fensterelemente nur zur Aufnahme von Holmlasten, siehe abZ/aBG W-ABZ (2024, Anlage 7)

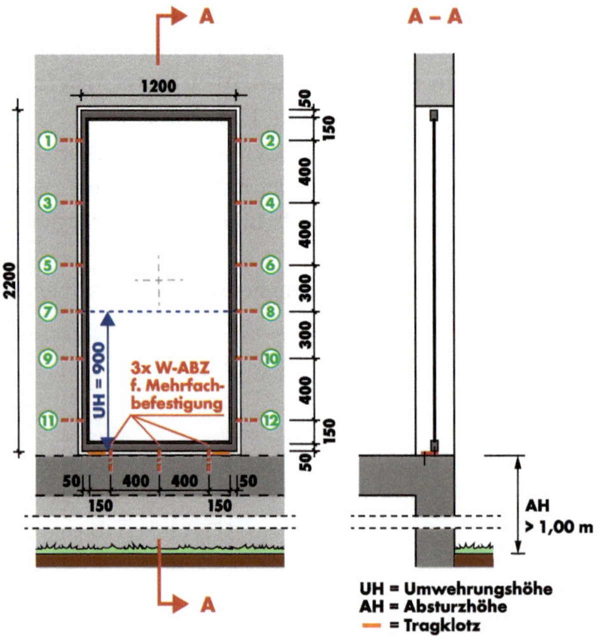

Bild 12.5 Übersicht für Praxisbeispiel 5, Lösungsmöglichkeit a): Bodentiefes absturzsicherndes Fensterelement mit Festverglasung (Ansicht von außen): Befestigung links und rechts im Planhochlochziegel mit je 6 Fenstermontageschienen W-ABZ mit je einem Kunststoff-Rahmendübel SHARK UR 8; zusätzlich Befestigung mit 3 Fenstermontageschienen W-ABZ unten, um die „Mehrfachbefestigung" nach abZ/aBG W-ABZ (2024, Anlage 7) zu realisieren.

Hinweis: Gemäß abZ/aBG W-ABZ (2024, S. 3, Abschnitt 1.2) gilt, dass die Fensterelemente selbst sowie die Befestigungen zur Aufnahme von Eigengewicht nicht Gegenstand der Zulassung sind.

Aus diesem Grund ist es für die Montage wichtig, dass zusätzlich zu den drei Fenstermontageschienen W-ABZ unterhalb des Fensters auch Tragklötze angeordnet werden, die das Eigengewicht des absturzsichernden Fensterelements aufnehmen (Bild 12.5).

Für die Anordnung der Fensterbefestiger nach Bild 12.5 kann nun der statische Nachweis für eine Mehrfachbefestigung nach Abschnitt 8.5.4.2 geführt werden (abZ/aBG W-ABZ, 2024, S. 9, Abschnitt 3.2.1.2).

$$\frac{F_{Ek} \cdot \gamma_F}{\left(\frac{F_{Rk}}{\gamma_M}\right)} = \frac{F_{Ek} \cdot 1{,}0}{\left(\frac{F_{Rk}}{1{,}0}\right)} = \frac{F_{Ek}}{F_{Rk}} = \frac{F_{Ed}}{F_{Rd}} = \frac{2{,}8}{\left(F_{Rd,Befestiger}/0{,}6\right)} \leq 1{,}0$$
$$= \frac{2{,}8}{(2{,}0/0{,}6)} = 0{,}84 \leq 1{,}0 \Rightarrow \text{Nachweis erfüllt} \qquad (12.13)$$

mit:

$F_{Ek} = F_{Ed}$ = 2,8 kN ETB-Anpralllast

F_R = 2,0 kN charakteristische Tragfähigkeit (allgemein)

F_{Rd} Bemessungswert des Widerstands (allgemein)

$F_{Rd,Befestiger}$ = 2,0 kN
siehe ETA SHARK UR (2021, Anhang C 63), für $\gamma_F = 1{,}0$
Bemessungswert des Widerstands im Bescheid des Befestigers

γ_F = 1,0 Teilsicherheitsbeiwert der Einwirkung für Nachweis der ETB-Anpralllast

γ_M = 1,0 Material-Teilsicherheitsbeiwert für den Nachweis der ETB-Anpralllast

0,6 Faktor zur Berücksichtigung der Mehrfachbefestigung

Hinweis: Im zuvor stehenden Nachweis wurden wieder nur die beiden Befestigungspunkte (7) und (8) mit dem SHARK UR 8 im Verankerungsgrund Planhochlochziegel „ThermoPlan MZ Ergänzung" nachgewiesen (vgl. Abschnitt 12.2.1 mit Bild 12.2).

Die Befestigung nach unten erfolgt für ein bodentiefes Fenster in der Regel nicht im Wandbildner, sondern in der Decke. Entsprechend müssten hier in der Praxis die drei Kunststoffdübel SHARK UR 8 zur Befestigung der drei unteren Fenstermontageschienen W-ABZ im Verankerungsgrund der Decke sinngemäß wie zuvor mit Gl. (12.13) für stoßartige Lasten nachgewiesen werden.

Aus Gründen der Übersicht wird hier angenommen, dass die Befestigung des absturzsichernden Fensterelements gemäß Bild 12.5 unten in der Geschossdecke erfolgt, die aus einem Normalbeton C20/25 besteht. Die Tragfähigkeit des Kunststoff-Rahmendübels SHARK UR 8 im Normalbeton C20/25 ist offenbar höher als im Planhochlochziegel „ThermoPlan MZ Ergänzung", vgl. ETA SHARK UR (2021).

⇒ o. w. N.

12.7.1.3 Lösungsmöglichkeit b): Nachweis durch Versuche

Können z. B. aus konstruktiven Gründen nur seitlich Fenstermontageschienen zur Befestigung des absturzsichernden Fensterelements angeordnet werden (Bild 12.1), ist also keine Mehrfachbefestigung realisierbar, kann – wie der Abschnitt 12.7.1.1 gezeigt hat – kein erfolgreicher rechnerischer Nachweis der stoßartigen Lasten geführt werden.

Da auf Grund der Anzahl von insgesamt 12 seitlichen Befestigungspunkten des Fensterelements davon ausgegangen werden kann, dass bei einem Pendelschlagversuch nicht mit einem Versagen des Elementes zu rechnen ist (Erfahrung der Autoren), kann dieser Nachweis auch durch einen Versuch gemäß ETB-Richtlinie (1985) erbracht werden (ingenieurmäßiger Vorschlag der Autoren; vgl. Abschnitt 8.3.4.3).

Die Details der durchzuführenden Stoßversuche enthält ETB (1985, Abschnitt 3.2.2.2.2, Absatz 2). Dabei geht die Richtlinie davon aus, dass die Stoßkraft direkt auf die jeweilige Befestigungsstelle wirkt (ETB, 1985, Abschnitt 3.2.2.2.3, Absatz 1).

Bei einem absturzsichernden Fensterelement gibt es allerdings Bereiche, auf die keine direkten Stoßkräfte wirken können (siehe in ift Forschungsbericht, 2020, S. 73, Abschnitt 7.3.2.3). DIN 18008-04 (2013, Anhang A) definiert daher in Abhängigkeit der Verglasungskategorien nicht nur die Pendelfallhöhen (Tabelle 8.2; beachte den dortigen Hinweis unter der Tabelle), sondern auch die Auftreffflächen (Bild 8.8).

Abschnitt 8.3.3 dieses Fachbuchs führte bereits aus, dass die Bedingungen a) bis d) eingehalten werden müssen, damit der Nachweis der stoßartigen Belastung erfolgreich durch Versuche geführt werden kann (siehe ETB, 1985, Abschnitt 3.2.1).

Die Versuche können auf der Baustelle oder in einem dafür geeigneten Prüflabor durchgeführt werden. Im Labor müsste dafür der auf der Baustelle vorhandene Wandaufbau nachgebaut werden. Versuche auf der Baustelle erfordern ggf., dass das geprüfte eingebaute absturzsichernde Fensterelement nach den Versuchen wieder ausgebaut und durch ein neues Fensterelement ersetzt werden muss.

Weitere umfangreiche Ausführungen zu Versuchen nach der ETB-Richtlinie enthält Abschnitt 8.3.4.

12.7.2 Nachweis Lastfall 4: Überlagerung horizontale Nutzlast plus Windsog (nach außen wirkend)

Der Nachweis erfolgt für die beiden Befestigungspunkte (7) und (8), wobei es hier unerheblich ist, ob die Befestiger (W-ABZ Schiene mit Kunststoffdübel SHARK UR 8) nach Bild 12.1 nur seitlich oder nach Bild 12.5 seitlich und unten angeordnet werden. Der mögliche Ansatz einer Mehrfachbefestigung gilt ausschließlich für den Nachweis der stoßartigen Lasten (vgl. Abschnitt 12.7.1.2). Somit verändert sich in den beiden Befestigungspunkten (7) und (8) bezüglich der Überlagerung der horizontalen Nutzlast mit der Windsoglast in ideeller Holmhöhe im Prinzip nichts.

Der Material-Teilsicherheitsbeiwert für Verankerungen in Mauerwerk kann für die Bemessung von Kunststoffdübeln DIBt TR 064 (2019, S. 7, Abschnitt 2.2) entnommen werden: $\gamma_{Mm} = 2{,}5$

Nachweis:

$$\frac{V_{Ed,LF4}}{V_{Rk}/\gamma_M} = \frac{0{,}63}{2{,}0/2{,}5} = 0{,}79 \leq 1{,}0 \Rightarrow \text{Nachweis erbracht} \qquad (12.14)$$

mit:

$V_{Ed,LF4}$	=	0,63 kN	vgl. Abschnitt 12.4.4 bzw. Tabelle 12.1
V_{Rk}	=	2,00 kN	siehe ETA SHARK UR (2021, Anhang C 63)
γ_{Mm}	=	2,5	Material-Teilsicherheitsbeiwert für Mauerwerk; siehe DIBt TR 064 (2019, S. 7, Abschnitt 2.2)

12.8 Fazit

Das Praxisbeispiel 5 zeigt, dass für den Nachweis der Befestigung eines absturzsichernden Fensterelements (nur) für stoßartige Lasten unter bestimmten Voraussetzungen eine Mehrfachbefestigung berücksichtigt werden kann; vgl. dazu abZ/aBG W-ABZ (2024, S. 9, Abschnitt 3.2.1.2) und abZ/aBG AMO-Combi (2022, S. 6, Abschnitt 3.2.3). Wenn dieser rechnerische Nachweis der Befestiger damit auch nicht erbracht werden kann, besteht noch die Möglichkeit, den Nachweis der stoßartigen Lasten ggf. über Versuche nach der ETB-Richtlinie bzw. Abschnitt 8.3.4 zu erbringen.

13

Praxisbeispiel 6 – Befestigung eines bodentiefen absturzsichernden Fensterelements mit Drehkippflügel und auf dem Fensterrahmen aufgeschraubtem Fenstergeländer

13.1 Einleitung und allgemeine Hinweise

13.1.1 Einleitung

Im Praxisbeispiel 6 werden wiederum viele Parameter aus Praxisbeispiel 4 übernommen (Kapitel 11), insbesondere die Außengeometrie des Fensterrahmens aus Aluminiumprofilen mit B × H = 1,20 m × 2,20 m sowie die ausschließlich seitliche Befestigung und deren Achsabstände mit der AMO-Combi Schraube und der Kunststoff-Dübelhülse W-UR 10 XXL (vgl. Abschnitt 11.2.2 und Bild 11.1).

Abweichend gibt es hier aber keine Festverglasung, sondern einen elementhohen Drehkippflügel (Bild 13.1).

Für die Sicherstellung der Absturzsicherung wird ein Fenster- bzw. Glasgeländer mit dem zugelassenen „*Befestigungssystem BS 100 zur lastabtragenden und absturzsichernden Befestigung von Anbauteilen an Fensterrahmenprofilen*“ an vier Befestigungspunkten auf den Fensterrahmen geschraubt (vgl. Abschnitt 13.1.2, Bild 13.1 und Bild 13.4).

Damit kommt der Befestigung des Fensterrahmens die gleiche Bedeutung zu (vgl. z. B. Abschnitt 8.2.1, Bild 8.6, Schnitt B-B in diesem Fachbuch), wie bei absturzsichernden Fensterelementen, die „nur“ aus Rahmen und Scheibe ohne zusätzliches Geländer bestehen (vgl. z. B. Bild 8.6: Festverglasung (Schnitt A–A) oder Fensterelemente mit Brüstungsriegel (Schnitt C–C oder Schnitt D–D)).

13.1.2 Befestigungssystem BS 100 zur lastabtragenden und absturzsichernden Befestigung von Anbauteilen an Fensterrahmenprofilen

Bei bodentiefen Fensterelementen bzw. Fensterelementen mit Brüstungen, die unterhalb der nach der jeweils geltenden Landesbauordnung (LBO) vorgegebenen Holmhöhe zum Einbau kommen, wurden in der Vergangenheit hauptsächlich Umwehrungen aus Stahl von außen unmittelbar vor dem Fenster am Baukörper (z. B. der Hauswand vgl. Bild 8.4) angeordnet, die auch bei geöffnetem Flügel die

Befestigung und Abdichtung von Fenstern und Türen. Regelwerke, Bauphysik, Baurecht, Praxisbeispiele. 2. Auflage. J. Küenzlen, E. Scheller, M. Klatecki.

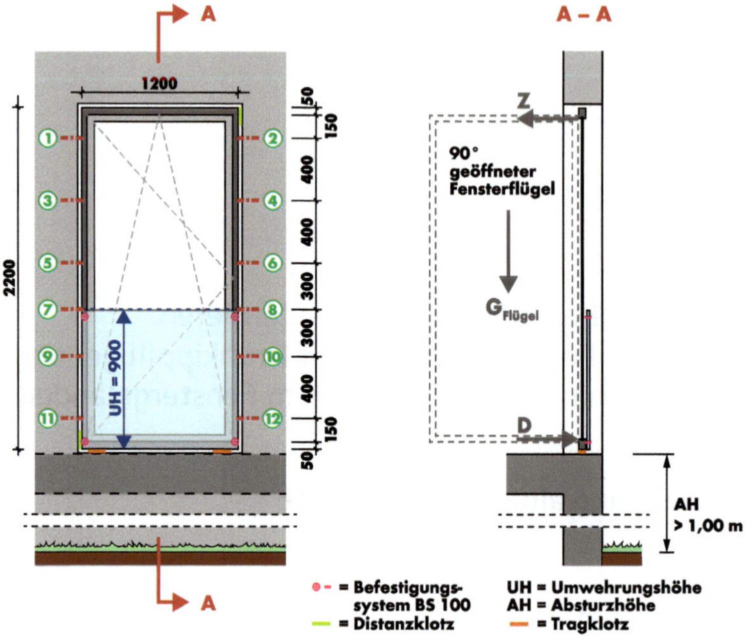

Bild 13.1 Schematische Darstellung für Praxisbeispiel 6 – Bodentiefes absturzsicherndes Fenster mit Drehkippflügel mit auf dem Fensterrahmen aufgeschraubten Fenster- bzw. Glasgeländer (Ansicht von außen): Befestigung des Blendrahmens links und rechts im Planhochlochziegel mit je 6 Befestigern (AMO-Combi Schraube mit Kunststoffdübelhülse W-UR 10 XXL); Maße in mm

Umwehrungsfunktion erfüllen. Solche Brüstungsgeländer werden umgangssprachlich auch als „Französische Balkone" bezeichnet. Die Geländer-Ausfachungen solcher „Französischen Balkone" können z. B. als Stabgeländer, Lochblech-Füllungen oder Glas-Ausfachungen ausgeführt werden.

Hinweis: Ein Bemessungsbeispiel für die Befestigung eines Französischen Balkongeländers am Baukörper enthält Küenzlen et al. (2020, S. 103 ff. und insbesondere 116 ff.).

Die gleichen Geländer können auch direkt auf dem Blendrahmen des Fensterelements befestigt werden, was hier im Praxisbeispiel 6 (Kapitel 13) exemplarisch für ein Fenster- bzw. Glasgeländer (Bild 8.6b und Bild 13.2) gezeigt wird.

Hierbei wird die Verglasung des Brüstungsgeländers an den zwei Vertikalkanten links und rechts über U-förmige Glashalteprofile aus Aluminium-Strangpressprofilen gelagert. Diese Glashalteprofile werden nach abZ/aBG BS 100 (2024, Anlage 1, Tabelle 1) je nach Material des Fensterprofils an mindestens 2 Befestigungspunkten

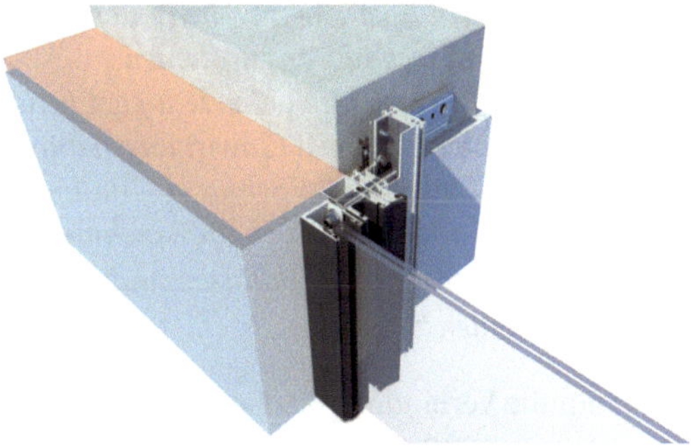

Bild 13.2 Beispiel für die Befestigung eines Fenster- bzw. Glasgeländers auf dem Blendrahmen eines absturzsichernden Fensterelements, wobei der Fensterflügel aus Übersichtsgründen nicht mit dargestellt ist (Bildquelle: febatec)

je Seite über das Befestigungssystem BS 100 mit dem Fensterblendrahmen verschraubt.

Das Befestigungssystem BS 100 besteht dafür jeweils aus einer M16-Gewindestange aus nichtrostendem Stahl mit Innengewinde M8, die über einen Innensechskant zur Montage in das vorgebohrte Blendrahmenprofil eingeschraubt wird (Bild 13.3). Im Innengewinde M8 können dann über geeignete Schrauben die Glashalteprofile – oder alternativ z. B. ein Stahlgeländer wie für einen Französischen Balkon – befestigt werden.

Damit kommt der Befestigung des Fensterrahmens die gleiche Bedeutung zu, wie bei absturzsichernden Fenstern mit Festverglasung (Bild 8.6a) bzw. absturzsichernden Fenstern die „nur" aus Rahmen und Scheibe ohne zusätzliches Geländer bestehen (z. B. Bild 8.6c und Bild 8.6d).

In der Zulassung für das Befestigungssystem BS 100 wird als Genehmigungsgegenstand und Anwendungsbereich Folgendes angegeben (abZ/aBG BS 100, 2024, S. 3, Abschnitt 1.2):

> *„Genehmigungsgegenstand ist die bauliche Verankerung der Anbauteile an Fenster- und Türrahmen (...) aus PVC mit innenliegender Stahlarmierung, aus Aluminiumprofilen mit thermischer Trennung oder ohne thermische Trennung sowie aus Holzprofilen mit und ohne Aluminiumdeckschale, die zur Aufnahme von vertikalen Lasten z. B. aus Eigengewicht sowie zur Aufnahme von horizontalen Lasten durch Personen (im Folgenden als Holmlasten bezeichnet) sowie*

Bild 13.3 Befestigungssystem BS 100: M16-Gewindestange aus nichtrostendem Stahl mit Innengewinde M8 und Innensechskant zur Montage (Bildquelle: febatec)

der Sicherung gegen den Absturz von Personen über einen Höhenunterschied entsprechend den Vorgaben der jeweiligen Landesbauordnung dienen.

In der Regel handelt es sich dabei um Rahmenprofile von bodentiefen Fenstern oder Fenstern mit niedriger Brüstungshöhe, bei denen Einwirkungen durch Personen möglich sind und diese nicht über anderweitige Schutzmaßnahmen, wie z. B. über Gitter oder Geländer verfügen, um diese Lasten aufzunehmen.

Die Befestigung kann auch für den Lastabtrag von Windlasten und sämtlichen weiteren Horizontallasten genutzt werden."

Hierbei regelt die abZ/aBG BS 100 (2024) nur die Verbindung des Geländers mit dem Fensterrahmen (das Glied 3 der Nachweiskette gemäß Abschnitt 8.2.6). Die absturzsichernde Befestigung des Fensterrahmens am Baukörper kann z. B. wieder durch die absturzsichernde Fensterelementbefestigung (W-ABZ) nach Abschnitt 8.5.2 realisiert werden (vgl. Bild 13.2).

13.1.3 Allgemeine Hinweise

Für die in Abschnitt 8.2.6 beschriebene vollständige Nachweisführung aller Glieder der „Nachweiskette" ergibt sich hier Folgendes:

- Glied 1 der Kette: Absturzsichernde Verglasung des Geländers
- Glied 2 der Kette: Unmittelbare Glasbefestigung bzw. Glaslagerung des Geländers
- Glied 3 der Kette: Verbindung des Geländers mit dem Fensterrahmen mit dem Befestigungssystem BS 100
- Glied 4 der Kette: Fensterrahmen
- Glied 5 der Kette: Befestigung bzw. Verankerung des Fensterrahmens am Baukörper mit der AMO-Combi Schraube und der Kunststoff-Dübelhülse W-UR 10 XXL

Das Praxisbeispiel 6 beschäftigt sich schwerpunktmäßig mit der Befestigung absturzsichernder Fensterelemente am Baukörper. Daher wird aus Übersichtsgründen auf die Lastermittlung und die statischen Nachweise für die Kettenglieder 1, 2 und 4 verzichtet.

Die Bemessung von Festverglasung, unmittelbarer Glasbefestigung und Fensterrahmen müssten für ein reales Projekt abhängig vom gewählten Fensterrahmen-System und der gewählten Verglasung entsprechend ergänzt werden; sie wird in der Regel vom Profilhersteller und/oder dem Fensterhersteller bereitgestellt. Die Ermittlung der Einwirkungen auf die Kettenglieder 1, 2 und 4 kann sinngemäß bzw. exemplarisch dem Praxisbeispiel 2 in Kapitel 9 dieses Fachbuchs entnommen werden.

Die Bemessung eines zugelassenen Dübels auf Grundlage der jeweiligen Zulassung (abZ/aBG, aBG, ETA) bzw. auf Grundlage der in der Zulassung angegebenen Bemessungsregeln erbringt dabei immer nur den Nachweis der „örtlichen Krafteinleitung in den Verankerungsgrund", weshalb hier wiederum auf das Zitat aus Gütegemeinschaft (2024) in Abschnitt 8.2.6 hingewiesen wird. Danach ist die

Weiterleitung der zu verankernden Lasten im Bauteil *„von der Einwirkungsstelle bis in den tragenden Baugrund“* nachzuweisen:

Würde also z. B. für ein reales Projekt von einem gesondert beauftragten (Fach-) Planer – wie im nachfolgenden Praxisbeispiel 6 dargestellt – nur der statische Nachweis der Befestigung des absturzsichernden Fensterelements erbracht, so wäre für den Nachweis der Lastweiterleitung bis in den tragenden Baugrund der für die Gesamtstatik des Gebäudes zuständige Tragwerksplaner verantwortlich.

Für die Kettenglieder 3 und 5 sind hier im Praxisbeispiel 6 – wie in Praxisbeispiel 4 und 5 (Kapitel 11 und 12) – die Befestigungspunkte (7) und (8) maßgebend, da hier auf das Fenstergeländer die ETB-Last wirkt und Wind und horizontale Nutzlast berücksichtigt werden müssen. Die Befestigungspunkte (11) und (12) können für die Kettenglieder 3 und 5 baugleich wie die Befestigungspunkte (7) und (8) ausgeführt werden, da hier nur die Einwirkungen aus Personenanprall oder Wind bemessungsrelevant sind.

Für den Nachweis von Kettenglied 5 in den Befestigungspunkten (7) und (8) kommen aus Sicht der Autoren zwei ingenieurmäßige Ansätze bzw. Überlegungen infrage, die in den Abschnitten 13.1.4 und 13.1.5 erläutert werden.

Unabhängig von diesen beiden Ansätzen ist abschließend für das Kettenglied 5 der Vollständigkeit halber der Nachweis der Befestigungspunkte (1) und (11) für den Lastfall 90° geöffnetes Fenster zu führen.

13.1.4 Ansatz 1

Für den Nachweis der AMO-Combi Schraube und der Kunststoff-Dübelhülse W-UR 10 XXL in den Befestigungspunkten (7) und (8) gelten hier im Praxisbeispiel 6 alle Nachweise von Praxisbeispiel 4 (Kapitel 11), auch wenn das Fenstergeländer direkt auf den Fensterrahmen geschraubt wird und hier die Windangriffsfläche mit $(0{,}9 \cdot 1{,}2)/4 \approx 0{,}27\ \text{m}^2$ etwas größer ist als $[(1{,}2/2) \cdot (0{,}3 + 0{,}3)/2] = 0{,}18\ \text{m}^2$ (vgl. Bild 11.1 mit Bild 13.1):

- Bezüglich der Überlagerung von horizontaler Nutzlast und Windsoglast ist anzunehmen, dass bei voller Windsoglast (≈ Sturm), das Fenster nicht geöffnet wird und damit keine Personen an das Fenstergeländer herantreten. Das bedeutet im Prinzip, dass entweder die volle Windsoglast auf das Fenstergeländer wirkt oder die volle horizontaler Nutzlast.
- Gleiche Überlegungen gelten sinngemäß für die hier nach innen anzusetzende horizontale Nutzlast (vgl. Abschnitt 11.3.3), die mit Winddruck nach innen wirkend überlagert werden müsste.

13.1.5 Ansatz 2

Prinzipiell wird die Absturzsicherung im Praxisbeispiel 6 durch das Fenster- bzw. Glasgeländer realisiert, das mit dem zugelassenen Befestigungssystem BS 100 in der Nähe der Befestigungspunkte (7) und (8) sowie (11) und (12) auf den

Fenster-Blendrahmen aufgeschraubt wird (vgl. Bild 13.1). Der Fensterflügel fungiert entsprechend „nur" als „Durchgangstür zum Französischen Balkon". Dennoch bilden Fenster- bzw. Glasgeländer, Fensterflügel und Fenster-Blendrahmen zusammen die Einheit „absturzsicherndes Fensterelement".

Entsprechend könnte man mit Bezug auf Abschnitt 13.1.4 (Ansatz 1) überlegen, dass hier in den Befestigungspunkten (7) und (8) eine nach außen gerichtete Querlast auf die AMO-Combi Schraube und die Kunststoff-Dübelhülse W-UR 10 XXL wirkt, die sich aus einer Überlagerung von

- Windsog von außen auf das Fenster- bzw. Glasgeländer und
- horizontaler Nutzlast von innen auf die „Durchgangstür"

ergibt.

Dieser Ansatz 2 wird nachfolgend mit den gleichen Lastfallkombinationen wie in Abschnitt 11.4.5 untersucht, d. h. ohne die Faktoren Ψ_0 zu verändern. Mit Hinweis auf die Feststellung zuvor, dass prinzipiell das Fenster- bzw. Glasgeländer die Absturzsicherung realisiert, liegen die entsprechenden Nachweise dabei aus Sicht der Autoren auf der sicheren Seite (vgl. Abschnitt 13.7.2).

13.2 Zusammenstellung der erforderlichen Ausgangsdaten

13.2.1 Allgemeines

Gegebene Ausgangssituation für Praxisbeispiel 6 – Bodentiefes absturzsicherndes Fensterelement mit Drehkippflügel und auf dem Fensterrahmen aufgeschraubtem Fenster- bzw. Glasgeländer, vgl. Bild 13.1:

> **Hinweis:** Die erforderlichen Ausgangsdaten entsprechen im Prinzip dem Praxisbeispiel 4 (vgl. Kapitel 11; Abweichung hier: Drehkippflügel mit auf dem Fensterrahmen aufgeschraubten Fenster- bzw. Glasgeländer).

- Wohngebäude in Künzelsau (Postleitzahl 74653, Baden-Württemberg)
- Gebäudehöhe ≤ 10 m
- Lage des absturzsichernden Fensterelements in Bezug auf die einwirkenden Windlasten: Mittenbereich des Gebäudes
- Lichte Raumhöhe 2,50 m
- Absturzsicherndes Fensterelement mit 3-fach-Isolierverglasung:
  - Fenstergröße: B × H ≈ 1,2 m × 2,2 m
  - Drehkippflügel: b × h ≈ 1,1 m × 2,1 m
  - Glasfläche Drehkippflügel: b × h ≈ 1,0 m × 2,0 m
  - Fensterprofile aus Aluminium (Werkstoff EN AW 6060 T66 mit $R_m \geq 215\ N/mm^2$ und t ≥ 1,5 mm) mit thermischer Trennung (Kunststofftelle der thermischen Trennung aus Polyamid PA; vgl. Bild 12.3)

- ohne (Profil-) Verbreiterungen
- Aufbau der Isolierverglasung: (von außen nach innen):
  6 mm ESG-H / 12 mm SZR / 4 mm ESG / 12 mm SZR / 8 mm VSG (44.2)

- Der Drehkippflügel wird auf der linken Ansichtsseite, nahe den Befestigungspunkten (1) und (11), angeschlagen (vgl. Bild 13.1).
- Absturzsicherndes Glasgeländer mit Befestigung am Fensterrahmenprofil Typ BG015 der Firma IMB Rosenheim:
  - Einfachglas 10 mm VSG/ESG (55.2), Kategorie A
  - zweiseitig linienförmige Glaslagerung aus Aluminiumprofil (Werkstoff EN AW 6060T66) zweiseitig an beiden Vertikalkanten
  - U-förmiges Kantenschutzprofil aus nichtrostendem Stahl auf der oberen Horizontalkante

Hinweis: Das absturzsichernde Glasgeländer mit Befestigung am Fensterrahmenprofil Typ BG015 der Firma IMB Rosenheim (Glied 1 der Nachweiskette gemäß Abschnitt 13.1.3) ist über ein allgemeines bauaufsichtliches Prüfzeugnis geregelt (vgl. abP Fenstergeländer, 2021).

Zu diesem abP Fenstergeländer (2021) gibt es zugehörige abP Erläuterungen (2022), in denen die konstruktiven Randbedingungen (Achs- und Randabstände) des Fenster- bzw. Glasgeländers ausgewiesen werden.

Aus Gründen der Übersicht wird auf die Regelungen im abP Fenstergeländer (2021) und in den abP Erläuterungen (2022) nicht weiter eingegangen.

Neben dem abP Fenstergeländer (2021) und den abP Erläuterungen (2022) wird vom Hersteller des Glasgeländers auch noch eine Systemstatik zur Verfügung gestellt, die die Bemessung von Glied 2 und 3 der Nachweiskette im Prinzip auf die Anwendung einer Bemessungstabelle vereinfacht. Diese Bemessung zeigt Abschnitt 13.5.4 (und Abschnitt 13.6).

- Befestigungssystem BS 100 zur lastabtragenden und absturzsichernden Befestigung von Anbauteilen an Fensterrahmenprofilen nach abZ/aBG BS 100 (2024); vgl. hier Abschnitt 13.1.2
- Der Höhenunterschied zwischen den Verkehrsflächen (OK FFB Wohnung und OK Gelände) bzw. die Absturzhöhe beträgt $1{,}00 < AH \leq 12{,}00$ m: Nach Musterbauordnung (2024, § 38 Abs. 1 Satz 1) ist daher eine Umwehrung (= Absturzsicherung) vorzusehen (vgl. Bild 8.6, Schnitt B-B, und Bild 13.1: UH = 900 mm).
- Verankerungsgrund Mauerwerk:
  - Planhochlochziegel „ThermoPlan MZ Ergänzung" (vgl. Bild 12.2)
    Hersteller: Mein Ziegelhaus GmbH & Co. KG, Märkerstraße 44, D-63755 Alzenau
  - Format/Steinabmessung: 6DF; $L \times B \times H = 123$ mm $\times$ 365 mm $\times$ 249 mm
  - Rohdichte: $\rho \geq 0{,}8$ kg/dm³
  - Mittlere Steindruckfestigkeit nach DIN EN 771: $\geq 8{,}0$ N/mm²

Hinweis: Die in der abZ/aBG bzw. ETA – für den jeweils hier im Fachbuch verwendeten Fensterbefestiger bzw. Kunststoffdübel – ausgewiesenen charakteristischen Tragfähigkeiten bzw. Bemessungswerte der Tragfähigkeit beziehen sich bei Verankerungen in Mauerwerk (Ausnahme Lehmsteine) immer auf die „mittlere Steindruckfestigkeit nach DIN EN 771".

In der Praxis gibt es für Mauersteine nach DIN EN 771 in den zugehörigen Anwendungsnormen (DIN 20000-401 bis 404) unverändert „Druckfestigkeitsklassen".

Für die Umrechnung der Druckfestigkeitsklasse in die mittlere Steindruckfestigkeit nach DIN EN 771 siehe (sinngemäß) Becker et al. (2022).

13.2.2 Befestigungssystem

- Befestigung gemäß Bild 11.1 nur seitlich links und rechts in der Laibung mit je 6 Stück AMO-Combi Schrauben mit Kunststoff-Dübelhülse W-UR 10 XXL nach abZ/aBG AMO-Combi (2022)
- Annahme:
  Es wird zur Vereinfachung angenommen, dass für die Lösung der Befestigungsaufgabe das Fenster derart in der Laibung liegt, dass das gewählte Dübel-System mittig in der Laibung (Mitte des Mauersteins) zu montieren ist. Für den Randabstand c der AMO-Combi Schraube mit der Kunststoff-Dübelhülse W-UR 10 XXL in der Laibung gilt dann:
  $c_{innen} = c_{außen}$
- Annahme:
  Maximale freie Schraubenlänge $e_f = 25$ mm
  (siehe abZ/aBG AMO-Combi, 2022, Anlage 7 bzw. vgl. hier Bild 11.5; beachte Abschnitt 13.7.2)

13.3 Einwirkungen

13.3.1 Stoßartige Lasten nach ETB-Richtlinie (Außergewöhnliche Einwirkung)

Es sind 2 Einwirkungssituationen zu stoßartigen Lasten rechnerisch nachzuweisen:

- Nachweis der Verankerung des Fenster- bzw. Glasgeländers am Fensterprofil (Blendrahmen). Dieser Nachweis wird auf Grundlage der abZ/aBG BS100 (2024) geführt.
- Nachweis der Befestigung des Blendrahmens an der Laibung im geschlossenen Zustand des Fensterelementes, wobei *keine* Mehrfachbefestigung berücksichtigt wird (vgl. Abschnitt 8.5.4 und 12.7.1.2).

Gemäß „ETB-Richtlinie – Bauteile, die gegen Absturz sichern" sind beide Befestigungen gegen Versagen zu bemessen. Dabei muss für „Befestigungselemente" nur der „weiche Stoß“, nicht aber der „harte Stoß nachgewiesen werden, siehe ETB (1985, Abschnitt 3.2.2.2.3).

Demnach ist die für die Bemessung der Fensterbefestiger folgender Bemessungswert der Einwirkungen anzusetzen:

$$F_{Ed} = F_{Ek} \cdot \gamma_A = 2{,}8 \cdot 1{,}0 = 2{,}8\,\text{kN} \tag{13.1}$$

mit:

F_{Ed}	$= 2{,}8$ kN	Bemessungswert der Einwirkungen (Stoßlasten aus Personenanprall) je Befestigungspunkt (statische Ersatzlast nach ETB-Richtlinie, der Teilsicherheitsbeiwert für außergewöhnliche Einwirkungen $\gamma_A = 1{,}0$ ist enthalten)
F_{Ek}	$= 2{,}8$ kN	siehe ETB (1985, Abschnitt 3.2.2.2.3)
γ_A	$= 1{,}0$	Teilsicherheitsbeiwert der Einwirkungen für außergewöhnliche Bemessungssituation; siehe abZ/aBG AMO-Combi (2022, S. 6, Abschnitt 3.2.3)

13.3.2 Windlasten

Das Wohngebäude, in das das absturzsichernde Fensterelement eingebaut wird, steht nach Abschnitt 13.2.1 in Künzelsau. Im Verzeichnis „Windzonen nach Verwaltungsgrenzen“, DIBt.de (2022), wird für den „Regierungsbezirk Stuttgart“, zu dem Künzelsau gehört, die „Windzone 1“ ausgewiesen. Alternativ lassen sich unter dem Suchbegriff „Windzonen nach Postleitzahlen“ im Internet auch diverse Seiten finden, auf denen – lediglich unter der Eingabe der Postleitzahl für das konkrete Bauvorhaben – die entsprechend zugehörige Windzone ausgegeben wird.

Nach DIN 18055 (2020, S. 26, Anhang A, Tabelle A.1) ergibt sich für

- die Windzone 1,
- eine Gebäudehöhe ≤ 10 m und
- den Einbau des absturzsichernden Fensterelements im Mittenbereich des Wohngebäudes

folgende charakteristische Windbelastung:

$$q_{wd,k} = 0{,}50\,\text{kN/m}^2 \quad \text{(Winddruck)}$$
$$q_{ws,k} = 0{,}55\,\text{kN/m}^2 \quad \text{(Windsog)}$$

Die Bemessungswerte der Einwirkungen ergeben sich wie folgt:

$$q_{wd,d} = q_{wd,k} \cdot \gamma_F = 0{,}50 \cdot 1{,}5 = 0{,}75\ \text{kN/m}^2 \quad \text{Winddruck} \tag{13.2}$$

$$q_{ws,d} = q_{ws,k} \cdot \gamma_F = 0{,}55 \cdot 1{,}5 = 0{,}83\ \text{kN/m}^2 \quad \text{Windsog} \Rightarrow \underline{\text{maßgebend}} \tag{13.3}$$

mit:

$\gamma_F = 1{,}5$ Teilsicherheitsbeiwert für veränderliche Einwirkung (Windlast)

Hinweis: Die Anwendung von DIN 18055 (2020, S. 26, Anhang A, Tabelle A.1) beruht auf Berechnungen mit dem vereinfachten Verfahren nach DIN EN 1991-1-4 und DIN EN 1991-1-4/NA. Diese praxisnahe Vorgehensweise liegt für übliche Gebäude auf der sicheren Seite.

Sofern eine Abminderung der Werte aus Tabelle A.1 angestrebt wird, ist eine genaue Berechnung der Außendruckbeiwerte nach DIN EN 1991-1-4/NA (2024, S. 11/12, Tabelle NA.1) bzw. eine genaue Windlastermittlung nach DIN EN 1991-1-4/NA (2024, S. 22, Abschnitt NA.B.3.3) erforderlich (vgl. hierzu auch die ausführlichen Ausführungen in Abschnitt 2.8.2.1).

13.3.3 Horizontale Nutzlast

Die charakteristische horizontale Nutzlast – in Absturzrichtung nach außen – ergibt sich für ein Wohnhaus aus DIN EN 1991-1-1/NA (2010, S. 13, Tabelle 6.12DE) in der ideellen Holmhöhe (vgl. Bild 11.1):

$$\Rightarrow q_{k,\text{außen}} = 0{,}5\,\text{kN/m}$$

Gemäß DIN EN 1991-1-1/NA (2010, S. 13, Abschnitt 6.4, Tabelle 6.12DE und Absatz 2) sind die horizontalen Nutzlasten in Absturzrichtung in voller Höhe und in Gegenrichtung – nach innen wirkend – mit 50 %, mindestens jedoch mit 0,5 kN/m anzusetzen.

Da es sich hier aber um eine durchgängige absturzsichernde Festverglasung über das gesamte bodentiefe Fensterelement handelt, kann dieser Ansatz entfallen, da man nicht von innen an der Glasscheibe „ziehen" wird. Somit entfällt auch die Überlagerung mit dem Winddruck auf das Gebäude (vgl. Abschnitt 13.4.4).

Der Bemessungswert der Einwirkungen ergibt sich wie folgt:

$$q_{kd,\text{außen}} = q_{k,\text{außen}} \cdot \gamma_F = 0{,}5 \cdot 1{,}5 = 0{,}75\,\text{kN/m} \tag{13.4}$$

mit:

$\gamma_F = 1{,}5$ Teilsicherheitsbeiwert für unabhängige veränderliche Einwirkung mit ungünstiger Auswirkung nach DIN EN 1990/NA (2010, S. 11, Tabelle NA.A.1.2(B))

13.3.4 Eigengewicht aus Glasgeländer Typ BG015

Gemäß Abschnitt 13.2.1 besteht das Glasgeländer Typ BG015 aus 10 mm Einfachglas VSG/ESG (55.2), Kategorie A. Dafür ergibt sich mit Bild 13.1 folgendes Eigengewicht:

$$\begin{aligned} G_d &= G_k \cdot \gamma_F = \left[10\,\text{mm} \cdot 2{,}5\,\text{kg/(mm} \cdot \text{m}^2) \cdot 1{,}20\,\text{m} \cdot 0{,}90\,\text{m}\right] \cdot 1{,}35 \\ &= 36{,}5\,\text{kg} \approx \underline{0{,}37\,\text{kN}} \end{aligned} \tag{13.5}$$

mit:

g_k = 2,5 kg/(mm · m²) Eigengewicht Glas, vgl. Gütegemeinschaft (2024, S. 162, Tabelle 5.3)

γ_F = 1,35 Teilsicherheitsbeiwert für ständige Einwirkung (Eigengewicht)

13.3.5 Last aus 90° geöffnetem Fensterflügel

Wird der im absturzsichernden Fensterelement angeordnete Drehkippflügel um 90° geöffnet, treten auf der Bandseite infolge des Eigengewichts des Fensterflügels zusätzliche Querlasten auf. Hierzu wird zunächst das Eigengewicht des Drehkippflügels ermittelt, vgl. Tabelle 13.1; siehe auch Gütegemeinschaft (2024, S. 162, Abschnitt 5.1.2.1, Tabelle 5.3 und Tabelle auf S. 173).

Das resultierende Kräftepaar (Z = D) aus dem 90° in den Innenraum geöffneten Flügel wird auf der Bandseite oben durch den Befestigungspunkt (1) und unten durch den Befestigungspunkt (11) aufgenommen. Dabei wirkt die Einwirkung $Z = V_{fd,1}$ in Richtung des Innenraums und die Einwirkung $D = V_{fd,11}$ nach außen (vgl. Bild 13.1).

Der Bemessungswert der Einwirkungen auf die Befestigungspunkte (1) und (11) durch den 90° geöffneten Fensterflügel ergibt sich nach Gütegemeinschaft (2024, S. 169, Abschnitt 5.1.2.3, Tabelle 5.4, Zeile 1) wie folgt:

$$V_{fd,1} = Z$$

$$V_{fd,11} = D$$

$$\begin{aligned} V_{fd,1} = V_{fd,11} &= \frac{b}{h} \cdot \left(\frac{G_{Flügel}}{2} \cdot \gamma_F\right) \\ &= \frac{1{,}10}{1{,}20} \cdot \left(\frac{1{,}04}{2} \cdot 1{,}35\right) \qquad (13.6) \\ &= 0{,}52 \cdot 0{,}70 \\ &= 0{,}37\,\text{kN} \end{aligned}$$

Tabelle 13.1 Praxisbeispiel 6: Ermittlung des Eigengewichts des Drehkippflügels

Zeile	Bauteil	Rechenweg	Ergebnis
1	Flügelrahmen	(2 · 1,1 m + 2 · 2,1 m) · 2,5 kg/m =	16,0 kg
2	Isolierverglasung	2,5 $^{kg}/_{(mm \cdot m^2)}$ · (6 mm + 4 mm + 8 mm) · (1,0 m · 2,0 m) =	90,0 kg
3	Drehkippflügel	(Zeile 1 + 2) =	106,0 kg
4	Eigenlast $G_{Flügel}$	106 kg · 9,81 m/s² = 1.039,9 N [1)]	1,04 kN

1) 1 kg · m/s² = 1 N = 0,001 kN

mit:

b	=	1,1 m	vgl. Abschnitt 13.2.1
h	=	2,1 m	vgl. Abschnitt 13.2.1 (Beachte hierzu auch den folgenden Hinweis!)
$G_{Flügel}$	=	1,04 kN	vgl. Tabelle 13.1
γ_F	=	1,35	Teilsicherheitsbeiwert für ständige Einwirkungen (Eigengewicht)

Hinweis: Der Abstand für die Lasteinleitung der horizontalen Lasten (Z und D) ist nach Bild 13.1 die Höhendifferenz zwischen den Befestigungspunkten (1) und (11): $3 \cdot 0{,}4 + 2 \cdot 0{,}3 = 1{,}80$ m.

Mit Bezug auf Gütegemeinschaft (2024, S. 169, Abschnitt 5.1.2.3, Tabelle 5.4, Zeile 1) werden in Gl. (13.6) für die Ermittlung von $V_{fd,1}$ und $V_{fd,11}$ auch die Flügelaußenmaße (b / h ≈ 1,1 m / 2,1 m) angesetzt.

Dieses Vorgehen stellt eine Vereinfachung für die Bemessungspraxis dar, da die reale Lasteinleitung aus dem Flügelrahmen über Bänder bzw. Scherenlager in den Blendrahmen bei jedem Fensterelement unterschiedlich ist. Diese Vereinfachung wird aus Übersichtsgründen übernommen.

13.4 Ermittlung der maßgebenden Schnittkräfte für Befestigungspunkt (7) bzw. (8) sowie (1) und (11)

Bild 13.1 zeigt, dass die Oberkante der Glasbrüstung, die auf den Blendrahmen geschraubt wird, in Höhe der Befestigungspunkte (7) bzw. (8) liegt. Für diese beiden Befestigungspunkte müssen daher sowohl

1. der Nachweis für stoßartige Lasten als auch
2. der Nachweis für die Überlagerung der horizontalen Nutzlast mit der Windsoglast (beide Lasten nach außen wirkend)

geführt werden. Deshalb und auf Grund der folgenden beiden Überlegungen sind diese beiden Befestigungspunkte (7) und (8) offenbar für die Bemessung maßgebend:

- Die Befestigungspunkte (1) bis (4) müssten nur für Windsog nachgewiesen werden (Winddruck ist nicht maßgebend), da sie oberhalb der Auftrefffläche für den Pendelschlagversuch liegen, vgl. Bild 8.8, Bild 13.1 und siehe Gütegemeinschaft (2024, S. 206, Bild 5.25).
- Die Befestigungspunkte (5) bis (6) und (9) bis (12) müssten nur getrennt voneinander, d. h. ohne Überlagerung, a) für stoßartige Lasten und b) für Windsog nachgewiesen werden.

Daher werden nachfolgend nur für die beiden Befestigungspunkte (7) und (8) für alle möglichen Lastfälle die Einwirkungen zusammengetragen und anschließend wiederum nur die maßgebenden statischen Nachweise geführt.

Nur für die Befestigungspunkte (1) und (11) muss ergänzend der Lastfall 6 „Last aus 90° geöffnetem Fensterflügel" untersucht bzw. überprüft werden.

13.4.1 Lastfall 1: Stoßartige Lasten

Die Anpralllast wirkt auf das Befestigungssystem BS 100 als Zugkraft $N_{Ed,LF1}$, auf die Fensterbefestigung (AMO-Combi Schraube mit Kunststoff-Dübelhülse W-UR 10 XXL) allerdings als Querkraft $V_{Ed,LF1}$.

Maßgebende Kraft (vgl. hierzu Abschnitt 13.3.1):

$$N_{Ed,LF1} = V_{Ed,LF1} = F_{Ed} = 2{,}8\,\text{kN} \tag{13.7}$$

Gemäß ETB (1985, Abschnitt 3.1) sind nur die horizontalen Nutzlasten (= Holmlasten) mit den Windlasten zu überlagern. Die stoßartigen Lasten müssen also mit keinen anderen Lasten überlagert werden.

13.4.2 Lastfall 2: Windsoglast

Beachte hierzu Abschnitt 13.1.4 und 13.1.5!

13.4.2.1 Windsoglast für Ansatz 1

Die Windsoglast wirkt auf das Befestigungssystem BS 100 als Zugkraft $N_{Ed,LF2\text{-}1}$, auf die Fensterbefestigung (AMO-Combi Schrauben mit Kunststoff-Dübelhülse W-UR 10 XXL) allerdings als Querkraft $V_{Ed,LF2\text{-}1}$. Maßgebende Kraft (vgl. hierzu Bild 13.1 und Abschnitt 13.3.2):

$$\begin{aligned} N_{Ed,LF2\text{-}1} = V_{Ed,LF2\text{-}1} &= A_{Wind} \cdot q_{ws,d} \\ &= \left(\frac{1{,}20 \cdot 0{,}90}{4}\right) \cdot 0{,}83 \\ &= 0{,}22\,\text{kN} \end{aligned} \tag{13.8}$$

13.4.2.2 Windsoglast für Ansatz 2

Die in Abschnitt 13.4.2.1 auf das Fenster- bzw. Glasgeländer einwirkende Windsogkraft wird nach Bild 13.1 und Bild 13.4

- im Abstand von 100 mm zu den Befestigungspunkten (7) und (8) bzw.
- im Abstand von 200 mm zu den Befestigungspunkten (9) und (10)

auf den Fenster-Blendrahmen übertragen.

Oberhalb des Fenster- bzw. Glasgeländer ist eine weitere Windangriffsfläche zu berücksichtigen, wobei der Abstand zwischen den Befestigungspunkten (5) und (7) bzw. (6) und (8) 300 mm beträgt (vgl. Bild 13.1).

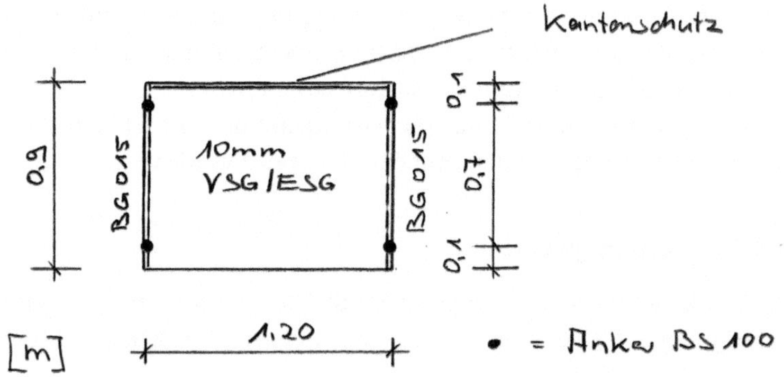

Bild 13.4 Vermaßte Anordnung der Befestigungssysteme BS 100 (Bildquelle: Hermann Hamm); siehe hierzu auch Bild 13.1

Als maßgebende Querkraft ergibt sich für die Fensterbefestigung (AMO-Combi Schraube mit Kunststoff-Dübelhülse W-UR 10 XXL) folgende Querkraft:

$$\begin{aligned} V_{\text{Ed,LF2-2}} &= \left[V_{\text{Ed,LF2-1}} \cdot 200/(100+200)\right] + \left(A_{\text{Wind}} \cdot q_{\text{ws,d}}\right) \\ &= [0{,}22 \cdot 2/3] + [(1{,}20/2) \cdot (0{,}30/2) \cdot 0{,}83] \\ &= 0{,}22\,\text{kN} \end{aligned} \tag{13.9}$$

13.4.3 Lastfall 3: Horizontale Nutzlast in ideeller Holmhöhe

Die horizontale Nutzlast wirkt auf das Befestigungssystem BS 100 als Zugkraft $N_{\text{Ed,LF3}}$, auf die Fensterbefestigung (AMO-Combi Schrauben mit Kunststoff-Dübelhülse W-UR 10 XXL) allerdings als Querkraft $V_{\text{Ed,LF3}}$. Maßgebende Kraft (vgl. hierzu Bild 13.1, Bild 13.4 und Abschnitt 13.3.3):

$$\begin{aligned} N_{\text{Ed,LF3}} &= V_{\text{Ed,LF3}} = q_{\text{kd,außen}}\,(1{,}20\,\text{m}/2) \cdot [(0{,}1\,\text{m} + 0{,}7\,\text{m})/0{,}7\,\text{m}] \\ &= 0{,}75\,\text{kN/m} \cdot 0{,}60\,\text{m} \cdot 1{,}14 \\ &= 0{,}51\,\text{kN} \end{aligned} \tag{13.10}$$

13.4.4 Lastfall 4: Überlagerung horizontale Nutzlast plus Windsoglast (für Ansatz 2)

Hier werden gemäß Abschnitt 13.1.5 die in Absturzrichtung nach außen wirkende Windsoglast und die horizontale Nutzlast (Holmlast) überlagert:

$$V_{\text{Ed,Sog}} = V_{\text{Ed,LF2-2}} = 0{,}22\,\text{kN (vgl. Abschnitt 13.4.2)} \tag{13.11}$$

$$V_{\text{Ed,Holm}} = V_{\text{Ed,LF3}} = 0{,}51\,\text{kN (vgl. Abschnitt 13.4.3)} \tag{13.12}$$

Gemäß DIN EN 1990/NA (2010, S. 5, NCI zu 6.4.3.2(3) und S. 8, NDP zu A.1.2.2, Tabelle NA.A.1.1) werden zwei Lastfallkombinationen untersucht (vgl. hier auch Abschnitt 8.5.2.2):

Lastfallkombination 1
Die Holmlast wird voll und die Windlast um den Faktor $\Psi_0 = 0{,}6$ reduziert angesetzt:

$$V_{Ed,LF4\text{-}1} = V_{Ed,Holm} + \left(\Psi_0 \cdot V_{Ed,Sog}\right) = 0{,}51 + (0{,}6 \cdot 0{,}22) = 0{,}64\,kN \quad (13.13)$$

$\Rightarrow$ maßgebend

Lastfallkombination 2
Die Windlast wird voll und die Holmlast um den Faktor $\Psi_0 = 0{,}7$ reduziert angesetzt:

$$V_{Ed,LF4\text{-}2} = V_{Ed,Sog} + \left(\Psi_0 \cdot V_{Ed,Holm}\right) = 0{,}22 + (0{,}7 \cdot 0{,}51) = 0{,}58\,kN \quad (13.14)$$

13.4.5 Lastfall 5: Eigengewicht aus Glasgeländer Typ BG015

Dieser Lastfall muss nur für Befestigungssystem BS 100 nachgewiesen werden, da das Eigengewicht des gesamten Fensterelements gemäß Bild 13.1 über die Tragklötze abgetragen wird.

Siehe hierzu Abschnitt 13.3.4.

Das Eigengewicht des Glasgeländer Typ BG015 wird auf der sicheren Seite nur auf die beiden Befestigungssysteme BS 100 in Höhe der Befestigungspunkte (7) und (8) verteilt.

$$V_{Ed,LF5} = G_d/2 = 0{,}37/2 = 0{,}19\,kN \quad (13.15)$$

13.4.6 Lastfall 6: Last aus 90° geöffnetem Fensterflügel

Dieser Lastfall muss nur für die Fensterbefestigung (AMO-Combi Schraube mit Kunststoff-Dübelhülse W-UR 10 XXL) nachgewiesen werden. Siehe hierzu Abschnitt 13.3.5.

$$V_{Ed,LF6} = V_{fd,1} = V_{fd,11} = 0{,}37\,kN \quad (13.16)$$

13.4.7 Übersicht der maßgebenden Kräfte für das Praxisbeispiel 3

In Tabelle 13.2 werden alle maßgebenden Kräfte der einzelnen Lastfälle übersichtlich zusammengestellt. Für den Nachweis des Befestigungssystems BS 100 und des Fensterbefestigers (AMO-Combi Schraube mit Kunststoff-Dübelhülse W-UR 10 XXL) werden danach nur noch die maßgebenden Lastfälle nachgewiesen (beachte Erläuterungen in Abschnitt 13.2 und 13.4).

Tabelle 13.2 Übersicht der maßgebenden Kräfte für alle Lastfälle (Praxisbeispiel 6) für die maßgebenden Befestigungspunkte (7) und (8) sowie (1) und (11) nach Bild 13.1

Lastfall	Beschreibung	Ermittlung N_{Ed} bzw. V_{Ed}, siehe Abschnitt	N_{Ed} bzw. V_{Ed} [kN]	Maßgebend [kN]	Bemessung, vgl. Abschnitt
1	Stoßartige Lasten	13.4.1 (7) und (8)	2,80	**2,80**	13.5.1 13.6 13.7.1
2	Windsoglast	13.4.2 (7) und (8)	N_{Ed} = 0,22 V_{Ed} = 0,22	$\mathbf{N_{Ed} = 0{,}51}$ $\mathbf{V_{Ed} = 0{,}51}$	13.5.2 13.5.4 (Ansatz 1 nach Abschn. 13.1.4)
3	Horizontale Nutzlast	13.4.3 (7) und (8)	N_{Ed} = 0,51 V_{Ed} = 0,51		
4	Überlagerung horizontale Nutzlast plus Windsoglast	13.4.4	$\mathbf{V_{Ed} = 0{,}64}$ nur Fensterbefestiger		13.7.2 (Ansatz 2 nach Abschn. 13.1.5)
5	Eigengewicht aus Glasgeländer Typ BG015	13.4.5 (7) und (8)	$\mathbf{V_{Ed} = 0{,}19}$ nur Befestigungssystem BS 100		13.5.3 13.5.4
6	Last aus 90° geöffnetem Fensterflügel	13.4.6 (1) und (11)	$\mathbf{V_{Ed} = 0{,}37}$ nur Fensterbefestiger		13.7.3

13.5 Glied 2 der Nachweiskette: Unmittelbare Glasbefestigung/Glaslagerung des Fenstergeländers in Befestigungspunkt (7) und (8)

Die Aluminiumprofile des absturzsichernden Fensterelements bestehen laut Angaben des Herstellers bzw. gemäß Abschnitt 13.2 aus dem Werkstoff EN AW 6060 T66 mit $R_m \geq 215$ N/mm² und $t \geq 1{,}5$ mm; die Kunststoffteile der thermischen Trennung bestehen aus Polyamid PA (vgl. Bild 12.3). Damit werden die Anforderungen der abZ/aBG BS 100 (2024, Anlage 1.2, Tabelle 3 sowie Anlage 2.16) erfüllt.

Die geometrischen Randbedingungen Breite, Tiefe und Überstand sind zu beachten, siehe abZ/aBG BS 100 (2024, Anlage 2.16 bis 2.19).

13.5.1 Nachweis Lastfall 1: Stoßartige Lasten

Nach abZ/aBG BS 100 (2024, S. 6, Abschnitt 3.2.1) gilt Folgendes:

> *„Für die Befestigungssysteme gilt der Nachweis zur Aufnahme der Einwirkungen aus Personenanprall als erbracht, wenn diese Belastung planmäßig rechtwinklig zur Rahmenebene erfolgt."*

Die Belastung des Fenstergeländers erfolgt planmäßig rechtwinklig zur Rahmenebene, so dass keine weiteren Nachweise erforderlich sind.

13.5.2 Nachweis Lastfall 3 auf Grundlage abZ/aBG: Horizontale Nutzlasten

Der Nachweis ausreichender Tragfähigkeit des Glaslagerungsprofils aus Aluminium (einschließlich der Befestigung am Fensterrahmen, vgl. Abschnitt 13.6) ist für die Einwirkungen infolge Windsog und horizontaler Nutzlast zu führen. Eine Überlagerung von horizontaler Nutzlast und Windsoglast erfolgt nicht, da anzunehmen ist, dass bei voller Windsoglast (Sturm), dass Fenster nicht geöffnet wird und damit keine Personen an das Geländer herantreten (vgl. Abschnitt 13.1.4). Maßgebend ist offenbar der Lastfall 3 (vgl. Abschnitt 13.4.2.1 mit 13.4.3).

Das Nachweisformat wird in abZ/aBG BS 100 (2024, S. 6, Abschnitt 3.2.1) vorgegeben:

Nachweis:

$$\frac{F_{Ed}}{F_{Rd}} = \frac{N_{Ed,LF3}}{N_{Rd}} = \frac{0{,}51}{2{,}37} = 0{,}22 \leq 1{,}0 \Rightarrow \text{Nachweis erbracht} \tag{13.17}$$

mit:

$N_{Ed,LF3}$	$= 0{,}51$ kN	vgl. Abschnitt 13.4.3 bzw. Tabelle 13.2
N_{Rd}	$= N_{Rk} / \gamma_M = 2{,}96 / 1{,}25 = 2{,}37$ kN	
N_{Rk}	$= 2{,}96$ kN	siehe abZ/aBG BS 100 (2024, Anlage 2.16)
γ_M	$= 1{,}25$	Material-Teilsicherheitsbeiwert für Aluminium; siehe abZ/aBG BS 100 (2024, S. 6/7, Abschnitt 3.2.2)

13.5.3 Nachweis Lastfall 5 auf Grundlage abZ/aBG: Eigengewicht aus Glasgeländer Typ BG015

Das Nachweisformat wird in abZ/aBG BS 100 (2024, S. 6, Abschnitt 3.2.1) vorgegeben:

Nachweis:

$$\frac{F_{Ed}}{F_{Rd}} = \frac{V_{Ed,LF5}}{V_{Rd}} = \frac{0{,}19}{3{,}37} = 0{,}06 \leq 1{,}0 \Rightarrow \text{Nachweis erbracht} \tag{13.18}$$

mit:

$V_{Ed,LF5}$	$= 0{,}19$ kN	vgl. Abschnitt 13.4.5 bzw. Tabelle 13.2
V_{Rd}	$= V_{Rk} / \gamma_M = 4{,}21 / 1{,}25 = 3{,}37$ kN	
N_{Rk}	$= 4{,}21$ kN	siehe abZ/aBG BS 100 (2024, Anlage 2.16)
γ_M	$= 1{,}25$	Material-Teilsicherheitsbeiwert für Aluminium; siehe abZ/aBG BS 100 (2024, S. 6/7, Abschnitt 3.2.2)

13.5.4 Nachweis Lastfall 3 und Lastfall 5 auf Grundlage Systemstatik

Alternativ zu Abschnitt 13.5.2 und 13.5.3 kann die Nachweisführung (nur) für das Glasgeländer Typ BG015 (Glasdicke 10 mm) auch über die Bemessungstabelle einer Systemstatik erfolgen, die der Hersteller des Befestigungssystems auf Grundlage der abZ/aBG BS 100 (2024) zur Verfügung stellt (vgl. Bild 13.5 und Abschnitt 13.2.1):

Bei den gegebenen Abmessungen des Fenstergeländers (Glasdicke 10 mm), mit einer Geländerbreite von ca. 1,2 m und einer Geländerhöhe von ca. 0,9 m, ergibt sich mit einer charakteristischen Holmlast $q_{k,außen} \leq 0{,}5$ kN/m (vgl. Abschnitt 11.3.3 bzw. 13.3.3) aus der Bemessungstabelle in Bild 13.5 eine maximal aufnehmbare charakteristische Windlast von 2,63 kN/m² > 0,55 kN/m² = $q_{ws,k,vorhanden}$ (vgl. Abschnitt 13.3.2).

Damit ist ausreichende Tragfähigkeit für das Fenstergeländer (einschließlich der Befestigung am Fensterprofil) gegeben.

Hinweis: Die hier angewandte Systemstatik gilt nur für das absturzsichernde Glasgeländer mit Befestigung am Fensterrahmenprofil Typ BG015 der Firma IMB Rosenheim, für das das abP Fenstergeländer (2021) als Verwendungsnachweis dient. Das Bild 13.5 ist ein Auszug aus der Systemstatik und gilt für eine horizontale Nutzlast q_k = 0,5 kN/m und einen Glasaufbau von 10 mm VSG / ESG.

Für einen Glasaufbau 12 bzw. 16 mm VSG / ESG siehe als ANHANG zu diesem Praxisbeispiel 6 den Abschnitt 13.9 mit der vollständigen Systemstatik.

Die Grundlagen dieser Systemstatik sind die Angaben von charakteristischen Zug- und Quertragfähigkeiten N_{Rk} und V_{Rk} des Befestigungssystem BS 100 in der zugehörigen Zulassung, siehe abZ/aBG BS 100 (2024, Anlage 2.16).

Soll anstelle des hier dargestellten Glasgeländer-Typs BG015 ein Stahlgeländer befestigt werden, siehe z. B. abZ/aBG BS 100 (2024, Anlage 2.19), so gilt die hier verwendete Systemstatik nicht. Dann ist der Lastfluss aus den Einwirkungen auf das jeweilige Geländer bis zur „Übergabe“ an das Befestigungssystem BS 100 zu ermitteln und für die Glieder 1, 2 und 3 der Nachweiskette – sinngemäß wie in den Abschnitten 13.5.2 und 13.5.3 gezeigt – jeweils ein üblicher statischer Nachweis im Format $F_{Ed} / F_{Rd} \leq 1$ zu führen, siehe auch abZ/aBG BS 100 (2024, S. 6, Abschnitt 3.2.1).

13.6 Glied 3 der Nachweiskette: Verbindung des Geländers mit dem Fensterrahmen mit dem Befestigungssystem BS 100 in Befestigungspunkt (7) und (8)

Siehe Abschnitt 13.5! ⇒ o.w.N.

Dipl.-Ing. H. Hamm — Ingenieurbüro für Baustatik Glas- und Stahlbau

Bemessungstabelle

Profiltyp
Brüstungsverglasungen
Bauart "Französische Balkone"

Befestigungssystem
BS 100 / BS 150 / BS 500 / BS 800
BS 900 / BS 400 / BS 401 / BS 402
25 mm ≤ B ≤ 30 mm

Glasaufbau
10 mm VSG / ESG
ESG 5mm /0,76mm PVB/ ESG 5mm

max Windlast [kN/m²] charakteristisch

Geländerhöhe [m] \ Geländerbreite [m]	0,50	0,60	0,70	0,80	0,90	1,00	1,10	1,20	1,30	1,40	1,50
1,20	7,87	6,56	5,62	4,92	4,37	3,70	3,10	2,63	2,27	1,98	1,74
1,15	8,21	6,84	5,86	5,13	4,53	3,70	3,10	2,63	2,27	1,98	1,74
1,10	8,58	7,15	6,13	5,36	4,53	3,70	3,10	2,63	2,27	1,98	1,74
1,05	8,99	7,49	6,42	5,62	4,53	3,70	3,10	2,63	2,27	1,98	1,74
1,00	9,44	7,87	6,74	5,66	4,53	3,70	3,10	2,63	2,27	1,98	1,74
0,95	9,94	8,28	7,10	5,66	4,53	3,70	3,10	2,63	2,27	1,98	1,74
0,90	10,49	8,74	7,29	5,66	4,53	3,70	3,10	2,63	2,27	1,98	1,74
0,85	11,11	9,25	7,29	5,66	4,53	3,70	3,10	2,63	2,27	1,98	1,74
0,80	11,80	9,79	7,29	5,66	4,53	3,70	3,10	2,63	2,27	1,98	1,74
0,75	12,59	9,79	7,29	5,66	4,53	3,70	3,10	2,63	2,27	1,98	1,74
0,70	13,93	9,79	7,29	5,66	4,53	3,70	3,10	2,63	2,27	1,98	1,74

maßgebende Kiterien : Ankerkräfte infolge Wind — Glasstatik infolge Wind — Glasstatik infolge Holmlast nur für q= 0,5 kN/m

Bild 13.5 Systemstatik: Maximale charakteristische Windlast für das Befestigungssystem BS 100 in Kombination mit dem absturzsichernden Glasgeländer mit Befestigung am Fensterrahmenprofil Typ BG015 der Firma IMB Rosenheim; (nur) für horizontale Nutzlast q_k = 0,5 kN/m und Glasaufbau 10 mm VSG / ESG

13.7 Glied 5 der Nachweiskette: Befestigung des Fensterrahmens mit dem Direktbefestiger im Mauerwerk

13.7.1 Nachweis Lastfall 1: Stoßartige Lasten

Der Nachweis der stoßartigen Lasten muss grundsätzlich nur für die Befestigungspunkt (5) bis (12) geführt werden, da die Befestigungspunkte (1) bis (4) oberhalb der Auftreffflächen liegen (vgl. Bild 8.8, Bild 13.1 und siehe Gütegemeinschaft, 2024, S. 206/207, Bild 5.25/Bild 5.26).

Für den Nachweis der Befestigungspunkte (5) bis (12), kann der Nachweis von Befestigungspunkt (7) und (8) in Abschnitt 11.5.1 übernommen werden.

Nachweis:

$$\frac{F_{Ed}}{F_{Rd}} = \frac{V_{Ed,LF1}}{F_{Rk}/\gamma_M} = \frac{2{,}8}{2{,}8/1{,}0} = 1{,}0 \leq 1{,}0 \Rightarrow \text{Nachweis erbracht} \qquad (13.19)$$

mit:

$V_{Ed,LF1}$	= 2,80 kN	vgl. Abschnitt 13.4.1 bzw. Tabelle 13.2
F_{Rk}	= 2,80 kN	siehe abZ/aBG AMO-Combi (2022, Anlage 76, Tabelle 35.4) bzw. Bild 11.6, untere Tabelle
γ_M	= 1,0	Teilsicherheitsbeiwert für außergewöhnlicher Lastfall; siehe abZ/aBG AMO-Combi (2022, S. 6, Abschnitt 3.2.3)

13.7.2 Nachweis Lastfall 4: Überlagerung horizontale Nutzlast plus Windsoglast (für Ansatz 2) für die Befestigungspunkte (7) und (8)

Das Nachweisformat ist in abZ/aBG AMO-Combi (2022, S. 5, Abschnitt 3.2.2) angegeben. In den Anlagen dieser Zulassung werden bereits Bemessungswerte V_{Rd} ausgewiesen (vgl. Bild 11.6 obere Tabelle).

Nachweis:

$$\frac{V_{Ed}}{F_{Rd}} = \frac{V_{Ed,LF4\text{-}1}}{V_{Rd}} = \frac{0{,}64}{0{,}55} = 1{,}16 > 1{,}0 \Rightarrow \text{Nachweis NICHT erbracht} \qquad (13.20)$$

mit:

$V_{Ed,LF5}$	= 0,64 kN	vgl. Abschnitt 13.4.4 bzw. Tabelle 13.2
V_{Rd}	= 0,55 kN	siehe abZ/aBG AMO-Combi (2022, Anlage 76, Tabelle 35.4) bzw. hier Bild 11.6; für mittlere Steindruckfestigkeit nach EN 771 ≥ 8,0 N/mm²; linear interpoliert für e_f = 25 mm (vgl. Abschnitt 9.2 mit Bild 11.5): (0,65 + 0,45)/2 = 0,55

Mit Verweis auf Abschnitt 13.1.5 kann an dieser Stelle überlegt werden, ob vorhandene Sicherheiten die 16 % Überschreitung in Gl. (13.20) ausgleichen. Alternativ kann die freie Schraubenlänge von e_f = 25 mm auf e_f = 20 mm reduziert werden (vgl. Bild 11.5), wofür das absturzsichernde Fensterelement allerdings 5 + 5 = 10 mm breiter hergestellt werden müsste. Damit ließe sich der Nachweis erfolgreich (mit entsprechend vorhandenen Sicherheiten) durchführen:

Nachweis:

$$\frac{V_{Ed}}{F_{Rd}} = \frac{V_{Ed,LF4\text{-}1}}{V_{Rd}} = \frac{0{,}64}{0{,}65} = 0{,}98 \leq 1{,}0 \Rightarrow \text{Nachweis erbracht} \quad (13.21)$$

mit:

$V_{Ed,LF5}$ = 0,64 kN vgl. Abschnitt 13.4.4 bzw. Tabelle 13.2

V_{Rd} = 0,65 kN siehe abZ/aBG AMO-Combi (2022, Anlage 76, Tabelle 35.4) bzw. hier Bild 11.6; für mittlere Steindruckfestigkeit nach EN 771 ≥ 8,0 N/mm² für e_f = 20 mm (vgl. Abschnitt 9.2 mit Bild 11.5)

13.7.3 Nachweis Lastfall 5: 90° geöffneter Fensterflügel für die Befestigungspunkte (1) und (11)

Das Nachweisformat ist in abZ/aBG AMO-Combi (2022, S. 5, Abschnitt 3.2.2) angegeben. In den Anlagen dieser Zulassung werden bereits Bemessungswerte V_{Rd} ausgewiesen (vgl. z. B. Bild 11.6 obere Tabelle).

Nachweis (vgl. auch Abschnitt 11.5.2):

$$\frac{V_{Ed}}{F_{Rd}} = \frac{V_{fd11}}{V_{Rd}} = \frac{0{,}37}{0{,}55} = 0{,}67 \leq 1{,}0 \Rightarrow \text{Nachweis erbracht} \quad (13.22)$$

mit:

$V_{Ed,LF5}$ = 0,37 kN vgl. Abschnitt 13.3.5

V_{Rd} = 0,55 kN siehe abZ/aBG AMO-Combi (2022, Anlage 76, Tabelle 35.4) bzw. hier Bild 11.6 obere Tabelle; für mittlere Steindruckfestigkeit nach EN 771 ≥ 8,0 N/mm²; linear interpoliert für e_f = 25 mm (vgl. Abschnitt 9.2 mit Bild 11.5): (0,65 + 0,45)/2 = 0,55

13.8 Fazit

Das Praxisbeispiel 6 zeigt, dass die vollständige Darstellung der erforderlichen Nachweiskette noch komplexer wird, wenn ein „Französisches Balkongeländer" (hier: Fenster- bzw. Glasgeländer) nicht am Baukörper (in der Regel an die Wand) sondern direkt auf den Blendrahmen eines Fensterelements befestigt wird.

In diesem Zusammenhang wird der Hinweis aus Abschnitt 8.4 wiederholt:

> **Hinweis:** Gemäß Gütegemeinschaft (2024, S. 205, Abschnitt 5.1.2.3, Tabelle 5.19, Fußnote 2) sind allgemeine bauaufsichtliche Prüfzeugnisse (abP) *„nicht anwendbar für Befestigungsmittel"*.
>
> DIBt (2023, S. 7, Abschnitt 9) führt dazu Folgendes aus:
> *„Ein allgemeines bauaufsichtliches Prüfzeugnis (abP) wird für Bauprodukte und Bauarten erteilt, die nach allgemein anerkannten Prüfverfahren beurteilt werden können. Diese*

Produkte sind in den Technischen Baubestimmungen abschließend gelistet (vgl. MVV TB Kapitel C 3 und C 4).“

Diese allgemein anerkannten Prüfverfahren liegen beispielsweise für Dübel-Systeme und Fensterbefestiger nicht vor. Allgemeine bauaufsichtliche Prüfzeugnisse (abP) können daher für solche Produkte nicht ausgestellt werden.

Dieser Hinweis gilt auch für vergleichbare Befestigungen wie das hier verwendete „Befestigungssystem BS 100 zur lastabtragenden und absturzsichernden Befestigung von Anbauteilen an Fensterrahmenprofilen“, weshalb das BS 100 bereits über eine allgemeine bauaufsichtliche Zulassung/allgemeine Bauartgenehmigung verfügt, siehe abZ/aBG BS 100 (2024).

13.9 ANHANG zum Bemessungsbeispiel 6

SYSTEMSTATIK
Brüstungsverglasungen
Bauart “Französische Balkone”
Produkt-Code: BG015

Quelle:
Systemstatik Stufe 2
Brüstungsverglasungen
Bauart “Französische Balkone”
Produkt-Code: BG015

Ersteller:
Ingenieurbüro für Baustatik Glas und Stahlbau
Dipl.-Ing. H. Hamm
Seestraße 9
63571 Gelnhausen

Bestimmung der max. Geländerbreiten von Brüstungsverglasungen der Bauart “Französische Balkone”

Legende (vgl. Bilder 13.6 und 13.7):

max L	maximale Geländerbreite (horizontaler Abstand zwischen Befestigungselementen)
H	Gesamthöhe des Geländers, maximal 1,20 m
A	vertikaler Abstand des oberen Befestigungselementes zur oberen Horizontalkante des Geländers, maximal 0,15 m [mm]

B	vertikaler Abstand zwischen beiden Befestigungselementen, maximal 0,9 m [mm]
C	= A + B [mm]
Ü	Überstand der Befestigungssysteme über die Außenkante der Rahmenprofile gemäß abZ/aBG BS100 [mm]
K	= Ü + 30 mm [mm]
γ_m	= 1,25 [-] Teilsicherheitsbeiwert nach DIN EN 1993-1-1/NA
$N_{R,k}$	charakteristische Zugkrafttragfähigkeit [kN] gemäß abZ/aBG BS100
$V_{R,k}$	charakteristische Querkrafttragfähigkeit [kN] gemäß abZ/aBG BS100
q	horizontale Nutzlast [kN/m] nach DIN EN 1991-1-1/NA Tab. 6.12 DE
	= 0,50 kN/m
	= 1,00 kN/m

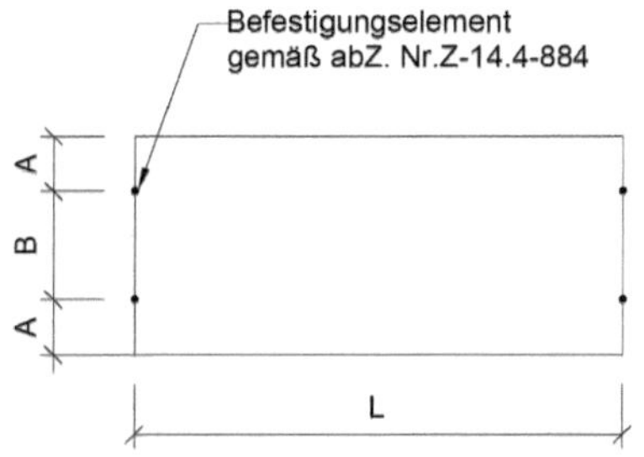

Bild 13.6 Skizze Geländer

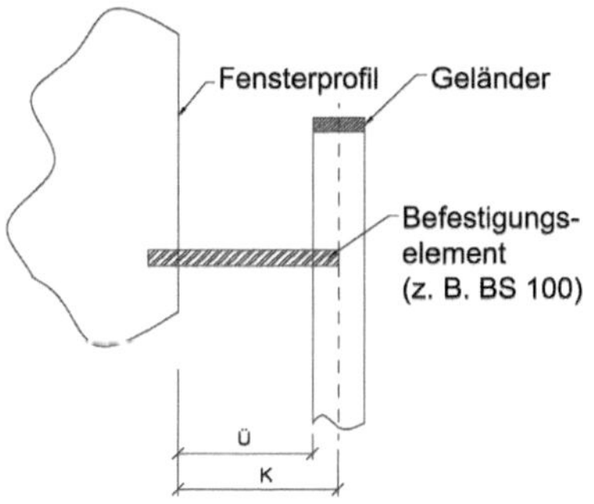

Bild 13.7 Skizze Abstand K

Hinweise:
Der statischen Berechnung zur Ermittlung der maximalen Geländermaße in der Bauart "Französischen Balkone" werden nachstehende Kriterien und Randbedingungen zugrunde gelegt.

Die Bemessung hängt im Allgemeinen vom Fensterprofiltyp, Befestigungssystem, Glasaufbau sowie dem Betrag der horizontalen Nutzlast ab.

Hierbei können zur Bestimmung der maximalen Geländermaße folgende Kriterien maßgebend werden (vgl. Bilder 13.8-13.10):

1. Allgemein bauaufsichtliches Prüfzeugnis abP.Nr. P-2021-3081 + Technische Beschreibung zu abP.Nr. P-2021-3081 u. P-2021-3063 der Firma IMB
2. Befestigungssysteme gemäß allgemein bauaufsichtlicher Zulassung abZ/aBG BS100
3. horizontale Nutzlast [kN/m] nach DIN EN 1991-1-1/NA Tab. 6.12 DE
   = 0,50 kN/m
   = 1,00 kN/m
4. maximal aufnehmbare Windlast gemäß Glasstatik nach DIN 18008
5. Eigengewicht der Verglasung

Aus Punkt 1 werden die Geländerabmessungen (Länge und Breite) in Abhängigkeit eines vorgegebenen Glasaufbaus begrenzt.

Punkt 2 gibt Grenzwerte der maximal aufnehmbaren Ankerkräfte (Zug- und Querkrafttragfähigkeit) in Abhängigkeit der Befestigungssysteme vor. In Stufe 1 der Typenstatik wurden unter Berücksichtigung der Vorgaben nach abZ/aBG BS100 die maximalen Geländerbreiten bereits berechnet. Diese werden der hier vorliegenden Berechnung zugrunde gelegt.

Das Eigengewicht der Verglasung wird durch das abP. Nr.P-2021-3081 aufgrund vorgegebener Glasaufbauten und dazugehöriger Abmessungen begrenzt. Das resultierende Glaseigengewicht überschreitet deshalb in keinem Fall die Querkrafttragfähigkeit der Befestigungssysteme und wird somit für die Berechnung der maximalen Geländerabmessungen von Französischen Balkonen nicht maßgebend.

$$V_g = 0{,}016\,\text{m} \cdot 1{,}5\text{m} \cdot 1{,}2\text{m} \cdot 25\,\text{kN/m}^3 \cdot 0{,}5 = 0{,}36\,\text{kN} < 0{,}68\,\text{kN} = V_{R,k}$$

Auf eine Überlagerung von Wind und horizontaler Nutzlast wird verzichtet, da davon auszugehen ist, dass im Falle eines Sturmes die Fenster hinter den Französischen Balkonen geschlossen bleiben. Kommen Französische Balkone als Fluchtbalkone zur Verwendung, so ist eine objektbezogene statische Berechnung erforderlich.

Bemessungstabelle

Profiltyp
Brüstungsverglasungen
Bauart "Französische Balkone"

Befestigungssystem
BS 100 / BS 150 / BS 500 / BS 800
BS 900 / BS 400 / BS 401 / BS 402
25 mm ≤ B ≤ 30 mm

Glasaufbau
10 mm VSG / ESG
ESG 5 mm / 0,76 mm PVB / ESG 8 mm

Höhe [m]	max Windlast [kN/m²] charakteristisch										
1,20	7,87	6,56	5,62	4,92	4,37	3,70	3,10	2,63	2,27	1,98	1,74
1,15	8,21	6,84	5,86	5,13	4,53	3,70	3,10	2,63	2,27	1,98	1,74
1,10	8,58	7,15	6,13	5,36	4,53	3,70	3,10	2,63	2,27	1,98	1,74
1,05	8,99	7,49	6,42	5,62	4,53	3,70	3,10	2,63	2,27	1,98	1,74
1,00	9,44	7,87	6,74	5,66	4,53	3,70	3,10	2,63	2,27	1,98	1,74
0,95	9,94	8,28	7,10	5,66	4,53	3,70	3,10	2,63	2,27	1,98	1,74
0,90	10,49	8,74	7,29	5,66	4,53	3,70	3,10	2,63	2,27	1,98	1,74
0,85	11,11	9,25	7,29	5,66	4,53	3,70	3,10	2,63	2,27	1,98	1,74
0,80	11,80	9,79	7,29	5,66	4,53	3,70	3,10	2,63	2,27	1,98	1,74
0,75	12,59	9,79	7,29	5,66	4,53	3,70	3,10	2,63	2,27	1,98	1,74
0,70	13,93	9,79	7,29	5,66	4,53	3,70	3,10	2,63	2,27	1,98	1,74
	0,50	**0,60**	**0,70**	**0,80**	**0,90**	**1,00**	**1,10**	**1,20**	**1,30**	**1,40**	**1,50**
	Länge [m]										

maßgebende Kiterien : Ankerkräfte infolge Wind | Glasstatik infolge Wind | Glasstatik infolge Holmlast nur für q=0,5 kN/m

H = Geländerhöhe [m] L = Geländerbreite [m]

Bild 13.8 Systemstatik: Maximale charakteristische Windlast für das Befestigungssystem BS 100 in Kombination mit dem absturzsichernden Glasgeländer mit Befestigung am Fensterrahmenprofil Typ BG015 der Firma IMB Rosenheim; (nur) für horizontale Nutzlast q_k = 0,5 kN/m und Glasaufbau 10 mm VSG / ESG

Bemessungstabelle

Profiltyp
Brüstungsverglasungen
Bauart "Französische Balkone"

Befestigungssystem
BS 100 / BS 150 / BS 500 / BS 800
BS 900 / BS 400 / BS 401 / BS 402
25 mm ≤ B ≤ 30 mm

Glasaufbau
12 mm VSG / ESG
ESG 6 mm / 0,76 mm PVB / ESG 6 mm

max Windlast [kN/m²] charakteristisch

Höhe [m] \ Länge [m]	0,50	0,60	0,70	0,80	0,90	1,00	1,10	1,20	1,30	1,40	1,50	1,60	1,70	1,80	1,90	2,00
1,20	7,87	6,56	5,62	4,92	4,37	3,93	3,57	3,28	3,03	2,80	2,47	2,19	1,95	1,76	1,59	1,25
1,15	15,17	6,84	5,86	5,13	4,56	4,10	3,73	3,42	3,16	2,80	2,47	2,19	1,95	1,76	1,59	1,25
1,10	8,58	7,15	6,13	5,36	4,77	4,29	3,90	3,58	3,21	2,80	2,47	2,19	1,95	1,76	1,59	1,25
1,05	8,99	7,49	6,42	5,62	4,99	4,49	4,09	3,72	3,21	2,80	2,47	2,19	1,95	1,76	1,59	1,25
1,00	9,44	7,87	6,74	5,90	5,24	4,72	4,29	3,72	3,21	2,80	2,47	2,19	1,95	1,76	1,59	1,25
0,95	9,94	8,28	7,10	6,21	5,52	4,97	4,37	3,72	3,21	2,80	2,47	2,19	1,95	1,76	1,59	1,25
0,90	10,49	8,74	7,49	6,56	5,83	5,21	4,37	3,72	3,21	2,80	2,47	2,19	1,95	1,76	1,59	1,25
0,85	11,11	9,25	7,93	6,94	6,36	5,21	4,37	3,72	3,21	2,80	2,47	2,19	1,95	1,76	1,59	1,25
0,80	11,80	9,83	8,43	7,38	6,36	5,21	4,37	3,72	3,21	2,80	2,47	2,19	1,95	1,76	1,59	1,25
0,75	12,59	10,49	8,99	7,90	6,36	5,21	4,37	3,72	3,21	2,80	2,47	2,19	1,95	1,76	1,59	1,25
0,70	13,49	11,24	9,63	7,90	6,36	5,21	4,37	3,72	3,21	2,80	2,47	2,19	1,95	1,76	1,59	1,25
0,65	14,52	12,10	10,13	7,90	6,36	5,21	4,37	3,72	3,21	2,80	2,47	2,19				
0,60	15,73	13,11	10,13	7,90	6,36	5,21	4,37	3,72	3,21	2,80	2,47	2,19				
0,55	17,16	13,57	10,13	7,90	6,36	5,21	4,37	3,72	3,21	2,80	2,47	2,19				
0,50	19,07	13,57	10,13	7,90	6,36	5,21	4,37	3,72	3,21	2,80	2,47	2,19				
0,45	19,07	13,57	10,13	7,90	6,36	5,21	4,37	3,72	3,21	2,80	2,47	2,19				
0,40	19,07	13,57	10,13	7,90	6,36	5,21	4,37	3,72	3,21	2,80	2,47	2,19				
0,35	19,07	13,57	10,13	7,90	6,36	5,21	4,37	3,72								
0,30	19,07	13,57	10,13	7,90	6,36	5,21	4,37	3,72								

maßgebende Kiterien: Ankerkräfte infolge Wind | Glasstatik infolge Wind | Glasstatik infolge Holmlast nur für q=0,5 kN/m | Grenzabmessungen abP.

H = Geländerhöhe [m] L = Geländerbreite [m]

Bild 13.9 Systemstatik: Maximale charakteristische Windlast für das Befestigungssystem BS 100 in Kombination mit dem absturzsichernden Glasgeländer mit Befestigung am Fensterrahmenprofil Typ BG015 der Firma IMB Rosenheim; (nur) für horizontale Nutzlast q_k = 0,5 kN/m und

Bemessungstabelle

Profiltyp
Brüstungsverglasungen
Bauart "Französische Balkone"

Befestigungssystem
BS 100 / BS 150 / BS 500 / BS 800
BS 900 / BS 400 / BS 401 / BS 402
25 mm ≤ B ≤ 30 mm

Glasaufbau
16 mm VSG / ESG
ESG 8 mm /0,76 mm PVB / ESG 8 mm

max Windlast [kN/m²] charakteristisch

Höhe [m] \ Länge [m]	0,50	0,60	0,70	0,80	0,90	1,00	1,10	1,20	1,30	1,40	1,50	1,60	1,70	1,80	1,90	2,00	2,10	2,20	2,30	2,40	2,50
1,20	7,87	6,56	5,62	4,92	4,37	3,93	3,58	3,28	3,03	2,81	2,62	2,46	2,31	2,19	2,07	1,97	1,87	1,79	1,71	1,57	1,38
1,15	8,21	6,84	5,86	5,13	4,56	4,10	3,73	3,42	3,16	2,93	2,74	2,57	2,41	2,28	2,16	2,05	1,95	1,87	1,78	1,57	1,38
1,10	8,58	7,15	6,13	5,36	4,77	4,29	3,90	3,58	3,30	3,06	2,86	2,68	2,52	2,38	2,26	2,15	2,04	1,95	1,81	1,57	1,38
1,05	8,99	7,49	6,42	5,62	4,99	4,50	4,09	3,75	3,46	3,21	3,00	2,81	2,64	2,50	2,37	2,25	2,14	2,04	1,81	1,57	1,38
1,00	9,44	7,87	6,74	5,90	5,24	4,72	4,29	3,93	3,63	3,37	3,15	2,95	2,78	2,62	2,48	2,36	2,25	2,09	1,81	1,57	1,38
0,95	9,94	8,28	7,10	6,21	5,52	4,97	4,52	4,14	3,82	3,55	3,31	3,11	2,92	2,76	2,61	2,48	2,30	2,09	1,81	1,57	1,38
0,90	10,49	8,74	7,49	6,56	5,83	5,24	4,77	4,37	4,03	3,75	3,50	3,28	3,08	2,91	2,77	2,52	2,30	2,09	1,81	1,57	1,38
0,85	11,11	9,25	7,93	6,94	6,17	5,55	5,05	4,63	4,27	3,97	3,70	3,47	3,27	3,05	2,77	2,52	2,30	2,09	1,81	1,57	1,38
0,80	11,80	9,83	8,43	7,38	6,56	5,90	5,36	4,92	4,54	4,21	3,93	3,69	3,37	3,05	2,77	2,52	2,30	2,09	1,81	1,57	1,38
0,75	12,59	10,49	8,99	7,87	6,99	6,29	5,72	5,24	4,84	4,50	4,20	3,79	3,37	3,05	2,77	2,52	2,30	2,09	1,81	1,57	1,38
0,70	13,49	11,24	9,63	8,43	7,49	6,74	6,13	5,62	5,19	4,83	4,26	3,79	3,37	3,05	2,77	2,52	2,30	2,09	1,81	1,57	1,38
0,65	14,52	12,10	10,37	9,08	8,07	7,26	6,60	6,05	5,53	4,83	4,26	3,79	3,37	3,05	2,77	2,52	2,30	2,09	1,81	1,57	1,38
0,60	15,73	13,11	11,24	9,83	8,74	7,87	7,15	6,39	5,53	4,83	4,26	3,79	3,37	3,05	2,77	2,52	2,30	2,09	1,81	1,57	1,38
0,55	17,16	14,30	12,26	10,73	9,54	8,58	7,47	6,39	5,53	4,83	4,26	3,79	3,37	3,05	2,77	2,52	2,30	2,09	1,81	1,57	1,38
0,50	18,88	15,73	13,49	11,80	10,49	8,86	7,47	6,39	5,53	4,83	4,26	3,79	3,37	3,05	2,77	2,52	2,30	2,09	1,81	1,57	1,38
0,45	20,98	17,48	14,98	13,11	10,73	8,86	7,47	6,39	5,53	4,83	4,26	3,79	3,37	3,05	2,77	2,52	2,30	2,09			
0,40	23,60	19,67	16,77	13,20	10,73	8,86	7,47	6,39	5,53	4,83	4,26	3,79	3,37	3,05	2,77	2,52	2,30	2,09			
0,35	25,00	21,00	16,77	13,20	10,73	8,86	7,47	6,39	5,53	4,83	4,26	3,79	3,37	3,05	2,77	2,52	2,30	2,09			
0,30	25,00	21,00	16,77	13,20	10,73	8,86	7,47	6,39	5,53	4,83	4,26	3,79	3,37	3,05	2,77	2,52	2,30	2,09			

maßgebende Kiterien: Ankerkräfte infolge Wind | Glasstatik infolge Wind | Glasstatik infolge Holmlast nur für q=0,5 kN/m | Grenzabmessungen abP.

H = Geländerhöhe [m] L = Geländerbreite [m]

Bild 13.10 Systemstatik: Maximale charakteristische Windlast für das Befestigungssystem BS 100 in Kombination mit dem absturzsichernden Glasgeländer mit Befestigung am Fensterrahmenprofil Typ BG015 der Firma IMB Rosenheim; (nur) für horizontale Nutzlast q_k = 0,5 kN/m und Glasaufbau 16 mm VSG / ESG

14

Praxisbeispiel 7 – Bemessung der Befestigung eines absturzsichernden Fensterelements in Lehmsteinmauerwerk

14.1 Einleitung und allgemeine Hinweise

14.1.1 Einleitung

Nachfolgend wird ein einfaches Bemessungsbeispiel für die Befestigung eines absturzsichernden Fensterelements mit unterer Festverglasung in Lehmsteinmauerwerk dargestellt (Bild 14.1).

14.1.2 Fenstermontageschiene mit T-Konsole und zwei Kunststoffdübeln

Wie in Praxisbeispiel 2 (Kapitel 9) und Praxisbeispiel 5 (Kapitel 12) kommt auch hier die Fenstermontageschiene W-ABZ zur Anwendung, die bereits ausführlich u. a. in den Abschnitten 8.5.1 bis 8.5.3 vorgestellt wurde und hier mit dem Kunststoff-Rahmendübel SHARK UR 10 anstelle des SHARK UR 8 kombiniert wird. Ergänzend kommt die T-Konsole gemäß Bild 8.17 in Abschnitt 8.5.2.3 zum Einsatz.

Die hier verwendeten Fensterbefestiger (Fenstermontageschiene mit T-Konsole und je 2 Kunststoffdübeln) verfügen bereits alle über eine Zulassung (abZ/aBG oder ETA); die ETA für den Kunststoffdübel gilt nicht für die Verankerung in Lehmsteinmauerwerk.

Als Grundlage für die hier im Fachbeitrag angesetzte Tragfähigkeit des Kunststoffdübels im Lehmsteinmauerwerk dienen Versuche, die im Auftrag der Adolf Würth GmbH & Co. KG in einem Labor durchgeführt und ausgewertet wurden, vgl. Gutachten (2025). Diese Tragfähigkeit kann daher nur im Rahmen einer vorhabenbezogenen Bauartgenehmigung (vBG) angesetzt werden.

Befestigung und Abdichtung von Fenstern und Türen. Regelwerke, Bauphysik, Baurecht, Praxisbeispiele. 2. Auflage.
J. Küenzlen, E. Scheller, M. Klatecki.

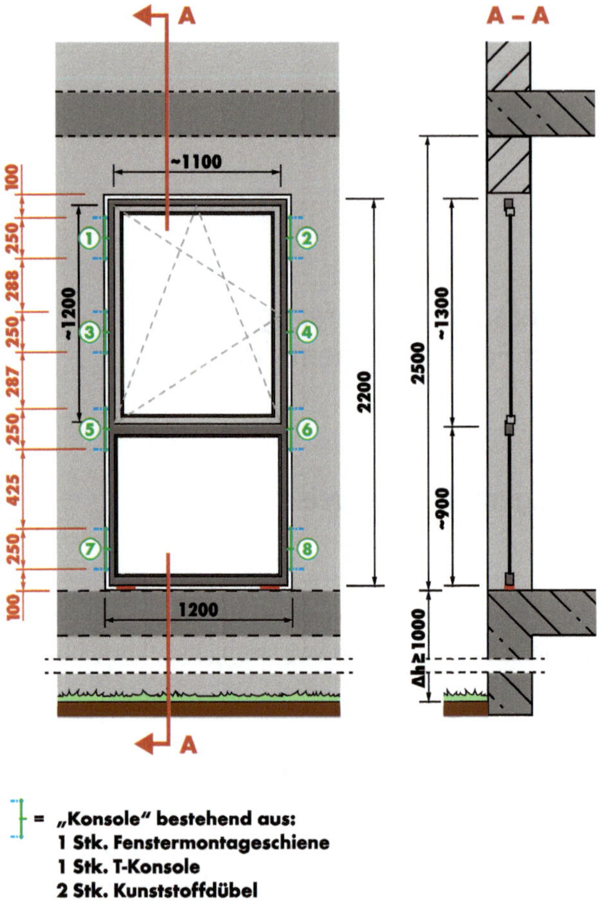

Bild 14.1 Schematische Darstellung für Praxisbeispiel 7 – Bodentiefes absturzsicherndes Fensterelement mit unterer Festverglasung (Ansicht von außen): Befestigung links und rechts im Lehmsteinmauerwerk mit je 4 Fenstermontageschienen W-ABZ, kombiniert mit T-Konsole und zwei zugehörigen Kunststoff-Rahmendübeln SHARK UR 10; Maße in mm

Hinweis: Nach dem aktuellen Wissensstand der Autoren gibt es nahezu keine Veröffentlichungen zum Thema „Befestigungen in Lehm".

Das nachfolgende Praxisbeispiel zeigt, dass anspruchsvolle Befestigungen in Lehmsteinen möglich sind. Für die baupraktische Umsetzung braucht es eine vBG, da die ETA des Kunststoffdübels nicht für den Verankerungsgrund Lehmsteine gilt. Für eine vBG liegt als Grundlage ein Gutachten vor.

Der Schwerpunkt dieses Kapitels 14 liegt daher auf der Bemessung der Fensterbefestiger (Schiene, T-Konsole und Dübel).

GIMA
LEHM
ZIEGEL
Allgemeine Bauartgenehmigung für Lehmziegel
BIS
EINSCHLIESSLICH
GEBÄUDEKLASSE 5
GROSSER ERFOLG FÜR DAS ZIRKULÄRE BAUEN: ZUM ERSTEN MAL ERTEILT DAS DEUTSCHE INSTITUT FÜR BAUTECHNIK DIBT DIE ALLGEMEINE BAUARTGENEHMIGUNG FÜR TRAGENDES LEHMSTEINMAUERWERK IM DÜNNBETTVERFAHREN. ZUGLEICH WIRD DEM GIMA-LEHMHOCHLOCHZIEGEL DIE ALLGEMEINE BAUAUFSICHTLICHE ZULASSUNG GEMÄSS DIN 18945 MIT DER NUMMER Z-17.6-1306 ERTEILT.
WWW.GIMA-LEHMZIEGEL.DE

14.1.3 Allgemeine Hinweise

Für die in Abschnitt 8.2.6 beschriebene vollständige Nachweisführung aller Glieder der „Nachweiskette“ ergibt sich folgende Gliederung:

- Glied 1 der Kette: Absturzsichernde (Brüstungs- bzw. Fest-) Verglasung
- Glied 2 der Kette: Unmittelbare Glasbefestigung
- Glied 3 der Kette: Brüstungsriegel
- Glied 4 der Kette: Verbindung Brüstungsriegel an Fensterrahmen
- Glied 5 der Kette: Fensterrahmen
- Glied 6 der Kette: Verbindung Fensterrahmen mit Fenstermontageschiene W-ABZ
- Glied 7 der Kette: Fenstermontageschiene W-ABZ
- Glied 8 der Kette: Befestigung W-ABZ mit Kunststoffdübel in Lehmsteinmauerwerk

Bezüglich der differenzierten Ermittlung der Einwirkungen auf die einzelnen Kettenglieder wird auf Praxisbeispiel 2 in Kapitel 9 verwiesen. Auf einen statischen Nachweis der Glieder 1 bis 5 wird aus Übersichtsgründen verzichtet, da sich dieses Fachbuch schwerpunktmäßig mit der Befestigung der Fensterelemente am Baukörper beschäftigt.

Für den Nachweis der Befestigung der absturzsichernden Fensterelemente am Gebäude wird im Hinblick auf die Verwendung von *zugelassenen* Dübel-Systemen auf die „Hinweise für die Montage von Dübelverankerungen“ des DIBt hingewiesen. In DIBt Hinweise (2010) finden sich u. a. folgende Aussagen:

- *„Dübelsysteme müssen geplant und bemessen werden.“*
- *„Dabei wird vorausgesetzt, dass Auswahl, Planung und Bemessung ausschließlich vom Planer vorgenommen werden.“*
- *„Die Auswahl, Planung und Bemessung eines Dübelsystems gehören nicht zu den Aufgaben der Monteure.“*
- *„Abweichungen von den Vorgaben der Konstruktionszeichnungen dürfen durch den Monteur nicht eigenmächtig vorgenommen werden.“*

Ergänzend wird in den jeweiligen Zulassungen bzw. Bewertungen der Dübel-Systeme der Begriff „Planer“ definiert. So findet sich z. B. in ETA SHARK UR (2021, S. 10, Anhang B 1) folgende Aussage:

> *„Die Bemessung der Verankerungen erfolgt [...] unter der Verantwortung eines auf dem Gebiet der Verankerungen und des Mauerwerks erfahrenen Ingenieurs.“*

Die Bemessung eines zugelassenen Dübels auf Grundlage der jeweiligen Zulassung/Bewertung bzw. auf Grundlage der in der Zulassung/Bewertung angegebenen Bemessungsregeln erbringt dabei immer nur den Nachweis der „örtlichen Krafteinleitung in den Verankerungsgrund“, weshalb hier ebenfalls auf das Zitat aus Gütegemeinschaft (2024, Seite 204, Abschnitt 5.3.2) in Abschnitt 8.2.6 verwiesen wird. Danach ist die Weiterleitung der zu verankernden Lasten im Bauteil *„von der Einwirkungsstelle bis in den tragenden Baugrund“* nachzuweisen:

Würde also z. B. für ein reales Projekt von einem gesondert beauftragten (Fach-) Planer – wie im nachfolgenden Praxisbeispiel 7 dargestellt – nur der statische Nachweis der Befestigung des absturzsichernden Fensterelements erbracht, so wäre für den Nachweis der Lastweiterleitung bis in den tragenden Baugrund der für die Gesamtstatik des Gebäudes zuständige Tragwerksplaner verantwortlich.

Hier werden in den Abschnitten 14.5 bis 14.7 nur die Fensterbefestiger (Schiene, Konsole und Dübel) als „Glieder 6, 7 und 8 der Nachweiskette" statisch nachgewiesen.

14.2 Zusammenstellung der erforderlichen Ausgangsdaten

14.2.1 Allgemeines

Gegebene Ausgangssituation für das Praxisbeispiel 7 – Absturzsicherndes Fensterelement mit unterer Festverglasung in Lehmsteinmauerwerk, vgl. Bild 14.1:

- Bürogebäude in der Hansestadt Bremen (Postleitzahl 28195)
- Gebäudehöhe ≤ 10 m
- Lage des absturzsichernden Fensterelements in Bezug auf die einwirkenden Windlasten: Randbereich des Gebäudes
- Einsatzbereich: Flur in einem Bürogebäude (vgl. Tabelle 8.4), der als Fluchtweg dient (vgl. Abschnitt 8.3.2)
- Lichte Raumhöhe 2,50 m
- PVC-Fenster mit Stahlarmierung und 3-fach-Isolierverglasung
  - Stahlarmierung: □-Armierung aus Werkstoff DX51D (Werkstoffnummer 1.0917) nach DIN EN 10346, Materialdicke vorh. t = 1,6 mm
  - Aufbau der Isolierverglasung: (von außen nach innen):
    6 mm ESG-H / 12 mm SZR / 4 mm ESG / 12 mm SZR / 8 mm VSG (44.2)
  - Fenstergröße: B × H ≈ 1,2 m × 2,2 m
  - unten Festverglasung: $B \times H_u \approx 1{,}2\ m \times 0{,}9\ m$
  - oben Drehkippflügel-Bereich: $B \times H_o \approx 1{,}2\ m \times 1{,}3\ m$
  - Drehkippflügel: b × h ≈ 1,1 m × 1,2 m
  - Glasfläche Drehkippflügel: b × h ≈ 1,0 m × 1,1 m
- Der Drehkippflügel wird auf der linken Ansichtsseite, nahe den Befestigungspunkten (1) und (5), angeschlagen (vgl. Bild 14.1).
- Der Höhenunterschied zwischen den Verkehrsflächen (Flur im Bürogebäude und OK Gelände) beträgt Δh ≥ 1,00 m: Nach Musterbauordnung (2024, § 38 Abs. 1 Satz 1) ist daher eine Umwehrung (= Absturzsicherung) vorzusehen.

14.2.2 Befestigungssystem

- Verankerungsgrund (Lehmsteinmauerwerk): Lehmziegel Lochstein LZ 24 GIMA, Girnhuber GmbH; vgl. Bild 4.2

- Format/Steinabmessung: L × B × H ≥ 307 mm × 240 mm × 249 mm
- Rohdichte: $\rho \geq 1{,}50$ kg/dm³
- Normierte Druckfestigkeit nach DIN 18945: ≥ 5,62 N/mm²

- Annahme 1: Fugenbreite zwischen Fenster und Laibung a = 15 mm (vgl. Bild 14.3); siehe abZ/aBG W-ABZ (2024, Anlage 4.1)
- Annahme 2: Es wird zur Vereinfachung angenommen, dass das Fensters für die Lösung der Befestigungsaufgabe derart in der Laibung liegt, dass der Kunststoffdübel mittig in der Laibung, in der Mitte des Mauersteins zu montieren ist. Für den Randabstand c der Befestiger in der Laibung gilt dann: $c_{innen} = c_{außen}$
- Befestigung des absturzsichernden Fensterelements gemäß Bild 14.1 nur seitlich links und rechts in der Laibung mit je 4 Stück Fenstermontageschienen W-ABZ „Absturzsichernde Fensterelementbefestigungen W-ABZ" nach abZ/aBG W-ABZ (2024) und zugehöriger T-Konsole.
- Befestigung der T-Konsole im Lehmsteinmauerwerk mit 2 Stück Kunststoff-Rahmendübeln SHARK-UR 10×10/80 nach ETA SHARK UR (2021): $c_{innen} = c_{außen} = B / 2 = 240 \text{ mm} / 2 = 120 \text{ mm}$ (vgl. Annahme 2 zuvor)

14.3 Einwirkungen

14.3.1 Stoßartige Lasten nach ETB-Richtlinie (Außergewöhnliche Einwirkung)

Aufgrund des in Abschnitt 14.2.1 festgestellten Höhenunterschieds $\Delta h \geq 1{,}00$ m zwischen den Verkehrsflächen (Flur im Bürogebäude und OK Gelände) muss das Fensterelement absturzsichernde Eigenschaften aufweisen.

Gemäß „ETB-Richtlinie – Bauteile, die gegen Absturz sichern" werden die Fensterbefestiger (Schiene, Konsole und Dübel) gegen Versagen bemessen. Dabei muss für „Befestigungselemente" nur der „weiche Stoß", nicht aber der „harte Stoß nachgewiesen werden (siehe in ETB, 1985, Abschnitt 3.2.2.2.3).

Gemäß der Zulassung für die „Absturzsichernde Fensterelementbefestigung W-ABZ" gilt Folgendes, siehe abZ/aBG W-ABZ (2024, Abschnitt 3.2.1.1):

> *„Für den Nachweis der Verankerung in Beton/Mauerwerk/Holz darf bei Personenanprall mit einer statischen Ersatzlast von $F_{E,k} = 2{,}8$ kN nach ETB-Richtlinie beim Nachweis der Verankerungselemente nach Tabelle 2 abweichend von den in Tabelle 2 genannten Technischen Baubestimmungen der Teilsicherheitsbeiwert des Widerstandes von $\gamma_M = 1{,}0$ angesetzt werden."*

Demnach ist die für die Bemessung der Fensterbefestiger (Schiene, Konsole und Dübel) folgender Bemessungswert der Einwirkungen anzusetzen:

$$F_{Ed} = F_{Ek} \cdot \gamma_F = 2{,}8 \cdot 1{,}0 = 2{,}8 \text{ kN} \tag{14.1}$$

mit:

F_{Ed} = 2,8 kN Bemessungswert der Einwirkungen (Stoßlasten aus Personenanprall) je Befestigungspunkt (statische Ersatzlast nach ETB-Richtlinie, der Teilsicherheitsbeiwert für außergewöhnliche Einwirkungen $\gamma_A = 1{,}0$ ist enthalten)

F_{Ek} = 2,8 kN siehe in ETB (1985, Abschnitt 3.2.2.2.3)

γ_F = 1,0 Teilsicherheitsbeiwert der Einwirkungen für außergewöhnliche Bemessungssituation ($\gamma_F = \gamma_A$); siehe abZ/aBG W-ABZ (2024, S. 11, Abschnitt 3.2.3.4)

14.3.2 Windlasten

Das Bürogebäude, in das das absturzsichernde Fensterelement eingebaut wird, steht nach Abschnitt 9.2 in der Hansestadt Bremen. Im Verzeichnis „Windzonen nach Verwaltungsgrenzen", DIBt.de (2022), wird für die „Stadt Bremen" die „Windzone 3" ausgewiesen.

Alternativ lassen sich unter dem Suchbegriff „Windzonen nach Postleitzahlen" im Internet auch diverse Seiten finden, auf denen – lediglich unter der Eingabe der Postleitzahl für das konkrete Bauvorhaben – die entsprechend zugehörige Windzone ausgegeben wird.

Nach DIN 18055 (2020, S. 26, Anhang A, Tabelle A.1) ergibt sich für

- die Windzone 3,
- eine Gebäudehöhe ≤ 10 m und
- den Einbau des absturzsichernden Fensterelements im Randbereich des Bürogebäudes

folgende charakteristische Windbelastung:

$$q_{wd,k} = 0{,}80\ \text{kN/m}^2\ \text{(Winddruck)}$$

$$q_{ws,k} = 1{,}36\ \text{kN/m}^2\ \text{(Windsog)}$$

Die Bemessungswerte der Einwirkungen ergeben sich wie folgt:

$$q_{wd,d} = q_{wd,k} \cdot \gamma_F = 0{,}80 \cdot 1{,}5 = 1{,}20\ \text{kN/m}^2\ \text{Winddruck} \tag{14.2}$$

$$q_{ws,d} = q_{ws,k} \cdot \gamma_F = 1{,}36 \cdot 1{,}5 = 2{,}04\ \text{kN/m}^2\quad \text{Windsog} \Rightarrow \underline{\text{maßgebend}} \tag{14.3}$$

mit:

γ_F = 1,5 Teilsicherheitsbeiwert für veränderliche Einwirkungen (horizontale Nutzlast)

Hinweis: Die Anwendung von DIN 18055 (2020, S. 26, Anhang A, Tabelle A.1) beruht auf Berechnungen mit dem vereinfachten Verfahren nach DIN EN 1991-1-4 und DIN EN 1991-1-4/NA. Diese praxisnahe Vorgehensweise liegt für übliche Gebäude auf der sicheren Seite.

Sofern eine Abminderung der Werte aus Tabelle A.1 angestrebt wird, ist eine genaue Berechnung der Außendruckbeiwerte nach DIN EN 1991-1-4/NA (2024, S. 11/12, Tabelle NA.1) bzw. eine genaue Windlastermittlung nach DIN EN 1991-1-4/NA (2024, S. 22, Abschnitt NA.B.3.3) erforderlich (vgl. hierzu auch die ausführlichen Ausführungen in Abschnitt 2.8.2.1).

14.3.3 Horizontale Nutzlast (Holmlast auf den Brüstungsriegel)

Die charakteristische horizontale Nutzlast – in Absturzrichtung nach außen – ergibt sich für einen Flur in einem Bürogebäude, der als Fluchtweg dient, aus DIN EN 1991-1-1/NA (2010, S. 13, Tabelle 6.12DE) bzw. nach ASR A2.1 (2022, Abschnitt 5.1, Absatz 7):

$$\Rightarrow q_{k,\text{außen}} = 1{,}0\,\text{kN/m}$$

Gemäß DIN EN 1991-1-1/NA (2010, S. 13, Abschnitt 6.4, Tabelle 6.12DE und Absatz 2) sind die horizontalen Nutzlasten in Absturzrichtung in voller Höhe und in Gegenrichtung – nach innen wirkend – mit 50 %, mindestens jedoch mit 0,5 kN/m anzusetzen:

$$\Rightarrow q_{k,\text{innen}} = 0{,}5\,\text{kN/m}$$

Die Bemessungswerte der Einwirkungen ergeben sich wie folgt:

$$q_{kd,\text{außen}} = q_{k,\text{außen}} \cdot \gamma_F = 1{,}0 \cdot 1{,}5 = 1{,}50\,\text{kN/m} \;\Rightarrow\; \underline{\text{maßgebend}} \tag{14.4}$$

$$q_{kd,\text{innen}} = q_{k,\text{innen}} \cdot \gamma_F = 0{,}5 \cdot 1{,}5 = 0{,}75\,\text{kN/m} \tag{14.5}$$

mit:

$\gamma_F = 1{,}5$ Teilsicherheitsbeiwert für unabhängige veränderliche Einwirkung mit ungünstiger Auswirkung nach DIN EN 1990/NA (2010, S. 11, Tabelle NA.A.1.2(B))

14.3.4 Last aus 90° geöffnetem Fensterflügel

Wird der im absturzsichernden Fensterelement oben angeordnete Drehkippflügel um 90° geöffnet, treten auf der Bandseite infolge des Eigengewichts des Fensterflügels zusätzliche Querlasten auf. Hierzu wird zunächst das Eigengewicht des Drehkippflügels ermittelt (vgl. Tabelle 14.1); siehe auch Gütegemeinschaft (2024, S. 162, Abschnitt 5.1.2.1, Tabelle 5.3 und Tabelle auf S. 173).

Das resultierende Kräftepaar (Z = D) aus dem 90° in den Innenraum geöffneten Flügel wird auf der Bandseite oben durch den Befestigungspunkt (1) und unten in Höhe des Brüstungsriegels durch den Befestigungspunkt (5) aufgenommen (vgl. Bild 14.1). Dabei wirkt die Einwirkung $Z = V_{fd,1}$ in Richtung des Innenraums und die Einwirkung $D = V_{fd,5}$ nach außen (vgl. Bild 14.2).

Tabelle 14.1 Praxisbeispiel 7: Ermittlung des Eigengewichts des Drehkippflügels

Zeile	Bauteil	Rechenweg	Ergebnis
1	Flügelrahmen	$(2 \cdot 1{,}1\ \text{m} + 2 \cdot 1{,}2\ \text{m}) \cdot 3{,}5\ \text{kg/m} =$	16,1 kg
2	Isolierverglasung	$2{,}5\ \text{kg/(mm·m}^2) \cdot (6\ \text{mm} + 4\ \text{mm} + 8\ \text{mm}) \cdot (1{,}0\ \text{m} \cdot 1{,}1\ \text{m}) =$	49,5 kg
3	Drehkippflügel	(Zeile 1 + 2) =	65,6 kg
4	Eigenlast $G_{Flügel}$	$65{,}6\ \text{kg} \cdot 9{,}81\ \text{m/s}^2 = 643{,}5\ \text{N}$ [1)]	0,64 kN

1) $1\ \text{kg} \cdot \text{m/s}^2 = 1\ \text{N} = 0{,}001\ \text{kN}$

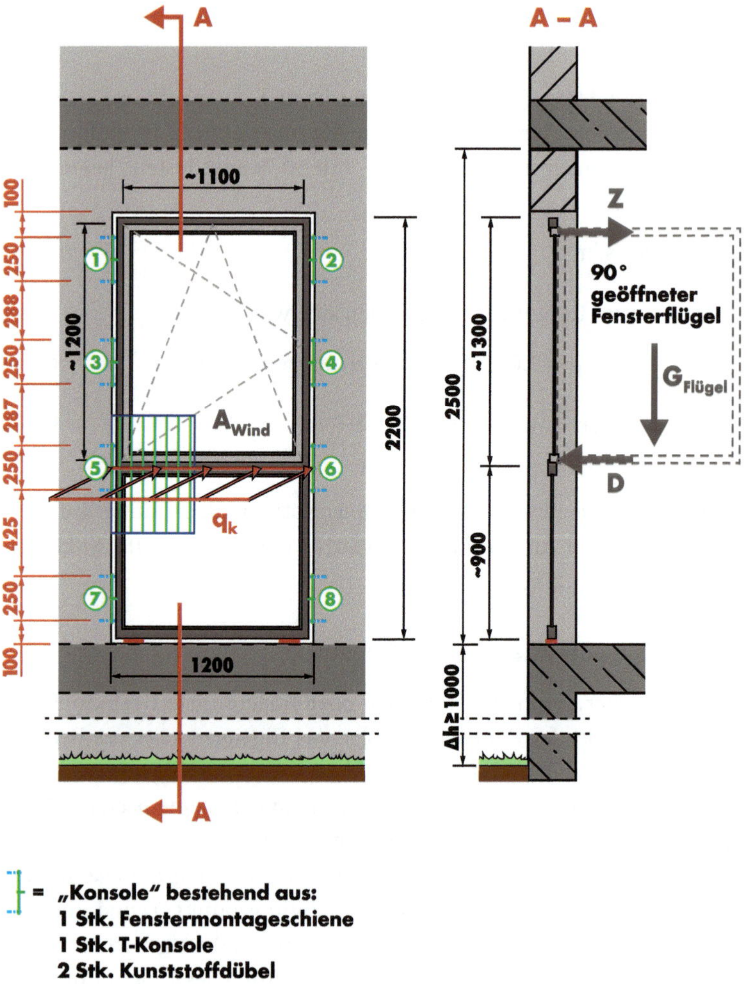

Bild 14.2 Praxisbeispiel 7: (maßgebende) Befestigungspunkte für absturzsicherndes Fensterelement mit unterer Festverglasung; Maße in mm

Der Bemessungswert der Einwirkungen auf die Befestigungspunkte (1) und (5) durch den 90° geöffneten Fensterflügel ergibt sich nach Gütegemeinschaft (2024, S. 169, Abschnitt 5.1.2.3, Tabelle 5.4, Zeile 1) wie folgt:

$$V_{fd,1} = Z$$

$$V_{fd,5} = D$$

$$\begin{aligned} V_{fd,1} = V_{fd,5} &= \frac{b}{h} \cdot \left(\frac{G_{Flügel}}{2} \cdot \gamma_F\right) \\ &= \frac{1{,}10}{1{,}20} \cdot \left(\frac{0{,}64}{2} \cdot 1{,}35\right) \\ &= 0{,}92 \cdot 0{,}43 \\ &= 0{,}40\,\text{kN} \end{aligned} \tag{14.6}$$

mit:

b	=	1,1 m	vgl. Abschnitt 14.2.1
h	=	1,2 m	vgl. Abschnitt 14.2.1 (Beachte hierzu auch den folgenden Hinweis!)
$G_{Flügel}$	=	0,64 kN	vgl. Tabelle 9.1
γ_F	=	1,35	Teilsicherheitsbeiwert für ständige Einwirkungen (Eigengewicht)

Hinweis: Der Abstand für die Lasteinleitung der horizontalen Lasten (Z und D bzw. $V_{fd,1}$ und $V_{fd,5}$) ist nach Bild 16.16 die Höhendifferenz zwischen den Befestigungspunkten (1) und (5).

In Gl. (14.6) werden für die Ermittlung von Z und D nach Gütegemeinschaft (2024, S. 169, Abschnitt 5.1.2.3, Tabelle 5.4, Zeile 1) allerdings die Flügelaußenmaße (hier im Beispiel b / h = 1,10 m / 1,20 m) angesetzt.

Dieses Vorgehen stellt eine Vereinfachung für die Bemessungspraxis dar, da die reale Lasteinleitung aus dem Flügelrahmen über Bänder bzw. Scherenlager in den Blendrahmen bei jedem Fensterelement unterschiedlich ist. Diese Vereinfachung wird aus Übersichtsgründen übernommen.

14.4 Ermittlung der maßgebenden Querkräfte für das zu untersuchende Befestigungssystem

Hier wird im Folgenden als Teil der „Nachweiskette" nur das Befestigungssystem nach Abschnitt 14.1.2 bzw. 14.2.2 nachgewiesen:

- Glied 6 der Kette: Verbindung Fensterrahmen mit Fenstermontageschiene W-ABZ nach abZ/aBG W-ABZ (2024)
- Glied 7 der Kette: Fenstermontageschiene W-ABZ mit dazu kombinierbarer T-Konsole
- Glied 8 der Kette: Befestigung T-Konsole mit Kunststoffdübel nach ETA SHARK UR (2021) und Gutachten (2025) im Lehmsteinmauerwerk

Zunächst werden hier im Abschnitt 14.4 die maßgebenden Querkräfte ermittelt. Bild 14.2 zeigt, dass in Befestigungspunkt (5) die horizontalen Lasten aus dem Brüstungsriegel und die Lasten aus dem 90° geöffneten Fenster aufgenommen werden, weshalb es sich hierbei offensichtlich um den maßgebenden der insgesamt 8 Befestigungspunkte handelt.

Daher werden nachfolgend nur für den Befestigungspunkt (5) für alle möglichen Lastfälle die Lasten zusammengetragen und nur für die maßgebenden Lastfälle die entsprechenden Nachweise geführt. Die anderen Befestigungspunkte werden auf der sicheren Seite baugleich ausgeführt.

14.4.1 Lastfall 1: Stoßartige Lasten

Maßgebende Querkraft (vgl. hierzu Abschnitt 14.3.1):

$$V_{Ed,LF1} = F_{Ed} = 2{,}8\,kN \tag{14.7}$$

Gemäß ETB (1985, Abschnitt 3.1), sind nur die horizontalen Nutzlasten (= Holmlasten) mit den Windlasten zu überlagern. Die stoßartigen Lasten müssen also mit keinen weiteren Lasten überlagert werden.

14.4.2 Lastfall 2: Windsoglast

Maßgebende Querkraft (vgl. hierzu Bild 14.2 und Abschnitt 14.3.2):

$$V_{Ed,LF2} = A_{Wind} \cdot q_{ws,d} = \frac{1{,}20}{2} \cdot \left(\frac{0{,}287}{2} + 0{,}25 + \frac{0{,}425}{2}\right) \cdot 2{,}04 = 0{,}74\,kN \tag{14.8}$$

14.4.3 Lastfall 3: Winddrucklast

Maßgebende Querkraft (vgl. hierzu Bild 14.2 und Abschnitt 14.3.2):

$$V_{Ed,LF3} = A_{Wind} \cdot q_{wd,d} = \frac{1{,}20}{2} \cdot \left(\frac{0{,}287}{2} + 0{,}25 + \frac{0{,}425}{2}\right) \cdot 1{,}20 = 0{,}44\,kN \tag{14.9}$$

14.4.4 Lastfall 4: Horizontale Nutzlast (Holmlast auf den Brüstungsriegel)

Maßgebende Querkraft (vgl. hierzu Bild 14.2 und Abschnitt 14.3.3):

$$V_{Ed,LF4} = \frac{B}{2} \cdot q_{kd,außen} = \frac{1{,}20}{2} \cdot 1{,}50 = 0{,}90\,kN \tag{14.10}$$

Die horizontale Nutzlast in Gegenrichtung wird nicht weiter untersucht; beachte hierzu den folgenden Abschnitt 14.4.5.

14.4.5 Lastfall 5: Überlagerung horizontale Nutzlast (Holmlast) plus Windsoglast

Hier werden nur die in Absturzrichtung nach außen wirkende Windsoglast und horizontale Nutzlast (Holmlast) überlagert:

$$V_{Ed,Sog} = V_{Ed,LF2} = 0{,}74\,\text{kN (vgl. Abschnitt 14.4.2)} \quad (14.11)$$

$$V_{Ed,Holm} = V_{Ed,LF4} = 0{,}90\,\text{kN (vgl. Abschnitt 14.4.4)} \quad (14.12)$$

Gemäß DIN EN 1990/NA (2010, S. 5, NCI zu 6.4.3.2(3) und S. 8, NDP zu A.1.2.2, Tabelle NA.A.1.1) werden zwei Lastfallkombinationen untersucht (vgl. hier in diesem Fachbuch auch Abschnitt 8.5.2.2).

Lastfallkombination 1
Die Holmlast wird voll und die Windlast reduziert mit dem Faktor $\Psi_0 = 0{,}6$ angesetzt:

$$V_{Ed,LF5\text{-}1} = V_{Ed,Holm} + (\Psi_0 \cdot V_{Ed,Sog}) = 0{,}90 + (0{,}6 \cdot 0{,}74) = 1{,}34\,\text{kN} \quad (14.13)$$

Lastfallkombination 2
Die Windlast wird voll und die Holmlast reduziert mit dem Faktor $\Psi_0 = 0{,}7$ angesetzt:

$$V_{Ed,LF5\text{-}2} = V_{Ed,Sog} + (\Psi_0 \cdot V_{Ed,Holm}) = 0{,}74 + (0{,}7 \cdot 0{,}90) = 1{,}37\,\text{kN} \quad (14.14)$$
$\Rightarrow$ maßgebend

Gemäß Abschnitt 14.3.3 ist auch in Gegenrichtung, ins Rauminnere, eine horizontalen Nutzlast von mindestens 0,5 kN/m anzusetzen, die dann mit dem Winddruck überlagert werden müsste. Aus der Anschauung des Fensters entfällt diese Überlagerung, da dafür Personen am Brüstungsriegel horizontal nach innen ziehen müssten, damit die horizontale Nutzlast in diese Richtung aufgebracht werden könnte. Dieses „Ziehen" könnte aber nur dann erfolgen, wenn der obere Drehkippflügel geöffnet wird, damit sich die Personen am Brüstungsriegel festhalten können. Ist aber der obere Fensterflügel geöffnet, so wirkt nicht mehr gleichzeitig der maximale Winddruck auf das Fenster.

Außerdem ist der Winddruck kleiner als der Windsog und die horizontale Nutzlast nach innen kleiner als die horizontale Nutzlast nach außen. Eine Überlagerung von beiden ist also kleiner als die nach außen wirkende Kombination.

14.4.6 Lastfall 6: Überlagerung horizontale Nutzlast (Holmlast) plus Last aus 90° geöffnetem Fenster

Aus Sicht der Autoren müssen die Querlasten aus dem 90° geöffnetem Fenster nur mit der horizontalen Nutzlast (Holmlast) überlagert werden: Ist das Fenster 90° geöffnet, so kann auf das Fenster keine oder wenn, dann nur eine sehr eingeschränkte Windlast wirken.

Die Querlast aus dem 90° geöffnetem Fenster und die Horizontallast wirken zusammen nur auf den Befestigungspunkt (5) ein (vgl. Bild 14.2) und werden beide auf der sicheren Seite voll angesetzt (vgl. Abschnitt 14.3.4 und 14.4.4):

$$V_{Ed,LF6} = V_{fd,5} + V_{Ed,LF4} = 0{,}40 + 0{,}90 = 1{,}30\,\text{kN} \qquad (14.15)$$

14.4.7 Übersicht der maßgebenden Querkräfte für das Praxisbeispiel 7

In der Tabelle 14.2 werden alle maßgebenden Querkräfte der einzelnen Lastfälle übersichtlich zusammengestellt. Für den Nachweis des Befestigungssystems müssen danach nur die beiden maßgebenden Lastfälle 1 und 5 weiter untersucht werden.

Tabelle 14.2 Übersicht der maßgebenden Querkräfte für alle Lastfälle (Praxisbeispiel 7)

Lastfall	Beschreibung	Ermittlung V_{Ed}, vgl. Abschnitt	V_{Ed} [kN]	Maßgebend [kN]	Bemessung, vgl. Abschnitte
1	**Stoßartige Lasten**	14.4.1	**2,80**	**2,80**	Glied 6 : 14.5 Glied 7 : 14.6.1 Glied 8 : 14.7.1
2	Windsoglast	14.4.2	0,74		
3	Winddrucklast	14.4.3	0,44		
4	Horizontale Nutzlast	14.4.4	0,90		
5	**Überlagerung horizontale Nutzlast plus Windsoglast**	14.4.5	**1,37**	**1,37**	Glied 6 : 14.5 Glied 7 : 14.6.2 Glied 8 : 14.7.2
6	Überlagerung horizontale Nutzlast plus Last aus 90° geöffnetem Fenster	14.4.6	1,30		

14.5 Glied 6 der Nachweiskette: Verbindung Fensterrahmen mit Fenstermontageschiene W-ABZ

Die Befestigung der Lasche der Fenstermontageschiene W-ABZ am PVC-Fenster mit Stahlarmierung erfolgt nach abZ/aBG W-ABZ (2024) mit zwei zugelassenen Bohrschrauben Zebra Piasta 6,3 × L. Die Mindestlänge dieser Schrauben beträgt nach abZ/aBG W-ABZ (2024, S. 3, Abschnitt 1.2, Tabelle 1) min. L = 27 mm.

Der PVC-Blendrahmen des absturzsichernden Fensterelements hat gemäß Abschnitt 9.2 eine □-Stahlarmierung aus dem Werkstoff DX51D (Werkstoffnummer 1.0917) mit einer Materialdicke t = 1,6 mm. Gemäß DIN EN 10346 (2015, S. 19, Tabelle 7) weist dieser Stahl eine Zugfestigkeit R_m zwischen 270 und 500 MPa auf. Mit

- einer Zugfestigkeit vorh. $R_m \geq 270$ MPa = 270 N/mm² = erf. R_m sowie
- einer Materialstärke vorh. $t = 1{,}6 \geq 1{,}5$ mm = erf. t

erfüllt der Stahl die Anforderungen gemäß abZ/aBG W-ABZ (2024, S. 3, Abschnitt 1.2, Tabelle 1).

Nach abZ/aBG W-ABZ (2024, S. 9, Abschnitt 3.2.1.1) gilt dann Folgendes:

> *„Die Befestigung der Lasche am Fensterprofil mit Bohrschrauben für das jeweilige Rahmenprofil ... ist Bestandteil der absturzsichernden Fensterelementbefestigungen und muss nicht separat nachgewiesen werden.“*

⇒ o. w. N.

14.6 Glied 7 der Nachweiskette: Fenstermontageschiene W-ABZ mit T-Konsole

14.6.1 Nachweis Lastfall 1: Stoßartige Lasten

Nach abZ/aBG W-ABZ (2024, S. 9, Abschnitt 3.2.1.1) gilt Folgendes:

> *„Für die Fensterelementbefestigung gilt der Nachweis zur Aufnahme der Einwirkungen aus Personenanprall als erbracht.“*

⇒ o. w. N.

14.6.2 Nachweis Lastfall 5: Überlagerung horizontale Nutzlast (Holmlast) plus Windsoglast

Der Bemessungswert der *„Fensterelementbefestigung mit Montageschiene W-ABZ in beide Richtungen (Zug und Druck) mit und ohne Verwendung der*

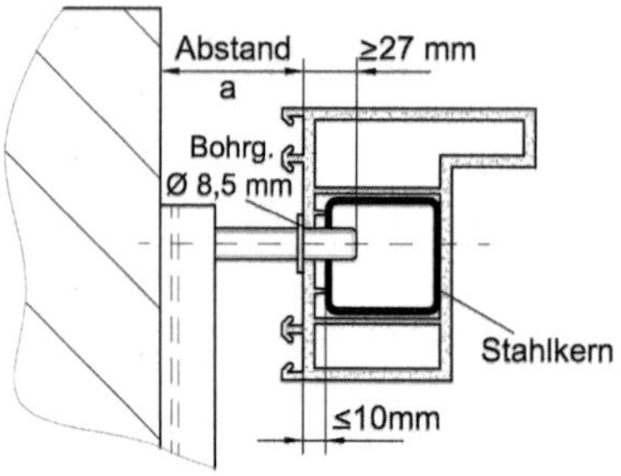

Bild 14.3 Definition des Abstands „a" für armierte PVC-Blendrahmen-Profile nach abZ/aBG W-ABZ (2024, Anlage 4.1)

T-Konsole / H-Konsole" (vgl. Bild 8.17) kann für den Abstand a = 15 mm, die Fugenbreite zwischen Fenster und Laibung (vgl. Abschnitt 14.2.2 und Bild 14.3) der abZ/aBG W-ABZ (2024, S. 10, Abschnitt 3.2.2, Tabelle 6) entnommen werden: $F_{Rd} = 1{,}44\ kN = V_{Rd}$

Nachweis:

$$\frac{V_{Ed,LF5}}{V_{Rd}} = \frac{1{,}37}{1{,}44} = 0{,}95 \leq 1{,}0 \Rightarrow \underline{\text{Nachweis erbracht}} \tag{14.16}$$

mit:

$V_{Ed,LF5}$ = 1,37 kN vgl. Abschnitt 14.4.5 bzw. Tabelle 14.2

V_{Rd} = 1,44 kN siehe abZ/aBG W-ABZ (2024, S. 10, Abschnitt 3.2.2, Tabelle 6)

14.7 Glied 8 der Nachweiskette: Befestigung der T-Konsole mit Kunststoffdübeln in Lehmsteinmauerwerk

Gemäß Abschnitt 14.2 kommt für die Montage an allen Befestigungspunkten (1) bis (8) die Fenstermontageschiene W-ABZ kombiniert mit der T-Konsole nach abZ/aBG W-ABZ (2024) mit je zwei Dübeln zum Einsatz.

Der Achsabstand der beiden Dübel in einer T-Konsole beträgt $s = s_{min} = 250$ mm. Daher dürfen beide Kunststoffdübel als Einzeldübel angesehen werden, so dass eine Fenstermontageschiene W-ABZ kombiniert mit der T-Konsole bezogen auf die zwei Kunststoff-Rahmendübel eine Querlast von

$$V_{Rk2} = 2 \cdot F_{Rk,Gutachten} = 2 \cdot 2{,}0 = 4{,}0\ kN \tag{14.17}$$

bzw.

$$V_{Rd2} = \frac{V_{Rk2}}{\gamma_{Mm}} = \frac{4{,}0}{2{,}5} = 1{,}6\ kN \tag{14.18}$$

aufnehmen kann,

mit:

$F_{Rk,Gutachten}$ = 2,0 siehe Gutachten (2025, S. 15, Tabelle 4.3): Quertragfähigkeit für einen Kunststoff-Rahmendübel SHARK UR 10 in der Laibung im Lehmziegel Lochstein LZ 24 GIMA, Girnhuber GmbH

γ_{Mm} = 2,5 Material-Teilsicherheitsbeiwert: Auf Grundlage der vorliegenden Versuchsergebnisse (Gutachten, 2025) wird dieser – als ingenieurmäßiger Vorschlag – wie für Mauerwerk nach DIBt TR 064 (2019, S.7, Abschnitt 2.2, Gleichung 2.8) gewählt.

Diese Werte gelten nur für Verankerungen in der Laibung.

Dabei ist ein Randabstand von c = 120 mm einzuhalten; d. h. dass der Dübel in der Laibungsmitte montiert werden muss (vgl. Abschnitt 14.2).

14.7.1 Nachweis Lastfall 1: Stoßartige Lasten

Nach abZ/aBG W-ABZ (2024, S. 9, Abschnitt 3.2.1.1) gilt Folgendes:

> *„Für den Nachweis der Verankerung in Beton/Mauerwerk/Holz darf bei Personenanprall mit einer statischen Ersatzlast von $F_{E,k}$ = 2,8 kN nach ETB-Richtlinie beim Nachweis der Verankerungselemente nach Tabelle 2 abweichend von den in Tabelle 2 genannten Technischen Baubestimmungen der Teilsicherheitsbeiwert des Widerstandes von γ_M = 1,0 angesetzt werden."*

Nachweis:

$$\frac{V_{Ed,LF1}}{V_{Rd2}} = \frac{V_{Ed,LF1}}{(V_{Rk2/\gamma M})} = \frac{2{,}80}{4{,}00} = 0{,}70 \leq 1{,}0 \Rightarrow \underline{\text{Nachweis erbracht}} \qquad (14.19)$$

mit:

$V_{Ed,LF5}$ = 2,80 kN vgl. Abschnitt 14.4.1 bzw. Tabelle 14.2

V_{Rk2} = 4,00 kN vgl. Gl. (14.17)

γ_M = 1,0 Teilsicherheitsbeiwert des Widerstands; siehe abZ/aBG W-ABZ (2024, S. 9, Abschnitt 3.2.1.1)

14.7.2 Nachweis Lastfall 5: Überlagerung horizontale Nutzlast (Holmlast) plus Windsoglast

Der Material-Teilsicherheitsbeiwert wird gemäß Abschnitt 14.7 – als ingenieurmäßiger Vorschlag – wie für Mauerwerk nach DIBt TR 064 (2019, S. 7, Abschnitt 2.2, Gleichung 2.8) gewählt: γ_{Mm} = 2,5

Nachweis:

$$\frac{V_{Ed,LF5}}{V_{Rd2}} = \frac{1{,}37}{1{,}60} = 0{,}86 \leq 1{,}0 \Rightarrow \underline{\text{Nachweis erbracht}} \qquad (14.20)$$

mit:

$V_{Ed,LF5}$ = 1,37 kN vgl. Abschnitt 14.4.5 bzw. Tabelle 14.2

V_{Rd2} = 1,60 kN vgl. Gl. (14.18)

14.7.3 Nachweis Lastfall 5: Ergänzende Überprüfung „Herausschieben eines Mauersteins"

Gemäß Abschnitt 8.2.6 bzw. 14.1.3 ist die Weiterleitung der zu verankernden Lasten im Bauteil „von der Einwirkungsstelle bis in den tragenden Baugrund" nachzuweisen. Im Praxisbeispiel 8 in Kapitel 16 bzw. Abschnitt 16.5.7.3 wird daher ergänzend noch der Nachweis „Herausschieben eines Mauersteins" geführt. Die Autoren vermuten, dass der Ausnutzungsgrad für diesen Nachweis auch in Lehmsteinmauerwerk gering ist, weshalb auf weitere Betrachtungen verzichtet wird.

14.7.4 Ergebnis/Fazit der Bemessung der Fensterbefestiger

Mit den statischen Nachweisen in den Abschnitten 14.5 bis 14.7 kann gezeigt werden, dass offenbar auch in Lehmsteinmauerwerk aus Lehmlochsteinen die Befestigung von absturzsichernden Fensterelementen möglich ist.

Maßgebend in diesem Praxisbeispiel ist jeweils der Lastfall 5 (vgl. Abschnitt 14.6.2 und 14.7.2) mit einem Ausnutzungsgrad von 0,95 bzw. 0,86 (vgl. Abschnitt 14.6.2 und 14.7.2). Der Lastfall 5 ist die Überlagerung der horizontalen Nutzlast mit der Windsoglast.

Wichtig: Dieses Ergebnis zeigt einmal mehr, dass für einen Fensterbefestiger eine „ETB-Prüfung" (nur Anprall) allein NICHT ausreichend ist.

Für den Nachweis von Wind, horizontaler Nutzlast sowie deren Überlagerung (ggf. auch für andere Lastfallkombinationen, z. B. unter Berücksichtigung der Lasten aus dem 90° geöffneten Fensterflügel nach Abschnitt 14.3.4) müssen immer auch verlässlich versuchstechnisch Tragfähigkeiten ermittelt werden, die gemäß Gütegemeinschaft (2024, Seite 205, Abschnitt 5.3.2, Tabelle 5.19) in einem Ver- bzw. Anwendbarkeitsnachweis enthalten sein müssen.

Da die ETA für den Kunststoffdübel nicht für die Verankerung in Lehmsteinmauerwerk gilt, st hier für eine reale Anwendung ergänzend eine vorhabenbezogene Bauartgenehmigung (vBG) erforderlich.

15

Bestimmung der Dübeltragfähigkeit in der Fensterlaibung auf der Baustelle

Das Praxisbeispiel 2 (Kapitel 9) basierte darauf, dass das absturzsichernde Fensterelement mit einem zugelassenen Dübel-System befestigt werden kann, das bereits im Rahmen des Zulassungs- bzw. Bewertungsverfahren im auf der Baustelle vorhandenen Verankerungsgrund geprüft wurde. Entsprechend sind in der zugehörigen Europäischen Technischen Bewertung (ETA) charakteristische Tragfähigkeiten des gewählten Dübel-Systems im tatsächlich vorhandenen „Baustellen-Verankerungsgrund" vorhanden (gewesen). In der täglichen Praxis wird diese „Basis" jedoch auf Grund der großen Vielfalt an Mauersteinen nur sehr selten vorhanden sein. Wenn keine Werte der Dübel-Tragfähigkeiten vorliegen, kann die Befestigungsaufgabe im Prinzip nur gelöst werden, wenn diese Tragfähigkeiten auf der Baustelle bestimmt werden. Die allgemeinen Grundlagen und die theoretische Einführung in das Thema „Versuche am Bauwerk" zeigt Kapitel 15. Im Anschluss daran wird im Praxisbeispiel 8 die Umsetzung der Thematik anhand einer realen Montagesituation dargestellt (Kapitel 16).

15.1 Einleitung

Im Bereich der Dübeltechnik gehören Beton und Mauerwerk zu den wichtigsten Verankerungsgründen. Befestigungen in diesen Verankerungsgründen erfordern, wenn sie „bauaufsichtlich relevant" sind (wie z. B. die in Kapitel 16 dargestellte Befestigung einer absturzsichernden Verglasung),

- die Bemessung durch einen im Bereich der Befestigungstechnik erfahrenen (Bau-) Ingenieur und
- die Montage durch geschultes Personal.

Einflüsse wie der Verankerungsgrund und bestimmte einzuhaltende Montageparameter bestimmen wesentlich die Tragfähigkeit von zugelassenen Dübel-Systemen, die nur durch einen entsprechenden statischen Nachweis sowie durch eine fachgerechte Montage berücksichtigt werden können.

Befestigung und Abdichtung von Fenstern und Türen. Regelwerke, Bauphysik, Baurecht, Praxisbeispiele. 2. Auflage.
J. Küenzlen, E. Scheller, M. Klatecki.

Wie bereits in Kapitel 1 dieses Fachbuchs beschrieben, erhöht sich insbesondere im Neubaubereich die Vielfalt der vorhandenen Mauersteine in einem rasanten Tempo. Dabei unterscheiden sich diese Mauersteine durch folgende Parameter:

- Baustoff (Mauerziegel, Kalksandstein, Leichtbeton, Porenbeton oder Normalbeton),
- Struktur (Vollsteine, Hohl- und Lochsteine mit oder ohne Dämmstoff-Füllung),
- Geometrie (Steinabmessungen, Loch- und Stegabmessungen) sowie vor allem durch
- die Rohdichte und
- die Druckfestigkeit.

Für den Verankerungsgrund Beton liegt das Wissen jahrzehntelanger Grundlagenforschung und umfangreiche Erfahrungen darüber vor, welche Parameter die Tragfähigkeit von Dübel-Systemen maßgebend beeinflussen. In der Regel ist es in den meisten Fällen ausreichend, die Druckfestigkeit des auf der Baustelle vorhandenen Betons entweder aus (Bau-) Unterlagen herauszulesen oder vor Ort durch die Entnahme von Bohrkernen zu bestimmen. Mittels der entnommenen Bohrkerne kann die Betondruckfestigkeit und die zugehörige Rohdichte bestimmt werden. Liegen diese Eckdaten im Bereich der entsprechenden Zulassungen bzw. Bewertungen der Dübel-Systeme, können die gewählten Dübel auf Grundlage der Zulassung/Bewertung und den vorhandenen Bemessungsverfahren geplant und montiert werden – ohne zusätzliche Versuche am Objekt selbst.

Für den Verankerungsgrund Mauerwerk ist diese vergleichsweise einfache Vorgehensweise in der Regel nicht möglich. Allein in Deutschland kann man auf Baustellen im Bestand auf eine große Vielzahl an Mauersteinen aus den unterschiedlichsten Baustoffen treffen. Die entsprechend vielen unterschiedlichen Eigenschaften dieser Mauersteine haben in den meisten Fällen mehr oder weniger gravierende Einflüsse auf die Tragfähigkeit, sowohl von zugelassenen Kunststoffdübeln als auch von zugelassenen Metall-Injektionsankern zur Verankerung in Mauerwerk.

Im Rahmen der Zulassungs- bzw. Bewertungsverfahren dieser Befestigungssysteme wird es für die Dübel-Hersteller aber immer nur möglich sein, einen kleinen Teil dieser Vielfalt von Mauersteinen als Verankerungsgrund in der jeweiligen Zulassung bzw. Bewertung abzubilden. Häufig wird es daher vorkommen, dass das gewählte Dübel-System im Rahmen seines Zulassungs- bzw. Bewertungsverfahren nicht im tatsächlich vorhandenen „Baustellen-Verankerungsgrund" geprüft wurde. Die im Kapitel 15 beschriebenen „(Dübel-) Versuche am Bauwerk" (nachfolgend häufig auch nur „Versuche am Bauwerk" genannt) ermöglichen es dem Anwender dennoch regelkonform zu bemessen und zu montieren. Dafür sind bestimmte Rahmenbedingungen und Vorgaben einzuhalten.

Im Deutschen Institut für Bautechnik (DIBt) wurde dafür im Jahr 2015 ein Arbeitskreis „Versuche am Bau" eingerichtet. Mitglieder des DIBt

Sachverständigenausschusses „Verankerungen und Befestigungen", Vertreter der Dübel- und Mauerwerksindustrie sowie der Bauaufsicht fanden sich hier zusammen, um Antworten auf die zunehmenden Anforderungen und Anfragen aus der Praxis für diese Versuche am Bauwerk zu formulieren. Als Beratungsergebnisse dieses Gremiums liegen – ergänzend zu den bis dahin vorliegenden europäischen Vorgaben – die zwei Technischen Regeln DIBt TR VaB Kunststoffdübel (2019) und DIBt TR VaB Injektionsanker (2019) vor.

In der Muster-Verwaltungsvorschrift Technische Baubestimmungen (MVV TB) steht dazu Folgendes, siehe DIBt MVV TB (2025/1, S. 170, Anhang 3, Abschnitt 2.1):

> *„Die charakteristischen Tragfähigkeiten in der ETA gelten nur für die Steine, die in der ETA angegeben sind. Für Mauerwerk aus anderen, vergleichbaren Steinen darf die charakteristische Tragfähigkeit durch Baustellenversuche nach folgenden Regeln ermittelt werden:*
>
> - *Injektionsankersysteme: „Durchführung und Auswertung von Versuchen am Bau für Injektionsankersysteme im Mauerwerk mit ETA nach ETAG 029 bzw. nach EAD 330076-00-0604, Stand: September 2019"*
> - *Kunststoffdübel: „Durchführung und Auswertung von Versuchen am Bau für Kunststoffdübel in Beton und Mauerwerk mit ETA nach ETAG 020 bzw. nach EAD 330284-00-0604, Stand: September 2019"*

Das Kapitel 15 gibt im Folgenden Erläuterungen zum vorhandenen europäischen Regelwerk und schwerpunktmäßig zur Technischen Regel „Durchführung und Auswertung von Versuchen am Bau für Kunststoffdübel" sowie Vorschläge für deren Anwendung in der Praxis.

Dabei können aus Übersichtsgründen nicht alle Regelungen zitiert und detailliert erklärt werden. Es wird daher vorangestellt, dass in der Regel jedes Bauvorhaben gesondert zu betrachten ist. Die am Bau Beteiligten können sich an den hier gemachten Vorschlägen orientieren, müssen sich aber immer wieder individuell zu ihrem jeweiligen Projekt „(Dübel-) Versuche am Bauwerk" Gedanken machen und dazu abstimmen. Dazu gehört es auch, sich im Detail mit den einzelnen Anforderungen der beiden Technischen Regeln DIBt TR VaB Kunststoffdübel (2019) und DIBt TR VaB Injektionsanker (2019) vertraut zu machen.

Hinweis: Zum besseren Verständnis und für ergänzende Informationen zu Versuchen am Bauwerk mit Metall-Injektionsankern zur Verankerung im Mauerwerk wird hier auch auf das Heft 4 der Schriftenreihe des Deutschen Ausschuss für Mauerwerk e. V. (DAfM) „(Dübel-) Versuche am Bauwerk in Mauerwerk – Aktuelle Regelungen für Kunststoffdübel und Metall-Injektionsanker zur Verankerung im Mauerwerk" (siehe in Küenzlen et al., 2020) hingewiesen, aus dem die folgenden Abschnitte zum Teil übernommen wurden.

15.2 Grundlagen für Versuche am Bauwerk im Verankerungsgrund Mauerwerk

15.2.1 Dübel-Systeme

Bei den in DIBt TR VaB Kunststoffdübel (2019) und DIBt TR VaB Injektionsanker (2019) beschriebenen

- Kunststoffdübeln (Bild 15.1) und
- Metall-Injektionsankern zur Verankerung im Mauerwerk (Bild 15.2)

handelt es sich ausschließlich um sogenannte „Dübel-Systeme", die in Deutschland auf Grundlage einer Europäischen Technischen Bewertung (ETA) im „bauaufsichtlich relevanten Bereich" (vgl. Abschnitt 15.2.2) eingebaut werden dürfen.

Die zugelassenen Dübel-Systeme bestehen in den meisten Fällen aus den in Tabelle 15.1 genannten Komponenten, die in der Produktbeschreibung, in den Anhängen der jeweiligen ETA, detailliert beschrieben werden.

In den nationalen Zulassungen für Kunststoffdübel und Injektionsanker, sozusagen den „Vorgängern" der ETAs, wurde immer explizit darauf hingewiesen, dass von den Komponenten dieser Dübel-Systeme keine Einzelteile ausgetauscht werden dürfen. Dieser Hinweis findet sich in den Europäischen Technischen Bewertungen (vgl. Abschnitte 15.2.4 und 15.2.5) nicht mehr. Dafür gilt aber nach den „Hinweisen für die Montage von Dübelverankerungen" immer folgende gleichwertige Aussage, siehe DIBt Hinweise (2010, S. 7, Abschnitt 4.1):

Hinweis: Für zugelassene Dübel-Systeme gilt immer: *„Einbau nur wie vom Hersteller geliefert, ohne Austausch der einzelnen Teile."*

Tabelle 15.1 Komponenten von zugelassenen Kunststoffdübel- und Injektionsanker-Systemen

zugelassenes Dübel System	**Komponenten** [1]
Kunststoffdübel (vgl. Bild 15.1)	• Kunststoff-Dübelhülse • (Spezial-) Schraube aus galvanisch verzinktem oder nichtrostendem Stahl [2]
Metall-Injektionsanker zur Verankerung im Mauerwerk (vgl. Bild 15.2)	• Ankerstange aus galvanisch verzinktem oder nichtrostendem Stahl mit Außen- oder Innengewinde • Sechskantmutter • Unterlegscheibe • ggf. Siebhülse • Mörtelkartusche mit Injektionsmörtel • Statik- oder Zwangsmischer (für Mörtelkartusche) • usw.

1) Gemäß (DIBt Hinweise; 2010, S. 7, Abschnitt 4.1) gilt:
„Einbau nur wie vom Hersteller geliefert, ohne Austausch der einzelnen Teile."

2) Das Spreizelement kann nach EOTA EAD 330284-00-0604 (2021, S. 5, Abschnitt 1.1) auch ein (Spezial-) Spreiznagel sein. Spezialschraube wie Spezialnagel können anstelle aus Stahl auch aus Kunststoff bestehen.

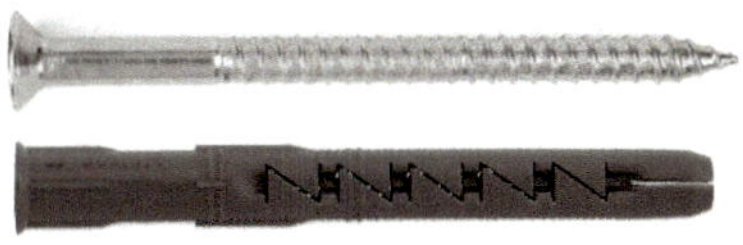

Bild 15.1 Beispiel für zugelassenen Kunststoffdübel mit Kunststoff-Dübelhülse und zugehöriger Spezialschraube aus galvanisch verzinktem Stahl; siehe ETA SHARK UR (2021)

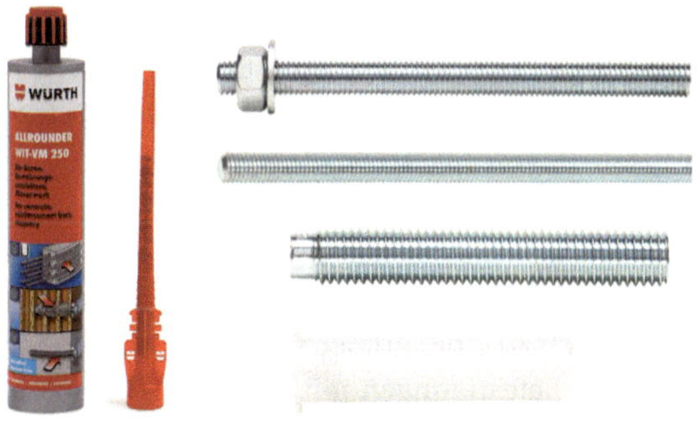

Bild 15.2 Beispiel für zugelassenen Metall-Injektionsanker (Mörtelkartusche; Statikmischer; Ankerstange-Außengewinde/Sechskantmutter/Unterlegscheibe; Ankerstange „Meterware"; Ankerstange-Innengewinde; Siebhülse); siehe ETA WIT-VM 250 (2024) bzw. ETA WIT-VM 250 Pro (2020)

Das zugelassene Dübel-System ist im Bewertungsverfahren nur mit den in der jeweils zugehörigen ETA dargestellten Komponenten geprüft worden. Hierbei ist offensichtlich, dass die Kombination x-beliebiger Komponenten (z. B. die Kombination einer zugelassenen Kunststoff-Dübelhülse mit einer handelsüblichen Spanplattenschraube aus dem Baumarkt oder die Kombination des Injektionsmörtels von Dübel-Hersteller A mit der Siebhülse von Dübel-Hersteller B) niemals die in der Zulassung bzw. Bewertung geregelten charakteristischen Tragfähigkeiten abbilden können. Der Austausch von einzelnen Komponenten stellt daher eine (wesentliche) Abweichung von der ETA dar, deren Auswirkungen – aus Sicht der Autoren – nicht durch Versuche am Bauwerk beurteilt, sondern nur über eine Zustimmung im Einzelfall (vgl. Abschnitt 15.2.3) geregelt werden können.

15.2.2 Bauaufsichtlich relevanter Bereich

In diesem Fachbuch wird die Bezeichnung „bauaufsichtlich relevanter Bereich" verwendet. Als bauaufsichtlich relevant sind Befestigungen einzustufen, bei deren Versagen eine Gefahr für Leib und Leben besteht und/oder ein hoher wirtschaftlicher Schaden eintreten kann, siehe z. B. in Scheller und Küenzlen, Hrsg. (2013, Abschnitt 8.2). Diese Begrifflichkeit bzw. die Definition lässt sich aus der

Musterbauordnung (MBO), § 3 „Allgemeine Anforderungen" ableiten (siehe in Musterbauordnung, 2024):

> *„Anlagen sind so anzuordnen, zu errichten, zu ändern und instand zu halten, dass die öffentliche Sicherheit und Ordnung, insbesondere Leben, Gesundheit und die natürlichen Lebensgrundlagen, nicht gefährdet werden; ..."*

In der Dübeltechnik werden Befestigungen in „bauaufsichtlich relevant" oder „nicht bauaufsichtlich relevant" eingeteilt (Teilweise werden auch die Begriffe „sicherheitsrelevant" und „nicht sicherheitsrelevant" verwendet.).

- Als *„nicht bauaufsichtlich relevant"* kann beispielsweise die Befestigung einer Fuß- oder Sockelleiste in einem Innenraum angesehen werden. Eine solche Befestigung kann entsprechend den Erfahrungen des Anwenders mit Dübeln ohne Zulassung ausgeführt werden.
- Dagegen ist die Befestigung einer absturzsichernden Verglasung (vgl. Kapitel 9 und 16) in jedem Fall *„bauaufsichtlich relevant"*. Hier ist offensichtlich, dass ein Versagen der Befestigung sehr schnell zu einer großen Gefahr werden kann. In diesem Bereich dürfen deshalb nur Befestigungen mit allgemeiner bauaufsichtlicher oder Europäischer Technischer Bewertung verwendet werden (vgl. Abschnitte 15.2.4 und 15.2.5).

Die Grenze zwischen „nicht bauaufsichtlich relevant" und „bauaufsichtlich relevant" ist dabei in manchen Fällen fließend und kann im Prinzip nicht weiter – als zuvor aus der MBO zitiert – definiert werden.

15.2.3 Zustimmung im Einzelfall und vorhabenbezogene Bauartgenehmigung

Wird im bauaufsichtlichen Bereich (vgl. Abschnitt 15.2.2) vom Anwendungsbereich der nachfolgend beschriebenen Produkt-Zulassungen (Abschnitt 15.2.4 und 15.2.5) abgewichen, sind in Deutschland auch sogenannte „Zustimmungen im Einzelfall" (ZiE) oder vorhabenbezogene Bauartgenehmigungen (vBG) möglich. Dabei unterscheidet sich die ZiE von der vBG vereinfacht erklärt dadurch, dass bei der ZiE das vollständig ungeregelte Bauprodukt im Einzelfall geregelt wird. Bei der vBG wird dagegen nur die Bauart, d. h. das Einsatzgebiet eines bereits geregelten Bauproduktes, im Einzelfall geregelt.

Eine solche ZiE bzw. vBG ist von einem am Baubeteiligten (z. B. Planer, Architekt, Bauherr) im jeweiligen Bundesland, in dem das Bauvorhaben ausgeführt wird, bei der zuständigen obersten Bauaufsichtsbehörde zu beantragen. Dann wird die individuelle Einbausituation am Bauobjekt durch Sachverständige beurteilt. Das Ergebnis dieser Untersuchungen muss dann von der zuständigen Bauaufsichtsbehörde schriftlich anerkannt und bestätigt werden und gilt nur für den „Einzelfall", das beantragte Bauvorhaben.

Das Verfahren für eine ZiE bzw. vBG, bei dem auch (Dübel-)Versuche am Bauwerk zur Anwendung kommen bzw. als Beurteilungsgrundlage dienen können, ist in den meisten Fällen zeitintensiv und verursacht zusätzliche Kosten. Daher sollte immer dann, wenn absehbar ist, dass von einer Dübel-Zulassung/ETA (wesentlich) abgewichen wird, rechtzeitig *vor* der Ausführung der Baumaßnahme eine ZiE bzw. vBG eingeplant und mit allen am Bau Beteiligten abgestimmt werden.

15.2.4 Europäische Zulassungen bzw. Bewertungen für Kunststoffdübel

Bis Mitte 2013 wurden für Kunststoffdübel Europäische Technische *Zulassungen* (European Technical Approval, abgekürzt mit „ETA") auf Grundlage der Bauproduktenrichtlinie (2003) und EOTA ETAG 020 Part 1 (2012) erteilt, deren Geltungsdauer (von maximal 5 Jahren) bis Mitte 2018 ablief.

Danach wurden Europäische Technische *Bewertungen* (European Technical Assessment, abgekürzt ebenfalls mit „ETA") auf Basis der Bauproduktenverordnung (2011) erteilt; mittlerweile liegt dafür die aktuelle Bauproduktenverordnung (2024) vor.

Diese Europäischen Technischen Bewertungen für Kunststoffdübel basieren auf dem „Europäischen Bewertungsdokument" (European Assessment Document, abgekürzt mit „EAD") EOTA EAD 330284-00-0604 (2021).

Die erteilten Europäischen Technischen Bewertungen

- sind in ihrer Geltungsdauer nicht mehr beschränkt und
- sind keine „Zulassungen" mehr, sondern
- geben die Leistungen für ein Produkt unter den angegebenen Randbedingungen zum Datum der Ausstellung der ETA an.

Sowohl in den Europäischen Technischen *Zulassungen* als auch in den Europäischen Technischen *Bewertungen* für Kunststoffdübel wurden bzw. werden neben der Verankerung in Mauerwerk aus Steinen mit CE-Kennzeichnung nach DIN EN 771 auch die Verankerung in Steinen mit nationaler allgemeiner bauaufsichtlicher Zulassung geregelt. Diese zugelassenen Mauersteine weisen im Vergleich zu Steinen mit CE-Kennzeichnung nach DIN EN 771 beispielsweise Füllungen mit Dämmstoffen auf (vgl. Abschnitt 15.1).

Das System „Versuche am Bauwerk" ist auf europäischer Ebene im europäischen Technical Report EOTA TR 051 (2018) geregelt.

Der Anwendungsbereich dieser Kunststoffdübel-ETAs ist die „Mehrfachbefestigung von redundanten nichttragenden Systemen", erläutert z. B. in Scheller und Küenzlen, Hrsg. (2013, S. 149 ff.) sowie im Teil 2 dieses Fachbuchs in Abschnitt 32.3:

- Unter „nichttragenden Systemen" werden Systeme verstanden, die – einfach ausgedrückt – nur das Eigengewicht der Konstruktion und Windlasten auf die Konstruktion selbst aufnehmen (z. B. die Fassadenplatte einer vorgehängten hinterlüfteten Fassade) und keine z. B. aussteifenden Lasten oder Verkehrslasten aus einem begehbaren Vordach aufnehmen müssen.

- „Redundanz“ bedeutet in diesem Fall das Vorhandensein von mindestens drei Dübelsetzstellen mit mindestens je einem Dübel, d. h. es gibt keine Lasteinleitung auf nur einen einzigen Befestigungspunkt bzw. Dübel. Bei übermäßigem Schlupf oder Versagen eines Dübels der Mehrfachbefestigung, kann sich deren Last – ein „ausreichend steifes“ Anbauteil vorausgesetzt – auf die benachbarten Dübel umlagern.

15.2.5 Europäische Zulassungen bzw. Bewertungen für Metall-Injektionsanker zur Verankerung im Mauerwerk

Europäische Technische *Zulassungen* für „Metall-Injektionsanker zur Verankerung im Mauerwerk“ wurden bis ins Jahr 2017 auf Grundlage der Bauproduktenrichtlinie (2003) und EOTA ETAG 029 (2013) erteilt.

Heute werden Europäische Technische *Bewertungen* auf der Basis der Bauproduktenverordnung (2024) und dem Europäischen Bewertungsdokument EOTA EAD 330076-01-0604 (2021) ausgestellt.

Das im europäischen Technical Report EOTA TR 053 (2022) festgelegte Verfahren „Versuche am Bauwerk“ für Injektionsanker baut im Prinzip auf das Verfahren für Kunststoffdübel nach der in Abschnitt 15.2.4 genannten europäischen Regelung EOTA TR 051 (2018) auf.

15.3 Verantwortlichkeiten

15.3.1 Allgemeines

Die Verantwortlichkeiten für die Durchführung und Bewertung der Versuche am Bauwerk werden im europäischen Regelwerk EOTA TR 051 (2018) und EOTA TR 053 (2018) relativ allgemein definiert. So heißt es beispielsweise im Technical Report TR 051 (2018) „Recommendations for job site tests of plastic anchors and screws“ nur wie folgt (Hinweis: Das nachfolgende Zitat ist eine Übersetzung der Autoren des bis dato nur in englischer Sprache vorliegenden Papiers):

> *„Durchführung und Auswertung der Versuche sowie Erstellung des Prüfberichts und Ermittlung der charakteristischen Tragfähigkeit sollte unter der Verantwortung einer anerkannten Prüfstelle oder unter der Überwachung des für die Ausführung Verantwortlichen auf der Baustelle stattfinden.“*

Eine weitere Erläuterung dieser Verantwortlichkeiten erfolgt auf europäischer Ebene bisher nicht, was bei den am Bau Beteiligten immer wieder die Frage aufwirft, welche Qualifikationen für die Durchführung und Bewertung der Versuche vorliegen müssen.

Eine Antwort auf diese Frage geben nun die beiden Technischen Regeln des DIBt, die DIBt TR VaB Kunststoffdübel (2019) und die DIBt TR VaB Injektionsanker

(2019). Hier werden jetzt u. a. diese Qualifikationen bzw. Zuständigkeiten über die Definition

- des „Fachplaners" (Abschnitt 15.3.2),
- des „Versuchsleiters" (Abschnitt 15.3.3) und
- des „sachkundigen Personals" (Abschnitt 15.3.4)

festgelegt. Auf diese Verantwortlichkeiten bzw. Zuordnung der Zuständigkeiten wird in diesem und im folgenden Kapitel 16 immer wieder hingewiesen.

15.3.2 Fachplaner

In den aktuellen ETAs für Kunststoffdübel (vgl. Abschnitt 15.2.4) findet sich z. B. für die Position des Planenden bisher nur folgende Formulierung, siehe z. B. ETA SHARK UR (2021):

> *„Die Bemessung der Verankerung erfolgt [...] unter der Verantwortung eines auf dem Gebiet der Verankerungen und des Mauerwerks erfahrenen Ingenieurs".*

In den Technischen Regeln des DIBt, DIBt TR VaB Kunststoffdübel (2019) und DIBt TR VaB Injektionsanker (2019), jeweils Abschnitt 2.1 ff. werden nun die Aufgaben und Verantwortlichkeiten eines „Fachplaners" definiert, der bei Versuchen am Bauwerk von Beginn an mit eingebunden werden muss. Folgende Punkte sind von ihm zur Vorbereitung der Versuche festzulegen, zu dokumentieren und dem „Versuchsleiter" (vgl. Abschnitt 15.3.3) mitzuteilen:

- Festlegung des Bauteils in dem geprüft wird,
- Festlegung des einzusetzenden Dübel-Systems, Benennung der dazugehörigen ETA und Festlegung des Referenzsteins,
- Festlegung der Anzahl der zu prüfenden Dübel und deren Setzposition (beachte hierzu die Details in DIBt TR VaB Kunststoffdübel (2019) und DIBt TR VaB Injektionsanker (2019), jeweils Abschnitt 1.2),
- Festlegung des Bohrverfahrens und der Verankerungstiefe,
- Festlegung der Versuchsart (z. B. Zugversuche / Querlastversuche / Bruchversuche / Probebelastung / nur für Metall-Injektionsanker: Abnahmeversuche),
- Berücksichtigung ungünstiger Bedingungen,
- Abstützung für das zu verwendende Auszugsgerät: Vorgabe des Abstandes zwischen Abstützung und Kunststoffdübel bzw. zwischen Abstützung und Injektionsanker,
- Ermittlung der Beanspruchung für die Probebelastung bei Querlastversuchen,
- für Metall-Injektionsanker zur Verankerung im Mauerwerk: Ermittlung der Belastung für die Abnahmeversuche,
- Information an das sachkundige Personal wie die Dübelmontage ausgeführt werden muss und welche Randbedingungen eingehalten werden müssen, siehe

DIBt TR VaB Kunststoffdübel (2019) und DIBt TR VaB Injektionsanker (2019) jeweils die Abschnitte 2.2 und 2.3 sowie
- Übernahme der Verantwortung für die statistische Auswertung und Ermittlung der charakteristischen Tragfähigkeiten und deren nachvollziehbare Dokumentation, siehe DIBt TR VaB Kunststoffdübel (2019) und DIBt TR VaB Injektionsanker (2019) jeweils den Abschnitt 3.1.

15.3.3 Versuchsleiter

Wenn die Versuche am Bauwerk nicht unter der bereits aus EOTA TR 051 (2018) zitierten *„Verantwortung einer anerkannten Prüfstelle"* erfolgen, gibt es in EOTA TR 051 (2018) keine weiteren Erläuterungen für *„unter der Überwachung des für die Ausführung Verantwortlichen auf der Baustelle"* (vgl. Abschnitt 15.3.1). Hierzu findet sich jetzt in DIBt TR VaB Kunststoffdübel (2019) und DIBt TR VaB Injektionsanker (2019), Abschnitt 1.2 eine Präzisierung. Danach kommen als „Versuchsleiter" z. B.

- der Bauleiter,
- der technische Berater des Herstellers des Dübel-Systems oder
- der Fachplaner

in Frage, von denen jeweils entsprechende Fachkunde vorausgesetzt wird.

Dabei verfügt ein Versuchsleiter neben der Erfüllung der Anforderungen an „sachkundiges Personal" (vgl. Abschnitt 15.3.4) über folgende zusätzliche Kenntnisse:

- Klassifizieren/Skizzieren von Verankerungsgründen,
- Durchführung von Probebohrungen,
- Bedienung des Prüfgeräts,
- Unterscheidung: Bruchversuche (vgl. Abschnitt 15.4.3) – Probebelastungen (vgl. 15.4.4) – nur für Metall-Injektionsanker: Abnahmeversuche, siehe Küenzlen et al. (2020)
- Dokumentation der Versuchsergebnisse.

15.3.4 Sachkundiges Personal

Unter sachkundigem Personal sind die Personen zu verstehen, die auf der Baustelle die zugelassenen Dübel-Systeme montieren. Eine differenzierte Definition dazu gibt es auf europäischer Ebene im Prinzip nicht, da es in den zugehörigen ETAs lediglich

> *„Einbau des Dübels durch entsprechend geschultes Personal unter Aufsicht des Bauleiters"*

heißt; siehe z. B. in ETA SHARK UR (2021). Auch hierzu erfolgt nun eine Präzisierung durch die zwei Technischen Regeln des DIBt, DIBt TR VaB Kunststoffdübel (2019) und DIBt TR VaB Injektionsanker (2019), Abschnitt 1.2. Danach

- führt dieses „sachkundige Personal" die Arbeiten auf der Baustelle aus,
- setzt die Dübel für die Versuche und

- erfüllt die Anforderungen an Monteure gemäß dem DIBt Papier „Hinweise für die Montage von Dübelverankerungen" (DIBt Hinweise, 2010).

Diese „Hinweise für die Montage von Dübelverankerungen" wurden bereits im Oktober 2010 unter Federführung des DIBt erarbeitet (unter Einbindung von Sachverständigen, Dübel-Herstellern und Anwendern; siehe in Feistel, 2011),

> *„um einen Überblick über die erforderlichen Kompetenzen für Dübelmonteure und die zugehörigen Schulungsmaßnahmen zu erhalten. Werden die dort festgehaltenen Randbedingungen eingehalten, so ist von geschultem Personal hinsichtlich der Dübelmontage auszugehen".*

Im Anhang 3 der Muster-Verwaltungsvorschrift Technische Baubestimmungen (MVV TB) „Verankerungen in Mauerwerk mit nachträglich gesetzten Befestigungsmitteln – Anforderung an Planung, Bemessung und Ausführung" (DIBt MVV TB, 2025/1, Anhang 3, S. 171, Abschnitt 4) wird explizit auf die DIBt Hinweise (2010) hingewiesen.

15.4 Technische Regel Durchführung und Auswertung von Versuchen am Bau für Kunststoffdübel in Beton und Mauerwerk mit ETA

15.4.1 Gliederung/Allgemeines

Die Technische Regel „Durchführung und Auswertung von Versuchen am Bau für Kunststoffdübel in Beton und Mauerwerk mit ETA nach EAD 330284-00-0604" (DIBt TR VaB Kunststoffdübel, 2019) ist in die folgenden vier Abschnitte gegliedert:

1 Anwendungsbereich
2 Versuche
3 Auswertung der Versuche
4 Angaben für die Bemessung

Hier werden zunächst Einzelheiten aus dem Anwendungsbereich der Technischen Regel (1) ergänzend erläutert. Zu den Versuchen (2) folgen anschließend im Abschnitt 15.5 Praxistipps für die Durchführung und Dokumentation. Hinweise zur Auswertung der Versuche (3) sowie zu den Angaben für die Bemessung (4) finden sich praxisnah direkt anhand des Praxisbeispiels 8 in Kapitel 16 erklärt.

Hinweis: Die erteilte, gültige ETA für einen zu verwendenden Kunststoffdübel (vgl. Abschnitt 15.2.4) ist dabei immer eine wesentliche Grundvoraussetzung für die in diesem Fachbuch (Kapitel 16 und 18) dargestellten „(Dübel-) Versuche am Bauwerk".

Die Tragfähigkeit eines Kunststoffdübels kann dann nach DIBt TR VaB Kunststoffdübel (2019) bei Versuchen am Bauwerk durch

- Zugversuche (Bruchversuche) und durch
- Querlastversuche (Bruchversuche am Rand oder Probebelastungen)

ermittelt werden (vgl. Abschnitte 15.4.3 und 15.4.4).

Im europäischen Regelwerk EOTA TR 051 (2018) sind bisher keine Versuche mit Querlasten vorgesehen.

Die minimale Anzahl von Bruchversuchen (Zugversuchen und Querlastversuchen am Rand) ist

- n = 5 für unverputztes Mauerwerk und
- n = 15 für verputztes Mauerwerk.

Die minimale Anzahl von Versuchen bei Probebelastungen (nur Querlastversuche) beträgt

- n = 15

Ganz wichtig ist folgender Hinweis, siehe DIBt TR VaB Kunststoffdübel (2019, S. 3, Abschnitt 1.1):

Hinweis: *„Die geprüfte Befestigungsstelle und der geprüfte Kunststoffdübel dürfen später nicht mehr für die eigentliche Ausführung der Befestigung/Verankerung verwendet werden."*

15.4.2 Anwendungsbereich für Kunststoffdübel

15.4.2.1 Allgemeines

Im Europäischen Bewertungsdokument EOTA EAD 330284-00-0604 (2021) finden sich folgende Begriffe, die Einflüsse auf die charakteristische Tragfähigkeit der Dübel-Systeme haben. Diese Begriffe werden zunächst näher erläutert:

- Baustoffgruppen: vgl. hier Abschnitt 15.4.2.2
- Temperaturbereiche: vgl. Abschnitt 15.4.2.3

In DIBt TR VaB Kunststoffdübel (2019, S. 5, Abschnitt 1.3) sind ferner folgende Anwendungsbedingungen angegeben:

- Bedingungen für Achs- und Randabstände: vgl. Abschnitt 15.4.2.4

15.4.2.2 Baustoffgruppen (Mauerwerksgruppen)

In einer Kunststoffdübel-ETA sind je nach Herstellervorgaben charakteristische Tragfähigkeiten des Dübels für die Baustoffgruppen a, b, c und d nach Tabelle 15.2 ausgewiesen. Grundsätzlich bedeutet die Ausweisung dieser Gruppen in einer ETA, dass der jeweilige Dübel-Hersteller im Zulassungs- bzw. Bewertungsverfahren – also vor der Erteilung der ETA – festgelegt hat, in welchen Verankerungsgründen sein Dübel-System geprüft wird. Diese mit dem Dübel – unter

Tabelle 15.2 Baustoffgruppen für Kunststoffdübel nach EOTA EAD 330284-00-0604 (2021, S. 8, Tabelle 1.1)

Baustoff-gruppe	Verankerungsgrund
a 1)	• Normalbeton (Festigkeitsklasse ≥ C12/15 gemäß DIN EN 206) • Dünne Bauteile ab einer Mindeststärke von 40 mm • Spannbetonhohldecken mit einer Mindestspiegeldicke von 17 mm
b	• Mauerwerk aus Vollsteinen nach DIN EN 771-1, DIN EN 771-2, DIN EN 771-3 und DIN EN 771-5 (senkrechte Lochung bis maximal 15 % des Querschnitts sind zulässig, z. B. Grifflöcher)
c	• Mauerwerk aus Hohl- oder Lochsteinen nach DIN EN 771-1, DIN EN 771-2, DIN EN 771-3 und DIN EN 771-5
d	• Mauerwerk aus Porenbetonsteinen nach DIN EN 771-4 mit einer Druckfestigkeit zwischen $1{,}8 \leq f_{c,m} \leq 8$ [N/mm²] • Vorgefertigte bewehrte Bauteile aus dampfgehärtetem Porenbeton, z. B. Wand- und Deckenplatten, nach DIN EN 12602 in den Druckfestigkeitsklassen AAC 2 bis AAC 6 2).

1) Versuche am Bauwerk in Beton (Baustoffgruppe „a") für Kunststoffdübel werden in diesem Fachbuch nicht dargestellt. Hier wird auf Scheller et al. (2021) verwiesen.
2) Für vorgefertigte bewehrte Bauteile aus Porenbeton nach DIN EN 12602 sind Versuche am Bauwerk mit Kunststoffdübeln nach DIBt TR VaB Kunststoffdübel (2019, Abschnitt 1.2) nicht vorgesehen.

Labor-Bedingungen – geprüften Verankerungsgründe werden in der ETA detailliert beschrieben (Hersteller, Steinbezeichnung, Abmessungen, Druckfestigkeit, Rohdichte, ... vgl. z. B. Bild 16.14 in Abschnitt 16.4.2).

Die in der Dübel-ETA ausgewiesenen charakteristischen Tragfähigkeiten gelten nur, wenn auf der Baustelle der von seiner Beschaffenheit gleiche Verankerungsgrund vorliegt, wie der, der im Bewertungsverfahren mit dem Dübel geprüft wurde. In diesem Fall kann auf Versuche am Bauwerk verzichtet werden, vorausgesetzt, dass der Dübel entsprechend der ETA montiert wird (vgl. Tabelle 15.4).

Bei *Lochsteinen* ist zusätzlich die Setzrichtung des Dübel-Systems zu beachten: Die in der ETA angegebenen Tragfähigkeiten gelten für rechtwinklig zur Wandebene gesetzte Kunststoffdübel (keine Setzposition in der Laibung), sofern nichts anderes in der ETA angegeben ist, siehe DIBt TR VaB Kunststoffdübel (2019, S. 5, Abschnitt 1.3).

Nur bei *Vollsteinen* können die charakteristischen Dübel-Tragfähigkeiten aus der ETA auf vergleichbare Vollsteine (aus demselben Baustoff) auf der Baustelle übertragen werden, wenn diese lediglich durch ein größeres Steinformat und/oder durch eine höhere Druckfestigkeit sowie eine größere Rohdichte von den im Zulassungs- bzw. Bewertungsverfahren geprüften Steinen abweichen, siehe DIBt TR VaB Kunststoffdübel (2019, S. 3, Abschnitt 1.1).

Ansonsten ist die charakteristische Tragfähigkeit eines Kunststoffdübels im bauaufsichtlich relevanten Bereich durch Versuche am Bauwerk zu ermitteln, wenn nur einer der folgenden Fälle vorhanden sein sollte (vgl. auch Tabelle 15.4 in Abschnitt 15.4.2.5):

- Für den auf der Baustelle vorhandenen Verankerungsgrund sind keine charakteristischen Tragfähigkeiten in der Dübel-ETA angegeben; ein Stein vom gleichen Baustoff, von gleicher Struktur und vergleichbarer Geometrie befindet sich jedoch in der Zulassung bzw. Bewertung, siehe DIBt TR VaB Kunststoffdübel (2019, S. 3, Abschnitte 1.1 und S. 5, Abschnitt 1.3).
- Der auf der Baustelle verbaute Vollstein hat ein kleineres Steinformat und/oder eine niedrigere Druckfestigkeit sowie eine kleinere Rohdichte als der in der Dübel-ETA ausgewiesene Vollstein.
- Es wird von der Vorgabe der Dübel-ETA abgewichen, dass in Mauerwerk aus Hohlblöcken oder Lochsteinen die Bohrlöcher (i. d. R.) nur im Drehgang hergestellt werden dürfen: Der Einfluss des Bohrens mit Schlag- bzw. Hammerwirkung auf das Dübel-Tragverhalten muss beurteilt werden.
- Die Dübel werden für die spätere Montage tiefer gesetzt als sie im Zulassungs- bzw. Bewertungsverfahren geprüft wurden; auch dieser Einfluss ist zu untersuchen.

Bei diesen Versuchen muss die Dübel-ETA allerdings immer die entsprechende Baustoffgruppe nach Tabelle 15.2 abdecken, d. h., Versuche am Bauwerk in einem Mauerstein „X" sind nur dann „*zulässig*", wenn im Rahmen der Zulassungs- bzw. Bewertungsverfahren bereits für einen anderen Mauerstein „Z" – dem sogenannten „Referenzstein" mit gleichem Baustoff (Ziegel, Porenbeton, Kalksandstein, Leichtbeton oder Normalbeton) und gleicher Struktur (vergleichbarer Vollstein, Hohl- oder Lochstein mit oder ohne Dämmstoff-Füllung) – die grundsätzliche Eignung für die Verankerung des Kunststoffdübels geprüft wurde und für diesen Stein charakteristische Tragfähigkeiten des Dübels in der ETA ausgewiesen werden. Deckt die Dübel-ETA zum Beispiel in der Baustoffgruppe „c" nur Kalksand-Lochsteine ab, so können für Lochsteine aus einem anderen Baustoff (z. B. einen Hohlblockstein aus Leichtbeton) keine charakteristischen Tragfähigkeiten durch Versuche am Bauwerk im Rahmen dieser ETA abgeleitet werden.

15.4.2.3 Temperaturbereiche

Neben dem Baustoff bzw. dem Verankerungsgrund hat auch die Temperatur im Verankerungsgrund einen Einfluss auf die Tragfähigkeit eines Kunststoffdübels. Das EOTA EAD 330284-00-0604 (2021) unterscheidet daher die Temperaturbereiche a, b und c nach Tabelle 15.3.

Hierfür ist die Befestigung der Unterkonstruktion einer vorgehängten hinterlüfteten Fassade ein gutes Beispiel: Hier können hinter einer dunklen Fassadenplatte im Sommer bei voller Sonneneinstrahlung kurzzeitig durchaus Temperaturen von ca. +80 °C für den Kunststoffdübel im Verankerungsgrund entstehen (Temperaturbereich „b"). Das sind Temperaturen, die die Tragfähigkeit des Dübels signifikant

Tabelle 15.3 Temperaturbereiche für Kunststoffdübel nach EOTA EAD 330284-00-0604 (2021)

Temperatur-Bereich	a	b	c
maximale **Kurzzeit-Temperatur** [1)]	+40 °C	+80 °C	Festlegung durch Hersteller
maximale **Langzeit-Temperatur** [2)]	+24 °C	+50 °C	
niedrigste **Nutzungstemperatur**	siehe Zulassung/Bewertung bzw. Hersteller-Empfehlung!		
Montagetemperatur			

1) Temperatur innerhalb des Nutzungstemperaturbereichs, die in kurzen Zeiträumen variieren kann, z. B. in Tag-/Nacht-Zyklen und Frost-/Tau-Wechseln.
2) Temperatur innerhalb des Nutzungstemperaturbereichs, die über einen längeren Zeitraum annähernd konstant bleibt. Zu den Langzeit-Temperaturen gehören konstante oder nahezu konstante Temperaturen, wie sie in Kühlhäusern oder in der Nähe von Heizungsanlagen auftreten.

reduzieren können gegenüber einem Kunststoffdübel, der in einem Innenraum montiert ist und dauerhaft (über eine lange Zeit) einer normalen Innenraumtemperatur von ca. 20 bis 23 °C ausgesetzt ist (Temperaturbereich „a").

Die für das jeweilige Dübel-Produkt zulässigen Temperaturbereiche werden vom Hersteller vorab gewählt (Temperaturbereiche a und b) oder vom Hersteller „selbst" definiert (Temperaturbereich c) und dann im Zulassungs- bzw. Bewertungsverfahren umfangreich überprüft. Die daraus resultierenden unterschiedlichen charakteristischen Tragfähigkeiten werden anschließend in der jeweiligen Dübel-ETA ausgewiesen (vgl. z. B. Bild 16.14 in Abschnitt 16.4.2).

Bei Versuchen am Bauwerk können die Temperatureinflüsse auf der Baustelle nicht untersucht werden. Für Kunststoffdübel wird dieser Einfluss daher erst bei der Auswertung bzw. Ermittlung der charakteristischen Tragfähigkeit aus den Versuchen am Bau ($F_{RK,BSt}$ / $N_{RK,BSt}$ / $V_{RK,BSt}$) pauschal über einen Abminderungsfaktor „0,6" (vgl. Abschnitte 15.4.3.2 und 15.4.4) berücksichtigt.

Für den anschließenden Abgleich dieser Tragfähigkeiten mit dem „Referenzstein" (vgl. Abschnitt 16.4.2 mit Bild 16.14) muss dann die charakteristische Tragfähigkeit aus der ETA ($F_{RK,ETA}$ / $N_{RK,ETA}$ / $V_{RK,ETA}$) angesetzt werden, die dem späteren Nutzungstemperaturbereich entspricht.

15.4.2.4 Bedingungen für Achs- und Randabstände

Hierzu wird aus Übersichtsgründen im Wesentlichen auf DIBt TR VaB Kunststoffdübel (2019, Abschnitt 1.3) verwiesen.

Grundsätzlich sind die Bedingungen für Achs- und Randabstände in den ETAs für den jeweiligen Kunststoffdübel ausgewiesen. Diese Angaben resultieren aus den Untersuchungen und Beurteilungen im Rahmen des dazugehörigen Zulassungs- bzw. Bewertungsverfahrens.

Neu gegenüber EOTA TR 051 (2018) ist, dass für Zug- und Querbeanspruchung Mindestrandabstände

$$30 \text{ mm} \leq c_{min,Bst} < c_{min,ETA}$$

durch Baustellenversuche beurteilt werden dürfen. Dabei ist

- $c_{min,Bst}$ der Randabstand des Dübels in den Versuchen am Bau und
- $c_{min,ETA}$ der Mindestrandabstand des Referenzsteines.

Hinweis: Die Autoren weisen darauf hin, dass der Mindestrandabstand in vielen Kunststoffdübel-ETAs $c_{min,ETA} \geq 100$ mm beträgt, und daher zu erwarten ist, dass es hier zu einer deutlichen Reduzierung der charakteristischen Dübel-Tragfähigkeiten kommen wird, je mehr man sich der hier definierten unteren Grenze des Randabstands von 30 mm annähert.

15.4.2.5 Handeln „im Rahmen der ETA"

„*Zulässig*" (vgl. Abschnitt 15.4.2.2, letzter Absatz) bedeutet im Zusammenhang mit Versuchen am Bauwerk das Handeln „*im Rahmen der ETA*" des Dübels (vgl. Abschnitt 15.2.4):

- Wenn die grundsätzliche Eignung des Dübels in einem Verankerungsgrund der entsprechenden Baustoffgruppe nach Tabelle 15.2 im Bewertungsverfahren *nachgewiesen* wurde und in der entsprechenden Dübel-ETA ausgewiesen ist, so kann in jedem vergleichbaren Verankerungsgrund – im Rahmen der ETA – gedübelt werden, vorausgesetzt, dass regelkonform Versuche am Bauwerk durchgeführt und entsprechend bewertet werden, wobei auch die Temperaturbereiche nach Abschnitt 15.4.2.3 und die Bedingungen für Achs- und Randabstände nach Abschnitt 15.4.2.4 zu berücksichtigen sind.
- Wurde die grundsätzliche Eignung des Dübels in einem Verankerungsgrund nach Tabelle 15.2 im Bewertungsverfahren *nicht nachgewiesen*, d. h. sind keine Angaben in der entsprechenden Dübel-ETA enthalten, so kann in einem solchen Verankerungsgrund auf der Baustelle nicht – im Rahmen der ETA – verankert werden; der Anwender befindet sich dann rein formal außerhalb des Anwendungsbereichs der ETA und benötigt im bauaufsichtlich relevanten Bereich (vgl. Abschnitt 15.2.2) eine vorhabenbezogene Bauartgenehmigung (vgl. Abschnitt 15.2.3). Bei diesem Verfahren können Versuche am Bauwerk eine Beurteilungsgrundlage sein. Für diesen Fall empfiehlt es sich allerdings immer, einen geeigneten Planer bzw. Sachverständigen für die Beurteilung der Verankerung einzuschalten, der über ausreichende Erfahrungen auf dem Gebiet der Verankerungen und des Mauerwerkbaus verfügt.

In Tabelle 15.4 wird noch einmal zusammenfassend dargestellt, wann Versuche am Bauwerk mit Kunststoffdübeln im Mauerwerk erforderlich sind.

Tabelle 15.4 Erfordernis von Versuchen am Bauwerk mit Kunststoffdübeln im Mauerwerk

Versuche am Bauwerk mit Kunststoffdübeln im Mauerwerk sind nach DIBt TR VaB Kunststoffdübel (2019), EOTA TR 051 (2018) ...	
... nicht erforderlich, wenn ...	**... erforderlich, wenn ...**
• ... der auf der Baustelle verwendete Mauerstein der gleiche ist wie einer der Verankerungsgründe, die in der ETA des verwendeten Dübels abgebildet sind. • Bei der Montage wird die Setztiefe des Dübels (h_{nom}) und das Bohrverfahren gemäß den Vorgaben der Dübel-ETA eingehalten. Bei der Verankerung in Lochsteinen muss die Setzrichtung des Dübels der Setzrichtung im Referenzstein in der Dübel-ETA entsprechen. • ... der auf der Baustelle verwendete Vollstein vom in der Dübel-ETA abgebildeten Vollstein lediglich abweicht durch – ein größeres Steinformat und/oder – eine höhere Druckfestigkeit sowie eine höhere Rohdichte. • ... der Dübel auf der Baustelle im verwendeten Vollstein tiefer gesetzt wird als in der Dübel-ETA vorgegeben.	• ... der auf der Baustelle verwendete Mauerstein nicht in der ETA des verwendeten Dübels abgebildet ist. In der Dübel-ETA ist aber ein Stein enthalten – aus dem gleichen Baustoff (Ziegel, Porenbeton, Kalksandstein, Leichtbeton oder Normalbeton), – mit der gleichen Struktur (Vollstein, Lochstein mit oder ohne Dämmstoff-Füllung) und – mit einer vergleichbaren Geometrie (Steinabmessungen, Loch- und Stegabmessungen) • ... der auf der Baustelle verbaute Vollstein ein kleineres Steinformat und/oder eine niedrigere Druckfestigkeit sowie eine niedrigere Rohdichte hat als der in der Dübel-ETA ausgewiesene, ansonsten gleiche Vollstein. • ... die Bohrlöcher im Hammerbohrverfahren erstellt werden, obwohl in der Dübel-ETA das Bohren im Drehgang vorgegeben wird. • ... der Dübel auf der Baustelle im verwendeten Lochstein tiefer gesetzt wird als in der Dübel-ETA vorgegeben.

15.4.3 Versuche: Bruchversuche

15.4.3.1 Allgemeines

Bei Bruchversuchen wird der Kunststoffdübel bis zum Versagen belastet. Das bedeutet, dass die Last mit dem Dübel-Auszugsgerät (vgl. Bild 15.7) für jeden einzelnen Versuch so lange langsam und stetig gesteigert wird, bis keine Laststeigerung mehr möglich ist und die Verankerung in der Regel durch Herausziehen des Dübels oder durch Ausbruch/Herausziehen des Mauersteins versagt. Die Bruchlasten der einzelnen Versuche (Mindestanzahl beachten!) werden aufgezeichnet und sind Grundlage für die Auswertung der Versuche.

Hinweis: Bruchlasten sind KEINE „empfohlene Lasten“ F_{empf} oder „zulässige Lasten“ F_{zul}! Bruchlasten sind auch noch KEINE „charakteristische Tragfähigkeiten“ F_{Rk} und/oder „Bemessungswerte der Tragfähigkeiten“ F_{Rd}.

Aus den Bruchlasten muss – gemäß den jeweiligen Regelungen für die Versuchsauswertung nach DIBt TR VaB Kunststoffdübel (2019) die abhängig von der Anzahl der durchgeführten Versuche sind – zuerst immer eine charakteristische Tragfähigkeit F_{Rk} abgeleitet werden.

Der für die spätere statische Berechnung erforderliche Bemessungswert der Tragfähigkeit F_{Rd} des Kunststoffdübels resultiert anschließend aus der charakteristischen Tragfähigkeit, die durch einen Material-Teilsicherheitsbeiwert γ_M reduziert wird:

$$F_{Rd} = F_{Rk} / \gamma_M$$

Die minimale Anzahl von Bruchversuchen (Zugversuchen oder Querlastversuchen am Rand) ist

- $n = 5$ für unverputztes Mauerwerk (vgl. Abschnitt 15.4.3.2) und
- $n = 15$ für verputztes Mauerwerk (vgl. Abschnitt 15.4.3.3)

Bei den Versuchen ist grundsätzlich immer die zulässige Höchstlast des verwendeten Dübel-Auszugsgeräts zu beachten. Bei Erreichen dieser zulässigen Höchstlast ist jeder Versuch unbedingt abzubrechen, damit die kalibrierte Kraftmessdose des Dübel-Auszugsgeräts nicht beschädigt wird (vgl. Abschnitt 15.5.3).

15.4.3.2 n ≥ 5 Bruchversuche (Zugversuche und Querlastversuche am Rand)

Werden nur $n \geq 5$ Bruchversuche bei einem Projekt Versuche am Bauwerk durchgeführt (nur für *unverputztes* Mauerwerk; Zugversuche oder Querlastversuche am Rand), so ergibt sich die charakteristische Tragfähigkeit des Kunststoffdübels auf Grundlage einer statistischen Auswertung nach einer der beiden folgenden Gleichungen, siehe DIBt TR VaB Kunststoffdübel (2019, S. 11, Abschnitt 3.2, Gleichungen (2) und (3)):

$$N_{Rk,Bst} = N_{Rm} \cdot (1 - k_s \cdot v) \cdot 0{,}6 \leq F_{Rk,ETA} \quad (15.1)$$

$$V_{Rk1,Bst} = V_{Rm} \cdot (1 - k_s \cdot v) \cdot 0{,}6 \leq F_{Rk,ETA} \quad (15.2)$$

mit:

(Beachte auch die Hinweise am Ende dieses Abschnitts!)

$N_{Rk,Bst}$	durch Bruchversuche ermittelte charakteristische Zugtragfähigkeit (Versuche am Bau oder im Prüflabor)	
$V_{Rk1,Bst}$	durch Bruchversuche ermittelte charakteristische Quertragfähigkeit (Versuche am Bau oder im Prüflabor)	
N_{Rm}	Mittelwert der Bruchlasten N_u bei Zugversuchen	
V_{Rm}	Mittelwert der Bruchlasten V_u bei Querlastversuchen	
$F_{Rk,ETA}$	für Mauerwerk:	charakteristische Tragfähigkeit für den Referenzstein und die vorgesehenen Anwendungsbedingungen (Anmerkung z. B.: Temperaturbereich) gemäß ETA

für Beton: charakteristische Tragfähigkeit für den Referenzbeton und die vorgesehenen Anwendungsbedingungen gemäß ETA ($N_{Rk,p,ETA}$) bzw. gemäß Berechnung nach DIBt TR 064 (2019) ($V_{Rk,c,ref}$)

v Variationskoeffizient der Bruchlasten; wenn der Auszugsversuch vor Erreichen der Bruchlast abgebrochen wird, ist mit $v = 20\ \%$ zu rechnen

k_s statistischer Faktor in Abhängigkeit der Anzahl der Versuche zur Ermittlung der 5 %-Quantile einer Normalverteilung bei einem Vertrauensniveau von 90 %, vgl. Tabelle 15.5

0,6 Faktor zur pauschalen Berücksichtigung aller traglastmindernden Einflüsse, die sonst nur im Zulassungs- bzw. Bewertungsverfahren untersucht werden können (z. B. Bohrlochdurchmesser, Konditionierung, Temperatur, Dauerlast, ..., vgl. hierzu auch Abschnitt 15.4.2.3)

γ_M Teilsicherheitsbeiwert nach DIBt TR 064 (2019, S. 7, Abschnitt 2.2); vgl. hier im Fachbuch den Abschnitt 16.4.5

Tabelle 15.5 k_s-Faktoren in Abhängigkeit der Anzahl der Versuche

	k_s-Faktor in Abhängigkeit der Anzahl der Versuche n [1)]													
n	5	6	7	8	9	10	11	12	13	14	15	20	25	30
k_s	3,40	3,09	2,89	2,75	2,65	2,57	2,50	2,45	2,40	2,36	2,33	2,21	2,13	2,08

1) Für weitere Versuchsanzahlen können die k_S-Faktoren aus IfBt (1986) oder Owen (1962) entnommen werden.

Hinweise: In vielen europäischen Leitlinien und Normen stehen heutzutage die Begriffe „Quantile" und „Vertrauensniveau". Daher werden hier nachfolgend *einheitlich* diese Begriffe verwendet, auch wenn in den zitierten Quellen zum Teil noch die alten – aber im Prinzip gleichbedeutenden – Begriff „Fraktile" und „Aussagewahrscheinlichkeit" stehen.

15.4.3.3 n ≥ 15 Bruchversuche (Zugversuche und Querlastversuche am Rand)

Nach EOTA TR 051 (2018) sowie mit DIBt TR VaB Kunststoffdübel (2019) können die Versuche durch einen vereinfachten Ansatz ausgewertet werden. Dieser Ansatz gilt nur für $n \geq 15$ Versuche. Dafür braucht aber in diesem „baustellentauglichen" Ansatz für die Ermittlung der Dübeltragfähigkeit keine Statistik berechnet werden (vgl. Abschnitt 15.4.3.2).

Die charakteristische Last $N_{Rk,Bst}$ oder $V_{Rk1,Bst}$ erhält man als Auswertung der Versuchsergebnisse mit Gl. (15.3) oder Gl. (15.4):

$$N_{Rk,Bst} = 0{,}5 \cdot N_1 \leq F_{Rk,ETA} \quad (15.3)$$

$$V_{Rk1,Bst} = 0{,}5 \cdot V_1 \leq F_{Rk,ETA} \quad (15.4)$$

mit:

$N_{Rk,Bst}$ durch Bruchversuche ermittelte charakteristische Zugtragfähigkeit (Versuche am Bau oder im Prüflabor)

$V_{Rk1,Bst}$ durch Bruchversuche ermittelte charakteristische Quertragfähigkeit (Versuche am Bau oder im Prüflabor)

N_1 Mittelwert der fünf kleinsten gemessenen Werte der Bruchlast N_u

V_1 Mittelwert der fünf kleinsten gemessenen Werte der Bruchlast V_u

$F_{Rk,ETA}$ siehe unter Gln. (15.1) und (15.2)

Hierbei ist zu beachten, dass sich hinter dem Faktor „0,5" in der Gl. (15.3) oder (15.4) für $N_{Rk,Bst}$ bzw. $V_{Rk1,Bst}$ die Statistik „versteckt", die nur für eine Mindestanzahl von 15 durchgeführten Versuchen gilt, aus deren 5 kleinsten Ergebnissen der Mittelwert berechnet wird.

Würde man diese Ableitung für eine kleinere Anzahl von Versuchen durchführen, so läge das Ergebnis mit abnehmender Anzahl an Versuchen zunehmend auf der unsicheren Seite, da mit einer Reduzierung der Versuchsanzahl die Größe des k_S-Faktors aus Tabelle 15.5 bei einer statistischen Auswertung zunimmt, was hier in Gl. (15.3) oder (15.4) aber nicht beachtet wird.

Mit dem Faktor „0,5" in Gl. (15.3) oder (15.4) für $N_{Rk,Bst}$ bzw. $V_{Rk1,Bst}$ werden aber auch gleichzeitig pauschal alle traglastmindernden Einflüsse abgedeckt, die sonst nur im Zulassungs- bzw. Bewertungsverfahren untersucht werden können (z. B. Bohrlochdurchmesser, Konditionierung, Temperatur, Dauerlast, ...).

Dies bedeutet letztlich, dass der Faktor „0,5" nicht einfach nach ingenieurmäßigen Betrachtungen abgewandelt werden kann, sondern auf der sicheren Seite eine Konstante darstellt, die unterschiedliche Einflüsse berücksichtigt und eine einfache und praxisnahe Bewertung der Ergebnisse auf der Baustelle ermöglichen soll.

15.4.4 Versuche: Probebelastungen

Die Technische Regel des DIBt ermöglicht es gegenüber EOTA TR 051 (2018) nun auch Probebelastungen durchzuführen, allerdings nur als Querlastversuche, da es hier gerade in Richtung des Randes zu Beschädigungen des Bauteils kommen kann. Dabei sind mindestens 15 Versuche durchzuführen, siehe DIBt TR VaB Kunststoffdübel (2019, S. 12, Abschnitt 3.3).

Die Festlegung der für die Durchführung der Versuche erforderlichen Probelast kann nur durch den Fachplaner (Abschnitt 15.3.2) festgelegt werden, da nur dieser Kenntnisse über die Gesamtstatik des Bauvorhabens – mit den *Einwirkungen* auf die geplanten Dübelverankerungen – haben kann. Die Last für die Probebelastung ist nach den beiden folgenden Gln. (15.5) und (15.6) zu wählen:

$$V_p \geq V_{Ed} \cdot \gamma_M / 0{,}6 \tag{15.5}$$

$$V_p \leq F_{Rk,ETA} / 0{,}6 \tag{15.6}$$

mit:

V_p gewählte Last für die Probebelastung

V_{Ed} Bemessungswert der *Einwirkung* ($V_{Ek} \cdot \gamma_F$)

- V_{Ek} = charakteristischer Wert der Einwirkung
- γ_F = Teilsicherheitsbeiwert der Einwirkungen

γ_M Teilsicherheitsbeiwert der Tragfähigkeit, siehe DIBt TR 064 (2019, S. 7, Abschnitt 2.2) bzw. vgl. hier in diesem Fachbuch den Abschnitt 16.4.5

$F_{Rk,ETA}$ für Mauerwerk: charakteristische Tragfähigkeit für den Referenzstein und die vorgesehenen Anwendungsbedingungen gemäß ETA

für Beton: charakteristische Tragfähigkeit für den Referenzbeton und die vorgesehenen Anwendungsbedingungen gemäß Berechnung nach DIBt TR 064 (2019, S. 10, Abschnitt 4.2.2.4): $V_{Rk,c,ref}$

Der Divisor „0,6“ in Gln. (15.5) und (15.6) berücksichtigt, dass bei den Versuchen bestimmte Anwendungsbedingungen, die im Zulassungs- bzw. Bewertungsverfahren für einen Kunststoffdübel im Labor untersucht werden müssen (wie z. B. Temperatur, Feuchte, Verhalten unter Dauerlast), auf der Baustelle nicht abgeprüft werden können.

Für die Probebelastungen wird ein „kritischer Lastabfall“ definiert:

Für eine erfolgreiche Probebelastung muss für jeden der mindestens 15 Versuche die gewählte Probelast V_p für mindestens eine Minute gehalten werden. Dabei dürfen keine sichtbaren Verschiebungen auftreten. In der Regel wird man bei den Prüfungen aber immer einen Lastabfall infolge Relaxation („Entspannung“) feststellen. Geht diese Relaxation über 10 % der Probelast hinaus, so spricht DIBt TR VaB Kunststoffdübel (2019, S. 13, Abschnitt 3.3) von einem kritischen Lastabfall.

Eine Möglichkeit der Protokollierung dieser Versuche gibt der Anhang B im Heft 4 der DAfM Schriftenreihe (siehe Küenzlen et al., 2020) mit einem Blanko-Formular „Dokumentation (Dübel-) Versuche am Bauwerk“ als Kopiervorlage. Auszugsweise ist ein entsprechender Ausschnitt in Bild 15.3 dargestellt.

Wenn der o. g. Lastabfall den Grenzwert von 10 % des „kritischen Lastabfalls“ überschreitet, ist es zulässig, die Lasthöhe einmalig auf den Ausgangswert V_p nachzustellen und diese mindestens 10 Minuten zu halten. Wenn während dieser Zeit keine sichtbare Verschiebung auftritt und der weitere Lastabfall maximal 5 % der Probelast beträgt, so kann die charakteristische Tragfähigkeit des Kunststoffdübels nach der folgenden Gl. (15.7) ermittelt werden:

$$V_{Rk2,Bst} = V_p \cdot 0{,}6 \leq F_{Rk,ETA} \tag{15.7}$$

mit:

$V_{Rk2,Bst}$ durch Probebelastung ermittelte charakteristische Quertragfähigkeit

V_p siehe Gl. (15.5)

$F_{Rk,ETA}$ siehe Gl. (15.6)

7 Versuchsergebnisse für PROBEBELASTUNGEN (n ≥ 15 Versuche)
Die Probelast wurde vom Fachplaner festgelegt (siehe separate Unterlagen)

Art der Versuche								
	☒	Kunststoffdübel	☒	Querlastversuche	V_p	=	kN	XX
	☐	Injektionsanker	☐	Zugversuche	N_{pP}	=	kN	
			☐	Querlastversuche a. Rand	V_p	=	kN	

Versuch	Setztiefe [1] mm	Wurde Probelast ≥ 1 min ohne sichtbare Verschiebung und ohne kritischen Lastabfall gehalten? [2]		Bemerkung
1		☒ ja	☐ nein	
2		☒ ja	☐ nein	
⋮	⋮	⋮	⋮	

1) für Kunststoffdübel: h_{nom} bzw. für Injektionsanker: h_{ef}

2) Für Definition „kritischer Lastabfall" und Möglichkeit „einmalig nachzustellen" siehe TR des DIBt!

Bild 15.3 Auszug aus Blanko-Formular „Dokumentation (Dübel-) Versuche am Bauwerk" im Anhang B zu Heft 4 der DAfM Schriftenreihe (siehe Küenzlen et al., 2020, Anhang B, S. 147 ff.): Für Kunststoffdübel sind Probebelastungen nur als Querlastversuche möglich!

Aus Gründen der Übersicht wird für weitere Details auf DIBt TR VaB Kunststoffdübel (2019, S.12 ff., Abschnitt 3.3) verwiesen.

Hier wird nur noch einmal darauf hingewiesen, dass die geprüfte Befestigungsstelle und der geprüfte Kunststoffdübel später *nicht* mehr für die eigentliche Ausführung der Befestigung/Verankerung verwendet werden dürfen (vgl. Abschnitt 15.4.1).

15.4.5 Prüfbericht

Die Dokumentation der Versuche am Bauwerk erfolgt in einem entsprechenden Prüfbericht. Der Technical Report EOTA TR 051 (2018) definiert auf europäischer Ebene, welche Angaben im Prüfbericht erforderlich sind. Die Technische Regel des DIBt ergänzt weitere Detailangaben und legt fest, dass für diesen Prüfbericht der „Versuchsleiter" zuständig ist (Abschnitt 15.3.3); Abweichungen sind mit dem „Fachplaner" (Abschnitt 15.3.2) abzustimmen, siehe DIBt TR VaB (Kunststoffdübel, 2019, S.10, Abschnitt 2.3).

Die hier in Tabelle 15.6 zusammengestellten „Mindestangaben" für einen Prüfbericht nach EOTA TR 051 (2018) sind immer erforderlich und werden zum besseren Verständnis im Folgeabschnitt 15.5 praxisorientiert beschrieben und erläutert, wobei an den entsprechenden Stellen auf die Detailierung gemäß DIBt TR VaB Kunststoffdübel (2019) hingewiesen wird.

Zusätzlich zu den Mindestangaben in EOTA TR 051 (2018) und der erforderlichen Detaillierung nach DIBt TR VaB Kunststoffdübel (2019) sind selbstverständlich

Tabelle 15.6 Mindestangaben im Prüfbericht für Versuche am Bauwerk nach EOTA TR 051 (2018)

Mindestangaben im Prüfbericht nach EOTA TR 051 (2018)	vgl. Abschnitt ... dieses Kapitels
• Bauwerk • Eigentümer des Gebäudes	15.5.1 Allgemeine Informationen zum Bauvorhaben
• Datum und Ort der Prüfungen	15.5.2 Ort der Prüfungen
• Prüfvorrichtung	15.5.3 Prüfvorrichtung
• Art der zu befestigenden Konstruktion	15.5.4 Art der zu befestigenden Konstruktion
• Mauerwerk (Art des Steins, Festigkeitsklasse, alle Abmessungen der Steine und Mörtelgruppe) • Sichtbeurteilung des Mauerwerks (glatte Fugen, Fugenbreite, Regelmäßigkeit)	15.5.5 Verankerungsgrund
• Kunststoffdübel und Schrauben oder Nägel (Anbauteildicke, Dübellänge, Dübeldurchmesser)	15.5.6 Name des Produkts
• Schneidendurchmesser der Hartmetallbohrer für Bohrhämmer; wenn keine neuen Bohrer verwendet werden, ist der Wert vor und nach dem Bohren zu messen. • Bohrverfahren • Lufttemperatur	15.5.7 Montage
• Prüfungsergebnisse, einschließlich Angabe des Wertes N_1, Versagensart	15.5.8 Versuchsergebnisse
• Durchführung der Versuche durch ...; Unterschrift	

weitere Angaben möglich. So empfiehlt es sich beispielsweise immer eine kleine Fotodokumentation darüber, WAS, WO und WIE tatsächlich geprüft wurde, und sollte daher mit in jeden Prüfbericht integriert oder als Anhang beigefügt werden, damit der mit der Bewertung der Versuche beauftragte Fachplaner (vgl. Abschnitt 15.3.2) die Durchführung der Versuche im Detail nachvollziehen kann. Dies ist insbesondere dann sinnvoll bzw. wichtig, wenn der Fachplaner bei den Versuchen am Bauwerk nicht persönlich anwesend ist.

15.5 Praxistipps für die Durchführung und zugehörige Dokumentation der Versuche am Bauwerk

Im folgenden Abschnitt werden einige Praxistipps und Hintergrundinformationen für die Durchführung und Dokumentation von Versuchen am Bauwerk dargestellt, die unter der Verantwortung des „Versuchsleiters" durchgeführt werden. Dabei werden diese Praxistipps in der Reihenfolge des Prüfberichts nach Tabelle 15.6 dargestellt.

Im Folgekapitel 16, im Praxisbeispiel 8, wird neben der Dokumentation auch eine Auswertung von Versuchen am Bauwerk dargestellt, die unter die Verantwortung eines „Fachplaners" fällt.

Erst nach Durchführung, Dokumentation und Auswertung von Versuchen am Bauwerk kann eine Bemessung für die jeweilige Befestigungsaufgabe durchgeführt werden. Eine solche – auf Versuche am Bauwerk basierende Bemessung – zeigt ebenfalls das Praxisbeispiel 8 in Kapitel 16.

Hinweise: Sind Versuche am Bauwerk für ein Bauvorhaben erforderlich, müssen diese rechtzeitig VOR der eigentlichen Dübelmontage geplant, durchgeführt und ausgewertet werden. Dabei sind die Verantwortlichkeiten (Fachplaner, Versuchsleiter und sachkundiges Personal) gemäß Abschnitt 15.3 einzuhalten.

15.5.1 Allgemeine Informationen zum Bauvorhaben

Allgemeine Informationen zum Bauvorhaben kann man direkt auf dem Deckblatt eines Prüfberichts darstellen; das Praxisbeispiel 8 in Kapitel 16 zeigt dazu ein entsprechendes Beispiel mit den wichtigsten Angaben (vgl. Abschnitt 16.2.1, Bild 16.2). Nach DIBt TR VaB Kunststoffdübel (2019) sind neben dem Bauherren (Auftraggeber) auch der Fachplaner, der Versuchsleiter und der ausführende Betrieb (das sachkundige Personal) anzugeben (vgl. Abschnitt 15.3).

15.5.2 Ort der Prüfungen

Der Ort, an dem die Prüfungen durchgeführt wurden, sollte möglichst präzise beschrieben werden, damit später nach Abschluss des eigentlichen Bauvorhabens immer noch genau nachvollzogen werden kann, wo tatsächlich die Versuche am Bauwerk durchgeführt wurden. Folgende Angaben können hilfreich sein:

- Achskoordinaten aus vorliegenden Plänen (wenn vorhanden)
- Innenraum oder Außenbereich
- Geschoss/Etage
- Raum-Nummer
- ...

Bereits an diesem Punkt empfiehlt sich eine Dokumentation mit Hilfe von Fotos (vgl. Abschnitt 15.4.5)

Mit Bezug auf DIBt TR VaB Kunststoffdübel (2019, Abschnitt 2.1) sind die Setzstellen, an denen die Versuche am Bauwerk durchgeführt werden, durch den zuständigen Fachplaner festzulegen (vgl. auch Abschnitt 15.3.2).

Handelt es sich bei einem Bauvorhaben um eine unverputzte Neubausituation und sind gemäß Bauunterlagen bzw. durch Begutachtung auf der Baustelle offenbar nur eine Art von Mauersteinen verbaut worden, ist es relativ einfach die Dübelsetzstellen festzulegen, um damit das gesamte Bauwerk beurteilen zu können.

Wenn dagegen bei einem Bauvorhaben im Bestand, an einem bereits vorhandenen, ggf. auch verputzten Mauerwerk verankert werden soll, gelten die z. B. nur an einer Außenwand des Bestandsgebäudes ermittelten Versuchsergebnisse nicht automatisch für alle Wände des gesamten Bauvorhabens. Für diesen Fall müsste sichergestellt werden, dass es sich bei allen Außenwänden um den gleichen Verankerungsgrund handelt, in den der Dübel später tatsächlich auch eingebaut wird.

Der EOTA TR 051 (2018) führt hierzu allgemein Folgendes aus:

> *„Die Anzahl und Position der zu prüfenden Kunststoffdübel sind den jeweiligen speziellen Bedingungen des jeweiligen Bauwerks anzupassen und müssen z. B. im Fall von verdeckten und größeren Flächen erhöht werden, so dass zuverlässige Angaben über die charakteristische Tragfähigkeit der im jeweiligen Verankerungsgrund eingebetteten Kunststoffdübel abgeleitet werden können. Die Versuche sollten die ungünstigsten Bedingungen der praktischen Ausführung berücksichtigen.“*

Bild 15.4 zeigt beispielhaft eine Baustelle, bei dem ein eingeschossiger Anbau nachträglich an einem bestehenden mehrgeschossigen Wohngebäude ergänzt wurde. Beim Einbau neuer Fenster und der Sanierung des Putzes werden hier im Bild 15.4 mindestens drei verschiedene Mauersteinarten sichtbar: Ein Betonstein (Fensterbrüstung), ein Vollziegel (vorhandenes Hauptgebäude) und ein Hochlochziegel (Anbau bzw. Brüstung unter dem kleineren Fenster).

Sollten an einem solchen Objekt Versuche am Bauwerk durchgeführt werden, um auch hier die Tragfähigkeit von Kunststoffdübeln z. B. für die Befestigung von absturzsichernden Fensterelementen zu ermitteln, so könnten die Ergebnisse nicht automatisch von einem auf die beiden anderen Mauersteine übertagen werden.

Bild 15.4 Unterschiedliches Mauerwerk in zwei unterschiedlichen Bauabschnitten (Foto: Küenzlen)

Es wäre vielmehr vorab vom Fachplaner zu entscheiden, WO und WELCHE Mauersteinart geprüft werden soll. In einer solchen Situation kann es sinnvoll oder sogar erforderlich sein, mehr als mindestens 5 Versuche durchzuführen (vgl. hierzu Abschnitt 15.4.3.2 ($n \geq 5$ Versuche nur für *unverputztes* Mauerwerk) und 15.4.3.3), d. h. in mehreren Wandbereichen und Mauersteinen zu prüfen. Nach DIBt TR VaB Kunststoffdübel (2019, S. 7, Abschnitt 2.1) sind bei unregelmäßigem Mauerwerk (Mauerwerk aus verschiedenen Steinen) für jede Art des angetroffenen Verankerungsgrunds separate Versuche durchzuführen und getrennt auszuwerten.

Alternativ könnte man hier (Bild 15.4) zunächst jeweils nur eine kleine Anzahl von Tastversuchen in den drei verschiedenen Steinarten und eine vollständige Anzahl von mindestens 5 Auszugsversuchen nur in der „ungünstigsten" Mauersteinart (in der bei den Tastversuchen die geringsten Lasten eingeleitet werden konnten) durchführen. Die dabei ermittelte Dübeltragfähigkeit könnte dann auf der sicheren Seite auf die beiden „günstigeren" Steine übertragen werden. Ein solches Vorgehen wäre ein ingenieurmäßiger Ansatz, der durch den zuständigen Fachplaner festzulegen und zu verantworten ist (vgl. Abschnitt 15.3.2).

Bild 15.5 zeigt ein weiteres Beispiel, bei dem in einem Gebäude Vollziegel, Betonsteine und Natursteine verbaut wurden – man erkennt es hier, da die Fassade *nicht* verputzt ist. Dieses Beispiel zeigt jedoch sehr plakativ, welche „extremen Überraschungen" gerade im Bestandsbau – hinter einer Putzschicht verborgen sein können.

Während Verankerungen mit Kunststoffdübeln und Injektionsankern in Vollziegeln und Betonsteinen in vielen Dübel-Zulassungen bzw. Bewertungen geregelt sind, gibt es bisher keine Zulassungen/Bewertungen, in denen diese Dübel-Systeme für Verankerungen in *Natursteinen* zugelassen sind. Für einen solchen Verankerungsgrund käme daher – z. B. bei einer Befestigung eines absturzsichernden Fensterelements – nur eine vorhabenbezogene Bauartgenehmigung (vBG) für ein – bereits über eine ETA – geregeltes Dübelsystem in Frage, bei der Versuche am

Bild 15.5 Unterschiedliches Mauerwerk in einem Gebäude (Foto: Küenzlen)

Bauwerk als Beurteilungsgrundlage dienen könnten. Hierfür wird auf Abschnitt 15.2.3 verwiesen.

Baustellenversuche sind nicht zwingend am Bauwerk durchzuführen. Nach DIBt TR VaB Kunststoffdübel (2019, S. 8, Abschnitt 2.2) können „Versuche am Bauwerk“ auch *„an nicht verbauten Einzelsteinen“* durchgeführt werden. Dies ist zum Beispiel in folgenden Situationen möglich:

- Bei einer (Neu-) Baumaßnahme ist noch eine ausreichend große Anzahl von einzelnen nicht verbauten Mauersteine vorhanden, aus denen die vorhandenen Wände gemauert wurden, in den später z. B ein absturzsicherndes Fensterelement eingebaut werden soll.
- Bei einer Umbaumaßnahme kann durch die nachträgliche Herstellung von Fenster- und Türen-Öffnungen in Bestandswänden eine entsprechende Anzahl einzelner ganzer Steine für die Versuche „gewonnen“ werden (vgl. Bild 15.6).

Damit müssen die Versuche nicht zwingend auf dem Gerüst bzw. direkt am Bauwerk durchgeführt werden, was die Prüfung i. d. R. deutlich vereinfacht.

Diese Vorgehensweise ist sowohl durch DIBt TR VaB Kunststoffdübel (2019) als auch EOTA TR 051 (2018) abgedeckt, da in Prüfstellen im Rahmen eines Bewertungsverfahrens häufig auch nur an Einzelsteinen geprüft wird.

Eine weitere Möglichkeit wäre, dass die noch vorhandenen Einzelsteine an eine anerkannte Prüfstelle gesendet und die Kunststoffdübel dort z. B. bei kleineren Steinformaten in einem vermauerten Probekörper bzw. einer aufgemauerten Probewand geprüft werden, wenn die gleichen Randbedingen vorliegen wie bei der Prüfung vor Ort auf der Baustelle.

a) Bestandsgebäude, in das absturzsichernde Fenster montiert wurden

b) Auf der Baustelle vorhandene Steine vom Erstellen des 2. Rettungswegs

Bild 15.6 Absturzsichernde Fenster in einem Bestandsgebäude (Fotos: a) Küenzlen, b) Immel)

Hinweise: Eine zuvor beschriebene Vorgehensweise (Labor-Prüfung in einem vermauerten Probekörper bzw. einer aufgemauerten Probewand) kann für bestimmte Kunststoffdübel (und Injektionsanker zur Verankerung im Mauerwerk) zu besseren Lasten als im Einzelstein führen.

15.5.3 Prüfvorrichtung

Mit „Prüfvorrichtung" sind i. d. R. zunächst einmal mobile Dübel-Auszugsgeräte gemeint, mit denen Versuche auf der Baustelle durchgeführt werden können. Werden die Versuche in einer Prüfstelle durchgeführt (vgl. Abschnitt 15.5.2) kommen ggf. andere Prüfvorrichtungen zum Einsatz.

Auf den Baustellen werden Prüfgeräte mit beispielsweise 8/12/25 bzw. 50 kN maximaler Zugkraft eingesetzt. Bild 15.7 zeigt exemplarisch zwei solche Geräte; dabei wird für übliche Versuche mit Kunststoffdübeln im Verankerungsgrund Mauerwerk ein Gerät mit 12 kN Zugkraft häufig ausreichend sein.

Bei diesen Geräten ist allgemein immer darauf zu achten, dass sie regelmäßig (je nach Herstellervorgabe i. d. R. einmal jährlich) kalibriert werden, siehe in DIBt TR VaB Kunststoffdübel (2019, S. 8. Abschnitt 2.2):

> *„Die Prüfvorrichtung für die Versuche soll eine kontinuierliche Anzeige der aktuellen Kraft einschließlich der Erfassung des Spitzenwertes ermöglichen. Dieser Spitzenwert ist aufzuzeichnen. Die Kraft ist über eine kalibrierte Kraftmessdose (Genauigkeit ±5 % auf den Messbereich) zu messen."*

Da hier eine *kalibrierte* Kraftmessdose gefordert wird, sollten die Geräte i. d. R. bei den Prüfgeräte-Herstellern entsprechend regelmäßig kalibriert und dort auch gleichzeitig gewartet werden.

a) 12 kN Dübel-Auszugsgerät (Digitalanzeige)

b) 50 kN Dübel-Auszugsgerät (Analoganzeige)

Bild 15.7 Beispiele für mobile Dübel-Auszugsgeräte (Fotos: a) Adolf Würth GmbH & Co. KG, b) Scheller)

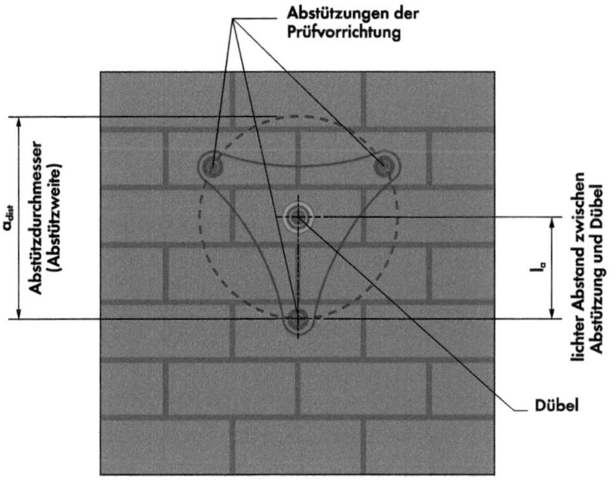

Bild 15.8 Abstand zwischen Abstützung des Prüfgeräts und dem zu prüfenden Dübel

Wird ein Dübel-Auszugsgerät unsachgemäß behandelt, z. B. fällt ein Prüfgerät bei einem Versuch an einer Fassade auf das Gerüst oder sogar vom Gerüst auf den Boden, so ist das Gerät selbstverständlich außerhalb des vorgegebenen Wartungszyklus zu überprüfen und darf zunächst nicht mehr für weitere Versuche verwendet werden.

Als lichter Abstand l_a zwischen der Abstützung des Prüfgeräts und dem zu prüfenden Kunststoffdübel wird für Zugversuche in DIBt TR VaB Kunststoffdübel (2019, S. 8, Abschnitt 2.2) mindestens die 1,5-fache Gesamtlänge des Dübels im Verankerungsgrund ($l_a = 1{,}5 \cdot h_{nom}$) empfohlen, woraus der Abstützdurchmesser ($a_{dist} = 3 \cdot h_{nom}$) nach Bild 15.8 resultiert. Dieser Abstand soll ein mögliches Ausbrechen des Mauerwerks während des Versuchs nicht behindern.

Hinweis: Bild 15.8 wurde sinngemäß aus DIBt TR VaB Injektionsanker (2019) übernommen und für dieses Fachbuch ergänzt, wobei die Darstellung des Prüfgeräts, das mit drei einzelnen Füßen abgestützt wird („Dreibein"), ein Beispiel ist.

Bei der Abstützung des Prüfgeräts mit einzelnen Füßen kann der „*lichte*" Abstützdurchmesser a_{dist} – wie in Bild 15.8 dargestellt – auch durch die Mittelachsen der einzelnen Füße laufen.

Wird das Prüfgerät oder die Prüfeinrichtung dagegen ringförmig abgestützt, so ist bei der Wahl des Abstützrings darauf zu achten, dass der Innendurchmesser das geforderte lichte Maß aufweist.

Eine ringförmige Abstützung der Prüfeinrichtung wird häufiger bei anerkannten Prüfstellen der Fall sein, bei denen gemäß Abschnitt 15.5.2 ebenfalls „Versuche am Bauwerk" durchgeführt werden können.

Für Querlastversuche am Rand beachte in DIBt TR VaB Kunststoffdübel (2019, S. 12/13, Abschnitt 2.2 mit Bild 3) bzw. in diesem Fachbuch das Praxisbeispiel 8 in Kapitel 16 (vgl. Abschnitt 16.2.3 mit Bild 16.4 und Bild 16.5).

Nach DIBt TR VaB Kunststoffdübel (2019) kann durch die Berücksichtigung der Lage der Abstützung des Prüfgeräts bei kleinformatigen Steinen das Herausziehen der Steine bei der Prüfung am Bauwerk berücksichtigt werden (Bild 15.9a zeigt die Lage der Abstützung außerhalb des Steins in dem der Dübel montiert ist). Bei großformatigen Lochsteinen muss darauf geachtet werden, dass ein Aufspalten des Steins durch die Lage der Abstützung nicht behindert wird (Bild 15.9b).

Die Lasteinleitung vom Dübel-Auszugsgerät in den Dübel erfolgt mit Hilfe von Prüfanbauteilen, z. B. nach Bild 15.10.

Diese Prüfanbauteile werden bei Kunststoffdübeln in den meisten Anwendungsfällen in Durchsteckmontage montiert. Das bedeutet, dass der vormontierte Dübel (Lieferzustand: die Spezialschraube steckt bereits vormontiert in der Dübelhülse, vgl. Bild 15.11a) mit leichten Hammerschlägen durch das Durchgangsloch im Prüfanbauteil in den Verankerungsgrund eingeschlagen wird bis der Kragen der Dübelhülse auf dem Prüfanbauteil anliegt. Anschließend wird die Spezialschraube

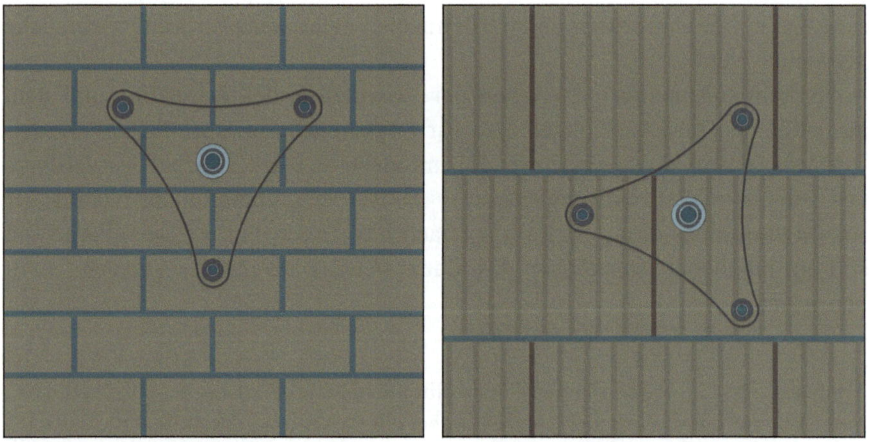

a) bei kleinformatigen Steinen   b) bei großformatigen Lochsteinen

Bild 15.9 Lage der Abstützung des Dübel-Prüfgeräts

Bild 15.10 Beispiel für ein Prüfanbauteil für Versuche am Bauwerk (Foto/Grafik: Scheller)

a) Vormontierter zugelassener Kunststoffdübel (Lieferzustand) nach ETA SHARK UR (2021)

b) Durchsteckmontage des Kunststoffdübels

c) Montierter Kunststoffdübel

Bild 15.11 Durchsteckmontage für ein Prüfanbauteil mit dem gewählten Kunststoffdübel (Fotos: Adolf Würth GmbH & Co. KG bzw. Scheller)

z. B. mit einem Akkuschrauber eingeschraubt, bis der Kopf auf dem Dübelkragen aufliegt. Bild 15.11b) und c) zeigt ein Beispiel für diese Montage. Nach z. B. ETA SHARK UR (2021) ist der Dübel dann richtig verankert, wenn

> *„... nach dem vollen Eindrehen der Schraube weder ein Drehen der Dübelhülse auftritt, noch ein leichtes Weiterdrehen der Schraube möglich ist“*

und das Anbauteil fest am Verankerungsgrund anliegt.

Das Praxisbeispiel 8 in Kapitel 16 zeigt ein Beispiel für die Dokumentation aller relevanten Informationen zur „Prüfvorrichtung“ (vgl. Abschnitt 16.2.3, Bild 16.6).

15.5.4 Art der zu befestigenden Konstruktion

In diesem Teil des Prüfberichts empfiehlt sich einmal mehr die Darstellung mit Hilfe einer Skizze, einer Detailzeichnung, einem Planausschnitt oder einem Foto, um alle „Besonderheiten“ aufzuzeigen, die sowohl bei den Versuchen als auch bei der späteren Montage berücksichtigt werden müssen (vgl. hierfür wieder das Praxisbeispiel 8 in Kapitel 16, Abschnitt 16.2.4 mit Bild 16.7).

Für einfache Konstruktionen kann ggf. auch eine reine Beschreibung (z. B. in Stichpunkten oder als Text) ausreichend sein.

15.5.5 Verankerungsgrund

15.5.5.1 Allgemeines

Die Bestimmung und Beschreibung des tatsächlich auf der Baustelle vorhandenen Verankerungsgrunds („Baustellen-Verankerungsgrund“) ist grundsätzlich einer der wichtigsten Punkte bei der Durchführung von Versuchen am Bauwerk, da der tatsächlich verbaute Mauerstein mit einem „äquivalenten Verankerungsgrund" aus der ETA des verwendeten Dübel-Systems verglichen werden muss (vgl. Abschnitt 15.4.2.2):

Die Dübel-Tragfähigkeit, die aus den Versuchen am Bauwerk ermittelt wird, muss mit der Tragfähigkeit des gleichen Dübels in einem vergleichbaren Verankerungsgrund bzw. Stein, der im Zulassungs- bzw. Bewertungsverfahren geprüft und in der Dübel-ETA abgebildet ist, abgeglichen werden. Dieser vergleichbare Stein – bezüglich Baustoff, Struktur und Geometrie (vgl. Abschnitt 15.1) – wird in DIBt TR VaB Kunststoffdübel (2019, S. 4, Abschnitt 1.2) als „Referenzstein" bezeichnet. Bei dem Abgleich mit dem Referenzstein ist der kleinere Wert maßgebend, entweder das Ergebnis aus den Versuchen für den tatsächlich verbauten Stein F_{RK1} oder der Wert aus der ETA für den Referenzstein $F_{RK,ETA}$.

Dieser Abgleich wird i. d. R. umso verlässlicher, d. h. der Abgleich liegt zunehmend auf der sicheren Seite, je mehr unterschiedliche Steine einer Nutzungskategorie bzw. Baustoffgruppe nach Tabelle 15.2 im Bewertungsverfahren eines Dübels geprüft wurden und in der Dübel-ETA ausgewiesen sind. Wurde z. B. ein Dübel in mehreren unterschiedlichen Lochsteinen eines Baustoffs geprüft, so steigt mit jedem zusätzlich im Bewertungsverfahren geprüften Stein die Wahrscheinlichkeit, dass man in der Dübel-ETA tatsächlich einen vergleichbaren „Referenzstein" für den auf der Baustelle verbauten Mauerstein findet.

Unter „Zusätzliche Bedingungen bei Hohl- und Lochsteinen" wird in DIBt TR VaB Kunststoffdübel (2019, S. 5, Abschnitt 1.3) auf den zugehörigen Anhang A verwiesen, in dem Lochsteine in die Kategorien C1 bis C7 eingeteilt werden. Weiter heißt es, dass folgende Kriterien für die Auswahl des Referenzsteins herangezogen werden *„können"*:

- Anzahl Stege und Stegdicken,
- Abstand der Stege über die Setztiefe,
- gefüllte oder ungefüllte Kammern,
- Baustoff (Ziegel, Kalksandstein, Leichtbeton, Porenbeton, Normalbeton),
- Druckfestigkeit, Rohdichte,
- Wirkprinzip (z. B. Verspreizung) des Dübels und
- Lastniveau des vergleichbaren Steines der ETA.

Prinzipiell sollten daher im Abschnitt „Verankerungsgrund" des Versuchsberichts für (Dübel-) Versuche am Bauwerk so viele Informationen wie möglich zusammengetragen werden.

15.5.5.2 Bestimmung des Verankerungsgrunds bei einem Neubau

Im Neubau kann der vorhandene Verankerungsrund mit wenig Aufwand häufig an auf der Baustelle noch vorhandenen, nicht verbauten Einzelsteinen bestimmt bzw. aus den Bauunterlagen wie z. B. Bauplänen, ggf. der Zulassung/Bewertung oder der Leistungserklärung des verbauten Mauersteins entnommen werden.

15.5.5.3 Bestimmung des Verankerungsgrunds bei einem Altbau

Beim Bauen im Bestand ist es dagegen häufig sehr schwierig bis unmöglich den tatsächlich vorhandenen Verankerungsgrund zu definieren. Die Bauakten sind i. d. R. unvollständig und nicht so präzise wie bei heutigen Neubauten. Bei alten Mauerwerksbauten trifft man häufig auch auf verputztes Mauerwerk, was eine exakte Bestimmung des Verankerungsgrunds zusätzlich erschwert.

Erste Hinweise auf den tatsächlich vorhandenen Verankerungsgrund gibt in diesen Fällen daher am besten eine Probebohrung direkt auf der Baustelle. Eine solche Probebohrung sowie generell Versuche am Bauwerk sollten vorzugsweise bereits in der Planungsphase einer Baumaßnahme durchgeführt werden, damit auf Grundlage einer Bemessung ein seriöses Angebot erstellt werden kann (Dübeltyp, Dübelabmessungen, Mengenermittlung) und die ausführende Firma am Tag der Montage bereits die richtigen Dübel in ausreichender Anzahl auf der Baustelle vorrätig hat.

Erstellt man bei der Probebohrung im Drehgang ein Bohrloch (das Hammer- bzw. Schlagwerk der Hammer- bzw. Schlagbohrmaschine muss ausgeschaltet sein), so kann man auf Grundlage des vorhandenen Bohrmehls und des Bohrfortschritts bereits eine erste Abschätzung über den vorhandenen Verankerungsgrund bzw. den Baustoff treffen (vgl. Tabelle 15.7 und Bild 15.12).

Wählt man für die Probebohrung einen kleinen Bohrer (z. B. Bohrernenndurchmesser $d_0 = 8$ mm), so ist es mit ein wenig Übung sogar möglich, sich wenigstens einen subjektiven Eindruck über die Druckfestigkeit des vorhandenen Mauersteins zu verschaffen, insbesondere dann, wenn man nicht so viel Druck auf die Bohrmaschine ausübt. (Dies ist z. B. besonders gut bei Mauerwerk aus Porenbetonsteinen möglich.)

Tabelle 15.7 Ermittlung des Verankerungsgrunds durch Probebohrungen, siehe z. B. in Scheller und Küenzlen, Hrsg. (2013)

Bohrfortschritt (Drehbohren)	Untergrund	Farbe des Bohrmehls	Wahrscheinlicher Verankerungsgrund/Baustoff
fortlaufend langsam	Vollmaterial	grau	Beton, Betonstein
		rot	Ziegel, Klinker
		weiß	Kalksandstein
		helles braun	Lehmblockstein
fortlaufend schnell		weiß	Porenbeton
ruckartig	Hohlmauerwerk	grau	Hohlblockstein aus (Leicht-) Beton
		rot	Hochlochziegel
		weiß	Kalksand-Lochstein
		helles braun	Lehmlochstein

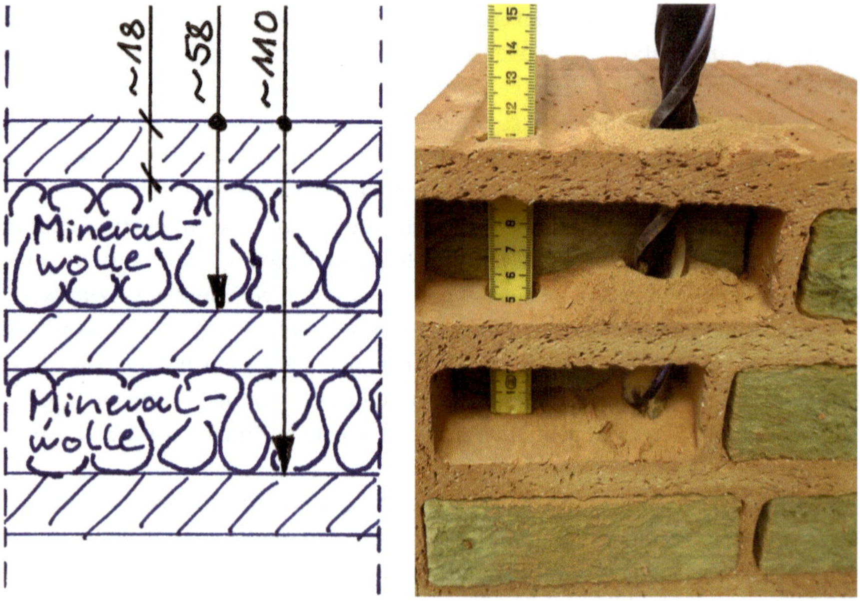

a) Skizze für Prüfbericht; Maße in mm

b) Bohrung (rotes Bohrmehl, ruckartiger Bohrfortschritt)

Bild 15.12 Schematische Darstellung einer Probebohrung mit Ermittlung der Lochsteg-Geometrie (Skizze und Foto: Scheller)

Hinweise: Für eine genaue Bestimmung der Druckfestigkeit des vorhandenen Mauerwerks wären zusätzliche Maßnahmen erforderlich, die in DIBt TR VaB Kunststoffdübel (2019) aber nicht gefordert sind:

- Werden bei einem Altbau im Zuge von Umbauten z. B. Öffnungen für Türen oder Fenster in vorhandenen Mauerwerkswänden erstellt, so könnten die dabei ausgebauten Mauersteine in ein Prüflabor gebracht werden, in dem dann entsprechende Versuche zur Ermittlung der Druckfestigkeit durchgeführt werden könnten (vgl. Bild 15.6).
- Eine weitere Möglichkeiten zur Ermittlung der Druckfestigkeit ist zum Beispiel das Bohrwiderstandsverfahren aus dem Bereich des Holzbaus, das sinngemäß auch für Mauerwerk angewendet werden könnte.
- Für die Ermittlung der Lochgeometrie gibt es beispielsweise noch das Ultraschallverfahren.

Für Informationen dazu bzw. die Anwendung solcher, etwas genauerer Untersuchungsverfahren müsste ggf. ein spezialisierter Gutachter oder Bausachverständiger hinzugezogen werden.

In jedem Fall kann man aber – zu mindestens näherungsweise – die Steg Geometrie eines ggf. vorhandenen Lochsteins ermitteln, indem man beispielsweise mit einem Bohrer $d_0 \geq 18$ mm im *Drehgang* wie folgt eine Probebohrung vornimmt:

- Sobald man den Außensteg durchbohrt, die Bohrmaschine abgeschaltet und den Bohrer wieder aus dem Bohrloch herausgezogen hat, kann man die Dicke des Außenstegs und den Abstand von der Steinoberfläche bis zum ersten Innensteg messen.
- Anschließend wird die Probebohrung sinngemäß fortgesetzt, der erste Innensteg durchbohrt und der Abstand von der Steinoberfläche bis zum zweiten Innensteg gemessen (Bild 15.12b), usw.
- Dieser Vorgang wird mindestens so lange wiederholt, bis bei der Messung die spätere Einbindetiefe des verwendeten Dübel-Systems erreicht wird.

Das so grob ermittelte Lochbild sollte als Baustellen-Skizze oder Zeichnung in den Prüfbericht für die Versuche am Bauwerk integriert werden (Bild 15.12a). Auf dieser Grundlage kann später der vergleichbare „Referenzstein" aus der Dübel-ETA herausgesucht werden (vgl. Abschnitte 15.4.2.2, 15.5.5.1 und für das Praxisbeispiel 8 in Kapitel 16 den Abschnitt 16.2.5 mit Bild 16.8).

Ein gutes Hilfsmittel für solche Probebohrungen sind moderne Mehrzweckbohrer, mit extra scharfen Hartmetallschneiden (Bild 15.13).

Mit diesen Bohrern können bei richtiger Handhabung Bohrlöcher ohne große Beschädigungen an den Stegen von Hohl- und Lochsteinen gebohrt werden, so dass sich auf dieses Weise auch problemlos sehr filigrane Lochsteg-Geometrien von Hochlochziegeln bestimmen lassen (Bild 15.14).

Generell kommt es bei den Messungen nicht auf eine sehr hohe Genauigkeit an, sondern primär auf eine Unterscheidung, ob auf der jeweiligen Baustelle z. B. ein Lochstein mit großen Kammern und dicken Stegen verbaut wurde (Bild 15.12b) oder aber ein Lochstein mit kleinen Kammern und dünnen Stegen (Bild 15.14).

Bild 15.13 Moderner Mehrzweckbohrer mit Bohrernenndurchmesser d_0 = 18 mm (Foto: Adolf Würth GmbH & Co. KG)

Bild 15.14 Probebohrung zur Ermittlung der Lochsteg-Geometrie in einem filigranen Hochlochziegel mit einem modernen Mehrzweckbohrer (Foto: Scheller)

15.5.6 Name des Produkts

Das Praxisbeispiel 8 in Kapitel 16 zeigt in Abschnitt 16.2.6 exemplarisch die Zusammenstellung der wichtigsten Informationen, die unter dem Begriff „Name des Produkts“ noch im Prüfbericht für Versuche am Bauwerk dokumentiert werden sollten. Diese Angaben werden i. d. R. am einfachsten dem Etikett auf der Dübel-Verpackung zu entnehmen sein, mit der das Befestigungssystem vom Hersteller geliefert wird.

Die Angabe der zugehörigen gültigen Europäischen Technischen Bewertung (ETA) und deren Erteilungsdatum erleichtert dem Fachplaner später die Arbeit, den „Referenzstein“ aus der aktuell gültigen ETA herauszusuchen, in dem der Dübel im Bewertungsverfahren geprüft wurde (vgl. Abschnitt 15.4.2.2).

15.5.7 Montage

Die Montage der Kunststoffdübel für die Versuche wird im Rahmen des Praxisbeispiels 8 in Kapitel 16 durch das „sachkundige Personal“ gemäß Abschnitt 15.3.4 durchgeführt, das später auch die eigentliche Montage vornimmt.

Der EOTA TR 051 (2018) enthält ergänzend zur „üblichen“ Setzanleitung des Dübel-Herstellers (vgl. Abschnitt 15.5.3 mit Bild 15.11) zwei wesentliche Absätze, die nachfolgend zitiert und anschließend etwas näher erläutert werden:

> *„Der zu prüfende Kunststoffdübel (...) sollte in Übereinstimmung mit der Montageanleitung des Herstellers (z. B. Vorbereitung des Bohrloches, zu verwendende Bohrmaschine, Bohrer, Art des Bohrens, Setzwerkzeug, Dicke des Anbauteils) und hinsichtlich der Achs- und Randabstände so angeordnet sein, wie es für den beabsichtigten Verwendungszweck vorgesehen ist (...).“*
>
> (EOTA TR 051, 2018, S. 3, Abschnitt 2; Anmerkung: Übersetzung der Autoren)

Dem Bohrverfahren kommt bei der Montage von Kunststoffdübeln eine wesentliche Bedeutung zu. Vielfach ist es Baustellenpraxis, dass Bohrlöcher für Dübelverankerungen nach Aussage der Ausführenden *„aus Zeitgründen“* in sämtlichen Verankerungsgründen – also auch in Lochsteinen – im Hammerbohrverfahren erstellt werden. Verwendet man allerdings die in Abschnitt 15.5.5.3 beschriebenen modernen Mehrzweckbohrer (Bild 15.13 und Bild 15.14), so ist der Zeitunterschied zwischen der Erstellung eines „normalen“ Bohrlochs im Hammerbohrverfahren und der Herstellung eines Bohrlochs im Drehgang mit einem Mehrzweckbohrer als vernachlässigbar klein anzusehen.

Die ETAs für Kunststoffdübel (und für Metall-Injektionsanker zur Verankerung im Mauerwerk) decken für Verankerungen in Lochsteinen in der Regel auch nur die Bohrlocherstellung im Drehbohrverfahren ab. Wenn bei der späteren, eigentlichen Montage die Bohrlöcher im Hammerbohrverfahren erstellt werden sollen, dann müsste man auch die Baustellenversuche im Hammerbohrverfahren durchführen.

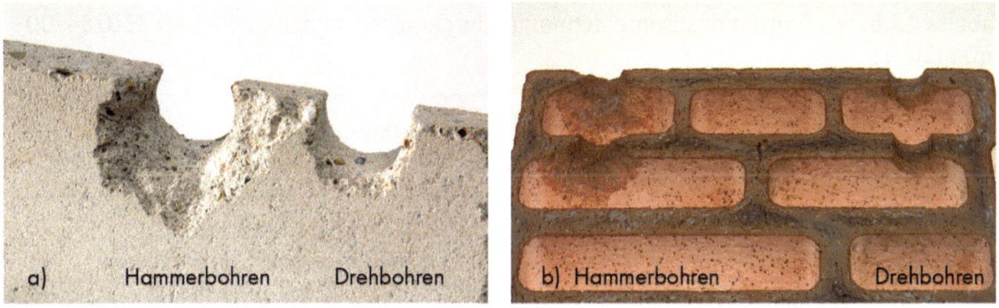

Bild 15.15 Jeweils Hammerbohren (links) und Drehbohren (rechts) in einem a) Kalksand-Lochstein bzw. b) Hochlochziegel (Fotos: Adolf Würth GmbH & Co. KG)

Für Lochsteine ist das Drehbohren generell immer empfehlenswert, da das Bohrloch bei Einsatz des Hammerbohrverfahrens für den Dübel zu groß werden kann bzw. der Verankerungsgrund beim Bohren vorgeschädigt wird (Ausbruchkrater auf der rückwärtigen Stegseite). In einem solch vorgeschädigten Bohrloch (Bild 15.15) lässt sich deutlich weniger Haltekraft für einen Kunststoffdübel erzeugen.

Das zweite Zitat aus EOTA TR 051 zum Thema „Montage" befasst sich mit dem Bohrerschneidendurchmesser:

> *„In Abhängigkeit von der Bohrmaschine sollten Hartmetallbohrer für Bohrhammer bzw. für Schlagbohrmaschinen gemäß ISO 5468 ... verwendet werden. Für die Versuchsreihen sollten"* gemäß EOTA TR 051 (2018) *„Bohrer an der oberen Toleranzgrenze verwendet werden."*
> (EOTA TR 051, 2018, S. 3, Abschnitt 2; Anmerkung: Übersetzung der Autoren)

Auch der Bohrerschneidendurchmesser (d_{cut}) hat einen nicht zu vernachlässigenden Einfluss auf die Tragfähigkeit von Kunststoffdübeln. EOTA EAD 330284-00-0604 (2021) unterscheidet für die Definition der Bohrer daher 4 bzw. 5 verschiedene Angaben (vgl. Tabelle 15.8).

In den ETAs für Kunststoffdübel finden sich in der Tabelle „Montagekennwerte" immer die Angaben der Schneidendurchmesser der Bohrer $d_{cut} \leq ...$; hinter diesen in der ETA ausgewiesenen Zahlenwerten verbergen sich jeweils die Schneidendurchmesser an der oberen Toleranzgrenze ($d_{cut,max}$). Im Praxisbeispiel 8 in Kapitel 16 muss daher für eine zulassungskonforme Montage für den Schneidendurchmesser des Bohrers Folgendes gelten; siehe in ETA SHARK UR (2021):

$$d_{cut} \leq 8{,}45 \text{ mm} = d_{cut,max}$$

Um diese Angabe $d_{cut} \leq ...$ und die oben zitierte Forderung $d_{cut} \geq d_{cut,m}$ einhalten zu können (also im Prinzip $d_{cut,m} \leq d_{cut,vorhanden} \leq d_{cut,max}$), ist es nach DIBt TR VaB Kunststoffdübel (2019) erforderlich, dass für die Versuche am Bauwerk neue, d. h. vorher noch nie benutzte Bohrer verwendet werden. Wenn diese neuen Bohrer zusätzlich am Bohrerschaft mit der Prüfmarke der Prüfgemeinschaft Mauerbohrer e. V. nach Bild 15.17 gekennzeichnet sind, siehe DIBt/FWI Merkblatt Bohrer (2002),

Tabelle 15.8 Definition des Bohrerschneidendurchmessers nach EOTA EAD 330284-00-0604 (2021)

Abkürzung	Definition nach EOTA EAD 330284-00-0604 (2021)	Erklärung
$\mathbf{d_0}$	Bohrlochdurchmesser	d_0 entspricht im Prinzip dem Bohrernenndurchmesser
$\mathbf{d_{cut}}$	Schneidendurchmesser der Bohrer	• $\mathbf{d_{cut}} = \mathbf{d_1}$ nach DIBt/FWI Merkblatt Bohrer (2002) • $\mathbf{d_{cut}} = \mathbf{d}$ nach ISO 5468 Gemeint ist immer das *vorhandene* Bohrerschneiden-*Eckmaß*, vergleiche hierzu Bild 15.16!
$\mathbf{d_{cut,m}}$	mittlerer Schneidendurchmesser der Bohrer	
$\mathbf{d_{cut,max}}$	Schneidendurchmesser an der oberen Toleranzgrenze (maximaler Bohrerdurchmesser)	Diese beiden Werte sind nur für das Zulassungs- bzw. Bewertungsverfahren des Dübels relevant, da hier Versuche sowohl in $\mathbf{d_{cut,max}}$– als auch in $\mathbf{d_{cut,min}}$–gebohrten Löchern durchgeführt werden müssen.
$\mathbf{d_{cut,min}}$	Schneidendurchmesser an der unteren Toleranzgrenze (minimaler Bohrerdurchmesser)	

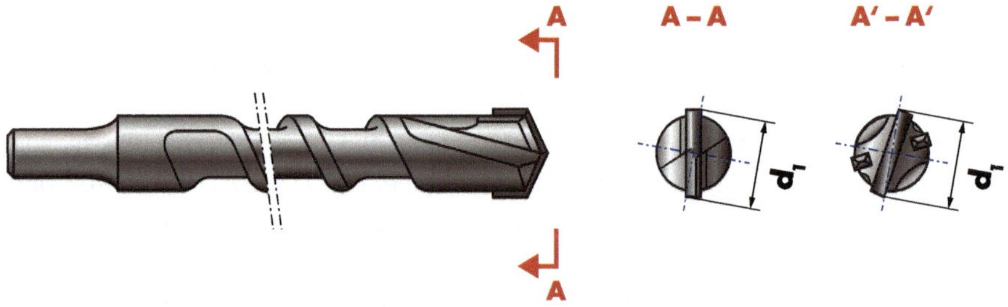

Bild 15.16 Zweischneidiger Mauerbohrer mit durchgehender Schneidplatte: Definition Schneidendurchmesser bzw. Bohrerschneiden-Eckmaß d_1 nach DIBt/FWI Merkblatt Bohrer (2002); d_1 = d nach ISO 5468; Schnitt A'-A' zeigt ergänzend die Spitze eines vierschneidigen Hammerbohrers

ist sichergestellt, dass die maximalen Toleranzen für die Erstellung von Bohrlöchern für Dübelverankerungen eingehalten werden, d. h., dass das maximale Bohrereckmaß nicht überschritten wird.

Neue Bohrer mit dieser Prüfmarke entsprechen dann immer dem „*Merkblatt über die Kennwerte, Anforderungen und Prüfungen von Mauerbohrern mit Schneidkörpern aus Hartmetall, die zur Herstellung der Bohrlöcher von Dübelverankerungen verwendet werden*“ (DIBt/FWI Merkblatt Bohrer, 2002) und damit auch der oben zitierten ISO 5468, da die „zulässigen Abweichungen“ mit dem jeweiligen „Grenzabmaß“,

a) Prüfmarke

b) Prüfmarke auf einem Bohrerschaft

Bild 15.17 Prüfmarke der Prüfgemeinschaft Mauerbohrer e. V. nach DIBt/FWI Merkblatt Bohrer (2002) (Foto: Scheller)

also die zulässigen Toleranzen der Schneidendurchmesser der Bohrer, übereinstimmen.

Gemäß Kapitel 16, Abschnitt 16.2.7, Bild 16.10 wurden im Praxisbeispiel 8 auch die Temperatur +15 °C im Verankerungsgrund (= im Bohrloch) gemessen und im Prüfbericht dokumentiert. Da insbesondere in den Übergangszeiten Winter/Frühling und Herbst/Winter tageszeiten- und/oder wetterbedingt deutliche Unterschiede zwischen der Lufttemperatur und der Temperatur im Verankerungsgrund vorliegen können, ist die Angabe der Temperatur im Bohrloch (die einfach mit einem Laserthermometer gemessen werden kann) in jedem Fall eine sinnvolle Angabe.

Grundsätzlich ist die Angabe einer Temperatur (Lufttemperatur und/oder Temperatur im Bohrloch) gerade in strengen Wintern eine sinnvolle Ergänzung, um zu dokumentieren bzw. daran zu erinnern, dass bei Kunststoffdübeln die Setzbarkeit auch von Temperatureinflüssen abhängig ist.

Der gewählte Dübel kann beispielsweise nach ETA SHARK UR (2021) bis zu einer Temperatur von −40 °C im Verankerungsgrund eingebaut werden. Ein anderer zugelassener Kunststoffdübel kann dagegen möglicherweise z. B. nur bis 0 °C, als niedrigste Montagetemperatur eingebaut werden (vgl. Abschnitt 15.4.2.3 mit Tabelle 15.3).

15.5.8 Versuchsergebnisse

Nach der Dokumentation der vorangegangenen Punkte (Abschnitt 15.5.1 bis 15.5.7) können die entsprechenden Versuche nach Abschnitt 15.4.3.2, 15.4.3.3 oder 15.4.4 durchgeführt (Bild 15.18) und deren Ergebnisse entsprechend im Prüfbericht dokumentiert werden (vgl. exemplarisch im Praxisbeispiel 8 in Kapitel 16, Abschnitt 16.2.8 mit Bild 16.11).

Bild 15.18 Dübel-Auszugsversuch für einen Kunststoffdübel mit einem mobilen Dübel-Auszugsgerät (Foto: Petter)

Gemäß DIBt TR VaB Kunststoffdübel (2019, S. 8, Abschnitt 2.2) gilt dabei Folgendes:

> *„Die Versuche werden auf Basis der Vorgaben des Fachplaners unter Verantwortung des Versuchsleiters durchgeführt."*

Im Praxisbeispiel 8 wurde bei den 5 Querlast-Versuchen das Dübel-Auszugsgerät nach Bild 15.7a verwendet (vgl. auch Abschnitt 16.2.3 mit Bild 16.6). Bei der Versuchsdurchführung nach EOTA TR 051 (2018) ist folgende Anforderung zu beachten:

> *„Die Last sollte stetig gesteigert werden, so dass die Bruchlast nach nicht weniger als ca. 1 Minute erreicht wird. Die Last beim Erreichen der Bruchlast wird aufgezeichnet."*

Die Angabe der „Versuchsgeschwindigkeit" mit Erreichen der Bruchlast *„nach nicht weniger als ca. 1 Minute"* kann in der Baustellenpraxis nur *ungefähr* eingehalten werden, da die Größe der Bruchlast für den jeweiligen Versuch ja vorher nicht bekannt ist. Erfahrungen aus Dübel-Versuchen im Labor zeigen aber, dass langsamere Prüfungen (ca. 1- 3 Minuten) eher akzeptabel sind als zu schnelle Prüfungen, da langsamere Prüfungen in der Regel zu verlässlicheren Prüfergebnissen führen.

Vorausgesetzt, dass die Bruchlasten der einzelnen Versuche nicht zu stark voneinander abweichen, kann es auf der Baustelle im Prinzip immer nur ein „Herantasten" an die *„ca. 1 Minute"* geben, indem die Last auf der sicheren Seite nur sehr langsam gesteigert wird und parallel dazu die Zeit gemessen bzw. die Prüfdauer kontrolliert wird.

Als Prüfergebnisse werden im Praxisbeispiel 8 die Bruchlasten V_u der 5 einzelnen Versuche aufgezeichnet (vgl. Abschnitt 16.2.8 mit Bild 16.11).

15.6 „Zwischenfazit“: Aufgabentrennung

Mit der vollständigen Dokumentation der Versuchsergebnisse sind nach DIBt TR VaB Kunststoffdübel (2019, S. 11, Abschnitt 2.3) die Aufgaben des „Versuchsleiters“ gemäß Abschnitt 15.3.3 erfüllt:

> *„Der Versuchsbericht und gegebenenfalls Anmerkungen zu den Randbedingungen sind vom Versuchsleiter an den Fachplaner zu übergeben.“*

So gesehen sind die für das Praxisbeispiel 8 dargestellten Abschnitte 16.2.1 bis 16.2.8 für einen Prüfbericht ausreichend.

Insbesondere die Auswahl des Referenzsteins und das Herauslesen der entsprechenden charakteristischen Tragfähigkeit ($N_{Rk,ETA}$ und $V_{Rk,ETA}$) aus der Zulassung/Bewertung des verwendeten Dübels ist eine Entscheidung, die final nur durch den zuständigen Fachplaner erfolgen kann, da nur dieser mit dem gesamten Bauvorhaben vertraut ist.

Sowohl die Europäischen Technischen Bewertungen (ETAs) als auch Versuche am Bauwerk für Dübel erbringen immer nur den Nachweis der unmittelbaren örtlichen Krafteinleitung in den Verankerungsgrund; die Weiterleitung der mit den Dübeln zu verankernden Lasten im Bauteil und im Bauwerk (im Prinzip von der Einwirkungsstelle bis zur Gründungsebene) kann ebenfalls nur durch den zuständigen Fachplaner nachgewiesen werden.

Hinweise: Im Anhang B zu Heft 4 der Schriftenreihe des Deutschen Ausschuss für Mauerwerk e. V. (DAfM) „(Dübel-) Versuche am Bauwerk in Mauerwerk – Aktuelle Regelungen für Kunststoffdübel und Metall-Injektionsanker zur Verankerung im Mauerwerk“, siehe Küenzlen et al. (2020, S. 147 ff.) findet sich ein Blanko-Formular „Dokumentation (Dübel-) Versuche am Bauwerk“.

Dieses Blanko-Formular kann als Kopiervorlage für die *Dokumentation der Versuchsergebnisse* universell – sowohl für Kunststoffdübel als auch für Metall-Injektionsanker zur Verankerung im Mauerwerk – verwendet werden (siehe DIBt TR VaB Kunststoffdübel, 2019 bzw. DIBt TR VaB Injektionsanker, 2019: Bruchversuche/Probebelastungen/Abnahmeversuche // Zugversuche/Querlastversuche).

Hierbei sollte allerdings darauf geachtet werden, dass in einem Formular aus Übersichtsgründen nur jeweils eine Art der Versuche protokolliert wird.

16

Praxisbeispiel 8 – Befestigung eines absturzsichernden Fensterelements mit vorheriger Ermittlung der Dübeltragfähigkeit

16.1 Einleitung und allgemeine Hinweise

Das Praxisbeispiel 8 gilt – wie auch das Praxisbeispiel 2 (vgl. Kapitel 9) – grundsätzlich für jede Art von Mauerwerk und stellt kein besonderes Vorgehen für den hier exemplarisch dargestellten Lochstein dar.

Dabei entspricht die Ausgangssituation von Praxisbeispiel 8 der Ausgangssituation in Praxisbeispiel 2: Hier sollen in einem Bürogebäude absturzsichernde Fensterelemente mit unterer Festverglasung – mit den gleichen Abmessungen wie in Praxisbeispiel 2 – geplant, bemessen und eingebaut werden, wobei der Schwerpunkt der hier dargestellten Ausführungen wieder bei der Dübel-Befestigung liegt (Bild 16.1), die in diesem Fall auf der Grundlage von Versuchen am Bauwerk basiert.

Der wesentliche Unterschied gegenüber Praxisbeispiel 2 (Kapitel 9) besteht darin, dass die Mauerwerkswand auf der Baustelle nicht aus einem Kalksandvollstein (KS), sondern aus einem „unbekannten" Hohlblockstein aus Normalbeton (Hbn) besteht, der bisher noch nie mit einem Dübel-System im Rahmen eines Bewertungsverfahrens geprüft wurde. Das bedeutet, dass der auf der Baustelle verbaute Hohlblockstein aus Beton zum Zeitpunkt der geplanten Fenster-Montage noch nicht als geprüfter Verankerungsgrund in einer Kunststoffdübel-Bewertung (ETA) abgebildet ist.

Die absturzsichernden Fensterelemente, die eine tragende Funktion haben (vgl. dagegen Abschnitt 15.2.4), sollen dabei wieder mit der „Fenstermontageschiene" (Bild 16.7c) montiert werden.

Auf Grund der Erfahrung aus Praxisbeispiel 2 (Kapitel 9) und der charakteristischen Dübeltragfähigkeit von 4,5 kN im KS Vollstein mit einer mittleren Steindruckfestigkeit (nach EN 771) ≥ 35 N/mm² (ETA SHARK UR 2021, Anhang C 80) wurde für das Praxisbeispiel 8 zu Beginn der Planung zunächst der Referenzstein gewählt (vgl. Kapitel 16.4.2):

⇒ Hohlblockstein aus Normalbeton (Hbn) gemäß ETA SHARK UR (2021, Anhang C 105)

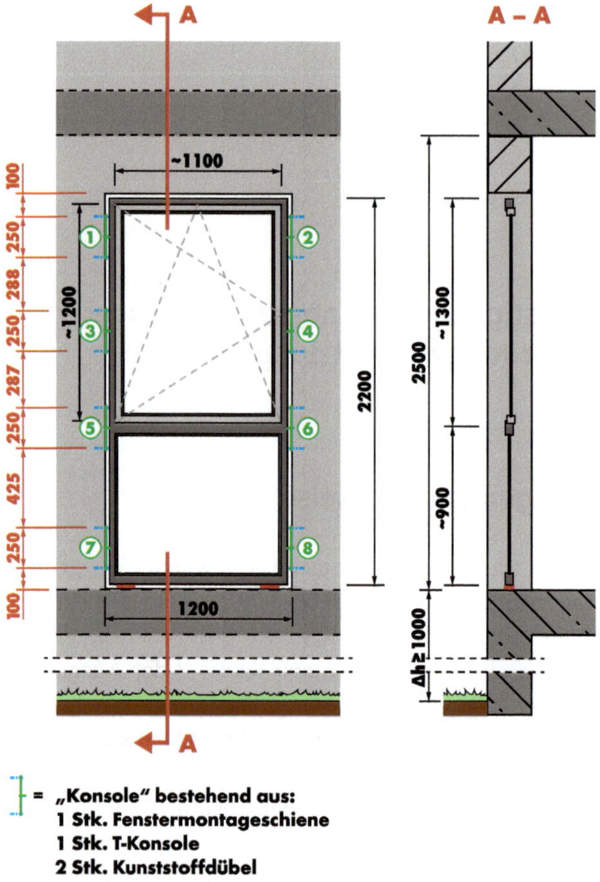

Bild 16.1 Schematische Darstellung für Praxisbeispiel 8 – Bodentiefes absturzsicherndes Fensterelement mit unterer Festverglasung (Ansicht von außen): Befestigung links und rechts in Hohlblocksteinen aus Normalbeton mit je 4 Fenstermontageschienen W-ABZ, kombiniert mit T-Konsole und zwei zugehörigen Kunststoff-Rahmendübeln SHARK UR 8; Maße in mm

Auf Grund der geringeren charakteristischen Dübeltragfähigkeit von maximal 2,5 kN < 2,8 kN < 4,5 kN muss in diesem Fall die in Praxisbeispiel 2 gewählte Schiene W-ABZ zusätzlich noch jeweils mit der T-Konsole (vgl. Bild 16.7d) nach abZ/aBG W-ABZ (2024) kombiniert werden. Dabei wird jede T-Konsole mit je 2 Kunststoffdübeln nach ETA SHARK UR (2021) im Achsabstand $s = s_{min} = 250$ mm befestigt.

Eine Mehrfachbefestigung nach Abschnitt 8.5.4.2 kann hier aufgrund der Fensterkonstruktion nicht ausgeführt werden:

- Der Nachweis der Mehrfachbefestigung erfordert für Kunststofffenster eine Stahlverstärkung im Blendrahmen mit einem Flächenträgheitsmoment von $\geq 3{,}5$ cm^4, z. B. in Form eines Stahl-Hohlprofils 30x30x3 mm. Vorhanden ist aber

nur eine Materialstärke von t = 1,6 mm (vgl. Abschnitt 16.5.2; Annahme: mit den weiteren Abmessungen der Armierung wird der Wert 3,5 cm^4 *nicht* erreicht).
- Der Nachweis der konstruktiven Ausbildung der Rahmenecke mit der Möglichkeit der Lastübertragung von 900 N gemäß abZ/aBG W-ABZ (2024) ist in diesem Beispiel nicht möglich.

Auch bei diesem Beispiel handelt es sich – offensichtlich wie bei Praxisbeispiel 2 – um eine bauaufsichtlich relevante Befestigung (vgl. Abschnitt 15.2.2), für die nur zugelassene Dübel in Frage kommen.

Im System nach abZ/aBG W-ABZ (2024) können für diese besondere Anwendung auch Kunststoff-Rahmendübel mit einer Zulassung für Mehrfachbefestigungen von nichttragenden Systemen ETA SHARK UR (2021) verwendet werden, da die Systemzulassung abZ/aBG W-ABZ (2024) die Anwendung in diesem Sonderfall, quasi als allgemeine Bauartgenehmigung für den Kunststoff-Rahmendübel SHARK UR, neu regelt (vgl. auch Erläuterungen in Abschnitt 8.5.2.3).

Zum Einsatz kommt ein Kunststoff-Rahmendübel mit der Europäischen Technischen Bewertung ETA SHARK UR (2021), in der Größe 8x10/80 mm, der für Verankerungen in einem vergleichbaren „Baustoff" zugelassen ist. Das bedeutet, dass dieser Kunststoff-Rahmendübel im Rahmen des Bewertungsverfahren in einem vergleichbaren Hohlblockstein aus Beton geprüft wurde, nicht aber im tatsächlich vorhandenen „Baustellen-Verankerungsgrund".

Für

- die Bestimmung der Tragfähigkeit des Kunststoff-Rahmendübels im noch nicht geprüften „Baustellen-Verankerungsgrund" (Abschnitt 16.4) und
- die Bemessung der Befestigung des Fensters in der Laibung (Abschnitt 16.5)

im Rahmen der zugehörigen Europäischen Technischen Bewertung ETA SHARK UR (2021) und abZ/aBG W-ABZ (2024) werden Versuche am Bauwerk nach DIBt TR VaB Kunststoffdübel (2019) durchgeführt (vgl. Abschnitt 15.4) und diese im Anschluss daran ausgewertet.

16.2 Durchführung und zugehörige Dokumentation der Versuche am Bauwerk

16.2.1 Allgemeine Informationen zum Bauvorhaben

Die nachfolgende Dokumentation der durchgeführten Versuche am Bauwerk basiert auf dem Blanko-Formular „Dokumentation (Dübel-) Versuche am Bauwerk" im Anhang B zu Heft 4 der Schriftenreihe des Deutschen Ausschuss für Mauerwerk e. V. (DAfM) „(Dübel-) Versuche am Bauwerk in Mauerwerk – Aktuelle Regelungen für Kunststoffdübel und Metall-Injektionsanker zur Verankerung im Mauerwerk", siehe Küenzlen et al. (2020, S.147 ff.).

Für das Praxisbeispiel 8 werden „Querlastversuche am Rand" als Bruchversuche mit „Kunststoffdübeln" durchgeführt (Bild 16.2).

PRÜFBERICHT FÜR (DÜBEL-) VERSUCHE AM BAUWERK				
☒ **für KUNSTSTOFFDÜBEL**				**nach 1), 2) bzw. 3)**
Art der Versuche	☒	**Bruchversuche**	☐	**Zugversuche**
			☒	**Querlastversuche am Rand**
	☐	**Probebelastungen**	☐	**Querlastversuche**
☐ **für METALL-INJEKTIONSANKER zur Verankerung im Mauerwerk**				**nach 4), 5) bzw. 6)**
Art der Versuche	☐	**Bruchversuche**	☐	**Zugversuche**
			☐	**Querlastversuche am Rand**
	☐	**Probebelastungen**	☐	**Zugversuche**
			☐	**Querlastversuche am Rand**
	☐	**Abnahmeversuche**	☐	**Zugversuche**
Prüfbericht - Nr.	**Praxisbeispiel 8**			
Bauwerk/Bauvorhaben	**Absturzsichernde Fensterelemente mit unterer Festverglasung**			
Bauherr/Auftraggeber	⋮			

Bild 16.2 Deckblatt Prüfbericht (auszugsweise) für Praxisbeispiel 8

1 Ort der Prüfungen (Bauteil / Etage / Ebene / …)
• **Es werden 5 Querlastversuche am Rand (als Bruchversuche) in der Fensterlaibung im Erdgeschoß in Raum … durchgeführt.** …………
• **Bei den Versuchen wird darauf geachtet, dass diese in Steinen durchgeführt werden, die später *nicht* für die eigentliche Verankerung verwendet werden (*nicht* unter dem Sturz, *nicht* in Brüstungshöhe und *nicht* kurz über dem Boden), da diese Verankerungspunkte nach den Versuchen nicht mehr für die eigentliche Verankerung verwendet werden dürfen.** …………
…………

Bild 16.3 Prüfbericht (Praxisbeispiel 8 nach Abschnitt 16.1): Ort der Prüfungen

16.2.2 Ort der Prüfungen

Die Ausführungen in Abschnitt 15.5.2 gelten auch in diesem Abschnitt für das Praxisbeispiel 8. Die entsprechenden Informationen werden sinngemäß in den Blanko-Prüfbericht nach Küenzlen et al. (2020, Anhang B) eingetragen (Bild 16.3).

16.2.3 Prüfvorrichtung

Als Prüfvorrichtung kommt ein Dübel-Auszugsgerät wie in Abschnitt 15.5.3, Bild 15.7a dargestellt zum Einsatz. Für Querlastversuche am Rand wird in DIBt TR VaB Kunststoffdübel (2019, S. 9, Abschnitt 2.2, Bild 3) bezüglich der Abstützweite der Prüfvorrichtung Folgendes festgelegt:

> *„Für die Querlastversuche sollte der Abstand der Abstützung auf dem Mauerwerk größer als die Steinhöhe und größer als der 3-fache Randabstand des Dübels sein. Wenn das Ausbrechen nicht behindert wird (die Abstützung behindert den Ausbruchkegel nicht), können kleinere Abstützweiten gewählt werden.“*

Das Bild 3 aus DIBt TR VaB Kunststoffdübel (2019, S. 9, Abschnitt 2.2) wird hier in diesem Abschnitt – um einen Schnitt und eine Beschriftung erweitert – als Bild 16.4 dargestellt.

Die Dicke der später bei der eigentlichen Montage mit den Kunststoffdübeln zu montierenden T-Konsole (vgl. Bild 16.7d) entspricht ungefähr der Dicke des Prüfanbauteils des mobilen Dübel-Ausziehgeräts (vgl. hierfür Bild 16.5):

$$t_{\text{fix,Konsolenbefestigung}} = 2\text{ mm} \approx 5\text{ mm} = t_{\text{fix,Prüfanbauteil}}$$

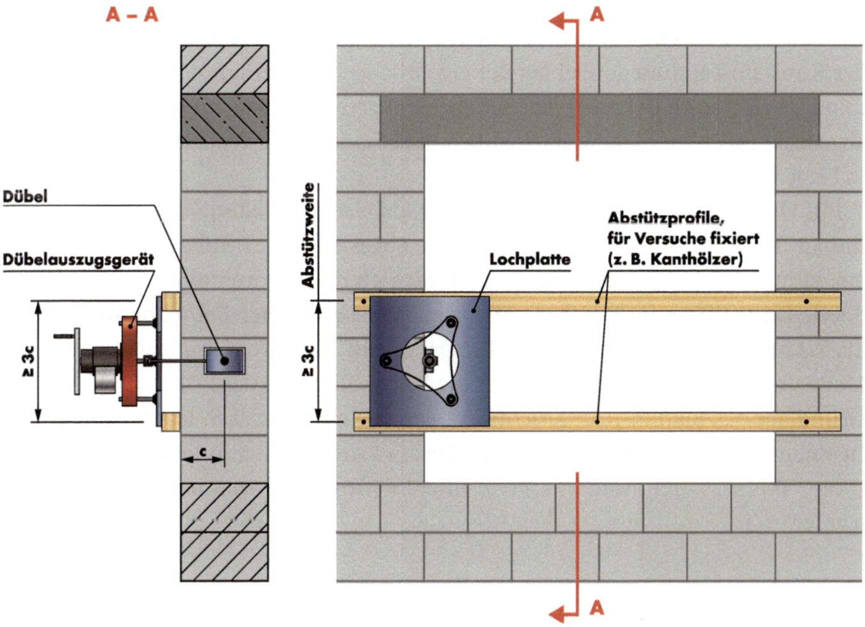

Bild 16.4 Beispiel für Abstützung des Dübel-Auszugsgerät bei Querlastversuchen in einer Fensterlaibung (vgl. hierzu auch Bild 16.5)

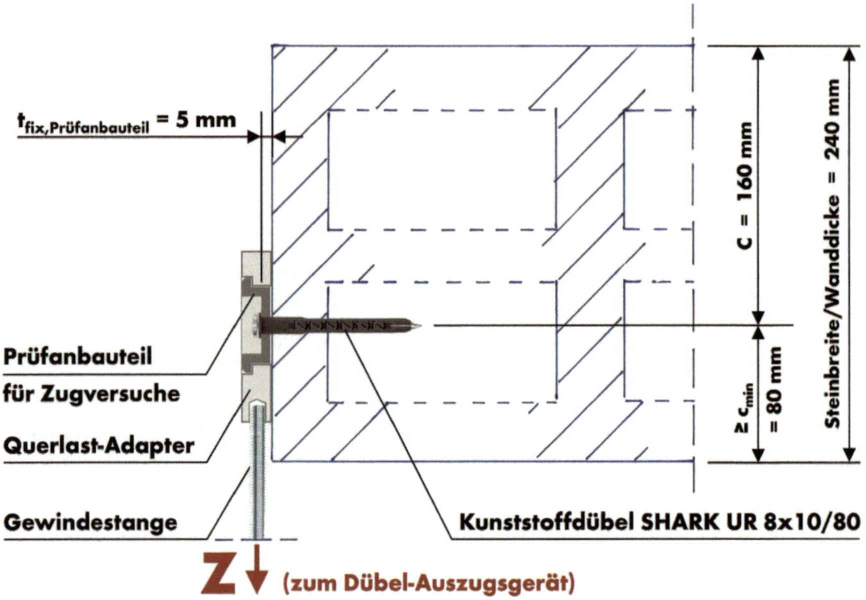

Bild 16.5 Einleitung der Last: Zusammengesetztes Prüfanbauteil (vgl. hierzu auch Bild 16.4)

Die Versuche werden mit dem minimalen zulässigen Randabstand in der Laibung des Referenzsteins c_{min} = 80 mm durchgeführt (vgl. Bild 16.4 und Bild 16.14). Wird der Kunststoff-Rahmendübel bei der eigentlichen Fenstermontage nicht in Steinmitte gesetzt, so sind damit beide möglichen Lastrichtungen auf der sicheren Seite abgedeckt (nach innen bzw. nach außen bzw. Winddruck/Windsog bzw. Holmlast in beide Richtungen wirkend).

Für Querlastversuche am Rand – insbesondere in Fensterlaibungen – werden immer individuell auf die Baumaßnahme abgestimmte Abstützungen, Adapter, etc. zum Einsatz kommen. Deshalb empfehlen die Autoren eine ebenso individuelle Darstellung im Prüfbericht, vorzugsweise in einer Foto-Dokumentation als Anhang zum eigentlichen Prüfbericht mit Beschreibung aller relevanter Maße und Details. Bild 16.6 zeigt nur die Protokollierung der Prüfvorrichtung auf Grundlage des Blanko-Prüfberichts in Küenzlen et al. (2020, S. 147 ff., Anhang B). In einem entsprechenden Anhang zu diesem Prüfbericht müssten Darstellungen (Foto, Skizze, Zeichnung o. ä.) wie Bild 16.4 und Bild 16.5 mit aufgenommen werden.

2 Prüfvorrichtung (Mobiles Dübel-Ausziehgerät mit Adapterstück)				
Prüfgerät:				
• Geräte - Nr.				XXZ
• Datum der letzten Geräteprüfung (vgl. Prüfbericht)				17.06.2025
• Maximale Zugkraft des Geräts	max Z	=	kN	12
• Abstützweite (*)	a_{dist}	=	mm	600
(Prüf-) Anbauteil/Adapterstück:				
• Durchmesser des Durchgangslochs im Anbauteil	d_f	=	mm	8,5
• Dicke des Anbauteils [(Prüf-) Anbauteil + z. B. Unterlegscheiben]	t_{fix}	=	mm	5
Bemerkung(en):				

(*) Mit a_{dist} = 600 mm wird die Anforderung $a_{dist} \geq = 3{,}0 \cdot c$ für alle möglichen Randabstände erfüllt.
Die Steinbreite auf der Baustelle und die Breite des Referenzsteins beträgt 240 mm.
Somit kann der maximale Randabstand bei mittiger Anordnung des Dübels in der Laibung $c_{max,Laibung}$ = 240/2 = 120 mm betragen ($3{,}0 \cdot c_{max,Laibung}$ = 360 mm < 600 mm = a_{dist}).
Der minimale Randabstand des Dübels im Referenzstein beträgt gemäß ETA-08/0190, Anhang C 105 $c_{min,Laibung}$ = 80 mm ($3{,}0 \cdot c_{min,Laibung}$ = 240 mm < 600 mm = a_{dist}).

• Die Dicke der später zu befestigenden Fenstermontageschiene bzw. Konsolenbefestigung beträgt ...
$t_{fix,Konsolenbefestigung}$ = 2 mm ≈ 5 mm = $t_{fix,Prüfanbauteil}$ ....

....

(*) Für die Abstützweiten (a_{dist}) beachten Sie bitte die beiden Technischen Regeln des DIBt!
(vgl. Quellen-Hinweise auf Deckblatt zu diesem Prüfbericht!)

Bild 16.6 Prüfbericht (Praxisbeispiel 8 nach Abschnitt 16.1): Prüfvorrichtung (für d_f und t_{fix} beachte Bild 15.10)

16.2.4 Art der zu befestigenden Konstruktion

Die absturzsichernden Fensterelemente mit unterer Festverglasung sollen mit der „Fenstermontageschiene" und der dazu kombinierbaren T-Konsole nach abZ/aBG W-ABZ (2024) mit dem Kunststoffdübel der Größe 8x10/80 nach ETA SHARK UR (2021) befestigt werden (vgl. Abschnitt 16.1). Dabei wird die T-Konsole mit je 2 Dübeln im Achsabstand $s = s_{min}$ = 250 mm befestigt. Das Prinzip der Verankerung ist in Bild 16.7 dargestellt.

3 Art der zu befestigenden Konstruktion (z. B. Skizze, Planausschnitt, Beschreibung)

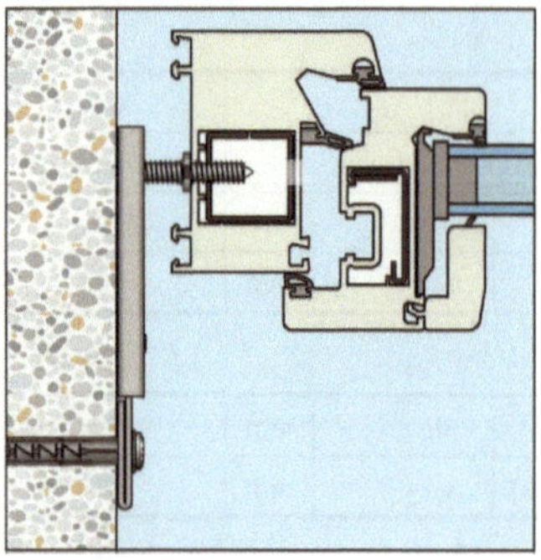

a) Horizontalschnitt (schematisch)

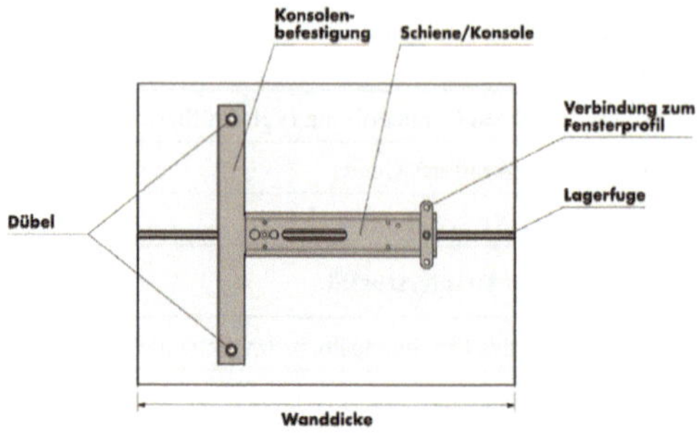

b) schematische Ansicht der Laibung mit Befestigung (Fenster nicht dargestellt)

c) Fenstermontageschiene mit Lasche

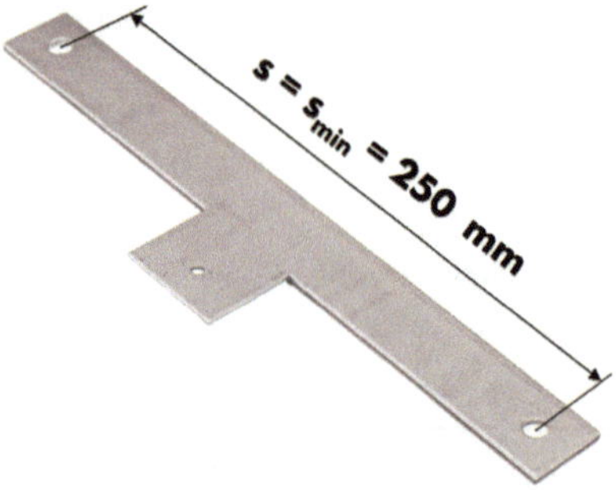

d) T-Konsole mit Achsabstand s = 250 mm

Bild 16.7 Prüfbericht (Praxisbeispiel 8 nach Abschnitt 16.1): Art der zu befestigenden Konstruktion

16.2.5 Verankerungsgrund

An dieser Stelle wird auf die Ausführungen in Abschnitt 15.5.5 dieses Fachbuchs verwiesen. Im hier dargestellten Praxisbeispiel 8 waren keine Einzelsteine mehr auf der Baustelle vorhanden. Die Rohbauwände waren aber unverputzt, so dass die Länge, die Breite und die Höhe der verbauten Lochsteine an den Fensterlaibungen leicht zu messen waren.

Da keine Bauunterlagen auf der Baustelle zur Verfügung standen (oder weil z. B. überprüft werden sollte, dass der in den Bauunterlagen ausgewiesene Mauerstein auch verbaut wurde), wurde mit Hilfe einer Probebohrung auf der Baustelle eine „Sondierung" des tatsächlich vorhandenen Verankerungsgrunds durchgeführt (vgl. Tabelle 15.7). Die Ergebnisse dieser Sondierung sind in Bild 16.8 protokolliert, siehe Blanko-Prüfbericht in Küenzlen et al. (2020, S. 147 ff., Anhang B).

16.2.6 Name des Produkts

Gemäß Abschnitt 16.1 kommen sowohl für die Versuche am Bauwerk als auch für die spätere Montage Kunststoffdübel nach ETA SHARK UR (2021) in der Größe 8 × 10/80 zum Einsatz (Bild 16.9).

4 Verankerungsgrund

nichttragende Schichten (t_{tol})	Verankerungsgrund	
☒ unverputzt/Fugen sichtbar	☒ Mauerwerk	☐ Vollstein: ....
☐ Putz/Fugen nicht sichtbar	☐ Porenbeton	☒ Lochstein: Beton ....
☐ Fliesen	☐ Beton (nur für Kunststoffdübel)	Kategorie: C4 .... (vgl. TR des DIBt, Anhang A)
☐	☐	Füllung: keine ....
☐	☐	☐ Druckfestigkeitsklasse: ....
☒ weitere Eigenschaften konnten nicht ermittelt werden.	☒ weitere Eigenschaften konnten nicht ermittelt werden.	☐ Rohdichteklasse: ....
Dicke: t_{tol} = 0 mm	Bauteildicke: h ≥375 mm Wanddicke 240 mm	(Dübel in Laibung gesetzt!)

Sichtbeurteilung/Abmessungen/Art der Fugen/ggf. Skizze (z. B. Lochbild):

Mit Hilfe einer Probebohrung konnten folgende Steggeometrien/Maße ermittelt werden, vgl. folgende Skizze (Maße in mm):

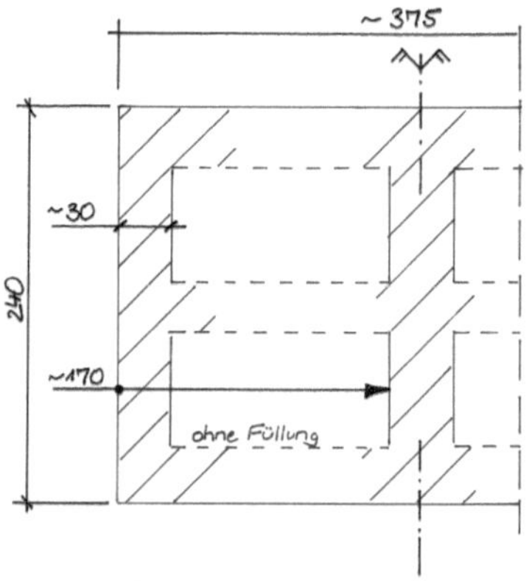

Aus der Sichtbeurteilung können noch folgende Punkte protokolliert werden:

- **Die Steinhöhe beträgt ca. 238 mm.**
- **Die Lagerfugendicke beträgt ca. 12 mm.**
- **Die Stoßfugen sind vermörtelt.**
- **Das Fugenbild ist gleichmäßig; die Fugen sind gleichmäßig verfüllt.**
- **Der Bohrfortschritt im Drehgang im Bereich des Außen- und des Innenstegs war sehr langsam, das Bohrmehl bei der Probebohrung war grau und trocken, so dass für den Mauerstein (Normal-) Beton als Baustoff angenommen werden kann.**

Bild 16.8 Prüfbericht (Praxisbeispiel 8 nach Abschnitt 16.1): Verankerungsgrund

16.2.7 Montage

Für die Einzelheiten zur Montage vgl. Abschnitt 15.5.7. Die entsprechende Dokumentation im Blanko-Prüfbericht aus Küenzlen et al. (2020, S. 147 ff., Anhang B) ist in Bild 16.10 dargestellt.

5 Name des Produkts (Bezeichnung des Dübels)	
Bezeichnung / Artikel-Nr. / Charge / Zulassungsnummer (*)	**Prüfmenge**
Kunststoffdübel 8x10/80 + Senkkopfschraube, Stahl galvanisch verzinkt	5
(*) ETA - 08/0190 vom: 28. April 2021	

Bild 16.9 Prüfbericht (Praxisbeispiel 8 nach Abschnitt 16.1): Name des bei den Versuchen verwendeten Produkts nach ETA SHARK UR (2021)

<table>
<tr><td colspan="3">6 Bohrer/Bohrverfahren/Bohrlochreinigung/Temperatur/Zeitpunkt der Montage</td></tr>
<tr><td>Bohrer/Bohrverfahren/Bohrmehl</td><td>Bohrlochreinigung</td><td>Temperaturen bei Montage</td></tr>
<tr><td rowspan="3">☒ Bohrer-Art: SDS-Mehrzweckbohrer, Größe 8
☒ neuer Bohrer
☐ benutzter Bohrer ⇒ Bohrereckmaß messen!
vor Versuchen: d_{cut} = ... mm
nach Versuchen: d_{cut} = ... mm
d_{cut} > $d_{cut,m}$ = ... mm
($d_{cut,m}$ s. ETA-..../........., Abschn. ....)
☒ Drehbohren
☐ Hammerbohren
☒ pulverförmiges Bohrmehl; Farbe: grau
(= trockenes Mauerwerk)
☐ krümeliges Bohrmehl; Farbe: ....
(= nasses/feuchtes Mauerwerk)</td><td>☐ ohne
☒ nur ausblasen
☐ gemäß Zulassung:
....
........................</td><td>☐ Luft: .... °C
☒ Verankerungsgrund: +15 °C
☐ Mörteltemperatur: .... °C
(nur für Injektionsanker)
....................................</td></tr>
<tr><td>Setzzeitpunkt
(Injektionsanker)</td><td>Datum:
Uhrzeit:</td></tr>
<tr><td>Versuchszeitpunkt
(Injektionsanker)</td><td>Datum:
Uhrzeit:</td></tr>
<tr><td colspan="3">☒ Die Dübel wurden gemäß Setzanleitung des Herstellers montiert.
☐ Die Dübel wurden in Abwesenheit des Versuchsleiters/des Fachplaners bereits am .... durch die ausführende Firma (das sachkundige Personal) montiert. Die Übereinstimmung der Montage mit der Setzanleitung des Herstellers konnte daher NICHT kontrolliert werden.
☐ <u>Nur für Injektionsanker:</u> Das Montagedrehmoment betrug jeweils T_{inst} ≤ ...... Nm.
☐ ....</td></tr>
</table>

Bild 16.10 Prüfbericht (Praxisbeispiel 8 nach Abschnitt 16.1): Montage

16.2.8 Versuchsergebnisse

Details für die Durchführung der Versuche finden sich im Abschnitt 15.5.8. Die Protokollierung der fünf Querlastversuche am Rand finden sich in Bild 16.11.

16.2.9 Bemerkungen und Hinweise

Ein Abschnitt „Bemerkungen und Hinweise" im Prüfbericht ist nach EOTA TR 051 (2018) nicht explizit vorgesehen. Bild 16.12 gibt zum Praxisbeispiel 8 nach

7 Versuchsergebnisse für <u>BRUCHVERSUCHE</u>

Art der Versuche	☒	Kunststoffdübel	☐	Zugversuche
			☒	Querlastversuche am Rand
	☐	Injektionsanker	☐	Zugversuche
			☐	Querlastversuche am Rand

	Versuch	Setztiefe (*) mm	Bruchlast kN	Versagensart/Bemerkung	Übertrag kN
Mindestanzahl	1	70	6,19	Herausziehen	6,19
	2	70	6,00	Herausziehen	6,00
	3	70	6,23	Herausziehen	6,23
	4	70	5,86	Herausziehen	5,86
	5	70	6,00	Herausziehen	6,00
	6				
	7				
	8				
	9				
	10				
	11				
	12				
	13				
	14				
	15				
				Mittelwert der n = 5 Bruchlasten:	V_{Rm} = 6,06 kN

(*) für Kunststoffdübel: h_{nom} bzw. für Injektionsanker: h_{ef}

Bild 16.11 Prüfbericht (Praxisbeispiel 8 nach Abschnitt 16.1): Versuchsergebnisse

Abschnitt 16.1 dennoch individuelle Bemerkungen sowie allgemeine Empfehlungen und Hinweise, die immer beachtet und nicht vergessen werden sollten.

8 Bemerkungen

- Bei der Montage ist darauf zu achten, dass alle Bohrlöcher im Drehgang erstellt werden! ………....
- Dieser Prüfbericht dokumentiert nur die Versuchsergebnisse. Die in Abschnitt 7 dieses Prüfberichts ausgewiesenen Versuchslasten sind <u>keine</u> Bemessungslasten und auch <u>keine</u> zulässigen Lasten. ……
- „Die statistische Auswertung und die Ermittlung der charakteristischen Tragfähigkeit … werden in Verantwortung des Fachplaners erstellt und sind von ihm nachvollziehbar zu dokumentieren.“

  (siehe DIBt Technische Regel „Durchführung und Auswertung von Versuchen am Bau für Kunststoffdübel in Beton und Mauerwerk mit ETA“, Abschnitt 3.1)
- ……………………………………………………………………………………………………
- ……………………………………………………………………………………………………

Bild 16.12 Prüfbericht (Praxisbeispiel 8 nach Abschnitt 16.1): Bemerkungen und Hinweise

16.2.10 Unterschriften

Abschließend ist jeder Prüfbericht für Versuche am Bauwerk gemäß EOTA TR 051 (2018) zur Dokumentation der Verantwortlichkeiten zu unterschreiben (Bild 16.13).

9 Unterschriften			
Versuchsleiter		Auftraggeber / Kunde / Fachplaner	
Datum		Datum	
Name		Name	
Unterschrift		Unterschrift	

Bild 16.13 Prüfbericht (Praxisbeispiel 8 nach Abschnitt 16.1): Unterschriften

16.3 „Zwischenfazit": Aufgabentrennung

Nach dem vollständigen Ausfüllen des Prüfberichts (Abschnitte 16.2.1 bis 16.2.10) – hier dem Blanko-Prüfbericht aus Küenzlen et al. (2020, S. 147 ff., Anhang B) – und seiner Unterschrift hat der „Versuchsleiter" seine Aufgaben für das Praxisbeispiel 8 erfüllt, und es gelten die Ausführungen in Abschnitt 15.6, nach denen für die Auswertung der „Fachplaner" zuständig ist, nachdem dieser vom Versuchsleiter den Prüfbericht übergeben bekommen hat.

Die

- Auswertung der Versuche am Bauwerk mit der Bestimmung der Tragfähigkeit des Kunststoffdübels im „Baustellen-Verankerungsgrund" wird in Abschnitt 16.4 und
- die Bemessung der Fensterbefestigung in der Laibung in Abschnitt 16.5

dargestellt.

16.4 Auswertung der Versuchsergebnisse

16.4.1 Grundlagen für Querlastversuche am Rand

Die nachfolgende Auswertung für das Praxisbeispiel 8 nach Abschnitt 16.1 gilt nur für Kunststoffdübel mit Europäischer Technischer Bewertung (ETA) nach EOTA EAD 330284-00-0604 (2021) und wenn auf der Baustelle mindestens 5 Querlastversuche (Bruchversuche) durchgeführt wurden.

Diese Auswertung ist nur nach DIBt TR VaB Kunststoffdübel (2019) möglich, da Querlastversuche nach EOTA TR 051 (2018) nicht vorgesehen sind:

- Die Auswertung für n ≥ 5 Versuche erfolgt über einen statistischen Ansatz (Abschnitt 16.4.2).
- Für n ≥ 15 Versuche (nur wenn auch so viele Versuche durchgeführt worden wären) kann die Auswertung sowohl über einen statistischen als auch mit einem vereinfachten Ansatz durchgeführt werden. Für diese Auswertung wird auf die Erläuterungen in Abschnitt 15.4.3.3 verwiesen, siehe auch DIBt TR VaB Kunststoffdübel (2019, S.11, Abschnitt 3.2).

16.4.2 Ermittlung der charakteristischen Tragfähigkeit bei mindestens fünf Versuchen

Zunächst wird hier der „Referenzstein" bestimmt.

Der „Referenzstein" und die Fundstelle in der ETA sollten dabei so vollständig wie möglich beschrieben werden, damit auch dieser Arbeitsschritt später so leicht wie möglich nachvollzogen werden kann. Anschließend lässt sich der Wert $F_{RK,ETA}$ (die charakteristische Tragfähigkeit im Referenzstein) aus der Bewertung für den Dübel (hier Bild 16.14) und mit dem zuvor für n ≥ 5 Versuche ermittelten Wert $N_{Rk,Bst}$ bzw. $V_{Rk1,Bst}$ aus den Versuchen am Bauwerk vergleichen (vgl. Abschnitt 15.4.3.2).

Zu beachten ist hierbei auch der Temperaturbereich in dem der Dübel später eingesetzt wird (vgl. Abschnitt 15.4.2.3). Hier im Beispiel sind die Tragfähigkeiten für die beiden ausgewiesenen Temperaturbereiche b und c zufällig gleich (Bild 16.14), was aber nicht den Regelfall darstellt.

Im Praxisbeispiel 8 ist der „Hohlblockstein aus Normalbeton 2 K Hbn" in ETA SHARK UR (2021, Anhang C 105) vergleichbar mit dem in Bild 16.8 dokumentierten Stein, der auf der Baustelle verbaut wurde (vgl. Bild 16.14).

Danach beträgt die charakteristische Tragfähigkeit in der Laibung für eine mittlere Steindruckfestigkeit (nach EN 771) ≥ 5,0 N/mm² für die beiden vom Dübel-Hersteller gewählten Temperaturbereiche b und c (vgl. Abschnitt 15.4.2.3 mit Tabelle 15.3) einheitlich $F_{Rk,ETA} = 2{,}5$ kN.

Die Fußnote „7)" in Bild 16.14 besagt, dass diese charakteristische Tragfähigkeit nur für die Lastrichtung V gilt; siehe hierzu ETA SHARK UR (2021, S. 17, Anhang C 3):

> *„Die charakteristische Tragfähigkeit F_{Rk} gilt nur für die Lastrichtung V (nur für Einzeldübel oder eine Dübelgruppe aus zwei Dübeln mit einem Achsabstand s_{min} ≥ 250 mm für Querlasten ohne Hebelarm in der Laibungsseite)"*

Diesem Achsabstand $s_{min} \geq 250$ mm entspricht die T-Konsole in Bild 16.7d in Abschnitt 16.2.4. Außerdem gilt $F_{Rk,ETA} = 2{,}5\ \text{kN} = V_{Rk,ETA}$.

Die charakteristische Tragfähigkeit des Kunststoffdübels kann nun unter Zugrundelegung einer Normalverteilung als 5%-Quantile nach Gl. (16.1) aus den

Seite 119 der Europäischen Technischen Bewertung
ETA-08/0190 vom 28. April 2021

Deutsches Institut für Bautechnik DIBt

Verankerungsgrund Mauerwerk, Hohlblockstein aus Normalbeton 2K Hbn

Tabelle C 11.89.1: **Steinkennwerte**

Steinbezeichnung	771-3-011	**2K Hbn**
Steinart		Hohlblockstein aus Normalbeton
Rohdichte $\rho \geq$	[kg/dm³]	1,2
Norm bez. Zulassung/Bauartgenehmigung		EN 771-3:2011+A1:2015
Steinhersteller		z.B. Stark Betonwerk GmbH & Co. KG D-74547 Untermünkheim-Kupfer
Format (Steinabmessung)	[mm]	12DF (365x240x248)

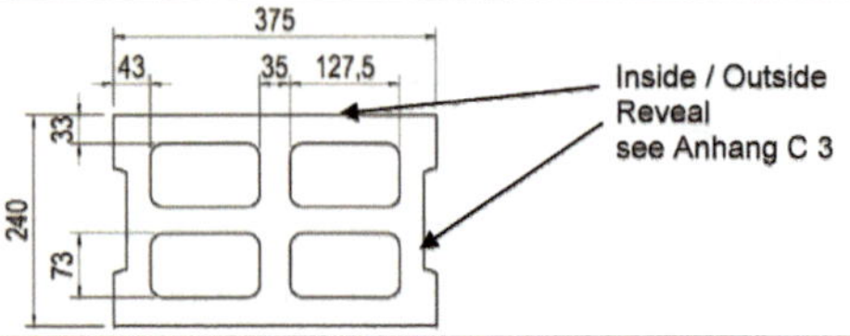

Tabelle C 11.89.2: **Montagekennwerte**

Dübelgröße		**8**			**10**
Montageseite[6]		Innen / Außen	Laibung		Innen / Außen
Bohrernenndurchmesser $d_0 =$	[mm]	8			10
Bohrerschneidendurchmesser $d_{cut} \leq$	[mm]	8,45			10,45
Tiefe des Bohrlochs bis zum tiefsten Punkt $h_1 \geq$	[mm]	80			80
Bohrverfahren	[-]	Drehbohren			
Gesamtlänge des Dübels im Verankerungsgrund $h_{nom} =$	[mm]	70			70
Durchgangsloch im Anbauteil $d_f \leq$	[mm]	8,5			10,5
Achsabstand vertikal/parallel zum freien Rand $s_{1,min}/s_{2,min}$	[mm]	100/100	160/250	160/250	200 / 250
Minimaler Randabstand $c_{min} \geq$	[mm]	100	80	80	100

Tabelle C 11.89.3: **Charakteristische Tragfähigkeit F_{Rk}[1)7)8)] in [kN] für Einzeldübel**

Dübelgröße			**8**			**10**
Montageseite[6)]			Innen / Außen	Laibung		Innen / Außen
Gesamtlänge des Dübels im Verankerungsgrund $h_{nom} =$		[mm]	**70**			**70**
Charakteristische Tragfähigkeit für Einzeldübel		[kN]	F_{Rk}[1)]	F_{Rk}[1)]	F_{Rk}[7)]	F_{Rk}[1)]
Mittlere Steindruckfestigkeit nach EN 771						
Hohlblockstein aus Normbeton 2K Hbn, ≥ 8,4 N/mm²	F_{Rk}, 30°C[3)] / 50°C[4)]	[kN]	2,5	1,5	2,5	2,5
	F_{Rk}, 50°C[3)] / 80°C[4)]	[kN]	2,0	1,2	2,5	2,0
Hohlblockstein aus Normalbeton 2K Hbn ≥ 7,5 N/mm²	F_{Rk}, 30°C[3)] / 50°C[4)]	[kN]	2,0	1,5	2,5	2,0
	F_{Rk}, 50°C[3)] / 80°C[4)]	[kN]	2,0	0,9	2,5	1,5
Hohlblockstein aus Normalbeton 2K Hbn ≥ 5,0 N/mm²	F_{Rk}, 30°C[3)] / 50°C[4)]	[kN]	1,5	0,9	2,5	1,5
	F_{Rk}, 50°C[3)] / 80°C[4)]	[kN]	1,2	0,6	2,5	1,2
Hohlblockstein aus Normalbeton 2K Hbn ≥ 2,5 N/mm²	F_{Rk}, 30°C[3)] / 50°C[4)]	[kN]	0,6	0,5	1,5	0,6
	F_{Rk}, 50°C[3)] / 80°C[4)]	[kN]	0,6	0,4	1,5	0,6
zugehöriger Teilsicherheitsbeiwert γ_{Mm}[2)]		[-]	2,5			

Fußnoten siehe Anhang C 3

Würth Kunststoff-Rahmendübel W-UR / SHARK UR	**Anhang C 105**
Leistungen **Hohlblockstein aus Normalbeton: 2K Hbn** Steinkennwerte, Montagekennwerte, Charakteristische Tragfähigkeit	

Z40731.21 8.06.04-330/19

Bild 16.14 Referenzstein zum Beispiel nach Abschnitt 16.1 für den gewählten Kunststoffdübel, vgl. ETA SHARK UR (2021, S. 119, Anhang C 105)

Ergebnissen der Baustellenversuche wie folgt bestimmt werden (vgl. Abschnitt 16.2.8 mit Bild 16.11):

$$\begin{aligned} V_{Rk1,Bst} &= V_{Rm} \cdot (1 - k_s \cdot v) \cdot 0{,}6 \leq F_{Rk,ETA} = V_{Rk,ETA} \\ &= 6{,}06 \cdot (1 - 3{,}4 \cdot 0{,}025) \cdot 0{,}6 \\ &= 3{,}3\,\text{kN} \geq 2{,}5\,\text{kN} = F_{Rk,ETA} \ \underline{\text{ist maßgebend}} \end{aligned} \quad (16.1)$$

mit:

V_{Rm} Mittelwert der Bruchlasten V_u bei Querlastversuchen am Rand = 6,06 kN (vgl. Bild 16.11)

k_s statistischer Faktor in Abhängigkeit der Anzahl der Versuche zur Ermittlung der 5%-Quantile einer Normalverteilung bei einem Vertrauensniveau von 90 % (vgl. Tabelle 15.5 in Abschnitt 15.4.3.2) für 5 Versuche = 3,4

v Variationskoeffizient der Bruchlasten; wenn der Auszugsversuch vor Erreichen der Bruchlast abgebrochen wird, ist mit v = 20 % zu rechnen; vgl. Tabelle 16.1 = 0,025

0,6 Faktor zur pauschalen Berücksichtigung aller traglastmindernden Einflüsse, die sonst nur im Zulassungs- bzw. Bewertungsverfahren untersucht werden können (z. B. Bohrlochdurchmesser, Konditionierung, Temperatur, Dauerlast, ..., vgl. hierzu auch Abschnitt 15.4.2.3)

$F_{Rk,ETA}$ charakteristische Tragfähigkeit für den Referenzstein und die vorgesehenen Anwendungsbedingungen (Anmerkung z. B: Temperaturbereich und hier insbesondere Angabe für Tragfähigkeit in der „Laibung") gemäß ETA SHARK UR (2021, S. 119, Anhang C 105; vgl. Bild 16.14) = 2,5 kN = $V_{Rk,ETA}$

Tabelle 16.1 Standardabweichung und Variationskoeffizient für Versuchsergebnisse nach Bild 16.11

	V_u in kN	$(V_u - V_{Rm})$ in kN	$(V_u - V_{Rm})^2$ in kN²
1	6,19	0,13	0,02
2	6,00	−0,06	≈ 0,00
3	6,23	0,17	0,03
4	5,86	−0,20	0,04
5	6,00	−0,06	≈ 0,00
	$\mathbf{V_{Rm} = 6{,}06}$		$\mathbf{\Sigma(V_u - V_{Rm})^2 = 0{,}09}$

Standardabweichung: $s = [\Sigma(V_u - V_{Rm})^2 / (n-1)]^{0,5} = [0{,}09 / (5-1)]^{0,5} = 0{,}15$ kN

Variationskoeffizient: $v = s / V_{Rm} = 0{,}15 / 6{,}06 = \underline{\mathbf{0{,}025}} \mathrel{\hat{=}} 2{,}5\,\%$

16.4.3 Ermittlung der charakteristischen Tragfähigkeit über einen vereinfachten Ansatz

Die Ermittlung der charakteristischen Tragfähigkeit des Dübels über einen vereinfachten Ansatz nach Abschnitt 15.4.3.3 ist für dieses Praxisbeispiel 8 nicht möglich, da nur $n = 5 < 15$ Versuche durchgeführt wurden, siehe DIBt TR VaB Kunststoffdübel (2019, S. 11, Abschnitt 3.2).

16.4.4 Berücksichtigung von Fugen

16.4.4.1 Allgemeines

Gemäß EOTA EAD 330284-00-0604 (2021) und DIBt TR 064 (2019) ist bei der Bemessung von Kunststoffdübeln ggf. der Einfluss von Fugen zu berücksichtigen:

- Die charakteristische Tragfähigkeit des Kunststoffdübels ist grundsätzlich zu halbieren, wenn die Fugen nicht sichtbar sind, was der Regelfall ist, wenn das Mauerwerk verputzt ist.
- Die charakteristische Tragfähigkeit des Kunststoffdübels ist ebenso zu halbieren, wenn senkrechte Fugen nicht mit Mörtel verfüllt werden (gilt nicht für sichtbare *verzahnte* Stoßfugen). Der Bemessungswert der Einwirkungen ist dann auf $N_{Sd} \leq 2{,}0$ kN begrenzt, um ein Herausziehen eines Steins aus der Wand zu verhindern. Auf die Halbierung der charakteristischen Tragfähigkeit kann verzichtet werden, wenn der minimale Randabstand (c_{min}) zur vertikalen Fuge eingehalten wird.

Diese Regelung wird mit der Technischen Regel des DIBt für Planziegelmauerwerk wie folgt weiter differenziert, siehe DIBt TR VaB Kunststoffdübel (2019, S. 14, Abschnitt 4.4):

> *„Der Fugeneinfluss kann bei Verankerungen in norm- bzw. zulassungskonformem Planziegelmauerwerk nach DIN EN 1996-1-1/NA:2012-05 ... (NA.7) vernachlässigt werden, wenn folgende Bedingungen eingehalten sind:*
> - *Bohrlochdurchmesser ≥ 10 mm,*
> - *Stoßfugen knirsch gestoßen,*
> - *Lagerfugen in Dünnbett- oder Mittelbettmörtel mit einer maximalen Dicke von 6 mm oder Klebefugen.“*

Zur Entscheidung, ob ein Einfluss von Fugen bei der Ermittlung der charakteristischen Tragfähigkeit berücksichtig werden muss oder nicht, ist es daher erforderlich, dass die tatsächlichen Gegebenheiten auf der Baustelle, wie eben z. B. eine vorhandene Putzschicht, dokumentiert werden, so dass der Fugeneinfluss auf diese Weise bei der Ermittlung der charakteristischen Tragfähigkeit nicht in Vergessenheit gerät.

Insbesondere in Bestandsbauten kann die Qualität der Fugen von Wand zu Wand und ggf. von Bauabschnitt zu Bauabschnitt oder auch schon innerhalb nur einer Wand variieren (vgl. hierzu auch Bild 15.4 und Bild 15.5). Im Zweifelsfall obliegt es daher immer dem Fachplaner eine repräsentative Beurteilung des gesamten vorhandenen Fugenbilds vorzunehmen und eine Entscheidung zu treffen, ob die

Zutreffendes ist anzukreuzen (☒)		
(A)	**(B)**	**(C)**
☐ Fugen nicht sichtbar	☐ Fugen sichtbar	☐ Planziegelmauerwerk
↓	↓	↓
	B1 ☐ vertikale und horizontale Fugen verfüllt mit Mörtel **B2** ☐ Stoßfugen sind knirsch gestoßen und verzahnt **B3** ☐ Abstand c_{min} [1)] zu einer unvermörtelten Stoßfuge kann eingehalten werden **B4** ☐ Abstand c_{min} [1)] zu einer unvermörtelten Stoßfuge kann <u>nicht</u> eingehalten werden	**C1** ☐ Bohrlochdurchmesser $d_0 \geq 10$ mm **C2** ☐ Stoßfugen knirsch gestoßen **C3** ☐ Lagerfugen in Dünnbett- oder Mittelbettmörtel mit einer maximalen Dicke von 6 mm **C4** ☐ Lagerfuge als Klebefuge ausgeführt
	Nur wenn **B1** oder **B2** oder **B3** angekreuzt werden kann, sonst Spalte **(A)** = Abminderung!	Nur wenn **C1** und **C2** und **C3** <u>oder</u> **C1** und **C2** und **C4** angekreuzt werden können, sonst Spalte **(A)** oder **(B)**!
↓	↓	↓
Abminderung erforderlich: ☐ 0,5 • F_{Rk} = ______ kN	***<u>Keine</u>*** Abminderung erforderlich: ☐ F_{Rk} = ______ kN	
1) Der Mindestrandabstand beträgt gemäß ETA - ………., Anhang: ……, Tabelle: …….. c_{min} = ….. mm.		

Bild 16.15 Schema zur Beurteilung von Fugen (Verankerungen von Kunststoffdübeln)

in den Versuchen ermittelte charakteristische Tragfähigkeit auf Grund der vorhandenen Fugen (-qualität) um 50 % abgemindert werden muss oder nicht.

Zur besseren Übersicht der Regelungen und zur einfacheren Entscheidung, ob die in der Praxis vorhandenen Fugen bei der Ermittlung der charakteristischen Dübeltragfähigkeit berücksichtigt werden müssen oder nicht, zeigt Bild 16.15 ein entsprechendes (Ablauf-) Schema.

Hinweis: Wie einleitend in Kapitel 15, Abschnitt 15.1 erwähnt, werden in diesem Fachbuch schwerpunktmäßig Versuche am Bauwerk mit *Kunststoffdübeln* dargestellt.

Für Versuche am Bauwerk mit *Metall-Injektionsankern zur Verankerung in Mauerwerk* wird daher für die Berücksichtigung von Fugen auf DIBt TR VaB Injektionsanker (2019, S.19, Abschnitt 4.5) hingewiesen, deren Regelungen zum Teil von den Regelungen für Kunststoffdübel abweichen.

16.4.4.2 Fugeneinfluss für Praxisbeispiel 8

Eine Abminderung der maßgebenden charakteristischen Tragfähigkeit $V_{Rk} = F_{Rk,ETA} = 2{,}5$ kN zur Berücksichtigung von Fugen ist hier im Praxisbeispiel 8 *nicht* erforderlich, da die Laibung unverputzt ist und in der Laibung nur vermörtelte Lagerfugen vorhanden sind (vgl. Bild 16.8).

16.4.5 Bemessungswert der Tragfähigkeit

Für die weitere Bemessung ist in Deutschland der Material-Teilsicherheitsbeiwert für Mauerwerk nach DIBt TR 064 (2019) mit $\gamma_{Mm} = 2{,}5$ anzusetzen, so dass der Bemessungswert der Tragfähigkeit für einen Kunststoffdübel wie folgt bestimmt werden kann:

$$V_{Rd} = V_{Rk}/\gamma_M = 2{,}5/2{,}5 = 1{,}0\,\text{kN} \tag{16.2}$$

mit:

$V_{Rk} = 2{,}5$ nach Abschnitt 16.4.4

$\gamma_{Mm} = 2{,}5$ Material-Teilsicherheitsbeiwert für Mauerwerk nach DIBt TR 064 (2019, S. 7, Abschnitt 2.2)

> **Hinweis:** Wie einleitend in Kapitel 15, Abschnitt 15.1 erwähnt, werden in diesem Fachbuch schwerpunktmäßig Versuche am Bauwerk mit *Kunststoffdübeln* dargestellt.
>
> Für Versuche am Bauwerk mit *Metall-Injektionsankern zur Verankerung in Mauerwerk* wird daher auf DIBt TR VaB Injektionsanker (2019, S. 18, Abschnitt 4.3, Tabelle 4) hingewiesen:
>
> Abhängig von den durchgeführten Versuchen (15 Probebelastungen // ≥ 5 Bruchversuche oder 15 Abnahmeversuche // Alle Befestigungen geprüft durch Abnahmeversuche) können differenziert für unterschiedliche Verankerungsgründe (Mauerziegel, Kalksandsteine, Steine aus Leichtbeton und Normalbeton // Porenbetonsteine) unterschiedliche Material-Teilsicherheitsbeiwerte γ_M angesetzt werden.

16.5 Bemessung der Verankerung (Befestigung des absturzsichernden Fensterelements)

16.5.1 Einleitung und allgemeine Hinweise

16.5.1.1 Einleitung

Für die folgende Bemessung wird auf das Praxisbeispiel 2 (Kapitel 9) und Praxisbeispiel 7 (Kapitel 14) hingewiesen.

Das Praxisbeispiel 8 ist, wie bereits in Abschnitt 16.1 erwähnt, von den Abmessungen des zu befestigenden absturzsichernden Fensterelements identisch mit Praxisbeispiel 2,

- gilt aber für einen „unbekannten" Verankerungsgrund (hier für einen Lochstein anstelle eines Vollsteins) und
- setzt das Thema in Verbindung mit den dafür notwendigen (Dübel-) Versuchen am Bauwerk (Kapitel 15),

um zu verdeutlichen, welcher Aufwand tatsächlich betrieben werden muss – von der Planung, über die Durchführung der Versuche auf der Baustelle, der anschließenden Auswertung der Versuchsergebnisse und der erforderlichen statischen Nachweisführung bis zur eigentlichen Montage.

16.5.1.2 Fenstermontageschiene mit T-Konsole und zwei Kunststoffdübeln

Wie in Praxisbeispiel 7 (Kapitel 14) kommt auch hier im Praxisbeispiel 8 die Fenstermontageschiene W-ABZ mit der T-Konsole (vgl. Bild 16.7d) in Kombination mit je zwei Kunststoff-Rahmendübeln SHARK UR 8 zur Anwendung.

Die Anordnung der Befestigungsstellen in

- Praxisbeispiel 7 (Kapitel 14, Bild 14.1) und
- Praxisbeispiel 8 (Kapitel 16, Bild 16.1)

ist identisch.

16.5.1.3 Allgemeine Hinweise

Bei der Planung und Ausführung von absturzsichernden Fensterelementen sind alle Bestandteile der Konstruktion nachweistechnisch zu berücksichtigen. Mit Hinweis auf das Praxisbeispiel 2 (vgl. Kapitel 9) ergibt sich hier folgende „Nachweiskette":

- Glied 1 der Kette: (Brüstungs-) Verglasung
- Glied 2 der Kette: Unmittelbare Glasbefestigung
- Glied 3 der Kette: Brüstungsriegel
- Glied 4 der Kette: Verbindung „Brüstungsriegel an Fensterrahmen"
- Glied 5 der Kette: Fensterrahmen
- Glied 6 der Kette: Verbindung Fensterrahmen mit Fenstermontageschiene W-ABZ nach abZ/aBG W-ABZ (2024)
- Glied 7 der Kette: Fenstermontageschiene W-ABZ mit dazu kombinierbarer T-Konsole
- Glied 8 der Kette: Befestigung T-Konsole mit Kunststoffdübel nach ETA SHARK UR (2021) in Mauerwerk

Auf die Lastzusammenstellung sowie die Nachweise der „Kettenglieder" 1 bis 5 wird hier aus Übersichtsgründen vollständig verzichtet, da das Praxisbeispiel 8 schwerpunktmäßig die Befestigung bzw. Verankerung des Fensterrahmens am Baukörper behandelt.

- Für die Lastzusammenstellung für die „Kettenglieder" 1 bis 5 vgl. das Praxisbeispiel 2 in Kapitel 9, die Abschnitte 9.4 bis 9.8.

- Die Nachweise für die Glieder 1 bis 5 der Nachweiskette müssten für ein reales Projekt abhängig vom gewählten Fensterrahmen-System und der gewählten Verglasung entsprechend ergänzt werden.

Für die Nachweise der „Kettenglieder" 6 bis 8, der Befestigung der absturzsichernden Fensterelemente am Gebäude, wird im Hinblick auf die Verwendung von *zugelassenen* Dübel-Systemen auf die „Hinweise für die Montage von Dübelverankerungen" des DIBt hingewiesen. In DIBt Hinweise (2010) finden sich u. a. folgende Aussagen:

- *„Dübelsysteme müssen geplant und bemessen werden."*
- *„Dabei wird vorausgesetzt, dass Auswahl, Planung und Bemessung ausschließlich vom Planer vorgenommen werden."*
- *„Die Auswahl, Planung und Bemessung eines Dübelsystems gehören nicht zu den Aufgaben der Monteure."*
- *„Abweichungen von den Vorgaben der Konstruktionszeichnungen dürfen durch den Monteur nicht eigenmächtig vorgenommen werden."*

Ergänzend wird in den jeweiligen Zulassungen bzw. Bewertungen der Dübel-Systeme der Begriff „Planer" definiert. So findet sich z. B. in ETA SHARK UR (2021) folgende Aussage:

> *„Die Bemessung der Verankerungen erfolgt [...] unter der Verantwortung eines auf dem Gebiet der Verankerungen und des Mauerwerks erfahrenen Ingenieurs."*

Die Bemessung eines zugelassenen Dübels auf Grundlage der Bewertung bzw. auf Grundlage der in der Bewertung angegebenen Bemessungsregeln erbringt dabei immer nur den Nachweis der „örtlichen Krafteinleitung in den Verankerungsgrund", weshalb hier abschließend noch einmal auf das Zitat aus Gütegemeinschaft (2024, S. 204, Abschnitt 5.3.2) in Abschnitt 8.2.6 verwiesen wird. Danach ist die Weiterleitung der zu verankernden Lasten im Bauteil *„von der Einwirkungsstelle bis in den tragenden Baugrund"* nachzuweisen:

Würde also z. B. für ein reales Projekt von einem gesondert beauftragten (Fach-) Planer – wie im nachfolgenden Praxisbeispiel 8 dargestellt – nur der statische Nachweis der Befestigung des absturzsichernden Fensterelements erbracht, so wäre für den Nachweis der Lastweiterleitung bis in den tragenden Baugrund der für die Gesamtstatik des Gebäudes zuständige Tragwerksplaner verantwortlich.

16.5.2 Zusammenstellung der Ausgangsdaten

16.5.2.1 Allgemeines

Gegebene Ausgangssituation für Praxisbeispiel 8 – Absturzsicherndes Fensterelement mit unterer Festverglasung, (vgl. Bild 16.1; vgl. auch Abschnitt 9.2):

- Bürogebäude in der Hansestadt Bremen (Postleitzahl 28195)
- Gebäudehöhe ≤ 10 m

- Lage des absturzsichernden Fensterelements in Bezug auf die einwirkenden Windlasten: Randbereich des Gebäudes
- Einsatzbereich: Flur in einem Bürogebäude (vgl. Tabelle 8.4), der als Fluchtweg dient (vgl. Abschnitt 8.3.2)
- Lichte Raumhöhe 2,50 m
- PVC-Fenster mit Stahlarmierung und 3-fach-Isolierverglasung
  - Stahlarmierung: □-Armierung aus Werkstoff DX51D nach DIN EN 10346 (Werkstoffnummer 1.0917), Materialdicke vorh. t = 1,6 mm
  - Aufbau der Isolierverglasung: (von außen nach innen): 6 mm ESG-H / 12 mm SZR / 4 mm ESG / 12 mm SZR / 8 mm VSG (44.2)
  - Fenstergröße: $B \times H \approx 1{,}2\ m \times 2{,}2\ m$
  - unten Festverglasung: $B \times H_u \approx 1{,}2\ m \times 0{,}9\ m$
  - oben Drehkippflügel-Bereich: $B \times H_o \approx 1{,}2\ m \times 1{,}3\ m$
  - Drehkippflügel: $b \times h \approx 1{,}1\ m \times 1{,}2\ m$
  - Glasfläche Drehkippflügel: $b \times h \approx 1{,}0\ m \times 1{,}1\ m$
- Der Drehkippflügel wird auf der linken Ansichtsseite, nahe den Befestigungspunkten (1) und (5), angeschlagen (Bild 16.1).
- Der Höhenunterschied zwischen den Verkehrsflächen (Flur im Bürogebäude und OK Gelände) beträgt $\Delta h \geq 1{,}00$ m: Nach Musterbauordnung (2024, § 38 Abs. 1 Satz 1) ist daher eine Umwehrung (= Absturzsicherung) vorzusehen.

16.5.2.2 Befestigungssystem

- Verankerungsgrund Mauerwerk: Lochstein aus Beton (vgl. Abschnitt 16.2.5 und 16.4.2)
- Annahme: Abstand a = 15 mm (vgl. Bild 9.4); beachte abZ/aBG W-ABZ (2024, Anlage 4.1)
- Befestigung gemäß Bild 16.16 nur seitlich links und rechts in der Laibung an den Befestigungspunkten (1) bis (8) mit je 4 Stück Fenstermontageschienen W-ABZ pro Seite, kombiniert mit T-Konsole nach abZ/aBG W-ABZ (2024), befestigt durch die T-Konsole mit je zwei Dübeln (Achsabstand s = 250 mm; vgl. Bild 16.7d in Abschnitt 16.2.4)
- Kunststoffdübel:
  - je T-Konsole zwei Kunststoff-Rahmendübel SHARK UR 8×10/80 nach ETA SHARK UR (2021)
  - $c \geq 80\ mm = c_{min}$ (vgl. Abschnitt 16.2.3 mit Bild 16.5); siehe auch ETA SHARK UR (2021, S. 119, Anhang C 105, Tabelle C 11.89.2)

16.5.3 Einwirkungen

16.5.3.1 Stoßartige Lasten nach ETB-Richtlinie (Außergewöhnliche Einwirkung)

Aufgrund des in Abschnitt 16.5.2 festgestellten Höhenunterschieds $\Delta h \geq 1{,}00$ m zwischen den Verkehrsflächen (Flur im Bürogebäude und OK Gelände) muss das Fensterelement absturzsichernde Eigenschaften aufweisen.

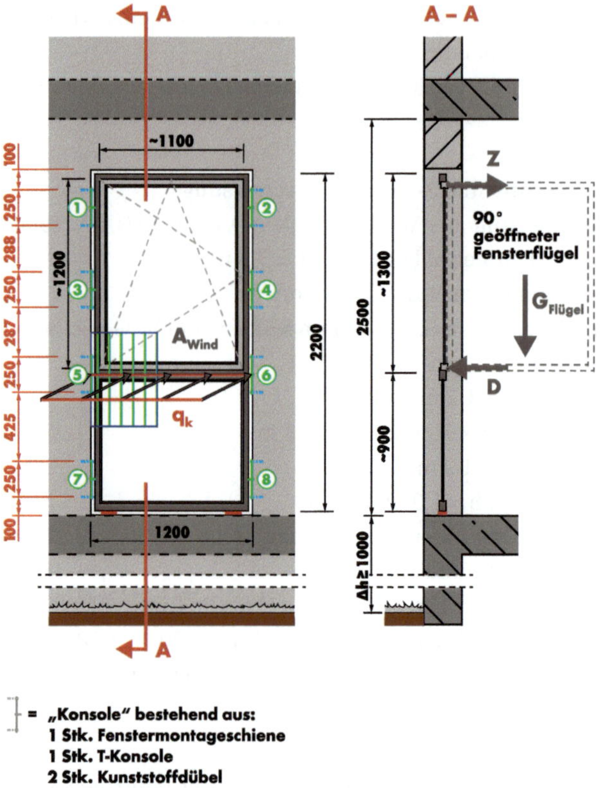

Bild 16.16 Praxisbeispiel 8: (maßgebende) Befestigungspunkte für absturzsicherndes Fensterelement mit unterer Festverglasung; Maße in mm

Gemäß „ETB-Richtlinie – Bauteile, die gegen Absturz sichern" wird das konzipierte *Befestigungssystem* (Fenstermontageschiene W-ABZ, T-Konsole mit je 2 Kunststoffdübeln in Mauerwerk) zur Befestigung des absturzsichernden Fensterelements gegen Versagen bemessen. Dabei muss für „Befestigungselemente" nur der „weiche Stoß", nicht aber der „harte Stoß nachgewiesen werden, siehe ETB (1985, Abschnitt 3.2.2.2.3).

Gemäß der Zulassung für die „Absturzsichernde Fensterelementbefestigung W-ABZ" gilt Folgendes, siehe abZ/aBG W-ABZ (2024, S. 11, Abschnitt 3.2.3.4):

> *„Die statische Ersatzlast für den Nachweis der Befestigung der Fensterelementbefestigung an der Laibung ist nach ETB-Richtlinie mit **2,8 kN** für jeden Befestigungspunkt anzusetzen.*
>
> *Für die Ermittlung des Bemessungswertes der Einwirkung aus Personenanprall ist ein Teilsicherheitsbeiwert von $\boldsymbol{\gamma_F = 1{,}0}$ anzusetzen (außergewöhnliche Bemessungssituation)."*

Demnach ist die für die Bemessung der beiden Befestigungssysteme folgender Bemessungswert der Einwirkungen anzusetzen:

$$F_{Ed} = F_{Ek} \cdot \gamma_F = 2{,}8 \cdot 1{,}0 = 2{,}8\,\text{kN} \qquad (16.3)$$

mit:

F_{Ed}	$= 2{,}8$ kN	Bemessungswert der Einwirkungen (Stoßlasten aus Personenanprall) je Befestigungspunkt (statische Ersatzlast nach ETB-Richtlinie, der Teilsicherheitsbeiwert für außergewöhnliche Einwirkungen $\gamma_A = 1{,}0$ ist enthalten)
F_{Ek}	$= 2{,}8$ kN	siehe ETB (1985, Abschnitt 3.2.2.2.3)
γ_F	$= 1{,}0$	Teilsicherheitsbeiwert der Einwirkungen für außergewöhnliche Bemessungssituation $\gamma_F = \gamma_A$; siehe abZ/aBG W-ABZ (2024, S. 11, Abschnitt 3.2.3.4)

16.5.3.2 Windlasten

Das Bürogebäude, in das das absturzsichernde Fensterelement eingebaut wird, steht nach Abschnitt 16.5.2 in der Hansestadt Bremen. Im Verzeichnis „Windzonen nach Verwaltungsgrenzen“, siehe in DIBt.de (2022), wird für die „Stadt Bremen“ die „Windzone 3“ ausgewiesen.

Alternativ lassen sich unter dem Suchbegriff „Windzonen nach Postleitzahlen“ im Internet auch diverse Seiten finden, auf denen – lediglich unter der Eingabe der Postleitzahl für das konkrete Bauvorhaben – die entsprechend zugehörige Windzone ausgegeben wird.

Nach DIN 18055 (2020, S. 26, Anhang A, Tabelle A.1) ergibt sich für

- die Windzone 3,
- eine Gebäudehöhe ≤ 10 m und
- den Einbau des absturzsichernden Fensterelements im Randbereich des Bürogebäudes

folgende charakteristische Windbelastung (vgl. hier auch Tabelle 2.4 und Tabelle 2.5):

$$q_{wd,k} = 0{,}80\,\text{kN/m}^2 \qquad \text{(Winddruck)}$$
$$q_{ws,k} = 1{,}36\,\text{kN/m}^2 \qquad \text{(Windsog)}$$

Die Bemessungswerte der Einwirkungen ergeben sich wie folgt:

$$q_{wd,d} = q_{wd,k} \cdot \gamma_F = 0{,}80 \cdot 1{,}5 = 1{,}20\,\text{kN/m}^2 \text{ Winddruck} \qquad (16.4)$$

$$q_{ws,d} = q_{ws,k} \cdot \gamma_F = 1{,}36 \cdot 1{,}5 = 2{,}04\,\text{kN/m}^2 \text{ Windsog} \Rightarrow \underline{\text{maßgebend}} \qquad (16.5)$$

mit:

γ_F	$= 1{,}5$	Teilsicherheitsbeiwert für veränderliche Einwirkungen (Verkehrslast/Windlast)

Hinweis: Die Anwendung von DIN 18055 (2020, S. 26, Anhang A, Tabelle A.1) beruht auf Berechnungen mit dem vereinfachten Verfahren nach DIN EN 1991-1-4 und DIN EN 1991-1-4/NA. Diese praxisnahe Vorgehensweise liegt für übliche Gebäude auf der sicheren Seite.

Sofern eine Abminderung der Werte aus Tabelle A.1 angestrebt wird, ist eine genaue Berechnung der Außendruckbeiwerte nach DIN EN 1991-1-4/NA (2024, S. 11/12, Tabelle NA.1) bzw. eine genaue Windlastermittlung nach DIN EN 1991-1-4/NA (2024, S. 22, Abschnitt NA.B.3.3) erforderlich (vgl. hierzu auch die ausführlichen Ausführungen in Abschnitt 2.8.2.1).

16.5.3.3 Horizontale Nutzlast (Holmlast auf den Brüstungsriegel)

Die charakteristische horizontale Nutzlast – in Absturzrichtung nach außen – ergibt sich für einen Flur in einem Bürogebäude, der als Fluchtweg dient, aus DIN EN 1991-1-1/NA (2010, S. 13, Tabelle 6.12DE) bzw. nach ASR A2.1 (2022, S. 9, Abschnitt 5.1, Absatz 7):

$$\Rightarrow \; q_{k,\text{außen}} = 1{,}0\,\text{kN/m}$$

Gemäß DIN EN 1991-1-1/NA (2010, S. 13, Abschnitt 6.4, Tabelle 6.12DE und Absatz 2) sind die horizontalen Nutzlasten in Absturzrichtung in voller Höhe und in Gegenrichtung – nach innen wirkend – mit 50 %, mindestens jedoch mit 0,5 kN/m anzusetzen:

$$\Rightarrow \; q_{k,\text{innen}} = 0{,}5\,\text{kN/m}$$

Die Bemessungswerte der Einwirkungen ergeben sich wie folgt:

$$q_{kd,\text{außen}} = q_{k,\text{außen}} \cdot \gamma_F = 1{,}0 \cdot 1{,}5 = 1{,}50\ \text{kN/m} \;\Rightarrow \text{maßgebend} \tag{16.6}$$

$$q_{kd,\text{innen}} = q_{k,\text{innen}} \cdot \gamma_F = 0{,}5 \cdot 1{,}5 = 0{,}75\ \text{kN/m} \tag{16.7}$$

mit:

$\gamma_F = 1{,}5$ Teilsicherheitsbeiwert für unabhängige veränderliche Einwirkung mit ungünstiger Auswirkung nach DIN EN 1990/NA (2010, S. 11, Tabelle NA.A.1.2(B))

16.5.3.4 Last aus 90° geöffnetem Fensterflügel

Wird der im absturzsichernden Fensterelement oben angeordnete Drehkippflügel um 90° geöffnet, treten auf der Bandseite infolge des Eigengewichts des Fensterflügels zusätzliche Querlasten auf. Hierzu wird zunächst das Eigengewicht des Drehkippflügels ermittelt (vgl. Tabelle 16.2); siehe auch in Gütegemeinschaft (2024, S. 162, Abschnitt 5.1.2.1, Tabelle 5.3 und Tabelle auf S. 173).

Das resultierende Kräftepaar (Z = D) aus dem 90° in den Innenraum geöffneten Flügel wird auf der Bandseite oben durch den Befestigungspunkt (1) und unten in Höhe des Brüstungsriegels durch den Befestigungspunkt (5) aufgenommen (vgl.

Tabelle 16.2 Praxisbeispiel 8: Ermittlung des Eigengewichts des Drehkippflügels

Zeile	Bauteil	Rechenweg	Ergebnis
1	Blendrahmen	$(2 \cdot 1{,}1\ \text{m} + 2 \cdot 1{,}2\ \text{m}) \cdot 3{,}5\ \text{kg/m} =$	16,1 kg
2	Isolierverglasung	$2{,}5\ ^{\text{kg}}/_{(\text{mm}\cdot\text{m}^2)} \cdot (6\ \text{mm} + 4\ \text{mm} + 8\ \text{mm}) \cdot (1{,}0\ \text{m} \cdot 1{,}1\ \text{m}) =$	49,5 kg
3	Drehkippflügel	(Zeile 1 + 2) =	65,6 kg
4	Eigenlast $G_{\text{Flügel}}$	$65{,}6\ \text{kg} \cdot 9{,}81\ \text{m/s}^2 = 643{,}5\ \text{N}$ [1)]	0,64 kN

1) $1\ \text{kg} \cdot \text{m/s}^2 = 1\ \text{N} = 0{,}001\ \text{kN}$

Bild 16.1). Dabei wirkt die Einwirkung $Z = V_{fd,1}$ in Richtung des Innenraums und die Einwirkung $D = V_{fd,5}$ nach außen (vgl. Bild 16.16).

Der Bemessungswert der Einwirkungen auf die Befestigungspunkte (1) und (5) durch den 90° geöffneten Fensterflügel ergibt sich nach Gütegemeinschaft (2024, S. 169, Abschnitt 5.1.2.3, Tabelle 5.4, Zeile 1) wie folgt:

$$V_{fd,1} = Z$$

$$V_{fd,5} = D$$

$$\begin{aligned} V_{fd,1} = V_{fd,5} &= \frac{b}{h} \cdot \left(\frac{G_{\text{Flügel}}}{2} \cdot \gamma_F\right) \\ &= \frac{1{,}10}{1{,}20} \cdot \left(\frac{0{,}64}{2} \cdot 1{,}35\right) \\ &= 0{,}92 \cdot 0{,}43 \\ &= 0{,}40\ \text{kN} \end{aligned} \tag{16.8}$$

mit:

b	= 1,1 m	vgl. Abschnitt 16.5.2
h	= 1,2 m	vgl. Abschnitt 16.5.2
$G_{\text{Flügel}}$	= 0,64 kN	vgl. Tabelle 16.2
γ_F	= 1,35	Teilsicherheitsbeiwert für ständige Einwirkungen (Eigengewicht)

Hinweis: Der Abstand für die Lasteinleitung der horizontalen Lasten (Z und D bzw. $V_{fd,1}$ und $V_{fd,5}$) ist nach Bild 16.16 die Höhendifferenz zwischen den Befestigungspunkten (1) und (5).

In Gl. (16.8) werden für die Ermittlung von Z und D nach Gütegemeinschaft (2024, S. 169, Abschnitt 5.1.2.3, Tabelle 5.4, Zeile 1) allerdings die Flügelaußenmaße (hier im Beispiel b / h = 1,10 m / 1,20 m) angesetzt.

Dieses Vorgehen stellt eine Vereinfachung für die Bemessungspraxis dar, da die reale Lasteinleitung aus dem Flügelrahmen über Bänder bzw. Scherenlager in den Blendrahmen bei jedem Fensterelement unterschiedlich ist. Diese Vereinfachung wird aus Übersichtsgründen übernommen.

16.5.4 Ermittlung der maßgebenden Querkräfte für das zu untersuchende Befestigungssystem

Hier wird im Folgenden als Teil der „Nachweiskette“ nur das Befestigungssystem nach Abschnitt 16.5.1.2 bzw. 16.5.2 nachgewiesen:

- Glied 6 der Kette: Verbindung Fensterrahmen mit Fenstermontageschiene W-ABZ nach abZ/aBG W-ABZ (2024)
- Glied 7 der Kette: Fenstermontageschiene W-ABZ mit dazu kombinierbarer T-Konsole
- Glied 8 der Kette: Befestigung T-Konsole mit Kunststoffdübel nach ETA SHARK UR (2021) in Mauerwerk

Zunächst werden hier im Abschnitt 16.5.4 die maßgebenden Querkräfte ermittelt. Bild 16.16 zeigt, dass in Befestigungspunkt (5) die horizontalen Lasten aus dem Brüstungsriegel und die Lasten aus dem 90° geöffneten Fenster aufgenommen werden, weshalb es sich hierbei offensichtlich um den maßgebenden der insgesamt 8 Befestigungspunkte handelt.

Daher werden nachfolgend nur für den Befestigungspunkt (5) für alle möglichen Lastfälle die Lasten zusammengetragen und nur für die maßgebenden Lastfälle die entsprechenden Nachweise geführt. Die anderen Befestigungspunkte werden auf der sicheren Seite baugleich ausgeführt.

16.5.4.1 Lastfall 1: Stoßartige Lasten

Maßgebende Querkraft (vgl. hierzu Abschnitt 16.5.3.1):

$$V_{Ed,LF1} = F_{Ed} = 2{,}8\,kN \tag{16.9}$$

Gemäß ETB (1985, Abschnitt 3.1) sind nur die horizontalen Nutzlasten (= Holmlasten) mit den Windlasten zu überlagern. Die stoßartigen Lasten müssen also mit keinen weiteren Lasten überlagert werden.

16.5.4.2 Lastfall 2: Windsoglast

Maßgebende Querkraft (vgl. hierzu Bild 16.16 und Abschnitt 16.5.3.2):

$$\begin{aligned} V_{Ed,LF2} &= A_{Wind} \cdot q_{ws,d} \\ &= (1{,}2/2) \cdot [(0{,}287/2) + 0{,}25 + (0{,}45/2)] \cdot 2{,}04 \\ &= 0{,}74\,kN \end{aligned} \tag{16.10}$$

16.5.4.3 Lastfall 3: Winddrucklast

Maßgebende Querkraft (vgl. hierzu Bild 16.16 und Abschnitt 16.5.3.2):

$$\begin{aligned} V_{Ed,LF2} &= A_{Wind} \cdot q_{wd,d} \\ &= (1{,}2/2) \cdot [(0{,}287/2) + 0{,}25 + (0{,}45/2)] \cdot 1{,}20 \\ &= 0{,}44\,kN \end{aligned} \tag{16.11}$$

16.5.4.4 Lastfall 4: Horizontale Nutzlast (Holmlast auf den Brüstungsriegel)

Maßgebende Querkraft (vgl. hierzu Bild 16.16 und Abschnitt 16.5.3.3):

$$\begin{aligned} V_{Ed,LF4} &= (B/2) \cdot q_{kd,außen} \\ &= (1{,}2/2) \cdot 1{,}5 \\ &= 0{,}90\,\text{kN} \end{aligned} \tag{16.12}$$

Die horizontale Nutzlast in Gegenrichtung wird nicht weiter untersucht; beachte hierzu den folgenden Abschnitt 16.5.4.5.

16.5.4.5 Lastfall 5: Überlagerung horizontale Nutzlast (Holmlast) plus Windsoglast

Hier werden nur die in Absturzrichtung nach außen wirkende Windsoglast und horizontale Nutzlast (Holmlast) überlagert:

$$\begin{aligned} V_{Ed,Sog} &= V_{Ed,LF2} \\ &= 0{,}74\,\text{kN (vgl. Abschnitt 16.5.4.2)} \end{aligned} \tag{16.13}$$

$$\begin{aligned} V_{Ed,Holm} &= V_{Ed,LF4} \\ &= 0{,}90\,\text{kN (vgl. Abschnitt 16.5.4.4)} \end{aligned} \tag{16.14}$$

Gemäß DIN EN 1990/NA (2010, S. 5, NCI zu 6.4.3.2(3) und S. 8, NDP zu A.1.2.2, Tabelle NA.A.1.1) werden zwei Lastfallkombinationen untersucht (vgl. hier in diesem Fachbuch auch Abschnitt 8.5.2.2).

Lastfallkombination 1:
Die Holmlast wird voll und die Windlast um den Faktor $\Psi_0 = 0{,}6$ reduziert angesetzt:

$$V_{Ed,LF5\text{-}1} = V_{Ed,Holm} + \left(\Psi_0 \cdot V_{Ed,Sog}\right) = 0{,}90 + (0{,}6 \cdot 0{,}74) = 1{,}34\,\text{kN} \tag{16.15}$$

Lastfallkombination 2:
Die Windlast wird voll und die Holmlast um den Faktor $\Psi_0 = 0{,}7$ reduziert angesetzt.

$$V_{Ed,LF5\text{-}2} = V_{Ed,Sog} + \left(\Psi_0 \cdot V_{Ed,Holm}\right) = 0{,}74 + (0{,}7 \cdot 0{,}90) = 1{,}37\,\text{kN} \tag{16.16}$$
$\Rightarrow$ maßgebend

Gemäß Abschnitt 16.5.3.3 ist auch in Gegenrichtung, ins Rauminnere, eine horizontalen Nutzlast von mindestens 0,5 kN/m anzusetzen, die dann mit dem Winddruck überlagert werden müsste. Aus der Anschauung des Fensters entfällt diese Überlagerung, da dafür Personen am Brüstungsriegel horizontal nach innen ziehen müssten, damit die horizontale Nutzlast in diese Richtung aufgebracht werden kann. Dieses „Ziehen" könnte aber nur dann erfolgen, wenn der obere Drehkippflügel geöffnet wird, damit sich die Personen am Brüstungsriegel festhalten können. Ist aber der obere Fensterflügel geöffnet, so wirkt nicht mehr gleichzeitig der maximale Winddruck auf das Fenster.

Außerdem ist der Winddruck kleiner als der Windsog und die horizontale Nutzlast nach innen kleiner als die horizontale Nutzlast nach außen. Eine Überlagerung von beiden ist also kleiner als die nach außen wirkende Kombination.

16.5.4.6 Lastfall 6: Überlagerung horizontale Nutzlast (Holmlast) plus Last aus 90° geöffnetem Fenster

Aus Sicht der Autoren müssen die Querlasten aus dem 90° geöffnetem Fenster nur mit der horizontalen Nutzlast (Holmlast) überlagert werden: Ist das Fenster 90° geöffnet, so kann auf das Fenster keine oder wenn, dann nur eine sehr eingeschränkte Windlast wirken.

Die Querlast aus dem 90° geöffnetem Fenster und die Horizontallast wirken zusammen nur auf den Befestigungspunkt (5) ein (vgl. Bild 16.16) und werden beide auf der sicheren Seite voll angesetzt (vgl. Abschnitt 16.5.3.4 und 16.5.4.4):

$$\begin{aligned} V_{Ed,LF6} &= V_{fd,5} + V_{Ed,LF4} \\ &= 0{,}40 + 0{,}90 \\ &= 1{,}30\,\text{kN} \end{aligned} \tag{16.17}$$

16.5.4.7 Übersicht der maßgebenden Querkräfte für das Praxisbeispiel 8

In der Tabelle 16.3 werden alle maßgebenden Querkräfte der einzelnen Lastfälle übersichtlich zusammengestellt. Für den Nachweis des Befestigungssystems müssen danach nur die beiden maßgebenden Lastfälle 1 und 5 weiter untersucht werden.

Tabelle 16.3 Übersicht der maßgebenden Querkräfte für alle Lastfälle (Praxisbeispiel 8)

<table>
<tr><th>Lastfall</th><th>Beschreibung</th><th>Ermittlung V_{Ed}, vgl. Abschnitt</th><th>V_{Ed} [kN]</th><th>Maßgebend [kN]</th><th>Bemessung, vgl. Abschnitte</th></tr>
<tr><td>1</td><td>Stoßartige Lasten</td><td>16.5.4.1</td><td>2,80</td><td>2,80</td><td>Glied 6: 16.5.5
Glied 7: 16.5.6.1
Glied 8: 16.5.7.1</td></tr>
<tr><td>2</td><td>Windsoglast</td><td>16.5.4.2</td><td>0,74</td><td rowspan="5">1,37</td><td rowspan="5">Glied 6: 16.5.5
Glied 7: 16.5.6.2
Glied 8: 16.5.7.2
16.5.7.3</td></tr>
<tr><td>3</td><td>Winddrucklast</td><td>16.5.4.3</td><td>0,44</td></tr>
<tr><td>4</td><td>Horizontale Nutzlast</td><td>16.5.4.4</td><td>0,90</td></tr>
<tr><td>5</td><td>Überlagerung horizontale Nutzlast plus Windsoglast</td><td>16.5.4.5</td><td>1,37</td></tr>
<tr><td>6</td><td>Überlagerung horizontale Nutzlast plus Last aus 90° geöffnetem Fenster</td><td>16.5.4.6</td><td>1,30</td></tr>
</table>

16.5.5 Glied 6 der Nachweiskette: Verbindung Fensterrahmen mit Fenstermontageschiene W-ABZ

Die Befestigung der Lasche der Fenstermontageschiene W-ABZ am PVC-Fenster mit Stahlarmierung erfolgt nach abZ/aBG W-ABZ (2024) mit zwei zugelassenen Bohrschrauben Zebra Piasta 6,3 × L. Die Mindestlänge der Schrauben beträgt nach abZ/aBG W-ABZ (2024, S. 3, Abschnitt 1.2, Tabelle1) min. L = 27 mm.

Der PVC-Blendrahmen des absturzsichernden Fensterelements hat gemäß Abschnitt 16.5.2 eine □-Stahlarmierung aus dem Werkstoff DX51D (Werkstoffnummer 1.0917) mit einer Materialdicke t = 1,6 mm. Gemäß DIN EN 10346 (2015, S. 19, Tabelle 7) weist dieser Stahl eine Zugfestigkeit R_m zwischen 270 und 500 MPa auf. Mit

- einer Zugfestigkeit vorh. $R_m \geq 270$ MPa = 270 N/mm² = erf. R_m sowie
- einer Materialstärke vorh. t = 1,6 ≥ 1,5 mm = erf. t

erfüllt der Stahl die Anforderungen gemäß abZ/aBG W-ABZ (2024, S. 3, Abschnitt 1.2, Tabelle 1).

Nach abZ/aBG W-ABZ (2024, S. 9, Abschnitt 3.2.1.1) gilt dann Folgendes:

> *„Die Befestigung der Lasche am Fensterprofil mit Bohrschrauben für das jeweilige Rahmenprofil ... ist Bestandteil der absturzsichernden Fensterelementbefestigungen und muss nicht separat nachgewiesen werden."*

⇒ o. w. N.

16.5.6 Glied 7 der Nachweiskette: Fenstermontageschiene W-ABZ mit T-Konsole

16.5.6.1 Nachweis Lastfall 1: Stoßartige Lasten

Nach abZ/aBG W-ABZ (2024, S. 9, Abschnitt 3.2.1.1) gilt Folgendes:

> *„Für die Fensterelementbefestigung gilt der Nachweis zur Aufnahme der Einwirkungen aus Personenanprall als erbracht."*

⇒ o. w. N.

16.5.6.2 Nachweis Lastfall 5: Überlagerung horizontale Nutzlast (Holmlast) plus Last aus 90° geöffnetem Fenster

Der Bemessungswert der *„Fensterelementbefestigung mit Montageschiene W-ABZ in beide Richtungen (Zug und Druck) mit und ohne Verwendung der T-Konsole / H-Konsole"* (vgl. Bild 16.7d) kann für den Abstand a = 15 mm (vgl. Abschnitt 16.5.2 und Bild 16.17) der abZ/aBG W-ABZ (2024, S. 10, Tabelle 6) entnommen werden: $F_{Rd} = 1{,}44$ kN $= V_{Rd}$

Nachweis:

$$\frac{V_{Ed,LF5}}{V_{Rd}} = \frac{1{,}37}{1{,}44} = 0{,}95 \leq 1{,}0 \Rightarrow \text{Nachweis erbracht} \qquad (16.18)$$

mit:
$V_{Ed,LF5}$ = 1,37 kN vgl. Abschnitt 16.5.4.5 bzw. Tabelle 16.3
V_{Rd} = 1,44 kN siehe abZ/aBG W-ABZ (2024, S. 10, Abschnitt 3.2.2, Tabelle 6)

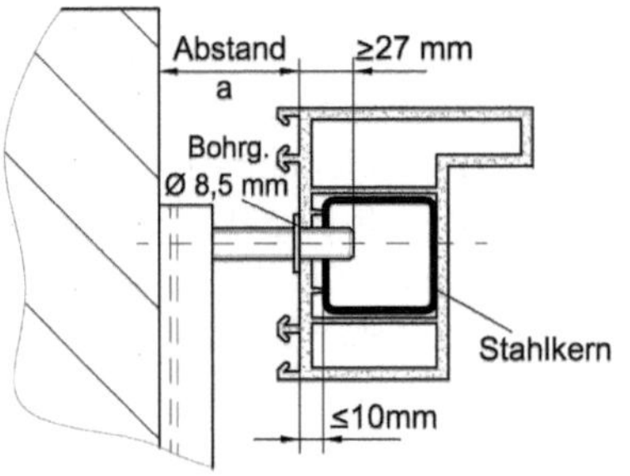

Bild 16.17 Definition des Abstands „a" für armierte PVC-Blendrahmen-Profile nach abZ/aBG W-ABZ (2024, Anlage 4.1)

16.5.7 Glied 8 der Nachweiskette: Befestigung der T-Konsole mit Kunststoffdübel in Mauerwerk

Erst an dieser Stelle kommt nun die Auswertung der charakteristischen Tragfähigkeit des verwendeten Kunststoffdübels aus den durchgeführten Versuchen am Bauwerk zum Tragen:

- Nach Abschnitt 16.4.2 ist nicht der Baustellen-Verankerungsgrund, sondern der „Referenzstein" maßgebend (vgl. Abschnitt 16.4.2 mit Gl. (16.1)).
- Gemäß Abschnitt 16.4.4 muss kein Fugen-Einfluss berücksichtigt werden.
- Für den verwendeten Kunststoffdübel ergibt sich im Lochstein nach ETA SHARK UR (2021, S. 119, Anhang C 105, unter Berücksichtigung der dortigen Fußnote 7) für eine mittlere Steindruckfestigkeit (nach EN 771) ≥ 5,0 N/mm² für die beiden vom Dübel-Hersteller gewählten Temperaturbereiche b und c einheitlich $F_{Rk,ETA} = V_{Rk}$ = 2,5 kN (vgl. auch Bild 16.14).
- Der Bemessungswert eines Dübels beträgt nach Abschnitt 16.4.5: $V_{Rd} = V_{RK}/\gamma Mm = 2{,}5/2{,}5 = \underline{1{,}0\ KN}$

Gemäß Abschnitt 16.5.2 kommt für die Montage an allen Befestigungspunkten (1) bis (8) die Fenstermontageschiene W-ABZ kombiniert mit der T-Konsole nach abZ/aBG W-ABZ (2024), mit je zwei Dübeln zum Einsatz (vgl. Bild 16.7d). Der Achsabstand der beiden Dübel in einer T-Konsole beträgt gemäß Bild 16.7d $s = s_{min}$ = 250 mm. Daher dürfen beide Kunststoffdübel als Einzeldübel angesehen werden, so dass eine Fenstermontageschiene W-ABZ kombiniert mit der T-Konsole bezogen auf die Dübel eine Querlast von

$$V_{Rk2} = 2 \cdot F_{Rk,ETA} = 2 \cdot V_{Rk} = 2 \cdot 2{,}5 = 5{,}0\,\text{kN} \tag{16.19}$$

bzw.

$$V_{Rd2} = V_{Rk2}/\gamma_{Mm} = 5{,}0/2{,}5 = 2{,}0\,\text{kN} \tag{16.20}$$

aufnehmen kann.

Diese Werte gelten nur für Verankerungen in der Laibung.

Dabei ist ein Randabstand von $c \geq 80\ mm = c_{min}$ einzuhalten (vgl. Abschnitt 16.2.3 mit Bild 16.5); siehe auch ETA SHARK UR (2022, S. 119, Anhang C 105, Tabelle C 11.89.2).

16.5.7.1 Nachweis Lastfall 1: Stoßartige Lasten

Nach abZ/aBG W-ABZ (2024, S. 9, Abschnitt 3.2.1.1) gilt Folgendes:

> *„Für den Nachweis der Verankerung in Beton/Mauerwerk/Holz darf bei Personenanprall mit einer statischen Ersatzlast von* $\boldsymbol{F_{E,k} = 2{,}8\ kN}$ *nach ETB-Richtlinie beim Nachweis der Verankerungselemente nach Tabelle 2 abweichend von den in Tabelle 2 genannten Technischen Baubestimmungen der Teilsicherheitsbeiwert des Widerstandes von* $\boldsymbol{\gamma_M = 1{,}0}$ *angesetzt werden.“*

Nachweis:

$$\frac{V_{Ed,LF1}}{V_{Rk2}/\gamma_M} = \frac{2{,}80}{5{,}0/1{,}0} = 0{,}56 \leq 1{,}0 \Rightarrow \text{Nachweis erbracht} \tag{16.21}$$

mit:

$V_{Ed,LF1}$	=	2,80 kN	vgl. Abschnitt 16.5.4.1 bzw. Tabelle 16.3
V_{Rk2}	=	5,00 kN	vgl. Abschnitt 16.5.7
γ_M	=	1,0	Teilsicherheitsbeiwert des Widerstands; siehe abZ/aBG W-ABZ (2024, S. 9, Abschnitt 3.2.1.1)

16.5.7.2 Nachweis Lastfall 5: Überlagerung horizontale Nutzlast (Holmlast) plus Windsoglast

Der Material-Teilsicherheitsbeiwert für Verankerungen in Mauerwerk kann für die Bemessung von Kunststoffdübeln DIBt TR 064 (2019, S. 7, Abschnitt 2.2, Gleichung 2.8) entnommen werden: $\gamma_{Mm} = 2{,}5$

Nachweis:

$$\frac{V_{Ed,LF5}}{V_{Rk2}/\gamma_M} = \frac{1{,}37}{5{,}0/2{,}5} = 0{,}69 \leq 1{,}0 \Rightarrow \text{Nachweis erbracht} \tag{16.22}$$

mit:

$V_{Ed,LF5}$	=	1,37 kN	vgl. Abschnitt 16.5.4.5 bzw. Tabelle 16.3
V_{Rk2}	=	5,00 kN	vgl. Abschnitt 16.5.7
γ_{Mm}	=	2,5	siehe DIBt TR 064 (2019, S. 7, Abschnitt 2.2)

16.5.7.3 Nachweis Lastfall 5 – Ergänzende Überprüfung „Herausschieben eines Mauersteins“

Ergänzend wird abschätzend überprüft, ob durch einen Dübel in Höhe von Befestigungspunkt (5) ein einzelner Mauerstein aus dem Verband herausgeschoben werden kann. Dieser Nachweis erfolgt in Anlehnung an DIBt TR 054 (2019, S. 8, Abschnitt 4.2.1.5) mit folgendem Nachweis-Format:

$$N_{Ed}/N_{Rd,pb} \leq 1{,}0 \tag{16.23}$$

Hinweis: Dieser Nachweis gilt gemäß dem oben zitierten Regelwerk DIBt TR 054 (2019) nur für Metall-Injektionsanker zur Verankerung im Mauerwerk, wird hier aber als Abschätzung auf der sicheren Seite auch für Kunststoffdübel geführt.

Auf der sicheren Seite wird die Stoßfuge als nicht vermörtelt angenommen:

$$\begin{aligned} N_{Rk,pb} &= 2 \cdot l_{brick} \cdot b_{brick} \cdot (0{,}5 \cdot f_{vko} + 0{,}4 \cdot \sigma_d) \\ &= 2 \cdot 375 \cdot 240 \cdot (0{,}5 \cdot 0{,}15 + 0{,}4 \cdot 0{,}015)\,/1000 \\ &= 14{,}58\,\text{kN} \end{aligned} \tag{16.24}$$

mit:

l_{brick} = 375 mm — vgl. Abschnitt 16.2.5 sowie ETA SHARK UR (2021, S.119, Anhang C 105)

b_{brick} = 240 mm — vgl. Abschnitt 16.2.5 sowie ETA SHARK UR (2021, S.119, Anhang C 105)

f_{vko} = 0,15 N/mm² — siehe DIBt TR 054 (2019, S. 8, Abschnitt 4.2.1.5, Tabelle 2): Mörtel-Druckfestigkeitsklasse ≥ M 2,5

$\sigma_d = ½ \cdot H \cdot (\rho \cdot 10) / 1000$

$= ½ \cdot 2{,}5 \cdot (1{,}2 \cdot 10) / 1000 = 0{,}015\ \text{N/mm}^2$

- σ_d — minimale Bemessungsdruckspannung senkrecht zur Querbelastung in Höhe von Befestigungspunkt (5)
- Annahme: halbe Geschoßhöhe als mitwirkende Höhe ⇒ ½ ·H (H = 2,50 m; vgl. Abschnitt 16.5.2)
- ρ = 1,2 kg/dm³ — Rohdichte des Hohlblocksteins aus Normalbeton, siehe ETA SHARK UR (2021, S.119, Anhang C 105)

Nachweis:

$$\frac{N_{Ed}}{N_{Rk,pb}/\gamma_M} = \frac{1{,}37}{14{,}58/2{,}5} = 0{,}23 \leq 1{,}0 \Rightarrow \text{Nachweis erbracht} \tag{16.25}$$

mit:

$N_{Ed} = V_{Ed,LF5}$ = 1,37 kN — vgl. Abschnitt 16.5.4.5 bzw. Tabelle 16.3

$N_{Rk,pb}$ = 14,58 kN — vgl. Gl. (16.24)

γ_{Mm} = 2,5 — siehe DIBt TR 064 (2019, Abschnitt 2.2) bzw. DIBt TR 054 (2019, Abschnitt 2.2)

Die Last $N_{Ed} = V_{Ed,LF5}$ = 1,37 kN tritt nur an Befestigungspunkt (5) auf. Dieser Nachweis beinhaltet so viel Reserven, dass auch ein halber Stein zur Lasteinleitung ausreichen würde und nicht aus dem Verband herausgezogen werden könnte.

16.5.8 Ergebnis/Fazit der Dübelbemessung

Erst mit

- den durchgeführten Versuchen am Bauwerk (Abschnitt 16.2),
- der Auswertung der Versuchsergebnisse (Abschnitt 16.4) und
- den in Abschnitt 16.5 erfolgreich geführten Nachweisen

konnte die in Abschnitt 16.5.2 für ein absturzsicherndes Fensterelement (Bild 16.1), für die Befestigungspunkte (1) bis (8) angesetzte Anzahl von

- 8 Stück Fenstermontageschienen nach abZ/aBG W-ABZ (2024) kombiniert mit jeweils einer der
- 8 Stück T-Konsolen nach abZ/aBG W-ABZ (2024) und damit insgesamt
- 16 Stück Kunststoffdübeln nach ETA SHARK UR (2021)

bestätigt werden.

Ohne die hier dargestellte Bemessung hätte in einer Ausschreibung nur der Einzelpreis je Befestigungspunkt, bestehend aus

- 1 Stück Fenstermontageschiene kombiniert mit
- 1 Stück T-Konsole und befestigt mit
- 2 Stück Kunststoffdübeln 8 × 10/80,

ausgeschrieben werden können. Dazu müsste außerdem ein Hinweis gegeben werden, dass die erforderliche Anzahl und Art der Befestigungspunkte auf der Grundlage von Versuchen am Bauwerk und einer zugehörigen Auswertung und Dübelbemessung zu bestimmen ist.

Hinweis: Zum besseren Verständnis und für ergänzende Informationen zu Versuchen am Bauwerk mit Metall-Injektionsankern zur Verankerung im Mauerwerk wird hier noch ein weiteres Mal auf das Heft 4 der Schriftenreihe des Deutschen Ausschuss für Mauerwerk e. V. (DAfM) „(Dübel-) Versuche am Bauwerk in Mauerwerk – Aktuelle Regelungen für Kunststoffdübel und Metall-Injektionsanker zur Verankerung im Mauerwerk“, siehe Küenzlen et al. (2020) hingewiesen, aus dem die vorhergehenden Abschnitte zum Teil übernommen wurden.

17

Querlast-Versuche am Bauwerk mit Abstandsmontageschrauben in der Fensterlaibung

17.1 Allgemeines

In Kapitel 10 wurde das Vorgehen bei Versuchen am Bauwerk mit Kunststoffdübeln im Detail erläutert.

In der allgemeinen bauaufsichtlichen Zulassung/allgemeinen Bauartgenehmigung der Abstandsmontageschraube AMO Y und AMO IV (abZ/aBG AMO Y/IV, 2024) wurde – erstmals überhaupt – ein Konzept für Querlast-Versuche am Bauwerk (Bild 17.1) mit einer solchen Schraube in der Größe 11,5 mm (Bild 17.2) im bauaufsichtlichen Kontext veröffentlicht und „zugelassen".

In diesem Kapitel 17 werden die Besonderheiten dieses Konzeptes erläutert. Dieses wurde umfassend in Scheller et al. (2024a und 2024b) veröffentlicht und eng an die Vorgaben der DIBt TR VaB Kunststoffdübel (2019) angelehnt.

17.2 Ausgangssituation

Für Versuche am Bauwerk in der Fensterlaibung mit einer Abstandsmontageschrauben gab es bis Januar 2024 keine Regelungen. Als Abweichungen gegenüber dem zuvor genannten Regelwerk sind im Wesentlichen

- das von Kunststoffdübeln und Metall-Injektionsankern abweichende Dübel-System „Abstandsmontageschraube" (vgl. Bild 17.2) und
- die erforderlichen Querlast-Versuche in der Laibung MIT Hebelarm

zu nennen.

Die Durchführung dieser Versuche am Bauwerk für die Abstandsmontageschrauben in der Fensterlaibung orientiert sich dennoch so weit wie möglich am vorhandenen Regelwerk für (Dübel-) Versuche am Bauwerk, da es – wie auch hier in diesem Fachbuch – als bekannt und insgesamt praxisnah vorausgesetzt werden kann. Konkret kamen/kommen die DIBt TR VaB Kunststoffdübel (2019) sowie

Befestigung und Abdichtung von Fenstern und Türen. Regelwerke, Bauphysik, Baurecht, Praxisbeispiele. 2. Auflage.
J. Küenzlen, E. Scheller, M. Klatecki.

Bild 17.1 Querlast-Versuche am Bauwerk in der Fensterlaibung mit Abstandsmontageschraube (Foto: Immel)

Bild 17.2 Abstandsmontageschrauben AMO® IV ⌀ 11,5 mm (Stahl galvanisch verzinkt) nach abZ/aBG AMO Y/IV (2024) (Foto: Adolf Würth GmbH & Co. KG)

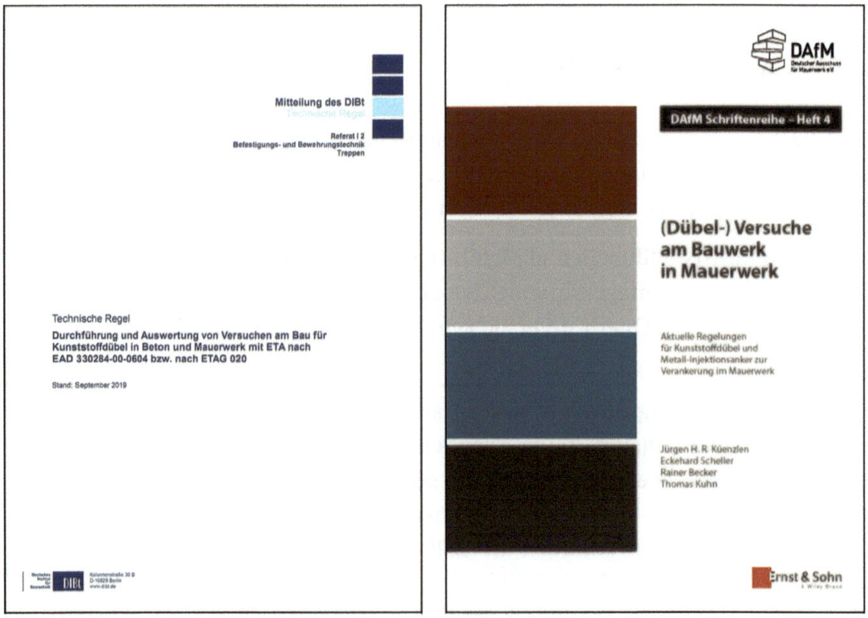

a) DIBt TR VaB Kunststoffdübel (2019) b) Küenzlen et al. (2020)

Bild 17.3 Als Grundlage verwendetes Regelwerk und zugehörige Erläuterungen für (Dübel-) Versuche am Bauwerk die dazu vorhandenen Erläuterungen in Küenzlen et al. (2020) zur Anwendung (Bild 17.3).

17.3 Grundlage und Geltungsbereich

Die Voraussetzung für die Durchführung von Versuchen am Bauwerk mit Abstandsmontageschrauben in der Fensterlaibung ist die im Januar 2024 erteilte allgemeine bauaufsichtliche Zulassung/allgemeine Bauartgenehmigung Z-21.1-2097 (abZ/aBG AMO Y/IV, 2024).

Im folgenden Abschnitt 17.4 wird kurz erläutert, welche Einflussfaktoren für die Erteilung der abZ/aBG AMO Y/IV (2024) untersucht wurden, die für die Erstellung des Konzepts Versuche am Bauwerk in der Fensterlaibung mit den Abstandsmontageschrauben AMO®-Y und AMO® IV zu beachten waren, siehe abZ/aBG AMO Y/IV (2024, S. 7 und 8, Abschnitt 3.2.5 sowie die Anlagen 96 und 97).

Dabei ist hervorzuheben, dass es sich bei dem hier erörterten Konzept ausschließlich um Querlast-Versuche mit Hebelarm am Bauwerk handelt.

Die Fenster sind gemäß der erteilten Zulassung immer in der Diagonale mit Distanzklötzen zu versehen, so dass die Abstandsmontageschrauben nur quer zur Schraubenachse belastet werden, d. h. keine reinen Zug-/Drucklasten im Bereich der Befestigung auftreten können, siehe abZ/aBG AMO Y/IV (2024, S. 8, Abschnitt 3.3.1 und Anlage 4).

Unter Berücksichtigung der Erkenntnisse aus den Zulassungsversuchen wird anschließend in Abschnitt 17.5 das Konzept Querlast-Versuche am Bauwerk für die Abstandsmontageschrauben beschrieben und erläutert.

Hinweise: Das hier vorgestellte Konzept beschränkt sich auf QUERLAST-Versuche MIT Hebelarm für Abstandsmontageschrauben in der Fensterlaibung.

Das Konzept gilt nur für die Abstandsmontageschrauben AMO®-Y ∅ 11,5 mm und AMO® IV ∅ 11,5 mm gemäß abZ/aBG AMO Y/IV (2024).

Das Konzept kann NICHT und DARF nicht allgemeingültig auf andere Schrauben zur Verankerung in Mauerwerk z. B. nach EOTA EAD 330460-00-0604 (2020) übertragen werden.

17.4 Erteilung der abZ/aBG AMO Y/IV (2024)

17.4.1 Allgemeines

Die Erteilung der allgemeinen bauaufsichtlichen Zulassung/allgemeinen Bauartgenehmigung Z-21.1-2097 (abZ/aBG AMO Y/IV, 2024) basiert u. a. auf den folgenden Bewertungsdokumenten:

- EOTA EAD 330460-00-0604 (2020):
  Screw anchor for use in masonry
- EOTA EAD 330284-00-0604 (2021):
  Plastic Anchors for redundant non-structural Systems in Concrete and Masonry
- EOTA EAD 330232-00-0601 (2016):
  Mechanical fasteners for use in concrete

Auf die durchgeführten Untersuchungen wird im Detail nicht eingegangen.

Nachfolgend werden nur solche Hinweise gegeben, die für die Erstellung des Konzepts Durchführung von Versuchen am Bauwerk in der Fensterlaibung mit Abstandsmontageschrauben von Bedeutung sind.

17.4.2 Charakteristische Widerstände einer einzelnen Abstandsmontageschraube unter Querbelastung

17.4.2.1 Unterscheidung

Die erteilte allgemeine bauaufsichtliche Zulassung/allgemeine Bauartgenehmigung für die Abstandsmontageschrauben unterscheidet zwischen dem

- Nachweis der Tragfähigkeit – Einwirkungen quer zur Schraubenachse (abZ/aBG AMO Y/IV, 2024, S. 5, Abschnitt 3.2.2) und dem
- Nachweis der Tragfähigkeit bei absturzsichernder Funktion (abZ/aBG AMO Y/IV, 2024, S. 6, Abschnitt 3.2.3).

Dafür werden in der erteilten allgemeinen bauaufsichtlichen Zulassung/allgemeinen Bauartgenehmigung jeweils entsprechende Tragfähigkeiten ausgewiesen. Diese Unterscheidung wird nachfolgend begründet und erläutert.

Hinweis: Nachfolgend wird in diesem Kapitel vereinfachend bzw. abkürzend zwischen
- Nachweis der Tragfähigkeit
- Nachweis bei Personenanprall

unterschieden.

17.4.2.2 Nachweis der Tragfähigkeit

Der Nachweis der Tragfähigkeit beinhaltet alle Lastfälle (sowie daraus zu bildende Lastfallkombinationen) außer den Personenanprall. Insbesondere sind hier folgende Lastfälle zu untersuchen:

- Wind (Druck und Sog),
- horizontale Nutzlast (nach außen und nach innen),
- 90° geöffneter Fensterflügel,
- ggf. vertikale Nutzlast
- ...

Zur Vereinfachung des Nachweises der Tragfähigkeit der Abstandsmontageschrauben werden in den Anlagen der abZ/aBG AMO Y/IV (2024) bereits Bemessungswerte der Tragfähigkeit unter Querbeanspruchung V_{Rd} ausgewiesen. Die Bemessungswerte ergeben sich aus dem Quotienten charakteristische Tragfähigkeit V_{Rk} dividiert durch den zugehörigen Material-Teilsicherheitsbeiwert γ_M. Für die in der Zulassung ausgewiesenen Bemessungswerte war in den Querlast-Versuchen, die im Zulassungsverfahren durchgeführt wurden, entweder die

- Tragfähigkeit des Verankerungsgrunds (γ_{Mm}) oder die
- Biegetragfähigkeit der Abstandsmontageschraube ($\gamma_{Ms} < \gamma_{Mm}$)

maßgebend.
Die Biegetragfähigkeit der Abstandsmontageschraube kann – vor dem Versagen des Verankerungsgrunds – maßgebend werden, um das „3-mm-Verschiebungskriterium" gemäß ift-Richtlinie MO-02/1 „Bauköperanschluss von Fenstern, Teil 2: Verfahren zur Ermittlung der Gebrauchstauglichkeit von Befestigungssystemen" einzuhalten. Nach dieser Richtlinie dürfen sich die eingebauten Fensterrahmen unter Belastung maximal 3 mm gegenüber ihrer Ausgangslage in der Laibung verschieben, siehe ift Rosenheim (2015, S. 5, Abschnitt 3.1). Hintergrund dafür ist die Abdichtung bzw. die Anschlusssituation zwischen Fenster und Wandbaustoff, die nicht durch zu große Verschiebungen beeinträchtigt werden soll.

In den Versuchen im Zulassungsverfahren wurde dieses 3-mm-Verschiebungskriterium zum Teil maßgebend, weshalb es auch bei den Querlast-Versuchen am Bauwerk in der Fensterlaibung für die Abstandsmontageschrauben berücksichtigt werden muss.

Hinweis: Für den Nachweis der Tragfähigkeit ist die Verschiebung der Abstandsmontageschraube im Versuch auf ≤ 3 mm beschränkt, wenn der Baustellen-Verankerungsgrund nicht vorher erkennbar versagt.

17.4.2.3 Nachweis bei Personenanprall

Das 3-mm-Verschiebungskriterium ist für den Nachweis bei Personenanprall nicht relevant, da hierfür die Regelungen der ETB-Richtlinie – Bauteile, die gegen Absturz sichern anzuwenden sind. Gemäß ETB (1985, Abschnitt 3.2.1) müssen hier nur die folgenden Bedingungen eingehalten werden:

a) Die Standsicherheit der Bauteile muss erhalten bleiben.
b) Das Bauteil darf nicht aus seiner Halterung herausgerissen werden.
c) Bruchstücke, die Menschen ernsthaft verletzen können, dürfen nicht herabfallen.

Da es sich hier um eine außergewöhnliche Einwirkung nach DIN EN 1990/NA handelt (vgl. Abschnitt 8.5.3) und $\gamma_A = \gamma_F = \gamma_M = 1{,}0$ gilt, werden in den Anlagen der abZ/aBG AMO Y/IV (2024) für diesen Nachweis separat (charakteristische) Tragfähigkeiten unter Querbeanspruchung bei Personenanprall ($F_{Rk} = F_{Rd}$) ausgewiesen.

Hinweis: Für den Nachweis bei Personenanprall können die Versuche über 3 mm Verschiebung hinaus gefahren werden.

17.4.2.4 Konsequenzen für das Konzept Versuche am Bauwerk

Die Untersuchungen im Zulassungsverfahren zeigten, dass für den Nachweis der Tragfähigkeit sowohl die Biegetragfähigkeit der Abstandsmontageschrauben als auch Versagen im Verankerungsgrund maßgebend werden kann (Abschnitt 17.4.2.2).

Aus diesen uneinheitlichen Versagensarten ließen sich keine allgemeingültigen Aussagen ableiten, die bei dem zu erstellenden Konzept für Versuche am Bauwerk zu berücksichtigen waren.

Ausgehend von den Zulassungsversuchen wurden in deren Auswertung zwei verschiedene statische Modelle untersucht. Für die in abZ/aBG AMO Y/IV (2024) geregelten Querlast-Versuche am Bauwerk mit Hebelarm wird auf der sicheren Seite das Modell mit „freier Verdrehbarkeit“ im Bereich der Lasteinleitung ausgegangen: Der Teil der Abstandsmontageschraube, der nicht in den Verankerungsgrund einbindet, wird aus diesem Grund als Kragarm definiert.

17.4.3 Randabstände, Fugenabstände, Achsabstände, Bauteildicke

Es ist zu beachten, dass bei dieser Art der Befestigung lediglich Achsabstände senkrecht zur Lagerfuge und Randabstände parallel zur Lagerfuge auftreten. Die Randabstände sind durch die Versuche im Zulassungsverfahren experimentell abgesichert. Es gilt in diesem Fall $s_{cr} = s_{min}$ und $c_{cr} = c_{min}$. In Anlehnung an die europäischen Regelungen für Kunststoffdübel wird der Mindestabstand in der abZ/aBG AMO Y/IV (2024) auf $s_{cr} = s_{min} = 250$ mm festgelegt. Damit kann vermieden werden, dass zwei Abstandsmontageschrauben in einem Stein montiert werden, da die Steinhöhe in der Regel bei rund 24 cm liegt. Aus diesem Grund können die Einflüsse aus Achsabständen vernachlässigt werden.

Für die Querlast-Versuche am Bauwerk für die Abstandsmontageschrauben soll daher jeweils die spätere Einbausituation – mit vorhandenem Randabstand c und vorhandener Bauteildicke h in der Laibungsseite des Steins – geprüft werden. Die aus den Versuchen erzielten Ergebnisse gelten dann auch nur für die spätere Einbausituation im konkreten Bauvorhaben.

Eine gesonderte Qualifizierung der auf der Baustelle vorhandenen Mauersteine, die über die Regelungen in DIBt TR VaB Kunststoffdübel (2019) hinausgehen, ist dazu nicht erforderlich. Der vorhandene Baustellen-Verankerungsgrund ist im anzufertigenden Prüfbericht so präzise wie möglich zu beschreiben, um dann einen dazu passenden Referenzstein festlegen zu können (siehe in DIBt TR VaB Kunststoffdübel, 2019, S. 5, Abschnitt 1.3).

17.4.4 Verschiebungen

Das 3-mm-Verschiebungskriterium gemäß ift Rosenheim (2015, S. 5, Abschnitt 3.1) ist zu beachten. Siehe hierzu die Ausführungen in Abschnitt 17.4.2.2.

17.4.5 Fazit aus den Erkenntnissen im Zulassungsverfahren

Für die vorgeschlagenen Versuche am Bauwerk ergibt sich aus der Aufstellung der Erkenntnisse in den Abschnitten 17.4.2 bis 17.4.4 die zusammenfassende Übersicht in Tabelle 17.1:

Mit den nachfolgend beschriebenen Querlast-Versuchen am Bauwerk – nur für die Abstandsmontageschrauben AMO®-Y ∅ 11,5 mm und AMO® IV ∅ 11,5 mm – wird nicht nur die Quer-Tragfähigkeit, sondern gleichzeitig auch der zugehörige Randabstand c beurteilt.

Die grundsätzliche Eignung der Abstandsmontageschrauben wurde bereits im Zulassungsverfahren untersucht und muss daher bei den Querlast-Versuchen am Bauwerk mit Hebelarm nicht erneut beurteilt werden.

Für den Nachweis der Tragfähigkeit wird in abZ/aBG AMO Y/IV (2024) nur ein Wert der Quertragfähigkeit V_{Rd} ausgewiesen, der bereits den jeweiligen Material-Teilsicherheitsbeiwert (Verankerungsgrund bzw. Stahl) berücksichtigt

Tabelle 17.1 Übersicht zu Fazit: Zu untersuchende Aspekte für die Versuche am Bauwerk

Abschnitt	Zwischen-Fazit
17.4.2	• Es sind keine Produktcharakteristiken für die Zugrichtung erforderlich. • Als statisches Modell für das hier vorgeschlagene Konzept für Versuche am Bauwerk wird auf der sicheren Seite von „freier Verdrehbarkeit" im Bereich der Lasteinleitung ausgegangen: Der Teil der Abstandsmontageschraube, der nicht in den Verankerungsgrund einbindet, wird als Kragarm definiert. • Für den Nachweis der Tragfähigkeit (alle Lastfälle ohne Personenanprall) kann sowohl die Tragfähigkeit des Verankerungsgrunds als auch die Biegetragfähigkeit der Abstandsmontageschraube maßgebend werden.
17.4.3	• Es gilt in diesem Fall $s_{cr} = s_{min}$ und $c_{cr} = c_{min}$. • In Anlehnung an Kunststoffdübel wird der Mindestabstand in der abZ/aBG auf $s_{cr} = s_{min} = 250$ mm festgelegt, weshalb Einflüsse aus Achsabständen vernachlässigt werden können. • Es wird jeweils die spätere Einbausituation – mit vorhandenem Randabstand c und vorhandener Bauteildicke h in der Laibungsseite des Steins – geprüft. Die aus den Versuchen erzielten Ergebnisse gelten nur für die spätere Einbausituation.
17.4.4	• Das 3-mm-Verschiebungskriterium gemäß ift Rosenheim (2015) ist zu beachten.

(vgl. Abschnitt 17.4.2.2). Das bedeutet, dass der Planer/Anwender der abZ/aBG AMO Y/IV (2024) nicht entnehmen kann, welches Versagen maßgebend ist. Aus diesem Grund wird der Material-Teilsicherheitsbeiwert für die Versuche am Bauwerk auf der sicheren Seite einheitlich mit $\gamma_M = 2{,}5$ angesetzt, womit beide Versagensarten (Tragfähigkeit des Verankerungsgrunds und Biegetragfähigkeit der Abstandsmontageschraube) abgedeckt werden, siehe abZ/aBG AMO Y/IV (2024, S. 8, Abschnitt 3.2.5.3, Gleichung (3.7)).

17.5 Querlast-Versuche am Bauwerk für die Abstandsmontageschrauben AMO®-Y ∅ 11,5 mm und AMO® IV ∅ 11,5 mm

Hinweis: Im nachfolgenden Abschnitt 17.5 werden die Gliederung und die meisten Bestimmungen der Technischen Regel des DIBt „Durchführung und Auswertung von Versuchen am Bau für Kunststoffdübel in Beton und Mauerwerk mit ETA nach ETAG 020 bzw. nach EAD 330284-00-0604“ übernommen (DIBt TR VaB Kunststoffdübel, 2019). An den Stellen wo davon (minimal) abgewichen wird, wird entsprechend darauf hingewiesen.

17.5.1 Charakteristische Widerstände einer einzelnen Abstandsmontageschraube unter Querbelastung

17.5.1.1 Allgemeines

Der Geltungsbereich für das Konzept für Querlast-Versuche am Bauwerk für die Abstandsmontageschrauben ist auf die folgenden Punkte beschränkt:

- nur für Querlast-Versuche mit Hebelarm mit gelenkiger Lasteinleitung
- nur für die Abstandsmontageschrauben AMO®-Y und AMO® IV der Größe ∅ = 11,5 mm für Verankerungen in Mauersteinen gemäß abZ/aBG AMO Y/IV (2024)
- Das Bohrloch ist im gleichen Bohrverfahren zu erstellen wie für den Referenzstein in der abZ/aBG vorgegeben; in Lochsteinen ist im Drehgang zu bohren.
- Ansonsten gelten die Bestimmungen in DIBt TR VaB Kunststoffdübel (2019, Seite 3, Abschnitt 1.1).
- Die Aussagen für die charakteristischen Tragfähigkeiten in DIBt TR VaB Kunststoffdübel (2019, Seite 3, Abschnitt 1.1) können sinngemäß für die in der abZ/aBG AMO Y/IV (2024) ausgewiesenen Bemessungswerte übertragen werden.

17.5.1.2 Begriffe/Verteilung der Verantwortlichkeiten

Die Begriffe in DIBt TR VaB Kunststoffdübel (2019, Seite 4, Abschnitt 1.2), insbesondere die Verteilung der Verantwortlichkeiten auf

- Fachplaner,
- Versuchsleiter, d. h. Mitarbeiter des Herstellers für die in diesem Kapitel beschriebenen Versuche, und
- sachkundiges Personal

gelten auch für die Abstandsmontageschrauben AMO®-Y ∅ 11,5 mm und AMO® IV ∅ 11,5 mm.

17.5.1.3 Anwendungsbedingungen

Bedingungen für Achs- und Randabstände

- $c_{min,ETA}$, siehe DIBt TR VaB Kunststoffdübel (2019, S. 5., Abschnitt 1.3), ist durch $c_{min,abZ}$ = Randabstand, der in der abZ/aBG AMO Y/IV (2024) angegeben ist, zu ersetzen.
- Der Mindestrandabstand für den Referenzstein ($c_{min,abz}$) darf in den Querlast-Versuchen am Bauwerk unterschritten werden.
- Der geprüfte Randabstand entspricht dem Randabstand für die eigentliche Montage des Fensters. Der ungünstigere (= kleinere) Randabstand (nach außen bzw. nach innen) ist zu prüfen.
- Der Mindestachsabstand zwischen den am Bauwerk zu prüfenden Abstandsmontageschrauben beträgt s_{min} = 250 mm.

Zusätzliche Bedingungen bei Hohl- und Lochsteinen

Es gelten die Bestimmungen in DIBt TR VaB Kunststoffdübel (2019, S. 5., Abschnitt 1.3) ausschließlich für Verankerungen in der Laibung.

Der Referenzstein ist aus der abZ/aBG AMO Y/IV (2024) zu wählen.

Verankerungstiefe

Es gelten die Bestimmungen in DIBt TR VaB Kunststoffdübel (2019, S. 5., Abschnitt 1.3).

17.5.2 Versuche

17.5.2.1 Vorbereitung der Versuche

Abweichend zu den Bestimmungen in DIBt TR VaB Kunststoffdübel (2019, S. 7., Abschnitt 2.1) gelten folgende Punkte:

- Die Mindestanzahl der Versuche beträgt n ≥ 5.
- Ob es sich bei den Querlast-Versuchen am Bauwerk um Bruchversuche oder Probebelastungen handelt, ergibt sich aus der Versuchsdurchführung (vgl. Abschnitt 17.5.2.2):
  Sollen die Versuche nach Erreichung von 3 mm Verschiebung fortgeführt, aber vor dem Versagen des Verankerungsgrunds abgebrochen werden, handelt es sich nicht mehr um Bruchversuche, sondern um Probebelastungen. Für diesen Fall ist die Anzahl der Versuche auf n ≥ 15 zu erhöhen und die weiteren Bestimmungen in DIBt TR VaB Kunststoffdübel (2019, S. 12/13, Abschnitt 3.3) einzuhalten.

- Ansonsten gelten die Bestimmungen in DIBt TR VaB Kunststoffdübel (2019, S. 7., Abschnitt 2.1).

17.5.2.2 Durchführung der Versuche

Es gelten alle für Querlast-Versuche relevanten Punkte in DIBt TR VaB Kunststoffdübel (2019, Seite 8/9, Abschnitt 2.2, insbesondere Abbildung 3); vgl. hier in diesem Fachbuch Bild 17.4.

Außerdem gelten die nachfolgenden Punkte:

- Das Anbauteil ist zur Durchführung der Versuche gelenkig zu gestalten. Dazu ist ein Gabelgelenk zu verwenden (vgl. sinngemäß Bild 17.5), dessen Bolzen mit einer Durchgangsbohrung und dem entsprechenden Schraubengewinde der Abstandsmontageschrauben AMO®-Y und AMO® IV ∅ 11,5 mm versehen ist.
- Die Montage der zu beprobenden Schrauben hat durch den Bolzen des Gabelgelenks mit einer der freien Schraubenlänge entsprechenden demontierbaren Zwischenlage zu erfolgen, z. B. mit AMO-CLIPS (vgl. Bild 17.6).
- Die freie Schraubenlänge e_f ist für den Versuch von der Bolzenachse bis zur Oberfläche des Verankerungsgrunds definiert, vgl. Bild 17.7.

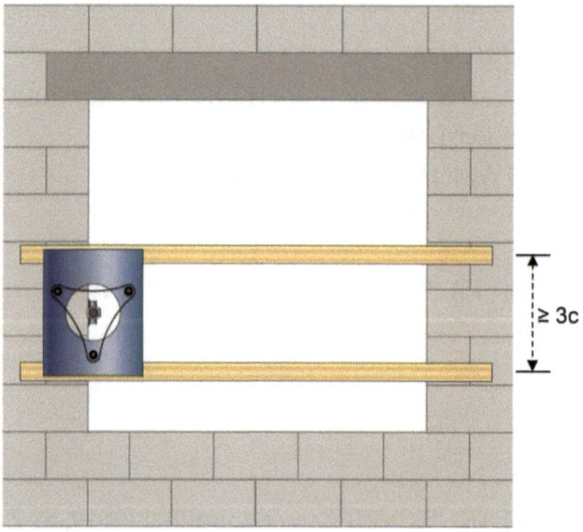

Bild 17.4 Beispiel für Abstützung bei Querlast-Versuchen in der Laibung, siehe DIBt TR VaB Kunststoffdübel (2019, Seite 9, Abschnitt 2.3, Abbildung 3)

Bild 17.5 Gabelgelenk mit Splintbolzen DIN 71751 M20 × 40 mit Bohrung/Gewinde modifiziert, siehe abZ/aBG AMO Y/IV (2024, Anlage 97, Bild 4)

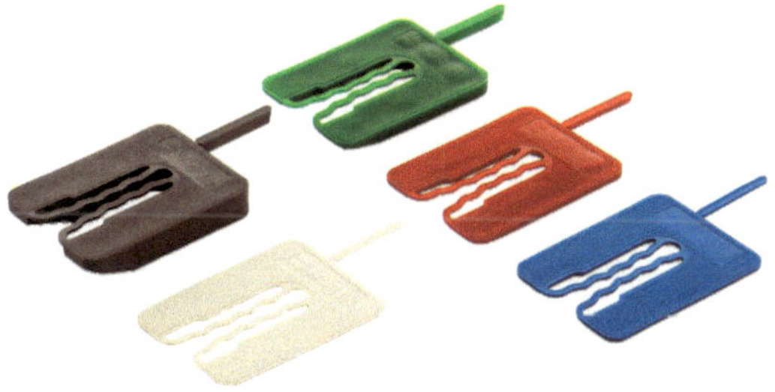

Bild 17.6 AMO-CLIPS in den Stärken 1 mm (beige), 2 mm (blau), 3 mm (rot), 5 mm (grün) oder 10 mm (braun)

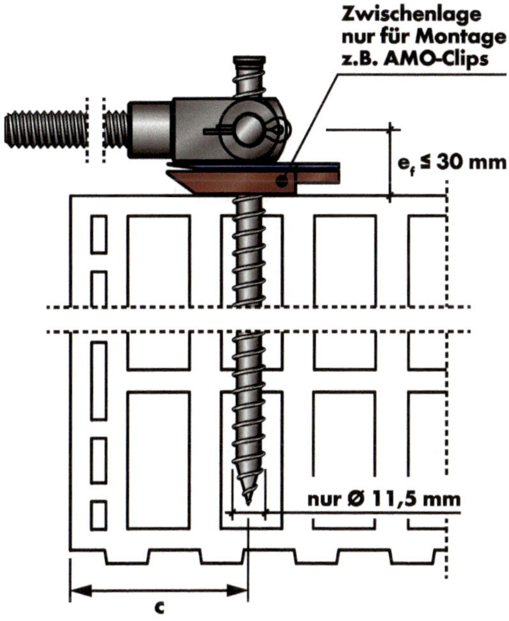

Bild 17.7 Einbausituation zur Montage, siehe in abZ/aBG AMO Y/IV (2024, Anlage 96, Bild 3)

- Es ist mit der maximalen freien Schraubenlänge e_f des jeweiligen Bauvorhabens zu prüfen, damit die erzielten Ergebnisse auf der sicheren Seite liegen. Dabei ist die freie Schraubenlänge auf $e_f \leq 30$ mm beschränkt (vgl. Bild 17.7).
  Auf Grund der Geometrie des Gabelgelenks in Bild 17.5, wären neben $e_f \leq 30$ mm nur noch $e_f \geq 23$ mm prüfbar. Dann sind in der Einbaulage, zu Beginn der Versuche, 23–18 = 5 mm lichter Abstand zwischen Unterkante der Gabel und Oberkante des Verankerungsgrunds (vgl. sinngemäß Bild 17.7).
  Die freien Schraubenlängen $e_f = 20$ mm und $e_f = 10$ mm können nicht geprüft werden. Die im Versuch ermittelten Werte für $e_f \geq 23$ mm gelten daher auch für $e_f = 20$ mm und $e_f = 10$ mm.
- Vor dem Start der Versuche ist die Zwischenlage zu entfernen (vgl. Bild 17.6) und die Ausgangslage der Hinterkante der Gabel auf den Verankerungsgrund zu markieren, z. B. mit einem AMO-Clip; vgl. Bild 17.8.

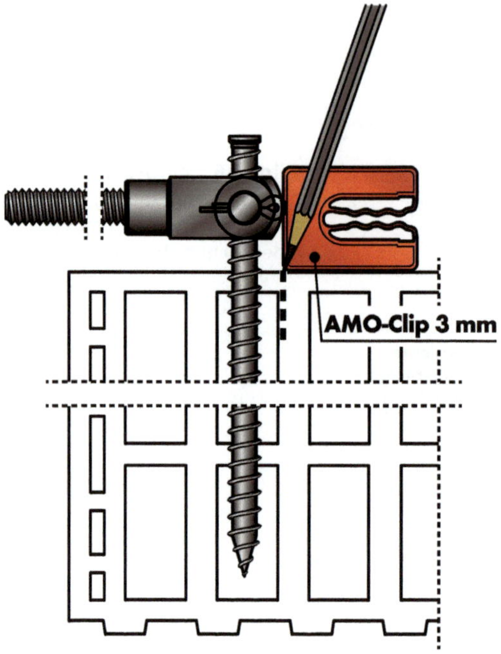

Bild 17.8 Markierung der Ausgangslage der Hinterkante des Gabelgelenks auf den Verankerungsgrund vor dem Start der Versuche (siehe in abZ/aBG AMO Y/IV, 2024, Anlage 97, Bild 6)

- Für den Nachweis der Tragfähigkeit ist die Verschiebung der Schraube im Versuch auf ≤ 3 mm beschränkt (vgl. Abschnitt 17.4.2.2 und 17.4.2.4), wenn der Baustellen-Verankerungsgrund nicht vorher erkennbar versagt.
  Bei erkennbarem Versagen des Verankerungsgrunds bzw. ≤ 3 mm Verschiebung der Hinterkante der Gabel gegenüber der Ausgangslage (je nachdem, was zuerst auftritt) ist die zugehörige Last (V_u bzw. $V_{3\,mm}$) zu notieren (Bild 17.9).
  Diese Last wird für die Auswertung bzw. Bestimmung des Wertes $V_{Rk1,BSt}$ benötigt, siehe abZ/aBG AMO Y/IV (2024, Abschnitt 3.2.5.3).
- Trat bei Verschiebungen ≤ 3 mm noch kein erkennbares Versagen des Verankerungsgrunds auf und wurde im Hinblick auf den Nachweis bei Personenanprall das dafür erforderliche charakteristische Lastniveau für die beiden Bereiche
  - 1,6 kN (wenn Voraussetzungen für Mehrfachbefestigung erfüllt sind) bzw.
  - 2,8 kN (statische Ersatzlast nach ETB-Richtlinie, siehe ETB (1985)

  noch nicht erreicht, kann der Versuch fortgeführt werden. Versagt der Baustellen-Verankerungsgrund erkennbar vor Erreichen eines dieser beiden charakteristischen Lastniveaus, gilt der Nachweis für den Anprall (1,6 kN bzw. 2,8 kN) als nicht erreicht.
- Ein Versuch muss grundsätzlich sofort abgebrochen werden, sobald das Gabelgelenk die Oberfläche des Verankerungsgrunds berührt. Der zugehörige Lastwert ist zu dokumentieren.

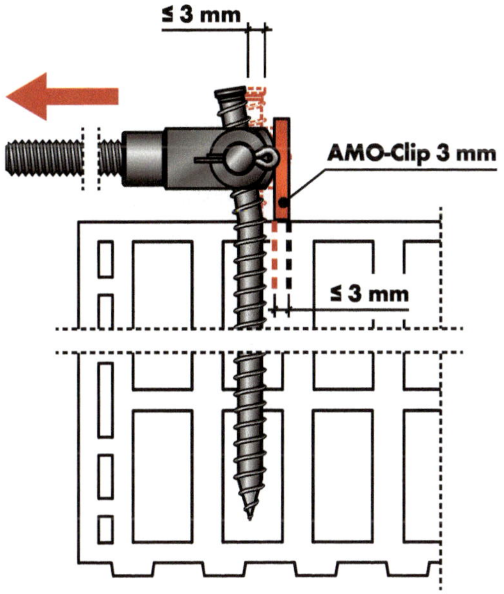

Bild 17.9 Aufzeichnen der Last bei ≤ 3 mm Verschiebung, siehe abZ/aBG AMO Y/IV (2024, Anlage 97, Bild 7)

Hinweis: Die „Mehrfachbefestigung" von absturzsichernden Fensterelementen ist in abZ/aBG AMO Y/IV (2024, S. 6, Abschnitt 3.2.3) geregelt.
Für weitere Erläuterungen siehe hier in diesem Fachbuch den Abschnitt 8.5.4.

17.5.3 Auswertung der Versuche

17.5.3.1 Bruchversuche bzw. Probebelastungen mit der Abstandsmontageschraube AMO®-Y bzw. AMO® IV ⌀ 11,5 mm für Nachweis der Tragfähigkeit

In Anlehnung an DIBt TR VaB Kunststoffdübel (2019, Seite 10/11, Abschnitt 3.2, Gleichung (3)) gilt die folgende Gl. (17.1):

$$V_{Rk1,Bst} = V_{Rm} \cdot (1 - k_s \cdot v) \cdot 0{,}6 \leq V_{Rd} \cdot \gamma_M \tag{17.1}$$

mit:

$V_{Rk1,Bst}$ = durch Versuche ermittelte charakteristische Quertragfähigkeit (Versuche am Bau oder im Prüflabor)

V_{Rm} = Mittelwert der Versuche bei erkennbarem Versagen des Verankerungsgrunds ($V_{Rm,u}$) bzw. ≤ 3 mm Verschiebung ($V_{Rm,3\,mm}$)

k_s = statistischer Faktor in Abhängigkeit der Anzahl der Versuche zur Ermittlung des 5 %-Quantils einer Normalverteilung bei einem Vertrauensniveau von 90 %, siehe DIBt TR VaB Kunststoffdübel (2019, Seite 12, Abschnitt 3.2, Tabelle 1)

v = Variationskoeffizient der Bruchlasten (v_u) bzw. der Tragfähigkeiten bei Erreichen einer Verformung von 3 mm $v_{3\,mm}$; nur für das Verschiebungskriterium gilt außerdem $v_{3\,mm} \geq 5\,\%$

0,6 = Der Faktor 0,6 berücksichtigt die nicht durch die Baustellenversuche abgeprüften Anwendungsbedingungen.

V_{Rd} = Bemessungswert der Tragfähigkeit unter Querbeanspruchung für den Referenzstein gemäß abZ/aBG AMO Y/IV (2024)

γ_M = Materialteilsicherheitsbeiwert
= 2,5 (auf der sicheren Seite einheitlich für Versagen des Verankerungsgrunds bzw. der Schraube auf Biegung, vgl. Abschnitt 17.4.5 dieses Fachbuchs)

Alternativ zu Gl. (17.1) kann zur Ermittlung der Tragfähigkeit auch die sogenannte logarithmische Normalverteilung als ingenieurmäßiger Ansatz nach der folgenden Gl. (17.2) verwendet werden, siehe sinngemäß DIN EN 1990 (2021, S. 103, Anhang D und S. 111/112, Abschnitt D.7.2 mit ANMERKUNG 2 zu Tabelle D1):

$$V_{Rk3Bst} = e^{(\ln(V_{Rm}) - k_s \cdot s_y)} \cdot 0{,}6 \leq V_{Rd} \cdot \gamma_M \qquad (17.2)$$

mit:

$V_{Rk3,Bst}$ = durch Versuche ermittelte charakteristische Quertragfähigkeit (Versuche am Bau oder im Prüflabor) ermittelt mit logarithmischer Normalverteilung

V_{Rm} = Mittelwert der Versuche bei erkennbarem Versagen des Verankerungsgrunds bzw. ≤ 3 mm Verschiebung

k_s = statistischer Faktor in Abhängigkeit der Anzahl der Versuche zur Ermittlung des 5 %-Quantils einer Normalverteilung bei einem Vertrauensniveau von 90 %, siehe DIBt TR VaB Kunststoffdübel (2019, Seite 12, Abschnitt 3.2, Tabelle 1)

0,6 = Der Faktor 0,6 berücksichtigt die nicht durch die Baustellenversuche abgeprüften Anwendungsbedingungen.

V_{Rd} = Bemessungswert der Tragfähigkeit unter Querbeanspruchung für den Referenzstein gemäß abZ/aBG AMO Y/IV (2024)

γ_M = Materialteilsicherheitsbeiwert
= 2,5 (auf der sicheren Seite einheitlich für Versagen des Verankerungsgrunds bzw. der Schraube auf Biegung, vgl. Abschnitt 4.5 dieses Fachbeitrags)

s_y = Standardabweichung der Tragfähigkeiten der Stichprobe, siehe sinngemäß DIN EN 1990 (2021, S. 103, Anhang D und S. 111/112, Abschnitt D.7.2 mit ANMERKUNG 2 zu Tabelle D1)

$$= \max \left\{ \begin{array}{c} \sqrt{\frac{1}{n-1} \sum_{i=1}^{n} \left[\ln \left(V_{R,i} \right) - \ln \left(V_{Rm} \right) \right]^2} \\ 0{,}05 \end{array} \right.$$

$V_{R,i}$ = Einzelwert im Versuch

17.5.3.2 Bruchversuche bzw. Probebelastungen für Nachweis der Tragfähigkeit bei absturzsichernder Funktion

Gemäß „ETB-Richtlinie – Bauteile, die gegen Absturz sichern" gilt Folgendes, siehe ETB (1985, Abschnitt 3.2.2.2.3):

> *„Für baupraktische Fälle genügt der Nachweis, dass das Befestigungselement eine größere Widerstandskraft besitzt als 2,8 kN. Als Widerstandskraft darf die Kraft eingesetzt werden, bei der ein Versagen gerade noch nicht eintritt."*

Zum Zeitpunkt der Veröffentlichung der ETB-Richtlinie wurde noch mit einem globalen Sicherheitskonzept gearbeitet, wobei die Richtlinie selbst keine zu berücksichtigenden Sicherheitsfaktoren nennt. So gesehen kann man im Rahmen einer aktuellen Bemessung mit dem Teilsicherheitsbeiwert $\gamma_A = 1{,}0$ eine außergewöhnliche Einwirkung nach DIN EN 1990/NA ansetzen, da nur ein komplettes Versagen bzw. Herabfallen vermieden werden muss, siehe in DIN EN 1990/NA (2010-12, S.11, Tabelle NA.A.1.2(B)) bzw. Kapitel 8 in diesem Fachbuch.

Entsprechend gilt hier auch

- $\gamma_A = \gamma_F = \gamma_M = 1{,}0$ und
- $V_{Ek} = V_{Ed} = 2{,}8$ kN auf der Einwirkungsseite sowie
- $V_{Rk} = V_{Rd} \geq 2{,}8$ kN auf der Widerstandseite

wobei in abZ/aBG AMO Y/IV (2024) $F_{Rk} = 2{,}8$ kN (bzw. 1,6 kN für eine Mehrfachbefestigung) anstelle V_{Rk} ausgewiesen wird. So ergibt sich hier:

$$V_{Rk1,Bst} \leq F_{Rk} \cdot \gamma_M \tag{17.3}$$

mit:

$V_{Rk1,Bst}$ = durch Versuche ermittelte charakteristische Quertragfähigkeit (Versuche am Bau oder im Prüflabor) gemäß Gl. (17.1)

F_{Rk} = Tragfähigkeit unter Querbeanspruchung bei Personenanprall für den Referenzstein gemäß abZ/aBG AMO Y/IV (2024): 2,8 kN (bzw. 1,6 kN für eine Mehrfachbefestigung)

γ_M = Materialteilsicherheitsbeiwert:
= 1,0 (vgl. Erläuterungen zuvor)

17.5.4 Angaben für die Bemessung

17.5.4.1 Charakteristische Tragfähigkeit

Hierzu sind die Abschnitte 17.5.3.1 und 17.5.3.2 mit den Gln. (17.1) und (17.3) zu beachten.

Der Mindestrandabstand beträgt $c_{min,Bst} \geq 30$ mm.

17.5.4.2 Achs- und Randabstände

Die nach Abschnitt 17.4.2 ermittelten Tragfähigkeiten gelten für folgende Achsabstände s und Randabstände c:

$$s \geq 250\,\text{mm}$$

$$c = c_{Bst}$$

mit:

c_{Bst} = Randabstand des Dübels in den Versuchen am Bauwerk

17.5.4.3 Teilsicherheitsbeiwert

Hierzu sind wieder die Abschnitte 17.5.3.1 und 17.5.3.2 mit den Gln. (17.1) und (17.3) zu beachten.

17.5.4.4 Fugeneinfluss

Für die Anwendung in Fugen gilt auch für die Versuche am Bau die abZ/aBG AMO Y/IV (2024, S. 6, Abschnitt 3.2.4).

17.6 Zusammenfassung

Zusammenfassend lässt sich im Hinblick auf die erteilte abZ/aBG AMO Y/IV (2024, S. 7/8, Abschnitt 3.2.5 sowie die Anlagen 96 und 97; vgl hier Bild 17.10 und Bild 17.11) feststellen, dass die Regelungen für Versuche am Bauwerk für Kunststoffdübel gemäß DIBt TR VaB Kunststoffdübel (2019) im Wesentlichen bzw. vom Prinzip her auch für die Abstandsmontageschrauben zur Anwendung kommen (können). Besonderheiten sind bei der Versuchsdurchführung zu berücksichtigen, da auch das 3-mm-Verschiebungskriterium gemäß ift Rosenheim (2015) eingehalten werden muss. Hierzu sind insbesondere die Abschnitte 17.4.2.2, 17.4.4, 17.5.2 und 17.5.3 in diesem Fachbuch zu beachten.

Dass die Regelungen dieses Konzepts praxisnah umgesetzt werden können, zeigt exemplarisch ein reales Baustellen-Projekt, das bereits kurz nach der Erteilung der abZ/aBG AMO Y/IV (2024) durchgeführt wurde; siehe Kapitel 18 in diesem Fachbuch (Praxisbeispiel 9).

Allgemeine bauaufsichtliche Zulassung/
Allgemeine Bauartgenehmigung
Nr. Z-21.1-2097 vom 19. Januar 2024

Deutsches Institut für Bautechnik DIBt

Durchführung von Querlast-Versuchen mit Hebelarm am Bauwerk
für die Abstandsmontageschrauben AMO®-Y 11,5 und AMO®-IV 11,5

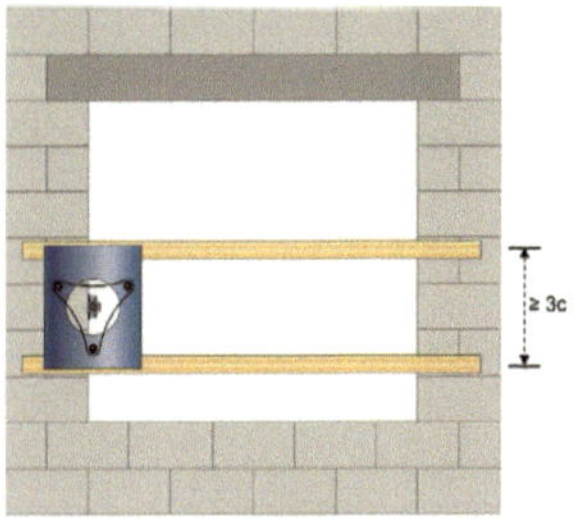

Bild 1:

Die Durchführung der Querlast-Versuche mit Hebelarm am Bauwerk erfolgt gemäß Abschnitt 3.2.5.

Die Prüfungen werden von der Würth Anwendungstechnik durchgeführt.

Das Prüfanbauteil zur Durchführung der Versuche ist gelenkig zu gestalten. Hierzu ist das Gabelgelenk der Fa. Würth mit entsprechender Durchgangsbohrung gemäß Anlage 97, Bild 4 zu verwenden.

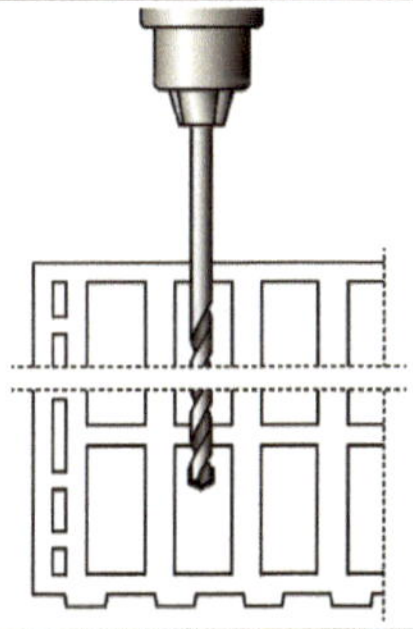

Bild 2:

Bohrloch im Verankerungsgrund (Laibungsseite) erstellen:

- Randabstand entsprechend c_{min} des Referenzsteines
- Bohrernenndurchmesser/Bohrerschneidendurchmesser gemäß Anlage 7 (d_0 = 10 mm, $d_{cut} \leq$ 10,45 mm)
- Tiefe des Bohrlochs bis zum tiefsten Punkt h_1 gemäß Anlage 7
- Bohrlochreinigung für Vollbaustoffe: Das Bohrmehl ist aus dem Bohrloch zu entfernen, z. B. durch Ausblasen

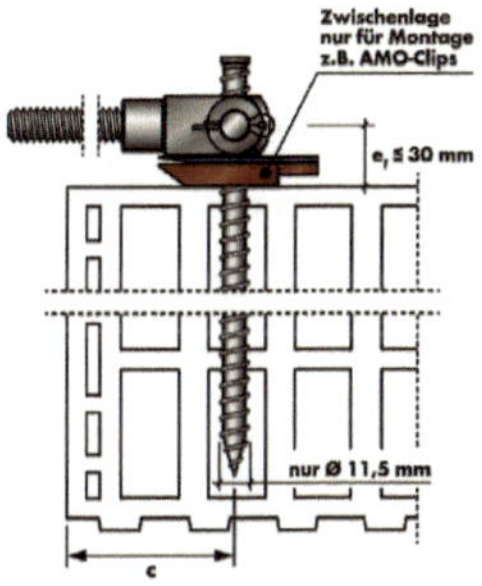

Bild 3:

Die Montage der zu beprobenden Schraube erfolgt durch den Bolzen des Gabelgelenks (Durchmesser des Durchgangsloch im Bolzen d = 10,5 mm) mit einer, der späteren freien Schraubenlänge ($e_f \leq$ 30 mm) entsprechenden, demontierbaren Zwischenlage, z. B. mit Würth AMO-CLIPS entsprechend Anlage 97, Bild 5.

Als Mindesteinschraubtiefe (h_{nom}) gilt der Wert für den Referenzstein (vgl. Anlagen 17 bis 95).

Würth AMO®-Y / AMO®- IV Schraube Ø 7,5 mm und Ø 11,5 mm zur Befestigung von Fensterrahmen in Beton und Mauerwerk	**Anlage 96**
Querlast-Versuche am Bauwerk für die Abstandsmontageschrauben AMO®Y 11,5 und AMO®IV 11,5	

Z6696.24 1.21.1-69/19

Bild 17.10 abZ/aBG AMO Y/IV (2024, Anlage 96)

Allgemeine bauaufsichtliche Zulassung/
Allgemeine Bauartgenehmigung
Nr. Z-21.1-2097 vom 19. Januar 2024

Deutsches Institut für Bautechnik

Durchführung von Querlast-Versuchen mit Hebelarm am Bauwerk
für die Abstandsmontageschrauben AMO®-Y 11,5 und AMO®-IV 11,5 - Fortsetzung

Bild 4:

Würth Gabelgelenk mit Splintbolzen DIN 71751 M20x 40 (Artikel-Nr. 026802040), seitens Firma Würth mit Bohrung/Gewinde für AMO ∅ 11,5 mm für Würth Anwendungstechnik modifiziert

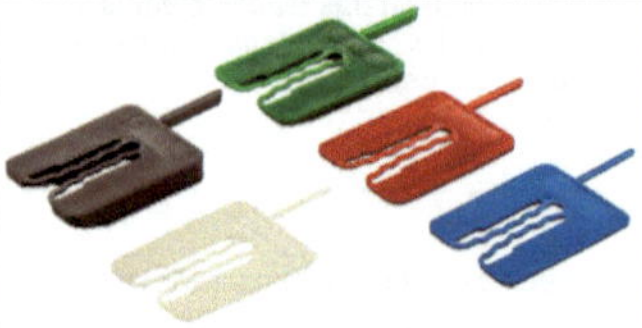

Bild 5:

Würth AMO-CLIPS
(Artikel-Nr. 0875604500)

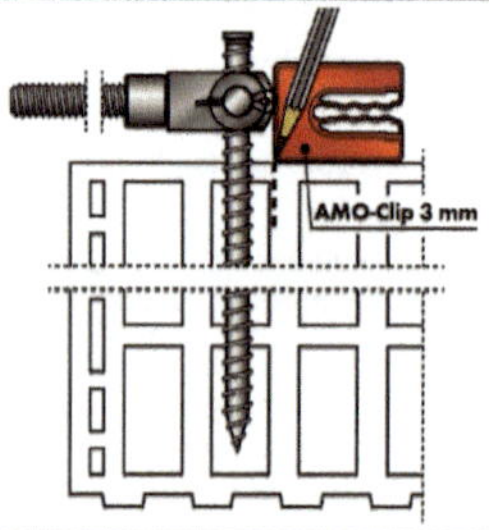

Bild 6:

Vor dem Start der Versuche ist die Zwischenlage (z. B. Würth AMO-CLIPS) zu entfernen und die Ausgangslage der Hinterkante der Gabel auf den Verankerungsgrund zu markieren, z. B. mit einem AMO-Clip.

Die Versuche sind nach Abschnitt 3.2.5.2 durchzuführen.

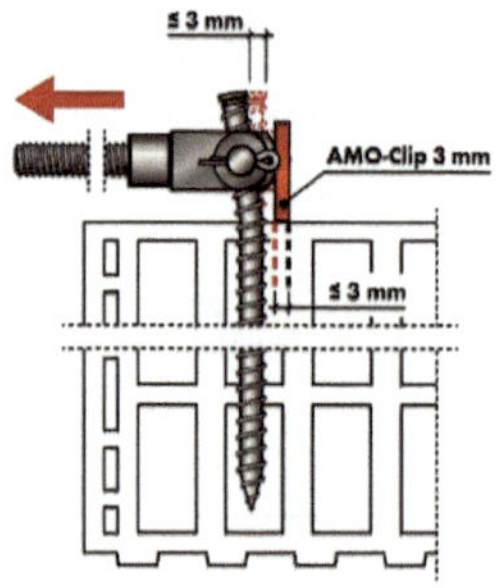

Bild 7:

Bei Versagen des Verankerungsgrundes bzw. Verschiebung der Hinterkante der Gabel gegenüber der Ausgangslage von maximal 3 mm (je nachdem, was zuerst auftritt) ist die zugehörige Kraft zu dokumentieren.

Für den Nachweis der ETB-Last beachte Abschnitt 3.2.5.2.

Ein Versuch muss grundsätzlich abgebrochen werden, sobald das Gabelgelenk die Oberfläche des Verankerungsgrunds berührt. Der zugehörige Lastwert ist zu dokumentieren. Beträgt die zugehörige Verformung ≤ 3 mm, ist diese Verformung ebenfalls zu protokollieren.

Würth AMO®-Y / AMO®- IV Schraube Ø 7,5 mm und Ø 11,5 mm zur Befestigung von Fensterrahmen in Beton und Mauerwerk

Querlast-Versuche am Bauwerk
für die Abstandsmontageschrauben AMO®Y 11,5 und AMO®IV 11,5 - Fortsetzung

Anlage 97

Z6696.24 1.21.1-69/19

Bild 17.11 abZ/aBG AMO Y/IV (2024, Anlage 97)

18

Praxisbeispiel 9 – Querlast-Versuche am Bauwerk in der Fensterlaibung mit der Abstandsmontageschraube AMO® IV ⌀ 11,5 mm in Leichtbeton-Vollsteinen

18.1 Einleitung und allgemeine Hinweise

In ein Wohn- und Geschäftshaus sollen bodentiefe absturzsichernde Fensterelemente in Mauerwerk aus Leichtbeton-Vollsteinen eingebaut werden. Folgende Parameter sind für dieses Praxisbeispiel 9 relevant (vgl. Bild 18.1):

- Die Fensterprofile sind aus Kunststoff (PVC) und haben eine Stahleinlage (Armierung).
- Die freie Schraubenlänge beträgt $e_f = 30$ mm, wobei die freie Schraubenlänge nicht mit der Fugenbreite (b) verwechselt werden darf. Für die Definition der freien Schraubenlänge siehe abZ/aBG AMO Y/IV (2024, Anlagen 1, 2 und 5).

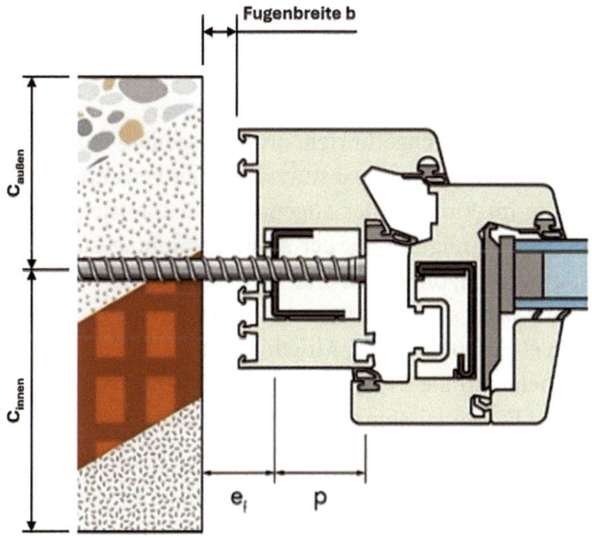

Bild 18.1 Definition der für das Praxisbeispiel 9 maßgebenden Parameter; siehe auch abZ/aBG AMO Y/IV (2024, Anlage 5), hier schematisch ergänzt

Bild 18.2 Durchführung von Versuchen am Bauwerk mit der Abstandsmontageschraube AMO® IV ⌀ 11,5 mm (Foto: Kracht)

- Der für dieses Praxisbeispiel 9 maßgebende Randabstand nach außen beträgt $c_{außen} = 33$ mm.
- Als Befestigungssystem wurde vom Fachplaner die Abstandsmontageschraube AMO® IV ⌀ 11,5 mm für die Montage vorgesehen.

Hinweis: Bei symmetrischen Mauersteinen können die Versuche aus baupraktischen Gründen auch „nach Innen" durchgeführt werden (vgl. Bild 18.2).

Bei der Planung wurde festgestellt, dass die Abstandsmontageschraube AMO® IV ⌀ 11,5 mm im auf der Baustelle verbauten Leichtbeton-Vollstein aufgrund der Rohdichte und der Druckfestigkeit (vgl. Abschnitt 16.2.5) nicht in der Zulassung für den Fensterbefestiger geregelt ist.

Für diesen Fall ermöglicht es die abZ/aBG AMO Y/IV (2024, S. 7/8, Abschnitt 3.2.5 sowie die Anlagen 96 und 97) „Versuche am Bauwerk" durchzuführen (sinngemäß Bild 18.2).

Auf der Grundlage von erfolgreich durchgeführten, ordnungsgemäß dokumentierten und ausgewerteten Versuchen kann das absturzsichernde Fensterelement basierend auf einer Bemessung im Rahmen der allgemeinen bauaufsichtlichen Zulassung/allgemeinen Bauartgenehmigung mit der Abstandsmontageschraube AMO® IV ⌀ 11,5 mm befestigt werden, ohne dass eine vorhabenbezogene Bauartgenehmigung (vBG) erforderlich wird; siehe hierzu z. B. Küenzlen et al. (2020, S. 7, Abschnitt 2.3) sowie Küenzlen et al. (2022, S. 105, Abschnitt 8.4).

Nachfolgend wird vereinfachend nur die Durchführung von Querlast-Versuchen mit Hebelarm am Bauwerk in der Fensterlaibung mit der Abstandsmontageschraube in Leichtbeton-Vollsteinen dargestellt. Hierbei beschränkt sich die Darstellung auf

- die Durchführung und die zugehörige Dokumentation (Abschnitt 18.2) sowie
- die Auswertung (Abschnitt 18.4)

der Baustellen-Versuche. Auf die Darstellung der anschließend erforderlichen Bemessung der Befestigungen wird aus Übersichtsgründen verzichtet. Diese Bemessung wurde bereits in den Praxisbeispielen 2 bis 8 (Kapitel 9 bis 14 und 16 in diesem Fachbuch) mehrfach ausführlich dargestellt.

18.2 Durchführung und zugehörige Dokumentation der Versuche am Bauwerk

18.2.1 Allgemeine Informationen zum Bauvorhaben

Die nachfolgende Dokumentation der durchgeführten Versuche am Bauwerk orientiert sich am Formular „Dokumentation (Dübel-) Versuche am Bauwerk" in Küenzlen et al. (2020, S. 147, Anhang), das für diesen Beitrag angepasst wurde (Bild 18.3 und folgende).

PRÜFBERICHT FÜR VERSUCHE AM BAUWERK		
☐	**für Abstandsmontageschrauben AMO®-Y Ø 11,5 mm in der Fensterlaibung**	**nach 1)**
☒	**für Abstandsmontageschrauben AMO® IV Ø 11,5 mm in der Fensterlaibung**	**nach 1)**

Prüfbericht - Nr.	**Praxisbeispiel 9**
Bauwerk/Bauvorhaben	**Befestigung absturzsichernde Fensterelemente für Wohn- und Geschäftshaus ...**
Straße und Hausnummer	...
Postleitzahl und Ort	...
(Bundes-) Land	...
Datum der Prüfungen	**22.04.2024**

DIESER PRÜFBERICHT DOKUMENTIERT NUR DIE VERSUCHSERGEBNISSE!

1) **Allgemeine bauaufsichtliche Zulassung/Allgemeine Bauartgenehmigung Z-21.1-2097 für AMO®-Y / AMO® IV Schraube Ø 7,5 mm und Ø 11,5 mm zur Befestigung von Fensterrahmen in Beton und Mauerwerk (19. Januar 2024)**

Bild 18.3 Beispiel für Deckblatt eines Prüfberichts (auszugsweise) für Querlast-Versuche am Bauwerk in der Fensterlaibung mit der Abstandsmontageschraube AMO®-Y oder AMO® IV Schraube Ø 11,5 mm

18.2.2 Ort der Prüfungen

Der Ort, an dem die Prüfungen durchgeführt wurden, sollte möglichst präzise beschrieben werden, damit später nach Abschluss des eigentlichen Bauvorhabens immer noch genau nachvollzogen werden kann, wo tatsächlich die Versuche am Bauwerk durchgeführt wurden. Losgelöst vom Beispiel in Abschnitt 18.1 können folgende Angaben hilfreich sein:

- Achskoordinaten aus vorliegenden Plänen (wenn vorhanden)
- Geschoss/Etage
- Raum-Nummer
- ...
- Bereits an diesem Punkt empfiehlt sich eine Dokumentation mit Hilfe von Fotos (vgl. Bild 18.2)

Mit Bezug auf DIBt TR VaB Kunststoffdübel (2019, S. 7, Abschnitt 2.1) sind die Setzstellen, an denen die Versuche am Bauwerk durchgeführt werden (hier im Beispiel 6 Versuche), durch den zuständigen Fachplaner festzulegen, siehe DIBt TR VaB Kunststoffdübel (2019, S. 4, Abschnitt 1.2).

Das Beispiel ist eine unverputzte Bausituation (vgl. sinngemäß Bild 18.2). Die Fensterlaibung ist mit einer dünnen Putzschicht zum Ausgleich von Unebenheiten versehen. Es wurde nur eine „Version" des Leichtbeton-Vollsteins vermauert. Hier ist es daher relativ einfach die Dübelsetzstellen festzulegen, um das gesamte Bauwerk zu beurteilen.

Alle relevanten Informationen werden im Prüfbericht dokumentiert (Bild 18.4).

18.2.3 Prüfvorrichtung

Als Prüfvorrichtung kommt ein Dübel-Auszugsgerät wie in Bild 18.5 dargestellt zum Einsatz.

Für Querlastversuche am Rand wird in DIBt TR VaB Kunststoffdübel (2019, S. 8/9, Abschnitt 2.2 mit Abbildung 3) bezüglich der Abstützweite der Prüfvorrichtung Folgendes festgelegt:

1 Ort der Prüfungen (Bauteil / Etage / Ebene / ...)
• Die 6 Versuche wurden in unterschiedlichen Fensterlaibungen in den Räumen ... im EG durchgeführt. ....
• Die Versuchsergebnisse gelten für das gesamte Bauvorhaben, da es sich überall um den gleichen Verankerungsgrund handelt, in den die Abstandsmontageschrauben später tatsächlich eingebaut werden. ....
....
....

Bild 18.4 Prüfbericht (Praxisbeispiel 9 nach Abschnitt 18.1): Ort der Prüfungen

Bild 18.5 Beispiel für 12 kN Dübel-Auszugsgerät mit Digitalanzeige (Foto: Adolf Würth GmbH & Co. KG)

> *„Für die Querlastversuche sollte der Abstand der Abstützung auf dem Mauerwerk größer als die Steinhöhe und größer als der 3-fache Randabstand des Dübels sein. Wenn das Ausbrechen nicht behindert wird (die Abstützung behindert den Ausbruchkegel nicht), können kleinere Abstützweiten gewählt werden.“*

Die Abbildung 3 aus DIBt TR VaB Kunststoffdübel (2019, S. 9) wird hier in diesem Abschnitt – um einen Schnitt und eine Beschriftung erweitert – als Bild 18.6 dargestellt.

Da hier immer Querlastversuche mit Hebelarm durchgeführt werden, ist nicht die Anbauteildicke t_{fix} von Interesse, sondern die freie Schraubenlänge e_f. Daher ist hier ein Gabelgelenk zu verwenden (vgl. Abschnitt 17.5.2.2 mit Bild 17.5 in diesem Fachbuch), dessen Bolzen mit einer Durchgangsbohrung und dem entsprechenden Schraubengewinde der AMO®-Y ∅ 11,5 mm und AMO® IV ∅ 11,5 mm versehen ist.

Die Abstandsmontageschrauben sind mit der freien Schraubenlänge e_f und dem kleinsten Randabstand nach innen bzw. außen ($c_{außen}$ bzw. c_{innen}) zu montieren, die später bei der eigentlichen Montage relevant werden (vgl. Bild 18.1 in Abschnitt 18.1 dieses Fachbuchs). Entsprechend sind diese beiden Maße bei der Montage für die Versuche am Bauwerk einzuhalten und zu kontrollieren (Bild 18.7a und b).

Die Versuche wurden hier im Praxisbeispiel mit dem Mindestrandabstand $c_{außen} = 33$ mm ≈ 30 mm $= c_{min,Bst}$ gemäß DIBt TR VaB Kunststoffdübel (2019, S. 3, Abschnitt 1.3) durchgeführt (vgl. auch Bild 18.7b sowie die Abschnitte 17.4.1 und 17.4.2 in diesem Fachbuch).

Dieser Randabstand nach außen, $c_{außen} = 33$ mm, ist für die erforderliche Bemessung der Fensterbefestiger für absturzsichernde Fensterelemente u. a. für den Lastfall Personenanprall und die Lastfallkombination aus Windsog und horizontaler Nutzlast maßgebend, siehe z. B. Scheller et al. (2023) oder Küenzlen et al. (2024).

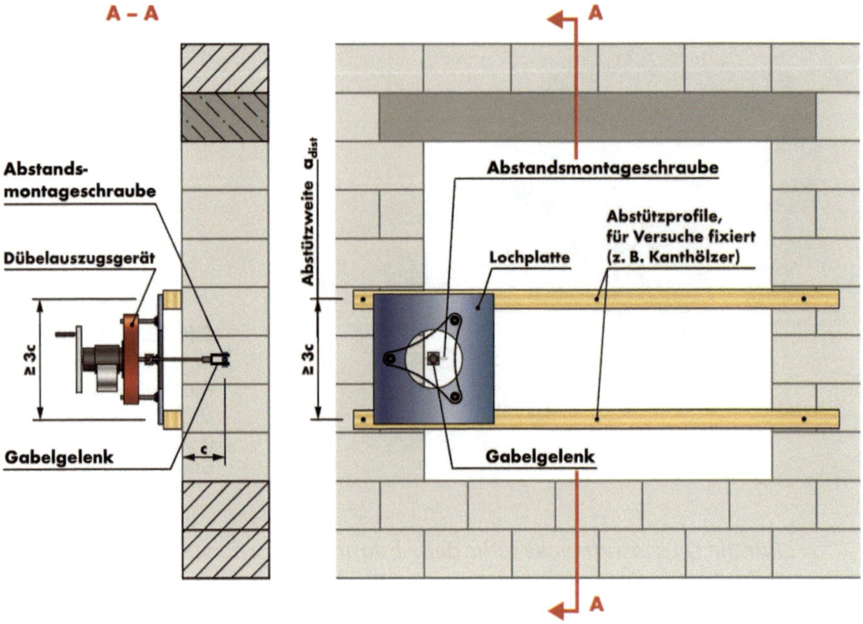

Bild 18.6 Beispiel für Abstützung des Dübel-Auszugsgeräts bei Querlastversuchen mit der Abstandsmontageschraube in einer Fensterlaibung (vgl. hierzu sinngemäß auch Abschnitt 16.2.3 mit Bild 16.4)

a) Freie Schraubenlänge (e_f)

b) Randabstand nach außen ($c_{außen}$)

Bild 18.7 Dokumentation der relevanten Montageparameter (Fotos: Kracht)

2	**Prüfvorrichtung (Mobiles Dübel-Ausziehgerät mit Gabelgelenk-Anbauteil)**				
Prüfgerät:					
•	Geräte - Nr.				**XXZ**
•	Datum der letzten Geräteprüfung (vgl. Prüfbericht)				**12.12.2023**
•	Maximale Zugkraft des Geräts	**max Z**	=	kN	**12**
•	Abstützweite (*)	**a_{dist}**	=	mm	**600**
(Prüf-) Anbauteil/Adapterstück:					
•	gelenkiges Gabelgelenk mit Gewindedurchgang im Bolzen für Abstandsmontageschrauben AMO®-Y und AMO® IV				**11,5**
•	freie Schraubenlänge	**e_f**	=	mm	**30**
Bemerkung(en):					
•	**a_{adist} = 600 mm ≥ 100 mm ≈ 3,0 · 33 mm = 3,0 · c_{Bst} (*)**				
•	**Der Randabstand beträgt $c_{außen}$ = 33 mm ≥ 30 mm = $c_{min,Bst}$**				
(*)	Für die Abstützweiten ($a_{dist} \geq 3 \cdot c$) beachten Sie bitte abZ/aBG AMO Y/IV (2024, Anlage 96, Bild 1)!				

Bild 18.8 Prüfbericht (Praxisbeispiel 9 nach Abschnitt 18.1): Prüfvorrichtung

Bild 18.8 zeigt die Protokollierung des Dübelprüfgeräts und der wichtigsten Maße für das Praxisbeispiel. In einem Anhang zu diesem Prüfbericht sollte dann ergänzend die Darstellung (Foto, Skizze, vermaßte Zeichnung o. ä.) der gesamten Prüfvorrichtung sinngemäß Bild 18.6 mit aufgenommen werden.

18.2.4 Art der zu befestigenden Konstruktion

Die absturzsichernden Fensterelemente nach Abschnitt 18.1 werden mit der Abstandsmontageschraube AMO® IV ∅ 11,5 mm, mit der freien Schraubenlänge $e_f = 30$ mm und einem Randabstand von $c = 33$ mm eingebaut.

Im Prüfbericht, Bild 18.9, empfiehlt es sich eine Skizze bzw. besser eine vermaßte (Detail-) Zeichnung sinngemäß Bild 18.1 mit aufzunehmen.

3 Art der zu befestigenden Konstruktion (z. B. Skizze, Planausschnitt, Beschreibung)

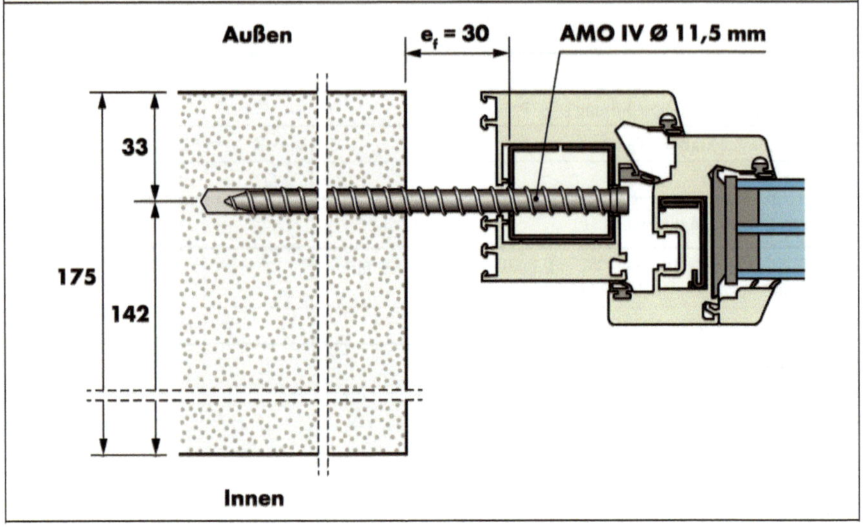

Bild 18.9 Prüfbericht (Praxisbeispiel 9 nach Abschnitt 18.1): Art der zu befestigenden Konstruktion

18.2.5 Verankerungsgrund

Der Verankerungsgrund auf der Baustelle, in dem Versuche am Bauwerk durchgeführt werden, hat einen wesentlich Einfluss auf die Bestimmung der Tragfähigkeit der Abstandsmontageschrauben.

Das hinter den Versuchen stehende Grundprinzip für die Baustellenversuche wird ausführlich in Küenzlen et al. (2020) bzw. Scheller et al. (2021) erklärt.

Der Hintergrund für Versuche am Bauwerk ist in der Regel der, dass der Dübel bzw. hier die Abstandsmontageschraube im Zulassungsverfahren nicht im tatsächlichen vorhandenen „Baustellen-Verankerungsgrund“ geprüft wurde.

Daher ist es wichtig, den Baustellen-Verankerungsgrund für die Auswertung bzw. Bestimmung der Tragfähigkeit der Abstandsmontageschrauben aus den Versuchsergebnissen so genau wie möglich im Prüfbericht zu beschreiben, da nach dieser Bestimmung der sogenannte „Referenzstein“ festgelegt wird, für den Tragfähigkeiten in der Zulassung ausgewiesen werden (Bild 18.10).

4 Verankerungsgrund		
nichttragende Schichten (t_{tol})	**Verankerungsgrund**	
☒ unverputzt/Fugen sichtbar ☐ Putz/Fugen nicht sichtbar ☐ Fliesen ☐ .... ☐ .... ☒ weitere Eigenschaften konnten nicht ermittelt werden.	☒ Mauerwerk ☐ Porenbeton ☐ Beton (nur für Kunststoffdübel) ☐ .... ☐ .... ☒ weitere Eigenschaften konnten nicht ermittelt werden.	☒ Vollstein: **Leichtbeton** ...... ☐ Lochstein: .... ☐ Druckfestigkeitsklasse: .... ☐ Rohdichteklasse: .... ☐ .... ☒ weitere Eigenschaften konnten nicht ermittelt werden.
Dicke: t_{tol} = **0** mm	Bauteildicke: **h** **≥240** mm **(Dübel in Laibung gesetzt!)** Wanddicke: **175** mm	
Sichtbeurteilung/Abmessungen/Art der Fugen/ggf. Skizze (z. B. Lochbild):		
Aus der Sichtbeurteilung des unverputzten Mauerwerks kann Folgendes protokolliert werden: • **Die Lagerfugendicke beträgt ca. 12 mm.** • **Die Stoßfugen sind vermörtelt.** • **Das Fugenbild ist gleichmäßig; die Fugen sind gleichmäßig verfüllt.** • **Der Bohrfortschritt im Drehgang war langsam, das Bohrmehl bei der Probebohrung war grau und trocken, so dass für den Mauerstein Leichtbeton-Vollstein als Baustoff angenommen werden kann.**		

Bild 18.10 Prüfbericht (Praxisbeispiel 9 nach Abschnitt 18.1): Verankerungsgrund

18.2.6 Name des Produkts

Gemäß Abschnitt 18.1 kommt die Abstandsmontageschraube AMO® IV ∅ 11,5 mm zur Anwendung. Hilfreich ist, wenn im Prüfbericht neben der Produktbezeichnung und der Artikel-Nummer auch die Zulassungsnummer mit dem zugehörigen Erteilungsdatum dokumentiert wird. (Bild 18.11).

5 Name des Produkts (Bezeichnung des Dübels)	
Bezeichnung / Artikel-Nr. / Charge / Zulassungsnummer (*)	**Prüfmenge**
Abstandsmontageschraube AMO® IV 11,5 **Stahl verzinkt** **Artikel-Nr.: 0234632112**	**6**
(*) abZ/aBG: Z-21.1-2097 vom: **19. Januar 2024**	

Bild 18.11 Prüfbericht (Praxisbeispiel 9 nach Abschnitt 18.1): Name des bei den Versuchen verwendeten Produkts

18.2.7 Montage

Für die Einzelheiten zur Montage sind die Angaben in abZ/aBG AMO Y/IV (2024, S. 7, Abschnitt 3.2.5.2, S. 8/9, Abschnitt 3.3 sowie die Anlagen 8, 10 und 96) zu beachten und im Prüfbericht zu protokollieren (Bild 18.12).

6 Bohrer/Bohrverfahren/Bohrlochreinigung	
Bohrer/Bohrverfahren/Bohrmehl	**Bohrlochreinigung**
☒ Bohrer-Art: **SDS-Mehrzweckbohrer, Größe 10**	☐ ohne
☒ neuer Bohrer	☒ nur ausblasen
☐ benutzter Bohrer ⇒ Bohrereckmaß messen!	☒ gemäß Zulassung:
vor Versuchen: d_{cut} = ... mm	....
nach Versuchen: d_{cut} = ... mm	....
d_{cut} > $d_{cut,m}$ = 10,45 mm	....
☐ Drehbohren	....
☒ Hammerbohren	....
☒ pulverförmiges Bohrmehl; Farbe: **grau** (= trockenes Mauerwerk)	....
☐ krümeliges Bohrmehl; Farbe: .... (= nasses/feuchtes Mauerwerk)	....
☒ Die Dübel wurden gemäß Setzanleitung des Herstellers montiert.	
☐	

Bild 18.12 Prüfbericht (Praxisbeispiel 9 nach Abschnitt 18.1): Montage

18.2.8 Versuchsergebnisse

Die Details für die Durchführung der Versuche finden sich in abZ/aBG AMO Y/IV (2024, S. 7, Abschnitt 3.2.5.2 sowie Anlage 96 und 97). Die Protokollierung der sechs durchgeführten Querlastversuche mit Hebelarm in der Fensterlaibung sind in Bild 18.13 protokolliert.

Die Last bei Erreichen des 3-mm-Verschiebungskriteriums im ersten Versuch ($V_{3\,mm}$ = 3,54 kN) ließ vermuten, dass die erforderliche charakteristische Tragfähigkeit $V_{Rk1,Bst} = F_{RK} \geq 2{,}8$ kN für den Personenanprall nach (ETB, 1985) bei einer statistischen Auswertung der Versuchsergebnisse nicht erreicht werden würde. Daher wurde bei allen Versuchen zunächst bei 3 mm Verschiebung die erreichte Prüflast notiert. Hierbei waren die Ausführungen in DIBt TR VaB Kunststoffdübel (2019, S. 12/13, Abschnitt 3.3) zu beachten.

Anschließend wurden die Versuche jeweils bis zum Versagen der Befestigung fortgeführt, was dem Fall 3 in der Fall-Unterscheidung im Abschnitt 18.4.2 entspricht.

7 Versuchsergebnisse					
Versuch		Setztiefe mm	Querlast (*) kN		Bemerkungen
			V_{3mm}	V_u	
Mindestanzahl	1	60	3,54	5,10	(*) Der erste Lastwert wurde bei 3 mm Verschiebung gemessen (V_{3mm}); anschließend wurde bis zum Versagen, zweiter Lastwert, weiter belastet (V_u): Rissbildung jeweils bei Erreichen der Last (Steinkantenbruch) Versagensbild (Beispiel):  (Foto: Kracht)
	2	60	3,86	5,30	
	3	60	3,95	5,40	
	4	60	3,72	5,20	
	5	60	3,75	5,25	
	6	60	3,69	5,15	
	7				
	8				
	9				
	10				
	11				
	12				
	13				
	14				
	15				
Mittelwert			3,75	5,23	
			$V_{Rm,3mm}$	$V_{Rm,u}$	

Bild 18.13 Prüfbericht (Praxisbeispiel 9 nach Abschnitt 18.1): Versuchsergebnisse

Je Versuch wurden also immer zwei Lastwerte gemessen und protokolliert:

- Wert 1: Last bei 3 mm Verschiebung ($V_{3\,mm}$)
- Wert 2: Last bei Versagen der Befestigung, keine Laststeigerung möglich (V_u)

18.2.9 Bemerkungen und Hinweise

In einem Abschnitt „Bemerkungen und Hinweise“ können individuelle Bemerkungen sowie allgemeine Empfehlungen und Hinweise im Prüfbericht eingetragen werden, die immer beachtet und nicht vergessen werden sollten (Bild 18.14).

8 Bemerkungen
• Dieser Prüfbericht dokumentiert nur die Versuchsergebnisse. Die in Abschnitt 7 dieses Prüfberichts ausgewiesenen Versuchslasten sind <u>keine</u> Bemessungslassen (V_{Rd}) und auch <u>keine</u> zulässigen Lasten (zul V). ....
• Die statistische Auswertung und die Ermittlung der Tragfähigkeit der Abstandsmontageschraube AMO® IV im vorhandenen Baustellen-Verankerungsgrund werden in Verantwortung des Fachplaners erstellt und sind von ihm nachvollziehbar zu dokumentieren. ....
....
....

Bild 18.14 Prüfbericht (Praxisbeispiel 9 nach Abschnitt 18.1): Bemerkungen

18.3 „Zwischenfazit": Aufgabentrennung

Nach dem vollständigen Ausfüllen des Prüfberichts (Abschnitte 16.2.1 bis 18.2.9) und seiner Unterschrift hat der „Versuchsleiter" nach DIBt TR VaB Kunststoffdübel (2019, S. 4., Abschnitt 1.2) seine Aufgaben für das Praxisbeispiel nach 18.1 erfüllt, und es gelten die Ausführungen in DIBt TR VaB Kunststoffdübel (2019, S. 10/11., Abschnitt 2.3):

> *„Der Versuchsbericht und gegebenenfalls Anmerkungen zu den Randbedingungen sind vom Versuchsleiter an den Fachplaner zu übergeben.*
>
> *Der Fachplaner informiert die Ausführungsfirma über die maßgebenden Randbedingungen und Montagebedingungen, die sich aus dem Versuchsbericht ergeben. Diese Bedingungen sind bei der Ausführung der Befestigungen einzuhalten."*

Die Auswertung der Versuche am Bauwerk mit der Bestimmung der Tragfähigkeit der Abstandsmontageschraube AMO® IV ∅ 11,5 mm im „Baustellen-Verankerungsgrund" Leichtbeton-Vollstein obliegt also dem „Fachplaner"; diese Auswertung wird im folgenden Abschnitt 16.4 beispielhaft dargestellt.

18.4 Auswertung der Versuchsergebnisse

18.4.1 Grundlagen für Querlastversuche am Rand

Die nachfolgende Auswertung für das Praxisbeispiel nach Abschnitt 18.1 gilt nur für die Abstandsmontageschrauben AMO®-Y ∅ 11,5 mm und AMO® IV ∅ 11,5 mm und wenn auf der Baustelle mindestens 5 Querlastversuche mit Hebelarm durchgeführt wurden.

Diese Auswertung, hier für $n = 6 \geq 5$ Versuche, erfolgt über den statistischen Ansatz gemäß abZ/aBG AMO Y/IV (2024, S. 7/8, Abschnitt 3.2.5.3).

Da hier zwei Werte ermittelt wurden (vgl. Abschnitt 16.2.8 mit Bild 18.13: $V_{Rm,3\,mm} = 3{,}75$ kN und $V_{Rm,u} = 5{,}23$ kN) müssen entsprechend auch zwei charakteristische Tragfähigkeiten statistisch ausgewertet werden (vgl. Abschnitt 18.4.4 ($V_{Rk1,Bst,3\,mm}$) und Abschnitt 18.4.5 ($V_{Rk1,Bst,u}$)).

18.4.2 Ergänzende Fall-Unterscheidung

Die Versuche am Bauwerk lassen sich bei der Durchführung differenzieren. Entsprechend ist dann auch bei der Auswertung zu unterscheiden. In Bezug auf den „Belastungsverlauf" lassen sich aus Sicht der Autoren dieses Fachbuchs 3 Fälle unterscheiden, die in Bild 18.15, Bild 18.16 und Bild 18.17 dargestellt sind.

FALL 1

Aus versuchspraktischen Gesichtspunkten sind die Versuche am Bauwerk mit den Abstandsmontageschrauben AMO®-Y ∅ 11,5 mm und AMO® IV ∅ 11,5 mm in der Regel immer mindestens bis zum Erreichen des 3-mm-Verschiebungskrieriums durchzuführen. Die Beschränkung der Verschiebung kann (erst dann) gut grobsinnlich wahrnehmbar, z. B. mittels einem roten, 3 mm dicken AMO Clip, überprüft werden (vgl. Bild 17.6, Bild 17.7 und Bild 17.8 in Kapitel 17). Hierbei sind die Ausführungen in DIBt TR VaB Kunststoffdübel (2019, S. 12/13, Abschnitt 3.3) zu beachten.

Die Versuchsergebnisse bzw. Prüflasten ($V_{3\,mm}$), die dabei erreicht werden, werden eine Verteilung aufweisen, deren Streuung in Gl. (17.1) in Abschnitt 17.5.3.1 mit einem Variationskoeffizienten von mindestens $v_{3\,mm} \geq 5$ % zu berücksichtigen ist (Bild 18.15).

Dieser Fall wird in der Regel dann auftreten, wenn für den Fensterbefestiger nur der Nachweis der Tragfähigkeit, nicht aber der Nachweis bei Personenanprall geführt werden muss.

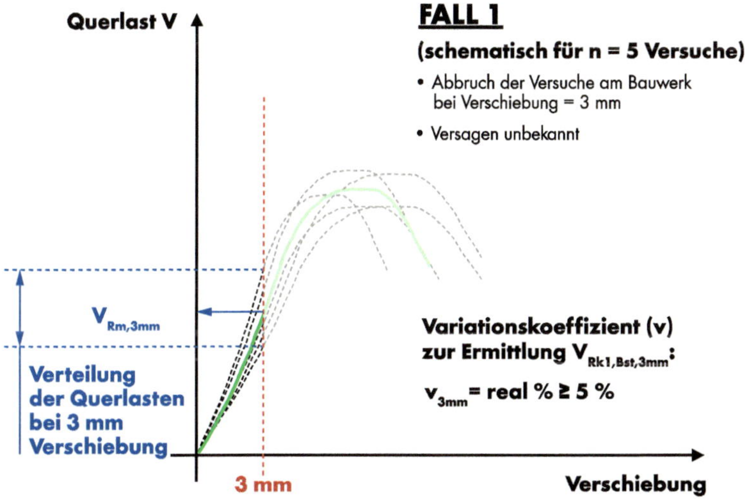

Bild 18.15 Fall 1: Abbruch der Versuche bei 3 mm Verschiebung

FALL 2

Dieser Fall tritt z. B. dann auf, wenn der Nachweis der Tragfähigkeit für den Befestiger durchgeführt werden soll (FALL 1) und auch der Nachweis für Personenanprall erforderlich ist.

Hierfür wird in der Regel eine Belastung der Befestigungsstelle über das 3-mm-Verschiebungskriterium hinaus erforderlich sein (Bild 18.16). Bei der Durchführung der Versuche soll aber vermieden werden, dass die Fensterlaibung auf der Baustelle bei Belastung bis zum Versagen durch einen Steinkantenbruch beschädigt wird.

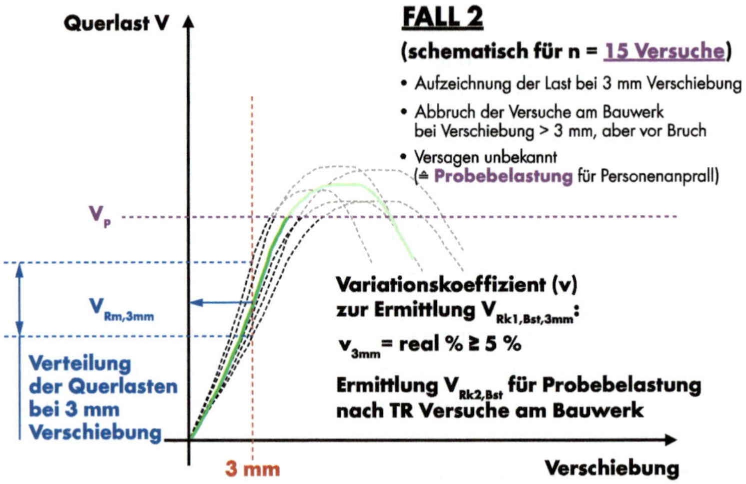

Bild 18.16 Fall 2: Aufzeichnen der Prüflasten bei 3 mm Verschiebung und anschließende Weiterbelastung bis zur Probelast V_P (abgebrochene Bruchversuche); Hinweis: Aus Übersichtsgründen sind hier nur fünf Last-Verschiebungskurven dargestellt und nicht 15!

Das bedeutet aber, dass die einzelnen Versuche jeweils bei einer „Last X" < V_u abgerochen werden müssen. Diese Laststeigerung bis zur „Last X" < V_u stellt quasi eine „Probebelastung" dar („Last X" = V_P), für die die Regelungen zur Bestimmung von $V_{Rk2,Bst}$ zu beachten sind (DIBt TR VaB Kunststoffdübel, 2019, S. 12/13, Abschnitt 3.3, Gleichungen 6, 7 und 8).

Das bedeutet außerdem, dass mindestens n ≥ 15 Versuche durchgeführt werden müssen (vgl auch Abschnitt 17.5.2.1 in diesem Fachbuch).

Für den Nachweis bei Personenanprall nach Gl. (17.3) in Abschnitt 17.5.3.2 ist bei einer Probebelastung $V_{Rk1,Bst}$ durch $V_{Rk2,Bst}$ zu ersetzen.

FALL 3

Dieser Fall entspricht dem Praxisbeispiel nach Abschnitt 18.1 in diesem Fachbuch (Bild 18.17):

Die Prüflast im jeweiligen Versuch wird so lange gesteigert, bis das 3-mm-Verschiebungskriterium erreicht ist ($V_{3\,mm}$; Mittelwert dieser Versuche: $V_{Rm,3\,mm}$). Hierbei sind die Ausführungen in DIBt TR VaB Kunststoffdübel (2019, S. 12/13, Abschnitt 3.3) zu beachten. Bis hierher gilt im Prinzip FALL 1. Die Streuungen in den mindestens n ≥ 5 Versuchen sind in Gl. (17.1) in Abschnitt 17.5.3.1 mit einem Variationskoeffizienten von mindestens $v_{3\,mm}$ ≥ 5 % zu berücksichtigen.

Anschließend wird jeder Versuch bis zum Versagen belastet (V_u; Mittelwert dieser Versuche: $V_{Rm,u}$). Auch diese Versuchsergebnisse streuen, müssen aber nur mit dem tatsächlich vorhandenen Variationskoeffizienten (v_u) in Gl. (17.1) in Rechnung gestellt werden.

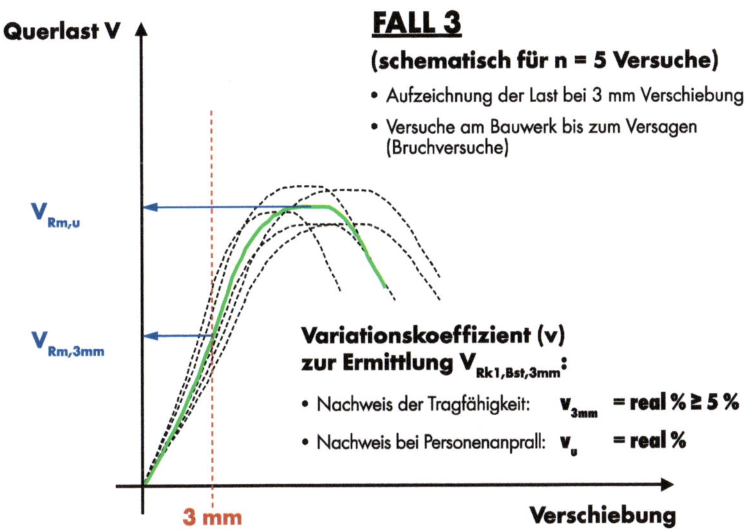

Bild 18.17 Fall 3: Aufzeichnen der Prüflasten bei 3 mm Verschiebung ($V_{3\,mm}$; Mittelwert dieser Versuche: $V_{Rm,3\,mm}$) und anschließende Weiterbelastung bis zum Bruch (V_u; Mittelwert dieser Versuche: $V_{Rm,u}$)

18.4.3 Festlegung des Referenzsteins

Zunächst wird hier der „Referenzstein" bestimmt. Der „Referenzstein" und die Fundstelle in der Zulassung sollten dabei so vollständig wie möglich beschrieben werden, damit dieser Arbeitsschritt später nachvollzogen werden kann.

Hier im Praxisbeispiel nach Abschnitt 18.1 ist der

- Vollstein/Vollblock aus Leichtbeton
- Rohdichteklasse $\rho \geq 2{,}2$ kg/dm³
- Format: L × B × H ≥ 3DF (≥ 240 × 175 × 113) mm
- Mittlere Steindruckfestigkeit nach DIN EN 771: ≥ 15,0 N/mm² *)

in abZ/aBG AMO Y/IV (2024, Anlage 79) offenbar vergleichbar mit dem im Prüfbericht dokumentierten Stein, der auf der Baustelle verbaut wurde (vgl. Abschnitt 18.2.5, Bild 18.10). Die Anlage 79 aus abZ/aBG AMO Y/IV (2024) ist in Bild 18.18 dargestellt.

*) **Hinweis:** Bezüglich der mittleren Steindruckfestigkeit nach DIN EN 771 beachte die ergänzenden Hinweise in Abschnitt 18.4.5.

Allgemeine bauaufsichtliche Zulassung/
Allgemeine Bauartgenehmigung
Nr. Z-21.1-2097 vom 19. Januar 2024

Deutsches Institut für Bautechnik DIBt

Verankerungsgrund Mauerwerk, Vollsteine und Vollblöcke aus Leichtbeton V und Vbl 3DF

Tabelle 38.1: Steinkennwerte

Steinbezeichnung		771-3-017	V und Vbl
Steinart			Vollsteine und Vollblöcke aus Leichtbeton
Rohdichteklasse	ρ ≥	[kg/dm³]	2,2
Norm bzw. Zulassung			DIN EN 771-3:2015-11; DIN 20000-403:2019-11
Steinhersteller			Bisotherm GmbH
Format, Steinabmessung	LxBxH	[mm]	≥ 3DF (≥ 240x175x113)

Tabelle 38.2: Montagekennwerte

AMO®-Y / AMO®-IV Schraube			**Ø 7,5 mm**	**Ø 11,5 mm**
Bohrernenndurchmesser	$d_0 =$	[mm]	6,0	10,0
Bohrerschneidendurchmesser	$d_{cut} \leq$	[mm]	6,4	10,45
Tiefe des Bohrlochs bis zum tiefsten Punkt[1)]	$h_1 \geq$	[mm]	≥ 60 (l_s - e_f - p +10 mm)	≥ 70 (l_s - e_f - p +10 mm)
Mindesteinschraubtiefe[1)]	$h_{nom} \geq$	[mm]	50	60
Bohrlochdurchmesser im Fensterrahmen	$d_{Fenst} =$	[mm]	6,2	10,5
Bohrverfahren		[-]	Hammerbohren	
Bohrlochreinigung		[-]	Das Bohrmehl ist zu entfernen (z.B. durch ausblasen)	
Minimaler Randabstand	$c_{min} \geq$	[mm]	30	30

[1)] Siehe Anlage 2

Würth AMO®-Y / AMO®- IV Schraube Ø 7,5 mm und Ø 11,5 mm zur Befestigung von Fensterrahmen in Beton und Mauerwerk

Vollsteine und Vollblöcke aus Leichtbeton V und Vbl 3DF
Steinkennwerte, Montagekennwerte

Anlage 79

Z6696.24 1.21.1-69/19

Bild 18.18 Referenzstein zum Praxisbeispiel 9 nach Abschnitt 18.1; abZ/aBG AMO Y/IV (2024, Anlage 79)

18.4.4 Ermittlung der charakteristischen Tragfähigkeit $V_{Rk1,Bst}$ aus mindestens fünf Baustellenversuchen (hier n = 6 Versuche)

Im nächsten Schritt wird aus den 6 Ergebnissen der Baustellenversuche (vgl. Abschnitt 18.2.8 mit Bild 18.13) die charakteristische Quertragfähigkeit $V_{Rk1,Bst}$ der Abstandsmontageschraube AMO® IV ∅ 11,5 mm als 5%-Quantile ermittelt.

Im Praxisbeispiel wurden bei 3 mm Verschiebung die erreichte Last am Prüfgerät abgelesen und notiert ($V_{3\,mm}$; Mittelwert der 6 Versuche: $V_{Rm,3\,mm}$); anschließend wurden die Versuche bis zum Versagen (V_u; Mittelwert der 6 Versuche: $V_{Rm,u}$) fortgeführt (vgl. Abschnitt 18.2.8 mit Bild 18.13). Das entspricht FALL 3 in der Fall-Unterscheidung in Abschnitt 18.4.2.

Auswertung für Nachweis der Tragfähigkeit

Für die statistische Auswertung ist gemäß abZ/aBG AMO Y/IV (2024, S. 7/8, Abschnitt 3.2.5.3) eine Normalverteilung mit einem Vertrauensniveau von 90 % anzunehmen. Die 5%-Quantile für den Nachweis der Tragfähigkeit ergibt sich dann nach Gl. (18.1):

$$\begin{aligned} V_{Rk1,Bst} &= V_{Rm} \cdot (1 - k_s \cdot v) \cdot 0{,}6 \\ &= 3{,}75 \cdot (1 - 3{,}09 \cdot 0{,}05) \cdot 0{,}6 \\ &= \underline{1{,}9\,kN} \end{aligned} \tag{18.1}$$

mit:

$V_{Rk1,Bst}$ durch Versuche ermittelte charakteristische Quertragfähigkeit (Versuche am Bau oder im Prüflabor)

V_{Rm} Mittelwert der Bruchlasten V_u bei Versagen des Verankerungsgrunds ($V_{Rm,u}$) bzw. Last bei ≤ 3 mm Verschiebung ($V_{Rm,3\,mm}$);
hier: $V_{Rm,3\,mm}$ = 3,75 kN (vgl. Tabelle 18.2 sowie Abschnitt 18.2.8 mit Bild 18.13)

k_s statistischer Faktor in Abhängigkeit der Anzahl der Versuche zur Ermittlung der 5%-Quantile einer Normalverteilung bei einem Vertrauensniveau von 90 % für 6 Versuche
= 3,09 (vgl. Tabelle 18.1)

v Variationskoeffizient der Bruchlasten (v_u) bzw. der Tragfähigkeiten bei Erreichen einer Verformung von 3 mm ($v_{3\,mm}$); für das Verschiebungskriterium gilt außerdem $v_{3\,mm} \geq 5$ %;
hier: $v_{3\,mm} = 0{,}05 \mathrel{\hat{=}} 5$ %, (vgl. Tabelle 18.2)

Tabelle 18.1 k_s-Faktoren in Abhängigkeit der Anzahl der Versuche nach Owen (1962), IfBt (1986) oder DIBt TR VaB Kunststoffdübel (2019, S. 12., Abschnitt 3.2, Tabelle 1)

	k_s-Faktor in Abhängigkeit der Anzahl der Versuche (n)													
n	5	**6**	7	8	9	10	11	12	13	14	15	20	25	30
k_s	3,40	**3,09**	2,89	2,75	2,65	2,57	2,50	2,45	2,40	2,36	2,33	2,21	2,13	2,08

Tabelle 18.2 Standardabweichung und Variationskoeffizient für Versuchsergebnisse nach Abschnitt 18.2.8 mit Bild 18.13

	Querlast in kN	$(V_u\text{-}V_{Rm})$ [kN]	$(V_u\text{-}V_{Rm})^2$ [kN²]
1	3,54	−0,21	0,0441
2	3,86	0,11	0,0121
3	3,95	0,20	0,0400
4	3,72	−0,03	0,0009
5	3,75	0,00	0,0000
6	3,69	−0,06	0,0036
	$\mathbf{V_{Rm} = 3{,}75}$		$\mathbf{\Sigma(V_u\text{-}V_{Rm})^2 = 0{,}1007}$
Standardabweichung: $s = [\Sigma(V_u - V_{Rm})^2 / (n-1)]^{0,5} = [0{,}1 / (6-1)]^{0,5} = 0{,}14$ kN			
Variationskoeffizient: $v = s / V_{Rm} = 0{,}14 / 3{,}75 = 0{,}038 \triangleq 3{,}8\,\% < 5\,\% \triangleq \underline{0{,}05}$			

Auswertung für Nachweis bei Personenanprall

Entsprechend der ausführlichen Darstellung für den Nachweis der Tragfähigkeit zuvor ergeben sich für den Nachweis bei Personenanprall verkürzt dargestellt die folgende Werte:

$$\begin{aligned} V_{Rk1,Bst} &= V_{Rm} \cdot (1 - k_s \cdot v) \cdot 0{,}6 \\ &= 5{,}23 \cdot (1 - 3{,}09 \cdot 0{,}021) \cdot 0{,}6 \\ &= \underline{2{,}9\text{ kN}} \end{aligned} \qquad (18.2)$$

mit:

$V_{Rk1,Bst}$ durch Versuche ermittelte charakteristische Quertragfähigkeit (Versuche am Bau oder im Prüflabor)

V_{Rm} Mittelwert der Bruchlasten V_u bei Versagen des Verankerungsgrunds ($V_{Rm,u}$) bzw. Last bei ≤ 3 mm Verschiebung ($V_{Rm,3\,mm}$); hier: $V_{Rm,u}$ = 5,23 kN (vgl. Abschnitt 18.2.8 mit Bild 18.13)

k_s = 3,09 (vgl. Tabelle 18.1 für n = 6 Versuche)

v = 2,06 % (sinngemäß ermittelt wie in Tabelle 18.2)

18.4.5 Bestimmung der maßgebenden Tragfähigkeiten für die Bemessung

Für die Bestimmung der Tragfähigkeit der Abstandsmontageschraube AMO® IV ⌀ 11,5 mm im Baustellen-Verankerungsgrund Leichtbeton-Vollstein muss noch der

Abgleich zwischen der in Abschnitt 18.4.4 ermittelten Tragfähigkeit $V_{Rk1,Bst} = 1{,}9$ kN und dem Referenzstein in abZ/aBG AMO Y/IV (2024, Anlage 81) erfolgen.

Hierbei muss darauf geachtet werden, dass auf der Anlage 81 in abZ/aBG AMO Y/IV (2024)

- ein Bemessungswert der Tragfähigkeit V_{Rd} in [kN] für eine Abstandsmontageschraube AMO® IV ∅ 11,5 mm unter Querbeanspruchung und
- eine Tragfähigkeit F_{Rk} in [kN] für eine Abstandsmontageschraube AMO® IV ∅ 11,5 mm bei Personenanprall

ausgewiesen werden; vgl. hier Bild 18.19.

Der Bemessungswert der Tragfähigkeit V_{Rd} ist für den Nachweis der Tragfähigkeit anzusetzen und berücksichtigt auf der sicheren Seite einen einheitlichen Material-Teilsicherheitsbeiwert von $\gamma_M = 2{,}5$ kN (vgl. Abschnitte 17.4.5 und 17.5.3.1 dieses Fachbuchs).

Die Tragfähigkeit F_{Rk} ist dagegen nur für den Nachweis bei Personenanprall relevant, bei dem wie bereits ausgeführt $\gamma_A = \gamma_F = \gamma_M = 1{,}0$ angesetzt werden kann (vgl. Abschnitt 17.5.3.2 dieses Fachbuchs).

Infolgedessen muss ein zweifacher Abgleich mit dem Referenzstein erfolgen, einmal für den Nachweis der Tragfähigkeit und einmal für den Nachweis bei Personenanprall. Dieser Abgleich wird in abZ/aBG AMO Y/IV (2024, S. 7/8, Abschnitt 3.2.5.3, Gln. 3.7 und 3.8) vorgegeben und nachfolgend für das Praxisbeispiel gemäß Abschnitt 18.1 durchgeführt:

Nachweis der Tragfähigkeit:

$$V_{Rd,Bst} = V_{Rk1,Bst}/\gamma_M = 1{,}9/2{,}5 = 0{,}76 \leq 0{,}90 = V_{Rd} \tag{18.3}$$

mit:

$V_{Rd,Bst}$ Bemessungswert der Tragfähigkeit unter Querbeanspruchung, durch Versuche am Bau oder im Prüflabor ermittelt

$V_{Rk1,Bst}$ durch Versuche ermittelte charakteristische Quertragfähigkeit (Versuche am Bau oder im Prüflabor) bei ≤ 3 mm Verschiebung
= 1,9 kN (vgl. Abschnitt 18.4.4 mit Gl. (18.1))

γ_M Materialteilsicherheitsbeiwert (= 2,5)

V_{Rd} Bemessungswert der Tragfähigkeit unter Querbeanspruchung für den Referenzstein gemäß Anlage 81 (hier Bild 18.19, oben) für

- Kunststoffprofil mit Stahlarmierung,
- freie Schraubenlänge $e_f = 30$ mm,
- Randabstand $c_{außen} = 33 \geq 30\ \text{mm} = c_{min}$ und
- mittlere Steindruckfestigkeit nach DIN EN 771 ≥ 15,0 N/mm² *)

= 0,90 kN

*) Beachte Hinweis auf Seite 417 oben

Allgemeine bauaufsichtliche Zulassung/
Allgemeine Bauartgenehmigung
Nr. Z-21.1-2097 vom 19. Januar 2024

Deutsches Institut für Bautechnik DIBt

Tabelle 38.5: Bemessungswerte der Tragfähigkeit V_{Rd}[2)] in [kN] für eine AMO®-Y / AMO®-IV Schraube unter Querbeanspruchung

AMO®-Y / AMO®-IV Schraube		Ø 11,5 mm				
Fensterprofil aus		Kunststoff / Aluminium		Holz / Holz-Alu		
Freie Schraubenlänge e_f[1)] ≤	[mm]	20	30	10	20	30
Mittlere Steindruckfestigkeit nach DIN EN 771	c_{min} ≥ [mm]	Tragfähigkeit V_{Rd}[2)] [kN]				
Vollsteine und Vollblöcke aus Leichtbeton V und Vbl 3DF ≥ 25,0 N/mm²	30	1,65	1,20	2,2	1,65	1,20
Vollsteine und Vollblöcke aus Leichtbeton V und Vbl 3DF ≥ 20,0 N/mm²	30	1,40	1,20	1,75	1,40	1,20
Vollsteine und Vollblöcke aus Leichtbeton V und Vbl 3DF ≥ 15,0 N/mm²	30	1,05	0,90	1,30	1,05	0,90
Vollsteine und Vollblöcke aus Leichtbeton V und Vbl 3DF ≥ 12,5 N/mm²	30	0,90	0,75	1,10	0,90	0,75
Vollsteine und Vollblöcke aus Leichtbeton V und Vbl 3DF ≥ 10,0 N/mm²	30	0,70	0,60	0,85	0,70	0,60

Tabelle 38.6: Tragfähigkeit F_{Rk} in [kN] für eine AMO®-Y / AMO®-IV Schraube bei Personenanprall

AMO®-Y / AMO®-IV Schraube		Ø 11,5 mm				
Fensterprofil aus		Kunststoff / Aluminium		Holz / Holz-Alu		
Freie Schraubenlänge e_f[1)] ≤	[mm]	20	30	10	20	30
Mittlere Steindruckfestigkeit nach DIN EN 771	c_{min} ≥ [mm]	Tragfähigkeit F_{Rk} bei Personenanprall [kN]				
Vollsteine und Vollblöcke aus Leichtbeton V und Vbl 3DF ≥ 25,0 N/mm²	30	2,8	2,8	2,8	2,8	2,8
Vollsteine und Vollblöcke aus Leichtbeton V und Vbl 3DF ≥ 20,0 N/mm²	30	2,8	1,6	2,8	2,8	1,6
Vollsteine und Vollblöcke aus Leichtbeton V und Vbl 3DF ≥ 15,0 N/mm²	30	1,6	1,6	1,6	1,6	1,6
Vollsteine und Vollblöcke aus Leichtbeton V und Vbl 3DF ≥ 12,5 N/mm²	30	1,6	-[3)]	1,6	1,6	-[3)]
Vollsteine und Vollblöcke aus Leichtbeton V und Vbl 3DF ≥ 10,0 N/mm²	30	-[3)]	-[3)]	1,6	-[3)]	-[3)]

[1)] Siehe Anlage 5
[2)] Zwischenwerte bei der freien Schraubenläge e_f dürfen linear interpoliert werden.
[3)] Keine Leistung bewertet.

Würth AMO®-Y / AMO®- IV Schraube Ø 7,5 mm und Ø 11,5 mm zur Befestigung von Fensterrahmen in Beton und Mauerwerk	**Anlage 81**
Vollsteine und Vollblöcke aus Leichtbeton V und Vbl 3DF Bemessungswerte der Tragfähigkeit, Tragfähigkeit bei Personenanprall	

Z6696.24 1.21.1-69/19

Bild 18.19 Bemessungswert der Tragfähigkeit V_{Rd} in [kN] bzw. Tragfähigkeit F_{Rk} in [kN] für eine Abstandsmontageschraube AMO® IV ⌀ 11,5 mm im gewählten Referenzstein (abZ/aBG AMO Y/IV, 2024, Anlage 81)

*) **Hinweis:** Wenn vom Mauerstein auf der Baustelle (= Baustellen-Verankerungsgrund) weder die Druckfestigkeit noch die Rohdichte bekannt sind, wird von den Autoren für den Referenzstein auf der sicheren Seite zunächst immer die Tragfähigkeit gewählt, die am nächsten zu den Ergebnissen aus den Baustellenversuchen liegt; dies ist im Beispiel die Tragfähigkeit V_{Rd} = 0,90 kN bei einer mittleren Steindruckfestigkeit ≥ 15,0 N/mm².

Der Versuchswert $V_{Rd,Bst}$ = 0,76 kN wird durch die Zulassung noch „gedeckelt" (V_{Rd} = 0,90 kN) und kann daher angesetzt werden.

Beachte hierzu auch den Hinweis am Ende dieses Abschnitts!

⇒ Der Nachweis der Tragfähigkeit kann mit den aus den Versuchen ermittelten Wert $V_{Rd,BSt} = 0{,}76$ kN durchgeführt werden.

Nachweis bei Personenanprall:

$$F_{Rd,Bst} = V_{Rk1,Bst} = 2{,}9 \leq 2{,}8 = F_{Rd} \tag{18.4}$$

mit:

$F_{Rd,Bst}$ Bemessungswert der Tragfähigkeit bei absturzsichernder Funktion, durch Versuche am Bau oder im Prüflabor ermittelt

$V_{Rk1,Bst}$ durch Versuche ermittelte charakteristische Quertragfähigkeit (Versuche am Bau oder im Prüflabor)
= 2,9 kN (vgl. Abschnitt 18.4.4, Gl. (18.2))

F_{Rd} Bemessungswert der Tragfähigkeit je Befestigungspunkt für den Referenzstein, $F_{Rd} = F_{Rk}$ gemäß Anlage 81 (hier Bild 18.19, unten) für

- Kunststoffprofil mit Stahlarmierung,
- freie Schraubenlänge $e_f = 30$ mm,
- Randabstand $c_{außen} = 33 \geq 30$ mm $= c_{min}$ und
- mittlere Steindruckfestigkeit nach DIN EN 771 ≥ 15,0 N/mm² **)

= 1,6 kN

- mittlere Steindruckfestigkeit nach DIN EN 771 ≥ 25,0 N/mm² **)

= 2,8 kN

) **Hinweis: Ausgehend vom vorhergehenden „Nachweis der Tragfähigkeit" und die dort auf der sicheren Seite für den Referenzstein gewählte Druckfestigkeit ≥ 15,0 N/mm² wären für den „Nachweis bei Personenanprall" nicht die Baustellenversuche maßgebend, sondern der Referenzstein:

$$F_{Rd,Bst} = V_{Rk1,Bst} = 2{,}9 > 1{,}6 = F_{Rd}$$

Mit $F_{Rd} = F_{Rk} = 1{,}6$ kN ließe sich der Personenanprall dennoch nachweisen, allerdings nur unter der Voraussetzung einer „Mehrfachbefestigung", vgl. abZ/aBG AMO Y/IV (2024, S. 6, Abschnitt 3.2.3).

Im Rahmen des Zulassungsverfahrens wurden die Abstandsmontageschrauben aber immer in den Mauersteinen mit der höchsten angegebenen Festigkeit geprüft (vgl. für das Beispiel Bild 18.19: mittlere Steindruckfestigkeit nach DIN EN 771 ≥ 25,0 N/mm²).

Die Tragfähigkeiten für die weiteren Festigkeiten der Steine (hier im Beispiel 10,0/12,5/15,0/20,0 N/mm²) sind Rechenwerte und eine Serviceleistung für den Fachplaner, z. B. für eine Vorbemessung.

Das bedeutet, dass die in abZ/aBG AMO Y/IV (2024, Anlagen 18, 21, 25, 27, 29, 31, 33, 35, 37, 39, 41, 45, 47, 49, 51, 53, 56, 59, 62, 65, 72, 75, 78, 81, 84, 86, 88, 91 und 95) ausgewiesenen Tragfähigkeiten für die niedrigeren Festigkeiten jeweils auch weglassen werden könnten.

Im Praxisbeispiel würde es hier auf Anlage 81 (vgl. Bild 18.19) formal also ausreichen, jeweils nur die Zeile für die mittlere Steindruckfestigkeit nach DIN EN 771 ≥ 25,0 N/mm² anzugeben; der jeweils dazugehörige „Bemessungswert der Tragfähigkeit" ($V_{Rd} = 1{,}20$ kN) bzw. die zugehörige „Tragfähigkeit bei Personenanprall" ($F_{Rd} = F_{Rk} = 2{,}8$ kN) ist dann die maßgebende Referenz bzw. der größte mögliche „Deckel" für die freie Schraubenlänge $e_f = 30$ mm.

⇒ Der Nachweis bei Personenanprall kann mit dem Wert $F_{Rd} = F_{Rk} = 2{,}8$ kN für den Referenzstein durchgeführt werden.

18.5 Zusammenfassung/Fazit

Die allgemeine bauaufsichtliche Zulassung/allgemeine Bauartgenehmigung abZ/aBG AMO Y/IV (2024) ermöglicht es erstmals im Rahmen einer Zulassung Versuche am Bauwerk mit Abstandsmontageschrauben durchzuführen, so dass für unbekannte bzw. mit den Abstandsmontageschrauben nicht geregelte Verankerungsgründe Tragfähigkeiten sowohl für den Nachweis der Tragfähigkeit (Wind, horizontale Nutzlast, 90° geöffneter Fensterflügel, ...) als auch für den Nachweis bei Personenanprall ermittelt werden können.

19

Fenstermontage in der Dämmebene mit Konsolen aus Metall

19.1 Allgemeines

Die bisherigen Ausführungen gelten im Schwerpunkt für die Befestigung der Fenster direkt in der Laibung einer Fensteröffnung. Bedingt durch die aktuellen Vorschriften im Bereich der Energieeinsparung werden Fenster auch vor die tragende Wand, also direkt in die Dämmebene, montiert. Dazu werden am Markt verschiedene Systeme angeboten. Ein gängiges System wird in den folgenden zwei Kapiteln ausführlich vorgestellt und mit einem entsprechenden Praxisbeispiel unterlegt:

- Kapitel 19: Fenstermontage in der Dämmebene mit Konsolen aus Metall
- Kapitel 20: Praxisbeispiel 10 – Fenstermontage in der Dämmebene mit Konsolen aus Metall

19.2 Konsolsysteme aus Metall – Aufbau und Funktion

Bild 19.1 zeigt schematisch die Funktion eines Konsolsystems aus Metall. Dabei wird das Eigengewicht in der Fensterebene durch Tragkonsolen aufgenommen. Die Einwirkungen senkrecht zur Fensterebene werden mittels Dübeln über entsprechende Winkel oder Laschen in den Verankerungsgrund eingeleitet.

Für die Montage in der Dämmebene ist es empfehlenswert, entsprechend

- geprüfte Systeme (vgl. Prüfung von Fenstern nach Kapitel 4) bzw. siehe ift Rosenheim (2011b) oder
- zugelassene Systeme (vgl. Praxisbeispiel 10 in Kapitel 20)

einzusetzen, die im Rahmen einer Bemessung für das jeweilige Fenstergewicht, die Windlast usw. entsprechend dimensioniert werden können.

Für die Aufnahme höherer Lasten (vor allem bei großen Auskragungen) sind in vielen Systemen zusätzliche Abstützwinkel vorgesehen (Bild 19.2).

Bei Verwendung von Fensterkonsolen und -schienen und der entsprechenden Montage des Fensters vor der tragenden Wand ist zu berücksichtigen, dass

Befestigung und Abdichtung von Fenstern und Türen. Regelwerke, Bauphysik, Baurecht, Praxisbeispiele. 2. Auflage.
J. Küenzlen, E. Scheller, M. Klatecki.

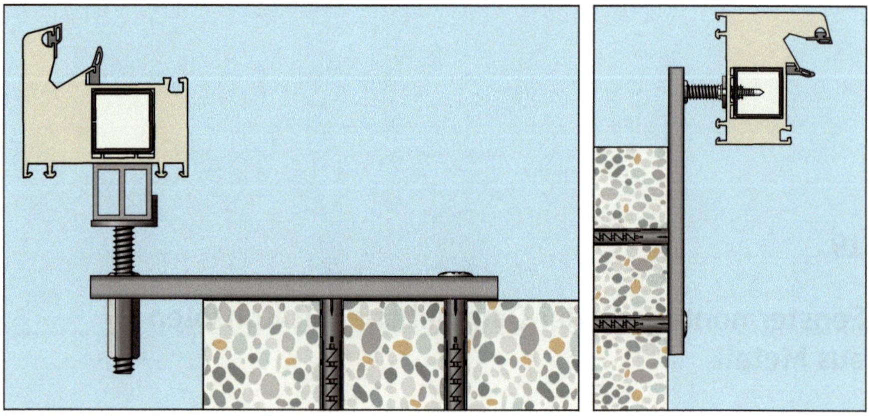

a) b)

Bild 19.1 Schematische Darstellung der Befestigung von Fenstern in der Dämmebene vor der tragenden Fassade a) Konsole zur Lastabtragung in vertikaler Richtung b) Biegesteife Lasche zur seitlichen Befestigung (Quelle: abZ/aBG JB-DK/JB-D, 2021)

a) b)

Bild 19.2 Schematische Darstellung der Befestigung von Fenstern in der Dämmebene vor der tragenden Fassade für größere Auskragungen a) Konsole mit Abstützwinkel zur Lastabtragung in vertikaler Richtung b) Biegesteife Lasche mit Abstützwinkel zur seitlichen Befestigung (Quelle: abZ/aBG JB-DK/JB-D, 2021)

unterschiedliche Steifigkeiten der Konsolen und Schienen mit und ohne Abstützwinkel im Vergleich zur Montage in der Laibung vorliegen. Das Fenster ist kraftschlüssig mit den Verankerungen verbunden, sodass sowohl Zug- als auch Druckkräfte eingeleitet werden können. Die Verteilung der Steifigkeiten ist hier grundsätzlich anders zu bewerten als bei einem Fenster, das in der Laibung verbaut ist. Als Beispiel kann hier der Nachweis bei einem Fenster mit 90° geöffneten

Fensterflügel dienen. Bei Verwendung von Konsolen ergibt sich bandseitig in der unteren Ecke eine Lastkonzentration, die sowohl durch die Konsole an der Brüstung als auch durch die Schiene in der Laibung gleichmäßig abgetragen wird. Die Steifigkeiten sind hier mutmaßlich ähnlich (abhängig vom System).

Bei einem in der Laibung verbauten Fenster dagegen wird das Eigengewicht auf der Bandseite unten über den Tragklotz und die horizontale Kraft über die Verschraubung abgeleitet. Hier gibt es also keine Überlagerung von vertikaler Eigengewichtskraft und horizontaler Eigengewichtskraft aus dem Fensterflügel.

Zu beachten ist weiter, dass bei einer unterseitigen Montage die Befestigung in Mauerwerk eine besondere Lösung erfordert, da hier im Brüstungsbereich (vgl. Bild 4.13 in Kapitel 4.2.2.3) die beispielsweise offene Wabenstruktur von Lochsteinen zu berücksichtigen ist, in der nicht verankert werden kann.

Besonders problematisch bei dieser Situation ist der mangelnde Verbund zwischen den Steinen im Brüstungsbereich in Kombination mit der fehlenden Auflast. Steine im Brüstungsbereich können bei entsprechender Belastung aus einem Konsolensystem zur Fensterbefestigung aus dem Verband kippen. Nach Hamm (2025a, S. 12) ist unbewehrtes Mauerwerk im Bereich einer Fensterbrüstung ohne Auflast *nicht* nachweisbar.

Lediglich die beiden Steine in den unteren Ecken der Öffnung können in der Regel sicher zum Lastabtrag herangezogen werden, wenn sie durch das aufgehende Mauerwerk gehalten werden (vgl. Bild 19.3). Dabei ist zu beachten, dass der Randabstand zur Stoßfuge nicht zu klein sein darf, damit der Stein bei der Montage nicht spaltet und damit die Befestigung unwirksam werden würde.

Allerdings ist die Nachweismöglichkeit der örtlichen Lasteinleitung aus einem Befestigungsmittel in nur teilweise in das aufgehende Mauerwerk eingebundene Steine in den Europäischen Technischen Bewertungen bzw. allgemeinen bauaufsichtlichen Zulassung für Befestigungsmittel in Mauerwerk nach Kenntnisstand der Autoren nicht abgedeckt und erfordert damit immer eine besondere Betrachtung im Einzelfall.

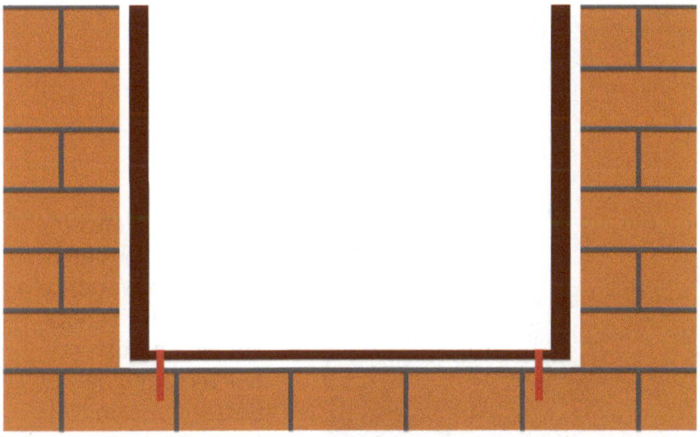

Bild 19.3 Schematische Darstellung der Befestigungsmöglichkeit im Brüstungsbereich in die eingebundenen Steine des aufgehenden Mauerwerks

Bei Neubauten empfiehlt sich daher die Anordnung eines Fenstersturzes auch unterhalb der Fensteröffnung, um eine tragfähige Verankerung im Brüstungsbereich gewährleisten zu können (vgl. auch Abschnitt 4.2.2 mit Bild 4.13). Alternativ kann im Neubau bzw. bei der Sanierung im Bestand z. B. auch nachträglich eine Brüstung aus Beton angeordnet werden.

19.3 Dübel-Auswahl

Bei der Dübel-Auswahl sind hier Dübel-Systeme mit allgemeiner bauaufsichtlicher Zulassung/allgemeiner Bauartgenehmigung (abZ/abG) oder Europäischer Technischer Bewertung (ETA) zu empfehlen.

Werden dagegen nicht zugelassene Befestiger eingesetzt und/oder erfolgt keine Bemessung gemäß den Zulassungs- bzw. Bewertungsvorschriften, muss beachtet werden, dass das Fensterelement zusätzlich zur Befestigung durch eine gemauerte Vorsatzschale oder einen entsprechend ausgebildeten Putzanschlag vor einem Absturz geschützt werden muss (vgl. Abschnitt 2.9).

Wenn das Fensterelement nicht durch eine andere konstruktive Maßnahme zusätzlich vor einem Absturz geschützt wird (Bild 19.4), *müssen* Befestigungen mit abZ/abG oder ETA bemessen und ausgeführt werden.

Bei Verwendung entsprechender Dübel sind die in den Zulassungen/Bewertungen angegebenen Montagekennwerte (Mindestbauteildicke, Achs- und Randabstände, ggf. Montagedrehmoment, ...) zu beachten, da z. B. zu kleine Randabstände bereits bei der Montage zu einer Beschädigung des Verankerungsgrunds führen können (Bild 19.5).

Die Dübel-Zulassungen/Bewertungen enthalten weiterhin Rechenwerte (in der Regel charakteristische Tragfähigkeiten F_{Rk} und/oder Bemessungswerte der Tragfähigkeiten F_{Rd}) für die Bemessung der Befestigungspunkte sowie ggf. Hinweise auf das oder die anzuwendenden Bemessungsverfahren.

Bild 19.4 Fensterelemente vor der tragenden Wand, kein zusätzlicher Schutz vor einem Absturz bei Versagen der Befestigungsmittel (Foto: Adolf Würth GmbH & Co. KG)

Bild 19.5 Zu geringer Randabstand eines Kunststoffdübels bei Montage einer Anschweißlasche für die Befestigung einer Tür (Foto: Küenzlen)

19.4 Bauphysikalische Betrachtung

Gerade bei der Verwendung von Konsolen aus Metall ist das Thema Wärmedurchgang zu beachten.

Das in Bild 19.1 bzw. Bild 19.2 dargestellte System „beginnt" in der Dämmebene und hat keine Verbindung zur Außenatmosphäre. Damit kann der Wärmeverlust auch bei der Verwendung von stabilen Konsolen aus Metall in einem sehr geringen Bereich gehalten werden.

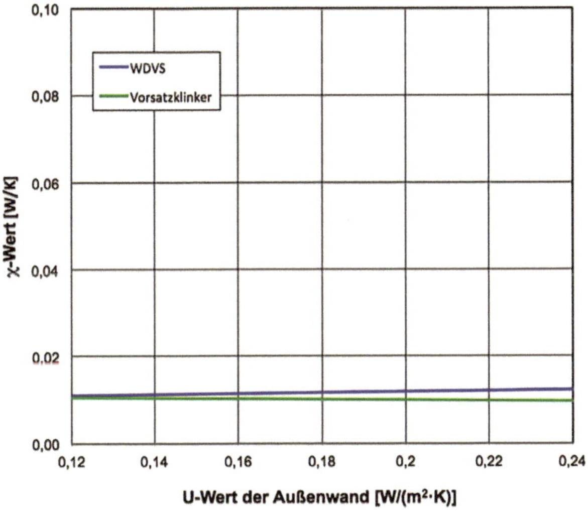

Bild 19.6 Punktbezogener Wärmedurchgangskoeffizient χ einer Montagekonsole in Abhängigkeit vom Wärmeschutzniveau der Außenwand (Klatecki, 2015b)

Bild 19.6 zeigt den Wärmedurchgangskoeffizient χ einer Fenstermontagekonsole (Bild 19.2a) in Abhängigkeit vom Wärmeschutzniveau der Außenwand. Nach Klatecki (2015b) verlaufen

> *„die Wärmeverluste annähernd konstant bei 0,1 W/K je Konsole, was einen zusätzlichen Öl-Verbrauch von ca. 0,004 Liter je Jahr und Konsole bedeutet."*

Dieser – selbst bei der Verwendung von tragfähigen Konsolen aus Metall – sehr geringe Verlust wird durch die gesamte energetische Maßnahme in Bezug auf die Gebäudehülle deutlich kompensiert.

20

Praxisbeispiel 10 – Fenstermontage in der Dämmebene mit Konsolen aus Metall

20.1 Einleitung und allgemeine Hinweise

Für die Montage von Fenstern in der Dämmebene wird nachfolgend exemplarisch ein zugelassenes Befestigungssystem (siehe abZ/aBG JB-DK/JB-D, 2021) und dessen Bemessung vorgestellt. Bild 20.1 und Bild 20.2 zeigen die entsprechenden Komponenten dieses Systems:

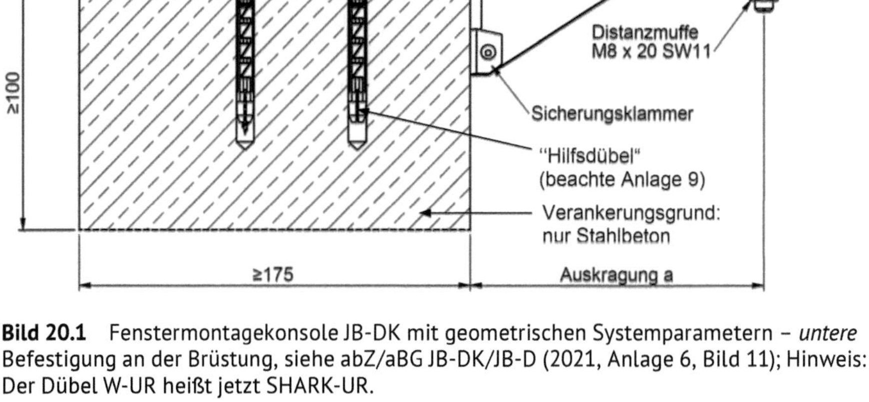

Bild 20.1 Fenstermontagekonsole JB-DK mit geometrischen Systemparametern – *untere* Befestigung an der Brüstung, siehe abZ/aBG JB-DK/JB-D (2021, Anlage 6, Bild 11); Hinweis: Der Dübel W-UR heißt jetzt SHARK-UR.

Befestigung und Abdichtung von Fenstern und Türen. Regelwerke, Bauphysik, Baurecht, Praxisbeispiele. 2. Auflage.
J. Küenzlen, E. Scheller, M. Klatecki.

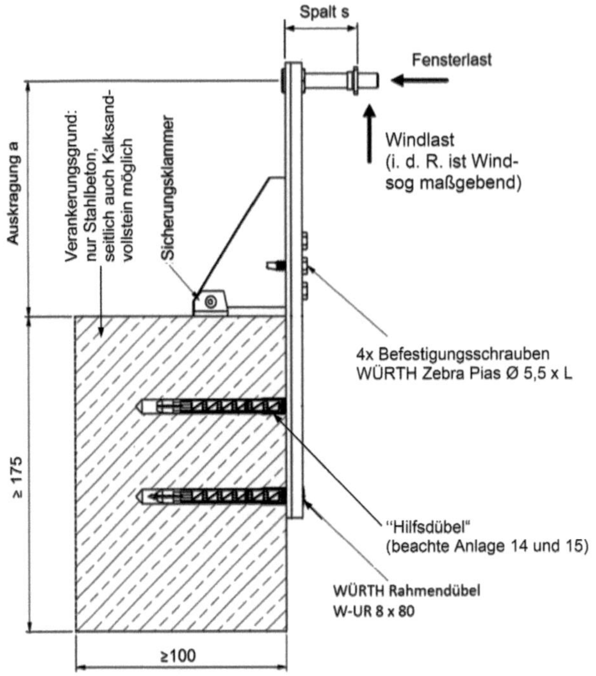

Bild 20.2 Fenstermontageschiene JB-D mit geometrischen Systemparametern – *seitliche* Befestigung in der Laibung und *obere* Befestigung am Sturz, siehe abZ/aBG JB-DK/JB-D, 2021 (Anlage 8, Bild 15); Hinweis: Der Dübel W-UR heißt jetzt SHARK-UR.

- Fenstermontagekonsole JB-DK
  (*untere* Befestigung an der Brüstung) und
- Fenstermontageschienen JB-D
  (*seitliche* Befestigung in der Laibung und *obere* Befestigung am Sturz) jeweils in Kombination mit dem im System zugelassenen
- Kunststoff-Rahmendübel SHARK UR 8x10/80 nach ETA SHARK UR (2021)

Das zugelassene Befestigungssystem ermöglicht es, das Fenster thermisch optimiert in der Wand einzubauen. Während Fenster in Wänden aus modernen Hochlochziegeln (ohne zusätzliche Außendämmung) aus bauphysikalischen Gründen in vielen Fällen im mittleren Drittel der Fensterlaibung eingebaut werden, so müssen Fenster in gedämmten Außenwänden (z. B. Wänden aus Beton oder Kalksandvollstein mit außenseitigem Wärmedämm-Verbundsystem) zunehmend in der Dämmebene angeordnet werden (vgl. Abschnitt 19.1).

Mit den zuvor genannten Konsolen und Schienen, die in unterschiedlichen Typen angeboten werden (unterschiedliche Auskragungen sowie mit oder ohne Abstützwinkel), kann ein Fenster flexibel im Aufbau einer gedämmten Außenwand,

- einer einschaligen Wand aus Tragschicht und außenseitigem Wärmedämm-Verbundsystem oder
- einer zweischaligen Wand, z. B. aus Hintermauerwerk, Dämmschicht, Luftschicht und Vorsatzschale,

positioniert werden. Dabei realisieren die Konsolen und Schienen unterschiedliche vertikale bzw. horizontale Abstände und kompensieren gleichzeitig Bautoleranzen zwischen Fenster- bzw. Blendrahmen und

- unterer (Fenster-) Brüstung,
- seitlicher (Fenster-) Laibung sowie
- oberem (Fenster-) Sturz.

Auf Grundlage der Zulassung abZ/aBG JB-DK/JB-D (2021) kann das Befestigungssystem für die auf das Fenster einwirkenden Windlasten und für die aus dem Fenster wirkenden Nutz- und Eigenlasten (mit Berücksichtigung der Öffnungszustände des Fensters) bemessen werden. Für die Montage und die Bemessung eines solchen Systems ergeben sich die beiden folgenden maßgebenden geometrischen Systemparameter (vgl. in Bild 20.1 und Bild 20.2):

- Maß der Auskragung „a"
- Spaltmaß „s".

In der Zulassung abZ/aBG JB-DK/JB-D (2021) sind für die unterschiedlichen Systemvarianten der Fenstermontagekonsole JB-DK und der Fenstermontageschiene JB-D sowie den dazugehörigen Kunststoff-Rahmendübel SHARK UR im Prinzip bereits Teile der nach DIN EN 1990 (2010, S. 40, Abschnitt 6.4.2) üblichen Bemessung mit Bemessungswerten hinterlegt worden.

Nachweisformat gemäß DIN EN 1990:

$$E_k \cdot \gamma_F = E_d \leq R_d = R_k/\gamma_M \quad \text{bzw.} \quad E_d/R_d \leq 1{,}0 \tag{20.1}$$

Dazu werden in der Zulassung abZ/aBG JB-DK/JB-D (2021) tabellarisch die *maximal möglichen* charakteristischen Einwirkungen F_{ck} je Konsole/Schiene in Abhängigkeit von Auskragung „a", Spaltmaß „s" und Systemvariante; Systeme 1a, 1b, 2, 3a, 3b, 4a, 4b, 5a und 5b nach abZ/aBG JB-DK/JB-D (2021) angegeben:

- $F_{ck,\text{Fenster Eigengewicht}}$ *maximal mögliche* charakteristische Einwirkung je Konsole aus Eigengewicht ohne Windbeanspruchung
- $F_{ck,\text{Fenster}}$ *maximal mögliche* charakteristische Einwirkung je Konsole aus Eigengewicht mit Berücksichtigung einer maximalen charakteristischen Windsoglast -0,5 kN
- $F_{ck,\text{Windsog}}$ *maximal mögliche* charakteristische Einwirkung je Schiene aus Windsog
- $F_{ck,\text{Fenster leicht offen}}$ *maximal mögliche* charakteristische Einwirkung je Schiene aus leicht geöffnetem Fenster
- $F_{ck,\text{Fenster }90°\text{ offen}}$ *maximal mögliche* charakteristische Einwirkung je Schiene aus 90° geöffnetem Fenster

Diese maximal *möglichen* charakteristischen Einwirkungen F_{ck} je Konsole bzw. Schiene wurden aus den einzelnen maßgebenden Nachweisen mit Bemessungswerten ermittelt und enthalten bereits

- die Teilsicherheitsbeiwerte der Einwirkungen γ_F für Eigenlasten ($\gamma_G = 1{,}35$) und Verkehrslasten (Windsog $\gamma_Q = 1{,}50$) sowie
- die je nach Versagensart zutreffenden Material-Teilsicherheitsbeiwerte γ_M für die maßgebenden Versagensarten von Dübel, Konsole/Schiene oder Befestigungsschrauben.

Der (Fach-) Planer muss daher für die erforderliche statische Berechnung nur noch die *tatsächlich vorhandenen* charakteristischen Einwirkungen F_{Ek} je Konsole bzw. Schiene ermitteln und nachweisen, dass diese kleiner sind als die in den Tabellen der Zulassung abZ/aBG JB-DK/JB-D (2021) angegebenen *maximal möglichen* charakteristischen Einwirkungen F_{ck} je Konsole bzw Schiene.

Das allgemeine Nachweisformat in der folgenden Gl. (20.2) ergibt sich – im Prinzip wie in Gl. (20.1) – entsprechend zu:

Nachweisformat gemäß abZ/aBG JB-DK/JB-D (2021):

$$F_{Ek} \leq F_{ck} \text{ bzw. } F_{Ek}/F_{ck} \leq 1{,}0 \tag{20.2}$$

Diese Bemessung wird im Praxisbeispiel 10 vorgestellt und im Detail erläutert.

20.2 Bemessungsbeispiel – Allgemeines

Im Praxisbeispiel 10 werden für die Befestigung eines üblichen rechteckigen Fensterelements mit Drehflügel in der Stahlbeton-Außenwand eines Gebäudes mittels

- Fenstermontagekonsole JB-DK (untere Befestigung) und
- Fenstermontageschiene JB-D (seitliche und obere Befestigung)

die erforderlichen statischen Nachweise geführt und schrittweise erläutert. Dabei werden im ersten Durchgang der Berechnung

- die erforderliche Anzahl an Konsolensystemen von Konsolen (unten) und Schienen (seitlich, oben) sowie
- die daraus resultierende geometrische Positionierung (Randabstände zu den Ecken, Achsabstände untereinander)

abgeschätzt und anschließend – je nach Ergebnis der Bemessung – gegebenenfalls optimiert oder lokal mit weiteren Konsolen bzw. Schienen verstärkt. Für diese Abschätzung wird auf den „Leitfaden zur Planung und Ausführung der Montage von Fenstern und Haustüren für den Neubau und Renovierung" hingewiesen, siehe Gütegemeinschaft (2024, S. 148 ff., Kapitel 5.1, z. B. Bild 5.7).

20.3 (Konstruktive) Randbedingungen

Für die statischen Nachweise sind folgende (konstruktive) Randbedingungen in jedem Fall bemessungsrelevant:

- Geplante Geometrie und Aufbau des Fensters (Eigengewicht, Öffnungsrichtungen bzw. -möglichkeiten),
- Ausführung der Befestigungspunkte: Bestimmung der Systemvarianten der Fenstermontagekonsolen JB-DK (System 1a, 1b, 2, 3a oder 3b) und der Fenstermontageschienen JB-D (System 4a, 4b, 5a oder 5b), jeweils nach abZ/aBG JB-DK/JB-D (2021),
- Lage des Fensters in der Wandöffnung (Spaltmaß „s" und Auskragung „a" – vgl. Bild 20.1 und Bild 20.2),
- Geometrischen Positionierung der Systemvarianten (Randabstände zu den Ecken, Achsabstände untereinander) sowie
- „allgemeine" Informationen zum Gebäude, in das das Fensterelement eingebaut wird (Außenabmessungen (Höhe, Breite, Tiefe), Lage in Deutschland (Postleitzahl als Grundlage zur Bestimmung der Windzone und der daraus resultierenden Windlasten), Verankerungsgrund, ...).

Ggf. sind neben den Einwirkungen aus Eigengewicht und Windlasten, die aus Geometrie und Aufbau des Fensters bzw. der Lage und der Abmessungen des Gebäudes resultieren, zusätzliche Lasten zu berücksichtigen, die auf das Fenster wirken können (z. B. Vertikallasten nach DIN EN 13115; vgl. hierzu auch die Ausführungen in Abschnitt 4.4).

Da das Spaltmaß „s" und die Auskragung „a" für die Montage des jeweiligen Fensters individuell für die verwendeten Fenstermontagekonsolen JB-DK und Fenstermontageschienen JB-D angepasst werden (können), ist die detaillierte Ermittlung bzw. Bestimmung dieser beiden Abstände besonders wichtig.

Fenstermontagekonsolen JB-DK: Systeme 1a, 1b, 2, 3a und 3b (vgl. Bild 19.7)

- Die Auskragung „a" wird als Abstand zwischen Außenseite der tragenden Wand (Brüstung) und Achse der Gewindestange der Höhenverstellung der Konsole definiert und kann abhängig von der Systemvariante (mit oder ohne Abstützwinkel) 30 mm ≤ a ≤ 150 mm betragen.
- Das Spaltmaß „s" ist festgelegt als lichter Abstand zwischen der Brüstung und der Unterkante des Fensterrahmens, der auf der Platte (P) bzw. dem Winkel (W) der Höhenverstellung aufliegt (siehe in abZ/aBG JB-DK/JB-D, 2021, Anlage 1).

Dieses Spaltmaß darf den Wert s = 30 mm nicht überschreiten, was aber einen üblichen Spielraum zur vertikalen Justierung ermöglicht.

Fenstermontageschiene JB-D: Systeme 4a, 4b, 5a und 5b (vgl. Bild 20.1)

- Die Auskragung „a" wird definiert als Abstand zwischen Außenseite der tragenden Wand (Laibung bzw. Sturz) und Achse der Gewindestange der Lage- bzw. Höhenverstellung der Schiene und kann abhängig von der Systemvariante (mit oder ohne Abstützwinkel) 0 mm $\leq$ a $\leq$ 150 mm betragen.
- Das Spaltmaß „s" ergibt sich als lichter Abstand zwischen der Laibung bzw. dem Sturz und der Außenkante des Fensterrahmens, die an der Anschraubplatte anliegt, siehe abZ/aBG JB-DK/JB-D (2021, Anlage 2). Dieses Spaltmaß darf den Wert s = 40 mm nicht überschreiten.

Im Praxisbeispiel 10 wird das Fenster als ein PVC-Fenster mit Stahlarmierung und 3-fach-Isolierverglasung ausgeführt. Die Zusammenstellung der relevanten Ausgangsdaten findet sich im Folgeabschnitt 20.4.

20.4 Zusammenstellung der Ausgangsdaten

Gegebene Ausgangssituation für Praxisbeispiel 10 – Fenstermontage in der Dämmebene mit Konsolen aus Metall (vgl. Bild 20.2):

- Wohnhaus in Dortmund (Postleitzahl 44287)
  - Gebäudehöhe: h = 17,5 m
  - Gebäudebreite: b = 20,0 m
  - Gebäudetiefe: d = 15,0 m
  - Fenstereinbau im Mittenbereich des Gebäudes (Bereich B)
- PVC-Fenster mit Stahlarmierung und 3-fach-Isolierverglasung
  - Stahlarmierung: □-Armierung aus Werkstoff DX51D (Werkstoffnummer 1.0917), Materialdicke vorh. t = 1,5 mm
  - Aufbau der Isolierverglasung: (von außen nach innen):
    6 mm ESG-H / 12 mm SZR / 4 mm ESG / 12 mm SZR / 8 mm VSG (44.2)
  - Fenstergröße: B $\times$ H $\approx$ 1,2 m $\times$ 1,3 m
  - Drehflügel: b $\times$ h $\approx$ 1,1 m $\times$ 1,2 m
  - Glasfläche Drehflügel: b $\times$ h $\approx$ 1,0 m $\times$ 1,1 m
- Der Drehflügel wird auf der linken Ansichtsseite, nahe den Befestigungspunkten (3) und (7), angeschlagen (Bild 20.3).
- Der Bauherr hat mit der Bauausführung vereinbart, dass das Fensterelement die Klasse 2 gemäß DIN EN 13115 für Vertikallasten erfüllen muss; d. h. am 90° geöffneten Fensterflügel muss eine Vertikallast von 400 N aufgenommen und abgeleitet werden können (vgl. hier in diesem Fachbuch den Abschnitt 4.4 mit Tabelle 4.8).

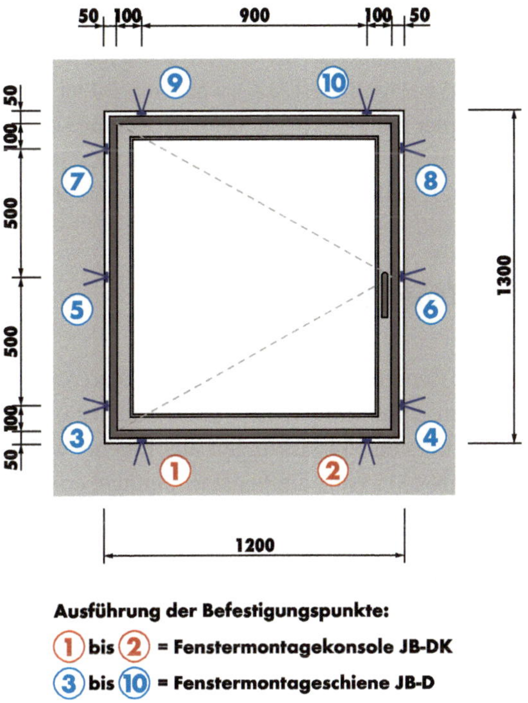

Bild 20.3 Außenansicht des Fensters (schematisch) – Aufteilung der Fenstermontagekonsolen JB-DK und Fenstermontageschienen JB-D; Maße in mm

- Die Fensterbrüstung aus Stahlbeton hat eine Höhe von 0,90 m, so dass das Fenster gemäß MBO, § 38, Absatz (3) keine absturzsichernden Eigenschaften erfüllen muss (vgl. hier in diesem Fachbuch den Abschnitt 2.5 mit Tabelle 2.1).
- Verankerungsgrund (Brüstung, Laibung und Sturz): Stahlbeton C30/37 nach DIN EN 206-1

Befestigungssystem nach abZ/aBG JB-DK/JB-D (2021):

• Brüstung (Befestigungspunkte (1) und (2)):	Fenstermontagekonsole mit Abstützwinkel JB-DK 100-130-AW125 (System 3a)
• Laibung (Befestigungspunkte (3) bis (8)):	Fenstermontageschiene mit Abstützwinkel JB-D 150-G40/60 AW75 (System 5b)
• Sturz (Befestigungspunkte (9) und (10)):	Fenstermontageschiene mit Abstützwinkel JB-D 150-G40/60 AW75 (System 5b)
• Auskragung Konsolen und Schienen:	a = 130 mm
• Spaltmaß (Konsolen):	s = 20 mm (vertikal)
• Spaltmaß (Schienen):	s = 18 mm (horizontal)

- Kunststoffdübel: je Konsole bzw. Schiene 2 Stück Kunststoff-Rahmendübel SHARK UR 8x10/80 nach ETA SHARK UR (2021), wobei ein Dübel immer nur als „Hilfsdübel" zur Montage dient, siehe Setzanleitung in abZ/aBG JB-DK/JB-D (2021, Anlage 10/11 und Anlagen 14 bis 16)

20.5 Ermittlung der vorhandenen Einwirkungen

Nach den ersten Festlegungen für die Anwendung des Befestigungssystems (Anzahl von Konsolen und Schienen sowie deren Anordnung (Achs- und Randabstände)), werden im nächsten Schritt die vorhandenen Einwirkungen aus Eigengewicht, Windlast und Vertikallast nach DIN EN 13115 auf die Fenstermontagekonsolen und –schienen ermittelt. Entsprechende Hilfen zur Bemessung und Lastermittlung bieten Gütegemeinschaft (2024), DIN EN 13115 und DIN EN 1991-1-4 mit dem zugehörigen nationalen Anhang DIN EN 1991-1-4/NA.

20.5.1 Eigengewicht

Das Eigengewicht des Fensters wird für die einzeln zu führenden Lastzustände und Nachweise getrennt für Blendrahmen, Drehflügel und das gesamte Fenster ermittelt (vgl. Tabelle 20.1).

Auf der sicheren Seite liegend wird hier zur Vereinfachung 100 kg = 1 kN angesetzt (vgl. dagegen die Abschnitte 5.4 (Tabelle 5.1), 9.3.4 (Tabelle 9.1) oder 16.5.3.4 (Tabelle 16.2)). Somit ergeben sich als charakteristische Einwirkungen aus Eigengewicht:

- $F_{Ek,Blendrahmen} = 17{,}5\ kg \approx 0{,}18\ kN$
- $F_{Ek,Fensterflügel} = 65{,}6\ kg \approx 0{,}66\ kN$
- $F_{Ek,Fenster,gesamt} = 83{,}1\ kg \approx \underline{0{,}84\ kN}$

Tabelle 20.1 Praxisbeispiel 10: Ermittlung des Eigengewichts des Fensters

Zeile	Bauteil	Rechenweg	Ergebnis
1	Blendrahmen	$(2 \cdot 1{,}2\ m + 2 \cdot 1{,}3\ m) \cdot 3{,}5\ kg/m =$	17,5 kg
2	Flügelrahmen	$(2 \cdot 1{,}1\ m + 2 \cdot 1{,}2\ m) \cdot 3{,}5\ kg/m = 16{,}1\ kg$	
3	Isolierverglasung	$(1{,}0 \cdot 1{,}1) \cdot (6 + 4 + 8) \cdot 2{,}5\ ^{kg}/_{(mm \cdot m^2)} = 49{,}5\ kg$	
4	Drehflügel, gesamt	(Zeile 2 + 3) = 16,1 + 49,5 = 65,6 kg	65,6 kg
5	Fenster, gesamt	17,5 kg + 65,6 kg =	83,1 kg

20.5.2 Windlasten

Ausgehend vom Gebäudestandort (hier 44287 Dortmund, vgl. Abschnitt 20.4) ergibt sich aus dem

- Verzeichnis „Windzonen nach Verwaltungsgrenzen“, DIBt.de (2022) oder der
- Windzonenkarte, siehe DIN EN 1991-1-4/NA (2024, S. 18, Anhang NA.A, Bild NA.A.1) bzw. hier in Abschnitt 2.8.2.1 das Bild 2.7

die Windzone 1.
Alternativ lassen sich unter dem Suchbegriff „Windzonen nach Postleitzahlen“ im Internet auch diverse Seiten finden, auf denen – lediglich unter der Eingabe der Postleitzahl für das konkrete Bauvorhaben – die entsprechend zugehörige Windzone ausgegeben wird.

Da das Gebäude nur eine Höhe von 17,50 m aufweist, kann die Windlastermittlung nach dem vereinfachten Verfahren für Bauwerke bis 25 m Höhe nach DIN EN 1991-1-4/NA erfolgen. Aus Übersichtsgründen wird hier nur der Nachweis für die maßgebende Windlast (in diesem Falle Windsog) exemplarisch im Mittenbereich des Gebäudes (Bereich B) geführt.

Alternativ wäre die Bestimmung der Windlasten auch nach DIN 18055 (2020, S. 26, Anhang A, Abschnitt A.3, Tabelle A.1) möglich, deren Anwendung allerdings auch auf Berechnungen mit dem vereinfachten Verfahren nach DIN EN 1991-1-4 und DIN EN 1991-1-4/NA beruht (vgl. Abschnitt 2.8.2.1):

- Windzone 1, Binnenland
- Gebäudehöhe $h = 17{,}50\ \text{m} < 18\ \text{m}$

⇒ Vereinfachter Geschwindigkeitsdruck: $q_p = \underline{0{,}65\ \text{kN/m}^2}$
(siehe in DIN EN 1991-1-4/NA:2024, S. 21, Tabelle NA.B.3 bzw. vgl. hier in diesem Fachbuch Abschnitt 2.8.2.1, Tabelle 2.5)

- Mittenbereich B des Gebäudes
(siehe in DIN EN 1991-1-4:2010, S. 37, Abschnitt 7.2.2 das Bild 7.5)
- $e = b = 20\ \text{m} > 15\ \text{m} = d$
- Lasteinzugsfläche für 1 Konsole/Schiene $< 1{,}0\ \text{m}^2$
(siehe in DIN EN 1991-1-4:2010, S. 34, Abschnitt 7.2.1, Absatz (1), Anmerkung 1)
- $h/d = 17{,}50 / 15 = 1{,}17 \approx 1$

⇒ Außendruckbeiwert für vertikale Wände: $c_{pe,1} = -\underline{1{,}1}$
(siehe in DIN EN 1991-1-4:2010, S. 37, Abschnitt 7.2.2, Tabelle 7.1)

⇒ charakteristische Windsoglast (Flächenlast) nach DIN EN 1991-1-4:2010, S. 26, Abschnitt 5.1, Tabelle 5.1:

$$w_e = q_p \cdot c_{pe,1} = 0{,}65 \cdot (-1{,}1) = -0{,}72\,\text{kN/m}^2 \tag{20.3}$$

⇒ charakteristische Windsoglast (Gesamtlast/Einzellast) auf das gesamte Fenster

$$\begin{aligned} F_{Ek,Windsog,gesamt} &= w_e\,(B \cdot H) \\ &= -0{,}72\,\text{kN/m}^2 \cdot (1{,}2\,\text{m} \cdot 1{,}3\,\text{m}) \\ &= -1{,}12\,\text{kN} \end{aligned} \tag{20.4}$$

20.6 Lastfall 1 (LF1): Geschlossenes Fenster

20.6.1 LF 1: Lastermittlung

Die erste Bemessungssituation stellt das geschlossene Fenster dar. Hierbei wirken als Einwirkungen das Fenstereigengewicht und die Windsoglast. Dabei wird das gesamte Fenstereigengewicht von $F_{Ek,Fenster,gesamt} = 0{,}84$ kN nur in die zwei Fenstermontagekonsolen an der Fensterunterseite eingeleitet (vgl. in Bild 20.4 die Befestigungspunkte (1) und (2)):

$$\begin{aligned} F_{Ek,Fenster,LF1} &= V_1 = V_2 = F_{Ek,Fenster,gesamt}/2\,\text{Konsolen} \\ &= 0{,}84/2 \\ &= 0{,}42\,\text{kN je Konsole} \end{aligned} \tag{20.5}$$

Die Windsogkraft als Einzellast auf das ganze Fenster $F_{Ek,Windsog,gesamt} = -1{,}12$ kN kann auf Grund der umlaufenden Befestigung des Fensters gemäß Gütegemeinschaft (2024) gleichmäßig auf alle 10 Befestigungspunkte verteilt werden (vgl. Bild 20.5 sowie in Abschnitt 5.8.1 das Bild 5.9):

$$\begin{aligned} F_{Ek,Windsog,LF1} &= F_{Ek,Windsog,gesamt}/10\,\text{Befestigungspunkte} \\ &= -1{,}12/10 \\ &= -0{,}12\,\text{kN je Befestigungspunkte} \end{aligned} \tag{20.6}$$

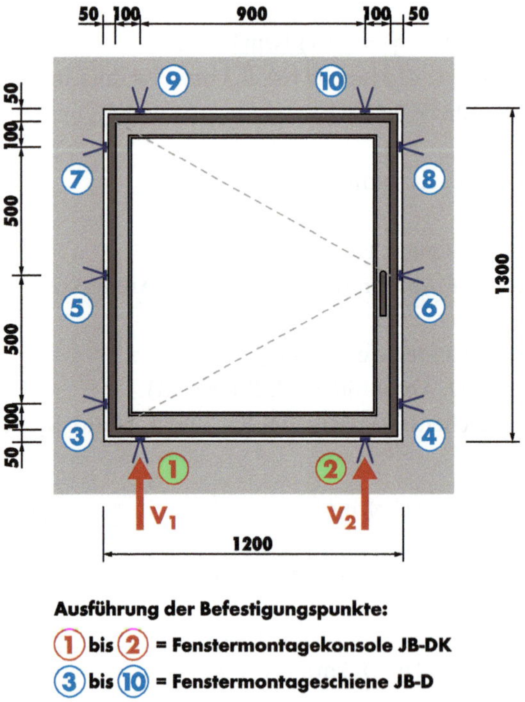

Bild 20.4 Lastfall 1 – Lastabtragende Konsolen für Eigengewicht, Befestigungspunkte (1) und (2)

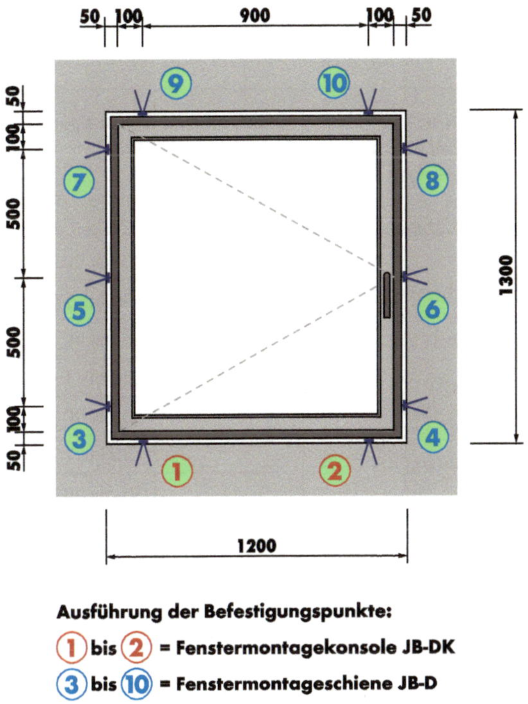

Bild 20.5 Lastfall 1 – Lastabtragung für Windsoglast (alle Befestigungspunkte)

Für die Bemessung der Fenstermontagekonsole JB-DK und der Fenstermontageschiene JB-D werden in den beiden nachfolgenden Abschnitten 20.6.2 und 20.6.3 zunächst die entsprechenden „Widerstände" jeweils je Konsole bzw. je Schiene bestimmt, für den Lastfall 1

- das entsprechende *maximal mögliche* charakteristische Eigengewicht ($F_{ck,Fenster}$) und
- die *maximal mögliche* charakteristische Windsoglast ($F_{ck,Windsog}$).

Diese „Widerstände" sind für das in Abschnitt 20.4 festgelegte Befestigungssystem, mit Auskragung a = 130 mm und Spaltmaß s = 20 mm (vertikal) bzw. s = 18 mm (horizontal), aus der Zulassung abZ/aBG JB-DK/JB-D (2021) zu entnehmen.

Anschließend können die notwendigen Nachweise entsprechend dem in Abschnitt 20.1 mit Gl. (20.2) vorgestellten Nachweisformat durchgeführt werden.

20.6.2 LF 1: Nachweis der Befestigungspunkte (1) und (2) – Fenstermontagekonsole JB-DK

Die Befestigungspunkte (1) und (2), ausgeführt mit der Fenstermontagekonsole JB-DK, werden im Lastfall 1 sowohl durch das Eigengewicht als auch durch die – auf das ganze geschlossene Fenster einwirkende – maßgebende Windsoglast belastet.

Die Windsoglast in dieser Lastfallkombination (Wind und Eigengewicht) hat einen unmittelbaren Einfluss auf die Tragfähigkeit des Befestigungssystems. Um unterschiedliche Zustände der Windbeanspruchung, respektive Lastwerte

Tabelle 20.2 Übersicht der tabellierten Werte $F_{ck,Fenster}$ für die Fenstermontagekonsolen JB-DK in abZ/aBG JB-DK/JB-D (2021)

Siehe in abZ/aBG JB-DK/JB-D (2021)		Angabe *maximal mögliches* charakteristisches Eigengewicht je Konsole für Verankerungen in Beton ≥ C16/20	Spaltmaß s [mm]	Auskragung a [mm]
Tabelle	**Anlage**			
7a	19	$F_{ck,Fenster\ Eigengewicht}$ ohne Windbeanspruchung	kein Einfluss	30 bis 90
7b				100 bis 150
8a	20	Die Angabe von $F_{ck,Fenster}$ berücksichtigt bereits, dass je Konsole maximal -0,5 kN als charakteristische Windsoglast einwirkt.	≤ 18	30 bis 90
8b				100 bis 150
9a	21		≤ 24	30 bis 90
9b				100 bis 150
10a	22		≤ 30	30 bis 90
10b				100 bis 150

der Lastfälle zu berücksichtigen, differenziert die Zulassung abZ/aBG JB-DK/JB-D (2021) die Angabe der *maximal möglichen* charakteristischen Eigengewichte ($F_{ck,Fenster}$) für die im Brüstungsbereich bzw. an der Fensterunterseite einzusetzenden Fenstermontagekonsolen JB-DK (Typen 1a, 1b, 2, 3a und 3b).

Gemäß der Übersicht in Tabelle 20.2 sind in abZ/aBG JB-DK/JB-D (2021, Anlagen 19 bis 22)

- einerseits tabellierte Werte ohne Windbeanspruchung enthalten und
- andererseits tabellierte Werte, die bereits maximal -0,5 kN als charakteristische Windsoglast je Konsole berücksichtigen.

Für die zu führenden Nachweise im Lastfall 1 werden für die vorhandene Auskragung a = 130 mm und das vorhandene Spaltmaß $s_{vorh,vertikal}$ = 20 mm die Werte „*maximal mögliches* charakteristisches Eigengewicht $F_{ck,Fenster}$ in kN je Konsole bei Auskragung a" aus den Zulassungstabellen 7b sowie 8b und 9b entnommen, auf deren Grundlage die folgenden Nachweise geführt werden:

- Die tabellierten Werte, die bereits maximal –0,5 kN als charakteristische Windsoglast je Konsole berücksichtigen (Zulassungstabellen 8a bis 10b), fallen geringer aus als die tabellierten Werte *ohne* Windbeanspruchung bei entsprechend gleicher Auskragung (Zulassungstabellen 7a und 7b). Die Bemessung liegt daher auf der sicheren Seite, obwohl die Werte $F_{ck,Fenster}$ der Zulassungstabellen 8a bis 10b angesetzt werden, vorausgesetzt, dass maximal –0,5 kN als charakteristische Windsoglast je Konsole einwirkt (vgl. Abschnitt 20.6.2.1: Nachweis 1a).
- Wirken je Konsole betragsmäßig weniger als $|-0{,}5\ kN|$ als charakteristische Windsoglast (hier im Beispiel nur $F_{Ek,Windsog,LF1} = |-0{,}12\ kN|$, vgl. Abschnitt 20.6.1), so darf gemäß abZ/aBG JB-DK/JB-D (2021, Anlage 18) zwischen den

Tabellenwerten *ohne* Windbeanspruchung und den entsprechenden Tabellenwerten, die bereits maximal −0,5 kN als charakteristische Windsoglast je Konsole berücksichtigen, interpoliert werden (vgl. Abschnitt 20.6.2.2: Nachweis 1b).

20.6.2.1 Nachweis 1a (sichere Seite)

Einwirkungen:

$F_{Ek,Fenster,LF1} = \underline{0{,}42\,kN}$ vgl. Abschnitt 20.6.1, Gl. (20.5)

$F_{Ek,Fenster,LF1} = -0{,}12\,kN$ vgl. Abschnitt 20.6.1, Gl. (20.6)

$|-0{,}12\,kN| < |-0{,}5\,kN|$

⇒ Größe der Windsoglast je Konsole liegt im Anwendungsbereich von abZ/aBG JB-DK/JB-D, 2021 (Anlage 18, Tabelle 6)

Widerstände:

$a_{vorh} = 130\,mm$ vgl. Abschnitt 20.4

$s_{vorh,vertikal} = 20\,mm$ vgl. Abschnitt 20.4

- siehe abZ/aBG JB-DK/JB-D (2021, Anlage 20, Tabelle 8b) für s = 18 mm:
- siehe abZ/aBG JB-DK/JB-D (2021, Anlage 21, Tabelle 9b) für s = 24 mm:

⇒ $F_{ck,Fenster} = \underline{1{,}60\,kN}$ berücksichtigt, dass maximal −0,5 kN als charakteristische Windsoglast je Konsole einwirkt

Nachweis:

$$F_{Ek,Fenster,LF1}/F_{ck,Fenster} = 0{,}42/1{,}60 = 0{,}26 < 1{,}0 \quad (20.7)$$

⇒ Nachweis erbracht

20.6.2.2 Nachweis 1b

Die nachfolgende Interpolation bringt für das konkrete Beispiel keinen „Gewinn", sie kann aber für andere Anwendungsfälle für die Optimierung der Befestigungen hilfreich sein, weshalb sie hier der Vollständigkeit halber mit dargestellt wird.

Einwirkungen:

$F_{Ek,Fenster,LF1} = \underline{0{,}42\,kN}$ vgl. Abschnitt 20.6.1, Gl. (20.5)

$F_{Ek,Fenster,LF1} = -0{,}12\,kN$ vgl. Abschnitt 20.6.1, Gl. (20.6)

$|-0{,}12\,kN| < |-0{,}5\,kN|$

⇒ Größe der Windsoglast je Konsole liegt im Anwendungsbereich von abZ/aBG JB-DK/JB-D (2021, Anlage 18, Tabelle 6)

Widerstände:

$a_{vorh} = 130\,mm$ vgl. Abschnitt 20.4

$s_{vorh,vertikal} = 20\,mm$ vgl. Abschnitt 20.4

- siehe abZ/aBG JB-DK/JB-D (2021, Anlage 19, Tabelle 7b):

⇒ $F_{ck,Fenster} = \underline{1{,}65\,kN}$ *ohne* Windbelastung

- siehe abZ/aBG JB-DK/JB-D (2021 Anlage 20, Tabelle 8b) für s = 18 mm:
- siehe abZ/aBG JB-DK/JB-D (2021 Anlage 21, Tabelle 9b) für s = 24 mm:

$\Rightarrow F_{ck,Fenster} = \underline{1{,}60\,kN}$ berücksichtigt, dass maximal -0,5 kN als charakteristische Windsoglast je Konsole einwirkt

Interpolation:

$$F_{ck,Fenster} = 1,65 + [(1{,}6 - 1{,}65) \cdot (-0{,}12 - 0) / (-0{,}5 - 0)] = 1{,}64\,kN \qquad (20.8)$$

Nachweis:

$$F_{Ek,Fenster,LF1} / F_{ck,Fenster} = 0{,}42/1{,}64 = 0{,}26 < 1{,}0 \quad \Rightarrow \text{Nachweis erbracht} \qquad (20.9)$$

20.6.3 LF 1: Nachweis der Befestigungspunkte (3) bis (10) – Fenstermontageschiene JB-D

Für die seitlichen und oberen Fenstermontageschienen JB-D wirkt im Lastfall 1 (geschlossenes Fenster) jeweils nur die maßgebende Windsoglast als Einwirkung. Die maximal möglichen charakteristischen Windeinwirkungen $F_{ck,Windsog}$, die auftreten dürfen, sind für die Fenstermontageschienen JB-D (Typ 4a, 4b, 5a und 5b) abhängig vom Spaltmaß s für Verankerungen in Beton ≥ C16/20 in abZ/aBG JB-DK/JB-D (2021, Anlage 25, Tabelle 13) angegeben.

Hinweis: Es wird darauf hingewiesen, dass die Zulassung abZ/aBG JB-DK/JB-D (2021) im Wesentlichen für Verankerungen in Beton ≥ C16/20 gilt.

Für die seitliche Befestigung in der Laibung darf der Verankerungsrund aber auch aus Kalksandvollstein-Mauerwerk mit einer Druckfestigkeit $f_b \geq 20\ N/mm^2$ bestehen.

Siehe hierzu abZ/aBG JB-DK/JB-D (2021, Anlagen 23, 26 und 27).

Die Nachweise der seitlichen und oberen Fenstermontageschienen JB-D unter Berücksichtigung der beiden vorhandenen unterschiedlichen Spaltmaße (seitlich in der Laibung $s_{vorh,horizontal} = 18$ mm bzw. oben im Sturzbereich $s_{vorh,vertikal} = 20$ mm) enthalten die beiden folgenden Abschnitte.

20.6.3.1 Nachweis seitlich in der Laibung

Einwirkungen:

$F_{Ek,Windsog,LF1} = -0{,}12\,kN$ vgl. Abschnitt 20.6.1, Gl. (20.6)

Widerstände:

$s_{vorh,horizontal} = 18\,mm$ vgl. Abschnitt 20.4

- siehe abZ/aBG JB-DK/JB-D (2021, Anlage 25, Tabelle 13) für s = 10 mm:

$\Rightarrow F_{ck,Windsog} = 2{,}50\,kN$

- siehe abZ/aBG JB-DK/JB-D (2021, Anlage 25, Tabelle 13) für s = 20 mm:

$\Rightarrow F_{ck,Windsog} = 1{,}00\,kN$

Interpolation:

$$F_{ck,Windsog} = 2{,}5 + [(1{,}0 - 2{,}5) \cdot (0{,}18 - 0{,}10)/(0{,}20 - 0{,}10)] = 1{,}30\,kN \tag{20.10}$$

Nachweis:

$$F_{Ek,Windsog,LF1}/F_{ck,Windsog} = |-0{,}12\,kN|/1{,}30 = 0{,}09 < 1{,}0 \quad \Rightarrow \text{Nachweis erbracht} \tag{20.11}$$

20.6.3.2 Nachweis oben im Sturz

Einwirkungen:

$F_{Ek,Fenster,LF1} = -0{,}12\,KN$ vgl. Abschnitt 20.6.1, Gl. (20.6)

Widerstände:

$s_{vorh,vertikal} = 20\,mm$ vgl. Abschnitt 20.4

- siehe abZ/aBG JB-DK/JB-D (2021, Anlage 25, Tabelle 13) für s = 20 mm:

$\Rightarrow F_{ck,Windsog} = 1{,}00\,kN$

Nachweis:

$$F_{Ek,Windsog,LF1}/F_{ck,Windsog} = |-0{,}12\,kN|/1{,}00 = 0{,}12 < 1{,}0 \quad \Rightarrow \text{Nachweis erbracht} \tag{20.12}$$

20.7 Lastfall 2 (LF2): Leicht geöffnetes Fenster

20.7.1 LF 2: Lastermittlung

Weiterhin müssen zwei Lastfälle bei geöffneten Fenstern untersucht und nachgewiesen werden.

Den ersten dieser Lastfälle stellt das leicht geöffnete Fenster dar (vgl. Bild 20.6). Bei diesem Lastfall müssen keine Windlasten berücksichtigt werden, weil die Luft durch das grundsätzlich offene Fenster strömen kann.

20.7.1.1 Vertikallast im maßgebenden Befestigungspunkt (1)

Die komplette Vertikallast des leicht geöffneten Fensterflügels wird von der Fenstermontagekonsole JB-DK unten auf der Bandseite in Befestigungspunkt

(1) aufgenommen (vgl. Bild 20.5). Hinzu gerechnet werden muss das halbe Eigengewicht des Blendrahmens (vgl. Abschnitt 20.5.1).

Außerdem wird die volle Nutzlast von 0,4 kN nach DIN EN 13115 in vertikaler Richtung angesetzt, die ebenfalls von Befestigungspunkt (1) aufgenommen werden muss. Hierbei muss allerdings Folgendes beachtet werden:

- Wie aus den Übersichtstabellen 6 und 11 in der Zulassung ersichtlich ist; beachte abZ/aBG JB-DK/JB-D (2021, Anlagen 18 und 23), sind für die Bemessung für den Lastfall „leicht geöffnetes Fenster“ (LF 2) die Tabellen 7a bzw. 7b und 12a bzw. 12b in abZ/aBG JB-DK/JB-D (2021) anzuwenden.
- Diese vier Tabellen enthalten nur Werte aus Eigengewichtsanteilen *ohne* die Berücksichtigung einer Windbelastung. Das bedeutet, dass in diesen vier Tabellen bisher immer nur der Teilsicherheitsbeiwert der Einwirkungen für Eigengewicht ($\gamma_G = 1{,}35$) berücksichtigt wurde (vgl. Erläuterungen zum Nachweisformat in Abschnitt 20.1).
- Die vertikale *Nutzlast* von 0,4 kN ist eine *veränderliche* Einwirkung ($\gamma_Q = 1{,}5$) und muss daher mit folgendem Faktor nach Gl. (20.13) multipliziert (= vergrößert) werden. Das bedeutet, dass die *veränderliche* Einwirkung in eine ständige Einwirkung umgerechnet wird, damit die o. g. Tabellen 7a bzw. 7b und 12a bzw. 12b in abZ/aBG JB-DK/JB-D (2021) angewendet werden können.

Umrechnungsfaktor:

$$\gamma_Q/\gamma_G = 1{,}5/1{,}35 = 1{,}11 \tag{20.13}$$

Lastermittlung:

$$\begin{aligned} F_{Ek,Fenster,LF2} = V_1 &= F_{Ek,Fensterflügel} + \left(F_{Ek,Blendrahmen}/2\right) + F_{Ek,Nutzlast} \\ &= 0{,}66 + (0{,}18/2) + (0{,}40 \cdot 1{,}11) \\ &= 1{,}19\,\text{kN} \end{aligned} \tag{20.14}$$

Hinweis: Die Betrachtung der vertikalen Nutzlast als *veränderliche* Einwirkung ($\gamma_Q = 1{,}5$) liegt auf der sicheren Seite und dient hier zur Darstellung möglicher Rechenwege.

Dazu wird ergänzend auf die Betrachtungen im Praxisbeispiel 1b im Abschnitt 7.3.4 dieses Fachbuchs hingewiesen:

Die Zusatzlast bzw. vertikale Nutzlast P stellt aus Sicht der Autoren ein „Komfortmerkmal“ dar, das im Rahmen der Elementprüfung nach DIN EN 14351-1 am Fenster geprüft und dokumentiert wird (vgl. Abschnitt 4.4). Dabei wird jedoch nur dokumentiert, dass die Beschläge die vorhandenen Gewichte ohne weitere Sicherheitsaufschläge aufnehmen können. Aus diesem Grund wäre auch

- der Ansatz der vertikalen Nutzlast als *außergewöhnliche* Einwirkung ($\gamma_F = 1{,}0$) (vgl. Abschnitt 7.3.4.1) oder aber

- die generelle Vernachlässigung der vertikalen Nutzlast im statischen Nachweis (vgl. Abschnitt 7.3.4.2)

im individuellen Anwendungsfall denk- bzw. diskutierbar.

20.7.1.2 Druckkraft-Kräftepaar auf die Befestigungspunkte (3) und (8)

Bei leicht geöffnetem Fenster hängt der Fensterflügel nur an der Bandseite des Blendrahmens und erzeugt aus der Exzentrizität zwischen Schwerpunkt des Fensterflügels zur Befestigung des Blendrahmens ein Drehmoment, das durch die Befestigungspunkte (3) und (8) mit Fenstermontageschienen JB-D als Druckkraft-Kräftepaar aufgenommen werden muss (vgl. Bild 20.6). Diese Annahme liegt auf der sicheren Seite, da die Schienen kraftschlüssig mit dem Fenster verschraubt sind und daher der Befestigungspunkt (8) auf Druck und der Befestigungspunkt (7) auf Zug beansprucht werden.

Für die folgende Berechnung mit Gl. (20.15) werden folgende Hinweise gegeben:

- Das Drehmoment ergibt sich aus dem Eigengewicht des Fensterflügels ($F_{Ek,Fensterflügel} = 0{,}66$ kN) und der am Fenstergriff aufzunehmenden Nutzlast ($F_{Ek,Nutzlast} = 0{,}44$ kN; vgl. Abschnitt 20.7.1.1 zuvor).
- Das Druckkraft-Kräftepaar infolge des Drehmoments wird mit Hilfe des Leitfadens zur Montage, siehe Gütegemeinschaft (2024, S. 161, Abschnitt 5.1.2.1, Bild 5.8) ermittelt. Beachte hierzu auch den Hinweis in Abschnitt 5.5 dieses Fachbuchs.

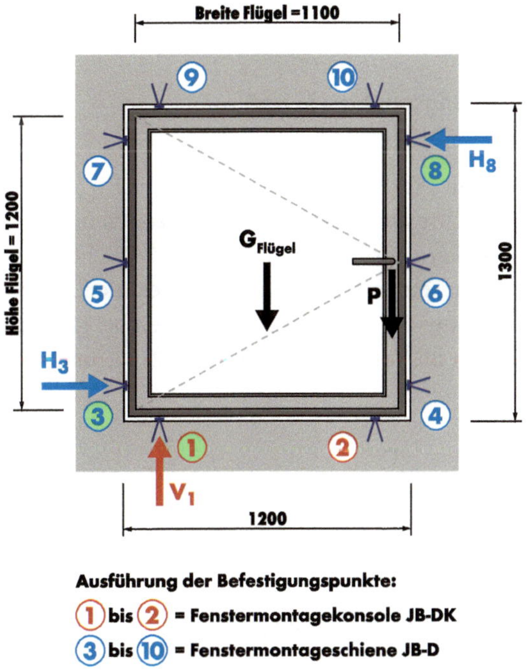

Bild 20.6 Lastfall 2 – Lastabtragung leicht geöffnetes Fenster, Befestigungspunkte (1), (3) und (8)

$$\begin{aligned} F_{Ek,Fenster,LF2} &= H_3 = H_8 \\ &= b/h \cdot \left(G_{Flügel}/2 \ + P\right) \\ &= b/h \cdot \left(F_{Ek,Fensterflügel}/2 \ + F_{Ek,Nutzlast}\right) \\ &= 1{,}10/1{,}20 \cdot (0{,}66/2 \ + 0{,}44) \\ &= 0{,}71\,\text{kN} \end{aligned} \tag{20.15}$$

20.7.2 LF 2: Nachweis Befestigungspunkt (1) – Fenstermontagekonsole JB-DK

Der Nachweis von Befestigungspunkt (1) erfolgt sinngemäß wie für Lastfall 1 in Abschnitt 20.6.2, wobei – wie in Abschnitt 20.7.1 bereits ausgeführt – keine Windlasten berücksichtigt werden müssen.

Einwirkungen:

$F_{Ek,Fenster,LF1} = 1{,}19$ kNvgl. Abschnitt 20.7.1.1, Gl. (20.14)

Widerstände:

$a_{vorh} = 130$ mm vgl. Abschnitt 20.4

- siehe in abZ/aBG JB-DK/JB-D (2021, Anlage 19, Tabelle 7b):

⇒ $F_{ck,Fenster} = \underline{1{,}65\,\text{kN}}$

Nachweis:

$$F_{Ek,Fenster,LF2}/F_{ck,Fenster} = 1{,}19/1{,}65 = 0{,}72 < 1{,}0 \quad \Rightarrow \text{Nachweis erbracht} \tag{20.16}$$

20.7.3 LF 2: Nachweis der Befestigungspunkte (3) und (8) – Fenstermontageschiene JB-D

Das in Abschnitt 20.7.1.2 ermittelte Druckkraft-Kräftepaar ($H_3 = H_8 = F_{Ek,Fenster,LF2}$ = 0,71 kN) wirkt senkrecht zur Längsachse der in der Laibung horizontal montierten Fenstermontageschienen JB-D. Weitere Lasten sind im Lastfall 2 (leicht geöffnetes Fenster) für die beiden Befestigungspunkte 3 und 8 nicht zu berücksichtigen (vgl. Abschnitt 20.7.1). Für die Bemessung der beiden Punkte können bei gleicher Auskragung a = 130 mm die Werte in abZ/aBG JB-DK/JB-D (2021, Anlage 24, Tabelle 12b) angesetzt werden:

Einwirkungen:

$F_{Ek,Fenster,LF2} = \underline{1{,}17\,\text{kN}}$ vgl. Abschnitt 20.7.1.2, Gl. (20.15)

Widerstände:

$a_{vorh} = 130$ mm vgl. Abschnitt 20.4

- siehe in abZ/aBG JB-DK/JB-D (2021, Anlage 24, Tabelle 12b):

⇒ $F_{ck,\,Fenster\ leicht\ offen} = \underline{0{,}85\,\text{kN}}$

Nachweis:

$$F_{Ek,Fenster,LF2}/F_{ck,Fenster} = 0{,}71/0{,}85 = 0{,}84 < 1{,}0 \quad (20.17)$$
$$\Rightarrow \text{Nachweis erbracht}$$

20.8 Lastfall 3 (LF3): 90° geöffnetes Fenster

20.8.1 LF 3: Lastermittlung

Der zweite Lastfall des geöffneten Fensters bildet das 90° geöffnete Fenster. Hierbei wirkt wie in Lastfall 2 *keine* Windlast auf das Befestigungssystem, weil die Luft ungehindert durch das vollständig geöffnete Fenster strömen kann. (vgl. Abschnitt 20.7.1).

Bezüglich der aufzunehmenden Vertikallasten stellt sich hier im Prinzip dieselbe Situation wie für Lastfall 2 ein; vgl. in Abschnitt 20.7.1.1 die Gl. (20.14):

$$F_{Ek,Fenster,LF2} = F_{Ek,Fenster,LF3} = V_1 = \underline{1{,}19\,kN} \quad (20.18)$$

Durch die Öffnung des Flügelrahmens um 90° entsteht wie im Lastfall 2 ein Drehmoment durch Exzentrizität zwischen Schwerpunkt des Flügelrahmens und der Bandseite des Blendrahmens (vgl. Bild 20.7). Das aus dem Drehmoment

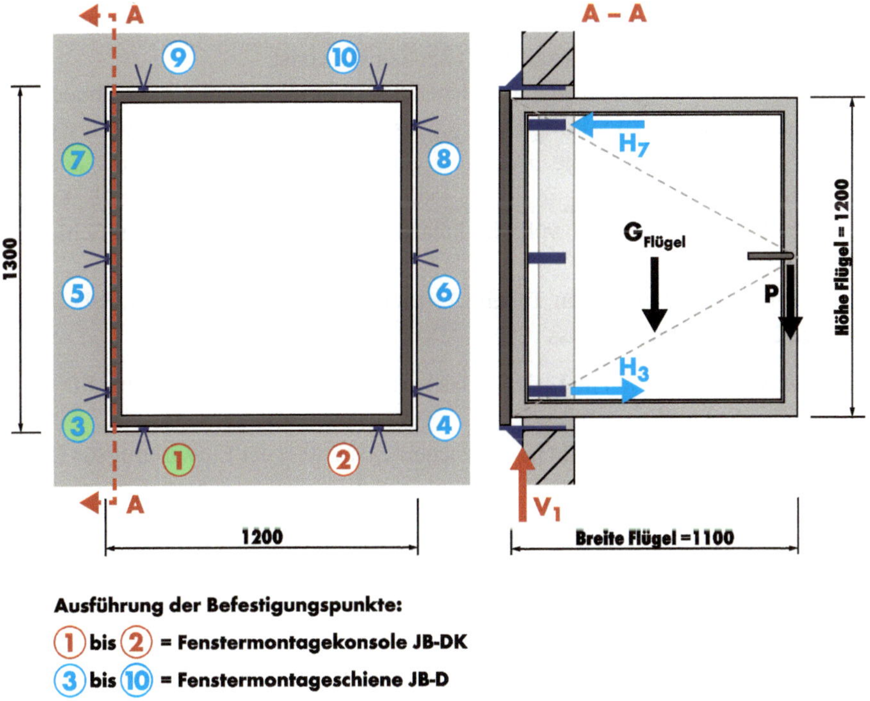

Bild 20.7 Lastfall 3 – Lastabtragung 90° geöffnetes Fenster, Befestigungspunkte (1), (3) und (7)

resultierende Kräftepaar wird in diesem Lastfall allerdings in Richtung der Fenstermontageschiene JB-D rechnerisch nur in Befestigungspunkt (3) als Zugkraft und in Befestigungspunkt (7) als Druckkraft aufgenommen; vgl. in Abschnitt 20.7.1.2 die Gl. (20.15):

$$F_{Ek,Fenster,LF2} = F_{Ek,Fenster,LF3} = H_3 = H_7 = 0{,}71\ \text{kN} \tag{20.19}$$

20.8.2 LF 3: Nachweis Befestigungspunkt (1) – Fenstermontagekonsole JB-DK

Auf Grund der Bemerkung zu den Vertikallasten in Abschnitt 20.8.1 kann auf den Nachweis in Abschnitt 20.7.2 verwiesen werden.

$\Rightarrow$ o. w. N.

20.8.3 LF 3: Nachweis der Befestigungspunkte (3) und (7) – Fenstermontageschiene JB-D

Wie in Abschnitt 20.8.1 erläutert, wird das aufzunehmende Kräftepaar infolge des Drehmoments auf der sicheren Seite *vollständig* nur den beiden Befestigungspunkten (3) und (7) zugewiesen. Die in Abschnitt 20.7.1.2 bzw. 20.8.1 ermittelte Zug- bzw. Drucklast $F_{Ek,Fenster,LF3} = H_3 = H_7 = 0{,}71$ kN wirkt dabei mechanisch gesehen im Prinzip wie die Windlasten auf die Fenstermontageschienen JB-D im Lastfall 1 (geschlossenes Fenster). Auch hier bewirkt die Zugkraft den maßgebenden Fall, weshalb nur der Befestigungspunkt (3) nachzuweisen ist.

Für die Bemessung wird jetzt abweichend zu Lastfall 1 nicht die maximale charakteristische Windeinwirkung $F_{ck,Windsog}$ aus abZ/aBG JB-DK/JB-D (2021, Anlage 25, Tabelle 13), sondern die maximale charakteristische Einwirkung aus 90° geöffnetem Fensterflügel $F_{ck,Fenster,90°\ offen}$ aus abZ/aBG JB-DK/JB-D (2021, Anlage 25, Tabelle 14) angesetzt, obwohl die Belastungsrichtung – parallel zur Schienenachse – identisch ist.

Der Unterschied zwischen Tabelle 13 und 14 in abZ/aBG JB-DK/JB-D (2021, Anlage 25) besteht darin, dass

- in den Werten der Tabelle 13 der Teilsicherheitsbeiwert der Einwirkung für Wind ($\gamma_{F,Wind} = 1{,}5$) und
- in den Werten der Tabelle 14 der Teilsicherheitsbeiwert der Einwirkung für Eigengewicht ($\gamma_{F,Eigengewicht} = 1{,}35$)

bereits eingerechnet ist. Die Werte in Tabelle 14 sind daher 1,5/1,35 = 1,11-fach größer als die Werte in Tabelle 13.

Einwirkungen:

$F_{Ek,Fenster,LF3} = \underline{\underline{0{,}71\ \text{kN}}}$ vgl. Abschnitt 20.8.1, Gl. (20.15)

Widerstände:

$s_{vorh,horizontal} = \underline{18\ mm}$ vgl. Abschnitt 20.4

- siehe in abZ/aBG JB-DK/JB-D (2021, Anlage 25, Tabelle 14) für s = 10 mm:

$\Rightarrow F_{ck,Fenster,90°\ offen} = 2{,}77\ kN$

- siehe in abZ/aBG JB-DK/JB-D (2021, Anlage 25, Tabelle 14) für s = 20 mm:

$\Rightarrow F_{ck,Fenster,90°\ offen} = 1{,}11\ kN$

Interpolation:

$$F_{ck,Fenster,90°\ offen} = 2{,}77 + [(1{,}11 - 2{,}77) \cdot (0{,}18 - 0{,}10)/(0{,}20 - 0{,}10)] = 1{,}44\ kN \quad (20.20)$$

Nachweis:

$$F_{Ek,Fenster,LF3}/F_{ck,Fenster} = 0{,}71/1{,}44 = 0{,}49 < 1{,}0 \quad (20.21)$$

$\Rightarrow$ Nachweis erbracht

20.9 Zusammenfassung

Das in diesem Bemessungsbeispiel geplante Fenster und die entsprechenden Fenstermontagekonsolen bzw. Fenstermontageschienen können in Form der angenommenen Systemkonfigurationen nach Abschnitt 20.4 umgesetzt werden und erreichen maximal eine Ausnutzung von 84 % (vgl. Abschnitt 20.7.3: Befestigungspunkte (3) und (8) mit Fenstermontageschiene JB-D im Lastfall 2).

Da zur Abtragung der vertikalen Lasten nur 2 Fenstermontagekonsolen JB-DK auf der Fensterunterseite vorhanden sind (Befestigungspunkte (1) und (2)), scheidet hier eine Optimierung der Anordnung der Befestigungspunkte aus, weil das Fensterelement für die Montage auf wenigstens 2 Fenstermontagekonsolen aufgestellt werden muss.

Eine Reduzierung der seitlich angeordneten Montageschienen JB-D und der damit verbundenen Vergrößerung der Achsabstände zwischen den Befestigungspunkten scheidet in diesem Beispiel ebenfalls aus, da die maximalen Befestigungsabstände „A" gemäß Leitfaden zur Montage nicht überschritten werden sollten, siehe Gütegemeinschaft (2024, S. 160, Abschnitt 5.1.1.2, Bild 5.7) bzw. vgl. Bild 5.3 hier in diesem Fachbuch.

Für die Optimierung der Befestigungspunkte – bei abweichenden Randbedingungen zu diesem Beispiel – können 2 Fälle unterschieden werden:

Fall 1: Die Nachweise von geschlossenem *und* geöffnetem Fenster werden nicht erfüllt

- Je nach verwendeter Konsole bzw. Schiene kann ggf. eine stärkere Fenstermontagekonsole mit ggf. vorhandenen höheren charakteristischen Tragfähigkeitswerten eingesetzt werden (im Allgemeinen ein System mit Abstützwinkel).

- Die Erhöhung der Anzahl von Konsolen bzw. Schienen reduziert die Befestigungsabstände und damit auch die Höhe der Einwirkungen je Konsole bzw. Schiene.

Fall 2: Nur die Nachweise bei geöffnetem Fenster werden nicht erfüllt

- Ergeben sich je nach Öffnungszustand des Fensters (leicht geöffnet oder 90° geöffnet) Lastkonzentrationen bei einzelnen Befestigungspunkten, so können möglicherweise an diesen Befestigungspunkten zwei Fenstermontageschienen (oder Fenstermontagekonsolen) lokal zur Verstärkung geplant, bemessen und angeordnet werden (vgl. hierzu die Anmerkungen im Praxisbeispiel 1b in Abschnitt 7.3.4.4 dieses Fachbuchs).

21

Montage von Fenstern und Türen mit Anforderungen an die Einbruchhemmung – Übersicht zum vorhandenen Regelwerk

In der Literatur gibt es kaum Veröffentlichungen über den Einbruchwiderstand von Wandbaustoffen. Da es ebenfalls keine normative Prüfverfahren/geregelte Nachweise für Wandbaustoffe und die Prüfung der Wandanbindung (Befestiger) selbst gibt, werden in diesem Fachbuch nachfolgend umfangreiche Versuchserfahrungen im Bereich der Befestigung von einbruchhemmenden Fenstern dargestellt. Diese Versuche enthalten in der Regel auch Aussagen zum verwendeten Wandbaustoff unter statischen, dynamischen und mechanischen Angriffen, wie diese bei einem Einbruch vorkommen können. Diese Versuchserfahrungen können dem Planer Anhaltswerte in Bezug auf den Einbruchsschutz der gesamten Wandkonstruktion – einschließlich der in diesen Wänden eingebauten einbruchhemmenden Fenstern und Türen – geben.

Damit soll – wie in der ift Richtlinie EI-01/1 (ift Rosenheim, 2003) für Holzwerkstoffe dargestellt – erreicht werden, dass die *„einbruchhemmende Gesamtkonstruktion, Wand und einbruchhemmendes Bauteil (Fenster, Tür, Abschluss) in Abhängigkeit der Widerstandsklasse mindestens gleichwertig sind"*.

Zunächst aber werden in diesem Kapitel 21 die vorhandenen Regelwerke – für die reine Prüfung und Zertifizierung der Elemente selbst – vorgestellt, auf deren Grundlage die anschließend in Kapitel 22 beschriebenen Versuche durchgeführt wurden.

21.1 Vornormenreihe DIN V ENV 1627 bis DIN V ENV 1630

Viele Jahre lang war die Vornormenreihe DIN V ENV 1627 bis DIN V ENV 1630 aus dem Jahr 1999 die Grundlage für die Prüfung von Fenstern und Türen bezüglich der Einbruchhemmung:

- DIN V ENV 1627:1999-04 Fenster, Türen, Abschlüsse – Einbruchhemmung – *Anforderungen und Klassifizierung*
- DIN V ENV 1628:1999-04 Fenster, Türen, Abschlüsse – Einbruchhemmung – Prüfverfahren für die Ermittlung der *Widerstandsfähigkeit unter statischer Belastung*

Befestigung und Abdichtung von Fenstern und Türen. Regelwerke, Bauphysik, Baurecht, Praxisbeispiele. 2. Auflage.
J. Küenzlen, E. Scheller, M. Klatecki.

- DIN V ENV 1629:1999-04 Fenster, Türen, Abschlüsse – Einbruchhemmung – Prüfverfahren für die Ermittlung der *Widerstandsfähigkeit unter dynamischer Belastung*
- DIN V ENV 1630:1999-04 Fenster, Türen, Abschlüsse – Einbruchhemmung – Prüfverfahren für die Ermittlung der *Widerstandsfähigkeit gegen manuelle Einbruchversuche*

Auch wenn die Vornormenreihe mittlerweile zurückgezogen wurde, so können die auf dieser Basis in der Vergangenheit erfolgten Klassifizierungen von Fenster und Türen in „Widerstandsklassen (WK)" heutzutage im Prinzip unverändert weiter verwendet und angewendet werden (vgl. Abschnitt 21.2.1.1). Eine erfolgreiche Klassifizierung konnte nach der Vornormenreihe seinerzeit dann erfolgen, wenn *alle* Anforderungen der jeweiligen Widerstandsklasse vom geprüften Element

- bei dynamischer Belastung – dem mehrfachen Schleudern eines Sandsacks (30 kg) aus einer definierten Höhe gegen das Fenster (vgl. Bild 21.1)

UND

- bei statischer Belastung auf die Verriegelungspunkte (vgl. sinngemäß Abschnitt 21.2.2 mit Bild 21.2)

UND

- beim manuellen Einbruchversuch (vgl. sinngemäß Abschnitt 21.2.4 mit Bild 21.4)

erfolgreich erfüllt werden konnten.

Bild 21.1 Dynamischer Versuch mit einem 30 kg schweren Sandsack (Küenzlen, 2008)

21.2 Aktuelle Normenreihe DIN EN 1627 bis DIN EN 1630

Die Vornormenreihe DIN V ENV 1627 bis DIN V ENV 1630 aus dem Jahr 1999 wurde im September 2011 bzw. März 2016 durch die endgültige Normenfassung abgelöst, wobei die Gliederung der Normenreihe beibehalten wurde. Aktuell gelten mittlerweile die folgenden Fassungen:

- DIN EN 1627:2021-11 Türen, Fenster, Vorhangfassaden, Gitterelemente und Abschlüsse – Einbruchhemmung – *Anforderungen und Klassifizierung* (vgl. Abschnitt 21.2.1)
- DIN EN 1628:2021-11 Türen, Fenster, Vorhangfassaden, Gitterelemente und Abschlüsse – Einbruchhemmung – Prüfverfahren für die Ermittlung der *Widerstandsfähigkeit unter statischer Belastung* (vgl. Abschnitt 21.2.2)
- DIN EN 1629:2021-11 Türen, Fenster, Vorhangfassaden, Gitterelemente und Abschlüsse – Einbruchhemmung – Prüfverfahren für die Ermittlung der *Widerstandsfähigkeit unter dynamischer Belastung* (vgl. Abschnitt 21.2.3)
- DIN EN 1630:2021-11 Türen, Fenster, Vorhangfassaden, Gitterelemente und Abschlüsse – Einbruchhemmung – Prüfverfahren für die Ermittlung der *Widerstandsfähigkeit gegen manuelle Einbruchversuche* (vgl. Abschnitt 21.2.4)

Tabelle 21.1 gibt einen ersten Überblick über die versuchstechnischen Anforderungen aus den genannten Normen im Rahmen der Klassifizierung der Elemente bzw. die Anforderungen die im Sinne der Gesamtkonstruktion in den nachfolgenden Abschnitten ebenfalls an die Wand selbst und die Befestigung der Elemente gestellt wurden.

Tabelle 21.1 Einwirkungen auf ein Fenster-/Türelement in Abhängigkeit der Widerstandsklasse nach DIN EN 1627

Widerstands-klasse	Statische Belastung Nach DIN EN 1628 [kN]	Dynamische Belastung nach DIN EN 1629: Fallhöhe Doppelreifenpendel mit 50 kg [mm]	Widerstandsdauer manueller Einbruchsversuch nach DIN EN 1630 [min]
RC 2	3	450	3
RC 3	6	750	5
RC 4	10	Keine Prüfung erforderlich	10

21.2.1 DIN EN 1627: Anforderungen und Klassifizierung

21.2.1.1 Allgemeines

Mit dem Wechsel der Vornorm auf die aktuell geltende Normfassung änderten sich zunächst die Bezeichnungen der Widerstandsklassen „WK" in „RC-Klassen" („RC" = Resistance Class). Diese aktuell geltenden Widerstandsklassen werden nach bestimmten Tätertypen bzw. dem mutmaßlichen Tatverhalten in DIN EN 1627 definiert bzw. charakterisiert. Tabelle 21.2 enthält die Definitionen der Klassen RC 1 bis RC 4.

Tabelle 21.2 Charakterisierung der Widerstandsklasse RC 1 bis 4 nach DIN EN 1627

Widerstands-klasse	Erwarteter Tätertyp, mutmaßliches Täterverhalten
RC 1	Bauteile der Widerstandsklasse RC 1 weisen einen Grundschutz gegen Aufbruchversuche mit körperlicher Gewalt wie Gegentreten, Gegenspringen, Schulterwurf, Hochschieben und Herausreißen (vorwiegend Vandalismus) auf. Nur geringer Schutz gegen den Einsatz von Hebelwerkzeugen.
RC 2	Der Gelegenheitstäter versucht, zusätzlich mit einfachen Werkzeugen wie Schraubendreher, Zange und Keilen das verschlossene und verriegelte Bauteil aufzubrechen.
RC 3	Der Täter versucht, zusätzlich mit einem zweiten Schraubendreher und einem Kuhfuß das verschlossene und verriegelte Bauteil aufzubrechen.
RC 4	Der erfahrene Täter setzt zusätzlich Elektrowerkzeuge und Schlagwerkzeuge wie Schlagaxt, Stemmeisen, Hammer und Meißel sowie Akku-Bohrmaschine ein.

Die unterschiedliche Bezeichnung der Widerstandsklassen ermöglicht in der Praxis die Unterscheidung zwischen den Prüfungen nach Vornorm (WK) und aktueller Normfassung (RC), die sich zum Teil etwas unterscheiden (vgl. Abschnitt 21.2.3). Dennoch können die „alten" Prüfergebnisse zur Einordnung der Fenster und Türen in die „alten" Widerstandsklassen „WK" der Vornormenreihe weiterverwendet werden (Pickelmann, 2010). Eine Umschreibung der „alten" Prüfungen wurde nicht vorgenommen. Stattdessen gibt es mit Tabelle NA.7 im nationalen Anhang zu DIN EN 1627:2021-11, Abschnitt NA.8 eine Korrelationstabelle, um die bisherigen WK-Klassen den entsprechenden RC-Klassen gegenüberzustellen (vgl. hier Tabelle 21.3).

Tabelle 21.3 Zuordnung der Widerstandsklassen „RC" (aktuell) zu „WK" (alt) bis Klasse WK 4 bzw. RC 4 nach Korrelationstabelle (Tabelle NA.7) in DIN EN 1627:2021-11

alt: Widerstandsklasse des Bauteils nach DIN V ENV 1627:1999-04	Widerstandsklasse des Bauteils nach DIN EN 1627:2011-09	aktuell: Widerstandsklasse des Bauteils nach DIN EN 1627:2021-11
----- 1)	RC 1 N 3)	RC 1 N 3)
----- 1)	----- 1)	RC 1
WK 2 2)	RC 2 N 3)	RC 2 N 3)
WK 2	RC 2	RC 2
WK 3	RC 3	RC 3
WK 4	RC 4	RC 4

1) Hier ist keine Zuordnung möglich, da die Prüfanforderungen erhöht wurden.
2) Die Widerstandsklasse WK 2 ist grundsätzlich für die Korrelation der Widerstandsklasse RC 2 N geeignet. Die Verglasung kann jedoch frei vereinbart werden.
3) Der Buchstabe „N" steht für „normal"; bei diesen Klassen werden keine erhöhten Sicherheitsanforderungen an die *Verglasung* gestellt.

21.2.1.2 Prüfungen zur Klassifizierung nach DIN EN 1627

Bei den “Einbruchsprüfungen” nach gültiger Norm – zur Kennzeichnung des reinen Elementes – wird das jeweilige Element in der Regel in einen starren Rahmen aus Stahl oder Holz eingebaut (vgl. Bild 2.3 in Abschnitt 2.7), da die Versuche nur der Beurteilung und der Klassifizierung des *Elements* selbst nach DIN EN 1627 dienen. Der starre Rahmen aus Stahl oder Holz soll gemäß Norm nur verschiedene Wandbauarten „simulieren“.

Es werden drei verschiedene Prüfungen durchgeführt. Diese Prüfungen bestehen aus:

- Statischer Belastung nach DIN EN 1628:2021-11
- Dynamischer Belastung nach DIN EN 1629:2021-11
- Manuellen Einbruchsversuchen nach DIN EN 1630:2021-11

Hinweis: Wie bei der Vornorm DIN V ENV 1627:1999-03 gilt auch für die aktuell gültige DIN EN 1627:2021-11, dass nur eine vollständige Prüfung nach allen drei Normen eine endgültige Beurteilung und Kennzeichnung der erreichten Widerstandsklasse (RC) zulässt (vgl. Tabelle 21.2)!

21.2.1.3 Verankerungsgründe nach DIN EN 1627:2011-09

DIN EN 1627:2011-09 beschreibt die Verankerungsgründe, die aus den Versuchserfahrungen der Vergangenheit heraus dem Täter in der entsprechenden Widerstandklasse ausreichenden Widerstand entgegensetzen. Dabei kann die *„Zuordnung der Widerstandsklassen von einbruchhemmenden Bauteilen zu Massivwänden“* aus mineralischen Baustoffen (Mauerwerk und Stahlbeton) der bis Oktober 2021 geltenden Normfassung DIN EN 1627 im Nationalen Anhang NA, in Abschnitt NA.4 mit Tabelle NA.2 entnommen werden (vgl. hier Tabelle 21.4).

Tabelle 21.4 Zuordnung der Widerstandsklassen von einbruchhemmenden Bauteilen zu Massivwänden DIN EN 1627:2011-09 (bis Widerstandsklasse RC 4)

Widerstandsklasse des Bauteils nach DIN EN 1627	Umgebende Wände					
	aus Mauerwerk nach DIN 1053-1				aus Stahlbeton nach DIN 1045	
	Wanddicke (ohne Putz) [mm]	Druckfestigkeitsklasse der Steine (DFK)	Rohdichteklasse der Steine (RDK)	Mörtelgruppe	Nenndicke min. [mm]	Festigkeitsklasse min.
RC 1 N RC 2 N RC 2	≥ 115	≥ 12	-	min. MG II/DM	≥ 100	B 15
RC 3	≥ 115	≥ 12	-	min. MG II/DM	≥ 120	B 15
RC 4	≥ 240	≥ 12	-	min. MG II/DM	≥ 140	B 15

In der Normfassung von 2011 wurde – gegenüber der Vornorm – der Verankerungsgrund Porenbeton ergänzt. DIN EN 1627 enthält seitdem im Nationalen Anhang NA, in Abschnitt NA.4 die Tabelle NA.3 *„Zuordnung der Widerstandsklassen von einbruchhemmenden Bauteilen zu Porenbetonwänden"*.

Da Porenbetonmauerwerk üblicherweise aus Plansteinen oder Planelementen in den Festigkeitsklassen 2, 4 und 6 erstellt wird, ist es unverständlich, dass nur Porenbetonwände mit einer *„Druckfestigkeit der Steine ≥ 4"* in den Nationalen Anhang aufgenommen wurden. Es wird angenommen, dass damit eine Druckfestigkeitsklasse von mindestens der Klasse 4 gemeint ist.

Hinweis: In Versuchen, die von der Adolf Würth GmbH & Co. KG zusammen mit dem Bundesverband Porenbeton e. V. im Jahr 2010 durchgeführt wurden (siehe in ift Rosenheim, 2010a bzw. in Küenzlen und Flassenberg, 2010), konnte bereits nachgewiesen werden, dass auch Porenbeton der Druckfestigkeitsklasse 2 durchaus in der Widerstandsklasse 3 eingesetzt werden kann (vgl. hier in diesem Fachbuch den Abschnitt 22.4.1).

Außerdem wurde in Versuchen im Jahr 2024 (ift Rosenheim, 2024b) nachgewiesen, dass in der Druckfestigkeitsklasse 2 die Anforderungen an die Widerstandsklasse RC 2 bereits ab einer Wandstärke von 24 cm erfüllt werden können. Diese aktuelle Zusammenstellung mit den zusätzlichen Versuchen zeigt die nachfolgende Tabelle 21.5.

Tabelle 21.5 Anforderungen an Wände aus Porenbetonmauerwerk zur Einteilung in Widerstandsklassen (basierend auf DIN EN 1627/NA, ift Rosenheim, 2010a und ift Rosenheim, 2024b)

„Widerstandsklasse der Wand"	Wanddicke (ohne Putz) [mm]	Druckfestigkeitsklasse der Mauersteine	Rohdichteklasse der Mauersteine	Mindest-Mörtelklasse
RC 2	≥ 170	≥ 4	-	DM
	≥ 240	≥ 2	≥ 0,35	DM
RC 3	≥ 240	≥ 4	-	DM
	≥ 365	≥ 2	≥ 0,35	DM

21.2.2 DIN EN 1628: Widerstandsfähigkeit unter statischer Belastung

Bei den statischen Versuchen nach DIN EN 1628 wird jeder Verriegelungspunkt eines Fensters bzw. einer Tür einzeln durch Aufbringung einer, für die jeweilige Widerstandsklasse definierten, statischen Einzellast (Drucklast) geprüft. Hat beispielsweise ein Fenster 8 Verriegelungspunkte, so muss jeder einzelne der 8 Verriegelungspunkte entsprechend geprüft werden. Die Höhe der statischen Prüflasten in Abhängigkeit von der Widerstandsklasse zeigt Tabelle 21.1.

Bei den einzelnen Versuchen darf sich das Fenster bzw. die Tür zwar relativ zum Untergrund verschieben, dafür darf aber ein bestimmtes Spaltmaß zwischen Fensterrahmen und Fensterflügel nicht überschritten werden. Bild 21.2 zeigt wie die statische Druckbelastung auf einen Verriegelungspunkt im Versuch – auf das Gesamtsystem aus zertifiziertem Element, Befestiger und Wand – aufgebracht wird (vgl. hierzu auch die Abschnitte 22.3.3.2 und 22.4.1.2).

Bild 21.2 Statische Druckbelastung der Verriegelungspunkte bei der Prüfung nach DIN EN 1628 in der Klasse RC 2 (Foto: Küenzlen)

21.2.3 DIN EN 1629: Widerstandsfähigkeit unter dynamischer Belastung

Die dynamischen Versuchen nach DIN EN 1629 sind mit ein Grund dafür, dass die Versuchsergebnisse bzw. Widerstandsklassen aus der Vornormenreihe (WK) nicht direkt eins zu eins auf die aktuell geltende Normenreihe (RC) übertragen werden können: Ab der Normfassung DIN EN 1629:2016-03 wurde für die dynamischen Versuche der Sandsack (30 kg) nach DIN V ENV 1629:1999-04 (vgl. Abschnitt 21.1, Bild 21.1) durch einen Zwillingsreifen bzw. ein Doppelreifenpendel (50 kg) ersetzt. Die Fallhöhen bei den dynamischen Prüfungen in Abhängigkeit von der Widerstandsklasse zeigt Tabelle 21.1.

Der Grund dafür lag darin, dass die Reifen – im Gegensatz zu einem Sandsack – nach dem Aufprall auf das Fenster immer wieder ihre selbe, ursprüngliche Ausgangsform annehmen. Damit lassen sich Prüfergebnisse erzielen, die besser miteinander vergleichbar sind (Erhöhung der Reproduzierbarkeit von Versuchsergebnissen).

Um die dynamische Belastung mit dem 50 kg „schweren" Zwillingsreifen der dynamischen Belastung mit dem 30 kg „leichten" Sandsack anzugleichen, wurden die Fallhöhen des Zwillingsreifens dafür gegenüber den Fallhöhen des Sandsacks reduziert. Ein Beispiel für einen Zwillingsreifen bzw. ein Doppelreifenpendel (50 kg) zeigt Bild 21.3 im Rahmen einer Prüfung auf das Gesamtsystem aus zertifiziertem Element, Befestiger und Wand.

Bild 21.3 Dynamischer Versuch in der Klasse RC 2 mit einem 50 kg schweren Doppelreifenpendel (Küenzlen und Kuhlemann, 2012)

21.2.4 DIN EN 1630: Widerstandsfähigkeit gegen manuelle Einbruchversuche

Für die erfolgreiche Einordnung eines Fensters oder einer Tür in eine Widerstandsklasse kommt es bei den manuellen Einbruchversuchen nach DIN EN 1630 darauf an, dass innerhalb einer vorgegebenen Zeit „gewaltsam" *keine* „durchgangsfähige Öffnung" im Bereich des Fensters (Flügel/Blendrahmen oder Glas) geschaffen werden kann, die es einer Person ermöglicht, in ein Gebäude einzudringen (Bild 21.4). Die Widerstandszeit in Abhängigkeit von der Widerstandsklasse zeigt Tabelle 21.1.

Eine „durchgangsfähige Öffnung" ist im Rahmen der Versuche dann erreicht, wenn innerhalb der in der Norm vorgegebenen Zeit Schablonen der Größe

- eines Rechtecks: 400 mm × 250 mm,
- einer Ellipse: 400 mm × 300 mm,
- eines Kreises: Durchmesser 350 mm oder

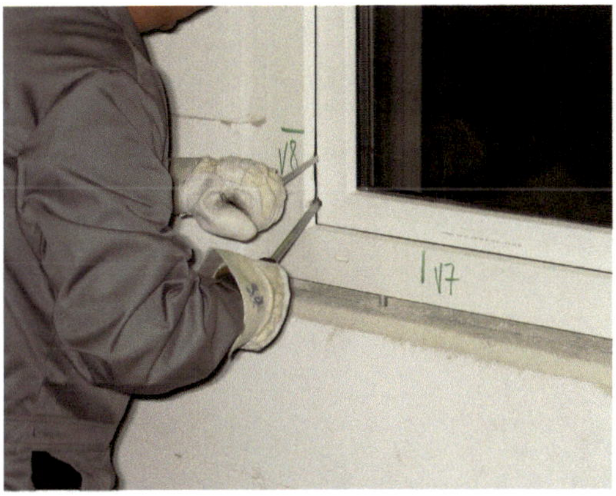

Bild 21.4 Manuelle Einbruchprüfung: Angriff auf das Fenster in einer Porenbetonwand (Foto: Küenzlen)

- ein Rechteck 150 mm × 660 mm

  (Neu ab der Normfassung vom November 2021, nur für Prüfungen an Seitenteilen und/oder Oberlichtern zur Bewertung durchgangsfähiger Öffnungen)

durch das Fensterelement selbst (Angriff auf das Fenster) bzw. eine Öffnung im Verankerungsgrund (Angriff auf den Verankerungsgrund) geschoben werden können. Bezüglich der Dicke der Schablonen gab es ebenfalls Änderungen:

- Bis zur Fassung DIN EN 1630:2011-09 galt für die Dicke der Schablonen noch „*alle Schablonen müssen (20 ± 5) mm dick sein*". Diese Schablonen zeigt Bild 21.5.
- In Bezug auf die Schablonen erfolgte danach eine grundlegende Veränderung. Die Schablonen wurden ab 2016 dreidimensional. „*Alle Schablonen müssen mindestens 420 mm lang sein*" gilt ab der Fassung DIN EN 1630:2016-03 (Bild 21.6).

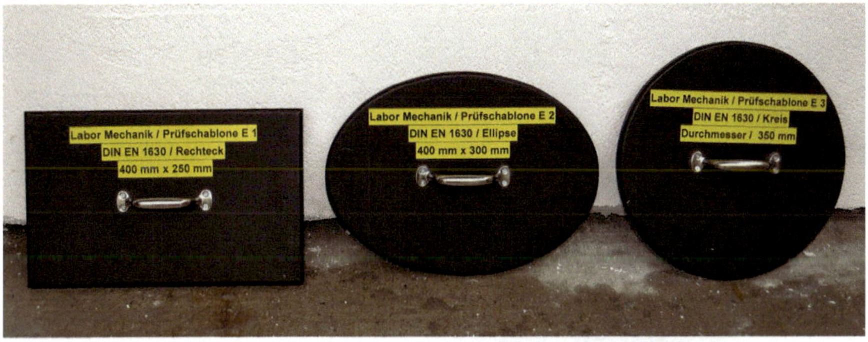

Bild 21.5 Schablonen zur Ermittlung einer „durchgangsfähigen Öffnung" bis 2016 (Foto: Küenzlen)

Bild 21.6 Schablonen zur Ermittlung einer „durchgangsfähigen Öffnung" ab 2016, im Vordergrund Schablone (nur) zur Prüfung von Seitenteilen/Oberlichtern (Foto: Küenzlen)

Bild 21.7 zeigt plakativ den Grund, weshalb in diesem Zusammenhang von einer „durchgangsfähigen Öffnung" gesprochen wird: Es ist tatsächlich möglich, dass bei Öffnungen – oberhalb dieser in der Norm genannten Größenordnungen (Bild 21.5 und Bild 21.6) – eine Person in ein Gebäude eindringen kann, weshalb es wichtig ist, solche Öffnungsgrößen zu verhindern.

Bild 21.7 „Durchgangsfähige Öffnung" (Foto: Küenzlen)

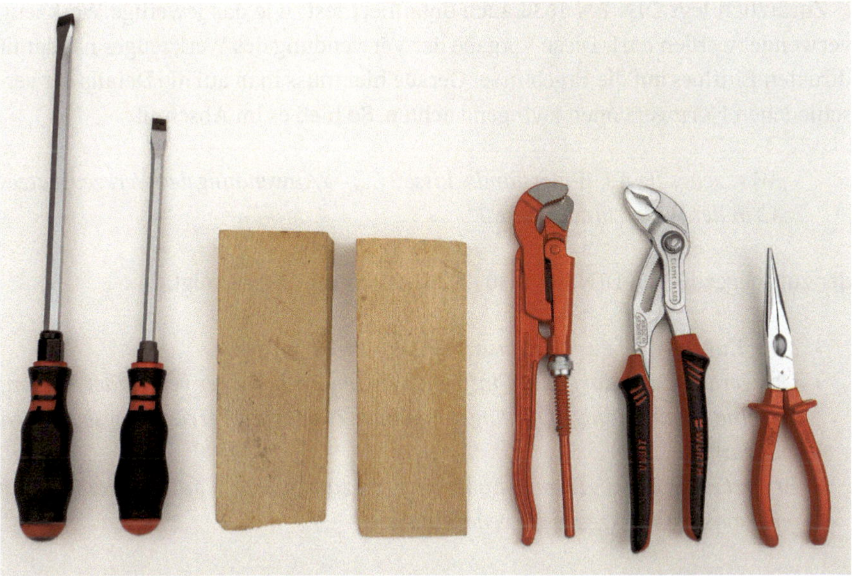

Bild 21.8 Auswahl aus dem Werkzeugsatz für manuelle Einbruchversuche nach DIN EN 1630 in der Widerstandsklasse RC 2 (Foto: Petter)

Bei den „manuellen Einbruchversuchen" stehen neben unterschiedlichen Zeiten für die unterschiedlichen Widerstandsklassen nach DIN EN 1630, in denen *keine* „durchgangsfähige Öffnung" geschaffen werden sollte, auch unterschiedliche Werkzeugsätze zur Verfügung: Bild 21.8 zeigt exemplarisch eine Auswahl aus dem Werkzeugsatz (Schraubendreher, Holz- und Kunststoffkeilen sowie Rohrzangen) für manuelle Einbruchversuche nach DIN EN 1630 in der Widerstandsklasse RC 2 („Gelegenheitstäter" nach Tabelle 21.2).

Alle Werkzeuge werden in der Norm von ihren Abmessungen für die einzelnen Widerstandsklassen genau definiert. So kann der „Täter" nach Tabelle 21.2 beispielsweise in der Widerstandsklasse RC 2 u. a. einen Schraubendreher mit flacher Klinge (Länge 365 mm ±25 mm) und einer Klingenbreite (16 mm ±2,2 mm) und in der Klasse RC 3 zusätzlich einen Kuhfuß mit der Länge 700 ±20 mm (bis 2016: 710 mm ±10 mm) für seinen manuellen Einbruchversuch verwenden (Bild 21.9).

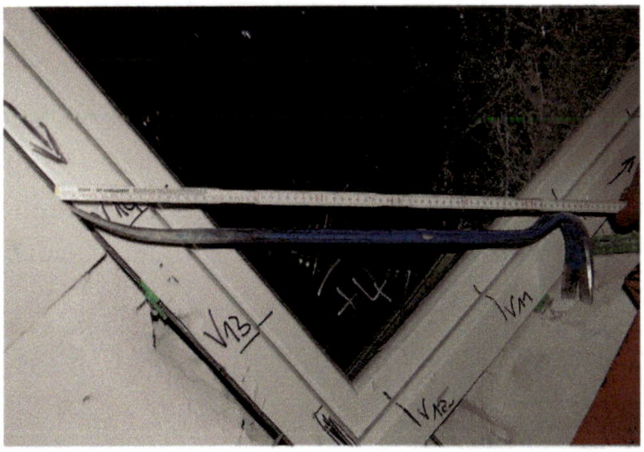

Bild 21.9 Kuhfuß aus Werkzeugsatz für manuelle Einbruchversuche nach DIN EN 1630 in der Widerstandsklasse RC 3 (Küenzlen und Flassenberg, 2010)

Zusätzlich legt DIN EN 1630 auch detailliert fest, wie das jeweilige Werkzeug verwendet werden darf. Diese Vorgabe der Verwendung des Werkzeuges hat damit direkten Einfluss auf die Ergebnisse. Gerade hier muss man auf die Details der verschiedenen Normversionen zwingend achten. So hieß es im Abschnitt

> *„Werkzeugsatz A3, Widerstandsklasse 3 (...) — Anwendung des Werkzeugsatzes A3 in der Widerstandsklasse 3"*

der zurückgezogenen DIN EN 1630 (2016, Abschnitt 7.4) wie folgt:

- *„Der Kuhfuß darf zum Heraushebeln verwendet werden.*
- *Das gerade Ende darf zum Einstechen in den Probekörper verwendet werden, um eine zugangsfähige Öffnung oder einen Zugang zu Verriegelungsbauteilen zu schaffen.*
- *Er darf nicht wie ein Hammer oder eine Axt zum Schlagen auf den Probekörper oder sonstige Werkzeuge verwendet werden."*

In der aktuellen Fassung DIN EN 1630 (2021, S. 16, Abschnitt 7.4) heißt es dagegen:

- *„Der Kuhfuß darf nur zum Heraushebeln verwendet werden.*
- *Er darf nicht wie ein Hammer oder eine Axt zum Schlagen auf den Probekörper oder sonstige Werkzeuge verwendet werden.*
- *Das gerade Ende darf zum Einführen in Öffnungen des Probekörpers verwendet werden, um eine zugangsfähige Öffnung oder einen Zugang zu Verriegelungsbauteilen zu schaffen."*

Hierbei ist offensichtlich für die *Verwendung* des Werkzeugsatzes bzw. des Kuhfußes zwischen zwei Begriffen zu differenzieren. Geht man streng nach www.duden.de vor, ergeben sich für „*Einstechen*" und „*Einführen*" u. a. die folgenden Definitionen:

„Einstechen:
- *(mit einem spitzen Gegenstand) in etwas hineinstechen [um es zu öffnen]*
- *mit einem Stich eindringen*
- *durch Hineinstechen durchlöchern und durchlässig machen"*

„Einführen:
- *vorsichtig, sachgerecht in eine Öffnung, durch eine Öffnung in etwas schieben"*

Gerade bei den ab Abschnitt 22.4 beschriebenen Versuchen – im Bereich der Befestigung von Fensterelementen und der Prüfung von Wandbaustoffen selbst – kann man sich relativ einfach vorstellen, dass sich die Ergebnisse in Folge der Differenzierung zwischen „*Einstechen*" und „*Einführen*" deutlich sichtbar unterscheiden werden.

- „*Einführen*" des Kuhfußes nach DIN EN 1630 (aktuell: 2021-11, S. 16, Abschnitt 7.4):

Ist eine Mauerwerkswand verputzt, wird sich in der Regel keine Öffnung finden, um den Kuhfuß *einführen* und eine *durchgangsfähige* Öffnung herstellen zu können.

- „*Einstechen*“ des Kuhfußes nach DIN EN 1630 (alt: 2016-03, Abschnitt 7.4): Sowohl bei verputzten als auch bei unverputzten Mauerwerkswänden war es möglich, zunächst durch *Einstechen* des Kuhfußes eine erste Öffnung in der Wand herzustellen. Steckt der Kuhfuß in einer solchen Öffnung kann er seine Hebelwirkung voll entfalten, um im zweiten Schritt eine *durchgangsfähige* Öffnung herstellen zu können.

Aus diesen Gründen wurden alle nachfolgend beschriebenen Versuche zur Beurteilung des Gesamtsystems nach dem Wortlaut der Normen-Fassung aus dem Jahr 2016 geprüft, d. h. der Kuhfuß durfte immer auch zum „Einstechen“ in den Putz und/oder Wandbaustoff verwendet werden – entgegen den Vorgaben der aktuellen Normen-Fassung vom November 2021. Dieses Vorgehen stellt aus Sicht der Autoren auf der sicheren Seite den ungünstigsten manuellen Einbruchversuch dar, wenn das Gesamtsystem aus zertifiziertem Element, Befestiger und Wand beurteilt werden soll.

21.3 Fassung der DIN EN 1627:2021-11

Wie bereits in Abschnitt 21.2.1.3 dargestellt, sind in der bis Oktober 2021 geltenden DIN EN 1627:2016-03 im zugehörigen Nationalen Anhang, Abschnitt NA.4 in den Tabellen NA.2 und NA.3 Baustoffe bzw. Verankerungsgründe genannt, die mit Bezug auf das aktuelle Baugeschehen relativ hohe Druckfestigkeitsklassen für Wände aus Mauerwerk (≥ 12) und Porenbeton (≥ 4) für die Widerstandsklassen RC 2 und RC 3 fordern. Um mit der – in der Einleitung zu diesem Fachbuch beschriebenen – rasanten Entwicklung moderner Baustoffe Schritt halten zu können, werden schon seit einiger Zeit von den Herstellern der Befestigungsmittel – in Zusammenarbeit mit den Baustoffherstellern/-verbänden – Prüfungen zur Befestigung von einbruchhemmenden Fenstern und Türen in „realen“ Verankerungsgründen in Anlehnung an DIN EN 1627 bis DIN EN 1630 durchgeführt. Diese Prüfungen werden in entsprechenden Prüfberichten ausführlich dokumentiert und hier in diesem Fachbuch in Kapitel 22 auszugsweise vorgestellt.

Als wesentliche Ergebnisse dieser Prüfungen am Gesamtsystem konnte festgestellt werden, dass einbruchhemmende Fenster und Türen mit Anforderungen an die Widerstandsklassen RC 2 und RC 3 auch in Wänden aus Mauerwerk und Porenbeton mit geringeren als den o. g. dargestellten Druckfestigkeitsklassen entsprechend den Anforderungen der Normenreihe befestigt werden können, wenn bestimmte Randbedingungen wie z. B.

- die Lage des Fensters bzw. der Tür im mittleren Drittel der Fensterlaibung,
- das Erfordernis eines definierten Putzaufbaus auf dem Mauerwerk und/oder
- eine geeignete Brüstungsausbildung

eingehalten werden.

Ein Teil dieser Ergebnisse wurde bereits im Jahr 2019 im Entwurf E DIN EN 1627:2019-05 veröffentlicht und wird hier in Tabelle 21.6 gezeigt (vgl. dagegen auch Tabelle 21.4 in Abschnitt 21.2.1.3). Diese Tabelle wurde ebenfalls in die aktuell gültige Normen-Fassung vom November 2021 übernommen. Grundlage

Tabelle 21.6 Zuordnung der Widerstandsklassen von einbruchhemmenden Bauteilen zu Massivwänden bis Widerstandsklasse RC 4 nach E DIN EN 1627:2019-05 bzw. DIN EN 1627:2021-11; *hervorgehoben: Änderungen zur DIN EN 1627:2011-09*

Widerstandsklasse des Bauteils nach DIN EN 1627	**Umgebende Wände**					
	aus Mauerwerk nach DIN 1053-1 ***oder DIN EN 1996***				**aus Stahlbeton** ***nach DIN EN 206*** **nach DIN 1045** ***oder DIN EN 1992***	
	Wanddicke (ohne Putz) [mm]	**Druckfestigkeitsklasse der Steine (DFK)**	**Rohdichteklasse der Steine (RDK)**	**Mörtelgruppe** ***und Außenputze*** [4)]	**Nenndicke min. [mm]**	**Festigkeitsklasse min.**
RC 1 N **RC 2 N** **RC 2**	≥ 115	≥ 12	-	min MG II/DM	≥ 100	B15 *oder C12/15*
	≥ *240* [1) 5)]	≥ *6* [1) 5)]	≥ *0,8* [1) 5)]	*min MGII/DM sowie Außenputz* [3)]		
	≥ *360* [1)]	≥ *6* [1)]	≥ *0,5* [1)]	*min MGII/DM sowie Außenputz* [2)]		
RC 3	≥ 115	≥ 12	-	min MG II/DM	≥ 120	B15 *oder C12/15*
	≥ *240* [1) 5)]	≥ *6* [1) 5)]	≥ *0,8*	*min MGII/DM sowie Außenputz* [3)] *und geeigneter Brüstungsausbildung* [6)]		
	≥ *360* [1)]	≥ *6* [1)]	≥ *0,5* [1)]	*min MGII/DM sowie Außenputz* [3)] *und geeigneter Brüstungsausbildung* [6)]		
RC 4	≥ 240	≥ 12	-	min MG II/DM	≥ 140	B15 *oder C12/15*

1) Gültig für Planziegel nach EN 771-1 oder allgemeiner bauaufsichtlicher Zulassung. Montage des Bauteils im mittleren Drittel der Wand

2) Erforderlich sind außen mindestens 20 mm Leichtputz Typ II der Druckfestigkeit CS II

3) Erforderlich sind außen mindestens 20 mm Leichtputz Typ II der Druckfestigkeit CS II und zudem mindestens 5 mm Leichtputzmörtel der Druckfestigkeit CS III mit eingelegtem Armierungsgewebe als Oberputz

4) Der Außenputz ist auf der Wandfläche und der Laibung bis zum Blendrahmen des Fensters aufzubringen

5) Anwendbar nur auf Hochlochziegel nach DIN EN 771-1 in Verbindung mit DIN 20000-401 der Lochung HLzB, LLzE, PHLzB und PHLzE

6) Eine geeignete Brüstungsausbildung ist z. B. die Anordnung eines gedreht eingebauten Wärmedämmsturzes, die Anordnung einer massiven Fensterbank etc.

Tabelle 21.7 Erweiterung der Tabelle NA.2 in DIN EN 1627:2021-11 *hervorgehoben Änderungen zur DIN EN 1627:2011-09* bei Mauersteinen aus Beton

Widerstandsklasse des Bauteils nach DIN EN 1627	**Umgebende Wände aus Mauerwerk nach DIN 1053-1 *oder DIN EN 1996***			
	Wanddicke (ohne Putz) [mm]	**Druckfestigkeits-klasse der Steine (DFK)**	**Rohdichteklasse der Steine (RDK)**	**Mörtelgruppe *und Außenputz* 1)**
RC 1 N RC 2 N RC 2	≥ 115	≥ 12	-	min MG II/DM
	≥ 360 2)	*≥ 2* 2)	*≥ 0,4* 2)	*min MG II/DM sowie Außenputz*3)

1) *Der Außenputz ist auf der Wandfläche und der Laibung bis zum Blendrahmen des Fensters aufzubringen*
2) *Gültig für Mauersteine aus Beton (mit dichten und porigen Zuschlägen) nach EN 771-3 oder allgemeiner bauaufsichtlicher Zulassung. Montage des Bauteils im mittleren Drittel der Wand*
3) *Erforderlich sind außen mind. 20 mm Leichtputz Typ I oder Typ II der Druckfestigkeitsklasse CS II*

hierfür waren Untersuchungen der Arbeitsgemeinschaft Mauerziegel e. V. am PIV – Prüfinstitut für Schlösser und Beschläge Velbert – in modernem Ziegelmauerwerk (vgl. Abschnitte 22.3.4 bis 22.3.6) sowie ein Forschungsprojekt am ift in Rosenheim (vgl. Abschnitte 22.3.7 und 22.4.2).

Diese Resultate erweitern damit die Tabelle NA.2 der Normfassung DIN EN 1627:2011-09 um modernes Ziegelmauerwerk in den Klasse RC 2 und RC 3 (Tabelle 21.6).

Ein weiteres Forschungsprojekt zu Versuchen in modernen Leichtbetonsteinen wurde zusammen mit den in Küenzlen et al. (2019) publizierten Versuchen ebenfalls in DIN EN 1627:2021-11 aufgenommen (vgl. hier Tabelle 21.7) und die Tabelle NA.2 integriert, d. h. Tabelle 21.6 wurde für die aktuelle Normfassung mit dem Inhalt der Tabelle 21.7 ergänzt. Die zu Grunde liegenden Versuche werden im Detail in Abschnitt 22.3.9 beschrieben.

21.4 Zukünftige Fassungen der DIN EN 1627:202X-XX

Kurz vor Abgabe des Manuskripts dieses Fachbuchs wurde zur Normenreihe EN 1627-1630 darüber diskutiert, dass Angaben zu den Baustoffen eventuell aus dem bisher rein informativen nationalen Anhang von DIN EN 1627 entfernt werden sollen.

Der Grund für diese Überlegungen ist, dass die genannten Normfassungen ausschließlich zur Prüfung der Elemente selbst herangezogen werden können. Nach diesen Normfassungen ist und war nie eine Prüfung bzw. Zertifizierung von Wandbaustoffen oder Befestigungsmitteln vorgesehen bzw. möglich.

Bei Abgabe des Manuskripts dieses Fachbuchs war final noch nicht klar, wie künftig mit dem Wandbaustoffen umgegangen werden soll. Aus diesem Grund wurden die in DIN EN 1627 (2021) enthaltenen Wandquerschnitte aus dem Bereich Holzbau hier im Abschnitt 22.7 dieses Fachbuchs aufgenommen, um in DIN EN 1627 (2021) vorhandene Wandquerschnitte für den Planenden darzustellen.

Für Mauerwerk wurde bei Abgabe des Manuskripts dieses Fachbuchs diskutiert, ob die Erfahrungen aus verschiedenen Versuchen in eine Richtlinie des Deutschen Ausschusses für Mauerwerk e. V. (DAfM) überführt werden sollen/können. Diese Richtlinie befindet sich bei Drucklegung dieses Fachbuchs in der Diskussion mit den entsprechenden Fachgremien und könnte dann das Thema Einbruchschutz in Mauerwerk abbilden.

21.5 Montagebescheinigung nach erfolgtem Einbau einbruchhemmender Elemente nach DIN EN 1627

Im nationalen Anhang zu DIN EN 1627 wird empfohlen, nach Abschluss der Montagearbeiten eine Montagebescheinigung zu erstellen; Tabelle 21.8 zeigt dafür ein entsprechendes Muster.

In der Spalte „besondere Anmerkungen“ besteht die Möglichkeit, auf bauseits bedingte Abweichungen oder Besonderheiten hinzuweisen, wenn z. B. aus wichtigen Gründen von der Montageanleitung des Herstellers abgewichen werden musste, da die theoretischen Bedingungen aus Prüfbericht (vgl. Kapitel 22) und Montageanleitung in der Baustellenpraxis nicht immer im Detail eingehalten werden können.

Tabelle 21.8 Montagebescheinigung nach DIN EN 1627 (Muster)

Montagebescheinigung nach DIN EN 1627:2021-11			
	Die ...		
Firma:			
Anschrift:			
	... bescheinigt, dass nachstehend aufgeführte einbruchhemmende Bauteile entsprechend den Vorgaben der Montageanleitung (Anlage zum Prüfbericht) im ...		
Objekt:			
Anschrift:			
	...eingebaut wurden:		
Stück	**Lage im Objekt**	**Klassifizierung**	**Besondere Angaben**
Datum:	Stempel:	Unterschrift:	

21.6 Prüfrichtlinie EI-01/1 für die Eingangsprüfung von Holzständerwänden

In den vorangegangen Abschnitten wurde angeführt, dass es keine Prüfgrundlagen für die einbruchhemmenden Eigenschaften von Mauerwerkswänden gibt. Im Bereich der Holständerwände liegt seit dem Jahr 2003 die Prüfrichtlinie EI-01/01 (ift Rosenheim, 2003) vor. Diese Prüfrichtlinie aus dem Jahr 2003 dient zur Beurteilung der Eignung von einbruchhemmenden Wänden zur Montage von einbruchhemmenden Fenstern, Türen und sonstigen Abschlüssen. Damit soll erreicht werden, dass die *„einbruchhemmende Gesamtkonstruktion, Wand und einbruchhemmendes Bauteil (Fenster, Tür, Abschluss) in Abhängigkeit der Widerstandsklasse mindestens gleichwertig sind"*.

Das Ziel der Prüfung ist es, Aussagen über den Widerstand der Wand bei manuellem Werkzeugangriff zu erhalten. Durch definierte Befestigungen der Beplankungen, Dimensionierung und Materialauswahl der Einzelschichten kann somit eine individuelle einbruchhemmende Wirkung der Wand erzielt werden.

Durch Prüfung im Bereich der Anbindung *„Ständer – einbruchhemmendes Bauteil (Fenster, Tür) können geeignete Befestigungslösungen für den speziellen Wandaufbau ermittelt werden"*.

Grundlage der Prüfungen sind die in den Abschnitten 21.2.2 bis 21.2.4 genannten Normen.

21.7 Regelungen der Deutschen Versicherungswirtschaft

21.7.1 Klassifizierung

Neben der Klassifizierung nach DIN EN 1627 gibt es in Deutschland zusätzlich auch noch eine „Klassifizierung" der VdS Schadensverhütung GmbH. Diese ist ein Unternehmen des Gesamtverbandes der Deutschen Versicherungswirtschaft (GDV) und stellt als herstellerunabhängiges Institut weiterführende Informationen zur Sicherungstechnik zur Verfügung. Tabelle 21.9 zeigt die entsprechenden „Anerkennungsklassen" der VdS Schadensverhütung GmbH in der direkten Gegenüberstellung mit den Widerstandsklassen aus DIN EN 1627 bzw. DIN V EN V 1627 für Türen und Rollläden und Tabelle 21.10 für Fenster. Diese Gegenüberstellung erfolgt zusätzlich in Verbindung mit den Sicherungsklassen SG 1 bis SG 6, wobei in der Abkürzung „SG" das „S" für „Sicherungsklasse" und das „G" für den „gewerblichen Bereich" zu verstehen ist.

Für private Hausratsrisiken („H") kommen sinngemäß Sicherungsklassen „SH" zum Ansatz (siehe in VdS 2559-1, 2022, S. 38). Weitere Empfehlungen zum Thema „Einbruchsdiebstahl" in privaten Haushalten enthält VdS 0691 (2022) bzw. Tabelle 21.11.

Tabelle 21.9 Gegenüberstellung: Anerkennungsklassen für **Türen und Rollläden** (VdS 0691, VdS 2534), RC-Klassen (DIN EN 1627), WK-Klassen (DIN V ENV 1627) und Sicherungsklassen (VdS 2333)

Anerkennungsklasse nach VdS 2534 (2013, S. 20)	**DIN EN 1627**	**DIN V ENV 1627**	**Klassenbeschreibung nach VdS 3801 (2019)**	**Sicherungs-klasse SG nach VdS 2333 (2014, S. 48)**
keine Entsprechung, VdS Anerkennung nicht gegeben	RC 1 N	keine Entsprechung		
	RC 1	WK1		
	RC 2 N	keine Entsprechung		
	RC 2	WK 2		
N – Basissicherheit für einfache Anforderungen			Qualifizierter Mindestschutz gegen Einbruchsversuche, bei denen einfache Arbeitstechniken eingesetzt werden	SG 1 und SG 2
	RC 3	WK 3		
A – Erhöhte Sicherheit für mittlere Anforderungen			Definierter Schutz gegen Einbruchsversuche, bei denen auch professionelle Aufhebeltechniken eingesetzt werden	SG 3
	RC 4	WK 4		
B – Hohe Sicherheit für besondere Anforderungen			Definierter Schutz gegen Einbruchsversuche, bei denen professionelle Aufhebeltechniken unter besonderer Berücksichtigung zusätzlicher handgeführter Einbruchswerkzeuge eingesetzt werden	SG 6

Die Einteilung der Betriebsarten in die Sicherungsklassen SG, die über das Betriebsartenverzeichnis (VdS 2559-1, 2022) erfolgt, gibt dem Planenden die entsprechenden Empfehlungen, wann Fenster in den jeweiligen RC-Klassen in der baupraktischen Anwendung verbaut werden sollen:

Tabelle 21.10 Gegenüberstellung: Anerkennungsklassen für **Fenster** (VdS 069, VdS 2534), RC-Klassen (DIN EN 1627), WK-Klassen (DIN V ENV 1627) und Sicherungsklassen (VdS 2333)

Anerkennungsklasse nach VdS 2534 (2013, S.20)	DIN EN 1627	DIN V ENV 1627	Klassenbeschreibung nach VdS 3801 (2019)	Sicherungsklasse SG nach VdS 2333 (2014, S. 48)
keine Entsprechung, VdS Anerkennung nicht gegeben	RC 1 N	keine Entsprechung		
keine Entsprechung, VdS Anerkennung nicht gegeben	RC 1	WK1		
keine Entsprechung, VdS Anerkennung nicht gegeben	RC 2 N	keine Entsprechung		
N – Basissicherheit für einfache Anforderungen	RC 2	WK 2	Qualifizierter Mindestschutz gegen Einbruchsversuche, bei denen einfache Arbeitstechniken eingesetzt werden	SG 1 und SG 2
A – Erhöhte Sicherheit für mittlere Anforderungen	RC 3	WK 3	Definierter Schutz gegen Einbruchsversuche, bei denen auch professionelle Aufhebeltechniken eingesetzt werden	SG 3
keine Entsprechung, VdS Anerkennung nicht gegeben, VdS anerkannte durchbruchhemmende Verglasung erforderlich	RC 4	WK 4		
B – Hohe Sicherheit für besondere Anforderungen	RC 4	WK 4	Definierter Schutz gegen Einbruchsversuche, bei denen professionelle Aufhebeltechniken unter besonderer Berücksichtigung zusätzlicher handgeführter Einbruchswerkzeuge eingesetzt werden	SG 6

- Nach dieser Einteilung wäre ein „Autoradiohandel“ mindestens in der Sicherungsklasse SG 3 eingeordnet (VdS 2559-1, 2022).
  Nach Tabelle 21.9 ergibt sich dann für die Sicherungsklasse SG 3 „Autoradiohandel“ beispielweise die Anerkennungsklasse A und damit ein nach DIN EN 1627 geprüftes Fenster in der Klasse RC 3 als Mindestanforderung.

Tabelle 21.11 Klassenzuordnung und Deckungssummen (Erfahrungswerte), Auszug aus VdS 0691 (2022)

Hausrat in	GVS[1] bis 100 000 € und/oder GVS Wertsachen bis 20 000 €	GVS bis 150 000 € und/oder GVS Wertsachen bis 50 000 €	GVS bis 300 000 € und/oder GVS Wertsachen bis 100 000 €	GVS ab 300 000 € und/oder GVS Wertsachen ab 100 000 €
ständig bewohnten Wohnungen oder selbst genutzten Wohngebäuden	polizeiliche Empfehlungs-praxis	polizeiliche Empfehlungs-praxis	SH 1	SH 2
nicht ständig bewohnten Wohnungen in einem von Dritten ständig bewohnten Gebäude	SH 1	SH 1	SH 2	SH 3
nicht ständig bewohnten Wohnungen in nicht ständig bewohnten Gebäuden	SH 1	SH 1	SH 2	SH 3
in Lauben, Garten-, Ferien-, Wochenend-, Land-, Jagd-, Weinberghäusern sowie nicht ständig bewohnten Häusern	SH 1	SH 2	SH 3	SH 3
eingelagerter Hausrat oder Hausrat bei vorübergehendem Wohnsitz im Ausland	SH 1	SH 2	SH 3	SH 3

1) GVS Gesamtversicherungssumme

- Eine „Tabakwarenherstellung“ z. B. fällt dagegen in die Sicherungsklasse SG 4. In der Klasse SG 4 wird zum Beispiel die detaillierte Empfehlung gegeben, Maßnahmen für das gesamte Objekt nach der Sicherungsklasse SG 2 durchzuführen und besonders gefährdete Bereiche, z. B. das Warensortiment (hier Tabak), zusätzlich mindestens nach der Sicherungsklasse SG 3 abzusichern.
- Die Sicherungsklasse SG 5 ist in der Sicherungsrichtlinie VdS 2472 (2020) für „Bargeld“ geregelt.
- Dagegen fallen eine „Wäscherei“ oder eine „Tanzschule“ lediglich in die Klasse SG 1, für die ein Mindestschutz der Klasse RC 2 als ausreichend angesehen wird.

Tabelle 21.12 Einstufung des Widerstandes von Wänden, Auszug aus Tabelle 5-1 nach (VdS 2333, 2014)

Bauweise / Widerstand	Material, z. B.
Leichtbauweise, Widerstand gering	• Leichtbauplatten z. B. aus Gipskarton • Holzwerkstoffe, Holz (Bretter, Platten) • Porenbeton • Hohlblocksteine • Mauerwerk, auch im Fachwerk, unter 120 mm Dicke
feste Bauweise, Widerstand erhöht	• Mauerwerk, z. B. aus Ziegel-, Kalksandsteinen, auch im Fachwerk, ab 120 mm Dicke • Beton
besonders feste Bauweise, Widerstand hoch	• Mauerwerk, z. B. aus Ziegel-, Kalksandsteinen ab 240 mm Dicke • Beton ab 200 mm Dicke

Diese Beispiele bedeuten in Konsequenz, dass die Klasse SG 1 im Prinzip für alle Arten von Gewerbe eine Mindestempfehlung darstellt (vgl. VdS 2559-2, 2022) und entsprechend Fenster der Widerstandsklasse RC 2 vorzusehen wären.

Einzelnen Gewerbearten werden im Betriebsartenverzeichnis – wie gezeigt – auch höher eingestuft. Diese Sicherungsmaßnahmen gelten nach VdS 2333 (2014) in der Regel bei Fenster und Türen, wenn sich diese weniger als 4 m über dem Erdboden befinden *„oder sie mit vorhandenen Hilfsmitteln von außen, z. B. über Anbauten, Vordächer, Balkone, Feuerleitern oder Außengitter zu erreichen sind"*.

21.7.2 Verankerungsgründe

Zusätzlich zum nationalen Anhang von DIN EN 1627 gibt es in Deutschland auch noch eine *„Einstufung des Widerstands von Wänden"* der Versicherungswirtschaft durch die VdS Schadensverhütung GmbH. Tabelle 21.12 zeigt diese Einstufung bezogen auf geringen, erhöhten und hohen Widerstand der Wände.

21.8 Zusammenfassung

Folgende Punkte können am Ende dieses Kapitels „Übersicht zum vorhandenen Regelwerk" festgehalten werden:

- Bei Anforderungen an die Einbruchhemmung an Fenster und Türen bieten neben der aktuellen Normenreihe DIN EN 1627 bis DIN EN 1630 insbesondere bei Gewerbebauten – aber ggf. auch beim Bau von privaten Einfamilienhäusern – die Regelungen der Deutschen Versicherungswirtschaft weitere Hinweise für die Planung.
- Für die Beurteilung moderner Mauersteine mit geringen Druckfestigkeitsklassen – in Bezug auf die Montage geprüfter Elemente – liegen verschiedene Veröffentlichungen vor.

22

Montage von Fenstern und Türen mit Anforderungen an die Einbruchhemmung – Erfahrungen aus Versuchen

22.1 Allgemeines

Bezüglich der Verwendung von Befestigungsmitteln für die Montage von Fenstern und Türen mit Anforderungen an die Einbruchhemmung erfolgt sowohl

- in der Vornormenreihe DIN V ENV 1627 bis DIN V EN V 1630 (vgl. Abschnitt 21.1) als auch
- in der geltenden Normenreihe DIN EN 1627 bis DIN EN 1630 (vgl. Abschnitt 21.2)

keine Regelung im Detail, da die jeweilige Normenreihe nur für die Prüfung und Zertifizierung des Produkts „Fenster bzw. Element" galt bzw. gilt (vgl. Abschnitt 21.2.1.2). Diese Prüfungen bieten damit nur wenig Aussagekraft, ob auch das Gesamtsystem „Fenster, Wand und vor allem Befestiger" die Anforderungen an die jeweilige Widerstandsklasse erfüllen kann.

Die Befestigung wird daher in der Regel nach Erfahrung des Monteurs bzw. nach Herstellervorgaben in den entsprechenden Montageanleitungen ausgeführt.

Dazu werden üblicherweise von den Herstellern der Befestigungsmittel – in Zusammenarbeit mit den Baustoffherstellern/-verbänden – eigene Prüfungen zur Befestigung von einbruchhemmenden Fenster- und Türenelementen in „realen" Verankerungsgründen mit den Anforderungen aus DIN EN 1627 bis DIN EN 1630 an das Gesamtsystem durchgeführt, die in entsprechenden Prüfberichten dokumentiert werden. Das bedeutet, dass hier nicht nur Versuche im starren Rahmen aus Stahl oder Holz durchgeführt werden, sondern z. B. in Wänden aus Mauerwerk, das eine niedrigere Druckfestigkeit hat als in DIN EN 1627, Abschnitt NA.4, Tabelle NA.2 ausgewiesen wird (vgl. hier Abschnitt 21.2.1.3 mit Tabelle 21.4).

Die Erfahrungen aus diesen individuellen Prüfungen sind bisher die einzigen Möglichkeiten, Aussagen über die „einbruchhemmende Befestigung" *und* den jeweiligen Wandbaustoff selbst zu treffen, da wie bereits erwähnt eigene

Befestigung und Abdichtung von Fenstern und Türen. Regelwerke, Bauphysik, Baurecht, Praxisbeispiele. 2. Auflage. J. Küenzlen, E. Scheller, M. Klatecki.

Vorgaben für die Prüfungen von Befestigungsmitteln und Wandbaustoffen aktuell fehlen.

Eine sehr wichtige Erfahrung aus den Versuchen soll hier zum Einstieg in das Thema „Erfahrung aus Versuchen“ vorab gezeigt werden, da dies auch ein Thema für den Alltag darstellt, unabhängig von Prüfungen:

Die Einstellung der Beschläge ist gerade im Bereich der einbruchhemmenden Elemente eine grundlegende Thematik. Dabei können falsch eingestellte Beschläge zusätzlich auch noch zu Zugerscheinungen und Wärmeverlusten führen.

Sind Beschläge nicht optimal eingestellt, kann auch ein geprüftes, zertifiziertes und perfekt montiertes Element seine Aufgabe im Bereich des Einbruchschutzes nicht erfüllen. Falsch eingestellte Beschläge führen schnell zu negativen Prüfergebnissen und können im Alltag ein vollkommen unnötiges Risiko bedeuten. Die Einstellung der Beschläge kann man dabei z. B. sehr einfach mit einem Stück Kreppband überprüfen. Bild 22.1 zeigt wie einfach diese Prüfung durchgeführt werden kann.

a) Kreppband vor Schließen den Elements

b) Kreppband nach Schließen und Öffnen des Elementes bei einem optimal eingestellten Pilzzapfen

Bild 22.1 Überprüfung der Funktion eines Beschlages bei einem einbruchhemmenden Element mit einem Kreppband (Fotos: Küenzlen)

22.2 Übersicht zu den durchgeführten Versuchen am Gesamtsystem

In den Folgeabschnitten werden umfangreiche Erfahrungen zum Nachweis der einbruchhemmenden Montage von Fenstern und Türen, die nur aus Versuchen gewonnen werden konnten, dargestellt und erläutert. Dabei wurden

- Versuche zum Nachweis der Widerstandsklassen WK 2 und WK 3 (in Anlehnung an die Vornormenreihe DIN V ENV 1627 bis DIN V EN V 1630),
- Versuche zum Nachweis der Widerstandsklassen RC 2 und RC 3 (in Anlehnung an die geltende Normenreihe DIN EN 1627 bis DIN EN 1630) sowie
- Versuche in der Dämmebene mit Schienen- und Konsolsystemen (in Anlehnung an die geltende Normenreihe DIN EN 1627 bis DIN EN 1630)

durchgeführt. Eine entsprechende Übersicht zu diesen Versuchen enthält Tabelle 22.1.

Ziel dieser Versuche war es stets zu zeigen, dass auch in Verankerungsgründen, die zum Zeitpunkt der Prüfungen jeweils noch nicht in DIN V ENV 1627:1999-04 bzw. DIN EN 1627:2011-09 (vgl. hier Tabelle 21.4 in Abschnitt 21.2.1.3) enthalten waren, die Montage von Fenstern und Türen mit Anforderungen an die Einbruchhemmung möglich sind und vom Gesamtsystem mindestens die gleichen Einwirkungen aufgenommen werden können wie von den geprüften und zertifizierten Elementen selbst.

So konnte anfangs gezeigt werden, dass auch Verankerungen in Porenbeton mit geringen Druckfestigkeitsklassen und in Hochlochziegeln überhaupt (zunächst mit Druckfestigkeitsklasse ≥12 gemäß DIN EN 1627) realisiert werden können (vgl. Abschnitt 22.3.1 und 22.3.2).

Im nächsten Schritt wurde in Hochlochziegeln geprüft, deren Druckfestigkeitsklassen zwischen 6 und 10 deutlich unter der in Tabelle 21.4 ausgewiesenen Druckfestigkeitsklasse (DFK ≥ 12) lagen (vgl. Abschnitte 22.3.3 bis 22.3.6).

Dabei wurde auch begonnen den gesamten Wandaufbau aus Mauerstein, Putz und Gewebeeinlage zu beurteilen (vgl. Abschnitte 22.3.5 und 22.3.6), nachdem anfänglich *ohne* besonderen Putzaufbau geprüft wurde (vgl. Abschnitte 22.3.2, 22.3.3 und 22.3.4).

In zwei Forschungsprojekten am ift in Rosenheim wurden schließlich Fenstereinbauten in hochwärmedämmendem Ziegelmauerwerk und in Mauerwerk aus Leichtbetonsteinen in Bezug auf die Einbruchhemmung untersucht, wobei hier insbesondere ein Fokus auf die Druckfestigkeiten und Rohdichten der unterschiedlichen Mauersteine gelegt wurde (vgl. Abschnitte 22.3.7, 22.3.9 und 22.4.2)

Weiterhin wurden Versuche in Kalksandlochsteinen mit der Druckfestigkeitsklasse 10 (Abschnitt 22.3.12) sowie Versuche in Normalbeton der Druckfestigkeitsklasse C12/15 und C30/37 durchgeführt (Abschnitt 22.3.13 und 22.4.3).

Erkenntnisse zur Beurteilung der Einbruchhemmung von Fenstern in der Dämmebene zeigen abschließend die Abschnitte 22.6.1, 22.6.2 und 22.6.3.

Die zum Teil sehr detaillierte Vorstellung der maßgebenden Versuche (Abschnitte 22.3 bis 22.6) soll grundsätzlich einen Eindruck vermitteln, welche Anforderungen an die Montage von einbruchhemmenden Fenster- und Türenelementen überhaupt gestellt werden. Eine Zusammenfassung der Ergebnisse aller Versuche sowie ein daraus resultierender Hinweis für die Befestigung von einbruchhemmenden Fenstern und Türen findet sich in Abschnitt 22.8.

Tabelle 22.1 Übersicht der Versuche zum Nachweis einer einbruchhemmenden Montage von Fenster- und Türenelementen

Zeile	Beschreibung der Versuche	Prüfbericht/Quelle (vgl. Literaturverzeichnis)	Erläuterungen in Abschnitt
Versuche zum Nachweis der Widerstandsklasse WK 2 und RC 2 in ... (Versuche am Gesamtsystem, Anforderungen nach DIN (V) EN(V) 1627 bis DIN (V) EN(V) 1630)			
	... **Porenbeton-Planblöcken:**		
1	• Festigkeitsklasse 2	ift Rosenheim (2024)	22.3.1
2	• Festigkeitsklasse 4	ift Rosenheim (2005)	
	... **Hochlochziegeln:**		
3	• Hochlochziegel (HLz 12)	ift Rosenheim (2005)	22.3.2
4	• POROTON-S10-P (Perlite gefüllt)	ift Rosenheim (2012b)	22.3.3
5	• Plan HLzB 6-0,9 (ungefüllt)	PIV (2016a)	22.3.4
6	• Thermopor TV 7 (Großkammerziegel Mineralwolle gefüllt)	PIV (2016b)	22.3.5
7	• unipor W07 (Kleinlochung, Mineralwolle gefüllt)		22.3.6
8	• „Hochwärmedämmendes Ziegelmauerwerk“	ift Rosenheim (2019a)	22.3.7
	... **Lehmsteinen:**		
9	• Lehmvollstein	ift Rosenheim (2025b)	22.3.9
10	• Lehmlochstein	ift Rosenheim (2025c)	22.3.10
11	... **Mauersteinen aus Leichtbeton**	ift Rosenheim (2018a) ift Rosenheim (2019b)	22.3.11
	... **Kalksandlochsteinen:**		
12	• KS L 10	ift Rosenheim (2021a)	22.3.12
13	• KS L 12	ift Rosenheim (2023a)	
	... **Normalbeton:**		
14	• C12/15	ift Rosenheim (2024c)	22.3.13
15	• C30/37	ift Rosenheim (2021b)	

Tabelle 22.1 (Fortsetzung)

Zeile	Beschreibung der Versuche	Prüfbericht/Quelle (vgl. Literaturverzeichnis)	Erläuterungen in Abschnitt
Versuche zum Nachweis der Widerstandsklasse WK 3 und RC 3 in ... (Versuche am Gesamtsystem, Anforderungen nach DIN (V) EN(V) 1627 bis DIN (V) EN(V) 1630)			
16	... Porenbeton-Plansteinen (Festigkeitsklasse 2)	ift Rosenheim (2010a)	22.4.1
17	... „hochwärmedämmendem Ziegelmauerwerk“	ift Rosenheim (2019a)	22.4.2
18	... Leichtbetonstein Bisomark Plus 10	ift Rosenheim (2018b)	22.4.2.4
19	... Kalksandlochsteinen (KS L 12)	ift Rosenheim (2023b)	22.4.3
20	... Normalbeton C12/15	ift Rosenheim (2024e)	22.4.4
	Versuche in der Dämmebene mit Schienen- und Konsolsystemen (Versuche am Gesamtsystem, Anforderungen nach DIN EN 1627 bis DIN EN 1630)		
21	Systeme aus Metall	ift Rosenheim (2013b)	22.6.1
22	Systeme aus Funktionswerkstoff – EPS	ift Rosenheim (2020)	22.6.2
23	Systeme aus Funktionswerkstoff – PUR-Composit	(Entwurf)	22.6.3
	Versuch zum Nachweis der Widerstandsklasse RC 2 in einer Holzständerwand (Versuche am Gesamtsystem, Anforderungen nach DIN EN 1627 bis DIN EN 1630)		
24	Holzständerwand	ift Rosenheim (2021d)	22.7

22.3 Versuche zum Nachweis der Widerstandsklasse WK 2 und RC 2

22.3.1 Versuche in Porenbeton-Planblöcken (Festigkeitsklasse 2 und 4)

22.3.1.1 Allgemeines

Die bereits im starren Rahmen in der Widerstandsklasse WK 2 geprüften Fenster wurden für diese Versuche ohne druckfeste Hinterfütterung der Verriegelungspunkte bzw. Befestiger in die Versuchswand aus Porenbeton-Planblöcken (Festigkeitsklasse 4) eingebaut (siehe in ift Rosenheim, 2005b). Dieser Einbau ohne Hinterfütterung stellt die ungünstigsten Bedingungen dar.

Hinweis: In der Regel wird in den Montageanleitungen der jeweiligen Fensterhersteller eine druckfeste Hinterfütterung gefordert, um eine sehr starre Verbindung zwischen Fensterrahmen und Mauerwerk zu erreichen und bei mechanischen Angriffen eine Auslenkung des Blendrahmens zu verhindern.

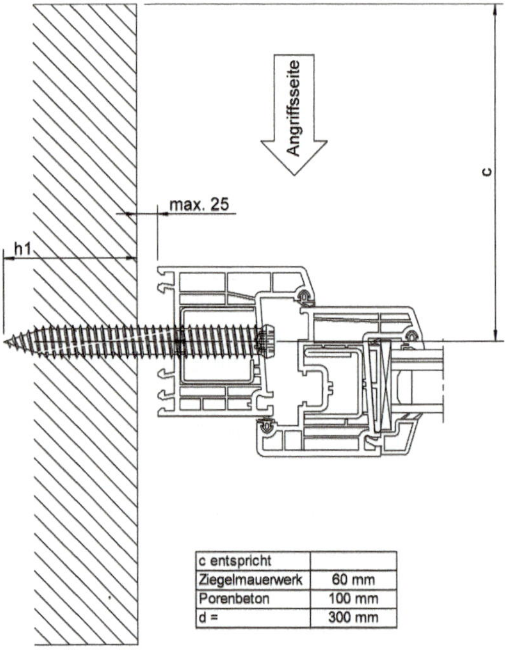

Bild 22.2 Schematische Darstellung der für die Versuche gewählten Montageart und der verwendeten AMO® III-Schraube 11,5 mm mit Lage innerhalb des Fensterprofiles (Küenzlen, 2008)

Bild 22.3 Detailaufnahme der verwendeten Versuchswand aus Porenbeton PPW 4 und der Befestigungsanordnung in der Widerstandsklasse WK 2 (Küenzlen, 2008)

Als weiterer ungünstiger Prüfparameter wurde ein Spalt zwischen Mauerwerk und den Rastfüßen des Blendrahmens von rund 25 mm vorgesehen, um genug Platz für einen manuellen Angriff und eine Auslenkung des Blendrahmens zu ermöglichen, um damit einen ungünstigen Einbau zu simulieren (Bild 22.2 und Bild 22.3).

22.3.1.2 Statische und dynamische Versuche

Gemäß DIN V ENV 1627:1999-04 wurden die statischen und die dynamischen Versuche für die Einstufung in die Widerstandsklasse WK 2 durchgeführt:

- Bei den statischen Versuchen in Anlehnung an DIN V ENV 1628:1999-04 wurde jeder Verriegelungspunkt mit einer Last von 3 kN belastet.

- Die dynamischen Versuche in Anlehnung an DIN V ENV 1629:1999-04 wurden mit einem Sandsack (30 kg) durchgeführt, der mehrfach aus einer Höhe von 80 cm gegen das Fenster geschleudert wurde (vgl. Bild 20.7 in Abschnitt 21.1).

22.3.1.3 Manuelle Einbruchversuche

Im Anschluss an die statische und dynamische Prüfung wurde der manuelle Einbruchversuch in Anlehnung an DIN V ENV 1630:1999-04 mit dem Ziel durchgeführt, eine „durchgangsfähige Öffnung“ herzustellen (vgl. sinngemäß Abschnitt 21.2.4).

Bei den Versuchen in der Porenbetonwand war es dabei möglich, innerhalb von drei Minuten die Befestigungspunkte so weit freizulegen, dass das gesamte Fenster aus der Wand gerissen werden konnte (Angriff auf den Verankerungsgrund – vgl. Bild 22.4).

Hier hat sich der gewählte Randabstand von c = 60 mm als viel zu klein erwiesen (für „c“ vgl. Bild 22.2). Beim Angriff auf das Fenster war es dagegen nicht möglich, eine „durchgangsfähige Öffnung“ zu erzielen.

Im zweiten Versuch wurde der Randabstand auf c = 100 mm erhöht (für „c“ vgl. Bild 22.2). Hier war es erst nach über 15 Minuten möglich, die Befestigungsmittel so weit freizulegen, dass eine Öffnung erreicht wurde.

Im Jahre 2023 wurden diese Versuche in der Widerstandsklasse RC 2 mit der AMO Y Schraube 7,5 in Porenbeton Planblöcken mit der Druckfestigkeitsklasse 2 in Anlehnung an die aktuelle DIN EN 1627:2021-11 durchgeführt (ift Rosenheim, 2024a). Bei einem Randabstand von 100 mm konnte auch in der Druckfestigkeitsklasse 2 keine durchgangsfähige Öffnung erzielt werden (Bild 22.5).

Die Fensterbefestigung muss also gewisse Anforderungen erfüllen, um ein – zunächst nur im starren Stahl- bzw. Holzrahmen – geprüftes Fenster auch sicher in der eigentlichen Wand aus Porenbeton-Mauerwerk halten zu können. Dies konnte in diesem Falle durch eine Vergrößerung des Randabstandes auf der Angriffsseite erreicht werden.

Bild 22.4 Aus dem Verankerungsgrund gerissenes Fensterelement bei zu geringem Randabstand in Mauerwerk aus Porenbetonsteinen (Foto: Küenzlen)

Bild 22.5 Freigelegter Befestiger bei einer Prüfdauer von 180 s in der Widerstandsklasse RC 2 bei einem Randabstand von 100 mm (Foto: ift Rosenheim, 2024a)

22.3.2 Versuche in Hochlochziegeln (HLz 12)

22.3.2.1 Allgemeines

Der Versuchsaufbau entsprach dem Versuchsaufbau in Abschnitt 22.3.1.1, siehe ebenfalls ift Rosenheim (2005b).

22.3.2.2 Statische und dynamische Versuche

Vergleiche hierfür sinngemäß Abschnitt 22.3.1.2.

22.3.2.3 Manuelle Einbruchversuche

In der Wand aus Hochlochziegeln war es – im Vergleich zu Abschnitt 22.3.1.3 – bei einem Randabstand c = 60 mm nicht möglich, die Befestigungsmittel aus der Wand zu brechen; auf eine Erhöhung des Randabstands konnte daher verzichtet werden (vgl. Bild 22.6).

Bild 22.6 Manuelle Einbruchsprüfung (Angriff auf den Verankerungsgrund) in einer Wand aus Hochlochziegeln der Druckfestigkeitsklasse 12 (Küenzlen, 2008)

22.3.3 Versuche im Hochlochziegel POROTON-S10-P (Perlite gefüllt)

22.3.3.1 Allgemeines

Der mit Perlite gefüllte Hochlochziegel POROTON-S10-P (Bild 22.7) war zum Zeitpunkt der Versuche in der allgemeinen bauaufsichtlichen Zulassung/allgemeinen Bauartgenehmigung Z-17.1-1017 (abZ/aBG Poroton S10, 2019) geregelt und fiel zum Zeitpunkt der Prüfung mit einer Druckfestigkeitsklasse 10 nicht unter die nach DIN EN 1627:2011-09, Tabelle NA.2 als „einbruchhemmende Massivwände" klassifizierten Untergründe (vgl. Tabelle 21.4 in Abschnitt 21.2.1.3).

Zur Befestigung des Fensterelements wurde die speziell für diese gefüllten Ziegel mit sehr großen Kammern entwickelte AMO®-Combi Schraube 7,5/11,5 mm in Kombination mit der Kunststoff-Dübelhülse W-UR 10 XXL verwendet, siehe abZ/aBG AMO-Combi (2022) sowie in Abschnitt 4.1 die Tabelle 4.1.

Die bereits im starren Stahl- bzw. Holzrahmen – für die Einstufung in die Widerstandsklasse WK 2 – geprüften Fenster, bestehend aus dem Profilsystem GENEO der Firma REHAU AG + Co., wurden für diese Versuche ohne druckfeste Hinterfütterung der Verriegelungspunkte bzw. Befestiger im realen Verankerungsgrund POROTON-S10-P eingebaut (Bild 22.7). Dabei wurden folgende Überlegungen angestellt und entsprechende Montage-Parameter berücksichtigt (ift Rosenheim, 2012b):

- Es wurde das Kunststoff-Profil GENEO *ohne* Stahlarmierung ausgewählt, um eine reale Einbausituation simulieren zu können, da in modernem Mauerwerk mit optimierter Wärmedämmung auch Kunststoff-Fenster-Profile ohne Stahlarmierung zum Einsatz kommen.
- In der Regel wird für eine einbruchhemmenden Montage immer eine druckfeste Hinterfütterung der Verriegelungspunkte gefordert, um eine sehr starre Verbindung zwischen Fensterrahmen und Mauerwerk zu erreichen. Bei den

Bild 22.7 Mit Perlite gefüllter Stein POROTON-S10-P (Foto: Firma Wienerberger GmbH)

im Folgenden beschriebenen Versuchen wurde auf diese Hinterfütterung verzichtet, um möglichst ungünstige Einbaubedingungen prüfen zu können.

- Als zusätzliche Anforderung wurde ein Spalt zwischen Mauerwerk und Fenster von über 50 mm vorgesehen (Bild 22.8), um genug Platz für einen manuellen Angriff und die Auslenkung des Elements zur Verfügung zu stellen und eine Extremsituation des Einbaus zu simulieren. Diese Montagesituation Situation kann beispielsweise beim Fenstertausch im Bestand auftreten, wenn die Fenster zwischen die vorhandene Putzlaibung montiert werden.
- Ebenfalls wurde auf eine oberseitige Befestigung verzichtet, wie es beispielsweise beim Einbau von Rollladenkästen der Fall ist.

Die gewählten Versuchsbedingungen stellten damit eine der größten Herausforderungen für das Befestigungssystem in Bezug auf die Kombination aus Mauerwerk und dem gewählten Fenster dar.

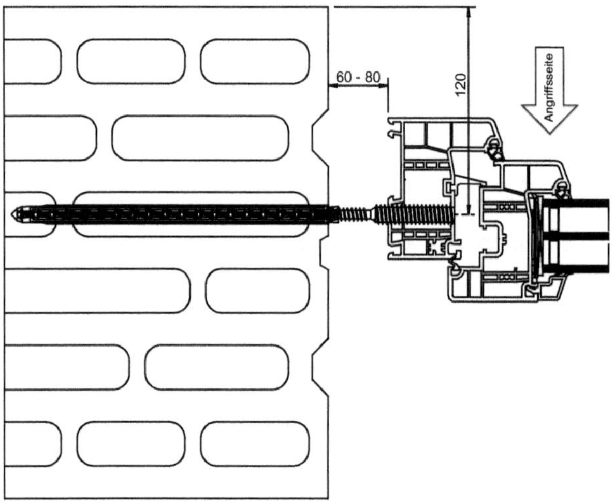

Bild 22.8 Schematische Darstellung der für die Versuche gewählten Montageart und der verwendeten AMO®-Combi Schraube 7,5/11,5 mm mit Kunststoff-Dübelhülse W-UR 10 XXL mit Lage innerhalb des Fensterprofiles und des Steins (Küenzlen und Kuhlemann, 2012)

22.3.3.2 Statische und dynamische Versuche

Gemäß DIN EN 1627:2011-09 wurden die statischen und die dynamischen Versuche durchgeführt:

- Bei den statischen Versuchen in Anlehnung an DIN EN 1628 wurde jeder Verriegelungspunkt mit einer Last von 3 kN belastet. Da das Fenster im Versuch ohne Befestigung oben und seitlich mit einem großen Abstand zwischen Laibung und Fensterprofil von über 50 mm montiert wurde, kam es hier zu einer sehr großen Auslenkung, die sich aber nicht negativ auf die Einbruchhemmung ausgewirkt hat (Bild 22.9).
- Die dynamischen Versuche in Anlehnung an DIN EN 1629 wurden mit einem Doppelreifenpendel (50 kg, Fallhöhe 450 mm; vgl. Bild 21.2 in Abschnitt 21.2.3) geprüft.

Bild 22.9 Auslenkung des Fensters bei statischer Prüflast von 3 kN ohne Befestigung oben und ohne seitliche Verklotzung (Küenzlen und Kuhlemann, 2012)

22.3.3.3 Manuelle Einbruchversuche

Im Anschluss an die statische und dynamische Prüfung wurde der manuelle Einbruchversuch in Anlehnung an DIN EN 1630 mit dem Ziel durchgeführt, eine „durchgangsfähige Öffnung“ herzustellen (vgl. Abschnitt 21.2.4).

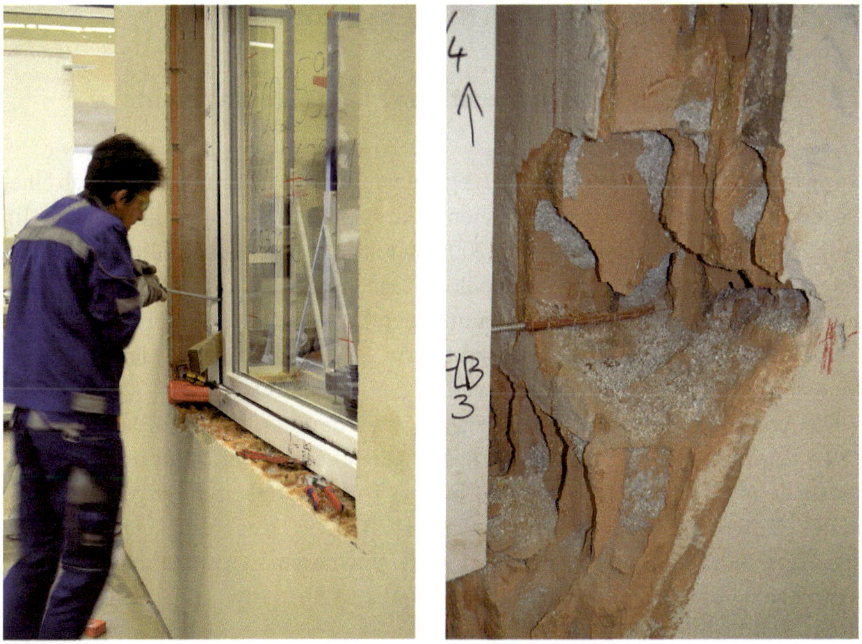

a) b)

Bild 22.10 Manuelle Einbruchprüfung (Fotos: Küenzlen)

Bei den Versuchen in den mit Perlite gefüllten Hochlochziegeln POROTON-S10-P war es dabei nicht möglich, innerhalb von drei Minuten die Befestigungspunkte soweit freizulegen (Bild 22.10), dass das Fenster aus der Wand gerissen werden konnte. Des Weiteren konnte keine durchgangsfähige Öffnung durch die Wand selbst erzielt werden. Somit wurde durch diese Versuche nachgewiesen, dass auch ein mit Wärmedämmung gefüllter Ziegel, der von der Druckfestigkeit unter den Mindestanforderungen an einbruchhemmende Massivwände nach DIN 1627:2011-09 (Tabelle 21.4) liegt, die Anforderungen in der Klasse RC 2 erfüllt.

22.3.3.4 Fazit

Die durchgeführten Versuche haben bewiesen, dass die Kombination aus einem geprüften WK 2-Fenster und der untersuchten AMO®-Combi Schraube 7,5/11,5 mm in Kombination mit der Kunststoff-Dübelhülse W-UR 10 XXL den geforderten Einbruchswiderstand auch ohne druckfeste Hinterfütterung selbst dann aufweist, wenn auf eine Befestigung an der Oberseite verzichtet wird.
Es konnte weiter nachgewiesen werden, dass der mit Perlite gefüllte Hochlochziegel POROTON-S10-P die Anforderungen an die Einbruchhemmung der Klasse RC 2 erfüllt, obwohl die Druckfestigkeit des Mauersteins mit der Druckfestigkeitsklasse 10 unter den Normanforderungen (DFK $\geq$ 12) liegt.

Für einen sicheren Einbruchschutz ist es wichtig, dass immer komplette Systeme aus Verankerungsgrund, Befestiger und Fensterelement betrachtet werden. Deshalb sind die vom Hersteller des Befestigungsmittels bzw. des Fensters angegebenen Montagehinweise genau einzuhalten. Beachte hierzu auch den detaillierten zusammenfassenden Hinweis in Abschnitt 22.8 dieses Fachbuchs.

22.3.4 Versuche im Hochlochziegel Plan HLzB 6-0,9 (ungefüllt)

22.3.4.1 Allgemeines

Nach Tabelle 21.4 in Abschnitt 21.2.1.3 gilt eine *Wand* aus Hochlochziegeln ab einer Druckfestigkeitsklasse der verwendeten Steine von $\geq$ 12 als einbruchhemmend. Im Jahr 2005 wurde in ift Rosenheim (2005) bereits der Nachweis geführt, dass auch eine *Fensterbefestigung* in einem Hochlochziegel nach Tabelle 21.4 die Anforderungen an die Einbruchhemmung der damaligen Vornormenreihe in der Klasse WK 2 erfüllt, wenn gewisse Randbedingungen z. B. der Randabstand der Fensterbefestiger in der Laibung eingehalten werden (vgl. Abschnitt 22.3.2).

Die Arbeitsgemeinschaft Mauerziegel e. V. hat darüber hinaus im Jahr 2015 am PIV – Prüfinstitut für Schlösser und Beschläge in Velbert – erstmals umfangreiche Versuche in Hochlochziegeln mit geringerer Druckfestigkeit durchgeführt (siehe in PIV, 2016a). Dabei wurde u. a. ein Plan HLzB 6-0,9 (Druckfestigkeitsklasse 6) in der Klasse RC 2 geprüft (Bild 22.11; für weitere in diesem Zusammenhang geprüfte Hochlochziegel vgl. die Abschnitte 22.3.5 und 22.3.6).

Bild 22.11 In den Versuchen verwendeter Plan HLzB 6-0,9 (Foto: Udo Meyer)

Als Befestigung wurde das bereits in der Klasse RC 2 erfolgreich geprüfte Dübel-System AMO®-Combi Schraube 7,5/11,5 mm in Kombination mit der Kunststoff-Dübelhülse W-UR 10 XXL als seitliche Befestigung verwendet (vgl. Abschnitt 22.3.3). An der Unterseite wurde das verwendete Fensterprofil mit einer Montagekonsole konstruktiv befestigt.

Das verwendete Dübel-System wurde ursprünglich für die Befestigung in Steinen mit großen Kammern (Bild 4.23) entwickelt. Auf Grundlage bereits vorhandener Erfahrungen aus Versuchen in Porenbeton in der Klasse WK3 (vgl. Abschnitt 22.4.1) wurde entschieden, auch für die einbruchhemmende Befestigung in einem Stein mit kleiner Kammerstruktur (Bild 22.11) und geringer Druckfestigkeit ein Befestigungssystem mit größerer Setztiefe zu verwenden, weshalb hier eine AMO®-Combi Schraube 7,5/11,5 mm mit der Länge 242 mm zum Einsatz kam.

22.3.4.2 Manuelle Einbruchversuche

Bild 22.12 zeigt, dass auch bei einem Hochlochziegel mit kleiner Kammerstruktur (Bild 22.11) und deutlich geringerer Druckfestigkeit als in Tabelle 21.4 vorgesehen, die Befestigungsmittel – ähnlich wie beim Porenbeton – grundsätzlich freigelegt werden können. Allerdings führte die große Setztiefe bzw. Schrauben- bzw. Dübellänge dazu, dass die für die Widerstandsklasse RC 2 zur Verfügung stehende Zeit (3 Minuten) zum Freilegen eines Befestigungspunktes nicht ausreichend ist.

Als direkter Unterschied zu den Versuchen in Steinen mit einer Druckfestigkeitsklasse ≥ 12 zeigte sich aber, dass in Steinen mit größerer Festigkeit die Befestiger nicht im gleichen Umfang freigelegt werden konnten, sondern nur ein „Ankratzen" der Steinoberfläche möglich war (vgl. Bild 22.6).

Damit konnte aber trotzdem – auch für einen Stein mit der Druckfestigkeitsklasse 6 – erstmals nachgewiesen werden, dass die Kombination aus Mauerstein, Befestigungsmittel und geprüftem Fenster die Anforderungen an die Einbruchhemmung in der Klasse RC 2 erfüllt.

a) b)

Bild 22.12 freigelegte Verankerung nach manuellem Angriff in der Klasse RC 2 (Fotos: Küenzlen)

22.3.5 Versuche im Hochlochziegel Thermopor TV 7 (Großkammerziegel Mineralwolle gefüllt)

22.3.5.1 Allgemeines

In einem weiteren Versuch der Arbeitsgemeinschaft Mauerziegel e. V. im Jahr 2016 am PIV – Prüfinstitut für Schlösser und Beschläge in Velbert – wurde 365 mm dickes Mauerwerk aus Großkammerziegeln mit Mineralwollfüllung nach der geltenden allgemeinen bauaufsichtlichen Zulassung/allgemeinen Bauartgenehmigung Z-17.1-1006 (abZ/aBG Thermopor, 2019) mit einer Druckfestigkeitsklasse 6 (mittlere Ziegeldruckfestigkeit 8,3 N/mm^2) in der Klasse RC 2 geprüft (siehe in PIV, 2016b).

Dieser Ziegel Thermopor TV 7 wurde deshalb ausgewählt, weil er üblicherweise vom Deutschen Institut für Bautechnik (DIBt) als Referenzprodukt für „Gattungsprüfungen", z. B. beim Brandschutz herangezogen wird (Bild 22.13).

In Abschnitt 22.3.3 wurden bereits Versuche in einem bezogen auf das Lochbild ähnlichen – allerdings Perlite gefüllten – Hochlochziegel vorgestellt. Im Unterschied zum jetzt geprüften Mauerstein handelte es sich dort um einen Stein mit der Druckfestigkeitsklasse 10, der hauptsächlich im Mehrfamilienhausbau eingesetzt wird, weshalb auch die Ziegelstege im Vergleich zum hier geprüften Thermopor TV 7-Plan deutlich massiver ausgeführt sind (vgl. Bild 22.7).

Aus den vorliegenden Erfahrungen und einigen „Kleinversuchen" wurde entschieden, im Gegensatz zu den bisherigen Versuchen – *ohne* Putzaufbau – hier eine Wand *mit* praxisüblichem Außenputzaufbau zu prüfen. In diesem Versuch wurde damit erstmals der Einfluss eines Putz- und Gewebeaufbaues als „Schutz"

Bild 22.13 In den Versuchen verwendeter Großkammerziegel Thermopor TV 7 nach abZ/aBG Thermopor (2019)

der Fensterbefestigung gegen einen manuellen Angriff untersucht. Bild 22.14 zeigt die fertig verputze Wand mit eingebautem Fenster.

Zur Befestigung des Fensters wurde das Dübel-System aus AMO®-Combi Schraube 7,5/11,5 mm in der Länge 242 mm in Kombination mit der Kunststoff-Dübelhülse W-UR 10 XXL verwendet (vgl. Tabelle 4.1 und Bild 4.23).

Bild 22.14 Fertig verputze Wand vor den Versuchen (Foto: Udo Meyer)

22.3.5.2 Statische und dynamische Versuche

Die auftretenden Belastungen aus den statischen Versuche in Anlehnung an DIN EN 1628 und die dynamischen Versuche in Anlehnung an DIN EN 1629 zur Einstufung in die Widerstandsklasse RC 2 konnten – wie bei den bereits durchgeführten und beschriebenen Versuchen (vgl. Abschnitt 22.3.3.2) – ohne Probleme durch das Befestigungssystem aufgenommen werden.

22.3.5.3 Manuelle Einbruchversuche

Da bisher keine Erfahrungen über die einbruchhemmende Wirkung eines gesamten Außenwandaufbaus (inklusive Putz- und Gewebeaufbaues) vorliegen, wurde die linke (Bild 22.15) und die rechte (Bild 22.16) Laibungsseite unterschiedlich verputzt:

- Bild 22.15 zeigt den Aufbau der – von außen gesehen – linken Laibungsseite. An dieser Seite wurde vor dem Einbau des Fensters ein Armierungsputz mit Gewebeeinlage direkt auf das Mauerwerk aufgebracht. Nach dem Einbau wurde das Fenster mit einem Leichtunterputz Typ II „MEP it" eingeputzt.
- Auf der gegenüberliegenden Laibungsseite (Bild 22.16) wurde auf die zusätzliche Gewebespachtelung verzichtet. Hier wurde das Fenster „nur" außenseitig eingeputzt.

Das Versuchsresultat nach einem mechanischen Angriff in Anlehnung an DIN EN 1630, in der Klasse RC 2 von mindestens 3 Minuten, zeigt Bild 22.17:

- Dabei fallen die Beschädigungen sehr viel geringer aus als bei den in der Vergangenheit durchgeführten Versuchen ohne Putzaufbau (vgl. z. B. Bild 22.10 oder Bild 22.12).
- Es war an keiner Stelle möglich – auch nur Ansatzweise – ein Befestigungsmittel freizulegen.

Man erkennt jedoch einen Unterschied zwischen der linken und der rechten Laibungsseite:

- Auf der rechten Laibungsseite (Bild 22.17b) sieht man deutlich, dass die Steinoberfläche durchdrungen werden konnte und die Mineralwollfüllung sichtbar wird.

a) Außenseite

b) Innenseite der von außen gesehenen linken Laibungsseite mit Armierungsputz mit Gewebeeinlage

Bild 22.15 Eingeputztes Fenster vor dem Versuch (Fotos: Udo Meyer)

a) Außenseite

b) Innenseite der von außen gesehenen rechten Laibungsseite

Bild 22.16 Eingeputztes Fenster vor dem Versuch (Fotos: Udo Meyer)

- Eine derartige mechanische Beschädigung der Steinoberfläche war auf der linken Seite (Bild 22.15a) – vermutlich bedingt durch die zusätzliche Spachtelung – nicht möglich.

a) linke Laibungsseite mit Armierungsputz mit Gewebeeinlage

b) rechte Laibungsseite ohne Armierungsputz mit Gewebeeinlage

Bild 22.17 Beschädigungen nach mechanischem Angriff (Widerstandsklasse RC 2; Fotos: Udo Meyer)

22.3.5.4 Fazit

Die durchgeführten Versuche zeigen deutlich, dass bei praxisüblich ausgeführtem hochwärmedämmendem Ziegelmauerwerk, auch bei Ziegeln mit einer Druckfestigkeitsklasse 6 und sehr großen Kammern, eine Einbruchhemmung in der Klasse RC 2 nachgewiesen werden kann.

22.3.6 Versuche im Hochlochziegel unipor W07 (Kleinlochung, Mineralwolle gefüllt)

22.3.6.1 Allgemeines

Auch in den Versuchen mit dem Hochlochziegel unipor W07 – nach der allgemeinen bauaufsichtlichen Zulassung/allgemeinen Bauartgenehmigung Z-17.1-1074 (abZ/aBG unipor, 2020; vgl. Bild 22.18) – wurde wie in Abschnitt 22.3.5 der Einfluss eines Putz- und Gewebeaufbaues als Schutz der Fensterbefestigung gegen einen manuellen Angriff berücksichtigt.

Zur Befestigung des Fensters wurde das Dübel-System aus AMO®-Combi Schraube 7,5/11,5 mm in der Länge 242 mm in Kombination mit der Kunststoff-Dübelhülse W-UR 10 XXL verwendet (vgl. Tabelle 4.1 und Bild 4.23). Die Befestigung erfolgte dabei nur an den beiden vertikalen Rändern und konstruktiv am unteren Rand.

Wie in Abschnitt 22.3.5 wurden die beiden Laibungsseiten unterschiedlich verputzt:

- An einer Seite wurde vor dem Einbau des Fensters ein Armierungsputz mit Gewebeeinlage direkt auf das Mauerwerk aufgebracht. Nach dem Einbau wurde das Fenster mit einem Leichtmörtel „MEP it" eingeputzt.
- Auf der gegenüberliegenden Laibungsseite wurde auf die zusätzliche Gewebespachtelung verzichtet. Hier wurde das Fenster „nur" eingeputzt.

Bild 22.18 In den Versuchen verwendeter Wärmedämmziegel mit Kleinlochung (unipor W07 – Zulassung Z-17.1-1074)

22.3.6.2 Statische und dynamische Versuche

Die auftretenden Belastungen aus den statischen Versuche in Anlehnung an DIN EN 1628 und die dynamischen Versuche in Anlehnung an DIN EN 1629 konnten in der Klasse RC 2 ohne Probleme durch das Befestigungssystem aufgenommen werden. Die Befestigung erfolgte dabei nur an den beiden vertikalen Rändern und dem unteren Rand.

22.3.6.3 Manuelle Einbruchversuche

Das Versuchsresultat nach einem mechanischen Angriff in Anlehnung an DIN EN 1630, in der Klasse RC 2 von mindestens 3 Minuten, zeigt Bild 22.19:

- Dabei fallen auch hier die Beschädigungen geringer aus als bei den in der Vergangenheit durchgeführten Versuchen ohne Putzaufbau (vgl. z. B. Bild 22.10 oder Bild 22.12).
- Es war an keiner Stelle möglich ein Befestigungsmittel freizulegen.
- Man erkennt einen deutlichen Unterscheid zwischen der linken und der rechten Laibungsseite. Die Laibungsseite mit zusätzlicher Gewebearmierung weist deutlich geringere Schädigungen nach dem RC 2-Angriff auf.

a) linke Laibungsseite mit Armierungsputz mit Gewebeeinlage

b) rechte Laibungsseite ohne Armierungsputz mit Gewebeeinlage

Bild 22.19 Beschädigungen nach mechanischem Angriff (Widerstandsklasse RC 2) (Fotos: M. Ruppik)

22.3.7 Versuche in „Hochwärmedämmendem Ziegelmauerwerk“

22.3.7.1 Allgemeines

Die umfangreichsten Versuche – mit Druckfestigkeiten und Rohdichten der Mauersteine, die deutlich unterhalb den Angaben der Normfassung DIN EN 1627:2011-09 lagen (vgl. hier Tabelle 21.4 in Abschnitt 21.2.1.3) – wurden in einem großen Forschungsprojekt durchgeführt:

> *„Einbruchhemmung mit hochwärmedämmendem Ziegelmauerwerk – Analyse des Ist-Zustandes, Erarbeitung von Konstruktions- und Nachweiskriterien.“*

Gefördert wurde das Projekt durch die Forschungsinitiative Zukunft Bau des Bundesinstituts für Bau-, Stadt- und Raumforschung (Aktenzeichen: SWD-10.08.18.7-16.14).

Im Rahmen dieses Forschungsprojekts (vgl. hierzu auch Abschnitt 22.4.2) wurden insgesamt 19 Wandaufbauten und 41 Fenster in den Klassen RC 2 und RC 3 geprüft (vgl. exemplarisch Bild 22.20). Die geprüften Mauersteine repräsentierten dabei den Großteil der zu diesem Zeitpunkt auf dem deutschen Markt vorhandenen hochwärmedämmenden Hochlochziegel.

Die Fensterelemente in der Klasse RC 2 waren in allen Versuchen seitlich mit dem Dübel-System AMO®-Combi Schraube 7,5/11,5 mm in Kombination mit der Kunststoff-Dübelhülse W-UR 10 XXL befestigt. An der Oberseite wurde auf eine Befestigung genauso verzichtet wie auf eine druckfeste Hinterfütterung der Befestigungspunkte. Brüstungsseitig erfolgte die Befestigung konstruktiv mit Schienen nebst Umlenkwinkel und Kunststoffdübel SHARK UR 8.

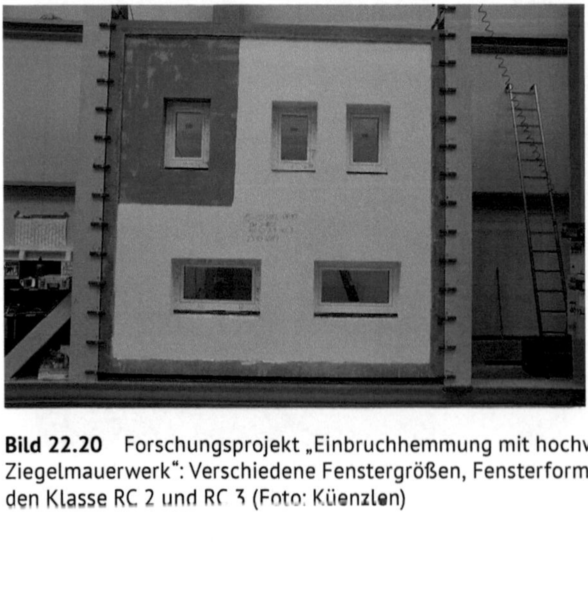

Bild 22.20 Forschungsprojekt „Einbruchhemmung mit hochwärmedämmendem Ziegelmauerwerk“: Verschiedene Fenstergrößen, Fensterformate und Putzaufbauten in den Klasse RC 2 und RC 3 (Foto: Küenzlen)

Die nachfolgende Zusammenfassung der wichtigsten Ergebnisse sind dem Abschlussbericht des Forschungsprojektes entnommen, siehe ift Rosenheim (2019a).

22.3.7.2 Zusammenfassung der wichtigsten Versuchsergebnisse

Die Ergebnisse der Versuche (ift Rosenheim, 2019a) wurden für die zukünftige Anwendung in der Praxis bereits in Tabelle 21.6 umgesetzt und zeigen im Einzelnen Folgendes:

- Als kritisch haben sich in allen Versuche kleine Fensterformate mit nur zwei Befestigern pro Seite gezeigt (vgl. Bild 22.20 obere Reihe); Türen mit deutlich mehr Befestigern an der Seite verhielten sich in den Versuchen dagegen unkritisch.
- In Bezug auf die Anforderungen an die Einbruchhemmung können Fenster und Türen in Wänden aus Hochlochziegeln eingebaut werden, deren Mindestwanddicke h_{min} = 360 mm beträgt und deren Mauersteine mindestens eine Druckfestigkeitsklasse 6 und eine Rohdichteklasse von 0,5 aufweisen.
- Es ist mindestens ein Leichtputz auf den Ziegeln aufzubringen. Detaillierte Angaben zu den Putzen enthält Tabelle 21.6 in Abschnitt 21.3. Dieser Putz verlängert die Widerstandszeit gegen mechanische Angriffe auf die Befestigungsmittel und den Ziegel selbst. Der Putz ist dabei in der Laibung bis zum Blendrahmen zu führen.
- Die Fensterelemente müssen im mittleren Drittel der Wand montiert werden, um eine möglichst großen Randabstand für die Befestiger und damit einen Schutz für die Befestiger durch entsprechendes Ziegelmaterial zu gewährleisten. Diese Fensterlage entspricht auch den bauphysikalischen Anforderungen.
- Die Art der Montage und die Wahl der Befestigungsmittel können einen erheblichen Einfluss auf die einbruchhemmenden Eigenschaften des gesamten Systems haben. Deshalb wird empfohlen die Befestigungsmittel für die Eignung hinsichtlich der Montage von einbruchhemmenden Elementen in hochwärmedämmendem Mauerwerk separat zu qualifizieren (ift Rosenheim, 2019a).

  Dem Forschungsprojekt kann allerdings in Sachen Befestigungsmittel – im Gegensatz zu den Hochlochziegeln – keine Allgemeingültigkeit entnommen werden, da nur ein System von Befestigungsmitteln geprüft wurde und das Projekt nur eine allgemeingültige Beurteilungsgrundlage für das Mauerwerk zum Ziel hatte, nicht aber für die Befestigungsmittel.
- Weichen – für die Anwendung in der Praxis – die Form und/oder die Lochgeometric dcr im rcalen Bauvorhaben verbauten Hochlochziegel stark von den im Forschungsprojekt geprüften Formen und/oder Lochbildern ab, so können die Ergebnisses des Forschungsprojekts nicht ohne weiteres auf die Montage von einbruchhemmenden Fenster und Türen in den abweichenden Hochlochziegeln übertragen werden, siehe ift Rosenheim (2019a). Eine Auswahl der im Forschungsprojekt geprüften Hochlochziegel und deren Lochbilder zeigt Bild 22.21.

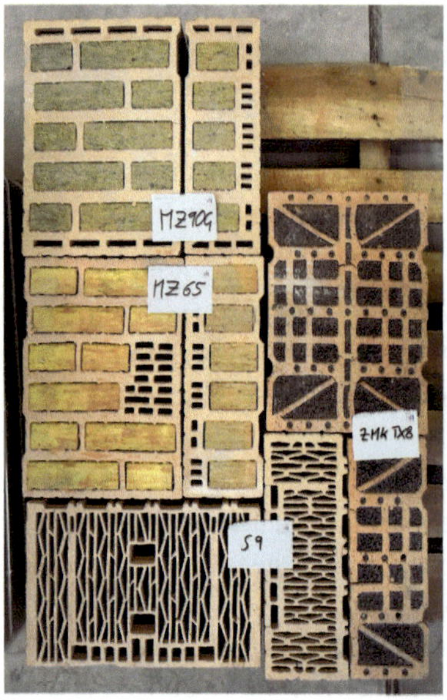

Bild 22.21 Auswahl der im Forschungsprojekt 1 untersuchten hochwärmedämmenden Ziegel (Foto: Küenzlen)

22.3.8 Fazit: Konsequenzen für die Normung aus den Versuchen in Hochlochziegeln

Die Resultate aus dem Forschungsprojekt (vgl. Abschnitt 22.3.7 und 22.4.2) sowie die zuvor gewonnenen Ergebnisse der Arbeitsgemeinschaft Mauerziegel e. V. aus den Untersuchungen am PIV – Prüfinstitut für Schlösser und Beschläge Velbert – in modernem Ziegelmauerwerk (vgl. Abschnitte 22.3.4, 22.3.5 und 22.3.6) sind bereits in Fassung der DIN EN 1627 vom November 2021 eingeflossen (vgl. hier Tabelle 21.6 in Abschnitt 21.3). Diese Resultate erweitern damit die Tabelle NA.2 der bis Oktober 2021 gültigen Normfassung DIN EN 1627:2011-09 (vgl. auch Tabelle 21.4 in Abschnitt 21.2.1.3) um modernes Ziegelmauerwerk in den Klassen RC 2 und RC 3.

22.3.9 Versuche in Lehmblockstein

22.3.9.1 Allgemeines

Im Dezember 2024 wurde Lehmsteinmauerwerk (Wände aus Lehmblockstein und Lehmlochziegel) in Bezug auf die einbruchhemmenden Eigenschaften in der Widerstandsklasse RC 2 geprüft (Bild 22.22). Dabei wurden nicht nur

- das Fensterelement und
- der Fensterbefestiger, sondern auch
- der „reine" Wandbaustoff, also nur das Lehmsteinmauerwerk (vgl. auch Abschnitt 22.3.9.3) geprüft.

Im Lehmblockstein wurde das bereits geprüfte Fensterelement an der Seite mit je drei Abstandsmontageschrauben AMO IV 11,5 mm befestigt, siehe abZ/aBG AMO Y/IV (2024) und ift Rosenheim (2025b).

Der Randabstand der Befestigung nach außen betrug rund 85 mm.

Die Befestigung nach unten erfolgte ebenfalls mit drei AMO IV Schrauben 11,5 mm, jedoch im Ziegelsturz.

Bild 22.22 Bereits in der Widerstandsklasse RC 2 geprüftes Fensterelement befestigt in einen Lehmstein im Blockformat (Vollstein) mit einer Wandstärke von 240 mm (Foto: Küenzlen)

22.3.9.2 Statischer Versuch nach DIN EN 1628

Das gesamte System aus Fensterelement, Befestiger und Wandbaustoff wurde im ersten Schritt nach den Vorgaben von DIN EN 1628 statisch geprüft (vgl. Abschnitt 21.2.2.). Bild 22.23 zeigt die Auslenkung des Elementes bei einer statischen Last von rund 3 kN.

Bild 22.23 Statischer Versuch nach DIN EN 1628 mit 3 kN auf einen Verriegelungspunkt im Lehm Vollstein (Foto: Küenzlen)

22.3.9.3 Manueller Einbruchsversuch nach DIN EN 1630

Nach den Vorgaben für die dynamischen Prüfung nach DIN EN 1629 (vgl. Abschnitt 21.2.3) erfolgte die manuelle Prüfung nach DIN EN 1630 (21.2.4). In der Prüfzeit von 3 min konnten lediglich zwei AMO IV Schrauben freigelegt werden, bei einer Einschraubtiefe von 130 mm (Bild 22.24).

Bild 22.24 Prüfung der Befestigung mittels AMO IV Schraube 11,5 mm an einer Wand aus Lehmstein im Blockformat (Vollstein) in der Widerstandsklasse RC 2, Prüfzeit 3 Minuten (Foto: Küenzlen)

a) Widerstandsklasse RC 2, Prüfzeit 3 Minuten mittels Schraubendreher

b) Widerstandsklasse RC 3, Prüfzeit 5 Minuten mittels Kuhfuß

Bild 22.25 Prüfung der „reinen" Wand aus Lehmsteinmauerwerk (Lehmstein im Blockformat, Vollstein) (Fotos: Küenzlen)

Bei der Prüfung der „reinen" Wand, also nur dem Lehmsteinmauerwerk, war in den 3 Minuten Prüfdauer lediglich eine ca. 80 mm tiefe Beschädigung der Oberfläche im Lehmsteinmauerwerk möglich (Bild 22.25a).

Bei einer Prüfdauer von 5 Minuten – dies entspricht der Widerstandsklasse RC 3 – konnte in der Wand unter dem Einsatz eines Kuhfußes nur eine Öffnung in der Größe eines halben Lehmblocksteins herausgebrochen werden (Bild 22.25b). Ein durchgangsfähige Öffnung konnte auch hier nicht hergestellt werden.

22.3.10 Versuche in Lehmlochziegeln

22.3.10.1 Allgemeines

Im GIMA Lehmziegel (Lochstein; vgl. Bild 22.26a) wurde das bereits geprüfte Fensterelement an der Seite mit je drei AMO Combi Schrauben 7,5/11,5 mm mit der Kunststoff-Dübelhülse W-UR 10 XXL befestigt (ift Rosenheim, 2025c).

Der Randabstand der Befestigung nach außen betrug rund 85 mm.

Die Befestigung nach unten erfolgte ebenfalls mit drei AMO Combi Schrauben 7,5/11,5 mm mit der Kunststoff-Dübelhülse W-UR 10 XS, jedoch im Ziegelsturz (Bild 22.26b).

a) Lehmlochstein (GIMA Lehmziegel)

b) Widerstandsklasse RC 2, Prüfzeit 3 Minuten

Bild 22.26 Prüfung der Befestigung eines bereits geprüften Fensterelementes in der Klasse RC 2: Die Befestigung erfolgte seitlich in der Wand aus GIMA Lehmziegel (Lochstein) mit der AMO Combi Schraube und der Kunststoff-Dübelhülse W-UR 10 XXL und mit der Kunststoff-Dübelhülse W-UR 10 XS an der Unterseite im Sturz (Fotos: Küenzlen)

22.3.10.2 Statischer Versuch nach DIN EN 1628

Das gesamte System aus Fensterelement, Befestiger und Wandbaustoff wurde im ersten Schritt nach DIN EN 1628 statisch geprüft (vgl. Abschnitt 14.2.2.). Bild 22.27 zeigt die Auslenkung des Elementes bei einer statischen Last von rund 3 kN.

Bild 22.27 Statischer Versuch nach DIN EN 1628 mit 3 kN auf einen Verriegelungspunkt im GIMA Lehmziegel (Foto: Küenzlen)

22.3.10.3 Manueller Einbruchsversuch nach DIN EN 1630

Nach der dynamischen Prüfung nach DIN EN 1629 (vgl. Abschnitt 21.2.3) erfolgte die manuelle Prüfung nach DIN EN 1630 (vgl. Abschnitt 21.2.4). In der Prüfzeit von 3 Minuten konnte eine AMO Combi Schraube 7,5/11,5 mit der zugehörigen Kunststoff-Dübelhülse W-UR 10 XXL freigelegt werden, bei einer Einschraubtiefe von 170 mm in die Kunststoff-Dübelhülse (Bild 22.28).

Bei der Prüfung der „reinen" Wand, also nur dem Lehmsteinmauerwerk, konnte während der Prüfdauer von 3 Minuten eine ca. 130 mm tiefe Öffnung im Mauerwerk realisiert werden (Bild 22.29a).

Bei einer Prüfdauer von 5 Minuten – das entspricht dann bereits wieder der Widerstandsklasse RC 3 – konnte in der Wand unter dem Einsatz eines Kuhfußes eine Öffnung in der Größe eines halben Steins herausgebrochen werden (Bild 22.29b). Ein durchgangsfähige Öffnung konnte hier nicht hergestellt werden.

Bild 22.28 Prüfung der Befestigung mittels AMO-Combi Schraube 7,5/11,5 mm an einer Wand aus GIMA Lehmziegel (Lochstein) in der Widerstandsklasse RC 2, Prüfzeit 3 Minuten (Foto: Küenzlen)

a) Widerstandsklasse RC 2, Prüfzeit 3 Minuten mittels Schraubendreher

b) Widerstandsklasse RC 3, Prüfzeit 5 Minuten mittels Kuhfuß

Bild 22.29 Prüfung einer Wand aus GIMA Lehmziegeln (Fotos: Küenzlen)

22.3.11 Versuche in Mauersteinen aus Leichtbeton

22.3.11.1 Allgemeines

Im nationalen Anhang der DIN EN 1627:2011-09 waren nur Steine mit einer Druckfestigkeitsklasse ≥ 12 erfasst (vgl. hier Tabelle 21.4 in Abschnitt 21.2.1.3). Wie in den Abschnitten 22.3.7.2 und 22.3.8 erwähnt, enthält die Fassung der DIN EN 1627 vom November 2021 Lochziegel ab der Druckfestigkeitsklasse 6.

Tabelle 22.2 zeigt die in den zwei verschiedenen Projekten in der Klasse RC 2 geprüften Steine.

22.3.11.2 Statische und dynamische Versuche

Um eine vollständige Prüfung in Anlehnung an DIN EN 1627 bis DIN EN 1630 abzubilden, wurden sowohl statische Versuche in der Klasse RC 2 mit 3 kN pro Verriegelungspunkt (vgl. Bild 21.2) als auch dynamische Versuche mit einem Doppelreifenpendel durchgeführt. Die aus diesen Versuchen gewonnenen Ergebnisse können als unkritisch betrachtet werden, auch wenn die statischen Verformungen aufgrund der sehr geringen Druckfestigkeit der Steine deutlich sichtbar waren, wie Bild 21.2 zeigt.

22.3.11.3 Manuelle Einbruchversuche

Aufgrund der teilweise sehr großen Kammern in Kombination mit der geringen Druckfestigkeit der geprüften Mauersteine aus Leichtbeton (vgl. Tabelle 22.2) waren bei den manuellen Einbruchversuchen in Anlehnung an DIN EN 1630 bereits mit einem Schraubendreher deutlich Beschädigungen möglich (Bild 22.30).

Eine auch nur annähernd „durchgangsfähige Öffnung" (vgl. Abschnitt 21.2.4) konnte jedoch in keinem der geprüften Leichtbetonsteine, die in beiden Projekten untersucht wurden, in der Widerstandsklasse RC 2 erreicht werden.

Eine umfangreiche, sehr detaillierte Dokumentation der durchgeführten RC 2 Versuche in Steinen der Druckfestigkeitsklasse 2 enthält der Abschlussbericht des Forschungsprojektes (ift Rosenheim, 2019b) bzw. der Aufsatz Frank et al. (2020).

Tabelle 22.2 In der Klasse RC 2 untersuchte Leichtbetonsteine und deren Eigenschaften, siehe Frank et al. (2020) und Küenzlen et al. (2019); Fotos: Bundesverband Leichtbeton e.V. (wenn nicht anders angegeben)

Bild	**Querschnitt**	**Eigenschaften (Die Eigenschaften wurden sowohl an den Regel- als auch an den Endsteinen aus den zugehörigen Chargen ermittelt)**	
		Druckfestigkeitsklasse	**Rohdichteklasse**
	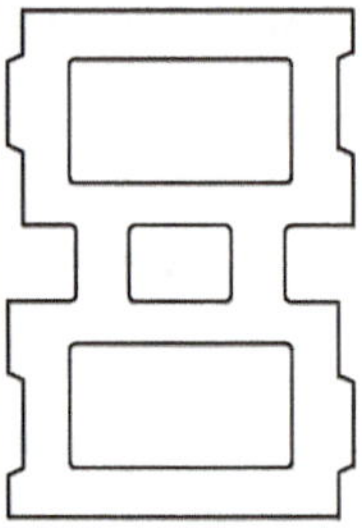	2	0,40
	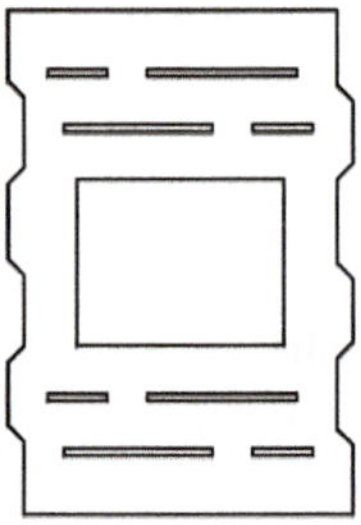	2	0,50
	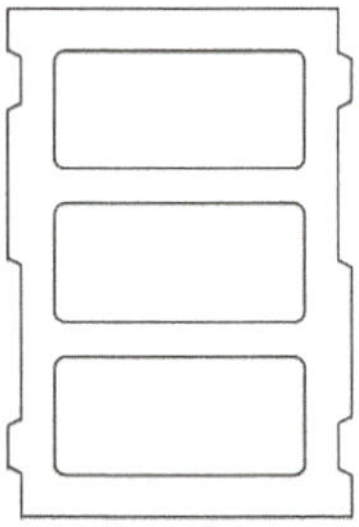	2	0,50
 (Foto: Bisotherm GmbH)	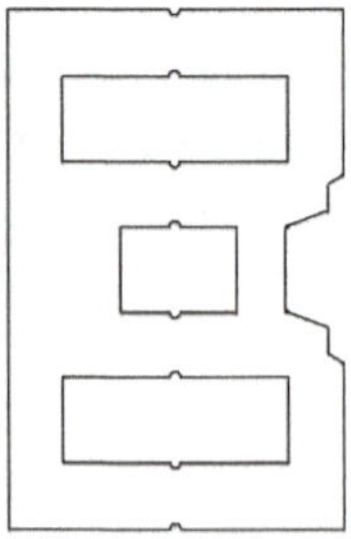	4	0,45

Bild 22.30 Manueller Einbruchsversuch in Mauerwerk aus Leichtbeton in der Druckfestigkeitsklasse 2 (Foto: Küenzlen)

Die Versuche in Mauersteinen aus Leichtbeton der Druckfestigkeitsklasse 4 sind im Prüfbericht ift Rosenheim (2018a) bzw. in Küenzlen et al. (2019) dokumentiert.

22.3.12 Versuche in Kalksandlochsteinen

22.3.12.1 Allgemeines

Im Jahr 2021 wurden Versuche in einer gemauerten Wand aus Kalksandlochsteinen KS L 10 durchgeführt (ift Rosenheim, 2021a). Es wurde also bei den Mauersteinen eine Druckfestigkeitsklasse *geringer* geprüft, gegenüber der im nationalen Anhang von DIN EN 1627 bis zur einbruchhemmenden Klasse RC 4 freigegebenen Druckfestigkeitsklasse 12. Zusätzlich wurden 2023 weitere Versuche in Kalksandlochsteinen in der normativ geregelten Druckfestigkeitsklasse 12 durchgeführt (ift Rosenheim, 2023a).

22.3.12.2 Dynamische Versuche

Bei einem dynamischen Versuch bei den Versuche im Jahr 2021 in Anlehnung an DIN EN 1629 (vgl. Abschnitt 21.2.3) an bereits RC 2 zertifizierten Fensterelementen (Zertifizierung „nur" der Fensterelemente auf Grundlage von Prüfungen im starren Stahl- bzw. Holzrahmen) kam es zu einem Versagen der drei seitlichen Verankerung im Kalksandlochstein.

Geprüft wurden hier zunächst folgende (extreme) Montageparameter:

- Nur seitliche Befestigung: 3 Befestiger je Seite.
- Sehr kleiner Randabstand von c = 30 mm (außen bündige Montage des Fensters).
- Kurze Einschraubtiefe der Abstandsmontageschraube von h_{nom} = 42 mm.
- Achsabstand zwischen den Abstandsmontageschrauben von s = 250 mm (vgl. Bild 5.3 in Abschnitt 5.3).
- Abstand aus der Ecke E = 160 mm (vgl. Bild 5.3 in Abschnitt 5.3).

Durch den Anprall des Doppelreifenpendels „federte" das Fensterelement so stark nach außen zurück, dass es zum Ausbruch der Steinkante kam (Bild 22.31).

a) b)

Bild 22.31 Ausbruch der Abstandsmontageschrauben aus einem Kalksandlochstein bei einem dynamischen Versuch nach DIN EN 1629 in der Klasse RC 2 (Fotos: Grammling)

Die folgende Modifikation der Parameter verhinderte das Ausbrechen der Steinkante beim dynamischen Versuch:

- Nur seitliche Befestigung: Erhöhung der Anzahl der Befestiger auf 4 Befestiger je Seite.
- Reduzierung des Achsabstands auf s = 230 mm.
- Reduzierung des Abstands aus der Ecke auf E = 70 mm.
- Vergrößerung der Einschraubtiefe auf h_{nom} = 112 mm.

22.3.12.3 Manuelle Einbruchversuche

Beim anschließenden manuellen Einbruchsversuch in Anlehnung an DIN EN 1630 (vgl. Abschnitt 21.2.4) war es möglich *einen Befestiger* mit einem Schraubendreher innerhalb von ca. 65 Sekunden freizulegen (Bild 22.32). Dies bedeutet, dass für das untersuchte Fensterelement bei *mindestens vier Befestigern pro Seite* der Einbruchsschutz in der Klasse RC 2 für die Verankerung eines Fensterelements in einem Kalksandlochstein auch bei Beibehaltung des geringen Randabstands c = 30 mm gewährleistet werden kann, sofern alle in den Versuchen geprüften Parameter auch in der Praxis eingehalten werden.

Bei den im Jahr 2023 durchgeführten Versuchen wurde der Randabstand auf c = 45 mm erhöht und die Einschraubtiefe der AMO IV 7,5 mm Schraube auf 165 mm vergrößert. Dafür wurde an der Seite mit nur 3 Befestigern geprüft und an der Brüstungsseite ebenfalls nicht befestigt. Bei diesen Versuchen konnte jeweils

Bild 22.32 Beschädigung durch manuellen Einbruchversuch in der Klasse RC 2 mit Schraubendreher in Kalksandlochstein der Druckfestigkeitsklasse 10 und einem Randabstand von c = 30 mm nach einer Prüfdauer von 65 Sekunden (Foto: Küenzlen)

Bild 22.33 Beschädigung durch manuellen Einbruchversuch in der Klasse RC 2 mit Schraubendreher in Kalksandlochstein der Druckfestigkeitsklasse 12 und einem Randabstand von c = 45 mm nach einer Prüfdauer von ca. 120 Sekunden (Foto: ift Rosenheim, 2023a)

ein Befestiger in knapp 120 Sekunden Prüfzeit freigelegt werden, eine durchgangsfähige Öffnung wurde in der Zeit von 3 Minuten jedoch nicht erreicht (Bild 22.33).

22.3.13 Versuche in Normalbeton

22.3.13.1 Allgemeines

Es wurden Versuche in einer Wand aus Normalbeton der Druckfestigkeitsklasse C30/37 durchgeführt (ift Rosenheim, 2021b). Das bedeutet, dass hier in Bezug auf den Beton in einem Verankerungsgrund geprüft wurde, der in den meisten Montageanleitungen der Hersteller einbruchhemmender Fensterelemente als geeignet vorgegeben ist, da er im nationalen Anhang von DIN EN 1627 sogar bis zur einbruchhemmenden Klasse RC 6 freigegeben ist.

22.3.13.2 Manuelle Einbruchversuche

In Beton zeigten die manuellen Einbruchversuche in Anlehnung an DIN EN 1630 (vgl. Abschnitt 21.2.4), dass bei kleinen Randabständen sogar in der Klasse RC 2 mit einem Schraubendreher die Betonkante (Beton C30/37) stark beschädigt werden kann (Bild 22.34).

Zum Vergleich: Im Kalksandlochstein kann dies bei kleinen Einschraubtiefen und kleinen Randabständen bereits zu einem Freilegen der Befestiger führen (vgl. Abschnitt 22.3.12.3). In Beton war dies bei einem Randabstand von c = 30 mm und einer Einschraubtiefe von h_{nom} = 30 mm dagegen nicht möglich.

In einem weiteren Versuch wurde die Betondruckfestigkeit auf die Klasse C12/15 reduziert, d. h. auf die geringste Druckfestigkeit die normativ in DIN EN 1627 als einbruchhemmende Betonwand angegeben ist. Als Montageparameter wurde hier die Randabstand auf c = 45 mm erhöht und die Schraubtiefe auf 55 mm vergrößert. Das Versagensbild entspricht in etwa dem in Bild 22.34 dargestellten Ergebnis im C30/37. Mit dem Schraubendreher konnte die Betonkante bis auf eine Tiefe von ca. 20 mm weggebrochen werden. (ift Rosenheim, 2024b).

Bild 22.34 Beschädigung durch manuellen Einbruchversuch in der Klasse RC 2 mit Schraubendreher in Beton C30/37 (Foto: Küenzlen)

22.4 Versuche zum Nachweis der Widerstandsklasse WK 3 und RC 3

22.4.1 Versuche in Porenbeton-Plansteinen (Festigkeitsklasse 2)

22.4.1.1 Allgemeines

Da die Anforderungen in der Widerstandsklasse WK 3 deutlich höher sind als bei den in den Abschnitten zuvor erläuterten Versuchen zur Einstufung in die

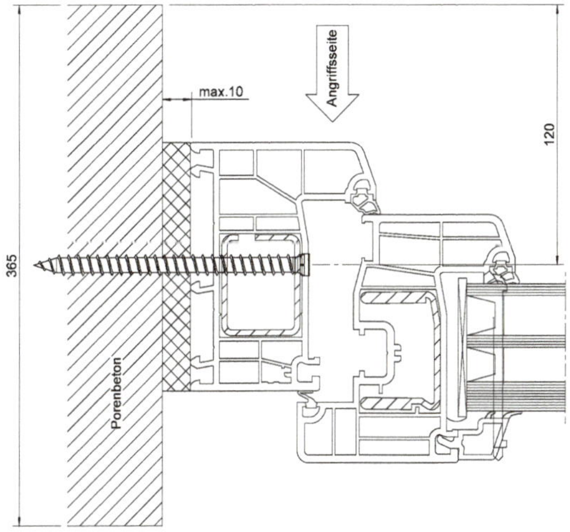

Bild 22.35 Schematische Darstellung der für die Versuche gewählten Montageart und der verwendeten AMO®-Y Schraube mit Lage innerhalb des Fensterprofils (Küenzlen und Flassenberg, 2010)

Widerstandsklasse WK 2 (vgl. sinngemäß Tabelle 21.2 in Abschnitt 21.2.1.1), wurde bei den Versuchen in Porenbeton-Plansteinen der Druckfestigkeitsklasse 2 (ift Rosenheim, 2010a) im Bereich der Befestigungen eine druckfeste Hinterfütterung eingebaut, um beim manuellen Angriff mit dem Kuhfuß eine ausreichende Steifigkeit des Systems gewährleisten zu können (Bild 22.35 und Bild 22.36).

Außerdem wurde der Abstand zwischen Verankerungsgrund und Fensterelement gegenüber den in Abschnitt 22.3.1 beschriebenen Versuchen um 15 mm, von 25 mm auf 10 mm, reduziert, um auch dadurch weniger Möglichkeiten zu bieten, am Fensterelement Hebelkräfte aufbringen zu können (Bild 22.36).

Die Einschraubtiefe der verwendeten AMO®-Y Schraube (vgl. in Abschnitt 4.1 die Tabelle 4.1) wurde aufgrund der bisherigen Erfahrungswerte (Freilegen der Befestiger in der Widerstandsklasse WK 2, vgl. Abschnitt 22.3.1) auf h_{nom} = 140 mm vergrößert. In der Widerstandsklasse WK 2 wurden zum Angriff auf die Befestiger nur Schraubendreher verwendet. Es musste in der Klasse WK 3

Bild 22.36 Detailaufnahme der verwendeten Versuchswand aus Porenbeton-Plansteinen der Druckfestigkeitsklasse 2 und der Befestigungsanordnung mit druckfester Hinterfütterung in der Widerstandsklasse WK 3 (Küenzlen und Flassenberg, 2010)

davon ausgegangen werden, dass mit einem Kuhfuß deutlich größere Mengen an Porenbeton entfernt werden können. Durch die vergrößerte Einschraubtiefe konnte dies kompensiert und die Zeit bis zum Freilegen eines Befestigers deutlich vergrößert werden.

22.4.1.2 Statische Versuche in Anlehnung an DIN V ENV 1628

Für die Beurteilung im Bereich WK 3 nach DIN V ENV 1627:1999-04 wurden die statischen Versuche in Anlehnung an DIN V ENV 1628:1999-04 durchgeführt.

Bei den Versuchen wurde jeder Verriegelungspunkt mit einer Last von 6 kN belastet (in der Klasse WK 2 werden nur 3 kN geprüft). Die Last wurde also durch die vorhandenen 12 Verriegelungspunkte insgesamt 12-mal auf das Fensterprofil aufgebracht. Dabei darf sich zwar das Fenster relativ zum Untergrund verschieben, es darf aber kein Spalt über 20 mm zwischen Fensterrahmen und Fensterflügel entstehen (vgl. sinngemäß Abschnitt 21.2.2).

Die hohe Last von 6 kN hatte zur Folge, dass das Fenster in der Laibung verschoben wurde (vgl. schwarzer Strich (Pfeil) in Bild 22.37a). Es konnte außerdem ein Riss durch die 36,5 cm dicke Porenbetonwand beobachtet werden (Bild 22.37b). Allerdings hatten dabei weder die Verschiebung noch der Riss in der Wand selbst

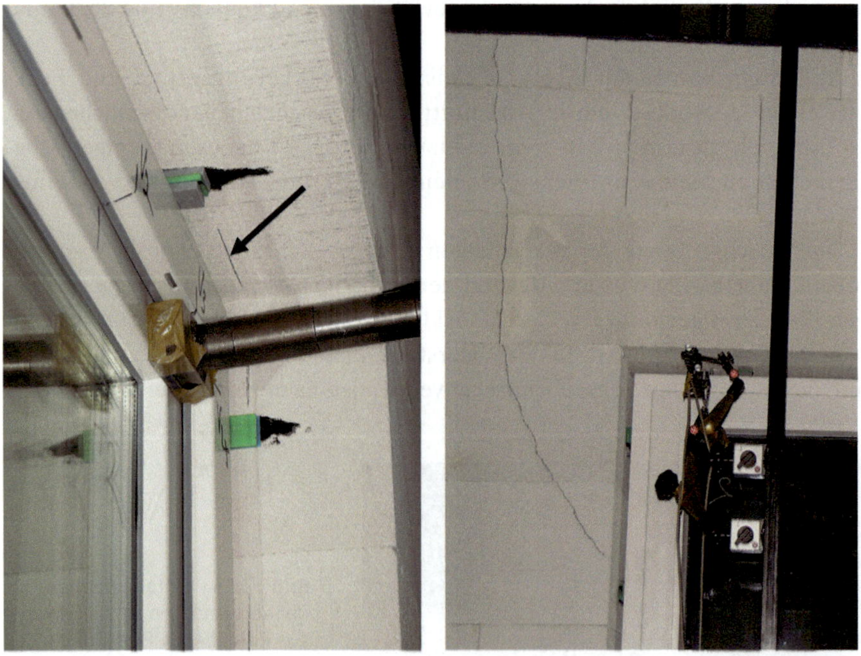

a) b)

Bild 22.37 Statische Druckbelastung der Verriegelungspunkte und Rissbildung in der Wandecke (Küenzlen und Flassenberg, 2010) negative Auswirkungen auf die einbruchhemmende Wirkung der Porenbetonwand bzw. des Gesamtsystems. Dies dokumentiert deutlich, dass die Anforderungen an die Kombination aus Verankerungsgrund, Fenster und Befestigungsmittel bei Prüfungen in der Widerstandsklasse WK 3 sehr hoch sind.

22.4.1.3 Dynamische Versuche in Anlehnung an DIN V ENV 1629

Die dynamischen Versuche in Anlehnung an DIN V ENV 1629:1999-04 wurden, wie in Abschnitt 22.3.1.2 beschrieben, ebenfalls mit einem Sandsack (30 kg) durchgeführt (vgl. Bild 21.1 in Abschnitt 21.1). Für die Beurteilung im Bereich WK 3 wurde der Sack allerdings nicht nur aus 80 cm (Prüfung WK 2), sondern aus einer Höhe von 1,20 m gegen das Fenster geschleudert.

22.4.1.4 Manuelle Einbruchversuche in Anlehnung an DIN V ENV 1630

Im Anschluss an die statische und dynamische Prüfung wurde – wie in der Widerstandsklasse WK 2 – der manuelle Einbruchversuch mit dem Ziel durchgeführt, eine „durchgangsfähige Öffnung" herzustellen (vgl. sinngemäß Abschnitt 21.2.4). Dabei durfte es nach Vorgaben der Norm in der Widerstandsklasse WK 3 nicht möglich sein, innerhalb von fünf Minuten diese Öffnung zu erreichen. Ergänzend zum im Bild 21.8 dargestellten Werkzeugsatz des Gelegenheitstäters wurde zusätzlich ein Kuhfuß mit rund 70 cm Länge (Bild 21.9) verwendet.

Folgende Montage-Parameter wurden geprüft:

- Im Vergleich zu den in Abschnitt 22.3.1.2 dargestellten Versuchen in der Widerstandsklasse WK 2 wurde bei den Versuchen in der Widerstandsklasse WK 3 der Randabstand der AMO®-Y Schraube (vgl. in Abschnitt 4.1 die Tabelle 4.1) von 100 mm auf c = 120 mm vergrößert.
- Gleichzeitig wurde die Einschraubtiefe der Schrauben (gegenüber den AMO® III-Schrauben bei den Versuchen in der Klasse WK 2) um 80 mm auf h_{nom} = 140 mm erhöht.
- Die Achsabstände der Schrauben untereinander wurden von rund 400 mm auf s = 300 mm reduziert und die Schrauben in der Rahmenecke nur noch mit einem Abstand aus der Ecke von E = 100 mm gegenüber 150 mm eingebaut (vgl. Abschnitt 5.3 mit Bild 5.3).

Durch diese Ausführung der Montage war es auch mit dem Kuhfuß nicht möglich, genug Befestigungsmittel freizulegen, um das Fenster aus der Wand reißen zu können (Bild 22.38).

Des Weiteren wurde der Versuch unternommen, direkt durch einen Porenbetonstein – im Bereich der Brüstung – ein Loch zu „graben". Doch auch dieser Versuch wurde nach über fünf Minuten abgebrochen, da es nicht möglich war, eine „durchgangsfähige Öffnung" in der 36,5 cm dicken Wand herzustellen (Bild 22.39).

Bild 22.38 Manueller Einbruchversuch mit dem ca. 700 mm langen Kuhfuß (Küenzlen und Flassenberg, 2010)

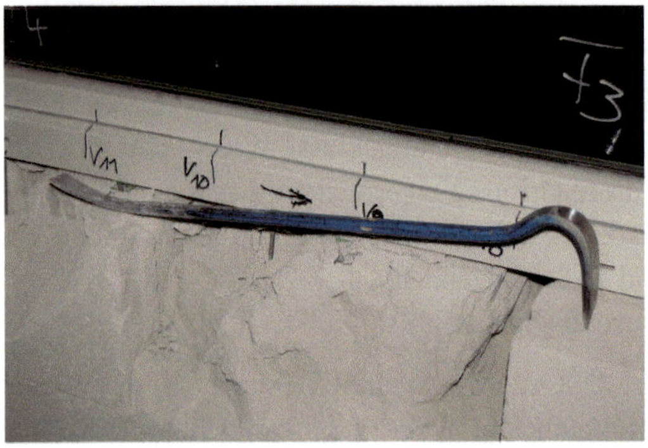

Bild 22.39 Versuch, mit dem Kuhfuß innerhalb von fünf Minuten direkt durch die 36,5 cm dicke Wand zu brechen (Küenzlen und Flassenberg, 2010)

22.4.2 Versuche in „Hochwärmedämmendem Ziegelmauerwerk“

22.4.2.1 Allgemeines

Zu diesem Abschnitt sind auch die Ausführungen in Abschnitt 22.3.7 zu beachten (Versuche in der Widerstandsklasse RC 2).

Die Fensterelemente waren auch hier seitlich mit dem Dübel-System AMO®-Combi Schraube 7,5/11,5 mm in Kombination mit der Kunststoff-Dübelhülse W-UR 10 XXL befestigt. Im Bereich der Fensterstürze oben und der Fensterbrüstung unten kamen dagegen kürzere AMO®-Combi Schrauben in Kombination mit der Kunststoff-Dübelhülse W-UR 10 XS zum Einsatz. Alle Befestigungspunkte waren mit einer druckfesten Hinterfütterung (durchbohrte Kunststoffklötze) versehen.

22.4.2.2 Zusammenfassung der wichtigsten Versuchsergebnisse

Die aus dem Forschungsprojekt resultierenden *allgemeinen* Anforderungen und Ergebnisse (in der Widerstandsklasse RC 2) enthält Abschnitt 22.3.7.2.

Nachfolgend werden deshalb nur die *zusätzlichen* Erfahrungen bei den Prüfungen in der Widerstandsklasse RC 3 ergänzt:

- Ein Putzaufbau aus reinem Leichtputz ist nicht ausreichend (ift Rosenheim, 2019a).
- Eine Montagefuge von bis zu 30 mm (z. B. Altbausanierung, Fensteraustausch) verhält sich bei Verwendung eines Kuhfußes in den Versuchen günstiger als eine Fuge mit einer Breite von nur 15 mm. Beim Angriff mit einem Kuhfuß ergibt sich scheinbar kein Widerlager um die vergleichbare Kraft wie bei einer Fugenbreite von 15 mm aufbringen zu können. Damit können die Ergebnisse auch auf Situationen im Bestandsbau bei einem Austausch der Fenster übertragen werden (ift Rosenheim, 2019a).
- Eine ausreichende Einbruchhemmung für Ziegel in der Druckfestigkeitsklasse 4 mit der Rohdichtklasse 0,6 konnte in den Versuchen *nicht* nachgewiesen werden (ift Rosenheim, 2019a). Aus diesem Grund wurde in Tabelle 21.6 (DIN EN 1627:2021-11) eine entsprechende Randbedingung aufgenommen, dass die Mauersteine mindestens der Druckfestigkeitsklasse 6 entsprechen müssen.
- Als Ergänzung zu den Versuchen in der Widerstandsklasse RC 2 muss in der Klasse RC 3 außerdem noch die Brüstung bzw. die Lagerfläche der oberen Ziegelreihe in der Brüstung geschützt werden (vg l. auch Abschnitt 22.4.2.4). Eine mögliche Lösung kann hier als „Brüstungsabschluss" der Einbau eines Fenstersturzes (Bild 22.40) oder der Einbau einer massiven Fensterbank sein. Leichte Fensterbänke, zum Beispiel aus Aluminium, sind hier nicht geeignet (Bild 22.41).

Bild 22.40 Ergebnis des mechanischen Angriffes auf die Brüstung mit und ohne Fenstersturz in der Widerstandsklasse RC 3 (Foto: Küenzlen)

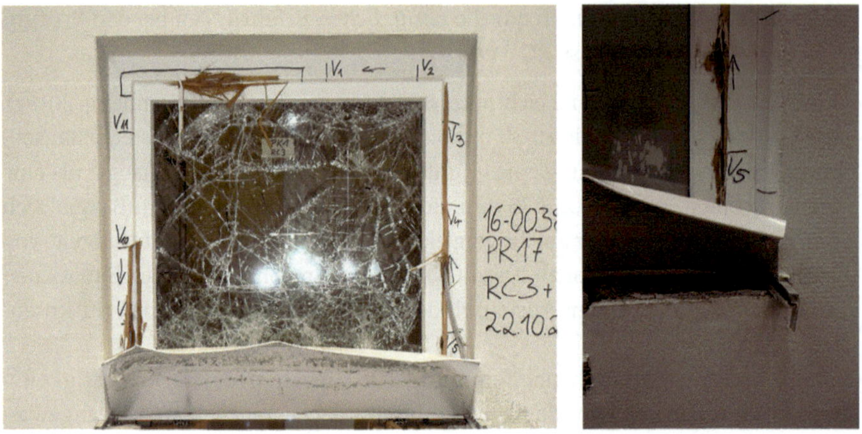

a) b)

Bild 22.41 Mechanischer Angriff auf eine „normale" Fensterbank aus Aluminium (Foto: Küenzlen)

22.4.2.3 Weitere Erkenntnisse: Untersuchung eines Pfeilers und zweier Ziegelrollladenkästen

In einer weiteren Versuchsserie wurde ein Pfeiler zwischen zwei Fenstern untersucht. Dabei bestand der Pfeiler lediglich aus zwei Steinen je Steinreihe.

Bild 22.42 zeigt, dass es in der Widerstandsklasse RC 3 *nicht* möglich war, im Bereich des Pfeilers eine durchgangsfähige Öffnung zu erzielen.

Damit können unter Einhaltung der Vorgaben zur Putzausbildung nach Tabelle 21.6 (DIN EN 1627: 2021-11) auch schmale Pfeiler ausgeführt werden und führen zu keiner Schwächung der Wandkonstruktion in Bezug auf den Einbruchswiderstand in der Klasse RC 3 – unter den geprüften Rahmenbedingungen.

a) b)

Bild 22.42 Ergebnis des mechanischen Angriffes auf einen Pfeiler aus zwei Steinen in der Widerstandsklasse RC 3 (Fotos: Küenzlen)

a) b)

Bild 22.43 Tastversuch zum Erreichen einer durchgangsfähigen Öffnung bei einem Ziegelrollladenkasten in der Klasse RC 3 (Fotos: Küenzlen)

In je einem ersten Tastversuch wurde außerdem die Einbruchhemmung zweier Ziegelrollladenkästen in der Klasse RC 3 untersucht. Es handelte sich dabei um handelsübliche Rollladenkästen ohne besondere einbruchhemmende Eigenschaften.

Bei den zwei Tastversuchen zeigte sich, dass auch ohne besondere Maßnahmen - bei beiden untersuchen Kästen - keine durchgangsfähig Öffnung erreicht werden kann (Bild 22.43), wenn der Abstand zwischen Oberkante des Blendrahmens und der Oberkante des Kastens (innen) kleiner ist, als die Forderungen einer durchgangsfähigen Öffnung, die in der Höhe mindestens 250 mm benötigt (vgl. Abschnitt 21.2.4).

22.4.2.4 Versuche in Leichtbetonstein Bisomark Plus 10

In Abschnitt 22.3.9 wurden bereits Prüfungen in Mauerwerk aus Leichtbeton in der Widerstandsklasse RC 2 vorgestellt.

In einem der Steine, dem Bisomark Plus, wurden zusätzlich Versuche mit Anforderungen an die Widerstandsklasse RC 3 durchgeführt (ift Rosenheim, 2018b). Bild 22.44 zeigt die Beschädigung der Versuchswand (Brüstung) bei Verwendung eines Kuhfußes.

Als sensibler Bereich konnte in Steinen aus Leichtbeton in der Klasse RC 3 der Brüstungsbereich identifiziert werden. Auf diese Erfahrungen, d. h. aus diesen Prüfungen, ist die folgende Anmerkung zurückzuführen (siehe DIN EN 1627:2021-11 für Steine mit einer Druckfestigkeitsklasse ≥ 6; vgl. hier in diesem Fachbuch in Abschnitt 21.3, Tabelle 21.6, Fußnote 6):

> „*Eine geeignete Brüstungsausbildung ist z. B. die Anordnung eines gedreht eingebauten Wärmedämmsturzes, die Anordnung einer massiven Fensterbank etc.*“.

In den Versuchen mit den Mauersteinen aus Leichtbeton hat sich auch eine einfache Reihe aus Leichtbeton-*Vollsteinen* als mögliche technische Lösung zur Erfüllung dieser Bedingung erwiesen (vgl. Bild 22.44):

Bild 22.44 Beschädigung einer Wand aus Leichtbeton-*Lochsteinen* nach 5 Minuten Prüfdauer in der Klasse RC3, wobei die oberste Steinreihe im Bereich der Brüstung mit Leichtbeton-*Vollsteinen* ausgeführt wurde (Foto: Küenzlen)

- Die geprüften Fensterelemente waren zusätzlich nach unten in den Leichtbeton-*Vollsteinen* befestigt.
- Diese Befestigung erschwerte ein Entfernen der Steine zusätzlich deutlich.

Eine allgemeingültige Aufnahme der Widerstandsklasse RC 3 für Leichtbetonsteine in Tabelle 21.6 ist aufgrund der geringen Versuchserfahrungen – gerade bei einer Druckfestigkeitsklasse 2 – nicht möglich. Hier muss für eine sichere Beurteilung weiter der Einzelfall betrachtet werden, wobei die vorliegenden Erfahrungen berücksichtigt werden können.

22.4.3 Versuche in Kalksandlochsteinen

Die aktuelle DIN EN 1627 deckt Kalksandlochsteine ab einer Druckfestigkeitsklasse 12 und einer Wandstärke ab 240 mm als einbruchhemmenden Wandbaustoff bis in die Widerstandsklasse RC 4 ab (vgl. Tabelle 21.6). Da diese normative Einordnung streng genommen nur für eine Wand und nicht für die Befestigung eines Fensters gilt, wurden im Jahr 2023 umfangreiche Versuche an einem bereits in der Widerstandsklasse RC 3 positiv geprüften Element durchgeführt, das mit der Abstandsmontageschraube AMO IV in einem Kalksandlochstein befestigt war (ift Rosenheim, 2023b).

Als Abweichung zu den Vorgaben der DIN EN 1627 wurde eine geringere Wandstärke von 175 mm geprüft. Das Element war mit einem Randabstand c = 100 mm zur Außenkante der Wand befestigt. Das zertifizierte Element wurde dabei umlaufend befestigt. Dabei kam – für die Befestigung – an der Ober- und Unterseite jeweils ein Wärmedämmsturz aus Ziegel zum Einsatz. Das Element war umlaufend druckfest verklotzt.

Im Unterschied zu den bisherigen Erkenntnissen aus den Versuchen nach Abschnitt 22.4.2 kam bei dieser geringen Wandstärke von nur 175 mm (240–360 mm nach Abschnitt 22.4.2) der Ziegelsturz an seine mechanische Grenze und konnte wie

Bild 22.45 Schäden (Innenseite) aus der manuellen Prüfung mit einem Kuhfuß bei Angriff auf die Wandanbindung in einem Kalksandlochstein der Druckfestigkeitsklasse 12 (Foto: ift Rosenheim, 2023b)

Bild 22.45 zeigt auf der Innenseite fast vollkommen mit dem Kuhfuß zerstört werden. Ein derartiges Schadensbild konnte in allen bisherigen Versuchen in Ziegelwänden nicht beobachtet werden. Diese Beschädigung des Ziegelsturzes ermöglichte die Freilegung der seitlichen und der unteren Befestigung (bei einem Randabstand von nur knapp 70 mm nach innen) in einer Prüfzeit von 5 Minuten. Damit konnte allerdings noch keine durchgangsfähige Öffnung erreicht werden.

Es wurde jedoch wieder deutlich, dass Fenster in dieser Widerstandsklasse umlaufend befestigt werden müssen. Des Weiteren wäre hier bei dieser geringen Wandstärke von 175 mm und dem geringen Randabstand nach Innen von nur rund 70 mm ein Betonsturz im Bereich der Brüstung eine besser Wahl für die Praxis.

22.4.4 Versuche in Normalbeton

22.4.4.1 Allgemeines

In Fortsetzung zu den in Abschnitt 22.3.13 durchgeführten Versuchen wurden seinerzeit ergänzend Tastversuche mit einem Fensterelement in einer Wand aus Normalbeton der Druckfestigkeitsklasse C30/37 zum Nachweis der Widerstandsklasse RC 3 nach DIN EN 1627 durchgeführt. Es wird noch einmal festgestellt, dass hier in Bezug auf den Beton in einem Verankerungsgrund geprüft wurde, der in den meisten Montageanleitungen der Hersteller einbruchhemmender Fensterelemente als geeignet vorgegeben ist, da er im nationalen Anhang von DIN EN 1627 sogar bis zur einbruchhemmenden Klasse RC 6 freigegeben ist.

22.4.4.2 Manuelle Einbruchversuche

Wie bei den Versuchen in der Widerstandsklasse RC 2 (vgl. Abschnitt 22.3.13) war der Randabstand der Fensterbefestiger mit c = 30 mm sehr klein gewählt. Außerdem waren die seitlichen Befestigungspunkte nicht verklotzt, um damit – als weitere ungünstige Randbedingung – eine große Auslenkung des Elements mit Hilfe des Kuhfußes in der Prüfung zu ermöglichen.

Tatsächlich stellte sich bei den als Tastversuchen durchgeführten manuellen Einbruchversuchen in Anlehnung an DIN EN 1630 heraus, dass die Randbedingungen

Bild 22.46 Manueller Einbruchversuch in der Klasse RC 3 in Beton C30/37 als Tastversuch: Herausbrechen des seitlich nicht verklotzten Fensterelements bei Einsatz eines Kuhfußes (Foto: Küenzlen)

in der Summe zu ungünstig gewählt waren, da unter Einsatz eines Kuhfußes das gesamte Fensterelement aus der Betonwand gebrochen werden konnte (Bild 22.46).

Auch dieser Versuch in Beton zeigt, dass – wie hier in der Klasse RC 3 – detaillierte Versuchserfahrungen notwendig sind, um ein einbruchhemmendes System aus Befestiger, Fensterelement und Verankerungsgrund realisieren zu können.

In weiteren Versuchen im Jahr 2023 wurde die Befestigung eines einbruchhemmenden Fensters umfangreich in Beton mit einer sehr geringen Druckfestigkeit in der Klasse C12/15 untersucht. Das Ergebnis aus den ersten Tastversuchen bestätigte sich – wie erwartet – auch hier in dieser Versuchsreihe. D. h. es war auch in den weiteren Versuchen nicht möglich ein positives Ergebnis bei einem manuellen Angriff mit Kuhfuß in der Klasse RC 3 in unbewehrtem Beton zu erzielen (Bild 22.47a). Die Befestigung konnte auch bei einem gegenüber den Tastversuchen vergrößerten Randabstand von 50 mm nicht positiv geprüft werden.

Aus diesem Grund wurden Versuche mit der Abstandsmontageschraube AMO IV mit dem Durchmesser 11,5 in bewehrtem Beton durchgeführt. Hier konnten zwar mit dem Kuhfuß die Bewehrung (Durchmesser 8 mm) und die Abstandsmontageschraube freigelegt und teilweise verformt werden, die Schraube mit dem Durchmesser 11,5 mm jedoch nicht über den Bewehrungsstab „gebogen“ werden. Durch diese Art der Montage konnte bei einem Randabstand von 80 mm ein positives Ergebnis für die Befestigung in Beton erzielt werden, das Element konnte nicht aus der Betonwand gebrochen werden (Bild 22.47b, ift Rosenheim 2024b).

Als weiterer kritischer Punkt in diesen Versuchen hat sich die Lage der Klötze gezeigt. In ersten Versuchen erfolgte „nur“ eine einfach zu montierende Verklotzung gegen die PVC Rastfüße des Profils. Dies ermöglichte jedoch eine deutliche Verdrehung des Profils bei Einsatz des Kuhfußes. Hier führte eine Verklotzung

a) Befestigung in Beton ohne Randbewehrung

b) Befestigung in Beton mit Randbewehrung Durchmesser 8 mm

Bild 22.47 Ergebnis des manueller Einbruchversuchs in der Klasse RC3 in Beton C12/15 bei einem Randabstand c = 80 mm (Fotos: Küenzlen)

Bild 22.48 Positiv geprüfte Lage der Klötze bei Verklotzung direkt gegen die Stahlarmierung – zwischen den Rastfüßen des PVC Profils (Foto: Küenzlen)

direkt gegen die Stahlarmierung – also zwischen den Rastfüßen – zu einer deutlichen Verbesserung des Ergebnisses und zur Gewährleistung der Funktionsfähigkeit des geprüften Fensterelementes (Bild 22.48).

22.5 Fazit: Vergleich Versuche in den Klassen WK 2 bzw. RC 2 und in den Klassen WK 3 bzw. RC 3

Es konnte festgestellt werden, dass von den aktuellen Normvorgaben (vgl. Tabelle 21.4 in Abschnitt 21.2.1.3) in Teilen abgewichen werden kann (z. B. Verankerungsgrund, Wandstärke, Druckfestigkeit, Ausführung der Montage), wenn die entsprechende Eignung des Systems durch Versuche nachgewiesen wird. Es zeigt sich aber auch deutlich, dass Montageparameter, die für eine „Standard-Fenstermontage" – ohne Anforderung an die Einbruchhemmung – „üblich" sind, so nicht ohne weiteres auch im Bereich der Montage von Fenstern und Türen mit Anforderungen an die Einbruchhemmung zur Anwendung kommen können. Nach den bisherigen Erkenntnissen sind für eine einbruchhemmende Montage vor allem die Randabstände c und die Anzahl der Befestiger sowie die Abstände s der Befestiger untereinander sinngemäß den hier dargestellten Versuchsergebnissen anzupassen.

Die durchgeführten Versuche haben außerdem bewiesen, dass z. B. Porenbeton auch die Anforderungen an die Widerstandsklasse WK 3 erfüllen kann, obwohl Porenbeton aufgrund der geringen Druckfestigkeitsklasse 2 die Forderungen der DIN V ENV 1627:1999-04 bzw. DIN EN 1627:2011-09 (vgl. hier Tabelle 21.4) nicht erfüllt. Die Kombination aus einem WK 3-Fenster und der untersuchten AMO®-Y Schraube bietet den geforderten Einbruchsschutz für Fenster und deren Befestigung in dieser Widerstandsklasse.

Gerade bei der Verklotzung der Befestigungspunkte zeigte sich bei den im Jahr 2023 durchgeführten Versuchen ein enormer Einfluss der Lage der Klötze. In ersten Versuchen war das Fensterelement „nur" druckfest zwischen den „Rastfüßen" des Elementes und dem Wandbaustoff verklotzt, eine direkte kraftschlüssige Verklotzung zum Stahlprofil des Blendrahmens gab es – im Gegensatz zu Bild 22.48 – nicht. Diese Art der Verklotzung entsprach nicht der Lage der Klötze im bereits ausführlich erläuterten Forschungsprojekt in Abschnitt 22.4.2. Bei diesem Forschungsprojekt wurden alle Vollmaterialklötze aus Kunststoff mittig durchbohrt und die Befestiger durch die Bohrung hindurch gesetzt. Dieser enorme Aufwand bei der Fenstermontage sollte hier vermieden werden, weshalb im ersten Schritt nur gegen die „Rastfüße" verklotzt wurde, dies hätte in der Praxis deutlich Montagezeit eingespart.

Diese Veränderung der Lage der Verklotzung zeigte jedoch einen deutlich negativen Effekt auf den Widerstand des Fensterelementes beim manuellen Angriff mit dem Kuhfuß. Diese Lage der Verklotzung ermöglichte eine starke Verdrehung des Blendrahmens und damit eine spürbare Reduzierung des Widerstandes des Elementes selbst.

Auf Grund dieser Erfahrung wurden die Vollmaterialklötze in weiteren Versuchen mit doppelseitigem Klebeband gegen das Blendrahmenprofil geklebt (Bild 22.48) und anschließend der Zwischenraum zwischen Vollmaterialklötzen und Wandbaustoff mit über den Befestiger steckbaren „AMO-Clips" aufgefüllt (vgl. Bild 22.49). Diese Anordnung ermöglicht in der Praxis eine relativ zügige Montage und zeigte in den Versuchen keinen negativen Effekt auf die geprüften Elemente.

Es hat sich gezeigt, dass die Anforderungen in der Klasse WK 3 bzw. RC 3 deutlich über den Anforderungen der Klasse WK 2 bzw. RC 2 liegen und es zwingend erforderlich ist, die vom Hersteller des Befestigungsmittels bzw. des Fensterherstellers angegebenen Montagehinweise genau einzuhalten; beachte hierzu auch den detaillierten zusammenfassenden Hinweis in Abschnitt 22.8 dieses Fachbuchs.

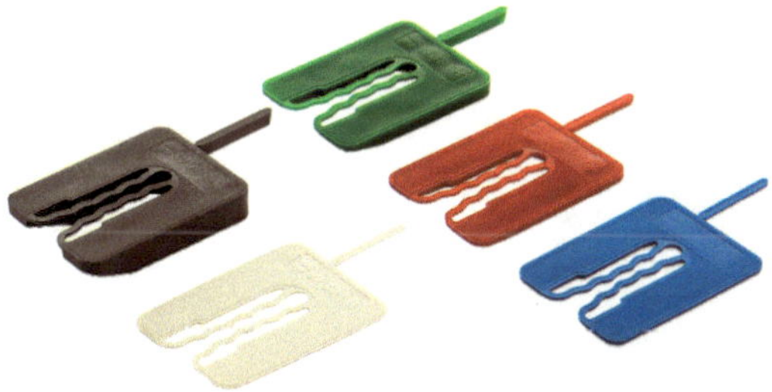

Bild 22.49 AMO CLIP in 1,2,3,5 und 10 mm Dicke zur Auffüllung der Anschlussfuge bei der Fenstermontage (Foto: Adolf Würth GmbH & Co. KG)

22.6 Versuche in der Dämmebene mit Schienen- und Konsolsystemen in Anlehnung an DIN EN 1627 bis DIN EN 1630

22.6.1 Schienen-/Konsolsysteme aus Metall

22.6.1.1 Allgemeines

In der Regel werden auch bei Systemen zur Fenstermontage in der Dämmebene nur die Fenster selbst geprüft und nicht die Anbindung an das Mauerwerk. Deshalb wurde von der Adolf Würth GmbH & Co. KG im Jahr 2013 eine Prüfung in der realen Einbausituation mit einem zweiflügligen Fensterelement mit den Abmessungen 2 m × 2 m durchgeführt (ift Rosenheim, 2013b). Dabei wurden die Konsolen mit dem Kunststoffdübel W-UR 8 mm (aktuelle Bezeichnung SHARK UR 8) in einem Planziegel T-18 der Wienerberger GmbH mit einer Wandstärke von 17,5 cm montiert (vgl. Bild 22.50) und die Wand mit einem zusätzlichen

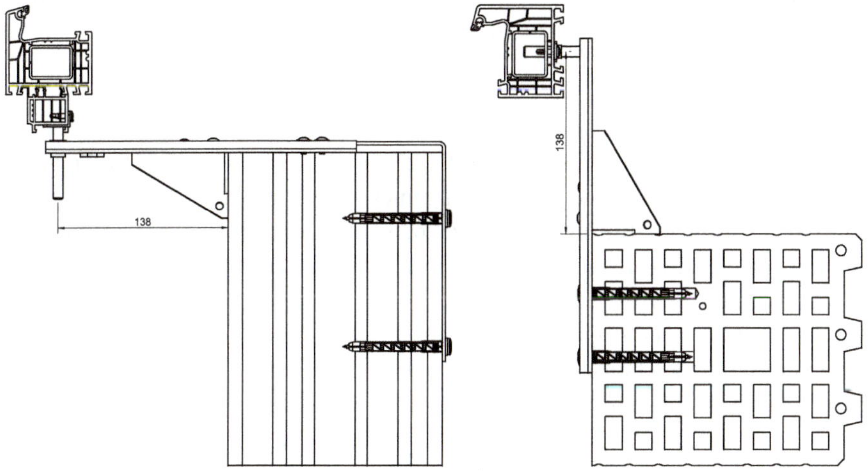

a) b)

Bild 22.50 Schematische Darstellung der Befestigung: a) im Brüstungsbereich und b) in der Laibung (Küenzlen, 2013b)

Bild 22.51 Montagesituation im Bereich der Brüstung und der Laibung mit Konsolen in einem Ziegelmauerwerk (Küenzlen, 2013b)

Wärmedämm-Verbundsystem in einer Stärke von 20 cm versehen. Das Fensterelement war dabei ca. 14 cm vor der tragenden Wand montiert.

Das Element wurde für die Versuche nicht an der Oberseite befestigt, um einen Rollladenkasten simulieren zu können. Im Brüstungsbereich und in der Laibung wurden die Konsolabstände auf rund s = 30 cm reduziert (vgl. Bild 5.3 in Abschnitt 5.3), um die bei den Versuchen auftretenden Belastungen sicher in den Verankerungsgrund einleiten zu können (Bild 22.51).

22.6.1.2 Versuchsergebnisse

Bedingt durch den Verzicht auf eine obere Befestigung konnte beim Aufbringen der statischen Last in Anlehnung an DIN EN 1628 in Höhe von 3 kN (in Fenstermitte) eine Verformung von rund 3 cm gemessen werden (vgl. Bild 22.52), eine „durchgangsfähige Öffnung" konnte jedoch trotz der großen Verformung ausgeschlossen werden (manueller Einbruchversuch in Anlehnung an DIN EN 1630; vgl. Abschnitt 21.2.4).

Beim mechanischen Angriff auf die Konsolen war es möglich, dass die Schraubverbindung zwischen Konsole und Profil gelöst werden konnte, d. h. die Hebelkräfte, die mit dem Schraubendreher aufgebracht werden konnten, waren ausreichend die Schrauben aus dem Stahlprofil im Rahmen zu „hebeln" (Bild 22.53). Bedingt durch die engen Konsolabstände und die Behinderung durch das Wärmedämm-Verbundsystem war es aber nicht möglich, ausreichend Konsolen zu lösen, um eine durchgangsfähige Öffnung herzustellen.

Bild 22.52 Statische Belastung mit 3 kN in Fenstermitte, ohne Befestigung oben (Küenzlen, 2013b)

Bild 22.53 Manueller Angriff auf die Verbindung Konsole – Fensterprofil (Küenzlen, 2013b)

22.6.2 Systeme aus Funktionswerkstoff – EPS

Neben den Systemen aus reinen Metallschienen und -konsolen gibt es Entwicklungen für den Einsatz von verschiedenen Funktionswerkstoffen. Hier zeigt die Versuchserfahrung, dass sich die verschiedenen Werkstoffe gerade im Bereich der Einbruchhemmung sehr unterschiedlich verhalten können. Bild 22.54 und Bild 22.55 zeigen Versuche mit einem in EPS mit unterschiedlichen Randabständen montierten Fenster:

- Das Versagensbild bei Bild 22.54 zeigt eine Kombinationsprüfung. Zum einen wurde versucht, die Befestigung des EPS mittels Kunststoffdübeln am Wandbaustoff freizulegen, und zum Zweiten wurde die Befestigung des Fensters im EPS selbst geprüft.
  Die dargestellte Beschädigung erfolgte bei einem *Randabstand von 95 mm* in ca. 6 Minuten, d. h. nach den Regelungen der Klasse RC 2 wurden jeweils rund 3 Minuten für die Befestigung am Wandbaustoff und rund 3 Minuten für die Befestigung im EPS selbst aufgewendet.

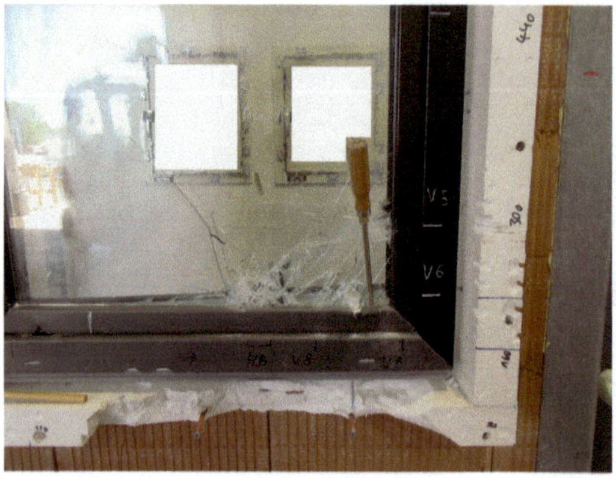

Bild 22.54 Schadensbild bei einem Randabstand des Befestigers zur Außenkante des System EPS von 95 mm nach rund 6 Minuten bei einer Kombinationsprüfung in der Klasse RC 2 (Foto: ift Rosenheim, ift Rosenheim, 2020)

- Bild 22.55 zeigt den Angriff auf die Befestigung im EPS bei einer Prüfdauer von rund 3 Minuten in der Klasse RC 2. Es war hier möglich 2 Befestigungspunkte mit einem *Randabstand von rund 55 mm* freizulegen.
  Daraus kann abgeleitet werden, dass das Fensterelement in der Klasse RC 2 mindestens entweder dreiseitig mit jeweils 2 Schrauben oder zweiseitig mit mindestens 3 Schrauben befestigt werden muss, um den Einbruchswiderstand der Klasse RC 2 zu erreichen und ein „Herausnehmen" des gesamten Fensterelements aus dem Funktionswerkstoff zu verhindern.

Die Klebung und Verdübelung zwischen EPS und Wandbaustoff zeigte sich in allen Versuchen als unkritisch.

Bild 22.55 Schadensbild bei einem Randabstand des Befestigers zur Außenkante des System EPS von 55 mm bei einer Prüfdauer in der Klasse RC 2 von rund 3 Minuten in der Klasse RC 2 (Foto: ift Rosenheim, 2020)

22.6.3 Systeme aus Funktionswerkstoff – PUR-Composit

Wie in Abschnitt 22.6.2 bereits erwähnt, zeigt die Erfahrung, dass sich unterschiedliche Materialen der Funktionswerkstoffe gerade in Bezug auf die einbruchhemmenden Eigenschaften teilweise sehr unterschiedlich verhalten. Bild 22.56 zeigt ein System aus PUR-Composit Material verklebt an einer Hochlochziegelwand.

Bild 22.56 Als einbruchhemmend in der Klasse RC 2 zertifiziertes Fenster montiert an einem – an einer Wand aus Hochlochziegeln – verklebten Winkel aus PUR-Composit Material (Foto: Küenzlen)

Die statischen Versuche in Anlehnung an DIN EN 1628 und die dynamischen Versuche in Anlehnung an DIN EN 1629 (vgl. Bild 22.57) wurden bestanden. Auch der manuelle Einbruchversuch in Anlehnung an DIN EN 1630 allein auf das bereits geprüfte Fenster führt zu einer positiven Beurteilung der einbruchhemmenden Eigenschaften des Fensters selbst (Bild 22.58).

Dagegen zeigte der manuelle Einbruchversuch auf den Winkel aus PUR-Composit Material ein ganz anderes Ergebnis gegenüber dem gleichen Versuch mit EPS Material (Abschnitt 22.6.2). Durch Hebeln mittels Schraubenzieher konnten die Befestiger im PUR-Material innerhalb kürzester Zeit (ca. 20 Sekunden pro Befestiger) freigelegt werden und das Fenster vollständig ausgebaut werden.

Bild 22.57 Dynamischer Anprall in Anlehnung an DIN EN 1629 bei einem RC 2 Fenster montiert in einem PUR-Composit Werkstoff (Foto: Küenzlen)

Bild 22.58 Manueller Angriff in Anlehnung an DIN EN 1630 auf ein bereits zertifiziertes RC 2 Fenster montiert in einem PUR-Composit Werkstoff (Foto: Küenzlen)

a) b)

Bild 22.59 Manueller Angriff in Anlehnung an DIN EN 1630 auf die Befestigung im einem PUR-Composit Werkstoff und die Klebung mit Baugrund Hochlochziegel (Fotos: Küenzlen)

Die Klebung am Baustoff Hochlochziegel konnte im Gegensatz dazu nur mit großem Zeitaufwand überwunden werden und stellt keinerlei Schwachstelle dar (Bild 22.59).

Je nach System kann es also notwendig werden – bei Anforderungen an die Einbruchhemmung des gesamten Systems – eine Ertüchtigung vorzunehmen. Ein Einsatz des PUR-Systems ist unter der Anforderung der Einbruchhemmung beispielsweise in zweischaligem Mauerwerk denkbar, wenn die äußere Klinkerschale (Vorsatzschale) den Blendrahmen überdeckt. Dann ist kein direkter Angriff auf das PUR-System möglich. Das geprüfte Fenster selbst hat in den durchgeführten Versuchen einen Einbruchwiderstand erfolgreich nachweisen können – befestigt im PUR-System.

22.7 Versuche in Holzständerwänden

22.7.1 Grundlagen

In DIN EN 1627 (2021, S. 6-8, Abschnitt NA.4, Tabelle NA.4) ist die „*Zuordnung der Widerstandsklassen von einbruchhemmenden Bauteilen zu Holztafelwänden*" dargestellt. Dabei handelt sich um die Ergebnisse aus einem Forschungsprojekt der Deutschen Gesellschaft für Holzforschung e. V. aus dem Jahr 2002. Diese Zuordnung der geprüften Wandaufbauten und Widerstandsklassen wurden dem zugehörigen Forschungsbericht ift Forschungsbericht (2002, S. 51 und 52, Tabelle 10) entnommen. Die nach den prüftechnischen Anforderungen an die Klassen WK 1 bis WK 4 positiv geprüften Wandaufbauten werden hier in diesem Fachbuch in Bild 22.60 bis Bild 22.63 dargestellt. Dabei wurden die in Tabelle 22.3 zusammengestellten Abkürzungen verwendet.

Tabelle 22.3 Abkürzungen, die in Bild 22.60 bis Bild 22.63 verwendet werden

Abkürzung	Bedeutung
BFU	Baufurniersperrholz (Birken- bzw. Nadelholzfurnier)
FP	Flachpressplatte
GKB	Gipskartonplatte
GF	Gipsfaserplatte
SB.W	Holzfaserdämmplatten
HWL	Holzwolle-Leichtbauplatte
OSB	OSB-Platte
MDF / DHF /DWD	MDF-Platte
MF	Mineralfaser
Min-ML	Mineralfaser-Mehrschicht-Leichtbauplatte
ZSP	Zementgebundene Flachpressplatte

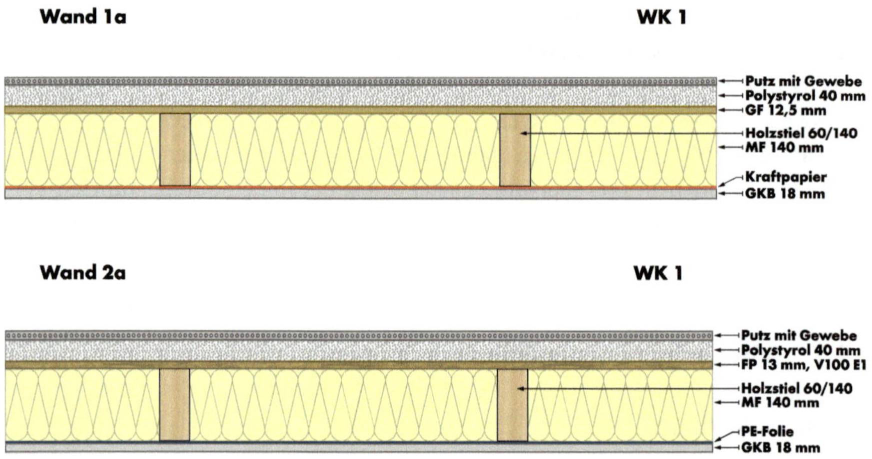

Bild 22.60 Nach Anforderungen der Widerstandsklasse WK 1 positiv in der Fläche geprüfte Wandaufbauten (ift Forschungsbericht, 2002, S. 51)

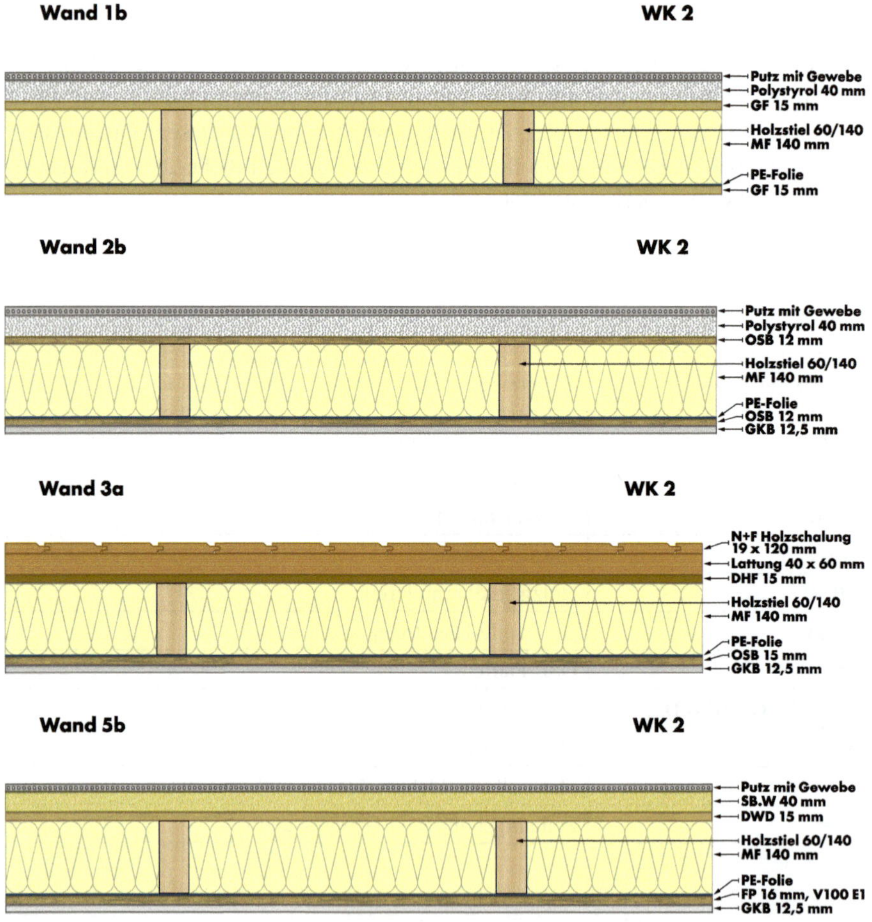

Bild 22.61 Nach Anforderungen der Widerstandsklasse WK 2 positiv in der Fläche geprüfte Wandaufbauten (ift Forschungsbericht, 2002, S. 51 u. 52)

Wand 3b **WK 3**

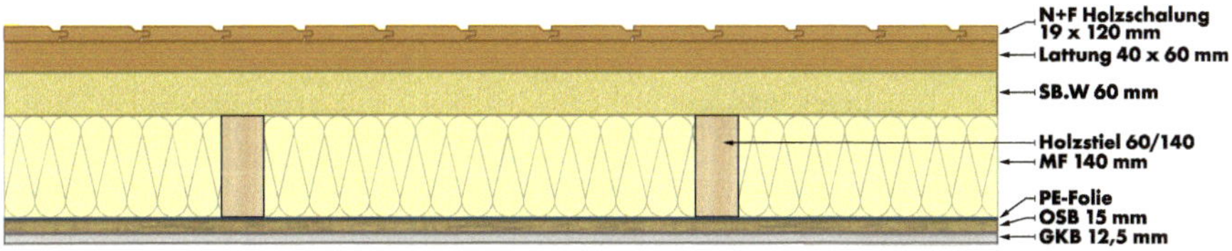

Wand 4a **WK 3**

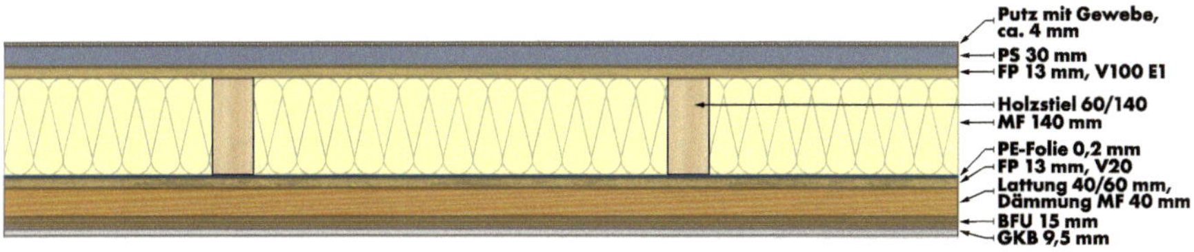

Wand 5a **WK 3**

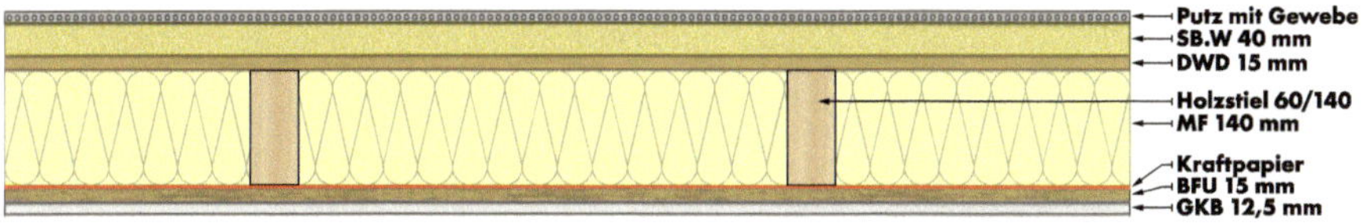

Bild 22.62 Nach Anforderungen der Widerstandsklasse WK 3 positiv in der Fläche geprüfte Wandaufbauten (ift Forschungsbericht, 2002, S. 51 u. 52)

Wand 4b 1 **WK 4**

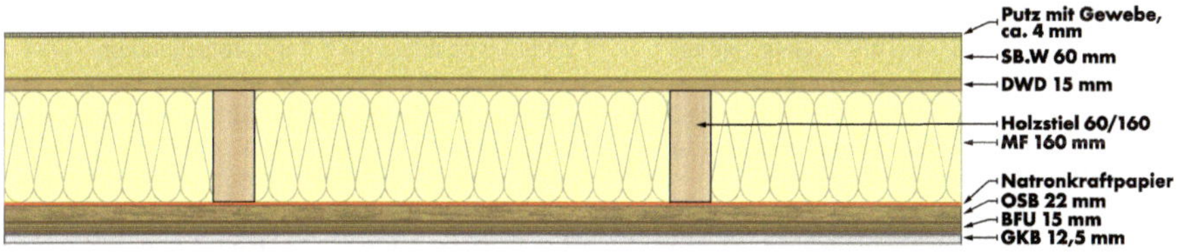

Wand 4b 2 **WK 4**

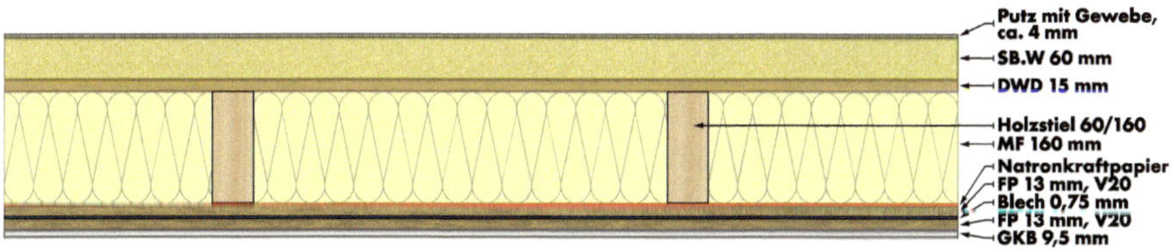

Bild 22.63 Nach Anforderungen der Widerstandsklasse WK 4 positiv in der Fläche geprüfte Wandaufbauten (ift Forschungsbericht, 2002, S. 52)

Die Wandaufbauten selbst haben sich teilweise in den letzten fast 25 Jahren in der Praxis deutlich verändert. Trotzdem gibt der Forschungsbericht umfangreiche Einblicke in den mechanischen Widerstand einzelner Wandaufbauten und Materialkombinationen.

Wand 1a

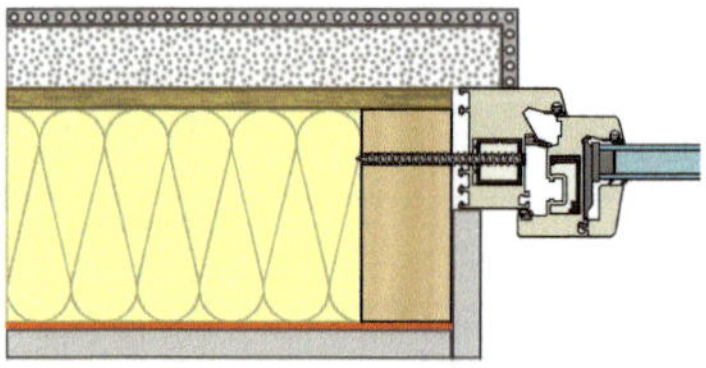

a) Widerstandsklasse WK 2, Randabstand Mitte Schraube bis Kante Holzständer 30 mm

Wand 1b

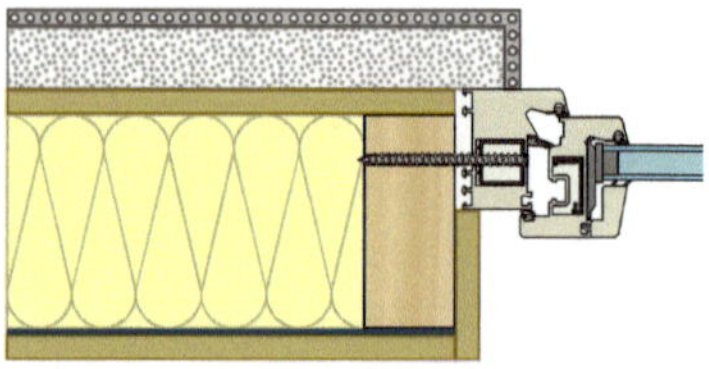

b) Widerstandsklasse WK 2 , Randabstand Mitte Schraube bis Kante Holzständer 30 mm

Wand 2a

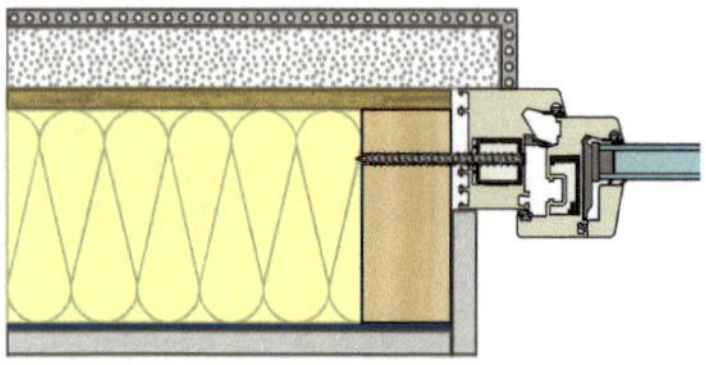

c) Widerstandsklasse WK2, Randabstand Mitte Schraube bis Kante Holzständer 30 mm

Wand 2b

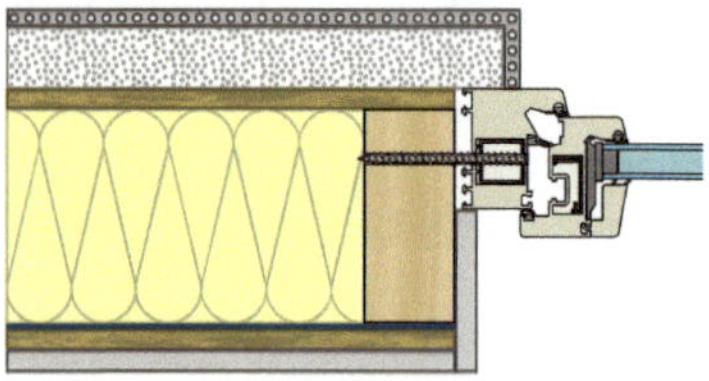

d) Widerstandsklasse WK 2, Randabstand Mitte Schraube bis Kante Holzständer 30 mm

Wand 3a

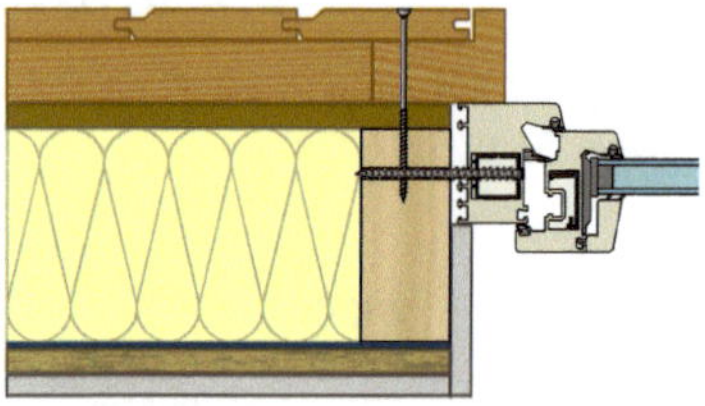

e) Widerstandsklasse WK 2, Befestigung umgebender Holzrahmen mit mind. 3 Nägeln 3,0×100 mm, 3 Nägel pro Seite, Randabstand Mitte Schraube bis Kante Holzständer 30 mm,

Wand 3b

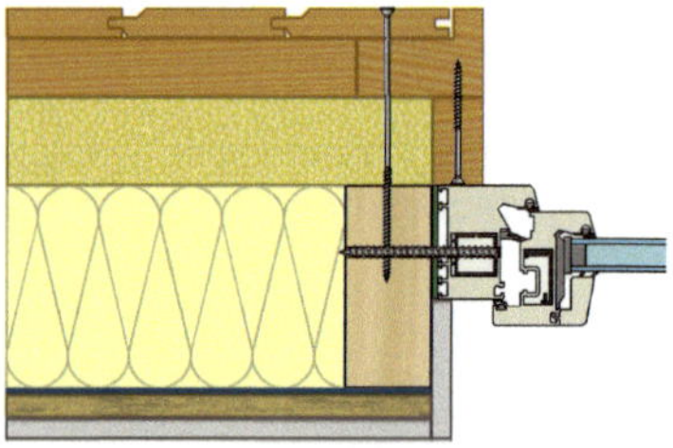

f) Widerstandsklasse WK 3 mit umgebendem geschraubtem Holzrahmen mit Schrauben 6,0× 220 mm, je Seite 3 Schrauben, Distanzholz zum Ausgleich zwischen Holzrahmen und Blendrahmen verschraubt mit 6,0×100 mm, je Seite 3 Schrauben, Randabstand Mitte Schraube bis Kante Holzständer 30 mm

Wand 4a

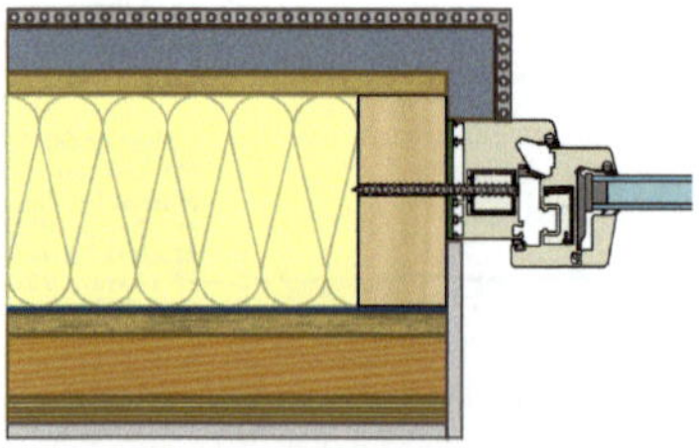

g) Widerstandsklasse WK3, Randabstand Mitte Schraube bis Kante Holzständer 70 mm

Bild 22.64 Eignung der verschiedenen Anbindungsvarianten des Fenstereinbaus für die unterschiedlichen Widerstandsklassen nach ift Forschungsbericht (2002, S. 42 und 43 sowie 47 und 48) mit grafischer Ergänzung von Wand 1a und 1b sowie Darstellung einer modernen Abstandsmontageschraube in allen dargestellten Anbindungsvarianten durch die Autoren

Des Weiteren wurden im Forschungsbericht umfangreiche Durchbruch- und Durchwurfprüfungen durch einzelne Schichten des Wandaufbaus dokumentiert. Damit sind im Forschungsbericht nicht nur Prüfungen in kompletten (damaligen) Wandaufbauten enthalten, sondern es wird auch ein großer Katalog an Versuchsdaten zu den einzelnen Schichten eines Wandaufbaus zur Verfügung gestellt.

Zur Befestigung der Fensterelemente wurden im Rahmen des Forschungsprojekts zusätzlich noch zwei unterschiedliche Befestigungssysteme in Form einer Abstandsmontageschraube und einer Spannplattenschraube untersucht. Dabei wurde– im Sinne der Gleichwertigkeit mit den geprüften Fensterelementen – auch die Befestigungsebene angegriffen und nicht nur die Wand selbst.

Die Ergebnisse dieser Untersuchungen zeigt Bild 22.64, diese sind dem Forschungsbericht ift Forschungsbericht (2002, S. 47 und 48, Tabelle 9) entnommen.

Hinweis: Die Autoren haben die im Jahr 2002 untersuchten Befestiger in den Zeichnungen des Forschungsberichts durch eine moderne Abstandsmontageschraube ersetzt, da die Ergebnisse für derartige Befestigungssysteme im Holzständer – aus Sicht der Autoren – relativ allgemeingültig verwendet werden können. Diese Übertragung auf die modernen Abstandsmontageschrauben AMO IV bzw. AMO Y bzw. der hier grafisch erfolgte Austausch wird für die Widerstandsklasse RC 2 in ift Rosenheim (2025d) und für die Widerstandsklasse RC 3 in ift Rosenheim (2025e) bestätigt.

22.7.2 Versuchserfahrungen mit einem modernen Holz-Wandaufbau in der Widerstandsklasse RC 2

In Abschnitt 22.7.1 wurde ein Forschungsprojekt vorgestellt, bei dem vor rund 25 Jahren die in dieser Zeit üblichen Wandaufbauten untersucht wurden. Nachfolgend wird ein Versuch an einem aktuellen Wandaufbau mit Verwendung von Spanplatten erläutert, da Spanplatten nicht Bestandteil des Forschungsprojekts waren. Für diesen Versuch wurde ein zweiflügeliges Stulpfenster-Element in einer Holzständerwand montiert; vgl. Bild 22.65.

Das Stulpfenster-Element und die Wand selbst wurden im Rahmen der in Abschnitt 21.2 dargestellten Versuche geprüft (ift Rosenheim, 2021d). Dabei wurde sowohl die einbruchhemmende Eigenschaft des Stulpfenster-Elements selbst als auch die Wandanbindung mittels Abstandsmontageschrauben und der in Bild 22.65 dargestellte Wandaufbau untersucht. Dieser Wandaufbau wurde wie folgt ausgeführt:

- Wandaußenseite: 13 mm Spanplatte
- Dämmung: 180 mm Mineralwolle
- Wandinnenseite: 12, 5 mm Gipsbauplatte und 13 mm Spanplatte

Die Befestigung erfolgte mit Abstandsmontageschrauben AMO Y/AMO IV mit dem Durchmesser 7,5 mm, wobei folgende Montageparameter eingehalten wurden:

- Keine seitliche Verklotzung
- Achsabstand zwischen den Befestigern maximal 50 cm

- Einschraubtiefe ca. 30 mm
- Fugenbreite zwischen Holzständer und Rastfüßen des Profils 10 mm
- Randabstand nach Innen ca. 70 mm, nach außen 110 mm

Die einbruchhemmenden Eigenschaften des Stulpfenster-Elements wurden durch die Montage nicht negativ beeinflusst. Das Versuchsresultat in Bezug auf die Wandanbindung und die Wand selbst nach einem mechanischen Angriff mit dem

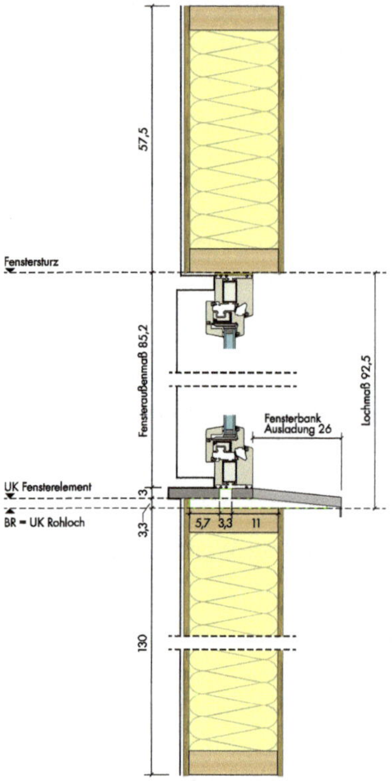

a) Vertikalschnitt

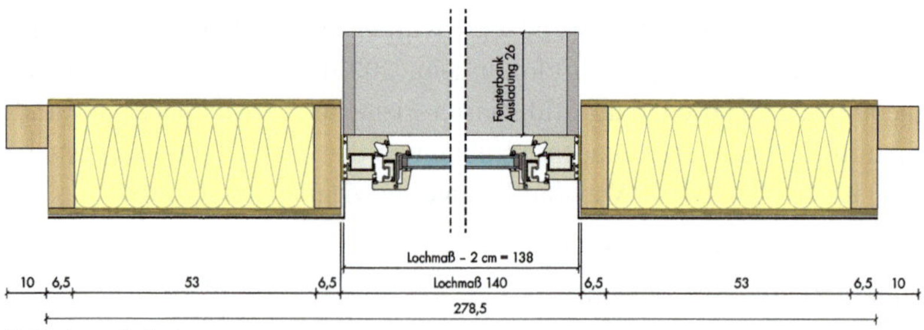

b) Horizontalschnitt

Bild 22.65 Bei den Versuchen verwendeter Wandquerschnitt (ift Rosenheim, 2021d)

Bild 22.66 Mechanischer Angriff mit Schraubendreher auf die Wandanbindung/Befestigung (ift Rosenheim, 2021d)

Bild 22.67 Mechanischer Angriff mit Schraubendreher auf die Außenwand im Bereich der Spanplatte nach dem Entfernen der Dämmung im Zwischenraum (ift Rosenheim, 2021d)

Schraubendreher – vergleichbar mit den Versuchen nach DIN EN 1630 (in der Klasse RC 2 von mindestens 3 Minuten) – zeigen Bild 22.66, Bild 22.67 und Bild 22.68:

- Bei einem mechanischen Angriff mit dem Schraubendreher auf die Außenseite der Wand (Wandfläche) war es möglich durch reines Stoßen des Schraubendrehers ein Feld in der Größe von ca. 40 × 40 cm aus der 13 mm dicken Spanplatte herauszutrennen und die Dämmung aus dem Zwischenraum zu entfernen (Bild 22.67).
- In der Prüfzeit von 3 Minuten konnte auf die Innenseite der Wand (Wandfläche) in der 13 mm dicken Spanplatte nur noch ein Riss in der Länge von ca. 10 cm erzeugt werden; eine durchgangsfähige Öffnung war hier nicht mehr realisierbar.
- In einem weiteren Versuch wurde versucht die Anbindung der äußeren Spanplatte an den Holständer zu schwächen (Bild 22.68). Auch bei diesem Versuch konnte in der Prüfzeit von 3 Minuten keine durchgangsfähige Öffnung erzielt werden.

Bild 22.68 Mechanischer Angriff mit Schraubendreher auf die Außenwand im Bereich des Holzständers (ift Rosenheim, 2021d)

22.8 Zusammenfassung: Ergebnis der Versuche

Für die Montage von Fenstern und Türen mit Anforderungen an die Einbruchhemmung kann die Tabelle NA.2 in DIN 1627:2021-11 (hier Tabelle 21.6 und Tabelle 21.7 in Abschnitt 21.3) als erste Orientierung für die Befestigung der Blendrahmen-Profile an Massivwänden aus mineralischen Baustoffen (Beton und Mauersteine) herangezogen werden. Dabei wird in dieser Tabelle nur der Wandbaustoff dargestellt.

Neben der Betrachtung des Wandbaustoffs selbst sind unterschiedliche Montage-Parameter für das Gesamtsystem aus Wand, Befestigungsmittel und einbruchhemmendem Fenster- bzw. Türenelement zu beachten, die in folgendem Hinweis abschließend allgemein zusammengefasst werden können.

Hinweis: Die in den Montagehinweisen der Befestigungsmittel- bzw. Fensterhersteller enthaltenen Parameter für einbruchhemmende Fenster- und Türen-Montagen, wie z. B.

- Art des Fensterprofils,
- Art des Verankerungsgrunds,
- Druckfestigkeitsklasse des Verankerungsgrunds,
- Abstand zwischen Verankerungsgrund und Blendrahmen,
- Art des Befestigers (Typ, Durchmesser, Länge),
- Einschraubtiefe in den Verankerungsgrund h_{nom},
- Anzahl der Befestiger,
- eventuell erforderliche Verklotzung,
- Randabstände c,
- Achsabstände s,
- Abstände aus den Fensterecken E und
- ggf. weitere

müssen eingehalten werden, da sonst die jeweils ausgewiesene Widerstandsklasse (RC bzw. WK) nicht realisiert werden kann.

23

Hochwasserbeständige Fenster und Türen

23.1 Übersicht

Die Natur kennt keine Hochwasserschäden. Ist jedoch der Mensch betroffen, wie Hochwasserereignisse in der jüngsten Vergangenheit sehr deutlich zeigen, beispielsweise im Ahrtal im Jahr 2021, verursachen Hochwasser große (volkswirtschaftliche) Schäden. Diese sind oft auch einige Jahre bis Jahrzehnte nach dem eigentlichen Ereignis noch nicht wieder vollständig beseitigt und weiter deutlich sichtbar.

Beim Wiederaufbau, aber auch generell beim Bau von Gebäuden in von Hochwasser- und/oder Starkregen gefährdeten Gebieten, rücken nicht nur der ganze Baukörper, sondern auch deren Fenster und Türen in den Fokus, die direkt einer Gefährdung ausgesetzt sein könn(t)en.

Dieses Kapitel 23 gibt einen ersten allgemeinen Überblick zum Thema hochwasserbeständige Fenster und Türen. Dabei wird aufgezeigt, dass nicht nur das Fenster- bzw. Türenelement allein, sondern jeweils auch deren Befestigung am Baukörper sowie die Lastweiterleitung bis in den tragenden Baugrund immer zwingend untersucht werden muss, soll es nicht zu extremen Schäden kommen.

Im abschätzenden Praxisbeispiel 11 kann in Kapitel 24 nachgewiesen werden, dass auch für den Lastfall „Hochwasser" Befestigungslösungen mit entsprechend zugelassenen Fensterbefestigern zum Beispiel im Verankerungsgrund Beton unter bestimmten Voraussetzungen denkbar bzw. möglich sind.

23.2 Risiko Hochwasser

23.2.1 Allgemeines

Ist man von einem Hochwasser betroffen, liegt der erste Fokus sicherlich darauf, dass das Wasser außerhalb des Gebäudes bleibt. Damit sollen Schäden im Inneren vermieden werden. Gerade dieses Wasser im Gebäude kann aber eine wichtige Funktion im Rahmen der gesamten Standsicherheit erfüllen (vgl. Abschnitt 23.2.3).

Befestigung und Abdichtung von Fenstern und Türen. Regelwerke, Bauphysik, Baurecht, Praxisbeispiele. 2. Auflage.
J. Küenzlen, E. Scheller, M. Klatecki.

Die Richtlinie FE-07/3 (ift Rosenheim, 2025a, S. 2, Vorwort) weist auf diesen Umstand hin:

> *„Es ist aber auch die Gesamtlage des Gebäudes zu berücksichtigen, wenn diese [...] insgesamt „aufschwimmen" können, was ggf. größere Gebäudeschäden bewirken kann als ein reiner Wasserschaden".*

Nachfolgend werden kurz zwei plakative Beispiele dazu dargestellt.

23.2.2 Beispiel 1

Bild 23.1 zeigt ein Gebäude, das beim Hochwasser am Fluss Murr in Baden-Württemberg am 13. Januar 2011 aufgeschwommen ist. Hier wurde direkt am Ufer des Flusses Murr ein komplett wasserdichter Keller ausgeführt. Damit konnte kein Wasser in das Gebäude eindringen. Am Ende fehlten allerdings rund 70 Tonnen Auflast aus dem Gebäude auf den Betonkeller, da die Geschoßdecke im ersten Obergeschoß „nur" als leichte Holzbalkendecke ausgeführt war. Dies führte zu einem Aufschwemmen des Gebäudes und damit zu einem wirtschaftlichen Totalschaden am Gebäude in Höhe von mehreren 100 000 Euro. Undichte oder nicht wasserdruckdichte Kellerfenster hätten zu einer „automatischen" Flutung des Gebäudes geführt und damit zu einem weit geringeren Sachschaden.

Bild 23.1 Aufgeschwemmtes Wohnhaus mit wasserdichtem Betonkeller am 13. Januar 2011 (beachte schief stehenden Rohbau im Hintergrund des Fotos) (Foto: Küenzlen)

23.2.3 Beispiel 2

Ein weiteres Beispiel zeigt ein Gebäude in Backnang (Bild 23.2). Hier wurde im Rahmen der innerörtlichen Hochwasserschutzmaßname geplant, das Gebäude in die Hochwasserschutzmauer aus Stahlspund- und Betonwand zu integrieren. Das heißt die Gebäudefassade sollte Teil der „hochwasserdichten" Wand werden. Der

Bild 23.2 Gebäude in Backnang mit historischen Fenstern – als geplanter Bestandteil der Hochwasserschutzmauer (Foto: Küenzlen)

Einbau der Fenster hätte nach Nothstein (2023) zu einem Einsturz des gesamten Gebäudes führen können:

> *„Je detaillierter sich der Gutachter mit dem Gemäuer beschäftigte, umso mehr kam er zur Einschätzung, dass der alleinige Einbau dichter Fenster keine gute Idee ist. Denn das Gebäude benötigt bei einem Hochwasser das Wasser der gefluteten Keller als Gegendruck. Sonst würde die zu dünn dimensionierte Hauswand eingedrückt werden. Auch sei es nicht ausreichend, die Wand einfach zu verstärken, weil dann das Gebäude aufschwimmen beziehungsweise die Bodenplatte aufbrechen könnte. Das Fazit des Experten lautet daher: „Die Flutung des Kellers hält die Bodenplatte in ihrer Lage und stabilisiert die Wände durch den Wassergegendruck von innen. Die Voraussetzung für die Widerstandsfähigkeit des Gebäudes ist die Flutung des Untergeschosses.“*

Aufgedeckt wurde diese Problematik nachdem von einem Vertreter des Eigentümers die Nachweise zur Lastweiterleitung der Befestigung der hochwasserdichten Fenster in die Gebäudeaußenwand von der für die Maßnahme verantwortlichen Behörde eingefordert wurden.

Die ift-Richtlinie FE-07/3 (ift Rosenheim, 2025a, S. 2, Vorwort) gibt hier den entsprechenden deutlichen Hinweis an die Planenden solcher Hochwasserschutzmaßnahmen insofern, ...

> *„dass neben den hochwasserbeständigen Abschlüssen auch eine geeignete Auslegung des restlichen Gebäudes erforderlich ist, um eine Hochwasserbeständigkeit zu bewirken“. ...*

weshalb die Richtline davon ausgeht, dass *„üblicherweise“* der Einbau solche Elemente für die Prüfung in *„geeignete“* Betonwände vorzusehen ist.

23.3 Prüfung von Fensterelementen und Fensterbefestigern

Im Rahmen der CE-Kennzeichnung nach DIN EN 14351-1 werden Fenster „nur" auf ihre Schlagregendichtheit geprüft. Diese Prüfung erfolgt nach DIN EN 1027 mit einer anschließenden Klassifizierung nach DIN EN 12208. Dabei darf Regenwasser nicht in den geschützten Innenraum eindringen.

Dieser Nachweis hat jedoch nichts mit (an)stehendem Wasser also einem Hochwasser zu tun. Hier ist der Nachweis der Dichtheit gegen eine statische Wassersäule auf der Außenseite erforderlich. Ein europäisches Prüfverfahren für diesen Spezialfall gibt es bisher nicht.

Nach der ift-Richtlinie FE-07/3 (ift Rosenheim, 2025a) ist die Prüfung solcher Elemente möglich. Dabei ist die Eigenschaft der Hochwasserbeständigkeit eine zusätzliche Eigenschaft, die die deklarierten Eigenschaften (z. B. CE-Kennzeichnung) nicht beeinträchtigen darf. Durch die erforderliche Dichtheit können z. B. höhere Bedienkräfte erforderlich sein.

Zum Nachweis der Hochwasserdichtigkeit werden die Elemente – unter Beachtung der Montagevorgaben – an der Außenseite „unter Wasser gesetzt" und die Leckage ermittelt (Krippahl, 2024). Die Prüfung erfolgt dabei „statisch", d. h. ohne Geschwindigkeitskomponente wie diese bei einer Wassersströmung auftritt.

Neben der absoluten Wasserdichtheit wird auch ein begrenzter Wassereintritt in den Versuchen berücksichtigt.

- Wasserdichtheit bedeutet hier, *„dass kein Wassereintritt zur Innenseite innerhalb von 24 Stunden feststellbar ist"*.
- Hochwasserbeständig, im Sinne der Richtlinie bedeutet, dass innerhalb von 24 Stunden weniger als 240 Liter Wasser durch den Anschluss in den Innenraum eindringen. Dieser geringe Wassereintritt muss durch geeignete andere Maßnahmen bewältigt werden.
- Wasserundurchlässig ist das Element, wenn innerhalb von 24 Stunden weniger als 1 (ift Rosenheim, 2024a) bzw. 24 (neue Kategorie in ift Rosenheim, 2025a) Liter Wasser in den Innenraum gelangt.

Bild 23.3 zeigt eine solche Versuchsanordnung. Dabei berücksichtigt die Richtlinie bzw. die Versuchsanordnung keine möglichen Schäden durch übertretende fließende Gewässer, die auch Festkörper mitschwemmen können (Bild 23.4).

Bereits im Jahr 2006 wurden mit der Abstandsmontageschraube AMO III entsprechende Versuche in einer Betonwand nach der ersten Fassung dieser Richtlinie durchgeführt (ift Rosenheim, 2006). Dabei konnte eine Hochwasserbeständigkeit von 80 cm Wassersäule im Versuch nachgewiesen werden. Eine komplette Wasserdichtheit konnte allerdings nicht erreicht werden. Bild 23.5 zeigt mögliche Undichtigkeiten bei dieser Versuchsanordnung. Im durchgeführten Versuch blieb der gesamte Wassereintritt innerhalb von 24 Stunden jedoch unter 240 l.

Bild 23.3 Im Prüfrahmen (Betonelement) eingebautes Fensterelement bei der Prüfung auf Dichtigkeit im Falle eines Hochwassers (Foto: ift Rosenheim)

Bild 23.4 (Extrem-) Beispiel für mögliche Schäden durch übertretende fließende Gewässer, die auch Festkörper mitschwemmen können (Foto: Küenzlen)

Bild 23.5 Undichtigkeit am Fenstergriff bei der Prüfung auf Dichtigkeit bei Hochwasser (Foto: ift Rosenheim)

23.4 Nachweise für die Befestigung

23.4.1 Allgemeines

Bereits in Küenzlen et al. (2020, S. 107, Abschnitt 8.5.1) wurde im Zusammenhang mit der Befestigung und der Nachweisführung absturzsichernder Fenster auf den Nachweis der Lastweiterleitung aus der Befestigung in das Bauwerk hingewiesen.

Das Beispiel 2 in Abschnitt 23.2.3, Bild 23.2 zeigt sehr plakativ, wozu der Verzicht auf diesen Nachweis im Extremfall führen kann, weshalb dieses Thema hier noch einmal ausdrücklich erwähnt wird.

Auch in DIBt MVV TB (2025/1) heißt es dazu in Anhang 3 „Anforderungen an Planung, Bemessung und Ausführung von Verankerungen in Mauerwerk mit nachträglich gesetzten Befestigungsmitteln“ wie folgt:

> *„Der Nachweis der unmittelbaren örtlichen Krafteinleitung in das Mauerwerk gilt unter Beachtung der Bestimmungen der jeweiligen ETA als erbracht. Die Weiterleitung der zu verankernden Lasten im Bauteil ist nachzuweisen.“*

Ebenso steht es in den nationalen Zulassungen für Dübel und Fensterbefestiger, siehe z. B. in abZ/aBG AMO Y/IV (2024, S. 5, Abschnitt 3.2.1):

> *„Die Weiterleitung der zu verankernden Lasten im Bauteil ist nachzuweisen.“*

Die ift-Richtlinie FE-07/3 (ift Rosenheim, 2025a, S. 9, Abschnitt 7.1) gibt auch in der aktuellen Fassung keine weiteren Hinweise, wie die Verankerung solcher Elemente am Bauwerk erfolgen kann. Es wird lediglich auf die Montageanweisung verwiesen:

> *„Vom Hersteller ist eine der Bauart zugehörige Montageanweisung zu erstellen, welche die folgenden Punkte berücksichtigt:*
> - *Voraussetzung hinsichtlich des umgebenden Baukörpers (Wandbauarten)*
> - *[...]*
> - *Angaben hinsichtlich der Befestigung und Befestigungsmittel“*

Die Richtlinie enthält keine Informationen darüber, welche Voraussetzungen der Baukörper und/oder die Befestigung erfüllen müssen. Aus diesem Grund werden dazu nachfolgend einige Ausführungen gemacht, die sich jedoch

- ausschließlich auf den Nachweis der örtlichen Krafteinleitung der Befestigungsmittel beziehen und
- ausdrücklich *nicht* mit der *„Weiterleitung der zu verankernden Lasten im Bauteil“* beschäftigen.

Hinweis: Nur wenn der Nachweis der Krafteinleitung aus dem hochwasserdichten/hochwasserbeständigen Fensterelement in den umgebenden Verankerungsgrund gelingt, macht ein Nachweis der „Weiterleitung der zu verankernden Lasten im Bauteil" bis in den tragenden Baugrund Sinn.

Beim Nachweis der „Weiterleitung der zu verankernden Lasten im Bauteil" sind die Ausführungen und Hinweise in Abschnitt 23.2 dieses Fachbuchs zu beachten.

23.4.2 Lastfall Hochwasser

Für Fensterelemente und damit deren Befestiger am realen Verankerungsgrund können im Lastfall „Hochwasser" mit teilweisem oder vollständigen Einstau, jeweils mit und ohne Strömungskomponente, belastet werden (vgl. Bild 23.6a bis d).

Ergänzend ist Folgendes zu beachten:

- Im Fall einer Anströmung mit der Geschwindigkeit v_0 bildet sich infolge des Staudrucks am angeströmten Hindernis eine Art Wasserpolster mit der Höhe z_v (vgl. Bild 23.6b und d). Diese Höhe kann zur Berechnung des zusätzlichen Wasserdrucks aus der Anströmung herangezogen werden.
- Falls die Anströmung nicht senkrecht auf das Fenster trifft sondern eine schräge Anströmung vorhanden ist, muss nur die senkrecht auf das Fenster gerichtete Geschwindigkeitskomponente berücksichtigt werden.

In der ift-Richtlinie FE-07/3 (ift Rosenheim, 2025a, S. 2, Vorwort) heißt es dazu folgendermaßen:

> *„Nicht berücksichtigt werden in dieser Richtlinie mögliche Schäden durch die Strömung übertretender fließender Gewässer wie auch von dynamischen Anprallasten durch darin schwimmende Gegenstände (Bäume, Mülltonnen etc.)."*

Hinweis: Die nachfolgenden Hinweise orientieren sich an dem Zitat zuvor.

Aus Sicht der Autoren sind dann allerdings bauliche Zusatzmaßnahmen z. B. Schutzgitter erforderlich, um z. B. nicht unerhebliche dynamische Anprallasten durch anschwimmende entwurzelte Bäume auf ein Fensterelement und deren Befestigung ausschließen zu können. Auch hier darf nicht aus den Augen verloren werden, dass diese Anprallasten durch das Gebäude selbst aufgenommen werden müssen.

Der zu berücksichtigende Wasserstand ergibt sich für das jeweilige Bauvorhaben beispielsweise aus den Hochwassergefahrenkarten der Bundesländer, örtlichen Beobachtungen vergangener Ereignisse oder entsprechenden hydrologischen Untersuchungen.

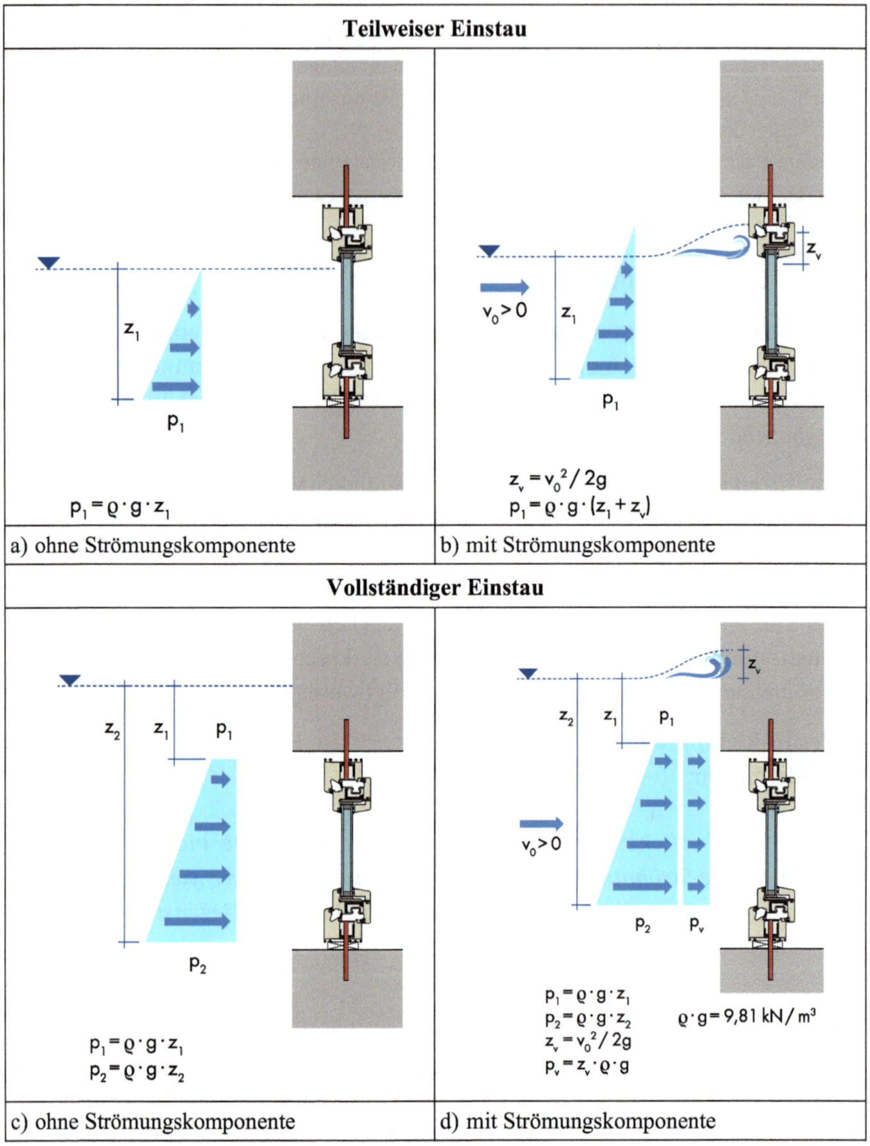

Bild 23.6 Hochwasser: Teilweiser und vollständiger Einstau, mit und ohne Strömungskomponente

Hinweis: Ist – wie in Beispiel 2 in Abschnitt 23.2.3 dargestellt – die Voraussetzung für die Widerstandsfähigkeit eines Gebäudes dessen Flutung, so kann der Wasserdruck von innen analog zum Wasserdruck von außen berechnet werden.

Der Wasserdruck von außen und – so vorhanden – der Wasserdruck von innen können sich dann teilweise oder auch komplett aufheben.

Hier sind in jedem Anwendungsfall individuelle ingenieurmäßige Annahmen zu treffen und entsprechende Nachweise zu führen.

24

Praxisbeispiel 11 – Fenstermontage für den Lastfall Hochwasser (Abschätzung)

24.1 Einleitung und allgemeine Hinweise

Im folgenden fiktiven Praxisbeispiel 11 wird *abschätzend* nur der Nachweis der örtlichen Krafteileitung für die Befestigung eines hochwasserdichten/hochwasserbeständigen Fensterelements im Verankerungsgrund Beton für den Lastfall „Hochwasser" geführt.

Wie in Abschnitt 23.4 bereits dargelegt, muss zunächst diese örtliche Krafteinleitung nachgewiesen werden.

Bei einem erfolgreichen Nachweis kann anschließend – unter Berücksichtigung der Ausführungen in Abschnitt 23.2 dieses Fachbuchs – die Lastweiterleitung bis in den tragenden Baugrund untersucht werden, worauf im Folgenden aus Übersichtsgründen verzichtet wird.

Untersucht wird hier nachfolgend ein einfaches Rechteckfenster mit den Außenabmessungen des Blendrahmens B × H = 1,50 m × 1,30 m.

Der Wasserstand ab Unterkante des Blendrahmens beträgt z_1 = 0,90 m (vgl. Bild 23.6a bzw. Bild 24.1).

Zur weiteren Vereinfachung des Beispiels wird

- nur der Lastfall „Hochwasser" und
- nur die davon „unmittelbar" betroffenen Fensterbefestiger im unteren Bereich des Fensterelements untersucht (vgl. Fensterbefestiger (1) bis (9) in Bild 24.2).

Auf der sicheren Seite werden die ansonsten auch im oberen Bereich erforderlichen und in der Realität vorhandenen Fensterbefestiger für den Lastfall „Hochwasser" als nicht mittragend angenommen.

24.2 Zusammenstellung der erforderlichen Ausgangsdaten

Die Ausgangsdaten für das Praxisbeispiel 11 ergeben sich wie folgt:

- hochwasserdichtes/hochwasserbeständiges Kunststofffenster (Kunststoffprofil mit Stahleinlage ohne Profilverbreiterung)

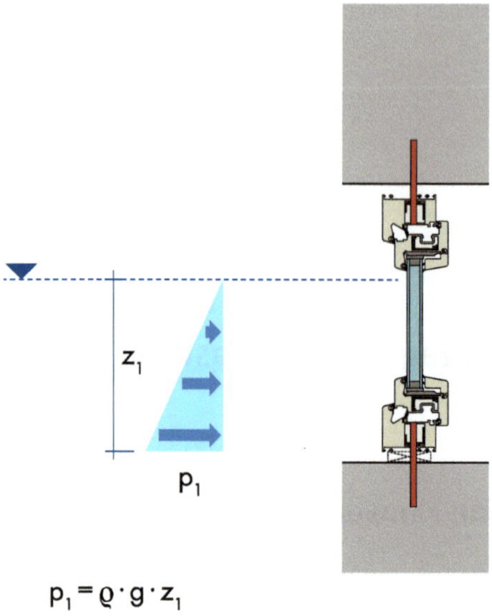

Bild 24.1 Teilweiser Einstau ohne Strömungskomponente (siehe auch Bild 23.5a)

- Außenabmessungen des Blendrahmens: Breite × Höhe = B × H = 1,50 m × 1,30 m
- Breite der Blendrahmenprofile: $b_{BR} \approx 50$ mm = 0,05 m
- Wasserstand ab Unterkante des Blendrahmens: $z_1 = 0{,}90$ m (vgl. Bild 23.6); dieser Wasserstand ergab sich aus der relevanten Hochwassergefahrenkarte
- Verankerungsgrund: Beton ≥ C20/25 nach DIN EN 206-1 (2021)
- Wanddicke ≥ 200 mm
- Gewählter Fensterbefestiger: Abstandsmontagschraube AMO IV ∅ 11,5 mm gemäß abZ/aBG AMO Y/IV (2024), Anordnung vgl. Bild 24.2
- Freie Schraubenlänge $e_f \leq 20$ mm, vgl. abZ/aBG AMO Y/IV (2024, Anlage 5)
- Einbaulage des Fensters *mittig* in der Laibung, so dass für die Randabstände der Abstandsmontageschraube gilt $c_{innen} = c_{außen} = c_{min} \geq 100$ mm (vgl. Bild 24.1)

24.3 Einwirkungen

24.3.1 Allgemeines

Die Fensterbefestiger werden für den Lastfall „Hochwasser" exemplarisch und vereinfachend nur nach Bild 23.6a bzw. Bild 24.1 für einen teilweisen Einstau *ohne* Strömungskomponente untersucht. Der Wasserstand ab Unterkante des Blendrahmens beträgt gemäß der relevanten Hochwassergefahrenkarte $z_1 = 0{,}90$ m.

24.3.2 Bestimmung des Wasserdrucks p_1

Mit Gl. (24.1) wird zunächst der hydrostatische Druck bzw. Wasserdruck als charakteristische Einwirkung ermittelt ($p_1 = p_{1,k}$):

$$\begin{aligned} p_{1,k} &= \rho \cdot g \cdot z_1 \\ &= 1000\,\frac{kg}{m^3} \cdot 9{,}81\,\frac{m}{s^2} \cdot 10^{-3} \cdot 0{,}90\,m \\ &= 9{,}81\,\frac{kN}{m^3} \cdot 0{,}90\,m \\ &= 8{,}83\,\frac{kN}{m^2} \end{aligned} \tag{24.1}$$

mit:

$p_{1,k}$ = hydrostatische Druck bzw. Wasserdruck in kN/m² (charakteristischer Wert)
ρ = Dichte für Wasser
= 1000 kg/m³
g = Schwerebeschleunigung/Fallbeschleunigung/Erdbeschleunigung
= 9,81 m/s²
z_1 = Wasserstand
= 0,90 m

Für die Ermittlung des Wasserdrucks als Bemessungswert für den Lastfall „Hochwasser" lagen den Autoren zum Zeitpunkt der Drucklegung keine eindeutigen Informationen vor, welcher Teilsicherheitsbeiwert der Einwirkungen γ_F anzusetzen ist.

Mit Bezug auf

- die Befestigung von absturzsichernden Fensterelementen bei stoßartiger Belastung (vgl. Küenzlen et al., 2020, S. 114, Abschnitt 8.5.3) und/oder
- die Ausführungen in Abschnitt 23.4.2 dieses Fachbuchs

ließe sich diskutieren, ob es sich bei dem Lastfall „Hochwasser" auch um eine „außergewöhnliche Einwirkung" handelt, für die nach DIN EN 1990 (2010, S. 9, Tabelle NA.A.1.2 (A)) $\gamma_F = \gamma_A = 1{,}0$ angesetzt werden könnte.

Da die im Folgenden durchgeführte Abschätzung der einwirkenden Querlasten auf die verwendeten Fensterbefestiger relativ grob ist, schlagen die Autoren stattdessen vor, den Teilsicherheitsbeiwert der Einwirkungen zum Beispiel in Anlehnung an DIN 1054 als Sicherheitsbeiwert gegen Auftrieb mit $\gamma_F = 1{,}1$ anzusetzen.

$$\begin{aligned} p_{1,d} &= p_{1,k} \cdot \gamma_F \\ &= 8{,}83\,\frac{kN}{m^2} \cdot 1{,}1 \\ &= 9{,}71\,\frac{kN}{m^2} \end{aligned} \tag{24.2}$$

mit:

$p_{1,k}$	=	8,83 kN/m²	vgl. Gl. (24.1)
γ_F	=	1,1	siehe Anmerkungen zuvor

24.3.3 Bestimmung der Resultierenden

Für die weitere Abschätzung und deren Kontrolle (vgl. Abschnitt 24.4.2) wird für das hier im Beispiel betrachtete Fenster mit einer Breite von B = 1,50 mit Bild 24.2 ergänzend die aus dem Wasserdruck resultierende Gesamtkraft $P_F = P_{F,d}$ als Bemessungswert ermittelt; vgl. Gl. (24.3):

$$\begin{aligned} p_F &= p_{1,d} \cdot B \cdot \frac{z_1}{2} \\ &= 9{,}71\,\frac{kN}{m^2} \cdot 1{,}50\,m \cdot \frac{0{,}90\,m}{2} \\ &= 6{,}55\,kN \end{aligned} \tag{24.3}$$

mit:

$p_{1,d}$	=	9,71 kN/m²	vgl. Gl. (24.2)
B	=	1,50 m	vgl. Abschnitt 24.2
z_1	=	0,90 m	vgl. Bild 24.2

24.4 Ermittlung der maßgebenden Querkräfte

24.4.1 Vereinfachtes Modell zur Bestimmung der Querkräfte

Mit $P_F = P_{F,d}$ = 6,55 kN wurde in Gl. (24.3) der Bemessungswert der resultierende Einwirkung aus dem liegenden prismatischen Belastungskörper nach Bild 24.1 ermittelt:

- Mit Bezug auf die Lage der Resultierenden P_F werden in Bild 24.1 – sinngemäß wie bei Lasteinzugsflächen – Lasteinzugskörper abgeschätzt, die sich an der Lage der Fensterbefestiger (1) bis (9) orientieren.
- Die Lage der Fensterbefestiger (1) bis (9) wurde vorher unter Berücksichtigung der Abstandsangaben für „A“ und „E“ festgelegt; siehe dazu Gütegemeinschaft (2024, S. Abschnitt 5.1.1.2, S. 160, Bild 5.7) bzw. vgl. Bild 5.3 in diesem Fachbuch.

Hinweis: Die hier dargestellte Vorgehensweise stellt eine grobe Vereinfachung für eine erste Abschätzung dar.

In der Realität wird sich in Abhängigkeit der Steifigkeiten des Blendrahmenprofils und der Fensterbefestiger im Verankerungsgrund kein gleichmäßiger Belastungskörper ausbilden. Diese Steifigkeiten bzw. dieser Belastungskörper und damit die einwirkenden Kräfte auf die einzelnen Befestigungspunkte lassen sich – wenn überhaupt – nur über komplexe FEM-Berechnungen ermitteln, worauf hier aus Übersichtsgründen verzichtet wird.

Aus Sicht der Autoren ist die dargestellte grob vereinfachte Vorgehensweise dennoch als Abschätzung geeignet, um eine (Vor-) Bemessung durchzuführen, wenn der Ausnutzungsgrad dabei ausreichende Reserven aufweist: $V_{Ed} / V_{Rd} < 1{,}0$

Ausgehend von der Anordnung der Fensterbefestiger (1) bis (9) werden im nächsten Schritt vereinfachend – als Abschätzung – einzelne idealisierende quaderförmige Belastungskörper in den prismatischen Belastungskörper hineingelegt (Bild 24.3). Die Resultierenden der einzelnen Quader können dann den einzelnen Fensterbefestigern (1) bis (9) zugeordnet werden.

Aus der Anschauung von Bild 24.4 sind offensichtlich

- die beiden seitlichen, mittleren Befestigungspunkte (3) und (4) bzw.
- der untere, mittlere Befestigungspunkt (8)

für die Bemessung maßgebend. Nur für diese Befestigungspunkte werden die einwirkenden Querkräfte ermittelt (Abschnitt 24.4.3 und 24.4.4) und für die maßgebende Querkraft anschließend die Bemessung durchgeführt (Abschnitt 24.5).

Die anderen Befestigungspunkte werden auf der sicheren Seite liegend ohne weitere Nachweise baugleich ausgeführt.

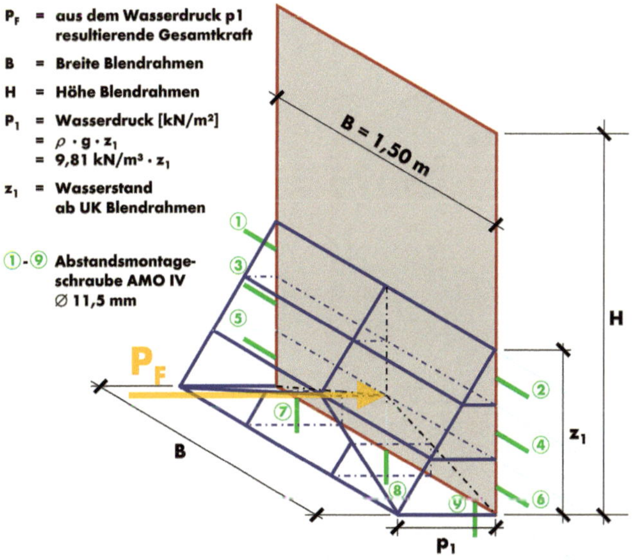

Bild 24.2 Liegender prismatischer Belastungskörper mit resultierender Einwirkung P_F sowie vereinfachte Annahme der Aufteilung auf die Fensterbefestiger

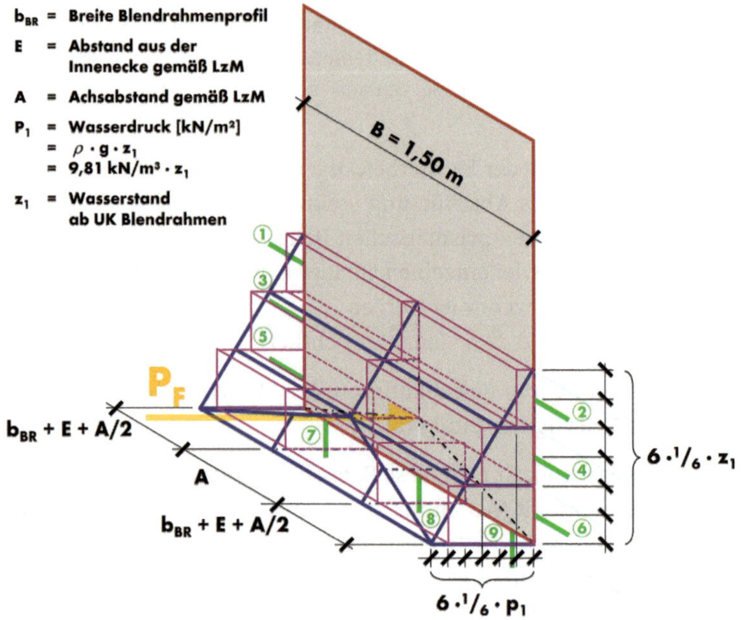

Bild 24.3 Idealisierung des prismatischen Belastungskörpers mit einzelnen Quadern

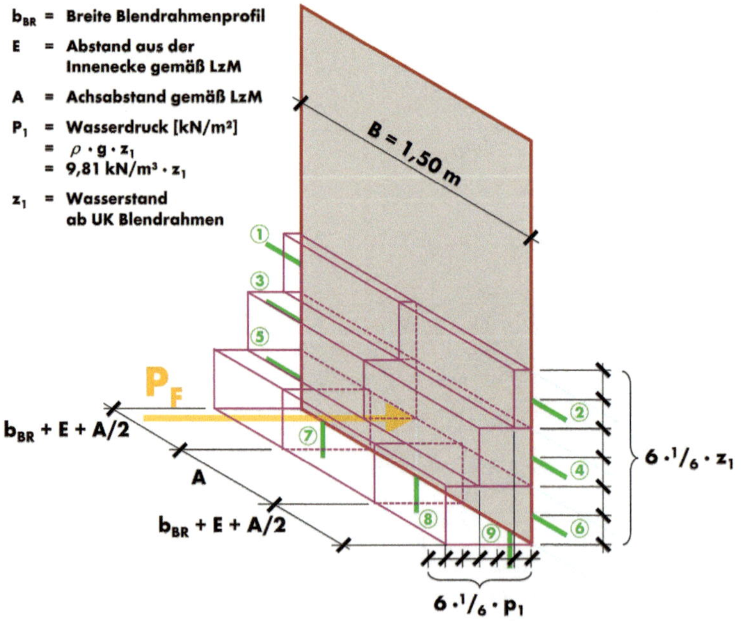

Bild 24.4 Idealisierte quaderförmige Belastungskörper

24.4.2 Kontrolle des vereinfachten Modells

Zur Kontrolle wird zunächst noch mit Gl. (24.4) aus den quaderförmigen Belastungskörpern in Bild 24.4 die resultierende Gesamtkraft ermittelt und der Resultierenden aus Gl. (24.3) gegenübergestellt:

$$\begin{aligned} P_{F,Q,d} &= \left[\left(\frac{1}{6}\cdot p_1\cdot\frac{2}{6}\cdot z_1\right)+\left(\frac{3}{6}\cdot p_1\cdot\frac{2}{6}\cdot z_1\right)+\left(\frac{5}{6}\cdot p_1\cdot\frac{2}{6}\cdot z_1\right)\right]\cdot B \\ &= \frac{1}{6}\cdot p_1\cdot\frac{2}{6}\cdot z_1\cdot[1+3+5]\cdot B \\ &= \frac{1}{18}\cdot p_1\cdot z_1\cdot 9\cdot B \\ &= \frac{1}{2}\cdot 9{,}71\cdot 0{,}90\cdot 1{,}50 \\ &= 6{,}55\,\mathrm{kN} = P_{F,d} \qquad \text{Kontrolle OK; vgl. Gl. (24.3)} \end{aligned} \tag{24.4}$$

mit:

$p_{1,d}$	=	$9{,}71\ \mathrm{kN/m^2}$	vgl. Gl. (24.2)
z_1	=	$0{,}90\ \mathrm{m}$	vgl. Bild 24.2
B	=	$1{,}50\ \mathrm{m}$	vgl. Abschnitt 24.2

Im Folgenden wird mit dem Bemessungswert des Wasserdrucks $p_1 = p_{1,d} = 9{,}71\ \mathrm{kN/m^2}$ nach Gl. (24.2) weiter gerechnet.

24.4.3 Querkraft Befestigungspunkt (3) bzw. (4)

Die auf die Befestigungspunkte (3) bzw. (4) einwirkende Querlast $V_{Ed,3} = V_{Ed,4}$ ergibt sich mit Gl. (24.5) als vereinfachte Abschätzung der Resultierenden aus dem jeweiligen Belastungsquader in Bild 24.5.

$$\begin{aligned} V_{Ed,3} &= \left(\frac{3}{6}\cdot p_1\right)\cdot\left(\frac{2}{6}\cdot z_1\right)\cdot\frac{B}{2} \\ &= \left(\frac{1}{2}\cdot 9{,}71\right)\cdot\left(\frac{1}{3}\cdot 0{,}90\right)\cdot\frac{1{,}50}{2} \\ &= 4{,}86\cdot 0{,}30\cdot 0{,}75 \\ &= 1{,}09\,\mathrm{kN} \end{aligned} \tag{24.5}$$

mit:

p_1	=	$9{,}71\ \mathrm{kN/m^2}$	=	$p_{1,d}$	vgl. Gl. (24.2)
z_1	=	$0{,}90\ \mathrm{m}$			vgl. Bild 24.2
B	=	$1{,}50\ \mathrm{m}$			vgl. Abschnitt 24.2

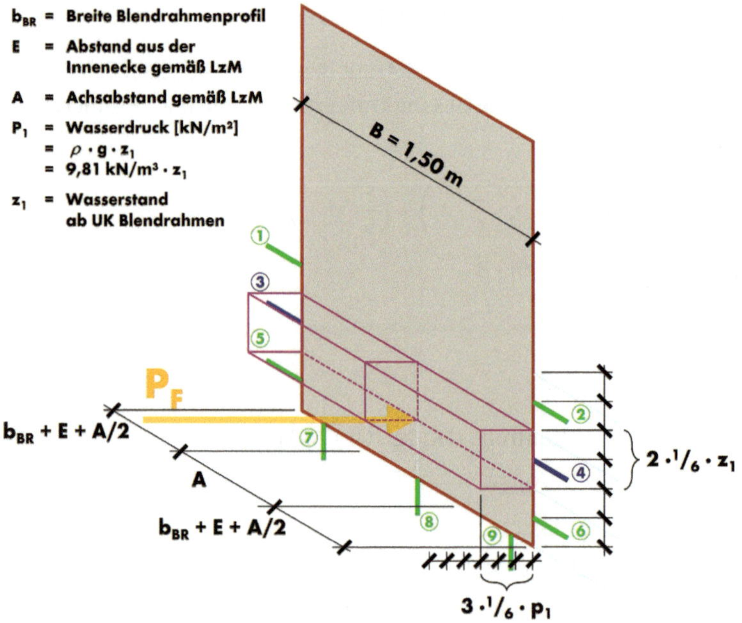

Bild 24.5 Idealisierte quaderförmige Belastungskörper für die Befestigungspunkte (3) bzw. (4)

24.4.4 Querkraft Befestigungspunkt (8)

Die auf den Befestigungspunkt (8) einwirkende Querlast ($V_{Ed,8}$) ergibt sich mit Gl. (24.6) als vereinfachte Abschätzung der Resultierenden aus dem Belastungsquader in Bild 24.6.

$$\begin{aligned} V_{Ed,8} &= \left(\frac{5}{6} \cdot p_1\right) \cdot \left(\frac{2}{6} \cdot z_1\right) \cdot A_{unten} \\ &= \left(\frac{5}{6} \cdot 9{,}71\right) \cdot \left(\frac{1}{3} \cdot 0{,}90\right) \cdot 0{,}60 \\ &= 8{,}10 \cdot 0{,}30 \cdot 0{,}60 \\ &= 1{,}46\ \text{kN}\ \underline{\text{maßgebend}} \end{aligned} \tag{24.6}$$

mit:

p_1	=	$9{,}71\ kN/m^2 = p_{1,d}$	vgl. Gl. (24.2)
z_1	=	0,90 m	vgl. Bild 24.2
A_{unten}	=	$0{,}60\ m \le 0{,}70\ m$	vgl. Gütegemeinschaft (2024, S. 160, Abschnitt 5.1.1.2, Bild 5.7) für Kunststofffenster

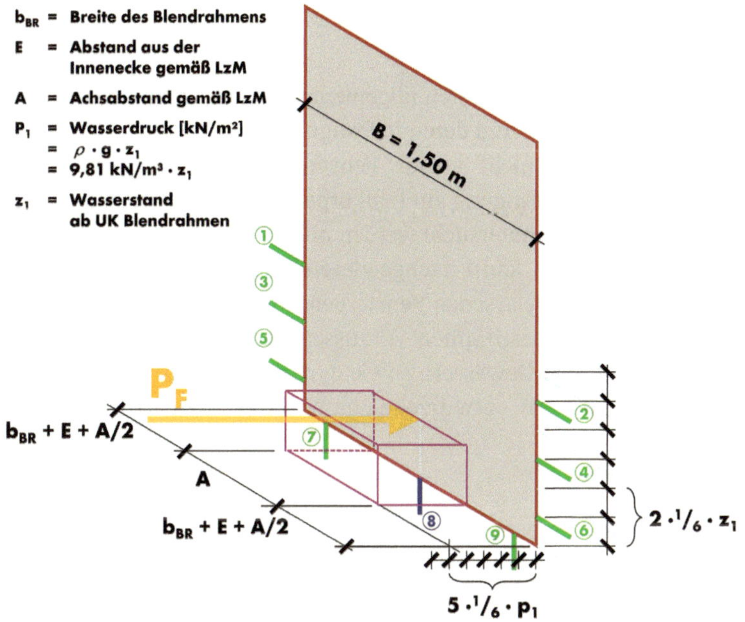

Bild 24.6 Idealisierter quaderförmiger Belastungskörper für den Befestigungspunkt (8)

24.5 Statischer Nachweis für den maßgebenden Befestigungspunkt (8)

Die Bemessung erfolgt gemäß abZ/aBG AMO Y/IV (2024, S. 5, Abschnitt 3.2.2)::

$$V_{Ed,8}/V_{Rd} = 1{,}46/1{,}65 = 0{,}88 < 1{,}0 \Rightarrow \underline{\text{Nachweis erbracht}} \qquad (24.7)$$

mit:

$V_{Ed,8}$ = 1,46 kN/m² vgl. Gl. (24.6)

V_{Rd} = 1,65 kN vgl. Bild 24.7

Tabelle 11.5: Bemessungswerte der Tragfähigkeit V_{Rd}[2] in [kN] für eine AMO®-Y / AMO®-IV Schraube unter Querbeanspruchung

AMO®-Y / AMO®-IV Schraube		Ø 11,5 mm; Schraubenlänge $l_s \leq 202$ mm				
Fensterprofil aus		Kunststoff / Aluminium		Holz / Holz-Alu		
Freie Schraubenlänge e_f[1] ≤	[mm]	20	30	10	20	30
Beton nach DIN EN 206-1:2001-07	$c_{min} \geq$ [mm]	**Tragfähigkeit V_{Rd}[2]** [kN]				
≥ 20/25 - C30/37	35	0,90	0,80	1,15	0,90	0,80
	50	1,20	1,05	1,50	1,20	1,05
	75	1,65	1,20	2,05	1,65	1,20
	100	1,65	1,20	2,65	1,65	1,20
≥ C12/15	50	0,65	0,55	0,80	0,65	0,55
	70	0,85	0,70	1,05	0,85	0,70
	105	1,15	1,00	1,40	1,15	1,00
	140	1,50	1,20	1,85	1,50	1,20

Bild 24.7 Auszug aus abZ/aBG AMO Y/IV (2024, Anlage 18): Bemessungswerte der Tragfähigkeit in Beton

24.6 Fazit zu Kapitel 23 und 24

Die Kapitel 23 und 24 geben einen ersten allgemeinen Überblick zu hochwasserbeständigen Fenstern und Türen und deren Befestigung.

Dabei wird aufgezeigt, dass nicht nur das Fenster- bzw. Türenelement allein, sondern jeweils auch deren Befestigung am Baukörper sowie die Lastweiterleitung bis in den tragenden Baugrund untersucht werden muss.

Im fiktiven Praxisbeispiel 11 kann nachgewiesen werden, dass Befestigungslösungen mit entsprechend zugelassenen Fensterbefestigern zum Beispiel im Verankerungsgrund Beton unter bestimmten Voraussetzungen möglich sind, wobei Anströmungen von fließenden Gewässern sowie dynamische Anprallasten durch schwimmende Gegenstände, z. B. entwurzelte Bäume unberücksichtigt bleiben.

25

Befestigung von absturzsichernden Fenstern im Verankerungsgrund Stahl

Bodentiefe und raumhohe Fenster – mit und ohne absturzsichernder Funktion – sind auch im Verankerungsgrund Stahl von großer Bedeutung (Bild 25.1).

Im Juli 2025 wurde vom Deutschen Institut für Bautechnik (DIBt) – zusätzlich zu den bereits bestehenden und in den vorherigen Kapiteln ausführlich erläuterten

- allgemeinen bauaufsichtlichen Zulassung/allgemeinen Bauartgenehmigung – AMO®-Y / AMO®-IV Schraube Ø 7,5 mm und Ø 11,5 mm zur Befestigung von Fensterrahmen in Beton und Mauerwerk, Z-21.1-2097 (abZ/aBG AMO Y/IV, 2024) und
- allgemeinen Bauartgenehmigung – Befestigung von Fensterrahmenprofilen in Holzunterkonstruktionen unter Verwendung von AMO IV und AMO Y Schrauben, Z-9.1-919 (aBG AMO Y/IV, 2024)

Bild 25.1 Horizontales Fensterband in einer Stahlhalle (Foto: Küenzlen)

Befestigung und Abdichtung von Fenstern und Türen. Regelwerke, Bauphysik, Baurecht, Praxisbeispiele. 2. Auflage.
J. Küenzlen, E. Scheller, M. Klatecki.

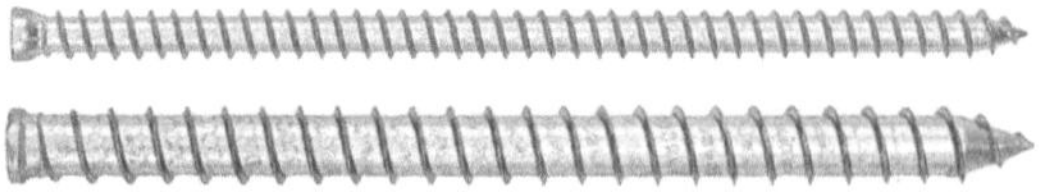

Bild 25.2 Abstandsmontageschrauben AMO® IV ∅ 7,5 mm und ∅ 11,5 mm (Stahl galvanisch verzinkt) nach aBG AMO Y/IV (2025) für die Befestigung von (absturzsichernden) Fensterelementen an Unterkonstruktionen aus Stahlbauteilen (Foto: Adolf Würth GmbH & Co. KG)

ergänzend die

- allgemeine Bauartgenehmigung – Befestigung von Fensterrahmenprofilen in Metallbauteilen unter Verwendung von AMO IV und AMO Y Schrauben, Z-14.4-990 (aBG AMO Y/IV, 2025)

erteilt (Bild 25.2).

Diese aBG AMO Y/IV (2025) ist die Basis des nachfolgenden Praxisbeispiels in Kapitel 26 dieses Fachbuchs, in dem die Bemessung der Befestigung eines absturzsichernden Fensterelements im Verankerungsgrund Stahl dargestellt und erläutert wird.

In der aBG werden „*Unterkonstruktionen aus Stahlbauteilen*" wie

- C-Profile aus Stahl oder gleichwertig, z. B. verallgemeinert als Verankerung in einem Stahlblech nach Bild 25.3a und
- Rechteckhohlprofile aus Stahl oder gleichwertig, z. B. verallgemeinert als Verankerung in zwei Stahlblechen nach Bild 25.3b

geregelt.

Auf Grundlage dieser allgemeinen Bauartgenehmigung ist es möglich, die Befestigung von absturzsichernden Fensterelementen rechnerisch nachzuweisen, u. a. in Abhängigkeit des Durchmessers der Abstandsmontageschraube (7,5 oder 11,5 mm) und deren freien Schraubenlänge (e_f).

Hinweis: Zusätzlich enthält diese aBG erstmals für Abstandsmontagen überhaupt auch Tragfähigkeiten im Blendrahmenprofil im bauaufsichtlich relevanten Bereich selbst. Damit wird nun ein weiterer Nachweis im Verankerungsgrund Stahl möglich– der Nachweis des „leicht geöffneten Fensterflügels". Fällt dieser rechnerische Nachweis positiv aus, kann auf eine diagonale seitliche Verklotzung der Elemente verzichtet werden. Näheres zeigt das Praxisbeispiel 12 in Kapitel 26.

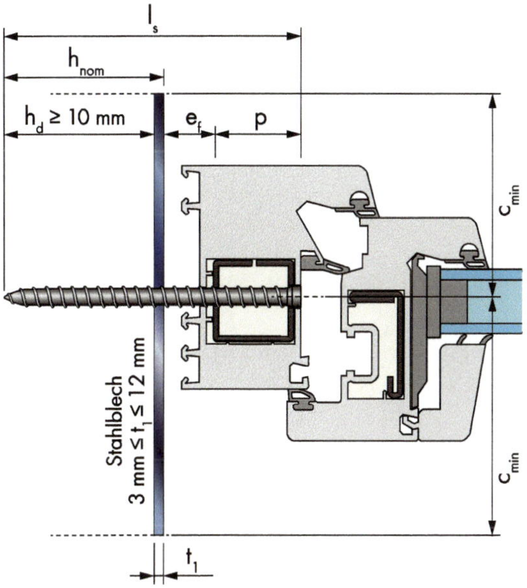

a) Verankerung in einem Stahlblech

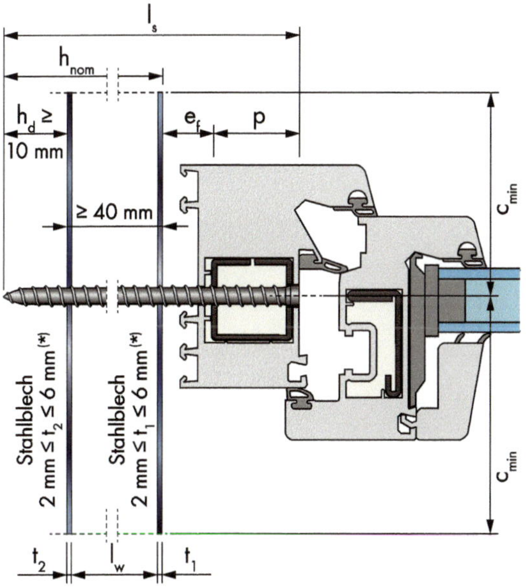

b) Verankerung in zwei Stahlblechen

Bild 25.3 Verankerung mit Abstandsmontageschrauben in (dünnen) Stahlblechen, siehe aBG AMO Y/IV (2025, Anlage 1 und 2)

26

Praxisbeispiel 12 – Befestigung eines absturzsichernden Fensterelements im Verankerungsgrund Stahl mit einer Abstandsmontageschraube

26.1 Einleitung und allgemeine Hinweise

26.1.1 Bezug und Allgemeines

Nachfolgend wird das Praxisbeispiel 3 in Kapitel 10 für die Befestigung eines absturzsichernden Fensterelements mit unterer Festverglasung aufgegriffen (Bild 26.1), hier aber nicht mit dem Verankerungsgrund Holz, sondern mit dem Verankerungsgrund Stahl.

Da die Abstandsmontageschraube nicht in Höhe des Brüstungsriegels montiert werden kann, müssen die Befestigungspunkte oberhalb und unterhalb des Brüstungsriegels angeordnet werden.

Hinweis: In Bild 26.1 sind nahe den Befestigungspunkten (2) und (5) seitliche Distanzklötze dargestellt. Dieses Praxisbeispiel wird zeigen, dass auf diese seitlichen Distanzklötze auch verzichtet werden kann, wenn entsprechende Nachweise auf Basis der aBG AMO Y/IV (2025) durchgeführt werden (vgl. Abschnitte 26.1.2, 26.3.5 und 26.5.3).

Tragklötze an der Unterseite sind jedoch IMMER erforderlich.

26.1.2 Zugelassene Abstandsmontageschrauben für den Verankerungsgrund Stahl

Die Abstandsmontageschrauben gemäß der allgemeinen Bauartgenehmigung aBG AMO Y/IV (2025) sind bereits über eine andere allgemeine bauaufsichtliche Zulassung/allgemeine Bauartgenehmigung für die Verankerung in Beton und Mauerwerk geregelt (abZ/aBG AMO Y/IV, 2024). Die ergänzende Bauartgenehmigung (aBG) wurde erforderlich, da die Tragfähigkeit der Abstandsmontageschrauben im Verankerungsgrund Stahl nach anderem Regelwerk geprüft und bewertet werden musste.

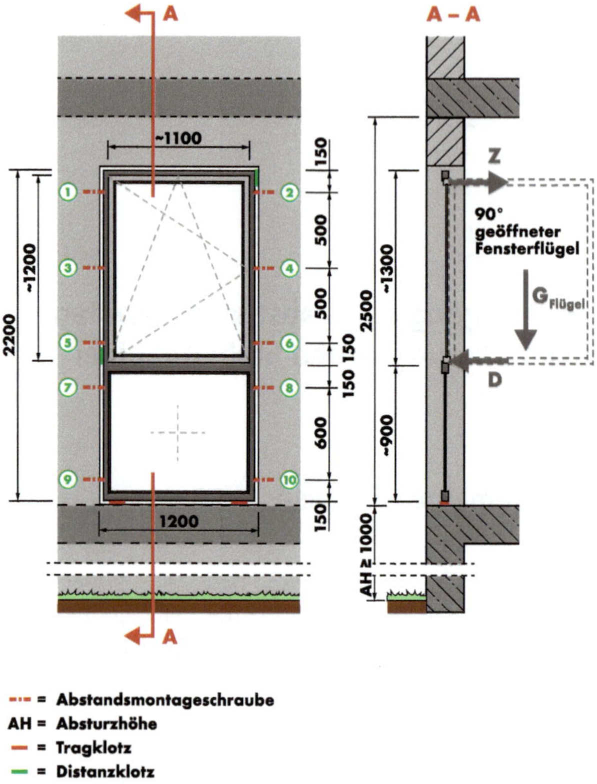

Bild 26.1 Schematische Darstellung für das Praxisbeispiel 12: bodentiefes absturzsicherndes Fensterelement mit unterer Festverglasung (Ansicht von außen); Befestigung links und rechts im Verankerungsgrund Stahl mit je 5 Abstandsmontageschrauben AMO® IV ⌀ 11,5 mm; Maße in mm

Der Regelungsgegenstand wird wie folgt beschrieben (aBG AMO Y/IV, 2025, S. 3, Abschnitt 1.1); vgl. auch Bild 26.2:

> *„Regelungsgegenstand ist die Planung, Bemessung und Ausführung von Anschlüssen von Fensterrahmen unter Verwendung von AMO Y Schrauben und AMO IV Schrauben in Unterkonstruktionen aus Stahlbauteilen, sowie die Tragfähigkeit der Schrauben in den*
> *Fensterrahmen selbst. Die Anschlüsse bestehen aus*
>
> - *AMO Y Schrauben und AMO IV Schrauben mit einem Gewindeaußendurchmesser von d = 7,5 mm oder d = 11,5 mm aus Kohlenstoffstahl nach dem Bescheid Z-21.1-2097 …*
> - *Fensterrahmen aus den folgenden Materialien:*
>   - *Holz,*
>   - *Holz-Aluminium-Verbund,*
>   - *Aluminium,*

  - *mit Stahlprofilen (z. B. aus DX51D) verstärkter Kunststoff, mit einer Zugfestigkeit der Stahlprofile R_m von mindestens 270 N/mm².*
- *Unterkonstruktionen aus Stahlbauteilen nach Anlage 1 - 3, Anlage 8 (Tabelle 3 und 4):*
  - *C-Profile aus Stahl S235 oder gleichwertig mit einer Zugfestigkeit der Stahlprofile R_m von mindestens 360 N/mm².*
  - *Rechteckhohlprofil S 235 JR nach EN 10305-5 oder EN 10219 oder gleichwertig mit einer Zugfestigkeit der Stahlprofile R_m von mindestens 360 N/mm²"*

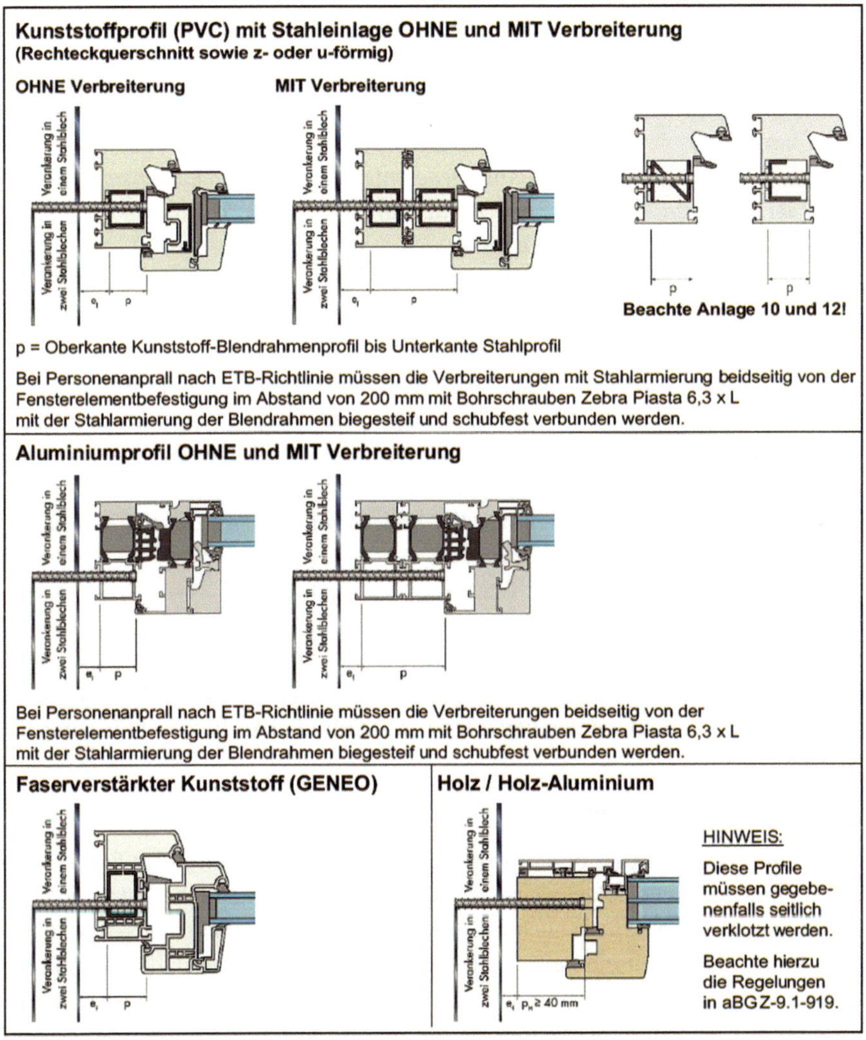

Bild 26.2 Einbauzustand der Abstandsmontageschraube nach Bild 25.2 im Verankerungsgrund Stahl bei Fensterrahmen aus unterschiedlichen Materialien; Definition der freien Schraubenlänge e_f (siehe aBG AMO Y/IV, 2025, Anlage 6)

Im Anwendungsbereich der Zulassung steht Folgendes (aBG AMO Y/IV, 2025, S. 3, Abschnitt 1.2):

> **Allgemeines**
> *„Die Anschlüsse von Fensterrahmen unter Verwendung der AMO Y und AMO IV Schrauben dürfen durch statische oder quasi-statische Einwirkungen beansprucht werden. Ermüdungsrelevante Beanspruchungen sind auszuschließen. ...*
>
> **Beanspruchungen der Anschlüsse rechtwinklig zur Schraubenachse**
> *Von dieser allgemeinen Bauartgenehmigung sind Beanspruchungen der Anschlüsse rechtwinklig zur Schraubenachse aus Windlasten und anderen Horizontallasten erfasst.*
>
> **Beanspruchungen der Anschlüsse und im Fensterrahmen in Schraubenachse**
> *Von dieser allgemeinen Bauartgenehmigung werden auch Beanspruchungen der seitlichen Anschlüsse in Schraubenachse erfasst (z. B. Lastfall leicht geöffneter Fensterflügel), wenn der*
> *Fensterrahmen aus*
> - *Aluminium*
> - *Kunststoff verstärkt mit Stahlprofilen*
>
> *gemäß Anlage 5b seitlich nicht verklotzt wird und die Stahlverstärkung (Rechteck- und Z-Profile) gemäß Anlage 6 und Anlage 13, Tabelle 6.2 an mindestens 2 Schenkeln der Stahlarmierung durchdrungen wird.*
> *Vertikale Lasten (z. B. Eigengewicht) für die oberen und unteren Anschlüsse in Schraubenachse sind durch die Verwendung von Tragklötzen (unten) auszuschließen (siehe Anlage 5a und 5b).“*

Unter *„und anderen Horizontallasten“* wird auch der Personenanprall nach ETB (1985) erfasst. Der Nachweis bei absturzsichernder Funktion ist in der aBG AMO Y/IV (2025, S. 5, Abschnitt 2.2.1.3) geregelt. Dabei kann auch eine „Mehrfachbefestigung“ berücksichtigt werden (vgl. hierzu Abschnitt 8.5.4.2 in diesem Fachbuch).

26.1.3 Allgemeine Hinweise

Das Bemessungsbeispiel beschränkt sich auf die Bestimmung der Einwirkungen und die statischen Nachweise der Abstandsmontageschraube. Für eine reale Befestigungsaufgabe wären auch für die absturzsichernde (Brüstungs- bzw. Fest-) Verglasung, die unmittelbare Glaslagerung, den Brüstungsriegel, die Verbindung Brüstungsriegel an Fensterrahmen und für den Fensterrahmen alle relevanten Einwirkungen zu bestimmen und alle erforderlichen statischen Nachweise zu führen (vgl. Praxisbeispiel 2 in Kapitel 9).

Die Bemessung der Abstandsmontageschraube auf Grundlage der aBG AMO Y/IV (2025) bzw. auf Grundlage der in der abZ/aBG angegebenen Bemessungsregeln erbringt immer nur den Nachweis der „örtlichen Krafteinleitung in den Verankerungsgrund“.

Gemäß Gütegemeinschaft (2024, S. 204, Abschnitt 5.3.2) ist die Weiterleitung der zu verankernden Lasten im Bauteil *„von der Einwirkungsstelle bis in den tragenden Baugrund“* nachzuweisen:

Würde also z. B. für ein reales Projekt von einem gesondert beauftragten (Fach-) Planer – wie im nachfolgenden Praxisbeispiel dargestellt – nur der statische Nachweis der Befestigung des absturzsichernden Fensterelements erbracht, so wäre für den Nachweis der Lastweiterleitung bis in den tragenden Baugrund der für die Gesamtstatik des Gebäudes zuständige Tragwerksplaner verantwortlich.

26.2 Zusammenstellung der Ausgangsdaten

26.2.1 Allgemeines

Die gegebene Ausgangssituation für das Praxisbeispiel 12 – absturzsicherndes Fensterelement mit unterer Festverglasung nach Bild 26.1 – ist mit Ausnahme vom Verankerungsgrund Stahl identisch mit dem Praxisbeispiel 3 in Kapitel 10 (dort für den Verankerungsgrund Holz). Die sich wiederholenden Ausgangswerte werden hier daher nicht noch einmal zusammengestellt, sondern nur auf die Änderungen hingewiesen.

- Annahme:
  Es wird zur Vereinfachung angenommen, dass für die Lösung der Befestigungsaufgabe das Fensterelement derart in der Laibung liegt, dass die Abstandsmontageschraube mittig in der Laibung (Mitte des Stahlprofils) zu montieren ist. Für den Randabstand c der Befestiger in der Laibung gilt dann:

$$c_{innen} = c_{außen} = 50\ \text{mm} \geq 40\ \text{mm} = c_{min}$$

- Verankerungsgrund
  - Rechteckhohlprofil aus Stahl S 235 JR nach DIN EN 10305-5
  - Abmessungen H × B × T = 100 mm × 50 mm × 4 mm (Bild 26.3)

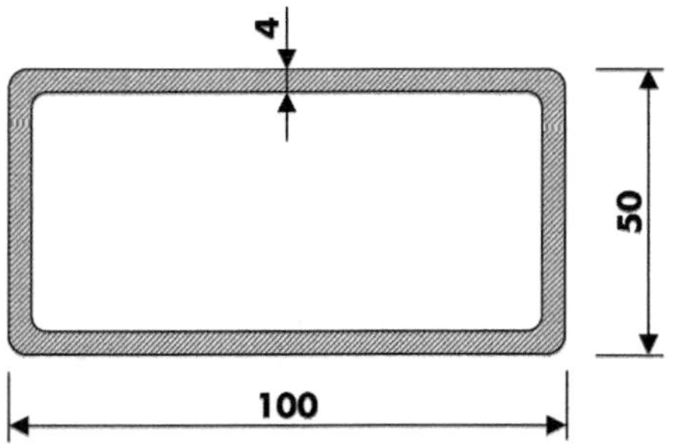

Bild 26.3 Rechteckhohlprofil aus Stahl S 235 JR nach DIN EN 10305-5 mit den Abmessungen H × B × T = 100 mm × 50 mm × 4 mm als Verankerungsgrund zum Befestigen des Fensterelements nach Bild 26.1 (Grafik: Scheller)

26.2.2 Befestigungssystem

- Die Befestigung erfolgt gemäß Bild 26.1 nur seitlich links und rechts in der Laibung mit je 5 Stück Abstandsmontageschrauben AMO® IV ∅ 11,5 mm (aBG AMO Y/IV, 2025)
- Annahme: freie Schraubenlänge $e_f = 20$ mm (vgl. Bild 26.2, obere Zeile links: Kunststoffprofil mit Stahleinlage OHNE Verbreiterung)
- Achsabstand im Verankerungsgrund Stahl: vorh. $s \geq 300$ mm > 100 mm $= s_{min}$ (siehe aBG AMO Y/IV, 2025, Anlage 5a und 5b)
- Randabstand: $c_{innen} = c_{außen} = 50$ mm ≥ 40 mm $= c_{min}$ (vgl. Bild 26.4 bzw. siehe aBG AMO Y/IV, 2025, Anlage 12, Tabelle 5.6)
- Die Schraubenlänge muss so gewählt werden, dass der zweite lange Schenkel des Rechteckhohlprofils aus Stahl mindestens um das Maß $h_d \geq 10$ mm durchdrungen wird (vgl. Bild 26.4 bzw. siehe aBG AMO Y/IV, 2025, Anlage 2).
- Der Mindestwert für die lichte Weite zwischen den beiden langen Schenkeln des Rechteckhohlprofils aus Stahl wird eingehalten:

  $l_{w,\,vorh} = 50 - (2 \cdot 4) = 42$ mm ≥ 36 mm $= l_{w,\,min}$ (vgl. Bild 26.4 bzw. siehe aBG AMO Y/IV, 2025, Anlage 2)

Hinweis: Für die Montage der Abstandsmontageschrauben AMO® IV ∅ 11,5 mm ist der Verankerungsgrund Stahl, hier das Rechteckhohlprofil, immer vorzubohren (siehe aBG AMO Y/IV, 2025, Anlage 8, Tabelle 2 sowie Anlage 9).

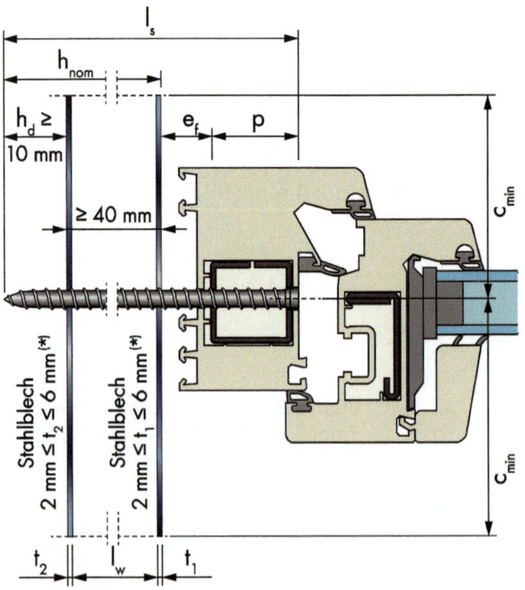

Bild 26.4 Schematische Darstellung des Einbauzustands der Abstandsmontageschrauben nach Bild 25.2 im Verankerungsgrund Stahl; Definition der freien Schraubenlänge e_f und des Randabstands, siehe aBG AMO Y/IV (2025, Anlage 2)

26.3 Einwirkungen

26.3.1 Stoßartige Lasten nach ETB-Richtlinie (Außergewöhnliche Einwirkung)

Siehe Abschnitt 10.3.1.

26.3.2 Windlasten

Siehe Abschnitt 10.3.2.

26.3.3 Horizontale Nutzlast (Holmlast auf den Brüstungsriegel)

Siehe Abschnitt 10.3.3.

26.3.4 Last aus 90° geöffnetem Fensterflügel

Wird der im absturzsichernden Fensterelement oben angeordnete Drehkippflügel um 90° geöffnet, treten auf der Bandseite infolge des Eigengewichts des Fensterflügels zusätzliche Querlasten auf. Hierzu wird zunächst das Eigengewicht des Drehkippflügels ermittelt (vgl. Tabelle 26.1; siehe auch in Gütegemeinschaft, 2024, S. 162, Abschnitt 5.1.2.1, Tabelle 5.3 und Tabelle auf S. 173).

Tabelle 26.1 Praxisbeispiel 12: Ermittlung des Eigengewichts des Drehkippflügels

Zeile	Bauteil	Rechenweg	Ergebnis
1	Flügelrahmen	$(2 \cdot 1{,}1\text{ m} + 2 \cdot 1{,}2\text{ m}) \cdot 3{,}5\text{ kg/m} =$	16,1 kg
2	Isolierverglasung	$2{,}5\ ^{\text{kg}}/_{(\text{mm}\cdot\text{m}^2)} \cdot (6\cdot\text{mm} + 4\text{ mm} + 8\text{ mm}) \cdot (1{,}0\text{ m} \cdot 1{,}1\text{ m}) =$	49,5 kg
3	Drehkippflügel	(Zeile 1 + 2) =	65,6 kg
4	Eigenlast $G_{Flügel}$	$65{,}6\text{ kg} \cdot 9{,}81\text{ m/s}^2 = 643{,}5\text{ N}$ [1)]	0,64 kN

1) $1\text{ kg}\cdot\text{m/s}^2 = 1\text{ N} = 0{,}001\text{ kN}$

Das resultierende Kräftepaar (Z = D) aus dem 90° in den Innenraum geöffneten Flügel wird auf der Bandseite oben durch den Befestigungspunkt (1) und unten in Höhe des Brüstungsriegels durch den Befestigungspunkt (5) aufgenommen. Dabei wirkt die Einwirkung $Z = V_{fd,1}$ in Richtung des Innenraums und die Einwirkung $D = V_{fd,5}$ nach außen (vgl. Bild 26.1).

Der Bemessungswert der Einwirkungen auf die Befestigungspunkte (1) und (5) durch den 90° geöffneten Fensterflügel ergibt sich nach Gütegemeinschaft (2024, S. 169, Abschnitt 5.1.2.3, Tabelle 5.4, Zeile 1) wie folgt:

$$V_{fd,1} = Z$$
$$V_{fd,5} = D$$

$$\begin{aligned} V_{fd,1} = V_{fd,5} &= \frac{b}{h} \cdot \left(\frac{G_{Flügel}}{2} \cdot \gamma_F\right) \\ &= \frac{1{,}10}{1{,}20} \cdot \left(\frac{0{,}64}{2} \cdot 1{,}35\right) \\ &= 0{,}92 \cdot 0{,}43 \\ &= 0{,}40\ \text{kN} \end{aligned} \tag{26.1}$$

mit:

b	=	1,1 m	vgl. Abschnitt 10.2.1
h	=	1,2 m	vgl. Abschnitt 10.2.1 (Beachte hierzu auch den folgenden Hinweis!)
$G_{Flügel}$	=	0,64 kN	vgl. Tabelle 26.1
γ_F	=	1,35	Teilsicherheitsbeiwert für ständige Einwirkungen (Eigengewicht)

Hinweis: Der Abstand für die Lasteinleitung der horizontalen Lasten (Z und D bzw. $V_{fd,1}$ und $V_{fd,5}$) ist nach Bild 26.1 die Höhendifferenz zwischen den Befestigungspunkten (1) und (5).

In Gleichung (26.1) werden für die Ermittlung von Z und D nach Gütegemeinschaft (2024, S. 169, Abschnitt 5.1.2.3, Tabelle 5.4, Zeile 1) allerdings die Flügelaußenmaße (hier im Beispiel b / h = 1,10 m / 1,20 m) angesetzt.

Dieses Vorgehen stellt eine Vereinfachung für die Bemessungspraxis dar, da die reale Lasteinleitung aus dem Flügelrahmen über Bänder bzw. Scherenlager in den Blendrahmen bei jedem Fensterelement unterschiedlich ist. Diese Vereinfachung wird aus Übersichtsgründen übernommen.

Siehe auch Abschnitt 10.3.4.

26.3.5 Last aus leicht geöffnetem Fensterflügel

Gemäß Abschnitt 26.1.2 darf die Abstandsmontage für Fensterrahmen aus Aluminium oder Kunststoff (verstärkt mit Stahlprofilen) auch in Schraubenachse belastet werden, sowohl im Verankerungsgrund Stahl als auch im Fenster-Blendrahmenprofil. So kann auf die seitlichen Distanzklötze verzichtet werden. Dafür ist der Lastfall „leicht geöffneter Fensterflügel" zu untersuchen.

Die Ermittlung der Einwirkungen aus diesem Lastfall entsprechen dem Lastfall „90° geöffneter Fensterflügel", nur dass die Lasten jetzt nicht quer, sondern in Schraubenachse auftreten; siehe dazu z. B. in Gütegemeinschaft (2024, Abschnitt 5.1.2.3, S. 173/174: 3. und 4. Schritt).

Sinngemäß gilt daher nach Gl. (26.1) Folgendes:

$$|V_{fd,1}| = |V_{fd,5}| = |N_{fd,1}| = |N_{fd,5}| = 0{,}40\ \text{kN} \tag{26.2}$$

Dabei wirken

- $N_{fd,1}$ = 0,40 kN in Befestigungspunkt (1) als Zugkraft und
- $N_{fd,5}$ = 0,40 kN in Befestigungspunkt (5) als Druckkraft

in Schraubenachse, jeweils sowohl im Verankerungsgrund Stahl als auch im Fenster-Blendrahmenprofil (Bild 26.5).

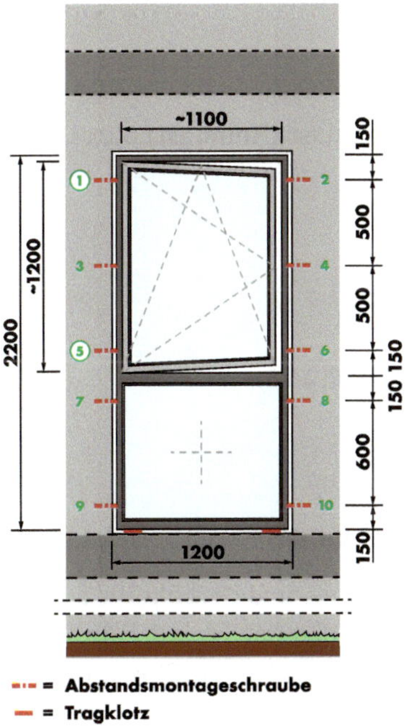

Bild 26.5 Lastfall leicht geöffneter Fensterflügel: Zug- und Druckkräfte sowohl im Verankerungsgrund Stahl als auch im Fenster-Blendrahmenprofil in den Befestigungspunkten (1) und (5), wenn die seitliche Verklotzung wegfällt

26.4 Ermittlung der maßgebenden Querkräfte für Befestigungspunkt (5)

Hier wird – wenn es sich um Wiederholungen handelt – nur auf die entsprechenden Abschnitte für das Praxisbeispiel 3 im Kapitel 10 dieses Fachbuchs hingewiesen:

26.4.1 Lastfall 1: Stoßartige Lasten

Siehe Abschnitt 10.4.1.

26.4.2 Lastfall 2: Windsoglast

Siehe Abschnitt 10.4.2.

26.4.3 Lastfall 3: Winddrucklast

Siehe Abschnitt 10.4.3.

26.4.4 Lastfall 4: Horizontale Nutzlast (Holmlast auf den Brüstungsriegel)

Siehe Abschnitt 10.4.4.

26.4.5 Lastfall 5: Überlagerung horizontale Nutzlast (Holmlast) plus Windsoglast

Siehe Abschnitt 10.4.5.

26.4.6 Lastfall 6: Überlagerung horizontale Nutzlast (Holmlast) plus Last aus 90° geöffnetem Fenster

Siehe Abschnitt 10.4.6.

26.4.7 Lastfall 7: Leicht geöffneter Fensterflügel

Gemäß Abschnitt 26.3.5, Gleichung (26.2) gilt (vgl. Bild 26.5):

$$N_{Ed,LF7} = |N_{fd,1}| = |N_{fd,5}| = 0{,}40\ \text{kN} \qquad (26.3)$$

26.4.8 Übersicht der maßgebenden Querkräfte für das Praxisbeispiel 12

In der Tabelle 26.2 werden alle maßgebenden Quer-, Zug- und Druckkräfte der einzelnen Lastfälle übersichtlich zusammengestellt. Für den Nachweis der Abstandsmontageschraube müssen danach nur die drei maßgebenden Lastfälle 1, 6 und 7 weiter untersucht werden.

Tabelle 26.2 Übersicht der maßgebenden Querkräfte für alle Lastfälle (Praxisbeispiel 12)

<table>
<tr><th>Lastfall</th><th>Beschreibung</th><th>Ermittlung F_{Ed} vgl. Abschnitt</th><th>F_{Ed} [kN]</th><th>Maßgebend [kN]</th><th>Bemessung vgl. Abschnitt</th></tr>
<tr><td>1</td><td>Stoßartige Lasten</td><td>10.4.1</td><td>$\mathbf{V_{Ed} = 2{,}80}$</td><td>$\mathbf{V_{Ed} = 2{,}80}$</td><td>26.5.1</td></tr>
<tr><td>2</td><td>Windsoglast</td><td>10.4.2</td><td>$V_{Ed} = 0{,}49$</td><td rowspan="5">$\mathbf{V_{Ed} = 0{,}85}$</td><td rowspan="5">26.5.2</td></tr>
<tr><td>3</td><td>Winddrucklast</td><td>10.4.3</td><td>$V_{Ed} = 0{,}29$</td></tr>
<tr><td>4</td><td>Horizontale Nutzlast</td><td>10.4.4</td><td>$V_{Ed} = 0{,}45$</td></tr>
<tr><td>5</td><td>Überlagerung horizontale Nutzlast plus Windsoglast</td><td>10.4.5</td><td>$V_{Ed} = 0{,}81$</td></tr>
<tr><td>6</td><td>Überlagerung horizontale Nutzlast plus Last aus 90° geöffnetem Fenster</td><td>10.4.6</td><td>$\mathbf{V_{Ed} = 0{,}85}$</td></tr>
<tr><td>7</td><td>Leicht geöffnetes Fenster</td><td>26.4.7</td><td>$\mathbf{N_{Ed} = 0{,}40}$</td><td>$\mathbf{N_{Ed} = 0{,}40}$</td><td>26.5.3</td></tr>
</table>

26.5 Statischer Nachweis

26.5.1 Lastfall 1: Stoßartige Lasten

Der Bemessungswert der Tragfähigkeit ergibt sich nach aBG AMO Y/IV (2025, Anlage 12, Tabelle 5.6) für die Ausgangswerte nach Abschnitt 26.2 in diesem Fachbuch

- Fensterprofil aus mit einem Stahlprofil verstärkten Kunststoff, mit einer Zugfestigkeit der Stahlprofile R_m von mindestens 270 N/mm²,
- $e_f = 20$ mm (freie Schraubenlänge) und
- $t_1 = t_2 = 4$ mm (Dicke der Wandung des Rechteckhohlprofil aus Stahl)
  min $t = 2 \text{ mm} \leq 4 \text{ mm} \leq 6 \text{ mm} =$ max t
  (für 2 Stahlbleche S235, gemäß aBG AMO Y/IV, 2025, Anlage 8, Tabelle 4)

zu $V_{Rd,LF1} = F_{Rk,LF1} = 2{,}8$ kN; vgl hier Bild 26.6.

Nachweis:

$$\frac{V_{Ed,LF1}}{V_{Rd,LF1}} = \frac{2{,}80}{2{,}80} = 1{,}0 \leq 1{,}0 \Rightarrow \underline{\text{Nachweis erbracht}} \tag{26.4}$$

mit:

$V_{Ed,LF1}$ = 2,80 kN vgl. Abschnitt 10.4.1 bzw. Tabelle 26.2

Tabelle 5.6: Quer-Tragfähigkeit F_{Rk} in [kN]
für eine AMO®-Y / AMO®-IV Schraube Ø 11,5 mm in zwei Stahlblechen bei Personenanprall

AMO®-Y / AMO®-IV Schraube		Ø 11,5 mm										
Fensterprofil aus		Kunststoff / Aluminium					Holz / Holz-Alu					
Freie Schraubenlänge e_f 1) ≤	[mm]	20	30	40	50	60	10	20	30	40	50	60
Stahlbleche: t_1, t_2 (beachte Tabelle 4 in Anlage 8)	c_{min} ≥ [mm]	Quer-Tragfähigkeit F_{Rk} bei Personenanprall [kN]										
	40	2,8	1,6	-- 2)	-- 2)	-- 2)	2,8	2,8	1,6	-- 2)	-- 2)	-- 2)

1) Siehe Anlage 6 und Anlage 2

2) Keine Leistung festgestellt

Bild 26.6 Bemessungswerte der Tragfähigkeit bei einer Beanspruchung durch Personenanprall nach aBG AMO Y/IV (2025, Anlage 12 auszugsweise, Tabelle 5.6)

26.5.2 Lastfall 6: Überlagerung horizontale Nutzlast (Holmlast) plus Last aus 90° geöffnetem Fenster

Der Bemessungswert der Quer-Tragfähigkeit ergibt sich nach aBG AMO Y/IV (2025, Anlage 12, Tabelle 5.5) für die Ausgangswerte nach Abschnitt 26.2

- Fensterprofil aus mit einem Stahlprofil verstärkten Kunststoff, mit einer Zugfestigkeit der Stahlprofile R_m von mindestens 270 N/mm²,

- e_f = 20 mm (freie Schraubenlänge) und
- $t_1 = t_2$ = 4 mm (Dicke der Wandung des Rechteckhohlprofil aus Stahl)
  min t = 2 mm ≤ 4 mm ≤ 6 mm = max t
  (für 2 Stahlbleche S235, gemäß aBG AMO Y/IV, 2025, Anlage 8, Tabelle 4)

zu $V_{Rd,LF6}$ = 2,05 kN; vgl hier Bild 26.7.

Nachweis:

$$\frac{V_{Ed,LF6}}{V_{Rd,LF6}} = \frac{0{,}85}{2{,}05} = 0{,}41 < 1{,}0 \Rightarrow \underline{\text{Nachweis erbracht}} \tag{26.5}$$

mit:
$V_{Ed,LF6}$ = 0,85 kN vgl. Abschnitt 10.4.6 bzw. Tabelle 26.2

Tabelle 5.5: Bemessungswerte der Quer-Tragfähigkeit V_{Rd} 2) in [kN] für eine AMO®-Y / AMO®-IV Schraube Ø 11,5 mm in zwei Stahlblechen

AMO®-Y / AMO®-IV Schraube		Ø 11,5 mm										
Fensterprofil aus		Kunststoff / Aluminium					Holz / Holz-Alu					
Freie Schraubenlänge e_f 1) ≤	[mm]	20	30	40	50	60	10	20	30	40	50	60
Stahlbleche: t_1, t_2 (beachte Tabelle 4 in Anlage 8)	c_{min} ≥ [mm]	Bemessungswert der Quer-Tragfähigkeit V_{Rd} 2) [kN]										
	40	2,05	1,40	1,05	0,55	0,30	3,90	2,05	1,40	1,05	0,55	0,30

1) Siehe Anlage 6 und Anlage 2

2) Zwischenwerte bei der freien Schraubenläge e_f dürfen linear interpoliert werden.

Bild 26.7 Bemessungswerte der Quer-Tragfähigkeit nach aBG AMO Y/IV (2025, Anlage 12 auszugsweise, Tabelle 5.5)

26.5.3 Lastfall 7: Leicht geöffneter Fensterflügel

Der Bemessungswert der Zug- bzw. Druck-Tragfähigkeit ergibt sich nach aBG AMO Y/IV (2025, Anlage 13, Tabelle 6.1 bzw. 6.2) für die Ausgangswerte nach Abschnitt 26.2

- Fensterprofil aus mit einem Stahlprofil verstärkten Kunststoff, mit einer Zugfestigkeit der Stahlprofile R_m von mindestens 270 N/mm² und einer Blechdicke t ≥ 2 mm,
- $t_1 = t_2$ = 4 mm (Dicke der Wandung des Rechteckhohlprofil aus Stahl)
  min t = 2 mm ≤ 4 mm ≤ 6 mm = max t
  (für 2 Stahlbleche S235, gemäß aBG AMO Y/IV, 2025, Anlage 8, Tabelle 4)

sowohl im Verankerungsgrund Stahl (aBG AMO Y/IV, 2025, Anlage 13, Tabelle 6.1) als auch im Fenster-Blendrahmenprofil (aBG AMO Y/IV, 2025, Anlage 13, Tabelle 6.2) zu $N_{Rd,LF7}$ = 0,72 kN; vgl hier Bild 26.8.

Tabelle 6.1: Bemessungswerte N_{Rd} der Zug- und Druck-Tragfähigkeit in [kN] für eine AMO®-Y / AMO®-IV Schraube im Verankerungsgrund Stahl

AMO®-Y / AMO®-IV Schraube	Stahl [1] Blechdicke t [mm]	Bemessungswert der Tragfähigkeit N_{Rd} [2] [kN]
Ø 7,5 mm	≥ 2	1,00
Ø 11,5 mm		0,72

1) Siehe Tabellen 3 und 4 in Anlage 8

2) Die Werte gelten jeweils für Zug und Druck

Tabelle 6.2: Bemessungswerte N_{Rd} der Zug- und Druck-Tragfähigkeit in [kN] für eine AMO®-Y / AMO®-IV Schraube im Fenster-Blendrahmenprofil

Fenster-Blendrahmenprofil	AMO®-Y / AMO®-IV Schraube	Bemessungswert der Tragfähigkeit N_{Rd} [3] [kN]
Aluminiumprofil [1]	Ø 7,5 mm	0,94
	Ø 11,5 mm	1,28
Kunststoffprofil (PVC) mit Stahleinlage [2]	Ø 7,5 mm	1,00
Faserverstärkter Kunststoff (GENEO) mit Stahleinlage [2]	Ø 11,5 mm	0,72

1) Alu-Steg t ≥ 1,5 mm; R_m ≥ 215 mm (EN AW 6060 – T66 nach DIN EN 755-2)

2) Stahlkern t ≥ 2 mm, R_m ≥ 270 mm (DX 51 nach DIN EN 10346):
Es müssen mindestens zwei Schenkel durchdrungen werden (vgl. Anlage 6 oben)

3) Die Werte gelten jeweils für Zug und Druck; sie gelten nicht für Holz- bzw. Holz-Aluminium-Profile

Bild 26.8 Bemessungswerte der Zug- und Druck-Tragfähigkeit nach aBG AMO Y/IV (2025, Anlage 13 auszugsweise, Tabelle 6.1 und Tabelle 6.2)

Nachweis:

$$\frac{N_{Ed,LF7}}{N_{Rd,LF7}} = \frac{0{,}40}{0{,}72} = 0{,}56 < 1{,}0 \Rightarrow \underline{\text{Nachweis erbracht}} \qquad (26.6)$$

mit:

$N_{Ed,LF7}$ = 0,40 kN vgl. Abschnitt 26.4.7 bzw. Tabelle 26.2

26.6 Fazit zum Praxisbeispiel

Der statische Nachweis für die Abstandsmontageschraube im Verankerungsgrund Stahl kann erfolgreich durchgeführt werden. Soll seitlich auf die Distanzklötze verzichtet werden, muss der Lastfall leicht geöffnetes Fenster untersucht werden (hier in diesem Praxisbeispiel der Lastfall 7).

Da in diesem Praxisbeispiel nicht alle Möglichkeiten/Besonderheiten der neu erteilten allgemeinen Bauartgenehmigung aBG AMO Y/IV (2025) berücksichtigt werden können, wird hier ergänzend auf die drei folgenden Punkte hingewiesen.

Grundsätzlich sind alle „Besonderen Bestimmungen“ der aBG AMO Y/IV (2025) zu beachten.

26.6.1 Verankerung in zwei separaten Stahlblechen

Zur Vereinfachung des Praxisbeispiels wurde als Verankerungsgrund ein Rechteckhohlprofil aus Stahl S 235 JR nach DIN EN 10305-5 mit den Abmessungen H × B × T = 100 mm × 50 mm × 4 mm gewählt (vgl. Bild 26.3).

Soll die Befestigung des Fensterelements abweichend zu einem Rechteckhohlprofil in zwei separaten Stahlblechen erfolgen, ist gemäß aBG AMO Y/IV (2025, Anlage 3) darauf zu achten, dass sich die Bleche nicht relativ zueinander verschieben dürfen (Bild 26.9). Dies muss im Sinne der Lastweiterleitung in das Bauwerk als Nachweis berücksichtigt werden.

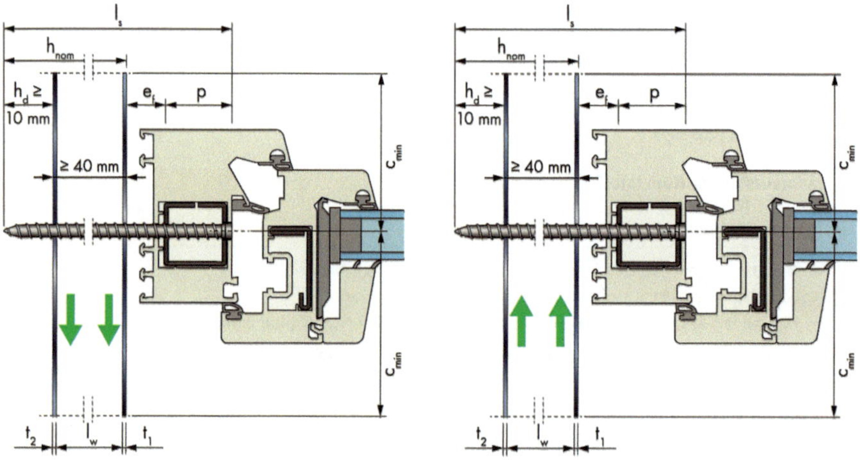

a) Zulässige Verschiebung bei zwei separaten Stahlblechen

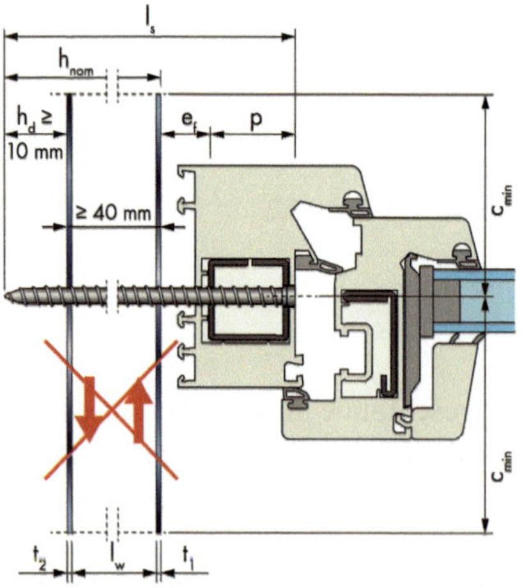

b) Nicht zulässige Verschiebung bei zwei separaten Stahlblechen

Bild 26.9 Hinweis zum Einbauzustand für zwei getrennte Stahlbleche nach aBG AMO Y/IV (2025, Anlage 3)

26.6.2 Verankerung in einem Stahlblech

Soll die Befestigung eines Fensterelements nur in einem Stahlblech, z. B. einem C-Profil erfolgen, ist der Verankerungsgrund im Vergleich zu zwei Stahlblechen, z. B. einem Rechteckhohlprofil, sehr biegeweich. Um diesen Umstand zu kompensieren, sind hier zwingend die Anforderungen für eine Mehrfachbefestigung einzuhalten, unabhängig davon, ob das Fensterelement absturzsichernde Eigenschaften haben soll oder nicht.

Die Anforderungen für eine Mehrfachbefestigung werden im Folgenden noch einmal zusammengefasst (vgl. auch Abschnitt 8.5.4 in diesem Fachbuch).

Für die Verankerung in nur einem Stahlblech sind grundsätzlich alle nachfolgenden Bedingungen für eine Mehrfachbefestigung einzuhalten.

Werden alle nachfolgenden Bedingungen eingehalten, kann für den Lastfall Personenanprall „*der Bemessungswert der Tragfähigkeit der AMO Y Schrauben und der AMO IV Schrauben mit dem Faktor (1/0,6) erhöht werden*“ (siehe aBG AMO Y/IV, 2025, S. 5/6, Abschnitt 2.2.1.4):

> *„Der Nachweis der Mehrfachbefestigung für die Befestigung eines Fensterelements ist nur zulässig, wenn alle nachfolgenden Anforderungen erfüllt werden:*
>
> - *Mindestens drei seitliche Befestigungspunkte je Blendrahmenprofil und symmetrische Eckbefestigung mit zwei Befestigungspunkten pro Eckpunkt, jeweils im Abstand von 15 cm von der Innenecke (siehe Anlage 7).*
> - *Mindestbiegesteifigkeit des Rahmenprofils von ≥ 75 000 kNcm². Bei Holz- und Aluminiumfenstern kann davon ausgegangen werden, dass dieser Wert ohne weitere Maßnahmen erreicht bzw. überschritten wird. Bei PVC-Fenstern ist mindestens eine Stahlverstärkung im Blendrahmen mit einem Flächenträgheitsmoment von ≥ 3,5 cm⁴ erforderlich z. B. in Form eines Stahl-Hohlprofils 30x30x3 mm.*
> - *Der Befestigungsabstand maximal 40 cm beträgt.*
> - *Konstruktive Ausbildung der Rahmenecke, so dass eine Lastübertragung von 900 N möglich ist. Bei Holz- und Aluminiumfenstern kann dies bei üblichen Eckausbildungen als erfüllt angesehen werden.*
>
> *Können die vorstehend aufgeführten Anforderungen für eine "Mehrfachbefestigung" nicht erfüllt werden, darf der Faktor zur Berücksichtigung der Mehrfachbefestigung nicht angewendet werden. Somit muss der statische Nachweis für den Lastfall Anprall mit 2,8 kN =* F_{Rd} *als Bauteilwiderstand geführt werden.“*

Teil 2

Allgemeine Dübeltechnik

27

Einleitung

27.1 Überleitung von Teil 1 zu Teil 2 des Fachbuchs

Der Teil 2 dieses Fachbuchs gibt einen praxisorientierten Überblick zur allgemeinen Dübeltechnik. Dazu werden weitere Dübel-Systeme vorgestellt, die für die Befestigung von absturzsichernden oder sehr großen Elementen durchaus auch einmal zur Anwendung kommen könn(t)en. Des Weiteren werden Baustoffe und Montageparameter vorgestellt, die sich auf identische Art und Weise auch im Bereich der Befestigung von Fenstern und Türen wiederfinden.

27.2 Allgemeines

Das immer komplexer werdende Baugeschehen und die stetig steigenden Anforderungen an Nachhaltigkeit und Umweltverträglichkeit in Verbindung mit Wirtschaftlichkeit, führte dazu, dass die Dübeltechnik in den vergangenen Jahrzehnten im Zuge der Produktentwicklung immer weiter und detaillierter wissenschaftlich untersucht wurde. Daraus entstanden bzw. entstehen immer wieder neue Produktideen, die insbesondere auch der zunehmenden Vielfalt an Verankerungsgründen Rechnung tragen.

Um Dübelprodukte insbesondere aber auch wirtschaftlich vermarkten zu können, resultier(t)en aus den wissenschaftlichen Untersuchungen teils hochkomplexe Berechnungs- und Bemessungsverfahren, die in umfangreichen Regelwerken festgehalten werden, z. B. in DIN EN 1992-4 „Eurocode 2 – Bemessung und Konstruktion von Stahlbeton- und Spannbetontragwerken – Teil 4: Bemessung der Verankerungen von Befestigungen in Beton“. Dies hat zur Folge, dass eine Dübel-Bemessung immer häufiger kaum noch mit einer einfachen, kurzen und übersichtlichen Handstatik erfolgen kann. Diese „Dübeltechnik für Profis“ kann heutzutage im Prinzip fast nur noch von erfahrenen (Bau-) Ingenieuren mit der dazu erforderlichen Software „beherrscht“ werden.

Befestigung und Abdichtung von Fenstern und Türen. Regelwerke, Bauphysik, Baurecht, Praxisbeispiele. 2. Auflage.
J. Küenzlen, E. Scheller, M. Klatecki.

27.3 Die wichtigsten Fragen der Dübeltechnik

In der Regel stellen sich bei jeder Dübelanwendung – sei es bei der Befestigung eines kleinen Bücherregals zuhause, bei der Befestigung einer Fassade (bzw. deren Unterkonstruktion) oder eben auch bei der Befestigung von Fenstern – fast immer die gleichen wichtigen Fragen. Bei der Klärung der wichtigsten Fragen soll dieser Teil 2 des Fachbuchs unterstützen und die entsprechenden Hintergrundinformationen für die Praxis geben. Die wichtigsten Fragen der üblichen Dübeltechnik legen auch die Reihenfolge der Themen in diesem Buchteil fest:

- In welchen Baustoff soll der Dübel montiert werden?
  Das heißt: Welcher Verankerungsgrund liegt vor? (Kapitel 28 und 29)
- Soll das Bauteil im trockenen Innenraum, draußen im Außenbereich oder am Meer montiert werden?
  Das heißt: Welcher Korrosionsschutz ist für den Dübel erforderlich? (Kapitel 30)
- Wie weit ist das Anbauteil bzw. die Ankerplatte vom Rand entfernt?
  Das heißt auch: Welche Bauteilabmessungen (Bauteildicke, Rand- und Achsabstände) liegen vor? (Kapitel 31)
- Hat das zu befestigende Teil nur eine Bohrung für einen Dübel oder für zwei und mehr Dübel?
- Wie groß ist der Durchmesser des Durchgangslochs im Anbauteil? (Kapitel 32)
- Was soll an den Dübel bzw. das Anbauteil bzw. die Ankerplatte „angehängt" werden?
  Das heißt: Welche Lasten in welcher Richtung sind zu berücksichtigen? (Kapitel 33)
- Welche Dübel-Systeme stehen zur Verfügung? (Kapitel 34)
- ...

Der Teil 2 des Fachbuchs greift zunächst diese Gliederung auf, da die dahinterstehende Systematik im Prinzip auf jede zu lösende Befestigungsaufgabe angewendet werden kann.

Die pauschale Angabe, z. B. von zwei oder drei unterschiedlichen Dübeltypen als Vorschlag für die Befestigung, ist dagegen wenig hilfreich, wenn man bei der „Abarbeitung" der o. g. Systematik feststellt, dass nur eine der unterschiedlichen Randbedingungen eigentlich einen vierten Dübeltyp erfordert.

Dieser Buchteil ist daher mit seiner Systematik ein erstes Hilfsmittel für jede Art von Befestigungsaufgabe; er ist gedacht als allgemeiner Ratgeber für die Planung und Montage Ihrer Dübelverankerungen.

Die Systematik wird zur Unterstützung auf Grundlage einer Skizze visualisiert, die vor einiger Zeit tatsächlich einmal den Anwendungsberater eines Dübelherstellers erreichte (Bild 27.1). Ergänzend farbig markiert zeigt die Skizze zu Beginn der folgenden Kapitel jeweils in ihrer einfachen Art die Komplexität der Dübeltechnik und verdeutlicht die in der Gliederung zuvor gestellten Fragen.

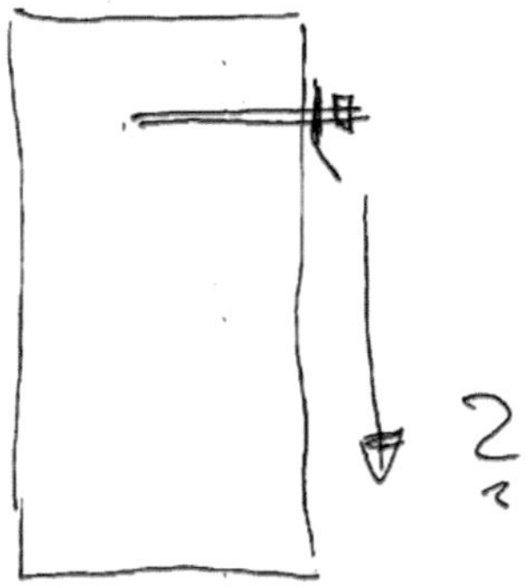

Bild 27.1 Handskizze

Ihre erste Frage sollte dabei immer dem Verankerungsgrund gelten (Kapitel 28 und 29), da die meisten Dübel-Systeme heutzutage individuell auf einen Untergrund abgestimmt und für diesen Verankerungsgrund häufig auch nur „zugelassen" sind. Bei der Abarbeitung der anderen Punkte bzw. Fragen können Sie sich auch durch die Produktunterlagen und Zulassungen bzw. Bewertungen sowie die angebotene Bemessungssoftware der Dübelhersteller leiten lassen.

28

Verankerungsgrund – Worin will ich befestigen?

28.1 Allgemeines

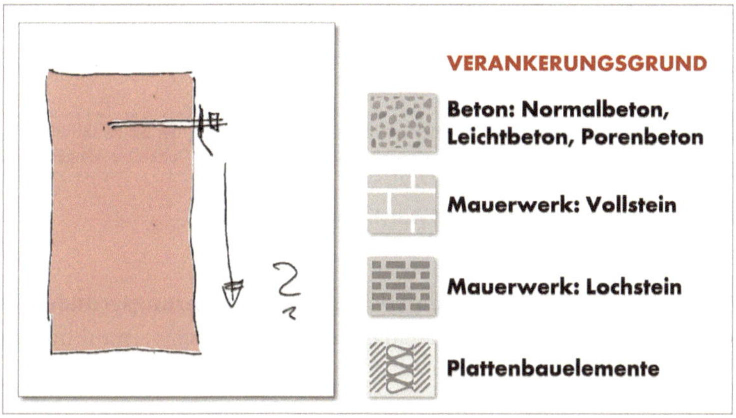

Bei vielen Bauwerken lässt sich wie in unserer einfachen unbeschrifteten Skizze tatsächlich nicht erkennen, um welches Material es sich bei dem vorhandenen Verankerungsgrund handelt, in dem etwas befestigt werden soll. Ist der Verankerungsgrund zusätzlich noch verputzt, ist eine visuelle Bestimmung allein einfach nicht möglich.

Durch ein an die Wand oder an die Decke „Klopfen" kann man sich ohne weitere Hilfsmittel – wenn überhaupt – nur einen ersten sehr allgemeinen Eindruck verschaffen, ob es sich z. B. um eine massive Wand oder um eine Leichtbauwand aus Plattenwerkstoffen handelt; auch ein Wärmedämm-Verbundsystem oder eine Innendämmung lassen sich durch „Klopfen" erkennen.

Vom Verankerungsgrund hängen wesentlich das zu wählende Dübel-System und alle weiteren Fragen (vgl. Abschnitt 27.3) ab, weshalb wir uns nachfolgend mit den unterschiedlichen Verankerungsgründen beschäftigen wollen und wie man diese z. B. durch eine vergleichsweise einfache Prüfung vor Ort auf der Baustelle bestimmen kann.

Befestigung und Abdichtung von Fenstern und Türen. Regelwerke, Bauphysik, Baurecht, Praxisbeispiele. 2. Auflage.
J. Küenzlen, E. Scheller, M. Klatecki.

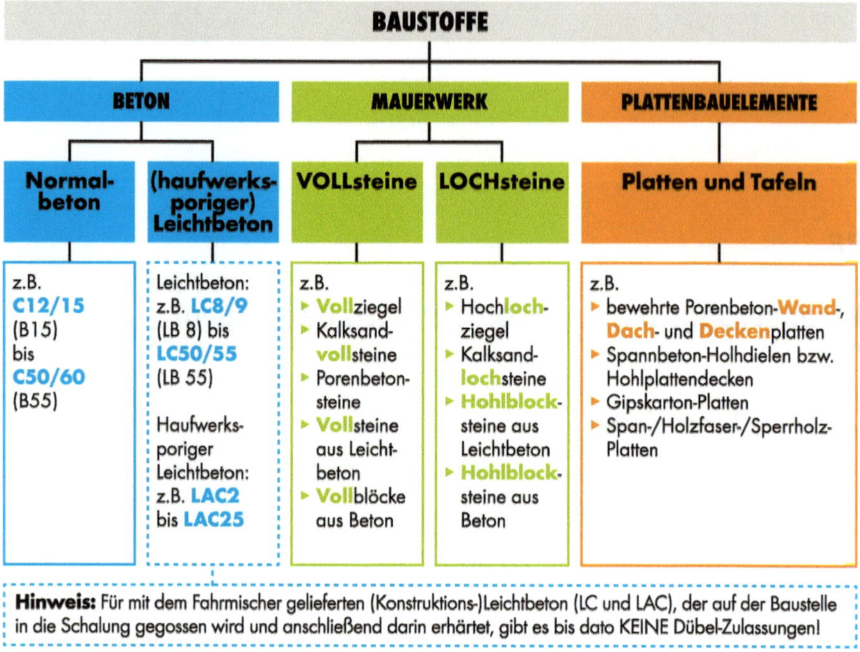

Bild 28.1 Übersicht Baustoffe (Grafik: Adolf Würth GmbH & Co. KG)

Mauerwerk und Beton gehören zu den wichtigsten Verankerungsgründen in denen gedübelt wird (Bild 28.1), weshalb auf diese nachfolgend schwerpunktmäßig eingegangen wird.

28.2 Bestimmung des Verankerungsgrunds auf der Baustelle

Durch ein „Klopfen“ können Plattenwerkstoffe oder Dämmungen wie bereits erwähnt recht gut erkannt werden. Bei allen anderen Materialien hilft – so einfach wie es klingt und so regelmäßig die Autoren bei ihren Vorträgen deshalb belächelt werden – eine Probebohrung für eine erste Bestimmung des Verankerungsgrunds.

Die Bestimmung des Verankerungsgrunds auf der Baustelle, auch „Baustellen-Verankerungsgrund“ genannt, sehen wir uns in den beiden folgenden Abschnitten etwas detaillierter an.

28.2.1 Bestimmung des Verankerungsgrunds anhand von Bauunterlagen

Bei einem Neubau können die Informationen zum vorhandenen Verankerungsgrund in der Regel aus den vorhandenen Bauunterlagen entnommen werden. Doch auch für Baumaßnahmen im Bestand lassen sich z. B. in den Bauaktenkammern der zuständigen Bauämter manchmal noch alte Planungsunterlagen finden.

28.2.1.1 Beton

Für den Verankerungsgrund Beton hilft ein Blick in die Pläne (Positionspläne, Schalpläne oder vor allen Dingen auch Bewehrungspläne) oder die Lieferscheine, mit denen Transportbeton oder auch Beton-Fertigteile auf die Baustelle geliefert werden (vgl. Bild 28.2).

Für die Auswahl und Bemessung von Dübeln im Verankerungsgrund Beton sind vor allen Dingen folgende Parameter wichtig:

- Druckfestigkeits- bzw. Festigkeitsklasse (vgl. hierzu auch Abschnitt 29.1.5),
- Rohdichte und
- Expositionsklasse (vgl. hierzu Abschnitt 30.5.2).

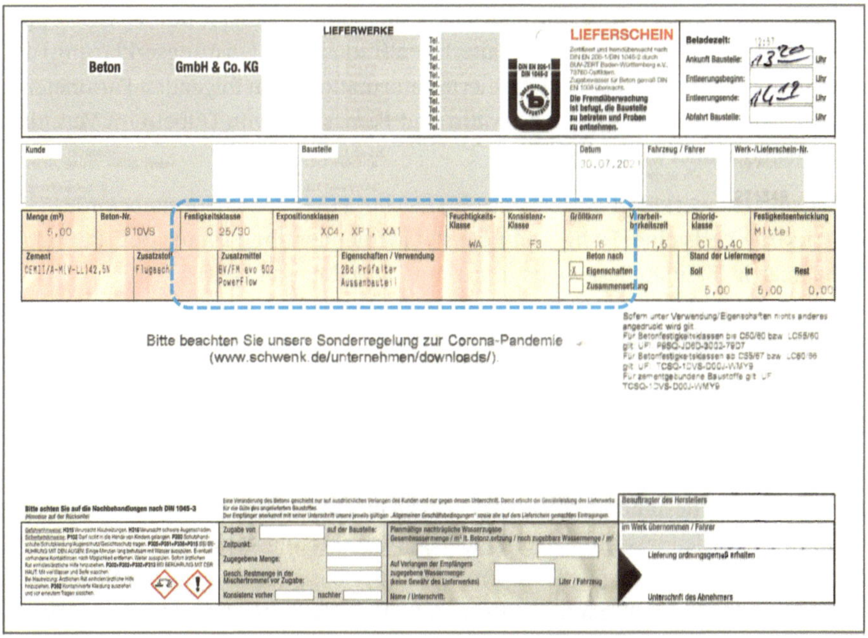

a) Übersicht

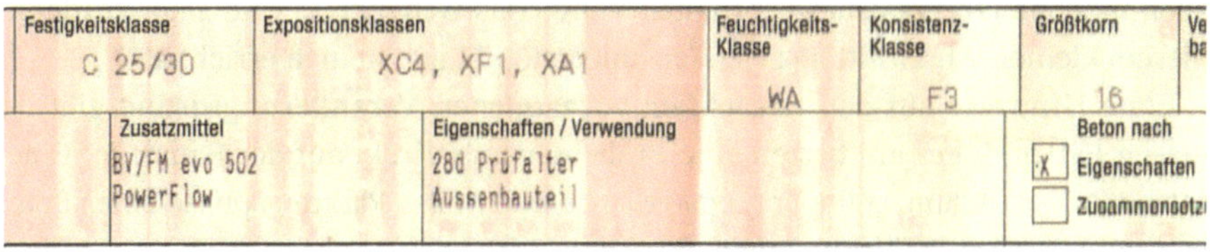

b) Detail-Ausschnitt

Bild 28.2 Beispiel eines Lieferscheins für Transportbeton: a) Übersicht und b) Detail-Ausschnitt u. a. mit Angabe der Festigkeitsklasse (C25/30) und den Expositionsklassen (XC4, XF1,XA1)

28.2.1.2 Mauerwerk

Für den Verankerungsgrund Mauerwerk sind die zu verbauenden Mauersteine in den entsprechenden Bauplänen (Positions- und Schalpläne bzw. Rohbauzeichnungen) enthalten, die auch Grundlage für die statische Berechnung des Gebäudes sind.

Mauersteine werden mit einem Lieferschein auf die Baustelle transportiert, dem die Bezeichnung der tatsächlich angelieferten Mauersteine entnommen werden kann. Zur Lieferung gehört außerdem oft eine Leistungserklärung (Bild 28.3), die entweder dem Lieferschein beigefügt ist oder in der Regel auf der Internetseite des Herstellers der Mauersteine heruntergeladen werden kann.

Die Steine werden in der Regel in

- Mauersteine nach Europäischer Norm oder
- Mauersteine mit Zulassung (z. B. mit Dämmstoff gefüllte Hochlochziegel)

unterschieden. Steine nach europäischer Normung erfordern immer eine zugehörige Leistungserklärung. Diese Unterlagen (Zulassung, Leistungserklärung) der verbauten Mauersteine geben detaillierte Informationen zu folgenden Parametern, die eine wichtige Rolle für die Auswahl und Bemessung von Dübeln im Verankerungsgrund Mauerwerk haben:

- Baustoff (Mauerziegel, Kalksandstein, Leicht-, Poren- oder Normalbeton),
- Struktur (Vollsteine, Hohl- und Lochsteine mit oder ohne Dämmstoff-Füllung),
- Geometrie (Steinabmessungen, Loch- und Stegabmessungen)
- Rohdichte und
- Druckfestigkeit.

28.2.2 Bestimmung des Verankerungsgrunds ohne Bauunterlagen

28.2.2.1 Probebohrung

Beim Bauen im Bestand ist es im Vergleich zu einem Neubau häufig sehr schwierig bis unmöglich, den tatsächlich vorhandenen Verankerungsgrund zu definieren. Die Bauakten sind i. d. R. unvollständig und nicht so präzise wie bei heutigen Neubauten.

Bei alten Mauerwerksbauten trifft man häufig auch auf verputztes Mauerwerk, was eine exakte Bestimmung des Verankerungsgrunds zusätzlich erschwert und auch manche Überraschung enthalten kann. Das Gebäude in Bild 28.4 wurde in diesem kleinen Abschnitt aus vier verschiedenen Mauersteinen errichtet.

Erste Hinweise auf den tatsächlich vorhandenen Verankerungsgrund gibt in diesen Fällen daher am besten eine Probebohrung direkt auf der Baustelle. Eine solche Probebohrung sollte vorzugsweise bereits in der Planungsphase einer Baumaßnahme durchgeführt werden.

Erstellt man bei der Probebohrung im Drehgang ein Bohrloch (das Hammer- bzw. Schlagwerk der Hammer- bzw. Schlagbohrmaschine muss ausgeschaltet sein), so kann man auf Grundlage des vorhandenen Bohrmehls – das einem *„entgegenkommt“* – und des Bohrfortschritts bereits eine erste Abschätzung über

18
Schlagmann POROTON®
Ziegeleistraße 1
84367 Zeilarn

0992-CPR-04-01-001.01.13 DE

EN 771-1:2011+A1:2015
P - Mauerziegel der Kategorie I
248 x 365 x 249 (mm)
DoP - Nr. 36811069R004W1368
Herstellwerk: Zeilarn
Ziegeleistraße 2, 84367 Zeilarn

SCHLAGMANN POROTON

(Gültig außerhalb der Bundesrepublik Deutschland - in den EU-Staaten)

POROTON® T8® 365

		Abmaße		Maßspanne	
	Sollmaß (mm)	Klasse	mm	Klasse	mm
Länge	248	Tm	- 10 / + 5	Rm	10
Breite	365	Tm	- 10 / + 8	Rm	12
Höhe	249	Tm	- 1,0/ + 1,0	Rm	1,0

Brutto-Trockenrohdichte (MW)	kg/m³	580
Klasse - Dm	-	-
zul. Abweichung	kg/m³	560 - 600
Netto-Trockenrohdichte	kg/m³	NPD
Brandverhalten	Klasse	NPD
Frostwiderstand	Klasse	F0
Gefährliche Substanzen	nach Z.A 3	NPD
Gehalt an löslichen Salzen	Klasse	S0
Wasseraufnahme	-	NPD
Mittlere Druckfestigkeit senkrecht zur Lagerfuge	N/mm²	≥ 7,0
Mittlere Druckfestigkeit senkrecht zur Lagerfuge - normiert	N/mm²	NPD
Mittlere Druckfestigkeit senkrecht zur Stirnfläche	N/mm²	NPD
Verbundfestigkeit	N/mm²	NPD
Wasserdampfdurchlässigkeit	-	μ = 5 / 10
Dauerhaftigkeit	Klasse	F0
Übliche Feuchtedehnung	mm/m	NPD
anfängliche Wasseraufnahme	kg/(m²*min)	NPD

Ebenheit: ≤ 0,8 mm
Planparallelität: ≤ 0,8 mm
Form und Ausbildung: siehe Lochbild
Mauerziegel Kategorie: P - Kat. I

Mauersteingruppe	-	NPD
Lochanteil	%	NPD
Dicke der Aussenwandung	mm	NPD
Stegdicke	mm	NPD
Einzellochvolumen	%	NPD
Volumen der Grifflöcher	%	NPD
Längsstegdickensumme	%	NPD
Querstegdickensumme	%	NPD
Gesamtlochquerschnitt	%	NPD
Fläche der Grifflöcher	%	NPD
Wärmeleitfähigkeit $\lambda_{10, dry, unit}$	W/(m·K)	NPD

tatsächliche Lochanordnungen können geringfügig abweichen

Nationale Bestimmungen (Gültig nur in der Bundesrepublik Deutschland):

Bezeichnung: Mauerwerk aus POROTON Planhochlochziegeln mit integrierter Wärmedämmung im Dünnbettverfahren
Zulassung: **Z-17.1-982**
Druckfestigkeit: ≥ 6 N/mm²
Mauerwerksdruckfestigkeit f_k: siehe allg. bauaufsichtliche Zulassung

Bezeichnung: Vorgefertigtes Mauerwerk im Klebeverfahren
Zulassung: **Z-17.1-1135**
Druckfestigkeit: ≥ 6 N/mm²
Mauerwerksdruckfestigkeit f_k: siehe allg. bauaufsichtliche Zulassung

Rohdichte (unverfüllt): 530 kg/m³ (Mittelwert)
Rohdichteklasse (verfüllt): 0,60
Dämmstoff: Perlit
Brandverhalten-Dämmstoff: DIN 4102-B2
Wärmeleitfähigkeit -λ: 0,080 W/(m·K) (Bemessungswert)

Sorptionsfeuchte: NPD Masse-% ($u_{m, 80}$)
Feuchteumrechnungsfaktor: NPD Fm

Leistungserklärung-Nr.: 36811069R004W1368 **(Gültig außerhalb der Bundesrepublik Deutschland - in den EU-Staaten)**

SCHLAGMANN POROTON

1. Produktcode:
P - Mauerziegel der Kategorie I: POROTON® T8® 365

2. Verwendungszweck: P - Planziegel, Katgegorie I mit integrierter Wärmedämmung, für tragendes und nichttragendes geschütztes Mauerwerk

3. Hersteller: Schlagmann POROTON® GmbH & Co KG, Ziegeleistraße 1, 84367 Zeilarn

4. Anschrift: Schlagmann POROTON® GmbH & Co KG, Ziegeleistraße 1, 84367 Zeilarn

5. System: System 2+

6. Harmonisierte Norm: EN 771-1:2011+A1:2015
Notifizierte Stelle: NB 0992

7. Erklärte Leistung:

Wesentliche Merkmale		Leistung		Harmonisierte Norm
(Soll) Maße	Länge (mm)	248		EN 771-1
	Breite (mm)	365		
	Höhe (mm)	249		
	Ebenheit (mm)	≤ 0,8		
	Planparallelität (mm)	≤ 0,8		
Grenzabmaße	Mittelwert	Tm		
	Maßspanne	Rm		
Form und Ausbildung		siehe Lochbild (oben)		
Mauerwerksgruppe:		NPD		EN 1996-1-1
Druckfestigkeit	Kategorie	I		EN 771-1
	Mittelwert (N/mm²)	≥ 7,0		
	Belastungsrichtung:			
	Senkrecht zur Lagerfuge	≥ 7,0		
	Senkrecht zur Stirnfuge	NPD		
Übliche Feuchtedehnung		NPD		
Verbundfestigkeit (N/mm²)		NPD		EN 998-2
Gehalt an aktiven löslichen Salzen	Klasse	S0		EN 771-1
Brandverhalten - Klasse:		NPD		
Wasseraufnahme (Masse%)		NPD		
Wasserdampfdurchlässigkeit		μ 5/10		EN 1745
Bruttotrockenrohdichte	Mittelwert (kg/m³)	580		
	Abmaßklasse	Dm		EN 771-1
Netto-Trockenrohdichte:		NPD		
	Form, Ausbildung Maße und Grenzabmaße	Siehe oben		
Wärmeleitfähigkeit: $\lambda_{10, dry, unit}$		NPD		
Frostwiderstand	Klasse	F0		
Gefährliche Substanzen		NPD		

Die Leistung des vorstehenden Produkts entspricht der/den erklärten Leistung(en) nach Nummer 7.
Für die Erstellung der Leistungserklärung im Einklang mit der Verordnung (EU) Nr. 305/2011 ist allein der oben genannte Hersteller verantwortlich.

Unterzeichnet für den Hertsteller und im Namen des Herstellers von:

Zeilarn, 01.02.2018

Johannes Edmüller
Geschäftsführer

i. A. Peter Dorfner
Qualitätssicherung

Schlagmann Poroton® GmbH & Co. KG, Ziegeleistraße 1, 84367 Zeilarn

E-Mail: info@schlagmann.de (08572 / 17-0)

Bild 28.3 Leistungserklärung eines Mauersteins (Quelle: Schlagmann POROTON)

a) mit Putz

b) ohne Putz

Bild 28.4 Fassade mit und ohne Putz (Fotos: Küenzlen)

Tabelle 28.1 Ermittlung des Verankerungsgrunds durch Probebohrungen, siehe z. B. Scheller und Küenzlen (2013)

Bohrfortschritt (Drehbohren)	Untergrund	Farbe des Bohrmehls	Wahrscheinlicher Verankerungsgrund/Baustoff
fortlaufend langsam	Vollmaterial	grau	Beton, Betonstein
		rot	Ziegel, Klinker
		weiß	Kalksandstein
		helles braun	Lehmblockstein
fortlaufend schnell		weiß	Porenbeton
ruckartig	Hohlmauerwerk	grau	Hohlblockstein aus (Leicht-) Beton
		rot	Hochlochziegel
		weiß	Kalksand-Lochstein
		helles braun	Lehmlochstein

den tatsächlich vorhandenen Verankerungsgrund bzw. den Baustoff treffen (vgl. Tabelle 28.1 und Bild 28.5a).

Wählt man für die Probebohrung einen kleinen Bohrer (z. B. Bohrernenndurchmesser $d_0 = 8$ mm), ist es mit ein wenig Übung sogar möglich, sich wenigstens einen subjektiven Eindruck über die Druckfestigkeit des vorhandenen Mauersteins zu verschaffen, insbesondere dann, wenn man nicht so viel Druck auf die Bohrmaschine ausübt. (Dies ist z. B. besonders gut bei Mauerwerk aus Porenbetonsteinen möglich.)

In jedem Fall kann man aber – zumindest näherungsweise – die Steg-Geometrie eines ggf. vorhandenen Lochsteins ermitteln, indem man beispielsweise mit einem Bohrer $d_0 \geq 18$ mm im *Drehgang* wie folgt eine Probebohrung vornimmt:

- Sobald man den Außensteg durchbohrt, die Bohrmaschine abgeschaltet und den Bohrer wieder aus dem Bohrloch herausgezogen hat, kann man die Dicke des Außenstegs und den Abstand von der Steinoberfläche bis zum ersten Innensteg messen.
- Anschließend wird die Probebohrung sinngemäß fortgesetzt, der erste Innensteg durchbohrt und der Abstand von der Steinoberfläche bis zum zweiten Innensteg gemessen (Bild 28.5b).
- Dieser Vorgang wird mindestens so lange wiederholt, bis bei der Messung die spätere Einbindetiefe des verwendeten Dübel-Systems erreicht wird.

Ein gutes Hilfsmittel für solche Probebohrungen sind moderne Mehrzweckbohrer mit extra scharfen Hartmetallschneiden (Bild 28.6).

Mit diesen Bohrern können bei richtiger Handhabung Bohrlöcher ohne große Beschädigungen an den Stegen von Hohl- und Lochsteinen gebohrt werden (vgl. hierzu Abschnitt 36.2.3 mit Bild 36.5), so dass sich auf diese Weise auch problemlos sehr filigrane Lochsteg-Geometrien von Hochlochziegeln bestimmen lassen (Bild 28.7).

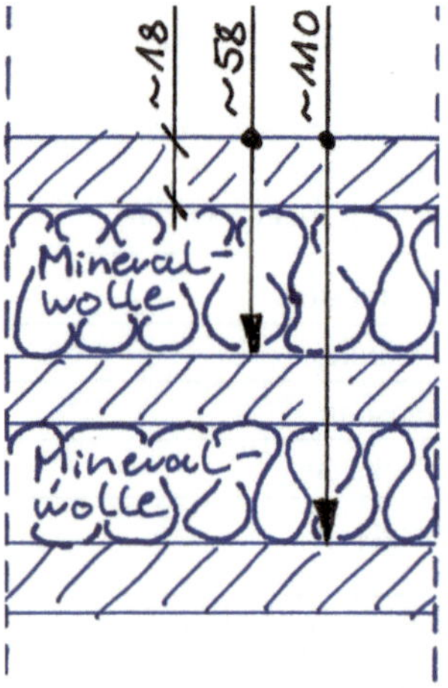

a) Skizze für Prüfbericht; Maße in mm (Skizze: Scheller)

b) Bohrung (rotes Bohrmehl, ruckartiger Bohrfortschritt); Foto: Scheller

Bild 28.5 Schematische Darstellung einer Probebohrung mit Ermittlung der Lochsteg-Geometrie

Bild 28.6 Moderner Mehrzweckbohrer mit Bohrernenndurchmesser d_0 = 18 mm (Foto: Adolf Würth GmbH & Co. KG)

Bild 28.7 Probebohrung zur Ermittlung der Lochsteg-Geometrie in einem filigranen Hochlochziegel mit einem modernen Mehrzweckbohrer (Foto: Scheller)

29

Verankerungsgründe im Detail

29.1 Beton

29.1.1 Allgemeines

Ein Kollege der Autoren definierte einmal Beton auf seine ganz persönliche Art und Weise:

„Beton ist immer gräulich und gerissen!"

Neben dieser sehr einfachen Beschreibung findet sich in den Zulassungen bzw. Bewertungen für Dübel eine sehr viel detailliertere Definition dieses – als Verankerungsgrund für Dübel – sehr wichtigen Baustoffs. So steht in ETA W-FAZ (2018, S. 12, Anhang B 1) – die hier rein beispielhaft angeführt wird – zum Verankerungsgrund Beton, für den der Dübel „zugelassen" ist, folgende Formulierung bzw. Definition:

- Gerissener oder ungerissener Beton
- Verdichteter, bewehrter, oder unbewehrter Normalbeton (ohne Fasern) nach EN 206:2013
- Festigkeitsklassen C20/25 bis C50/60 nach EN 206:2013

Sowohl die einfache Beschreibung des Kollegen als auch die fachlich detaillierte Definition helfen uns, den Verankerungsgrund Beton richtig zu verstehen, weshalb die einzelnen Begrifflichkeiten bzw. Eigenschaften in den Abschnitten dieses Kapitels näher erläutert werden.

29.1.2 Gerissener (Stahl-) Beton

Wir beginnen mit dem Zitat des Kollegen aus Abschnitt 29.1.1 weil es in seiner Einfachheit einen wesentlichen Aspekt auf den Punkt bringt und sich gut merken lässt, weshalb wir es gleich noch einmal wiederholen:

„Beton ist immer gräulich und gerissen!"

Das mit der Farbe Grau erschließt sich ja meist auf den ersten Blick, obwohl es inzwischen auch Betone in diversen Einfärbungen gibt. Was aber ist bei einem so „trägen" Baustoff unter „gerissen" zu verstehen?

Die Frage beantwortet sich mit dem Begriff „Stahlbeton“, wie Beton häufig auch bezeichnet wird. Diese Bezeichnung kommt daher, dass viele Bauteile (z. B. Wände, Stützen, Decken, Unterzüge) nicht nur aus „reinem“ Beton, sondern auch darin liegendem Stahl, der sogenannten „Bewehrung“ bzw. dem „Bewehrungsstahl“, bestehen. In der Fachsprache wird daher auch vom *Verbundwerkstoff* Stahlbeton gesprochen.

Bild 29.1 zeigt exemplarisch den Ausschnitt aus einem Bewehrungsplan für einen Unterzug aus Stahlbeton. In Schnitt 1-1 (Bild 29.1b) stehen alle schwarzen Punkte

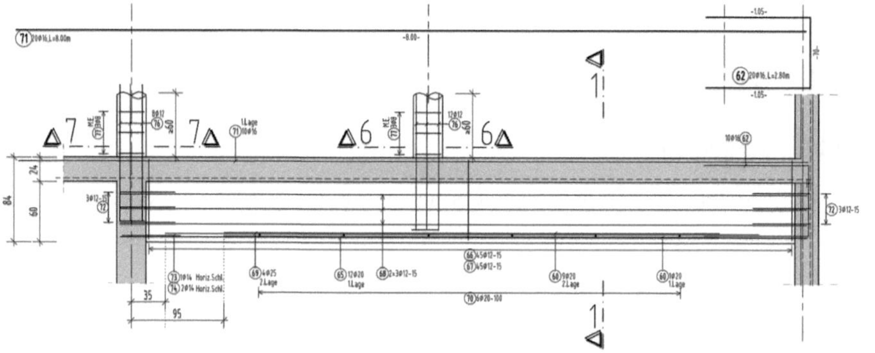

a) „Ansicht“

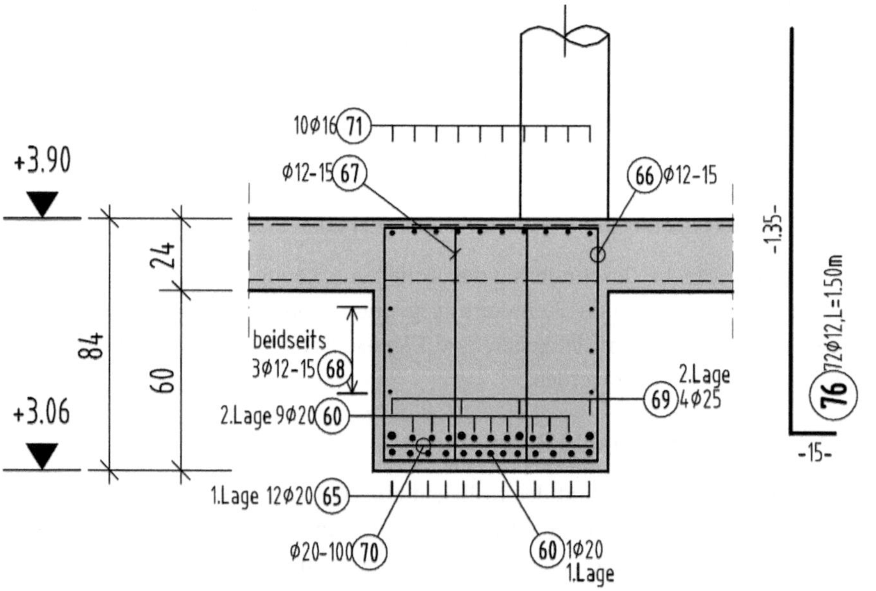

b) Schnitt 1-1

Bild 29.1 Ausschnitt aus einem Bewehrungsplan für einen Unterzug aus Stahlbeton (Quelle: SFB Saradshow Fischedick Berlin Bauingenieure GmbH) für ein Bewehrungseisen, das längs im Unterzug liegt. Unten im Rechteckquerschnitt liegen die Bewehrungseisen in diesem Beispiel sogar zweireihig übereinander, d. h. hier ist besonders viel Bewehrung erforderlich, weil der Unterzug von oben besonders stark belastet wird.

Hinweis: Stahlbeton-Bauteile mit sehr dichter Bewehrung, in denen nachträglich Anbauteile mit Dübeln befestigt werden sollen, erfordern eine sehr sorgfältige (Vor-) Planung der Dübeltechnik, da die in der Regel statisch erforderlichen Bewehrungseisen nicht angebohrt bzw. durchtrennt werden dürfen (vgl. Abschnitt 36.2.2).

Im Beispiel Bild 29.1b ist eine nachträgliche Dübelbefestigung von unten in den Unterzug – ohne Schädigung der eingelegten Bewehrung – im Prinzip nicht mehr möglich. Die Lösung für eine möglicherweise erforderliche Befestigung an diesem Unterzug könnte ggf. eine seitliche Montage eines geeigneten Anbauteils sein, das – wie auch die Dübel – entsprechend durch einen (Tragwerks-) Planer dimensioniert und bemessen werden müsste.

Die Bewehrung ist notwendig, da Beton einerseits eine sehr hohe Druckfestigkeit entwickeln kann (vgl. Tabelle 29.1), seine Zugfestigkeit jedoch nur im Bereich von 10 % der Druckfestigkeit liegt. Der Bewehrungsstahl hat im Gegensatz zum Beton eine sehr hohe Zugfestigkeit.

Maßgebend für die Tragfähigkeit der Dübel in Beton bzw. Stahlbeton ist allerdings die Zugfestigkeit des Betons, da über Dübel in der Regel nur Zugkräfte in den Beton eingeleitet werden.

Druckkräfte werden dagegen eher selten über Dübel in den Beton eingeleitet (z. B. Abstandsmontage vgl. Abschnitt 32.5.1). Diese Aufgabe übernimmt in der Regel das Anbauteil, also die zu befestigende Konstruktion.

Auch in Bauteilen aus Stahlbeton, wie beispielsweise einer Betondecke oder dem in Bild 29.1 dargestellten Unterzug, wirken sehr hohe Zugkräfte im Querschnitt des Bauteils, die der Beton allein nicht aufnehmen kann und deshalb auf den Bewehrungsstahl übertragen muss. Wie Bild 29.2 vereinfacht zeigt, treten dann – bei Überschreiten der Zugtragfähigkeit des Betons – „Risse" auf. Hier kommen nun die Bewehrungsstäbe im wahrsten Sinne des Wortes zum Tragen. Damit diese aber ihre Aufgabe erfüllen können, muss der Beton zunächst *planmäßig* reißen.

Das bedeutet, dass es im Beton immer und planmäßig „Risse" gibt, damit das „System" Stahlbeton überhaupt funktioniert. Dabei reden wir hier über Risse, die nach DIN EN 1992-1 (2011, S. 127, Tabelle 7.1N) – auch als Eurocode 2 bezeichnet – in ihrer Breite begrenzt werden:

- Für eine quasi ständige Einwirkungskombination wird die Rissbreite w_{max} für alle Expositionsklassen $w_{max} = 0{,}3$ mm empfohlen.

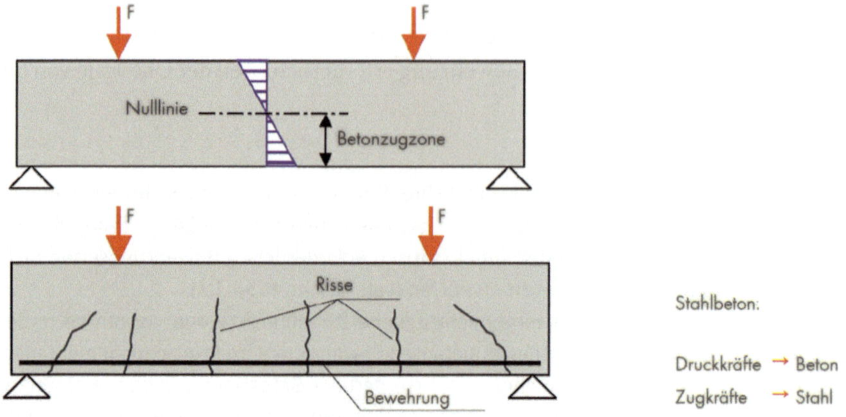

Bild 29.2 Grundprinzipien des Stahlbetonbaus (Grafik: Adolf Würth GmbH & Co. KG)

- In den Klassen X0 (Beton in Gebäuden mit sehr geringer Luftfeuchtigkeit) und XC1 (wie X0 zusätzlich ständig in Wasser eingetaucht) kann die Rissbreite w_{max} auf 0,4 mm erhöht werden.

Diese planmäßigen Risse mit einer beschränkten Rissbreite können von Dübeln „ausgeglichen" werden, wenn das jeweilige Dübel-System für Verankerungen im gerissenen Beton geprüft und die Risstauglichkeit im Bewertungsverfahren nachgewiesen wurde. Diese Risstauglichkeit besitzen häufig entsprechend „zugelassene" Dübel,

- die „nachspreizen" können – wie z. B. der Bolzenanker bzw. Fixanker W-FAZ (vgl. Bild 34.1 in Abschnitt 34.2.1.1),
- die einen ausreichend großen sogenannten „Hinterschnitt" haben, wie z. B. die Betonschraube W-BS (vgl. Bild 34.6 in Abschnitt 34.2.1.2), oder
- die eine sehr hohe Klebekraft besitzen, wie beispielsweise das Injektionssystem WIT-VM 250 (vgl. Bild 34.16 in Abschnitt 34.2.2.3).

Im bauaufsichtlich relevanten Bereich handelt es sich dann „umgangssprachlich" um Dübel-Zulassungen/Bewertungen bzw. „zugelassene" Dübel für „gerissenen Beton".

In der Regel erfolgt der Nachweis nach EOTA EAD 330232-00-0601 (2021, S. 55) für eine „quasi ständige Einwirkungskombination" mit einer Rissbreite von 0,3 mm. Dabei muss zusätzlich mit dem Phänomen gerechnet werden, dass der Riss durch die Setzstelle des Dübels verläuft, da diese eine Schwächung des Querschnittes darstellt (Bild 29.3). Die Dübel-Systeme müssen in Ausnahmefällen aber auch nachweisen, dass eine „Grundfunktion" in einer Rissbreite von 0,5 mm gegeben ist (EOTA EAD 330232-01-0601, 2021, S. 55).

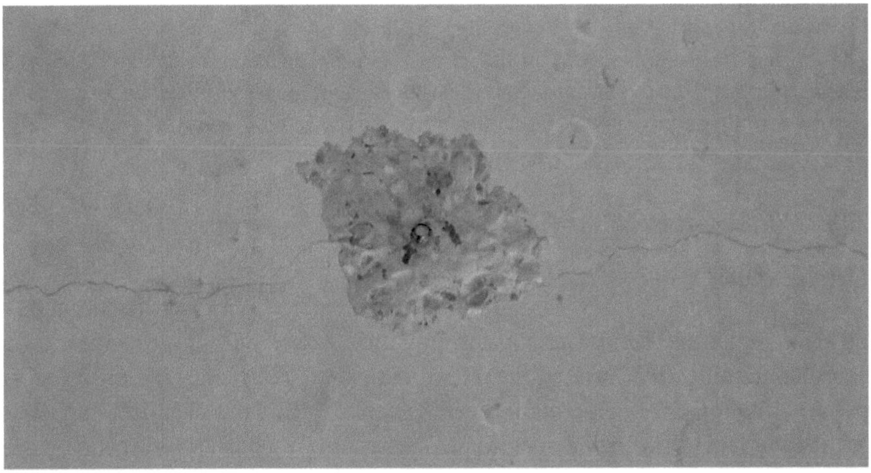

Bild 29.3 „Gerissener Beton" mit Rissverlauf durch die Setzstelle des Befestigers (Foto: Küenzlen)

29.1.3 Ungerissener Beton

Im Abschnitt 29.1.2 haben wir uns mit „gerissenem" Beton beschäftigt. In den Zulassungen/Bewertungen sowie den Produktunterlagen der Hersteller für Dübel-Systeme findet sich allerdings häufig die Bezeichnung „Dübel für gerissenen *und ungerissenen* Beton". Was ist nun ungerissener Beton und wie passt das mit der vereinfachten Aussage *„Beton ist immer gräulich und gerissen!"* zusammen (vgl. Abschnitt 29.1.1)?

Im Bereich der Dübeltechnik kann diese Frage relativ einfach beantwortet werden:

Jeder Beton ist so lange *„gerissen"*, bis jemand den rechnerischen Nachweis nach DIN EN 1992-4 (2019, S. 35) erbringen kann, dass der Beton *„ungerissen"* ist. Dazu muss die Gl. (29.1) erfüllt werden:

$$\sigma_L + \sigma_R \leq \sigma_{adm} \quad \text{Gl. (29.1)}$$

mit:

σ_L Spannung im Beton, die durch äußere Lasten, einschließlich der Lasten aus dem Befestigungselement, hervorgerufen werden

σ_R Spannung im Beton, die durch innere Zwangsverformungen (z. B. Schwinden des Betons) oder durch äußere Zwangsverformungen (z. B. durch Auflagerverschiebungen oder Temperaturschwankungen) hervorgerufen wird. Wird keine detaillierte Analyse durchgeführt, sollte $\sigma_R = 3$ N/mm^2 angenommen werden.

σ_{adm} Zulässige Zugspannung für die Definition von ungerissenem Beton. Gemäß DIN EN 1992-4/NA (2019, S. 5) und DIN EN 1992-4 (2019, S. 35) wird $\sigma_{adm} = 0$ empfohlen.

Hinweis: Der rechnerische Nachweis nach Gl. (29.1) ist nur mit großem Aufwand zu führen. Aus diesem Grund ist es am einfachsten – sowohl im bauaufsichtlich relevanten als auch im sicherheitsrelevanten Bereich – immer Dübel zu verwenden, die für „gerissenen" (Stahl-) Beton (vgl. Abschnitt 29.1.2) „zugelassen" sind.

29.1.4 Betonarten

29.1.4.1 Allgemeines

Nach DIN EN 206 (2021, S. 10, Abschnitt 3.1.1.1) ist Beton eine Mischung aus Zement, grober und feiner Gesteinskörnung und Wasser. Zusätzlich können auch noch Zusatzmittel und Zusatzstoffe oder Fasern enthalten sein. Seine Eigenschaften erhält Beton durch Hydratation des Zements, d. h. eines chemisch-physikalischen Vorgangs zwischen Zement und Wasser. Als Gesteinskörnung gelten nach DIN EN 206 (2021, S. 30, Abschnitt 5.1.3) natürliche normale Gesteinskörnungen als *„allgemein geeignet"*.

29.1.4.2 Normalbeton

Unter Normalbeton versteht DIN EN 206 (2021, S. 17, Abschnitt 3.1.4.4) einen Beton mit einer Rohdichte im ofentrockenen Zustand größer als 2000 kg/m^3 und maximal 2600 kg/m^3, siehe Bild 29.4. Eine höhere Rohdichte wird als Schwerbeton bezeichnet, eine niedrigere als Leichtbeton (vgl. Abschnitt 29.1.4.3). DIN EN 1992-4 (2019, S. 11) schränkt den rechnerischen Nachweis von Dübeln auf Normalbeton ohne Fasern ein, weshalb z. B. bei Normalbeton mit Stahlfasern als Zuschlag weitere Überlegungen angestellt werden müssen, auf die in diesem Fachbuch nicht weiter eingegangen werden soll.

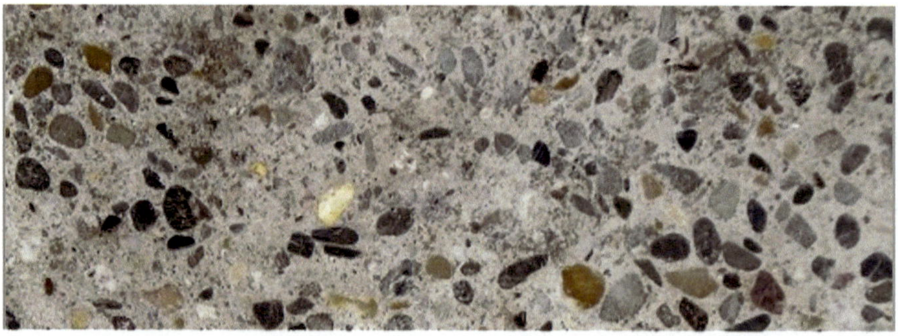

Bild 29.4 Schnitt durch ein Bauteil aus Normalbeton (Foto: Adolf Würth GmbH & Co. KG)

29.1.4.3 Leichtbeton

Unter Leichtbeton versteht DIN EN 206 (2021, S. 17, Abschnitt 3.1.4.1) einen Beton mit einer Rohdichte im ofentrockenen Zustand von mindestens 800 kg/m³ und maximal 2000 kg/m³. Diese – gegenüber Normalbeton zum Teil wesentlich geringere – Rohdichte wird durch die Wahl anderer Zuschläge bestimmt. Während der Zuschlag für Normalbeton im Wesentlichen aus Kies und Sand besteht („grobe und feine Gesteinskörnung“; vgl. Abschnitt 29.1.4.1), besteht der Zuschlag für Leichtbeton aus Gesteinskörnungen mit hoher Porosität, wie z. B. Bims, Blähton oder Blähschiefer. Vereinfacht kann man auch sagen, dass dieser Zuschlag aus leichten „Blähton-Kügelchen“ besteht, die im Prinzip nichts anderes sind als die „Blumenerde“ von Hydrokultur-Pflanzen (Bild 29.5).

Bei Leichtbeton muss unterschieden werden in

- „*gefügedichten* Leichtbeton“ (abgekürzt mit „LC“; aus dem Englischen: Lightweight Concrete; Bild 29.6a) und
- „*haufwerksporigen* Leichtbeton“ (abgekürzt mit „LAC“; aus dem Englischen: Lightweight Aggregate Concrete; Bild 29.6b).

Bei *gefügedichtem* Leichtbeton werden die Zuschläge vollständig vom Zement umschlossen, so dass – wie bei einem Normalbeton keine Lufträume zwischen den einzelnen Zuschlagskörnern verbleiben, wodurch ein „dichtes“ Gefüge entsteht (Bild 29.6a).

Haufwerksporiger Leichtbeton unterscheidet sich von *gefügedichtem* Leichtbeton dadurch, dass die Zwischenräume zwischen den Zuschlägen nur unvollständig mit Zement gefüllt sind, sodass Luftzwischenräume („Haufwerksporen“) zwischen den einzelnen Zuschlagskörnern verbleiben (Bild 29.6b).

a) Blähton oder Blähschiefer

b) Hydrokultur

Bild 29.5 Zuschlag für Leichtbeton: „Blähton-Kügelchen“ (Fotos: Scheller)

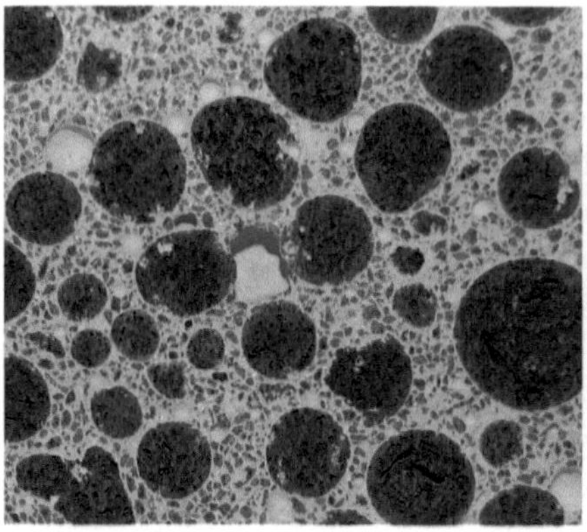

a) gefügedichter Leichtbeton

b) haufwerksporiger Leichtbeton

Bild 29.6 Unterscheidung von Leichtbeton (Fotos: Küenzlen)

Hinweis: Bis dato gibt es (noch) keine Dübel-Systeme, die für Verankerungen in (*Konstruktions-*) Leichtbeton bzw. für Verankerungen in Leichtbeton-Bauteilen, die in *Ortbetonbauweise* erstellt werden, zugelassen sind (vgl. Hinweis in Bild 28.1).

„Zugelassene" Dübel-Systeme gibt es bisher nur für Verankerungen in *Mauerwerk* aus Leichtbeton (Metall-Injektionsanker zur Verankerung in Mauerwerk, Kunststoffdübel sowie Abstandsmontageschrauben im Bereich der Fensterbefestigung).

Sollen im bauaufsichtlich relevanten Bereich Verankerungen in Konstruktionsleichtbeton ausgeführt werden, werden für geeignete Dübel-Systeme eine Zustimmung im Einzelfall (ZiE) bzw. eine vorhabenbezogene Bauartgenehmigung (vBG) erforderlich.

29.1.5 Druckfestigkeits- bzw. Festigkeitsklassen

29.1.5.1 Normal- und Schwerbeton

Bei der Lieferung des Betons auf die Baustelle mit einem Fahrmischer muss auf dem Lieferschein die Druckfestigkeits- bzw. Festigkeitsklasse des Betons ausgewiesen werden. Damit kann der Bauleiter überprüfen, ob der angelieferte Beton auch dem Beton entspricht, der in den Schal- und Bewehrungsplänen des Tragwerksplaners (Statikers) vorgeschrieben wird. Im Beispiel eines Lieferscheins für Transportbeton in Bild 28.2 ist als Festigkeitsklasse „C25/30" angegeben. Diese Angabe der Druckfestigkeitsklasse erklärt Bild 29.7 am Beispiel eines Normalbetons C20/25.

Bei der Angabe der Druckfestigkeit nach Bild 29.7 handelt es sich um die sogenannte charakteristische Betondruckfestigkeit f_{ck}, die nach DIN EN 206 (2021, S. 18, Abschnitt 3.1.5.5) als Mindestwert

- der charakteristischen Zylinderdruckfestigkeit $f_{ck,cyl}$ (Zylinder mit 150 mm Durchmesser und 300 mm Länge) und/oder

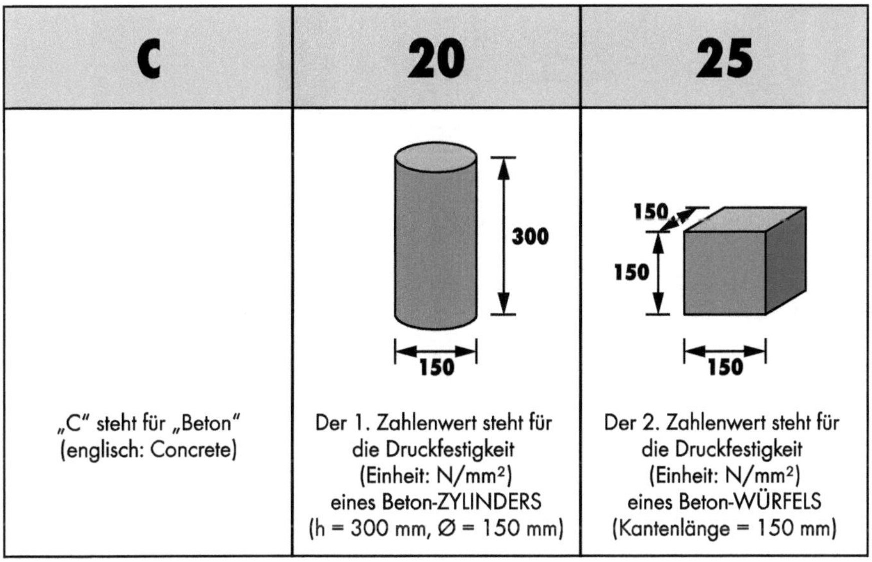

Bild 29.7 Erläuterung der Bezeichnung der Druckfestigkeitsklassen für Normal- und Schwerbeton nach DIN EN 206 am Beispiel eines Normalbetons C20/25 (Grafik: Adolf Würth GmbH & Co. KG)

- der charakteristischen Würfeldruckfestigkeit $f_{ck,cube}$ (Würfel mit Kantenlänge 150 mm)

bezeichnet wird. Die mittlere Betondruckfestigkeit wird mit f_{cm} abgekürzt.

Das bedeutet, dass für die Ermittlung der Betondruckfestigkeit extra Probekörper betoniert werden (Zylinder oder Würfel), die nach dem Aushärten in einer Würfeldruckmaschine „abgedrückt“ bzw. bis zum Versagen belastet werden (Bild 29.8). Die Prüfkörper müssen DIN EN 12390-1 (2021) entsprechen und nach DIN EN 12390-3 (2019, Anhang A) hergestellt und gelagert werden. Die Probenentnahme erfolgt nach DIN EN 12350-1 (2019). Werden Würfel geprüft, dann müssen diese nach DIN EN 12390-3 (2019, S. 6) geschalt sein.

In Bestandsbauten können die Probekörper auch Bohrkerne sein, die dem vorhandenen Betonbauteil, dessen Druckfestigkeit bestimmt werden soll, an geeigneter Stelle entnommen werden. Bohrkerne müssen vor dem „Abdrücken“ entweder geschliffen oder abgeglichen werden.

Geprüft wird die Betondruckfestigkeit bei extra hergestellten Probekörpern nach DIN EN 12390-3 (2019) nach 28 Tagen (DIN EN 206:2021, S. 27, Abschnitt 4.3.1).

Diese Festlegung ist von großer Bedeutung, da auch die in einer Dübel-Zulassung geforderte Festigkeitsklasse für Normalbeton (vgl. z. B. Abschnitt 29.1.1) in der Regel erst *nach* 28 Tagen normativ bestimmt werden kann. Folglich kann auch erst *nach* 28 Tagen sichergestellt werden, dass der Dübel in den richtigen Verankerungsgrund eingebaut wird; denn in der Regel hat der Beton erst *nach*

Bild 29.8 Würfeldruckmaschine, in der ein Betonwürfel bis zum Versagen belastet wurde (Foto: Kuhn)

28 Tagen die Festigkeitsklasse erreicht, die der Bemessung des jeweiligen Dübels zugrunde liegt.

Es kann aber durchaus vorkommen, dass Dübel auch schon in Beton eingebaut werden (sollen), der noch keine 28 Tage alt ist. Das kann z. B. beim Bau eines Hochhauses der Fall sein: Während die oberen Etagen noch betoniert werden, beginnt in den Etagen darunter bereits der weitere Ausbau (Haustechnik, Fassade ...), wofür häufig Dübeltechnik zur Anwendung kommt (Bild 29.9).

Bild 29.9 Beispiel Bau eines Hochhauses: Die Obergeschosse werden noch betoniert, während in den Untergeschossen bereits der (Innen-) Ausbau beginnt, z. B. mit Haustechnik und Fassade (Foto: Scheller)

Hinweis: Ist der auf der Baustelle verbaute Beton noch keine 28 Tage alt, sollte vor der Montage von Dübeln mit dem Planer und/oder einem Gutachter Rücksprache gehalten werden, da ggf. gesonderte Beurteilungen erforderlich sind.

Die aktuellen Druckfestigkeitsklassen nach Norm – für Normal- und Schwerbeton – zeigt Tabelle 29.1. Ein rechnerischer Nachweis der Dübel nach DIN EN 1992-4 (2019, S. 11) ist aktuell für die Klassen C12/15 bis einschließlich C90/105 möglich. Viele Dübel-Systeme sind allerdings nur für Verankerungen in Beton der Druckfestigkeitsklassen C12/15 bzw. C20/25 bis C50/60 „zugelassen".

In älteren Bauunterlagen (Plänen, Statiken, Lieferscheinen, etc.) findet man für Beton auch noch andere Bezeichnungen der Druckfestigkeitsklasse, siehe z. B. Schnell et. al (2009), z. B. „B 225" (Zeitraum 1943–1972; DDR bis 1980), z. B. „Bn 250" (Zeitraum 1972–1978), z. B. „B 25" (1978–2001) oder „Bk 25" (DDR 1980–1990).

Tabelle 29.1 Druckfestigkeitsklassen für Normal- und Schwerbeton nach DIN EN 206 (2021, S. 27, Abschnitt 4.3.1, Tabelle 12)

Druckfestigkeitsklasse	Charakteristische Mindestdruckfestigkeit von Zylindern $f_{ck,cyl}$ [N/mm²]	Charakteristische Mindestdruckfestigkeit von Würfeln $f_{ck,cube}$ [N/mm²]	Mittlerer Elastizitätsmodul nach Tabelle 3.1 in DIN EN 1992-1-1 bzw. DIN EN 1992-1-1/NA E_{cm} 1) [N/mm²]
C8/10	8	10	
C12/15	12	15	27 000
C16/20	16	20	29 000
C20/25	20	25	30 000
C25/30	25	30	31 000
C30/37	30	37	33 000
C35/45	35	45	34 000
C40/50	40	50	35 000
C45/55	45	55	36 000
C50/60	50	60	37 000
C55/67	55	67	38 000
C60/75	60	75	39 000
C70/85	70	85	41 000
C80/95	80	95	42 000
C90/105	90	105	44 000
C100/115	100	115	45 000

1) E_{cm} mittlerer Elastizitätsmodul von Normalbeton
(Sekantenwert zwischen $\sigma_c = 0$ und $0{,}4 \cdot f_{cm}$) mit $f_{cm} = f_{ck,cyl} + 8$

Je nach Zeitraum und entsprechend geltender Normung wurden seinerzeit die der jeweiligen Festigkeitsklasse entsprechenden Betondruckfestigkeiten auch anhand von Würfeln mit 200 mm Kantenlänge ($f_{cube200}$) ermittelt. Diese Festigkeiten können z. B. nach EOTA EAD 330232-01-0601 (2021, S. 65, Abschnitt B.3.1.2.5) mit Gl. (29.2) auf das aktuelle Maß für einen Würfel mit 150 mm Kantenlänge ($f_{cube150}$) umgerechnet werden.

$$f_{cube\,150} = \frac{1}{0{,}95} \cdot f_{cube\,200} \qquad \text{Gl. (29.2)}$$

mit:

$f_{cube150}$ Nennwert der charakteristischen Betondruckfestigkeit (basierend auf Würfeln mit Kantenlänge 150 mm)

$f_{cube200}$ Nennwert der charakteristischen Betondruckfestigkeit (basierend auf Würfeln mit Kantenlänge 200 mm)

29.1.5.2 Leichtbeton

Tabelle 29.2 zeigt die aktuellen Druckfestigkeitsklassen für (Konstruktions-) Leichtbeton nach DIN EN 206 (2021, S. 28, Abschnitt 4.3.1, Tabelle 13). Die Bezeichnung der Klassen erfolgt sinngemäß wie für Normal- und Schwerbeton, mit dem Unterschied, dass die Klassen nicht nur mit „C“ (aus dem Englischen: Concrete), sondern

Tabelle 29.2 Druckfestigkeitsklassen für Leichtbeton nach DIN EN 206 (2021, S. 28, Abschnitt 4.3.1, Tabelle 13)

Druckfestigkeitsklasse	Charakteristische Mindestdruckfestigkeit von Zylindern $f_{ck,cyl}$ [N/mm²]	Charakteristische Mindestdruckfestigkeit von Würfeln $f_{ck,cube}$ [N/mm²]
LC8/9	8	9
LC12/13	12	13
LC16/18	16	18
LC20/22	20	22
LC25/28	25	28
LC30/33	30	33
LC35/38	35	38
LC40/44	40	44
LC45/50	45	50
LC50/55	50	55
LC55/60	55	60
LC60/66	60	66
LC70/77	70	77
LC80/88	80	88

mit „LC“ (aus dem Englischen: Lightweight Concrete) abgekürzt werden. Vergleicht man die Tabelle 29.2 weiter mit Tabelle 29.1, kann man feststellen, dass Leichtbeton ähnliche Druckfestigkeiten erreichen kann wie Normal- oder Schwerbeton.

29.2 Mauerwerk

29.2.1 Allgemeines

Mauerwerk besteht aus einzelnen Mauersteinen, die in der Regel mit vermörtelten oder unvermörtelten Stoß- und Lagerfugen mit einem sogenannten „Versatz“ vereinfacht gesagt übereinander „gestapelt“ werden.

29.2.1.1 Mauersteine

Wie bereits in Abschnitt 28.1 ausgeführt, unterscheiden sich Mauersteine insbesondere durch die Parameter

- Baustoff (Mauerziegel, Kalksandstein, Leichtbeton, Porenbeton oder Normalbeton),
- Struktur (Vollsteine, Hohl- und Lochsteine mit oder ohne Dämmstoff-Füllung),
- Geometrie (Steinabmessungen, Loch- und Stegabmessungen) sowie vor allem durch
- Rohdichte und
- Druckfestigkeit.

Hier werden nachfolgend die Mauersteine aus den unterschiedlichen Baustoffen vorgestellt, die derzeit am häufigsten auf Baustellen als Verankerungsgrund für Dübel vorgefunden werden können. Eine entsprechend allgemeine Übersicht zeigt Bild 29.10. Dabei wird darauf hingewiesen, dass auch die Entwicklung im Bereich der Mauersteine stetig voranschreitet und es mittlerweile z. B. auch Mauersteine aus getrocknetem Lehm, sogenannte Lehmziegel, gibt. Aus Übersichtsgründen wird hier auf diese Mauersteine nicht weiter eingegangen.

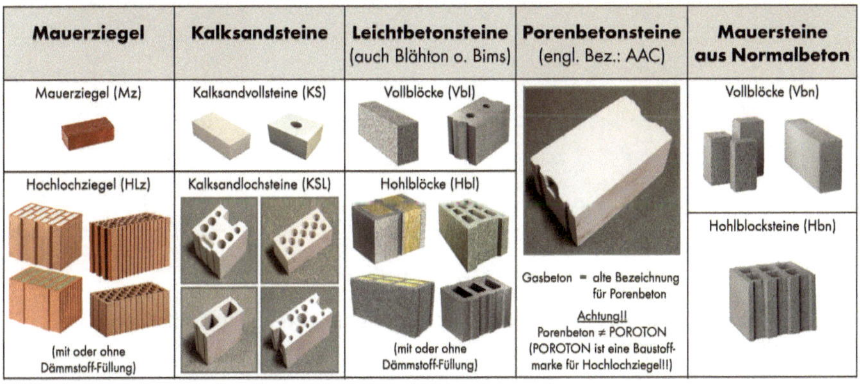

Bild 29.10 Übersicht Baustoffe für Mauersteine

29.2.1.2 Vermörtelte und unvermörtelte Fugen

Neben den zuvor genannten und nachfolgend etwas ausführlicher vorgestellten Mauersteinen besteht Mauerwerk aus vermörtelten oder nicht vermörtelten Stoß- und Lagerfugen zwischen den einzelnen Steinen (vgl. Bild 29.11). Die Mauersteine werden dabei mit einem sogenannten Versatz im Verband übereinandergesetzt. Die Größe bzw. Breite des Versatzes wird durch das sogenannte "Überbindemaß" in der jeweils geltenden Mauerwerksnormung vorgegeben.

Die horizontale Mörtelfuge kann dabei als „normale" Lagerfuge mit einer Dicke von ca. 10–12 mm ausgeführt werden. Bei dieser Fugenausbildung können Unebenheiten der Steine ausgeglichen werden, womit die Druckkräfte aus dem Lastabtrag der Mauerwerkswand oder der Stütze bzw. dem Pfeiler aus Mauerwerk gleichmäßig bis in die Gründungsebene weitergeleitet werden können. Bei dieser Lagerfugen-Dicke spricht man bei Hochlochziegeln z. B. von „Blocksteinen".

Wird die Lagerfuge nur als eine sehr dünne sogenannte „Dünnbettfuge" im Millimeterbereich ausgeführt, dürfen die Mauersteine nur unwesentliche Unebenheiten aufweisen. Bei dieser Lagerfugen-Dicke spricht man dann bei Hochlochziegeln mit geschliffenen Seiten auch von „Plansteinen".

Kalksandsteine haben produktionsbedingt bereits sehr ebene Seitenflächen und müssen nicht geschliffen werden.

Im Gegensatz zu den horizontalen vermörtelten Lagerfugen sind die vertikalen Stoßfugen oft verzahnt bzw. nicht vollständig vermörtelt, da die Steine nur aneinandergestoßen werden.

Bild 29.11 zeigt die wichtigsten verschiedenen Begriffe, die zuvor erläutert wurden, anhand eines Mauerwerksverbands, dessen horizontale Lagerfugen und vertikale Stoßfugen vermörtelt sind.

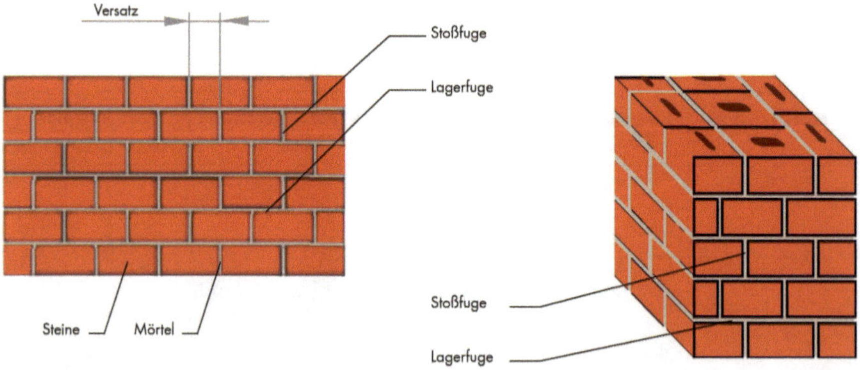

Bild 29.11 Begriffe im Zusammenhang mit einer gemauerten Wand mit Fugen (Grafik: Adolf Würth GmbH & Co. KG)

29.2.2 Mauerziegel: Vollziegel und Hochlochziegel

Mauerziegel bestehen traditionell aus gebranntem Lehm und Ton. Heutzutage werden diesen Mauersteinen z. B. auch Sägespäne beigemengt, die während des Brennvorgangs verbrennen und (insbesondere) den (Hochloch-) Ziegeln eine gewisse Porosität und damit eine geringere Rohdichte und damit wiederum bessere Wärmedämmeigenschaften geben.

Die gängigen Mauerziegel und deren Abkürzungen

- im Altbau (*Voll*ziegel, Ziegelsteine, Vollsteine oder auch Klinker) und
- im Neubau (gefüllte und ungefüllte *Hochloch*ziegel)

sind exemplarisch in Bild 29.12 dargestellt.

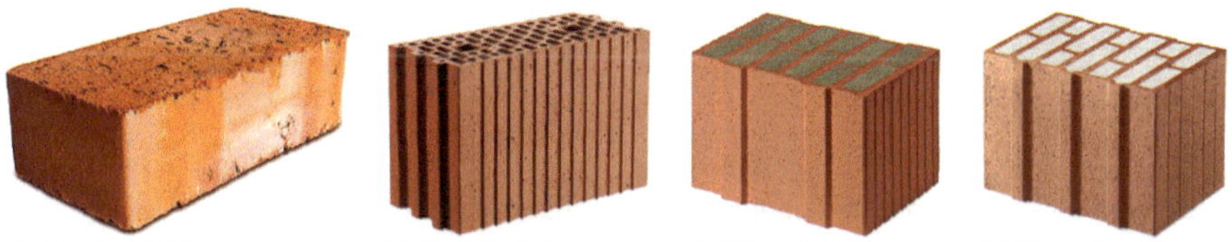

a) Vollziegel (Mz) b) Hochlochziegel (HLz) c) HLz mit Mineralwolle-Füllung d) HLz mit Perlite-Füllung

Bild 29.12 Beispiele für Mauerziegel

29.2.3 Kalksandsteine: Kalksandvollsteine und Kalksandlochsteine

Kalksandsteine bestehen – wie der Name bereits sagt – aus Kalk und Sand. Ein Gemisch aus beiden Bestandteilen im Verhältnis von ca. 1 : 12 wird mit Wasser vermengt und kann nach entsprechender Aufbereitung verdichtet und geformt werden. Die Steinrohlinge werden dann in sogenannten „Autoklaven" bei ca. 200 °C unter einem bestimmten Dampfdruck gehärtet. Bild 29.13 zeigt exemplarisch zwei Kalksandvollsteine und zwei Kalksandlochsteine.

a) Kalksandvollstein (KS) b) Kalksandvollstein mit Griffloch (KS) c) Kalksandlochstein (KS L) d) Kalksandlochstein (KS L)

Bild 29.13 Beispiele für Kalksandsteine

a) Griffloch im Kalksandvollstein

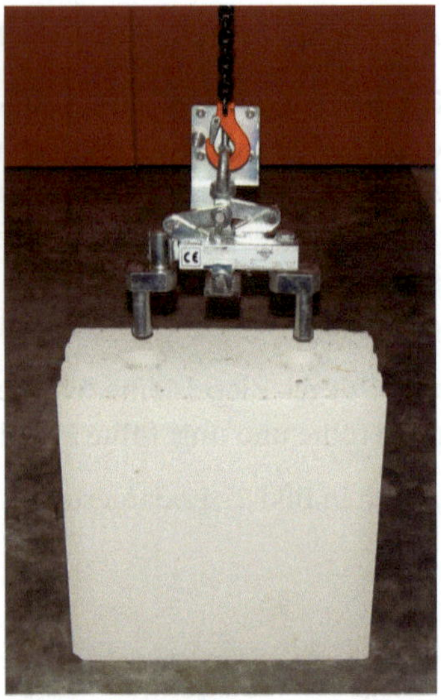

b) Kalksandvollstein mit modernem Steinhebegerät

Bild 29.14 Kalksandvollstein oder Kalksandlochstein? (Fotos: Immel)

Bei der Ansicht von Bild 29.14a und Bild 29.14b wird immer wieder die Frage gestellt, ob es sich bei diesen Mauersteinen nicht auch um Lochsteine handelt. Die Löcher in der jeweiligen Lagerfläche dienen hier entweder als Grifflöcher (Bild 29.14a) zum besseren Anfassen bzw. leichteren Anheben der Steine oder als Aufnahme-Löcher für ein modernes Steinhebegerät, womit die relativ großen und schweren Vollsteine mit einem Kran versetzt werden können, was die Gesundheit (den Rücken) des Maurers schonen soll (Bild 29.14b).

Entscheidend, ob es sich bei einem Mauerstein um einen Vollstein oder um einen Lochstein handelt, ist das normativ vorgegebene Verhältnis der Lochfläche ($A_{\text{Grifflochfläche}}$) zur gesamten Lagerfläche ($A_{\text{Lagerfläche,gesamt}}$). Ist – z. B. hier bei Kalksandsteinen – der Grifflochflächen-Anteil kleiner als 15 % der gesamten Lagerfläche, so ist der Stein immer noch ein Vollstein (Bild 29.15).

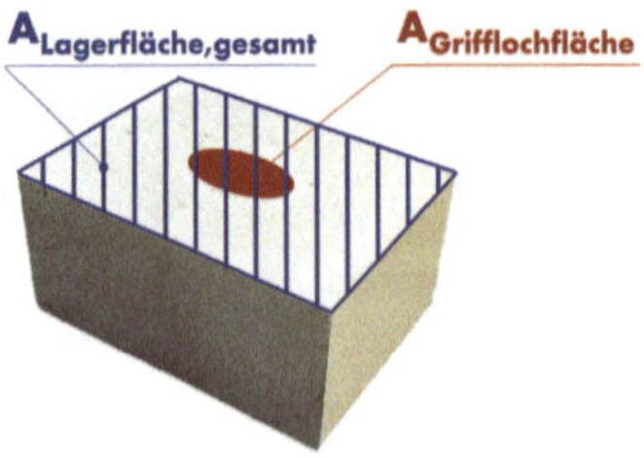

Bild 29.15 Lagerfläche (gesamt) und Grifflochfläche bei einem Kalksandstein (Collage: Scheller)

Hinweis: In der Dübeltechnik kommt es weniger oder gar nicht auf den Prozentsatz $A_{Grifflochfläche} / A_{Lagerfläche,gesamt}$ der Mauersteine an!

Bei der Montage von Metall-Injektionsankern zur Verankerung in Mauerwerk ist es zunächst unerheblich, ob ein Mauerstein nach Norm ein Vollstein oder ein Lochstein ist. Entscheidend beim Einsatz dieser Dübel-Systeme ist, dass – sobald (Griff-) Löcher angebohrt werden – der Einsatz von zugehörigen Siebhülsen (vgl. Abschnitt 34.4) und auch von einem entsprechend größeren Bohrer erforderlich wird!

Merke: Auch Vollsteine können Löcher haben!

29.2.4 Leichtbetonsteine: Vollblöcke und Hohlblöcke

Bezüglich der Zusammensetzung von Leichtbetonsteinen (die auch nur als Verankerungsgrund „Blähton" oder „Bims" bezeichnet werden) wird im Wesentlichen auf die Ausführungen in Abschnitt 29.1.4.3 zu *haufwerksporigem* Leichtbeton verwiesen. Bild 29.16 zeigt exemplarisch zwei Vollblöcke aus Leichtbeton (Vollsteine) und zwei Hohlblöcke aus Leichtbeton (Lochsteine).

Aufgrund der vergleichsweise niedrigen Rohdichte werden diese Mauersteine – wie auch Hochlochziegel (vgl. Abschnitt 29.2.2) und Porenbetonsteine (vgl. Abschnitt 29.2.5) – immer gerne dann eingesetzt, wenn an die gemauerte Wand Anforderungen an den Wärmeschutz gestellt werden. Wie bei den Hochlochziegeln werden Hohlblöcke aus Leichtbeton daher mittlerweile auch mit Dämmstoff-Füllungen angeboten (Bild 29.16d).

a) Vollblock aus Leichtbeton (Vbl)
b) Vollblock aus Leichtbeton (Vbl)
c) Hohlblock aus Leichtbeton (Hbl)
d) Hohlblock aus Leichtbeton (Hbl) mit Mineralwolle-Füllung

Bild 29.16 Beispiele für Leichtbetonsteine

29.2.5 Porenbetonsteine

Porenbetonsteine *werden* bzw. Porenbeton allgemein *wird* heutzutage auch mit „AAC" bezeichnet (aus dem Englischen: Autoclaved Aerated Concrete).

Die frühere Bezeichnung für Porenbeton war „Gasbeton", da dieser Baustoff zu ca. 80 % aus sehr kleinen (Luft-) Poren (≈ Gas) besteht. Die weiteren Bestandteile von

a) Vollstein aus Porenbeton (Beispiel)

b) (Luft-) Poren (Foto: Scheller)

Bild 29.17 Porenbeton (-stein)

Porenbeton sind Quarzsand, Kalk, Zement oder gebrannter Kalk sowie Anhydrit oder Gips. Der Kalk kann auch durch Zement ersetzt werden. Die (Luft-) Poren entstehen durch die Zugabe von Aluminiumpulver, das – wie die Hefe bei einem Kuchenteig – als Treibmittel wirkt.

Zur Vereinfachung der Unterscheidung von Porenbetonsteinen und Kalksandsteinen kann man sich merken, dass Porenbeton – salopp gesagt – nichts anderes als „großformatiges Katzenstreu" ist. (Sowohl) Porenbeton (als auch Katzenstreu) kann man dann sehr gut an den kleinen (Luft-) Poren erkennen (Bild 29.17b).

Bei gleichen Abmessungen wird der Porenbetonstein – aufgrund seiner deutlich geringeren Rohdichte – auch viel leichter sein als der Kalksandstein. Porenbetonmauerwerk wird im Wesentlichen aus Vollsteinen (Bild 29.17a) – aus Plansteinen (vgl. Abschnitt 29.2.1.2) mit Dünnbettmörtel – hergestellt.

29.2.6 Porenbeton: Wand-, Decken- und Dachplatten

Aus Porenbeton werden nicht nur Plansteine (vgl. Abschnitt 29.2.5) hergestellt, sondern u. a. auch ganze *Wand-*, *Decken-* und *Dach*platten. Diese Platten werden im Rahmen des Vorfertigungsprozesses im Werk – wie aus dem Stahlbetonbau bekannt – mit einer innenliegenden Bewehrung ausgeführt (Bild 29.18). Dieser Bewehrungsstahl ist erforderlich, weil die Platten je nach Einbaulage auch durch Wind (Wandplatten) oder durch Eigenwicht, Verkehrslast, Wind- und Schneelasten (Decken- und Dachplatten) auf Biegung beansprucht werden (Bild 29.19, Bild 29.20). Wie beim Stahlbeton (vgl. Abschnitt 29.1.2) muss auch der Porenbeton „reißen", damit die Bewehrung aktiviert wird und die auftretenden Zugkräfte aus der Plattenbiegung aufgenommen werden können.

Bild 29.18 Porenbetonplatte mit Bewehrung (Foto: Scheller)

Bild 29.19 Porenbeton-Wandplatte (Foto: XELLA-Bilddatenbank)

Bild 29.20 Porenbeton-Deckenplatte (Foto: XELLA-Bilddatenbank)

29.2.7 Mauersteine aus Normalbeton: Vollblöcke und Hohlblocksteine

Mauersteine aus Beton bestehen vereinfacht gesagt aus Normalbeton *ohne* Bewehrung (vgl. Abschnitt 29.1.4.2). Aufgrund der hohen Rohdichte werden diese Mauersteine – wie auch Kalksandsteine (vgl. Abschnitt 29.2.3) – immer gerne dann eingesetzt, wenn für die gemauerte Wand Schallschutz-Anforderungen gestellt werden. Bild 29.21 zeigt exemplarisch zwei Vollblöcke aus Beton und einen Hohlblockstein aus Beton.

a) Vollblöcke aus Beton (Vbn) a) Vollblock aus Beton (Vbn) b) Hohlblocksteine aus Beton (Hbn)

Bild 29.21 Beispiele für Mauersteine aus Normalbeton

29.2.8 Nachträglich gedämmte Untergründe

In Abschnitt 28.2.1.2 wurden Mauersteine vorgestellt, die eine ausreichend hohe Wärmedämmung entweder durch

- eine entsprechende Füllung oder durch
- eine geringe Rohdichte (Porenbeton/Leichtbeton) bzw. durch
- dünne Steinstege mit dazwischen liegenden Hohlkammern (Hochlochziegel)

erreichen. Eine weitere Möglichkeit einen Verankerungsgrund energetisch zu ertüchtigen, d. h. seine Wärmedämmeigenschaften zu verbessern, ist das Aufbringen einer (zusätzlichen) Dämmung z. B. aus Mineral-/Steinwolle- oder Polystyrolplatten.

Auch im bauaufsichtlich relevanten Bereich sind Befestigungen an gedämmten Verankerungsgründen erforderlich. Dabei können z. B. Vordächer und Markisen (Bild 29.22), die deutlich „höhere" Lasten als ein Regenfallrohr oder ein Hausnummernschild darstellen, nur im tragenden Wandbildner, also z. B. im Beton oder im Mauerwerk verankert werden, vorausgesetzt natürlich, dass dieser Verankerungsgrund ausreichend tragfähig ist.

Derartige Befestigungen können im Gegensatz zu der realen (!) Idee eines Planers für die Befestigung eines französischen Balkongeländers (Bild 29.23) *nicht* im Dämmstoff verankert werden.

Moderne Systeme ermöglichen in diesem Anwendungsfall die Befestigung im tragenden Mauerwerk oder wie in Bild 29.24 in der Stirnseite einer Betondecke mittels Ankerstange und Injektionsmörtel. Zusätzlich verfügen derartige Systeme über eine thermische Trennung in Bezug auf die Ankerstange. Das bedeutet, dass zwischen der Ankerstange im Verankerungsgrund und der Ankerstange zur Befestigung des Anbauteils ein Kunststoffkonus angeordnet ist.

a) Markise (Foto: Adolf Würth GmbH & Co. KG)   b) Vordach (Foto: Vybiralik)

Bild 29.22 Befestigungen an einer (nachträglich) gedämmten Fassade

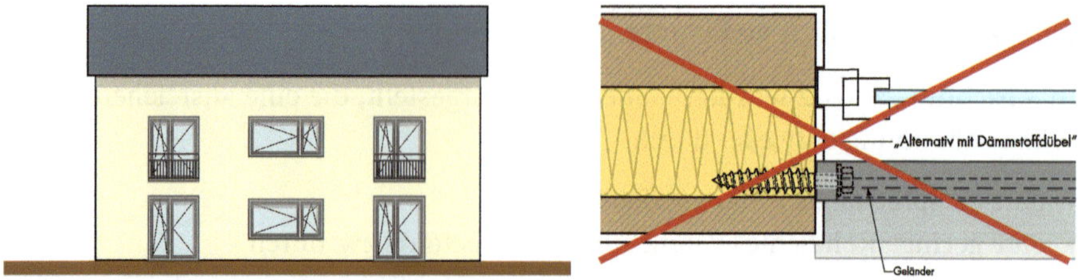

a) Ansicht (französische Balkongeländer im OG) b) Detail

Bild 29.23 Idee eines Planers (bitte *nicht* nachmachen!) zur Befestigung eines Geländers im Dämmstoff (Bilder, *nicht* die Idee: Adolf Würth GmbH & Co. KG)

Bild 29.24 Befestigungslösung mit thermischer Trennung (Bild: Adolf Würth GmbH & Co. KG)

29.2.9 Zweischalige Wandkonstruktionen: Zweischaliges Mauerwerk

Als dritte Möglichkeit der Wandausbildung – neben den einschaligen und gedämmten Konstruktionen (Abschnitt 29.2.9) – gibt es auch zweischalige Wandkonstruktionen, die häufig als sogenanntes „zweischaliges Mauerwerk“ ausgeführt werden. Bild 29.22 zeigt ein Beispiel für zweischaliges Mauerwerk, das nach DIN EN 1996-2/NA (2012, S. 7, NCI Anhang NA.D) aus einer *tragenden* Innenwand (Innenschale), einem Schalenzwischenraum und einer *nichttragenden* Außenwand (Außenschale) besteht. Die Innenschale wird auch als „Tragschale“ oder „Hintermauerwerk“ bezeichnet. Der Schalenzwischenraum kann ohne, ganz oder teilweise mit einer Wärmedämmschicht ausgeführt werden. Die Außenschale gibt es in der Regel in den Ausführungen „Verblendschale“ bzw. „Klinkerschale“ oder „geputzte Vormauerschale“.

Bild 29.25 Beispiel für eine zweischalige Wandkonstruktion: Innenschale bzw. Tragschale aus Porenbetonmauerwerk, Wärmedämmung, Luftschicht und Außenschale bzw. Klinkerschale (Foto: Küenzlen)

Sollen in zweischaligem Mauerwerk beispielsweise wie in Bild 29.26 Balkonanlagen (oder auch Markisen und Vordächer wie in Bild 29.22) befestigt werden, dann darf die Befestigung nur im sogenannten tragenden Hintermauerwerk bzw. in der Tragschale erfolgen. Eine Einleitung von Zuglasten in die Vormauerschale - auch Klinkerschale genannt - ist nicht erlaubt; hier ist nur die Einleitung von „reinen" Windlasten „zulässig".

a) Befestigung an der Wandkonstruktion (gestrichelte Kreise)

b) Ansicht der Vorsatzschale von unten mit Konsolen zur Aufnahme der Vertikallasten (vgl. blaue Pfeile in Bild a)

Bild 29.26 Balkonanlage befestigt an einer zweischaligen Wandkonstruktion (Fotos: Küenzlen)

Aufgrund des meist relativ großen Schalenzwischenraums – bedingt durch die Dämmung und/oder Hinterlüftung des Zwischenraums –ist die Einleitung von Querlasten oft problematisch. Wirken Querlasten nur in Richtung des Fundaments, kann ingenieurmäßig die Überlegung angestellt werden, dass die Befestigung auf die Klinkerschale „aufgelegt" wird. Insbesondere bei Injektionsdübeln darf aber *keine* kraftschlüssige Verklebung erfolgen. Eine sichere Lastweiterleitung in das Fundament des Gebäudes über die äußere Schale müsste dann im Detail durch die Beantwortung der folgenden Fragen geprüft werden:

- Ist der Versatz im Mauerwerk geeignet bzw. das Überbindemaß eingehalten, eine solche Einzellast nach unten weiterzuleiten (vgl. Abschnitt 29.2.1)?
- Sind Konsolen (vgl. Bild 29.26) tragfähig genug zusätzliche Lasten aufzunehmen?
- usw.

Problematisch werden abhebende Querkräfte nach oben, z. B. durch Winddruck von unten auf ein Vordach. Diesen Querkräften steht nur das Gewicht der Klinkerschicht oberhalb der Befestigung als „Gegengewicht" entgegen. Werden hier die Querlasten zu groß, kann es zu einem Schaden an der Klinkerschale kommen.

Hinweis: Die Einleitung von Querkräften (in Richtung des Fundaments), z. B. aus Markisen oder Vordächern, in nichttragende Außenwände (Außenschalen) von zweischaligem Mauerwerk kann nur auf Grundlage genauer ingenieurmäßiger Betrachtungen und entsprechender statischer Nachweise erfolgen. Ist dies nicht möglich, sind die Dübel auf Querlast mit Hebelarm, also auf „Biegung", nachzuweisen.

30

Umgebung – Welche äußeren Einflüsse liegen vor?

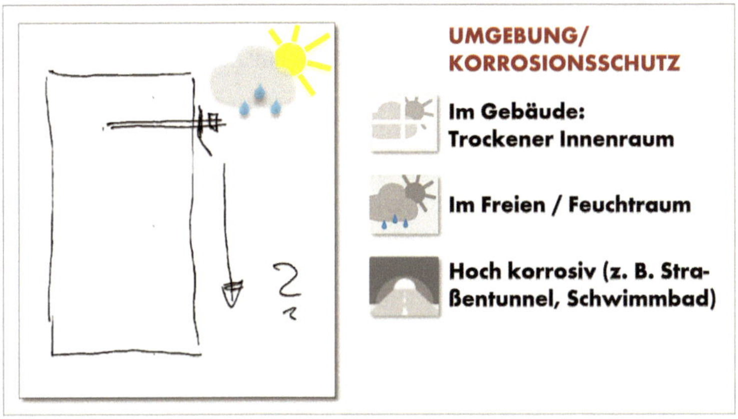

30.1 Allgemeines

Bevor wir in Kapitel 34 ein geeignetes Dübel-System für unsere jeweilige Befestigungsaufgabe auswählen können, müssen wir uns noch Gedanken über die äußeren Einflüsse auf unseren Dübel machen. Kapitel 30 könnten wir uns vielleicht sparen, wenn unsere Befestigungsaufgabe im privaten Wohnzimmer – einem so definierten „trockenen Innenraum“ – zu lösen ist, vorausgesetzt

- der Verankerungsgrund wäre ein Beton mit der Druckfestigkeitsklasse C20/25 bis C50/60 (vgl. Abschnitt 29.1.5.1) und
- wir hätten einen Metalldübel mit einer Europäischen Technischen Bewertung (ETA) für Verankerungen in gerissenem Beton zur Verfügung (vgl. Abschnitt 29.1.2),
- der auch für Einzelbefestigungen „zugelassen“ ist (vgl. Abschnitt 32.3.2).

Befestigung und Abdichtung von Fenstern und Türen. Regelwerke, Bauphysik, Baurecht, Praxisbeispiele. 2. Auflage.
J. Küenzlen, E. Scheller, M. Klatecki.

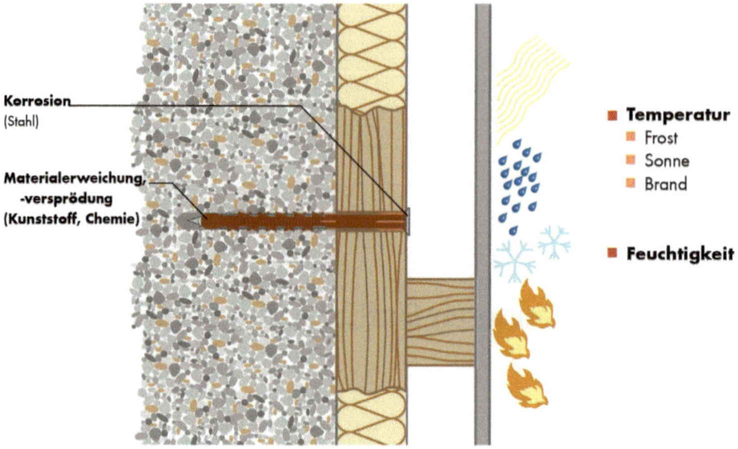

Bild 30.1 Äußere Umgebungseinflüsse auf einen Dübel (Bild: Adolf Würth GmbH & Co. KG)

Allein an dieser Aufzählung der „Voraussetzungen" kann man einmal mehr erkennen, wie komplex die Dübeltechnik ist und wie viele Parameter dabei zu beachten sind. Hierzu gehören auch die äußeren Umgebungseinflüsse (Bild 30.1), die in diesem Kapitel näher behandelt werden:

- Bei einem Injektionssystem müssen die Temperaturen während der Montage und während der späteren Nutzung des Dübels beachtet werden. In einem trockenen Innenraum mit normalen Innenraumtemperaturen ist der Temperatureinfluss in der Regel unproblematisch (Abschnitt 30.2).
- Soll mit einem Injektionssystem im Außenbereich montiert werden, ist wenigstens für die spätere Nutzung, wenn die Montage im Winter erfolgt, auch für die Montage ggf. Frost zu beachten (Abschnitt 30.3).
- Weitere Gedanken über die Umgebung können erforderlich werden (Bild 30.1). Muss unser Dübel im Brandfall eine gewisse Zeit noch seine Funktion erfüllen, weil wir z. B. in einem Fluchtweg etwas befestigen wollen? Dann müssen wir klären, ob es dafür einen Nachweis gibt, den schon nicht mehr alle Systeme erfüllen können, da beispielsweise Kunststoffdübel in diesem Bereich nur einen sehr kleinen Anwendungsbereich haben (Abschnitt 30.4).
- Verlassen wir das trockene Wohnzimmer, sind wir z. B. draußen an der Außenatmosphäre oder in einem Feuchtraum, ja sogar einem Schwimmbad, einem Straßentunnel oder an der Küste? Dann müssen wir uns über die Materialauswahl des Dübels sehr umfangreich Gedanken machen, was unsere Auswahl weiter einschränkt, da beispielsweise nicht alle Dübel-Systeme im richtigen Material für die Montage in einem Schwimmbad, Straßentunnel oder Küstennähe geliefert werden.

30.2 Temperatur

Im Bereich der Dübeltechnik sind unterschiedliche Temperaturen und Temperaturbereiche zu beachten. Eine erste entsprechende Übersicht zeigt Tabelle 30.1.

Es sollte ohne weitere Erklärungen verständlich sein, dass ein „reiner“ Metalldübel auf Temperaturänderungen – außer unter Brandbeanspruchung (vgl. in Abschnitt 30.4) – nicht wesentlich reagiert, ein Kunststoffdübel oder ein Injektionsdübel aber durchaus deutliche Tragfähigkeitsunterschiede bei unterschiedlichen Temperaturen aufweisen kann. Aus diesem Grund gibt es für hochwertige, d. h. „zugelassene“ Kunststoffdübel und Injektionssysteme immer Angaben zur Montagetemperatur in den entsprechenden ETAs. Hierbei kann z. B. die minimale Montagetemperatur bei Kunststoffdübeln bis zu −40 °C betragen und wird vom Hersteller im Rahmen der Zulassungsprüfungen individuell festgelegt. Bei gängigen Injektionssystemen liegt die minimale Montagetemperatur derzeit im Bereich von 0 °C bis −20 °C.

Neben der Montage spielt auch die spätere Nutzung der Befestigung eine Rolle. Daher gibt es für „zugelassene“ Kunststoffdübel und Injektionssysteme auch definierte Temperaturbereiche, in denen diese Dübel-Systeme während ihrer Nutzung verwendet werden können. In den Europäischen Technischen Bewertungen (ETAs) für Kunststoffdübel und Injektionssysteme werden dafür mindestens ein Temperaturbereich zum Teil aber auch mehrere Temperaturbereiche

Tabelle 30.1 Temperaturbereiche für Kunststoffdübel a), b), c) nach EOTA EAD 330284-00-0604 (2021), Injektionssysteme in Mauerwerk Ta, Tb, Tc nach EOTA EAD 330076-01-0604 (2021) und Injektionssysteme in Beton T1, T2, T3 nach EOTA EAD 330499-02-0601 (2022)

Temperatur-Bereich	a) bzw. Ta bzw. T1	b) bzw. Tb bzw. T2	c) bzw. Tc bzw. T3
maximale **Kurzzeit-Temperatur**[1)]	+40 °C	+80 °C	Festlegung durch Hersteller
maximale **Langzeit-Temperatur**[2)]	+24 °C	+50 °C	
niedrigste **Nutzungstemperatur**	Siehe Zulassung bzw. Hersteller-Empfehlung!		
Montagetemperatur			

1) Temperatur innerhalb des Nutzungstemperaturbereichs, die in kurzen Zeiträumen variieren kann, z. B. in Tag-/Nacht-Zyklen und Frost-/Tau-Wechseln.
2) Temperatur innerhalb des Nutzungstemperaturbereichs, die über einen längeren Zeitraum annähernd konstant bleibt. Zu den Langzeit-Temperaturen gehören konstante oder nahezu konstante Temperaturen, wie sie in Kühlhäusern oder in der Nähe von Heizungsanlagen auftreten.

angegeben. Diese Angabe besteht je Temperaturbereich in der Regel aus einem Wertepaar, der

- maximalen *Langzeit*-Temperatur und der
- maximalen *Kurzzeit*-Temperatur.

Bei Injektionssystemen in Beton kann die maximale Kurzeit-Temperatur durchaus bei +120 °C, siehe z. B. ETA W-VIZ (2023, S. 10) oder sogar auch bei +160 °C, siehe z. B. ETA WIT-UH 300 (2020, S. 10) liegen. Bei Kunststoffdübeln dagegen geht diese maximale Kurzzeit-Temperatur in der Regel nicht über +80 °C hinaus, siehe z. B. ETA SHARK UR (2021, S. 10).

Diese Temperatur von +80 °C ergab bzw. ergibt sich aus einer der Standardanwendungen von Kunststoffdübeln, der Befestigung von Fassadenunterkonstruktionen. Diese Konstruktionen sind ein gutes Beispiel bzw. eine nachvollziehbare Erklärung dafür, weshalb in den ETAs der genannten Dübel-Systeme für jeden „zulässigen" Temperaturbereich ein Wertepaar angegeben wird:

- Im Jahresdurchschnitt, d. h. über einen „langen" Zeitraum, wird die Temperatur für die Befestigung der Fassadenunterkonstruktion in der Regel +50 °C nicht überschreiten. Dies ist daher für viele „zugelassene" Kunststoffdübel die „maximale Langzeit-Temperatur".
- Im Hochsommer, in der Mittagszeit, kann dieser Wert hinter einer dunklen, z. B. schwarzen Fassadenplatte für „kurze" Zeit aber durchaus Werte von bis zu +80 °C erreichen, weshalb auch dieser Wert als „maximale Kurzzeit-Temperatur" mit angegeben wird.

Bei Injektionssystemen gibt es zusätzlich auch immer noch eine „maximale Verarbeitungszeit" und eine „minimale Aushärtezeit", siehe z. B. ETA W-VIZ (2023, S. 12):

- Gerade bei *hohen* Temperaturen im Bereich der Montage kann es von Vorteil sein, ein System zu wählen, das eine etwas größere Zeitspanne für die Verarbeitung zulässt, da gerade bei größeren Bohrdurchmessern und/oder größeren Setztiefen die maximale Verarbeitungszeit von z. B. einer Minute bei +30 °C sehr knapp bemessen sein kann, um das Bohrloch zu verfüllen und die Ankerstange vollständig einzubringen.
- Bei *niedrigen* Temperaturen (z. B. im Winter) weisen viele Injektionssysteme dagegen deutlich längere Aushärtezeiten aus.

Grundsätzlich sind sowohl die „maximale Verarbeitungszeit" als auch die „minimale Aushärtezeit" eines Injektionssystems zu beachten, da die meisten Injektionssysteme in der Regel erst nach Ablauf der Aushärtezeit der Dübel belastet werden dürfen.

Hinweis: Die maßgebliche Temperatur muss *im* Bohrloch bestimmt werden (Bild 30.2), da es durchaus Situationen gibt, in denen die Temperatur im Inneren eines Bauteils, beispielsweise einer Wand, deutlich tiefer sein kann als in der Umgebung bzw. in der umgebenden Luft.

Für die Messung der Temperatur *im* Bohrloch eignet sich am besten ein Laserthermometer.

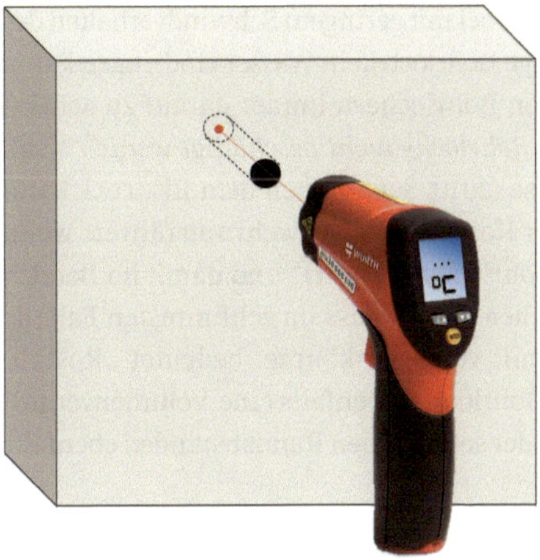

Bild 30.2 Bestimmung der Temperatur immer *im* Bohrloch am besten mit einem Laserthermometer (Foto: Adolf Würth GmbH & Co. KG; Collage: Scheller)

30.3 Frost

Wie bereits in Abschnitt 30.2 erwähnt, ist für Injektionssysteme und Kunststoffdübel auch eine minimale Montagetemperatur zu beachten. Bei Temperaturen unter 0 °C gilt es, ebenfalls ein Augenmerk auf eindringendes Wasser in das jeweilige Bohrloch zu haben. Dies kann beispielsweise bei sehr kleinen Randabständen und Bohrlöchern, die (insbesondere senkrecht) „nach unten" gerichtet sind, zu massiven Schäden führen (vgl. Bild 30.3). Die DIBt Hinweise (2010, S. 6) führen dazu Folgendes aus:

> *„Bei Dübeln, die Temperaturen unter 0 °C ausgesetzt werden, sind Maßnahmen zu ergreifen, um ein Eindringen von Wasser in das Bohrloch und eine anschließende örtliche Rissbildung im Beton infolge Eisdrucks zu vermeiden".*

Bild 30.3 Durch Eisdruck „gesprengter" Betonwürfel (Foto: Kuhn)

Aus diesem Grund sind hier chemische Dübel mit geringem Schwindverhalten des Mörtels zu empfehlen, damit in das jeweilige Bohrloch kein Wasser eindringen kann.

Grundsätzlich ist bei der Erstellung von Bohrlöchern immer darauf zu achten, „*dass Bewehrungsstäbe in der Nähe des Bohrlochs nicht beschädigt werden*"; vgl. Abschnitt 36.2.2 bzw. siehe DIBt Hinweise (2010, S. 6). Neben dem Eisdruck kann eindringendes Wasser ansonsten auch zur Korrosion der Bewehrung führen, wenn diese beispielsweise beim Erstellen des Bohrlochs „berührt" und damit im Bereich des Bohrloches frei gelegt wurde. Abgesehen davon, dass im schlimmsten Fall die Bewehrung so stark korrodiert und damit versagen könnte, bedeutet „Rostbildung" – wie das Frieren von Wasser im Bohrloch – ebenfalls eine Volumenvergrößerung, die bei schmalen Bauteilen und/oder sehr kleinen Randabständen ebenfalls zu Rissen im Bauteil führen kann.

30.4 Brand

Gerade in Rettungs- und Fluchtwegen kann die Funktion von Dübeln unter Brandeinwirkung von großer Bedeutung sein. Auch bei der Befestigung von Kabeln mit Funktionserhalt oder Sprinkleranlagen kommt dem Tragverhalten der Dübel unter Brandeinwirkung eine große Bedeutung zu. Die Dübel müssen im Brandfall noch eine gewisse Zeit „funktionieren", um eine Rettung der Bewohner oder der Mitarbeiter zu ermöglichen (Bild 30.4).

Im Gegensatz zur Bemessung der Dübel für normale Umgebungstemperaturen geht man im Brandfall davon aus, dass der Widerstand des Dübels durch den Brand reduziert wird, da die Tragfähigkeit aller Baustoffe unter zunehmender Temperatur abnimmt. Das heißt für den Brandfall werden die charakteristischen Widerstände der Dübel reduziert. Ebenso erfolgt eine Reduzierung der Teilsicherheitsbeiwerte aufgrund des „außergewöhnlichen Lastfalls".

Bild 30.4 Brand eines Unternehmens in Backnang im Jahr 2006 (Foto: Küenzlen)

Eingestuft wird der Feuerwiderstand für Dübel nach DIN EN 13501-2 (2023) unter Verwendung der ISO-Einheitstemperaturkurve (ETK); siehe hierzu DIN EN 1992-4 (2019, S. 121).

In der Regel enthalten ETAs für Metall und Injektionsdübel für den Einsatz in Beton die entsprechenden Bemessungswerte für die Bemessung unter Brandeinwirkung. Liegen in der ETA keine charakteristischen Widerstände unter Brandeinwirkung vor, so können den Tabellen D.1 und D.2 in DIN EN 1992-4 (2019, S. 122) konservative Werte entnommen werden.

Nach DIN EN 1992-4 (2019, S. 121) gilt das zugrundeliegende Bemessungsverfahren nur für eine Brandeinwirkung von einer Seite, z. B. der Unterseite einer Decke. Bei mehreren Seiten, z. B. einer Stahlbetonstütze, darf das Bemessungsverfahren nur verwendet werden, wenn der Randabstand des Befestigungselementes $c \geq 300$ mm und dabei mindestens das Zweifache der effektiven Verankerungstiefe beträgt ($c \geq 2h_{ef}$).

Für Befestigungen in Mauerwerk gab es lange Zeit keine europäischen Regelungen für die Bemessung von Injektionssystemen und Kunststoffdübeln im Brandfall. Hier wurden und werden immer noch Brandprüfberichte und vereinzelt nationale Zulassungen verwendet, um die entsprechenden Nachweise führen zu können. Man kann sich jedoch einfach vorstellen, dass gerade Kunststoffdübel im Brandfall nur sehr geringe Tragfähigkeiten aufweisen. Hier sind daher in der Regel Injektionssysteme für Mauerwerk zu bevorzugen.

Für die Bewertung der genannten Dübel-Systeme unter Brandbeanspruchung liegen mittlerweile aber auch die erforderlichen Bewertungsgrundlagen vor; die ersten entsprechenden Europäischen Technischen Bewertungen wurden dahingehend ausgestellt, so dass auch hier reduzierte charakteristischen Widerstände und reduzierte Teilsicherheitsbeiwerte für den Brandfall ausgewiesen werden (können).

30.5 Korrosion

30.5.1 Hinweise in den Zulassungen bzw. Bewertungen für Dübel

Die Regelungen bzw. Hinweise zum Thema Korrosion in den Zulassungen/Bewertungen für Dübel (abZ, abZ/aBG oder ETA) sind zum Teil unterschiedlich, zum Teil aber auch inhaltlich nahezu wortgleich. Exemplarisch wird hier daher die folgende Einteilung aus der ETA des Fixankers zur Verankerung *im Beton* zitiert, siehe ETA W-FAZ (2018, S. 12):

- *„Bauteile unter Bedingungen trockener Innenräume*
  (Stahl verzinkt, nichtrostender Stahl oder hochkorrosionsbeständiger Stahl).
- *Bauteile im Freien, einschließlich Industrieatmosphäre und Meeresnähe oder Bauteile in Feuchträumen, wenn keine besonders aggressiven Bedingungen vorliegen*
  (nichtrostender Stahl oder hochkorrosionsbeständiger Stahl).

- *Bauteile im Freien und in Feuchträumen, wenn besonders aggressive Bedingungen vorliegen (hochkorrosionsbeständiger Stahl)*

  Anmerkung: Aggressive Bedingungen sind z. B. ständiges, abwechselndes Eintauchen in Seewasser oder der Bereich der Spritzzone von Seewasser, chlorhaltige Atmosphäre in Schwimmbadhallen oder Atmosphäre mit extremer chemischer Verschmutzung (z. B. bei Rauchgas-Entschwefelungsanlagen oder Straßentunneln, in denen Enteisungsmittel verwendet werden).“

Hier werden quasi drei Stufen des Korrosionsschutzes im Bereich der Dübeltechnik definiert:

- Im Bereich trockener Innenräume kann man im Prinzip alle Stahlqualitäten verwenden. Hier werden in der Regel aber – allein schon aus Kostengründen – nur Dübel aus verzinktem Stahl (in den meisten Fällen galvanisch verzinkter Stahl) zum Einsatz kommen (vgl. Abschnitt 30.5.2.2).
- Bei Feuchtigkeit bzw. Bauteilen im Freien sind Dübel aus galvanisch verzinktem Stahl in der Regel nicht mehr „zulässig“. Hier sind mindestens Dübel aus nichtrostendem Stahl (z. B. Stahl mit der Werkstoff-Nummer 1.4401, 1.4404, 1.4571 oder 1.4362; umgangssprachlich „A4 Stahl“) zu verwenden (vgl. Abschnitt 30.5.2.3).
- Sind Dübel Chloriden und/oder anderen Schadstoffen ausgesetzt, ist nichtrostender Stahl häufig nicht mehr ausreichend und es müssen Dübel aus hochkorrosionsbeständigem Stahl (z. B. Stahl mit der Werkstoff-Nummer 1.4529 oder 1.4565; umgangssprachlich „HCR Stahl“) eingesetzt werden (vgl. Abschnitt 30.5.2.4).

30.5.2 Hinweise für die Verankerung von Befestigungen in Beton gemäß DIN EN 1992-4

30.5.2.1 Allgemeines

Die Bemessung vieler zugelassener Metalldübel in Beton erfolgt aktuell nach DIN EN 1992-4 „Eurocode 2 – Bemessung und Konstruktion von Stahlbeton- und Spannbetontragwerken – Teil 4: Bemessung der Verankerungen von Befestigungen *in Beton*“. In Bezug auf die Dauerhaftigkeit der Dübel findet sich im Informativen Anhang B dieser Norm folgende Aussage (DIN EN 1992-4:2019-04, S. 109):

> *„Liegen in den Nationalen Vorschriften oder in der entsprechenden Europäischen Technischen Produktspezifikation keine besseren Angaben vor, dürfen die Festlegungen dieses Anhangs verwendet werden. Diese Festlegungen basieren auf einer vorgesehenen Gebrauchsdauer des Befestigungselementes von 50 Jahren.“*

Sollten also in einer Europäischen Technischen Bewertung (ETA) für einen Metalldübel *„keine besseren Angaben“* vorhanden sein (vgl. Abschnitt 30.5.1), können die Hilfestellungen der Norm zur Anwendung kommen. Dabei wurde im Anhang B zu DIN EN 1992-4 im Prinzip die in Abschnitt 30.5.1 zitierte Einteilung für die

Verankerung von Befestigungen *in Beton* übernommen (die im Übrigen auch schon nahezu gleichlautend immer in den früheren allgemeinen bauaufsichtlichen Zulassungen für Dübel enthalten war).

Als Teil des Eurocode 2 für Stahlbeton wird die in Abschnitt 30.5.1 zitierte Einteilung nun in den Zusammenhang mit den sogenannten „Expositionsklassen" nach DIN EN 1992-1-1 (2011, S. 49/50) bzw. DIN EN 1992-1-1/NA (2013, S. 16/17) gesetzt, wobei die dort ausgewiesenen Tabellen ihren Ursprung wiederum in DIN EN 206 (2021, S. 22/23) haben.

Grundsätzlich werden in DIN EN 1992-4 (2019, S. 109) – für Verankerungen *in Beton* – mit den folgenden Expositionsklassen Einwirkungen aus der Umgebung beschrieben, die am Ort der Verwendung des Betons gelten:

- X0: Kein Korrosions- oder Angriffsrisiko
- XC: Bewehrungskorrosion, ausgelöst durch Karbonatisierung
- XD: Bewehrungskorrosion, ausgelöst durch Chloride, ausgenommen Meerwasser
- XS: Bewehrungskorrosion, ausgelöst durch Chloride aus Meerwasser

In Abhängigkeit dieser Expositionsklassen können dann nicht überall galvanisch verzinkte Dübel eingebaut werden. Stattdessen müssen ggf. Dübel-Systeme aus nichtrostenden Stählen (umgangssprachlich als „A4-Stähle" bezeichnet) oder sogar hochkorrosionsbeständige Stähle (sogenannte HCR-Stähle; aus dem Englischen: High Corrosion Resistance) verwendet werden, wie die Abschnitte 30.5.2.2, 30.5.2.3 und 30.5.2.4 zeigen.

30.5.2.2 Abgrenzung trockener Innenraum

DIN EN 1992-4 (2019, S. 109, Anhang B, Abschnitt B.2) definiert den trockenen Innenraum als die gleichen Bedingungen wie die Expositionsklassen X0 und XC1 nach DIN EN 1992-1-1. In diesem Anwendungsbereich wird kein besonderer Korrosionsschutz benötigt. Die genannten Expositionsklassen müssen jedoch auf die Innenräume eingeschränkt werden.

Allerdings sind für die in Klasse XC1 genannten Räume wie Bad und Waschküche weitere Betrachtungen zu empfehlen; galvanisch verzinkte Produkte sollten hier *nicht* generell verwendet werden.

30.5.2.3 Feuchtigkeit

DIN EN 1992-4 (2019, S. 109, Anhang B, Abschnitt B.3) definiert die Bedingungen für Dübel, die *„äußeren atmosphärischen oder dauerhaft feuchten Innenraumbedingungen ausgesetzt sind"* in Anlehnung an die Expositionsklassen XC2, XC3 und XC4 nach DIN EN 1992-1-1. Hier sollen Dübel aus nichtrostenden Stählen nach DIN EN 10088-2 oder DIN EN 10088-3 eingesetzt werden („A4-Stähle").

30.5.2.4 Chloride und andere Schadstoffe

Bild 30.5 zeigt „eindrucksvoll" einen galvanisch verzinkten Bolzenanker, der nicht eingebaut, sondern nur wenige Jahre draußen in Meeresnähe gelagert wurde.

Bild 30.5 Galvanisch verzinkter Bolzenanker nach einigen Jahren Lagerung in Meeresatmosphäre (Foto: Küenzlen)

Bild 30.6 Galvanisch verzinkter Dübel in Meeresnähe zur Befestigung einer feuerverzinkten Konstruktion (Foto: Küenzlen)

Die Befestigung eines Geländers direkt im Spritzwasserbereich an der Meeresküste zeigt Bild 30.6. Das Geländer selbst ist feuerverzinkt und zeigt keine Korrosionsspuren. Die Dübel dagegen sind bereits stark angegriffen. Dies zeigt deutlich den Unterschied der Schutzwirkung einer Feuerverzinkung im Vergleich zu einer galvanischen Verzinkung (Bild 30.7). Die Zinkschichtdicke bei einer Feuerverzinkung (35–50 µm) beträgt ca. das 10-fache der Dicke einer galvanischen Verzinkung (5 µm).

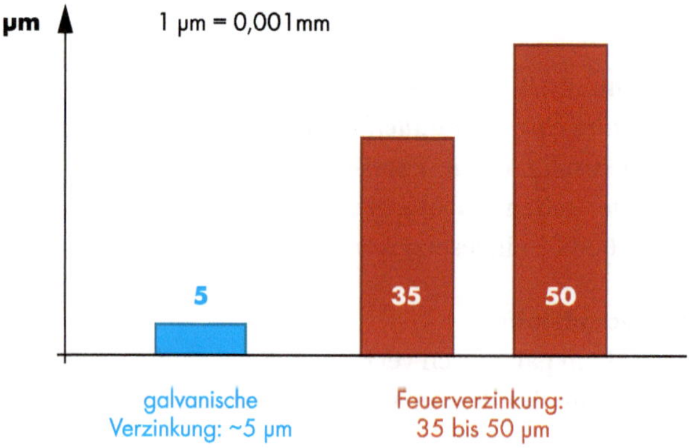

Bild 30.7 Schichtdicken von Verzinkungen im Verhältnis (Grafik: Adolf Würth GmbH & Co. KG)

Durch Trocknungsvorgänge zwischen z. B. Anbauteil, Muttern und U-Scheiben – können sich Chloride in den schmalen Spalten ansammeln bzw. aufkonzentrieren. Dagegen können vergleichsweise „große" und glatte Oberflächen wie die des Geländers mit der „dicken" Feuerverzinkung bei Regen einfach(er) „abgewaschen" werden, womit eine Anreicherung von Chloriden reduziert (oder sogar verhindert) wird.

Aus diesen Gründen gelten im Bereich von Chloriden sehr strenge Regeln in Bezug auf die Dübeltechnik. Die Bedingungen für Chloride sind nach DIN EN 1992-4 (2019, S. 109, Anhang B, Abschnitt B.4) mit den Expositionsklassen XD und XS nach DIN EN 1992-1-1 vergleichbar. Zu den bereits in Abschnitt 30.5.2.2 genannten Anwendungsbereichen lassen sich hier noch zusätzlich Straßentunnel und Parkhäuser anführen, in denen Taumittel (z. B. Streusalz) verwendet werden.

Auch Atmosphären mit hoher Schwefeldioxidbelastung (z. B. Entschwefelungsanlagen) gehören in diesen Bereich.

Hier sollen Dübel aus nichtrostenden Stählen eingesetzt werden, die für hohe Korrosionsbeanspruchungen nach DIN EN 10088-2 oder DIN EN 10088-3 geeignet sind („HCR-Stähle").

30.5.2.5 Beispiel für die Anwendung von DIN EN 1992-4, Anhang B

Für die Stahlbetonwand in einer Wäscherei sei die Expositionsklasse des Betons mit „XC3" bekannt (diese kann z. B. den Bauunterlagen oder dem Lieferschein entnommen werden, mit dem der Beton auf die Baustelle geliefert wurde; vgl. Abschnitt 28.2.1.1). Für eine bekannte Expositionsklasse finden sich dann in DIN EN 1992-1-1/NA/A1:2015-12 bzw. in DIN EN 1992-1-1/NA:2013-04 jeweils in Tabelle 4.1 differenzierte *„Beispiele für die Zuordnung von Expositionsklassen"*, die in Kombination mit den hier in Abschnitt 30.5.1 zitierten *„Anwendungsbedingungen (Umweltbedingungen)"* aus den Dübel-ETAs als Entscheidungshilfe für die Materialauswahl herangezogen werden könnten. So findet sich im konkreten Beispiel für die Beton-Expositionsklasse XC3 *„Mäßige Feuchte"* in DIN EN 1992-1-1/NA/A1 (2015, Tabelle 4.1) folgende Zuordnung:

> *„Bauteile, zu denen die Außenluft häufig oder ständig Zugang hat, z. B. offene Hallen, Innenräume mit hoher Luftfeuchtigkeit z. B. in gewerblichen Küchen, Bädern, Wäschereien, in Feuchträumen von Hallenbädern und in Viehställen;..."*

Während die Dübel-ETA relativ allgemein nur *„Feuchträume"* nennt (vgl. Abschnitt 30.5.1), werden hier differenziertere Beispiele für diese Feuchträume gegeben. Für eine Dübelbefestigung in der Stahlbetonwand einer *Wäscherei* sollten demnach Dübel aus nichtrostendem Stahl verwendet werden („A4 Stahl").

30.5.3 Ergänzende und weiterführende Informationen

Die Erläuterungen in den vorhergehenden Abschnitten 30.5.2.2 bis 30.5.2.4 berücksichtigen wie bereits ausgeführt nur die Verankerung von Befestigungen *in Beton*. Hier stellt sich folgerichtig die Frage, welche Regelungen für die Verankerung von

Befestigungen *in Mauerwerk* gelten. In der Praxis tauchen außerdem – sowohl für Befestigungen in Beton als auch in Mauerwerk – immer wieder Fragen auf, wie z. B. die *„Meeresnähe“* oder der *„Bereich der Spritzzone des Seewassers“* (vgl. Abschnitt 30.5.1) definiert wird.

Eine *Entscheidungshilfe* für die Materialwahl der Befestigungsmittel – unabhängig vom Verankerungsgrund – bietet die allgemeine bauaufsichtliche Zulassung „Erzeugnisse, Bauteile und Verbindungsmittel aus nichtrostenden Stählen“.

- In früheren Fassungen fanden sich direkt in dieser Zulassung Hinweise für die Materialauswahl in Abhängigkeit von bestimmten Umweltbedingungen. So wurde beispielsweise in abZ Nichtrostende Stähle (2011, Anlage 1.1a, Tabelle 1a) ein *Anhaltswert* für den „trockenen Innenraum“ gegeben. Das Kriterium für die Exposition „SF0“ bzw. „trocken“ war ein Jahresmittelwert der Feuchte U < 60 %, für den Stähle der Korrosionswiderstandsklasse I ausreichend waren. Für diese Korrosionswiderstandsklasse I konnte gefolgert werden, dass auch Dübel aus galvanisch verzinktem Stahl verwendet werden konnten.
- Weiterhin wurden hier der Abstand vom Meer (M) und der Abstand von Straßen, bei Einsatz von Streusalz (S) definiert, siehe abZ Nichtrostende Stähle (2014, Anlage 1.1, Tabelle 1.1).
- Im aktuell geltenden Bescheid (abZ/aBG Nichtrostende Stähle, 2022, S. 6, Abschnitt 2.1.6) sind diese Hinweise nicht mehr enthalten. Stattdessen wird nun weiter auf DIN EN 1993-1-4 (2015) „Eurocode 3: Bemessung und Konstruktion von Stahlbauten – Teil 1-4: Allgemeine Bemessungsregeln – Ergänzende Regeln zur Anwendung von nichtrostenden Stählen“ in Verbindung mit dem zugehörigen Nationalen Anhang DIN EN 1993-1-4/NA (2020) verwiesen.

Hinweis: Die Regelung aus abZ/aBG Nichtrostende Stähle (2022), der Verweis auf DIN EN 1993-1-4 und den zugehörigen nationalen Anhang, wird seit einiger Zeit auch in den Europäischen Technischen Bewertungen für bestimmte Dübel-Systeme übernommen und ersetzt die in Abschnitt 30.5.1 beschriebene „Drei-Stufen-Regelung“.

DIN EN 1993-1-4 (Anhang A, Abschnitt A.2 mit den Tabellen A.1, A.2 und A.3) ermöglicht dann im Prinzip eine Werkstoffauswahl in drei Schritten:

- Schritt 1: Bestimmung des Korrosionsbeständigkeitsfaktors (CRF)
- Schritt 2: Bestimmung des Korrosionsbeständigkeitsklasse (CRC) in Abhängigkeit des CRF
- Schritt 3: Werkstoffauswahl in Abhängigkeit der CRC

Bei diesem Weg der Werkstoffwahl kann dann relativ detailliert berücksichtigt werden, ob ein Bauteil z. B. in unmittelbarer Meeresnähe (Abstand zum Meer ≤ 0,25 km) oder aber etwas weiter davon entfernt montiert wird (Abstand zum Meer > 0,25 km).

In diesem Zusammenhang wird auch der „Innenraum" definiert (DIN EN 1993-1-4:2015-10, S.28):

> *„Ein Innenraum ist ein Bereich, der entweder belüftet oder beheizt wird, oder sich innerhalb geschlossener Türen befindet. Parkhäuser, Verladerampen oder andere Bauwerke mit großen Öffnungen sollten als Außenbereiche gelten."*

Auf eine differenziertere Darstellung wird hier aus Übersichtsgründen verzichtet.

31

Bauteilabmessungen – Wo montiere ich den Dübel?

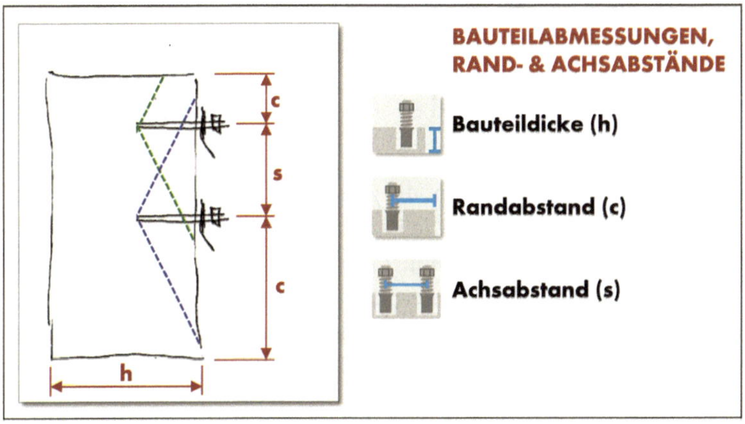

31.1 Definition wichtiger Begriffe und Maße im Bereich der Dübeltechnik

Wie wir bereits festgestellt haben, ist auch im Bereich der Dübeltechnik eine Fachsprache erforderlich, wenn wir uns mit den am Bau Beteiligten richtig verstehen wollen. Eine „beliebtes" Missverständnis besteht z. B. darin, dass der Dübel-Monteur richtig vom „Bauteil" spricht, in dem Dübel montiert werden sollen, der zuständige Planer darunter aber häufig die Konstruktion versteht, die mit dem Verankerungsgrund verbunden werden soll. Bild 31.1 zeigt daher, dass im Bereich der Dübeltechnik das

- Bauteil und das
- *An*bauteil

unterschieden werden.

Vor dem Bauteil oder dem *tragenden* Verankerungsgrund – z. B. einer Wand, einer Stütze oder einer Decke, worin „gedübelt" werden soll – kann eine sogenannte

Befestigung und Abdichtung von Fenstern und Türen. Regelwerke, Bauphysik, Baurecht, Praxisbeispiele. 2. Auflage.
J. Küenzlen, E. Scheller, M. Klatecki.

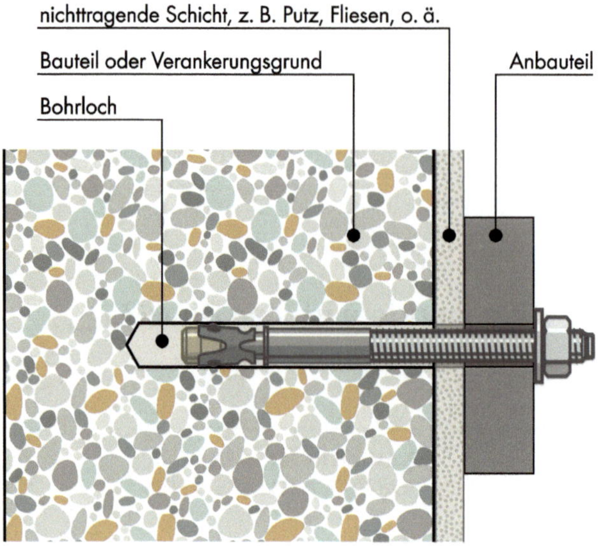

Bild 31.1 Definition wichtiger Begriffe: Unterscheidung „Bauteil“ und „Anbauteil“ im Bereich der Dübeltechnik (Grafik: Adolf Würth GmbH & Co. KG)

„nichttragende Schicht“ angeordnet sein, die z. B. aus Putzen, Fliesenkleber und auch den Fliesen selbst bestehen kann. Die Bezeichnung “*nichtragend*” im Begriff ”*nichttragende* Schicht” ist hier “Programm”! Auch wenn z. B. ein Putz und/oder Fliesen, die auf dem eigentlichen Verankerungsgrund aufgebracht sind, noch so “hart” und “fest” sein mögen, per Definition haben Sie *keinen* Anteil an der Tragfähigkeit des Dübels.

Hinweis: Die anrechenbare Setztiefe (h_{nom}) bzw. die effektive Verankerungstiefe (h_{ef}) eines Dübels beginnt immer erst an der Oberfläche des eigentlichen Bauteils bzw. des *tragenden* Verankerungsgrunds!

Nichttragende Schichten dürfen *nicht* mit zum tragenden Bauteil/Verankerungsgrund gerechnet werden!

Als Ergänzung zu Bild 31.1 werden in Bild 31.2 die wichtigsten Maße im Bereich der Dübeltechnik definiert, wobei auf zwei Besonderheiten hingewiesen wird:

- Die Setztiefe (h_{nom}) beschreibt die Einbaulänge *zu Beginn der Montage*, zum Zeitpunkt des (Ein-) Setzens des Dübels in den Verankerungsgrund. Während der weiteren Montage bestimmter Dübeltypen kann sich die Lage des Dübels *nach* dem (Ein-) Setzen noch etwas verändern.
- Aus gleichem Grund kann die effektive bzw. wirksame Verankerungstiefe (h_{ef}) bei bestimmten Dübeltypen auch nur ein eher „theoretischer“ Wert sein, der nur in den Zulassungen/Bewertungen bzw. den Produktunterlagen der Dübelhersteller entnommen, nicht aber auf der Baustelle oder am Dübel selbst nachgemessen werden kann.

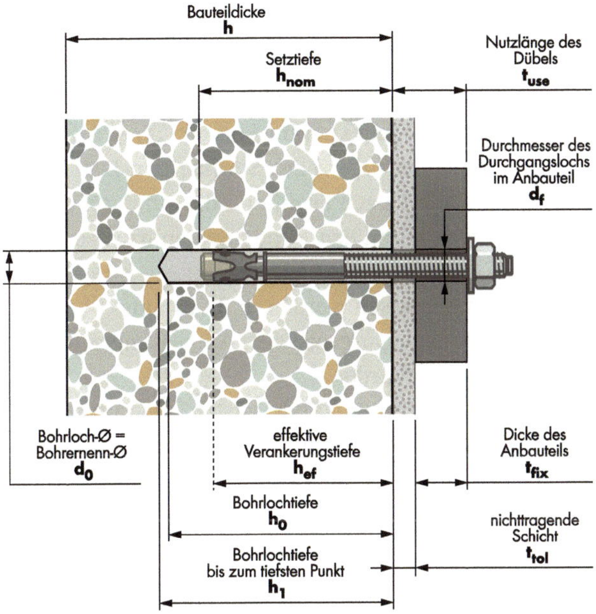

Bild 31.2 Definition der wichtigsten Maße im Bereich der Dübeltechnik (Grafik: Adolf Würth GmbH & Co. KG)

Bild 31.2 zeigt dafür beispielhaft einen Bolzenanker: *Zu Beginn der Montage*, unmittelbar nach dem Einschlagen des Dübels in den Verankerungsgrund muss die durch die Zulassung bzw. Bewertung vorgegebene Setztiefe (h_{nom}) eingehalten werden. Durch das anschließende Aufbringen eines vorgeschriebenen Drehmoments (vgl. Abschnitt 34.2.1.1), wird der sogenannte Konusbolzen planmäßig in den Spreizclip hineingezogen und so wieder ein Stück aus dem Bohrloch herausgezogen. Damit ist die vorhandene Einbaulänge des Dübels am Ende der Montage – gegenüber dem vorgegebenen h_{nom} – planmäßig ein entsprechendes Stück reduziert.

Dieses Kapitel beschäftigt sich – jeweils getrennt für die Verankerungsgründe Beton und Mauerwerk – noch etwas detaillierter mit der

- (Mindest-) Bauteildicke bzw. mit dem *Bauteil* und seinen Abmessungen (Abschnitt 31.2), wozu für den Bereich der Dübeltechnik auch die Positionierung der Dübel im Bauteil gehört, nämlich die
- Abstände der Dübel zum Rand des Bauteils (Abschnitt 31.3 Randabstand) und die
- Abstände der Dübel untereinander in einem Bauteil (Abschnitt 31.4 Achsabstand).

Mit dem *Anbauteil* oder der sogenannten Ankerplatte befassen wir uns in Kapitel 32.

31.2 (Mindest-) Bauteildicke

Unabhängig vom Dübel hat jedes Bauteil eine bestimmte Bauteildicke. Diese Bauteildicke legen in der Regel zunächst die Architekten im Entwurf ihres Bauwerks fest. Anschließend erstellen die Tragwerksplaner bzw. Statiker den Lastabtrag, wobei sie – vereinfacht beschrieben – alle Lasten ermitteln, die auf das Gebäude einwirken, und deren Verlauf vom Dach bis zu den Fundamenten bzw. zur sogenannten Gründungsebene verfolgen.

Dafür müssen die Bauteile statisch bemessen werden, d. h. es muss überprüft werden, ob die zunächst von den Architekten vorgegebenen Abmessungen der einzelnen Bauteile ausreichend dimensioniert wurden.

Zu dieser „Überprüfung“ gehören auch einwirkende Lasten, die mithilfe von Dübeln in das jeweilige Bauwerk eingeleitet werden, z. B. die Befestigung eines Vordachs oder einer Markise an einer Gebäudeaußenwand (vgl. Bild 29.22). Dabei kann es passieren, dass der Lastabtrag und die statische Bemessung ergeben, dass die von den Architekten geplante Bauteildicke nicht ausreichend (vor-) dimensioniert wurde.

31.2.1 Beton

In den Unterlagen der Dübel-Hersteller findet sich dazu in der Regel eine „Mindestbauteildicke“ (h_{min}), d. h. die Angabe, wie dick das Bauteil sein muss, in das der Dübel montiert werden soll. Diese Mindestbauteildicke wird für den Verankerungsgrund Beton durch Montageversuche im Labor ermittelt (Bild 31.3).

Der Hintergrund dieser Versuche sind auch Trends, sowohl in der Architektur als auch in der Gesellschaft, immer filigraner und ressourcenschonender bauen zu können.

Bild 31.3 Montageversuch zur Ermittlung der Mindestbauteildicke und des Mindestrand- bzw. Achsabstands (Foto: Scheller)

Aus „Dübel-Sicht“ wird entsprechend versucht, die Mindestbauteildicken – wie das Wort bereits sagt – auf ein Mindestmaß zu reduzieren. Gleichzeitig sollen dabei aber auch möglichst hohe Lasten in das jeweilige Bauteil eingeleitet werden können.

In Konsequenz sind die Zulassungen bzw. Bewertungen für Dübel heutzutage meist bereits am Limit der Möglichkeiten in Bezug auf die Montage angekommen. Das bedeutet, dass eine Verringerung der Mindestbauteildicke in der Praxis schnell zu einem Schaden führen kann, selbst dann, wenn alle restlichen Montageparameter eingehalten werden.

Wie die Rissbildung in Bild 31.3 beispielhaft zeigt bzw. deutlich macht, war im „reinen“ Montageversuch (der üblicherweise im Zulassungs- bzw. Bewertungsverfahren durchgeführt wird), d. h. *ohne* jegliche Belastung, mindestens einer der drei Parameter

- (Mindest-) Bauteildicke
- (minimaler) Randabstand (vgl. Abschnitt 31.3.1) oder
- (minimaler) Achsabstand (vgl. Abschnitt 31.4.1)

zu klein gewählt worden und musste für die weiteren Zulassungs- bzw. Bewertungsversuche vergrößert werden.

31.2.2 Mauerwerk

In Mauersteinen bezieht sich die Bauteildicke im Bereich der Dübeltechnik meist auf die kleinste Wandstärke, also in der Regel eine Steinbreite der geprüften Mauersteine.

Bei der Kurzbezeichnung der Bauteildicke muss man bei Mauerwerk ein bisschen aufpassen: Entgegen den Abkürzungen für den „reinen“ Mauerwerksbau (Dicke der Wand t; lichte Höhe einer Wand bzw. lichte Geschosshöhe h; vgl. DIN EN 1996-1-1:2013, S. 21 und 23), wird im Bereich der Dübeltechnik nach DIBt TR 054 (2019, S. 4) bzw. DIBt TR 064 (2019, S. 5) – wie für Verankerungen im Beton – die

- Dicke des Bauteiles aus Mauerwerk (Wand) mit „h“ und die
- Mindestbauteildicke des Mauerwerks mit „h_{min}“

bezeichnet.

31.3 Randabstand (c)

31.3.1 Beton

Der Randabstand, abgekürzt mit dem Buchstaben „c“, ist der Abstand zwischen Bohrlochmittelpunkt und Bauteilrand. Je nach Richtung wird er mit dem Index 1 oder 2 bezeichnet (Bild 31.4), da bei der Montage in einer Bauteilecke durchaus zwei unterschiedliche Randabstände beachtet werden müssen.

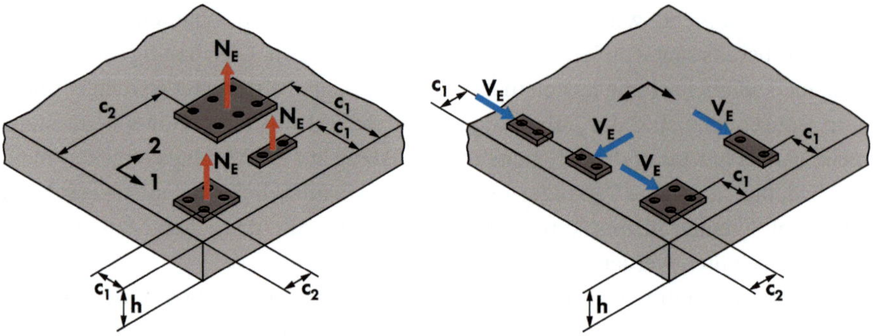

a) Zuglast (N_E) b) Querlast (V_E)

Bild 31.4 Definition der Randabstände bei a) Zug- und b) Querlast nach DIN EN 1992-4 (2019, S. 29) (Grafik: Adolf Würth GmbH & Co. KG)

Bei Querlasten (V_E) erhält die Richtung senkrecht zum Bauteilrand den Index 1, für welchen Rand der statische Nachweis geführt wird. Die Richtung senkrecht zu Richtung 1 erhält den Index 2.

Neben den Randabständen in unterschiedliche (Last-) Richtungen werden per Definition zwei „Arten" von Randabständen unterschieden, die in den beiden Folgeabschnitten erläutert werden.

31.3.1.1 Minimaler Randabstand (c_{min})

Der „minimale Randabstand" (c_{min}) bezeichnet den kleinstmöglichen Abstand, mit dem der Dübel zum Bauteilrand montiert werden kann. Dieser wird wie bereits gezeigt durch Montageversuche an einem Anbauteil mit zwei Dübeln von den Herstellern ermittelt und stellt in der Regel ein absolutes Limit in Bezug auf die Montage zweier Dübel dar (Bild 31.3).

Hinweis: Der minimale Randabstand (c_{min}) wird in der Zulassung bzw. Bewertung eines Dübels (und in den entsprechenden Unterlagen der Dübel-Hersteller) ausgewiesen; er darf im Regelfall nicht unterschritten werden.

Eine Ausnahme stellt die Verankerung von Kunststoffdübeln in Beton dar. Nach DIBt TR VaB Kunststoffdübel (2019; S. 14) darf der minimale Randabstand (c_{min}) bis auf $c_{Bst} \geq 30$ mm reduziert werden, vorausgesetzt, dass (Dübel-) Versuche am Bauwerk durchgeführt werden. Siehe hierzu auch Scheller et al. (2021).

31.3.1.2 Charakteristischer Randabstand (c_{cr})

Neben dem minimalen Randabstand ist der charakteristische Randabstand (c_{cr}) von Bedeutung. Dieser Randabstand ist im Gegensatz zum minimalen Randabstand ein theoretischer Wert zur Berechnung der Tragfähigkeit eines Dübels.

Bild 31.5 Vollständiger Betonausbruch eines Metalldübels (Foto: Petter)

Dieser theoretische Wert wurde aus zahlreichen Laborversuchen abgeleitet. Dabei wurden Dübel ohne Randeinfluss, also Dübel, die – ausreichend weit von Bauteilrändern entfernt – in ein Betonbauteil eingebaut waren, bis zum Versagen auf Zug belastet. Vielfach versagte in diesen Versuchen der Verankerungsgrund Beton, der – wie wir in Abschnitt 29.1.2 festgestellt haben – nur eine vergleichbar geringe Zugfestigkeit hat. Das Versagensbild eines solchen Zugversuchs zeigt beispielhaft Bild 31.5 in Form eines Betonausbruchkegels, dessen Radius im Durchschnitt mit dem Produkt $1{,}5 \cdot h_{ef}$ beschrieben werden kann (mit h_{ef} = effektive bzw. wirksame Verankerungstiefe des Dübels). Mehr als diesen Radius kann ein einzelner Dübel im Verankerungsgrund Beton nicht „aktivieren" bzw. „ausnutzen". Das bedeutet, dass die Höchstlast eines Einzeldübels im Beton nur dann erreicht werden kann, wenn der Dübel zu Bauteilrändern mindestens den o. g. Radius als Abstand hat, den charakteristischen Randabstand $c_{cr} = 1{,}5 \cdot h_{ef}$.

Für eine Dübelbefestigung kann der charakteristische Randabstand (c_{cr}) – eine entsprechende Dübel-Bemessung vorausgesetzt – im Regelfall bis auf den minimalen Randabstand (c_{min}) reduziert werden. Damit kann sich aber nicht mehr der volle Betonausbruchkegel ausbilden, wie Bild 31.6 zeigt. Dadurch reduziert sich die Tragfähigkeit des Dübels, weshalb der charakteristische Randabstand (c_{cr}) in manchen Literaturquellen auch als „kritischer Randabstand" bezeichnet wird. Diese Reduzierung der Tragfähigkeit muss bei der Dübel-Bemessung unbedingt berücksichtigt werden.

Dass ein Dübel zwischen dem charakteristischen Randabstand c_{cr} und dem minimalen Randabstand c_{min} in der Regel keine volle Tragfähigkeit besitzt, stellt den „Regelfall" dar. Es gibt jedoch Ausnahmen. So kann es bei einem Dübel, der bei der Montage sehr große Spreizkräfte entwickelt, vorkommen, dass der charakteristische Randabstand kleiner ist als der minimale Randabstand, da der Dübel aufgrund der großen Spreizkräfte nicht näher am Rand montiert werden kann.

Bild 31.6 Reduzierter Ausbruchkegel einer Befestigung mit geringem Randabstand (Foto: Küenzlen)

31.3.2 Mauerwerk

In Mauerwerk unterscheiden sich die Begrifflichkeiten etwas vom Beton.

Hier kann es vorkommen, dass das „Bauteil" ein einziger Stein im Wandverband ist, wenn die vertikalen Fugen im Verband nicht mit Mörtel ausgefüllt sind. Das heißt, nach DIBt TR 54 (2019, S. 4) entspricht der Randabstand c hier dem Randabstand zum freien Rand des Mauersteins. Dieser freie Rand kann entweder die Wandkante oder die nächstliegende vertikale Fuge sein, die nicht mit Mörtel ausgefüllt ist. Hier ist dann der minimale Randabstand c_{min} entweder zur Wandkante oder zur nicht ausgefüllten vertikalen Fuge einzuhalten. Das bedeutet, dass die Fugen dann als freie Kante zu betrachten sind und der Mindestabstand zur Fuge $c \geq c_{min}$ sein muss (Bild 31.7).

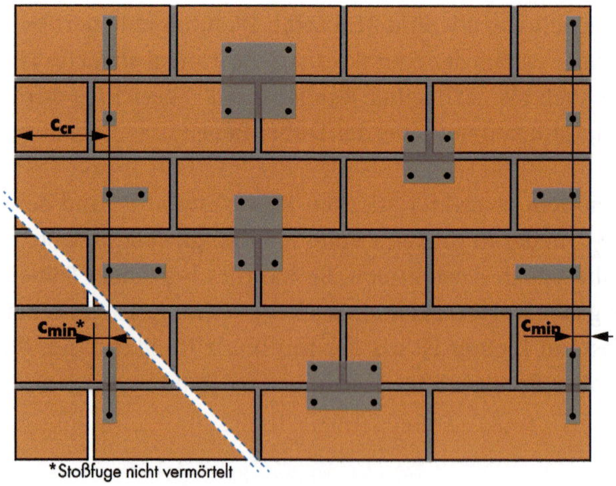

c_{cr} = Charakteristischer Randabstand

c_{min} = Minimaler Randabstand

Bild 31.7 Darstellung der Randabstände in einem Mauerwerksverband für Metall-Injektionsanker (Grafik: Adolf Würth GmbH & Co. KG)

Bild 31.8 Vollständiger Steinausbruch eines Injektionsdübels in Mauerwerk (Foto: Küenzlen)

Auch in Mauerwerk gibt es im Bereich der Dübeltechnik einen charakteristischen Randabstand, der mit $c_{cr} = 1{,}5 \cdot h_{ef}$ definiert wird (mit h_{ef} = effektive bzw. wirksame Verankerungstiefe des Dübels). Auch hier kann man davon ausgehen, dass ein einzelner Dübel nur dann die maximale Tragfähigkeit im Verankerungsgrund erreicht, wenn c_{cr} eingehalten wird, da nur dieser Randabstand einen vollständigen kegelförmigen Steinausbruch (Bild 31.8) zulässt. Mehr als einen Ausbruchkegel mit dem Radius $1{,}5 \cdot h_{ef}$ kann ein einzelner Dübel auch im Verankerungsgrund Mauerwerk nicht „aktivieren" bzw. „ausnutzen".

31.4 Achsabstand (s)

31.4.1 Beton

Der Achsabstand, abgekürzt mit dem Buchstaben „s", ist der Abstand zwischen Bohrlochmittelpunkt eines Dübels und dem Bohrlochmittelpunkt des nächstgelegenen Dübels. Je nach Richtung wird er mit dem Index 1 oder 2 bezeichnet (Bild 31.9),

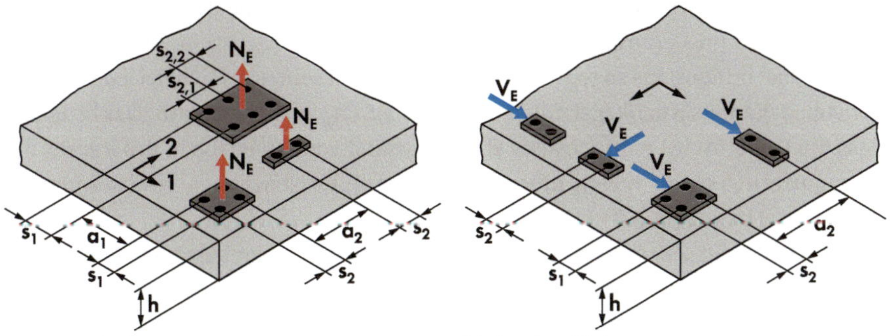

a) Zuglast (N_E) b) Querlast (V_E)

Bild 31.9 Definition der Achsabstände bei a) Zug- und b) Querlast nach DIN EN 1992-4 (2019, S. 29) (Grafik: Adolf Würth GmbH & Co. KG) da bei der Montage einer Dübelgruppe aus beispielsweise vier Dübeln durchaus unterschiedliche Achsabstände beachtet werden müssen.

Bei Querlasten (V_E) erhält die Richtung senkrecht zum Bauteilrand den Index 1, für welchen Rand der statische Nachweis geführt wird. Die Richtung senkrecht zu Richtung 1 erhält den Index 2.

Neben den Achsabständen in unterschiedliche (Last-) Richtungen werden – sinngemäß wie bei den Randabständen – per Definition zwei „Arten" von Achsabständen unterschieden, die in den beiden Folgeabschnitten erläutert werden.

31.4.1.1 Minimaler Achsabstand (s_{min})

Der „minimale Achsabstand" (s_{min}) bezeichnet den kleinstmöglichen Abstand mit dem

- Dübel innerhalb einer Dübelgruppe oder
- mehrere Einzeldübel/Gruppen zueinander

montiert werden können. Dieser wird wie bereits gezeigt durch Montageversuche mit einem Anbauteil mit zwei Dübeln von den Herstellern ermittelt und stellt in der Regel ein absolutes Limit in Bezug auf die Montage zweier Dübel dar (Bild 31.3).

> **Hinweis:** Der minimale Achsabstand (s_{min}) wird in der Zulassung bzw. Bewertung eines Dübels (und in den entsprechenden Unterlagen der Dübel-Hersteller) ausgewiesen; er darf im Regelfall nicht unterschritten werden.

31.4.1.2 Charakteristischer Achsabstand (s_{cr})

Neben dem minimalen Achsabstand ist der charakteristische Achsabstand (s_{cr}) von Bedeutung. Dieser Achsabstand ist im Gegensatz zum minimalen Achsabstand ein theoretischer Wert zur Berechnung der Tragfähigkeit eines Dübels. Auch dieser theoretische Wert wurde aus zahlreichen Laborversuchen abgeleitet (vgl. Abschnitt 31.3.1.2): Sollen zwei „benachbarte" Dübel in einem Betonbauteil jeweils die volle Tragfähigkeit im Verankerungsgrund „aktivieren" bzw. „ausnutzen", so müssen beide Dübel mindestens so weit voneinander entfernt sein, dass sich bei jedem Dübel der volle Betonausbruchkegel mit dem Radius $1{,}5 \cdot h_{ef}$ ausbilden kann. Das bedeutet, dass die Dübel-Achsen mindestens einen Abstand vom Zweifachen des Radius des Betonausbruchkegels haben müssen, den charakteristischen Achsabstand $s_{cr} = 2 \cdot (1{,}5 \cdot h_{ef})$ bzw. $s_{cr} = 3{,}0 \cdot h_{ef}$.

Bild 31.10 zeigt schematisch die Anordnung eines Einzeldübels und einer Dübel-Vierergruppe für die sich jeweils die vollen Betonausbruchkegel unter Zugbelastung ausbilden können.

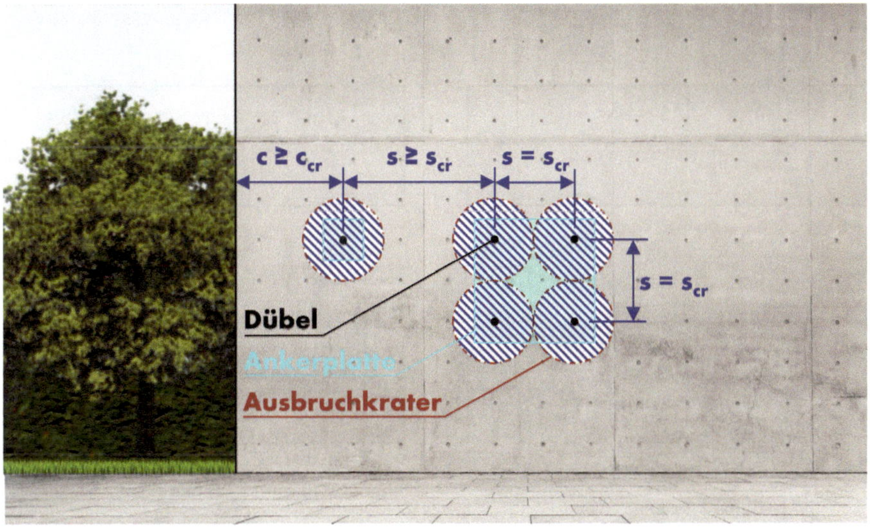

Bild 31.10 Einzeldübel und Dübel-Viergruppe: Einhaltung der charakteristischen Rand- und Achsabstände (Foto: Adolf Würth GmbH & Co. KG; Collage: Scheller)

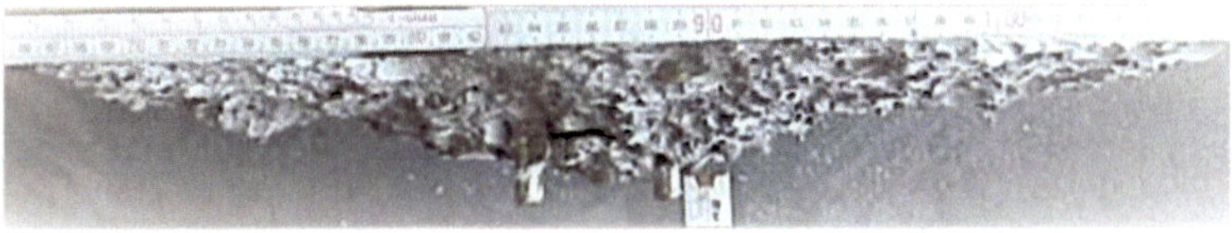

Bild 31.11 Betonausbruchkörper einer Dübel-Vierergruppe mit Achsabstand $s_{vorh} < s_{cr}$: Überlagerung der Ausbruchkegel – Reduzierung des tragenden Verankerungsgrunds jedes einzelnen Dübels (Foto: Küenzlen)

Für eine Dübelbefestigung kann der charakteristische Achsabstand s_{cr} – eine entsprechende Dübel-Bemessung vorausgesetzt – im Regelfall bis auf den minimalen Achsabstand s_{min} reduziert werden. Damit können sich aber nicht mehr die vollen Betonausbruchkegel der „benachbarten" Dübel ausbilden. Je näher die Dübel zusammenrücken, desto mehr vom Verankerungsgrund müssen sie sich „teilen", wie Bild 31.11 zeigt. Dadurch reduziert sich die Tragfähigkeit der „benachbarten" Dübel, weshalb der charakteristische Achsabstand s_{cr} in manchen Literaturquellen auch als „kritischer Achsabstand" bezeichnet wird.

Diese Reduzierung der Tragfähigkeit muss bei der Dübel-Bemessung unbedingt berücksichtigt werden. Diese Bemessung kann dann manchmal auch ergeben, dass ein einzelner Dübel mit großer Verankerungstiefe ohne Randeinfluss eine höhere

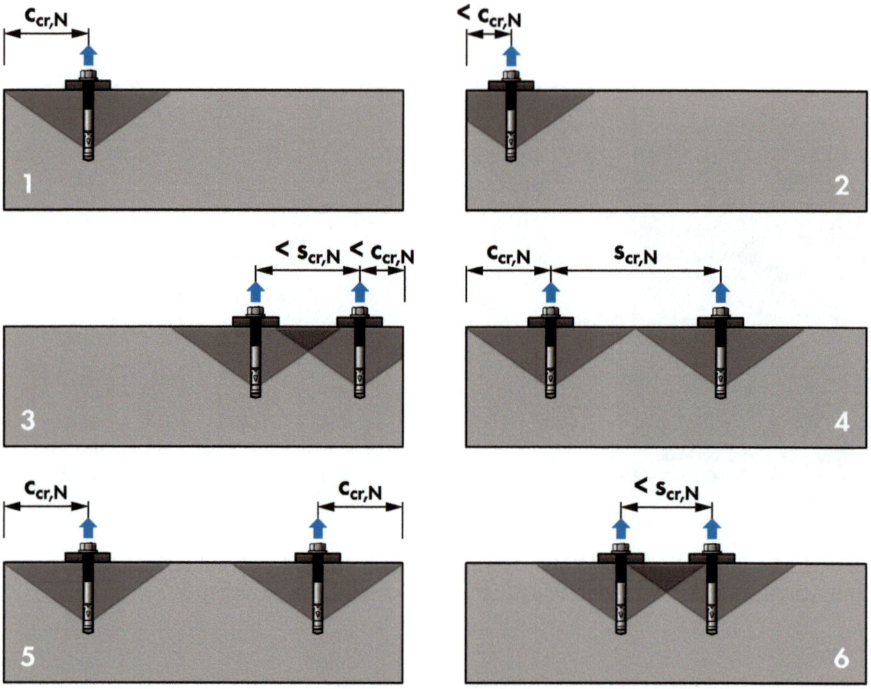

Bild 31.12 Beispiele für die vollständige Ausbildung von Betonausbruchkegeln (1, 4, 5) ⇒ volle Tragfähigkeit der einzelnen Dübel und Beispiele für die Überschneidung oder das Abschneiden von Betonausbruchkegeln (2, 3, 6) ⇒ reduzierte Tragfähigkeit der einzelnen Dübel (Grafik: Adolf Würth GmbH & Co. KG)

Tragfähigkeit hat (weil sich der volle Betonausbruchkegel ausbilden kann) als vier Dübel mit geringerer Verankerungstiefe in einer Ankerplatte mit sehr geringem Achsabstand, bei dem sich vier Ausbruchkegel überschneiden.

Weitere Beispiele, bei dem sich die Betonausbruchkegel voll ausbilden können bzw. sich überschneiden, sind schematisch in Bild 31.12 dargestellt.

31.4.2 Mauerwerk

Für Befestigungen in Mauerwerk gibt es – wie für Verankerungen in Beton – einen minimalen Achsabstand s_{min} und einen charakteristischen Achsabstand s_{cr}. Der charakteristische Achsabstand wird aber nach DIBt TR 54 (2019, S. 4) zusätzlich auch noch nach Lage zur Fuge unterschieden in (vgl. Bild 31.13):

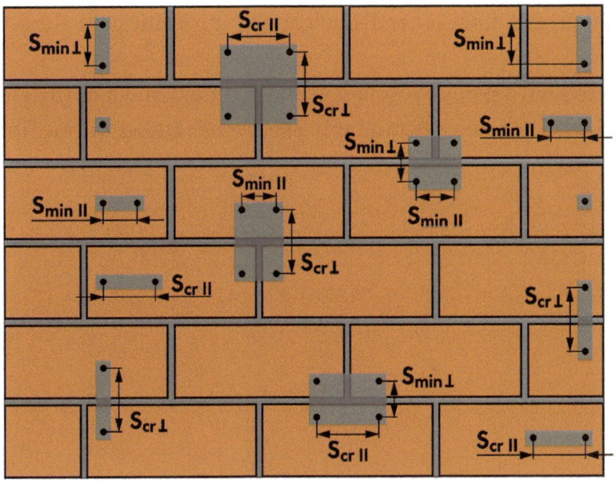

s_{cr}	=	Charakteristischer Achsabstand
s_{min}	=	Minimaler Achsabstand
$s_{cr,\parallel}$ ($s_{min,\parallel}$)	=	Charakteristischer (minimaler) Achsabstand für Anker parallel zur horizontalen Lagerfuge angeordnet
$s_{cr,\perp}$ ($s_{min,\perp}$)	=	Charakteristischer (minimaler) Achsabstand für Anker senkrecht zur Lagerfuge angeordnet

Bild 31.13 Darstellung der Achsabstände in einem Mauerwerksverband für Metall-Injektionsanker (Grafik: Adolf Würth GmbH & Co. KG)

31.5 Regelungen für Kunststoffdübel

Die Bezeichnungen der Bauteilabmessungen für „zugelassene" Kunststoffdübel ist in Bild 31.14 dargestellt. Hierbei ist Folgendes zu beachten:

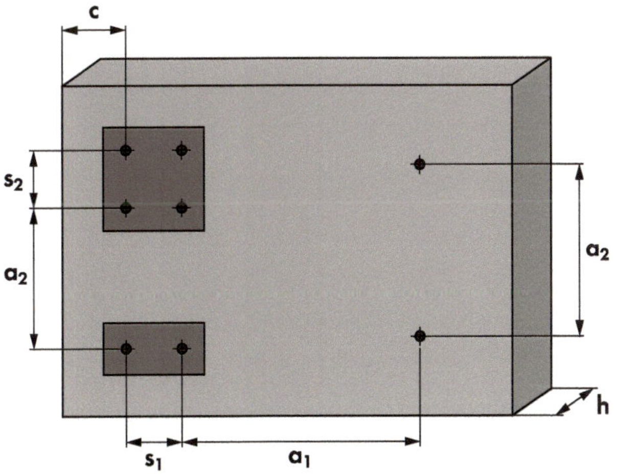

Bild 31.14 Definition der Bauteilabmessungen für zugelassene Kunststoffdübel nach EOTA EAD 330284-00-0604 (2021, S. 12) (Grafik: Adolf Würth GmbH & Co. KG)

- Der Achsabstand benachbarter Dübel einer Dübelgruppe wird mit dem Buchstaben „a“ bezeichnet.
- Für Verankerungen in Beton wird nicht zwischen s_1 und s_2 unterschieden. In den ETAs für Kunststoffdübel wird der Achsabstand innerhalb einer Dübelgruppe für Verankerungen in Beton nur mit s angegeben.

32

Anbauteil bzw. Ankerplatte – Was will ich befestigen?

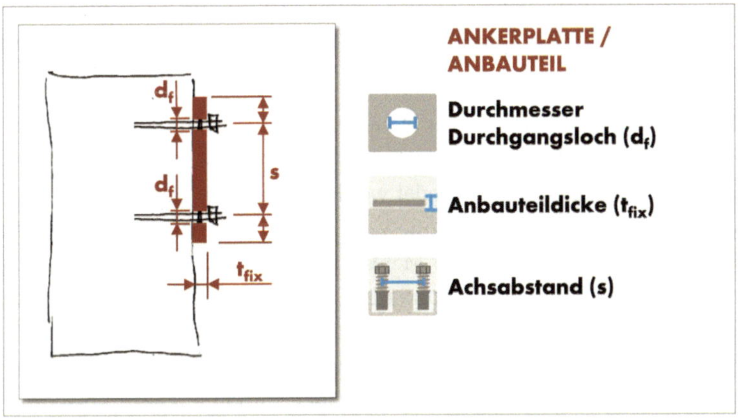

32.1 Allgemeines

In den Kapiteln 28 bis 31 haben wir uns schwerpunktmäßig mit dem Thema „Verankerungsgrund" und den dazugehörigen Fragen beschäftigt:

- Kapitel 28 und 29: Welcher Verankerungsgrund ist auf der Baustelle vorhanden?
- Kapitel 30: Umgebung – Welche äußeren Einflüsse liegen vor?
- Kapitel 31: *Bauteil*-Geometrie – Wo im Verankerungsgrund wird unsere Befestigung angeordnet (in der Fläche oder am Rand)?

Im diesem Kapitel beschäftigen wir uns mit dem *Anbauteil* bzw. der Ankerplatte (vgl. Bild 31.1) und folgenden Fragen:

- Handelt es sich bei der zu befestigenden Konstruktion um eine „Einzelbefestigung" oder um eine „Mehrfachbefestigung"?
- Wie dick ist das Anbauteil bzw. die Ankerplatte?
  Von der vorhandenen Anbauteildicke bzw. von der Ankerplattendicke hängt die erforderliche Nutzlänge des einzusetzenden Dübel-Systems ab (vgl. Bild 31.2).

Befestigung und Abdichtung von Fenstern und Türen. Regelwerke, Bauphysik, Baurecht, Praxisbeispiele. 2. Auflage.
J. Küenzlen, E. Scheller, M. Klatecki.

Das konzipierte Dübel-System muss auch mit der entsprechenden Nutzlänge, die auch Klemmstärke genannt wird, lieferbar sein.

- Gibt es Vorgaben in Form einer vorhandenen Bohrung?

  Also ist schon ein sogenanntes „Durchgangsloch" in unserem zu befestigenden Anbauteil vorhanden, das eine bestimmte Dübelgröße vorgibt?

  Ist ein Anbauteil bzw. eine Ankerplatte beispielsweise aus Korrosionsschutzgründen mit einer galvanischen Verzinkung oder einer Feuerverzinkung versehen, so sollten vorhandene Löcher auf der Baustelle vorzugsweise nicht weiter aufgebohrt werden, um größere Dübel einsetzen zu können. Durch das Aufbohren wird der Korrosionsschutz des Anbauteils beschädigt.
- Sind eventuell mehrere Löcher in einem Anbauteil/in einer Ankerplatte vorhanden und wie sieht das Lochbild aus?

  Den Abstand zwischen den „Durchgangslöchern" nennt man den Achsabstand s; vgl. Abschnitt 31.4. Die gängigen Bemessungsverfahren gelten nur für bestimmte Lochbilder.

Nach DIN EN 1992-4 (2019, S. 9) dürfen für Metalldübel zur Verankerung im Beton in einem Anbauteil nur Dübel gleicher Art und Größe (Durchmesser und Setztiefe bzw. Verankerungstiefe; vgl. Bild 31.3) verwendet werden, damit ein Nachweis entsprechend der Norm durchgeführt werden kann. Auch wenn diese Grundvoraussetzung nicht explizit im gängigen Regelwerk für Metall-Injektionsanker zur Verankerung im Mauerwerk nach DIBt TR 054 (2019) und für Kunststoffdübel nach DIBt TR 064 (2019) genannt ist, so gilt sie auch für diese Dübel-Systeme gleichermaßen.

Wir dürfen also in einer Gruppe von Befestigungselementen *keine* verschiedenen Befestigungsmittel und unterschiedliche Dübelgrößen mischen. Diese Einschränkung liegt vor allem daran, dass verschiedene Dübel-Systeme und unterschiedliche Dübelgrößen auch unterschiedliche Steifigkeiten aufweisen, d. h., dass sie sich bei einer Belastung unterschiedlich verformen. Mischt man nun die Systeme und/oder die Dübelgrößen, ist es aktuell nicht möglich, die Lastaufteilung aufgrund der jeweils unterschiedlichen Steifigkeiten zu bestimmen.

32.2 Anbauteile bzw. Ankerplatten in der Theorie

Sind wir frei in der Wahl unseres Anbauteils, weil es erst noch konstruiert werden soll, dann ergeben sich die Antworten zu den oben aufgeworfenen Fragen aus den Einwirkungen (den Lasten, die auf das Anbauteil wirken; vgl. Kapitel 33) sowie der Bemessung der jeweiligen Dübel (vgl. Kapitel 35) und des jeweiligen Anbauteils.

Aus dieser Rechnung ergibt sich dann

- die Anzahl der Dübel,
- die Dübelgröße (Durchmesser) und deren Setztiefe bzw. Verankerungstiefe,
- der Achsabstand der Dübel,

- die Größe der Durchmesser der Durchgangslöcher im Anbauteil bzw. in der Ankerplatte und
- die Anordnung der Durchgangslöcher im Anbauteil bzw. in der Ankerplatte.

Hinweis: Dieses Kapitel beschäftigt sich aus Übersichtsgründen *nicht* mit der Bemessung des Anbauteils bzw. der Ankerplatte.

Hierzu wird nur darauf hingewiesen, dass beispielsweise bei der Bemessung der Verankerungen von Befestigungen in Beton für Metalldübel nach DIN EN 1992-4 (2019, S. 8) die Bemessung des Anbauteils (im Sinne von Dimensionierung der Anbauteildicke t_{fix} und der Abmessungen der Ankerplatte) explizit *nicht* behandelt wird. Auch die gängigen Bemessungsverfahren für Metall-Injektionsanker zur Verankerung im Mauerwerk nach DIBt TR 054 (2019) und für Kunststoffdübel nach DIBt TR 064 (2019) enthalten hierzu *keine* Angaben.

Für die Bemessung eines Anbauteils aus Stahl wird z. B. auf DIN EN 1993 (Eurocode 3) und für die Bemessung eines Anbauteils aus Holz z. B. auf DIN EN 1995 (Eurocode 5) verwiesen.

32.3 Lagerung des Anbauteils

32.3.1 Allgemeines

Nach DIN EN 1992-4 (2019, S. 8) darf das Anbauteil für Metalldübel zur Verankerung in Beton entweder

- statisch *bestimmt* oder
- statisch *unbestimmt*

gelagert werden. Die (An-) Bauteile dürfen dabei

- tragend oder
- *nicht*tragend

sein. Diese Systematik gilt sinngemäß vom Prinzip her auch für alle anderen Dübel-Systeme (Injektionssysteme und Kunststoffdübel) und wird in den Abschnitten erläutert.

An den Bezeichnungen „*statisch* bestimmt" und „*statisch* unbestimmt" wird bereits deutlich, dass es sich hierbei offenbar um Begrifflichkeiten aus dem Bereich der Tragwerksplanung bzw. der *Statik* handelt. Aus Gründen der Übersicht soll in diesem Kapitel auf dieses vergleichsweise komplexe Thema nicht weiter im Detail eingegangen werden. Stattdessen werden die Begrifflichkeiten aus der Anschauung von Bild 32.1 nur so weit erläutert, wie diese für den Bereich der Dübeltechnik in der praktischen Anwendung (d. h. *ohne* die Bemessung bzw. *Statik*) wichtig sind.

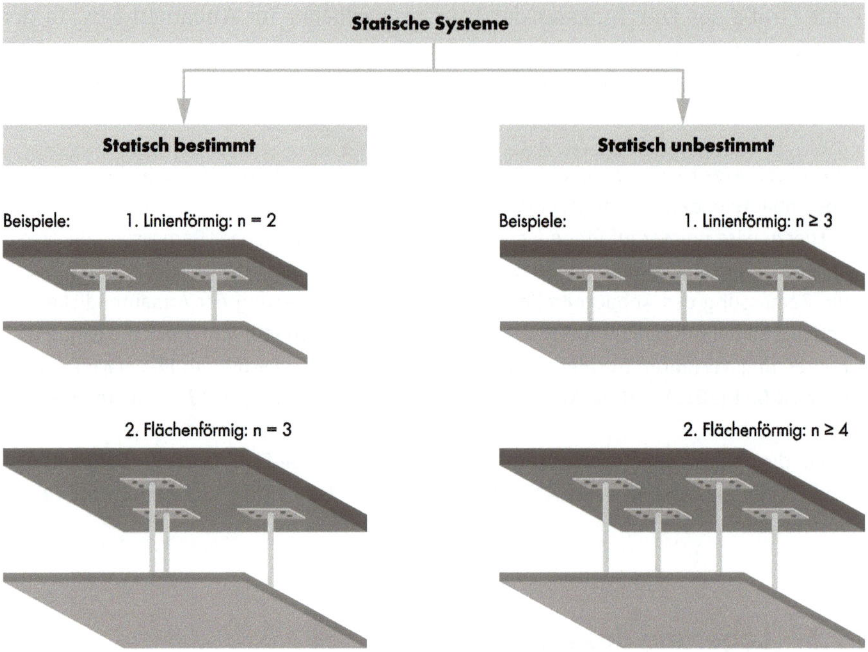

Bild 32.1 Unterscheidung der Bezeichnungen „statisch *bestimmt*" und „statisch *unbestimmt*" und daraus resultierend der Begriffe „Einzelbefestigung" und „Mehrfachbefestigung" (Grafik: Adolf Würth GmbH & Co. KG)

Bild 32.2 zeigt schematisch Konstruktionen, die z. B. an einer Decke befestigt sind. Hierbei können wir uns für die

- *linien*förmige Lagerung die Abhängung einer Rohrleitung (Bild 32.2a) und für die
- *flächen*förmige Lagerung die Abhängung einer Decke (Bild 32.2b)

a) *linien*förmige Lagerung einer Sprinklerleitung

b) *flächen*förmige Lagerung der Unterkonstruktion für eine abgehängte Decke

Bild 32.2 Beispiele für linienförmige und flächenförmige Lagerung (Fotos: Scheller) gut als Beispiele aus der Praxis vorstellen. Hierbei handelt es sich offensichtlich um bauaufsichtlich relevante Befestigungen, für die nur „zugelassene" Dübel-Systeme zum Einsatz kommen können. Hierbei können sogenannte

- *Einzel*befestiger (von tragenden und nichttragenden Systemen) und unter bestimmten Voraussetzungen auch
- *Mehrfach*befestigungen (nur von nichttragenden Systemen)

verwendet werden. Für die weiteren Erläuterungen beschränken wir uns zur Vereinfachung auf die linienförmige Lagerung; die folgenden Ausführungen gelten für die flächenförmige Lagerung sinngemäß.

Hinweis: Ist ein „zugelassenes" Dübel-System nur als „Mehrfachbefestigung von nichttragenden Systemen" zugelassen, so findet sich diese Information in der Regel bereits auf dem Deckblatt der zugehörigen Zulassung bzw. Bewertung.

32.3.2 Statisch bestimmte Lagerung des Anbauteils – Einzelbefestigung

Ausgehend von Bild 32.2 zeigt Bild 32.3 ein Beispiel aus der Praxis, das jeder aus dem alltäglichen Leben kennt: die Befestigung einer Hängeleuchte an zwei Abhängungen an einer Decke im Innenraum eines Gebäudes. Die Punkte, an denen die Abhängungen an der Decke befestigt sind, nennt man in der Fachsprache „Befestigungspunkte". Hierbei sollte es offensichtlich sein, dass die Hängeleuchte – zumindest einseitig – herunterfällt, wenn nur einer der beiden Befestigungspunkte versagt (Bild 32.3b).

Besonders „ein-leuchtend" ist sicherlich das weitere Beispiel in Bild 32.4 mit der Befestigung eines Kronleuchters: Diese Abhängung weist nur *einen* Befestigungspunkt auf und ist damit offenbar eine „*Einzel*befestigung". Dabei ist es nach der „Dübel-Theorie" unerheblich, ob dieser eine Befestigungspunkt aus einem

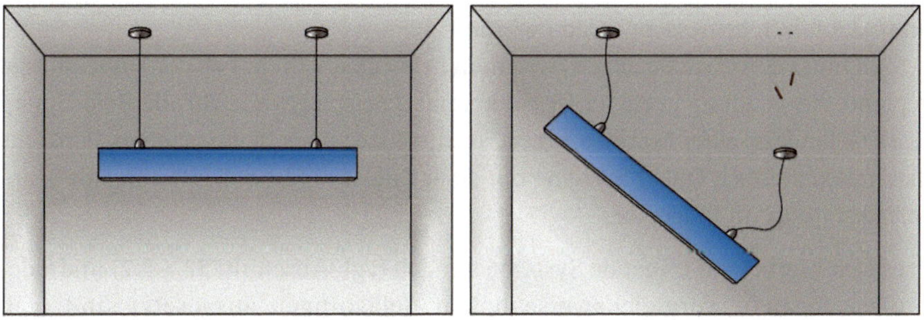

a) Ausgangssituation

b) Versagen eines Befestigungspunktes

Bild 32.3 Beispiel für die Befestigung einer Hängeleuchte an zwei Befestigungspunkten (Grafiken: Adolf Würth GmbH & Co. KG)

Bild 32.4 Beispiel für die Befestigung eines Kronleuchters an nur einem Befestigungspunkt (Foto: Scheller)

Dübel oder mehreren Dübeln, also einer Dübelgruppe, besteht (vgl. hierzu auch Abschnitt 31.4.1.2).

Sowohl die Befestigung der Hängeleuchte mit zwei Befestigungspunkten (Bild 32.3) als auch die Befestigung des Kronleuchters mit nur einem Befestigungspunkt (Bild 32.4) ist wenigstens sicherheitsrelevant, wenn nicht sogar – als Teil des Bauwerks – bauaufsichtlich relevant, da bei Herabfallen der Leuchten „Gefahr für Leib und Leben" für darunter befindliche Personen besteht. Daher dürfen diese Befestigungspunkte nicht versagen und müssen mit Dübeln ausgeführt werden, die nicht nur als „Mehrfachbefestigung", sondern auch als „Einzelbefestiger" bauaufsichtlich „zugelassen" sind.

„Statisch bestimmt" bedeutet also vereinfacht für die Dübeltechnik, dass etwas an nur einem einzelnen Dübel befestigt werden kann. Das bedeutet aber auch in Konsequenz, dass beim Versagen dieses einen Dübels die gesamte Konstruktion herabfallen oder das Bauwerk einstürzen könnte, wenn dieser Dübel falsch gewählt und/oder falsch bemessen werden würde.

Man muss demnach beachten, was man befestigen will und ob der Dübel für die geplante Anwendung geeignet ist. So kommen beispielsweise für die Befestigung eines Geländers, einer Markise, einer Fluchttreppe, eines Balkons, eines Vordachs usw. ausschließlich Dübel-Systeme mit einer Zulassung bzw. Bewertung als „Einzelbefestigung" in Frage, da

- es sich hierbei um tragende Systeme handelt (vgl. Abschnitt 32.3.3.2) und/oder
- diese Systeme vergleichsweise hohen Belastungen ausgesetzt sind (vgl. Abschnitt 32.3.3.5).

Da Einzelbefestiger zuverlässig(er) funktionieren sollen und im Gegensatz zu „Mehrfachbefestigern" (vgl. Abschnitt 32.3.3) nicht versagen dürfen, sind die

Anforderungen bereits im Zulassungs- bzw. Bewertungsverfahren bzw. bei den Zulassungsversuchen für Einzelbefestiger deutlich höher.

32.3.3 Statisch unbestimmte Lagerung des Anbauteils – Mehrfachbefestigung

32.3.3.1 Allgemeines

In Konsequenz zum vorhergehenden Abschnitt 32.3.2 bedeutet „statisch unbestimmt" entsprechend vereinfacht für die Dübeltechnik, dass etwas nicht nur an einem Befestigungspunkt (Bild 32.4), nicht nur an zwei Befestigungspunkten (Bild 32.3), sondern an mindestens *drei* Befestigungspunkten (linienförmige Lagerung) bzw. *vier* Befestigungspunkten (flächenförmige Lagerung; vgl. Bild 32.1) befestigt werden muss.

Bild 32.5 zeigt hierfür ein Beispiel mit der Befestigung einer Hängeleuchte an drei Befestigungspunkten. Bei diesem Bild wird deutlich, dass bei Versagen *einer* Befestigungsstelle dieser „Mehrfachbefestigung" die Hängeleuchte nicht herabfällt, da sich die zu verankernde Last aus der versagenden Befestigungsstelle über das Gehäuse der Hängeleuchte auf die beiden benachbarten Befestigungspunkte umlagern kann.

Auch bei den Mehrfachbefestigungen ist es nach der „Dübel-Theorie" unerheblich, ob die Befestigungspunkte aus einem Dübel oder mehreren Dübeln, also einer Dübelgruppe, bestehen. Weitere Beispiele für Mehrfachbefestigungen – mit einem oder mehreren Befestigungsmittel(n) je Befestigungspunkt – enthält DIN CEN/TR 17079 (2019, S. 5, Bild 25.7); vgl. hier Bild 32.6.

DIN CEN/TR 17079 (2019) bezeichnet „*Mehrfach*befestigungen von nichttragenden Systemen" als „Befestigung von *redundanten* nicht tragenden Systemen". In der (Dübel-Fach-) Literatur findet man beide Bezeichnungen, wobei die Bedeutung für das Wort „redundant" im Duden mit „*überreichlich [vorhanden]*" angegeben wird und damit die gleiche ist wie für das Wort „mehrfach".

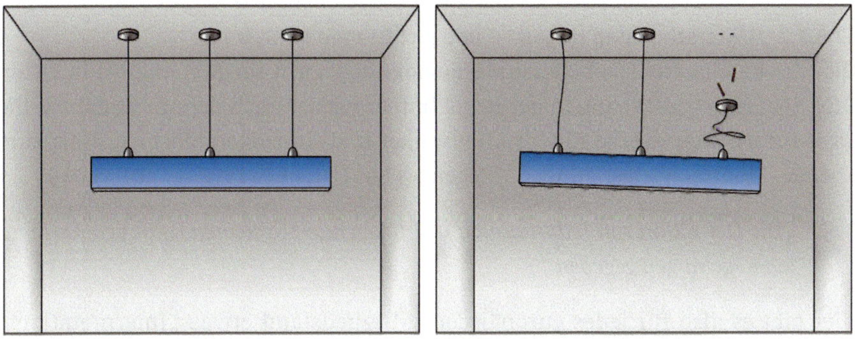

a) Ausgangssituation   b) Versagen eines Befestigungspunktes

Bild 32.5 Beispiel für die Befestigung einer Hängeleuchte an drei Befestigungspunkten (Grafiken: Adolf Würth GmbH & Co. KG)

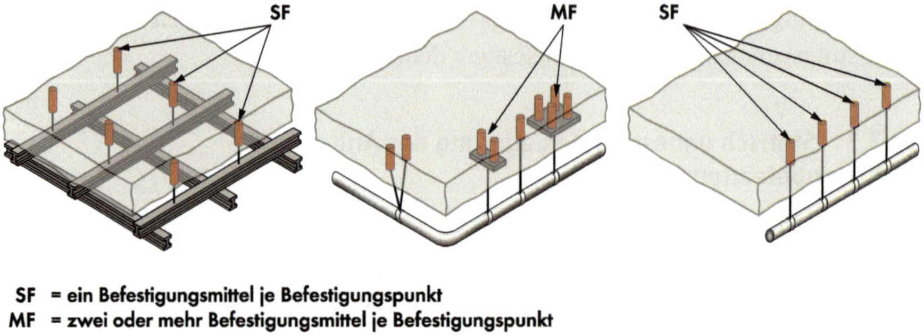

Bild 32.6 Beispiele für statisch unbestimmte nichttragende Systeme mit einem oder mehreren Befestigungsmittel(n) je Befestigungspunkt nach DIN CEN/TR 17079 (2019, Seite 5, Bild 27.1) (Grafik: Adolf Würth GmbH & Co. KG)

Hinweis: Eine „Mehrfachbefestigung eines nichtragenden Systems" oder eine „Befestigung eines redundanten nicht tragenden Systems" ist ein statisch unbestimmtes System, das aus

- mindestens drei Befestigungspunkten (linienförmige Lagerung) bzw.
- mindestens vier Befestigungspunkten (flächenförmige Lagerung) und einem zu befestigenden Bauteil besteht (vgl. Bild 32.2).
- Die Steifigkeit des zu befestigenden Bauteils (z. B. einer Rohrleitung oder das Profil einer Unterkonstruktion für eine Fassade oder eine abgehängte Decke) muss ausreichend groß sein, damit sich bei Versagen eines Befestigungspunktes dessen Lasten auf die benachbarten Befestigungspunkte umlagern können.
- Die einwirkenden Lasten je Befestigungspunkt sind – für Metalldübel in Deutschland und einigen weiteren Ländern sowie für Kunststoffdübel in ganz Europa – begrenzt und dürfen nicht überschritten werden.

Die im „Hinweis" enthaltenen Begriffe sind wichtig und werden in den folgenden Abschnitten noch näher erläutert.

32.3.3.2 Unterscheidung tragender und nichttragender Systeme

Die hier bereits mehrfach genannte Bemessungsnorm für Metalldübel in Beton DIN EN 1992-4 (2019), die in der Regel immer wieder auch der Maßstab bzw. die Basis für die Regelwerke für Injektionsanker und Kunststoffdübel ist, führt zum Thema „Mehrfachbefestigungen" Folgendes aus (DIN EN 1992-4, 2019, S. 80):

> *„Die Definition von redundanten nichttragenden Systemen ist in den nationalen Regelungen gegeben."*

Hier gibt es also für jedes europäisches Mitgliedsland etwas „Interpretationsspielraum", da Baurecht Länderrecht ist. Das gilt nicht nur für die einzelnen

Bundesländer in Deutschland, sondern auch für die europäischen Mitgliedsstaaten. Entsprechend gab es hier für Deutschland auch schon vor der Einführung von DIN EN 1992-4 mit Laternser (2006, S. 1) folgende Definition für „nichttragende Systeme“:

> *„Unter nichttragenden Systemen (in ETAG 001 Teil 1 als leichte Systeme bezeichnet) sind Bauteile zu verstehen, die zur Standsicherheit des Bauwerks nicht beitragen. Dies sind z. B. leichte abgehängte Decken und Unterdecken, Rohrleitungen sowie Fassadenbekleidungen.“*

Passende Beispiele aus der Praxis für Mehrfachbefestigungen von *nichttragenden* Systemen zeigt neben Bild 32.6 auch Bild 32.7. Alle dargestellten Beispiele haben gemeinsam, dass durch die Befestigungen zunächst einmal nur das Eigengewicht der jeweils zu befestigenden Konstruktion abgetragen wird. Weiterhin dürfen auch noch Windlasten direkt auf die Konstruktion selbst, z. B. die Fassadenplatte der vorgehängten Fassade (Bild 32.7b), aufgenommen werden.

Tragende Systeme *tragen* – im Umkehrschluss zur zitierten Definition – offenbar zur Standsicherheit des Bauwerks bzw. von Teilen eines Bauwerks bei (z. B. Stahlstützen oder Stahlträger, die ein Treppenpodest unterstützen) und *tragen* nicht nur ihr Eigengewicht und ggf. direkte Windlasten, sondern auch Verkehrslasten (z. B. Personenlasten, die auf das zuvor genannte Treppenpodest wirken, oder Schneelasten, wenn das Treppenpodest nicht überdacht im Freien steht). Weitere Beispiele für Verkehrslasten, die nur von Einzelbefestigern (vgl. Abschnitt 32.3.2) aufgenommen werden können, sind sogenannte „Aussteifungslasten“, die das gesamte Bauwerk bzw. Teile eines Bauwerks gegen die einwirkenden Windlasten stabilisieren, oder „Holmlasten“, die auftreten, wenn sich Personen an einem Geländer anlehnen, festhalten oder abstützen.

a) Befestigung der Unterkonstruktion für eine abgehängte Decke (Foto: Scheller)

b) Befestigungspunkte für die Aufnahme durchgehender vertikaler Profile als Unterkonstruktion für eine vorgehängte Fassade (Foto: Küenzlen)

c) Befestigung einer Rohrleitung (Foto: Küenzlen)

Bild 32.7 Beispiele aus der Praxis für Mehrfachbefestigungen von nichttragenden Systemen

Ergänzend zu den Betrachtungen zuvor wird noch auf eine weitere Formulierung in DIN EN 1992-4 – im Anwendungsbereich zu dieser Norm – hingewiesen (DIN EN 1992-4:2019, S. 8, Abschnitt 1.1, Absatz (1)):

> *„Diese Europäische Norm stellt ein Bemessungsverfahren für Befestigungselemente (Verbindung von tragenden und nichttragenden Bauteilen mit tragenden Bauteilen) zur Verfügung, die zum Übertragen von Einwirkungen auf den Beton verwendet werden."*

Wenn also auf dem Deckblatt einer Zulassung bzw. einer Bewertung für einen Dübel „. . . *zur Verwendung . . . für redundante nichttragende Systeme . . .*" steht, vgl. z. B. ETA W-BS 5 und W-BS 6 (2024, S. 1), dann bedeutet das in diesem Fall, dass das „Anbauteil" (vgl. Abschnitt 31.1 mit Bild 31.1), z. B. die Rohrleitung oder die abgehängte Decke (vgl. Bild 32.6), „nichttragend" ist bzw. das „nichttragende System" darstellt, das mit dem Dübel-System an einem „tragenden" Bauteil bzw. an einem „tragenden" System befestigt wird.

32.3.3.3 Steifigkeit des zu befestigenden Anbauteils

Bei den Erläuterungen zu Bild 32.5 wurde bereits darauf hingewiesen, dass die Hängeleuchte nur dann nicht herabfällt, wenn die Last eines möglicherweise versagenden Dübels oder Befestigungspunktes über das Gehäuse der Hängeleuchte auf die beiden benachbarten Befestigungspunkte umgelagert werden kann.

Bild 32.8 zeigt vereinfachend im Gegensatz dazu eine Hängeleuchte in Form eines Seilsystems. Auch hier sind drei Befestigungspunkte vorhanden, allerdings lässt das „Seil" der Hängeleuchte bei Versagen eines Befestigungspunktes keine Lastumlagerung zu, weil es – im Gegensatz zum Gehäuse der Hängeleuchte in Bild 32.5 – *nicht* „ausreichend steif" ist.

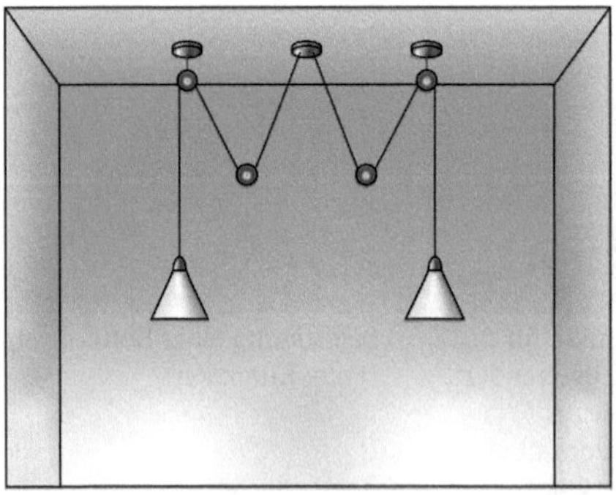

a) Ausgangssituation

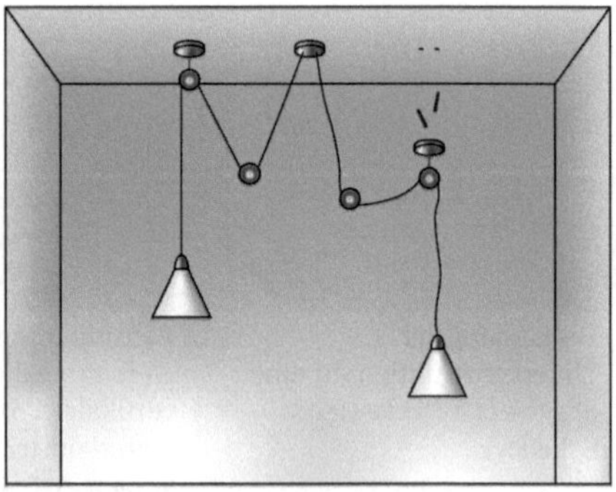

b) Versagen eines Befestigungspunktes

Bild 32.8 Vereinfachtes Beispiel für die Befestigung einer „*nicht* ausreichend steifen" Hängeleuchte an drei Befestigungspunkten (Grafik: Adolf Würth GmbH & Co. KG)

DIN CEN/TR 17079 (2019) führt dazu Folgendes aus:

> *„Die Steifigkeit des befestigten Bauteils muss ausreichend groß sein, um sicherzustellen, dass bei übermäßigem Schlupf oder Versagen eines Befestigungsmittels die auf dieses Befestigungsmittel bzw. diesen Befestigungspunkt einwirkende Last auf benachbarte Befestigungspunkte übertragen werden kann, ohne die Anforderungen an das befestigte Bauteil im Grenzzustand der Gebrauchstauglichkeit und der Tragfähigkeit signifikant zu beeinträchtigen. Die Anforderungen im Grenzzustand der Gebrauchstauglichkeit hängen von der Anwendung ab."*

Es kommt bei einer Mehrfachbefestigung von nichttragenden Systemen also nicht nur darauf an, wie groß die einwirkenden Lasten sind (Abschnitt 32.3.3.5) und was die Dübel bzw. „Mehrfachbefestiger" tragen, sondern auch auf die Konstruktion selbst. Bild 32.9 (Vergrößerung/Bearbeitung von Bild 32.2a) verdeutlicht diese Aussage am Beispiel der Befestigung einer Rohrleitung in einer Tiefgarage. Soll diese Rohrleitung als Mehrfachbefestigung eines nichttragenden Systems mit entsprechenden Dübeln ausgeführt werden, muss das die Befestigungspunkte verbindende System – also die Rohrleitung – ausreichend steif sein, um die Last auch dann übertragen zu können, wenn einer der mindestens drei erforderlichen Befestigungspunkte ausfällt.

Gegebenenfalls sind neben dem Regelwerk für die Dübeltechnik bzw. unabhängig davon weitere Regelungen zu beachten, auf die hier aus Übersichtsgründen nur hingewiesen wird (*ohne* Anspruch auf Vollständigkeit!):

- Handelt es sich bei der betrachteten Rohrleitung um den Sonderfall einer Sprinklerleitung wie in Bild 32.9 dargestellt, sind zusätzlich die weiteren Vorgaben der Richtlinie VdS CEA 4001 (2001) „Sprinkleranlagen, Planung und Einbau" zu beachten.

Bild 32.9 Befestigung einer Sprinklerleitung an den Befestigungspunkten 1, 2 und 3: Wie groß ist die maximale Stützweite der Rohrleitung? L1 oder L2? (Foto/Collage: Scheller)

- Für die Installation von Gasleitungen ist die Technische Regel DVGW-TRGI 2018 und der zugehörige Kommentar (DVGW-TRGI 2018 Kommentar) zu berücksichtigen.
- ...

ACHTUNG: Die Mehrfachbefestigung von absturzsichernden Fensterelementen wird grundlegend anders definiert als im Bereich der aktuellen Dübeltechnik und bezieht sich auf das Fensterelement selbst und NICHT auf die Dübel wie im vorherigen Abschnitt!

Für diese abweichende Definition ist der Abschnitt 8.5.4.2 im Teil 1 dieses Fachbuchs zu beachten!

32.3.3.4 Beanspruchungen für Mehrfachbefestigungen

Nach DIN/CEN TR 17079 (2019, S. 6) sind die Beanspruchungen für Mehrfachbefestiger im Gegensatz zu den Dübeln nach Abschnitt 32.3.2 *„lediglich quasi-statisch"*. Mit „quasi-statisch" sind nach DIN EN 1990 (2010, S. 16). 16 dynamische Einwirkungen gemeint, *„die durch eine äquivalente statische Ersatzeinwirkung bei der Berechnung beschrieben"* werden können. Diese Beschränkung wird nach Abschnitt 32.3.3.2 offensichtlich eingehalten:

- Das Eigengewicht der zu befestigenden Konstruktion ist „nur" eine „statische" Einwirkung, *„die keine bemerkenswerte Beschleunigung des Tragwerks oder der Bauteile erzeugt"* (DIN EN 1990:2010; S. 16) und durch den Begriff „quasi-statisch" mit eingeschlossen wird (vgl. auch Tabelle 33.1 in Abschnitt 33.3).
- Direkte Windlasten auf ein (An-) Bauteil sind dagegen in der Regel tatsächlich „quasi-statische" Einwirkungen, vgl. DIBt MVV TB (2025/1, S. 168, Abschnitt 3).

Außerdem gilt Folgendes:

- Beanspruchungen aus Stoßlasten, ermüdungsrelevanten oder seismischen Einwirkungen werden durch DIN CEN/TR 17079 (2019, S. 6) nicht erfasst.
- Drucklasten werden in der Regel direkt über das Anbauteil übertragen. Sollen diese Lasten nicht über das Anbauteil in den Verankerungsgrund eingeleitet werden, müssen die Dübel-Systeme dafür explizit geeignet sein.

Die zuvor genannten Aussagen zu den einwirkenden Lasten können sinngemäß auf „zugelassene" Kunststoffdübel, die (überwiegend nur) als Mehrfachbefestiger von nichttragenden Systemen eingesetzt werden (dürfen), übertragen werden. Siehe hierfür die Ausführungen in DIBt TR 064 (2019).

32.3.3.5 Begrenzung der einwirkenden Lasten je Befestigungspunkt

Versagt ein Befestigungspunkt einer Mehrfachbefestigung, ist damit nicht zwingend nur ein vollständiges Versagen des Befestigungspunktes gemeint (vgl. Bild 32.5b). Ein *Teil*-Versagen eines Befestigungspunktes kann bereits durch sogenannten

„Schlupf" eines Mehrfachbefestigers auftreten, wenn ein Dübel aufgrund eines (zu) großen Risses in einem Beton-Bauteil ein Stück aus seinem Bohrloch „rutscht". Ein solcher Befestigungspunkt entzieht sich durch den Schlupf – zumindest ein Stück weit – seiner eigentlichen Belastung, die durch die benachbarten Befestigungspunkte aufgenommen bzw. kompensiert werden muss.

Dieser Schlupf in Beton-Bauteilen kann auftreten, weil Mehrfachbefestiger im Gegensatz zu Abschnitt 29.1.2 nur auf Rissbreiten von 0,2 mm ausgelegt sind bzw. entsprechende Metall- oder Kunststoffdübel im Rahmen des Zulassungsverfahrens nur für maximale Rissbreiten von 0,35 mm geprüft werden, siehe für Metalldübel EOTA EAD 330747-00-0601 (2018, S. 24) bzw. für Kunststoffdübel EOTA EAD 330284-00-0604 (2021, S. 33 und 35).

Tritt nun im tatsächlich vorhandenen Bauteil die im Betonbau zulässige „Standard-Rissbreite" von 0,3 mm auf (vgl. Abschnitt 29.1.2), kann es hier bereits zu einem Schlupf der Dübel kommen. Komplett versagen werden die Dübel allerdings bei dieser Rissbreite von 0,3 mm nicht, da eine reduzierte Tragfähigkeit jedes einzelnen Mehrfachbefestigers – wie im Absatz zuvor bereits ausgeführt – auch noch bei 0,35 mm Rissbreite vorliegen muss. Dieser eventuelle Verlust an Tragfähigkeit – bei Rissbreiten von über 0,2 mm – wird dann von den benachbarten Dübeln übernommen.

Eine Überprüfung der Befestigungspunkte nach einer Lastumverteilung ist nicht erforderlich. Diese ist bereits in der empfohlenen Begrenzung des Bemessungswertes der Einwirkung berücksichtigt (Tabelle 32.1). Das bedeutet, dass die Last von den benachbarten Dübeln aufgenommen wird, ohne dass die *„Anforderungen an das Anbauteil hinsichtlich des Grenzzustandes der Gebrauchstauglichkeit und Tragfähigkeit verletzt werden"*, siehe DIN EN 1992-4 (2019, S. 80) bzw. sinngemäß DIBt TR 064 (2019, S. 3).

Tabelle 32.1 Begrenzung der einwirkenden Bemessungslasten je Befestigungspunkt für Metall- und Kunststoffdübel

Dübel-Art	Anzahl der Befestigungspunkte n_1	Anzahl der Befestigungsmittel je Befestigungspunkt n_2	Grenzwert des Bemessungswertes [1] der Einwirkung $F_{ed,lim}$ [2] bzw. n_3 [3]
Metalldübel in Beton [4]	≥ 4	≥ 1	**3,0 kN**
	3	≥ 1	**2,0 kN**
Kunststoffdübel	≥ 4	≥ 1	**4,5 kN**
	3	≥ 1	**3,0 kN**

1) Bemessungswerte sind das γ-fache der tatsächlichen Einwirkungen (häufig, aber nicht immer, gilt $\gamma_G = 1{,}35$ für Eigengewicht und $\gamma_Q = 1{,}50$ für Windlasten)
2) Empfehlung nach DIN CEN/TR 17079 (2019, S. 8) für Metalldübel in Deutschland
3) Festlegung nach DIBt TR 064 (2019, S. 3) für Kunststoffdübel in Europa ($n_3 = N_{Ed}$).
4) Dübeltypen nach DIN EN 1992-4 (2019, S. 16)

32.3.4 Zusammenfassung mit einem Beispiel

Wann kann nun ein zu befestigendes Bauteil als Mehrfachbefestigung ausgeführt werden, und wann ist die Ausführung mit Einzelbefestigern (zwingend) erforderlich? Wir wiederholen hierzu zusammenfassend noch einmal stichpunktartig die Anforderungen an eine Mehrfachbefestigung aus dem „Hinweis" in Abschnitt 32.3.3.1 sowie den zugehörigen Ausführungen:

- Das zu befestigende Bauteil muss nichttragend sein (Belastung *nur* durch Eigengewicht und ggf. direkte Windlasten!).
- Mindestens drei Befestigungspunkte (linienförmige Lagerung) bzw. mindestens vier Befestigungspunkte (flächenförmige Lagerung) mit jeweils mindestens einem Dübel.
- Die Steifigkeit des zu befestigenden Bauteils muss ausreichend groß sein (d. h., es muss eine Lastumlagerung zu benachbarten Befestigungspunkten möglich sein).
- Die einwirkenden Lasten je Befestigungspunkt sind begrenzt.

Wenn nur eine dieser vier Anforderungen *nicht* erfüllt werden kann, dann muss das zu befestigende (An-) Bauteil mit Einzelbefestigern montiert werden.

Warum kann dann beispielsweise nicht eine Markise, auf die auch nur Eigengewicht und direkte Windlasten einwirken, mit Mehrfachbefestigern montiert werden?

Die Antwort ist relativ einfach:

- Die Anforderung an ein nichttragendes System wäre für die Markise erfüllt, da wie ausgeführt nur Eigengewicht und Windlasten direkt auf die Markise wirken.
- Wenn für die linienförmige Markise mindestens drei Befestigungspunkte vorhanden sind, wäre die Forderung nach der Mindestanzahl von Befestigungspunkten erfüllt.
- Der Kasten der Markise ist in der Regel mit mehreren Haltern/Konsolen (= Befestigungspunkten) an der Wand oder Decke befestigt, jedoch ist der Kasten mit Sicherheit nicht so „ausreichend" steif, dass beim Ausfall eines Halters/einer Konsole die Markise noch vollständig funktioniert. Damit ist bei einer Markise *keine* Lastumlagerung auf die verschiedenen Halter/Konsolen unter voller Gebrauchstauglichkeit möglich, das System also nicht redundant.
- Sollte die Anforderung an die Steifigkeit des zu befestigenden Bauteils wider Erwarten erfüllt werden können, müssten im letzten Schritt die einwirkenden Lasten je Befestigungspunkt überprüft werden. Die auf eine vollständig ausgefahrene Markise einwirkenden Windlasten sind dabei wahrscheinlich so groß, dass die Forderung der Lastbegrenzung nicht erfüllt werden kann.

Es müssen also zwingend Dübel nach Abschnitt 32.3.2 eingesetzt werden, da sehr wahrscheinlich mindestens eine – wenn nicht sogar zwei – der Anforderungen für eine Mehrfachbefestigung der Markise nicht erfüllt werden.

32.4 Durchgangslöcher im Anbauteil

Bild 32.10 zeigt das Beispiel einer Fehlanwendung, bei der das Lochspiel zwischen Dübel und Durchgangsloch im Anbauteil offensichtlich zu groß ist. Derart, wie die zusätzlich angeordnete große Unterlegscheibe bereits in das Durchgangsloch hineingezogen wird, ist fraglich, ob hier noch eine planmäßige Kraftübertragung aus dem Anbauteil in den Dübel dauerhaft gewährleistet werden kann. Insbesondere bei Querbelastung des Dübels müsste ggf. auch noch mit großen Verschiebungen gerechnet werden, bis der Dübel am Anbauteil anliegt und die Kräfte übertragen werden können.

Grundsätzlich muss der Durchmesser des Durchgangsloch im Anbauteil natürlich etwas größer sein als der Durchmesser des Dübels, damit eine zwängungsfreie Montage möglich ist. Je nach Montageart (vgl. Abschnitt 32.5) und verwendetem Dübel-System wird beispielsweise der ganze Dübel durch das Anbauteil hindurch gesteckt (z. B. Betonschraube; vgl. Bild 34.9) oder auch nur eine Schraube, die in das Innengewinde eines bündig mit dem Verankerungsgrund gesetzten Dübels eingeschraubt wird (z. B. Einschlagdübel bzw. Innengewindeanker).

DIN EN 1992-4 (2019, S. 41) führt aus, dass in dieser Norm *„nur Befestigungen ohne Lochspiel oder mit Lochspiel in Richtung der Querlast nach Tabelle 6.1"* (siehe Tabelle 32.2) behandelt werden und gibt folgende Anmerkung:

> *„Anwendungen, bei denen Bolzen an das Anbauteil angeschweißt oder in das Anbauteil geschraubt sind, oder in Fällen, in denen jeder Spalt zwischen dem Befestigungselement und dem Anbauteil mit Mörtel ausreichender Druckfestigkeit (≥ 40 N/mm²) gefüllt oder durch eine andere geeignete Maßnahme beseitigt wurde, gelten als Befestigungen ohne Lochspiel."*

Damit eine entsprechende Dübel-Bemessung nach dem vorliegenden Regelwerk durchgeführt werden kann, ist es also unerlässlich, dass das Lochspiel zwischen

Bild 32.10 Fehlanwendung: Beispiel für zu großes Lochspiel zwischen Dübel und Durchgangsloch im Anbauteil (Foto: Scheller)

Tabelle 32.2 Maximal zulässiger Durchmesser des Durchgangslochs im Anbauteil d_f für Metalldübel nach DIN EN 1992-4 (2019, S. 41) und Metall-Injektionsanker zur Verankerung im Mauerwerk nach DIBt TR 054 (2019, S. 6) *)

	Dübel- bzw. Gewindedurchmesser im Bereich des Anbauteils in mm[1]											
	6	8	10	12	14	16	18	20	22	24	27	30
Maximal zulässiger Durchmesser d_f des Durchgangslochs im Anbauteil in mm	7	9	12	14	16	18	20	22	24	26	30	33

1) Entspricht z. B. Nenndurchmesser des Bolzens bzw. des Gewindes bei Bolzenankern (Bild 34.1) bzw. Nenndurchmesser der Dübelhülse bei Hülsenankern bzw. Nenndurchmesser des (Außen-) Gewindes der Ankerstange bei Injektionssystemen (Bild 34.16 oder Bild 34.30)

*) Der Durchmesser im Durchgangsloch für „zugelassene" Kunststoffdübel wird in der Regel bei der Bewertung des Dübels im Zulassungs- bzw. Bewertungsverfahren durch den Dübel-Hersteller festgelegt, z. B. für Durchsteckmontage: Außendurchmesser der Kunststoff-Dübelhülse + 0,5 mm; vgl. EOTA EAD 330284-00-0604 (2021, S. 47) und dann entsprechend in der ETA des Kunststoffdübels ausgewiesen. Dieser Durchmesser d_f darf nicht überschritten werden.

der zuvor beispielhaft genannten Betonschraube oder der beispielhaft genannten Schraube und dem Durchgangsloch im Anbauteil nicht *zu* groß gewählt wird. Die maximal zulässigen Durchmesser des Durchgangslochs im Anbauteil d_f (vgl. Bild 31.2) zeigt in Abhängigkeit der Dübelgröße Tabelle 32.2.

32.5 Montagearten

32.5.1 Allgemeines

Vom Durchmesser der Durchgangslöcher (vgl. Bild 31.2) hängt auch die Art der Montage ab, d. h. ob der Dübel in

- *Vor*steckmontage (Bild 32.11a) oder in
- *Durch*steckmontage (Bild 32.11b)

montiert werden soll/kann. Eine weitere Möglichkeit der Montage ist eine

- Abstandsmontage (Bild 32.11c),

wobei bevorzugt der Dübel gegen Untergrund verspannt und das Anbauteil mittels zweier weiterer Muttern befestigt werden sollte (vgl. Bild 32.11c und Bild 32.12).

Für viele „zugelassene" Dübel-Systeme ist entweder eine Vorsteck- oder eine Durchsteckmontage möglich. Eine Abstandsmontage ist mit relativ wenigen Dübeln möglich. Entsprechend kann auch die Montageart die Dübelauswahl beeinflussen. Daher werden in den beiden Folgeabschnitten zwei weitere Praxisbeispiele gezeigt und ein paar Tipps gegeben bzw. Entscheidungskriterien

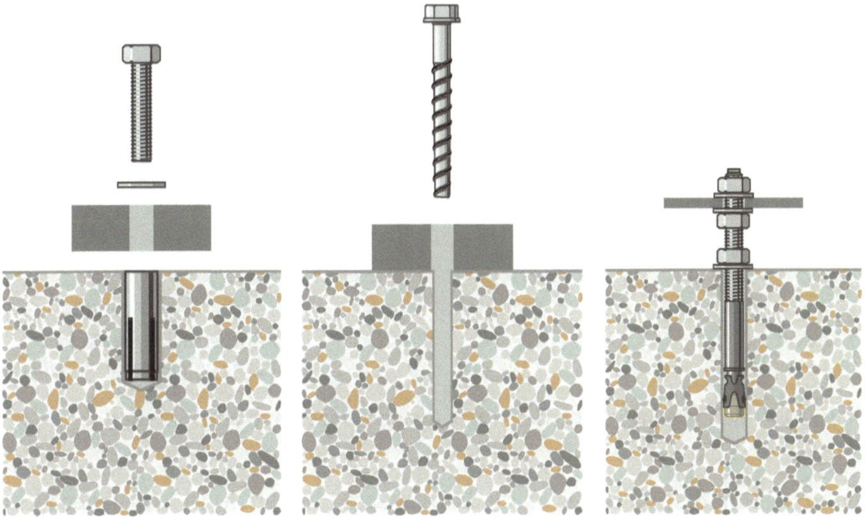

a) Vorsteckmontage: Dübel wird vorgesteckt; das Anbauteil nachträglich befestigt

b) Durchsteckmontage: Dübel wird durch das Anbauteil gesteckt/montiert

c) Abstandsmontage: Anbauteil wird im Abstand zum Verankerungsgrund montiert

Bild 32.11 Montagearten (Grafiken: Adolf Würth GmbH & Co. KG)

Bild 32.12 Abstandsmontage mit Injektionsdübeln bei einem Tor (Foto: Küenzlen)

aufgezeigt, wann eine Vorsteckmontage sinnvoll und wann ggf. eine Durchsteckmontage besser ist.

32.5.2 Vorsteckmontage

Bild 32.13 zeigt die Befestigung von Konsolen für ein Klimagerät. Zumindest bei der Montage ist die Erstellung der Bohrlöcher senkrecht zur Oberfläche des Verankerungsgrunds *durch* das Anbauteil *nicht* ausführbar (Bild 32.13c). Eine "reine" Durchsteckmontage (also nicht nur das Setzen des Dübels, sondern auch

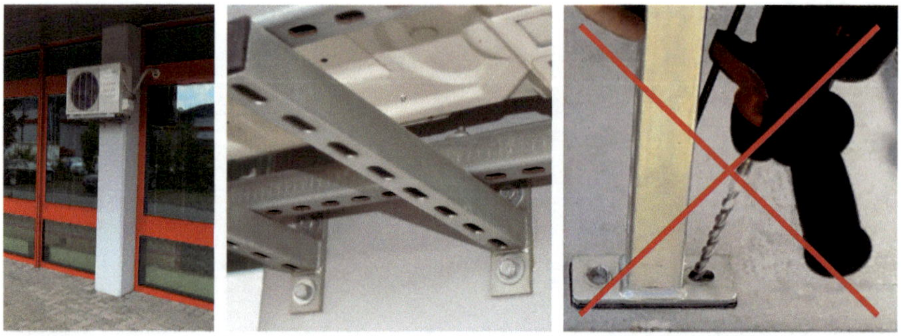

a) Ansicht b) Detail c) Bohrlocherstellung senkrecht durch das Anbauteil nicht möglich

Bild 32.13 Befestigung von Konsolen z. B. für ein Klimagerät (Fotos: Scheller)

die Erstellung des Bohrlochs *durch* das Anbauteil hindurch) ist hier daher nicht möglich.

Der Vorteil der Vorsteckmontage ist, dass der Monteur die genaue Lage des Anbauteils und der Bohrlöcher ungehindert markieren kann, ohne dabei von einem z. B. sehr großen oder „sperrigen" Anbauteil gestört zu werden. Anschließend können dann ohne Unterbrechung alle Bohrlöcher senkrecht zum Verankerungsgrund erstellt und nach der vorgeschriebenen Bohrlochreinigung alle Dübel gesetzt werden. Anbauteile mit z. B. besonderen Oberflächen (z. B. bereits fertig lackierte Stützen) können in dieser Zeit noch – vor Staub und Beschädigungen geschützt – andernorts zwischengelagert werden.

Hinweis: Bei Anbauteilen mit mehreren Dübellöchern müssen die Dübel präzise gesetzt werden, damit z. B. die Ankerplatte über die schon gesetzten Ankerstangen "gefädelt" werden kann.

32.5.3 Durchsteckmontage

Bild 32.14 zeigt die Befestigung einer Stahltreppe. Bei der Montage einer solchen Stahltreppe werden die Monteure ein Interesse daran haben, die komplette Treppe – nach Möglichkeit – einmal hinzustellen, auszurichten und dann sofort in Durchsteckmontage an der Wand zu befestigen. Die vielen Löcher in der Treppenwange über bereits in Vorsteckmontage gesetzte Ankerstangen "einzufädeln" ist kaum möglich, da die Ankerstangen kaum so präzise montiert werden können.

Der Vorteil der Durchsteckmontage ist daher das Bohren und Setzen des Dübels direkt durch das Anbauteil, ohne dass das Anbauteil zwischendurch wieder abgesetzt werden muss. Eine Durchsteckmontage kann daher bei großen und schweren Bauteilen die Montage erleichtern (z. B. Treppenwangen oder vormontierte (Brücken-) Geländer mit mehreren Pfosten und Ankerplatten).

a) b)

Bild 32.14 Befestigung einer Stahltreppe in Durchsteckmontage (Fotos: Scheller)

Hinweis: Die Durchsteckmontage ist nur bei einigen Injektionssystemen „zugelassen" (siehe die jeweilige Zulassung bzw. Bewertung)!

Ist bei einem Injektionssystem die Durchsteckmontage nach Zulassung bzw. Bewertung erlaubt, muss darauf geachtet werden, dass die Ankerstange während der Aushärtezeit nicht bewegt oder belastet wird.

32.6 Lochbilder im Anbauteil (Anordnung der Befestigungen)

Sind mehrere Dübellöcher in einem Anbauteil vorgesehen bzw. erforderlich, so gibt es auch zu den Lochbildern Vorgaben im aktuell geltenden Regelwerk. Zwar können beliebige Dübel-Anordnungen ausgeführt und entsprechende Anbauteile gefertigt werden (Bild 32.15), allerdings ist z. B. ein rechnerischer Nachweis für Metalldübel zur Verankerung in Beton „direkt" nach DIN EN 1992-4 (2019) nur für die in Tabelle 32.3 dargestellten Lochanordnungen der Anbauteile möglich.

Daher ist es sehr empfehlenswert, dass Anbauteile, die mit Metalldübeln in Beton verankert werden, vorzugsweise entsprechend Tabelle 32.3 ausgeführt werden. Andernfalls werden zusätzliche ingenieurmäßige Betrachtungen und Berechnungen erforderlich, die z. B. Dübel-Hersteller über Ihre Dübel-Software auf Grundlage von fib (2010) anbieten.

Auf andere Anordnungen von Lochbildern wird in diesem Buch aus Übersichtsgründen nicht weiter eingegangen.

a) b)

Bild 32.15 In der Fertigung mögliche, aber nicht vom derzeit geltenden Regelwerk abgedeckte Dübel-Anordnungen in Anbauteilen (Fotos: Küenzlen)

Tabelle 32.3 Mögliche Anordnungen von Befestigungen mit Dübeln, die nach DIN EN 1992-4 (2019, S. 10) bemessen werden können (Grafiken: Adolf Würth GmbH & Co. KG)

Anordnung der Befestigungen	Art der Befestigung
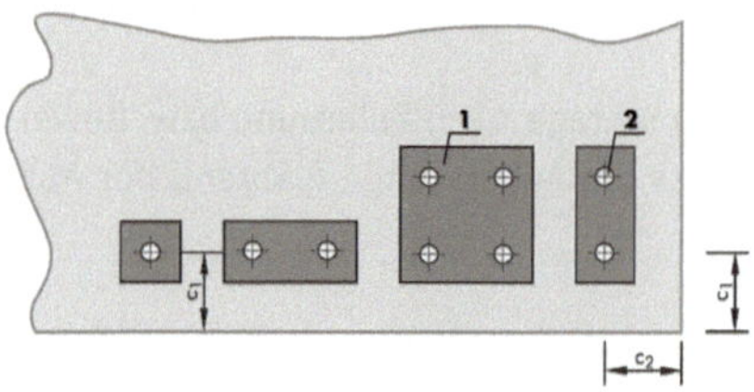	Befestigungen mit Lochspiel für alle Lastrichtungen bei kleinem Randabstand (der größere der beiden Werte ist maßgebend): • $c_i < 10 \cdot h_{ef}$ bzw. • $c_i < 60 \cdot d_{nom}$
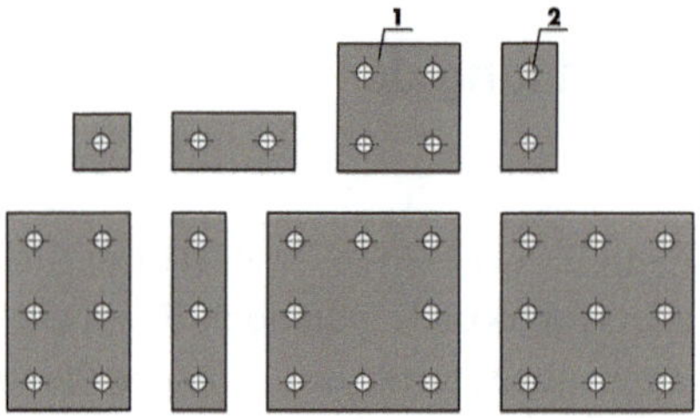	Befestigungen mit Lochspiel für alle Lastrichtungen bei großem Randabstand (der größere der beiden Werte ist maßgebend): • $c_i \geq 10 \cdot h_{ef}$ bzw. • $c_i \geq 60 \cdot d_{nom}$
	Ausschließlich auf Zug beanspruchte Befestigungen mit Lochspiel für alle Lastrichtungen bei kleinem Randabstand (der größere der beiden Werte ist maßgebend): • $c_i < 10 \cdot h_{ef}$ bzw. • $c_i < 60 \cdot d_{nom}$
	Befestigungen ohne Lochspiel für alle Randabstände und für alle Lastrichtungen

Legende:
1 Stahlplatte
2 Dübel
c_1 Randabstand in Richtung 1
c_2 Randabstand in Richtung 2, dabei ist Richtung 2 senkrecht zur Richtung 1
h_{ef} effektive Verankerungstiefe (vgl. Bild 31.2)
d_{nom} Außendurchmesser des Befestigungselements (vgl. Fußnote 1) in Tabelle 32.2)
mit Lochspiel: Für Befestigungen mit Lochspiel müssen die Werte der Tabelle 32.2 (Abschnitt 32.4) eingehalten werden.
ohne Lochspiel: Für Befestigungen ohne Lochspiel muss jeder Spalt zwischen Dübel und Anbauteil mit Mörtel ausreichender Druckfestigkeit ($\geq 40\ N/mm^2$) gefüllt oder durch andere geeignete Maßnahmen beseitigt werden (DIN EN 1992-4:2019, S. 41).

32.7 Anbauteile bzw. Ankerplatten in der Praxis

In der Baupraxis kann eine Planung des Anbauteils in Abstimmung mit der Lage der Bewehrungsstäbe sinnvoll sein. Für den in Bild 32.16a dargestellten Geländerpfosten war ursprünglich eine Ankerplatte mit 4 Dübeln der Größe M12 bemessen worden. Die Geometrie dieser Ankerplatte hätte dazu geführt, dass die 4 Dübel genau in der Höhe der Randeisen der Balkonplatten-Bewehrung gelegen hätten (Bild 32.16b). Bei der Erstellung der Bohrlöcher wären diese Bewehrungsstäbe wenigstens angebohrt oder schlimmstenfalls durchtrennt worden und hätten dadurch die Tragfähigkeit der Betonplatte zumindest beeinträchtigt. Die DIBt Hinweise (2010, S. 6) führen hierzu ausdrücklich Folgendes aus:

> *„Beim Bohren der Löcher ist darauf zu achten, dass Bewehrungsstäbe in der Nähe des Bohrlochs nicht beschädigt werden."*

Durch eine neue Bemessung mit einer kleineren Ankerplatte mit 2 Dübeln M16 konnte nachgewiesen werden, dass auch eine Dübel-Anordnung mit ausreichend viel Abstand zu den vorhandenen Bewehrungseisen ausgeführt werden kann (Bild 32.16c).

a)

b) Ursprüngliche Bemessung: 4 Dübel M12

c) Neue Bemessung: 2 Dübel M16 (ohne Bewehrungstreffer)

Bild 32.16 Veränderung des Anbauteils und des Dübeldurchmessers in Abstimmung mit der Lage der Bewehrung (Foto: Küenzlen; Collagen: Scheller)

Liegen die Anbauteile bzw. Ankerplatten sowie deren Durchgangslöcher mit ihrem Achsabstand und Durchmesser bereits fest bleibt nur die Möglichkeit des „Nachrechnens“, d. h. durch eine Bemessung herauszufinden, ob es

- für den *vorgegebenen* Baustellen-Verankerungsgrund und
- für den *vorgegebenen* Achsabstand sowie
- für den *vorgegebenen* Durchmesser der Durchgangslöcher – beispielsweise in den Flacheisen zur Wand-Befestigung der Klimmzugstange – einen passenden Dübel gibt, der die vorgegebenen Anforderungen überhaupt erfüllen kann.

33

Einwirkungen – Welche Belastungen treten bei meiner Befestigung auf?

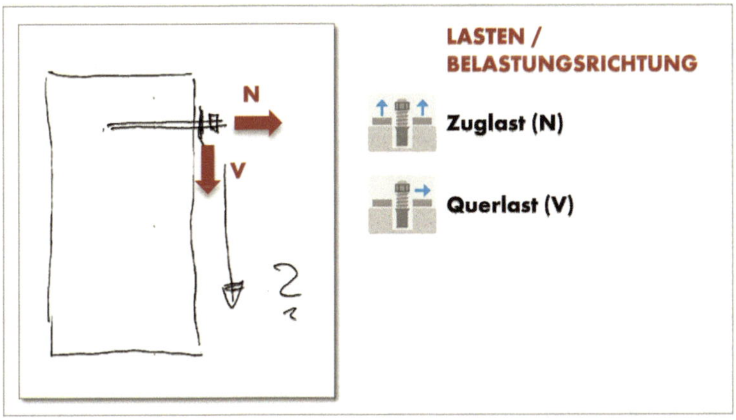

33.1 Allgemeines

Die ureigenste Aufgabe eines Dübels ist es, die Verbindung zwischen zwei Teilen herzustellen. In der Regel werden damit auch immer Belastungen vom einen Bauteil zum anderen übertragen. In dem vorherigen Kapitel haben wir gesehen, dass im Vorfeld der Frage, was man überhaupt an einen oder mehrere Dübel befestigen kann, sehr viele Punkte zu klären sind. Sind alle äußeren Rahmenbedingungen bekannt, geht es letztendlich um die Frage, ob die Belastungen, die bei meiner Befestigung auftreten, im vorhandenen Baustellen-Verankerungsgrund und unter Berücksichtigung der äußeren Randbedingungen durch das gewählte Dübel-System übertragen werden können. Man spricht dann von der Einwirkung auf den Dübel. Bild 33.1 zeigt dazu ein nicht ganz ernst zu nehmendes Beispiel aus der „Dübel-Praxis", das während der Corona-Pandemie 2020/2021 entstanden ist:

In einer Arztpraxis war zunächst ein von Hand zu bedienender Desinfektionsmittelspender mit Dübeln an einer Gipskartonwand montiert worden. Das

Befestigung und Abdichtung von Fenstern und Türen. Regelwerke, Bauphysik, Baurecht, Praxisbeispiele. 2. Auflage.
J. Küenzlen, E. Scheller, M. Klatecki.

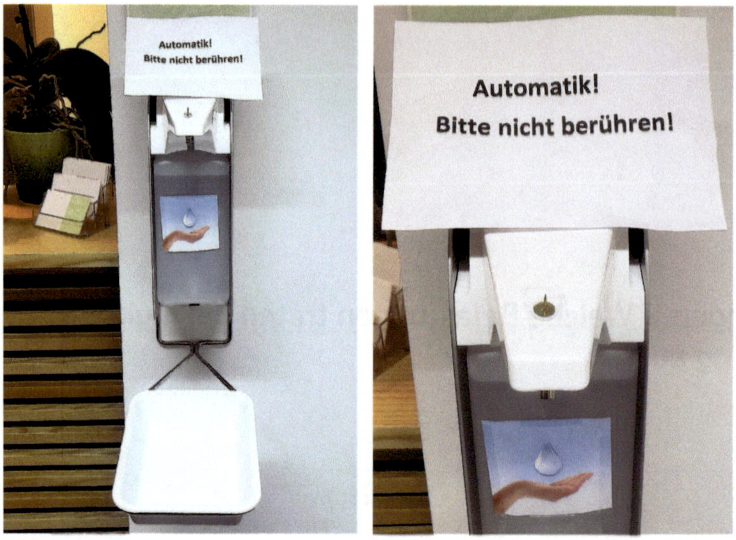

a) b)

Bild 33.1 „Lösung" eines Befestigungsproblems in der Praxis zur Vermeidung der „Verkehrslasten"? (Fotos: Scheller)

„Eigengewicht" des Spenders konnten die Dübel aufnehmen, allerdings nicht die zugehörige „Verkehrslast" durch die intensive Benutzung des Spenders. Diese Belastung wirkte vielfach nicht nur von Hand, sondern mit großem Hebelarm mit dem Ellenbogen der Praxis-Besucher auf den Spenderhebel ein. In Folge versagten die Dübel, der Spender fiel auf den Boden und war nicht mehr funktionsfähig.

Als Lösung des Befestigungsproblems wurde an gleicher Stelle ein automatischer Desinfektionsmittelspender montiert, der aufgrund von Sensortechnik eine kontaktlose Händedesinfektion gewährleistet. Bei der „Planung" zur Vermeidung der oben beschriebenen „Verkehrslast" wurde allerdings die menschliche Gewohnheit außer Acht gelassen. Da auch ein Hinweis, das Gerät nicht zu berühren, fehlschlug, behalf sich die Sprechstundenhilfe mit einer (eher) unkonventionellen Lösung, um die Patienten daran zu erinnern *nicht* mehr den „Hebel" zu verwenden . . .

33.2 Belastungsrichtungen (Belastungsweise)

Ein Dübel, eine Dübelgruppe oder ein Anbauteil bzw. eine Ankerplatte können also durch unzählige Belastungen/Einwirkungen beansprucht werden. In der Regel treten diese als

- axiale Zug- oder Drucklasten (Bild 33.2a),
- Querlasten (Bild 33.2b),
- Schrägzug (Kombination aus Zug- und Querlasten; Bild 33.2c)
- und – bei einer Querkraft mit einem Hebelarm – als Biegemoment auf (Bild 33.2d).

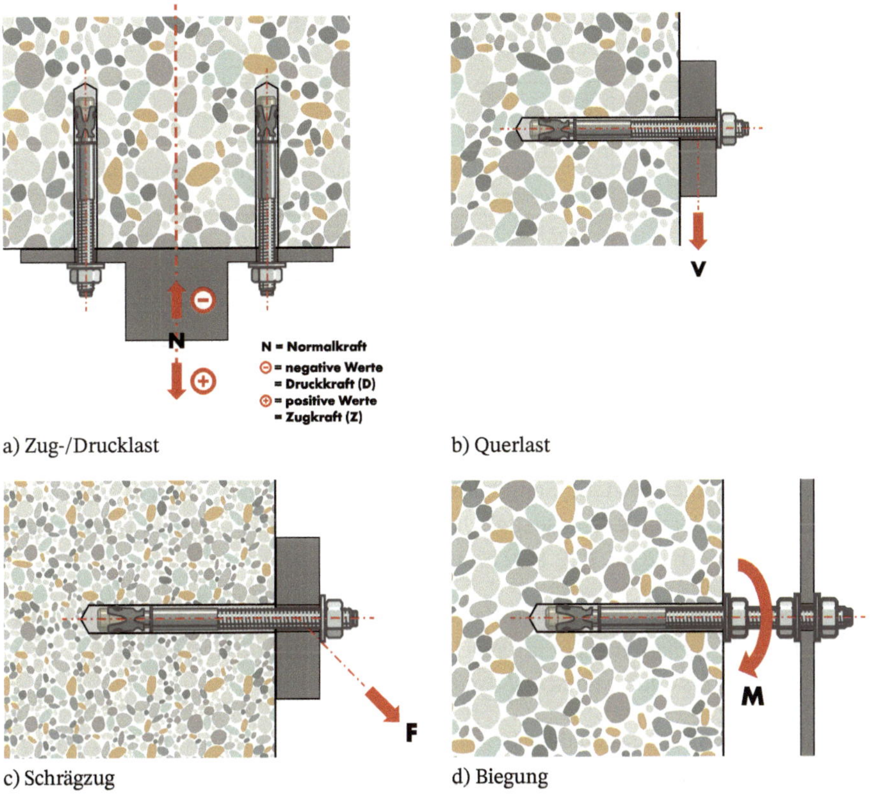

Bild 33.2 Belastungsrichtungen (Grafiken: Adolf Würth GmbH & Co. KG)

Wie bereits in den Abschnitten 29.1.2 und 32.3.3.4 erwähnt, werden Drucklasten häufig – wie hier in Bild 33.2a dargestellt – nicht über den Dübel sondern *direkt* über das Anbauteil bzw. die Ankerplatte in den Verankerungsgrund eingeleitet. Sollen Druckkräfte über den Dübel in den Verankerungsgrund eingeleitet werden, so muss dieser Dübel dafür geeignet sein.

33.3 Beanspruchungen (Belastungsarten)

DIN EN 1992-4 (2019, S. 11) unterteilt die auftretenden Beanspruchungen in

- statische Belastungen,
- quasi-statische Belastungen,
- ermüdungsrelevante (zyklische) Belastungen, auch als „dynamische“ Lasten bezeichnet,
- seismische Belastungen (Erdbeben) und
- Belastungen durch Brand.

Tabelle 33.1 Definition der Beanspruchungen nach DIN EN 1990 (2021, S. 20, Abschnitte 1.5.3.11, 1.5.3.12 und 1.5.3.13)

Beanspruchung	Definition
statisch	*„Einwirkung, die keine bemerkenswerte Beschleunigung des Tragwerks oder der Bauteile erzeugt"*
quasi-statisch	*„dynamische Einwirkung, die durch eine äquivalente statische Ersatzeinwirkung bei der Berechnung beschrieben wird"*
dynamisch – ermüdungsrelevant	*„Einwirkung, die bemerkenswerte Beschleunigungen des Tragwerks oder der Bauteile erzeugt"*

Hierzu gibt DIN EN 1990 (2010, S. 16) die Definitionen nach Tabelle 33.1.

In Abschnitt 32.3.3.4 wurden bereits die häufig auftretenden *statischen* Belastungen (z. B. Eigengewicht, Schneelast) und *quasi-statischen* Belastungen (z. B. Windlasten) unterschieden. Bezüglich der Windlasten wird noch einmal explizit auf DIBt MVV TB (2025/1, S. 168) hingewiesen:

> *„Veränderliche Querlasten mit wechselnden Vorzeichen, die sich aus Windlasten [...] ergeben, werden im Regelfall nicht als Ermüdungsbeanspruchungen, sondern als quasi-statische Lasten betrachtet."*

Bei allen Beanspruchungen oder Belastungsarten muss nach DIN EN 1992-4 (2019, S. 29) der Dübel allen Einwirkungen und Einflüssen dauerhaft mit angemessener Zuverlässigkeit widerstehen. Man spricht hier auch vom „Grenzzustand der *Tragfähigkeit*". Außerdem dürfen keine unzulässigen Verformungen auftreten, was mit dem „Grenzzustand der *Gebrauchstauglichkeit*" bezeichnet wird.

> **Hinweis:** Für den „Grenzzustand der Tragfähigkeit" und den „Grenzzustand der Gebrauchstauglichkeit" im Bereich der Fensterbefestigung beachte u. a. Abschnitt 2.9 in Teil 1 dieses Fachbuchs.

Vor allem müssen die Dübel für die geplante Verwendung geeignet sein, d. h. die Anforderungen an die Dauerhaftigkeit erfüllen. Den Teilsicherheitsbeiwerten in DIN EN 1992-4 (2019, S. 29) liegt eine „Bemessungsnutzungsdauer der Befestigung" von 50 Jahren zu Grunde. Entsprechend enthalten viele bestehende Bewertungen (ETAs) im Abschnitt 2 folgende Aussage, vgl. z. B. ETA W-FAZ (2018, S. 3):

> *„Die Prüf- und Bewertungsmethoden, die dieser Europäisch Technischen Bewertung zu Grunde liegen, führen zur Annahme einer Nutzungsdauer des Dübels von mindestens 50 Jahren. Die Angabe der Nutzungsdauer kann nicht als Garantie des Herstellers verstanden werden, sondern ist lediglich ein*

Hilfsmittel zur Auswahl des richtigen Produkts in Bezug auf die angenommene wirtschaftlich angemessene Nutzungsdauer des Bauwerks.“

Einige Zulassungen bzw. Bewertungen ermöglichen auch eine „Bemessungsnutzungsdauer“ von beispielsweise 100 Jahren, z. B. ETA WIT-UH 300 (2020, S. 3). Dies kann beispielsweise bei Infrastrukturprojekten im Straßen- oder Wasserbau erforderlich werden, da solche Ingenieurbauwerke oft auf eine Nutzungsdauer von 100 Jahren ausgelegt werden. Entsprechend muss es dann auch möglich sein, das Verhalten eines Dübels im Vorfeld einer derart langen Nutzungsdauer zu beurteilen.

33.4 Bemessung ist Aufgabe des Planers!

Selbst mit relativ wenig „Dübel-Erfahrungen“ kann man bei einer Befestigungsaufgabe oft bereits auf den ersten Blick sagen: „Das wird nicht halten!“. Man kann sich beispielsweise gut vorstellen, dass man an einer Wand aus Lochstein-Mauerwerk niemals einen frei auskragenden Balkon befestigen kann. In Beton kann es bei entsprechender Planung durchaus funktionieren – auch ohne zusätzliche Abstützung auf einem Fundament.

Um herauszufinden, ob man die geplante Konstruktion tatsächlich mit dem Verankerungsgrund verbinden kann, ist aber immer eine sogenannte „Bemessung“ nötig. Das bedeutet, dass die Einwirkungen auf einen Dübel- oder eine Dübelgruppe im Rahmen einer „Berechnung“, dem sogenannten „statischen Nachweis“, mit dem Widerstand des Dübels oder der Dübelgruppe im Verankerungsgrund verglichen werden. Dabei muss für eine erfolgreiche Bemessung, also den Nachweis, dass die Befestigung mit dem Dübel oder der Dübelgruppe hält, der Dübelwiderstand, d. h. die Tragfähigkeit des Dübels, mindestens genauso groß sein wie die Einwirkung auf den Dübel. Die Tragfähigkeit des Dübels darf also niemals kleiner als die Einwirkungen sein, da es sonst zum Versagen der Befestigung kommen kann.

Bei der Bestimmung der Einwirkungen, aber auch bei der Ermittlung der Widerstände der Dübel im Zulassungs- bzw. Bewertungsverfahren, werden zusätzlich immer noch „Unwägbarkeiten“ durch sogenannte „Teilsicherheitsbeiwerte“ berücksichtigt. Da man z. B. nicht 100%ig vorher bestimmen kann, welche Einwirkungen tatsächlich auftreten, werden zur Sicherheit

- auf der „Einwirkungsseite“ die Einwirkung E bei der Bemessung rechnerisch vergrößert (durch Multiplikation mit dem Teilsicherheitsbeiwert der Einwirkungen γ_F) und
- auf der „Widerstandsseite“ der Dübel-Widerstand R_K rechnerisch verkleinert (durch Division durch den Material-Teilsicherheitsbeiwert γ_M).

Diese Berücksichtigung von *Sicherheiten in Teilen* – einerseits bei der Einwirkung auf den Dübel und anderseits beim Widerstand des Dübels – nennt man daher auch das „Teilsicherheitskonzept“.

Mathematisch ergibt sich das allgemeine Nachweisformat nach DIN EN 1992-4 (2019, S. 30/31) mit der folgenden Gl. (33.1):

$$\frac{E \cdot \gamma_F}{\left(\frac{R_k}{\gamma_M}\right)} = \frac{E_d}{R_d} \leq 1{,}0 \qquad \text{Gl. (33.1)}$$

mit:

E (charakteristische) Einwirkung auf den Dübel
E_d Bemessungswert der Einwirkung auf den Dübel
R_k (charakteristischer) Widerstand
R_d Bemessungswert des Widerstands
γ_F Teilsicherheitsbeiwert der Einwirkung
γ_M Material-Teilsicherheitsbeiwert

33.4.1 Fazit

Allein die wenigen Überlegungen der vorangegangenen Abschnitte machen deutlich, dass bereits die Ermittlung der Beanspruchungen auf der Einwirkungsseite eine sehr komplexe Aufgabe ist bzw. sein kann, für die das Know-how eines Tragwerksplaners (Ingenieurs) erforderlich ist.

Durch die Art der zu befestigenden Konstruktion können bei der Umleitung bzw. Weiterleitung von Kräften Zusatzbeanspruchungen entstehen, die sorgfältig bis zur eigentlichen Ankerplatte, die mit Dübeln befestigt werden soll, ermittelt werden müssen.

Bevor der eigentliche statische Nachweis nach Gl. (33.1) geführt werden kann, muss im zweiten Schritt der Bemessung die Widerstandsseite des Dübels im Verankerungsgrund betrachtet werden. Dafür werden im Kapitel 34 exemplarisch verschiedene Dübel-Systeme für die unterschiedlichen Verankerungsgründe (nach Kapitel 30) vorgestellt.

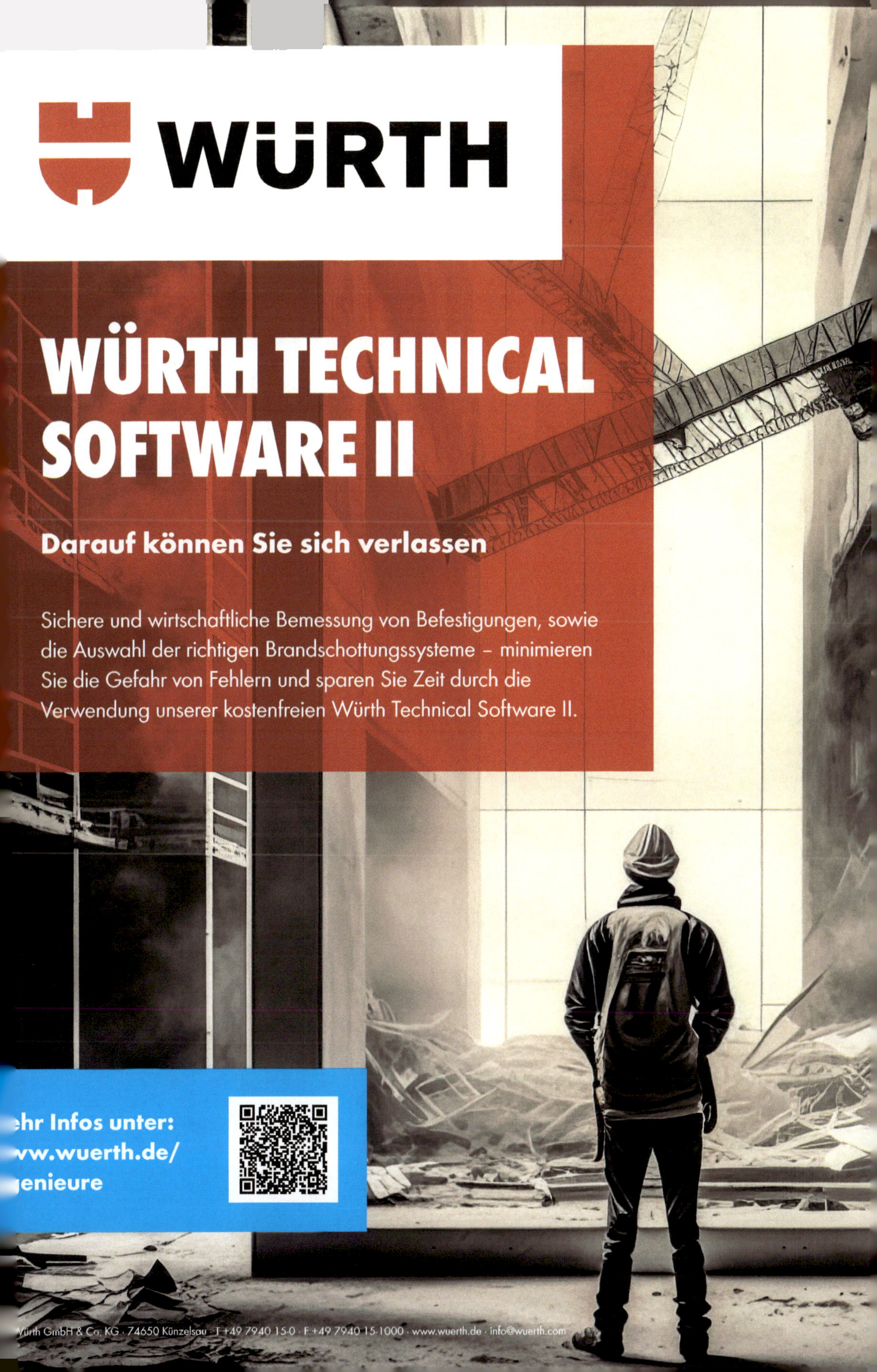
WÜRTH
WÜRTH TECHNICAL SOFTWARE II
Darauf können Sie sich verlassen
Sichere und wirtschaftliche Bemessung von Befestigungen, sowie die Auswahl der richtigen Brandschottungssysteme – minimieren Sie die Gefahr von Fehlern und sparen Sie Zeit durch die Verwendung unserer kostenfreien Würth Technical Software II.
ehr Infos unter:
ww.wuerth.de/
genieure
ürth GmbH & Co. KG · 74650 Künzelsau · T +49 7940 15-0 · F +49 7940 15-1000 · www.wuerth.de · info@wuerth.com

34

Dübel-Systeme – Welche Systeme stehen zur Verfügung?

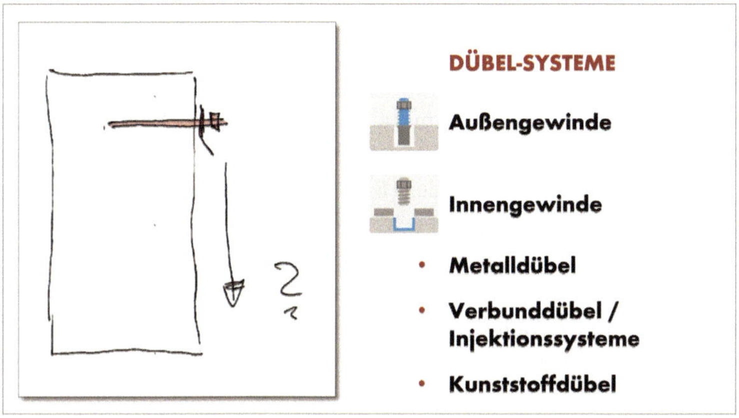

34.1 Vorbemerkung

In den Kapiteln zuvor bereits mehrfach der Begriff „Dübel-*System*" verwendet. Bei den in den Abschnitten dieses Kapitels vorgestellten Dübeln handelt es sich im Wesentlichen um diese „Dübel-Systeme", die in Deutschland auf Grundlage einer Zulassung bzw. Bewertung im „bauaufsichtlich relevanten Bereich" eingebaut werden dürfen.

Jedes Dübel-System besteht dabei in den meisten Fällen aus mehreren Komponenten, die in der Produktbeschreibung, in den Anhängen der jeweiligen Zulassung/Bewertung, detailliert beschrieben werden. Nach den DIBt „Hinweisen für die Montage von Dübelverankerungen" gilt für diese Komponenten bzw. Teile immer folgende Aussage (DIBt Hinweise, 2010, S. 7) bzw. folgender „System-Gedanke":

> *„Einbau nur wie vom Hersteller geliefert, ohne Austausch der einzelnen Teile."*

Ein „zugelassenes" Dübel-System ist im Zulassungs- bzw. Bewertungsverfahren immer nur mit den in der jeweils zugehörigen Zulassung/Bewertung dargestellten

Befestigung und Abdichtung von Fenstern und Türen. Regelwerke, Bauphysik, Baurecht, Praxisbeispiele. 2. Auflage.
J. Küenzlen, E. Scheller, M. Klatecki.

Komponenten geprüft worden. Dabei ist offensichtlich, dass die Kombination x-beliebiger Teile (z. B. die Kombination einer zugelassenen Kunststoff-Dübelhülse mit einer handelsüblichen Spanplattenschraube aus dem Baumarkt oder die Kombination des Injektionsmörtels von Dübel-Hersteller A mit der Siebhülse von Dübel-Hersteller B) niemals die in der Zulassung bzw. Bewertung geregelten charakteristischen Tragfähigkeiten abbilden können.

Der Austausch von einzelnen Komponenten stellt daher eine (wesentliche) Abweichung von der Zulassung dar, deren Auswirkungen nur über eine Zustimmung im Einzelfall geregelt werden könnten.

34.2 Dübel-Systeme zur Verankerung im Beton

34.2.1 Metalldübel

34.2.1.1 Bolzenanker

Bolzenanker werden in der Praxis manchmal auch als „Schlagdübel" bezeichnet, da sie mit Hammerschlägen – entweder maschinell oder wirklich mit dem Hand-Hammer – in das Bohrloch eingeschlagen werden (Bild 34.1; Setzanweisung in Bild 34.2).

Tatsächlich erzählt man sich dazu in Fachkreisen die Geschichte, wie ein Zimmermann eine Fußpfette auf einer Betondecke montiert haben soll:

Nachdem der Zimmermann das Bohrloch erstellt und einen Bolzenanker durch die Fußpfette aus Holz in das Bohrloch gesteckt hatte, soll er so lange mit einem Hammer auf den Bolzenanker eingeschlagen haben, bis die Sechskantmutter mit der Unterlegscheibe im Holz versenkt war. *„Loch bohra, Dübel nei und fertig!"* habe der Zimmermann gesagt und war überzeugt davon, dass er den Dübel richtig gesetzt hat.

Sollte diese Geschichte tatsächlich wahr sein, so gilt hier natürlich ausdrücklich „NICHT nachmachen!". Die richtige Setzanweisung für einen Bolzenanker zeigt Bild 34.2!

Die Bezeichnung „Schlagdübel" wird dem Funktionsprinzip des Bolzenankers nämlich nicht gerecht, da ein Bolzenanker, der (wie in der Geschichte zuvor) nur eingeschlagen wird, seine Tragfähigkeit überhaupt nicht oder nur sehr eingeschränkt „entfalten" kann. Diese eingeschränkte Tragfähigkeit wäre in jedem Fall nur unter sehr großen Verschiebungen gegeben, da der Bolzenanker unter Belastung aus dem Bohrloch herausgezogen würde.

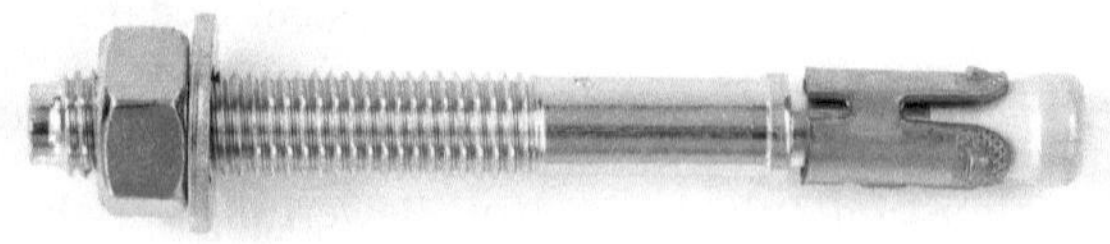

Bild 34.1 Beispiel für einen Bolzenanker: Fixanker W-FAZ (Foto: Adolf Würth GmbH & Co. KG)

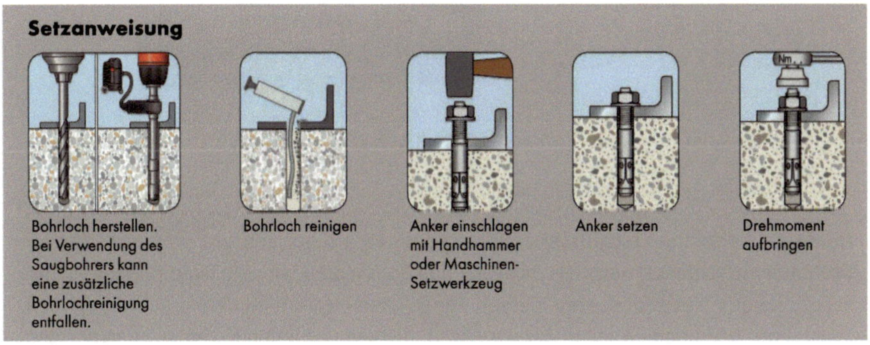

Bild 34.2 Montagevorgang eines typischen Bolzenankers mit kalibriertem Drehmomentschlüssel (Grafik: Adolf Würth GmbH & Co. KG)

Das letzte Teilbild der Setzanweisung in Bild 34.2 deutet an, weshalb die wissenschaftliche Bezeichnung für den Bolzenanker „drehmomentkontrolliert spreizender Dübel" ist, womit sich das tatsächliche Funktionsprinzip erklären lässt:

Durch das Anziehen der Mutter mit einem definierten Drehmoment wird der untere Teil des Bolzens, der sogenannte Konus, in den Spreizklipp bzw. in die Spreizhülse hineingezogen. Dabei entsteht eine Vorspannkraft (ähnlich einer gespannten Feder) im Bolzen und durch die Spreizkraft, die den Spreizklipp gegen die Bohrlochwand im Beton drückt, wird sichergestellt, dass der Dübel ordnungsgemäß im Bohrloch verankert wird. Über die Reibung zwischen Spreizklipp und Bohrlochwandung (Reibschluss) wird die auf den Dübel einwirkende Beanspruchung in den Beton übertragen (Bild 34.3).

Für die Montage gibt es verschiedene Systeme zur Kontrolle des Drehmoments. Üblicherweise wird dazu ein kalibrierter, d. h. regelmäßig überprüfter Drehmomentschlüssel verwendet (Bild 34.4).

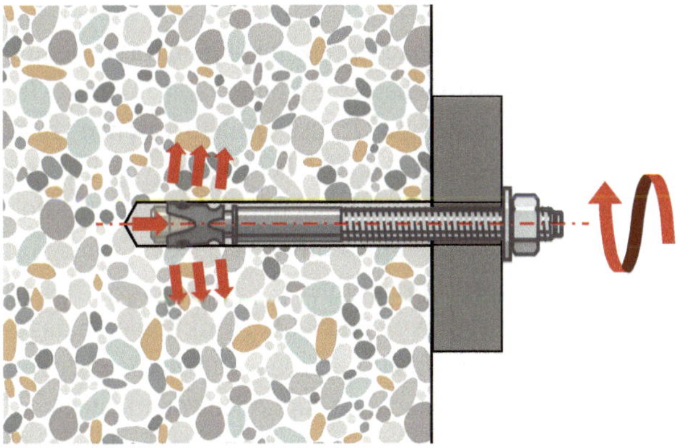

Bild 34.3 Funktionsweise eines drehmomentkontrolliert spreizenden Bolzenankers: Reibung zwischen Spreizklipp bzw. Spreizhülse und Bohrlochwandung (Grafik: Adolf Würth GmbH & Co. KG)

Bild 34.4 Beispiel für einen Drehmomentschlüssel (Foto: Adolf Würth GmbH & Co. KG)

Hinweis: Drehmomentschlüssel sollten regelmäßig neu kalibriert werden! Fällt ein Drehmomentschlüssel beispielsweise auf den Boden oder wird ein Drehmomentschlüssel unsachgemäß benutzt, kann dessen Genauigkeit wesentlich beeinträchtigt werden, so dass der Drehmomentschlüssel vor Ablauf des empfohlenen Kalibrierungsintervalls überprüft werden sollte.

Eine fachgerechte Kalibrierung eines Drehmomentschlüssels erfordert u. a. qualifiziertes Personal und eine entsprechende Kalibrier-Ausrüstung. Hier empfiehlt sich daher die Inanspruchnahme entsprechender Service-Angebote der Hersteller.

Wird bei einem Standardbolzenanker das Drehmoment – unvorschriftsmäßig – nur mit einer handelsüblichen Umschaltknarre („Ratsche“) aufgebracht, kann man davon ausgehen, dass bei kleinen Dübelgrößen wie M6 oder M8 das Drehmoment viel zu hoch und bei großen Durchmessern wie M24 und M30 viel zu klein ist. Kleinere Dübelgrößen können bei der Montage auch abgerissen werden, so dass sich der im Bohrloch verbleibende Dübelteil dann nur noch mit großem Aufwand aus dem Bohrloch entfernen lässt. Ist bei großen Durchmessern das Drehmoment zu niedrig, spreizt der Dübel beim Aufbringen der Belastung zwar nach, wird aber dadurch etwas aus dem Bohrloch herausgezogen. Dieses Herausziehen kann dann zu einer Lockerung und damit zu einem „Klappern“ des Anbauteils führen, weil der Dübelkopf bzw. die Unterlegscheibe mit der Mutter durch das Herausziehen nicht mehr kraftschlüssig auf dem Anbauteil aufliegen.

Eine weitere wichtige Unterscheidung dieses Dübeltyps ergibt sich durch die Funktionsfähigkeit im gerissenen Beton (vgl. Abschnitt 29.1.2):

- Es gibt Bolzenanker, die im gerissenen Beton nachspreizen können. Das bedeutet, dass der Bolzen dieser Dübeltypen beim Aufgehen eines (planmäßigen) Risses im Beton weiter in den Spreizklipp bzw. in die Spreizhülse „hineinrutschen“ bzw. beim Schließen eines Risses auch wieder „zurückrutschen“ kann, wie z. B. der Fixanker W-FAZ in Bild 34.5a. Grundlagen dieser besonderen Funktion bei Bolzenankern sind z. B. Beschichtungen oder Kunststoffüberzüge des Konus am Dübel-Ende und aufwendiger konstruierte Spreizklipps.
- Die einfacheren Varianten dieses Dübeltyps (vgl. Bild 34.5b) funktionieren dagegen nur im ungerissenen Beton (vgl. Abschnitt 29.1.3). Diese Dübeltypen können dann im gerissenen Beton z. B. nur für Mehrfachbefestigungen von nichttragenden Systemen eingesetzt werden (vgl. Abschnitt 32.3.3), da ihnen die Funktion des Nachspreizens fehlt, wenn sich das Bohrloch durch einen (planmäßigen) Riss öffnet und/oder größer wird.

a) Fixanker W-FAZ für gerissenen Beton b) Fixanker W-FA für ungerissenen Beton

Bild 34.5 Bolzenanker im Vergleich (Fotos: Adolf Würth GmbH & Co. KG)

Hinweis: Die Tragfähigkeit von *nicht* risstauglichen Dübel-Systemen kann bei einer Fehlanwendung im gerissenen Beton bis auf null absinken!

34.2.1.2 Betonschrauben

Die „jüngste" Entwicklung bei den Metalldübeln ist die Betonschraube (Bild 34.6), auch wenn es diese mittlerweile schon rund zwei Jahrzehnte lang auf dem Markt gibt. In der Praxis finden sich außerdem die Bezeichnungen „Schraubanker" oder „Schraubdübel".

Bei diesem System schneidet sich die Betonschraube beim Setzen ein eigenes Gewinde in den Beton (Bild 34.7).

Über den wissenschaftlich als „Formschluss" bezeichneten Tragmechanismus werden die Zugkräfte in den Beton übertragen (Bild 34.8).

Bezüglich der Montage bietet die Betonschraube einige Vorteile. Das System ist beispielsweise mit einem (Tangential-) Schlagschrauber setzbar (Bild 34.9). Bei der maschinellen Montage von Betonschrauben mit kleinen Durchmessern und/oder kleinen Setztiefen ist allerdings darauf zu achten, einen geeigneten, d. h. nicht zu starken (Tangential-) Schlagschrauber zu verwenden, da eine zu starke Maschine

- Betonschrauben mit kleinem Durchmesser abreißen kann oder
- Betonschrauben mit kleinem Durchmessers und kleinen Setztiefen überdrehen kann.

Hierzu sind ggf. auch die Angaben der Hersteller zu beachten. Sind keine Herstellerangaben verfügbar empfiehlt sich in jedem Fall die Durchführung von Setzversuchen *vor* der eigentlichen Montage, um die richtige Einstellung des (Tangential-) Schlagschrauber bestimmen zu können.

Für die Betonschrauben-Montage von Hand ist nicht zwingend ein Drehmomentschlüssel erforderlich. Allerdings wird insbesondere für die Montage von Betonschrauben mit kleinem Durchmesser die Verwendung eines kalibrierten Drehmomentschlüssels empfohlen, um ein Abdrehen des Schraubenkopfes zu vermeiden. Bei der Montage muss ansonsten nur sichergesellt werden, dass der Schraubenkopf am Anbauteil anliegt.

Hinweis: Für die in Bild 34.6 dargestellten Dübeltypen mit Anschlussgewinde darf das Drehmoment beim Verankern der Mutter nicht überschritten werden!

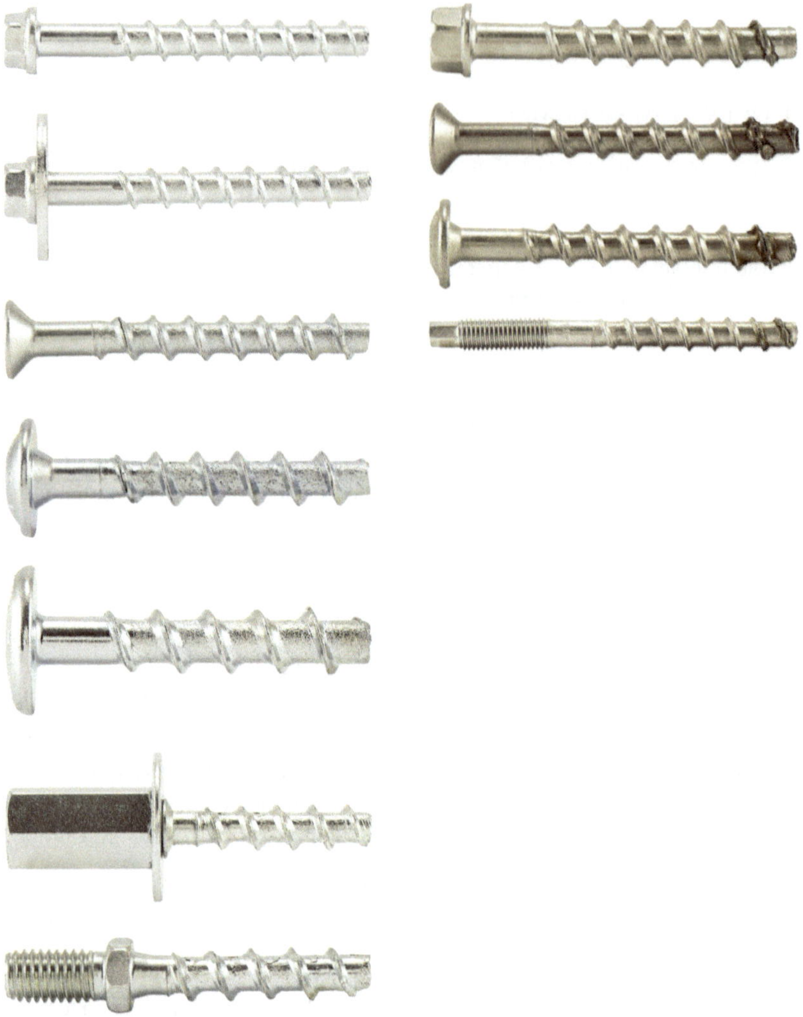

a) Betonschraube W-BS aus galvanisch verzinktem Stahl

b) Betonschraube W-BS aus nichtrostendem Stahl

Bild 34.6 Beispiele für Betonschrauben: Betonschraube W-BS mit unterschiedlichen Kopfformen (Fotos: Adolf Würth GmbH & Co. KG)

Durch das in den Beton geschnittene Gewinde entsteht durch die Montage einer Betonschraube kein Spreizdruck. Dadurch kann man Betonschrauben deutlich näher an den Rand von Betonbauteilen setzen als beispielsweise einen Einschlagdübel.

Als weiteren Vorteil ermöglicht das in den Beton geschnittene Gewinde auch eine komplette Demontage des Dübels, ohne dass Einzelteile der Befestigung im Verankerungsgrund verbleiben. Hierbei ist allerdings zu beachten, dass eine Wiederverwendung einer aus dem Beton herausgeschraubten Betonschraube und des

Bild 34.7 Betonschraube und ein in den Beton geschnittenes Gewinde (Foto: Küenzlen)

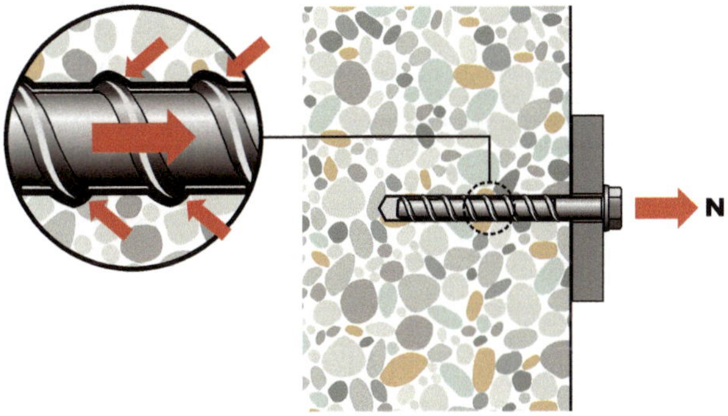

Bild 34.8 Lasteinleitung bei Betonschrauben durch Formschluss (Grafik: Adolf Würth GmbH & Co. KG)

zugehörigen Bohrlochs in den meisten Fällen *nicht* erlaubt ist! Hierzu steht in DIBt Hinweise (2010, S. 8) ausdrücklich Folgendes:

> *„Betonschrauben und Bohrlöcher können nur dann mehrfach verwendet werden, wenn dies in der Zulassung ausdrücklich erlaubt wird."*

Neuere Betonschrauben erlauben in ihren Bewertungen (ETAs) für bestimmte Dübelgrößen allerdings eine sogenannte „Adjustierung". Dabei darf die fertig montierte Betonschraube im Beispiel von Bild 34.9 und Bild 34.10 maximal zweimal jeweils 10 mm wieder herausgeschraubt werden, um maximal 10 mm geeignetes Unterlegmaterial zum Ausrichten des Anbauteils zu unterfüttern. Dabei muss mindestens die kleinste Setztiefe h_{nom1} nach der zugehörigen ETA eingehalten werden.

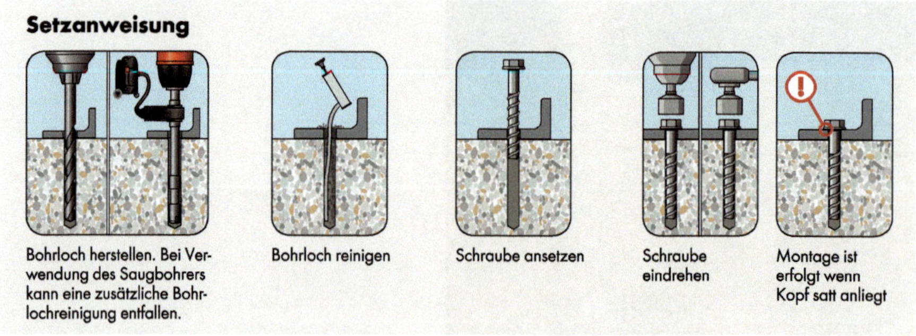

Bild 34.9 Montagevorgang einer Betonschraube mit Schlagschrauber bzw. Drehmomentschlüssel; mögliche Fortsetzung der Setzanweisung siehe Bild 34.10 (Grafik: Adolf Würth GmbH & Co. KG)

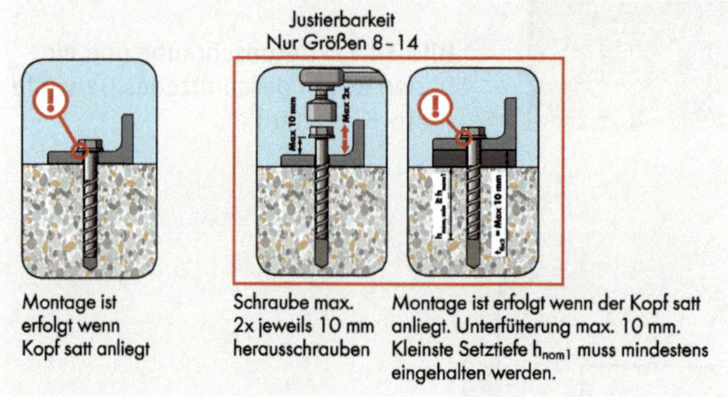

Bild 34.10 Mögliche Fortsetzung des Montagevorgangs einer Betonschraube aus Bild 34.9 mit „Adjustierung", siehe ETA-16/0043 (2021, S. 14; Anhang B6) (Grafik: Adolf Würth GmbH & Co. KG)

34.2.2 Verbunddübel

34.2.2.1 Allgemeines

Bei Verbunddübeln werden „Injektionssysteme" (vgl. Abschnitte 34.2.2.2 und 34.2.2.3) und „Patronensysteme" (vgl. Abschnitt 34.2.2.4) unterschieden, die – vereinfacht beschrieben – immer aus einer erhärtenden Masse aus zwei Komponenten (Harz und Härter) und einer dazugehörigen Ankerstange bestehen.

- Bei Injektionssystemen sind die beiden Komponenten in einer Mörtelkartusche (Koaxialkartuschen oder Schlauchfolienkartuschen, vgl. z. B. Bild 34.16 und Bild 34.30) enthalten, die dann mit einer geeigneten Auspresspistole über einen sogenannten Statikmischer (Bild 34.11) vermischt in das Bohrloch eingebracht werden. Die zugehörige Ankerstange wird *mit leichten Drehbewegungen* in das mit dem Injektionsmörtel verfüllte Bohrloch eingebracht.
- Bei Patronensystemen sind die beiden Komponenten in einer Mörtelpatrone, die in das Bohrloch eingesetzt wird. Durch *drehend/schlagendes* Einbringen der

Ankerstange wird die Patrone zerstört, so dass sich die beiden Komponenten miteinander verbinden können.

Das Einbringen der Ankerstange und/oder ggf. erforderliches Justieren der Ankerstange muss jeweils innerhalb einer vorgegebenen Verarbeitungszeit erfolgen, *bevor* die Aushärtezeit beginnt.

Hinweis: Ankerstangen, Innengewindehülse bzw. Innengewindeanker eines Verbunddübel-Systems sind immer *mit leichten Drehbewegungen* (Injektionssysteme) bzw. drehend/schlagend (Patronensysteme) in das mit „Mörtel" gefüllte Bohrloch bis zum Bohrlochgrund zu setzen, damit der Mörtel die Ankerstange sauber umfließt bzw. benetzt und Luft, die ggf. noch im Bohrloch vorhanden ist, entweichen kann (z. B. bei unsachgemäßer Verfüllung des Bohrlochs bei Injektionssystemen).

Ein „reines" Eindrücken von Ankerstange, Innengewindehülse bzw. Innengewindeanker in den Mörtel birgt die Gefahr, dass ggf. vorhandene Luft nicht entweichen kann und damit eine unvollständige „Verklebung" bzw. eine „Verklebung" mit zu geringer Verankerungstiefe erfolgt oder sich die Ankerstange nicht setzen lässt, da sie „zurückfedert".

Die Unterscheidungen der Systeme für den Einsatz in Beton werden nachfolgend erläutert. Für Injektionssysteme in Mauerwerk wird auf Abschnitt 34.4 verwiesen. Patronensysteme gibt es für Verankerungen in Mauerwerk bis dato allerdings nicht.

Bei *allen* Verbunddübeln, Injektions- und Patronensystemen sind in der Regel – neben dem Hinweis zuvor – immer auch die folgenden Punkte zu berücksichtigen:

Hinweise:

- Das Verfallsdatum der Mörtelkartuschen bzw. Patronen muss beachtet werden. Nach Ablauf des Verfallsdatums dürfen die Gebinde *nicht* mehr verarbeitet werden, da ein sicheres Aushärten *nicht* mehr gewährleistet werden kann.
- Die Bestimmungen zum Arbeits- und Umweltschutz, die auf der Mörtelkartusche und/oder einem entsprechenden Beipackzettel zu finden sind, sind einzuhalten.
- Die in der Zulassung/Bewertung vorgegebene Bohrlochreinigung (vgl. Abschnitt 36.2.1.3) ist für Verbunddübel extrem wichtig und muss unbedingt eingehalten werden!
- Temperatur (Transport- und Lagerungstemperatur, Montagetemperatur, niedrigste Nutzungstemperatur) – Montagezeit – Aushärtezeit (vgl. Abschnitt 36.3).
- Die Temperatur zur Bestimmung der Verarbeitungszeit und der Aushärtezeit muss immer *im* Bohrloch gemessen werden, am besten mit einem Laser-Thermometer (vgl. Abschnitt 30.2 mit Bild 30.2).

- Als Setzkontrolle, dass die Ankerstange bzw. Gewindestange richtig gesetzt wurde, muss nach dem Eindrehen der Ankerstange bzw. Gewindestange Überschussmörtel aus dem Bohrloch austreten.

  Dieser Überschussmörtel kann sofort nach der Montage – noch innerhalb der Verarbeitungszeit, z. B. mit einem Spachtel, entfernt werden. Bei vielen Systemen empfiehlt es sich allerdings, den Überschussmörtel aushärten zu lassen und diesen – nach Ablauf der Aushärtezeit – z. B. vorsichtig mit einem Meißel abzuschlagen.

- Die eingeklebte Ankerstange bzw. Gewindestange darf während der Aushärtezeit nicht bewegt oder belastet werden, da eine vollständige Verklebung ansonsten nicht sichergestellt werden kann! Dies ist insbesondere bei einer möglichen Durchsteckmontage zu beachten (vgl. hierzu auch Abschnitt 32.5.3)!
- Nach Ablauf der Aushärtezeit kann das Anbauteil mit einem kalibrierten Drehmomentschlüssel (vgl. Bild 34.4) montiert werden. Dabei darf das maximale Drehmoment T_{inst} gemäß Zulassung/Bewertung (siehe auch jeweilige Produktunterlagen bzw. Beipackzettel) nicht überschritten werden.

Bei Injektionssystemen sind immer auch noch folgende Hinweise zu beachten:

Hinweise:

- Bei Injektionssystemen gibt es zur jeweiligen Mörtelkartusche immer einen dazugehörigen sogenannten „Statikmischer“, der die beiden Komponenten aus der Kartusche mit seiner innenliegenden „Mischwendel“ im richtigen Verhältnis mischt (Bild 34.11). Auch hier gilt der „System-Gedanke“ (vgl. Abschnitt 34.1): So darf z. B. nicht der Statikmischer von Hersteller A durch einen Statikmischer von Hersteller B ersetzt werden, da ansonsten das „zugelassene“ Mischungsverhältnis nicht eingehalten werden kann.
  Von den Herstellern selbst werden auch innerhalb eines Dübel-Systems unterschiedliche Kartuschen angeboten (vgl. z. B. Bild 34.16 und Bild 34.30: Koaxialkartuschen und Schlauchfolienkartuschen), die nur mit besonderen (Akku-) Auspresspistolen und/oder auch nur mit „normalen“ Silikon-Auspresspistolen verarbeitet bzw. ausgepresst werden können; auch für diese unterschiedlichen Kartuschen *eines* Herstellers ist immer der jeweils dazugehörige Statikmischer zu verwenden.

- Statikmischer dürfen *niemals* ohne innenliegende Mischwendel verwendet werden!
- Nicht vollständig verbrauchte Mörtelkartuschen können nach Gebrauch wieder verschlossen und innerhalb des Verfallsdatums der Kartusche weiter verarbeitet werden.
- Bei jeder Arbeitsunterbrechung, die länger als die empfohlene Verarbeitungszeit ist, und bei jeder neuen Mörtelkartusche ist der Statikmischer zu erneuern. Dabei ist immer die in der jeweiligen Setzanleitung vorgegebene Menge Vorlaufmörtel zu verwerfen, bis der Mörtel eine einheitliche Farbe aufweist.
- Der Mörtelvorlauf darf nicht für eine Befestigung verwendet werden!

- Das Bohrloch ist immer vom Bohrlochgrund aus zu verfüllen.
- Ein langsames Zurückziehen des Statikmischers aus dem Bohrloch verhindert in Vollmaterial (Beton und Vollstein) die Bildung von Lufteinschlüssen.
- Die für einen Befestigungspunkt erforderliche Mörtelmenge kann mittels Mörtelmengen-Tabellen oder Mörtelmengen-Berechnern ermittelt werden, die von den Herstellern zur Verfügung gestellt werden.
- Aufgrund des abgelaufenen Verfallsdatums nicht mehr nutzbare Inhalte einer Kartusche sowie leere Kartuschen sind in der Regel einer anerkannten Abfallentsorgungsanlage zuzuführen.

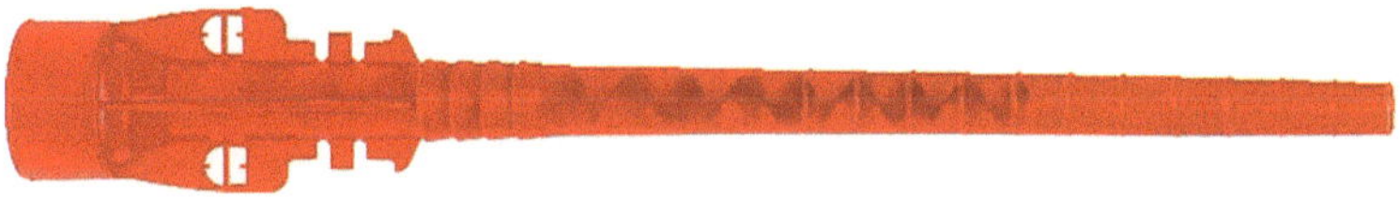

Bild 34.11 Beispiel für Statikmischer mit innenliegender Mischwendel (Foto: Adolf Würth GmbH & Co. KG)

34.2.2.2 Risstaugliche Verbundspreizdübel

Mehrfach wurden bereits das Thema „gerissener Beton“ und die Fähigkeit eines Dübels zum „Nachspreizen“ angesprochen. Diese Funktion gibt es auch bei einigen Verbundankern (Bild 34.12).

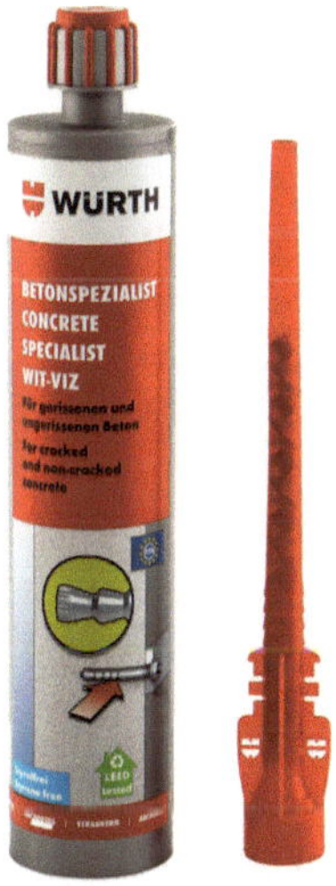

a) Koaxialkartusche WIT-VIZ

b) Koaxialkartusche WIT-VIZ Express

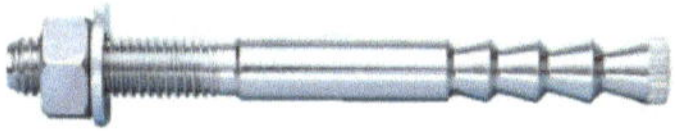

c) Ankerstange W-VIZ

d) Innengewindeanker W-VIZ-IG

Bild 34.12 Beispiele für einen zugelassenen, risstauglichen Verbundspreizdübel: Injektionssystem W-VIZ (Fotos: Adolf Würth GmbH & Co. KG)

Im Gegensatz zu den Metallspreizdübeln (z. B. Abschnitt 34.2.1.1) verfügen diese „risstauglichen Verbundspreizdübel" allerdings nicht über einen Spreizklipp, in den die Ankerstange bei Rissöffnung hineingezogen wird. Vielmehr stellt der – die Ankerstange umgebende – Mörtel im Bohrloch den Spreizklipp dar. Das bedeutet, dass bei diesen Systemen gar *keine* Verklebung der Ankerstange mit dem Injektionsmörtel erfolgt bzw. erfolgen darf. Um eine Verklebung zu verhindern sind diese „Konen-Ankerstangen" daher mit einer speziellen Beschichtung versehen. Beim Aufbringen des Montagedrehmoments mit einem kalibrierten Drehmomentschlüssel (Bild 34.13) löst sich aufgrund der Beschichtung die Ankerstange von der Mörtelschale und wird in die durch den Mörtel geformten Spreizschalen hineingezogen (Bild 34.14).

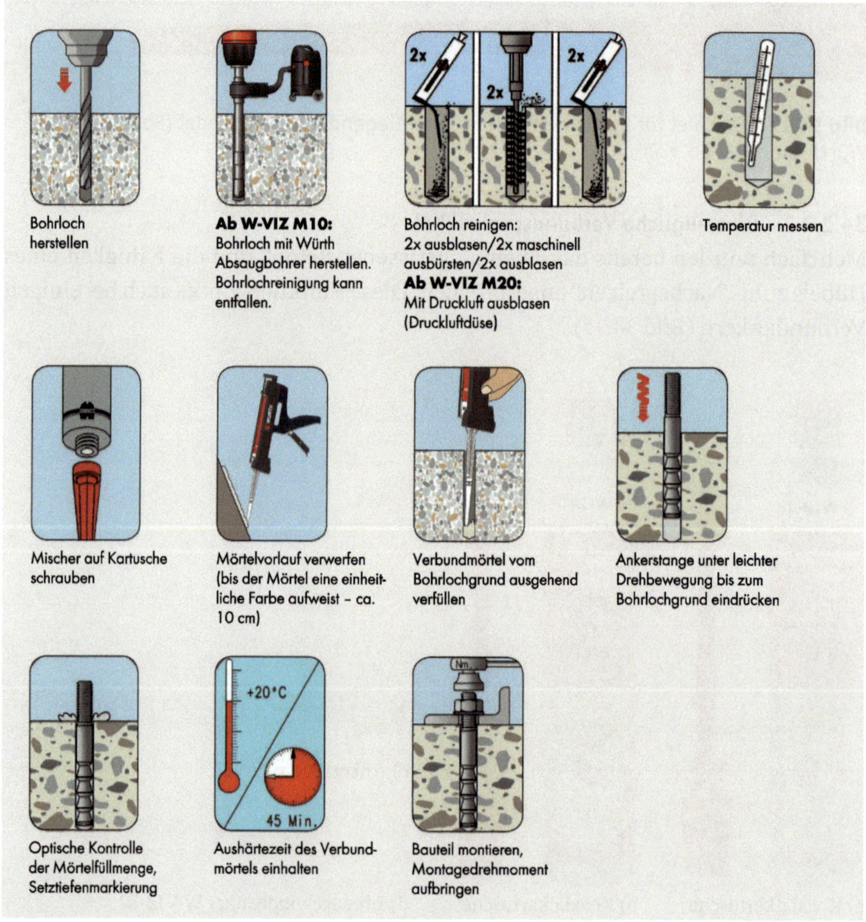

Bild 34.13 Montagevorgang eines risstauglichen Verbundspreizdübels (Grafik: Adolf Würth GmbH & Co. KG)

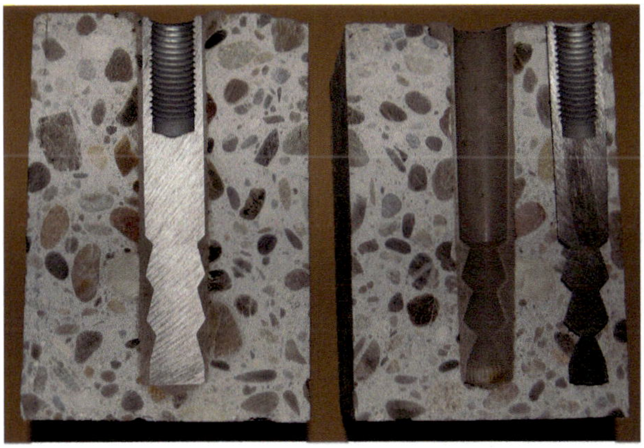

Bild 34.14 Schnitt durch Mörtelschale und Innengewindeanker bei einem risstauglichen Verbundspreizdübel (Foto: Kuhn)

Tritt nun ein Riss im Bereich des Bohrlochs auf, „bricht" auch die Mörtelschale auf und die Ankerstange wird, ähnlich wie bei einem Metallspreizdübel, weiter in die durch den Mörtel geformten Spreizschalen hineingezogen, es kommt zu einem Nachspreizen. Schließt sich der Riss, dann kann die Ankerstange wieder in ihre ursprüngliche Lage zurückkehren. Das bedeutet, dass die „Konen-Ankerstange" die durch den Mörtel geformten Spreizschalen gegen die Bohrlochwandung drückt und damit die Vergrößerung des Bohrlochs aufgrund des Risses ausgleicht. Bild 34.15 zeigt schematisch das Verankerungsprinzip stark überhöht

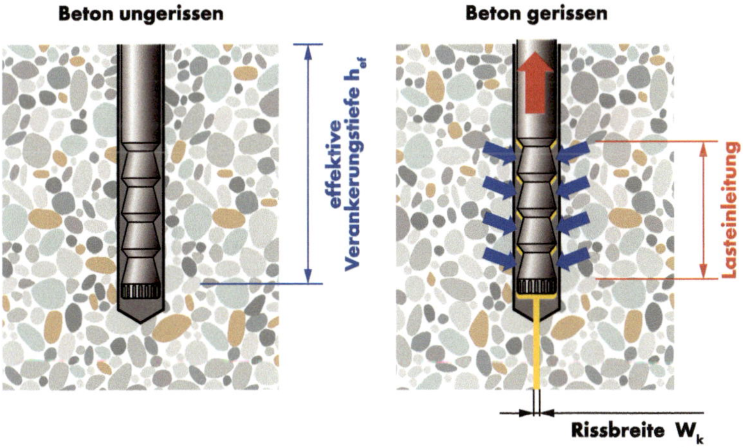

a) Beton ungerissen

b) Durch die Vorspannung rutscht die Konen-Ankerstange in die sich durch den Riss öffnende Mörtelschale

Bild 34.15 Beispiel für das Verankerungsprinzip eines risstauglichen Verbundspreizdübels: Innengewindeanker W-VIZ (Grafiken: Adolf Würth GmbH & Co. KG)

bzw. vergrößert. Durch diese Funktionsweise gehören Verbundspreizübel im gerissenen Beton zu den Dübel-Systemen mit den höchsten Tragfähigkeiten im Bereich der Injektionsanker.

34.2.2.3 Injektionssysteme

Im Gegensatz zu den in Abschnitt 34.2.2.2 beschriebenen risstauglichen Verbundspreizdübeln sind die „reinen" Injektionssysteme mit metrischen Ankerstangen oder Innengewindehülsen bzw. Innengewindeankern echte „Klebedübel", wie Verbundanker in der Praxis gerne auch bezeichnet werden (Bild 34.16). Hier wird tatsächlich die Ankerstange mit der Bohrlochwandung richtig verklebt (Bild 34.17 und Bild 34.18).

Die Entwicklung von modernen Mörtelsystemen mit immer höheren „Klebekräften" hat es ermöglicht, dass diese Systeme auch im gerissenen Beton eingesetzt werden können. Verläuft bei diesen Systemen ein Riss durch das Bohrloch, kann es passieren, dass sich ein Teil der mit dem Verankerungsgrund verklebten Mörtelschale löst. Auch mit dem verbleibenden Teil der Verklebung lassen sich die einwirkenden Lasten zuverlässig in den Verankerungsgrund, den gerissenen Beton, einleiten, Bild 34.19.

Gemäß Bild 34.16 kann bei Injektionssystemen zwischen vorkonfektionierten Ankerstangen und Gewindestangen „Meterware" bzw. handelsübliche Gewindestangen jeweils mit Abnahmeprüfzeugnis 3.1 unterschieden werden:

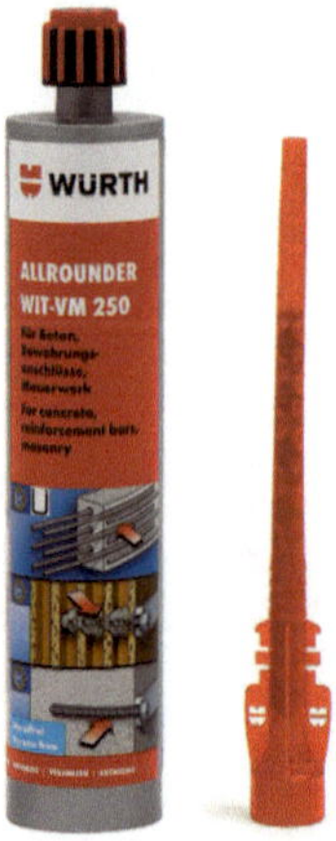

a) Koaxial-kartusche

b) Schlauch-folien-kartusche

c) vorkonfektionierte Ankerstange *mit* Setztiefenmarkierung

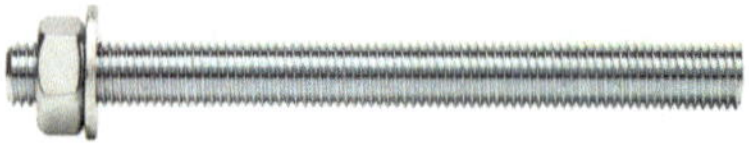

d) vorkonfektionierte Ankerstange *ohne* Setztiefenmarkierung

e) Gewindestangen „Meterware" bzw. „handelsübliche Gewindestange" jeweils *mit* Abnahmeprüfzeugnis 3.1

Bild 34.16 Beispiel für zugelassenes Injektionssystems zur Verankerung im Beton (Fotos: Adolf Würth GmbH & Co. KG)

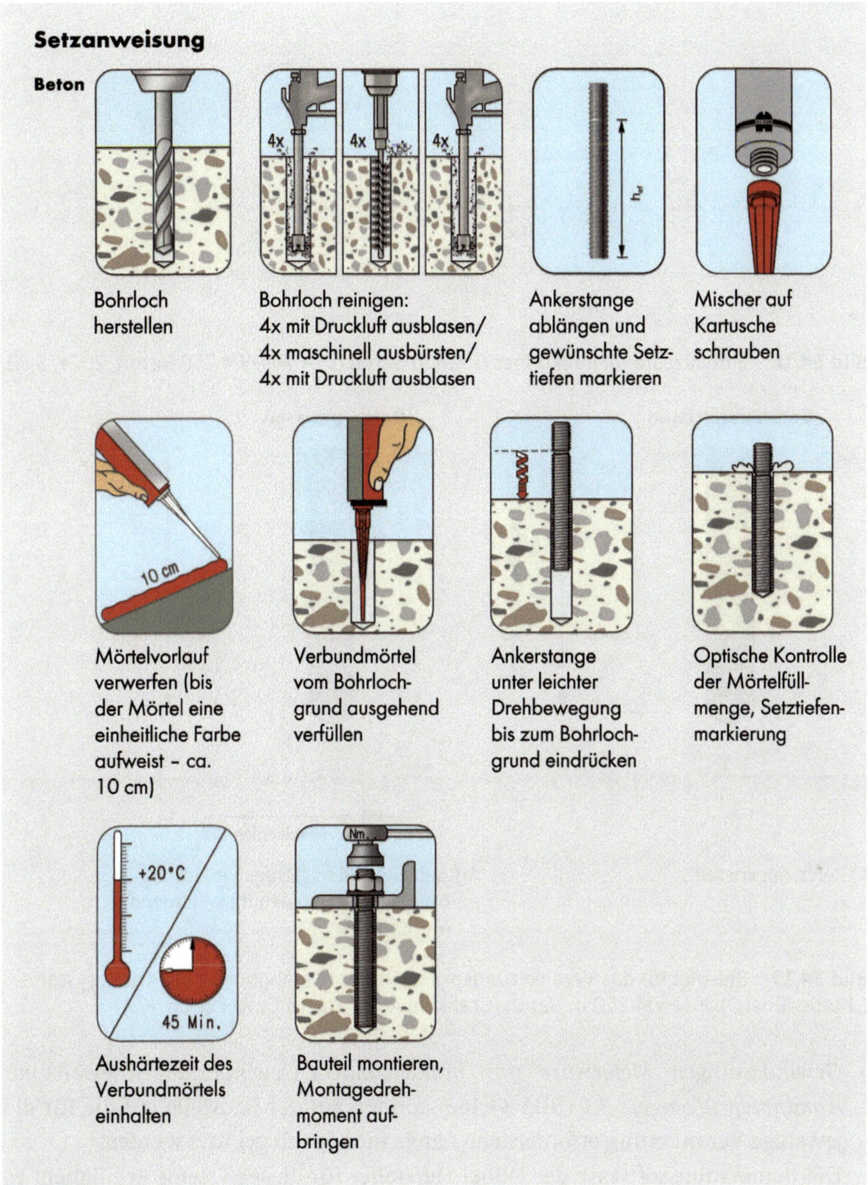

Bild 34.17 Montagevorgang eines Injektionssystems in Beton: WIT-VM 250 (Grafik: Adolf Würth GmbH & Co. KG)

- *Vorkonfektionierte Ankerstangen* haben eine definierte Länge (Bild 34.16d) und je nach Produkt ggf. auch schon eine Markierung der Verankerungstiefe auf der Gewindestange (Bild 34.16c). Für immer wiederkehrende Standardanwendungen sind solche vorkonfektionierten Produkte wirtschaftlich, da sie den zeitlichen Montagevorgang minimieren.

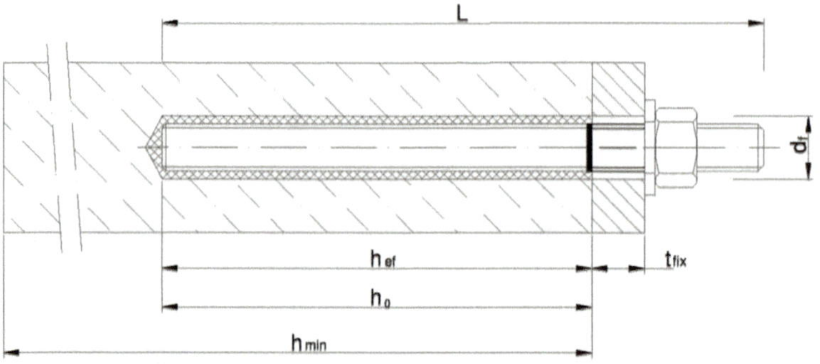

Bild 34.18 Einbauzustand: Injektionssystem in Beton (ETA WIT-VM 250 Beton, 2024, S. 5)

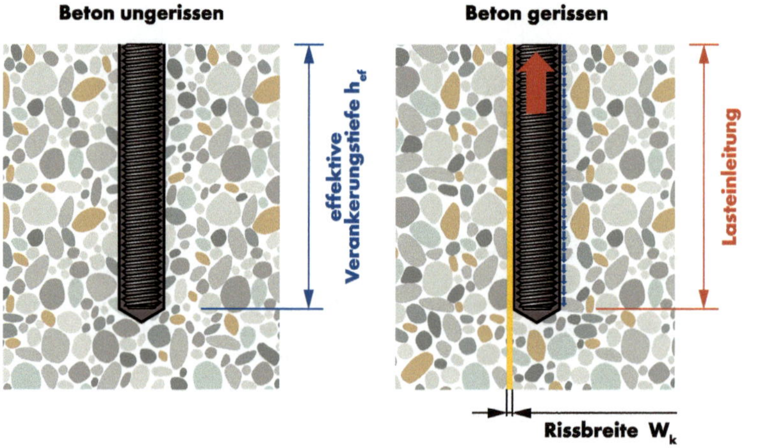

a) Beton ungerissen

b) Ausreichend tragfähige Verklebung trotz sich – durch den Riss – öffnender Mörtelschale

Bild 34.19 Beispiel für das Verankerungsprinzip eines risstauglichen Injektionssystems („Klebedübels“): WIT-VM 250 in Beton (Grafiken: Adolf Würth GmbH & Co. KG)

- *Gewindestangen „Meterware“* bzw. *handelsübliche Gewindestangen* jeweils *mit Abnahmeprüfzeugnis 3.1* (Bild 34.16e) können auf der Baustelle auf die für die jeweilige Verankerung erforderliche Länge individuell gekürzt werden.
  Die Bemessungssoftware der Dübel-Hersteller für diese Systeme ermöglicht es dabei, dass die Tragfähigkeit der eingeklebten Ankerstange, vereinfacht gesagt, „auf jeden eingeklebten Millimeter mehr Verankerungstiefe“ genau berechnet und entsprechend ausgenutzt werden kann.

Hinweis: Bei der Ermittlung der erforderlichen Länge für Ankerstangen, die von Gewindestangen „Meterware“ bzw. „handelsübliche Gewindestangen“ mit Abnahmeprüfzeugnis 3.1 abgelängt werden sollen, müssen neben der Verankerungstiefe und der Dicke des Anbauteils auch Unterlegscheibe, Mutter sowie ca. 2 bis 3 überstehende Gewindegänge berücksichtigt werden (beachte hierzu Bild 34.18).

Um sicherzustellen, dass es sich bei der Gewindestangen „Meterware“ nicht nur um x-beliebige Gewindestangen aus dem Baumarkt handelt, werden diese Gewindestangen vom Dübel-Hersteller mit einer Kopie des Abnahmeprüfzeugnisses oder einer entsprechenden Prägung als Ankerstange geliefert.

In diesem Abnahmeprüfzeugnis werden die Festigkeitswerte der gelieferten Gewindestange bestätigt. Aus diesem Grund sollte das Prüfzeugnis nach der Montage mit zu den Bauakten genommen werden (Bild 34.20).

Die Ankerstangen müssen fett-, öl- und schmutzfrei sein!

WÜRTH

10. Juli 2014/her

Abnahmeprüfzeugnis EN 10204–3.1
Inspection Certificate according to EN 10204–3.1 **26/14**

Produkt: Product:	Menge Quantity	Nachvollziehbarkeit: Abnahmeprüfzeugnis liegt der Ware bei. Bitte zusammen mit Lieferschein oder Rechnung aufbewahren.	Datum Date
Gewindestangen M 8x1000 Stahl verzinkt 5.8 Art.-Nr. 5916008999	10 Stück		10. Juli 2014

ALLGEMEINE DATEN/ General Data

Erzeugnisform Description of part	Werkstoff Normbezeichnung Standard grade of material	Abmessung in mm Dimension in mm	Charge Heat-No.
Stabstahl 11SMN30+C Fkl 5.8	11SMN30+C	Ø 7,10	548899

CHEMISCHE ANALYSE % lt. Hersteller/Chemical Composition % according to the manufacturer of steel bars

Charge Heat-No.	C	Si	Mn	P	S	Cr	Ni	Mo	Cu	N
548899	0,08	0,01	1,11	0,065	0,303	-	-	-	-	-

PHYSIKALISCHE PRÜFERGEBNISSE / Phys. tests results

Charge Heat-No.	Streckgrenze Yield point Rp 0,2 N / mm²	Zugfestigkeit Tensile strength Rm N/mm²	Dehnung Elogation (A5) %
548899	648	698	10,0

Nachvollziehbarkeits-Nr. 040806701

Dieses Werksprüfzeugnis wurde elektronisch erstellt und ist ohne Unterschrift gültig.

Gerd Hering

Bild 34.20 Beispiel für Abnahmeprüfzeugnis 3.1 nach DIN EN 10204 mit Bestätigung der Festigkeitswerte für Gewindestangen „Meterware“ bzw. „handelsübliche Gewindestangen“

34.2.2.4 Patronensysteme

Patronensysteme bestehen aus einer „Mörtelpatrone“ aus Glas und einer darauf abgestimmten vorkonfektionierten Ankerstange mit Setztiefenmarkierung (Bild 34.21). Die Glaspatrone wird in das gereinigte Bohrloch geschoben und bei dem maschinellen, drehend-schlagenden Setzvorgang der Ankerstange zerstört (Bild 34.22). Bis zum Erreichen der auf der Ankerstange markierten Setztiefe können sich auf diese Weise die in der Glaspatrone enthaltenen Bestandteile, die im Lieferzustand noch voneinander getrennt sind, miteinander vermischen und anschließend innerhalb der temperaturabhängigen Aushärtezeit aushärten (vgl. Abschnitt 34.2.2).

a) vorkonfektionierte Ankerstange mit Setztiefenmarkierung

b) Glaspatrone

Bild 34.21 Beispiel für „zugelassenes“ Patronensystem zur Verankerung im Beton (Fotos: Adolf Würth GmbH & Co. KG)

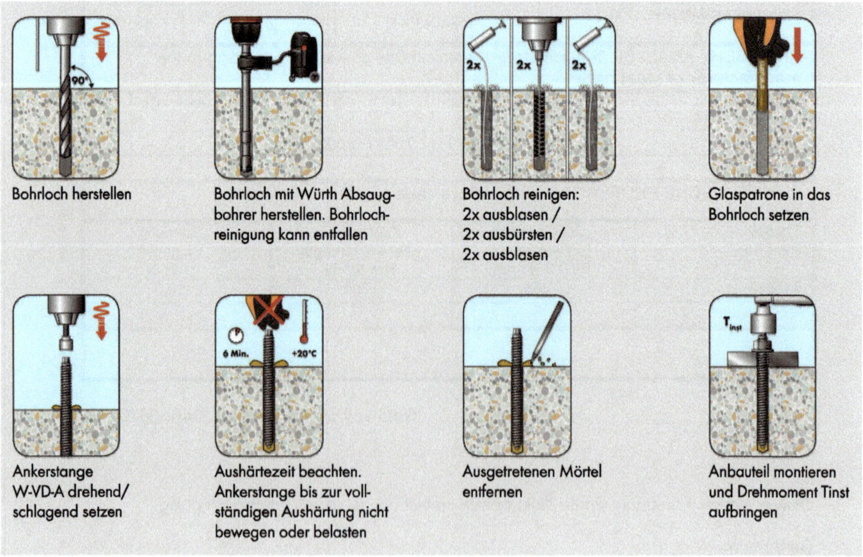

Bild 34.22 Montagevorgang eines Patronensystem, siehe auch in ETA W-VPZ (2025, S. 13 bis 15 (Grafik: Adolf Würth GmbH & Co. KG)

Der Vorteil dieser Dübel-Systeme besteht in den meisten Fällen darin, dass für jeden Befestigungspunkt die erforderliche Mörtelmenge bereits feststeht, da zu jeder vorkonfektionierten Ankerstange in der Regel eine darauf abgestimmte Glaspatrone gehört: Für eine Anzahl *n* von Ankerstangen benötigt man in der Regel die gleiche Anzahl *n* an Glaspatronen. Hier kann dann – im Gegensatz zu Injektions- bzw. Kartuschensystemen – auf eine Berechnung der erforderlichen Mörtelmenge mittels der von den Herstellern angebotenen Mörtelmengen-Tabellen oder Mörtelmengen-Berechnern verzichtet werden.

Dafür ist bei der Montage aber besonders darauf zu achten, dass die Bohrlochtiefe, die auf die Setztiefenmarkierung der Ankerstange abgestimmt ist, genau eingehalten wird:

- Ist das Bohrloch zu tief, so ist zu wenig Mörtelmasse vorhanden, um die Ankerstange vollständig zu verkleben und das Bohrloch vollständig auszufüllen. Die Setzkontrolle wird negativ ausfallen, da kein Überschussmörtel aus dem Bohrloch austreten wird.
- Ist das Bohrloch nicht tief genug, so lässt sich die Ankerstange nicht bis zur Setztiefenmarkierung setzen. Auch das wäre eine Fehlmontage, da über eine reduzierte Verankerungstiefe auch nur noch reduzierte Lasten übertragen werden können.

34.3 Dübel-Systeme zur Verankerung im Beton und Mauerwerk – Kunststoffdübel

Die bekanntesten Dübel und vor allem die Dübel mit der größten verwendeten Stückzahl in der Praxis sind sicher die Kunststoffdübel. Als einziges Dübel-System sind sie wirklich nahezu echte „Alleskönner". Es gibt kaum einen Verankerungsgrund in dem sie nicht eingesetzt werden können. Sie funktionieren nicht nur in Beton, Voll- und Lochsteinmauerwerk (vgl. z. B. Bild 34.23a bis c), sondern auch in Gipsdielen, Spannbeton-Hohlplattendecken und Fensterstürzen, vgl. z. B. in ETA SHARK UR (2021). Außerhalb einer Zulassung/Bewertung funktionieren einige Kunststoffdübel sogar in Plattenwerkstoffen wie z. B. Gipsplatten, da manche Systeme beim Eindrehen der Schraube unmittelbar hinter dem Plattenwerkstoff zum Beispiel einen „Knoten" der Kunststoff-Dübelhülse ausbilden können und damit sogar eine Lasteinleitung in relativ dünne Platten möglich wird (vgl. Bild 34.23d).

Kunststoffdübel werden im bauaufsichtlich relevanten Bereich in den meisten Fällen als *Mehrfachbefestigung von nichttragenden Systemen* eingesetzt (vgl. Abschnitt 32.3.3) und haben in der Regel auch nur dafür eine Europäische Technische Bewertung (ETA). Für einige Kunststoffdübel gibt es ergänzend zu deren ETA noch eine sogenannte „Allgemeine Bauartgenehmigung" (aBG), auf deren Grundlage dieser Kunststoffdübel dann auch als *Einzelbefestigung* (vgl. Abschnitt 32.3.2) in Beton eingesetzt werden darf.

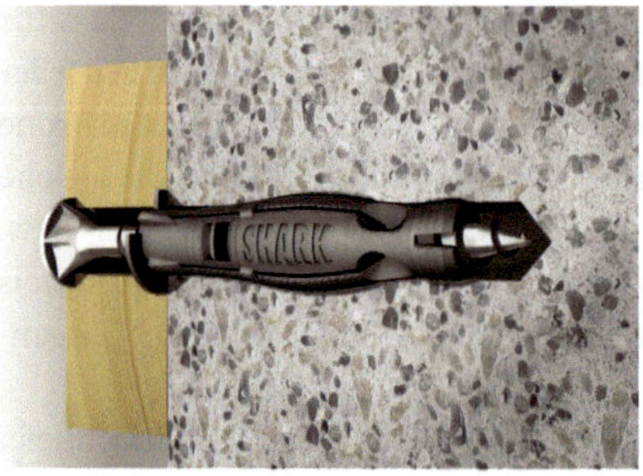

a) Verankerung in Beton

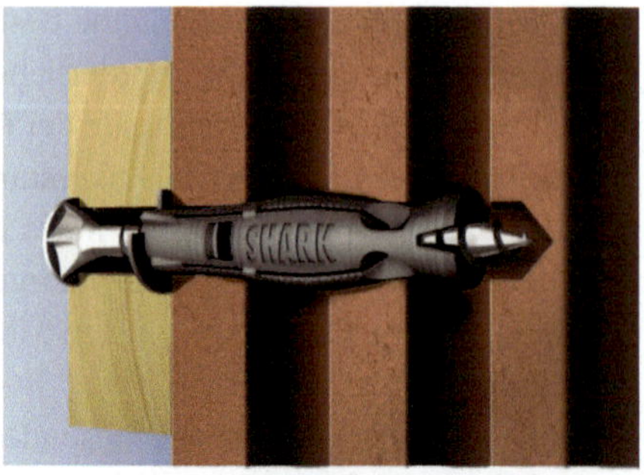

b) Verankerung im Hochlochziegel (HLz)

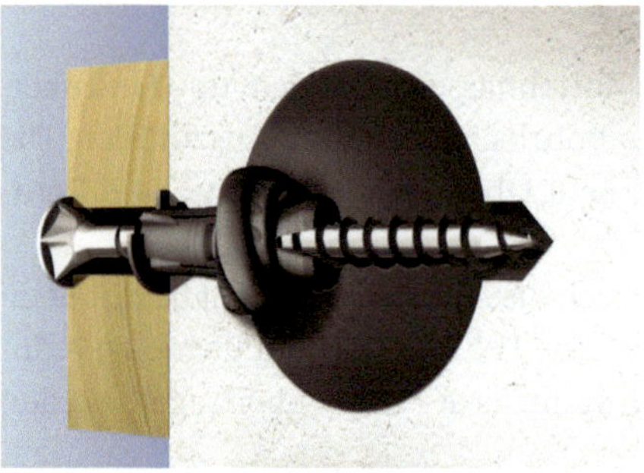

c) Verankerung im Kalksandlochstein (KS L)

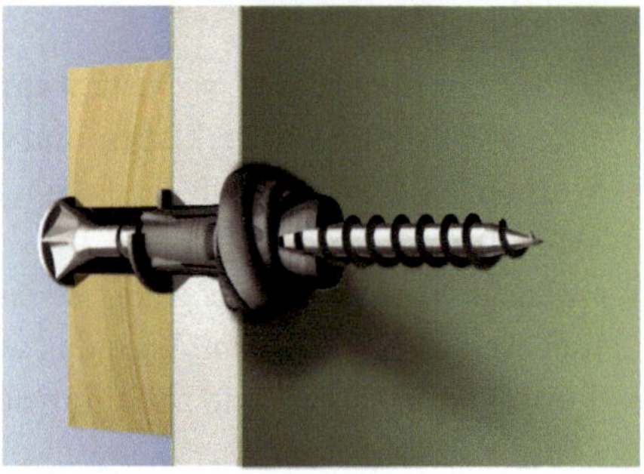

d) Verankerung in Plattenwerkstoff

Bild 34.23 Kunststoff-Allzweckdübel SHARK PRO in unterschiedlichen Verankerungsgründen (Grafiken: Adolf Würth GmbH & Co. KG)

Werden im bauaufsichtlich relevanten Bereich Kunststoffdübel eingesetzt, so handelt es sich bei diesen immer auch um Dübel-*Systeme,* die aus einer Kunststoff-Dübelhülse und einem dazugehörigen Spreizelement aus Stahl oder Kunststoff bestehen. Dieses Spreizelement kann entweder eine Spezialschraube oder ein Spezialnagel sein. Wie bereits in Abschnitt 32.1 ausgeführt, darf hier aber auf keinen Fall z. B. eine zugelassene Kunststoff-Dübelhülse mit irgendeiner handelsüblichen Spanplattenschraube kombiniert werden, da solche x-beliebigen Kombinationen im Zulassungs- bzw. Bewertungsverfahren *nicht* geprüft wurden.

Grundlegend lassen sich zwei verschiedene Systeme von Kunststoffdübeln unterscheiden, die vergleichsweise häufig zur Anwendung kommen: Zum einen gibt es

- Kunststoff-*Rahmen*dübel (Bild 34.24a), deren Bezeichnung historisch aus der Befestigung von Fensterrahmen herrührt, und zum anderen gibt es
- „reine" Kunststoffdübel bzw. Kunststoff-*Allzweck*dübel (Bild 34.24b).

Der Vollständigkeit halber seien auch noch Kunststoffdübel zur Befestigung von außenseitigen Wärmedämm-Verbundsystemen (WDVS) erwähnt, auf die in diesem Fachbuch allerdings nicht weiter eingegangen werden soll.

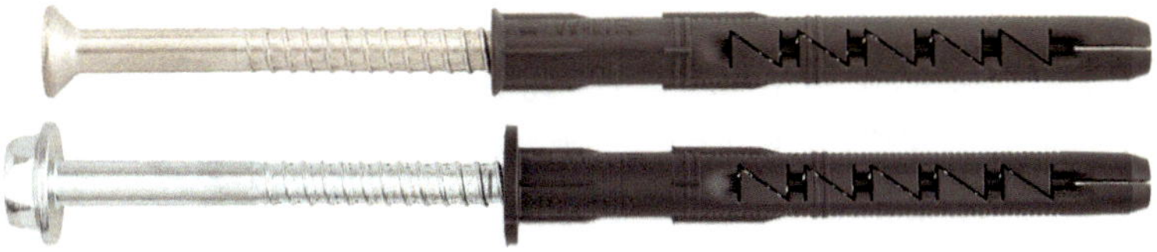

a) Kunststoff-Rahmendübel SHARK UR

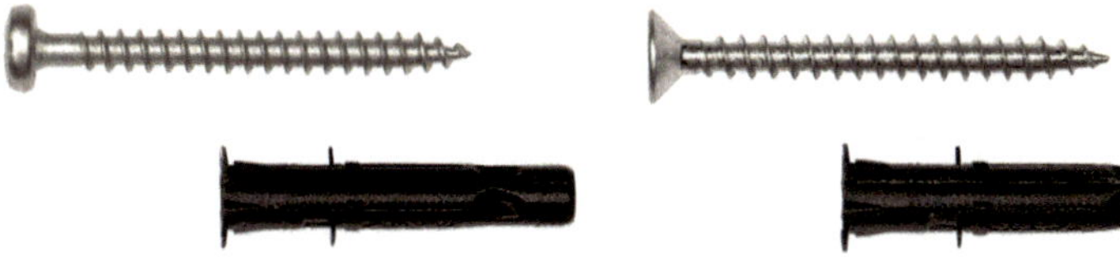

b) Kunststoff-Allzweckdübel SHARK PRO

Bild 34.24 Beispiele für Kunststoffdübel (Fotos: Adolf Würth GmbH & Co. KG)

Gemeinsam haben beide in Bild 34.24 dargestellten Systeme, dass sie ihre maximale Leistungsfähigkeit nur erreichen, wenn die Schraube speziell auf die Hülse abgestimmt ist:

- Kunststoff-Rahmendübel werden in der Regel als vormontierte Einheit aus Kunststoff-Dübelhülse und einer – in der Länge auf die Dübelhülse abgestimmten – Spezialschraube geliefert und in den meisten Fällen in Durchsteckmontage montiert (vgl. Abschnitt 32.5). Daraus resultiert ein fester Klemmbereich für die Montage, d. h. eine definierte Höhe des zu befestigenden Bauteils (Bild 34.25).
- Kunststoffdübel bzw. Kunststoffallzweckdübel werden in den meisten Fällen in Vorsteckmontage montiert (vgl. Abschnitt 32.5). Vorausgesetzt, dass das Bohrloch tief genug gebohrt wird und die dazugehörige bzw. dazu gewählte Schraube die Kunststoff-Dübelhülse im eingebauten Zustand um mindestens ca. 5 mm durchdringt, können – im Gegensatz zum Kunststoff-Rahmendübel – mit einer Schraubenlänge unterschiedliche Anbauteildicken realisiert werden (Bild 34.26).

Bei beiden Systemen verhindert ein Kragen das Tieferrutschen der Dübelhülse.

Gewisse Einschränkungen haben jedoch auch diese Dübel-Systeme: Wie alle Kunststoffe reagieren auch Dübel aus Kunststoff auf Temperatureinflüsse:

- Bei sehr kalten Temperaturen kann der Kunststoff verspröden, weshalb im professionellen Bereich immer eine minimale Montagetemperatur in der jeweiligen Kunststoffdübel-Zulassung angegeben wird, damit die Dübelhülse beim Einschlagen in das Bohrloch nicht zerbricht (vgl. auch Bild 34.25 und Bild 34.26).

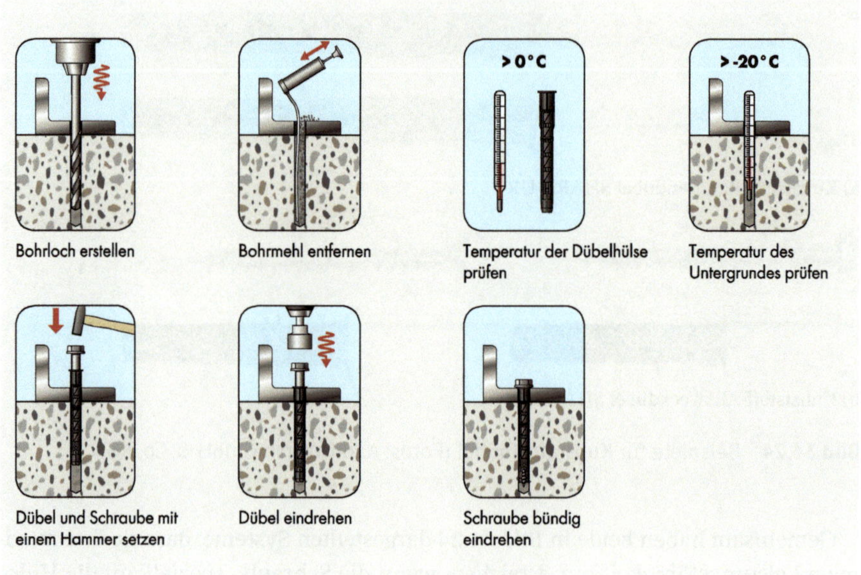

a) Setzanweisung für Verankerungen in Beton und Vollstein

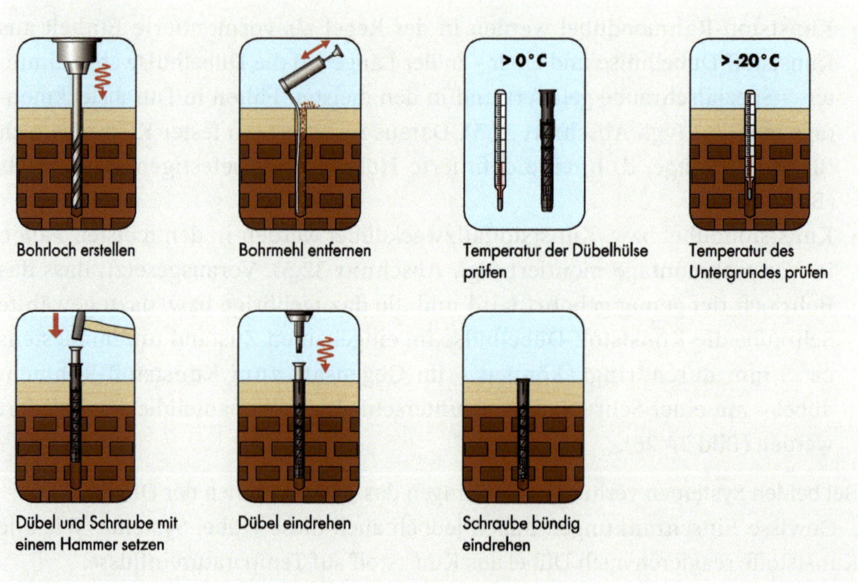

b) Setzanweisung für Verankerungen in Lochsteinmauerwerk

Bild 34.25 *Durchsteck*montage eines Kunststoff-Rahmendübels (Grafiken: Adolf Würth GmbH & Co. KG)

- Bei höheren Temperaturen werden Kunststoffe weicher, so dass die Tragfähigkeiten der Dübel abnehmen, weshalb auch hier die maximalen Temperaturen bzw. die Temperaturbereiche beachtet werden müssen (vgl. Tabelle 30.1 in Abschnitt 30.2). Diese Temperaturbereiche sind ebenfalls in der

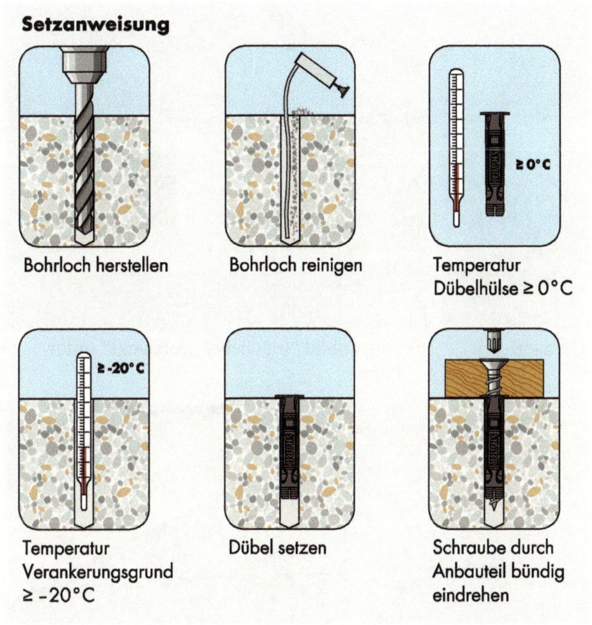

Bild 34.26 *Vorsteck*montage eines Kunststoffdübels bzw. Kunststoff-Allzweckdübels in Beton und Vollstein (Grafik: Adolf Würth GmbH & Co. KG)

jeweiligen Kunststoffdübel-Zulassung ausgewiesen; abhängig davon werden auch die unterschiedlichen Tragfähigkeiten des jeweiligen Kunststoffdübels angegeben.

Auch Fugen können einen maßgeblichen Einfluss auf das Tragverhalten von Kunststoffdübeln haben. Man kann sich einfach vorstellen, dass die Fugen im Giebel der Garage in Bild 34.27 für den Dübel offensichtlich einen anderen Verankerungsgrund darstellen als der Hochlochziegel selbst, da die Fugen zum überwiegenden Teil viel zu groß und nur unvollständig mit Mörtel gefüllt sind.

In der Regel ist die Dübeltragfähigkeit in solchen Fugen kleiner als im Wandbaustoff. Aus diesem Grund ist für die volle Dübeltragfähigkeit ein gewisser Abstand zu den Fugen einzuhalten. Sind Fugen im Gegensatz zur Garage nicht mehr sichtbar, da die Fassade verputzt ist, sind die charakteristischen Dübeltragfähigkeiten von Kunststoffdübeln nach DIBt TR 064 (2019, S. 11) um 50 % abzumindern.

Eine Ausnahme dazu regelt eine Technische Regel des DIBt. Nach dieser Regel kann in norm- bzw. zulassungskonformem Planziegelmauerwerk bei Verankerungen mit Kunststoffdübeln auf die Abminderung der Dübeltragfähigkeit um 50 % verzichtet werden, siehe DIBt TR VaB Kunststoffdübel (2019, S. 14), wenn folgende Bedingungen eingehalten sind:

- Bohrlochdurchmesser ≥ 10 mm,
- Stoßfugen knirsch gestoßen,
- Lagerfugen in Dünnbett- oder Mittelbettmörtel mit einer maximalen Dicke von 6 mm oder Klebefugen.

a) „Fugenbild" im Giebel eines Garagen-Rohbaus

b) „Fugenbild" im Giebel „versteckt" unter Putz

c) „Fugenbild" vergrößert

Bild 34.27 „Fugen" in Mauerwerk vor und nach dem Verputzen (Fotos: Küenzlen)

Eine weitere Besonderheit gibt es beim Thema Korrosionsschutz (vgl. Abschnitt 30.5). Als einziges System dürfen „zugelassene" Kunststoff-Rahmendübel im Außenbereich – auch im bauaufsichtlich relevanten Bereich – mit einer galvanisch verzinkten Schraube für die Befestigung von Fassadenunterkonstruktionen eingesetzt werden. Dabei müssen lediglich der Schraubenkopf und der Übergang zwischen Schraubenkopf und Dübelkragen mit einer bituminösen Masse versehen werden.

In den entsprechenden Zulassungen wird dazu Folgendes ausgeführt, siehe z. B. ETA SHARK UR (2021, S. 10):

> *„Die Spezialschraube aus galvanisch verzinktem Stahl [...] darf auch im Freien verwendet werden, wenn nach sorgfältigem Einbau der Befestigungseinheit der Bereich des Schraubenkopfes gegen Feuchtigkeit und Schlagregen so geschützt wird, dass ein Eindringen von Feuchtigkeit in den Dübelschaft nicht möglich ist. Dafür ist vor dem Schraubenkopf eine Fassadenbekleidung oder eine vorgehängte hinterlüftete Fassade zu befestigen und der Schraubenkopf selbst mit einer weichplastischen dauerelastischen Bitumen-Öl-Kombinationsbeschichtung (z. B. Kfz-Unterboden- bzw. Hohlraumschutz) zu versehen."*

Bild 34.28 Schraube in Meeresnähe ausgelagert, Schaft und Gewinde geschützt durch die Dübelhülse (Foto: Küenzlen)

Bild 34.29 Schraube in Meeresnähe ausgelagert, OHNE Schutz durch die Dübelhülse (Foto: Küenzlen)

Bild 34.28 zeigt zu dieser Thematik eine blanke Stahlschraube, die viele Jahre lang in Meeresnähe in einer Dübelhülse eingeschraubt war. Lediglich der Schraubkopf war der Witterung ausgesetzt. Korrosion zeigt hier nur der Schraubenkopf. Der Schaft und das Gewinde waren die ganze Zeit über im Inneren der Dübelhülse vor Korrosion geschützt. Bild 34.29 zeigt dagegen ein komplett frei bewitterte Dübelschraube nach nur rund 3 Jahren in Meeresnähe.

34.4 Dübel-Systeme zur Verankerung im Mauerwerk – Injektionssysteme

Neben den in Abschnitt 34.3 erwähnten Kunststoffdübeln gibt es im bauaufsichtlich relevanten Bereich ein weiteres Dübel-System für Verankerungen und Befestigungen in Voll- und Lochsteinen. Dabei handelt es sich um „Metall-*Injektionsanker* zur Verankerung im Mauerwerk“.

Hinweis: Injektionssysteme können in Mauerwerk sowohl als Mehrfachbefestigung von nichttragenden Systemen als auch als Einzelbefestigung eingesetzt werden (vgl. Abschnitt 32.3.3 und 32.3.2).

Für die Verankerung dieser Dübel-Systeme in Vollsteinen gelten vom Prinzip her die Ausführungen in Abschnitt 34.2.2.3 wie für Verankerungen in Beton.

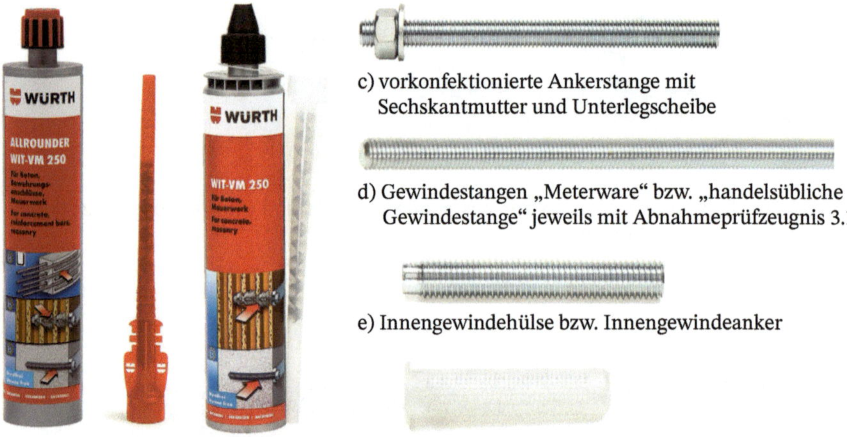

a) Koaxialkartusche
b) Schlauchfolienkartusche
c) vorkonfektionierte Ankerstange mit Sechskantmutter und Unterlegscheibe
d) Gewindestangen „Meterware“ bzw. „handelsübliche Gewindestange“ jeweils mit Abnahmeprüfzeugnis 3.1
e) Innengewindehülse bzw. Innengewindeanker
f) Siebhülse

Bild 34.30 Beispiel für zugelassene Metall-Injektionsanker zur Verankerung im Mauerwerk (Fotos: Adolf Würth GmbH & Co. KG)

In Lochsteinen dagegen kann man sich einfach vorstellen, dass der Injektionsmörtel nicht einfach in die Kammern der Steine eingebracht werden kann, da er entweder in die Kammer abtropfen würde oder aber sehr große Mengen erforderlich wären, um die Kammer komplett zu verfüllen und die Ankerstange in das Mauerwerk einkleben zu können. Aus diesem Grund werden die Systeme für Beton und Vollsteinmauerwerk für Verankerungen in Lochsteinen um eine sogenannte „Siebhülse“, die in der Regel aus Kunststoff besteht, ergänzt. Diese Siebhülse verhindert ein Abtropfen des Injektionsmörtels in die Kammern der Lochsteine.

Den Montagevorgang eines solchen Systems in einem Lochstein zeigt Bild 34.31.

Nach dem Aushärten des Injektionsmörtels ist es in Mauerwerk – sowohl in Lochsteinen als auch in Vollsteinen – sehr wichtig, dass das in der Dübel-Zulassung angegebene Montagedrehmoment nicht überschritten wird. Man kann sich einfach vorstellen, dass Mauerwerk niemals vollständig eben sein wird, d. h. es wird immer ein minimaler Spalt zwischen Ankerplatte und Mauerwerk sein. Zieht man nun die Mutter zu stark an, ergibt sich daraus eine Zugkraft in der Ankerstange, da sich der Mörtel nicht gegen die Platte abstützen kann (Bild 34.32).

Diese Zugkraft kann sehr schnell den Widerstand des Mörtels im Stein überwinden. Die Kammern des Steins können zerbrechen, ähnlich wie bei einer Überlastung durch ein zu schweres Anbauteil, das befestigt wurde. Aus diesem Grund sind in den Unterlagen der Hersteller Montagedrehmomente in Mauersteinen in der Größe von 2 bis maximal meist 10 Nm angegeben. Diese geringen Drehmomente können bereits beim Aufschrauben der Muttern von Hand auf die

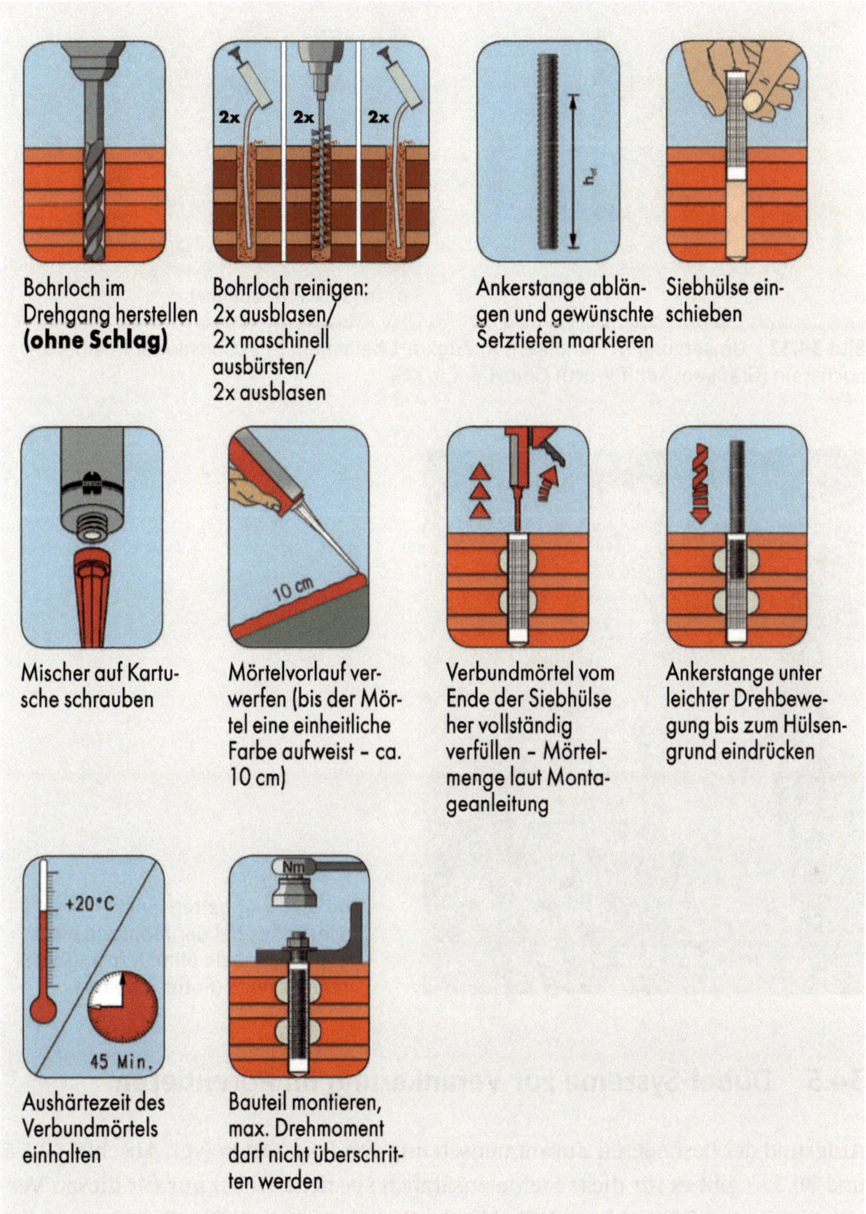

Bild 34.31 Montagevorgang eines Injektionssystems in einem Lochstein, siehe auch in ETA WIT-VM 250 Mauerwerk (2024, S. 19 bis 21) (Grafik: Adolf Würth GmbH & Co. KG)

Ankerstangen überschritten werden, weshalb hier als Montagewerkzeug immer die Verwendung eines entsprechenden Drehmomentschlüssels zu empfehlen ist. Bei geringen Rand- und/oder Achsabständen kann ein zu hohes Drehmoment auch direkt zum Spalten der Steine führen (Bild 34.33).

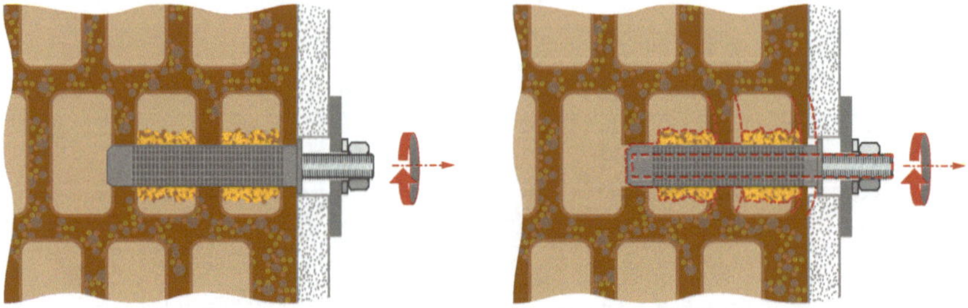

Bild 34.32 Umsetzung Drehmoment in Zugkraft bei einem Injektionsdübel in einem Lochstein (Grafiken: Adolf Würth GmbH & Co. KG)

Bild 34.33 Spalten eines Lochsteines bei der Montage eines Injektionsdübels ohne Kontrolle des Drehmoments (Foto: Scheller)

34.5 Dübel-Systeme zur Verankerung im Porenbeton

Aufgrund der besonderen Zusammensetzung von Porenbeton (vgl. Abschitt 30.2.5 und 30.2.6) gibt es für diese Steine zusätzlich spezielle Dübel nur für diesen Verankerungsgrund. Ein solcher Dübel ist der Porenbetonanker. Den Setzvorgang dieses Dübel-Systems zeigt Bild 34.34. Für dieses Dübel-System wird kein Bohrloch erstellt, was eine echte Besonderheit darstellt, da sonst für nahezu alle Systeme ein Bohrloch erforderlich ist. Hier ist entsprechend auch keine Bohrlochreinigung erforderlich, wie dies beispielsweise bei den meisten Injektionssystemen absolut notwendig ist.

Der Dübel wird mit einem speziellen Setzwerkzeug in das Bohrloch eingeschlagen und verdrängt dabei das poröse Material im Bereich des Spreizelementes (Bild 34.35).

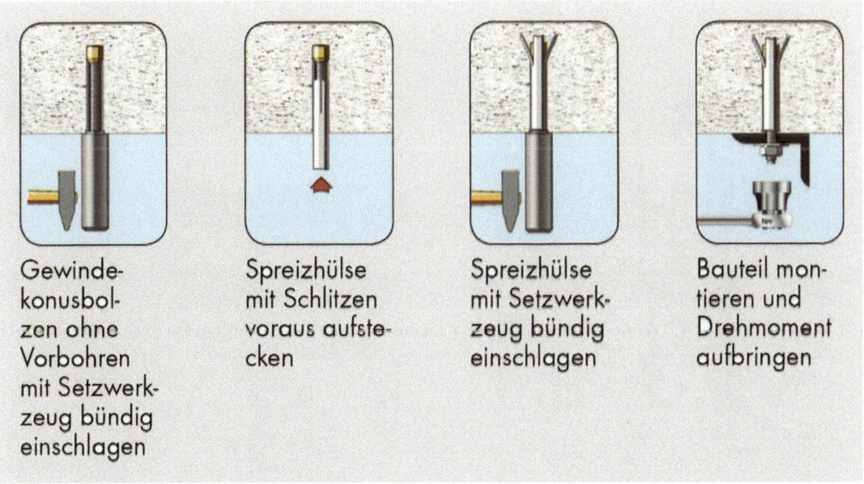

a) Setzanweisung Typ A (Außengewinde)

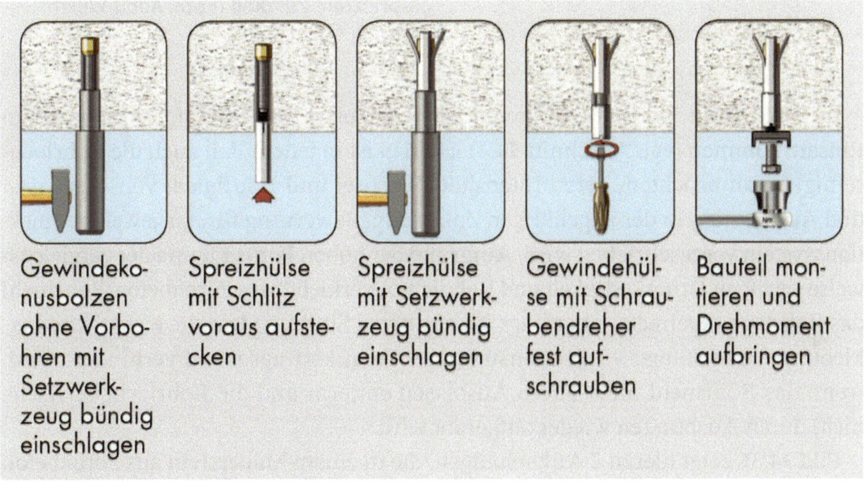

b) Setzanweisung Typ i (Innengewinde)

Bild 34.34 Montagevorgang eines Porenbetonankers: Porenbetonanker W-PA (Grafik: Adolf Würth GmbH & Co. KG)

Durch diese große Aufspreizung (Hinterschnitt) ist der Dübel risstauglich und kann auch in gerissenem Porenbeton eingesetzt werden (vgl. Abschnitt 29.2.6).

Neben dem Porenbetonanker gibt es nur sehr wenig Produkte, die in dieser Anwendung, z. B. bei der Befestigung in gerissenen Porenbetondecken, eingesetzt werden können. Als Einzelbefestigung ist es nur der zuvor beschriebene Porenbetonanker. Für Mehrfachbefestigungen können z. B. auch dafür geprüfte und „zugelassene" Kunststoffdübel wie der SHARK UR 10 eingesetzt werden. Diese Anwendung muss aber in der entsprechenden Zulassung bzw. Bewertung ausdrücklich geregelt und im Zulassungs- bzw. Bewertungsverfahren geprüft sein.

Bild 34.35 Porenbetonanker in gespreiztem Zustand (Foto: Adolf Würth GmbH & Co. KG)

In Porenbeton-*Mauerwerk* können auch „zugelassene" Injektionssysteme zum Einsatz kommen (vgl. Abschnitt 34.4). Hierbei ist in jedem Fall auch die Bohrlochreinigung zu beachten, deren Intensität (Wechsel und Häufigkeit von Ausblasen und Ausbürsten) in der zugehörigen Zulassung/Bewertung für das jeweilige Injektionssystem vorgeschrieben wird. Aufgrund der hohen Porosität und der vergleichsweise geringen Druckfestigkeit und Rohdichte „verklebt" das Porenbeton-Bohrmehl das Bohrloch regelrecht, allerdings im negativen Sinne, sodass die eigentliche Verklebung Ankerstange – Injektionsmörtel – Verankerungsgrund verhindert wird, wenn das Bohrmehl nicht durch Ausblasen entfernt und die Bohrlochoberfläche nicht durch Ausbürsten wieder aufgeraut wird.

Bild 34.36 zeigt hierzu 2 Ankerstangen, die in einem Mauerstein aus Porenbeton eingeklebt und nach der vorgeschriebenen Aushärtezeit mit einem mobilen Dübel-Prüfgerät wieder herausgezogen wurden:

- Im Fall der oberen Ankerstange (Bild 34.36) wurde das Bohrloch im Porenbeton nach den Vorgaben der Zulassung bzw. Bewertung gereinigt. Man kann gut erkennen, wie viel Porenbeton-Material bzw. Baustoff des Mauersteins zur Verankerung aktiviert werden konnte.
- Dagegen zeigt die untere Ankerstange (Bild 34.36) nahezu keine Aktivierung des Verankerungsgrundes; die Oberfläche ist fast glatt. Ursache dafür war in diesem Fall, dass eine falsche Bürste zum Ausbürsten des Bohrlochs verwendet wurde (vgl. hierzu auch Abschnitt 36.2.4.3).

Bei der Verankerung von Injektionssystemen in Porenbeton-Mauerwerk ist außerdem zu beachten, dass in einigen Zulassungen bzw. Bewertungen für

Bild 34.36 Eingeklebte Ankerstange nach Auszug aus einem Porenbetonstein; oben: richtige Bohrlochreinigung; unten: falsche Bohrlochreinigung (Foto: Lieberum)

Vollsteine aus Porenbeton der Einsatz von Siebhülsen vorgeschrieben wird. Der Hintergrund dafür ist, dass eine mit einer Siebhülse eingeklebte Ankerstange eine größere Mantelfläche aufweist und damit eine größere Klebefläche aktivieren und damit auch mehr Kraft übertragen kann als eine einzuklebende Ankerstange allein ohne Siebhülse.

35

Bemessung

In Kapitel 34 wurden die möglichen Einwirkungen auf eine Dübel-Befestigung vorgestellt. Dazu kamen im Abschnitt 33.4 allgemeine Hinweise für die erforderliche Bemessung, die im bauaufsichtlich relevanten Bereich immer erforderlich sind. Mit der Gl. (33.1) in Abschnitt 33.4 wurde das allgemeine Nachweisformat für eine Dübel-Bemessung erläutert und dabei die „Einwirkungsseite" und die „Widerstandsseite" unterschieden.

Für die Bemessung von Dübelverankerungen führen die DIBt Hinweise (2010, S. 4 und 10) daher ausdrücklich Folgendes aus:

- *„Dübelsysteme müssen geplant und bemessen werden. Die Auswahl, Planung und Bemessung eines Dübelsystems gehören nicht zu den Aufgaben der Monteure."*
- *„Dabei wird vorausgesetzt, dass Auswahl, Planung und Bemessung ausschließlich vom Planer vorgenommen werden."*

Entscheidend für die Bemessung ist hier die Feststellung, dass nicht der Monteur auf der Baustelle dafür zuständig ist, sondern der Planer. Dieser Planer wird in den „Dübel-Zulassungen" wie folgt definiert, siehe z. B. ETA SHARK UR (2021, S. 10):

> *„Die Bemessung der Verankerungen erfolgt [...] unter der Verantwortung eines auf dem Gebiet der Verankerungen und des Mauerwerks erfahrenen Ingenieurs."*

Für Verankerungen nur in Beton siehe sinngemäß z. B. in ETA WIT-UH 300 (2020, S. 11):

> *„Die Bemessung der Verankerungen erfolgt unter der Verantwortung eines auf dem Gebiet der Verankerungen und des Betonbaus erfahrenen Ingenieurs."*

Die Zulassungen bzw. Bewertungen fordern neben der Bemessung auch noch die Anfertigung von Konstruktionszeichnungen, siehe z. B. ETA WIT-UH 300 (2020, S. 11):

> *„Unter Berücksichtigung der zu verankernden Lasten sind prüfbare Berechnungen und Konstruktionszeichnungen anzufertigen. Auf den Konstruktionszeichnungen*

Befestigung und Abdichtung von Fenstern und Türen. Regelwerke, Bauphysik, Baurecht, Praxisbeispiele. 2. Auflage.
J. Küenzlen, E. Scheller, M. Klatecki.

ist die Lage des Dübels angegeben (z. B. Lage des Dübels zur Bewehrung oder zu den Auflagern usw.).“

Die Inhalte der erforderlichen Konstruktionszeichnungen werden in den DIBt Hinweisen (2010, S. 4) noch weiter differenziert:

„In den Konstruktionszeichnungen sollen mindestens folgende Details angegeben sein:

- *Dübel-Typ, Abmessung, Materialvariante, Nutzlänge, bei Dübeln mit variabler Verankerungstiefe zusätzlich Verankerungstiefe und Bohrlochtiefe,*
- *Bohrverfahren,*
- *Verankerungsgrund, Bezeichnung z. B. C20/25,*
- *geometrische Anordnung der Verankerung mit Abständen zu Rändern und weiteren Dübeln sowie Bauteildicke,*
- *gegebenenfalls Montagebedingungen für bestimmte Dübel (z.B. besondere Bohrlochreinigung bei chemischen Dübelsystemen),*
- *geometrische Abmessungen des zu befestigenden Anbauteils einschließlich Position und Durchmesser der Durchgangslöcher,*
- *Dicke und Art der in der Planung berücksichtigten nichttragenden Schichten,*
- *nachträglicher Korrosionsschutz bei Kunststoff-Rahmendübeln, falls in der Zulassung gefordert.“*

36

Montage

Nachdem wir zuvor alle Schritte bis zur Auswahl unseres Dübels durchlaufen und hoffentlich vom zuständigen Planer eine Konstruktionszeichnung mit allen erforderlichen Angaben für unsere Befestigungsaufgabe erhalten haben, kommen wir in diesem Kapitel zur Montage. Auch bei der Montage sind für alle Dübel-Systeme gewisse Grundregeln einzuhalten. Diese werden nachfolgend dargestellt. Auf Besonderheiten für die Montage einzelner Dübel-Systeme, d. h. besondere Herstellervorgaben, wird an dieser Stelle verzichtet und auf die entsprechenden Unterlagen der Hersteller hingewiesen.

36.1 Monteure: „Geschultes Personal"

In den meisten „Dübel-Zulassungen" findet sich zum Thema Montage folgende Formulierung, vgl. z. B. in ETA SHARK UR (2021, S. 10):

> *„Einbau durch entsprechend geschultes Personal unter Aufsicht des Bauleiters."*

Die „Hinweise für die Montage von Dübelverankerungen" des DIBt stellen ergänzend die Kompetenzanforderungen für Monteure zusammen und geben einen ersten Überblick über Schulungsangebote. Ergänzend heißt es dort deshalb dazu seit Oktober 2010 wie folgt (DIBt Hinweise 2010, S. 3):

> *„Speziell wird von den Besonderen Bestimmungen"* – Ergänzung der Autoren: der allgemeinen bauaufsichtlichen Zulassungen und europäischen technischen Bewertungen – *„gefordert, dass von der Brauchbarkeit der Dübelverankerung nur ausgegangen werden kann, wenn der Einbau der Dübel durch geschultes Personal unter Verantwortung des Bauleiters erfolgt. In den Abschnitten 4 und 5 werden die erforderlichen Kompetenzen für Monteure und mögliche Schulungsmaßnahmen vorgestellt. Werden diese Randbedingungen eingehalten, so ist von geschultem Personal auszugehen."*

Befestigung und Abdichtung von Fenstern und Türen. Regelwerke, Bauphysik, Baurecht, Praxisbeispiele. 2. Auflage.
J. Küenzlen, E. Scheller, M. Klatecki.

Weiter heißt es dazu, dass die Verantwortung für die Kompetenz der Monteure beim ausführenden Betrieb liegt und dass am Ende die Kompetenz maßgebend ist und nicht der Weg der Vermittlung (DIBt Hinweise, 2010, S. 11).

36.2 Bohrer – Bohren – Bohrlochreinigung

36.2.1 Allgemeines

Nach den gültigen Zulassungen bzw. DIN EN 1992-4 (2019, S. 129) sind Bohrlöcher immer senkrecht zur Oberfläche zu erstellen. Eine gewisse Toleranz von maximal 5° Abweichung – für den Baustellenalltag – räumt DIBt Hinweise (2010, S. 6) ein.

Zur Erstellung der Bohrlöcher sind nach DIN EN 1992-4 (2019, S. 129) Hammerbohrer zu verwenden, die mit ISO 5468 oder nationalen Regelungen übereinstimmen. In Deutschland sind diese Anforderungen im „Merkblatt über die Kennwerte, Anforderungen und Prüfungen von Mauerbohrern mit Schneidkörpern aus Hartmetall, die zur Herstellung der Bohrlöcher von Dübelverankerungen verwendet werden" (DIBt/FWI Merkblatt Bohrer, 2002), geregelt. Bohrer, die diesen Anforderungen entsprechen, erkennt man am entsprechenden Symbol der Prüfmarke der Prüfgemeinschaft Maurerbohrer e. V. (Bild 36.1). Werden Bohrer ohne Konformitätsmarkierung verwendet, sollte nach DIN EN 1992-4 (2019, S. 129) ein Nachweis der Eignung *„geliefert werden"*.

Besonders wichtig ist dabei der richtige Bohrerschneidendurchmesser (Bild 36.2):

- Insbesondere wenn Bohrlöcher in sehr harten Verankerungsgründen, wie z. B. in Beton, Kalksandsteinen und Vollziegeln, erstellt werden, dann nutzen sich (Hammer-) Bohrer ab. Ist das Bohrloch dann zu klein, kann der Dübel gar nicht mehr in das Bohrloch hineingesteckt werden.
- Ein Bohrer mit einem zu großen Bohrerschneidendurchmesser erstellt entsprechend auch zu große Bohrlöcher, in dem dann insbesondere für Spreizdübel zu geringe Haltekräfte über Reibung generiert werden können.

Das DIBt/FWI Merkblatt Bohrer (2002) bzw. ISO 5468 enthalten daher für jede Bohrergröße das obere und untere Toleranzmaß für den Bohrerschneidendurchmesser.

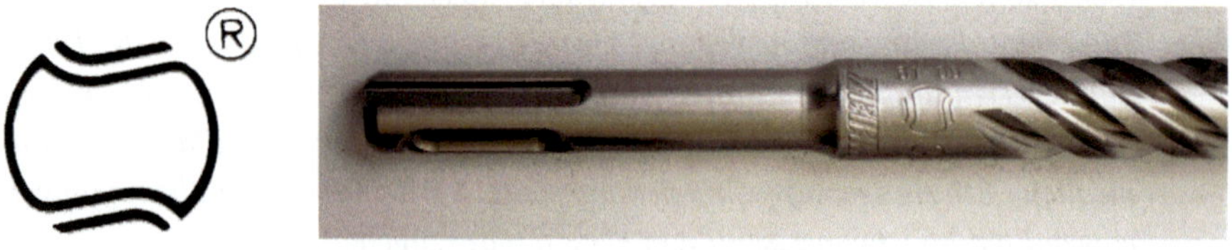

a) Prüfmarke als Grafik b) Prüfmarke im Schaft eines entsprechenden Hammerbohrers

Bild 36.1 Prüfmarke der Prüfgemeinschaft Mauerbohrer e. V., Remscheid (Foto: Scheller)

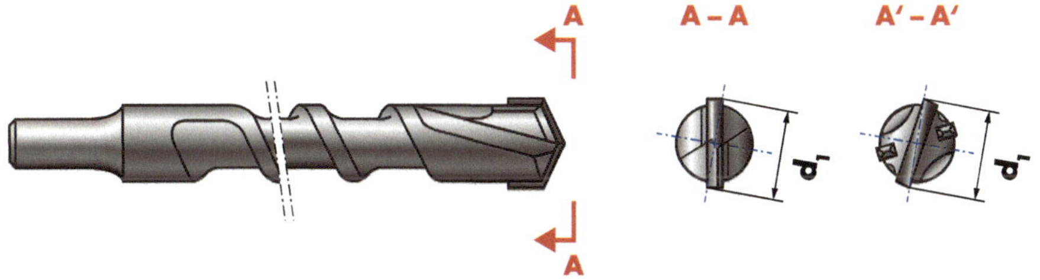

Bild 36.2 Zweischneidiger Mauerbohrer mit durchgehender Schneidplatte, Definition Schneidendurchmesser bzw. Bohrerschneiden-Eckmaß d_1 nach DIBt/FWI Merkblatt Bohrer (2002); bzw. d_1 = d nach ISO 5468; Schnitt A'-A' zeigt ergänzend die Spitze eines vierschneidigen Hammerbohrers (Grafik: Adolf Würth GmbH & Co. KG)

36.2.2 Lage des Bohrlochs

Werden Bohrlöcher in Beton erstellt, dann sollte die Bewehrung in der Nähe des Bohrloches nicht beschädigt werden (vgl. DIBt Hinweise, 2010, S. 6). Für die Bestimmung der Lage der Bewehrung kann beispielsweise ein Bewehrungssuchgerät verwendet werden (DIN EN 1992-4:2019, S. 129).

Gerade im Stahlbetonbau gibt es allerdings regelmäßig Querschnitte, die sehr viel Bewehrungsstahl enthalten, wie die in Bild 36.3 dargestellte Ecke eines noch nicht betonierten Fundaments für eine Hallenkonstruktion aus Stahlträgern. Genau an dieser Ecke muss aber später, wenn das Fundament betoniert und der Beton ausgehärtet ist, der Stützenfuß einer Stahlstütze mit Dübeln befestigt werden.

Hier und an vergleichbaren Stellen macht es daher durchaus Sinn, im Rahmen der Stahlbau-Planung die Lage der Befestiger mit der Bewehrung abzustimmen, da

- ein Durchbohren der Bewehrungseisen, hier im Bild mit einem Durchmesser von bis zu 20 mm, ohne geeignete Bohrtechnik in der Regel nicht sehr einfach ist und insbesondere

Bild 36.3 Ecke der Bodenplatte einer Stahlhalle mit hohem Bewehrungsgrad vor dem Betonieren (Foto: Küenzlen)

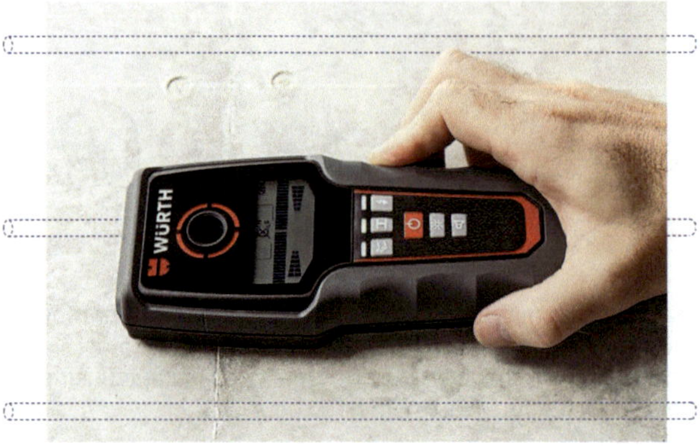

Bild 36.4 Sondierung der Lage der Bewehrung mit einem Bewehrungssuchgerät (Foto: Adolf Würth GmbH & Co. KG; Collage: Scheller)

- das Durchtrennen und damit der Wegfall von statisch erforderlicher Bewehrung die Statik bzw. die Stabilität der gesamten Stahlhalle erheblich beeinträchtigen oder im schlimmsten Fall sogar zerstören kann.

Für das Praxisbeispiel in Bild 36.3 wurde die genaue Lage der Stäbe dokumentiert und mit der Fußplatte der Stahlstütze sowie dem Lochbild für die Dübel (vgl. Abschnitt 32.6) abgestimmt, um keine der Bewehrungsstäbe durchbohren oder durchtrennen zu müssen.

Für vergleichbare Fälle im Bestand (vorhandene Bauteile mit sehr dichter Bewehrung, in die gedübelt werden soll) bleibt nur

- der Blick in die (Bewehrungs-) Pläne (vgl. Abschnitt 29.1.2 mit Bild 29.1) oder
- die Suche der Stäbe mit einem Bewehrungssuchgerät (vgl. Bild 36.4) bzw.
- die Abstimmung mit dem Tragwerksplaner, ob bei dringender Erfordernis ggf. auch einzelne Bewehrungsstäbe durchtrennt werden dürfen.

Eine Durchtrennung der Bewehrung ohne Abstimmung mit einem Tragwerksplaner sollte man generell unterlassen.

36.2.3 Bohrverfahren, Drehbohren und Hammerbohren

Bohrlöcher in Beton und Vollsteinen werden in der Regel mit Hartmetallhammerbohrern nach Abschnitt 36.2.1 im Hammerbohrverfahren erstellt. Beim „Hammerbohren" (und „Schlagbohren") wird neben dem Drehen des Bohrers zusätzlich noch Energie auf den Bohrer gegeben. Diese „Hammer-Schläge" erleichtern das Bohren in Beton und Vollsteinen, sie zerstören aber die Steggeometrie von Lochsteinen bei Verankerungen in Mauerwerk!

Daher hat in Mauerwerk aus Lochsteinen neben dem verwendeten Bohrer auch das Bohrverfahren einen großen Einfluss auf die Tragfähigkeit der Dübel. Die Unterlagen der Hersteller unterscheiden dabei teilweise in charakteristische Tragfähigkeiten für Bohrlöcher, die im Hammer- oder Drehbohrverfahren hergestellt werden. Bohrlöcher, die im Drehbohrverfahren erstellt werden, haben in der Regel

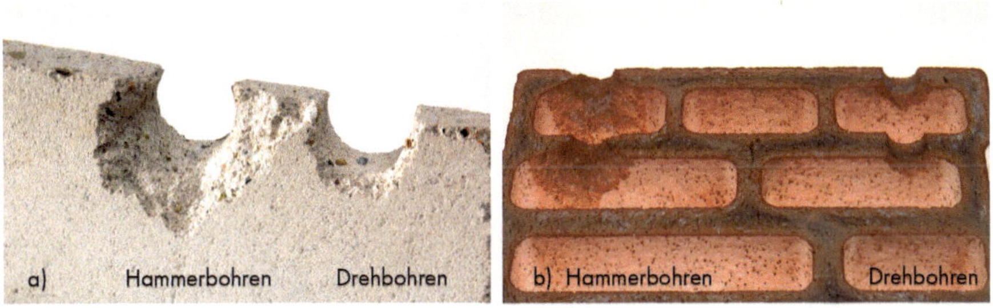

Bild 36.5 Einfluss des Bohrverfahrens auf die Bohrlochgeometrie a) in einem Kalksandlochstein bzw. b) bei einem Hochlochziegel (Fotos: Adolf Würth GmbH & Co. KG)

höhere Tragfähigkeiten, da im Hammerbohrverfahren die Stege der Lochsteine zerstört werden können (Bild 36.5).

Hinweis: Bei hammergebohrten Bohrlöchern kann die Tragfähigkeit in Lochsteinen auf null reduziert werden!

36.2.4 Bohrlochreinigung

36.2.4.1 Allgemeines

Bei der Erstellung von Bohrlöchern für Dübel entsteht das sogenannte „Bohrmehl", das in den meisten Fällen aus dem Bohrloch entfernt werden muss (vgl. hierzu die Setzanweisungen für die unterschiedlichen Dübel-Systeme in Kapitel 34), weil die Dübel-Systeme ansonsten nicht richtig funktionieren:

- Ist z. B. bei Metalldübeln (zu viel) Bohrmehl im Bohrloch, so kann der Dübel nicht richtig gesetzt werden (z. B. zu geringe Setztiefe oder unvollständige Verspreizung).
- Ein guter Vergleich bei diesem Thema ist auch das Ausrollen eines Kuchenteigs auf der Küchenarbeitsplatte: Damit der Kuchenteig nicht festklebt, streut man vor dem Ausrollen Mehl auf die Arbeitsfläche, das wie ein Trennmittel wirkt. Nach dem Ausrollen kann man den Teig gut lösen und aufs Blech legen.
  Bei der Injektionstechnik im Dübelbereich ist es genau umgekehrt: Die Ankerstange soll im Bohrloch verklebt werden. Daher muss das Bohrmehl aus dem Bohrloch gemäß den Anweisungen der jeweiligen Zulassung bzw. Bewertung entfernt werden.

36.2.4.2 Bohrlochreinigung für Metall- und Kunststoffdübel

In den Europäischen Technischen Bewertungen (ETAs) für Metall- und Kunststoffdübel findet man in den Setzanweisungen unterschiedliche Angaben zur Bohrlochreinigung:

- Bohrloch reinigen
- Bohrloch *vom Grund her* ausblasen oder aussaugen
- Bohrloch *vom Grund her* ausblasen

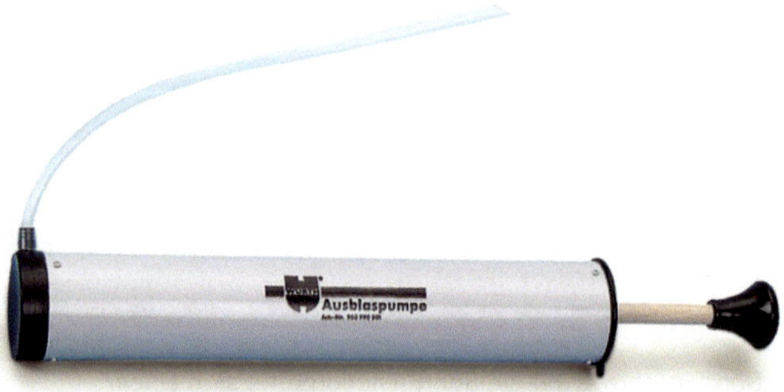

Bild 36.6 Beispiel für eine Ausblaspumpe (Foto: Adolf Würth GmbH & Co. KG)

Das bedeutet, dass wir bei der Montage von Metall- und Kunststoffdübeln in der Regel nichts falsch machen, wenn wir für die Bohrlochreinigung eine Ausblaspumpe (Bild 36.6) verwenden und das Bohrloch immer *vom Grund her* ausblasen.

In der Praxis wird oft versucht, mit einem Staubsauger das Bohrloch auszusaugen, in dem man „einfach" mit der Düse über die Bohrlochöffnung fährt. Auf diese Weise wird allerdings *nicht* das Bohrmehl im tiefsten Punkt des Bohrlochs ausgesaugt! Man erreicht damit nur die Oberfläche des Verankerungsgrunds!

Hinweis: Ein Aussaugen des Bohrlochs nur an der Bohrlochöffnung ist *keine* ausreichende Bohrlochreinigung im Sinne der Dübel-Zulassung!

36.2.4.3 Bohrlochreinigung für Injektionssysteme und Patronensysteme

Mit der Bohrlochreinigung für Injektionssysteme zur Verankerung in Beton und in Mauerwerk und Patronensysteme zur Verankerung in Beton ist es nicht ganz so einfach wie für die Metall- und Kunststoffdübel (vgl. Abschnitt 36.2.4.2). Die Bohrlochreinigung ist fast bei allen Systemen unterschiedlich. In vielen Fällen ist die Bohrlochreinigung eine Kombination aus zwei oder mehr unterschiedlichen Arbeitsschritten, die in unterschiedlicher Häufigkeit wiederholt werden müssen:

- Bohrmehl entfernen
  = Ausblasen mit Handblaspumpe (Bild 36.6) oder mit Druckluft (Bild 36.8)
- Bohrlochwandung für eine bessere Verklebung aufrauen
  = Ausbürsten von Hand oder maschinell (Bild 36.7)

Die unterschiedlichen Schritte und Intensitäten dieser Bohrlochreinigung sind ein Ergebnis aus dem Zulassungs- bzw. Bewertungsverfahren des jeweiligen Dübel-Systems. Mit der dann in der Zulassung bzw. Bewertung angegebenen Bohrlochreinigung, die bei der Montage unbedingt eingehalten werden muss, erreichte das jeweilige Injektions- bzw. Patronensystem die größte Tragfähigkeit, weshalb diese

Bohrlochreinigung in der Zulassung/Bewertung für das Injektionssystem als verpflichtend vorgeschrieben wurde.

Hinweis: Die Nichteinhaltung der in der Zulassung/Bewertung bzw. Setzanweisung für ein Injektions- bzw. Patronensystem vorgeschriebenen Bohrlochreinigung kann die Tragfähigkeit des Systems gravierend reduzieren (vgl. dazu z. B. Abschnitt 34.5 mit Bild 34.36)!

Daher ist die vorgeschriebene Bohrlochreinigung zwingend einzuhalten!

a) Reinigungsbürste

b) Maschinenaufnahme für Reinigungsbürste zur maschinellen Bohrlochreinigungen

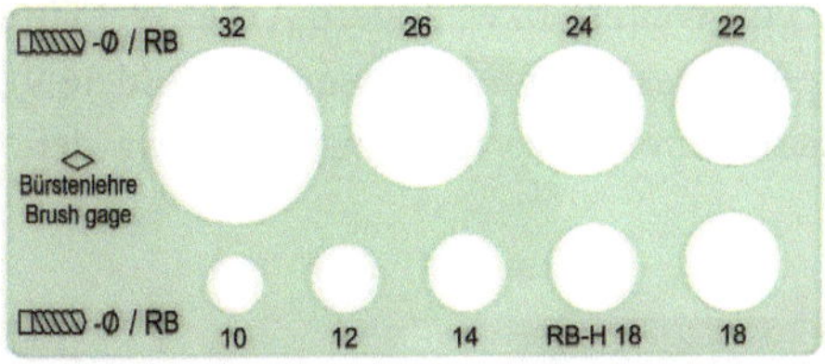

c) Bürsten-Schablone bzw. Bürstenlehre zur Kontrolle des richtigen Durchmessers der Reinigungsbürste

d) Handgriff für Reinigungsbürste zur manuellen Bohrlochreinigung

Bild 36.7 Beispiele für Reinigungsbürste und Zubehör für das Ausbürsten und Aufrauen von Bohrlöchern für die Verankerung von Injektionssystemen (Fotos: Adolf Würth GmbH & Co. KG)

Bild 36.8 Praxisbeispiel für das Ausblasen eines Bohrlochs d_0 = 30 mm mit Druckluft (Foto: Küenzlen)

Hinweis: Wird für die Montage eines Dübel-Systems die Reinigung des Bohrlochs durch „Ausbürsten" vorgeschrieben, müssen die zugehörigen Vorgaben der jeweiligen Zulassung bzw. Bewertung unbedingt eingehalten werden.

Dazu gehört neben der Verwendung der richtigen – zum Dübel-System zugehörigen – Reinigungsbürste auch die Kontrolle der Einhaltung des minimalen Bürstendurchmessers (Angabe siehe jeweilige Zulassung/Bewertung), da auch die Verwendung einer abgenutzten Reinigungsbürste (mit zu kleinem Durchmesser) nicht den Vorgaben der Zulassung/Bewertung entspricht.

Der richtige Bürstendurchmesser kann z. B. mit Hilfe einer Bürsten-Schablone bzw. Bürstenlehre kontrolliert werden (Bild 36.7c). Alternativ findet sich in einigen Zulassungen/Bewertungen sinngemäß auch der folgende Hinweis (vgl. z. B. ETA W-VIZ, 2023, S. 16, Anhang B7):

„Durchmesser der Reinigungsbürste kontrollieren.
Wenn die Bürste sich ohne Widerstand in das Bohrloch schieben lässt, neue Bürsten verwenden."

Für Injektionssysteme, die nach Zulassung/Bewertung auch in mit Wasser gefüllte Bohrlöcher gesetzt werden dürfen, sind ggf. weitere bzw. andere Arbeitsschritte für die Bohrlochreinigung erforderlich (z. B. Ausspülen mit Wasser; vgl. Bild 36.9), die entsprechend in der jeweiligen Zulassung bzw. Bewertung angegeben werden.

Bild 36.9 Bohrlochreinigung bei einem wassergefüllten Bohrloch (Foto: Küenzlen)

36.2.4.4 (Ab-) Saugbohrer

Eine relativ aktuelle Entwicklung in Sachen Bohrlochreinigung sind (Ab-) Saugbohrer (Bild 36.10). Diese Saugbohrer sind Hammerbohrer oder Mehrzweckbohrer (insbesondere für das Drehbohren in Lochsteinen), die einen guten Beitrag zum Arbeitsschutz der Dübel-Monteure auf den Baustellen leisten, da der Staub bzw. das Bohrmehl direkt bei der Entstehung im Bohrloch abgesaugt wird. Damit eignen sich diese Bohrer auch für Arbeiten in "sensiblen" Bereichen, in denen Staub zu vermeiden ist.

b) Bohrerspitze

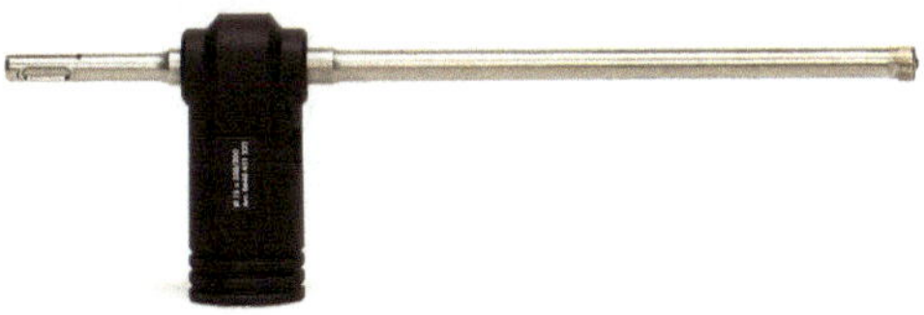

a) Anwendung Saugbohrer c) Saugbohrer

Bild 36.10 (Ab-) Saugbohrer (Fotos: Adolf Würth GmbH & Co. KG)

In einigen Zulassungen/Bewertungen für Dübel-Systeme ist mittlerweile in der jeweiligen Setzanleitung angegeben, dass sogar auf die Bohrlochreinigung verzichtet werden kann, wenn das Bohrloch mit einem Saugbohrer erstellt wird. Die Voraussetzung dafür ist allerdings, dass mit dem Saugbohrer auch ein auf den Saugbohrer abgestimmter Staubsauger verwendet wird. Angaben für den entsprechend notwendigen Staubsauger, wie z. B. die erforderliche sogenannte „Staubklasse“ und Leistungsklasse, finden sich z. B. in den Produktunterlagen für den jeweiligen Saugbohrer. In Zulassungen/Bewertungen für Injektionssysteme, bei denen nach der Erstellung der Bohrlöcher mit einem Saugbohrer auf eine weitere Bohrlochreinigung verzichtet werden kann, finden sich außerdem Anforderungen an den „Nennunterdruck“ für den erforderlichen Staubsauger (Angabe in mbar oder kPa), den dieser mindestens aufweisen muss, vgl. z. B. ETA W-VIZ (2023, S. 17, Anhang B8), Bild 36.11.

Bild 36.11 Beispiel für die Regelung von Saugbohrer/Staubsauger: Eine entsprechende Regelung muss in der jeweiligen Dübel-Zulassung bzw. Bewertung stehen! (Grafik: Adolf Würth GmbH & Co. KG)

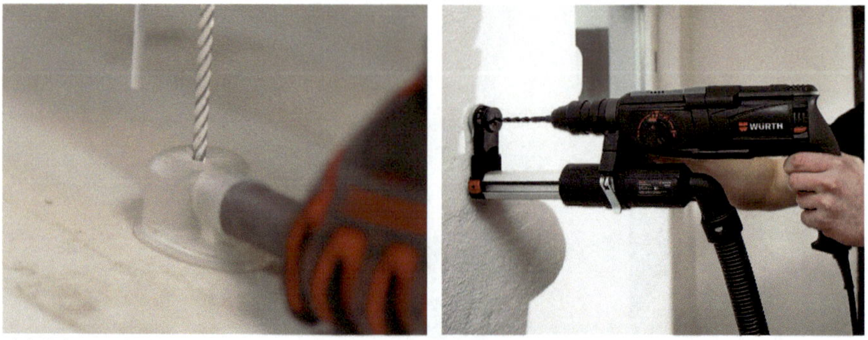

a) (Ab-) Saugglocke b) Absaugvorrichtung

Bild 36.12 Weitere Beispiele für staubfreies Bohren (Fotos: Adolf Würth GmbH & Co. KG)

Als Alternative für ein staubfreies Bohren von Dübellöchern werden am Markt auch noch andere Produkte angeboten (Bild 36.12), die allerdings *nicht* die vorgeschriebene Bohrlochreinigung ersetzen!

36.2.5 Fehlbohrungen

Bohrlöcher, die nicht (mehr) benötigt werden, nicht mit der notwendigen Tiefe erstellt werden können oder die verbleiben, wenn ein Dübel ausgebaut wird, werden als „Fehlbohrungen" definiert (Bild 36.13), die nach DIBt Hinweise (2010, S. 6 und 7) das Tragverhalten negativ beeinflussen können, wenn sie unverschlossen in der Nähe von tragenden Dübel liegen.

Daher sind Fehlbohrungen nach DIBt Hinweise (2010, S. 6) *„in der Regel mit einem schwindarmen hochfesten Mörtel vollständig zu verschließen"*. DIN EN 1992-4 (2019, S. 129) aktualisiert und präzisiert dazu, dass ein *nichtschwindender* Mörtel zu verwenden ist, *„der eine Festigkeit besitzt, die mindestens gleich dem Verankerungsgrund und ≥ 40 N/mm² ist."*

Bild 36.13 „Fehlbohrungen" (Foto: Scheller)

Ein solcher schwindarmer hochfester Mörtel ist beispielsweise der Injektionsmörtel Allrounder WIT-VM 250 (vgl. Bild 34.16). Nach 24 Stunden Aushärtezeit weist dieser Injektionsmörtel eine Druckfestigkeit von ca. 100 N/mm² >> 40 N/mm² auf, siehe MPA NRW (2013).

Dabei müssen Dübel zu Fehlbohrungen nach DIBt Hinweise (2010, S. 6) folgende Mindestabstände einhalten:

- Bei einer Fehlbohrung mit einer Tiefe $\geq h_{ef}/4$ darf der Dübel im Achsabstand gleich dem *dreifachen* Bohrlochdurchmesser von einer Fehlbohrung gesetzt werden.
- Bei einer Fehlbohrung mit einer Tiefe $< h_{ef}/4$ darf der Dübel im Achsabstand gleich dem *einfachen* Bohrlochdurchmesser von der Fehlbohrung gesetzt werden.

Weiterhin legt DIBt Hinweise (2010, S. 6) Folgendes fest:

> *„Eine Vorspannung bzw. Belastung des Dübels nach dem Schließen der Fehlbohrung mit hochfestem Mörtel ist frühestens dann zulässig, wenn die Festigkeit des Mörtels mindestens der Betonfestigkeit entspricht. Ist die Festigkeitsentwicklung des Mörtels nicht bekannt, darf der Dübel frühestens nach 24 Stunden oder bei der Verwendung von zugelassenem Injektionsmörtel nach der angegebenen Aushärtezeit vorgespannt bzw. belastet werden.“*

Weitere Hinweise, wie mit Fehlbohrungen umzugehen ist, sind ggf. in der jeweiligen Dübel-Zulassung bzw. Bewertung enthalten und entsprechend zu beachten.

36.3 Temperatur – Montagezeit – Aushärtezeit

Der Einfluss der Temperatur auf die Montage- und Aushärtezeit wurde bereits detailliert in Abschnitt 30.2 erläutert. Danach werden

- die Transport- und Lagerungstemperatur,
- die Montagetemperatur,
- die niedrigste Nutzungstemperatur, und bei Injektions- bzw. Patronensystemen
- die von der *Temperatur im Bohrloch* abhängigen Montage- und Aushärtezeiten

in der jeweiligen Zulassung bzw. Bewertung des Dübel-Systems bzw. der Hersteller-Empfehlung angegeben. Bezüglich der Transport- und Lagerungstemperatur wird in der Regel in den Produktunterlagen angegeben, dass diese zwischen +5 °C und +25 °C liegen soll.

Hinweis: Vereinfacht kann man sich merken, dass Injektionsmörtelkartuschen bzw. Patronen für Patronensysteme wie das „Frühstücksbrötchen“ gelagert und transportiert werden sollten: Im Sommer kühl und im Winter warm halten, z. B. in einer Kühl- oder Isoliertasche (Bild 36.14).

Bild 36.14 Tipp im übertragenen Sinne für die richtige Transport- und Lagerungstemperatur von Injektionsmörtel-Kartuschen: „Lagerung wie das Frühstücksbrötchen“ – bitte nicht genauso nachmachen! (Foto: Scheller)

37

Zusammenfassung – Wie löse ich meine Befestigungsaufgabe?

Fassen wir noch einmal das Wichtigste zusammen, verbunden mit der Hoffnung, dass wir etwas dazu beitragen konnten, die Welt der Dübeltechnik ein bisschen transparenter und sicherer zu machen. Wenn wir einige Regeln beachten, können wir unsere Befestigungsaufgaben auf den Baustellen zuverlässig lösen.

Die Bemessung von bauaufsichtlich relevanten Dübel-Befestigungen ist immer die Aufgabe des zuständigen (Tragwerks-) Planers bzw. des „erfahrenen" (Bau-) Ingenieurs (vgl. Kapitel 35). Dazu bieten die Dübel-Hersteller gerne ihre Unterstützung an. Dabei kann eine Befestigungsaufgabe nur dann zuverlässig gelöst werden, wenn die erforderlichen Informationen und Grundlagen für eine Bemessung bekannt sind und rechtzeitig *vor* der Ausführung der Dübelmontage entsprechend an die Planungsseite kommuniziert werden.

Diesen Grundlagen einer jeden Dübel-Bemessung haben wir uns in erster Linie gewidmet. Wenn Sie für Ihre Befestigungsaufgabe in der hier beschriebenen Reihenfolge bzw. Systematik vorgehen, dann sollte einer zuverlässigen Ausführung Ihrer Dübelmontage (fast) nichts mehr im Wege stehen:

- Verankerungsgrund – Worin will ich befestigen? (Kapitel 28 und 29)
- Umgebung – Welche äußeren Einflüsse liegen vor? (Kapitel 30)
- Bauteil-Geometrie – Wie sieht mein Verankerungsgrund aus? (Kapitel 31)
- Ankerplatte/Anbauteil – Was will ich befestigen? (Kapitel 32)
- Einwirkungen – Welche Belastungen treten bei meiner Befestigung auf? (Kapitel 33)
- Dübel-Systeme – Welche Systeme stehen mir zur Verfügung? (Kapitel 34)

Eine grundsätzliche Empfehlung, welches System „das Beste" für die jeweilige Befestigungsaufgabe ist, ist allerdings nicht möglich, da für eine solche Festlegung zu viele Parameter eine Rolle spielen. So raten die Autoren auch von pauschalen Empfehlungen – z. B. *„ein Geländer muss immer mit Dübel-System A oder Dübel-System B geplant und ausgeführt werden"* – prinzipiell ab, da die individuelle Befestigungsaufgabe möglicherweise nur mit Dübel-System C gelöst werden kann.

Befestigung und Abdichtung von Fenstern und Türen. Regelwerke, Bauphysik, Baurecht, Praxisbeispiele. 2. Auflage.
J. Küenzlen, E. Scheller, M. Klatecki.

Neben der zuvor beschriebenen Systematik sind für jedes einzelne Dübel-System auch immer wieder folgende Entscheidungskriterien zu berücksichtigen:

- Bohrlochtiefe/Einbaulänge/Verankerungstiefe (Vermeidung von Bewehrungstreffern)
- Tragfähigkeit des einzelnen Dübels
- Brandschutz (Hat das Dübel-System Angaben zum Brandschutz in der Zulassung/Bewertung?)
- Korrosionsschutz (Ist das Dübel-System z. B. auch in nichtrostendem Stahl lieferbar?)
- Montierbarkeit (Vorsteckmontage? Durchsteckmontage? Über-Kopf-Montage möglich? Sofortige bzw. schnelle Belastbarkeit?)
- Vorgaben des Planers
- Vorliebe der ausführenden Firma
- Preis für das Dübel-System

Abschließend werden daher immer der Planer und/oder die ausführende Firma entscheiden, welches Dübel-System zur Ausführung kommt.

Als Hilfestellung für diese Entscheidung dient – hoffentlich auch – dieser Teil 2 des Fachbuchs.

Für die Planung und Ausführung Ihrer Befestigungsaufgaben wünschen Ihnen die Autoren viel Erfolg!

Teil 3

Bauphysikalische Gesichtspunkte

38

Bauphysikalische Anforderungen

38.1 Grundsätzliches

Als Bauteil innerhalb der thermischen Gebäudehülle müssen Fenster „Wind und Wetter" trotzen und Tageslicht ins Innere eines Gebäudes lassen. Heutige Fensterkonstruktionen bieten zudem höchsten Schall- sowie Einbruchschutz und tragen einen wesentlichen Beitrag zur Energieeffizienz von Gebäuden bei. Die Festlegung der zu erbringenden Leistungen sind in DIN EN 14351-1 dargestellt, welche jedoch nicht mit Anforderungen an die Montage und den sich daraus ergebenen Anforderungen an die Bauanschlussfuge zu verwechseln sind. Die Anforderungen an die Montage bzw. an die Ausführung der Bauanschlussfuge sind im Leitfaden zur Montage Gütegemeinschaft (2024) dargestellt.

Fenster und ihre Anschlussfugen sollten sorgfältig geplant und montiert werden, da sie einer Vielzahl von Beanspruchungen ausgesetzt sind. Dies umfasst die Beeinflussung durch die Raumluftfeuchte und -temperatur aufgrund der Nutzung von innen, die äußeren Witterungseinflüsse sowie Bewegungen, die sowohl vom Gebäude als auch vom Fenster selbst ausgehen. Hierbei sind Aspekte wie Wärmedämmung, Luftdichtheit, Schlagregensicherheit und Feuchteschutz zu berücksichtigen, um eine langlebige und zuverlässige Funktion der Fenster zu gewährleisten. Eine schematische Übersicht der Beanspruchungen auf Fenster findet sich in Bild 38.1.

Da sich bei jedem Bauvorhaben die baulichen Gegebenheiten unterscheiden, ist es Aufgabe des Planers, ein detailliertes Anforderungsprofil in Form einer Leistungsbeschreibung zu erarbeiten. Dies gilt insbesondere für die baulichen Gegebenheiten, wie Standort, Ausrichtung, Einbausituation, Nutzung und Anschlussausbildung, die je nach Einbausituation mehr oder minder große Auswirkungen auf das Fenster und deren Montage haben. Ein fundiertes Fachwissen über die Einwirkungen auf Fenster und die regelgerechte handwerkliche Ausführung der Montage ist für die Planung von Anschlussfugen daher unerlässlich.

Die Anschlussfuge zwischen Fenster und Baukörper kann mit dem Aufbau einer Holzständerwand verglichen werden. Diese besteht ebenfalls aus einem

Befestigung und Abdichtung von Fenstern und Türen. Regelwerke, Bauphysik, Baurecht, Praxisbeispiele. 2. Auflage.
J. Küenzlen, E. Scheller, M. Klatecki.

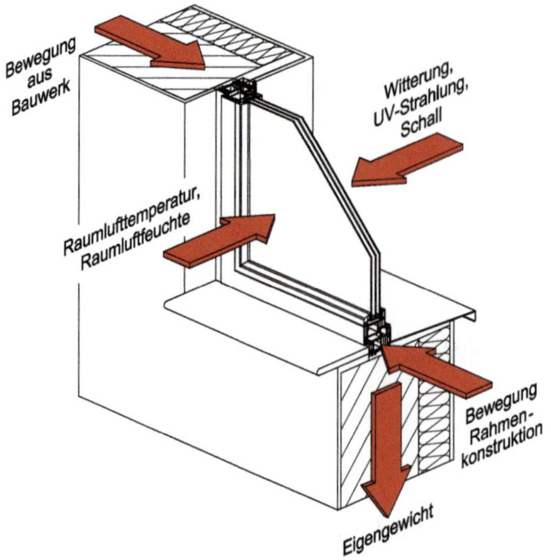

Bild 38.1 Schematische Darstellung der Beanspruchungen auf Fenster und Fenstertüren nach Gütegemeinschaft (2024)

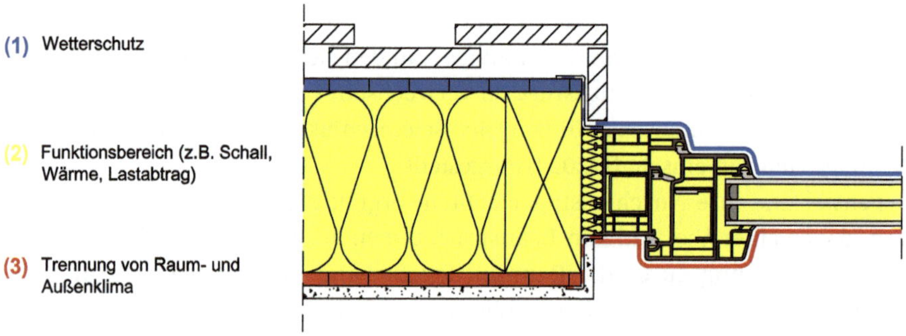

Bild 38.2 Darstellung des Ebenenmodells und die Übertragung auf die Fensteranschlussfuge nach Gütegemeinschaft (2024)

außenseitigen Wetterschutz, einer Ebene zur Lastabtragung bzw. für Schall- und Wärmeschutz und einer raumseitigen Ebene zur Trennung von Raum- und Außenklima. Dieser Aufbau wird „Ebenenmodell" genannt und ist in Bild 38.2 schematisch für einen Fensteranschluss mit angrenzender Wand dargestellt.

Das Ebenenmodell wird hierbei in die Funktionsebenen Wetterschutz, Funktionsebene und Luftdichtheitsebene unterteilt. Die erste Funktionsebene (Wetterschutz) zielt abzielt darauf ab, einen Wassereintritt von der Außenseite zu vermeiden. Dies geschieht durch die direkte und kontrollierte Abführung von eindringendem Regenwasser nach außen sowie durch die Abführung von eventuell anfallendem Tauwasser durch Diffusion. Die zweite Funktionsebene sichert die Lastabtragung über Befestigungen in den tragenden Baukörper und gewährleistet gleichzeitig

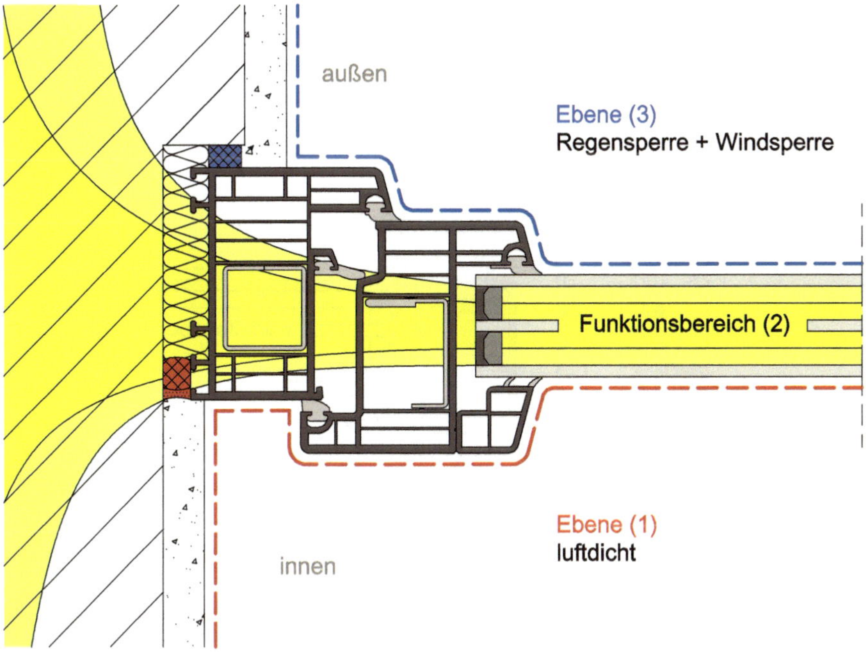

Bild 38.3 Einstufiger Fugenaufbau und Ebenenverlauf nach Gütegemeinschaft (2024)

den Schall- und Wärmeschutz. Die dritte Funktionsebene (Luftdichtheitsebene) gewährleistet eine Trennung zwischen Raum- und Außenklima und stellt die Luftdichtheit sicher. Die Ausführung erfolgt hierbei ohne Unterbrechungen über die gesamte Länge des Fensters zum angrenzenden Mauerwerk. Um Tauwasser- und Schimmelpilzschäden zu vermeiden, muss zusätzlich der Mindestwärmeschutz gemäß DIN 4108-2 eingehalten sein.

Die Fensteranschlussfuge wird hierbei in ein- und zweistufige Fugenaufbauten unterteilt. Bei einstufigen Fugenaufbauten erfolgt die Abweisung von Regen und Wind auf einer einzigen Ebene. Dies bedeutet, dass die äußere Abdichtungsschicht sowohl für die Dichtigkeit gegen Schlagregen als auch für den Schutz gegen windbedingte Belastungen verantwortlich ist (siehe Bild 38.3). Im Gegensatz dazu werden bei zweistufigen Fugenaufbauten die Schutzfunktionen auf räumlich getrennte Ebenen verteilt (siehe Bild 38.4). Die äußere Ebene dient primär als Regenschutz und ist darauf ausgelegt, die meisten Niederschläge von der Fuge abzuhalten. Sollte trotzdem Wasser in die Fuge eindringen, wird dieses durch eine hinter der äußeren Ebene liegende Regensperre kontrolliert abgeführt. Diese zweite Ebene sorgt dafür, dass Feuchtigkeit nicht in das Bauwerk eindringen kann, indem sie als Entwässerungsebene fungiert, die das eingedrungene Wasser gezielt nach außen leitet.

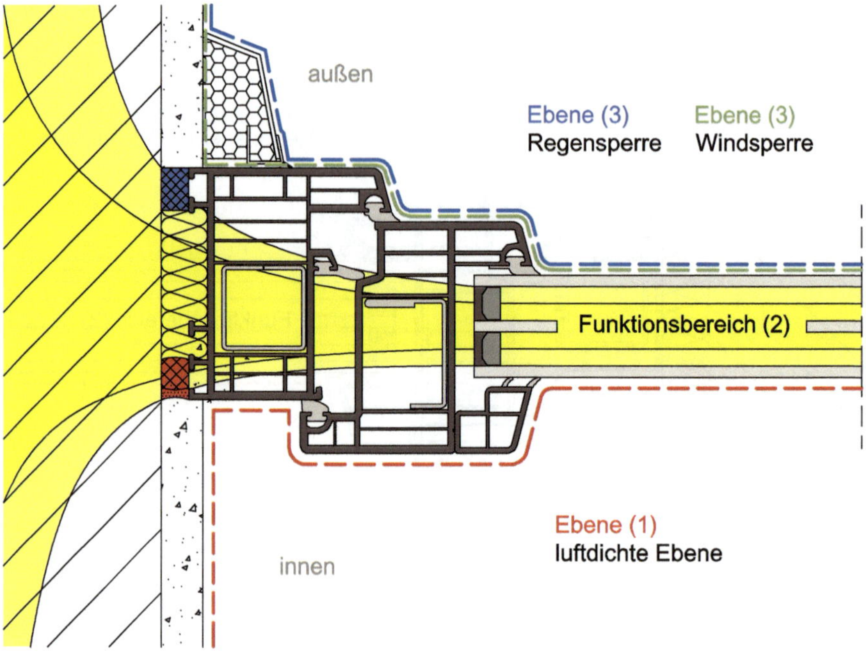

Bild 38.4 Zweistufiger Fugenaufbau und Ebenenverlauf nach Gütegemeinschaft (2024)

38.2 Fenster und Fenstertüren

Der Gesetzgeber formuliert Anforderungen, die vor allem die Energieeinsparung nach dem Gebäudeenergiegesetz GEG (2024), den Mindestwärmeschutz nach DIN 4108-2 (Vermeidung von Schimmelpilz- oder Tauwasserbildung) und den Schallschutz (Vermeidung von gesundheitsschädlichen Lärmeinwirkungen) nach der Normenreihe DIN 4109 betreffen. Zusätzlich werden Anforderungen an die Luftdichtheit, den Feuchteschutz und den sommerlichen Wärmeschutz nach DIN 4108-2 definiert.

38.2.1 Wärmeschutz

Die wärmeschutztechnischen Anforderungen an Fenster und Fenstertüren werden im Gebäudeenergiegesetz GEG (2024) definiert. Mit der Einführung des GEG (2020) im Jahr 2020 wurde das deutsche Energieeinsparrecht vereinheitlicht. Seitdem erfüllt es die europäischen Vorgaben zur Gesamtenergieeffizienz von Gebäuden. Das GEG vereint das vorherige Energieeinsparungsgesetz (EnEG, 2013), die Energieeinsparverordnung (EnEV, 2007) und das Erneuerbare-Energien-Wärmegesetz (EEWärmeG, 2009) in einem einzigen Gesetz. Es gilt für alle Gebäude, die beheizt oder gekühlt werden, sowie für die dazugehörigen technischen

Anlagen und Einrichtungen wie Heizungs-, Kühl-, Raumluft- und Beleuchtungstechnik sowie die Warmwasserversorgung.

Die Anforderungen an Gebäude werden nach GEG (2024) über einen zulässigen Jahres-Primärenergiebedarf für Heizung, Warmwasseraufbereitung, Lüftung und Kühlung über Vergleich des Jahres-Primärenergiebedarf eines Referenzgebäudes mit identischer Geometrie, Nutzfläche und Ausrichtung wie das zu errichtende, aber mit vorgegebener thermischer Hülle und Anlagentechnik definiert. Das zu errichtende Gebäude darf zusätzlich den spezifischen Transmissionswärmeverlust des Referenzgebäudes nicht überschreiten. Die Berechnung des Jahres-Primärenergiebedarfs erfolgt sowohl für Wohn- als auch für Nicht-Wohngebäude nach DIN V 18599.

Die Anforderungen bei Wohngebäudeneubauten an die Gebäudehülle werden über einen Höchstwert des spezifischen Transmissionswärmeverlust H_T' (einen auf die wärmeübertragende Umfassungsfläche bezogenen Wärmeverlust) beschrieben. An Fenster und Türen werden daher keine expliziten Einzelanforderungen gestellt. Vielmehr darf die gesamte wärmeübertragende Gebäudehülle einen Höchstwert des spezifischen Transmissionswärmeverlustes nicht überschreiten. Dieser H_T'-Anforderungswert ergibt sich aus dem H_T'-Wert der sog. Referenzausführung, einer von den Referenz-U-Werten beschriebenen wärmeschutztechnischen Qualität von Bauteilen, bezogen auf ihren Flächenanteil, zuzüglich eines Zuschlags für Wärmebrückenverluste und unter Einbeziehung der Temperaturkorrekturfaktoren F_X für nicht außenluftberührte Bauteile. In Bild 38.5 ist für ein beispielhaftes Einfamilienhaus das Vorgehen zur Ermittlung des spezifischen Transmissionswärmeverlusts H_T' dargestellt.

Bei Neubauvorhaben im Nichtwohngebäudebereich werden Anforderungen an die Gebäudehülle über einen zulässigen Höchstwert des mittleren

Bezeichnung		Fläche [m²]	Ausrichtung	U-Wert [W/(m²·K)]	F_x	$U \cdot A \cdot F_x$ [W/K]
Außenwand	Nord	37,6	Nord	0,28	1	10,52
Fenster	Nord	13,4		1,3	1	17,47
Außenwand	Ost	56,3	Ost	0,28	1	15,75
Fenster	Ost	13,4		1,3	1	17,47
Tür	Ost	2,3		1,8	1	4,16
Außenwand	Süd	37,6	Süd	0,28	1	10,52
Fenster	Süd	13,4		1,3	1	17,47
Außenwand	West	58,6	West	0,28	1	16,40
Fenster	West	13,4		1,3	1	17,47
Dach	Ost	88,3	Ost	0,2	1	17,66
Dach	West	88,3	West	0,2	1	17,66
Bodenplatte		102,0	horizontal	0,35	0,7	24,99
OG-Decke		102,0	horizontal	0,2	0,8	16,32
A_{ges} [m²]		626,6				
$H_{T,1D}$ = Summe $U \cdot A \cdot F_x$					203,86	W/K
ΔU_{WB} [W/(m²·K)]		0,05	$H_{T,WB} = A_{ges} \cdot \Delta U_{WB}$		31,33	W/(m²·K)
$H_{T,ges} = H_{T,1D} + H_{T,WB}$					235,20	W/(m²·K)
$H'_T = H_{T,ges} : A_{ges}$					0,38	W/(m²·K)

Bild 38.5 Beispielhafte Ermittlung des spezifischen Transmissionswärmeverlust H_T'

Tabelle 38.1 Höchstwerte der mittleren Wärmedurchgangskoeffizienten Ū für transparente Bauteile für Nichtwohngebäuden nach GEG (2024)

Bauteil/System	Mittlere Wärmedurchgangskoeffizienten Ū	
	Raumsolltemperaturen ≥ 19 °C [W/(m²·K)]	Raumsolltemperaturen < 19 °C [W/(m²·K)]
transparente Außenbauteile	1,5	2,8
Vorhangfassaden	1,5	3,0
Glasdächer, Lichtbänder, Lichtkuppeln	2,5	3,1

Wärmedurchgangskoeffizienten Ū definiert. Hierbei werden im Gegensatz zu Wohngebäuden konkretere Anforderungen an transparente Bauteile gestellt, bei denen hinsichtlich der Art des transparenten Bauteils und zwischen verschiedenen Raumsolltemperaturen unterschieden wird. Auszugsweise sind diese Anforderungen für transparente Bauteile in Tabelle 38.1 dargestellt.

Bei Erneuerung, Ersatz oder erstmaligen Einbau von Außenbauteilen sind die betroffenen Flächen so auszuführen, dass die Wärmedurchgangskoeffizienten die Werte der Tabelle 38.2 einhalten. Hiervon ausgenommen sind Maßnahmen, bei denen nicht mehr als 10 % der gesamten Fläche der jeweiligen Bauteilgruppe betroffen sind. Alternativ kann das Gebäude auch gesamtenergetisch bilanziert werden. Hierbei darf der zulässige Jahres-Primärenergiebedarf Q_P und die zulässigen Höchstwerte des spezifischen Transmissionswärmeverlusts bei Wohngebäuden um nicht mehr als 40 % überschritten werden.

Die Höchstwerte des spezifischen, auf die wärmeübertragende Umfassungsfläche bezogenen Transmissionswärmeverlusts betragen bei einem freistehenden Wohngebäude mit einer Gebäudenutzfläche von bis zu 350 m² 0,40 W/(m²·K), bei einem freistehenden Wohngebäude mit einer Gebäudenutzfläche von mehr als 350 m² 0,50 W/(m²·K), bei einem einseitig angebauten Wohngebäude 0,45 W/(m²·K) und bei allen anderen Wohngebäuden 0,65 W/(m²·K).

Bei Nichtwohngebäude darf der zulässige Jahres-Primärenergiebedarf Q_P ebenfalls um nicht mehr als 40 % überschritten werden. Die mittleren Wärmedurchgangskoeffizienten der wärmeübertragenden Umfassungsfläche hingegen dürfen die auf eine Nachkommastelle gerundete 1,25-fache der Höchstwerte der mittleren Wärmedurchgangskoeffizienten gemäß Anlage 3 GEG (2024) um nicht mehr als 40 % überschreiten.

Fehlen für die energetische Bilanzierung Angaben zu den Abmessungen, können diese durch ein vereinfachtes Aufmaß ermittelt werden. Liegen keine energetischen Kennwerte für die Bauteile und Anlagenkomponenten vor, können gesicherte Erfahrungswerte für Bauteile und Anlagenkomponenten vergleichbarer Altersklassen verwendet werden. Hier bieten sich beispielsweise die Regeln zur Datenaufnahme an (BMWi & BMI, 2020).

Tabelle 38.2 Höchstwerte der Wärmedurchgangskoeffizienten bei erstmaligem Einbau, Ersatz und Erneuerung von Bauteilen nach GEG, Anlage 7 (2024)

Bauteil	**Wohngebäude und Zonen von Nichtwohngebäuden mit Innentemperaturen ≥ 19 °C**	**Zonen von Nichtwohngebäuden mit Innentemperaturen von 12 bis < 19 °C**
	Höchstwerte der Wärmedurchgangskoeffizienten U_{max}	
außenliegende Fenster, Fenstertüren	1,3 W/(m²·K)	1,9 W/(m²·K)
Dachflächenfenster	1,4 W/(m²·K)	1,9 W/(m²·K)
Verglasungen	1,1 W/(m²·K)	keine Anforderung
Vorhangfassaden	1,5 W/(m²·K)	1,9 W/(m²·K)
Glasdächer	2,0 W/(m²·K)	2,7 W/(m²·K)
Fenstertüren mit Klapp-, Falt-, Schiebe- oder Hebemechanismus	1,6 W/(m²·K)	1,9 W/(m²·K)
außenliegende Fenster, Fenstertüren, Dachflächenfenster mit Sonderverglasungen	2,0 W/(m²·K)	2,8 W/(m²·K)
Sonderverglasungen	1,6 W/(m²·K)	keine Anforderung
Vorhangfassaden mit Sonderverglasungen	2,3 W/(m²·K)	3,0 W/(m²·K)

Wird ein Wohngebäude erweitert, darf der spezifische Transmissionswärmeverlust der Außenbauteile der neu hinzukommenden beheizten oder gekühlten Räume das 1,2-fache des entsprechenden Wertes des Referenzgebäudes und bei Nicht-Wohngebäuden die mittleren Wärmedurchgangskoeffizienten der wärmeübertragenden Umfassungsfläche der Außenbauteile der neu hinzukommenden beheizten oder gekühlten Räume das auf eine Nachkommastelle gerundete 1,25-fache der Höchstwerte gemäß der Anlage 3, GEG nicht überschreiten.

38.2.2 Wärmebrücken

Wärmeverluste über Wärmebrücken werden bei der energetischen Bilanzierung von Gebäuden über den Wärmebrückenzuschlag ΔU_{WB} bezogen auf die wärmeübertragende Umfassungsfläche berücksichtigt. Nach DIN V 18599-2 müssen hierbei folgende Wärmebrücken berücksichtigt werden:

- Gebäudekanten,
- Sockelanschlüsse,
- Fenster- und Fenstertüranschlüsse,
- Fassadenanschlüsse,

- Dachanschlüsse,
- Wand- und Deckeneinbindungen,
- Deckenauflager,
- Balkonplatten, sonstige auskragende Bauteile.

Ohne besonderen Nachweis der Wärmebrücken ist $\Delta U_{WB} = 0{,}10\ W/(m^2 \cdot K)$ zu setzen und bei Außenbauteilen mit innenliegender Dämmschicht und einbindender Massivdecke $\Delta U_{WB} = 0{,}15\ W/(m^2 \cdot K)$. Bei Ausführung der Anschlussdetails nach DIN 4108 Beiblatt 2 können verminderte Zuschläge in Ansatz gebracht werden. Mit Überprüfung und Einhaltung der Gleichwertigkeit der im Beiblatt 2 dargestellten Anschlussdetails kann, wenn bei allen Anschlüssen die Merkmale und Kriterien nach Kategorie B erfüllt sind, der Wärmebrückenzuschlag zu $\Delta U_{WB} = 0{,}03\ W/(m^2 \cdot K)$ gesetzt werden. In allen anderen Fällen ist ein Wärmebrückenzuschlag $\Delta U_{WB} = 0{,}05\ W/(m^2 \cdot K)$ anzusetzen, was der Gleichwertigkeit zu Kategorie A entspricht. Weiterhin kann die Wärmebrückenwirkung projektbezogen ermittelt und mittels eines individuellen, projektbezogenen Wärmebrückenzuschlags ΔU_{WB} berücksichtigt werden.

Bei Details der Kategorie B handelt es sich um energetisch (und meist auch feuchteschutztechnisch) höherwertige Details. Beispielsweise müssen Fensteranschlüsse in außengedämmter Bauweise zur Einhaltung der Kategorie B innerhalb der Dämmebene liegen, wohingegen Fenster bei Kategorie A bei außengedämmter Bauweise innerhalb des Wandbildners angeordnet werden, siehe Bild 38.6.

Bei Ansatz eines reduzierten Wärmebrückenzuschlags muss das geplante Anschlussdetail eindeutig dem jeweils in DIN 4108 Beiblatt 2 angegebenen konstruktiven Grundprinzip zugeordnet werden können. Dies gilt sowohl für die Bauteilabmessungen als auch für die Baustoffeigenschaften. Bei abweichender Ausführung ist die Gleichwertigkeit entweder über den Wärmedurchlasswiderstand R der einzelnen Schichten oder anhand von Wärmebrückenberechnungen über den Psi-Wert (Ψ) nachzuweisen. Alternativ kann die Gleichwertigkeit auch über Veröffentlichungen oder Herstellernachweise, die mit den im Beiblatt 2 dargestellten Rechenrandbedingungen berechnet wurden, nachgewiesen werden.

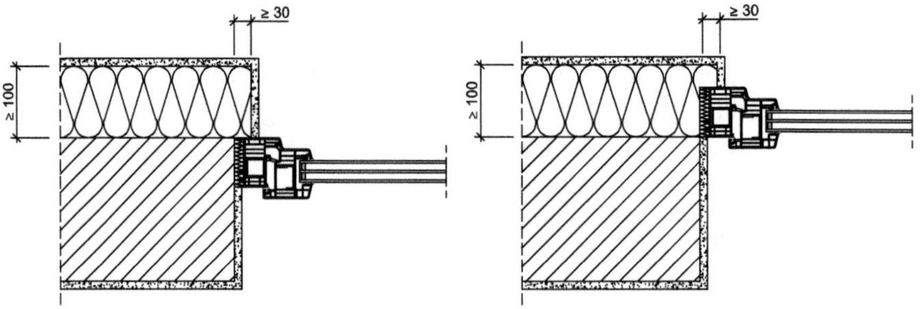

Bild 38.6 Beispielhafte Darstellung der unterschiedlichen Montagesituationen für Kategorie A (links) und Kategorie B (rechts)

Kann keine Gleichwertigkeit zu einem oder mehreren im Beiblatt dargestellten Konstruktionsprinzipien bzw. zu einem oder mehreren Konstruktionsprinzipien der Kategorie A bzw. B hergestellt werden, kann der pauschale Wärmebrückenzuschlag wie folgt korrigiert werden:

$$\Delta U_{WB} = \sum \frac{\Delta\Psi_i \cdot l_i}{A} + 0{,}05 \quad \text{bzw.} \quad \Delta U_{WB} = \sum \frac{\Delta\Psi_i \cdot l_i}{A} + 0{,}03 \qquad (38.1)$$

mit:

$\Delta\Psi_i$ Differenz des projektbezogenen temperaturbewerteten Ψ-Wertes zum jeweiligen im Beiblatt dargestellten Ψ-Referenzwert

l_i Länge der betreffenden Anschlusssituation

A die wärmeübertragende Umfassungsfläche des Gebäudes

Die vorbeschriebene Korrektur darf jedoch nur verwendet werden, wenn der projektbezogene längenbezogene Wärmedurchgangskoeffizient Ψ größer ist als der jeweils entsprechende Referenzwert des längenbezogenen Wärmedurchgangskoeffizienten Ψ.

Werden im Beiblatt nicht enthaltene Wärmebrücken berücksichtigt, ergibt sich die Korrektur wie folgt:

$$\Delta U_{WB} = \sum \frac{\Psi_i \cdot l_i}{A} + 0{,}05 \quad \text{bzw.} \quad \Delta U_{WB} = \sum \frac{\Psi_i \cdot l_i}{A} + 0{,}03 \qquad (38.2)$$

mit:

Ψ_i temperaturbewerteter Ψ-Wert der betreffenden Anschlusssituation

l_i Länge der betreffenden Anschlusssituation

A die wärmeübertragende Umfassungsfläche des Gebäudes

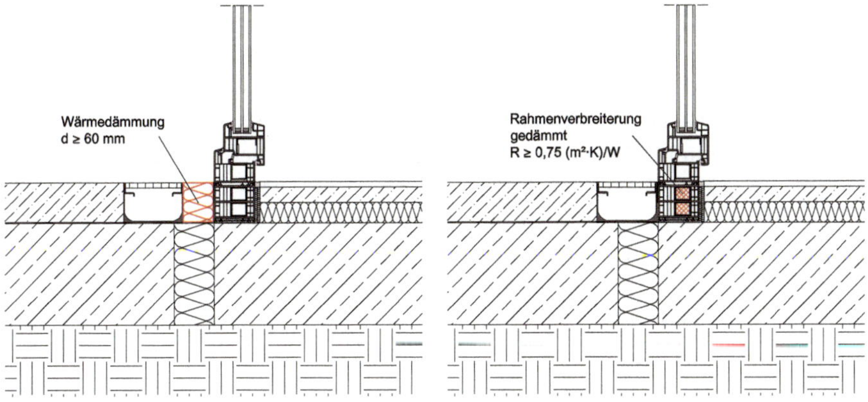

a) b)

Bild 38.7 Beispielhafte Darstellung der Ausführung des unteren Fenstertüranschlusses mit Entwässerungsrinne zur Einhaltung der Anforderungen nach DIN 4108 Beiblatt 2; a) Dämmung zwischen Rahmenverbreiterung und Entwässerungsrinne mit d ≥ 60 mm, b) gedämmte Rahmenverbreiterung

Werden Außenbauteile einbezogen, bei denen der Wärmebrückeneinfluss bereits im U-Wert berücksichtigt ist (beispielsweise bei Vorhangfassaden, deren Wärmedurchgangskoeffizient nach DIN EN ISO 12631 bestimmt wurde), darf deren Fläche für den Wärmebrückenzuschlag unberücksichtigt bleiben.

Untere Fenstertüranschlüsse mit direkt davorliegender Entwässerungsrinne müssen eine gedämmte Rahmenverbreiterung mit einem Wärmedurchlasswiderstand $R \geq 0{,}75\ m^2 \cdot K/W$ aufweisen. Alternativ ist der Bereich zwischen der Entwässerungsrinne und dem unteren Fenstertüranschluss mit einer 60 mm dicken Wärmedämmung vollständig zu dämmen, siehe Bild 38.7.

38.2.3 Mindestwärmeschutz

Die Anforderungen an den Mindestwärmeschutz sind in DIN 4108-2 beschrieben. An der ungünstigsten Stelle ist bei stationärer Berechnung (Wärmebrückenberechnung) ein Temperaturfaktor $f_{Rsi} \geq 0{,}70$ einzuhalten, was einer Oberflächentemperatur von mindestens 12,6 °C entspricht. Dies bedeutet, dass es bei wohnräumüblichen Verhältnissen (ausreichende Lüftung der Räume der Bewohner und einer Beheizung der Räume) mit keiner Schimmelpilzbildung zu rechnen ist. Abweichende raumseitige klimatische Bedingungen, bspw. Räume mit erhöhter Feuchtelast, weisen abweichende Bewertungskriterien auf und sind mit o. g. Bewertungskriterien nicht bewertbar.

Die Oberfläche von transparenten und teiltransparenten Bauteilen, also auch Fenster und Fenstertüren, sind von dieser Anforderung ausgenommen. Die gelten ausschließlich an den Schnittstellen zum Baukörper im Bereich der Laibung und vom Rollladen zum Baukörper. Bei Sturz-, Einbau- und Aufsatzkästen, also Kästen die nach der Gebäudefertigstellung nicht oder nur noch teilweise sichtbar sind, ist der Mindestwärmeschutz auch an der Schnittstelle Rollladenkasten zum Fenster einzuhalten.

Die Ermittlung der sich einstellenden Oberflächentemperatur erfolgt anhand von Wärmebrückenberechnungen mit dem in Beiblatt 2 beschriebenen Ersatzsystem, den in Beiblatt 2 beschriebenen Referenzprofilen oder dem real geplanten Fenster. Die Berechnungen werden auf Grundlage von DIN EN ISO 10211 oder bei Verwendung eines realen Fensters bzw. der Referenzprofile auf Grundlage von DIN EN ISO 10211 in Verbindung mit DIN EN ISO 10077-2 durchgeführt. Bei beiden Berechnungsgrundlagen sind die Rechenrandbedingungen nach der DIN 4108 Beiblatt 2 in Ansatz zu bringen. Anhand der ermittelten Temperatur an der Innenoberfläche kann der Temperaturfaktor f_{Rsi} wie folgt berechnet werden:

$$f_{Rsi} = \frac{\theta_{si} - \theta_e}{(\theta_{int} - \theta_e)} \tag{38.3}$$

mit:

θ_{si} [°C] die Temperatur am Punkt der Innenoberfläche

θ_e [°C] die Außenlufttemperatur

θ_{int} [°C] die Innenlufttemperatur

Tabelle 38.3 Korrekturwerte der Oberflächentemperatur θ_{si} für unterschiedliche Rahmenmaterialien von Fensterprofilen nach DIN 4108 Beiblatt 2

Rahmenmaterial	Korrekturwerte für θ_{si}		
	Brüstung [K]	Laibung [K]	Sturz [K]
Kunststoff	–1,5	–0,5	–0,5
Holz	–0,5	–0,5	–0,5
Metall	–1,5	–3,0	–3,0

Bei der Berechnung der Oberflächentemperaturen mit dem Ersatzsystem sind die minimalen raumseitigen Oberflächentemperaturen in Abhängigkeit des Rahmenmaterials und der bewerteten Anschlusssituation nach Tabelle 38.3 zu korrigieren.

Bei der Bewertung des Mindestwärmeschutzes wird immer von einer gleichmäßigen Beheizung und ausreichenden Belüftung des Raumes ausgegangen. Weiterhin wird eine weitgehend ungehinderte Luftzirkulation im Bereich des Fensters, welche durch Ansatz eines raumseitigen Wärmeübergangswiderstands $R_{si} = 0{,}13$ m²·K/W abgebildet wird, unterstellt. Rollläden sind hiervon ausgenommen und werden, wie alle anderen Bauteile, mit dem erhöhten raumseitigen Wärmeübergangswiderstand $R_{si} = 0{,}25$ m²·K/W abgebildet. Hierdurch wird eine Behinderung der Wärmeübertragung, wie sie sich beispielsweise durch leichte Gardinen einstellt, nachgebildet.

Rollläden, beispielsweise (Mini-) Aufsatzkästen, Vorsatzkästen vor Verbreiterungen und auch Raffstorekästen, müssen einen Wärmedurchgangskoeffizienten $U_{sb} \leq 0{,}85$ W/(m²·K) einhalten. Bei Vorbaukästen, die nicht vor Fensterprofilen oder Profilverbreiterungen montiert werden, ist zudem hinter dem Vorbaukasten ein Wärmedurchlasswiderstand $R \geq 1{,}2$ m² K/W sicherzustellen. Weist der Wandbildner diese Anforderung nicht auf, ist eine zusätzliche Dämmung zwischen Wand und Vorbaukasten anzuordnen.

Opake (= lichtundurchlässige) Ausfachungen in Fenstern oder Fassaden müssen bei beheizten und niedrig beheizten Räumen einem Wärmedurchlasswiderstand $R \geq 1{,}2$ (m² K)/W (bzw. $U_p \leq 0{,}73$ W/(m² K)) aufweisen.

Rahmen und Rahmenverbreiterungen sind im Mittel (flächenbezogen) mit einem Wärmedurchgangskoeffizienten von $U_f \leq 2{,}9$ W/(m² K) nach DIN EN 12412-2, DIN EN ISO 10077-1 oder DIN EN ISO 10077-2 auszuführen.

Die Anforderungen an den Mindestwärmeschutz im Bereich von Fenstern und Rollladensystemen sind in Bild 38.8 dargestellt.

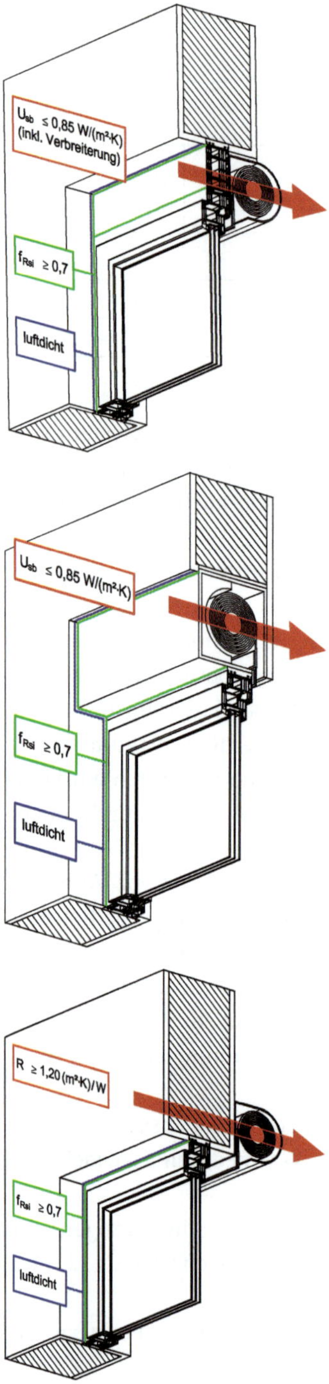

Bild 38.8 Darstellung der Anforderungen an den Mindestwärmeschutz an Fenstern und Rollladensystemen nach DIN 4108-2 und VEKA Montageleitfaden (2015)

38.2.4 Anforderungen an den sommerlichen Wärmeschutz

Die Anforderungen an den sommerlichen Wärmeschutz sind in DIN 4108-2 beschrieben. Durch die Einhaltung der Anforderungen soll der Einsatz energieintensiver Kühlmaßnahmen verhindert werden. Die Anforderungen beziehen sich auf beheizte Räume bei Neubauvorhaben. Sanierungsmaßnahmen und Anbauten mit einer zusammenhängenden Nutzfläche von nicht mehr als 50 m² sind von den Anforderungen nach GEG (2024) ausgenommen. Ist die zusammenhängende Fläche größer als 50 m² ist der Nachweis des sommerlichen Wärmeschutzes für die Erweiterung wie beim Neubau zu führen.

Beim Einsatz von Anlagen zur Kühlung müssen die Anforderungen nach DIN 4108-2 an den sommerlichen Wärmeschutz ebenfalls erfüllt werden, sofern es unter Ausschöpfung aller baulichen Möglichkeiten machbar ist.

Für die Nachweisführung stellt DIN 4108-2 ein vereinfachtes Nachweisverfahren, das sogenannte „Sonneneintragskennwerte-Verfahren", mit standardisierten Randbedingungen bereit. Der Nachweis erfolgt unter Vergleich eines zulässigen Höchstwertes des Sonneneintragskennwertes S_{zul} mit einem raumbezogenen vorhandenen Sonneneintragskennwert S_{vorh}. Der Nachweis ist eingehalten, wenn der vorhandene Sonneneintragskennwert S_{vorh} den zulässigen Höchstwert S_{zul} nicht überschreitet.

Der vorhandene Sonneneintragskennwert S_{vorh} ist hierbei von der Fensterfläche, dem Gesamtenergiedurchlassgrad des Glases, eventueller Sonnenschutzvorrichtung und der Nettogrundfläche des Raumes abhängig. Berechnet wird er nach Gl. (38.4); der für die Berechnung notwendige Gesamtenergiedurchlassgrad der Verglasung einschließlich Sonnenschutzvorrichtung g_{tot} nach Gl. (38.5). Anhaltswerte für den Abminderungsfaktor F_c von fest installierten Sonnenschutzvorrichtungen finden sich in Tabelle 7 der DIN 4108-2, wobei Werte für innen-, außenliegende und im Scheibenzwischenraum liegende Sonnenschutzvorrichtungen bei unterschiedlichen Verglasungsarten (Sonnenschutz- und Wärmeschutzverglasung), angegeben werden.

Der zulässige Höchstwert des Sonneneintragskennwertes S_{zul} ist abhängig vom Standort (bzw. der Klimaregion), der Nutzung, der Bauart, vom Nachtlüftungspotenzial, vom Fensterflächenanteil, vom verwendeten Glas, der Fensterneigung und -orientierung und der Möglichkeit des Einsatzes einer passiven Kühlung.

Diese vorgenannten Einzeleinflüsse werden über separate Kennwerte, die so genannten anteiligen Sonneneintragskennwerte S_1 bis S_6, berücksichtigt, woraus der zulässige Sonneneintragskennwert S_{zul} durch Aufsummierung nach Gl. (38.6) errechnet wird. Die Bestimmung der anteiligen Sonneneintragskennwerte S_1 bis S_6 erfolgt nach Tabelle 38.8 der DIN 4108-2.

$$S_{vorh} = \frac{\sum_j \left(A_{w,j} \cdot g_{total,j}\right)}{A_G} \tag{38.4}$$

mit:

A_w [m²] Fensterfläche
g_{total} [-] Gesamtenergiedurchlassgrad der Verglasung einschließlich Sonnenschutz
A_G [m²] Nettogrundfläche des Raumes oder des Raumbereichs

$$g_{total} = g \cdot F_c \tag{38.5}$$

mit:

F_c [-] Abminderungsfaktor der Sonnenschutzvorrichtung
g [-] der Gesamtenergiedurchlassgrad der Verglasung

$$S_{zul} = \sum S_x \tag{38.6}$$

mit:

S_x [-] anteiliger Sonneneintragskennwert

Für Räume mit einer Fensterorientierung von Nordwest über Süd bis Nordost muss kein Nachweis geführt werden, wenn der grundflächenbezogene Fensterflächenanteil maximal 10 % beträgt. Bei nordorientierten Fenstern darf der grundflächenbezogene Fensterflächenanteil maximal 15 % betragen. Dies gilt jeweils für Fensterneigungen bis kleiner 30°. Lichtkuppeln und Dachflächenfenster mit einer Neigung von 0 bis 60° sind unabhängig von deren Orientierung ebenfalls nachweisfrei, wenn der grundflächenbezogene Fensterflächenanteil 7 % nicht überschritten wird. Sind bei den betrachteten Räumen mehrere Orientierungen mit Fenstern vorhanden, ist der kleinere Grenzwert maßgebend.

Bei Wohngebäuden kann ebenfalls auf den Nachweis des sommerlichen Wärmeschutzes verzichtet werden, wenn der grundflächenbezogenen Fensterflächenanteil 35 % nicht überschreitet, die Fenster in Ost-, Süd- oder Westorientierung (inkl. derer eines Glasvorbaus) mit außenliegenden Sonnenschutzvorrichtungen mit einem Abminderungsfaktor $F_C \leq 0{,}30$ bei Glas mit $g > 0{,}40$ bzw. $F_C \leq 0{,}35$ bei Glas mit $g \leq 0{,}40$ ausgestattet sind und die Möglichkeit zur erhöhten Nachtlüftung besteht.

Zur Verbesserung des sommerlichen Wärmeverhaltens, bzw. Begrenzung der sommerlichen Raumlufttemperaturen, bieten sich folgende Maßnahmen an:

- Sonnenschutzvorrichtungen oder Sonnenschutzglas bei ost-, süd- und westorientierten Fassaden. Bewegliche Sonnenschutzvorrichtungen sind hier dem Einsatz von Sonnenschutzglas vorzuziehen, da andernfalls solare Wärmeeinträge während der Heizzeit aufgrund niedriger g-Werte bei Sonnenschutzglas nicht genutzt werden können.
- Bei größeren Fensterflächenanteilen ist der Einsatz einer außenliegenden Sonnenschutzvorrichtung oder einer in den Scheibenzwischenräumen zu favorisieren.
- Verwendung eines außenliegenden Sonnenschutzes bei ost-, süd- und westorientierten Dachflächenfenstern.

- Nutzung einer erhöhten Nachtlüftung (durch Fensteröffnung) bzw. bei Nichtwohngebäuden von erhöhten Luftwechseln außerhalb der Nutzungszeit (z. B. durch Lüftungsanlagen oder Fensteröffnung unter Beachtung des Witterungs- und Einbruchsschutzes).

38.2.5 Anforderungen an die Luftdichtheit

Anforderungen an die Luftdurchlässigkeit von Funktionsfugen von Fenstern und Fenstertüren sind in DIN 4108-2 definiert. Diese müssen bei Gebäuden mit bis zu 2 Vollgeschossen mindestens der Klasse 2, was einer Referenzluftdurchlässigkeit $Q_{100} \leq 27$ m³/(h·m²) entspricht, und bei mehr als 2 Vollgeschossen mindestens der Klasse 3, Referenzluftdurchlässigkeit $Q_{100} \leq 9$ m³/(h·m²), gemäß DIN EN 12207 entsprechen. Außentüren hingegen müssen unabhängig von der Anzahl der vorhandenen Vollgeschosse mindestens der Klasse 2 entsprechen.

Anschlussfugen (beispielsweise Fugen zwischen Fenster und Baukörper) und Konstruktionsfugen (beispielsweise Kopplungsfugen zwischen einzelnen Fenstern oder Fugen zwischen Fenster und Aufsatzkasten, wie sie beispielhaft in Bild 38.9 dargestellt sind) müssen eine Luftdurchlässigkeit $a < 0{,}1$ m³/m(daPa$^{2/3}$) aufweisen, was als praktisch luftdichte Ausführung angesehen werden kann.

Konstruktionsbedingt kommt es bei Revisionsöffnungen von Einbau- und Aufsatzkästen punktuell zu höheren Fugendurchlasskoeffizienten. Hier gilt eine auf die gesamte Länge des Kastens bezogene Referenzluftdurchlässigkeit α_{sb}. Bei 10 Pa Druckdifferenz darf eine Referenzluftdurchlässigkeit α_{sb} von 0,25 m³/(h·m) nicht überschritten werden.

Konstruktionsbedingte Fugen in der wärmeübertragenden Umfassungsfläche sind entsprechend den anerkannten Regeln der Technik dauerhaft luftundurchlässig auszuführen. Dies gilt nach DIN 4108-2 auch für neue Bauteile in bestehenden Gebäuden, wie z. B. beim Einbau neuer Fenster oder dem Verschließen von Fensteröffnungen. Hierfür gibt DIN 4108-7 Planungs- und Ausführungsempfehlungen

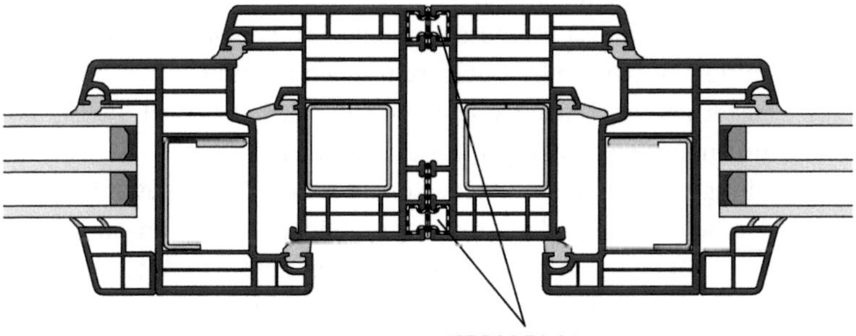

Bild 38.9 Beispielhafte Kopplungsfuge mit eingelegter EPDM-Dichtung nach Gütegemeinschaft (2024)

und zeigt Ausführungsbeispiele auf, welche die Umsetzung einer dauerhaften Luftdichtheit ermöglichen. Für Fenster gibt DIN 4108-7 Anschlussausbildungen für die raumseitige Abdichtung zur Sicherstellung der Luftdichtheit vor, wobei sich die Abdichtungsvarianten auf Dichtstoffe, vorkomprimierte Dichtbänder in Verleistungen und Klebebänder beschränken. DIN 4108-7 schreibt bei unebenem Mauerwerk die Ausführung eines Glattstrichs vor Fenstereinbau im Bereich des Mauerwerks bei Verwendung von Dichtstoffen und Klebebändern vor.

Unabhängig von den Vorgaben in DIN 4108-2 und DIN 4108-7 stellt das GEG (2024) die Anforderungen an die Luftdichtheit von Gebäuden über die Vorgabe von maximal zulässigen Luftwechselraten bei 50 Pa Druckdifferenz. Der sogenannte n_{50}-Wert darf bei Gebäuden ohne raumlufttechnische Anlage einen Wert von 3,0 h^{-1} und mit raumlufttechnischer Anlage einen Wert von 1,5 h^{-1} nicht überschreiten. Die Einhaltung der genannten Grenzwerte gibt jedoch keine Auskunft über lokale Undichtigkeiten, die im schlimmsten Fall zu Feuchteschäden führen könnten. Die Einhaltung der Grenzwerte ist somit kein hinreichender Nachweis für die fachgerechte Ausführung einzelner Anschlüsse. Zusätzlich zu dem erhöhten Schadenspotenzial kann es zu einem unbehaglichen Wohnraumklima durch Zugerscheinungen sowie zu erhöhten Lüftungswärmeverlusten kommen.

38.2.6 Punktuelle Wärmebrücken

Nach DIN V 18599 besteht keine Verpflichtung, dreidimensionale Wärmebrückeneffekte bei der energetischen Bilanzierung zu berücksichtigen. Diese Regelung beruht darauf, dass der Wärmeverlust, der durch punktuelle Wärmebrücken – wie beispielsweise bei Balkonauflagerungen oder Vordachabhängungen – entsteht, in der Regel aufgrund der begrenzten Flächenwirkung vernachlässigt werden kann.

Dennoch besteht die Möglichkeit, im Einzelfall Wärmeverluste durch mehrfach auftretende punktuelle Wärmebrücken, etwa bei Betonstützen in Tiefgaragen, in die energetische Bilanzierung einzubeziehen.

Bei der Bewertung des Mindestwärmeschutzes gemäß DIN 4108-2 ist für gängige Verbindungsmittel wie Abstandsmontageschrauben mit und ohne Dübel zum Anschluss von Fenstern an angrenzende Bauteile kein Nachweis über die Einhaltung der Mindestinnenoberflächentemperatur erforderlich.

Bei der Verwendung von Abstützwinkeln, Konsolen oder Montagewinkeln zur Fenstermontage handelt es sich jedoch nicht um übliche Befestigungsmittel im Sinne von DIN 4108-2. Daher ist insbesondere bei einem niedrigen Wärmedämmniveau, wie es im Altbau oft vorkommt, der Nachweis des hygienischen Mindestwärmeschutzes nach DIN 4108-2 für solche Befestigungselemente erforderlich.

Ein anschauliches Beispiel für diese Thematik ist die absturzsichernde Fensterbefestigung W-ABZ, bei der der thermische Einfluss im monolithischen Mauerwerk untersucht wurde. Ziel dieser Untersuchung war es, den Einfluss der Montageschiene auf den Mindestwärmeschutz im Anschlussbereich des Fensters zur Laibung zu ermitteln. Die Bewertung erfolgte auf Grundlage von dreidimensionalen Wärmebrückenberechnungen gemäß DIN EN ISO 10211 und DIN EN ISO 10077-2, die eine thermische Abbildung eines Fensterprofils ermöglichen.

Das absturzsichernde Fensterbefestigungselement umfasst die Fenstermontageschiene W-ABZ, eine spezielle M8-Schraube mit Scheibe und Kontermutter sowie eine aufgeschraubte Lasche zur Befestigung an der Außenseite des Fensterrahmens. Die Untersuchungsgegenstände in den beiden Ausführungsvarianten werden in Bild 38.10 anschaulich dargestellt.

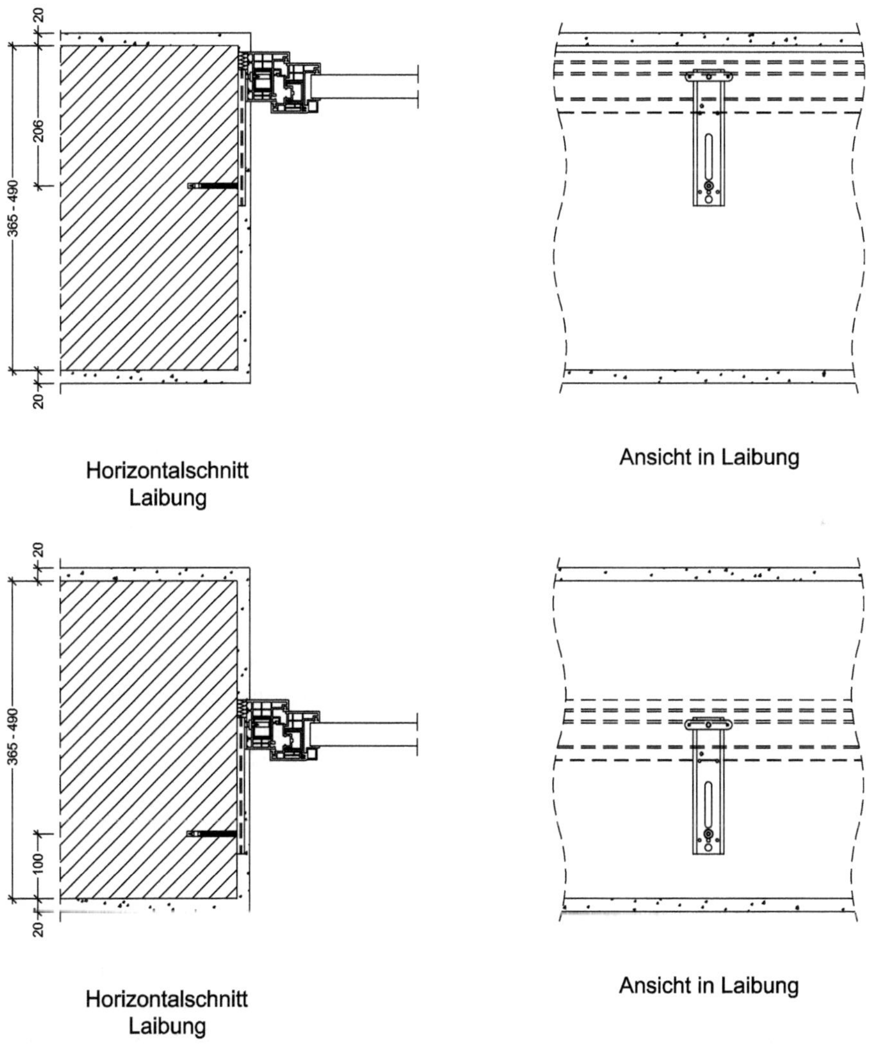

Bild 38.10 Darstellung der Montagesituation der Montageschiene W-ABZ; oben: Montage außenseitig bündig, unten: Montage innenseitig

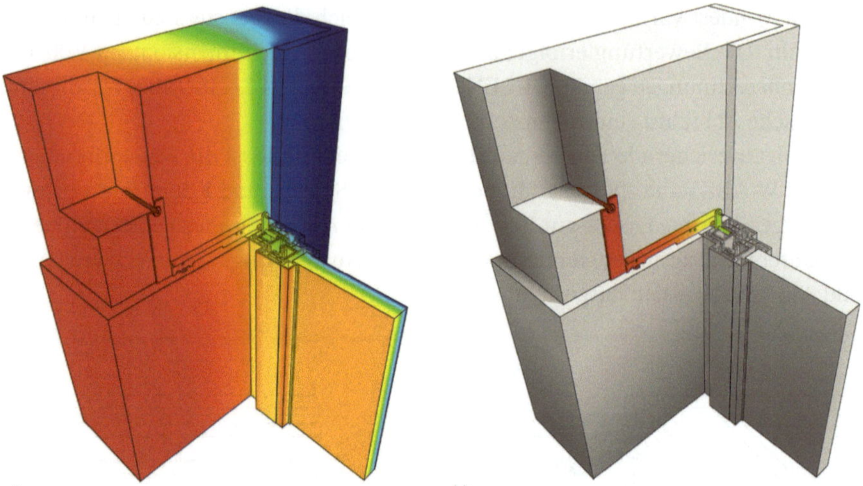

Bild 38.11 Darstellung des Temperaturverlaufs im Bereich der Befestigung; a) Temperaturverlauf im Gesamtbereich des betrachten Anschlusses, b) Darstellung des Temperaturänderungen ausschließlich im Befestiger zur Darstellung der Wärmebrückenwirkung

Die Ergebnisse der Wärmebrückenberechnungen zeigten, dass im ungestörten Regelquerschnitt höhere raumseitige Temperaturen vorherrschten als im Bereich der Montageschiene beziehungsweise der Konsole. Hierbei konnten Temperaturunterschiede von bis zu 1,5 K festgestellt werden. In den betrachteten Fällen wurde zwar die Einhaltung der Anforderungen an den Mindestwärmeschutz gemäß DIN 4108-2 bestätigt (siehe Bild 38.11), jedoch sollte berücksichtigt werden, dass die untersuchten Anschlusssituationen einem hohen Wärmedämmniveau entsprachen.

Bei Wandbildnern mit einem geringeren Wärmedämmniveau kann es jedoch trotz der Einhaltung der Mindestanforderungen im ungestörten Regelquerschnitt dazu kommen, dass die Anforderungen an den Mindestwärmeschutz im Bereich des Befestigungselements nicht erfüllt werden. Dies verdeutlicht die Notwendigkeit, die spezifischen Bedingungen und Materialien bei der Planung und Ausführung von Fensteranschlüssen stets zu berücksichtigen, um einen hygienischen Mindestwärmeschutz zu gewährleisten.

38.2.7 Anforderungen an den Schlagregenschutz

Anforderungen an die Schlagregendichtheit von Fenstern und Fenstertüren wird nach DIN 4108-3 in DIN EN 12208 geregelt, ist jedoch nicht im deutschen Baurecht, also den jeweiligen Landesbauordnungen, verankert und unterliegen somit keinen baurechtlichen Anforderungen. Lediglich an die Bauanschlussfuge werden Anforderungen gestellt. Daher sind bei Fenstern Anforderungen zwischen Planer und ausführender Firma zu vereinbaren. Diese werden maßgeblich durch den Standort des Gebäudes, die Einbausituation und die Orientierung beeinflusst. Beispielsweise weisen Fenster und Fenstertüren in Küstennähe höhere Beanspruchungen auf als Fenster in niederen Lagen, ebenso sind Windbelastung unterhalb von auskragenden Bauteilen niedriger ist als bei Fenstern und Fenstertüren ohne schützende Bauteile.

Die Anschlussfuge zwischen Fenster und Außenwand weist hingegen Anforderungen an den Feuchteschutz durch Schlagregenbelastung auf. Gemäß DIN 4108-3 ist bei der Ausbildung der Anschlussfuge darauf zu achten, dass es zu keinem unkontrollierten Wassereintritt kommt, da der Wassergehalt angrenzender Baustoffe zulässige Grenzwerte nicht überschreiten darf. Zur Sicherstellung des Schlagregenschutzes können Fugendichtstoffe wie Dichtbänder, Folien etc. zum Einsatz kommen. Auch durch konstruktive Maßnahmen kann ein Schlagregenschutz sichergestellt werden. Hierfür gibt DIN 4108-3 Anwendungsbeispiele für Fugenabdichtungen in Abhängigkeit von der Schlagregenbeanspruchung vor.

Der Schlagregenschutz kann jedoch erst dann vollständig sichergestellt, wenn die Gebäudehülle nebst Außenputz oder Verblendmauerwerk fertiggestellt ist. Daher sind in Abhängigkeit des Bauablaufs temporäre Maßnahmen zur Sicherstellung der Schlagregendichtheit, auch für die Bauphase bei der Planung zu berücksichtigen!

38.2.8 Anforderungen an den Schallschutz

Bei den bauordnungsrechtlichen Anforderungen des baulichen Schallschutzes handelt es sich um einzuhaltende Mindestanforderungen. Diese sind in den jeweiligen Landesbauordnungen, die wiederum auf die Normenreihe der DIN 4109 verweisen, formuliert. Es handelt sich hierbei ausschließlich um ein Schallschutzniveau, dass die Gesundheit von Personen bewahrt und zufriedenstellende Nachtruhe-, Freizeit- und Arbeitsbedingungen sicherstellt. Bei Umsetzung des Niveaus kann nicht erwartet werden, dass Geräusche von außen oder aus benachbarten Räumen nicht als belästigend wahrgenommen werden. Die Anforderungen gelten ausschließlich bei Neubauten oder bei tiefgreifenden Änderungen eines Bestandsgebäudes, beispielsweise Nutzungsänderungen. Bei der Sanierung gelten zwar auch die anerkannten Regeln der Technik sowie die aktuell geltenden Normen, jedoch ist dies aufgrund der Bausubstanz und der hohen Kosten oft nicht umsetzbar. Daher gilt auch nach aktueller Rechtsprechung, dass die Vorschriften gelten, die bei der Errichtung des Gebäudes galten, außer wenn das Haus grundsätzlich und umfassend verändert wird (BGH 2013, VIII ZR 287/12).

Anforderungen werden an trennende Bauteile innerhalb von Gebäuden zwischen fremden Nutzungseinheiten (z. B. zwischen fremden Wohnungen oder fremden Arbeitsbereichen) und an Außenbauteile gestellt; jeweils für schutzbedürftige Räume mit Aufenthaltsqualität.

Anforderungen an Fenster werden als Anforderungswert an das gesamte Außenbauteil über das bewertete Bau-Schalldämm-Maß $R'_{w,ges}$ definiert. Dieses setzt sich

Tabelle 38.4 Anforderungen an die Luftschalldämmung von Außenbauteilen nach DIN 4109-1

Raumarten		Lärmpegelbereich						
		I	II	III	IV	V	VI	VII
		„Maßgeblicher Außenlärmpegel" in dB						
		bis 55	56 bis 60	61 bis 65	66 bis 70	71 bis 75	76 bis 80	> 80
Bettenräume in Krankenanstalten und Sanatorien	erf. $R'_{w,ges}$ des Außenbauteils in dB	35	35	40	45	50	2)	2)
Aufenthaltsräume in Wohnungen, Übernachtungsräume in Beherbergungsstätten, Unterrichtsräume und Ähnliches		30	30	35	40	45	50	2)
Büroräume[1] und Ähnliches		keine Anforderung	30	30	35	40	45	50

1) an Außenbauteile von Räumen, bei denen der eindringende Außenlärm aufgrund der in den Räumen ausgeübten Tätigkeiten nur einen untergeordneten Beitrag zum Innenraumpegel leistet, werden keine Anforderungen gestellt
2) Anforderungen sind aufgrund der örtlichen Gegebenheiten festzulegen

aus allen Einzelbauteilen zusammen und berücksichtigt über das Anforderungsniveau unterschiedlicher Raumarten den maßgeblichen Außenlärmpegel. Die Anforderungen gelten jedoch nicht für Fluglärm.

Für Außenbauteile sind nach DIN 4109-1, unter Berücksichtigung der jeweiligen Raumnutzung, die in Tabelle 38.4 aufgeführten Anforderungen an die Luftschalldämmung einzuhalten.

Nach DIN 4109-1 ergibt sich die Anforderung an die Luftschalldämmung nach

$$R'_{w,ges} = L_a\text{-}K_{Raumart} \tag{38.7}$$

mit:

$K_{Raumart} = 25$ dB für Bettenräume in Krankenanstalten und Sanatorien;

$K_{Raumart} = 30$ dB für Aufenthaltsräume in Wohnungen, Übernachtungsräume in Beherbergungsstätten, Unterrichtsräume und Ähnliches;

$K_{Raumart} = 35$ dB für Büroräume und Ähnliches;

L_a Maßgeblicher Außenlärmpegel

Jedoch sind dabei im Fall von Bettenräumen in Krankenhäusern und Sanatorien $R'_{w,ges}$ = 35 dB und für Aufenthaltsräume in Wohnungen, Übernachtungsräume in Beherbergungsstätten, Unterrichtsräume, Büroräume und Ähnliches $R'_{w,ges}$ = 30 dB einzuhalten.

Zivilrechtrechtliche Vereinbarungen, welche zwischen den Vertragsparteien zu vereinbaren sind, können ebenfalls schalltechnische Anforderungen darstellen und gehen in der Regel über das baurechtlich geforderte Mindestmaß hinaus. Mögliche Planungsgrundlagen für einen zu vereinbarenden erhöhten Schallschutz finden sich beispielsweise in VDI 4100, DIN 4109-5 oder in der DEGA-Empfehlung 103 (2018).

Bauliche Schallschutzmaßnahmen an Außenbauteilen sind nur bei geschlossenen Fenstern und Türen wirksam. Lüftungseinrichtungen ebenso wie Rollladenkästen dürfen die geforderte Luftschalldämmung von Fenstern nicht verringern. Alternativ kann dies bei der Ermittlung des notwendigen Schalldämm-Maßes durch andere Bauteile kompensieren werden, d. h. die Schalldämmung der Außenwand und/oder der Fenster kann zur Kompensation der geminderten Luftschalldämmung durch einen Rollladenkasten erhöht werden.

Die Schallübertragung jedes einzelnen Bauteils und Elementes bestimmt die gesamte resultierende Schallübertragung der Fassadenfläche, d. h. dass Zusatzeinrichtungen wie Lüfter (z. B. fensterintegrierte Lüfter) und Rollladenkästen (z. B. Aufsatz- und Sturzkästen) zu berücksichtigen sind. Üblicherweise werden diese Elemente durch die sogenannte bewertete Norm-Schallpegeldifferenz $D_{n,e,w}$ inklusive Angabe der Prüffläche beschrieben. Als Prüffläche wird zur Ermittlung des bewerteten Schalldämm-Maßes R_w die tatsächlich vorhandene raumseitige Fläche des Bauteils angesetzt.

Vorbauelemente (Vorsatzrollladenkästen) werden nach DIN 4109-35 bei der Ermittlung der resultierenden Schalldämmung z. B. nicht berücksichtigt, da sich das Schalldämm-Maß aus dem Schalldämm-Maß der raumseitig angrenzenden Wand- oder dem Fensterelement ergibt.

Außenbauteilflächen von schutzbedürftigen Räumen bestehen in der Regel aus mehreren Teilflächen mit unterschiedlicher Schalldämmung, beispielsweise Wand, Fenster und ggf. Rollladenkästen und/oder Lüftungseinrichtungen. Die Direktschalldämmung der gesamten Außenfläche hängt von der schallschutztechnischen Qualität jedes einzelnen Bauteils ab. In Bild 38.12 ist eine Außenfläche mit den jeweiligen Einzelbauteilen dargestellt. Die anzusetzende Teilfläche ist die vom Rauminneren gesehene lichte Fläche. Neben der direkten Schallübertragung über die Außenfläche in den Empfangsraum ist auch die Übertragung über flankierende Bauteile rechnerisch zu berücksichtigen.

In vielen Fällen ist der Anteil der Flankenübertragung für den Nachweis zum Schutz gegen Außenlärm unbedeutend und für die Berechnung irrelevant. Der Anteil der flankierenden Übertragung ist zu prüfen. So kann diese nach DIN 4109-2 vernachlässigt werden, wenn bei heute üblichen Fenstern das gesamte bewertete Bau-Schalldämm-Maß $R'_{w,ges} \leq 40$ dB beträgt.

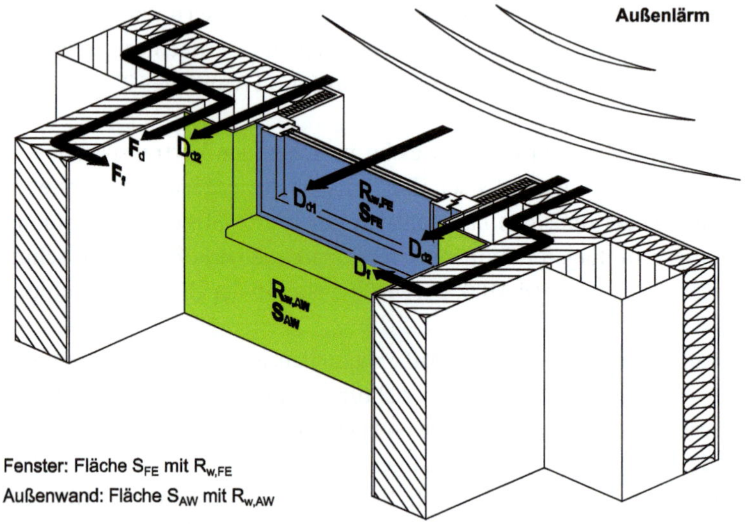

Bild 38.12 Berechnung des resultierenden Schalldämm-Maßes von Außenbauteilen verschiedener Schalldämmung, inkl. Darstellung der Übertragungswege eines Außengeräusches in einen schutzbedürftigen Empfangsraum

Der rechnerische Nachweis gilt als erfüllt, wenn das nach DIN 4109-2 errechnete gesamte bewertete Bau-Schalldämm-Maß $R'_{w,ges}$ der Außenbauteile (inkl. Abminderung um Sicherheitsbeiwert) mindestens so groß ist, wie das geforderte gesamte bewertete Bau-Schalldämm-Maß erf. $R'_{w,ges}$ inkl. der Korrektur K_{AL}.

$$R'_{w,ges}\text{-}2\text{dB} \geq \text{erf.}\, R'_{w,ges} + K_{AL} \quad (38.8)$$

mit:

$R'_{w,ges}$ [dB] das ermittelte gesamte bewertete Bau-Schalldämm-Maß der Fassade;

erf. $R'_{w,ges}$ [dB] das geforderte gesamte bewertete Bau-Schalldämm-Maß der Fassade;

K_{AL} [dB] der ermittelte Korrekturwert für das erforderliche Schalldämm-Maß für den Außenlärm.

Für K_{AL} gilt:

$$K_{AL} = 10\lg\left(\frac{S_S}{0{,}8 \cdot S_G}\right) \quad (38.9)$$

mit:

S_S [m²] die vom Raum aus gesehene gesamte Fassadenfläche;

S_G [m²] die Grundfläche des Raumes.

Der Einbau von Fenstern ist so zu planen und auszuführen, dass die Fugen das bewertete Schalldämm-Maß des Fensters R_w um nicht mehr als 1 dB verschlechtern. Es gilt folgende Faustformel als Richtwert für die Planung des Fugenschalldämm-Maßes $R_{S,w}$:

$$R_{S,w} = R_w + 10\text{ dB}$$

Die Fugenschalldämmung muss also 10 dB über der Schalldämmung des Fensters liegen, damit es zu keiner Verschlechterung des Schalldämm-Maßes des Fensters im eingebauten Zustand kommt. Bei der Abdichtung der Fuge ist es wichtig auf eine luftdichte Ausführung zu achten. Hier gilt der Grundsatz, dass nur luftdichte Ausführungen auch aus akustischer Sicht „dicht" sind (Gütegemeinschaft, 2024). Für die Abdichtung der Fuge eignen sich aus akustischer Sicht vor allem PU-Schäume in Verbindung mit Foliendichtstoffen und komprimierte Dichtungsbänder mit einem hohen Komprimierungsgrad. Versetzte Fugenanordnungen, wie sie beispielsweise bei Anschlägen auftreten, wirken sich nach dem Leitfaden zur Montage Gütegemeinschaft (2024) aufgrund der Schallumlenkung positiv auf das Fugenschalldämm-Maß aus. Die sich ergebenden Anforderungen an Fenster werden nach DIN 4109-2, Abschnitt 4.4.4 an das Bauteil im eingebauten Zustand gestellt.

Übliche Fugenschalldämm-Maße für unterschiedliche Materialien sind in Tabelle 38.5 dargestellt.

Tabelle 38.5 Übersicht üblicher Fugenschalldämmungen von Bauanschlussfugen von Fenstern bei einer Fugentiefe von 50 bis 100 mm nach Gütegemeinschaft (2024)

Ausbildung der Fuge	**Fugenschalldämm-Maß $R_{S,w}$ in Abhängigkeit der Fugenbreite [dB]**	
	10 mm	**20 mm**
leere Fuge	15	10
Mineralfaser ausgestopft	35–45	30–40
PU-Montageschaum	≥ 50	≥ 47
komprimiertes Dichtungsband, Komprimierungsgrad ≤ 20 %, einseitig	≥ 40	–
komprimiertes Dichtungsband, Komprimierungsgrad ≤ 20 %, beidseitig	≥ 50	–
Multifunktionsband, Komprimierungsgrad ≤ 35 %	≥ 40	≥ 35
beidseitig mit Hinterfüllschnur und elastischem Dichtstoff versiegelte Fuge	≥ 55	≥ 54
einseitig Bauanschlussfolie ≥ 1 mm	≥ 40	≥ 35
beidseitig Bauanschlussfolie ≥ 1 mm	≥ 50	≥ 45

Im Hinblick auf die Schalldämmung von Fenstern (Holz, Kunststoff, Metall oder Mischkonstruktionen) ist die Wahl des Rahmenmaterials insoweit vernachlässigbar, da alle Materialien für alle Schallschutzklassen geeignet sind. Maßgeblichen Einfluss hat eher die schalltechnische Qualität des Fenstersystems, welche durch seine Dichtheit bestimmt wird. So weisen Fenstersysteme mit einer zusätzlichen Mitteldichtung höhere Schalldämm-Maße auf als vergleichbare Systeme, die lediglich zwei Anschlagsdichtungen haben.

Das bewertete Schalldämm-Maß von Verglasungen hängt von der Art (Einscheiben- oder Mehrscheibenverglasung), der jeweiligen Dicken der Scheiben

Tabelle 38.6 Schalldämm-Maße von Fenstern mit Angabe der verwendeten Verglasung nach VEKA (2018)

Nr.	Bautiefe [mm]	Anschlagsart	Prüfergebnis		Aufbau
			$R_{w,FE}$ $(C;C_{tr})$ [dB]	$R_{w,Gl.}$ [dB]	
1	82	Anschlagsdichtung	34 (-2;-5)	31 (-1;-4)	4/16/4
2	82		35 (-2;-6)	32 (-1;-4)	4/14/4/14/4
3	82		36 (-2;-5)	34 (-2;-6)	4/16/4/16/4
4	82		44 (-1;-2)	50	12 VSG SI/24/8 VSG SI
5	82		44 (-2;-4)	44 (-1;-5)	10/18/8
6	82	Mitteldichtung	36 (-1;-4)	32	4/12/4/12/4
7	82		36 (-1;-4)	34(-2;-6)	4/16/4/16/4
8	82		39 (-1;-4)	36 (-2;-5)	6/12/4/12/4
9	82		39 (-2;-2)	34 (-1;-4)	8/12/4/12/6
10	82		40 (-1;-2)	40 (-1;-3)	10/12/4/12/6
11	82		40 (-1;-3)	41 (-3;-7)	4/16/4/16/8
12	82		41 (-1;-4)	40 (-2;-6)	VSG SI 33.1/16/6
13	82		41 (-2;-4)	41 (-3;-7)	4/16/4/16/6
14	82		42 (-2;-4)	42 (-1;-5)	6/12/4/12/VSG-SI 44.1
15	82		42 (-2;-4)	42 (-2;-6)	VSG SI 44.1/16/6
16	82		44 (-1;-4)	47	8 VSG SI/12/4/12/8 VSG SI
17	82		44 (-1;-3)	45 (-2;-6)	8/12/4/12/VSG-SI 44.1
18	82		44 (-1;-4)	48 (-2;-7)	10/18/8
19	82		45 (-0;-2)	50 (-2;-6)	VSG SI 66.1/12/6/12/VSG-SI 44.1
20	82		45 (-1;-3)	47 (-2;-6)	VSG SI 66.2/16/VSG-SI 44.2
21	82		46 (-1;-3)	50 (-3;-8)	VSG SI 66.2/16/VSG-SI 44.2
22	82		46 (-1;-2)	49 (-1;-7)	VSG SI 66.2/12/6/12/VSG-SI 44.2

und deren Anordnung (symmetrisch, asymmetrisch) ab. Bei Fenstern mit einem bewerteten Schalldämm-Maß bis zu R_w = 40 dB ist der Einfluss des Fensterrahmens gering, daher wird das Schalldämm-Maß des Fensters maßgeblich durch die Verglasung bestimmt. Bei mehrscheibigem Glasaufbau (Mehrscheibenisolierverglasung) sollten die einzelnen Scheiben eine unterschiedliche Dicke, also einen asymmetrischen Aufbau aufweisen. Je asymmetrischer der Glasaufbau (bei ansonsten gleicher Gesamtglasdicke) desto höher ist in der Regel das Schalldämm-Maß der Verglasung. Tabelle 38.6 zeigt typische Schalldämm-Maße von unterschiedlichen Fenstersystemen mit unterschiedlichen Verglasungen.

Die Einbausituation des Fensters hat einen hohen Einfluss auf das sich ergebende Schalldämm-Maß im eingebauten Zustand. So treten bei Anschlusssituationen, bei denen die Fensterlage in oder teilweise in der Dämmebene liegen, Schallnebenübertragungswege auf, welche das Schalldämm-Maß erheblich reduzieren können. Dies ist besonders dann zu beachten, wenn höhere Anforderungen an den Schallschutz der Fenster gestellt werden. Eine raumseitige Montage des Fensters wirkt sich im Vergleich zur außenliegenden Fensteranordnung bei gleicher Bauart der Außenwand und gleicher Anschlagsart positiv auf die Schalldämmung aus. Der Einbau von Fenstern gegen Anschlag von innen ist bei gleicher Fensterlage in der Außenwand schalltechnisch unkritischer.

Tabelle 38.7 zeigt eine Übersicht von unkritischen Anschlussausführungen beim seitlichen Anschluss in Abhängigkeit von der Bauart der Außenwand. Kritisch sind immer die Anschlusssituationen, bei denen sich eine erhöhte Schallnebenwegsübertragung über eine Dämmebene ohne dahinter angeordneter „Masse“ (Dämmebene führt min. bis zur Raumseite des Fensters oder darüber hinaus) einstellt.

Das bewertete Schalldämm-Maß R_w des Fensters wird nach DIN 4109-35 bestimmt. Demnach ist der Eingangswert für den rechnerischen Nachweis entweder das Schalldämm-Maß aus einer Prüfstandsmessung nach DIN EN ISO 10140-2

Tabelle 38.7 Prinzipielle, in schalltechnischer Sicht, unkritische Anschlussausführungen von Fenstern in der Laibung bei unterschiedlichen Bauarten der Außenwand nach DIN 4109-35

Bauart				
monolithisches Mauerwerk	**Massivwand mit WDVS**	**Massivwand mit Vorwandmontage und WDVS**	**zweischalige Massivwand**	**Massivwand mit vorgehängter Fassade**
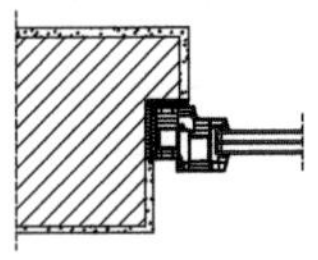	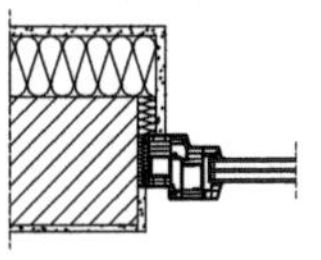	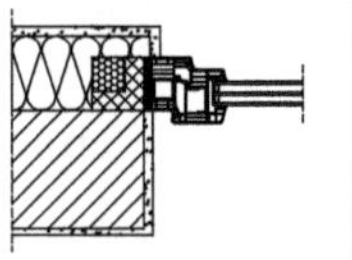	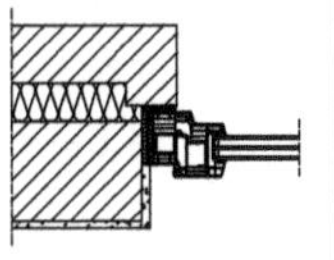	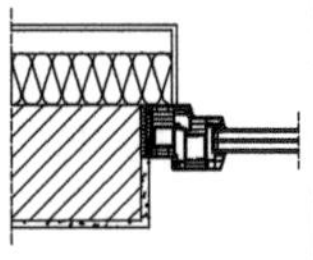

oder ein Tabellenwert nach DIN EN 14351-1. Liegen keine deklarierten Schalldämm-Maße vor, gelten Tabelle 38.1 und Tabelle 38.2 der DIN 4109-35. DIN 4109-35 berücksichtigt hierbei neben Größenkorrekturen von Fenstern bzw. Einzelscheiben auch die Bauart des Fensters in Abhängigkeit von der Qualität des Systems. Dazu gehören Korrekturen für Fenster mit Rahmenanteil < 30 %, Festverglasungen, Sprossen, Stulpfenster. Die Korrekturen gelten für Einfachfenster mit Mehrscheiben Isolierglas (MIG).

Der Wert für das bewertete Schalldämm-Maß R_w des Fensters wird wie folgt korrigiert:

$$R_{w,Fenster} = R_w + K_{AH} + K_{RA} + K_S + K_{FV} + K_{F,1.5} + K_{F,3} + K_{Sp} \quad (38.10)$$

mit:

R_w	[dB] der Wert für das bewertete Schalldämm-Maß des Fensters
K_{AH}	[dB] der Korrekturwert für Aluminium-Holzfenster; K_{AH} = -1 dB
K_{RA}	[dB] der Korrekturwert für einen Rahmenanteil < 30 %; Der Rahmenanteil ist die Gesamtfläche des Fensters abzüglich der sichtbaren Scheibengröße. K_{RA} darf bei Festverglasungen nicht berücksichtigt werden.
K_S	[dB] der Korrekturwert für Stulpfenster (zweiflügelige Fenster ohne festes Mittelstück)
K_{FV}	[dB] der Korrekturwert für Festverglasungen mit erhöhtem Scheibenanteil
$K_{F,1.5}$	[dB] der Korrekturwert für Fenster < 1,5 m^2
$K_{F,3}$	[dB] der Korrekturwert für Fenster mit Einzelscheiben > 3,0 m^2; $K_{F,3}$ = -2 dB
K_{Sp}	[dB] der Korrekturwert für glasteilende Sprossen

DIN EN 14351-1 beschränkt sich auf Korrekturwerte für Größenabweichungen. Es werden je nach prozentualer Abweichung von der Gesamtfläche bis zu 3 dB vom Prüfwert der Verglasung in Abzug gebracht, siehe Bild 38.13.

Zusatzprofile wie Kopplungs-, Verbreiterungs- und Unterbauprofile können bei hohen Anforderungen an die Fenster zu einer Minderung der schallschutztechnischen Eigenschaften führen. Daher ist es wichtig, diese Aspekte bereits bei der Auslegung der Fenster zu berücksichtigen.

Allerdings existieren hierzu bislang keine allgemeingültigen Aussagen. Aus diesem Grund sollte diese Thematik in der Planungsphase unbedingt mit dem Profilhersteller abgestimmt werden.

Wenn das Fenster den seitlichen Abschluss einer Trennwand bildet, können an diesem Punkt bauordnungsrechtliche Anforderungen bestehen, insbesondere in Bezug auf angrenzende Wohn- oder Arbeitsplätze. In diesem Zusammenhang stellt das Fenster einen Flankenanschluss dar, der bei der Berechnung des Schalldämm-Maßes R'_w der Trennwand über die Norm-Flankenpegeldifferenz $D_{n,f,w}$ berücksichtigt werden muss.

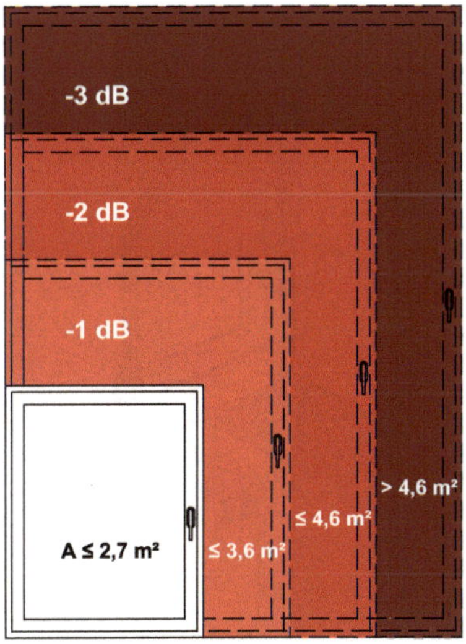

Bild 38.13 Flächenkorrektur für Fenster nach DIN EN 14351-1

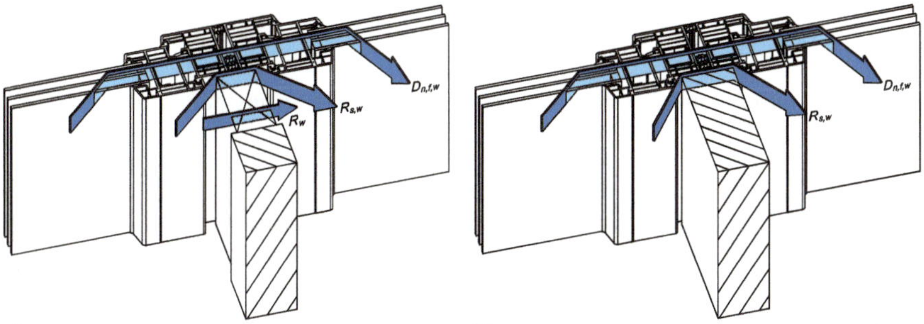

a) b)

Bild 38.14 Typische Trennwandanschlusssituation mit Darstellung der Schallübertragungen über den seitlichen Anschluss; a) mit Schwertausbildung, b) ohne Schwertausbildung nach Gütegemeinschaft (2024)

Bild 38.14 veranschaulicht zwei typische Trennwandanschlusssituationen und zeigt die Übertragungswege, die über die Anschlusssituation, welche in diesem Fall über das Fenster und die Fuge, verlaufen. Detaillierte Werte für die Längsschalldämmung finden sich in Gütegemeinschaft (2024) sowie in DIN 4109-35/A1.

38.3 Fugenausbildung

38.3.1 Allgemeines

Der grundlegende Fugenaufbau eines Fensteranschlusses und die dazugehörigen Funktionsbereiche kann Bild 38.15 entnommen werden. Die Fuge muss hierbei die Luftdichtheit, den Wärmeschutz, den Schallschutz, den Feuchteschutzes und den außenseitigen Wetterschutz sicherstellen.

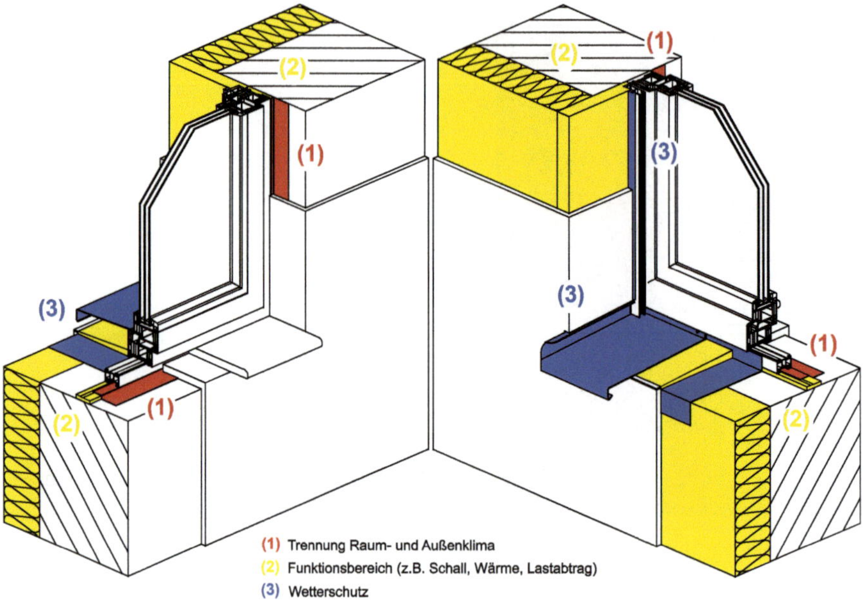

Bild 38.15 Aufbau einer Fensteranschlussfuge nach Gütegemeinschaft (2024); a) Innenansicht, b) Außenansicht

Bei einem raumseitigen Fugenabschluss ist nach GEG (2024) die wärmeübertragende Umfassungsfläche von Gebäuden einschließlich aller Fugen nach den anerkannten Regeln der Technik dauerhaft luftundurchlässig auszuführen. Hierfür finden sich in DIN 4108-7 Planungs- und Ausführungsempfehlungen und -beispiele. Der außenseitige Fugenabschluss muss zum einen den unkontrollierten Feuchteeintritt in die Konstruktion verhindern und zum anderen einen Feuchteausgleich durch Dampfdiffusion ermöglichen. Zwischen den beiden Ebenen erfolgt die Lastabtragung über die Befestigungen und die Sicherstellung des Wärmeschutzes bzw. Mindestwärmeschutzes und des Schallschutzes über Einbringung von speziellen Materialien, wie Schäume.

Eine geeignete Ausbildung und Beschaffenheit der Haftflächen, beispielsweise durch Glattstriche, und definierte Fugengeometrien sind zwingende Voraussetzungen für eine dauerhafte und fachgerechte Ausbildung der Fuge.

Die Anforderungen an die Fugenausbildung von Fenstern sind zusammenfassend im Leitfaden zur Montage Gütegemeinschaft (2024) dargestellt. Bodentiefe Elemente, wie Fenstertüren oder Haustüren im erdnahen Bereich oder im Bereich von Balkonen und Terrassen, sind zudem im unteren Anschlussbereich nach den Vorgaben der Bauwerksabdichtungen nach DIN 18531 (Abdichtung von Dächern sowie von Balkonen, Loggien und Laubengängen) und DIN 18533 (erdberührte Bauteile) abzudichten. Anforderungen an die Ausbildung von Fensterbänken, vor allem an die Unterfensterbank als zweite wasserführende Ebene, ergeben sich ebenfalls aus dem Leitfaden zur Montage Gütegemeinschaft (2024), den Richtlinien zur Ausführung

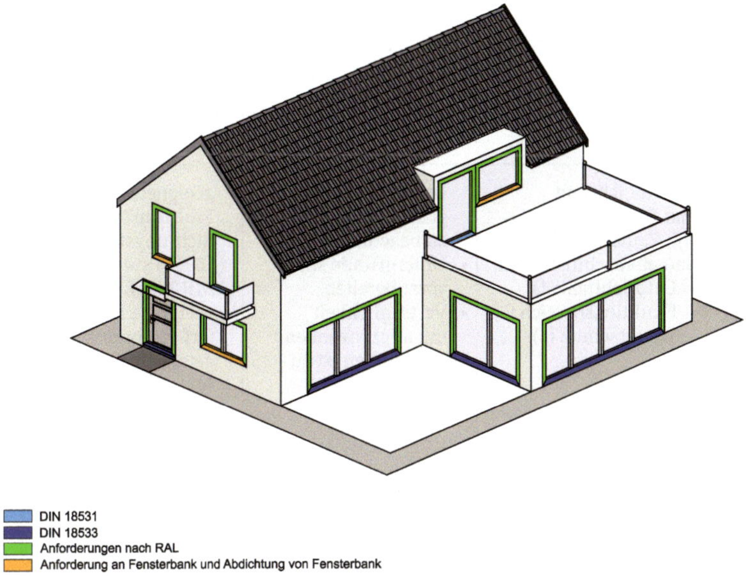

Bild 38.16 Übersicht der anzuwendenden Richtlinien zur Abdichtung von Fenstern, Fenstertüren und Haustüren

der Fensterbank (Österreichische Arbeitsgemeinschaft Fensterbank, ARGE Fensterbank (2014)) und den Empfehlungen für den Einbau/Ersatz von Metall-Fensterbänken (WDVS-Fassade) der Gütegemeinschaft Wärmedämmung von Fassaden e. V. (2011). In Bild 38.16 ist eine Übersicht der anzuwenden Normen und Richtlinien dargestellt.

38.3.2 Anforderungen an die Abdichtung

Da es im Bereich der Anschlussfuge vom Fenster zum Baukörper aufgrund wechselnder Temperatur- und Feuchteeinwirkungen (temperaturbedingte Längenänderungen von Rahmenmaterialien und Quell- und Schwindverhalten vor allem bei Rahmen aus Holz) und Bewegungen im Bauwerk zu Veränderungen der Fugengeometrie kommt, sind diese grundsätzlich als Bewegungsfugen zu behandeln. Dichtstoffe in Bewegungsfugen unterliegen Zug-, Druck-, Scher- und Schälbeanspruchungen, welche bei der Planung der Fuge zu berücksichtigen sind. Für unterschiedliche Einbausituationen und Anforderungen stehen für die fachgerechte Abdichtung der Anschlussfuge mehrere Dichtsysteme, wie z. B. spritzbare Dichtstoffe, imprägnierte Dichtungsbänder aus Schaumstoff, Fugendichtbänder, Dichtfolien oder Multifunktionsbänder, zur Verfügung. Grundsätzlich ist die Eignung eines konkret geplanten Dichtsystems im Vorfeld zu klären. Dies gilt vor allem beim Einsatz neuer Dichtsysteme, bei denen die Eignung anhand entsprechender Nachweise, beispielsweise nach der ift-Richtlinie MO-01 (ift Rosenheim, 2007a), durch den Hersteller darzulegen ist. Einen Überblick gängiger Dichtsysteme im Hinblick auf deren Anwendungsbereich bietet Tabelle 38.8.

Tabelle 38.8 Dichtsysteme mit Anwendungsbereich und Verarbeitungshinweise nach dem Leitfaden zur Montage Gütegemeinschaft (2024)

Dichtsystem	Anwendungsbereich/ Funktionsebene	Herstellerhinweise	Herstellerangaben
Vorkomprimierte Multifunktionsbänder	Zur Abdichtung und Dämmung von Bauteil- und Bauteilanschlussfugen. • Luftdichtheit (1) • Funktionsbereich (2) • Wetterschutz (3)	• Beanspruchungsgruppe DIN 18542 ist zu beachten • Untergründe sind vorzubereiten • Verträglichkeit mit angrenzenden Materialien ist zu prüfen	• geeignetes Multifunktionsdichtungsband (DIN 18542, MF 1 bzw. MF 2, ggf. RAL-GZ 711) • geeignete Banddimension (erf. Kompressionsgrad) • geeignete Pressflächen (ggf. Glattstrich) • Stöße, Eckausbildung, • Verträglichkeit • Distanzbefestigung, weitere Nachweise für die Befestigung erforderlich, wenn auf Tragklötze verzichtet werden soll
Imprägnierte Fugendichtbänder	Zur Abdichtung von Bauteil- und Bauteilanschlussfugen auf der Raum- und Außenseite. • Luftdichtheit (1) • Wetterschutz (3)	• Beanspruchungsgruppe DIN 18542 ist zu beachten • Einhaltung des Kompressionsgrades • Untergründe sind vorzubereiten • Verträglichkeit mit angrenzenden Materialien ist zu prüfen	• geeignetes Fugendichtungsband (DIN 18542, BG 1/2/R, ggf. RAL-GZ 711) • geeignete Banddimension (erf. Kompressionsgrad), • geeignete Pressflächen (ggf. Glattstrich) • Stöße, Eckausbildung • Verträglichkeit • Querschnitt • ggf. klimatische Lagerung der Fugendichtungsbänder bis unmittelbar vor der Verarbeitung
Fugendichtbänder	• Luftdichtheit (1) • Wetterschutz (3)	• Untergründe sind vorzubereiten • Verträglichkeit mit angrenzenden Materialien ist zu prüfen	• geeignete Fugendichtungsfolie (ggf. RAL-GZ 711, IDV-Merkblätter 4 und 5) • geeigneter, tragender Untergrund (ggf. Glattstrich) • Haftung zum Untergrund • überlappende Verklebung • Vorbehandlung der Haftflächen • Anpressdruck bei der Verklebung • Bewegungsschlaufe • besondere Verarbeitungsvorgaben bei überputzbaren Fugendichtungsfolien

Tabelle 38.8 (Fortsetzung)

Dichtsystem	Anwendungsbereich/ Funktionsebene	Herstellerhinweise	Herstellerangaben
Dichtfolien	Zur Abdichtung von Bauteilanschlussfugen auf der Raum- und Außenseite und zur kontrollierten Wasserabführung aus der Konstruktion (zweite wasserführende Ebene). • Luftdichtheit (1) • Wetterschutz (3) • 2. wasserführende Ebene	• Beachtung der s_d-Werte • Untergründe sind vorzubereiten	• mechanische Sicherung bei geringer Klebebreite, • ausreichende Haftung, • Überlappende Verklebung, • Vorbehandlung der Haftflächen, • Verträglichkeit des Klebstoffes
spritzbare Fugendichtstoffe	Zur Abdichtung von Bauteil- und Bauteilanschlussfugen auf der Raum- und Außenseite. • Luftdichtheit (1) • Wetterschutz (3)	• Verträglichkeit mit angrenzenden Materialien ist zu prüfen	• Anforderungen unterscheiden sich vom Einsatzbereich • geeigneter Fugendichtstoff (CE-Kennzeichnung nach EN 15651-1, ggf. RAL-GZ 711) • geeigneter, tragfähiger Untergrund (ggf. Glattstrich, Füllprofil) • Haftung und Verträglichkeit (ggf. Vorbehandlung mit Primer) • Fugenquerschnitt • zulässige Gesamtverformung • Arbeitsfolge
Anputzleisten/ Anputzdichtleisten	Zur Abdichtung von Bauteilanschlussfugen auf der Raum- und Außenseite bei Putzmauerwerk und Wärmedämm-Verbundsystemen (WDVS). • Luftdichtheit (1) • Wetterschutz (3)	• Rahmen sind auf Haftigkeit prüfen	• speziell bei Putzmauerwerk und Wärmedämm-Verbundsystem geeignet • geeignete Anputzdichtleisten (ift Rosenheim, 2007a) • begrenzte Bewegungsaufnahme • Haftung und Verträglichkeit • Anpressdruck bei der Verklebung • Putzanbindung • Eckausbildung, Übergänge
Rundschnüre/ Vorlegebänder	• Luftdichtheit (1) • Wetterschutz (3)	• erforderliche Komprimierung beachten • Vorbereitung Untergründe	• Temperaturbeständig von −80 °C bis +50 °C hat • Zwei-Flankenhaftung sicherstellen

(Fortsetzung)

Tabelle 38.8 (Fortsetzung)

Dichtsystem	Anwendungsbereich/ Funktionsebene	Herstellerhinweise	Herstellerangaben
Schäume	zur Dämmung von Bauteil- und Bauteilanschlussfugen im Funktionsbereich (Ebene 2)	• Untergrundvorbehandlung • Verarbeitungstemperaturbereich • Feuchteangebot muss gewährleistet werden • tragfähige, saubere, staub- und fettfreie Haftflächen • zu beachten sind die Umgebungs- und Bauteiltemperaturen • baufeuchte Untergründe sind geeignet • Schutzhandschuhe und Schutzkleidung tragen (Ausnahme: Isocyanat-freie Produkte)	• nicht dauerhaft UV-beständig • bei Einsatz als Dämm- bzw. Dichtsystem ohne Nachweise und Verarbeitungsvorgaben nicht geeignet

Besonders bei Übergängen in Eckbereichen, Enden von Fensterbankanschlussprofilen, Kopplungsstößen, Schwellenkonstruktionen und Durchdringungen von Dichtebenen ist besondere Sorgfalt bei der Ausbildung der Abdichtung geboten. Grundsätzlich muss in solchen Bereichen sichergestellt werden, dass die fachgerechte Anwendung erfolgen kann. Wird die raum- oder außenseitige Funktionsebene unterbrochen, beispielsweise durch Lücken an Profilstößen, offene Stirnseiten bei Fensterbankanschlussprofilen oder Aufdopplungen, sind diese konstruktiv, auf die Funktionsebene und ihre Anforderung abgestimmt, zu verschließen, außer sie liegen im mittleren Bereich des Fensters, also innerhalb der Funktionsebene 2 (Dämmebene).

38.3.3 Ausbildung der Fensterbank im Neubau

Die äußere Fensterbank soll in erster Linie ein Ablaufen von Oberflächenwasser von Fassade und Fenster sicherstellen. In der Regel untergreift die Fensterbank den Blendrahmen im Bereich des Bankanschlussprofils. Dabei muss die Anbindung an Blendrahmen und Laibungen dicht ausgeführt werden. Nach den Richtlinien zur Ausführung der Fensterbank (Österreichischen Arbeitsgemeinschaft Fensterbank, ARGE Fensterbank) sind entweder vorkomprimierte Fugendichtbänder der Klasse BG1 oder geeignete Dichtprofile einzusetzen. Hierbei muss die Fensterbank so an das Fenster angeschlossen werden, dass die hintere Aufkantung der Fensterbank hinter die wasserführende Ebene des Fensterrahmens greift. Zur Vermeidung eines Gewerkelochs ist die Fehlstelle seitlich zum Putz nachträglich abzudichten, siehe Bild 38.17.

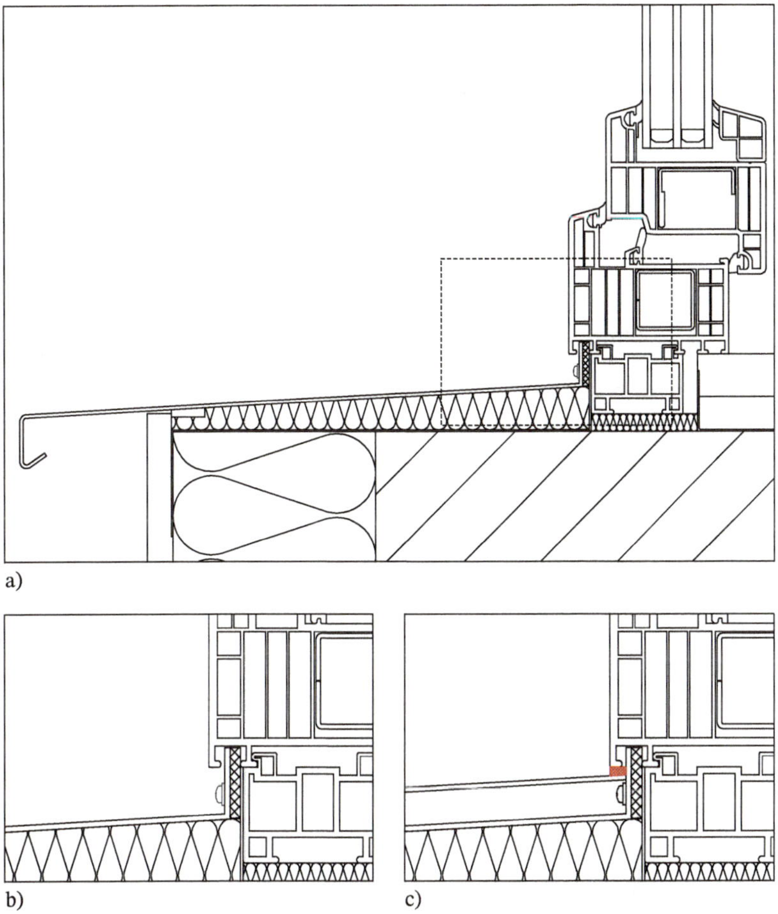

Bild 38.17 Anbindung der Fensterbank an das Fenster nach Gütegemeinschaft (2024); a) Fensterbank untergreift Fenster im Bereich des Fensterbankanschlussprofils (zurückgesetzter Einbau), b) Detaildarstellung Fensterbank an Fensterbankanschlussprofil mit Darstellung Dichtprofil, c) Darstellung Gewerkeloch in rot

Von einer stumpfen vorgesetzten Montage auf den Fensterrahmen ist abzuraten, da eine höhere Wasserbelastung im Anschlussbereich auftritt und somit die Gefahr eines Wassereintritts gegeben ist. Sollte eine stumpf aufgeschraubte Fensterbank unumgänglich sein, muss diese mit vollimprägnierten, vorkomprimierten Dichtbändern nach DIN 18542, BG 1 oder durch ein geeignetes Dichtprofil gegen den Blendrahmen bzw. Basisprofil abgedichtet werden. Hierbei muss das Dichtband min. 20 mm breit und im komprimierten Zustand ca. 2 mm dick sein.

Für eine fachgerechte Montage ist ein ausreichend hohes und ebenes Fensterbankanschlussprofil ohne Störkonturen erforderlich. Zusätzlich dürfen Entwässerungsöffnungen des Fensters durch das Anbringen der Fensterbänke nicht verschlossen werden. Bei Fenstern mit verdeckt nach unten liegender Entwässerung ist zwischen

Fensterrahmen und Fensterbank ein Abstand von mind. 5 mm zur kontrollierten Wasserabführung vorzusehen. Bei Fenstern mit Aluminiumvorsatzschale ist die Wasserführung des Fensters zu beachten, da im unteren waagrechten Bereich es sowohl längs des Profils, aber besonders bei den Gehrungen, zu Wassereintritten hinter die Aluminium-Vorsatzschale kommen kann.

Die Ausführung von Fensterbänken kann mit und ohne Gleitfunktion des Bordprofils in folgenden Varianten erfolgen (Gütegemeinschaft Wärmedämmung von Fassaden e. V. (2011)):

1. Einstufige Ausbildung – ohne zusätzliche Dichtungsebene
2. Zweistufige Ausbildung – mit zusätzlicher Dichtungsebene

Bei der einstufigen Ausbildung erfolgt die Abdichtung in der Regel vor der Montage des Wärmedämm-Verbundsystems. Unterhalb der Fensterbank wird diese durch einen Trennschnitt oder Trennstreifen vom Putz getrennt, um unkontrollierte Putzabrisse zu vermeiden.

Für den Fensterbankeinbau mit einstufiger Dichtungsebene wird die Verwendung eines vorkomprimierten Dichtbandes in der Dimension 15/5-12 empfohlen. Die bauliche Anordnung ist wie in Bild 38.18 dargestellt zu führen. Hier muss sichergestellt werden, dass Bewegungen keinen Schaden verursachen und die Wasserdichtigkeit nicht beeinträchtigen.

Bei Verwendung von seitlichen Abschlüssen mit Gleitfunktion wird die thermischen Bewegungen der Fensterbank nicht zu einer nennenswerten Belastung des angrenzenden Wärmedämm-Verbundsystems führen. Zur Abdichtung ist ein

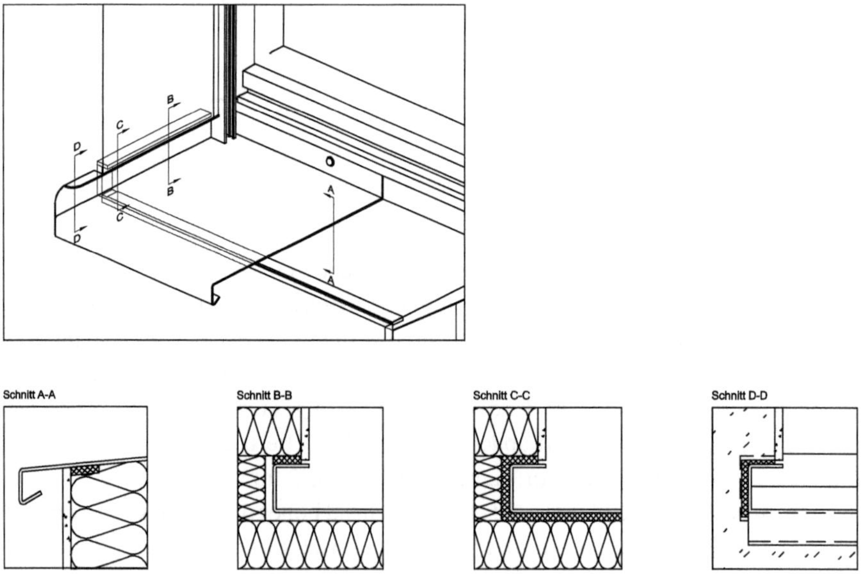

Bild 38.18 Verlauf der Abdichtungsebene beim einstufigen Einbau der Fensterbank ohne Gleitfunktion nach Gütegemeinschaft (2024)

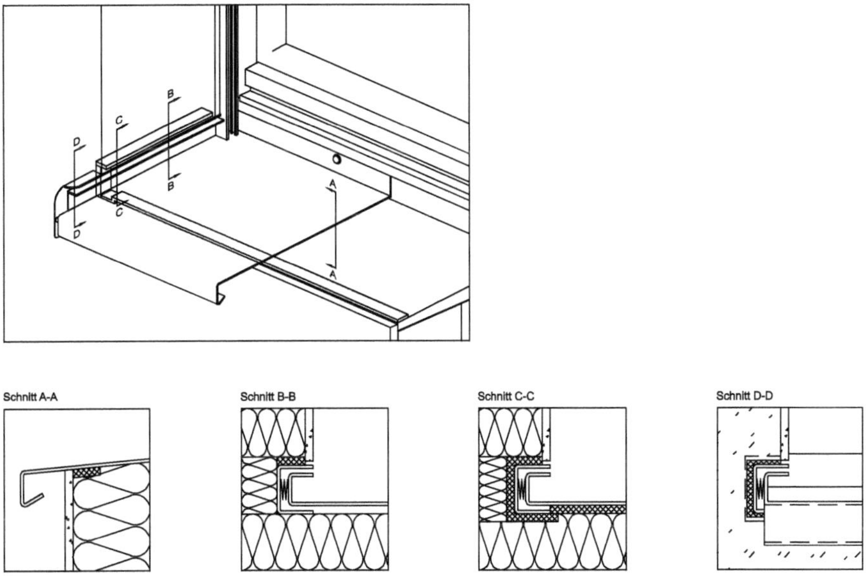

Bild 38.19 Verlauf der Abdichtungsebene beim einstufigen Einbau der Fensterbank mit Gleitfunktion nach Gütegemeinschaft (2024)

vorkomprimiertes Dichtband zu wählen. Es wird sowohl auf der oberen, horizontalen Kantung als auch seitlich des Bordprofils und an der Unterseite der Fensterbank eingebaut, siehe Bild 38.19. Der Putz ist von Bordprofil durch einen Trennschnitt oder Trennstreifen zu trennen. An der Unterseite der Fensterbank ist ebenfalls ein Trennschnitt bzw. der Einbau eines Trennstreifens umzusetzen.

Wenn keine Gewährleistung der dauerhaften Funktionstüchtigkeit der ersten Abdichtungsebene gewährleistet ist, erfolgt die Umsetzung eines zweistufigen Aufbaus. Dabei wird das über die erste Dichtebene eingedrungene Wasser auf eine zweite gesammelt und kontrolliert nach außen abgeleitet.

Die Ausbildung erfolgt wannenförmig nach Durchtrocknung des armierten Unterputzes. Entweder wird eine geeignete Dichtschlämme auf der geneigten Horizontalfläche und ca. 50 mm hoch in die Laibung aufgetragen oder eine Bauabdichtungsbahn bis auf die Höhe des Bordprofils aufgeklebt, siehe Bild 38.20.

Bei Ausbildung einer zweiten Dichtungsebene können Abschlüsse mit und ohne Gleitfunktion zum Einsatz kommen. Bei Ausbildung ohne Gleitfunktion sind die seitlichen Abschlüsse mit einer vertikalen Aufkantung ausgebildet, welche an die geputzte Laibung angedichtet wird. Bei Ausbildung mit Abschlüssen mit Gleitfunktion sind die Abschlüsse an den Laibungsputz anzuschließen. Diese müssen zusätzlich am Blendrahmen oder am Basisprofil zum Putz lagergesichert werden, da keine Verschiebungen auftreten darf, die zu Putzabrissen führen kann.

Bei Rollladenschienen muss sichergestellt werden, dass das Wasser aus den Rollladenführungsschienen auf die Fensterbankfläche geleitet wird. Dabei müssen sich

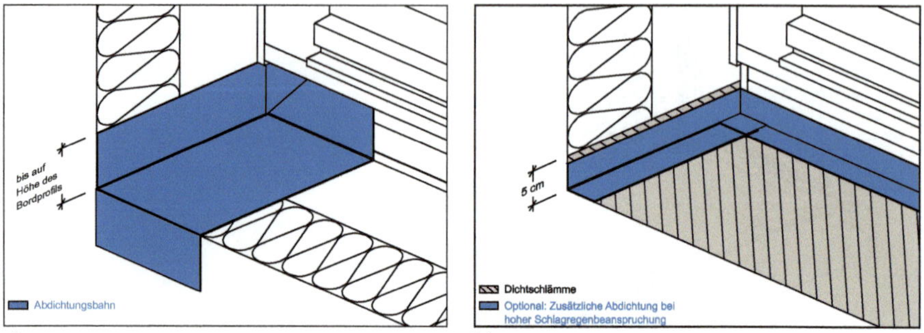

a) b)

Bild 38.20 Wannenförmige Ausbildung der zweiten Dichtungsebene nach Gütegemeinschaft (2024); a) mit Bauabdichtungsbahn, b) mit mineralischer Dichtschlämme

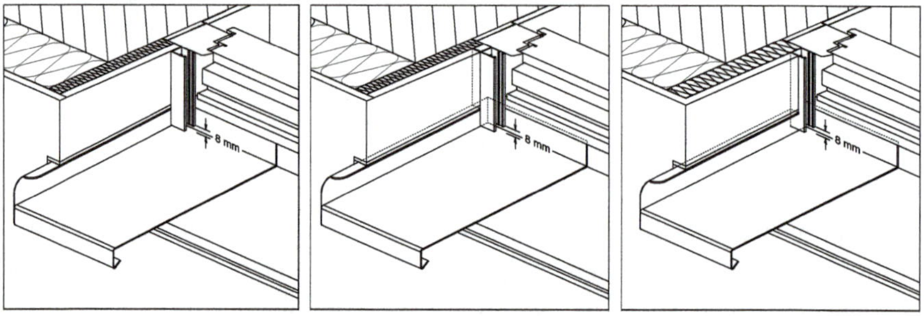

a) b) c)

Bild 38.21 Ausbildungsmöglichkeiten der Fensterbank mit Rollladenführungsschienen nach Gütegemeinschaft (2024); a) Rollladenführungsschienen zwischen den Putzlichten, b) ausgeklinkte Rollladenführungsschienen, c) Rollladenführungsschienen mit ausgeklinktem Abschluss

die Rollladenführungsschienen innerhalb der seitlichen Aufkantung befinden und dürfen einen maximalen Abstand von 8 mm über der Oberfläche der Fensterbank aufweisen. Ein direktes Aufstehen der Rollladenführungsschienen auf der Fensterbank ist nicht zulässig. Hier bietet sich eine Montage der Rollladenschiene zwischen den Putzlichten, eine Ausklinkung der Führungsschiene oder eine Ausklinkung der Abschlüsse an, siehe Bild 38.21.

38.3.4 Ausbildung von unteren Anschlüssen im Neubau

Die Anforderungen an die Abdichtung des unteren Fenstertür- bzw. Haustüranschlusses ergeben sich aus den Regelwerken zur Bauwerksabdichtung nach DIN 18531 (Abdichtung von Dächern, Terrassen, Balkone und Loggien) und DIN 18533 (Abdichtung von erdberührten Bauteilen) und der Flachdachrichtlinie. Hierbei werden Maßnahmen zum Schutz gegen eindringendes Wasser gefordert.

Derartige Anschlusssituationen kommen sowohl bei Balkonen und Terrassen als auch bei erdberührten Bauteilen (Hauseingänge, erdberührte Terrassen) vor. In allen Fällen gelten folgende Ziele:

- Schutz vor Spritzwasser und Wasserübertritt bei Starkregen
- Schutz vor Wasserübertritt infolge Wasserstau und/oder Vereisung
- Schutz vor Schneeschmelze

Normativ gilt eine Regelanschlusshöhe von 150 mm über der wasserführenden Ebene (Oberfläche, Belag oder Überschüttung). Bei Unterschreitung dieser Regelanschlusshöhe sind baulichen Kompensationsmaßnahmen herzustellen, um nicht drückendes Wasser aus Niederschlag und Spritz- bzw. Schmelzwasser sicher abzuleiten.

So darf beispielsweise die Abdichtung vor Fenstertüren bei waagrechten oder schwach geneigten Flächen mit einer unmittelbar davor angeordneten Entwässerungseinrichtung, die eine Breite der gesamten Tür aufweist, und 150 mm in den seitlichen Bereichen hochgeführte Abdichtung nach DIN 18531 auf bis zu 50 mm reduziert werden, siehe Bild 38.22.

Im erdberührten Bereich erfolgt die Abdichtung nach DIN 18533. Im Sockelbereich sollte die Abdichtungsschicht im Bauzustand bis zu 300 mm über der Geländeoberkante (GOK) hochgeführt werden, um ausreichende Anpassungsmöglichkeiten an die Geländeoberfläche zu gewährleisten. Im Endzustand sollte dieser Wert jedoch nicht weniger als 150 mm betragen, siehe Bild 38.26. Auf das Hochführen der Abdichtungsschicht über die Oberkante des angrenzenden Geländes kann verzichtet werden, sofern im Sockelbereich ausreichend wasserabweisende Materialien verwendet werden und ein Hinterlaufen der Abdichtung ausgeschlossen ist. Niveaugleiche Schwellen sind in der Regel im Einzelfall nicht umsetzbar. In solchen Fällen ist es erforderlich, besondere Maßnahmen zum

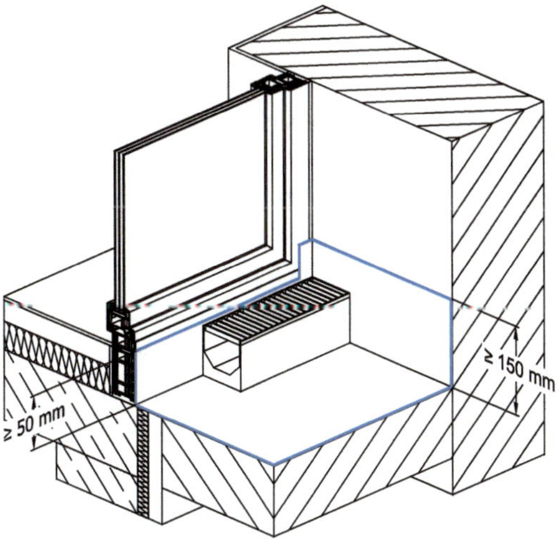

Bild 38.22 Unterschreitung der Abdichtungshöhe im Bereich von bodentiefen Fenstern, Türen und Festverglasungen nach Gütegemeinschaft (2024)

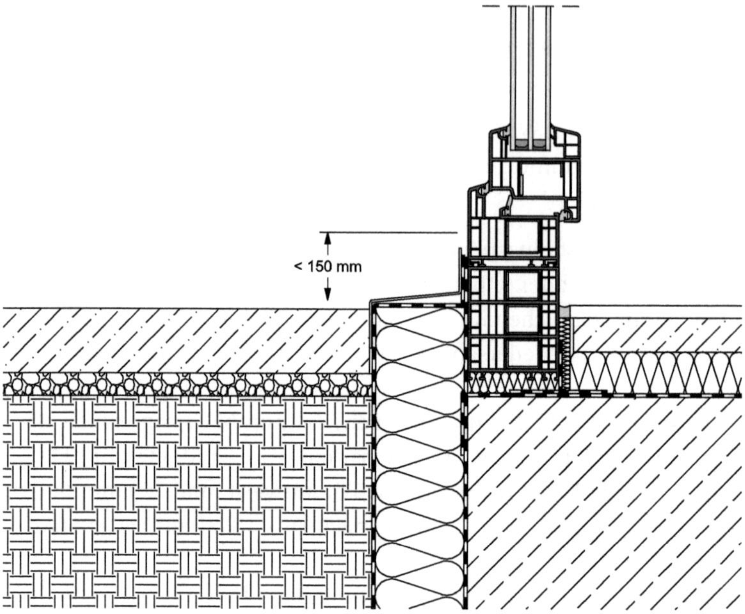

Bild 38.23 Unterschreitung der Abdichtungshöhe bei Ausbildung flankierender baulicher Maßnahmen nach Gütegemeinschaft (2024)

Schutz vor dem Eindringen von Wasser oder dem Hinterlaufen der Abdichtung zu ergreifen. Hierzu können Türschwellen, Türpfosten u.W. von der Abdichtungsschicht überfahren oder so gestaltet werden, dass die Abdichtung, beispielsweise mit Klemmprofilen, dicht angeschlossen werden kann. Es ist darauf zu achten, dass die Verwendung von Anschlussstreifen an Türen und Schwellen verträglich mit der Abdichtungsschicht sind und die Dichtheit des Anschlusses gewährleistet ist, Bild 38.23.

Schwellenabschlüsse mit geringer oder ohne Aufkantung sind zusätzlich durch ausreichend große Vordächer, Fassadenrücksprünge und/oder direkt entwässerte Rinnen mit Gitterrosten vor starker Wassereinwirkung zu schützen. Zudem sollte das Oberflächengefälle nicht zur Tür hin gerichtet sein, siehe Bild 38.24.

Im Bereich von Dächern, Terrassen, Balkonen und Loggien gelten die gleichen Grundprinzipien, wie im erdnahen Bereich. Die Anschlüsse an aufsteigende Bauteile müssen bei genutzten Dächern mindestens 150 mm über die Abdichtungsschicht hochgeführt werden. Bei Abdichtungen mit Schutzschicht, Kies- oder Belagsoberflächen gilt diese Höhe ab der Oberkante dieser Schichten. In schneereichen Regionen können ggfs. höhere Anschlusshöhen erforderlich sein.

Bei Türanschlüssen ist die Abdichtungshöhe mindestens 150 mm über der Oberfläche des Belags auszubilden, um das Eindringen von Niederschlagswasser über die Türschwelle zu verhindern.

Eine Reduzierung der Anschlusshöhe auf mindestens 50 mm ist nur möglich, wenn im Belagsbereich, direkt vor der gesamten Türbreite, eine Entwässerung

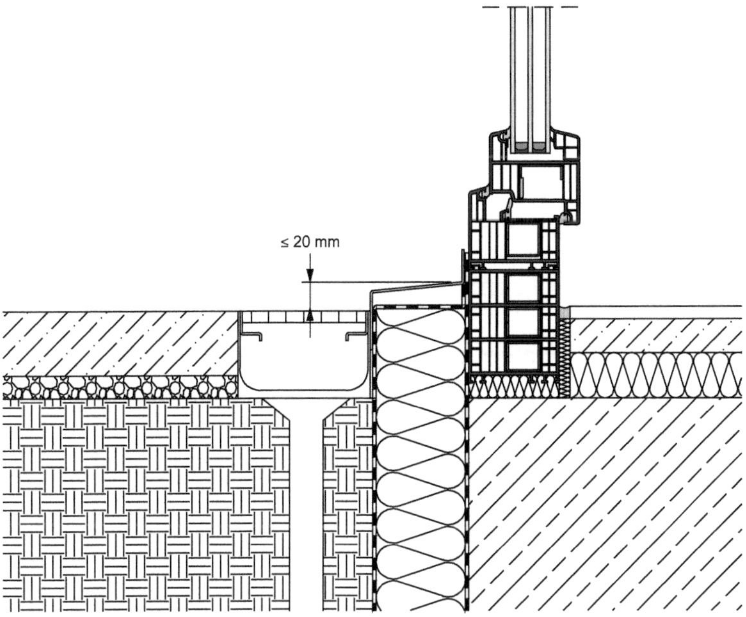

Bild 38.24 Überdachung und Entwässerung bei Schwellenabschlüssen mit geringer oder ohne Aufkantung nach Gütegemeinschaft (2024)

vorhanden ist, siehe Bild 38.25. Die Konstruktion der Türen sollte so gestaltet sein, dass die Abdichtung hinter Rollladenführungsschienen und Deckleisten geführt werden kann. Entwässerungsöffnungen in Türrahmen oder von Schlagregenschienen müssen zur Außenseite des Anschlusses hin entwässern.

Bei barrierefreien, niveaugleichen Übergängen oder Übergänge mit einer Schwellenhöhe von maximal 20 mm stellen besondere abdichtungstechnische Herausforderungen dar und sind nach den örtlichen Gegebenheiten individuelle zu planen und abzustimmen. Bauliche flankierende Maßnahmen, wie bspw. Ausbildung eines Gefälles, Schlagregen- und Spritzwasserschutz durch Überdachung oder Türen mit spezieller Abdichtungsfunktion sind einzeln oder in Kombination umzusetzen.

Bei Gebäuden in Holzbauweise greift zudem DIN 68800-2. Hiernach sind normalerweise Abdichtungshöhen von 300 mm umzusetzen. Diese kann auf min. 150 mm verringert werden, wenn ein Kiesbett umgesetzt wird. Dieses muss mindestens eine Breite von 150 mm und einen Abstand von 300 mm von Außenkante Kiesbett zum Schwellholz aufweisen. Weitere Unterschreitungen sind durch Anordnung von ausreichend breiten Gitterrosten über Abläufe und durch Schutz des Holzbauteils mittels Dachüberständen auszugleichen, siehe Bild 38.26.

Bei barrierefreien Türschwellen ist zudem immer auf eine Abdeckung mit dem höchsten Lochanteil zurückzugreifen. Zusätzlich ist anfallendes Wasser so schnell wie möglich rückstaufrei abzuführen.

Bei Balkonen und Terrassen ist das immer dann gewährleistet, wenn Platten oder Beläge auf Stelzlagern und/oder Unterkonstruktionen aufliegen. Der darunter

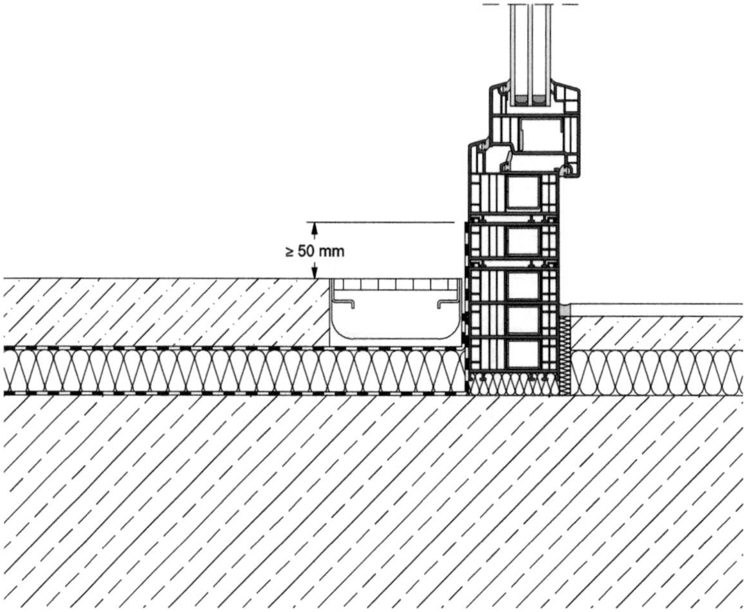

Bild 38.25 Ausbildung des unteren Fenstertüranschlusses bei Reduzierung der Abdichtungshöhe auf min. 50 mm nach Gütegemeinschaft (2024)

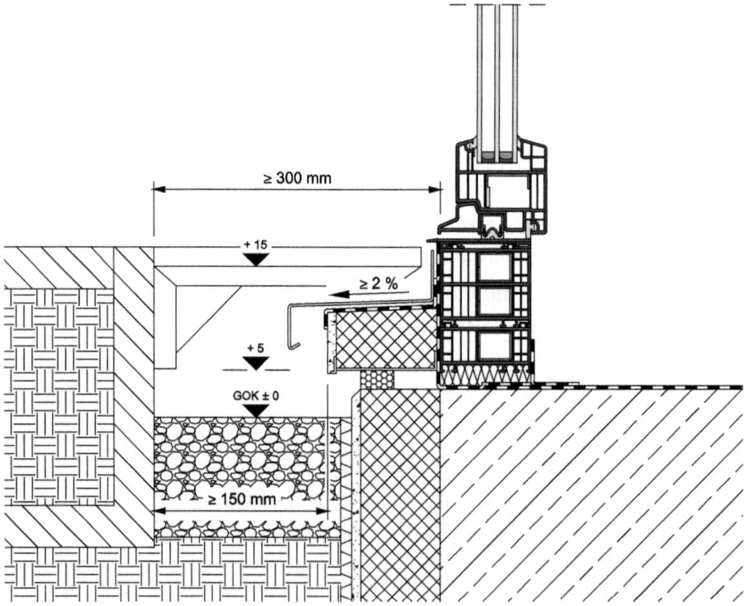

Bild 38.26 Ausbildung von Eingangs- oder Terrassenbereichen bei Unterschreitung der notwendigen Abdichtungshöhe im Holzbau nach Gütegemeinschaft (2024)

befindliche Luftraum ist vollständig zur Wasserableitung zu nutzen. Plattenbeläge auf Kiesbett mit Gitterrostrinnen sind bei barrierefreien Schwellen von Balkon- und Terrassentüren zu vermeiden. Bei barrierefreien Türschwellen erdberührter Bauteile besteht dagegen nur die Möglichkeit eines rückstaufreien Anschlusses der Rinne an die Entwässerung in Kombination mit einem ausreichenden Gefälle des Belags.

Alternativ kann auf Schwellen, die über eine zusätzliche, in die Schwelle integrierte Entwässerung und/oder über zusätzliche Dichtungen nebst systemzugehöriger Entwässerungseinrichtungen verfügen verwendet werden.

Bei der Ausbildung von Schwellen sind daher folgende Kriterien zu beachten:

- Zum Schutz der unteren Außenwand müssen die Anschlüsse auch im Übergang zum seitlichen Baukörperanschluss dauerhaft dicht sein.
- Um einen fachgerechten Anschluss des angrenzenden Gewerks zu ermöglichen, muss die konstruktive Ausbildung der Schwelle beachtet werden.
- Zum Schutz der seitlichen Außenwand müssen die Abdichtungshöhen durch die Anschlüsse an die Wand sichergestellt werden.
- Die baulichen Kompensationsmaßnahmen sind aus der zu erwartenden Belastung des Anschlusses von Außen- und Fenstertüren durch nicht drückendes Wasser aus Niederschlag und Spritz- oder Schmelzwasser abzuleiten.
- Die zumutbare Schwellenhöhe ist der Raumnutzung anzupassen, insbesondere bei Nutzung durch Personen im Rollstuhl (barrierefreies Bauen).
- Sind barrierefreie Schwellen auszubilden, darf wegen der erforderlichen trittfesten Ausführung der Mindestwärmeschutz nach DIN 4108-2 eingeschränkt werden, wobei die an die Schwelle raumseitig angrenzenden Bodenbeläge entsprechend feuchteunempfindlich, beispielsweise mit Fliesen, auszubilden sind.

38.3.5 Abdichtung im Altbau

Nach Gütegemeinschaft (2024) gelten beim Einbau von Fenstern und Fenstertüren bei Modernisierungsmaßnahmen dieselben bauphysikalischen Anforderungen wie bei Neubaumaßnahmen. Das bedeutet, dass die Luftdichtheit und der Mindestwärmeschutz sichergestellt werden muss sowie Wassereintritt von außen in die Konstruktion vermieden wird.

Die Abdichtung von Anschlussfugen im Altbau mit dauerelastischem Dichtstoff und geschlossenzelliger Hinterfüllung hat sich bei Beachtung der Gesamtverformung des Dichtstoffes (min. 15 % auf der Innen- und min. 25 % auf der Außenseite bei Fugenbreiten von 10 bis 15 mm bei Elementbreiten bzw. -höhen von bis 1,5 m) nach DIN 18540 über Jahrzehnte bewährt, siehe Bild 38.27. Zur Verbesserung der Anliegefläche sind vor allem bei Kunststoff- und Aluminiumfenster die Aufnahmenuten im Bereich der Rahmen mit entsprechenden Profilen zu verschließen.

Egal ob das neue Fenster zwischen den Putzlichten eingebaut oder ob im Zuge der Sanierung die Fenster neu eingebaut werden, bieten sich abseits der oben

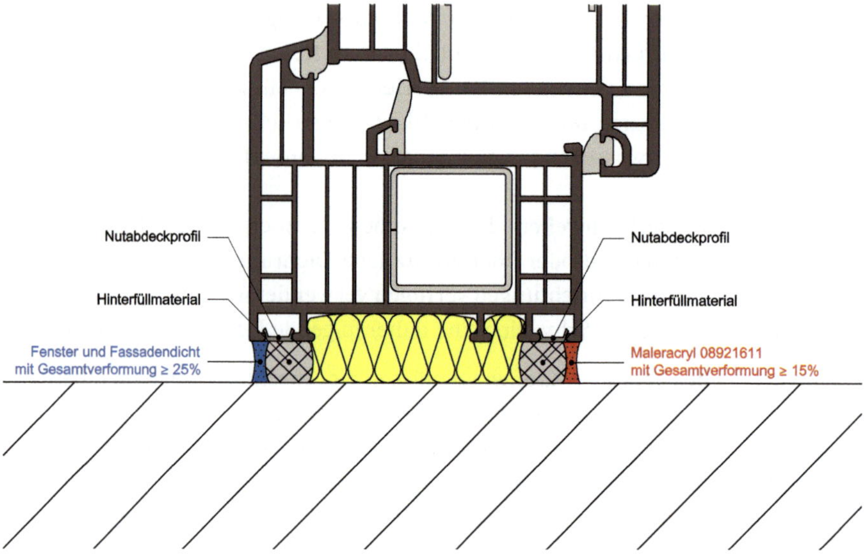

Bild 38.27 Fugenausbildung im Altbau mit Abdichtung des Fensters mit dauerelastischem Dichtstoff und geschlossenzelliger Hinterfüllung nach Gütegemeinschaft (2024)

beschriebenen Abdichtungsoption mit dauerelastischen Dichtstoff weitere Abdichtungsvarianten, die einen ordnungsgemäße Abdichtung des Fensters gewährleisten. Hier bieten sich vor allem Dichtsysteme an, die sich als Gebrauchstauglich im Sinne der ift-Richtlinie MO-01/1 (ift Rosenheim, 2007a) erweisen. Dies können zum Beispiel für die raumseitige Abdichtung Flachleisten mit Abdichtfunktion oder Dichtfolien hinter einer Verkleidung sein und auf der Außenseite komprimierte Dichtbänder oder ebenfalls Flachleisten mit Dichtfunktion. Bei der Neuausbildung der Putzlichte, kann in der Regel immer auf eine Fugendichtfolie oder ein Multifunktionsband zurückgegriffen werden, wenn vor der Montage des Fensters ein Glattstrich auf dem freigelegten Mauerwerk erfolgt. Gängige Ausbildungsbeispiele hierzu finden sich im Anhang.

38.3.6 Sonderfall Kopplungsfugen

Bei Kopplungsfugen handelt es sich um Spezialfälle. Sie entstehen bei der Kombination von mehreren Fenstern zu einem größeren Element. Die durch die Kopplung der Fenster entstehenden Fugen sind dauerhaft beispielsweise mit vorkomprimiertem Dichtungsband oder speziellen Kopplungselementen mit zusätzlicher Dichtungsebene abzudichten, siehe Bild 38.28. In den offenen Bereichen im oberen und unteren Bereich des Fensters sind die Stirnflächen zu verschließen. Dies gilt auch für den seitlichen Bereich von Bankanschluss- und Verbreiterungsprofilen.

An Kopplungsfugen werden keine wärmeschutztechnischen Anforderungen gestellt. Sie unterliegen lediglich den Anforderungen an den Mindestwärmeschutz

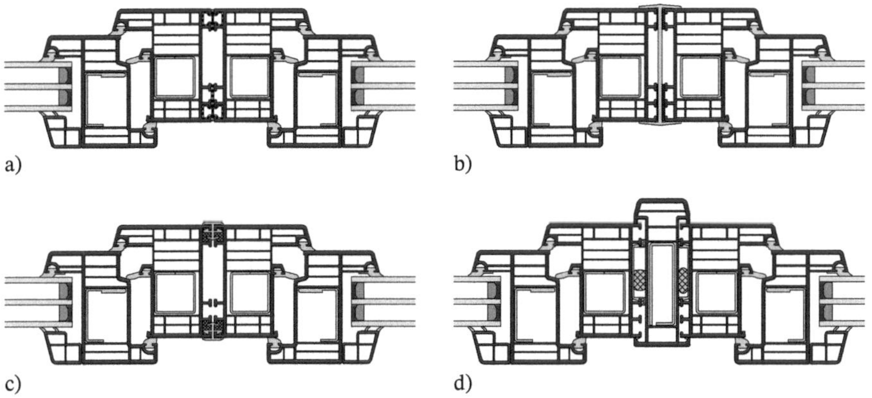

Bild 38.28 Darstellung beispielhafter Kopplungsfugen nach Gütegemeinschaft (2024); a) mit eingelegter EPDM-Dichtung, b) mit H-Überschubprofil, c) mit H-Verbindungsprofil, d) Statikkopplung mit eingelegten Dichtungsbändern

nach DIN 4108-2, wenn sie sich der Schnittstelle zwischen Rollladenkasten und Fensterprofil oder Fensterprofil und Baukörper zuordnen lassen.

Kopplungsfugen dürfen ebenso wie fensterintegrierte Lüftungselemente und Rollläden das Schalldämm-Maß des Fensters nicht beeinträchtigen. Das gesamte Außenbauteil inklusive des Fensters und der Kopplungsfuge muss den Anforderungen nach DIN 4109 bzw. den vertraglich vereinbarten Anforderungen gerecht werden.

38.4 Anforderungen im Altbau

Für den Bereich der Modernisierung und Instandsetzung von Gebäuden gelten, wie im Leitfaden zur Montage Gütegemeinschaft (2024) beschrieben, die gleichen Grundsätze der Anschlussausbildung wie im Neubau. Die fachgerechte Umsetzung kann sich jedoch, je nach baulicher Situation und besonderen Voraussetzungen, als schwieriger und umfangreicher erweisen.

Im Altbau sind besondere zusätzliche Faktoren zu beachten. So führt eine Fenstererneuerung im Gebäudebestand oftmals zu einem reduzierten Luftwechsel (Infiltration) aufgrund der dichteren Fensterkonstruktionen, was einen Anstieg der Raumluftfeuchte zur Folge haben kann.

Darüber hinaus ist ein besonderes Augenmerk auf Wärmebrücken in den Anschlussbereichen zu legen, da die wärmeschutztechnische Qualität der Gebäudehülle häufig den heutigen Anforderungen an den Wärmeschutz nicht gerecht wird. Im Zuge dessen können zusätzliche Maßnahmen zur Instandsetzung in Anschlussbereichen zur Einhaltung des Mindestwärmeschutzes erforderlich werden. Erschwerend kommt hinzu, dass aufgrund der Anforderungen an den Denkmalschutz vorhandene Gegebenheiten erhalten oder unverändert bleiben müssen.

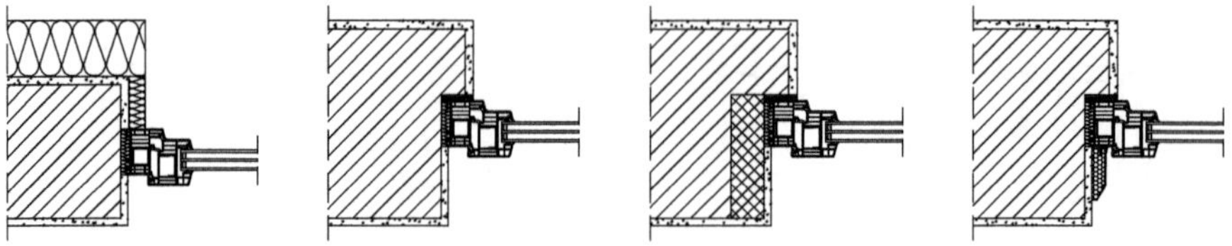

(1) (2) (3) (4)

Bild 38.29 Grundsätzliche Einbaumöglichkeiten beim Fensterersatz im Gebäudebestand nach Gütegemeinschaft (2024); (1) Fensteraustausch in Verbindung mit energetischer Sanierung der Gebäudehülle, (2) Fensteraustausch als Einzelmaßnahme, (3): Ertüchtigung der Laibung mit Laibungsdämmsteinen und (4) flankierende bauliche Maßnahmen in Form einer Sanierungsleiste

Bild 38.29 zeigt am Beispiel einer monolithischen, verputzten Außenwand grundsätzliche Einbaumöglichkeiten bei der Fenstererneuerung im Gebäudebestand, wobei im Idealfall die Fenstererneuerung in Verbindung mit einer energetischen Sanierung der Außenwand erfolgen sollte. Weiterhin besteht die Möglichkeit, das neue Fenster zwischen die Putzlichten einzubauen, nachdem der alte Blendrahmen herausgeschnitten wurde. Hierbei ist vor allem bei älteren Gebäuden der Mindestwärmeschutz nach DIN 4108-2 zu beachten. Sollte die Einhaltung des Mindestwärmeschutzes nicht gewährleistet sein, besteht entweder die Möglichkeit, im Zuge des Fensteraustauschs die Laibungen mit Laibungsdämmsteinen zu erneuern oder flankierende bauliche Maßnahmen zur Erhöhung der Oberflächentemperaturen, wie beispielhaft in VEKA Montageleitfaden (VEKA 2015), VFF Merkblatt ES.06 (2016) und Maas und Klatecki (2015) beschrieben, umzusetzen.

Zur Sicherstellung der Luftdichtheit im Altbau kann auf die Hinweise nach Gütegemeinschaft (2024) zurückgegriffen werden. Die Auslegung von eventuell notwendigen lüftungstechnischen Maßnahmen kann entweder über DIN 1946-6 oder anhand des VFF Merkblatts ES.05 „Lüftung von Wohnungen“ (VFF Merkblatt ES.05, 2019) erfolgen.

Die Schwierigkeit beim Fensterersatz als Einzelmaßnahme ist jedoch, dass das neue Fenster in die lichte Fensteröffnung gestellt wird. Das neue Fenster wird

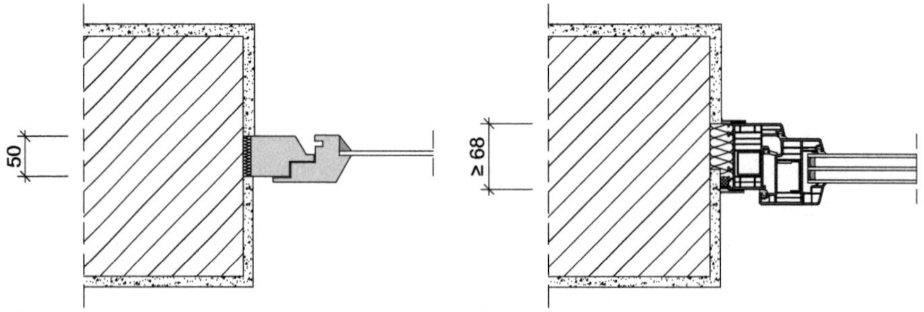

a) b)

Bild 38.30 Anschlussfugenausbildung vor und nach Fensterersatz; a) Ausbildung vor Sanierung, b) Ausbildung nach Sanierung

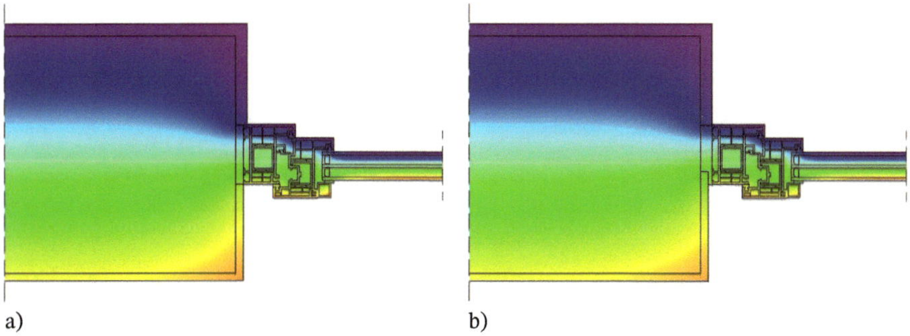

Bild 38.31 Temperaturfaktoren f_{Rsi} nach Fensterersatz; a) Neuausbildung der Anschlussfuge mit neuem Putz im Anschlussbereich, b) Fenstermontage zwischen den Bestandsputzlichten

umlaufend wenigstens 10 mm kleiner als die lichte Öffnung. Sollte das alte Fenster eine geringere Bautiefe, in der Regel 50 mm, aufweisen und das neue Fenster an die Stelle des alten Fensters gesetzt werden, steht der alte Bestandsputz in die neu ausgebildete Anschlussfuge ein, siehe Bild 38.30. Die Fuge wird nach der Fenstermontage innen und außen mit selbstklebenden und nach den Anforderungen geprüften Flachleisten verkleidet.

Hierdurch kommt es im Vergleich zur Neuausbildung der Anschlussfuge mit Erneuerung des Innenputzes zu einer Reduzierung der sich einstellenden raumseitigen Temperaturen um bis zu 1,6 K, wodurch die Gefahr einer Schimmelpilzbildung steigt, siehe Bild 38.31.

39

Berechnung wärmeschutztechnischer Kennwerte

39.1 Wärmedurchgangskoeffizienten von Fenstern

Die Berechnung des Wärmedurchgangskoeffizienten transparenter Bauteile im Speziellen von Fenstern und Fenstertüren erfolgt gemäß DIN EN ISO 10077-1. Der Wärmedurchgangskoeffizienten U_W wird hierbei nach Gl. (39.1) ermittelt, wobei der Ansatz der zu berücksichtigen Flächen nach Bild 39.1 erfolgt und die in Ansatz zu bringende Länge l_g des längenbezogenen Wärmedurchgangskoeffizienten Ψ_g die Länge zwischen den Flächen A_g und A_f ist.

$$U_W = \frac{\sum A_g \cdot U_g + \sum A_f \cdot U_f + \sum l_g \cdot \Psi_g}{\sum A_g + \sum A_f} \tag{39.1}$$

mit:

U_g [W/(m²·K)] Wärmedurchgangskoeffizient der Verglasung
U_f [W/(m²·K)] Wärmedurchgangskoeffizient des Rahmens
Ψ_g [W/(m·K)] längenbezogener Wärmedurchgangskoeffizient infolge des kombinierten wärmetechnischen Einflusses von Glas, Abstandhalter und Rahmen
A_g [m²] Fläche der Verglasung
A_f [m²] Fläche des Rahmens
l_g [m] Länge der Verglasung

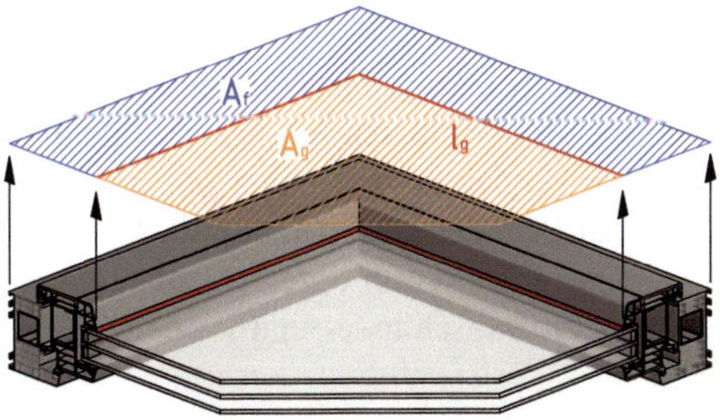

Bild 39.1 Darstellung der unterschiedlichen Flächen bei einem Fenster nach DIN EN ISO 10077-1

Tabelle 39.1 Wärmedurchgangskoeffizient für Sprossenfenster nach DIN EN 14351-1

Beschreibung	ΔU_w [W/(m²·K)]
Einfache Kreuzsprosse im Mehrscheiben-Isolierglas	0,1
Mehrfach-Kreuzsprossen im Mehrscheiben-Isolierglas	0,2
Fenstersprosse	0,4

Die Ermittlung der Wärmedurchgangskoeffizienten U_f von Rahmen erfolgt entweder über Messungen nach DIN EN ISO 12567-1 für komplette Fenster und Türen, gemäß DIN EN 12412-2 für Rahmenprofile oder anhand von Wärmebrückenberechnungen nach DIN EN ISO 10077-2.

Mit Hilfe des in DIN EN ISO 10077-1 angegebenen Tabellenverfahrens können Wärmedurchgangskoeffizienten für Fenster auch mit einem vereinfachten Ansatz ermittelt werden. Bei der Ermittlung werden jedoch nur vertikal angeordnete Fenster und Rahmenanteile von 20 % bzw. 30 % berücksichtigt.

Die Berücksichtigung von Sprossen im Glas oder von aufgesetzten bzw. glasteilenden Sprossen kann durch Zuschläge auf den Wärmedurchgangskoeffizienten des Fensters U_W, wie in Tabelle 39.1 dargestellt, berücksichtigt werden.

39.2 Ermittlung des längenbezogenen Wärmedurchgangskoeffizienten Ψ

Bei Bauelementen stellt die Modellierung der tatsächlichen Profile einen hohen Aufwand dar. Vor allem die Berechnung von Hohlräumen in Aluminium- und Kunststoffprofilen auf Grundlage von DIN EN ISO 10077-2 mit Berücksichtigung der Emission zwischen den Oberflächen des Hohlraumes ist bei vielen Wärmebrückenprogrammen nicht möglich. Daher besteht für die Ermittlung des längenbezogenen Wärmedurchgangskoeffizienten Ψ, beispielsweise für die Führung des rechnerischen Gleichwertigkeitsnachweises oder der detaillierten Ermittlung des Psi-Wertes nach DIN 4108 Beiblatt 2, die Möglichkeit, Fenstersysteme über das in Bild 39.2 dargestellte Ersatzsystem mit einer Dicke von 70 mm und Wärmeleitfähigkeit $\lambda = 0{,}13$ W/(m·K) abzubilden.

Bei der rechnerischen Ermittlung des längenbezogenen Wärmedurchgangskoeffizienten Ψ von Fenster- und Fenstertüranschlüssen mit dem in Bild 39.2 dargestellten Ersatzsystem treten jedoch im Vergleich zu Berechnungen mit detaillierter Darstellung des Fenstersystems auf Grundlage von DIN EN ISO 10077-2 Diskrepanzen auf. Diese ergeben sich vor allem durch unterschiedliche Ausführungen im Bereich des unteren Fenstertüranschlusses und im Bereich der

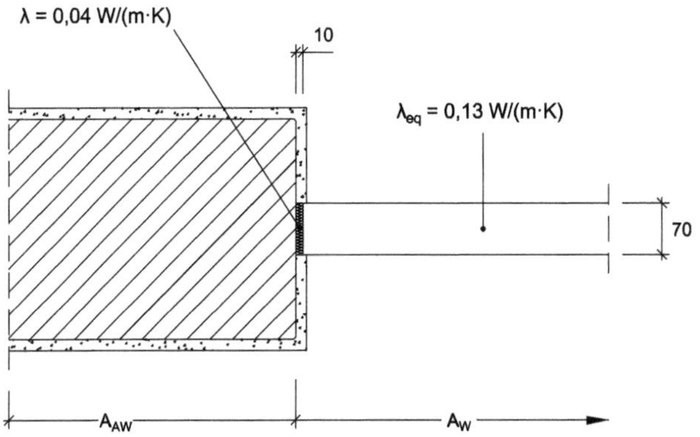

Bild 39.2 Darstellung des Ersatzsystems zur energetischen Bewertung von Bauelementen nach DIN 4108 Beiblatt 2

Brüstung. Beim unteren Fenstertüranschluss wird beispielsweise in der Praxis unterhalb des Rahmenprofils eine zusätzliche Verbreiterung aufgebracht, die in der Regel, sollte sie nicht gedämmt sein, einen geringeren Wärmedurchlasswiderstand als das Fensterprofil aufweist. Bei Brüstungsanschlüssen wird unterhalb des Rahmenprofils in der Regel ein Bankanschluss, der die Möglichkeit zur Befestigung einer inneren und äußeren Fensterbank bietet, montiert. Durch den wesentlich kleineren Querschnitt des Bankanschlussprofils gegenüber dem Rahmen entsteht eine thermische Schwächung, die zu höheren Wärmeverlusten in diesem Bereich führt.

Diese Diskrepanzen müssen über einen Aufschlag bei der Ermittlung des Psi-Wertes für die Ermittlung eines projektbezogenen Wärmebrückenzuschlags korrigiert werden. Die Korrektur errechnet sich wie folgt:

$$\Psi = \Psi_{\text{rechn,Ers}} + \left(\Psi_{\text{ref,det}} - \Psi_{\text{ref,Ers}}\right) \tag{39.2}$$

mit:

$\Psi_{\text{rechn,Ers}}$ [W/(m·K)] unter Verwendung eines Ersatzsystems berechnete Ψ-Wert

$\Psi_{\text{ref,det}}$ [W/(m·K)] der im Beiblatt 2 angegebene Ψ-Wert bei detaillierter Modellierung;

$\Psi_{\text{ref,Ers}}$ [W/(m·K)] der im Beiblatt 2 angegebene Ψ-Wert bei Modellierung mittels Ersatzsystem.

Wird der Ψ-Wert unter Verwendung der Referenzbauteile von Bauelementen oder der konkreten Geometrie der Bauelemente berechnet, erfolgt keine Korrektur.

Die Berechnung des längenbezogenen Wärmedurchgangskoeffizienten Ψ bei der detaillierten Abbildung der Fenstersysteme erfolgt analog. Jedoch muss zunächst der thermische zweidimensionale Leitwert L_{2D} des Fenstersystems inkl. Verglasung berechnet werden. Dieser thermische zweidimensionale Leitwert L_{2D} wird mit der sich aus Anschlussfuge (ggf. Bankanschlussprofil) und Fenstersystem ergebenen Länge multipliziert und wie der Wärmedurchgangskoeffizient mit der effektiven

Länge des Wandbildners vom thermischen zweidimensionalen Leitwerts L_{2D} des Gesamtsystems subtrahiert:

$$\Psi = L_{2D,gesamt} - \left(U_{Wand} \cdot l_{Wand} + L_{2D,mod.windows} \cdot \frac{l_{mod.windows} + l_x}{l_{mod.windows}} \right) \quad (39.3)$$

mit:

Dabei ist

Ψ	[W/(m · K)] längenbezogener Wärmedurchgangskoeffizient
$L_{2D,gesamt}$	[W/(m · K)] thermischer Leitwert über den gesamten Anschluss aus zweidimensionaler Berechnung
U_{Wand}	[W/(m²·K)] Wärmedurchgangskoeffizient der Wand
l_{Wand}	[m] Länge für U_{Wand}
$L_{2D,mod.window}$	[W/(m · K)] thermischer Leitwert über das modellierte Fenstersystem inklusive Glaspaket aus zweidimensionaler Berechnung
$l_{mod.window}$	[m] Länge des modellierten Fenstersystems inklusive in Ansatz gebrachtes Glaspaket
l_x	[m] Länge für Einbaufugen und, falls vorhanden, zusätzliche Anschluss- oder Verbreiterungsprofile und/oder Aufsatz- oder Vorsatzelemente

Bei der rechnerischen Bewertung von Anschlusssituationen bietet das Beiblatt 2 der DIN 4108 die Möglichkeit, auf Referenzfenstersysteme für Holz, Kunststoff und Aluminium zurückzugreifen, siehe Bild 39.3.

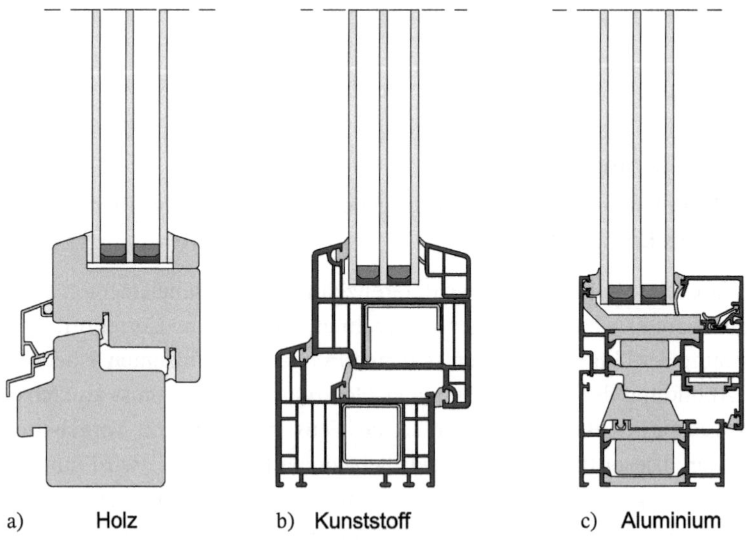

Bild 39.3 Darstellung ausgewählter Referenzfenstersysteme nach DIN 4108 Beiblatt 2; a) Holzfenster, b) Kunststofffenster, c) Aluminiumfenster

40

Praktische Umsetzung

40.1 Allgemeines

Während im Neubau oft auf „Standardlösungen“ für die Anschlussausbildung zurückgegriffen werden kann, ist im Altbau eine detaillierte Aufnahme der vorhandenen Situation und eine detaillierte Planung für eine fachgerechte Fenstererneuerung unumgänglich.

Im Neubau sind die Besonderheiten während des Aufmaßes bzw. der Prüfung der in den Planunterlagen angegebenen Maße zu prüfen. Hierbei muss ein besonderes Augenmerk auf mögliche Toleranzen und die vorhandenen Materialien im Anschlussbereich gelegt werden. Die Detailausbildung, vor allem die Umsetzung und die Einhaltung der bauphysikalischen und bauordnungsrechtlichen Vorgaben, sind besonders zu prüfen. Hierbei kann in der Regel auf standardisierte Lösungen zurückgegriffen werden, da eine breite Auswahl an Befestigungen und Dichtungssystemen verfügbar ist.

Im Altbau hingegen wird die Planungsaufgabe oft den ausführenden Firmen übertragen. Diese Übernahme durch die ausführenden Firmen wird häufig nicht bewusst übernommen. Zusätzlich wird die Detailplanung durch Einschränkungen bei der Auswahl der Dichtungssysteme und Befestigungen erschwert. Weiterhin können flankierende Maßnahmen im Anschlussbereich zur Einhaltung der bauphysikalischen und bauordnungsrechtlichen Anforderungen erforderlich werden. Erschwerend kommt hinzu, dass für notwendige Berechnungen, beispielsweise Wärmebrückenberechnungen, erforderliche Daten nicht bekannt sind und daher abgeschätzt werden müssen. Dies bedeutet für die ausführende Firma ein erhöhter Planungsaufwand und resultierend ein zusätzliches Haftungsrisiko.

40.2 Neubau

40.2.1 Wärmebrückentechnisch optimierte Fensterlage im Neubau

Die Lage des Fensters im Baukörper beeinflusst das wärmetechnische Verhalten des Anschlusses, wobei der Wärmedurchgang im Anschlussbereich des Fensters je nach Bauart und Einbaulage unterschiedlich ist.

Befestigung und Abdichtung von Fenstern und Türen. Regelwerke, Bauphysik, Baurecht, Praxisbeispiele. 2. Auflage.
J. Küenzlen, E. Scheller, M. Klatecki.

In den nachfolgenden Bildern sind Farbverläufe von Wärmebrückenberechnungen dargestellt. Bild 40.1 zeigt hierbei vergleichend zwei monolithische Anschlusssituationen. Links Fensterlage mittig und rechts Fensterlage mittig mit zusätzlicher außenseitigen Laibungsdämmung. Durch Einsatz der zusätzlichen Laibungsdämmung auf der Außenseitige reduziert sich der längenbezogene Wärmedurchgangskoeffizient bei dieser Anschlusssituation von 0,021 W/(m·K) auf 0,006 W/(m·K), was einer Verbesserung von ca. 70 % bezogen auf die Wärmeverluste über die Anschlusssituation entspricht.

Bei außengedämmten Einbausituationen reduziert sich der längenbezogene Wärmedurchgangskoeffizient ebenfalls bei Einsatz einer zusätzlichen Laibungsdämmung. Bei Fensterlagen innerhalb des Wandbildners sinkt der längenbezogene Wärmedurchgangskoeffizient von 0,156 W/(m·K) auf 0,058 W/(m·K) (thermische Verbesserung der Anschlusssituation um ca. 60 %) siehe Bild 40.2, und bei Fensterlagen innerhalb der Dämmebene von 0,016 W/(m·K) auf 0,003 W/(m·K), was einer Verbesserung um ca. 80 % bezogen auf die Wärmeverluste über die Anschlusssituation entspricht, siehe Bild 40.3.

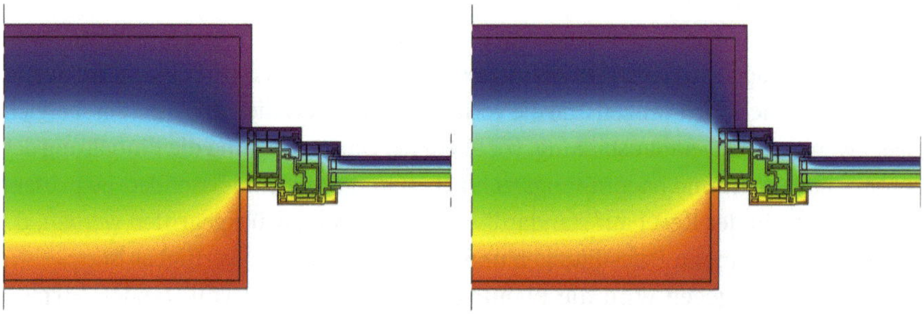

a) b)

Bild 40.1 Wärmebrückenberechnung von zwei monolithischen Laibungsanschlüssen; a) ohne zusätzliche Laibungsdämmung, b) mit außenseitiger Laibungsdämmung

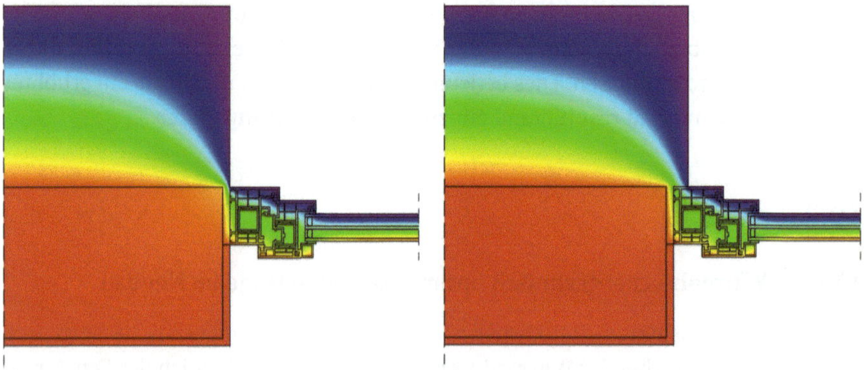

a) b)

Bild 40.2 Wärmebrückenberechnung von zwei außengedämmten Laibungsanschlüssen, Fensterlage in Wandbildner; a) ohne zusätzliche Laibungsdämmung, b) mit Laibungsdämmung

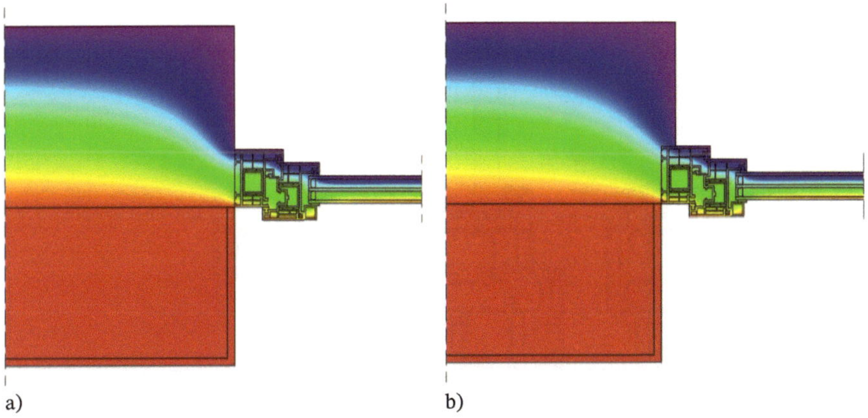

Bild 40.3 Wärmebrückenberechnung von zwei außengedämmten Laibungsanschlüssen, Fensterlage in Dämmebene; a) ohne zusätzliche Laibungsdämmung, b) mit Laibungsdämmung

In Bild 40.4 ist zusätzlich ein Laibungsanschluss in einer monolithischen Außenwand dargestellt. Aus Gründen des Wärmeschutzes ist die Lage des Fensters hierbei im mittleren Bereich zu wählen. Mit Verlagerung der Fensterlage nach außen oder innen steigen die längenbezogenen Wärmedurchgangskoeffizienten an.

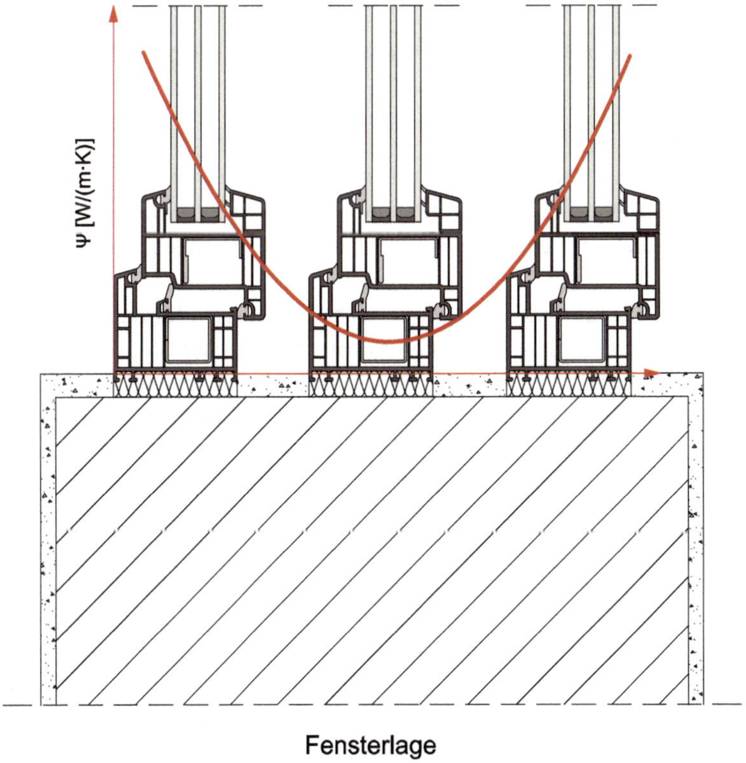

Bild 40.4 Qualitativer Verlauf des längenbezogenen Wärmedurchgangskoeffizienten Ψ für monolithische Bauweise

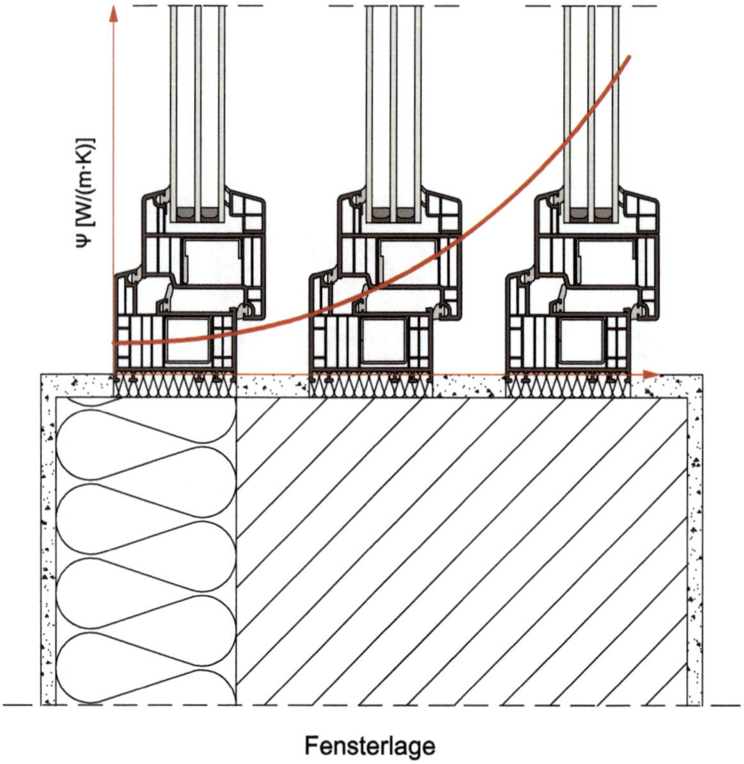

Bild 40.5 Qualitativer Verlauf des längenbezogenen Wärmedurchgangskoeffizienten Ψ für außengedämmte Bauweise

Bei Fensteranschlusssituationen mit außenseitiger Dämmung ist das Fenster innerhalb der Dämmebene anzuordnen. Je weiter das Fenstersystem in die Dämmebene nach außen gesetzt wird, umso geringer bilden sich die Wärmebrückenverluste aus, siehe Bild 40.5.

Bei Außenwandkonstruktionen mit Vorsatzschale und Kerndämmung ist der Fenstereinbau wie bei der außengedämmten Konstruktion in der Dämmebene am günstigsten, siehe Bild 40.6.

Bei guter Planung lassen sich je nach Einbaulage die Wärmeverluste auf ein Minimum reduzieren.

40.2.2 Vorwandmontage

Durch die Verlagerung des Fensters in die Dämmebene reduzieren sich die Wärmeverluste über die Anschlusssituationen, d. h. das Fenster hat eine günstigere energetische Lage. Beispielhaft ist dies in Bild 40.7 dargestellt. Hier ist ersichtlich, dass höhere raumseitige Oberflächentemperaturen bei der Fensterlage innerhalb der Dämmebene vorliegen. Der längenbezogene Wärmedurchgangskoeffizient Ψ, als Indikator der Wärmeverluste über die betrachtete Anschlusssituation, beträgt

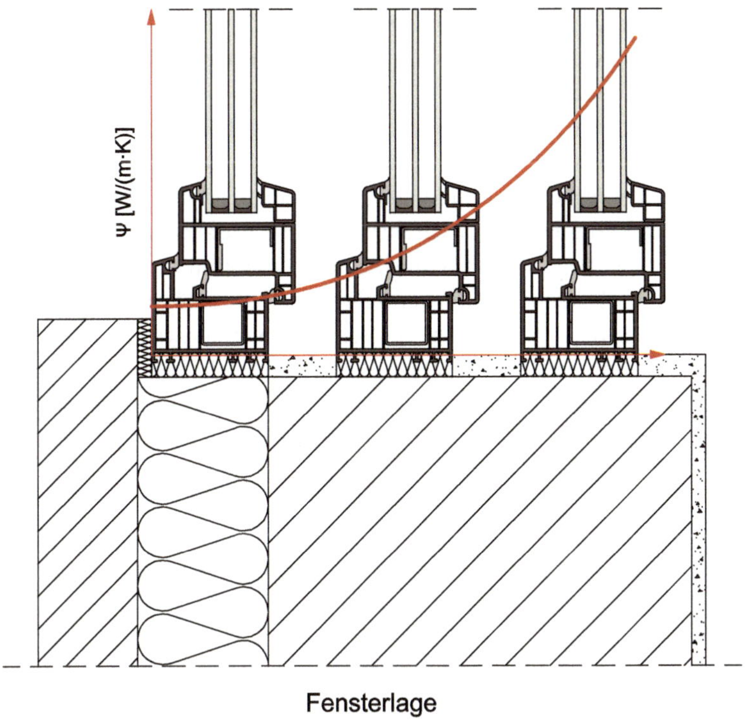

Bild 40.6 Qualitativer Verlauf des längenbezogenen Wärmedurchgangskoeffizienten Ψ für Vorsatzschale mit Kerndämmung

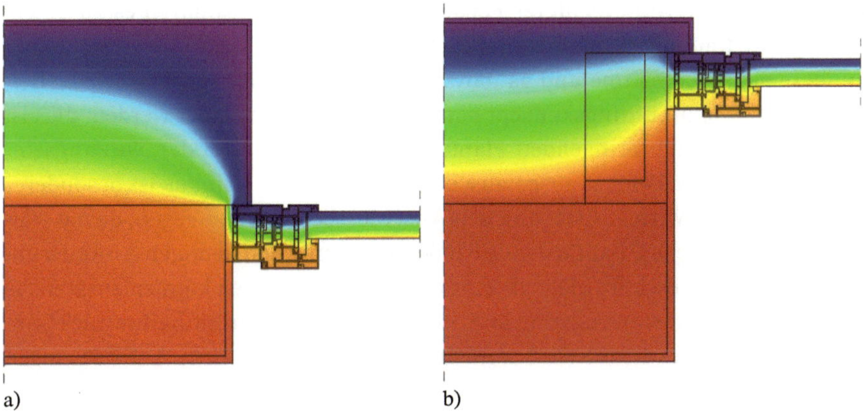

Bild 40.7 Darstellung der im Beiblatt 2 unterschiedenen Fenstereinbaulagen; a) Fensterlage in Wandbildner (Kategorie A), b) Fensterlage vollständig in Dämmebene (Kategorie B)

bei der Fensterlage innerhalb der Wand 0,11 W/(m·K) und bei der Fensterlage innerhalb der Dämmebene 0,024 W/(m·K); die Anschlusssituation weist einen um ca. 80 % geringeren Energieverlust auf als die Montage innerhalb des massiven Bauteils.

Zur sicheren Lastabtragung bei der Montage von Fenstern innerhalb der Dämmebene müssen weitere konstruktive Maßnahmen umgesetzt werden. Hierfür eignen sich beispielsweise Montagekonsolen.

Bei Verwendung der Vorwandmontagesysteme VWM und VWM EPS wurde in Untersuchungen, beispielsweise in (IBH 2020-01) und (IBH 2020-02), nachgewiesen, dass sie den energetischen Anforderungen des Beiblatts 2 der DIN 4108 entsprechen und somit in Bezug auf die Fensteranschlüsse der Ansatz eines pauschalen Wärmebrückenzuschlag ΔU_{WB} = 0,03 W/(m²·K) uneingeschränkt möglich ist; die Ergebnisse der Wärmebrückenberechnungen zeigen, dass die zulässigen Referenzwerte im Beiblatt 2 von DIN 4108 sowohl bei Vorwandmontagesystem VWM als auch beim Vorwandmontagesystem VWM EPS nicht überschritten werden. Der Nachweis der rechnerischen Gleichwertigkeit ist bei allen Einbausituationen für die Kategorie B nach Beiblatt 2 der DIN 4108 gegeben, siehe hierzu auch Hauser (2020a) bzw. Hauser (2020b).

40.3 Altbau – Sicherstellung des Mindestwärmeschutzes im Altbau

Für den Bereich der Modernisierung und Instandsetzung gelten, wie in Gütegemeinschaft (2024) beschrieben, die gleichen Grundsätze der Anschlussbildung wie im Neubau. Die fachgerechte Umsetzung kann sich jedoch, je nach baulicher Situation und besonderen Voraussetzungen, als schwieriger und aufwändiger erweisen. So führt eine Fenstererneuerung zu einem reduzierten Luftwechsel (Infiltration) aufgrund dichterer Fensterkonstruktionen, wodurch es zu einem Anstieg der Raumluftfeuchte kommen kann, wenn das Lüftungskonzept nicht an diese neue Maßnahme und bauphysikalische Situation angepasst wird. Hierfür kann z. B. ein Lüftungskonzept nach DIN 1946-6 verwendet werden, dies ist Bestandteil der zu erbringenden Planungsaufgaben, wenn in der Nutzungseinheit mind. 1/3 der Fenster ausgetauscht werden. Darüber hinaus ist besonderes Augenmerk auf Wärmebrücken in den Anschlussbereichen zu legen, da die wärmeschutztechnische Qualität der Gebäudehülle häufig den heutigen Anforderungen an den Wärmeschutz nicht gerecht wird. Im Zuge dessen können zusätzliche Maßnahmen zur Instandsetzung in Anschlussbereichen zur Einhaltung des Mindestwärmeschutzes erforderlich werden. Aufgrund vorhandener Anforderungen an den Denkmalschutz sollen vorhandene Gegebenheiten häufig erhalten oder unverändert bleiben.

Bild 40.8 zeigt am Beispiel einer monolithischen, verputzten Außenwand grundsätzliche Einbaumöglichkeiten bei der Fenstererneuerung im Gebäudebestand, wobei im Idealfall die Fenstererneuerung in Verbindung mit einer energetischen Sanierung der Gebäudehülle erfolgt (1). Weiterhin besteht die Möglichkeit, neue Fenster zwischen die Putzschichten einzubauen (2), nachdem der alte Blendrahmen

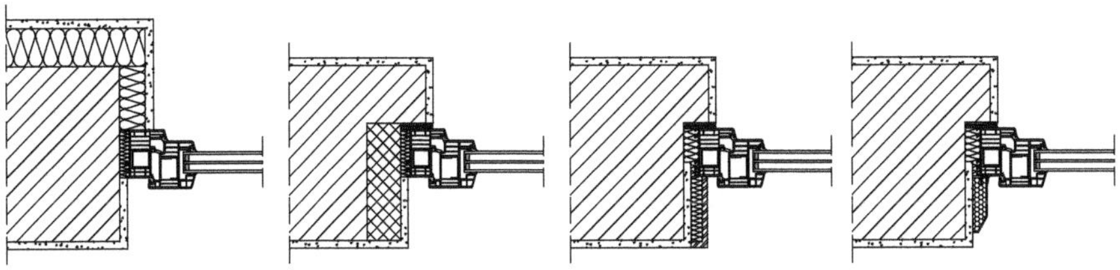

(1) (2) (3) (4)

Bild 40.8 Grundsätzliche Einbaumöglichkeiten beim Fensterersatz im Gebäudebestand nach dem Leitfaden zur Montage nach Gütegemeinschaft (2024) und VEKA Montageleitfaden (2015)

herausgeschnitten wurde. Hierbei ist vor allem bei älteren Gebäuden der Mindestwärmeschutz nach DIN 4108-2 zu beachten. Sollte der Mindestwärmeschutz nicht sichergestellt werden können, besteht entweder die Möglichkeit, im Zuge des Fensteraustauschs die Laibungen innen und außen mit Laibungsdämmsteinen (3) zu erneuern oder bauliche flankierende Maßnahmen zur Erhöhung der Oberflächentemperaturen (4), wie beispielhaft in VFF Merkblatt ES.05 (2019) beschrieben, umzusetzen.

Beim Fensteraustausch als Einzelmaßnahme ohne die Durchführung zusätzlicher Dämmmaßnahmen muss das Hauptaugenmerk auf die Sicherstellung des Mindestwärmeschutzes nach DIN 4108-2 gelegt werden, da der Wärmedurchgang durch das angrenzende Mauerwerk und die Fensterlage die Oberflächentemperaturen im Anschluss vom Fenster zum Baukörper derart beeinflusst, dass es nach dem Fensterwechsel infolge reduzierter Infiltration zu einer Schimmelpilzbildung kommen kann.

Die Einhaltung des Temperaturfaktors f_{Rsi} und somit die Sicherstellung des hygienischen Feuchteschutzes ist maßgeblich von der energetischen Qualität des angrenzenden Mauerwerks und dessen Dicke abhängig. Zusätzlich haben die Bautiefe und der Wärmedurchgangskoeffizient U_f des verwendeten Rahmenprofils einen Einfluss auf die Oberflächentemperatur. Unterschreitet der Temperaturfaktor f_{Rsi} einen Wert von 0,7, sind flankierende bauliche Maßnahmen zur Sicherstellung der hygienischen Mindestanforderungen erforderlich.

Da in den meisten Fällen keine Angaben über die energetische Qualität des angrenzenden Baukörpers vorliegen, kann eine Bewertung näherungsweise anhand von Pauschalwerten, beispielsweise aus den Bekanntmachungen zur Datenaufnahme und Datenverwendung im Wohngebäudebestand (BMWi & BMI, 2020), oder anhand von Wärmebrückenberechnungen vorgenommen werden. Zusätzlich finden sich beispielsweise im VFF Merkblatt ES.06 (2016) des Verbands Fenster + Fassade Handlungsempfehlungen zur schimmelpilzfreien Teilmodernisierung mit Fenstern (VFF Merkblatt ES.06, 2016). Dieses Merkblatt ermöglicht, flankierende bauliche Maßnahmen für Anschlussbereiche anhand des Baualters des Gebäudes auszuwählen und somit den Feuchteschutz nach erfolgtem Fensteraustausch bei Wohngebäuden sicherzustellen.

Bei Betrachtung von zwei ausgewählten Einbausituationen in der Laibung (Fensterlage mittig und gegen Innenanschlag, siehe Bild 40.9 und Bild 40.10) ist ersichtlich, dass mit zunehmender Wanddicke und schlechter werdendem Wärmeschutzniveau der angrenzenden Wand die Oberflächentemperatur sinkt. Dies führt dazu, dass es ab einem bestimmten Wärmedurchgangskoeffizient U der Außenwand zu einer Unterschreitung des Temperaturfaktors f_{Rsi} kommt und bauliche flankierende Maßnahmen zur Sicherstellung des Mindestwärmeschutzes umgesetzt werden müssen. Die Erhöhung der raumseitigen Oberflächentemperatur kann durch flankierende bauliche Maßnahmen in den Anschlussbereichen erreicht werden. Flankierende Maßnahmen können beispielsweise Laibungsdämmungen oder Dämmzargen mit einer Mindestdämmstoffdicke von 20 mm bei einer maximalen

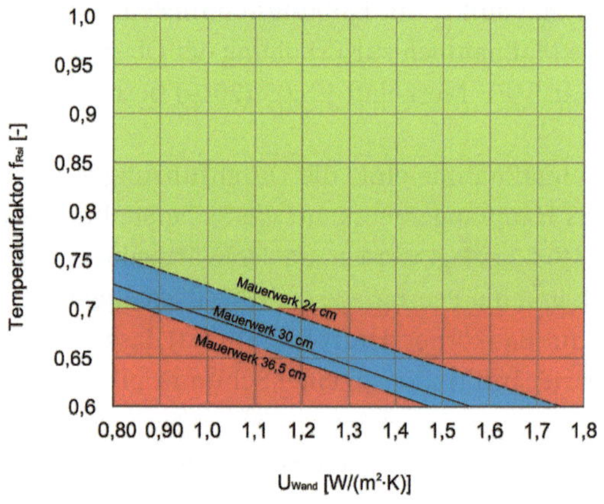

Bild 40.9 Temperaturfaktor f_{Rsi} zwischen Schnittstelle Fenster und Baukörper in Abhängigkeit vom Wärmedurchgangskoeffizienten U der Außenwand, Montage mittig im Mauerwerk nach VFF Merkblatt ES.05 (2019) und Maas und Klatecki (2015)

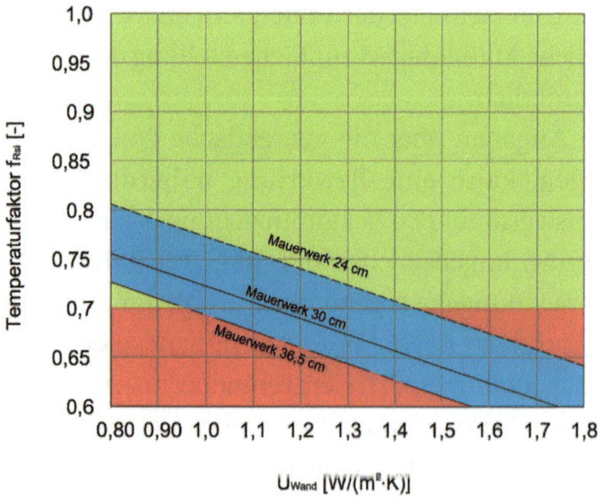

Bild 40.10 Temperaturfaktor f_{Rsi} zwischen Schnittstelle Fenster und Baukörper in Abhängigkeit vom Wärmedurchgangskoeffizienten U der Außenwand, Montage gegen Innenanschlag nach VFF Merkblatt ES.05 (2019) und Maas und Klatecki (2015)

Wärmeleitfähigkeit λ = 0,04 W/(m·K) auf dem Bestandsputz sein. Hierdurch kann grundsätzlich eine ausreichend hohe Oberflächentemperatur sichergestellt werden. Die Laibungsdämmung kann im Nachgang mit einer Gipsplatte versehen werden. Hierbei ist jedoch auf eine luftdichte Anbindung an den Baukörper zu achten.

Zur Sicherstellung der Luftdichtheit kann auf die Hinweise des Leitfadens zur Planung und Ausführung der Montage von Fenstern und Haustüren für Neubau und Renovierung zurückgegriffen werden (Gütegemeinschaft, 2024). Die Auslegung von gegebenenfalls erforderlichen lüftungstechnischen Maßnahmen kann entweder über DIN 1946-6 oder anhand des VFF Merkblatts ES.05 (2019) „Lüftung von Wohnungen“ erfolgen.

40.4 Leitdetails für die Anschlussausbildung im Neubau

40.4.1 Folienabdichtung

Bei der Abdichtung von Fenstern mit Dichtfolie wird zur Bewegungsaufnahme eine Schlaufe ausgebildet. Die Schlagregensicherheit erfolgt entweder mit Systemdichtleisten (mit integrierten, vorkomprimierten Fugendichtbändern) auf der Außenseite oder mit diffusionsoffenen Dichtfolien. Bei Verwendung von Systemdichtleisten ist der Fugenabschluss erst mit Fertigstellung der Putzarbeiten abgeschlossen; eine Sicherstellung des Schlagregenschutzes während der Bauphase ist nicht gegeben, siehe Bild 40.11. Der Sturzanschluss ist identisch wie der Laibungsanschluss auszubilden. Es ist auf einen umlaufenden Anschluss zu achten, die Übergänge und Profildetails sind hierbei besonders wichtig, damit ein Hinterlaufen der einzelnen Anschlüsse sicher vermieden werden kann (siehe Abschnitt 38.3.5).

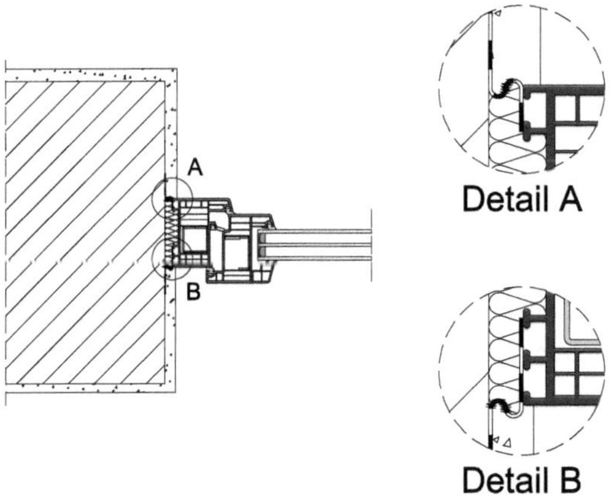

Bild 40.11 Mögliche Ausführung eines Laibungsanschluss mit Folienabdichtung

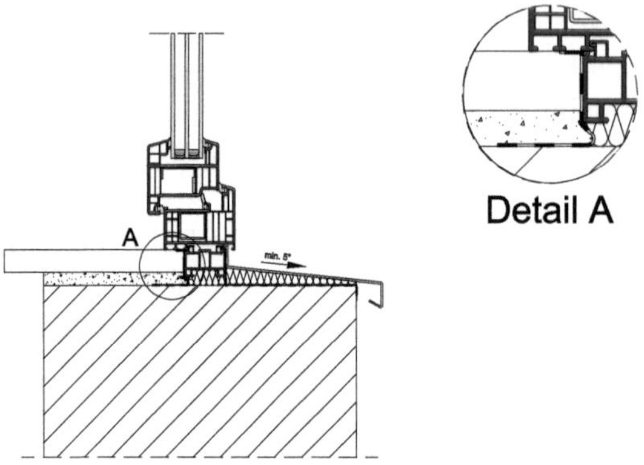

Bild 40.12 Mögliche Ausführung eines Brüstungsanschlusses mit Folienabdichtung

Raumseitig ist im Bereich der Brüstung eine schlaufenförmig verlegte Dichtfolie im Bereich des Bankanschlusses zu verlegen. Hierbei muss sichergestellt werden, dass die konstruktionsbedingte Fuge zwischen Bankanschluss und Fenster praktisch luftdicht ist. Entsprechende Prüfzeugnisse sind hierzu vorzulegen. Kann dies nicht gewährleistet werden, ist die Folie vom Blendrahmen über den Bankanschluss auf das Mauerwerk zu führen. Entsprechende Glattstriche, vor allem bei Hochlochziegeln, sind im Bereich der Brüstung zur ordnungsgemäßen Anbindung der Folie an das Mauerwerk vorzusehen. Mörtelfugen können hier ebenfalls nicht als Schlagregen- bzw. Luftdicht angesehen werden

Zur Vermeidung einer Wasseranreicherung innerhalb des Mauerwerks während der Bauphase sind entweder die Fensterbänke zeitgleich mit dem Fenster zu montieren oder eine zweite wasserführende Ebene in Form einer wannenförmigen ausgebildeten Dichtfolien auszubilden.

Ein beispielhafter Brüstungsanschluss mit Folienabdichtung ist in Bild 40.12 dargestellt.

Im Bereich von Übergangen und Versprüngen ist bei Abdichtung mit Folien besondere Sorgfalt walten zu lassen (siehe Abschnitt 38.3.5). Bei Eckausbildungen ist die Folie ebenfalls mit einer Schlaufe zu verkleben.

40.4.2 Multifunktionsband

Bei der Umsetzung der Abdichtung mittels Multifunktionsband, muss die Befestigung des Fensters über Distanzbefestigung erfolgen, da bei diesem Dichtsystem kein Platz für Tragklötze innerhalb der Fuge vorhanden ist.

Untergründe bzw. Pressflächen müssen weitgehend von Verunreinigungen befreit, planparallel und eben sein. In der Regel genügen ein Glattstrich in der Laibung und Füllprofile am Rahmenrücken. Untergründe müssen darüber hinaus dem Expansionsdruck des Dichtungsbandes ausreichend Widerstand bieten.

In Bild 40.13 ist beispielhaft ein Laibungsanschluss mit Multifunktionsband als Abdichtung dargestellt.

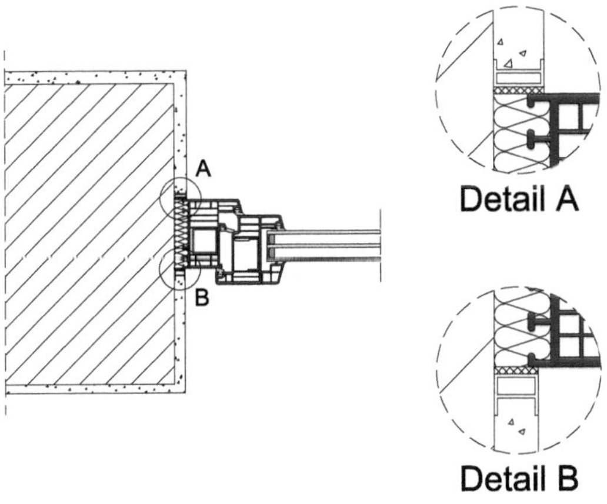

Bild 40.13 Mögliche Ausführung eines monolithischen Laibungsanschlusses

40.5 Leitdetails für die Anschlussausbildung im Altbau

40.5.1 Stumpfer Anschlag

Bei einem monolithischen stumpfen Laibungsanschluss erfolgt die raumseitige Abdichtung ebenfalls mit geschlossenzelligem Hinterfüllmaterial und spritzbarem dauerelastischen Dichtstoff. Auf der Außenseite kann zur Sicherstellung des Schlagregenschutzes eine Verleistung mit integriertem imprägnierten Fugendichtungsband verwendet werden. Hierbei handelt es sich in der Regel um ein vorkomprimiertes Dichtungsband, welches als Trägermaterial einen imprägnierten Schaum verwendet. Die Unterscheidung erfolgt abhängig von den Eigenschaften und ihrem Anwendungsbereich in Beanspruchungsgruppen (BG). Bänder der BG 1 werden für die ungeschützte Außenanwendung eingesetzt. Diese sind bis mindestens zu einer Differenzdruck von 600 Pa schlagregendicht. Bänder der BG 2 sind ebenfalls für die Außenanwendung bestimmt, allerdings dürfen diese nur weitgehend abgedeckt vor direkter Bewitterung, beispielsweise wie in Bild 40.14 dargestellt, in Verbindung mit einer Verleistung eingebaut werden. Diese Bänder dichten die Anschlussfuge gegen Schlagregen bis mindestens 300 Pa ab.

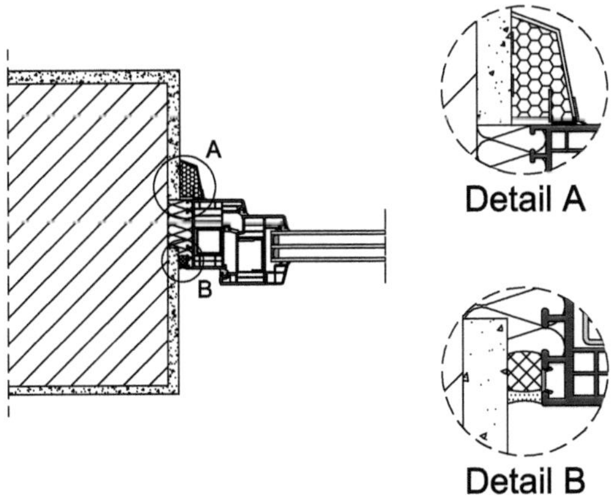

Bild 40.14 Mögliche Ausführung eines stumpfen monolithischen Laibungsanschlusses

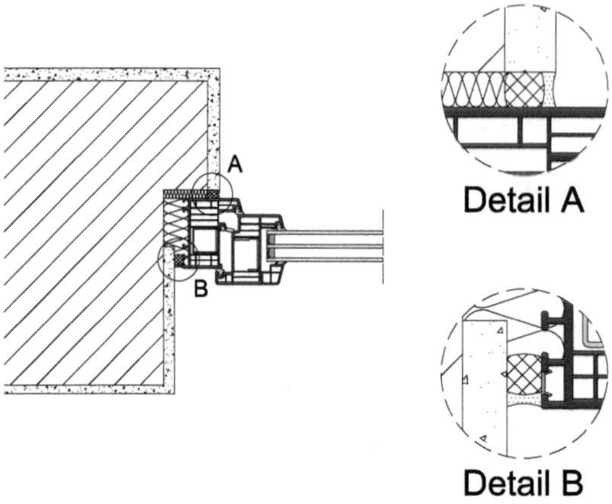

Bild 40.15 Mögliche Ausführung eines monolithischen Laibungsanschlusses gegen Innenanschlag

40.5.2 Innenanschlag

Bei Laibungsanschluss mit Innenanschlag bei Ersatz des alten Fensters erfolgt die außen- und raumseitige Abdichtung mit geschlossenzelligem Hinterfüllmaterial und spritzbarem dauerelastischen Dichtstoff. Der Funktionsbereich wird mit PU-Schaum ausgefüllt (siehe Bild 40.15).

Der spritzbare Fugendichtstoff kann hierbei für die Abdichtung von Bauteilanschlussfugen auf der Raum- und Außenseite Verwendung finden. Für die Anwendung im Außenbereich sollten Dichtstoffe mit einer zulässigen Gesamtverformung von 25 % und raumseitig mit einer zulässigen Gesamtverformung von 15 % verwendet werden. Bei dem verwendeten Dichtstoff ist darauf zu achten, dass die Eigenschaften hinsichtlich UV-Beständigkeit, Witterungsbeständigkeit, Verträglichkeit und Haftverhalten nicht beeinträchtigt sind. Zur Vermeidung der Drei-Flankenhaftung der eingesetzten Fugendichtstoffe erfolgt der Einsatz eines geschlossenzelligen Hinterfüllmaterials.

Teil 4

Ein kurzer Überblick über das Baurecht

Rechtsanwalt Frank Zillmer, Kiel

Die Ausführungen und Verweise auf Gesetze, Verordnungen u. ä. sowie maßgebende Urteile wurden mit Stand 07.07.2025 verfasst.

41

Allgemeines, rechtliche Grundlagen und Vertragstypen

41.1 Einführung

Das Baurecht hat viele Gesichter.

Es begegnet uns im **Privatrecht** mit Regeln zum Bau- und Architektenvertrag. Ob ein wirksamer Vertrag zustande gekommen ist, ob er widerrufen werden kann, welche Leistung und welche Vergütung dafür geschuldet ist, welche Rechte bei Störungen des Vertrages bestehen – das wird im Bürgerlichen Gesetzbuch, in der VOB/B und in den **Verträgen** geregelt. Verträge können gesetzliche Regeln ändern oder ergänzen. Grenzen für die erlaubten Abweichungen setzen Sicherheitsvorschriften, das Recht der allgemeinen Geschäftsbedingungen und der Verbraucherschutz – gedacht zum Schutz vor Schäden aller Art und vor übermächtigen Vertragspartnern. Verträge können auch nicht als „Vertrag zu Lasten Dritter" geschlossen werden: Eine Vereinbarung darüber, eine dem Unfallschutz dienende Vorschrift außer Acht zu lassen, um Geld oder Zeit zu sparen, schützt nicht vor Schadenersatzansprüchen Dritter und ist wertlos!

Im **öffentlichen Baurecht** geht es um die Frage, was und wie auf einem Grundstück gebaut werden darf. Das Eigentumsgrundrecht wird durch Gesetze eingeschränkt: Man darf auch auf dem eigenen Grundstück nicht „alles" und nicht „irgendwie" bauen. Das Bauplanungsrecht regelt die erlaubte Nutzung des Grundstücks (was darf gebaut werden?), das Bauordnungsrecht stellt die Sicherheit der Baustellen und Bauwerke sicher (wie darf gebaut werden?). Weitere Verwaltungsgesetze befassen sich mit Denkmalschutz, Umweltschutz und Abfallrecht, den zulässigen Emissionen und Standards für Bauwerke allgemein oder für besondere Bauvorhaben wie z. B. Kindergärten, Pflegeheime oder Gaststätten. Der Staat gibt mit **Gesetzen und Verordnungen** vor, was die am Bau Beteiligten bei Planung, Bau und Abriss zu beachten haben, damit sie sich nicht ordnungswidrig verhalten oder strafbar machen. Von diesen Regeln darf auch nicht auf Anordnung des Auftraggebers abgewichen werden. „Freizeichnungen" des Auftraggebers sind auch hier völlig wertlos.

Das **Strafrecht** greift dann ein, wenn Sicherheitsvorschriften nicht beachtet werden und hierdurch eine Gefährdung oder sogar eine Verletzung oder Tötung verursacht werden. Hier kann es zu einer **persönlichen Haftung** der am Bau

Befestigung und Abdichtung von Fenstern und Türen. Regelwerke, Bauphysik, Baurecht, Praxisbeispiele. 2. Auflage.
J. Küenzlen, E. Scheller, M. Klatecki.

Beteiligten kommen, für die kein Versicherungsschutz greift: Keine Versicherung geht für Sie ins Gefängnis! Auch hier gilt, dass von diesen Regeln auch nicht auf Anordnung des Auftraggebers abgewichen werden darf. „Freizeichnungen" des Auftraggebers sind hier ebenfalls völlig wertlos.

Im **Sozialrecht** gibt es Normen, die zur sozialen **Absicherung** von Arbeitnehmern und Handwerkern und zum **Schutz** vor Unfallgefahren dienen. Auch diese Normen sind wie die des **Steuerrechts** zwingend zu beachten.

Hinweis: Obwohl unter bestimmten Voraussetzungen von Ausstattungs- und Komfortstandards abgewichen werden darf: Niemals darf von Sicherheitsvorschriften abgewichen werden! Vereinbarungen über solche Abweichungen sind unwirksam und führen zu einer Haftung wegen vorsätzlichem Verhalten. Schadenersatzansprüche, Bußgelder und Geld- oder sogar Freiheitsstrafen drohen und keine Versicherung leistet, weil der Versicherungsfall „sehenden Auges" und damit vorsätzlich herbeigeführt worden ist!

Auftragnehmer (Planer oder bauausführende Unternehmen) müssen daher in jedem Fall eigenverantwortlich prüfen, ob bei der vom Auftraggeber gewünschten Ausführung eine Abweichung von anerkannten Regeln der Technik vorliegt. Sie müssen vor der Ausführung Bedenken anzeigen, um ihre künftige **Gewährleistung** zu vermeiden und dürfen niemals einem Wunsch zustimmen, Sicherheitsvorschiften zu umgehen, um **strafrechtliche** Folgen zu vermeiden.

Kann der Auftraggeber von seinem rechtswidrigen Wunsch nicht abgebracht werden, muss und darf der Auftragnehmer den Vertrag kündigen! Niemand muss entgegen verbindlichen Regelwerken „mangelhaft" planen oder bauen und niemand darf „gefährlich" planen oder bauen!

41.2 Rechtliche Grundlagen im Baurecht

Bürgerliches Gesetzbuch, BGB

Im Bauvertragsrecht (Privatrecht) ist zunächst das BGB maßgeblich. Es regelt neben vielen anderen Rechtsgebieten das Vertragsrecht, also wer wie Verträge schließt und welche allgemeinen Rechte und Pflichten sich daraus ergeben. Das BGB gilt als Gesetz grundsätzlich immer und muss deshalb nicht ausdrücklich in den Vertrag einbezogen werden. Es wurde zuletzt 2018 durch die Ergänzung um bauvertragliche Regelungen erheblich geändert.

Allgemeine Vertragsbedingungen für die Ausführung von Bauleistungen, VOB/B

In der Baupraxis wird häufig die VOB/B vereinbart. Sie ist eine allgemeine Geschäftsbedingung und muss daher ausdrücklich in den Vertrag einbezogen werden – sie gilt also nicht automatisch. Ist der Vertragspartner kein Bauunternehmen oder Handwerker, muss ihm der Text der VOB/B bei Vertragsschluss ausgehändigt werden. Wie alle AGB unterliegt die VOB/B der Inhaltskontrolle, die unfaire Klauseln unwirksam macht. Der Gesetzgeber hat die VOB/B jedoch privilegiert: Sofern kein Verbraucher beteiligt ist und die VOB/B „als Ganzes" vereinbart worden ist, gilt sie als ausgewogen und unterliegt ausnahmsweise nicht der Inhaltskontrolle, § 310 Abs. 1 BGB. **Jeder** Eingriff in die VOB/B beseitigt die Privilegierung jedoch mit der Folge, dass einige Klauseln (nicht die ganze VOB/B!) unwirksam sind (ständige Rechtsprechung des BGH, BGH, Urt. v. 19.01.2023 – VII ZR 34/20): Jede vertragliche Abweichung von der VOB/B führt dazu, dass diese nicht als Ganzes vereinbart ist. Dabei kommt es nicht darauf an, welches Gewicht der Eingriff hat (BGH, Urt. v. 22.01.2004 – VII ZR 419/02). Die Folgen gilt es abzuwägen.

Verbraucher müssen für sie nachteilige Klauseln der VOB/B nicht gegen sich gelten lassen: Sie sind auch geschützt, wenn die VOB/B mit ihnen „als Ganzes" verwendet wird.

Während das BGB von „Besteller" und „Unternehmer" spricht, nennt die VOB/B sie „Auftraggeber" und „Auftragnehmer". In diesem Überblick wird einheitlich die Bezeichnung aus der VOB/B verwendet, weil diese Bezeichnung in der Baupraxis üblich geworden ist.

Vertragsmuster

Musterverträge gibt es für alle Vertragsarten. Sie sind meistens gute Gerüste, mit deren Hilfe an die Regelung aller wesentlichen Punkte erinnert wird. Sie bilden aber nie den konkreten Bedarf im Einzelfall ab und sind daher immer auf den Einzelfall abzustimmen. Hierbei ist das Recht der Allgemeinen Geschäftsbedingungen zu beachten: Unfaire Klauseln sind unwirksam und werden nicht Vertragsbestandteil. Hierzu gibt es viel Rechtsprechung.

Leistungen und Gegenleistungen sind im Vertrag genau zu bezeichnen: Was gehört zum geschuldeten Leistungsumfang – und was nicht? Wo sind die Schnittstellen und Leistungsgrenzen?

Welche Pläne und Berechnungen sind vom Auftraggeber und welche Unterlagen sind vom Auftragnehmer geschuldet? Bis wann?

Es sollte insbesondere nicht nur der „ideale" Ablauf geregelt werden, sondern es sollte auch bedacht werden, welche Leistungsstörungen zu erwarten sind: Ist z. B. die Ausführungsstatik noch nicht fertig und sind Abweichungen von der Genehmigungsstatik zu erwarten? Wie soll dann z. B. mit Änderungen bei der Fassadenkonstruktion umgegangen werden? Sind Lieferprobleme zu erwarten und soll deshalb Material bevorratet werden? Wer lagert es dann ein und wer trägt die Kosten und die Risiken? Sind Verzögerungen zu erwarten und wie soll damit umgegangen werden?

Achtung: Architekten verstoßen gegen das Rechtsdienstleistungsgesetz und machen sich schadenersatzpflichtig, wenn sie Vertragsmuster an den konkreten Einzelfall anpassen (BGH, Urteil vom 9. November 2023 – VII ZR 190/22).

41.3 Grundsätzliches zum Vertragsschluss

Verträge kommen durch **Angebot** und **Annahme** dieses Angebots zustande. Im Baurecht ist das unpraktisch, weil Bauunternehmen nicht wissen können, wem sie welche Leistung anbieten sollen. Daher ist die **Ausschreibung** vorgeschaltet: Der Auftraggeber teilt potenziellen Auftragnehmern mit, welche Leistung er benötigt, und bittet sie um entsprechende Angebote. Das annehmbarste Angebot erhält vom Auftraggeber den Zuschlag, wird damit angenommen. Für öffentliche Aufträge gilt ein streng formalisiertes Vergaberecht, in welchem die Ausschreibung und das Auswahlverfahren geregelt ist.

Zwischen privaten Vertragspartnern kann jedoch ohne die formalen Einschränkungen des Vergaberechts verhandelt werden: Eine geänderte Annahme eines Angebots gilt als neues Angebot, das seinerseits angenommen werden muss. Eine solche Annahme kann auch durch schlüssiges Verhalten erfolgen (z. B. durch den Beginn der Ausführung). Es ist daher dringend zu empfehlen, das für den Vertragsschluss maßgebliche Angebot als Anlage zum Vertrag zu nehmen und die „Historie“ der Angebote und den Schriftwechsel hierzu aufzubewahren, damit im Zweifelsfall geklärt werden kann, welche Leistung zum vereinbarten Preis geschuldet ist.

Ist der Zuschlag erfolgt, sollte vom Auftragnehmer eine Auftragsbestätigung mit dem Hinweis erfolgen, bis wann der Auftragnehmer einen mit allen Gewerken abgestimmten Bauzeitenplan und eine ausführbare Ausführungsplanung benötigt, damit er die Werkplanung vornehmen, das Material bestellen, sein Personal einplanen und die vereinbarten Ausführungsfristen einhalten kann. Die gesetzte Frist ist zu überwachen und bei Bedarf sind Nachfristen zu setzen – verbunden mit einer Behinderungsanzeige.

Während Einzelunternehmer sich selbst vertreten, werden juristische Personen von ihren gesetzlichen Vertretern vertreten: Eine GmbH von ihren Geschäftsführern, eine AG von ihrem Vorstand, eine Stadt von ihrem Bürgermeister usw. Vertretungsberechtigt sind auch Prokuristen. Es ist aber zweckmäßig, im Vertrag zu regeln, wer bei dem Bauvorhaben für welche Erklärungen bevollmächtigt ist, weil sich die gesetzlichen Vertreter regelmäßig nicht auf der Baustelle aufhalten und nicht für jede Vertragsänderung oder -ergänzung bemüht werden sollen.

Nur gesetzliche Vertreter oder ausdrücklich Bevollmächtigte dürfen Verträge schließen, kündigen, ändern oder ergänzen. Sachnachträge oder bauzeitrelevante Anordnungen dürfen demzufolge grundsätzlich nie von Dritten (Architekten, Ingenieuren, künftigen Nutzern usw.) erteilt werden. Das Montageteam auf der Baustelle muss also wissen, wer für Änderungen zuständig ist und muss alle

Anordnungen der Projektleitung melden, die dann über die Umsetzung entscheidet. Regelmäßig sind Behinderungsanzeigen und Nachtragsangebote erforderlich; meist muss vom Auftraggeber vor der Abgabe eines Nachtragsangebots die Vorlage einer entsprechenden Planung verlangt werden, damit der Bauunternehmer nicht die Planungsverantwortung übernimmt. Der Reflex, es dem Kunden recht zu machen und Wünsche sofort umzusetzen, schadet also oftmals mehr, als er nützt.

Hinweis: Änderungs- oder Ergänzungswünsche sind der Projektleitung zu melden. Die Projektleitung entscheidet über die Reaktion:

- Führt die Anordnung zu einem höheren Zeitbedarf? Dann Behinderungsanzeige abgeben.
- Liegt keine Ausschreibung und Planung für den Änderungs- oder Ergänzungswunsch vor, obwohl der Auftraggeber die Planungsverantwortung trägt? Dann vor der Abgabe des Nachtragsangebotes eine Planung und Ausschreibung vom Auftraggeber anfordern.
- Mehrkosten mit dem Nachtragsangebot anmelden, bevor die „neue“ Leistung erbracht wird.
- Können bauzeitbedingte Mehrkosten noch nicht ermittelt werden, die Berechnung dieser Mehrkosten im Nachtragsangebot vorbehalten: Es gibt keinen „Nachtrag zum Nachtrag“.

41.4 Vertragstypen im Baurecht

Werkvertrag, § 631 BGB

Mit dem Werkvertrag verpflichtet sich der Auftragnehmer, ein funktionstaugliches Werk herzustellen. Anders als im Dienstvertrag wird also nicht nur die Arbeitskraft geschuldet, sondern ein funktionierendes Ergebnis. Daher gibt es im Werkvertrag anders als im Dienstvertrag einen Gewährleistungsanspruch, wenn die Werkleistung mangelhaft ist.

Bauvertrag, § 650a BGB

Der Bauvertrag ist ein besonderer Werkvertrag über die Herstellung, die Wiederherstellung, die Beseitigung oder den Umbau eines Bauwerks, einer Außenanlage oder eines Teils davon. Ein Vertrag über die Instandhaltung eines Bauwerks ist ein Bauvertrag, wenn die Leistung für die Konstruktion, den Bestand oder den bestimmungsgemäßen Gebrauch von wesentlicher Bedeutung ist. Damit sind alle Bau- und Handwerkerverträge, die über eine Wartung hinausgehen, Bauverträge.

Verbraucherbauvertrag, § 650i BGB

Ein Verbraucherbauvertrag ist ein besonderer Bauvertrag, bei dem ein Verbraucher Auftraggeber ist und der Auftragnehmer vom Verbraucher zum Bau eines neuen Gebäudes oder zu erheblichen Umbaumaßnahmen an einem bestehenden Gebäude verpflichtet wird. Hierbei muss es aber um den Gesamtauftrag gehen; die Vergabe von einzelnen Gewerken in einem solchen Vorhaben reicht nicht aus (BGH, Urteil vom 16.03.2023 – Az. VII ZR 94/22).

Verbraucher sind nach § 13 BGB natürliche Personen, die einen Vertrag schließen, der weder ihrer gewerblichen noch ihrer selbständigen beruflichen Tätigkeit zugerechnet werden kann.

Kaufvertrag, § 433 BGB

Ein Kaufvertrag hat die Lieferung einer Sache zum Inhalt. Das kann zum Beispiel Baumaterial wie ein Fenster oder ein Dichtband sein, das der Bauunternehmer im Handel kauft. Der Verkäufer muss dem Käufer das Eigentum verschaffen; der Käufer muss den Kaufpreis bezahlen.

Bauunternehmen sind regelmäßig Kaufleute, für die das Handelsrecht gilt: Dann muss die gelieferte Ware bei der Anlieferung untersucht und Mängel müssen unverzüglich gerügt werden, § 377 HGB. Ansonsten können die Gewährleistungsansprüche entfallen. Angelieferte Fenster sind also z. B. daraufhin zu untersuchen, ob die Anzahl, Größe, Wärmedämmung, Schalldämmung usw. der Bestellung entsprechen und ob die Fenster beschädigt sind. Bei großen Stückzahlen reichen aussagekräftige Stichproben aus.

Werklieferungsvertrag, § 650 BGB

Ein Werklieferungsvertrag hat die Lieferung herzustellender oder zu erzeugender beweglicher Sachen zum Gegenstand. Auf ihn finden die Vorschriften über den Kauf Anwendung. Wer Fenster herstellt, die ein anderer Handwerker einbauen soll, schließt mit diesem Handwerker einen Werklieferungsvertrag ab. Es gelten die Regeln des Kaufrechts. Wer Fenster herstellt, die er später selbst montiert, schließt mit dem Auftraggeber einen Werkvertrag ab, für den die Regeln des Werkvertrags und des Bauvertrags gelten. Die Abgrenzung kann im Einzelfall schwierig sein, ist aber z. B. bedeutsam bei der Frage, ob eine Handwerkersicherung verlangt werden kann: Das ist nur im Werkvertrag möglich, nicht im Kaufvertrag.

42

Nachträge und Bauablaufstörungen

In der Baupraxis werden die vereinbarten Leistungen nachträglich oft geändert. Die Änderungen können zu einem Sachnachtrag führen, wenn der „technische" Leistungsinhalt geändert wird. Änderungen baubetrieblicher Abläufe können hingegen die Produktivität verringern; häufig kommen aber auch bauzeitrelevante Änderungen vor, weil der Baubeginn verschoben wird, es zu Unterbrechungen oder Verschiebungen von Leistungen kommt. Oft wird der Ablauf nicht durch den Auftraggeberwünsche gestört, sondern durch schlechtes Wetter, andere Handwerker oder durch eine mangelhafte Planung.

Der Auftragnehmer hat den Auftrag jedoch erhalten, weil er das wirtschaftlichste Angebot unterbreiten konnte. Das war ihm möglich, weil er bei seiner Kalkulation – unter Berücksichtigung der Ausschreibungsunterlagen – günstige Arbeitsvoraussetzungen zugrunde gelegt hat. Ändern sich diese Voraussetzungen, besteht ein Bedürfnis zur Anpassung der Vertragsfristen und der Vergütung. Die Beeinträchtigungen können auch so schwer wiegen, dass sich Auftragnehmer oder Auftraggeber vom Vertrag lösen wollen, also kündigen möchten.

Hierbei gilt es, einige Grundsätze zu beachten.

42.1 Grundsatz: Behinderungsanzeige

§ 6 VOB/B begründet für den Auftragnehmer die Verpflichtung, dem Auftraggeber die Behinderung anzuzeigen, damit eine Behinderungssituation überhaupt berücksichtigt werden kann. Das soll dem Auftraggeber die Möglichkeit geben, die Behinderung abzustellen.

Als ungeschriebene Anspruchsvoraussetzung gilt das auch in BGB-Verträgen, also bei jeder Behinderung.

> § 6 Abs. 1 VOB/B: Behinderung und Unterbrechung der Ausführung
>
> 1. ***Glaubt*** *sich der Auftragnehmer in der ordnungsgemäßen Ausführung der Leistung behindert, so hat er es dem Auftraggeber unverzüglich schriftlich anzuzeigen. Unterlässt er die Anzeige, so hat er nur dann Anspruch auf*

Berücksichtigung der hindernden Umstände, wenn dem Auftraggeber offenkundig die Tatsache ***und deren hindernde Wirkung*** *bekannt waren.*

Eine **Behinderung** liegt vor, wenn auf den vom Auftragnehmer geplanten Bauablauf unplanmäßig eingewirkt wird und das negative (zeitliche oder wirtschaftliche) Folgen für den Auftragnehmer hat. Dabei ist unerheblich, ob es sich um ein räumliches, sachliches oder zeitliches Hemmnis handelt. Die Behinderung kann zum verzögerten Leistungsbeginn, zur langsameren Ausführung oder zu einer teilweisen oder vollständigen Unterbrechung der Leistung führen. Auch die (dem Auftraggeber ausdrücklich erlaubte!) Anordnung zusätzlicher oder geänderter Leistungen kann eine Behinderung zur Folge haben.

Eine **Unterbrechung** geht über die Behinderung hinaus und bedeutet, dass die Arbeit vollständig zum Stillstand gekommen ist. Das kann auch Leistungsteile oder Leistungen eines Nachunternehmers betreffen.

Richtiger Adressat der Behinderungsanzeige ist grundsätzlich immer der Auftraggeber. Gegebenenfalls kann auch sein bauleitender Architekt zum Empfang befugt sein, es sei denn, die Behinderung beruht auf seiner (Un-)Tätigkeit: Dann muss der Auftraggeber in jedem Fall informiert werden, damit er einschreiten kann.

Empfehlung: Der sicherste Weg ist die Information des Auftraggebers „aus formalen Gründen“ und die Sendung einer Kopie an den Architekten des Auftraggebers.

Die Anzeige muss die Behinderung **und ihre Wirkung** genau beschreiben, damit eine Abhilfe möglich ist. Nur so kann sie ihre **Informations-, Schutz- und Warnfunktion** erfüllen. Bei fehlenden Plänen muss z. B. auch angegeben werden, welche konkreten Pläne fehlen und welche konkreten Arbeiten dadurch nicht wie geplant ausgeführt werden können. Umfang und Höhe etwaiger Ersatzansprüche, alle Folgen im betrieblichen Ablauf etc. müssen hingegen in der Anzeige noch nicht zwingend mitgeteilt werden.

Dabei ist auch an die eigene Dokumentation der Behinderungsursache und -folgen zu denken, weil das Informationen sind, die für die Durchsetzung der Behinderungsfolgen (mehr Zeit und höhere Vergütung) von grundlegender Bedeutung sind!

Die Anzeige sollte gesondert erfolgen, kann aber auch im umgehend übermittelten (!) Bautagesbericht enthalten sein. Wer eine Behinderungsanzeige vergessen hat, sollte daher die Bautagesberichte und Baubesprechungsprotokolle prüfen: Manchmal finden sich dort Hinweise auf die Behinderung, die Ansprüche der Auftragnehmer „retten“ können.

Auch eine verspätete Behinderungsanzeige ist nicht nutzlos: Sie wirkt zumindest von dem Zeitpunkt ihres Zugangs beim Auftraggeber an.

Nur dann, wenn der Auftraggeber von der Behinderung weiß, kann er sie abstellen – und nur dann kann die Behinderung dazu führen, dass der Auftraggeber Zeit- und Kostennachteile tragen muss.

Praxistipp: Zu Unrecht besteht oft die Sorge, mit einer Behinderungsanzeige „die Stimmung" auf der Baustelle zu trüben.

Zum einen muss die Behinderungsanzeige nicht unbedingt mit dem Begriff „Behinderungsanzeige" überschrieben sein – eine freundliche Formulierung, mit der ein Auftragnehmer darauf hinweist, aus welchen Gründen er nicht wie geplant arbeiten kann, ist formal ausreichend.

Zum anderen sollte dem Auftraggeber verdeutlicht werden, dass ihm die Behinderungsanzeige helfen soll, den Bauablauf (wieder) so zu organisieren, dass die vereinbarte Leistung zum vereinbarten Zeitpunkt und zu den vereinbarten Kosten fertiggestellt werden kann. Kommunizieren Sie diesen Gedanken, wenn sich der Auftraggeber über die Behinderungsanzeige beschwert!

Bei absehbar längeren Behinderungen ist es sinnvoll, den Auftraggeber aufzufordern, eine Entscheidung zu treffen: Soll das Personal warten und Stillstandskosten auslösen, oder soll das Personal auf einer anderen Baustelle eingesetzt werden mit der Folge, dass es nicht sofort nach dem Wegfall der Behinderung wieder eingesetzt werden kann? Der Auftraggeber sollte auch aufgefordert werden, einen neuen Bauzeitenplan vorzulegen, damit vom Auftragnehmer der weitere Ablauf geplant werden kann. Positiver Nebeneffekt: Der Auftragnehmer erhält damit evtl. eine „Anordnung" des Auftraggebers, die ihm -wie noch zu zeigen ist- wirtschaftliche Vorteile bringen kann.

Nur wenn die Behinderungsursache **und deren Auswirkung** dem Auftraggeber „offenkundig" bekannt sind, ist eine Behinderungsanzeige nach § 6 Abs. 1 VOB/B ausnahmsweise entbehrlich. Das wird aber die Ausnahme sein – verlassen sollte man sich darauf nicht.

Entfällt die Behinderung, sollte die Wiederaufnahmeanzeige nicht vergessen werden: Sie dokumentiert das Ende der Behinderung. Sie kann auch verbunden werden mit einer weiteren Behinderungsanzeige, wenn die Behinderung nur in Teilbereichen entfallen ist und in anderen Bereichen noch andauert.

MUSTER

Behinderungsanzeige nach § 6 Abs. 1 VOB/B bzw. § 642 BGB

An: – Hier Auftraggeber (Namen und Adresse) eintragen; in Kopie an die Bauüberwachung

Bauvorhaben:

Vertrag / Gewerk:

Datum:

Sehr geehrte Damen und Herren,

in Erfüllung unserer Verpflichtung nach § 6 Abs. 1 VOB/B bzw. § 642 BGB teilen wir Ihnen mit, dass wir in der ordnungsgemäßen Ausführung unserer Leistungen behindert sind.

Folgende Behinderung liegt seit dem [-Hier Datum und ggf. Uhrzeit einsetzen-] vor:

- Hier den Behinderungsgrund einsetzen

Von der Behinderung ist die Ausführung folgender Vertragsleistung betroffen:

- Hier die gestörten Leistungsbereiche eintragen

Wir weisen darauf hin, dass sich die Ausführungsfrist durch die angezeigte Behinderung gemäß § 6 Abs. 2 VOB/B verlängert, bis die Behinderung weggefallen ist.

Sobald die hindernden Umstände weggefallen sind, werden die Arbeiten ohne Weiteres und unverzüglich wieder aufgenommen werden.

Rein vorsorglich behalten wir uns bereits jetzt die Geltendmachung von Mehrkosten bzw. Entschädigungsansprüchen nach § 6 Abs. 6 VOB/B bzw. § 642 BGB vor.

Mit freundlichen Grüßen

42.2 Verlängerung der Vertragsfristen im BGB-Vertrag

Bei einem gestörten Bauablauf ist es oft nicht möglich, den vereinbarten Fertigstellungszeitpunkt oder Zwischenfristen einzuhalten. Dann besteht das Bedürfnis, die vereinbarten Ausführungsfristen und damit den versprochenen Fertigstellungszeitpunkt oder zugesagte Zwischentermine zu verlängern.

Im BGB-Werkvertragsrecht gibt es auf den ersten Blick anders als in der VOB/B keine ausdrücklichen Regelungen für Behinderungen und deren Auswirkungen auf Vertragsfristen.

Eine Anpassung der Bauzeit kommt aber nach § 313 BGB oder § 275 BGB in Betracht:

> § 313 BGB: Störung der Geschäftsgrundlage
>
> (1) *Haben sich Umstände, die zur Grundlage des Vertrags geworden sind, nach Vertragsschluss schwerwiegend verändert und hätten die Parteien den Vertrag nicht oder mit anderem Inhalt geschlossen, wenn sie diese Veränderung vorausgesehen hätten, so kann Anpassung des Vertrags verlangt werden, soweit einem Teil unter Berücksichtigung aller Umstände des Einzelfalls, insbesondere der vertraglichen oder gesetzlichen Risikoverteilung, das Festhalten am unveränderten Vertrag nicht zugemutet werden kann.*
>
> (2) *Einer Veränderung der Umstände steht es gleich, wenn wesentliche Vorstellungen, die zur Grundlage des Vertrags geworden sind, sich als falsch herausstellen.*
>
> (3) *Ist eine Anpassung des Vertrags nicht möglich oder einem Teil nicht zumutbar, so kann der benachteiligte Teil vom Vertrag zurücktreten. An die Stelle des Rücktrittsrechts tritt für Dauerschuldverhältnisse das Recht zur Kündigung.*

Hätten die Parteien die Störung vorhergesehen und hätten sie die Vertragsfristen / Termine dann anders vereinbart, kann eine Anpassung verlangt werden, wenn ein Festhalten an den Terminen unzumutbar ist.

CHECKLISTE

Störung der Geschäftsgrundlage (§ 313 BGB)

- Situation für AN unvorhersehbar?
- Materialengpass vs. Angebotsabgabe
- Bevorratung vor Zuschlag nicht zumutbar, danach grundsätzlich schon
- Anpassung der Vertragsfristen, wenn Festhalten unzumutbar
- evtl. sogar Anspruch auf Beendigung des Vertrages: erst recht Verlängerung

Eine weitere Möglichkeit, eine Bauzeitverlängerung zu erreichen, bietet § 275 BGB, der den Umgang mit der Situation regelt, dass eine Leistung unmöglich ist oder wird:

§ 275 BGB: Ausschluss der Leistungspflicht

(1) *Der Anspruch auf Leistung ist ausgeschlossen, soweit diese für den Schuldner oder für jedermann unmöglich ist.*
(2) *Der Schuldner kann die Leistung verweigern, soweit diese einen Aufwand erfordert, der unter Beachtung des Inhalts des Schuldverhältnisses und der Gebote von Treu und Glauben in einem groben Missverhältnis zu dem Leistungsinteresse des Gläubigers steht. Bei der Bestimmung der dem Schuldner zuzumutenden Anstrengungen ist auch zu berücksichtigen, ob der Schuldner das Leistungshindernis zu vertreten hat.*
(3) *Der Schuldner kann die Leistung ferner verweigern, wenn er die Leistung persönlich zu erbringen hat und sie ihm unter Abwägung des seiner Leistung entgegenstehenden Hindernisses mit dem Leistungsinteresse des Gläubigers nicht zugemutet werden kann.*
(4) *Die Rechte des Gläubigers bestimmen sich nach den §§ 280, 283 bis 285, 311a und 326.*

Ist die Leistung für den Schuldner (hier: Auftragnehmer) insgesamt oder in der vereinbarten Zeit unmöglich, kann diese Leistung vom Auftraggeber (so) nicht verlangt werden. Auch hieraus kann ein Anspruch des Auftragnehmers auf eine Anpassung hergeleitet werden.

Achtung: Hat der Auftragnehmer die Verzögerung verursacht, muss er zwar keine unmögliche Leistung erbringen, aber Schadenersatz nach § 280 ff BGB leisten, § 275 Abs. 4 BGB!

Vertragliche Regelungen sind daher dringend zu empfehlen, insbesondere in Architektenverträgen! Auch die HOAI enthält für verlängerte Planungs- und Bauzeiten keine Honorarregelungen.

42.3 Bauzeitverlängerung im VOB/B-Vertrag

Im VOB-Vertrag bestimmt § 6 Abs. 2 VOB/B, in welchen Fällen vertraglich vereinbarte Ausführungsfristen verlängert werden, wenn der Auftragnehmer in seiner ordnungsgemäßen Ausführung behindert ist:

> § 6 Abs. 2 bis Abs. 5 VOB/B
>
> 2. *(1) Ausführungsfristen werden verlängert, soweit die Behinderung verursacht ist:*
>   *a) durch einen Umstand aus dem Risikobereich des Auftraggebers,*
>   *b) durch Streik oder eine von der Berufsvertretung der Arbeitgeber angeordnete Aussperrung im Betrieb des Auftragnehmers oder in einem unmittelbar für ihn arbeitenden Betrieb,*
>   *c) durch höhere Gewalt oder andere für den Auftragnehmer unabwendbare Umstände.*
>
> *(2) Witterungseinflüsse während der Ausführungszeit, mit denen bei Abgabe des Angebots normalerweise gerechnet werden musste, gelten nicht als Behinderung.*
>
> 3. *Der Auftragnehmer hat alles zu tun, was ihm billigerweise zugemutet werden kann, um die Weiterführung der Arbeiten zu ermöglichen. Sobald die hindernden Umstände wegfallen, hat er ohne weiteres und unverzüglich die Arbeiten wiederaufzunehmen und den Auftraggeber davon zu benachrichtigen.*
> 4. *Die Fristverlängerung wird berechnet nach der Dauer der Behinderung mit einem Zuschlag für die Wiederaufnahme der Arbeiten und die etwaige Verschiebung in eine ungünstigere Jahreszeit.*
> 5. *Wird die Ausführung für voraussichtlich längere Dauer unterbrochen, ohne dass die Leistung dauernd unmöglich wird, so sind die ausgeführten Leistungen nach den Vertragspreisen abzurechnen und außerdem die Kosten zu vergüten, die dem Auftragnehmer bereits entstanden und in den Vertragspreisen des nicht ausgeführten Teils der Leistung enthalten sind.*

Die Bauzeitverlängerung wird in § 6 Abs. 4 VOB/B nach der Dauer der Behinderung mit einem Zuschlag für die Wiederaufnahme der Arbeit und die etwaige Verschiebung in eine ungünstigere Jahreszeit berechnet. Die Fristverlängerung bedarf weder eines Antrages noch einer gesonderten Vereinbarung. Wichtig ist gleichwohl die Behinderungsanzeige und sorgfältige Dokumentation von Behinderungsursache und Behinderungswirkung, damit die Behinderungsfolgen später anhand des Vergleichs von ungestörtem und gestörtem Bauablauf dargestellt werden können.

42.3.1 Umstände aus dem Risikobereich des Auftraggebers

Die Formulierung „aus dem Risikobereich des AG“ stellt klar, dass er die Umstände nicht *verschulden* muss. Dieselbe Störung kann bei dem Vorliegen eines Verschuldens aber dann *auch* Schadenersatzansprüche nach § 6 Abs. 6 VOB/B auslösen.

Zum Risikobereich gehören z. B.:

- vertragsgemäße Zahlung (Hauptpflicht des Auftraggebers!),
- richtige und rechtzeitige Planung, Lieferung der (Ausführungs-) Pläne, Statik usw. – § 3 Abs.1 VOB/B,
- Baugrund mangelfrei, zugänglich,
- Baugenehmigung und nachbarrechtliche Probleme,
- Koordination der unterschiedlichen Auftragnehmer / Planer, § 4 Abs. 1 VOB/B,
- rechtzeitige und mangelfreie Vorunternehmerleistung,
- Mitwirkungs- und Eingriffsrechte (§ 1 Abs. 3 und 4 VOB/B, § 4 Abs. 1 VOB/B etc.),
- unzutreffende Mengen und Massen vorgegeben – Mehrmengen (§ 2 Abs. 3 VOB/B).

42.3.2 Streik und Aussperrung, § 6 Abs. 2 Nr. 1 b VOB/B

Das Streikrisiko wird durch die VOB/B wie folgt verteilt:

- Das zeitliche Risiko trägt der Auftraggeber: Ausführungsfristen werden verlängert.
- Das wirtschaftliche Risiko (Mehrkosten) trägt jede Partei selbst: Schadenersatz nach § 6 Abs. 6 VOB/B setzt Verschulden voraus; das fehlt bei Streik und Aussperrung auf beiden Seiten.

42.3.3 Höhere Gewalt und unabwendbare Umstände § 6 Abs. 2 Nr. 1 c VOB/B

Gemäß § 6 Abs. 2 Nr. 1 c VOB/B werden Ausführungsfristen verlängert, soweit die Behinderung verursacht worden ist durch höhere Gewalt oder andere für den Auftragnehmer unabwendbare Umstände.

Höhere Gewalt ist ein „betriebsfremdes, von außen durch elementare Naturkräfte oder durch Handlungen dritter Personen herbeigeführtes Ereignis, das nach menschlicher Einsicht und Erfahrung unvorhersehbar ist, mit wirtschaftlich vertraglichen Mitteln auch durch die äußerste nach der Sachlage vernünftigerweise zu erwartende Sorgfalt nicht verhütet oder unschädlich gemacht werden kann und auch nicht wegen seiner Häufigkeit vom Betriebsunternehmer in Kauf zu nehmen ist" (BGH, Urt. v. 23.10.1952, III ZR 364/51, BGHZ 7, 338, 339). Das sind z. B. Erdbeben, Hochwasser, Blitzschlag oder außergewöhnliche Stürme, aber auch objektiv unvorhersehbare Handlungen von dritten Personen (Brandstiftung, Diebstahl, Sabotage, Computerviren („Cyberkrieg")). Grundsätzlich gehört hier auch Schlechtwetter zu; hierfür gibt es aber noch eine Zusatzregelung, die zu beachten ist.

Jedes Verschulden des Auftragnehmers schließt die Annahme höherer Gewalt aus.

42.3.4 Witterungseinflüsse, § 6 Abs. 2 Nr. 2 VOB/B

Witterungsbedingte Einflüsse, mit denen bei Angebotsabgabe gerechnet werden muss, gelten nach § 6 Abs. 2 Nr. 2 VOB/B nicht als Behinderung.

- Maßgeblich ist als Prognosezeitpunkt der Zeitpunkt der Angebotsabgabe.

- Maßgeblich ist dann der allgemein vorauszusehende Witterungsverlauf für den Ort der Bauausführung zum Zeitpunkt der Bauausführung (der bei Angebotsabgabe hierzu vorgesehene Zeitpunkt!). Betroffen sein kann aber auch ein anderer Ort wie das Lager für noch nicht auf der Baustelle befindliche Materialien oder die Straßen zur Baustelle.

Nur außergewöhnliche Witterungsereignisse können sonst im Ausnahmefall zu einer Verlängerung der Ausführungszeit wegen höherer Gewalt und unabwendbarer Umstände führen.

Als Referenzzeitraum sollten 10 Jahre ausreichend sein.

42.3.5 Folge: Fristverlängerung

Die Bauzeitverlängerung wird in § 6 Abs. 4 VOB/B nach

- der Dauer der Behinderung,
- mit einem Zuschlag für die Wiederaufnahme der Arbeit,
- und die etwaige Verschiebung in eine ungünstigere Jahreszeit

berechnet. Eine Verschiebung in eine günstigere Jahreszeit führt jedoch umgekehrt nicht zu einer Verkürzung der Ausführungszeit.

Die Fristverlängerung bedarf weder eines Antrages noch einer gesonderten Vereinbarung. Wichtig ist gleichwohl die Behinderungsanzeige und sorgfältige Dokumentation von Behinderungsursache und Behinderungswirkung.

Bei der Berechnung der Verlängerung ist jede von etwaig mehreren Behinderungen für sich zu betrachten. Im Ursprungsterminplan dokumentierte Abhängigkeiten sind daraufhin zu überprüfen, ob ihre abstrakte Vorgabe auch in der Realität zwingend ist. Bei verschiedenen Ablaufketten können versteckte Zeitreserven vorhanden sein oder Möglichkeiten für eine Umdisponierung liegen: Damit können Behinderungen oft unproblematisch aufgefangen werden. Schadensminderungsmöglichkeiten sind daher vom Auftragnehmer zu nutzen und mit einzuberechnen.

Daher gibt es keine abstrakte Verlängerungsberechnung!

Immer ist der dokumentierte konkrete Ist-Ablauf dem konkreten Soll-Ablauf gegenüberzustellen: Der Auftragnehmer muss eine aus einer oder mehreren Behinderungen abgeleitete Bauzeitverlängerung möglichst konkret darlegen und hierfür eine **baustellenbezogene Darstellung** der Ist- und Sollabläufe darlegen, die eine Bauzeitverlängerung nachvollziehbar macht. Es genügt nicht, einzelne Aspekte des Baugeschehens herauszugreifen. Auch müssen die vom Auftragnehmer verursachten Verzögerungen und vom Auftraggeber beauftragte Nachträge hinreichend berücksichtigt werden.

Bei Behinderungen, die von beiden Seiten zu vertreten sind, ist in entsprechender Anwendung des § 254 BGB eine teilweise Verlängerung vorzunehmen.

Der Auftragnehmer hat dann alles zu tun, was ihm **billigerweise** zuzumuten ist, um die Weiterführung der Arbeiten zu ermöglichen, § 6 Abs. 3 Satz 1 VOB/B. Er hat daher dem **Verlangen** des Auftraggebers nach Optimierung des Bauablaufs zu entsprechen, auch wenn es keinen Anspruch des Auftragnehmers auf Durchführung und Beauftragung von Beschleunigungsmaßnahmen gibt. Wegen der Kooperationspflichten wird sich der Auftragnehmer den zumutbaren Wünschen des Auftraggebers aber nicht widersetzen können.

Achtung: Wenn es keine Beschleunigungsanordnung des Auftraggebers gibt, gibt es für Beschleunigungen auch keinen Anlass! Dann gibt es für unverlangt durchgeführte Maßnahmen auch keine zusätzliche Vergütung!

Überstunden und Wochenendarbeit gelten in der Regel als zumutbar.

Nach dem Wegfall der Behinderung ist die Leistung wieder aufzunehmen. Eine Verletzung dieser Pflicht begründet als positive Vertragsverletzung eine Schadenersatzpflicht des Auftragnehmers.

Achtung: Der Auftragnehmer kann aber nicht gezwungen werden, auf einer anderen Baustelle vertragsuntreu zu werden und Personal dort abzuziehen um die verzögerte Baustelle zu „retten“, wenn z. B. die Bauzeit insgesamt überschritten worden ist oder das konkrete Personal an anderer Stelle eingeplant ist. In solchen Fällen wird es an einem für Schadenersatzansprüche erforderlichen Verschulden des Auftragnehmers fehlen.

42.4 Vergütungsfolgen der Bauablaufstörung

42.4.1 Einleitung

Bauablaufstörungen führen bei Auftragnehmern nicht nur zu einem Bedürfnis, die vereinbarten Ausführungsfristen zu verlängern, sondern auch zu Mehrkosten. Daher besteht bei ihnen auch ein Interesse daran, diese Mehrkosten vom Auftraggeber erstattet zu bekommen.

Mehrkosten entstehen dadurch, dass bei Bauleistungen, die über den kalkulierten Fertigstellungstermin dieser Leistungen hinaus oder unproduktiv zu erbringen sind,

- Bauleitungs- und Personalkosten, Kosten für die Baustelleneinrichtung, Gerätevorhaltung, Versicherungen usw. länger als kalkuliert vorzuhalten und zu finanzieren sind und
- später zu erbringende Leistungen zu höheren Materialeinkaufskosten, höheren Tariflöhnen, höheren Nachunternehmer (NU)-Kosten und damit zu einer teureren Bauausführung führen.
- Das kann aber auch innerhalb der vereinbarten Ausführungsfristen geschehen, wenn z. B. einkalkulierte Zeitreserven, die nach der Kalkulation anderweitig hätten genutzt werden sollen, durch unproduktive Arbeiten „verbraucht“ werden oder Teilleistungen von „günstigen“ in „teure“ Zeiten verschoben werden.

Ursache für die „spätere“ Bauausführung können in

- einem verschobenen Baubeginn oder
- einem insgesamt gestörten und damit verlangsamten Bauablauf
- einer Behinderung einzelner Teilleistungen oder
- einer Vielzahl von einzelnen Behinderungen

liegen und die Leistung verschieben, stoppen oder unproduktiv werden lassen. Das führt beim Auftragnehmer zu Mehrkosten, die in den Vertragspreisen nicht einkalkuliert sind.

Verschiedene Anspruchsgrundlagen für „bauzeitbedingten Mehrzahlungen“ erfordern eine unterschiedliche Darstellung der Abläufe, was häufig übersehen wird.

Nachfolgend werden daher die unterschiedlichen Anspruchsgrundlagen, ihre Voraussetzungen und die jeweiligen Rechtsfolgen dargestellt:

Die folgenden Ausführungen zeigen: Nicht jede Anspruchsgrundlage ermöglicht einen Ausgleich aller denkbaren Mehrkosten und nicht jede Behinderung, die einen Anspruch auf eine Verlängerung der Ausführungsfristen begründet, führt zu einem Anspruch auf Vergütungsanpassung, Schadenersatz oder zur Erstattung von Stillstandskosten! Auf manchen Kosten bleibt der Auftragnehmer sitzen, wenn er nicht rechtzeitig gegensteuert; in vielen Fällen kann der Auftragnehmer die Mehrkosten auch nicht durchsetzen und muss diese selbst tragen und als „Wagnis“ einkalkulieren.

42.4.2 Schadenersatz, § 6 Abs. 6 VOB/B bzw. § 280 BGB, § 286 BGB

Schadenersatzansprüche der Auftragnehmer gegen die Auftraggeber sind in diesem Zusammenhang nur selten durchsetzbar und führen auch oft nicht zu einem gewünschten Ergebnis.

Schadenersatzansprüche gegen den Auftraggeber setzen unter anderem nämlich voraus, dass der Auftraggeber die Behinderung „schuldhaft zu vertreten“ hat, weil er eine „Vertragspflicht verletzt“ hat.

> § 6 Abs. 6 VOB/B
> *Sind die hindernden Umstände von einem Vertragsteil **zu vertreten**, so hat der andere Teil Anspruch auf Ersatz des nachweislich entstandenen Schadens, des entgangenen Gewinns aber nur bei Vorsatz oder grober Fahrlässigkeit. Im Übrigen bleibt der Anspruch des Auftragnehmers auf angemessene Entschädigung nach § 642 BGB unberührt, sofern die Anzeige nach Absatz 1 Satz 1 erfolgt oder wenn Offenkundigkeit nach Absatz 1 Satz 2 gegeben ist.*

> § 280 Abs. 1 BGB Schadensersatz wegen Pflichtverletzung
> *Verletzt der Schuldner eine **Pflicht** aus dem Schuldverhältnis, so kann der Gläubiger Ersatz des hierdurch entstehenden Schadens verlangen. Dies gilt nicht, wenn der Schuldner die Pflichtverletzung nicht **zu vertreten** hat.*

An einer **Vertragspflicht** und diesem **Verschulden** fehlt es jedoch in vielen Fällen.

Vertragspflichten in diesem Sinne sind nur solche, die der Auftragnehmer einklagen könnte. Das sind **im BGB-Vertrag** regelmäßig nur die Pflicht zum Bezahlen des vertraglich geschuldeten Werklohnes (§ 631 Abs. 1 BGB) und die gesetzliche Pflicht zur Stellung einer Bauhandwerkersicherung (§ 650f BGB). **Im VOB-Vertrag** kommen aus der VOB/B möglicherweise weitere Vertragspflichten hinzu; auch **Verträge** können weitere Vertragspflichten des Auftraggebers vorsehen.

Ein **eigenes Verschulden des Auftraggebers** an der Behinderung ist z. B. dann anzunehmen, wenn der Auftraggeber eine fällige Werklohnforderung des Auftragnehmers nicht bezahlt oder eine gesetzliche Bauhandwerkersicherung nicht zur Verfügung stellt und der Auftragnehmer nach entsprechender Mahnung und Androhung der Leistungseinstellung die Arbeiten einstellt, bis der Auftraggeber die Zahlung vorgenommen oder eine Sicherheit geleistet hat. Kommt es dadurch zu einer Behinderung und Mehrkosten, ist der Auftraggeber zum Schadenersatz verpflichtet.

Dem Auftraggeber wird nach § 278 BGB jedoch auch das Verschulden seiner „**Erfüllungsgehilfen**" so zugerechnet, als hätte er selbst schuldhaft gehandelt:

> § 278 BGB Verantwortlichkeit des Schuldners für Dritte
> *Der Schuldner hat ein Verschulden seines gesetzlichen Vertreters und der Personen, deren er sich zur Erfüllung seiner Verbindlichkeit bedient, in gleichem Umfang zu vertreten wie eigenes Verschulden*

Es ist aber nicht jeder, der vom Auftraggeber mit Bau- und Planungsleistungen beauftragt wird, ein „Erfüllungsgehilfe" in diesem Sinne. „Erfüllungsgehilfen" sind nur solche Personen, die eine **Vertragspflicht** des Auftraggebers für diesen erfüllen. Die Rechtsprechung unterscheidet deshalb zwischen Vorunternehmern und Planern.

Vorunternehmer werden von der Rechtsprechung nicht als „Erfüllungsgehilfen" angesehen, weil der Auftraggeber sich im Normalfall einem Auftragnehmer gegenüber nicht verpflichten will, die notwendigen Vorarbeiten rechtzeitig zu erbringen. Der Vorunternehmer erfüllt damit keine Vertragspflicht des Auftraggebers: Der nachfolgende Unternehmer kann den Auftraggeber nicht mit gerichtlicher Hilfe zwingen, die notwendige Vorleistung zu erbringen, also auf Herstellung der erforderlichen Vorleistung verklagen.

Es soll hierbei nicht einmal ausreichen, Vertragsfristen zu vereinbaren:

> BGH, Urteil vom 21.10.1999 – VII ZR 185/98
> *Nach der Rechtsprechung des Bundesgerichtshofs können durch fehlerhafte Werkleistung des Vorunternehmers bedingte Verzögerungen dem Auftraggeber im Verhältnis zum Nachfolgeunternehmer regelmäßig nicht zugerechnet werden, weil der Vorunternehmer insoweit nicht Erfüllungsgehilfe des Auftraggebers ist. Der Auftraggeber will sich regelmäßig den einzelnen Nachunternehmern gegenüber nicht verpflichten, notwendige Vorarbeiten zu erbringen.*

> BGH, Urteil vom 21.10.1999 – VII ZR 185/98
> *Ob und welche Verbindlichkeit den Auftraggeber gegenüber dem (Nach)Unternehmer trifft, ist nach der jeweiligen vertraglichen Gestaltung zu beurteilen. Geht es um Fristüberschreitungen, bedürfen die Vertragsbestimmungen der Auslegung, ob der Auftraggeber die Verpflichtung übernommen hat, das Bauwerk zu den vereinbarten Fristen als für die Nachunternehmerleistung geeignet zur Verfügung zu stellen. Allein die Vereinbarung von Vertragsfristen reicht hierfür nicht aus.*

Planer hingegen können Vertragspflichten des Auftraggebers übernehmen.

Beispiele für vertragliche Verpflichtungen, die Planer für den Auftraggeber **im VOB-Vertrag** erfüllen könnten:

- termingerechte und mangelfreie Lieferung von Bauplänen (§ 3 Abs. 1 VOB/B);
- Abstecken der Hauptachsen der baulichen Anlagen, der Grenzen des Geländes, das dem Auftragnehmer zur Verfügung gestellt wird, das Schaffen der notwendigen Höhenfestpunkte in unmittelbarer Nähe der baulichen Anlagen (§ 3 Abs. 2 VOB/B);
- Koordinierung unterschiedlicher Gewerke (§ 4 Abs. 1 VOB/B).

Insoweit ist die Einbeziehung der **VOB/B** in den Vertrag entscheidend:

- Zum einen ist der Auftraggeber gemäß § 2 Abs. 5, Abs. 6 VOB/B verpflichtet, über eine Mehrvergütung für zusätzliche oder geänderte Leistungen zu verhandeln. Darin liegt eine Pflicht zur Mitwirkung in diesem Sinne.
- Zum anderen ist der Auftraggeber gemäß § 3 Abs. 1 VOB/B verpflichtet, dem Auftragnehmer „die für die Ausführung der Bauleistung nötigen Unterlagen unentgeltlich und rechtzeitig zu übergeben". Daraus hat die Rechtsprechung wie z. B. das OLG Dresden (Urt. v. 13.12.2023, 13 U 378/23) eine vertraglich vereinbarte Verpflichtung abgeleitet, die für die Bauausführung erforderlichen Baupläne beizubringen; insoweit kann der Architekt Erfüllungsgehilfe des Auftraggebers sein. Eine Verzögerung des Planers wird danach dem Auftraggeber zugerechnet; der Auftragnehmer kann Schadenersatz verlangen.

  Achtung: Der BGH hat das bisher aber nicht abschließend entschieden. Es kann daher sein, dass der BGH die o. g. „Vertragspflichten" aus der VOB/B als solche nicht anerkennt und auch diese Fälle behandelt wie die Fälle der verzögerten Vorunternehmerleistung.
- Gleiches gilt für das Abstecken der Hauptachsen der baulichen Anlagen, der Grenzen des Geländes, das dem Auftragnehmer zur Verfügung gestellt wird, sowie das Schaffen der notwendigen Höhenfestpunkte in unmittelbarer Nähe der baulichen Anlagen (§ 3 Abs. 2 VOB/B). Auch die Koordinierung unterschiedlicher Gewerke (§ 4 Abs. 1 VOB/B) gehört dazu.

Noch zweifelhafter ist jedoch, ob es eine solche Pflicht bei einem **BGB-Vertrag** wie z. B. einem Ingenieur- oder Planervertrag gibt, bei dem der Planer die

Planungsergebnisse anderer an der Planung Beteiligter (Fach-)Planer für seine Planungsleistung benötigt. Das BGB enthält keine Regelung wie den § 3 Abs. 1 VOB/B.

Daraus folgt, dass der Auftraggeber sich aber zumindest im **VOB/B-Vertrag** ein **Verschulden seines Planers** wie ein eigenes Verschulden zurechnen lassen muss.

Eine weitere Voraussetzung für den Schadenersatzanspruch ist, dass der Auftraggeber die Behinderung und deren Folgen kennt: Der Auftragnehmer muss daher eine Behinderungsanzeige gestellt haben – oder die Behinderung **und ihre Folgen** (!) müssen für den Auftraggeber offenkundig sein, § 6 Abs. 1 VOB/B.

Der Auftragnehmer muss sodann auf den Bauablauf bezogen die Behinderungsauswirkungen und den dadurch entstandenen Schaden darstellen und beweisen können.

Der Auftragnehmer muss daher darlegen und beweisen können, dass er durch die Pflichtverletzung des Auftraggebers behindert worden ist und wie sich das auf den Bauablauf ausgewirkt hat.

Sodann muss der Auftragnehmer die Vermögenslagen gegenüberstellen, die mit Behinderung (Kosten des tatsächlichen, gestörten Bauablaufs) und ohne Behinderung (Kosten bei ordnungsgemäßem Bauablauf) entstanden sind.
Gewinn wird nur bei Vorsatz oder grober Fahrlässigkeit ersetzt (§ 6 Abs. 6 VOB/B).

Umsatzsteuer wird nicht vergütet (§ 1 Abs. 1 Nr. 1 UStG; § 10 UStG).

CHECKLISTE

❑ Bauvertrag
❑ VOB/B in den Vertrag einbezogen
❑ Behinderung liegt vor und stammt aus der Sphäre des Auftraggebers (§ 6 Abs. 1, 3 VOB/B)
❑ Behinderung hat die Leistung des Auftragnehmers verzögert
❑ Behinderung wurde vom Auftragnehmer angezeigt oder Tatsache der Behinderung und deren Auswirkung waren dem Auftraggeber offenkundig bekannt (§ 6 Abs. 1 VOB/B)
❑ Auftraggeber hat Behinderung zu vertreten:

Vertragspflicht des Auftraggebers schuldhaft verletzt (+):

- Koordinationsverschulden (§ 4 Abs. 1 VOB/B) – zweifelhaft, siehe oben
- Planungsverschulden des beauftragten Architekten/Ingenieurs, denn der Auftraggeber schuldet eine rechtzeitige und mangelfreie Planungsleistung (§ 3 Abs. 1 VOB/B) – zweifelhaft, siehe oben
- Verweigerte Verhandlung über berechtigte Nachtragsforderungen (§ 2 Abs. 5, 6 VOB/B) führt zu Zahlungsverzug und Leistungseinstellung des Auftragnehmers (§ 16 Abs. 5 Nr. 4 VOB/B)
- „Sonstiger“ Zahlungsverzug führt zu Leistungseinstellung des Auftragnehmers (§ 16 Abs. 5 Nr. 4 VOB/B)
- Leistungseinstellung des Auftragnehmers, weil von ihm geforderte Handwerker-Sicherheit nicht gestellt wurde (§ 650f Abs. 5 BGB)

Vertragspflicht des Auftraggebers nicht schuldhaft verletzt (-), also hierfür nicht ausreichend:

- Bauobjekt nicht aufnahmebereit, also kein baureifes Grundstück
- Fehlende Baugenehmigung oder andere öffentliche-rechtliche Genehmigungen
- Fehlende oder mangelhafte Vorunternehmerleistungen
- Ausübung von Anordnungsbefugnissen durch den Auftraggeber (§ 1 Abs. 3, Abs. 4 VOB/B) bzw. Mehrmengen (§ 2 Abs. 3 VOB/B)
- Verwirklichung von Bodenrisiken
- Unterbliebene Schutzmaßnahmen des Auftraggebers
- Unzureichende Bauüberwachung durch den Auftraggeber
- Bemusterungen oder andere Entscheidungen verzögert

❑ Darstellung, inwieweit die Pflichtverletzung des Auftraggebers (oder seines Planers bei verspäteter Übergabe der Pläne) eine Behinderung des Auftragnehmers verursacht hat

❑ Darstellung, welche Leistung (ggf. in welchem Umfang) dadurch ein eine „teure" Zeit verschoben worden ist

❑ Darstellung der dadurch entstandenen Kostenfolge

❑ Ersatz des kausal entstandenen Schadens:
  - Vermögenslagen ohne und mit der Behinderung darstellen: Differenz ist zu erstatten
  - Beachte bei Mitarbeiterkosten: Konkrete Kosten (Lohn- und Lohnnebenkosten der betroffenen Mitarbeiter) werden erstattet, nicht der vereinbarte Stundensatz!
  - Gewinn wird nur bei Vorsatz oder grober Fahrlässigkeit ersetzt (§ 6 Abs. 6 VOB/B9)

Merke: Nicht jede Behinderung, die nach § 6 Abs. 2 VOB/B zu einer Verlängerung der Vertragsfristen führt, begründet auch einen Schadenersatzanspruch!

42.4.3 Entschädigungsanspruch für Stillstandskosten, § 642 BGB

§ 642 BGB enthält einen Entschädigungsanspruch des Auftragnehmers. Dieser Anspruch entsteht dann, wenn der Auftragnehmer nicht arbeiten kann, weil der Auftraggeber einer Mitwirkungspflicht nicht nachkommt. § 6 Abs. 6 Abs. 2 VOB/B verweist auch für den VOB-Vertrag auf diese Regelung. Daher gelten die folgenden Ausführungen sowohl im BGB- als auch im VOB-Vertrag.

§ 642 BGB: Mitwirkung des Bestellers

(1) *Ist bei der Herstellung des Werkes eine Handlung des Bestellers erforderlich, so kann der Unternehmer, wenn der Besteller durch das* ***Unterlassen der Handlung*** *in* ***Verzug*** *der Annahme kommt, eine angemessene Entschädigung verlangen.*

(2) *Die Höhe der Entschädigung bestimmt sich einerseits nach der Dauer des Verzugs und der Höhe der vereinbarten Vergütung, andererseits nach demjenigen, was der Unternehmer infolge des Verzugs an Aufwendungen erspart oder durch anderweitige Verwendung seiner Arbeitskraft erwerben kann.*

Die Rechtsprechung setzt zudem voraus, dass der Auftragnehmer auch hier eine Behinderung angezeigt hat oder Offenkundigkeit von Behinderungstatsache und Wirkung vorliegen. Voraussetzungen sind somit, dass der

- Auftraggeber eine ihm obliegende Handlung unterlässt, die für die Leistung des Auftragnehmers notwendige Voraussetzung ist und der
- Auftraggeber in Annahmeverzug ist und der
- Auftragnehmer die Behinderung angezeigt hat/Offenkundigkeit vorliegt

Dieser Anspruch ist **verschuldensunabhängig**. Daher muss der Auftraggeber keine Vertragspflicht verletzen, um den Anspruch auszulösen. Das erweitert den Kreis der relevanten Ursachen!

Der Auftraggeber muss aber im **Annahmeverzug** sein. Das bedeutet, dass der Auftragnehmer ihm seine Leistung angeboten haben muss (§ 293 ff BGB) und leistungsbereit sein muss (§ 297 BGB). Der Auftragnehmer muss also tatsächlich versucht haben, die Leistung zu erbringen. Es reicht aber hierzu auch aus, den Auftraggeber zur Vornahme der erforderlichen Leistung aufzufordern.

Der Anspruch unterliegt jedoch ebenfalls erheblichen Einschränkungen:

Zum einen muss der Auftraggeber eine **Mitwirkungspflicht** verletzen. Diese Pflicht ist nicht so stark wie die zum Schadenersatz führende Vertragspflicht. Es muss aber seine Aufgabe sein, diese Mitwirkung zu erbringen, *damit der Auftragnehmer seine Leistung erbringen kann.*

Das sind somit **neben** den o. g. Auftraggeberpflichten

- mangelhafte Koordination der Gewerke (§ 4 Abs. 1 VOB/B)
- keine rechtzeitige und mangelfreie Planungsleistung (§ 3 Abs. 1 VOB/B)
- Verweigerte Verhandlung über berechtigte Nachtragsforderungen (§ 2 Abs. 5, 6 VOB/B) führt zu Zahlungsverzug und Leistungseinstellung des Auftragnehmers (§ 16 Abs. 5 Nr. 4 VOB/B)
- „Sonstiger" Zahlungsverzug führt zu Leistungseinstellung des Auftragnehmers (§ 16 Abs. 5 Nr. 4 VOB/B)
- Leistungseinstellung des Auftragnehmers, weil von ihm geforderte Handwerker-Sicherheit nicht gestellt wurde (§ 650f Abs. 5 BGB)

auch die weiteren Mitwirkungspflichten:

- Bauobjekt nicht aufnahmebereit, also kein baureifes Grundstück
- fehlende Baugenehmigung oder andere öffentliche-rechtliche Genehmigungen
- fehlende oder mangelhafte Planer- oder Vorunternehmerleistungen *(BGH, Urt. v. 30.1.2020, VII ZR 33/19)*

- Ausübung von Anordnungsbefugnissen durch den Auftraggeber (§ 1 Abs. 3, Abs. 4 VOB/B) bzw. Mehrmengen (§ 2 Abs. 3 VOB/B)
- Verwirklichung von Bodenrisiken
- unterbliebene Schutzmaßnahmen des Auftraggebers
- unzureichende Bauüberwachung durch den Auftraggeber
- Bemusterungen oder andere Entscheidungen verzögert
- Anordnung von Baustopp (dann auch Anspruch aus § 2 Abs. 5 VOB/B; § 650 c BGB)

Nicht dazu gehört jedoch der Schutz der Baustelle vor **Schlechtwetter**, denn es ist nicht Aufgabe des Auftraggebers, für gutes Wetter auf der Baustelle zu sorgen. Verzögerungen wegen Schlechtwetter führen daher nicht zu einem Entschädigungsanspruch des Auftragnehmers!

Der Bundesgerichtshof (BGH) hat für den Fall von Schlechtwetter entschieden, dass ein Anspruch auf Entschädigung in solchen Fällen ausscheidet, weil der Auftraggeber seine Vertragspflichten nicht verletzt hat: Er muss die Baustelle nicht vor den Einwirkungen von Schlechtwetter schützen. Der Auftragnehmer kann nämlich nur dann eine Entschädigung verlangen, wenn der Auftraggeber seinen Pflichten am Bau nicht nachkommt und das Bauwerk deshalb nicht fertig gestellt werden kann. Doch diese Voraussetzungen lagen nach Auffassung des BGH bei Schlechtwetter nicht vor: Dem Vertrag sei nicht zu entnehmen gewesen, dass der Auftraggeber während des gesamten Herstellungsprozesses äußere Einwirkungen in Form von Frost, Eis und Schnee abwehren müsse (BGH, Urteil vom 20. April 2017, VII ZR 194/13).

Das wird auch für die Situation gelten, wenn der Auftragnehmer nicht leisten kann, weil die Baustelle durch das Corona-Virus oder andere Erkrankungen zum Erliegen kommt:

Es gibt keine Vertragspflicht des Auftraggebers, die Baustelle und den Bauablauf vor Schlechtwetter oder einem Virus zu schützen.

Ausnahme: Der Auftraggeber hat einen Wetterschutz versprochen (z. B. Wetterschutzgerüst für den Fenstereinbau), damit der Unternehmer seine Leistungen erbringen kann und diesen Schutz nicht geliefert. Wenn dann schlechtes Wetter die Leistung des Unternehmers verhindert und der versprochene, nun aber fehlende Schutz die Leistung ermöglicht hätte, dann besteht ein Entschädigungsanspruch des Auftragnehmers.

Eine weitere Einschränkung des Entschädigungsanspruchs liegt darin, dass er nur für den **Zeitraum des Verzuges** gewährt wird *(BGH v. 19.9.2024, VII ZR 10/24)*. Das hat zur Folge, dass zwar die **Stillstandskosten** als **unmittelbare** Folge des Verzugs vergütet werden, **nicht jedoch die später entstehenden mittelbaren Mehrkosten:**

Verzögert sich der Bauablauf und erbringt der Auftragnehmer seine Leistung deshalb zu einem späteren Zeitpunkt als zunächst vorgesehen, vereinbart und kalkuliert, kann das für den Auftragnehmer teurer sein. Materialpreise können bis dahin gestiegen sein, ebenso Tariflöhne und Nachunternehmerkosten. Diese mittelbaren Mehrkosten, die nach der Beendigung des Verzuges entstehen, werden nach § 642 BGB aber nicht erstattet.

Hintergrund ist, dass die Entschädigung nur für die Dauer des Annahmeverzuges gewährt wird und nur die Kosten für stillstehende Produktionsmittel wie Personal, Geräte und Kapital erstattet werden *(BGH, Urt. v. 26.10.2017, VII ZR 16/17; v. 19.9.2024, VII ZR 10/24)*. Es wird also nicht die Umsatz- oder Gewinnerwartung geschützt.

Will der Auftragnehmer auch diese mittelbaren Mehrkosten ersetzt bekommen, muss er das vertraglich regeln. Das kann mit einer Klausel geschehen, die z. B. wie folgt formuliert wird:

> *„Bei Verzögerungen des Bauablaufs, die der Auftragnehmer nicht zu vertreten hat, hat der Auftragnehmer einen Anspruch auf Ersatz der Mehraufwendungen und Mehrkosten, die durch die Verzögerung entstehen."*

Die Höhe der Entschädigung regelt § 642 Abs. 2 BGB:

Da die Entschädigung Vergütungscharakter hat, erfolgt die **Kalkulation** wie bei Nachträgen gemäß § 2 VOB/B durch einen bauablaufbezogenen Vergleich zwischen kalkulierten und tatsächlichen Kosten. Die Anspruchsvoraussetzungen sind nach der Rechtsprechung also wie alle bauzeitbedingten Ansprüche nur mit einigem Aufwand, nämlich **bauablaufbezogen**, darzustellen:

- Der Auftragnehmer muss eine aus einer oder mehreren Behinderungen abgeleitete Bauzeitverlängerung möglichst konkret darlegen und hierfür eine baustellenbezogene Darstellung der Ist und Sollabläufe darlegen, die eine Bauzeitverlängerung nachvollziehbar macht. Es genügt nicht, einzelne Aspekte des Baugeschehens herauszugreifen, ohne dabei die vom Auftraggeber verursachten Verzögerungen und Nachträge hinreichend zu berücksichtigen.
- Der Auftragnehmer hat darzulegen, ob und ggfls. welche wartezeitbedingten Mehrkosten durch Vorhaltung von Arbeitskraft und Geschäftskapital er gehabt hat, die nicht durch die ursprüngliche Kalkulation und nicht durch Nachträge abgegolten sind.
- Ein baubetriebswissenschaftliches Gutachten, in dem auf der Grundlage der vom Auftragnehmer herausgegriffenen Aspekte des Baugeschehens nach Arbeitstagen bemessene Zeiträume und anhand einer arbeitswissenschaftlichen Schätzung errechnet wird, ist nicht geeignet, einen Anspruch nach § 642 BGB zu begründen (KG Berlin, Urteil vom 19. April 2011–21 U 55/07)

Erstattungsfähig sind folgende Stillstandskosten:

- Personalkosten (auch Projekt- und Bauleitung)
- zeitabhängige (!) Baustelleneinrichtungs- und Baustellengemeinkosten
- Produktivitätsverluste
- Gerätekosten

- Nachunternehmerkosten („Vorhaltung eines Nachunternehmers"): Seine Ansprüche aus § 642 BGB kann der Auftragnehmer weiterleiten als eigene Vorhaltekosten

Der Auftragnehmer muss also darlegen, welche Mitarbeiter durch die fehlende Mitwirkung des Auftraggebers konkret wann nicht arbeiten konnten. Das kann mit einer Tabelle geschehen, in welcher die Mitarbeiter mit Namen und Position im Betrieb sowie Datum und Uhrzeit der unproduktiven Vorhaltezeit aufgeführt werden. Entsprechendes gilt für Geräte, Baustelleneinrichtung usw. Es ist also konkret darzustellen, wie der Bau konkret abgelaufen ist; eine pauschale Angabe („üblicherweise dauert das x Monate, nun hat es x + 2 Monate gedauert") ist **nicht** ausreichend.

Da die vereinbarte Vergütung maßgeblich ist, werden auch Wagnis, Gewinn und Allgemeine Geschäftskosten erstattet (BGH, Urt. v. 26.10.2017, VII ZR 16/17). Die Kosten müssen aber einen Bezug zur Baustelle während der Dauer des Annahmeverzuges haben, also Einzelkosten der Teilleistung (EKT) oder Baustellengemeinkosten (BGK). Allgemeine Geschäftskosten (AGK) werden also nur als Zuschlag auf die tatsächlich entstandenen Kosten erstattet (OLG Frankfurt, Urt. v. 9.3.2023, 15 U 295/21), soweit das in der vereinbarten Vergütung darstellbar ist.

Die Höhe der Vergütung hängt auch davon ab, ob der Auftragnehmer seine Arbeitskraft anderweitig einsetzen konnte: Die ihm durch den Stillstand tatsächlich zukommenden Vorteile müssen berücksichtigt werden. Hier zählt jeder andere Auftrag. Wird ein Mitarbeiter also anderweitig eingesetzt, ist er im Zweifel nicht unproduktiv. Ist er weniger produktiv, muss der Auftragnehmer das darlegen und beweisen.

Hier liegen somit die typischen Einwendungen der Auftraggeber gegen entsprechende Ansprüche:

- Haben die Mitarbeiter des Auftragnehmers tatsächlich nichts getan? Typischerweise gibt es auf anderen Baustellen immer etwas zu tun.
- Hat der Auftragnehmer seine Mitarbeiter absichtlich nichts tun lassen? Hatte er keine anderen Aufträge?

Zudem fallen hier auch **Umsatzsteuern** an, weil die Entschädigung Entgelt im Sinne von § 10 UStG ist.

Ein Sonderfall liegt vor, wenn das **Personal langsamer arbeiten** muss, weil die ungestörte Zugänglichkeit des Bauvorhabens nicht gewährleistet ist.

BEISPIEL

Anstatt gemäß Vertrag „100 Fenster auszutauschen" müssen die Fenster mit Unterbrechungen ausgetauscht werden, weil die betroffenen Büroräume jeweils geräumt werden müssen, weil der Betrieb darin weiterläuft und deshalb nie in mehr als drei Büros gleichzeitig Fenster ausgetauscht werden können.

Grundsätzlich darf der Auftragnehmer darauf vertrauen, dass er kontinuierlich fließend arbeiten kann und „**Baufreiheit**" hat: Andernfalls muss der Auftraggeber nach VOB/C ATV DIN 18.299 Abschnitt 0.2.1 Arbeitsunterbrechungen, Arbeitsschritte und Beschränkungen sowie nach Abschnitt 0.2.2 den Umstand vorgeben, dass in den Räumen, in denen gearbeitet werden soll, der Betrieb weiterläuft:

> VOB/C ATV DIN 18.299 Abschnitte 0.2.1 und 0.2.2
> *[In der Leistungsbeschreibung sind insbesondere anzugeben:]*
> *0.2.1 Vorgesehene Arbeitsabschnitte, Arbeitsunterbrechungen und Arbeitsbeschränkungen nach Art, Ort und Zeit sowie Abhängigkeit von Leistungen anderer.*
> *0.2.2 Besondere Erschwernisse während der Ausführung, z. B. Arbeiten in Räumen, in denen der Betrieb weiterläuft, Arbeiten im Bereich von Verkehrswegen oder bei außergewöhnlichen äußeren Einflüssen.*

Auch wenn der Mitwirkungsverzug des Auftraggebers lediglich zur **Verlangsamung** eines Prozesses auf der Baustelle (und nicht zum Stillstand) führt, kann dies zu einem Anspruch aus § 642 BGB führen, weil der Auftragnehmer die durch den betroffenen Prozess gebundenen Produktionsmittel länger vorhalten muss (KG, Urteil vom 16.02.2018–21 U 66/16).

Nicht ausreichend ist es in diesem Zusammenhang, pauschal „kleinteiliges Bauen“ zu behaupten und die verlängerte Bauzeit in Tagen oder Stunden anzugeben und die Personal- und Baustellengemeinkosten im „Dreisatz“ weiter zu berechnen.

Zeitabhängige BGK pro Tag können aber konkret in Rechnung gestellt werden:

- Beispiel für einzelne Störungen:
  Zeitabhängige BGK pro Tag = 1000 EUR. Störung am 1.8.2025 zu 50 % = 500 EUR.
- Beispiel bei einer Vielzahl von Störungen:
  Verlängerung der Gesamtbaustelle durch eine Vielzahl von Störungen. Bauablaufbezogene Darstellung mit der terminkritischen Relevanz der Behinderungen darlegen.

CHECKLISTE

- ❑ Bauvertrag
- ❑ Behinderung liegt vor und stammt aus der Sphäre des Auftraggebers (§ 6 Abs. 1, 3 VOB/B)
- ❑ Behinderung hat zu einem Stillstand bei der Leistung des Auftragnehmers geführt oder die Produktivität herabgesetzt
- ❑ Behinderung wurde vom Auftragnehmer angezeigt oder Tatsache der Behinderung und deren Auswirkung waren dem Auftraggeber offenkundig bekannt (§ 6 Abs. 1 VOB/B)
- ❑ Auftragnehmer hat Leistung angeboten und ist zur Leistung bereit
- ❑ Behinderung stellt eine Verletzung von Mitwirkungspflichten des Auftraggebers dar:
  - Koordinationsverschulden (§ 4 Abs. 1 VOB/B)
  - Planungsverschulden des beauftragten Architekten/Ingenieurs, denn der Auftraggeber schuldet eine rechtzeitige und mangelfreie Planungsleistung (§ 3 Abs. 1 VOB/B)

- Verweigerte Verhandlung über berechtigte Nachtragsforderungen (§ 2 Abs. 5, 6 VOB/B) führt zu Zahlungsverzug und Leistungseinstellung des Auftragnehmers (§ 16 Abs. 5 Nr. 4 VOB/B)
- „Sonstiger" Zahlungsverzug führt zu Leistungseinstellung des Auftragnehmers (§ 16 Abs. 5 Nr. 4 VOB/B)
- Leistungseinstellung des Auftragnehmers, weil von ihm geforderte Handwerker-Sicherheit nicht gestellt wurde (§ 650f Abs. 5 BGB)
- Bauobjekt nicht aufnahmebereit, also kein baureifes Grundstück
- Fehlende Baugenehmigung oder andere öffentliche-rechtliche Genehmigungen
- Fehlende oder mangelhafte Vorunternehmerleistungen
- Ausübung von Anordnungsbefugnissen durch den Auftraggeber (§ 1 Abs. 3, Abs. 4 VOB/B) bzw. Mehrmengen (§ 2 Abs. 3 VOB/B)
- Verwirklichung von Bodenrisiken
- Unterbliebene Schutzmaßnahmen des Auftraggebers
- Unzureichende Bauleitung und -koordination durch den Auftraggeber
- Bemusterungen oder andere Entscheidungen verzögert

Nicht:

- Schlechtwetter (Gegenausnahme: vereinbarter/zugesagter Wetterschutz fehlt)
- Pandemiefolgen

Rechtsfolge:

❑ Ersatz der Stillstandskosten – aber nur während des Annahmeverzugs: Erstattungsfähig sind in dieser Zeit nutzlos aufgewendete Vorhaltekosten, die bauablaufbezogen dargestellt werden müssen:
  - Personalkosten (auch Projekt- und Bauleitung)
  - zeitabhängige (!) Baustelleneinrichtungskosten
  - Gerätekosten

Nicht:

- Durch die Verzögerung/Verschiebung später entstehende Mehrkosten

42.4.4 Anspruch auf Erstattung von Mehraufwendungen, § 304 BGB

§ 304 BGB ersetzt den Aufwand für das Angebot, Aufbewahrungs- und Erhaltungskosten wie Schutz vor Witterung etc.

> § 304 BGB: Ersatz von Mehraufwendungen
> *Der Schuldner kann im Falle des Verzugs des Gläubigers Ersatz der Mehraufwendungen verlangen, die er für das erfolglose Angebot sowie für die Aufbewahrung und Erhaltung des geschuldeten Gegenstands machen musste.*

Voraussetzung ist, dass der Auftragnehmer seine Leistung angeboten hat und der Auftraggeber in Annahmeverzug geraten ist. Dann kann die Vergütung von nutzlosen Anfahrten und Einlagerungskosten verlangt werden.

BEISPIEL
Fenster werden vom Auftragnehmer zum Einbau angeliefert. Der Einbau scheitert, weil die vom Auftraggeber hergestellten Rohbauöffnungen zu klein sind oder der nach dem Vertrag bauseits zu übernehmende Ausbau der alten Fenster noch nicht erfolgt ist. Die Fenster müssen vom Auftragnehmer deshalb wieder abtransportiert und eingelagert werden.

42.4.5 Anspruch aus § 2 Abs. 5, Abs. 6 VOB/B / § 650b, § 650c BGB

Ideal ist ein Anspruch aus § 2 Abs. 5 oder Abs. 6 VOB/B – bzw. § 650c BGB. Nach diesen Regeln sind die **tatsächlichen Mehrkosten** zu erstatten, die sich aus einer **Anordnung des Auftraggebers** (§ 1 Abs. 3, § 1 Abs. 4 VOB/B; § 650b BGB) ergeben:

> § 2 Abs. 5 VOB/B und § 2 Abs. 6 VOB/B
> *(5) Werden **durch Änderung des Bauentwurfs** oder **andere Anordnungen des Auftraggebers** die Grundlagen des Preises für eine im Vertrag vorgesehene Leistung geändert, so ist ein neuer Preis unter Berücksichtigung der Mehr- oder Minderkosten zu vereinbaren. Die Vereinbarung soll vor der Ausführung getroffen werden.*
> *(6) 1. Wird eine im Vertrag nicht vorgesehene Leistung gefordert, so hat der Auftragnehmer Anspruch auf besondere Vergütung. Er muss jedoch den Anspruch dem Auftraggeber ankündigen, bevor er mit der Ausführung der Leistung beginnt.*
> *2. Die Vergütung bestimmt sich nach den Grundlagen der Preisermittlung für die vertragliche Leistung und den besonderen Kosten der geforderten Leistung. Sie ist möglichst vor Beginn der Ausführung zu vereinbaren.*
>
> § 650c Abs. 1 und 2 BGB: Vergütungsanpassung bei Anordnungen nach § 650b BGB
> *(1) Die Höhe des Vergütungsanspruchs für den infolge einer Anordnung des Bestellers nach § 650b Absatz 2 vermehrten oder verminderten Aufwand ist nach den tatsächlich erforderlichen Kosten mit angemessenen Zuschlägen für allgemeine Geschäftskosten, Wagnis und Gewinn zu ermitteln. ....*
> *(2) Der Unternehmer kann zur Berechnung der Vergütung für den Nachtrag auf die Ansätze in einer vereinbarungsgemäß hinterlegten Urkalkulation zurückgreifen. Es wird vermutet, dass die auf Basis der Urkalkulation fortgeschriebene Vergütung der Vergütung nach Absatz 1 entspricht.*

Die **Anordnungen** können sich auf die Bauzeit, die Art der Bauausführung oder das Leistungsziel (geänderte oder zusätzliche Leistung) beziehen – erfasst ist also **jede** Anordnung des Auftraggebers! Auch Anordnungen zur Bauzeit gehören dazu (z. B. „künftig nur bis 14.00 Uhr arbeiten“ oder „bitte nicht im Januar beginnen, sondern erst im März“).

Achtung: Nach der Rechtsprechung des BGH liegt noch keine „Anordnung“ in diesem Sinne vor, wenn der Auftraggeber lediglich über eine Störung informiert, seine Koordinationspflicht nach § 4 Abs. 1 VOB/B erfüllt und in diesem Zusammenhang neue Bauzeiten mitteilt *(*BGH, Urteil vom 19.9.2024, VII ZR 10/24).

Erstattet werden bei einem Sachnachtrag somit die Vergütung für die geänderte Bauweise oder die zusätzlich zu erbringende Leistung **und** die dadurch verursachten, bauzeitbedingten Mehrkosten (BGH, Beschluss v. 23.3.2022, Az.: VII ZR 191/21). Dazu gehören auch die Zuschläge für AGK, BGK, Wagnis und Gewinn.

Achtung: Es gibt keinen „Nachtrag zum Nachtrag“: Bietet der Auftragnehmer eine geänderte oder zusätzliche Leistung zu einem bestimmten Preis an, kann er nicht später die durch den Nachtrag verursachten bauzeitbedingten Mehrkosten als weiteren Nachtrag geltend machen! Ausnahme: Er hat sich beim Nachtragsangebot vorbehalten, die bauzeitbedingten Mehrkosten später geltend zu machen.

Werden Mehrkosten ausdrücklich vereinbart, sind diese vereinbarten Kosten also abschließend, so dass keine weiteren Kosten mehr geltend gemacht werden können, welche sich später aus der Änderungsanordnung ergeben. Sind zeitvariable Mehrkosten noch nicht abzusehen, ist ein entsprechender Vorbehalt zu empfehlen:

BEISPIEL

„Im vorstehenden Angebot sind nur die reinen Ausführungsmehrkosten enthalten. Die spätere Geltendmachung von Mehrkosten aus eventueller Bauzeitverzögerung bleibt ausdrücklich vorbehalten, da derzeit nicht beurteilt werden kann, ob und in welchem Umfang weitere Kosten anfallen.“

Nach diesen Regeln werden auch die Auswirkungen auf die Bauzeit vergütet:

- längere Vorhaltekosten für Personal, Gerät, Gerüst usw.
- später teurere Materialbeschaffung oder
- später teurere Nachunternehmer oder
- später höhere Tariflöhne

Auch hier gilt es jedoch, die Voraussetzungen für die Mehrkosten **bauablaufbezogen** darzulegen, um die Ursächlichkeit der Anordnung für die Mehrkosten darzustellen, wie das KG für einen Anspruch aus § 642 BGB entschieden hat:

- Der Auftragnehmer muss eine aus einer oder mehreren Behinderungen abgeleitete Bauzeitverlängerung möglichst konkret darlegen und hierfür eine baustellenbezogene Darstellung der Ist- und Sollabläufe darlegen, die eine Bauzeitverlängerung nachvollziehbar macht. Es genügt nicht, einzelne Aspekte des

Baugeschehens herauszugreifen, ohne dabei die vom Auftraggeber verursachten Verzögerungen und Nachträge hinreichend zu berücksichtigen.

- Der Auftragnehmer hat darzulegen, ob und ggfls. welche wartezeitbedingten Mehrkosten durch Vorhaltung von Arbeitskraft und Geschäftskapital er gehabt hat, die nicht durch die ursprüngliche Kalkulation und nicht durch Nachträge abgegolten sind.
- Ein baubetriebswissenschaftliches Gutachten, in dem auf der Grundlage der vom Auftragnehmer herausgegriffenen Aspekte des Baugeschehens nach Arbeitstagen bemessene Zeiträume und anhand einer arbeitswissenschaftlichen Schätzung errechnet wird, ist nicht geeignet, einen Anspruch nach §642 BGB zu begründen (KG Berlin, Urteil vom 19. April 2011–21 U 55/07).

Bei längeren Unterbrechungen ermöglicht § 6 Abs. 5 VOB/B eine vorzeitige Abrechnung und auf diesem Wege eine Vergütungsanpassung, so dass z. B. beschafftes Material abgerechnet werden kann, obwohl die Vertragsposition „liefern und montieren" vorsieht und die Montage behinderungsbedingt noch nicht erfolgen kann:

> § 6 Abs. 5 VOB/B lautet:
> *Wird die Ausführung für voraussichtlich längere Dauer unterbrochen, ohne dass die Leistung dauernd unmöglich wird, so sind die ausgeführten Leistungen nach den Vertragspreisen abzurechnen und außerdem die Kosten zu vergüten, die dem Auftragnehmer bereits entstanden und in den Vertragspreisen des nicht ausgeführten Teils der Leistung enthalten sind.*

CHECKLISTE

- ❑ Bauvertrag
- ❑ Auftraggeber ordnet Nachtrag an (§ 1 Abs. 3, § 1 Abs. 4 VOB/B, § 650b BGB) oder trifft „sonstige" Anordnung (§ 2 Abs. 5 VOB/B)
- ❑ Nachtrag hat beim Auftragnehmer zu Mehrkosten geführt:
  - Kosten der zusätzlichen oder geänderten Leistung
  - Bauzeitbedingte Mehrkosten
- ❑ Kein Ausschluss durch vorheriges Nachtragsangebot ohne Vorbehalt (kein „Nachtrag zum Nachtrag")
  Rechtsfolge:
- ❑ Ersatz der kausal entstandenen Mehrkosten auch über den Zeitraum der Verzögerung hinaus; Kosten bauablaufbezogen darstellen

Das zentrale Problem liegt darin, dass häufig Behinderungen vorliegen, die nicht auf einer Anordnung des Auftraggebers beruhen, sondern nur „allgemeine" Störungen die Leistung faktisch verschieben, verlängern oder verzögern: Die spätere Fertigstellung und/oder die unproduktive Art der Leistungserbringung führt dann **ohne einen Eingriff** des Auftraggebers zu Mehrkosten:

- zusätzliche An- und Abfahrten von Personal
- längere Vorhaltung von Bauleitung, Personal, Geräten, Gerüsten usw.

- höhere Materialkosten
- höhere Nachunternehmerkosten
- höhere Tariflöhne
- höhere Energiekosten

Hierfür gibt es ohne „Anordnung" des Auftraggebers keinen Ersatz aus § 2 Abs. 5, Abs. 6 VOB/B, § 650c BGB!
Daher ist es wichtig, eine „Anordnung" des Auftraggebers zu erreichen, sie zu provozieren bzw. sie als solche zu erkennen!

Eine „Anordnung des Auftraggebers" in diesem Sinne liegt vor, wenn der Auftraggeber

- zusätzliche oder geänderte Ausführungen anordnet (§ 1 Abs. 3, Abs. 4 VOB/B; § 650b BGB)
- den Baubeginn verschiebt
- einen Baustopp anordnet (BGH, Urteil v. 22.10.2020, Az. VII ZR 10/17)
- die Bindefrist verlängert (BGH, Urteil v. 10.9.2009, Az. VII ZR 152/08)
- **Keine** Anordnung liegt vor, wenn der Auftraggeber in einer Baubesprechung lediglich mitteilt, dass sich der Leistungsbeginn wegen einer Verzögerung des Vorunternehmers verschieben werde. Soweit der Auftraggeber den Auftragnehmer nur auf diese Konsequenz hinweist, ist das keine „Anordnung" im Sinne des § 2 Abs. 5 VOB/B. Der Auftraggeber kommt damit nur seiner Koordinierungsaufgabe nach § 4 Abs. 1 Nr. 1 VOB/B nach, das Zusammenwirken der verschiedenen Auftragnehmer an die behinderungsbedingte Störung anzupassen. Der Auftragnehmer muss in einem solchen Fall darauf drängen, einen neuen Bauzeitenplan **mit einer Anordnung zur Änderung der terminbezogen vereinbarten Vertragspflichten** zu erhalten (OLG Köln, Urt. v. 21.12.2023, 7 U 68/21; BGH v. 19.9. 2024, VII ZR 10/24). Die Übergabe des neuen Bauzeitenplans allein stellt noch keine erforderliche „Anordnung" dar! Insoweit hat sich die **Rechtsprechung geändert und verschärft**: Vorgaben des Auftraggebers zur Bauzeit als Folge von Behinderungen aus dem Risikobereich des Auftraggebers allein begründen noch keinen Anspruch auf Mehrvergütung nach § 2 Abs. 5 VOB/B: Wie bei der Anordnung von inhaltlich geänderten Leistungen nach § 1 Abs. 3 VOB/B („Änderungen des Bauentwurfs"), die zu einem Anspruch auf Anpassung der Vergütung nach § 2 Abs. 5 VOB/B führen, muss auch bei den „anderen" Anordnungen im Sinne des § 2 Abs. 5 VOB/B eine rechtsgeschäftliche Erklärung des Auftraggebers vorliegen, die terminbezogenen Leistungspflichten des Auftragnehmers zu ändern (BGH, Urteil v. 19.9. 2024, VII ZR 10/24).
- **Keine** Anordnung liegt vor, wenn der Auftraggeber eine Leistung nur nicht abruft (OLG Hamburg, Urteil v. 27.11.2020, Az. 8 U 7/20). Wenn eine solche Behinderung vorliegt, ist diese Behinderung vom Auftragnehmer anzuzeigen verbunden mit der Aufforderung, einen neuen Bauzeitenplan vorzulegen und die Leistung bis zum [Datum] abzurufen.

Handlungsempfehlung für Auftragnehmer:

- Wenn der Auftrag erteilt worden ist, den Auftraggeber zusammen mit der Auftragsbestätigung auffordern, bis zum ... [Datum] ... eine Ausführungsplanung und einen mit allen Gewerken abgestimmten Bauzeitenplan zur Verfügung zu stellen. Bei fruchtlosem Fristablauf Behinderung anzeigen und Nachfristen setzen.
- Wenn eine Bauablaufstörung eintritt, den Auftraggeber fragen, ob der Auftraggeber wünscht, dass das Personal des Auftragnehmers oder seines Nachunternehmers gegen Erstattung der Stillstandskosten „wartend" vorgehalten werden soll oder ob ein Füllauftrag gesucht und angenommen werden soll – mit der Folge, dass das Personal dem Auftraggeber nach dem Wegfall der Behinderung nicht „sofort" zur Verfügung steht.
- Wenn eine Bauablaufstörung eintritt, den Auftraggeber auffordern, einen neuen Bauzeitenplan zur Verfügung zu stellen und anzuordnen, wann welche Leistungen vom Auftragnehmer nunmehr -abweichend von der bisherigen Vereinbarung- erbracht werden sollen und inwieweit sich die vereinbarte Fertigstellungsfristen (ggf. auch: Zwischenfristen) verändern sollen.

Der Auftragnehmer hat zur Durchsetzung der durch eine Anordnung entstandenen Mehrkosten darzustellen, wie hoch die Kosten für die Ausführung der Leistung tatsächlich waren und wie hoch sie gewesen wären, wenn die Leistung in der vorgesehenen Weise hätten erbracht werden können.

Ohne „Anordnung" des Auftraggebers hat der Auftragnehmer nur dann einen Anspruch auf Erstattung behinderungsbedingter Mehrkosten, wenn der Auftraggeber Schadenersatz nach § 6 Abs. 6 VOB/B schuldet oder eine Entschädigung für Stillstandskosten nach § 642 BGB.

Das ist regelmäßig nicht ausreichend.

42.4.6 Anspruch auf Vergütungsanpassung nach § 313 BGB

Fehlt es an einer Anordnung des Auftraggebers, kann auch § 313 BGB noch als „Rettungsanker" helfen. Bei einer Störung der Geschäftsgrundlage ist die Vergütung neu zu verhandeln, wenn ein Festhalten an der vereinbarten Vergütung aufgrund veränderter Umstände unzumutbar ist.

Damit gibt es zwar keinen Anspruch auf Erstattung der tatsächlich entstandenen Mehrkosten, es kann aber vermieden werden, dass die Folgen einer Bauablaufstörung allein eine Seite schultern muss.

Der Gesetzgeber hat damit ein Werkzeug geschaffen, um die Risikoverteilung neu vorzunehmen.

§ 313 BGB: Störung der Geschäftsgrundlage

(1) *Haben sich Umstände, die zur Grundlage des Vertrags geworden sind, nach Vertragsschluss schwerwiegend verändert und hätten die Parteien den Vertrag nicht oder mit anderem Inhalt geschlossen, wenn sie diese*

Veränderung vorausgesehen hätten, so kann Anpassung des Vertrags verlangt werden, soweit einem Teil unter Berücksichtigung aller Umstände des Einzelfalls, insbesondere der vertraglichen oder gesetzlichen Risikoverteilung, das Festhalten am unveränderten Vertrag nicht zugemutet werden kann.

(2) *Einer Veränderung der Umstände steht es gleich, wenn wesentliche Vorstellungen, die zur Grundlage des Vertrags geworden sind, sich als falsch herausstellen.*

(3) *Ist eine Anpassung des Vertrags nicht möglich oder einem Teil nicht zumutbar, so kann der benachteiligte Teil vom Vertrag zurücktreten. An die Stelle des Rücktrittsrechts tritt für Dauerschuldverhältnisse das Recht zur Kündigung.*

Diese Regelung hat auch in Pandemie- und Ukrainekriegszeiten geholfen, Vertragspreise anzupassen, wenn Materialpreise ohne Behinderungen und Verschiebungen in eine „teure“ Zeit unerwartet und extrem gestiegen sind, weil die Preise zum vorgesehenen Zeitpunkt unerwartet hoch waren: Die Mehrkosten konnten damit zwar nicht vollständig auf den Auftraggeber abgewälzt, aber neu und fair verteilt werden. In dieser Situation haben auch **Lohn- und Materialpreisgleitklauseln** geholfen.

Achtung: Vereinbarte Lohn- und Materialpreisgleitklauseln sind aber nicht anzuwenden, wenn und soweit es durch Behinderungen und Verschiebungen in eine „teure“ Zeit zu einer Erhöhung von Kosten kommt!

42.5 Kündigungsrechte

Wird die Bauleistung durch die fehlende Mitwirkung des Auftraggebers für längere Zeit unmöglich und fehlt es an Anordnungen des Auftraggebers, aufgrund derer dem Auftragnehmer die ihm entstehenden Mehrkosten erstattet werden, bleibt oft nur die Möglichkeit der Kündigung. Während Auftraggeber einen Werkvertrag jederzeit auch ohne Grund kündigen können, benötigen Auftragnehmer einen Kündigungsgrund.

Ein Kündigungsgrund ist die fehlende Mitwirkung des Auftraggebers, § 643 BGB, § 9 Abs. 1 VOB/B:

> § 643 BGB: Kündigung bei unterlassener Mitwirkung
> *Der Unternehmer ist im Falle des § 642 berechtigt, dem Besteller zur Nachholung der Handlung eine angemessene Frist mit der Erklärung zu bestimmen, dass er den Vertrag kündige, wenn die Handlung nicht bis zum Ablauf der Frist vorgenommen werde. Der Vertrag gilt als aufgehoben, wenn nicht die Nachholung bis zum Ablauf der Frist erfolgt.*

§ 9 VOB/B: Kündigung durch den Auftragnehmer

(1) Der Auftragnehmer kann den Vertrag kündigen:
  1. wenn der Auftraggeber eine ihm obliegende Handlung unterlässt und dadurch den Auftragnehmer außerstande setzt, die Leistung auszuführen (Annahmeverzug nach §§ 293 ff. BGB),
  2. wenn der Auftraggeber eine fällige Zahlung nicht leistet oder sonst in Schuldnerverzug gerät.

(2) Die Kündigung ist schriftlich zu erklären. Sie ist erst zulässig, wenn der Auftragnehmer dem Auftraggeber ohne Erfolg eine angemessene Frist zur Vertragserfüllung gesetzt und erklärt hat, dass er nach fruchtlosem Ablauf der Frist den Vertrag kündigen werde.

(3) Die bisherigen Leistungen sind nach den Vertragspreisen abzurechnen. Außerdem hat der Auftragnehmer Anspruch auf angemessene Entschädigung nach § 642 BGB; etwaige weitergehende Ansprüche des Auftragnehmers bleiben unberührt.

Führt die fehlende Mitwirkung des Auftraggebers dazu, dass der Auftragnehmer seine Leistung nicht erbringen kann, kann der Auftragnehmer dem Auftraggeber eine Frist setzen und die Kündigung androhen. Nach fruchtlosem Fristablauf gilt der BGB-Vertrag als aufgehoben; der VOB-Vertrag muss dann zusätzlich noch ausdrücklich schriftlich gekündigt werden.

Im VOB-Vertrag kommt eine weitere Kündigungsmöglichkeit dazu: Ist die Leistung für mehr als drei Monate unterbrochen, kann jede Vertragspartei den Vertrag kündigen, § 6 Abs. 7 VOB/B.

§ 6 Abs. 7 VOB/B:
Dauert eine Unterbrechung länger als 3 Monate, so kann jeder Teil nach Ablauf dieser Zeit den Vertrag schriftlich kündigen. Die Abrechnung regelt sich nach den Absätzen 5 und 6; wenn der Auftragnehmer die Unterbrechung nicht zu vertreten hat, sind auch die Kosten der Baustellenräumung zu vergüten, soweit sie nicht in der Vergütung für die bereits ausgeführten Leistungen enthalten sind.

Die Kündigungsmöglichkeit eröffnet häufig auch Verhandlungsspielräume, die Auftragnehmer nutzen können, um sich mit dem Auftraggeber über die Erstattung der entstandenen Mehrkosten zu einigen. Für Auftraggeber führen Kündigungen immer zu einem hohen Zusatzaufwand: Die Leistung muss neu ausgeschrieben und vergeben werden und Gewährleistungen verschiedener Auftragnehmer sind abzugrenzen.

43

Mengenänderungen und geänderte Leistungen

43.1 Mengenänderungen im Einheitspreisvertrag

Die Vergütungsfolgen von Mengenänderungen hängen davon ab, wodurch es zu den Mengenänderungen gekommen ist. Daher ist bei der Abrechnung die Ursache der Mengenänderung im Blick zu behalten.

- Ist eine **Anordnung des Auftraggebers** für Mehrmengen ursächlich (zusätzliche oder geänderte Leistung wurde vom Auftraggeber angeordnet), dann sind alle durch die Mengenänderung verursachten Mehrkosten vom Auftraggeber zu tragen (§ 2 Abs. 5 oder § 2 Abs. 6 VOB/B; § 650c BGB).

BEISPIELE

- Einbau zusätzlicher Fenster: Für jedes zusätzliche Fenster anfallende Mehrkosten werden vollständig abgerechnet.
- Einbau anderer, z. B. größerer oder anders gedämmter (dreifach- statt zweifach verglaster) Fenster: Für jedes anders zu liefernde Fenster werden alle Mehrkosten abgerechnet.

- Erfolgt die Mengenänderung hingegen **„zufällig"**, also z. B. durch eine falsche Mengenvorgabe des Planers, die in den Vertrag übernommen worden ist und die durch das Aufmaß auffällt, führen Mengenabweichungen im VOB-Vertrag innerhalb eines Toleranzrahmens von +/- 10 % nicht zu einer Anpassung des Einheitspreises. Die Mehr- und Minderkosten werden innerhalb der 10%-Toleranz nur durch die Anzahl der abzurechnenden Einheiten abgebildet, § 2 Abs. 3 VOB/B. Bei einer Überschreitung der 10%-Toleranz werden nur für die Mehrmengen ab 110 % die tatsächlich erforderlichen Kosten neu abgerechnet. Bei Mindermengen von weniger als 90 % werden die Kosten für die tatsächlich erforderliche Menge erhöht, um die fehlenden Kostendeckungsbeiträge auszugleichen, § 2 Abs. 3 VOB/B.

Befestigung und Abdichtung von Fenstern und Türen. Regelwerke, Bauphysik, Baurecht, Praxisbeispiele. 2. Auflage.
J. Küenzlen, E. Scheller, M. Klatecki.

BEISPIELE

- Kompribänder sollen nach Metern abgerechnet werden. Die vertraglich im Leistungsverzeichnis vereinbarte Menge hat nicht berücksichtigt, dass in der Planungsphase vor Vertragsschluss die Fenstergrößen verändert worden sind. Daher sind nicht wie vereinbart 800 m Kompriband zu liefern und einzubauen, sondern 820 m (Beispiel 1; Mehrmenge innerhalb der 10%-Toleranz) oder 1000 m (Beispiel 2; von der Mehrmenge liegen 120 m außerhalb der 10%-Toleranz). Löst die Mehrmenge Zusatzkosten aus (z. B. zusätzliche Frachtkosten oder durch eine spätere Bestellung höhere Einkaufspreise), kann der Auftragnehmer diese Mehrkosten nur für die über 110 % hinausgehenden Mengen abrechnen; also nur im 2. Beispiel mit 1000 m die Mehrkosten für 120 m. Die zusätzlichen (Fracht-)Mehrkosten für die „ersten" 80 m Mehrmenge muss der Auftragnehmer tragen. Der Auftragnehmer erhält insoweit nur den vereinbarten Einheitspreis. Die Preisanpassung erfolgt innerhalb der 10%-Grenze nur über die abzurechnende Menge.
- Beauftragt wurden 6000 m Elektroverkabelung für eine motorische Fensterbedienung und für die Alarmtechnik an den Fenstern. Die Kabel sollen unter der Decke entlanggeführt werden. Bei der Beauftragung wurde vergessen zu berücksichtigen, dass die Decke große Unterzüge aufweist. Dadurch erhöht sich die Menge der zu liefernden und zu verlegenden Kabel. Für die durch den gestiegenen Kupferpreis bedingten Mehrkosten der ersten 10 % gleich 600 m Kabel erhält der Auftragnehmer keinen Ersatz; er erhält insoweit nur den vereinbarten Einheitspreis. Erst für die Mehrmengen über 600 m hinaus kann er den Einheitspreis für den erhöhten Materialeinkaufspreis erhöhen.

Hinweis Auf diese Weise können auch Kalkulationsfehler kompensiert werden: Eine angeordnete Änderung berechtigt zur (richtigen) Neukalkulation der tatsächlich erforderlichen Kosten; dasselbe gilt für die Mehrmengen ab 110 %.

§ 2 Abs. 3 VOB/B

1. *Weicht die ausgeführte Menge der unter einem Einheitspreis erfassten Leistung oder Teilleistung um nicht mehr als 10 v. H. von dem im Vertrag vorgesehenen Umfang ab, so gilt der vertragliche Einheitspreis.*
2. *Für die über 10 v. H. hinausgehende Überschreitung des Mengenansatzes ist auf Verlangen ein neuer Preis unter Berücksichtigung der Mehr- oder Minderkosten zu vereinbaren.*
3. *Bei einer über 10 v. H. hinausgehenden Unterschreitung des Mengenansatzes ist auf Verlangen der Einheitspreis für die tatsächlich ausgeführte Menge der Leistung oder Teilleistung zu erhöhen, soweit der Auftragnehmer nicht durch Erhöhung der Mengen bei anderen Ordnungszahlen (Positionen) oder in anderer Weise einen Ausgleich erhält. Die Erhöhung des Einheitspreises soll im Wesentlichen dem Mehrbetrag entsprechen, der sich durch Verteilung der Baustelleneinrichtungs- und Baustellengemeinkosten und der Allgemeinen Geschäftskosten auf die verringerte Menge ergibt. Die Umsatzsteuer wird entsprechend dem neuen Preis vergütet.*

4. *Sind von der unter einem Einheitspreis erfassten Leistung oder Teilleistung andere Leistungen abhängig, für die eine Pauschalsumme vereinbart ist, so kann mit der Änderung des Einheitspreises auch eine angemessene Änderung der Pauschalsumme gefordert werden.*

„Zufällige" Mindermengen von mehr als 10 % führen nach § 2 Abs. 3 VOB/B zu einer Kompensation der fehlenden Kostendeckungsbeiträge: Der Einheitspreis für die verbleibende Menge wird so angehoben, dass dem Auftragnehmer die fehlenden Kostendeckungsbeiträge für Baustellengemeinkosten, Allgemeine Geschäftskosten und Gewinn erhalten bleiben. Überzählig beschafftes Material geht zu Lasten des Auftragnehmers.

Angeordnete Mindermengen sind wie gekündigte Leistungen abzurechnen, § 2 Abs. 4 VOB/B. Ruft der Auftraggeber also eine vereinbarte Leistung nicht ab oder „streicht" er Leistungen aus dem Auftrag, wird für die damit gekündigte Leistung nicht „Null" oder „der entgangene Gewinn" abgerechnet, sondern der vereinbarte Werklohn abzüglich der ersparten Aufwendungen. Überzählig beschafftes Material ist nicht „gespart"; ebenso wenig die Kosten für nicht anderweitig einsetzbares Personal.

43.2 Mengenänderungen im Pauschalpreisvertrag

Im Pauschalpreisvertrag gibt es kein Aufmaß, so dass Mehr- und Mindermengen grundsätzlich keine Rolle spielen. Das hat aber dann seine Grenze, wenn das Ergebnis unzumutbar wird: Ist die Abweichung so groß, dass ein Festhalten am Pauschalpreis unzumutbar ist, dann ist der Pauschalpreis anzupassen. Dasselbe gilt, wenn der Auftraggeber in den Pauschalvertrag eingreift, und zusätzliche oder geänderte Leistungen anordnet oder Leistungen kündigt: Auch dann ist der Preis nach § 2 Abs. 7 Nr. 2 VOB/B anzupassen.

§ 2 Abs. 7 VOB/B

1. *Ist als Vergütung der Leistung eine Pauschalsumme vereinbart, so bleibt die Vergütung unverändert. Weicht jedoch die ausgeführte Leistung von der vertraglich vorgesehenen Leistung so erheblich ab, dass ein Festhalten an der Pauschalsumme nicht zumutbar ist (§ 313 BGB), so ist auf Verlangen ein Ausgleich unter Berücksichtigung der Mehr- oder Minderkosten zu gewähren. Für die Bemessung des Ausgleichs ist von den Grundlagen der Preisermittlung auszugehen.*
2. *Die Regelungen der Absatz 4, 5 und 6 gelten auch bei Vereinbarung einer Pauschalsumme.*
3. *Wenn nichts anderes vereinbart ist, gelten die Nummern 1 und 2 auch für Pauschalsummen, die für Teile der Leistung vereinbart sind; Absatz 3 Nummer 4 bleibt unberührt.*

Der Hauptanwendungsfall für die Unzumutbarkeit ist die „zufällige" Mengenänderung. Hierbei ist aber zu beachten, dass die Rechtsprechung für die Preisanpassung hohe Hürden errichtet hat:

Erst dann, wenn der Preis für den gesamten (!) Vertrag um mehr als 20 % verändert werden müsste, kann eine Anpassung verlangt werden.

Achtung: Pauschalierungen sind daher erst nach einer eigenen Mengen- und Massenüberprüfung zu empfehlen!

43.3 Zusätzliche und geänderte Leistungen

Auch bei zusätzlichen und geänderten Leistungen sind die rechtlichen Feinheiten zu beachten, wenn die Vergütung richtig abgerechnet werden soll.

Grundsätzlich darf der Auftraggeber auch nach Vertragsschluss in das vereinbarte Leistungsziel eingreifen und zusätzliche oder geänderte Leistungen verlangen.

Im BGB-Vertrag wird hierbei nicht danach unterschieden, ob es sich um „zusätzliche" oder „geänderte" Leistungen handelt. Es gibt aber eine andere wichtige Unterscheidung, deren gravierende Auswirkung sich erst auf den zweiten Blick erschließt:

§ 650b BGB: Änderung des Vertrags; Anordnungsrecht des Bestellers

(1) *Begehrt der Besteller*

1. *eine Änderung des vereinbarten Werkerfolgs (§ 631 Absatz 2) oder*
2. *eine Änderung, die zur Erreichung des vereinbarten Werkerfolgs notwendig ist,*

streben die Vertragsparteien Einvernehmen über die Änderung und die infolge der Änderung zu leistende Mehr- oder Mindervergütung an. Der Unternehmer ist verpflichtet, ein Angebot über die Mehr- oder Mindervergütung zu erstellen, im Falle einer Änderung nach Satz 1 Nummer 1 jedoch nur, wenn ihm die Ausführung der Änderung zumutbar ist. Macht der Unternehmer betriebsinterne Vorgänge für die Unzumutbarkeit einer Anordnung nach Absatz 1 Satz 1 Nummer 1 geltend, trifft ihn die Beweislast hierfür. Trägt der Besteller die Verantwortung für die Planung des Bauwerks oder der Außenanlage, ist der Unternehmer nur dann zur Erstellung eines Angebots über die Mehr- oder Mindervergütung verpflichtet, wenn der Besteller die für die Änderung erforderliche Planung vorgenommen und dem Unternehmer zur Verfügung gestellt hat. Begehrt der Besteller eine Änderung, für die dem Unternehmer nach § 650c Absatz 1 Satz 2 kein Anspruch auf Vergütung für vermehrten Aufwand zusteht, streben die Parteien nur Einvernehmen über die Änderung an; Satz 2 findet in diesem Fall keine Anwendung.

(2) *Erzielen die Parteien binnen 30 Tagen nach Zugang des Änderungsbegehrens beim Unternehmer keine Einigung nach Absatz 1, kann der Besteller die Änderung in Textform anordnen. Der Unternehmer ist verpflichtet, der Anordnung des Bestellers nachzukommen, einer Anordnung nach Absatz 1 Satz 1 Nummer 1 jedoch nur, wenn ihm die Ausführung zumutbar ist. Absatz 1 Satz 3 gilt entsprechend.*

Die Vergütungsfolgen für die Anordnung regelt § 650c BGB:

§ 650c BGB: Vergütungsanpassung bei Anordnungen nach § 650b Absatz 2

(1) *Die Höhe des Vergütungsanspruchs für den infolge einer Anordnung des Bestellers nach § 650b Absatz 2 vermehrten oder verminderten Aufwand ist nach den tatsächlich erforderlichen Kosten mit angemessenen Zuschlägen für allgemeine Geschäftskosten, Wagnis und Gewinn zu ermitteln.* ***Umfasst die Leistungspflicht des Unternehmers auch die Planung des Bauwerks oder der Außenanlage, steht diesem im Fall des § 650b Absatz 1 Satz 1 Nummer 2 kein Anspruch auf Vergütung für vermehrten Aufwand zu.***

(2) *Der Unternehmer kann zur Berechnung der Vergütung für den Nachtrag auf die Ansätze in einer vereinbarungsgemäß hinterlegten Urkalkulation zurückgreifen. Es wird vermutet, dass die auf Basis der Urkalkulation fortgeschriebene Vergütung der Vergütung nach Absatz 1 entspricht.*

(3) *Bei der Berechnung von vereinbarten oder gemäß § 632a geschuldeten Abschlagszahlungen kann der Unternehmer 80 Prozent einer in einem Angebot nach § 650b Absatz 1 Satz 2 genannten Mehrvergütung ansetzen, wenn sich die Parteien nicht über die Höhe geeinigt haben oder keine anderslautende gerichtliche Entscheidung ergeht. Wählt der Unternehmer diesen Weg und ergeht keine anderslautende gerichtliche Entscheidung, wird die nach den Absätzen 1 und 2 geschuldete Mehrvergütung erst nach der Abnahme des Werks fällig. Zahlungen nach Satz 1, die die nach den Absätzen 1 und 2 geschuldete Mehrvergütung übersteigen, sind dem Besteller zurückzugewähren und ab ihrem Eingang beim Unternehmer zu verzinsen. § 288 Absatz 1 Satz 2, Absatz 2 und § 289 Satz 1 gelten entsprechend.*

Wichtig ist mit § 650c Abs. 1 Satz 2 BGB die Unterscheidung danach, ob der Auftraggeber oder ob der Auftragnehmer die Leistung geplant hat: Ist eine nachträgliche Änderung der Leistung erforderlich, um das ursprünglich vereinbarte Leistungsziel zu erreichen, dann trägt der Auftragnehmer die dafür erforderlichen Kosten, sofern er die Leistung geplant und etwas vergessen hat!

BEISPIEL

Der Auftraggeber möchte in seinem Altbau neue Fenster geliefert und eingebaut bekommen; einen Architekten hat er nicht. Es gibt also weder Pläne noch eine Ausschreibung. Der Fensterbauer bietet diese Leistung an und übersieht, dass erhebliche zusätzliche Arbeiten am Putz und am Mauerwerk erforderlich sind, damit die Fenster fest und dicht den anerkannten Regeln der Technik entsprechend montiert werden können. Der Auftraggeber verlangt diese Arbeiten, damit „der vereinbarte Werkerfolg" (funktionstaugliche Fenster, die entsprechend den anerkannten Regeln der Technik eingebaut wurden) eintritt (§ 650b Absatz 1 Satz 1 Nummer 2 BGB). Da der Fensterbauer die Leistung geplant hat, muss er diese zusätzliche Leistung erbringen und erhält hierfür keine zusätzliche Vergütung, § 650c Abs. 1 Satz 2 BGB!

Dasselbe gilt, wenn z. B. bei der Herstellung von Fensteröffnungen im Altbau erhebliche statische Änderungen erforderlich sind.

Merke:
Werden vom Auftragnehmer selbst geplante Leistungen angeboten, müssen die Leistungen vollständig sein. Beim Bauen im Bestand z. B. nicht absehbare Maßnahmen müssen daher entweder ausdrücklich ausgeschlossen oder -besser- als Eventualposition aufgeführt werden oder -noch besser- der Auftraggeber ist aufzufordern, die gewünschte Leistung zunächst planen zu lassen.

Gefährlich sind für Auftragnehmer insoweit insbesondere Nachtragssituationen. Hier muss der Auftragnehmer aufpassen, dass er nicht aus Versehen eine (zudem noch unvergütete) Planungsverantwortung übernimmt! Ist vom Auftraggeber ein Architekt eingeschaltet, sind Änderungswünsche des Auftraggebers erst dann vom Auftragnehmer mit einem Nachtrag anzubieten, wenn der Auftraggeber eine Planung und Ausschreibung für die geänderte Leistung vorgelegt hat. Auf Sticheleien wie „das muss ein Fachunternehmen auch ohne Detailplanung hinbekommen" nicht hereinfallen!

Merke: Wer einmal plant, plant immer!

Im VOB/B-Vertrag gibt es bei angeordneten Mengenänderungen oder sonstigen Sachnachträgen zwei Unterschiede zu beachten, die für die Vergütungsfolgen entscheidend sind.

- Zum einen ist zu klären, ob es sich um **„geänderte"** oder um **„zusätzliche"** Leistungen handelt, § 1 Abs. 3 VOB/B und § 1 Abs. 4 VOB/B.
- Zum anderen ist bei „zusätzlichen" Leistungen zu unterscheiden, ob die zusätzliche Leistung erforderlich ist, **„um die ursprüngliche Leistung zu erbringen"**, oder ob es sich um eine **„andere"** Leistung handelt, § 1 Abs. 4, 1. oder 2. Alternative VOB/B.

Geänderte Leistungen darf der Auftraggeber jederzeit anordnen, § 1 Abs. 3 VOB/B:

> § 1 Abs. 3 VOB/B
> *Änderungen des Bauentwurfs anzuordnen, bleibt dem Auftraggeber vorbehalten.*

Ist die Anordnung bauzeitrelevant, weil die vom Auftraggeber nachträglich gewünschten anderen Fenster eine längere Lieferzeit haben oder aufwändiger einzubauen sind, muss der Auftragnehmer an eine Behinderungsanzeige denken, § 6 Abs. 1 VOB/B. Die Ausführungsfristen werden dann verlängert, § 6 Abs. 2 VOB/B. Es ist auch immer daran zu denken, die Folgen für die Bauzeit in geeigneter Weise zu dokumentieren, damit diese Folgen bei der Berechnung der Bauzeitverlängerung und der dadurch entstehenden Kostenfolgen nachgewiesen werden können!

Alle durch die Änderungsanordnung entstehenden Kostenfolgen hat der Auftraggeber zu tragen, § 2 Abs. 5 VOB/B – das betrifft also sowohl die Kosten des Sachnachtrags (teurerer Einkaufspreis für das andere Material) als auch die Mehrkosten für die Bauzeitfolgen (längere Lieferzeiten, aufwändigerer Einbau und dadurch längere Vorhaltung der Baustelleneinrichtung und der Bauleitung, Stillstandskosten, durch die Verzögerung entstehende mittelbare Mehrkosten, weil durch die Änderung eine Verzögerung der weiteren (!) Leistungen eintritt und dadurch später (!) einzubauendes Material teurer einzukaufen ist oder Tariflöhne für diese Leistungen später teurer sind):

> § 2 Abs. 5 VOB/B
> *Werden durch Änderung des Bauentwurfs oder andere Anordnungen des Auftraggebers die Grundlagen des Preises für eine im Vertrag vorgesehene Leistung geändert, so ist ein neuer Preis unter Berücksichtigung der Mehr- oder Minderkosten zu vereinbaren. Die Vereinbarung soll vor der Ausführung getroffen werden.*

Der Mehrpreis orientiert sich unabhängig von der ursprünglichen Kalkulation an den tatsächlich erforderlichen Kosten. Der alte Satz „ein guter Preis bleibt ein guter Preis und ein schlechter Preis bleibt ein schlechter Preis" gilt hier – wie bei § 650c BGB – schon lange nicht mehr! Sinnvoll ist eine Nachtragsvereinbarung vor der Ausführung der Leistung, damit es später nicht zum Streit kommt.

Merke: Zwingend ist bei § 2 Abs. 5 VOB/B eine Nachtragsvereinbarung ebenso wenig wie die Mehrkostenanmeldung! Da der Übergang zwischen „geänderten" und „zusätzlichen" Leistungen oft fließend ist, kann eine entsprechende Argumentation für den Auftragnehmer rettend sein: Lässt sich die Anordnung als „Änderung" der ursprünglichen Planung darstellen? Dann ist die vergessene Mehrkostenanmeldung folgenlos! Der sichere Weg besteht zudem darin, **immer** eine Mehrkostenanmeldung abzugeben – unabhängig davon, ob es sich um eine geänderte oder um eine zusätzliche Leistung handelt.

Achtung: Beim Nachtragsangebot die bauzeitbedingten Mehrkosten nicht vergessen! Entweder sind sie mit einzukalkulieren oder die spätere Geltendmachung muss im Nachtragsangebot ausdrücklich vorbehalten werden!

Mehrkosten für **zusätzliche Leistungen** hingegen **müssen** nach § 2 Abs. 6 VOB/B angemeldet werden, **bevor** die Leistung erbracht wird. Die Rechtsprechung verlangt hierfür über die reine Mehrkostenanmeldung hinaus ein bepreistes Nachtragsangebot, damit der Auftraggeber die Möglichkeit hat, Ausschreibungsalternativen zu prüfen. Für Auftragnehmer ist daher zu unterscheiden, ob es sich um Leistungen handelt, die zur Ausführung der ursprünglich vereinbarten Leistung erforderlich sind und damit § 2 Abs. 6 VOB/B Anwendung findet – oder ob es sich um „andere" Leistungen handelt, also solche, die für die Ursprungsleistung nicht erforderlich sind, § 1 Abs. 4 VOB/B: Für „andere" Leistungen gilt die strenge Regel des § 2 Abs. 6 VOB/B nicht! Für „andere" Leistungen gilt bei einer fehlenden Vergütungsvereinbarung vielmehr die gesetzliche Auffangregel, wonach Werkleistungen im Zweifel ortsüblich zu vergüten sind, § 632 Abs. 1 und Abs. 2 BGB.

> § 1 Abs. 4 VOB/B
> *Nicht vereinbarte Leistungen, die* ***zur Ausführung der vertraglichen Leistung erforderlich*** *werden, hat der Auftragnehmer auf Verlangen des Auftraggebers mit auszuführen, außer wenn sein Betrieb auf derartige Leistungen nicht eingerichtet ist.* ***Andere*** *Leistungen können dem Auftragnehmer nur mit seiner Zustimmung übertragen werden.*

Nur die Leistungen, die zur Ausführung der vertraglichen Leistung erforderlich sind, führen zum § 2 Abs. 6 VOB/B:

> § 2 Abs. 6 VOB/B
>
> 1. *Wird eine im Vertrag nicht vorgesehene Leistung gefordert, so hat der Auftragnehmer Anspruch auf besondere Vergütung. Er* ***muss*** *jedoch den Anspruch dem Auftraggeber ankündigen, bevor er mit der Ausführung der Leistung beginnt.*
> 2. *Die Vergütung bestimmt sich nach den Grundlagen der Preisermittlung für die vertragliche Leistung und den besonderen Kosten der geforderten Leistung. Sie ist möglichst vor Beginn der Ausführung zu vereinbaren.*

Die Mehrkosten **müssen** damit konkret angekündigt werden. Das ist eine zwingende Vergütungsvoraussetzung! Zudem ist zu beachten, dass die Formulierung der Vergütungsregelung in § 2 Abs. 6 Nr. 2 VOB/B anders ist als bei § 2 Abs. 5 VOB/B und § 650c BGB: Im § 2 Abs. 6 VOB/B sind die Grundlagen der Preisermittlung und damit die Urkalkulation der ursprünglichen Vertragsleistung Maßstab für den neuen Preis. Höchstrichterlich noch nicht entschieden ist, ob damit ebenfalls losgelöst von einer fehlerhaften Kalkulation (z. B. Kalkulation zu niedriger Lohnkosten pro Stunde) die tatsächlich erforderlichen Kosten abgerechnet werden können (zusätzlich zum neuen Materialpreis auch eine Anhebung der Lohnkosten auf den richtigen Betrag) oder ob nur die geänderten Preisbestandteile wie z. B. ein anderer Materialpreis angepasst werden können.

„Andere" Leistungen hingegen müssen vom Auftragnehmer nicht erbracht werden. Der Auftragnehmer kann hierzu also auch nicht gezwungen werden. Insbesondere kann er nicht mit einem vermeintlichen „Verzug" und der Androhung von angeblichen Schadenersatzansprüchen unter Druck gesetzt werden.

Daher ist immer sorgfältig zu prüfen, wie die Anordnung einzuordnen ist.

MUSTER

Mehrkostenanzeige nach § 2 Abs. 5 und Abs. 6 VOB/B [bzw. § 650b und c BGB]

An: – *Hier Auftraggeber (Namen und Adresse) eintragen; in Kopie an die Bauüberwachung*

Bauvorhaben:

Vertrag / Gewerk:

Datum:

Sehr geehrte Damen und Herren,

in Erfüllung unserer Verpflichtung nach § 2 Abs. 5 und Abs. 6 VOB/B [bzw. § 650b und c BGB] teilen wir Ihnen mit, dass Ihre Änderungsanordnung vom *[Datum]*

- *[Hier Darstellung der Anordnung: Inhalt, Schreiben vom / Baubesprechung vom...]*

zu folgenden Mehrkosten führt:

- Entfall Position *[Hier ggf. Positionsnummer eintragen]*
- Neue Position *[Hier Positionsnummer eintragen]: [Hier Preis eintragen]*

Im vorstehenden Angebot sind nur die reinen Ausführungsmehrkosten enthalten. Die spätere Geltendmachung von Mehrkosten aus eventueller Bauzeitverzögerung bleibt ausdrücklich vorbehalten, da derzeit nicht beurteilt werden kann, ob und in welchem Umfang weitere Kosten anfallen.

Zudem weisen wir darauf hin, dass wir durch die Änderungsanordnung in der ordnungsgemäßen Ausführung unserer Leistungen behindert sind, weil die Anordnung zu einer Verlängerung und Verschiebung der vereinbarten Leistungen führt.

Von der Behinderung ist die Ausführung folgender Vertragsleistung betroffen:

- *Hier die gestörten Leistungsbereiche eintragen*

Wir weisen darauf hin, dass sich die Ausführungsfrist durch die angezeigte Behinderung gemäß § 6 Abs. 2 VOB/B verlängert, bis die Behinderung weggefallen ist.

Sobald die hindernden Umstände weggefallen sind, werden die Arbeiten ohne Weiteres und unverzüglich wieder aufgenommen werden.

Rein vorsorglich behalten wir uns bereits jetzt die Geltendmachung von Mehrkosten bzw. Entschädigungsansprüchen nach § 2 Abs. 5 VOB/B bzw. § 642 BGB vor.

Mit freundlichen Grüßen

43.4 Gekündigte Leistungen

Für gekündigte Leistungen besteht ebenfalls ein Vergütungsanspruch. Zu vergüten ist der vereinbarte Werklohn abzüglich ersparter Aufwendungen, § 2 Abs. 4, § 8 Abs. 1 VOB/B, § 648 BGB.

Achtung: Der Auftragnehmer ist entgegen einer weit verbreiteten Meinung nicht darauf beschränkt, nur „den entgangenen Gewinn" geltend zu machen!

§ 2 Abs. 4 VOB/B
Werden im Vertrag ausbedungene Leistungen des Auftragnehmers vom Auftraggeber selbst übernommen (z. B. Lieferung von Bau-, Bauhilfs- und Betriebsstoffen), so gilt, wenn nichts anderes vereinbart wird, § 8 Absatz 1 Nummer 2 entsprechend.

§ 8 Abs. 1 VOB/B

1. *Der Auftraggeber kann bis zur Vollendung der Leistung jederzeit den Vertrag kündigen.*
2. *Dem Auftragnehmer steht die vereinbarte Vergütung zu. Er muss sich jedoch anrechnen lassen, was er infolge der Aufhebung des Vertrags an Kosten erspart oder durch anderweitige Verwendung seiner Arbeitskraft und seines Betriebs erwirbt oder zu erwerben böswillig unterlässt (§ 649 BGB).*

§ 648 BGB: Kündigungsrecht des Bestellers
Der Besteller kann bis zur Vollendung des Werkes jederzeit den Vertrag kündigen. Kündigt der Besteller, so ist der Unternehmer berechtigt, die vereinbarte Vergütung zu verlangen; er muss sich jedoch dasjenige anrechnen lassen, was er infolge der Aufhebung des Vertrags an Aufwendungen erspart oder durch anderweitige Verwendung seiner Arbeitskraft erwirbt oder zu erwerben böswillig unterlässt. Es wird vermutet, dass danach dem Unternehmer 5 vom Hundert der auf den noch nicht erbrachten Teil der Werkleistung entfallenden vereinbarten Vergütung zustehen.

Hinweis: In § 8 Abs. 1 VOB/B wird noch auf § 649 BGB verwiesen. Das ist seit dem 1.1.2018 falsch, weil sich damals die Paragrafen verschoben haben. Aktuell müsste auf § 648 BGB verwiesen werden. Da die VOB/B noch den Stand von 2016 hat, ist diese Änderung noch nicht erfolgt. Die VOB ist 2019 zwar neu veröffentlicht worden (die VOB/C wurde zum Teil 2023 neu gefasst); die VOB/B ist dabei aber unverändert geblieben.

Erspart werden regelmäßig Lohn- und Materialkosten sowie das baustellenbezogene Wagnis. Bei Lohnkosten gilt das aber nur dann, wenn das Personal anderweitig eingesetzt werden kann und bei den Materialkosten nur dann, wenn noch kein Material beschafft worden ist oder es kostenneutral abbestellt werden kann. Zu erstatten sind vom Auftraggeber neben den erbrachten Leistungen auch die Kostendeckungsbeiträge der nicht erbrachten Leistungen (Baustellengemeinkosten, Allgemeine Geschäftskosten, betriebsbezogenes Wagnis, Gewinn).

Oftmals werden Kündigungen nicht als solche erkannt. Wie eine Kündigung ist z. B. auch die Situation zu behandeln, dass der Auftraggeber eine vereinbarte Leistung nicht abruft. Das gilt auch, wenn eine Leistung „zufällig" nicht anfällt (Mengenreduzierung auf null): Eine Erhöhung des Einheitspreises nach § 2 Abs. 3 VOB/B würde dem Auftragnehmer nicht helfen, weil auch der höchste Betrag multipliziert mit einer Menge von null zu einer Vergütung von null EUR führen würde.

BEISPIEL

Vereinbart ist in einer Position die Entsorgung von Fenstern mit asbesthaltigem Fensterkitt und in einer anderen Position von Fenstern mit asbestfreiem Fensterkitt. Vor Ort stellt sich heraus, dass alle Fenster vor vielen Jahren schon einmal saniert worden sind und der nun vorhandene Fensterkitt bei allen Fenstern asbestfrei ist. Die Position mit der Entsorgung der asbesthaltigen Fenster fällt damit nicht an, ohne dass der Auftraggeber eine Kündigung dieser Position ausspricht.

Die Position kann trotzdem wie oben dargestellt abgerechnet werden; gegenzurechnen ist die Erhöhung der Position mit den asbestfreien Fenstern. In der Praxis werden damit von den asbestrelevanten Aufwendungen die nicht ersparten Aufwendungen (z. B. beschaffte und angelieferte Staubschutzwände, Spezialcontainer zur Abfallbeseitigung) sowie die diesbezüglichen Kostendeckungsbeiträge zu vergüten sein.

Diese Regelungen gelten unabhängig davon, ob es sich um einen VOB-Vertrag oder um einen BGB-Vertrag handelt; auch ist es unerheblich, ob es ein Einheitspreisvertrag oder ein Pauschalpreisvertrag ist.

44

Abnahme und Gewährleistung

44.1 Abnahme

Mit der Abnahme erklärt der Auftraggeber, dass er den Werkvertrag als erfüllt ansieht. Erklärungen des Auftragnehmers sind hierzu nicht nötig: Ausreichend ist die einseitige Erklärung des Auftraggebers.

Achtung: Der Architekt des Auftraggebers ist zur Erklärung der Abnahme nicht befugt! Er berät den Auftraggeber hierzu nur. Ein vom Architekten unterschriebenes Abnahmeprotokoll daher immer auch vom Auftraggeber unterschreiben lassen!

Der Auftraggeber kann die Abnahme ausdrücklich oder förmlich erklären, indem er eine entsprechende Erklärung abgibt. Er kann aber auch durch sein Verhalten „schlüssig", „konkludent" oder „stillschweigend" zu erkennen geben, dass er den Vertrag als erfüllt ansieht, indem er den Werklohn vorbehaltslos überweist, die Leistung in Gebrauch nimmt, verkauft, vermietet, oder -in einer Vertragskette- seinerseits seinem Auftraggeber zur Abnahme anbietet.

Die Abnahme kann die gesamte Leistung betreffen oder als Teilabnahme nur Teile davon. Die Wirkungen treten dann für den abgenommenen Teil ein.

Mit der Abnahme wird der Werklohn fällig und die Gewährleistungsfrist beginnt zu laufen.

Mit der Abnahme kehrt sich die Beweislast um: Bis zur Abnahme muss der Auftragnehmer beweisen, dass sein Werk vertragsgemäß ist; nach der Abnahme muss der Auftraggeber beweisen, dass die Werkleistung mangelhaft ist.

Zudem geht mit der Abnahme die Gefahr der Beschädigung, Abnutzung oder Zerstörung auf den Auftraggeber über. Bis zur Abnahme muss der Auftragnehmer seine Leistung schützen und sich z. B. durch eine Bauleistungsversicherung schützen; danach ist es Sache des Auftraggebers, sich z. B. durch eine Gebäudeversicherung zu schützen. Eine Ausnahme bilden Beschädigungen vor der Abnahme, gegen die der Auftragnehmer sich nicht schützen kann: In diesen Fällen bleibt der Vergütungsanspruch des Auftragnehmers für die erbrachten Leistungen bestehen.

Befestigung und Abdichtung von Fenstern und Türen. Regelwerke, Bauphysik, Baurecht, Praxisbeispiele. 2. Auflage.
J. Küenzlen, E. Scheller, M. Klatecki.

Für den BGB-Vertrag finden sich die entsprechenden Regelungen in den §§ 644 BGB und 645 BGB; im VOB-Vertrag in § 4 Abs. 5 und § 7 Abs. 1 VOB/B.

Mit der Abnahme verliert der Auftraggeber auch bei der Abnahme nicht vorbehaltene Rechte: Kennt er bei der Abnahme einen Mangel, muss er sich seine diesbezüglichen Rechte bei der Abnahme vorbehalten, ansonsten verliert er – bis auf Schadenersatzansprüche – alle Gewährleitungsansprüche. Er verliert auch Vertragsstrafeansprüche, die er sich bei der Abnahme nicht vorbehalten hat, § 640 Abs. 3 BGB; § 12 Abs. 5 Nr. 3 VOB/B.

Daher ist die Abnahme für den Auftragnehmer von großer Bedeutung. Er hat einen (sogar klageweise durchsetzbaren) **Anspruch auf Abnahme**, sofern seine Leistung keine „wesentlichen" Mängel oder „wesentliche" offene Restleistungen aufweist.

Kriterien zur Abgrenzung **wesentlicher Mängel** von unwesentlichen Mängeln sind z. B.:

- Die relative oder absolute Höhe der Mangelbeseitigungskosten
- Ist eine Beeinträchtigung der Gebrauchstauglichkeit gegeben?
- Besteht eine Gefährdung der Sicherheit durch Mangel?
- Ist eine große Anzahl an für sich genommen unwesentlichen Mängel vorhanden?
- Das Maß der (ggf. auch nur optischen) Beeinträchtigung (Zumutbarkeit)

Auch ohne eine Klage kann der Auftragnehmer eine Abnahmewirkung erzielen, wenn er eine **fiktive Abnahme** herbeiführt. Die Leistung gilt als abgenommen, wenn der Auftraggeber eine Frist zur Abnahme gesetzt bekommt und nicht innerhalb der gesetzten Frist die Abnahme mit dem Hinweis auf mindestens einen Mangel ablehnt, § 640 Abs. 2 BGB. Ist der Auftraggeber ein Verbraucher, so gilt die Abnahme nur dann als erfolgt, wenn der Auftragnehmer den Auftraggeber zusammen mit der Aufforderung zur Abnahme in Textform auf die Folgen einer nicht erklärten oder ohne Angabe von Mängeln verweigerten Abnahme hingewiesen hat.

MUSTER

Abnahmeverlangen

An: – *Hier Auftraggeber (Namen und Adresse) eintragen*

Bauvorhaben:

Vertrag / Gewerk:

Datum:

Sehr geehrte Damen und Herren,

nach Fertigstellung unserer Leistung bitten wir um Abnahme bis zum *[Datum]*. Wir schlagen einen Termin am ... um ... Uhr vor und bitten um Terminbestätigung oder Abstimmung eines anderen Termins.

[Bei Verbraucherauftraggebern: Wir weisen darauf hin, dass unsere Leistung als abgenommen gilt, wenn Sie die Abnahme nicht in der oben genannten Frist unter Angabe mindestens eines Mangels verweigert haben.]

Mit freundlichen Grüßen

Im VOB-Vertrag gibt es zwei weitere Abnahmefiktionen im § 12 VOB/B, die **zusätzlich** zu der Abnahmefiktion durch Fristsetzung nach § 640 Abs. 2 BGB gelten:

- Die Leistung gilt als abgenommen mit Ablauf von 12 Werktagen nach schriftlicher Mitteilung über die Fertigstellung der Leistung
- Hat der Auftraggeber die Leistung oder einen Teil der Leistung in Benutzung genommen, so gilt die Abnahme nach Ablauf von 6 Werktagen nach Beginn der Benutzung als erfolgt, wenn nichts anderes vereinbart ist. Die Benutzung von Teilen einer baulichen Anlage zur Weiterführung der Arbeiten gilt nicht als Abnahme.

Achtung: Auftraggeber müssen darauf achten, dass eine Fertigstellungsanzeige, die auch in der Übersendung der Schlussrechnung oder der schlichten Mitteilung über die Fertigstellung liegen kann, die Abnahmewirkung auslöst und zum Verlust nicht vorbehaltener Rechte führt! Arbeitsabläufe sind daher so zu organisieren, dass auch Vertreter in Krankheits- und Urlaubszeiten sachgerecht reagieren und noch nicht beseitigte Mängel und offene Restleistungen rügen können.

Bei verweigerter Abnahme besteht bei Bauverträgen nach § 650g BGB sowohl in BGB-Verträgen als auch in VOB-Verträgen ein Anspruch des Auftragnehmers auf **Zustandsfeststellung**:

Verweigert der Auftraggeber die Abnahme unter Angabe von Mängeln, hat er nach § 650g Abs. 1 BGB auf Verlangen des Auftragnehmers an einer gemeinsamen Feststellung des Zustands des Werks mitzuwirken. Die gemeinsame Zustandsfeststellung soll mit der Angabe des Tages der Anfertigung versehen werden und ist von beiden Vertragsparteien zu unterschreiben. Ist in der Zustandsfeststellung ein offenkundiger Mangel nicht angegeben, wird vermutet, dass dieser nach der Zustandsfeststellung entstanden und vom Auftraggeber zu vertreten ist. Diese Vermutung gilt aber nicht, wenn der Mangel nach seiner Art nicht vom Auftraggeber verursacht worden sein kann.

BEISPIEL

Der Auftragnehmer kann sich durch eine Zustandsfeststellung davor schützen, dass ihm nachträglich entstandene Kratzer am Rahmen oder auf der Scheibe angelastet werden. Eine fehlende Abdichtungsfolie hingegen wird regelmäßig von vornherein gefehlt haben.

Im VOB-Vertrag kann eine ähnliche Wirkung zudem mit der technischen Abnahme nach § 4 Abs. 10 VOB/B erreicht werden. Die **„technische Abnahme“** nach § 4 Abs. 10 VOB/B ist keine rechtsgeschäftliche Abnahme im Sinne von § 640 BGB oder § 12 VOB/B. Es wird lediglich der Zustand von Teilen festgestellt, die nachher nicht mehr sichtbar sind.

§ 4 Abs. 10 VOB/B
Der Zustand von Teilen der Leistung ist auf Verlangen gemeinsam von Auftraggeber und Auftragnehmer festzustellen, wenn diese Teile der Leistung durch die weitere Ausführung der Prüfung und Feststellung entzogen werden. Das Ergebnis ist schriftlich niederzulegen.

Auftragnehmern ist dringend zu empfehlen, zeitnah eine Abnahme oder zumindest Teilabnahme zu erwirken, damit ihnen spätere Beschädigungen nicht als Montagefehler und damit als Mangel angelastet werden.

Zumindest regelmäßige Zustandsfeststellungen oder technische Abnahmen sollten angestrebt werden. Lässt sich der Auftraggeber darauf nicht ein, sind die mangelfreien Baufortschritte in geeigneter Weise im Idealfall werktäglich selbst zu dokumentieren.

Bei der Abnahme kann sich jeder Vertragspartner auf eigene Kosten sachverständig begleiten und beraten lassen. Der Auftraggeber kann sich Sachverständigenkosten nur dann vom Auftragnehmer erstatten lassen, wenn er Mängel rügt und diese sachverständig begutachten lässt.

MUSTER

Abnahmeprotokoll

Auftraggeber: ________________

Auftragnehmer: ______________

Bauvorhaben: ________________

Vertrag / Gewerk: ____________

Datum: ____________________

Zur Abnahme erscheinen für den Auftraggeber: _______ und für den Auftragnehmer: ________

Der Auftraggeber erklärt die

- ❑ Teilabnahme
- ❑ Abnahme

folgender Leistungen / Teilleistungen: _________________________________

❑ Der Auftraggeber verweigert die Abnahme aus folgenden Gründen: _________

Der Auftraggeber behält sich die Geltendmachung der Vertragsstrafe vor.

Der Auftraggeber behält sich seine Rechte wegen folgenden Mängeln vor: _______

Der Auftragnehmer erklärt zu den gerügten Mängeln folgendes: _____________

Der Auftraggeber fordert den Auftragnehmer auf, die gerügten Mängel bis zum _______ zu beseitigen und die folgenden Restleistungen bis zum ________ zu erbringen: ________________

Ort, Datum, Unterschrift Auftraggeber: ___________________________

Zutreffendes Ankreuzen; Unzutreffendes streichen. Gegebenenfalls ist auf Anlagen zu verweisen und diese sind ebenfalls zu unterschreiben. Auftraggeber und Auftragnehmer erhalten jeweils ein Exemplar

44.2 Gewährleistung

44.2.1 Gewährleistungsfrist

Mit der Abnahme beginnt die Gewährleistung, die im BGB-Vertrag 5 Jahre beträgt.

Für den VOB-Vertrag gelten davon abweichend besondere Fristen, § 13 VOB/B.

Die Regelfrist beläuft sich in der VOB/B auf 4 Jahre. Für die vom Feuer berührten Teile von Feuerungsanlagen beträgt die Gewährleistung 2 Jahre und für feuerberührte und abgasdämmende Teile von industriellen Feuerungsanlagen 1 Jahr.

Ist für Teile von maschinellen und elektrotechnischen/elektronischen Anlagen, bei denen die Wartung Einfluss auf Sicherheit und Funktionsfähigkeit hat, nichts anderes vereinbart, beträgt für diese Anlagenteile die Verjährungsfrist für Mängelansprüche zwei Jahre, wenn der Auftraggeber sich dafür entschieden hat, dem Auftragnehmer die Wartung für die Dauer der Verjährungsfrist nicht zu übertragen; dies gilt auch, wenn für weitere Leistungen eine andere Verjährungsfrist vereinbart ist.

Die Frist beginnt mit der Abnahme der gesamten Leistung; nur für in sich abgeschlossene Teile der Leistung beginnt sie mit der Teilabnahme.

44.2.2 Mangelbegriff

Auftragnehmer hat dem Auftraggeber seine Leistung zum Zeitpunkt der Abnahme frei von Sachmängeln zu verschaffen.

Die Leistung ist zur Zeit der Abnahme frei von Sachmängeln, wenn sie die **vereinbarte Beschaffenheit** hat und den anerkannten Regeln der Technik entspricht.

Ist eine Beschaffenheit nicht vereinbart, so ist die Leistung zur Zeit der Abnahme frei von Sachmängeln,

1. *wenn sie sich für die nach dem Vertrag vorausgesetzte, sonst*
2. *für die gewöhnliche Verwendung eignet und eine Beschaffenheit aufweist, die bei Werken der gleichen Art üblich ist und die der Auftraggeber nach der Art der Leistung erwarten kann.*

Ist eine bestimmte Beschaffenheit (Größe, Einbruchhemmung, Wärmedämmung, Schallschutz, Farbe usw.) vereinbart, muss das Fenster diese Beschaffenheit aufweisen. Jede Abweichung hiervon stellt einen Mangel dar.

Vorsicht bei **Leistungen nach Probe**: Hier gelten die Eigenschaften der Probe als vereinbarte Beschaffenheit, soweit nicht Abweichungen nach der Verkehrssitte als bedeutungslos anzusehen sind.

Gewährleistungsrechtlich sind über die ausdrücklichen Regelungen des Vertrages hinaus auch weitere Eigenschaften geschuldet:

44.2.2.1 Mangelbegriff und anerkannte Regeln der Technik

Die Einhaltung der anerkannten Regeln der Technik ist nach § 4 Abs. 2 Nr. 1 und § 13 Abs. 1 VOB/B ausdrücklich geschuldet; im BGB-Vertrag gilt das nach der Rechtsprechung auch ohne die Erwähnung im Gesetz ebenfalls.

> Bekanntmachung des Handbuchs der Rechtsförmlichkeit, Bundesanzeiger vom 22.9.2008, S. 252
>
> *Anerkannte Regeln der Technik sind schriftlich fixierte oder mündlich überlieferte technische Festlegungen, Einrichtungen und Betriebsweisen, die nach herrschender Auffassung beteiligter Kreise (Fachleute, Anwender, Verbraucher und öffentliche Hand) geeignet sind, das gesetzlich vorgegebene Ziel zu erreichen und die sich in der Praxis allgemein gewährt haben oder deren Bewährung nach herrschender Auffassung in überschaubarer Zeit bevorsteht*

Ein zusammenfassendes Nachschlagewerk hierzu gibt es nicht. Von zentraler Bedeutung sind daher technische Regeln, welche bei der Planung und der Ausführung baulicher Anlagen zu beachten sind. Hierzu gehören DIN-Normen, VDI-Bestimmungen, Technische Regeln für Gefahrstoffe, Regeln zum Arbeitsschutz auf Baustellen sowie die Fachregeln der verschiedenen Handwerksorganisationen.

Sie sind als theoretisch richtig anerkannt und haben sich in der Praxis bewährt; unterliegen jedoch einem ständigen Änderungsprozess. Daher müssen sich alle am Bau Beteiligten ständig in ihrem jeweiligen Fachgebiet über die Entwicklungen und den aktuellen Stand informieren!

Eine neu veröffentlichte DIN-Norm muss jedoch noch nicht unbedingt eine anerkannte Regel der Technik darstellen, weil ihr zunächst noch die praktische Bewährung und Anerkennung fehlt. Es kommt auch vor, dass die technische Entwicklung fortschreitet und eine vorhandene DIN-Norm die anerkannte Regel der Technik nicht mehr abbildet.

Die Rechtsprechung verpflichtet den Auftragnehmer gewährleistungsrechtlich auch dazu, Komfort- und Ausstattungsstandards einzuhalten, damit die Leistung mangelfrei ist.

Soweit von einer Regelausführung abgewichen wird oder beim Bauen im Bestand technisch keine andere Möglichkeit als die einer abweichenden Ausführung besteht, führt das nach der Rechtsprechung grundsätzlich zu einer Gefahrenerhöhung und der Annahme eines Mangels. Der Auftraggeber ist vor der Ausführung einer Leistung, die von Ausstattungs- und Komfortstandards abweichen soll, daher sorgfältig über die mit der Abweichung von der Regelausführung verbundenen Risiken aufzuklären. Von sicherheitsrelevanten Regeln darf jedoch niemals abgewichen werden.

Im Einzelfall kann es daher schwierig sein festzustellen, was anerkannte Regel der Technik ist. Selbst Sachverständige sind hier gelegentlich unterschiedlicher Auffassung, was die Schwierigkeit der Thematik belegt. Nur eine ständige Fortbildung kann dabei helfen, die aktuellen Entwicklungen im Blick zu behalten.

Hinweis: Die Einhaltung der anerkannten Regeln der Technik ist nicht nur aus gewährleistungsrechtlicher Sicht geschuldet. Es gibt auch strafrechtliche und bauordnungsrechtliche Pflichten:

Wer bei der Planung, Leitung oder Ausführung eines Baues oder des Abbruchs eines Bauwerks gegen die allgemein anerkannten Regeln der Technik verstößt und dadurch Leib oder Leben eines anderen Menschen gefährdet, macht sich wegen Baugefährdung persönlich strafbar, § 319 StGB. Sicherheitsrelevante Regeln sind daher immer zu beachten!

Mit den Landesbauordnungen sind zudem technische Regeln eingeführt worden, die Kraft Gesetzes zu beachten sind. Auch von diesen darf nicht abgewichen werden; entgegenstehende Vereinbarungen sind unwirksam und Abweichungen stellen eine Ordnungswidrigkeit dar.

Montageleitfäden und -richtlinien der Hersteller sind oftmals nicht ausreichend, um als anerkannte Regeln für die gesamte Befestigungskonstruktion zu gelten: Aussagen zur Dübeltragfähigkeit und Verankerungsgründen zum Beispiel sucht man regelmäßig vergeblich.

44.2.2.2 Funktionaler Mangelbegriff

Zudem muss das Werk auch **funktionstauglich** sein, damit es mangelfrei ist: Selbst dann, wenn es den Buchstaben des Vertrages und der vorgegebenen Planung entspricht, aber nicht funktioniert, weil ein Fenster z. B. nicht dicht ist, ein beweglicher Fensterflügel sich nicht öffnen lässt oder das Fenster nicht fest genug eingebaut worden ist, liegt ein Mangel vor. Im Werkvertrag ist immer ein funktionstaugliches Werk geschuldet.

44.2.3 Bedenken- und Hinweispflichten

Dadurch besteht auch eine gewährleistungsrechtliche **Haftung für die Fehler von Dritten** wie Vorgewerken oder Planern. Das macht eine sorgfältige Prüfung der Vorleistung erforderlich, auf die aufgebaut werden soll und eine sorgfältige Prüfung der Planung, die umgesetzt werden soll. Liegt mit Planung oder Vorleistung keine geeignete Grundlage für die eigene Leistung vor und droht die eigene Leistung dadurch mangelhaft zu werden, muss der Auftragnehmer vor der Ausführung seiner Leistung beim Auftraggeber Bedenken anzeigen, um späteren Gewährleistungsansprüchen zu entgehen:

> § 13 Abs. 3 VOB/B
> *Ist ein Mangel zurückzuführen auf die Leistungsbeschreibung oder auf Anordnungen des Auftraggebers, auf die von diesem gelieferten oder vorgeschriebenen Stoffe oder Bauteile oder die Beschaffenheit der Vorleistung eines anderen Unternehmers, haftet der Auftragnehmer, es sei denn, er hat die ihm nach § 4 Absatz 3 obliegende Mitteilung gemacht.*

§ 4 Abs. 1 Nr. 4 VOB/B
Hält der Auftragnehmer die Anordnungen des Auftraggebers für unberechtigt oder unzweckmäßig, so hat er seine Bedenken geltend zu machen, die Anordnungen jedoch auf Verlangen auszuführen, wenn nicht gesetzliche oder behördliche Bestimmungen entgegenstehen. Wenn dadurch eine ungerechtfertigte Erschwerung verursacht wird, hat der Auftraggeber die Mehrkosten zu tragen.

§ 4 Abs. 3 VOB/B
Hat der Auftragnehmer Bedenken gegen die vorgesehene Art der Ausführung (auch wegen der Sicherung gegen Unfallgefahren), gegen die Güte der vom Auftraggeber gelieferten Stoffe oder Bauteile oder gegen die Leistungen anderer Unternehmer, so hat er sie dem Auftraggeber unverzüglich – möglichst schon vor Beginn der Arbeiten – schriftlich mitzuteilen; der Auftraggeber bleibt jedoch für seine Angaben, Anordnungen oder Lieferungen verantwortlich.

Richtiger **Adressat der Bedenkenanzeige** ist immer der Auftraggeber. Die Bedenkenanzeige muss den Auftraggeber vor der Ausführung in die Lage versetzen, eine eigene Risikoabwägung zu treffen und hierzu eigene Nachprüfungen anzustellen. Der Auftraggeber muss quasi zum Fachmann gemacht werden. Das gilt sogar für Fachleute wie Ingenieure oder Bauunternehmer, wenn diese in dem betreffenden Fachgebiet nicht ausreichend fachkundig sind. Der Auftraggeber muss alle Mangelrisiken kennen – nur für die ihm bekannten Risiken besteht der Haftungsausschluss! Der Auftraggeber muss also auf der Grundlage der Bedenkenanzeige alle Risiken mit Ursachen und Folgen erkennen und sachkundig entscheiden können, ob er das Risiko eingehen will. Der Architekt ist allenfalls in Kopie zu informieren – er ist grundsätzlich nicht Adressat der Bedenkenanzeige. Das gilt insbesondere dann, wenn seine Leistung Anlass für die Bedenkenanzeige ist.

Nach § 4 Abs. 3 VOB/B ist für die Bedenkenanzeige die **Schriftform** vorgeschrieben, wobei die Rechtsprechung auch mündliche Anzeigen ausreichen lässt. Aufgrund der erheblichen Konsequenzen ist die Schriftform jedoch vorzuziehen und zudem daran zu denken, dass der Auftragnehmer im Streitfall auch den Zugang der Bedenkenanzeige nachweisen kann.

Der Auftragnehmer haftet für die auf Fehlern Dritter beruhenden Mängel an seiner Leistung aufgrund einer verletzten Prüfungs- und Hinweispflicht. Daraus folgt, dass eine so begründete Verantwortlichkeit für eine Mangelhaftigkeit seines Werkes nur insoweit besteht, als den Auftragnehmer überhaupt eine Prüfungs- und Hinweispflicht trifft. Deren Umfang ist aber nicht in allgemeingültiger Weise festgelegt.

Prüfungspflichten können sich aus anerkannten Regeln der Technik ergeben, aber auch aus Herstellerrichtlinien, Einbauvorschriften, Auflagen aus der Baugenehmigung oder aus gesetzlichen Regelungen.

Die VOB/C enthält für jedes Gewerk besondere Prüfungspflichten in den jeweiligen Abschnitten 3.1.1 und 3.1.2 der ATV, z. B.:

- fehlende Voraussetzungen für die Verankerung oder Befestigung
- zu hohe Baufeuchte und andere ungeeignete klimatische Bedingungen

- fehlende Aussparungen
- unzureichende Maßnahmen für den vorbeugenden baulichen Holzschutz
- unrichtige Lage und Höhe sowie ungeeignete Beschaffenheit des Untergrundes
- fehlende Bezugspunkte
- ungeeignete Beschaffenheit des Untergrundes
- größere Unebenheiten des Untergrundes als nach DIN 18.202 zulässig
- ungeeignete Beschaffenheit der Gerüste (z. B. falscher Abstand vom Rohbau, Verschmutzung)
- fehlende Möglichkeit, vor dem Beginn der Fertigung Maße am Bau zu nehmen usw.

Einschlägig sind für den Einbau von Fenstern und Türen vor allem folgende ATV:

- DIN 18334 Zimmer- und Holzbauarbeiten
- DIN 18345 Wärmedämm-Verbundsysteme
- DIN 18351 Vorgehängte hinterlüftete Fassaden
- DIN 18355 Tischlerarbeiten
- DIN 18358 Rollladenarbeiten
- DIN 18361 Verglasungsarbeiten

Achtung: Diese Aufzählungen sind nicht abschließend („insbesondere“)!

Die Prüfungspflicht ist am stärksten hinsichtlich der vom Auftraggeber bereitgestellten Stoffe oder Bauteile, weil auf diesem Gebiet die Sachkenntnis des Auftragnehmers, der üblicherweise selbst die Stoffe oder Bauteile bereitstellt und für deren Ordnungsgemäßheit einstehen muss, am größten ist.

Als geringer ist der Umfang der Prüfungspflicht hinsichtlich der Vorleistung anderer Unternehmer einzuordnen, da diese das Fachgebiet des Auftragnehmers nur dort berühren, auf denen seine Leistung unmittelbar aufbaut.

Am geringsten ist die Prüfungspflicht dort, wo es um die vorgesehene Art der Ausführung geht, weil diese grundsätzlich dem Planungsbereich zuzuordnen ist, in dem der Auftraggeber regelmäßig einen eigenen Fachmann, nämlich einen planenden Architekten oder Ingenieur beschäftigt.

Es gehört dabei nicht zu der Pflicht des Auftragnehmers, die Erkenntnisse des Architekten oder Sonderfachmanns auf ihre Richtigkeit hin zu überprüfen, es sei denn, der „Fehler springt ins Auge“. Erkannte Fehler führen aber zu der Pflicht, eine sorgfältige weitere Überprüfung durchzuführen.

Nicht notwendig ist es, Abhilfemaßnahmen aufzuzeigen. Das kann für den Auftragnehmer sogar gefährlich werden, weil er damit ungefragt Planungsleistungen erbringen kann, die zu einer entsprechenden Planungshaftung führen können. Auftragnehmer dürfen sich daher auch in der Hektik des Bauablaufs nicht dazu drängen lassen, ein Nachtragsangebot zur Problemlösung zu erstellen. Der richtige Weg besteht darin, den Auftraggeber eine Lösung planen und ausschreiben zu lassen oder den Mangel durch den Verantwortlichen beseitigen zu lassen.

Merke: Der vertragstreue Auftragnehmer, der seiner Prüfungs- und Bedenkenhinweispflicht nachkommt und Bedenken gegen eine mangelhafte Planungs- oder Vorleistung anzeigt, hat nicht durch die Übernahme einer Planung für eine Problemlösung die Haftung dafür zu übernehmen, dass der Auftraggeber seiner Pflicht nicht nachgekommen ist, eine taugliche Planungs- oder Vorleistung zur Verfügung zu stellen.

Besteht der Auftraggeber trotz der geäußerten Bedenken auf der unveränderten und damit mangelgeneigten Ausführung der Leistung, muss der Auftragnehmer die Leistung grundsätzlich ausführen – es sei denn, die Ausführung verstößt gegen gesetzliche oder behördliche Bestimmungen. Das sind insbesondere Sicherheitsvorschriften (z. B. Brandschutzregeln, Absturzsicherungen, statisch richtige Ausführung von Befestigungen, eingeführte technische Regeln) oder Auflagen aus der Baugenehmigung (z. B. angeordnete Verwendung von Verbundsicherheitsglas, vorgegebene Fenstergröße für Flucht und Rettungswege, denkmalschutzrechtliche Auflagen). Der angeordnete Verstoß gegen gesetzliche oder behördliche Bestimmungen führt zu einem Leistungsverweigerungs- und Kündigungsrecht des Auftragnehmers.

Achtung: Leistungsverweigerungen oder Kündigungen aus wichtigem Grund sind juristische Fallgruben! Daher muss der Auftragnehmer unbedingt fundierten juristischen Rat einholen, bevor er eine falsche Entscheidung trifft, die den Auftraggeber zur Kündigung berechtigt und Schadenersatzansprüche auslöst!

MUSTER

Bedenkenanzeige nach § 4 Abs. 1 Nr. 4 und Abs. 3 VOB/B

An: – *Hier Auftraggeber (Namen und Adresse) eintragen; in Kopie an die Bauüberwachung*
Bauvorhaben:
Vertrag / Gewerk:
Datum:
Sehr geehrte Damen und Herren,
in Erfüllung unserer Verpflichtung nach § 4 Abs. 1 Nr. 4 und Abs. 3 VOB/B teilen wir Ihnen mit, dass wir gegen folgenden Umstände Bedenken haben:

- Planungsmängel: *[Hier die Planungsmängel beschreiben]*
- Mängel an der Vorleistung: *[Hier die Mängel der Vorgewerke beschreiben]*

Die Mängel führen zu folgenden Problemen bzw. haben folgende Konsequenzen:

- *[Hier* ***alle*** *denkbaren Konsequenzen und Folgen aufführen. Nur hinsichtlich der hier konkret benannten Konsequenzen kann ein Gewährleistungsausschluss erfolgen.]*

[Sofern die Ausführung Sicherheitsgefahren zur Folge hat:] Da die Ausführung auf dieser Grundlage Sicherheitsgefahren zur Folge hat, können und dürfen wir die Leistung nicht ausführen, § 319 StGB.

[Sofern gegen gesetzliche oder behördliche Bestimmungen verstoßen wird:] Da die Ausführung auf dieser Grundlage gegen gesetzliche oder behördliche Bestimmungen verstoßen wird, können und dürfen wir die Leistung nicht ausführen, § 4 Abs. 1 N. 4 VOB/B.

Wir bitten darum, die Umstände bis zum *[Datum]* abzustellen, damit wir unsere Leistungen vertragsgemäß erbringen können.

Die Situation führt zudem dazu, dass wir in der ordnungsgemäßen Ausführung unserer Leistungen behindert sind, weil

- *Hier den Behinderungsgrund einsetzen*

Von der Behinderung ist die Ausführung folgender Vertragsleistung betroffen:

- *Hier die gestörten Leistungsbereiche eintragen*

Wir weisen darauf hin, dass sich die Ausführungsfrist durch die angezeigte Behinderung gemäß § 6 Abs. 2 VOB/B verlängert, bis die Behinderung weggefallen ist.

Sobald die hindernden Umstände weggefallen sind, werden die Arbeiten ohne Weiteres und unverzüglich wieder aufgenommen werden.

Rein vorsorglich behalten wir uns bereits jetzt die Geltendmachung von Mehrkosten bzw. Entschädigungsansprüchen nach § 6 Abs. 6 VOB/B bzw. § 642 BGB vor.

Mit freundlichen Grüßen

44.2.4 Bauen im Bestand

Besondere Gefahren drohen beim Bauen im Bestand: Bei einem Werkvertrag ist mit der „Funktionstauglichkeit“ ein Erfolg geschuldet; beim Einbau von Fenstern und Türen gegebenenfalls auch die Erreichung eines vertraglich vereinbarten Einbruchschutzes.

Ein geforderter Einbruchschutz kann aber nur erreicht werden, wenn die Gesamtkonstruktion bestehend aus dem Fenster- bzw. Türelement, seiner Verankerung im Mauerwerk und dem Mauerwerk die nach den technischen Regeln erforderlichen Mindestwerte einhält.

Um bei Einbauten wie Fenstern oder Türen etc. die Gesamtkonstruktion Mauerwerkswand in eine der Widerstandsklassen einordnen zu können, sind Mindestwerte der Stein- und Mörteldruckfestigkeit, Steinrohdichte sowie der Wanddicke einzuhalten. Beim Bauen im Bestand ist es jedoch regelmäßig nicht möglich, die Druckfestigkeit und Rohdichte der Steine im Bestand zu ermitteln – ohne den Putz großflächig zu entfernen, ein großes Loch in die Wand zu brechen und Steine zu entnehmen und fachgerecht zu untersuchen.

Nach § 13 Abs. 1 VOB/B hat der Auftragnehmer seine Leistung zum Zeitpunkt der Abnahme frei von Sachmängeln zu verschaffen. Das ist nach dieser Norm dann der

Fall, wenn die Leistung die vereinbarte Beschaffenheit aufweist und den anerkannten Regeln der Technik entspricht.

Dem Auftragnehmer steht schon in der Angebotsphase zunächst ein **Auskunftsanspruch** gegen den Auftraggeber zu:

Nach § 121 GWB ist der Leistungsgegenstand in der Leistungsbeschreibung so eindeutig und erschöpfend zu beschreiben, dass die Beschreibung für alle Unternehmer im gleichen Sinne verständlich ist. Die Leistungsbeschreibung hat danach die Funktions- oder Leistungsanforderungen oder eine Beschreibung der zu lösenden Aufgabe zu enthalten, deren Kenntnis für die Erstellung des Angebots erforderlich ist, sowie die Umstände und Bedingungen der Leistungserbringung.

Nach § 7 Abs. 1 VOB/A ist die Leistung in der Leistungsbeschreibung u. a. eindeutig und so erschöpfend zu beschreiben, dass alle Unternehmen die Beschreibung im gleichen Sinne verstehen müssen und ihre Preise sicher und ohne umfangreiche Vorarbeiten berechnen können. Alle die Preisermittlung beeinflussenden Umstände sind festzustellen und in den Vergabeunterlagen anzugeben. Die für die Ausführung der Leistung wesentlichen Verhältnisse der Baustelle, z. B. Boden- und Wasserverhältnisse, sind so zu beschreiben, dass das Unternehmen ihre Auswirkungen auf die bauliche Anlage und die Bauausführung hinreichend beurteilen kann. Zudem sind die "Hinweise für das Aufstellen der Leistungsbeschreibung" in Abschnitt 0 der Allgemeinen Technischen Vertragsbedingungen für Bauleistungen (ATV -VOB/C), DIN 18299 ff., vom Auftraggeber zu beachten.

Der Auftraggeber hat daher in der Ausschreibung auch die erforderlichen Angaben zum Verankerungsgrund zu machen:

- Zu einer ordnungsgemäßen Ausschreibung von Zimmer- und Holzbauarbeiten gehört nach der VOB/C ATV DIN 18.334 Ziffer 0.2.1 eine Information über Art, Beschaffenheit und Festigkeit des Untergrundes.
- Auch zu einer ordnungsgemäßen Ausschreibung von Tischlerarbeiten gehört nach der VOB/C ATV DIN 18.355 Ziffer 0.2.4 eine Information über Art, Beschaffenheit und Festigkeit des Untergrundes; nach Ziffer 0.2.9 über die Art der Befestigung sowie nach 0.2.16 für die Anforderungen u. a. der Einbruch- und Durchschusshemmung.
- Entsprechendes gilt bei der Ausschreibung von Verglasungsarbeiten: Zu einer ordnungsgemäßen Ausschreibung von Verglasungsarbeiten gehört nach der VOB/C ATV DIN 18.361 Ziffer 0.2.20 eine Information über Art und Tragfähigkeit der Unterkonstruktion und nach Ziffer 0.2.22 über Art, Beschaffenheit, Gestaltung und Tragfähigkeit der Bauwerksteile, an oder in denen Verglasungen eingebaut werden sollen.

Fehlen diese Angaben in der Ausschreibung, sind **vor Angebotsabgabe** entsprechende Informationen vom Auftraggeber in Form einer Bieterfrage einzuholen, § 12a Abs. 4 VOB/A. Erbitten Unternehmen zusätzliche sachdienliche Auskünfte über die Vergabeunterlagen, so sind diese Auskünfte nach dieser Regelung allen Unternehmen unverzüglich in gleicher Weise zu erteilen. Nach § 20 Abs. 3 VgV sind

Angebotsfristen unter Umständen zu verlängern, wenn Bieter zusätzliche Informationen einfordern.

Nach diesen für öffentliche Ausschreibung geltenden Grundsätzen sollte auch im Rahmen privater Ausschreibungen verfahren werden.

Kommt ein Vertrag dennoch zustande, ohne dass der Auftragnehmer die erforderlichen Informationen über die Werte der Stein- und Mörteldruckfestigkeit, Steinrohdichte sowie der Wanddicke erhalten hat, besteht der Auskunftsanspruch des Auftragnehmers **auch nach Vertragsschluss** fort:

Nach § 3 Abs. 1 VOB/B hat der Auftraggeber dem Auftragnehmer die für die Ausführung nötigen Unterlagen unentgeltlich und **rechtzeitig vor der Ausführung** zu übergeben. Spätestens dann muss der Auftragnehmer die erforderlichen Informationen erhalten, um die Gesamtkonstruktion bewerten zu können.

Geschieht das nicht, muss der Auftragnehmer **nach § 4 Abs. 3 VOB/B Bedenken** geltend machen: Hat der Auftragnehmer Bedenken gegen die vorgesehene Art der Ausführung (auch wegen der Sicherung gegen Unfallgefahren), gegen die Güte der vom Auftraggeber gelieferten Stoffe oder Bauteile oder gegen die Leistungen anderer Unternehmer, so hat er sie dem Auftraggeber nach § 4 Abs. 3 VOB/B unverzüglich – möglichst schon vor Beginn der Arbeiten – schriftlich mitzuteilen.

- Bei Zimmer- und Holzbauarbeiten sind nach der VOB/C ATV DIN 18.334 Ziffer 3.1.2 insbesondere dann Bedenken nach § 4 Abs. 3 VOB/B geltend zu machen, wenn Voraussetzungen für die Verankerung und Befestigung fehlen. Gleiches wird zu gelten haben, wenn Informationen fehlen, die dem Auftragnehmer eine sichere Bewertung der gegebenen Voraussetzungen für die Verankerung im Mauerwerk ermöglichen.
- Bei Tischlerarbeiten sind nach der VOB/C ATV DIN 18.355 Ziffer 3.1.2 insbesondere dann Bedenken nach § 4 Abs. 3 VOB/B geltend zu machen, wenn Voraussetzungen für die Befestigung und Abdichtung fehlen. Gleiches wird auch hier zu gelten haben, wenn Informationen fehlen, die dem Auftragnehmer eine sichere Bewertung der für die Verankerung im Mauerwerk gegebenen Voraussetzungen ermöglichen.
- Bei Verglasungsarbeiten sind nach der VOB/C ATV DIN 18.361 Ziffer 3.1.1 insbesondere dann Bedenken nach § 4 Abs. 3 VOB/B geltend zu machen, wenn die Befestigung von Rahmen ungenügend ist. Gleiches wird auch hier zu gelten haben, wenn Informationen fehlen, die dem Auftragnehmer eine sichere Bewertung der gegebenen Voraussetzungen für die Verankerung der Rahmen im Mauerwerk ermöglichen.

Kann der Verankerungsgrund daher beim Bauen im Bestand nicht sicher definiert werden, muss der Auftragnehmer vor der Angebotsabgabe, spätestens aber vor der Ausführung seiner Leistung, seine Bedenken beim Auftraggeber – nicht beim Planer – schriftlich geltend machen.

Achtung: Behinderungsanzeige nicht vergessen!

Nach § 13 Abs. 3 VOB/B haftet der Auftragnehmer für einen Mangel auch dann, wenn der Mangel auf der Leistungsbeschreibung oder auf Anordnungen des Auftraggebers, auf die von diesem gelieferten oder vorgeschriebenen Stoffe oder Bauteile oder die Beschaffenheit der Vorleistung eines anderen Unternehmers beruht – es sei denn, der Auftragnehmer hat **vor der Ausführung der Leistung** die ihm nach § 4 Abs. 3 VOB/B obliegende Bedenkenanzeige abgegeben. Diese Prüfungspflicht dauert über die Vertragslaufzeit an und kann sich in besonders gelagerten Fällen sogar über den Zeitpunkt der Abnahme hinaus erstrecken, wenn die eigene Leistung Probleme für Folgegewerke auslösen kann.

Es ist zu empfehlen, den Hinweis in der Montagebescheinigung nach DIN EN 1627: 2021-11 gegebenenfalls zu wiederholen. Nicht ausreichend ist es, dort – nach der Ausführung – erstmals auf die Bedenken hinzuweisen.

Die Bedenkenanzeige muss zur Vermeidung von künftigen Gewährleistungsansprüchen so beschaffen sein, dass sie den Auftraggeber in die Lage versetzt, vor der Ausführung der Leistung eine eigene Risikoabschätzung vorzunehmen. Sie muss dem Auftraggeber also insbesondere das Risiko aufzeigen, dass aufgrund der fehlenden Informationen über die Werte der Stein- und Mörteldruckfestigkeit, Steinrohdichte sowie der Wanddicke eine sichere Verankerung zur Erreichung der geforderten Einbruchhemmung der geprüften Elemente durch die Abweichung von der Montageanleitung nicht sicher erreicht werden kann und sich die Tür- und Fensterelemente daher möglicherweise bei einem Einbruchsversuch anders verhalten wie vom Hersteller vorgesehen und sich leichter aufbrechen lassen, als es die geforderte Einbruchhemmung vorschreibt. Eine Bedenkenanzeige muss also alle denkbaren Risiken aufzeigen, die bei der vom Auftraggeber geforderten Ausführung eintreten können. Nimmt der Auftraggeber diese Risiken ausdrücklich hin, sind wegen dieser Risiken Gewährleistungsansprüche gegen den Auftragnehmer ausgeschlossen.

Achtung: Soweit durch Anordnungen des Auftraggebers gesetzliche oder behördliche Bestimmungen verletzt werden, darf der Auftragnehmer die Anordnungen des Auftraggebers trotzdem nicht umsetzen, § 4 Abs. 4 VOB/B!

Soweit aber keine gesetzlichen oder behördlichen Bestimmungen zu beachten sind, können sich Auftraggeber und Handwerker z.B. bei der Einbruchhemmung auf eine Abweichung von der Montageanleitung einigen und eine von der Montageanleitung abweichende Montageart vereinbaren. Hierbei geht es nur um eine Frage der Gewährleistung: Eine Gewährleistungshaftung kann aber vermieden werden, wenn der Auftraggeber nach sorgfältiger Aufklärung über denkbaren Risiken, die sich aus der Abweichung ergeben, eine eigene Risikoabwägung trifft und das Risiko ausdrücklich (und nachweisbar!) übernimmt. Etwas anders gilt jedoch bei **sicherheitsrelevanten** Bauteilen:

Soll das Fensterelement oder ein französischer Balkon z. B. der Absturzsicherung dienen, reichen Bedenkenanzeigen nicht aus! Der Unternehmer darf die Leistung nicht ausführen, wenn damit die Gefahr besteht, dass die erforderliche Absturzsicherung nicht gegeben ist! Der Handwerker macht sich in solchen Fällen strafbar (§ 319 StGB – Baugefährdung, § 229 StGB – fahrlässige Körperverletzung, § 222

StGB – fahrlässige Tötung)! Der Handwerker **muss** die Leistung daher verweigern, bis Sicherheit über die Haltbarkeit des Verankerungsgrundes besteht. Keine Versicherung bezahlt Geldstrafen oder geht für den Versicherungsnehmer ins Gefängnis: Die strafrechtliche Haftung ist immer höchstpersönlich. Versicherungen werden möglicherweise auch keinen Schadenersatzanspruch von Geschädigten regulieren, wenn z. B. eine Bedenkenanzeige belegt, dass der Versicherungsnehmer das Problem erkannt und die Leistung trotzdem erbracht hat: Er hat dann vorsätzlich gehandelt und den Versicherungsfall „sehenden Auges" herbeigeführt.

MUSTER

Bedenkenanzeige nach § 4 Abs. 3 VOB/B

Bauvorhaben:

Gewerk / Vertrag:

Betroffene Leistung:

Sehr geehrter *[Auftraggeber]*,

nach unserem Vertrag vom *[Datum]* sind wir verpflichtet, *[Fenster / Gitter / Türen gemäß Position...]* einbruchhemmend auszuführen.

Um bei Einbauten wie Fenstern oder Türen etc. die Gesamtkonstruktion Mauerwerkswand in eine der Widerstandsklassen einordnen zu können, sind nach den Regeln der Technik Mindestwerte der Stein- und Mörteldruckfestigkeit, Steinrohdichte sowie der Wanddicke einzuhalten. Beim Bauen im Bestand ist es im vorliegenden Fall jedoch nicht möglich, die Druckfestigkeit und Rohdichte der Steine im Bestand zu ermitteln – ohne den Putz großflächig zu entfernen, ein großes Loch in die Wand zu brechen, Steine zu entnehmen und diese fachgerecht zu prüfen.

Wir haben auch auf unsere Anforderung hin bisher keine entsprechenden Informationen von Ihnen zu den vorgenannten Parametern erhalten und können daher den vorhandenen Verankerungsgrund nicht fachgerecht beurteilen.

Daher besteht aufgrund der fehlenden Informationen über die Werte der Stein- und Mörteldruckfestigkeit, Steinrohdichte sowie der Wanddicke das Risiko, dass durch die Abweichung von der Montageanleitung des Herstellers eine sichere Verankerung zur Erreichung der geforderten Einbruchhemmung im vorhandenen Mauerwerk nicht erreicht werden kann und sich die Tür- und Fensterelemente möglicherweise bei einem Einbruchsversuch anders verhalten wie vom Hersteller vorgesehen und dadurch nicht die geforderte Einbruchhemmung erreichen.

Bitte teilen Sie uns mit, ob – und ggf. wann und von wem – weitere Untersuchungen des Verankerungsgrundes durchgeführt werden sollen. Die fehlenden Informationen behindern den Ablauf unserer weiteren Arbeiten. Das kann zu einer Verlängerung der Ausführungsfristen und zu Mehrkosten führen.

Wir bitten daher bis zum *[Datum]* um Ihre Entscheidung, wie weiter verfahren werden soll.

Wir benötigen insbesondere bis zum *[Datum]* die Information von Ihnen, ob wir unsere Leistungen vorläufig einstellen oder trotz unserer Bedenken weiter ausführen sollen.

Sofern wir die Leistung ohne weitere Untersuchungen des Verankerungsgrundes ausführen sollen, führt eine etwaig später erforderliche Ertüchtigung des Verankerungsgrundes zu Mehrkosten und Verzögerungen der Bauausführung, deren Umfang wir derzeit nicht absehen können.

Mit freundlichen Grüßen

[Auftragnehmer]

44.2.5 Gewährleistungsansprüche

Erkennt der Auftraggeber einen Mangel, muss er das äußere Erscheinungsbild (das Symptom) des Mangels schriftlich und unter „angemessener" Fristsetzung zur Mangelbeseitigung rügen. „Angemessen" ist eine Frist, die ein engagierter Auftragnehmer zur Mangelbeseitigung benötigt. Der Auftragnehmer hat seine Leistung dann auf eigene Kosten nachzubessern.

Nach fruchtlosem Fristablauf darf der Auftraggeber den Mangel im Wege der Selbstvornahme auf Kosten des Auftragnehmers beseitigen. Aus Beweisgründen sollte er den Mangel zuvor jedoch so dokumentieren, dass er im Streitfall beweisen kann, dass ein Mangel am Werk des Auftragnehmers vorgelegen hat und dass die Selbstvornahmemaßnahmen zur Mangelbeseitigung erforderlich und die aufgewendeten Kosten hierfür angemessen waren.

Im VOB-Vertrag ist zu beachten, dass eine Selbstvornahme auf Kosten des Auftragnehmers vor Abnahme des Werks nur nach einer Kündigungsandrohung und (Teil-)Kündigung möglich ist, § 4 Abs. 7 VOB/B.

Neben der Mangelbeseitigung schuldet der Auftragnehmer auch den Ersatz der durch seinen Mangel entstandenen Schäden: Ist Wasser durch ein undichtes Fensterelement eingedrungen, sind dem Auftraggeber neben etwaigen Sachverständigenkosten auch Kosten für Bodenbelags-, Maler- und Trocknungsarbeiten zu ersetzen.

Nach Ablauf der Gewährleistungsfrist kann der Auftragnehmer die Einrede der Verjährung erheben und muss den Mangel nicht mehr beseitigen. Wird ein Mangel kurz vor Ablauf der Verjährung entdeckt, sollte der Auftragnehmer daher nicht nur zur Mangelbeseitigung aufgefordert werden, sondern auch aufgefordert werden, auf die Einrede der Verjährung befristet zu verzichten. Kooperiert der Auftragnehmer nicht, bleibt dem Auftraggeber nur die Möglichkeit, den Gewährleitungsablauf durch die Erhebung einer Mangelbeseitigungsklage oder die Einleitung eine selbständigen Beweisverfahrens zu vermeiden.

Ist die Gewährleistung abgelaufen, kann dem Auftraggeber in Ausnahmefällen die Arglisthaftung helfen, Gewährleistungsansprüche doch noch durchzusetzen: Kannte der Auftragnehmer den Mangel und hat er ihn in der Hoffnung verschwiegen, der Auftraggeber werde ihn schon nicht entdecken, handelt er arglistig. Der Nachweis ist meistens schwer oder unmöglich. Die Rechtsprechung hat aber verschiedene Fallgruppen entwickelt, in denen ein Auftragnehmer so behandelt wird, als habe er arglistig gehandelt. Das ist z. B. der Fall,

- wenn der Auftragnehmer arbeitsteilig (z. B. mit Nachunternehmern) tätig ist und den Arbeitsablauf nicht so organisiert, dass er bei der Abnahme seiner (Gesamt-) Leistung sicher sein kann, dass die Leistung seines Nachunternehmers mangelfrei ist. Solche Fälle liegen z. B. vor, wenn der Fensterbauer einen Elektriker als Nachunternehmer einsetzt, der für ihn elektrische Rollladenantriebe und die Alarmtechnik der Fenster anschließt. Kann der Fensterbauer nicht einschätzen, ob die Leistungen mangelfrei sind, muss er hierfür sachkundige Hilfe in Anspruch nehmen

- wenn der Auftragnehmer andere als vereinbarte Baustoffe verwendet und hofft, der Auftraggeber werde die Minderwertigkeit nicht entdecken

Der Auftragnehmer haftet dann drei Jahre ab Kenntnis des Auftraggebers über den Mangel und der Verantwortlichkeit des Auftragnehmers, maximal aber zehn Jahre lang (bei Personenschäden dreißig Jahre). Diese Frist beginnt aber nicht mit der Abnahme, sondern mit dem Ende des Jahres, in dem die Leistung erbracht wurde.

Seit dem 1.1.2018 hat der Auftragnehmer einen Regressanspruch gegen seinen Lieferanten, sofern der Mangel auf einen gelieferten Baustoff zurückzuführen ist: Der Lieferant schuldet nach dem jetzt geltenden Kaufrecht nicht mehr nur die Lieferung eines mangelfreien Produkts, sondern auch die Erstattung der Aus- und Einbaukosten.

45

Die zivil- und strafrechtliche Haftung der Bauleiter

45.1 Der Bauleiterbegriff

Es gibt nicht „den Bauleiter“ als festen Rechtsbegriff.

Die Landesbauordnungen (LBO) der meisten Bundesländer nennen den „Bauleiter“ und den „Fachbauleiter“ als Baubeteiligte. In der Bauordnung Bayerns ist der Begriff des Bauleiters nicht vorhanden.

Baden-Württemberg:	geregelt in § 45 LBO Baden-Württemberg
Bayern:	„Bauleiter“ nicht in der LBO
Berlin:	geregelt in § 57 BauO Berlin
Brandenburg:	geregelt in § 56 Brandenburgische BauO
Bremen:	geregelt in § 56 Bremische LBO
Hamburg:	geregelt in § 57 HBauO
Hessen:	geregelt in § 51 HessBauO
Mecklenburg-Vorpommern:	geregelt in § 56 LBauO M.-V.
Niedersachsen:	geregelt in § 55 NBauO
Nordrhein-Westfalen:	geregelt in 59a BauO NRW
Rheinland-Pfalz:	geregelt in 56a LBauO Rh.-Pf.
Saarland:	geregelt in § 56 LBO
Sachsen:	geregelt in § 56 SächsBO
Sachsen-Anhalt:	geregelt in § 55 BauO LSA
Schleswig-Holstein:	geregelt in § 56 LBO
Thüringen:	geregelt in § 56 Thüringer LBO

Soweit der Bauleiter nach LBO unbekannt ist, tragen Bauherr, Entwurfsverfasser und Unternehmer die Verantwortung.

Der „Bauleiter nach LBO“, auch „verantwortlicher Bauleiter“ genannt, ist nicht zu verwechseln mit dem als „Bauleiter“, „örtlicher Bauführer“ oder „Objektüberwacher“ bezeichneten Architekten, der die Aufgaben der Objektüberwachung

(Bauüberwachung, Leistungsphase 8 nach HOAI) auf der Grundlage des Zivilrechts wahrnimmt.

Während der Bauleiter nach LBO die bauliche Maßnahme als Ganzes leitet und hierzu vom Bauherrn ermächtigt wird, überwacht der Architekt oder Bauingenieur, dem die Objektüberwachung nach § 34 HOAI 2021 mit Anlage 10 (Leistungsphase 8) obliegt, nur die Ausführung des Objekts, ohne dieses zu leiten.

Daneben gibt es den „Bauleiter" oder „Projektleiter", dem vom Bauunternehmen die organisatorische Leitung der Baustelle übertragen worden ist und der für das Bauunternehmen die Baustelle „managt". Diese zunächst rein arbeitsrechtliche Einordnung in der Firmenhierarchie führt aber in der Regel dazu, dass der Betreffende auch gleichzeitig Bauleiter oder Fachbauleiter nach LBO ist. Sofern ein Bauleiter jedoch nicht nach LBO bestellt ist, obliegen ihm als Repräsentanten „seines" Bauunternehmens zunächst nicht mehr Pflichten als dem Unternehmen selbst.

Die unterschiedlichen Rollen führen zu einer unterschiedlichen Zielrichtung und Reichweite der jeweiligen Verantwortung:

Der **Bauleiter nach LBO** hat darüber zu wachen, dass die Baumaßnahme entsprechend den **öffentlich-rechtlichen** Anforderungen durchgeführt wird, und unabhängig von bestehenden Vertragsbeziehungen die dafür erforderlichen Weisungen zu erteilen. Er hat im Rahmen dieser Aufgabe auf den sicheren bautechnischen Betrieb der Baustelle, insbesondere auf das gefahrlose Ineinandergreifen der Arbeiten der Unternehmen zu achten. Hierbei geht es um die öffentlich-rechtliche Pflicht, **Unfallgefahren** auf der Baustelle und durch den Baustellenbetrieb abzuwehren und sicherzustellen, dass die **öffentlich-rechtlichen Normen und die Bestimmungen der Baugenehmigung** eingehalten werden. Da jedes Bundesland seine eigene Landesbauordnung hat, muss für die Tätigkeit in einem anderen Bundesland geprüft werden, welche Regeln dort gelten: Insbesondere **als technische Baubestimmungen eingeführte technische Regeln** können in einem anderen Bundesland abweichend festgelegt sein.

Der Bauleiter ist hierbei auch für die Bauaufsichtsbehörde tätig, die personell nicht in der Lage ist, jede Baustelle zu überwachen. Er nimmt damit öffentlich-rechtliche Aufgaben wahr, ohne über behördliche Zwangsbefugnisse zur Durchsetzung seiner Anordnungen zu verfügen. Werden seine Anordnungen nicht befolgt, muss er die Bauaufsicht informieren, die damit wieder zuständig und verantwortlich wird, um mit ihren hoheitlichen (Zwangs-) Mitteln das angezeigte Problem zu lösen.

Der Bauleiter muss hierzu über die für seine Aufgabe erforderliche Sachkunde und Erfahrung verfügen, deren Grenzen er eigenverantwortlich einschätzen muss. Verfügt er auf einzelnen Teilgebieten nicht über die erforderliche Sachkunde, so muss er geeignete **Fachbauleiter** heranziehen. Diese treten insoweit an die Stelle des Bauleiters. Der Bauleiter hat die Tätigkeit der Fachbauleiter und seine Tätigkeit aufeinander abzustimmen.

Da dem Bauherrn die Sachkunde regelmäßig fehlt, muss er Bauleiter und Fachbauleiter bestellen, die für ihn diese öffentlich-rechtliche Aufgabe übernehmen. Die Tätigkeit beginnt und endet mit der Anzeige des Bauleiters beim Bauamt.

Der Architekt, der als **Objektüberwacher** in Leistungsphase 8 nach HOAI für den Auftraggeber tätig ist, hat in dieser Funktion **vertragsrechtlich** auf die **mangelfreie und fristgemäße Bauleistung** hinzuwirken und die Baumaßnahme daraufhin für den Auftraggeber zu organisieren und zu überwachen. Er hat die Abrechnungen der Bauunternehmen zu überprüfen und dem Auftraggeber Empfehlungen für die Zahlungen, Einbehalte oder die Abnahme und dabei auszusprechende Vorbehalte zu geben.

In der Baupraxis wird der Architekt oft auch gleichzeitig mit der Bauleitung nach LBO beauftragt; er hat dann eine Doppelfunktion.

Der **Projektleiter** des Bauunternehmens hat die ihm **arbeitsrechtlich** übertragene Aufgabe, die Umsetzung der dem Bauunternehmen übertragenen Leistung zu organisieren und sicherzustellen, dass Personal und Material zum richtigen Zeitpunkt und in richtiger Anzahl auf der Baustelle sind und der **Bauvertrag erfüllt** wird. Er trägt neben seinem Arbeitgeber die arbeitsrechtliche Verantwortung dafür, dass die **Mitarbeiter seines Unternehmens ein sicheres Arbeitsumfeld** vorfinden und durch den Bauablauf und seine Organisation weder sie -noch durch ihre Tätigkeit andere Personen- verletzt oder gefährdet werden.

In der Baupraxis wird der Projektleiter auch oft auch gleichzeitig mit der **Fachbauleitung nach LBO** beauftragt; manchmal auch anstelle des Architekten mit der Aufgabe des Bauleiters nach LBO. Er hat dann ebenfalls eine Doppelfunktion.

Spannungen ergeben sich dann aus dem Umstand, dass der Projektleiter als Bauleiter nach LBO weisungsabhängiger Angestellter des Bauunternehmers ist, aber aus öffentlich-rechtlichen Pflichten heraus Weisungen zu erteilen hat. Das kann bis hin zur Baueinstellung führen, wenn sein Arbeitgeber z. B. Sicherheitsvorschriften verletzt hat.

Gleiches gilt, wenn der Architekt des Bauherrn Bauleiter nach LBO und damit direkter Auftragnehmer des Bauherrn ist: Zivilrechtlich ist er weisungsgebunden. Durch sein öffentlich-rechtliches Amt werden ihm jedoch Grenzen auferlegt, die er auch aus zivilrechtlicher Sicht nicht überschreiten darf: Niemand kann von ihm verlangen, Gesetze zu brechen.

Im Falle unüberbrückbarer Widersprüche muss der Bauleiter nach LBO sein Amt niederlegen und der Bauaufsicht hiervon Kenntnis geben. Erst dann endet seine Verantwortung.

Die **Mindestqualifikation** des Bauleiters nach LBO ist abhängig von der Art des Bauvorhabens. Erforderlich sind

- eine Meisterprüfung in einem Bauhauptgewerbe oder
- eine Ausbildung in der Fachrichtung Architektur, Bauingenieurwesen, Hochbau usw.
- und erworbene Erfahrung durch praktische Tätigkeiten und Fortbildung.

Im Übrigen muss der Bauleiter selbst einschätzen, ob er die Voraussetzungen erfüllt und gegebenenfalls einen Fachbauleiter einsetzen. Als Bauleiter nach LBO gehört es jedoch weiterhin zu seinen Aufgaben, die Verantwortlichkeiten zu koordinieren.

45.2 Die Haftung des Bauleiters

Gewährleistungspflichten treffen den Objektüberwacher aus dem Architektenvertrag und das Bauunternehmen aus dem Bauvertrag. Der angestellte Projektleiter aus dem Bauunternehmen ist ebenso wenig wie der Bauleiter nach LBO aus dieser Position heraus persönlich in der Gewährleistung.

Verkehrssicherungspflichten treffen die bauleitend Tätigen in ihrem jeweiligen Verantwortungsbereich jedoch persönlich: Der Bauleiter nach LBO hat die Verantwortung insoweit für die gesamte Baustelle, der Fachbauleiter für seinen fachlichen Bereich und der Projektleiter für „sein" Bauunternehmen.

Verletzt jemand in seinem Verantwortungsbereich Verkehrssicherungspflichten, macht er sich **Schadenersatzpflichtig**, weil die Unfallverhütungsvorschriften „Schutzgesetze" sind, deren Verletzung zu der Pflicht führen, dadurch entstandene Schäden zu ersetzen, § 823 Abs. 2 BGB. Diese Schäden (z. B. Heilbehandlungskosten, Berufsunfähigkeitsrenten, Schmerzensgeld, Beerdigungskosten) werden von der Haftpflichtversicherung ersetzt. Zu den Schutzgesetzen gehören auch die Normen zum Brandschutz, so dass Brandschäden, die durch die Verletzung dieser Normen entstehen oder sich vergrößern können, ebenfalls zu ersetzen sind. Auch diese Schäden ersetzt die Haftpflichtversicherung.

Führt die Verletzung der jeweiligen Verkehrssicherungspflichten jedoch zu einer Gefährdung (§ 319 StGB), Verletzung (§ 229 StGB) oder gar Tötung (§ 222 StGB) eines Menschen, kommt es durch die Verletzung von Brandschutzvorschriften (§ 306 ff StGB) zu einem Brand oder kann er sich dadurch ausbreiten, kommt es neben der Schadenersatzpflicht auch zur **persönlichen strafrechtlichen Haftung** des bauleitend Tätigen. Für diese Haftung gibt es keinen Versicherungsschutz: Keine Versicherung bezahlt Geldstrafen oder geht für ihren Versicherungsnehmer ins Gefängnis!

Achtung: Strafgesetze sind „drittschützende" Gesetze; deren Verletzung begründet nach § 823 Abs. 2 BGB eine persönliche Pflicht zum Ersatz der Schäden, die durch die Straftat entstanden sind.

Üblicherweise wird einem Bauleiter allenfalls eine **fahrlässige Handlung** unterlaufen. Fahrlässigkeit ist nur strafbar, wenn das im Gesetz ausdrücklich so bestimmt ist. Ein Bauleiter wird also nur dann bestraft, wenn die Tat bei gehöriger Sorgfalt eines verantwortungsbewussten Bauleiters nicht eingetreten wäre. Wann dies der Fall sein wird, kann generell nicht beantwortet werden.

Auch im Strafrecht – ähnlich wie bei den öffentlich-rechtlichen Verpflichtungen oder bei der schadenersatzrechtlichen Verantwortung im Zivilrecht – kommt es darauf an,

- ob eine Tätigkeit am Bau durch verantwortungsbewusste Unternehmer ausgeübt wurde,

- ob es sich um besonders schwierige und eventuell gefahrgeneigte Arbeiten handelte (z. B. Schweißarbeiten in der Nähe brandgefährdeter Materialien wie Dämmung)
- ob der Bauleiter kurz vorher die Baustelle bereits geprüft hatte,
- ob die äußeren Umstände ungünstig sind (z. B. Glatteis auf der Baustelle) usw.

Der Bauleiter muss für die Abwendung einer Gefahr durch Sicherungsmaßnahmen Sorge tragen, wenn er die Gefahr erkennt. Hierzu ist es unerlässlich, die einschlägigen technischen Regeln und Unfallverhütungsvorschriften zu kennen und diese Kenntnisse durch **ständige Fortbildung** auf dem aktuellen Stand zu halten.

Wird eine Leistung vorsätzlich falsch abgerechnet oder eine falsche Abrechnung im Rahmen der Rechnungsprüfung vorsätzlich zur Zahlung freigegeben, kommt es zu einer Strafbarkeit wegen Untreue (§ 266 StGB) und/oder Betrug (§ 263 StGB). Damit besteht auch ein Schutz vor Vermögensschäden.

Die Bauordnungen enthalten Tatbestände, deren Nichtbeachtung zwar keinen Straftatbestand darstellt, die aber als **Ordnungswidrigkeit** mit einer Geldbuße geahndet werden können.

BEISPIEL

Ein Bauleiter nach LBO handelt ordnungswidrig, wenn er vorsätzlich oder fahrlässig nicht darüber wacht, dass u. a. die Baumaßnahme

- dem öffentlichen Baurecht,
- den anerkannten Anforderungen der Umweltvorsorge und des Umweltschutzes,
- den technischen Baubestimmungen und
- den genehmigten oder angezeigten Bauvorlagen entsprechen durchgeführt wird,
- er nicht die dafür erforderlichen Weisungen erteilt oder
- er im Rahmen dieser Aufgabe nicht auf den sicheren bautechnischen Betrieb der Baustelle achtet. (§ 84 Abs. 1 Ziffern 11 und 13 LBO S.-H).

Die Ordnungswidrigkeit kann nach § 84 Abs. 3 LBO S.-H. mit einer Geldbuße bis zu 500 000 EUR geahndet werden. Entsprechende Regeln finden sich in allen Landesbauordnungen.

Daneben gibt es weitere Ordnungswidrigkeitentatbestände, z. B. im Denkmal- oder Umweltschutzrecht.

45.3 Umfang der geschuldeten Verkehrssicherung

Die Baustellenanlagen sind betriebssicher zu halten. Dazu zählen insbesondere Gerüst, Baukräne, Aufzüge, Gruben, Treppenöffnungen und Rampen, aber auch Geräte und Maschinen. Was im Einzelfall an Schutzvorrichtungen nötig ist, muss der jeweils Verantwortliche in eigener Verantwortung entscheiden. So genügen heute Warnschilder in deutscher Sprache nicht mehr, wenn auf der Baustelle Ausländer beschäftigt sind, die diese Sprache nicht beherrschen. Neben Gittern, Abdeckungen usw. haben sich daher im Unfallverhütungsbereich auch Schilder mit allgemeinverständlichen Symbolen durchgesetzt.

Der Einsturz des Kölner Stadtarchivs hat gezeigt, dass Bauleiter insbesondere dann in der Haftung sind, wenn sie Fehler und Unregelmäßigkeiten erkennen: Sie müssen dann sicherstellen, dass dadurch keine Schäden – auch nicht an Nachbargebäuden – entstehen können.

Der Bauunternehmer, der sich zum verantwortlich Bauleiter nach LBO bestellen lässt, übernimmt zusätzliche und umfassende Verkehrssicherungspflichten:

Ihm als Bauunternehmer obliegt grundsätzlich nur die Sicherung der Gefahrenstellen, die er oder seine Mitarbeiter selbst oder sein Nachunternehmer geschaffen hat bzw. die den von ihm unmittelbar zu betreuenden Baubereich betreffen. Mit der Bauleiterstellung nach LBO übernimmt er aber zusätzlich die Kontrollpflichten über die Verkehrssicherung auch der anderen am Bau beteiligten Unternehmen.

Ist der Handwerker Fachbauleiter nach LBO, beschränkt sich sein haftungs- und Verantwortungsbereich auf das betreffende Fachgebiet.

Regelungen der Bauberufsgenossenschaften gelten zwar grundsätzlich nur zwischen Berufsgenossenschaft und Unternehmer; sie sind jedoch zum Teil auch schon bautechnisches Allgemeingut und gelten als anerkannte Regeln der Technik im Bereich der Unfallvermeidung:

Der Bauleiter nach LBO ist nicht grundsätzlich in vollem Umfang für die Einhaltung der **Unfallverhütungsvorschriften** der Berufsgenossenschaften oder der Gewerbeordnung zuständig: Das ist grundsätzlich zunächst Sache des jeweiligen Unternehmers in seiner Eigenschaft als Arbeitgeber. Allerdings kann auch die Beachtung von Unfallverhütungsvorschriften zu den Wahrnehmungspflichten des Bauleiters zählen, denn Zuwiderhandlungen gegen eine Unfallverhütungsvorschrift begründen eine Vermutung dafür, dass der Verstoß für einen schädigenden Erfolg ursächlich ist, wenn dieser in der Gefahrenzone eingetreten ist, die durch die Unfallverhütungsvorschrift beherrscht werden soll.

Ferner hat der Bauleiter nach LBO sowie der Fachbauleiter in seinem Verantwortungsbereich **Baustoffe** auf ihre Geeignetheit im bauaufsichtlichen Sinn hin zu prüfen. Er muss in dieser Funktion die Baustoffe nicht im Hinblick auf eine zivilrechtliche Mangelfreiheit prüfen, meist trifft ihn diese Pflicht aber in seiner Funktion als Objektüberwacher in Leistungsphase 8:

BEISPIEL

Baugenehmigung und Leistungsverzeichnis sehen aus Brandschutzgründen die Verwendung eines Dämmstoffes vor, der schwer entflammbar ist. Tatsächlich wird ein normal entflammbares Produkt verbaut.

Gewährleistungsrechtlich haften Bauunternehmer und Objekt überwachender Architekt, nicht jedoch ein Bauleiter nach LBO allein aufgrund dieser Funktion.

Ist z. B. ein Angestellter des Generalunternehmers Bauleiter nach LBO, ist der Bauleiter nach LBO weder Objekt überwachender Architekt noch (als Angestellter) ausführender Unternehmer.

- Der Bauleiter nach LBO haftet dann persönlich nicht gewährleistungsrechtlich für den Mangel. Von ihm kann der Bauherr also keine Mangelbeseitigung verlangen.
- Strafrechtlich haftet jedoch auch der Bauleiter nach LBO: Kommt es zu einem Brand, der sich aufgrund der normalen Entflammbarkeit schnell ausbreitet und kommt dadurch eine Person zu Schaden, haftet der Bauleiter nach LBO neben dem ausführenden Unternehmer und dem Objekt überwachenden Architekten. Durch diese strafrechtliche Haftung haftet der Bauleiter nach LBO auch persönlich für zivilrechtliche Schäden aus dem Brandereignis.
- Auch öffentlich-rechtlich haftet der Bauleiter nach LBO dem Bauamt gegenüber aufgrund der Verletzung seiner öffentlich-rechtlich Bauleiterpflichten.

Im Rahmen der gebotenen **Baustoffprüfung** sind aber nur sichtbare Mängel und offenkundige Abweichungen zu untersuchen. Untersuchungen, die nur mit Spezialgeräten oder Bauteile zerstörend möglich sind, schulden weder Bauleiter nach LBO noch Objekt überwachender Architekt.

Befestigungen von **Absturzsicherungen**, die sichere Befestigung von Fenstern in einem dafür geeigneten Mauerwerk und mit dafür geeigneten **Dübeln und Schrauben** sowie die Verwendung von **Beschlägen**, die bewegliche Fensterflügel sicher halten, sind vorrangig vom verantwortlichen Bauunternehmer und seiner Projektleitung zu überwachen. Zumindest stichprobenartige Untersuchungen schuldet aber auch der Bauleiter nach LBO.

Der Bauleiter nach LBO hat die am Bau Beteiligten zu schützen und muss neben dem für diese Arbeiten Verantwortlichen auf spezielle Gefahren, die auf **schlechte Wettertage** zurückzuführen sind, besonders berücksichtigen (z. B. Sturm während des Gerüstaufbaus oder bei Arbeiten auf dem Gerüst, Glatteisbildung etc.). Entsprechend seiner Eigenverantwortlichkeit muss jeder selbst entscheiden, welche Bauvorgänge er an Ort und Stelle überwachen muss.

Auch **unbeteiligte Dritte** sind vor den Gefahren der Baustelle zu schützen. Das betrifft nicht nur den sicheren Baustellenbetrieb und die Vermeidung von Gefahren, die von der Baustelle auf die Umgebung ausgehen. Es betrifft auch den Aufenthalt betriebsfremder Personen (Bauherr, künftige Mieter, Richtfestgesellschaft) auf der Baustelle. Die **Verantwortung für spätere Nutzer** des Bauwerks und Dritte wirkt auch über die Bauzeit hinaus: Absturzsicherungen und andere Sicherheitseinrichtungen müssen dauerhaft funktionieren. Versagen sie und kommt es dadurch zu Personenschäden, droht den Verantwortlichen eine bis zu 30-jährige Haftung.

45.4 Abweichung von technischen Regeln

Insbesondere beim Bauen im Bestand kann es erforderlich werden, von technischen Regeln abzuweichen. Die Landesbauordnungen lassen solche Abweichungen grundsätzlich zu; erforderlich ist jedoch eine Gestattung durch die zuständigen Behörden.

Bei der Planung und Umsetzung ist gewährleistungsrechtlich wie oben dargestellt eine sorgfältige Information des Auftraggebers erforderlich, damit die Leistung nicht als mangelhaft gilt.

Schlusswort

Mit dem vorliegenden Fachbuch sollen Lösungsansätze für die befestigungstechnischen und bauphysikalischen Anforderungen an die Montage von Fenstern und Türen vorgestellt werden. Diese Anforderungen sind in den vergangenen Jahren aufgrund zunehmender Fenstergrößen und -gewichte einerseits und moderner Verankerungsgründe andererseits „spürbar" angestiegen, was durch die vorliegenden geltenden Regelungen dokumentiert wird, auch wenn diese nicht immer vollständig im Einklang zueinander stehen.

Bei den befestigungstechnischen Anforderungen wurde der Schwerpunkt auf die Befestigung von

- Fenstern und Türen allgemein,
- Fenstern mit absturzsichernden Eigenschaften und
- Fenstern mit einbruchhemmenden Eigenschaften

gelegt.

Der Schwerpunkt bei den bauphysikalischen Themen wurde auf

- allgemeine Anforderungen und Berechnungsvorschriften,
- Fugenausbildungen und
- deren praktische Umsetzung

gelegt.

Das Fachbuch kann und soll keine „Patentrezepte" für die Montage von Fenstern und Türen bieten. Es ist vielmehr notwendig, dass sich die am Bau Beteiligten immer wieder für den Einzelfall Gedanken machen müssen. Die *Entscheidung*, wie die Planung und Montage von Fenstern und Türen erfolgen soll bzw. möglich ist, kann dabei – vor allem im Bestand – oftmals nur direkt vor Ort auf der jeweiligen Baustelle getroffen werden.

Als *Hilfe* zur Entscheidungsfindung stellt dieses Fachbuch die aktuell geltenden Regelwerke vor und bietet auf der Grundlage von detaillierten Praxisbeispielen und umfangreichen Hintergrundinformationen Argumente für eine konstruktive Diskussion zur Lösung von Befestigungs- und Abdichtungsaufgaben bei der Fenster- und Türenmontage.

Befestigung und Abdichtung von Fenstern und Türen. Regelwerke, Bauphysik, Baurecht, Praxisbeispiele. 2. Auflage.
J. Küenzlen, E. Scheller, M. Klatecki.

Literatur

1 Veröffentlichungen (Fachbücher, Fachzeitschriften, u. a.)

Becker, R., Scheller, E., Küenzlen, J. (2018). Rechnerische und experimentelle Bestimmung der Tragfähigkeit eines Fensterbefestigers. *Bautechnik* 95 (4): 296–307.

Becker, R., Scheller, E., Küenzlen, J., Stegmaier, M., Kuhn, T. (2022). Tragfähigkeiten von Dübel-Systemen mit ETA zur Verankerung in Mauerwerk in Abhängigkeit von dessen Druckfestigkeit. *Konstruktiver Ingenieurbau* 6 (02-2022): 11–21, Bundesanzeiger Verlag GmbH 15. März 2022.

Becker, R. et al. (2025) Vergleich der Regelungen der ift-Richtlinie MO-02/1 mit den Regelwerken der allgemeinen Dübeltechnik, in: Konstruktiver Ingenieurbau, Heft 01/2025, S. 40–53.

BGH (2013). VIII ZR 287/12: Bundesgerichtshof mit seiner Entscheidung zum Schallschutz, Az.: VIII ZR 287/12, 05. Juni 2013.

Block, K., Dimitrova, T. (2014). Vortrag „Nachträgliche Sicherung schwerer Fassaden", fischer Expertenforum, Waldachtal.

BVS (2015). b.v.S Standpunkt „Brüstungs- und Geländerhöhen". Berlin: Hrsg. Arbeitskreis „Brüstungs- und Geländerhöhen" im Bundesverband öffentlich bestellter und vereidigter sowie qualifizierter Sachverständiger e. V., August 2015, kostenlose Download-Möglichkeit unter URL: https://www.bvs-ev.de/fileupload/files/6177327493a54_BVS_Standpunkt_Bruestungs-und_Gelaenderhoehen_2015_08.pdf (abgerufen am 08.05.2025).

DAfStb (2019). *Erläuterungen zu DIN EN 1992-4 Bemessung der Verankerung von Befestigungen in Beton.* Heft 615, Herausgeber: Deutscher Ausschuss für Stahlbeton (DAfStb), 1. Auflage, Berlin – Wien – Zürich: Beuth Verlag GmbH.

DEGA-Empfehlung 103 (2018). Schallschutz im Wohnungsbau – Schallschutzausweis, Veröffentlichung der deutschen Gesellschaft für Akustik e. V. (DEGA), Januar 2018.

DIBt (2023). FAQ: Das deutsche Regelungssystem für Bauprodukte und Bauarten. Berlin: Mitteilung des Deutschen Instituts für Bautechnik (DIBt), 10. August 2023; kostenlose Download-Möglichkeit unter URL: https://www.dibt.de/fileadmin/dibt-website/Dokumente/Referat/P1/FAQ_nationales_Regelungssystem.pdf (abgerufen am 08.04.2025).

Eierle (2021). Statisch unbestimmte Tragwerke, Begleitmaterial zu Video „Statik 2-19: Statisch unbestimmte Tragwerke". Technische Hochschule Rosenheim, 2021;

kostenlose Download-Möglichkeit unter URL: https://www.eierle.de/lehrvideos.htm (abgerufen am 11.06.2025).

Feistel, G. (2011). Hinweise für die Montage von Dübelverankerungen, DIBt Mitteilungen, Heft 2, April 2011.

Frank, A., Heinrichsberger, S., Kranzler, T., Küenzlen, J., Sack, N. (2020). Einbruchhemmung mit Mauerwerk aus Leichtbeton – Burglary resistance lightweight concrete masonry. *Mauerwerk Zeitschrift für Technik und Architektur* (01/2020): 37–44, Berlin: Verlag Ernst & Sohn.

Gütegemeinschaft (2024). *Leitfaden zur Planung und Ausführung der Montage von Fenstern und Haustüren für den Neubau und Renovierung*. Frankfurt: Gütegemeinschaft Fenster, Fassaden und Haustüren e.V. [Hrsg.], ift Rosenheim.

Gütegemeinschaft Kunststoff-Fenstersysteme (2004). *Montagehandbuch Kunststofffenster und -türen*. Bonn.

Hamm, H. (2025a). Stürze, Brüstungen. Leibungen alles tragfähig? *Sonderheft Montagepraxis 2025, GLASWELT Gebäudehülle und mehr*, S. 10–13, Stuttgart: Alfons W. Gentner Verlag GmbH & Co. KG.

Hamm, H. (2025b). Warum viele „Französische Balkone" nicht regelkonform sind, in: GLASWELT, Gebäudehülle und mehr, Heft 11-2025, S. 58–61, Stuttgart: Alfons W. Gentner Verlag GmbH & Co. KG.

Hasofer, A.M., Lind, M.C. (1974). An exact and invariant first order reliability format. *Journal of Engineering Mechanics* 100: 111–121.

Hofmann, J. (2020). Sicherheit im Bauwesen – von der Brücke bis zum Befestigungssystem. *Bauingenieur – Organ des VDI Fachbereichs Bautechnik* 95: 14–19, Düsseldorf: VDI Fachmedien GmbH & Co. KG Unternehmen für Fachinformationen.

Issel, H. (1899). *Der Innere Ausbau – umfassend Thüren, Fenster, Wandvertäfelungen, Holzdecken und Treppen in Holz, Stein und Eisen*. Leipzig: Verlag von Bernh. Friedr. Voigt.

Klatecki, M. (2015a). Energetische Bewertung von Würth Montageklötzen, Kurzstellungnahme, Wolfhagen.

Klatecki, M. (2015b). Energetische Bewertung der Würth Fenstermontagekonsole in Kombination mit dem Kunststoffdübel W-UR 8, Kurzstellungnahme, Wolfhagen.

Krippahl, R. (2024). Klimaresilienz – Wetterextremen trotzen. Anforderungen und geeignete Nachweise für Tür und Tor, ift Rosenheim, 05.06.2024, URL: https://www.ift-rosenheim.de/klimaresilienz-wetterextremen-trotzen (abgerufen am 19.05.2025).

Küenzlen, J. (2008). Porenbeton gegen Hochlochziegel Fenster in der Widerstandsklasse 2 richtig befestigen. *GFF (Glas – Fenster – Fassade – Metall)* (6/2008): 21–22, Schorndorf: hofmann bauverlag GmbH.

Küenzlen, J. (2012). Dübeltechnik praxisnah, Teil 2: Bemessung und Ausführung von Sonderbefestigungen in Mauerwerk. In: *Mauerwerk-Kalender 2012*, 275–302. Berlin: Ernst & Sohn.

Küenzlen, J. (2013a). Befestigung von Fenstern (3): Modell. *metall-markt.net* (03/2013): 50–55, Gütersloh: PSE Redaktionsservice GmbH.

Küenzlen, J. (2013b). Montage von einbruchhemmenden Fensterelementen in der Wärmedämmebene. *Mauerwerk Zeitschrift für Technik und Architektur* (04/2013): 252–253.

Küenzlen, J., Flassenberg, G. (2010). Einbruchsicherheit durch Porenbeton Mauerwerk. *Zeitschrift für Technik und Architektur* (6): 372–375, Berlin: Ernst & Sohn Verlag.

Küenzlen, J., Kuhlemann, C. (2012). Befestigungen von Fenstern in Mauerwerk mit Anforderungen an die Einbruchhemmung in der Klasse 2 nach der neuen Normfassung DIN EN 1627:2011-09. *Mauerwerk Zeitschrift für Technik und Architektur* (04/2012) S. 206–209, Verlag Ernst & Sohn.

Küenzlen, J., Merz, S., Schuck, M., Frank, A. (2019). Gesamtsystem aus Wandbaustoff, Fenster und Befestigung, Lassen sich in Hohlblock-Steinen RC 2- und RC 3-Fenster montieren? *GLASWELT Fassade Sicherheit Sonnenschutz* (9/2019): 28–30, Würzburg: Alfons W. Gentner Verlag GmbH & Co. KG.

Küenzlen, J., Scheller, E., Becker, R., Kuhn, T. (2020). (Dübel-) Versuche am Bauwerk in Mauerwerk – Aktuelle Regelungen für Kunststoffdübel und Metall-Injektionsanker zur Verankerung im Mauerwerk. In: *DAfM Schriftenreihe* Heft 4 (Hrsg. Deutscher Ausschuss für Mauerwerksbau e.V. (DAfM)), Berlin: Verlag Ernst & Sohn.

Küenzlen, J., Scheller, E., Becker, R., Kuhn, T., Immel, T. (2022). *MINI-Dübelhandbuch 4.0 – Dübel – vom Bad am Morgen bis zum Fernsehabend ...: ein Praxisratgeber der Befestigungstechnik.* Geretsried: PSE Redaktionsservice GmbH.

Küenzlen, J., Scheller, E., Hamm, H., Becker, R., Kuhn, T. (2024). *Befestigung absturzsichernder Fenster*, in: Schermer, D., Brehm, E. [Hrsg.] *Mauerwerk-Kalender 2024*, S. 367–414. Berlin: Ernst & Sohn.

Lass, J. P., Niemöller, C. [Hrsg.] (2024). *Kommentar zur DIN EN 14351-1 (Fenster und Außentüren), sowie der herstellerrelevanten Bestimmungen der Bauproduktenverordnung.* Rosenheim: Verlag ift Rosenheim GmbH.

Laternser, K. (2006). ETA-Leitlinie Metalldübel für die Verwendung als Mehrfachbefestigung von nichttragenden Systemen verabschiedet, Mitteilung des Deutschen Instituts für Bautechnik (DIBt) – Hinweis, 22. August 2006, kostenlose Download-Möglichkeit unter URL: https://www.dibt.de/fileadmin/dibt-website/Dokumente/Referat/I2/Metallduebel_Mehrfachbefestigung_NichttragendeSysteme_ETA-Leitlinie.pdf (abgerufen am 16.04.2025).

Maas, A. und Klatecki, M. (2015). Schimmelpilzfreie Fenstermodernisierung. *Glaswelt.* Stuttgart.

Müller, M. und Scheller, E. (2011). Befestigungsmittel für den Mauerwerksbau. In: *Mauerwerk-Kalender 2011*, 267–336. Berlin: Ernst und Sohn.

Nothstein, M. (2023). Problematisches Szenario in Backnang: Hochwasser könnte Mauern eindrücken. *Backnanger Kreiszeitung*, 17.04.2023, URL: https://www.bkz.de/nachrichten/problematisches-szenario-in-backnang-hochwasser-koennte-mauern-eindruecken-185160.html (abgerufen am 19.05.2025).

Oberacker, R. (2011). Neue DIN 18055 begleitet die Produktnorm. *metallbau* (11/2011): 8–12, Gütersloh: Bauverlag.

Oberacker, R. (2012). Glasdicke zukünftig nach DIN. Neues zur Absturzsicherung im Fokus. *metallbau* (05/2012): 20–23, Gütersloh: Bauverlag.

Oberacker, R. (2013). *Vorgaben zur Befestigung von Fenstern* [unveröffentlichte Ausarbeitung].

Owen, D. (1962). *Handbook of Statistical Tables 3.* Addison/Wesley Publishing Company Inc..

Pickelmann, J. (2010). Die neue Einbruchnorm ist da! Zwillingsreifen, Handbohrmaschine und die Konsequenzen. Tagungsband der Rosenheimer Fenstertage 2010, 101–145, ift Rosenheim.

RAL Gütegemeinschaften (1994). *Leitfaden zur Montage. Der Einbau von Fenstern und Fassaden mit Qualitätskontrolle durch das RAL Gütezeichen*. Frankfurt: RAL-Gütegemeinschaften Fenster und Haustüren.

RAL Gütegemeinschaft (2010). *Leitfaden zur Planung und Ausführung der Montage von Fenstern und Haustüren für den Neubau und Renovierung*. Ausarbeitung: RAL-Gütegemeinschaft Fenster und Haustüren e.V., ift Rosenheim, Frankfurt: RAL-Gütegemeinschaft Fenster und Haustüren e.V.

RAL Gütegemeinschaft (2014). *Leitfaden zur Planung und Ausführung der Montage von Fenstern und Haustüren für den Neubau und Renovierung*. Ausarbeitung: RAL-Gütegemeinschaft Fenster und Haustüren e.V., ift Rosenheim, Frankfurt: RAL-Gütegemeinschaft Fenster und Haustüren e.V.

RAL Gütegemeinschaft (2020). *Leitfaden zur Planung und Ausführung der Montage von Fenstern und Haustüren für den Neubau und Renovierung*. Ausarbeitung: RAL-Gütegemeinschaft Fenster und Haustüren e.V., ift Rosenheim, Frankfurt: RAL-Gütegemeinschaft Fenster und Haustüren e.V.

RAL Gütegemeinschaft (2024). *Leitfaden zur Planung und Ausführung der Montage von Fenstern und Haustüren für den Neubau und Renovierung*. Ausarbeitung: RAL-Gütegemeinschaft Fenster und Haustüren e.V., ift Rosenheim, Frankfurt: RAL-Gütegemeinschaft Fenster und Haustüren e.V.

Scheller, E., Küenzlen, J. (Hrsg.) (2013). *Handbuch der Dübeltechnik – Grundlagen, Anwendungen, Praxis*. Künzelsau: Swiridoff Verlag.

Scheller, E., Küenzlen, J.; Kuhn, T., Becker, R. (2021a): Ermittlung der Tragfähigkeit von Kunststoffdübeln und Metall-Injektionsankern durch Versuche am Bauwerk – Erläuterung des Regelwerks anhand von drei Praxisbeispielen, in: Schermer, D., Brehm, E. [Hrsg.] *Mauerwerk-Kalender 2021*, S. 41 –142, Berlin: Verlag Ernst & Sohn.

Scheller, E., Küenzlen, J., Becker, R., Kuhn, T. (2021b). Versuche am Bau mit Kunststoffdübeln nach Technischer Regel des DIBt. *Beton- und Stahlbetonbau* 116 (11/2021) S. 901–910, Berlin: Ernst & Sohn – Verlag für Architektur und technische Wissenschaften GmbH & Co. KG.

Scheller, E., Küenzlen, J., Becker, R. (2024a). Versuche am Bauwerk in der Fens-terlaibung mit Abstandsmontageschrauben, TEIL 1: Theoretische Grundlagen. *Konstruktiver Ingenieurbau* (05-2024), Reguvis – Bundesanzeiger Verlag, 1. September 2024

Scheller, E., Küenzlen, J., Becker, R. (2024b). Versuche am Bauwerk in der Fens-terlaibung mit Abstandsmontageschrauben, TEIL 2: Praxisbeispiel. *Konstruktiver Ingenieurbau* (06-2024), Reguvis – Bundesanzeiger Verlag, 30. Okt. 2024

Scheller, E., Becker, R., Küenzlen, J. (2024c). Befestigung von absturzsichernden Fenstern im Verankerungsgrund Holz. *Konstruktiver Ingenieurbau* (04-2024): 29–46, Reguvis – Bundesanzeiger Verlag, 15. August 2024.

Scheller, E., Küenzlen, J., Hamm, H., Becker, R., Kuhn, T. (2023). Neuerungen für die Befestigung von absturzsichernden Fensterelementen – Teil 3 – Aktuelle Zulassungen – Mehrfachbefestigung – Fenstergeländer. *Konstruktiver Ingenieurbau* 7 (03-2023): 37–49, Reguvis – Bundesanzeiger Verlag, 15. Mai 2023.

Schnell, J., Loch, M. (2009). Umrechnung historischer Baustoffkennwerte auf charakteristische Werte. *Der Prüfingenieur – Zeitschrift der Bundesvereinigung der Prüfingenieure für Bautechnik e.V.* Heft 34, April 2009, S. 50–61.

Wickop, W. (1943). *Fenster / Türen / Tore aus Holz und Eisen*. Sammlung Göschen Band 1092, Berlin: Walter de Gruyter Verlag.

2 Internetquellen

Bauregelwerk.de (2025). Absturzsicherungen. http://www.bauregelwerk.de/bauplanung-umwehrungen/absturzsicherungen.html (abgerufen am 27.03.2025).

Deutscher Wetterdienst (1999). Bewertung der Orkanwetterlage am 26.12.1999 aus klimatologischer Sicht, URL: https://www.dwd.de/DE/leistungen/besondereereignisse/stuerme/19991226_orkan_lothar.pdf?__blob=publicationFile&v=4 (abgerufen am 04.04.2025).

Deutscher Wetterdienst (2017). Pressemitteilung: Rückblick auf den 18. Januar 2007 – Vor zehn Jahren: Orkan KYRILL wütet über Deutschland, URL: https://www.dwd.de/DE/presse/pressemitteilungen/DE/2017/20170111_10jahrekyrill.pdf?__blob=publicationFile&v=3 (abgerufen am 04.04.2025).

Deutscher Wetterdienst (2020). Beaufort-Skala, URL: https://www.dwd.de/DE/service/lexikon/Functions/glossar.html?lv2=100310&lv3=100390 (abgerufen am 04.04.2025).

DIBt.de (2022). Windzonen nach Verwaltungsgrenzen (Stand: 2. Juni 2022), URL: https://www.dibt.de/de/aktuelles/meldungen/nachricht-detail/meldung/aktualisiert-zuordnung-der-windlast-und-schneelastzonen (abgerufen am 01.04.2025).

polizei-beratung.de (2025). Mechanische Sicherungen bieten Schutz, URL: https://www.polizei-beratung.de/themen-und-tipps/einbruch/technische-sicherheit (abgerufen am 02.04.2025).

polizei-dein-partner.de (2025). Nachrüstung von mechanischem Einbruchschutz, URL: https://www.polizei-dein-partner.de/themen/einbruchschutz/einbruchschutz-intensiv/detailansicht-einbruchschutz-intensiv/artikel/nachruestung-von-tueren-und-fenstern-schutz-vor-einbruch.html (abgerufen am 02.04.2025).

3 Europäische und internationale Normen (DIN EN, ISO)

DIN CEN/TR 17079:2019-04: *Bemessung der Verankerungen von Befestigungen in Beton – Redundante nicht tragende Systeme.*

DIN EN 206:2021-06: *Beton – Festlegung, Eigenschaften, Herstellung und Konformität.*

DIN EN 388:2016-07: *Bauholz für tragende Zwecke – Festigkeitsklassen.*

DIN EN 771-1:2015-11: *Festlegungen für Mauersteine – Teil 1: Mauerziegel.*

DIN EN 771-2:2015-11: *Festlegungen für Mauersteine – Teil 2: Kalksandsteine.*

DIN EN 771-3:2015-11: *Festlegungen für Mauersteine – Teil 3: Mauersteine aus Beton (mit dichten und porigen Zuschlägen).*

DIN EN 771-4:2015-11: *Festlegungen für Mauersteine – Teil 4: Porenbetonsteine.*

DIN EN 771-5:2015-11: *Festlegungen für Mauersteine – Teil 5: Betonwerksteine.*

DIN EN 771-6:2015-11: *Festlegungen für Mauersteine – Teil 6: Natursteine.*

DIN EN 1027:2016-09: *Fenster und Türen – Schlagregendichtheit – Prüfverfahren.*

DIN EN 1191:2013-04: *Fenster und Türen – Dauerfunktionsprüfung – Prüfverfahren.*

DIN V ENV 1627:1999-04: *Fenster, Türen, Abschlüsse – Einbruchhemmung – Anforderungen und Klassifizierung (zurückgezogen).*

DIN EN 1627:2011-09: *Türen, Fenster, Vorhangfassaden, Gitterelemente und Abschlüsse – Einbruchhemmung – Anforderungen und Klassifizierung.*

(E) DIN EN 1627:2019-05: *Türen, Fenster, Vorhangfassaden, Gitterelemente und Abschlüsse – Einbruchhemmung – Anforderungen und Klassifizierung.*

DIN EN 1627:2021-11: *Türen, Fenster, Vorhangfassaden, Gitterelemente und Abschlüsse – Einbruchhemmung – Anforderungen und Klassifizierung.*

DIN V ENV 1628:1999-04: *Fenster, Türen, Abschlüsse – Einbruchhemmung – Prüfverfahren für die Ermittlung der Widerstandsfähigkeit unter statischer Belastung (zurückgezogen).*

DIN EN 1628:2016-03: *Türen, Fenster, Vorhangfassaden, Gitterelemente und Abschlüsse – Einbruchhemmung – Prüfverfahren für die Ermittlung der Widerstandsfähigkeit unter statischer Belastung.*

DIN EN 1628:2021-11: *Türen, Fenster, Vorhangfassaden, Gitterelemente und Abschlüsse – Einbruchhemmung – Prüfverfahren für die Ermittlung der Widerstandsfähigkeit unter statischer Belastung.*

DIN V ENV 1629:1999-04: *Fenster, Türen, Abschlüsse – Einbruchhemmung – Prüfverfahren für die Ermittlung der Widerstandsfähigkeit unter dynamischer Belastung (zurückgezogen).*

DIN EN 1629:2016-03: *Türen, Fenster, Vorhangfassaden, Gitterelemente und Abschlüsse – Einbruchhemmung – Prüfverfahren für die Ermittlung der Widerstandsfähigkeit unter dynamischer Belastung.*

DIN EN 1629:2021-11: *Türen, Fenster, Vorhangfassaden, Gitterelemente und Abschlüsse – Einbruchhemmung – Prüfverfahren für die Ermittlung der Widerstandsfähigkeit unter dynamischer Belastung.*

DIN V ENV 1630:1999-04: *Fenster, Türen, Abschlüsse – Einbruchhemmung – Prüfverfahren für die Ermittlung der Widerstandsfähigkeit gegen manuelle Einbruchversuche (zurückgezogen).*

DIN EN 1630:2016-03: *Türen, Fenster, Vorhangfassaden, Gitterelemente und Abschlüsse – Einbruchhemmung – Prüfverfahren für die Ermittlung der Widerstandsfähigkeit gegen manuelle Einbruchversuche.*

DIN EN 1630:2021-11: *Türen, Fenster, Vorhangfassaden, Gitterelemente und Abschlüsse – Einbruchhemmung – Prüfverfahren für die Ermittlung der Widerstandsfähigkeit gegen manuelle Einbruchversuche.*

DIN EN 1990:2021-10: *Eurocode: Grundlagen der Tragwerksplanung.*

DIN EN 1990/NA:2010-12: *Nationaler Anhang – National festgelegte Parameter – Eurocode: Grundlagen der Tragwerksplanung.*

DIN EN 1991-1-1:2010-12: *Eurocode 1: Einwirkungen auf Tragwerke – Teil 1-1: Allgemeine Einwirkungen auf Tragwerke – Wichten, Eigengewicht und Nutzlasten im Hochbau.*

DIN EN 1991-1-1/NA:2010-12: *Nationaler Anhang – National festgelegte Parameter – Eurocode 1: Einwirkungen auf Tragwerke – Teil 1-1: Allgemeine Einwirkungen auf Tragwerke – Wichten, Eigengewicht und Nutzlasten im Hochbau.*

DIN EN 1991-1-4:2010-12: *Eurocode 1: Einwirkungen auf Tragwerke – Teil 1-4: Allgemeine Einwirkungen – Windlasten.*

DIN EN 1991-1-4:2024-03: – *ENTWURF: Eurocode 1 – Einwirkungen auf Tragwerke – Teil 1-4: Windlasten.*

DIN EN 1991-1-4/NA:2010-12: *Nationaler Anhang – National festgelegte Parameter – Eurocode 1: Einwirkungen auf Tragwerke – Teil 1-4: Allgemeine Einwirkungen – Windlasten.*

DIN EN 1991-1-4/NA:2024-08: *Nationaler Anhang – National festgelegte Parameter – Eurocode 1: Einwirkungen auf Tragwerke – Teil 1-4: Allgemeine Einwirkungen – Windlasten.*

DIN EN 1992-1-1:2011-01: *Eurocode 2: Bemessung und Konstruktion von Stahlbeton- und Spannbetontragwerken – Teil 1-1: Allgemeine Bemessungsregeln und Regeln für den Hochbau.*

DIN EN 1992-1-1/NA:2013-04: *Nationaler Anhang – National festgelegte Parameter – Eurocode 2: Bemessung und Konstruktion von Stahlbeton- und Spannbetontragwerken – Teil 1-1: Allgemeine Bemessungsregeln und Regeln für den Hochbau.*

DIN EN 1992-1-1/NA/A1:2015-12: *Nationaler Anhang – National festgelegte Parameter – Eurocode 2: Bemessung und Konstruktion von Stahlbeton- und Spannbetontragwerken – Teil 1-1: Allgemeine Bemessungsregeln und Regeln für den Hochbau; Änderung A1.*

DIN EN 1992-4:2019-04: *Eurocode 2 – Bemessung und Konstruktion von Stahlbeton- und Spannbetontragwerken – Teil 4: Bemessung der Verankerungen von Befestigungen in Beton.*

DIN EN 1992-4:2019-04/NA: *Nationaler Anhang – National festgelegte Parameter – Eurocode 2: Bemessung und Konstruktion von Stahlbeton- und Spannbetontragwerken – Teil 4: Bemessung von Befestigungen in Beton.*

DIN EN 1993 *Bemessung und Konstruktion von Stahlbauten (Eurocode 3).*

DIN EN 1993-1-4:2015-10: *Eurocode 3: Bemessung und Konstruktion von Stahlbauten – Teil 1-4: Allgemeine Bemessungsregeln – Ergänzende Regeln zur Anwendung von nichtrostenden Stählen.*

DIN EN 1993-1-4/NA:2020-11: *Nationaler Anhang – National festgelegte Parameter – Eurocode 3: Bemessung und Konstruktion von Stahlbauten – Teil 1-4: Allgemeine Bemessungsregeln – Ergänzende Regeln zur Anwendung von nichtrostenden Stählen.*

DIN EN 1995-1-1:2010-12: *Eurocode 5: Bemessung und Konstruktion von Holzbauten – Teil 1-1: Allgemeines – Allgemeine Regeln und Regeln für den Hochbau.*

DIN EN 1995-1-1/A2:2014-07: *Eurocode 5: Bemessung und Konstruktion von Holzbauten – Teil 1-1: Allgemeines – Allgemeine Regeln und Regeln für den Hochbau.*

DIN EN 1995-1-1/NA:2013-08: *Nationaler Anhang – National festgelegte Parameter – Eurocode 5: Bemessung und Konstruktion von Holzbauten – Teil 1-1: Allgemeines – Allgemeine Regeln und Regeln für den Hochbau.*

DIN EN 1996-1-1:2013-02: *Eurocode 6: Bemessung und Konstruktion von Mauerwerksbauten – Teil 1-1: Allgemeine Regeln für bewehrtes und unbewehrtes Mauerwerk.*

DIN EN 1996-1-1/NA:2019-12: *Nationaler Anhang – National festgelegte Parameter – Eurocode 6: Bemessung und Konstruktion von Mauerwerksbauten – Teil 1-1: Allgemeine Regeln für bewehrtes und unbewehrtes Mauerwerk.*

DIN EN 1996-2:2010-12: *Eurocode 6: Bemessung und Konstruktion von Mauerwerksbauten – Teil 2: Planung, Auswahl der Baustoffe und Ausführung von Mauerwerk.*

DIN EN 1996-2/NA:2012-01: *Nationaler Anhang – National festgelegte Parameter – Eurocode 6: Bemessung und Konstruktion von Mauerwerksbauten – Teil 2: Planung, Auswahl der Baustoffe und Ausführung von Mauerwerk.*

DIN EN 1999 *Eurocode 9: Bemessung und Konstruktion von Aluminiumtragwerken (Eurocode 9).*

DIN EN 10088-1:2024-04: *Nichtrostende Stähle – Teil 1: Verzeichnis der nichtrostenden Stähle.*

DIN EN 10088-2:2014-12: *Nichtrostende Stähle – Teil 2: Technische Lieferbedingungen für Blech und Band aus korrosionsbeständigen Stählen für allgemeine Verwendung.*

DIN EN 10088-3:2014-12: *Nichtrostende Stähle – Teil 3: Technische Lieferbedingungen für Halbzeug, Stäbe, Walzdraht, gezogenen Draht, Profile und Blankstahlerzeugnisse aus korrosionsbeständigen Stählen für allgemeine Verwendung.*

DIN EN 10204:2005-01: *Metallische Erzeugnisse – Arten von Prüfbescheinigungen.*

DIN EN 10305-5:2016-08: *Präzisionsstahlrohre – Technische Lieferbedingungen – Teil 5: Geschweißte maßumgeformte Rohre mit quadratischem und rechteckigem Querschnitt.*

DIN EN 10346:2015-10: *Kontinuierlich schmelztauchveredelte Flacherzeugnisse aus Stahl zum Kaltumformen – Technische Lieferbedingungen.*

DIN EN 12046-1:2020-11: *Bedienkräfte – Prüfverfahren – Teil 1: Fenster.*

DIN EN 12046-2:2000-12: *Bedienungskräfte – Prüfverfahren – Teil 2: Türen.*

DIN EN 12207:2017-03: *Fenster und Türen – Luftdurchlässigkeit – Klassifizierung.*

DIN EN 12208:2000-06: *Fenster und Türen – Schlagregendichtheit – Klassifizierung.*

DIN EN 12210:2016-09: *Fenster und Türen – Widerstandsfähigkeit bei Windlast – Klassifizierung.*

DIN EN 12211:2016-10: *Fenster und Türen – Widerstand gegen Windlast – Prüfverfahren; Deutsche Fassung EN 12211:2016.*

DIN EN 12217:2015-07: *Türen – Bedienungskräfte – Anforderungen und Klassifizierung; Deutsche Fassung EN 12217:2015.*

DIN EN 12350-1:2019-09: *Prüfung von Frischbeton – Teil 1: Probenahme und Prüfgeräte.*

DIN EN 12390-1:2012-12: *Prüfung von Festbeton – Teil 1: Form, Maße und andere Anforderungen für Probekörper und Formen.*

DIN EN 12390-3: 2019-10 *Prüfung von Festbeton – Teil 3: Druckfestigkeit von Probekörpern.*

DIN EN 12400:2003-01 *Fenster und Türen – Mechanische Beanspruchung – Anforderungen und Einteilung.*

DIN EN 12412-2:2003-11 *Wärmetechnisches Verhalten von Fenstern, Türen und Abschlüssen – Bestimmung des Wärmedurchgangskoeffizienten mittels des Heizkastenverfahrens – Teil 2: Rahmen.*

DIN EN 12519:2019-02: *Fenster und Türen – Terminologie.*

DIN EN 12602:2016-12: *Vorgefertigte bewerte Bauteile aus dampfgehärtetem Porenbeton.*

DIN EN 13049:2024-03: *Fenster – Belastung mit einem weichen, schweren Stoßkörper – Prüfverfahren, Sicherheitsanforderungen und Klassifizierung.*

DIN EN 13115:2020-11: *Fenster – Klassifizierung mechanischer Eigenschaften – Vertikallasten, Verwindung und Bedienkräfte; Deutsche Fassung EN 13115:2020.*

DIN EN 13420:2011-07: *Fenster – Differenzklima – Prüfverfahren.*

DIN EN 13501-2:2023-12: *Klassifizierung von Bauprodukten und Bauteilen zu ihrem Brandverhalten – Teil 2: Klassifizierung mit den Ergebnissen aus den Feuerwiderstandsprüfungen und/oder Rauchschutzprüfungen, mit Ausnahme von Lüftungsanlagen.*

DIN EN 14351-1:2016-12: *Fenster und Türen – Produktnorm, Leistungseigenschaften – Teil 1: Fenster und Außentüren.*

DIN EN 14358:2016-11: *Holzbauwerke – Berechnung und Kontrolle charakteristischer Werte.*

DIN EN 14608:2004-09: *Fenster – Ermittlung der Widerstandsfähigkeit gegen Lasten in der Flügelebene (Racking).*

DIN EN 14609:2004-09: *Fenster – Ermittlung der Widerstandsfähigkeit gegen statische Verwindung.*

DIN EN 15651-1:2017-07: *Fugendichtstoffe für nicht tragende Anwendungen in Gebäuden und Fußgängerwegen – Teil 1: Fugendichtstoffe für Fassadenelemente.*

DIN EN ISO 10077-1:2020-10: *Wärmetechnisches Verhalten von Fenstern, Türen und Abschlüssen – Berechnung des Wärmedurchgangskoeffizienten – Teil 1: Allgemeines.*

DIN EN ISO 10077-2:2025-06: *Wärmetechnisches Verhalten von Fenstern, Türen und Abschlüssen – Berechnung des Wärmedurchgangskoeffizienten – Teil 2: Numerisches Verfahren für Rahmen.*

DIN EN ISO 10140-2:2010-12: *Akustik – Messung der Schalldämmung von Bauteilen im Prüfstand – Teil 2: Messung der Luftschalldämmung (ISO 10140-2:2010); Deutsche Fassung EN ISO 10140-2:2010.*

DIN EN ISO 10211:2018-03: *Wärmebrücken im Hochbau – Wärmeströme und Oberflächentemperaturen – Detaillierte Berechnungen (ISO 10211:2017); Deutsche Fassung EN ISO 10211:2017.*

DIN EN ISO 12567-1:2010-12: *Wärmetechnisches Verhalten von Fenstern und Türen – Bestimmung des Wärmedurchgangskoeffizienten mittels des Heizkastenverfahrens – Teil 1: Komplette Fenster und Türen.*

DIN EN ISO 12631:2018-01: *Wärmetechnisches Verhalten von Vorhangfassaden – Berechnung des Wärmedurchgangskoeffizienten (ISO 12631:2017); Deutsche Fassung EN ISO 12631:2017.*

ISO 5468:2017-02: *Schlagbohrer (Mauerbohrer) mit Schneidplatten aus Hartmetall – Maße.*

4 Deutsche Normen (DIN)

DIN 1054:2021-04 *Baugrund – Sicherheitsnachweise im Erd- und Grundbau – Ergänzende Regelungen zu DIN EN 1997-1.*

DIN 1055-4:1986-08 *Lastannahmen für Bauten; Verkehrslasten, Windlasten bei nicht schwingungsanfälligen Bauwerken (zurückgezogen).*

DIN 1946-6:2019-12: *Raumlufttechnik – Teil 6: Lüftung von Wohnungen – Allgemeine Anforderungen, Anforderungen an die Auslegung, Ausführung, Inbetriebnahme und Übergabe sowie Instandhaltung.*

DIN 4103:1984-07: *Nichttragende innere Trennwände – Teil 1: Anforderungen und Nachweise.*

DIN 4103-1:2015-06: *Nichttragende innere Trennwände – Teil 1: Anforderungen und Nachweise.*

DIN 4108-2:2013-02: *Wärmeschutz und Energie-Einsparung in Gebäuden – Teil 2: Mindestanforderungen an den Wärmeschutz.*

DIN 4108-3:2024-03: *Wärmeschutz und Energie-Einsparung in Gebäuden – Teil 3: Klimabedingter Feuchteschutz – Anforderungen, Berechnungsverfahren und Hinweise für Planung und Ausführung.*

DIN 4108-7:2024-11: *Wärmeschutz und Energie-Einsparung in Gebäuden – Teil 7: Luftdichtheit von Gebäuden – Anforderungen, Planungs- und Ausführungsempfehlungen sowie -beispiele.*

DIN 4108 Beiblatt 2:2019-06: *Wärmeschutz und Energie-Einsparung in Gebäuden; Beiblatt 2: Wärmebrücken – Planungs- und Ausführungsbeispiele.*

DIN 4108 Beiblatt 2 Berichtigung 1:2025-02: *Wärmeschutz und Energie-Einsparung in Gebäuden; Beiblatt 2: Wärmebrücken – Planungs- und Ausführungsbeispiele; Berichtigung 1.*

DIN 4109:2016-07: *Schallschutz im Hochbau.*

DIN 4109-1:2018-01: *Schallschutz im Hochbau – Teil 1: Mindestanforderungen.*

DIN 4109-2:2018-01: *Schallschutz im Hochbau – Teil 2: Rechnerische Nachweise der Erfüllung der Anforderungen.*
DIN 4109-5:2020-08: *Schallschutz im Hochbau – Teil 5: Erhöhte Anforderungen.*
DIN 4109-35:2016-07: *Schallschutz im Hochbau – Teil 35: Daten für die rechnerischen Nachweise des Schallschutzes (Bauteilkatalog) – Elemente, Fenster, Türen, Vorhangfassaden.*
DIN 4109-35/A1:2019-12: *Schallschutz im Hochbau – Teil 35: Daten für die rechnerischen Nachweise des Schallschutzes (Bauteilkatalog) – Elemente, Fenster, Türen, Vorhangfassaden; Änderung A1.*
DIN 18008-1:2020-05: *Glas im Bauwesen – Bemessungs- und Konstruktionsregeln – Teil 1: Begriffe und allgemeine Grundlagen.*
DIN 18008-4:2013-07: *Glas im Bauwesen – Bemessungs- und Konstruktionsregeln – Teil 4: Zusatzanforderungen an absturzsichernde Verglasungen.*
DIN 18008-4:2024-12: *Glas im Bauwesen – Bemessungs- und Konstruktionsregeln – Teil 4: Zusatzanforderungen an absturzsichernde Verglasungen.*
DIN 18040-1:2010-10: *Barrierefreies Bauen – Planungsgrundlagen – Teil 1: Öffentlich zugängliche Gebäude.*
DIN 18040-2:2011-09: *Barrierefreies Bauen – Planungsgrundlagen – Teil 2: Wohnungen.*
DIN 18055:2010-10: *Entwurf: Anforderungen und Empfehlungen an Fenster und Außentüren (zurückgezogen).*
DIN 18055:2014-11: *Kriterien für die Anwendung von Fenstern und Außentüren nach DIN EN 14351-1 (zurückgezogen).*
DIN 18055A1:2018-11: *Entwurf: Kriterien für die Anwendung von Fenstern und Außentüren nach DIN EN 14351-1 (zurückgezogen).*
DIN 18055:2020-09: *Kriterien für die Anwendung von Fenstern und Außentüren nach DIN EN 14351-1.*
DIN 18056:1966-06 *Fensterwände; Bemessung und Ausführung (zurückgezogen).*
DIN 18104-1:2017-08: *Einbruchhemmende Nachrüstprodukte – Teil 1: Aufschraubbare Nachrüstprodukte für Fenster und Türen – Anforderungen und Prüfverfahren.*
DIN 18104-2:2021-12: *Einbruchhemmende Nachrüstprodukte – Teil 2: Im Falz eingelassene Nachrüstprodukte für Fenster und Türen – Anforderungen und Prüfverfahren.*
DIN 18355:2019-09: *VOB Vergabe- und Vertragsordnung für Bauleistungen – Teil C: Allgemeine Technische Vertragsbedingungen für Bauleistungen (ATV) – Tischlerarbeiten.*
DIN 18360:2019-09: *VOB Vergabe- und Vertragsordnung für Bauleistungen – Teil C: Allgemeine Technische Vertragsbedingungen für Bauleistungen (ATV) – Metallbauarbeiten.*
DIN 18531:2017-07: *Abdichtung von Dächern sowie von Balkonen, Loggien und Laubengängen.*
DIN 18533:2017-07: *Abdichtung von erdberührten Bauteilen.*
DIN 18540:2014-09: *Abdichten von Außenwandfugen im Hochbau mit Fugendichtstoffen.*
DIN 18542:2020-04: *Imprägnierte Fugendichtungsbänder aus Schaumkunststoff zur Abdichtung von Außenwandfugen – Anforderungen und Prüfung.*
DIN V 18599:2018-09: *Energetische Bewertung von Gebäuden – Berechnung des Nutz-, End- und Primärenergiebedarfs für Heizung, Kühlung, Lüftung, Trinkwarmwasser und Beleuchtung.*

DIN V 18599-2:2018-09: *Energetische Bewertung von Gebäuden – Berechnung des Nutz-, End- und Primärenergiebedarfs für Heizung, Kühlung, Lüftung, Trinkwarmwasser und Beleuchtung – Teil 2: Nutzenergiebedarf für Heizen und Kühlen von Gebäudezonen.*

DIN 18945:2018-12: *Lehmsteine – Anforderungen und Prüfverfahren.*

DIN 20000-401:2017-01 *Anwendung von Bauprodukten in Bauwerken – Teil 401: Regeln für die Verwendung von Mauerziegeln nach DIN EN 771-1:2015-11.*

DIN 20000-402:2017-01 *Anwendung von Bauprodukten in Bauwerken – Teil 402: Regeln für die Verwendung von Kalksandsteinen nach DIN EN 771-2:2015-11.*

DIN 20000-402/A1:2020-11 *Anwendung von Bauprodukten in Bauwerken – Teil 402: Regeln für die Verwendung von Kalksandsteinen nach DIN EN 771-2:2015-11; Änderung 1.*

DIN 20000-403:2019-11 *Anwendung von Bauprodukten in Bauwerken – Teil 403: Regeln für die Verwendung von Mauersteinen aus Beton (mit dichten und porigen Zuschlägen) nach DIN EN 771-3:2015-11.*

DIN 20000-404:2018-04 *Anwendung von Bauprodukten in Bauwerken – Teil 404: Regeln für die Verwendung von Porenbetonsteinen nach DIN EN 771-4:2015-11.*

DIN 68800-2:2022-02: *Holzschutz – Teil 2: Vorbeugende bauliche Maßnahmen im Hochbau.*

5 Gesetze – Richtlinien – Technische Regeln

ARGE Fensterbank (2014). Richtlinie Fensterbank für deren Einbau in WDVS- und Putzfassaden sowie in vorgehängten Fassaden, 2. Ausgabe, Mai 2014.

ASR A2.1 (2022). Technische Regeln für Arbeitsstätten – Schutz vor Absturz und herabfallenden Gegenstanden, Betreten von Gefahrenbereichen, Ausgabe November 2012, zuletzt geändert 2022, kostenlose Download-Möglichkeit z. B. unter https://www.baua.de/DE/Angebote/Rechtstexte-und-Technische-Regeln/Regelwerk/ASR/ASR-A2-1.html (abgerufen am 27.03.2025).

Bauproduktenrichtlinie (2003). Richtlinie des Rates vom 21. Dezember 1988 zur Angleichung der Rechts- und Verwaltungsvorschriften der Mitgliedstaaten über Bauprodukte (89/106/EWG), zuletzt geändert durch die Verordnung (EG) Nr. 1882/2003 des Europäischen Parlaments und des Rates vom 29. September 2003 [„Bauproduktenrichtlinie" (BPR)].

Bauproduktenverordnung (2011). Verordnung (EU) Nr. 305/2011 des Europäischen Parlaments und des Rates vom 9. März 2011 zur Festlegung harmonisierter Bedingungen für die Vermarktung von Bauprodukten und zur Aufhebung der Richtlinie 89/106/EWG des Rates, Amtsblatt der Europäischen Union L 88/5 vom 4.4.2011, Download z. B. unter URL:https://www.dgwz.de/wp-content/uploads/2013/10/Bauproduktenverordnung-BauPVO-EU-Nr-305-2011-03-09-Volltext.pdf (abgerufen am: 12.03.2021).

Bauproduktenverordnung (2024). Verordnung (EU) 2024/3110 des Europäischen Parlaments und des Rates vom 27. November 2024 zur Festlegung harmonisierter Vorschriften für die Vermarktung von Bauprodukten und zur Aufhebung der Verordnung (EU) Nr. 305/2011; kostenloser Download z. B. unter https://eur-lex.europa.eu/legal-content/EN/TXT/?uri=OJ:L_202403110 (abgerufen am 01.04.2025).

BMWi & BMI (2020). Bundesministerium für Wirtschaft und Energie, Bundesministerium des Innern, für Bau und Heimat: Bekanntmachung der Regeln zur Datenaufnahme und Datenverwendung im Wohngebäudebestand. Berlin, 8. Oktober 2020.

Bundesverband Metall (2023). Geländer-Richtlinie, Geländern und Umwehrungen aus Metall, Essen.

DIBt Hinweise (2010). Hinweise für die Montage von Dübelverankerungen, Oktober 2010, kostenlose Download-Möglichkeit unter URL: https://www.dibt.de/fileadmin/dibt-website/Dokumente/Referat/I2/Duebel_Hinweise_Montage.pdf (abgerufen am 07.01.2021).

DIBt MVV TB (2025/1). Muster-Verwaltungsvorschrift Technische Baubestimmungen, Ausgabe 2025/1, Amtliche Mitteilungen – Ausgabe 3–20. Mai 2025, kostenlose Download-Möglichkeit unter URL: https://www.dibt.de/de/wir-bieten/technische-baubestimmungen (abgerufen am 26.05.2025).

DIBt TR VaB Injektionsanker (2019). Technische Regel Durchführung und Auswertung von Versuchen am Bau für Injektionsankersysteme im Mauerwerk mit ETA nach EAD 330076-00-0604 bzw. nach ETAG 029, Stand: September 2019, URL: https://www.dibt.de/fileadmin/dibt-website/Dokumente/Referat/I2/VersucheamBau_Injektionsankersysteme_Mauerwerk.pdf (abgerufen am 20.05.2025).

DIBt TR VaB Kunststoffdübel (2019). Technische Regel Durchführung und Auswertung von Versuchen am Bau für Kunststoffdübel in Beton und Mauerwerk mit ETA nach EAD 330284-00-0604 bzw. nach ETAG 020, Stand: September 2019, URL: https://www.dibt.de/fileadmin/dibt-website/Dokumente/Referat/I2/VersucheamBau_Kunststoffduebel_Mauerwerk.pdf (abgerufen am 20.05.2025).

DIBt TRAV (2003). Technische Regeln für die Verwendung von absturzsichernden Verglasungen, Fassung Januar 2003.

DIBt/FWI Merkblatt Bohrer (2002). Merkblatt über die Kennwerte, Anforderungen und Prüfungen von Mauerbohrern mit Schneidkörpern aus Hartmetall, die zur Herstellung der Bohrlöcher von Dübelverankerungen verwendet werden, Januar 2002, URL: https://www.dibt.de/fileadmin/dibt-website/Dokumente/Referat/I2/Mauerbohrer_Bohrloecher_Duebelverankerungen_Merkblatt.pdf (abgerufen am 20.05.2025).

DVGW-TRGI 2018 (2018). Technische Regel – Arbeitsblatt DVGW G 600 (A) – DVGW-TRGI 2018 – Technische Regel für Gasinstallationen, Herausgeber: Deutscher Verein des Gas- und Wasserfaches e.V. (DVGW).

DVGW-TRGI 2018 Kommentar (2018). Praxis der Gasinstallation – Der Kommentar zur Technischen Regel für Gasinstallationen – DVGW-TRGI 2018, Herausgeber: Deutscher Verein des Gas- und Wasserfaches e.V. (DVGW).

EEWärmeG (2009). Gesetz zur Förderung Erneuerbarer Energien im Wärmebereich – Erneuerbare-Energien-Wärmegesetz vom 01. Januar 2009.

EnEG (2013). Das Gesetz zur Einsparung von Energie in Gebäuden – Energieeinsparungsgesetz vom 4. Juli 2013. Zum 1. November 2020 durch das Gebäudeenergiegesetz abgelöst.

EnEV (2007). Verordnung über energiesparenden Wärmeschutz und energiesparende Anlagentechnik bei Gebäuden – Energieeinsparverordnung vom 1. Oktober 2007. Zum 1. November 2020 durch das Gebäudeenergiegesetz abgelöst.

ETB (1985). ETB-Richtlinie – Bauteile, die gegen Absturz sichern, Ausschuß für Einheitliche Technische Baubestimmungen (ETB), Fassung Juni 1985, Berlin: Beuth Verlag [abgedruckt auch in Mitteilungen IfBt 2/1987; URL: https://www.dibt.de/fileadmin/dibt-website/Dokumente/Referat/I8/ETB_Richtlinie.pdf (abgerufen am 25.05.2025)].

Fachverband der Stuckateure für Ausbau und Fassade Baden-Württemberg (2010). Richtlinie Anschlüsse an Fenster und Rollläden bei Putz, Wärmedämm-Verbundsystem und Trockenbau, Stuttgart.

Fachverband der Stuckateure für Ausbau und Fassade Baden-Württemberg et al. (2021). Richtlinie Anschlüsse an Fenster und Rollläden bei Putz, Wärmedämm-Verbundsystem und Trockenbau, Stuttgart.

Gebäuderichtlinie (EU) 2018/844: – Richtlinie über die Gesamtenergieeffizienz von Gebäuden (EU) vom 30. Mai 2018.

GEG (2020). Gesetz zur Vereinheitlichung des Energieeinsparrechts für Gebäude und zur Änderung weiterer Gesetze – Gebäudeenergiegesetz vom 01. November 2020.

GEG (2024). Gesetz zur Vereinheitlichung des Energieeinsparrechts für Gebäude und zur Änderung weiterer Gesetze – Gebäudeenergiegesetz vom 01. Januar 2024.

Gütegemeinschaft Wärmedämmung von Fassaden e. V. (2011). Empfehlungen für den Einbau/Ersatz von Metall-Fensterbänken (WDVS-Fassade), Dezember 2011.

IfBt (1986). Grundlagen zur Beurteilung von Baustoffen, Bauteilen und Bauarten im Prüfzeichen- und Zulassungsverfahren, Mai 1986, Tabelle A6.2.

ift Rosenheim (2003). ift Richtlinie EI-01/1: Holztafelwände in Verbindung mit einbruchhemmenden Fenstern, Türen und Abschlüssen, Eingangsprüfung, Mai 2003.

ift Rosenheim (2007a). ift-Richtlinie MO-01/1, Bauköperanschluss von Fenstern, Teil 1: Verfahren zur Ermittlung der Gebrauchstauglichkeit von Abdichtungssystemen, Rosenheim, Januar 2007.

ift Rosenheim (2014a). ift-Richtlinie VE-08/3 – Beurteilungsgrundlage für geklebte Verglasungssysteme, Rosenheim August 2014.

ift Rosenheim (2015). ift-Richtlinie MO-02/1, Bauköperanschluss von Fenstern, Teil 2: Verfahren zur Ermittlung der Gebrauchstauglichkeit von Befestigungssystemen. Rosenheim.

ift Rosenheim (2024a). ift-Richtlinie FE-07/2:2024-09, Hochwasserbeständige Abschlüsse – Fenster, Türen und Tore sowie Rollläden.

ift Rosenheim (2025a). ift-Richtlinie FE-07/3:2025-02, Hochwasserbeständige Abschlüsse – Fenster, Türen und Tore sowie Rollläden.

IVD-Merkblatt Nr. 4 (2014). Abdichten von Fugen im Hochbau mit aufzuklebenden Elastomer-Fugenbändern.

IVD-Merkblatt Nr. 5 (2025). Abdichten mit Butylbändern.

MschulbauR (2009). Muster-Richtlinie über bauaufsichtliche Anforderungen an Schulen (Muster-Schulbau-Richtlinie – MschulbauR), Fassung vom April 2009, Download z. B. unter der URL: https://www.is-argebau.de → Öffentlicher Bereich → Mustervorschriften / Mustererlasse → Bauaufsicht / Bautechnik (abgerufen am 01.07.2025).

Musterbauordnung (2024). Musterbauordnung (MBO) – Fassung November 2002, zuletzt geändert durch Beschluss der Bauministerkonferenz vom 26./27.09.2024. https://www.bauministerkonferenz.de (abgerufen am 17.06.2025).

RAL-GZ 695:2010-05 (2010). *Fenster, Haustüren, Fassaden und Wintergärten – Gütesicherung.* RAL Deutsches Institut für Gütesicherung und Kennzeichnung e. V.

RAL-GZ 695:2021-11 (2021). *Fenster, Fassaden und Haustüren – Gütesicherung.* RAL Deutsches Institut für Gütesicherung und Kennzeichnung e. V.

RAL-GZ 711:2023-02 (2023). *Fugendichtungskomponenten und -systeme – Gütesicherung*. RAL Deutsches Institut für Gütesicherung und Kennzeichnung e. V.

VDI 4100:2012-10*Schallschutz im Hochbau – Wohnungen – Beurteilung und Vorschläge für erhöhten Schallschutz*.

VdS 0691 (2022). *Sicherungsrichtlinien für Haushalte – Einbruchdiebstahl*. Köln: Hrsg. und Verlag VdS Schadenverhütung GmbH, URL: https://shop.vds.de/download/vds-0691/d3a31813-e9e6-443e-a86f-dd5f021dfbfb (abgerufen am 16.05.2025).

VdS 2333 (2014). *Sicherungsrichtlinien für Geschäfte und Betriebe*. Köln: Hrsg. und Verlag VdS Schadenverhütung GmbH, URL: https://shop.vds.de/de/download/acea18812 80b7a6cb1959fb5720bfa3b/ (abgerufen am 16.05.2025).

VdS 2472 (2020). *VdS-Sicherungsrichtlinien Bargeld – Prozesse der Annahme, Ausgabe, Bearbeitung, Transport und Lagerung*. Köln: Hrsg. und Verlag VdS Schadenverhütung GmbH, URL: https://shop.vds.de/de/download/547036d8498e041d5be4d 18dd7958989/ (abgerufen am 16.05.2025).

VdS 2534 (2013). *Einbruchhemmende Fassadenelemente, Anforderungen und Prüfmethoden*. Köln: Hrsg. und Verlag VdS Schadenverhütung GmbH, URL: https://shop.vds.de/de/download/ae31cc05e7e1373150c165776fd66bfa/ (abgerufen am 16.05.2025).

VdS 2559-1 (2022). *Betriebsartenverzeichnis, Sortiert nach Betriebsart/Stichwort*. Köln: Hrsg. und Verlag VdS Schadenverhütung GmbH, URL: https://shop.vds.de/download/vds-2559-1/e1e1c6c4-7e33-40a8-ae62-cfe1136d0a4f (abgerufen am 16.05.2025).

VdS 2559-2 (2022). *Betriebsartenverzeichnis, Sortiert nach Sicherungsklassen/SG*. Köln: Hrsg. und Verlag VdS Schadenverhütung GmbH, URL: https://shop.vds.de/download/vds-2559-2/e806df42-f8a0-49ae-8983-e1c2d3aec158 (abgerufen am 16.05.2025).

VdS 3801 (2019). *VdS-anerkannte Produkte und Systeme der mechanischen Sicherungstechnik*. Köln: Hrsg. und Verlag VdS Schadenverhütung GmbH, URL: https://shop.vds.de/download/vds-3801/9e2f6e73-7cb5-4ee6-9350-f3bf23b61d33 (abgerufen am 15.08.2024).

VdS CEA 4001 (2024). *VdS CEA-Richtlinien für Sprinkleranlagen – Planung und Einbau*. Köln: Hrsg. und Verlag: VdS Schadenverhütung GmbH.

VFF Merkblatt ES.05 (2019). *Verband Fenster + Fassade: Lüftung von Wohnungen – Gesundheit, Schadensvermeidung und Energiesparen*. Frankfurt.

VFF Merkblatt ES.06 (2016). *Verband Fenster + Fassade: Handlungsempfehlung zur schimmelpilzfreien Teilmodernisierung mit Fenstern*. Frankfurt.

Wärmeschutzverordnung (1977): Verordnung über energiesparenden Wärmeschutz bei Gebäuden (Wärmeschutzverordnung – WärmeschutzV) vom 11. August 1977.

6 Leitlinien – Bewertungsdokumente – Technical Reports

EOTA EAD 330076-00-0604 (2017). European Assessment Document – Metal injection anchors for use in masonry. July 2014, © 2017, URL: https://www.eota.eu/en-GB/content/eads (abgerufen am 20.05.2025).

EOTA EAD 330076-01-0604 (2021): European Assessment Document – Metal injection anchors for use in masonry, May 2021, URL: https://www.eota.eu/en-GB/content/eads/56/ (abgerufen am 06.12.2025).

EOTA EAD 330196-01-0604 (2017). European Assessment Document – Plastic anchors made of virgin or non-virgin material für fixing of external thermal insulation composite systems with rendering. July 2014, URL: https://www.eota.eu/en-GB/content/eads (abgerufen am 20.05.2025).

EOTA EAD 330196-01-0604-v01 (2018). European Assessment Document – Variant: Screwed-in plastic anchors for fixing of external thermal insulation composite systems with renderings or insulation products on bottom side of ceilings. May 2018, URL: https://www.eota.eu/en-GB/content/eads/ (abgerufen am 02.04.2025).

EOTA EAD 330232-00-0601 (2016). European Assessment Document – Mechanical fasteners for use in concrete. October 2016, URL: https://www.eota.eu/en-GB/content/eads (abgerufen am 20.05.2025).

EOTA EAD 330232-01-0601 (2021): European Assessment Document – Mechanical fasteners for use in concrete, December 2019, © 2021, URL: https://www.eota.eu/en-GB/content/eads (abgerufen am 04.06.2025).

EOTA EAD 330284-00-0604 (2021). European Assessment Document Plastic Anchors for redundant non-structural Systems in Concrete and Masonry. June 2018, © 2021, URL: https://www.eota.eu/en-GB/content/eads (abgerufen am 20.05.2025).

EOTA EAD 330460-00-0604 (2020). European Assessment Document – Screw anchor for use in masonry, September 2020, URL: https://www.eota.eu/en-GB/content/eads (abgerufen am 09.02.2026).

EOTA EAD 330499-02-0601 (2022): European Assessment Document – Bonded fasteners and bonded expansion fasteners for use in concrete, September 2022, URL: https://www.eota.eu/en-GB/content/eads (abgerufen am 04.06.2025).

EOTA EAD 330747-00-0601 (2018): European Assessment Document – Fasteners for use in concrete in redundant for non-structural systems, May 2018, © 2018, URL: https://www.eota.eu/en-GB/content/eads/56/ (abgerufen am 15.09.2021).

EAD 210005-00-0505 (2019). European Assessment Document – Internal Partition Kits For Use As Non-Loadbearing Walls. March 2019, URL: https://www.eota.eu/en-GB/content/eads (abgerufen am 16.06.2025).

EOTA ETAG 001 Part 1 (1997). Guideline for European Technical Approval of Metal anchors for use in concrete – Anchors in General. Brüssel.

EOTA ETAG 003 Part 1 (1997). Guideline for European Technical Approval for Internal partition Kits for use as non-loadbearing walls. amended version April 2012, Brüssel, URL: https://www.eota.eu/etags-archive (abgerufen am 16.06.2025).

EOTA ETAG 020 Part 1 (2006). Guideline for European Technical Approval of Plastic anchors for multiple use in concrete and masonry for non-structural applications – General. March 2006, Brüssel, URL: https://www.eota.eu/etags-archive (abgerufen am 16.06.2025).

EOTA ETAG 020 Part 1 (2012). Guideline for European Technical Approval of Plastic anchors for multiple use in concrete and masonry for non-structural applications – General. amended version March 2012, Brüssel, URL: https://www.eota.eu/etags-archive (abgerufen am 16.06.2025).

EOTA ETAG 029 (2013). Guideline for European Technical Approval of Metal Injection Anchors for Use in Masonry. April 2013, Brüssel, URL: https://www.eota.eu/etags-archive (abgerufen am 16.06.2025).

EOTA TR 051 (2018). Technical Report TR 051 – Recommendations for Job Site Tests of Plastic Anchors and Screws, April 2018, URL: https://www.eota.eu/en-GB/content/technical-reports/28/ (abgerufen am 20.05.2025).

EOTA TR 053 (2016). Technical Report TR 053 – Recommendations for Job Site Tests of Metal Injection Anchors for Use in Masonry, April 2016, URL: https://www.eota.eu/en-GB/content/technical-reports/28/ (abgerufen am 08.12.2021).

EOTA TR 053 (2022). Technical Report TR 053 – Recommendations for tests of metal injection anchors for use in masonry to be carried out on construction works, Amended July 2022, URL: https://www.eota.eu/en-GB/content/technical-reports/28/ (abgerufen am 20.05.2025).

EOTA TR 054 (2016). Technical Report TR 054 – Design Methods for Anchorages with Metal Injection Anchors for Use in Masonry, April 2016, URL: https://www.eota.eu/en-GB/content/technical-reports/28/ (abgerufen am 20.05.2025).

DIBt TR 054 (2019). Bemessungsverfahren für Metall-Injektionsanker zur Verankerung in Mauerwerk (Deutsches Anwendungsdokument zu EOTA TR 054 vom April 2016), Stand: August 2019; kostenlose Download-Möglichkeit unter URL: https://www.dibt.de/fileadmin/dibt-website/Dokumente/Referat/I2/TR054_de.pdf (abgerufen am 20.05.2025).

EOTA TR 054 (2022). Technical Report TR 054 – Design methods for anchorages with metal injection anchors and screw anchors for use in masonry, Amended July 2022, URL: https://www.eota.eu/en-GB/content/technical-reports/28/ (abgerufen am 20.05.2025).

EOTA TR 054 (2023). Technical Report TR 054 – Design methods for anchorages with metal injection anchors and screw anchors for use in masonry, Amended December 2023, URL: https://www.eota.eu/en-GB/content/technical-reports/28/ (abgerufen am 20.05.2025).

EOTA TR 064 (2018). Technical Report TR 064 – Design of Plastic Anchors in Concrete and Masonry, Mai 2018, URL: https://www.eota.eu/en-GB/content/technical-reports/28/ (abgerufen am 20.05.2025).

DIBt TR 064 (2019). Bemessungsverfahren für Kunststoffdübel zur Verankerung in Beton und Mauerwerk (Deutsches Anwendungsdokument zu EOTA TR 056 vom Mai 2018), Stand: August 2019; kostenlose Download-Möglichkeit unter URL: https://www.dibt.de/fileadmin/dibt-website/Dokumente/Referat/I2/TR064_de.pdf (abgerufen am 20.05.2025).

EOTA TR 064 (2022): Technical Report TR 064 – Design of Plastic Anchors in Concrete and Masonry, December 2022, URL: https://www.eota.eu/en-GB/content/technical-reports/28/ (abgerufen am 20.05.2025).

fib (2010): Bulletin 58 – Design of anchorages in concrete fib (CEB - FIP) – Fédération Internationale du Béton, 2010–11.

7 Gutachten – Prüfberichte – Stellungnahmen

Breitschaft, G. (2015) Befestigung bzw. Verankerung von Fensterelementen mit absturzsichernder Funktion, Berlin, Brief vom 30. März 2015.

Bundesanstalt für Arbeitsschutz und Arbeitsmedizin (2019). Zusammenwirken von Arbeitsstättenrecht und Bauordnungsrecht – Ein Rechtsgutachten; Bundesanstalt für Arbeitsschutz und Arbeitsmedizin (baua): Bericht kompakt; kostenlose Download-Möglichkeit unter URL: https://www.baua.de/DE/Angebote/Publikationen/Bericht-kompakt/Gd95.html (abgerufen am 08.04.2025).

Gutachten (2025). ENTWURF Gutachterliche Stellungnahme P24-010B G1 zur Tragfähigkeit des Kunststoff-Rahmendübels W-UR/SHARK-UR 10 in Mauerwerk aus Lehmsteinen in Anlehnung an EAD 330284-00-0604; 14. Februar 2025; NICH veröffentlicht.

Hauser, (2020a). Ingenieurbüro Prof. Dr. Hauser GmbH: Führung der rechnerischen Gleichwertigkeit für außengedämmte Wandkonstruktionen mit dem Vorwandmontagesystem VWM, Kassel (2020).

Hauser, (2020b). Ingenieurbüro Prof. Dr. Hauser GmbH: Führung der rechnerischen Gleichwertigkeit für außengedämmte Wandkonstruktionen mit dem Vorwandmontagesystem VWM-EPS, Kassel (2020).

ift Forschungsbericht (2002). Forschungsvorhaben Einbruchhemmende Abschlüsse bei Holztafelwänden, Abschlussbericht zum Projekt, Rosenheim, Juni 2002.

ift Forschungsbericht (2020). Erarbeitung einer Handlungsanleitung zur Bewertung der Absturzsicherung von Fenstern in der Gebäudehülle und deren Einbau sowie einer Erläuterung zur Anwendung der ETB-Richtlinie, gefördert durch Deutsches Institut für Bautechnik, Berlin, Aktenzeichen: P 52-5-3.120-2016/18, ift gemeinnützige Forschungs- und Entwicklungsgesellschaft mbH, Oktober 2020.

ift Rosenheim (2005). Prüfbericht Nachweis einbruchhemmende Eigenschaften: Widerstandsklasse 2, einbruchhemmendes Fenster, Montage der Fenster in Ziegelmauerwerk und Porenbetonwand mit Würth AMO® III-Schraube 11,5mm, Berichtsdatum 03. November 2005.

ift Rosenheim (2006). Prüfbericht Nachweis für hochwasserbeständige Fenster und Türen, Berichtsdatum 17. Mai 2006.

ift Rosenheim (2007b). Prüfbericht Bauteilversuch mit Rahmenschrauben zur Befestigung eines Kunststofffensters am Baukörper, AMO® III-Schraube 7,5 mm, dübellose Rahmenschraube, Kunststofffenster mit umlaufender Stahlverstärkung in einem Kalksandsteinmauerwerk DIN V 106-KS 12–1,6– 4 DF, Berichtsdatum 21. November 2007.

ift Rosenheim (2010a). Prüfbericht Nachweis einbruchhemmende Eigenschaften: Widerstandsklasse 3, einbruchhemmendes Einfachfenster mit AMO®-Y 7,5 Schraube der Adolf Würth GmbH & Co. KG montiert in Porenbetonwand PP2-0,35 der Firma Xella Deutschland GmbH, Berichtsdatum 16. Juni 2010.

ift Rosenheim (2010b). Prüfbericht Bauteilversuch mit Rahmenschrauben zur Befestigung eines Kunststofffensters am Baukörper, AMO® III-Schraube 7,5 mm, dübellose Rahmenschraube, Kunststofffenster – aus PVC-Mehrkammerprofilen ohne Stahlarmierung – in einem Kalksandsteinmauerwerk, Berichtsdatum 21. Oktober 2010.

ift Rosenheim (2010c). Prüfbericht Bauteilversuch mit Rahmendübeln zur Befestigung einer Kunststofffenstertür am Baukörper ohne seitliche Trag- und Distanzklötze. Kunststoffrahmendübel W-RD 10 mit AMO® III-Schraube 7,5 mm, Kunststofffenstertür aus PVC-Mehrkammerprofilen und Stahlarmierung, Hochlochziegelmauerwerk vom Poroton Planziegel T12, Berichtsdatum 23. Dezember 2010.

ift Rosenheim (2011a). Prüfbericht Bauteilversuch mit Rahmenschrauben zur Befestigung von Fenstern am Baukörper, AMO®-Y Schraube 7,5 mm, Porenbetonmauerwerk PP2-0,35, Berichtsdatum 14. März 2011.

ift Rosenheim (2011b). Prüfbericht Bauteilversuch mit einem Befestigungssystem zur Vorwandmontage eines Kunststofffensters am Baukörper, Fenstermontagekonsole JB-DK, Montageschiene JB-D, Kunststoffrahmendübel W-UR 8, Kunststofffenster aus PVC-Mehrkammerprofilen mit Faserverstärkung ohne Stahlarmierung im Ziegelmauerwerk POROTON-Hochlochziegel-Block-T20/1,2, Berichtsdatum 07. Oktober 2011.

ift Rosenheim (2011c). Prüfbericht Bauteilversuch mit Rahmendübeln zur Befestigung einer Kunststofffenstertür am Baukörper ohne seitliche Trag- und Distanzklötze. Kunststoffrahmendübel W-UR 10 XXL mit AMO®-Combi Schraube 7,5/11,5 x 222 mm, Kunststofffenstertür aus PVC-Mehrkammerprofilen mit Stahlarmierung, Hochlochziegelmauerwerk vom Typ POROTON-T8-36,5 MW, Berichtsdatum 17. Oktober 2011.

ift Rosenheim (2012a). Prüfbericht Bauteilversuch mit Rahmenschrauben zur Befestigung einer Kunststofffenstertür am Baukörper ohne seitliche Trag- und Distanzklötze. AMO®-Y Schraube 11,5 mm und AMO®-Y Schraube 7,5 mm, Kunststofffenstertür aus PVC-Mehrkammerprofilen ohne Stahlarmierung, Porenbetonmauerwerk vom Typ PP1,6-0,30, Berichtsdatum 25. Mai 2012.

ift Rosenheim (2012b). Prüfbericht: Prüfung der Wandanbindung und der Wand in der Klasse RC 2 und RC 2N in Anlehnung an DIN EN 1627:2011 in einer Wand bestehend aus POROTON-S10-P der Schlagmann Baustoffwerke GmbH und der Wienerberger GmbH, Berichtsdatum 04. Juni 2012.

ift Rosenheim (2013a). Prüfbericht Bauteilversuch mit Rahmendübeln zur Befestigung einer 2-flügligen Kunststofffenstertür am Baukörper ohne seitliche Trag- und Distanzklötze. Kunststoffrahmendübel W-RD 10x100 mit AMO®-Combi Schraube 7,5/11,5 x 152 mm, Kunststofffenstertür aus PVC-Mehrkammerprofilen mit Stahlarmierung, Ziegelmauerwerk vom Typ POROTON-T10-30, Berichtsdatum 15. Januar 2013.

ift Rosenheim (2013b). Prüfbericht: Prüfung der Wandanbindung und der Wand in der Klasse RC 2 und RC 2N in Anlehnung an DIN EN 1627:2011 in einer Wand bestehend aus POROTON Planziegel-T18 der Wienerberger GmbH, Berichtsdatum 01. Juli 2013.

ift Rosenheim (2014b). Ergebnisprotokoll Dreh-Drehkippfenstertür mit Aufdopplungen oben und unten, Berichtsdatum 14. März 2014.

ift Rosenheim (2014c). Prüfbericht Bauteilversuch mit Rahmendübeln und Schrauben zur Befestigung einer Kunststoffhaustür aus PVC-Mehrkammerprofilen am Baukörper aus Ziegelmauerwerk Poroton FZ 10 300, Berichtsdatum 03. Juli 2014.

ift Rosenheim (2018a). Prüfbericht Prüfung der einbruchhemmenden Eigenschaften nach DIN EN 1627, Kunststofffenster RC2 montiert in Leichtbeton Bisomark Plus 10, Berichtsdatum 29.08.2018.

ift Rosenheim (2018b). Prüfbericht Prüfung der einbruchhemmenden Eigenschaften nach DIN EN 1627, Kunststofffenster RC3 montiert in Leichtbeton Bisomark Plus 10, Berichtsdatum 29.08.2018.

ift Rosenheim (2019a). Abschlussbericht Einbruchhemmung mit hochwärmedämmendem Ziegelmauerwerk – Analyse des Ist-Zustandes, Erarbeitung von Konstruktions- und Nachweiskriterien, Berichtsdatum Januar 2019.

ift Rosenheim (2019b). Abschlussbericht Einbruchhemmung mit Mauerwerk aus Leichtbeton, Erarbeitung eines Vorschlags zur Erweiterung des Nationalen Anhangs der DIN EN 1627, Berichtsdatum Juni 2019.

ift Rosenheim (2020). Prüfbericht: Prüfung der einbruchhemmenden Eigenschaften nach DIN EN 1627, Berichtsdatum 16. Januar 2020.

ift Rosenheim (2021a). Prüfbericht: Prüfung der einbruchhemmenden Eigenschaften nach DIN EN 1627, Kunststofffenster RC 2 montiert in KS L, Berichtsdatum 25. März 2021.

ift Rosenheim (2021b). Prüfbericht: Prüfung der einbruchhemmenden Eigenschaften nach DIN EN 1627, Kunststofffenster RC 2 montiert in Beton, Berichtsdatum 25. März 2021.

ift Rosenheim (2021c). Prüfbericht: Abstandsmontageschrauben mit minimalem Befestigungsabstand in Porenbeton, Berichtsdatum 14. Oktober 2021.

ift Rosenheim (2021d). Prüfbericht: Stulpfensterelement in Holzständerwand, Prüfung der einbruchhemmenden Eigenschaften nach DIN EN 1627, befestigt mit der Fensterbauschraube AMO Y, in der Widerstandsklasse RC 2, Berichtsdatum 20.12.2021.

ift Rosenheim (2022). Prüfbericht: Dauerfunktion eines Befestigungssystems in Anlehnung an EN 1191 mit reduzierter Ausgangsprüfung in Anlehnung an ift-Richtlinie MO-02/1, Berichtsdatum 12.10.2022.

ift Rosenheim (2023a). Prüfbericht: einflügliges Kunststofffenster in Kalksandsteinwand, Prüfung der einbruchhemmenden Eigenschaften nach DIN EN 1627, befestigt mit der Fensterbauschraube AMO Y, in der Widerstandsklasse RC 2, Berichtsdatum 18.12.2023.

ift Rosenheim (2023b). Prüfbericht: einflügliges Kunststofffenster in Kalksandsteinwand, Prüfung der einbruchhemmenden Eigenschaften nach DIN EN 1627, befestigt mit der Fensterbauschraube AMO IV, in der Widerstandsklasse RC 3, Berichtsdatum 18.12.2023.

ift Rosenheim (2024b). Prüfbericht: einflügliges Kunststofffenster in Porenbeton-Wand, Prüfung der einbruchhemmenden Eigenschaften nach DIN EN 1627, befestigt mit der Fensterbauschraube AMO Y 7,5x222, in der Widerstandsklasse RC 2, Berichtsdatum 26.03.2024.

ift Rosenheim (2024c). Prüfbericht: einflügliges Kunststoff-Fenster in Stahlbetonwand C12/15, befestigt mit der Fensterbauschraube AMO IV 11,5, Prüfung der einbruchhemmenden Eigenschaften nach DIN EN 1627, in der Widerstandsklasse RC 2, Berichtsdatum 28.03.2024.

ift Rosenheim (2024d). Prüfbericht: Dauerfunktion eines Befestigungssystems in Anlehnung an EN 1191 mit reduzierter Ausgangsprüfung in Anlehnung an ift-Richtlinie MO-02/1, Berichtsdatum 19.07.2024.

ift Rosenheim (2024e). Prüfbericht: einflügliges Kunststoff-Fenster in Stahlbetonwand C12/15, befestigt mit der Fensterbauschraube AMO IV 11,5, Prüfung der einbruchhemmenden Eigenschaften nach DIN EN 1627, Berichtsdatum 06.08.2024.

ift Rosenheim (2024f). Prüfbericht Bauteilversuch mit Abstandsmontageschraube AMO IV 11,5 mm befestigt am Baukörper aus Lehm Blocksteinen, Berichtsdatum 15. Oktober 2024.

ift Rosenheim (2024g). Prüfbericht Bauteilversuch mit Abstandsmontageschraube AMO-Combi 7,5/242 mit Dübel W-UR XXL befestigt am Baukörper aus GIMA Lehmziegel LZ, Berichtsdatum 04.11. 2024.

ift Rosenheim (2025b). Prüfbericht: einflügliges Kunststoff-Fenster in Lehm-Blocksteinen, befestigt mit der Fensterbauschraube AMO IV 11,5, Prüfung der einbruchhemmenden Eigenschaften nach DIN EN 1627, in der Widerstandsklasse RC 2, Berichtsdatum 28.03.2024.

ift Rosenheim (2025c). Prüfbericht: einflügliges Kunststoff-Fenster in Lehm Lochstein, befestigt mit der Abstandsmontageschraube AMO-Combi 7,5/242 mit Dübel W-UR XXL, Prüfung der einbruchhemmenden Eigenschaften nach DIN EN 1627, in der Widerstandsklasse RC 2, Berichtsdatum 28.03.2024.

ift Rosenheim (2025d): ift-Nachweis – Gutachtliche Stellungnahme: einflügelige Kunststofffenster befestigt mit AMO Y bzw. AMO IV 7,5/11,5 in Holztafelwänden, Widerstandsklasse RC 2 / RC 2N, Berichtsdatum 03.12.2025.

ift Rosenheim (2025e): ift-Nachweis – Gutachtliche Stellungnahme: einflügelige Kunststofffenster befestigt mit AMO Y bzw. AMO IV 7,5/11,5 in Holztafelwänden, Widerstandsklasse RC 3, Berichtsdatum 03.12.2025.

MPA NRW (2013). Test of „WIT-VM 250“ vinyl ester resin based two-component reaction resin mortar in cartridges, Test certificate no. 220012339-13-01 vom 13.11.2013, Materialprüfungsamt Nordrhein-Westfalen (MPA NRW), Dortmund.

PIV (2016a). Prüfbericht Nr. 45-43/15: Prüfung von Dübelbefestigungssystemen an einem Mauerwerk, PIV-Prüfinstitut Schlösser und Beschläge Velbert, Berichtsdatum 08. Januar 2016.

PIV (2016b). Prüfbericht Nr. 45-3/16: Prüfung von Dübelbefestigungssystemen an einem Mauerwerk, PIV-Prüfinstitut Schlösser und Beschläge Velbert, Berichtsdatum 15. Juli 2016.

Scheuermann, G. (2014). *Befestigung von Fenstern mit absturzsichernden Eigenschaften/ „Fenstergeländer“*. Stuttgart, Brief vom 02. Dezember 2014 [persönliche Mitteilung].

VEKA Systemnachweis SOFTLINE 82 (2018). Zusammenfassung der Leistungseigenschaften für Fenster und Türelemente nach DIN EN 14351-1, Stand 03/2018.

8 Europäische Technische Bewertungen (ETA)

ETA ASSY (2018). Europäische Technische Bewertung – Würth selbstbohrende Schrauben – Selbstbohrende Schrauben als Holzverbindungsmittel, ETA-11/0190 vom 23. Juli 2018; kostenlose Download-Möglichkeit z. B. unter www.dibt.de/de/service/zulassungsdownload/suche.

ETA SHARK UR (2021). Europäische Technische Bewertung – Würth Kunststoff-Rahmendübel W-UR / SHARK UR, Kunststoffdübel als Mehrfachbefestigung von nichttragenden Systemen zur Verankerung im Beton und Mauerwerk, ETA-08/0190 vom 28. April 2021, Deutsches Institut für Bautechnik (DIBt), Berlin; kostenlose Download-Möglichkeit z. B. unter www.dibt.de/de/service/zulassungsdownload/suche.

ETA W-BS (2021). Europäische Technische Bewertung – Würth Betonschraube W-BS/S, W-BS/A4, W-BS/HCR – Mechanische Dübel zur Verwendung im Beton, ETA-16/0043 vom 7. Juli 2021, Deutsches Institut für Bautechnik (DIBt), Berlin; kostenlose Download-Möglichkeit z. B. unter www.dibt.de/de/service/zulassungsdownload/suche.

ETA W-BS 5 und W-BS 6 (2024). Europäische Technische Bewertung – WÜRTH Betonschraube W-BS/S, W-BS/A4, W-BS/HCR – Dübel zur Verwendung im Beton für redundante nichttragende Systeme, ETA-16/0128 vom 27. September 2024, Deutsches Institut für Bautechnik (DIBt), Berlin; kostenlose Download-Möglichkeit z. B. unter www.dibt.de/de/service/zulassungsdownload/suche.

ETA W-FAZ (2018). Europäische Technische Bewertung – Würth Fixanker W-FAZ und W-FAZ-IG – Mechanische Dübel zur Verwendung im Beton, ETA-99/0011 vom 2. Oktober 2018, Deutsches Institut für Bautechnik (DIBt), Berlin; kostenlose Download-Möglichkeit z. B. unter www.dibt.de/de/service/zulassungsdownload/suche.

ETA WIT-UH 300 (2020). Europäische Technische Bewertung – Würth Injektionssystem WIT-UH 300 / WIT-VH 300 / WIT-VM 300 für Beton – Verbunddübel zur Verankerung im Beton, ETA-17/0127 vom 13. November 2020, Deutsches Institut für Bautechnik (DIBt), Berlin; kostenlose Download-Möglichkeit z. B. unter www.dibt.de/de/service/zulassungsdownload/suche.

ETA WIT-VM 250 (2024). Europäische Technische Bewertung –Würth Injektionssystem WIT-VM 250 oder WIT-Nordic für Mauerwerk – Metall-Injektionsdübel zur Verankerung im Mauerwerk, ETA-16/0757 vom 20. Dezember 2024; kostenlose Download-Möglichkeit z. B. unter www.dibt.de/de/service/zulassungsdownload/suche.

ETA WIT-VM 250 Pro (2020). Europäische Technische Bewertung –Injektionssystem WIT-VM 250 Pro für Mauerwerk – Metall-Injektionsdübel zur Verankerung im Mauerwerk, ETA-20/0854 vom 18. November 2020; kostenlose Download-Möglichkeit z. B. unter www.dibt.de/de/service/zulassungsdownload/suche.

ETA W-VIZ (2023). Europäische Technische Bewertung – Injektionssystem W-VIZ – Verbunddübel zur Verankerung im Beton, ETA-04/0095 vom 21. Juli 2023, Deutsches Institut für Bautechnik (DIBt), Berlin; kostenlose Download-Möglichkeit z. B. unter www.dibt.de/de/service/zulassungsdownload/suche.

ETA WIT-VM 250 Rebar (2018). Europäische Technische Bewertung – Würth Injektionssystem WIT-VM 250 für Bewehrungsanschlüsse – Injektionssystem für nachträglich eingemörtelten Bewehrungsanschluss, ETA-12/0166 vom 27. Februar 2018, Deutsches Institut für Bautechnik.

ETA W-VPZ (2025): Europäische Technische Bewertung – Verbundanker W-VPZ – Verbunddübel und Verbundspreizdübel zur Verankerung im Beton, ETA-21/0168 vom 11. Februar 2025, Deutsches Institut für Bautechnik (DIBt), Berlin; kostenlose Download-Möglichkeit z. B. unter HYPERLINK „http://www.dibt.de/de/service/zulassungsdownload/suche“ www.dibt.de/de/service/zulassungsdownload/suche.

9 Deutsche Zulassungen (abZ, abZ/aBG und aBG)

abZ AMO-Combi (2017). Allgemeine bauaufsichtliche Zulassung – AMO®-Combi Schraube mit Kunststoff-Dübelhülse W-UR 10 XS oder W-UR 10 XXL, Z-21.2-2017 vom 19. Januar 2017; kostenlose Download-Möglichkeit z. B. unter www.dibt.de/de/service/zulassungsdownload/suche.

abZ/aBG AMO-Combi (2022). Allgemeine bauaufsichtliche Zulassung/Allgemeine Bauartgenehmigung – Würth AMO®-Combi Schraube mit Kunststoff-Dübelhülse W-UR 10 XS oder W-UR 10 XXL zur Befestigung von Fensterrahmen in Mauerwerk, Z-21.2-2017 vom 22. August 2022; kostenlose Download-Möglichkeit z. B. unter www.dibt.de/de/service/zulassungsdownload/suche.

aBG AMO Y/IV (2024). Allgemeine Bauartgenehmigung – Befestigung von Fensterrahmen in Holzunterkonstruktionen unter Verwendung von AMO IV und AMO Y Schrauben, Z-9.1-919 vom 19. Februar 2024; kostenlose Download-Möglichkeit z. B. unter www.dibt.de/de/service/zulassungsdownload/suche.

aBG AMO Y/IV (2025): Allgemeine Bauartgenehmigung – Befestigung von Fensterrahmenprofilen in Metallbauteilen unter Verwendung von AMO IV und AMO Y Schrauben, Z-14.4-990 vom 23. Juli 2025; kostenlose Download-Möglichkeit z. B. unter www.dibt.de/de/service/zulassungsdownload/suche

abZ/aBG AMO Y/IV (2024). Allgemeine bauaufsichtliche Zulassung/Allgemeine Bauartgenehmigung – AMO®-Y / AMO®-IV Schraube Ø 7,5 mm und Ø 11,5 mm zur Befestigung von Fensterrahmen in Beton und Mauerwerk, Z-21.1-2097 vom 19. Januar 2024; kostenlose Download-Möglichkeit z. B. unter www.dibt.de/de/service/zulassungsdownload/suche.

abZ/aBG BS100 (2021): Allgemeine bauaufsichtliche Zulassung/Allgemeine Bauartgenehmigung – Befestigungssysteme zur lastabtragenden und absturzsichernden Befestigung von Anbauteilen an Fensterrahmenprofilen, Z-14.4-884 vom 2. Juni 2021; kostenlose Download-Möglichkeit z. B. unter www.dibt.de/de/service/zulassungsdownload/suche.

abZ/aBG BS100 (2024). Allgemeine bauaufsichtliche Zulassung/Allgemeine Bauartgenehmigung – Befestigungssysteme zur lastabtragenden und absturzsichernden Befestigung von Anbauteilen an Fensterrahmenprofilen, Z-14.4-884 vom 20. Juni 2024; kostenlose Download-Möglichkeit z. B. unter www.dibt.de/de/service/zulassungsdownload/suche.

abZ/aBG JB-DK/JB-D (2021). Allgemeine bauaufsichtliche Zulassung/Allgemeine Bauartgenehmigung – Fenstermontageschiene für die Montage von Fenstern, Z-14.4-852 vom 27. April 2021, kostenlose Download-Möglichkeit z. B. unter www.dibt.de/de/service/zulassungsdownload/suche.

abZ/aBG W-ABZ (2022). Allgemeine bauaufsichtliche Zulassung/Allgemeine Bauartgenehmigung – Absturzsichernde Fensterelementbefestigung, Z-14.4-728 vom 1. August 2022; kostenlose Download-Möglichkeit z. B. unter www.dibt.de/de/service/zulassungsdownload/suche.

abZ/aBG W-ABZ (2024): Allgemeine bauaufsichtliche Zulassung/Allgemeine Bauartgenehmigung – Absturzsichernde Fensterelementbefestigung, Z-14.4-728 vom 3. Juni 2024; kostenlose Download-Möglichkeit z. B. unter www.dibt.de/de/service/zulassungsdownload/suche.

abZ Nichtrostende Stähle (2011). Bescheid über die Änderung der allgemeinen bauaufsichtlichen Zulassung – Erzeugnisse, Verbindungsmittel und Bauteile aus nichtrostenden Stählen, Z-30.3-6 vom 1. Mai 2011; kostenlose Download-Möglichkeit z. B. unter www.dibt.de/de/service/zulassungsdownload/suche.

abZ Nichtrostende Stähle (2014). Allgemeine bauaufsichtliche Zulassung – Erzeugnisse, Verbindungsmittel und Bauteile aus nichtrostenden Stählen, Z-30.3-6 vom 1. Mai 2014; kostenlose Download-Möglichkeit z. B. unter www.dibt.de/de/service/zulassungsdownload/suche.

abZ/aBG Nichtrostende Stähle (2022). Allgemeine bauaufsichtliche Zulassung/Allgemeine Bauartgenehmigung – Erzeugnisse, Bauteile und Verbindungsmittel aus nichtrostenden Stählen, Z-30.3-6 vom 1. Mai 2022; kostenlose Download-Möglichkeit z. B. unter www.dibt.de/de/service/zulassungsdownload/suche.

abZ/aBG Poroton S10 (2019). Allgemeine bauaufsichtliche Zulassung/Allgemeine Bauartgenehmigung – Mauerwerk aus POROTON Planhochlochziegeln mit integrierter Wärmedämmung – bezeichnet als POROTON-S10-Planziegel – im

Dünnbettverfahren, Z-17.1-1017 vom 23. Mai 2019; kostenlose Download-Möglichkeit z. B. unter www.dibt.de/de/service/zulassungsdownload/suche.

abZ/aBG Thermopor (2019). Allgemeine bauaufsichtliche Zulassung/Allgemeine Bauartgenehmigung – Mauerwerk aus THERMOPOR Planhochlochziegeln "THERMOPOR TV 9 – Plan" und "THERMOPOR TV 10 – Plan" mit integrierter Wärmedämmung im Dünnbettverfahren mit gedeckelter Lagerfuge, Z-17.1-1006 vom 24. Januar 2019; kostenlose Download-Möglichkeit z. B. unter www.dibt.de/de/service/zulassungsdownload/suche.

abZ/aBG unipor (2020). Allgemeine bauaufsichtliche Zulassung/Allgemeine Bauartgenehmigung – Mauerwerk aus UNIPOR WS07 CORISO Planziegeln im Dünnbettverfahren mit gedeckelter Lagerfuge, Z-17.1-1074 vom 15. April 2020; kostenlose Download-Möglichkeit z. B. unter www.dibt.de/de/service/zulassungsdownload/suche.

10 Allgemeine bauaufsichtliche Prüfzeugnisse (abP)

abP Erläuterungen (2022). Erläuterungen zu den allgemeinen bauaufsichtlichen Prüfzeugnissen P-2021-3063 und P-2021-3081, Labor für Stahl- und Leichtmetallbau GmbH (LSL), Ausgabedatum: 27.01.2022.

abP Fenstergeländer (2021). Allgemeines bauaufsichtliches Prüfzeugnis P-2021-3081 vom 19.11.2021, Gegenstand: Linienförmig gelagerte Verbundsicherheitsverglasungen, Prüfstelle: Labor für Stahl- und Leichtmetallbau GmbH (LSL) an der Hochschule München, Fakultät 02, Bauingenieurwesen/Stahlbau, Antragsteller: Inntaler Metallbau Vertrieb GmbH, kostenpflichtiger Download z. B. unter https://www.baufachinformation.de/publikationen.jsp.

11 Produkt- bzw. Firmen-Unterlagen

VEKA Montageleitfaden (2015). Hrsg.: VEKA AG, Sendenhorst. April 2015.

YTONG (2012). Anwendungstechnische Auflagen für den Ytong Planstein P1,6-0,25 mit $\lambda = 0{,}07$ W/(mK), Stand 19.07.2012.

Stichwortverzeichnis

B

C

D

E

F

G

H

I

K

N

O

P

Q

R

S

W

Z

Anhang

Fensteranschlusssituationen in Neubau und Altbau

A1

Einführung

1 Thermische Bewertung von Fensteranschlusssituationen

Die thermische Bewertung von ausgewählten Anschlusssituationen mit Fenstern erfolgt auf Grundlage der in Abschnitt 3.2 dargestellten Berechnungsgrundlage mit den im Beiblatt 2 von DIN 4108 dargestellten Referenzprofilen für Holz-, Kunststoff- und Aluminiumfenster. Als Rechenrandbedingungen werden die ebenfalls im Beiblatt 2 dargestellten Wärmeübergangswiderstände in Ansatz gebracht.

Bei den Neubauanschlusssituationen werden die sich einstellenden längenbezogenen Wärmedurchgangskoeffizienten Ψ und bei den Altbauanschlüssen die Temperaturfaktoren f_{Rsi} ausgewiesen.

1.1 Neubauanschlusssituationen

Die Bewertung der Neubauanschlusssituationen erfolgt für die in Bild A.1 bis Bild A.5 dargestellten monolithischen, außengedämmten und kerngedämmten Laibungs-, Sturz- und Brüstungsanschlüsse. Die in Ansatz gebrachten Materialkennwerte sind in den jeweiligen Zeichnungen dargestellt. Bei den monolithischen Anschlüssen erfolgt die thermische Bewertung über Variation der Wärmeleitfähigkeit λ des Mauerwerks und bei den außen- bzw. kerngedämmten Konstruktionen über die Dicke d der Dämmung. In Bild A.1 bis Bild A.5 wurde auf die Darstellung der Abdichtung verzichtet.

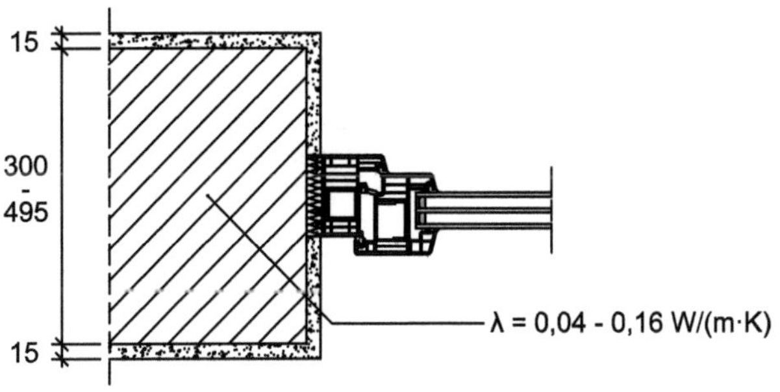

Bild A.1 Bewertete monolithische Anschlüsse mit Darstellung der in Ansatz gebrachten Materialkennwerte und Abmessungen

Befestigung und Abdichtung von Fenstern und Türen. Regelwerke, Bauphysik, Baurecht, Praxisbeispiele. 2. Auflage. J. Küenzlen, E. Scheller, M. Klatecki.

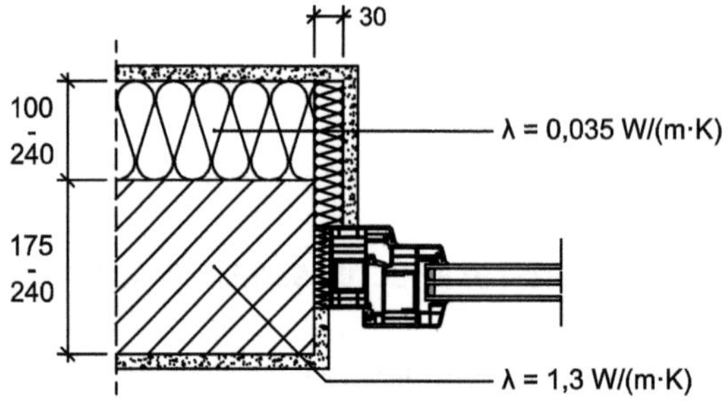

Bild A.2 Bewertete außengedämmte Anschlüsse, Fensterlage in Wandbildner mit Darstellung der in Ansatz gebrachten Materialkennwerte und Abmessungen

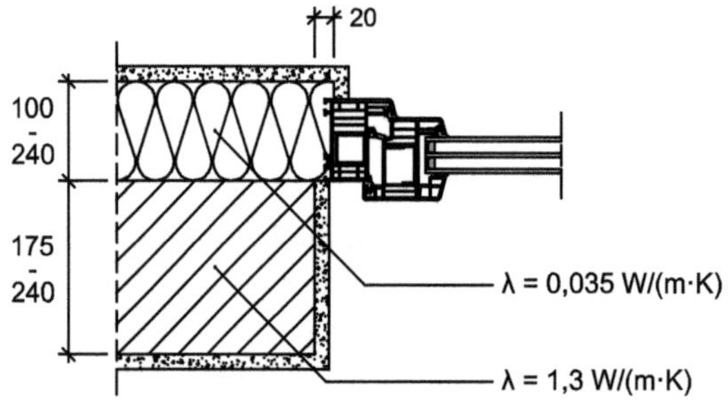

Bild A.3 Bewertete außengedämmte Anschlüsse, Fensterlage in Dämmebene mit Darstellung der in Ansatz gebrachten Materialkennwerte und Abmessungen

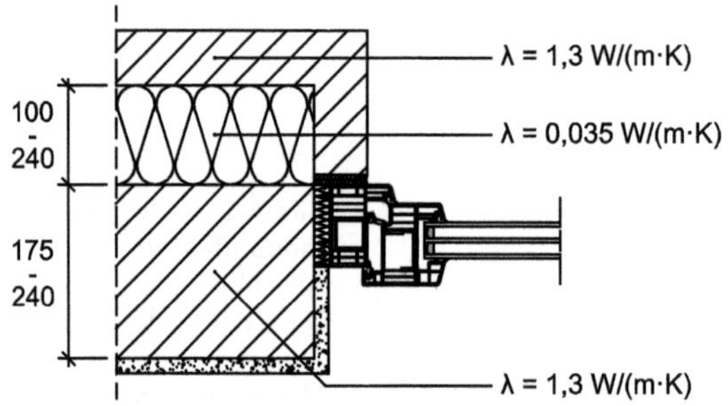

Bild A.4 Bewertete kerngedämmte Anschlüsse, Fensterlage in Wandbildner mit Darstellung der in Ansatz gebrachten Materialkennwerte und Abmessungen

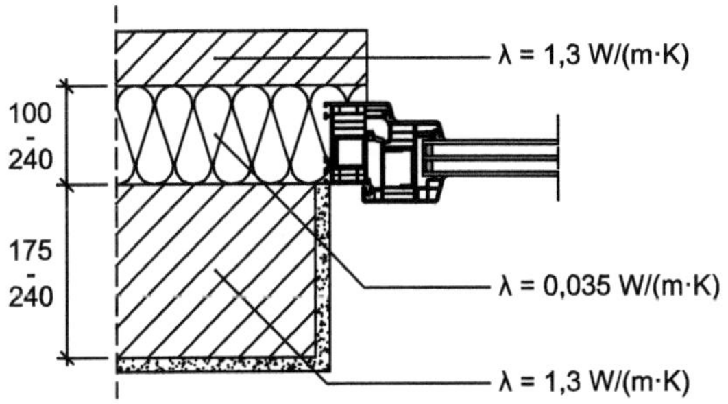

Bild A.5 Bewertete kerngedämmte Anschlüsse, Fensterlage in Dämmebene mit Darstellung der In Ansatz gebrachten Materialkennwerte und Abmessungen

1.1.1 Monolithische Bauweise

Tabelle A.1 Thermische Bewertung von monolithischen Anschlusssituationen bei Variation der Wärmeleitfähigkeit λ und der Dicke d des Mauerwerks und des Materials des Fenstersystems – Laibungsanschluss, Fensterlage mittig

Beschreibung Berechnungsvarianten			längenbezogener Wärmedurchgangskoeffizient Ψ [W/(m·K)]					
Skizze	Dicke d_{MW} [mm]	Fenster-system	Wärmeleitfähigkeit λ [W/(m·K)] 0,06	0,08	0,1	0,12	0,14	0,16
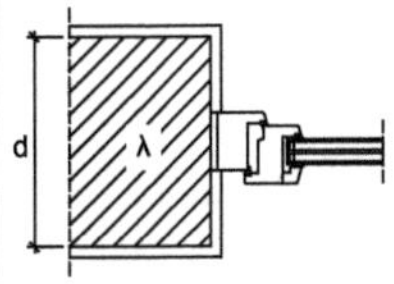	300	Holz	0,015	0,019	0,024	0,028	0,032	0,036
		Kunststoff	0,016	0,019	0,024	0,028	0,032	0,036
		Aluminium	0,021	0,025	0,030	0,033	0,038	0,041
	365	Holz	0,018	0,023	0,030	0,034	0,038	0,044
		Kunststoff	0,018	0,023	0,030	0,034	0,038	0,044
		Aluminium	0,024	0,029	0,035	0,039	0,043	0,049
	420	Holz	0,020	0,027	0,033	0,038	0,044	0,048
		Kunststoff	0,020	0,028	0,033	0,038	0,044	0,048
		Aluminium	0,026	0,033	0,038	0,043	0,049	0,053
	495	Holz	0,024	0,031	0,037	0,043	0,050	0,056
		Kunststoff	0,024	0,031	0,037	0,043	0,050	0,056
		Aluminium	0,030	0,037	0,042	0,049	0,056	0,061

Tabelle A.2 Thermische Bewertung von monolithischen Anschlusssituationen bei Variation der Wärmeleitfähigkeit λ und der Dicke d des Mauerwerks und des Materials des Fenstersystems – Sturzanschluss, Fensterlage mittig

Beschreibung Berechnungsvarianten			**längenbezogener Wärmedurchgangskoeffizient Ψ [W/(m·K)]**					
			Wärmeleitfähigkeit λ [W/(m·K)]					
Skizze	**Dicke d_{MW} [mm]**	**Fenster-system**	**0,06**	**0,08**	**0,1**	**0,12**	**0,14**	**0,16**
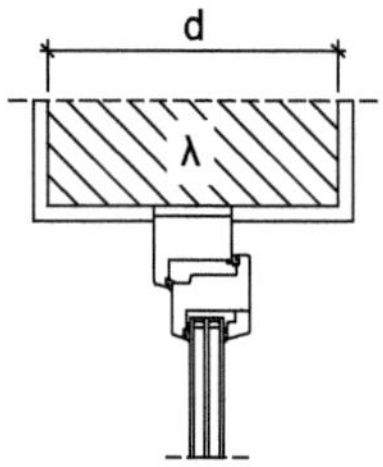	300	Holz	0,214	0,207	0,200	0,192	0,186	0,178
		Kunststoff	0,206	0,198	0,192	0,184	0,177	0,170
		Aluminium	0,253	0,245	0,238	0,229	0,222	0,214
	365	Holz	0,246	0,241	0,238	0,233	0,228	0,224
		Kunststoff	0,237	0,232	0,230	0,224	0,219	0,216
		Aluminium	0,282	0,277	0,273	0,267	0,261	0,257
	420	Holz	0,267	0,266	0,263	0,260	0,257	0,253
		Kunststoff	0,259	0,258	0,255	0,252	0,249	0,244
		Aluminium	0,302	0,301	0,297	0,293	0,290	0,285
	495	Holz	0,294	0,294	0,292	0,291	0,290	0,288
		Kunststoff	0,286	0,286	0,284	0,283	0,282	0,279
		Aluminium	0,328	0,327	0,325	0,323	0,322	0,317

Tabelle A.3 Thermische Bewertung von monolithischen Anschlusssituationen bei Variation der Wärmeleitfähigkeit λ und der Dicke d des Mauerwerks und des Materials des Fenstersystems – Brüstungsanschluss, Fensterlage mittig

Beschreibung Berechnungsvarianten			**längenbezogener Wärmedurchgangskoeffizient Ψ [W/(m·K)]**					
			Wärmeleitfähigkeit λ [W/(m·K)]					
Skizze	**Dicke d_{MW} [mm]**	**Fenster-system**	**0,06**	**0,08**	**0,1**	**0,12**	**0,14**	**0,16**
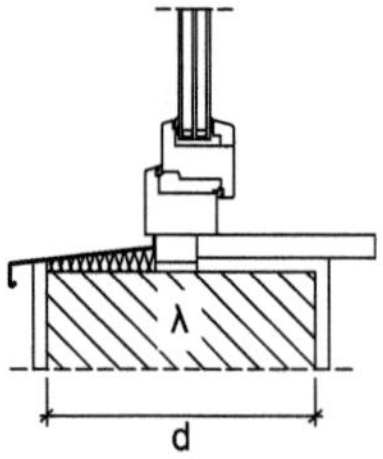	300	Holz	0,029	0,044	0,047	0,049	0,052	0,054
		Kunststoff	0,056	0,048	0,062	0,036	0,067	0,069
		Aluminium	0,076	0,082	0,084	0,085	0,087	0,088
	365	Holz	0,043	0,047	0,052	0,054	0,054	0,061
		Kunststoff	0,058	0,060	0,066	0,069	0,071	0,075
		Aluminium	0,083	0,084	0,087	0,087	0,090	0,093
	420	Holz	0,045	0,050	0,054	0,057	0,061	0,063
		Kunststoff	0,060	0,065	0,068	0,072	0,075	0,077
		Aluminium	0,084	0,087	0,089	0,091	0,093	0,094
	495	Holz	0,048	0,054	0,057	0,061	0,066	0,070
		Kunststoff	0,063	0,068	0,072	0,076	0,081	0,084
		Aluminium	0,086	0,090	0,092	0,094	0,097	0,099

1.1.2 Außengedämmte Bauweise

Tabelle A.4 Thermische Bewertung von außengedämmten Anschlusssituationen bei Variation der Dicke d des Mauerwerks und der außenseitigen Dämmung und des Materials des Fenstersystems – Laibungsanschluss, Fensterlage mittig in Wandbildner

Beschreibung Berechnungsvarianten			längenbezogener Wärmedurchgangskoeffizient Ψ [W/(m·K)]				
			Dicke $d_{Dä}$ [mm]				
Skizze	Dicke d_{MW} [mm]	Fenstersystem	100	120	160	200	240
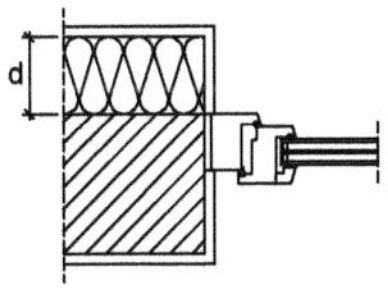	175	Holz	0,015	0,017	0,019	0,024	0,027
		Kunststoff	0,011	0,013	0,018	0,020	0,023
		Aluminium	0,030	0,032	0,038	0,041	0,044
	240	Holz	0,016	0,016	0,022	0,024	0,027
		Kunststoff	0,014	0,014	0,018	0,019	0,022
		Aluminium	0,032	0,033	0,037	0,040	0,043

Tabelle A.5 Thermische Bewertung von außengedämmten Anschlusssituationen bei Variation der Dicke d des Mauerwerks und der außenseitigen Dämmung und des Materials des Fenstersystems – Laibungsanschluss, Fensterlage in Dämmebene

Beschreibung Berechnungsvarianten			längenbezogener Wärmedurchgangskoeffizient Ψ [W/(m·K)]				
			Dicke $d_{Dä}$ [mm]				
Skizze	Dicke d_{MW} [mm]	Fenstersystem	100	120	160	200	240
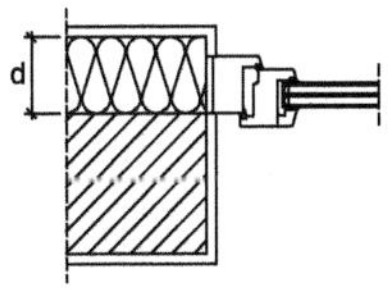	175	Holz	0,000	−0,001	0,003	0,003	0,005
		Kunststoff	0,001	0,000	0,000	0,001	0,003
		Aluminium	0,009	0,009	0,012	0,012	0,014
	240	Holz	0,008	0,005	0,003	0,005	0,006
		Kunststoff	0,007	0,003	0,002	0,003	0,004
		Aluminium	0,015	0,013	0,014	0,014	0,015

Tabelle A.6 Thermische Bewertung von außengedämmten Anschlusssituationen bei Variation der Dicke d des Mauerwerks und der außenseitigen Dämmung und des Materials des Fenstersystems – Sturzanschluss, Fensterlage mittig in Wandbildner

Beschreibung Berechnungsvarianten			längenbezogener Wärmedurchgangskoeffizient Ψ [W/(m·K)]				
			Dicke $d_{Dä}$ [mm]				
Skizze	Dicke d_{MW} [mm]	Fenstersystem	100	120	160	200	240
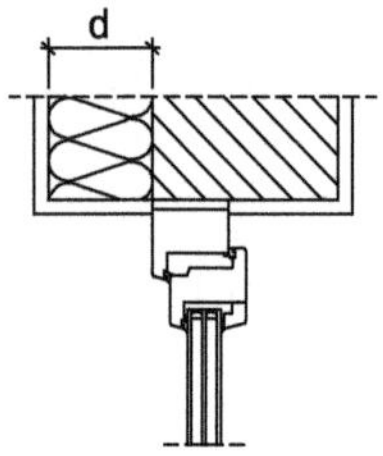	175	Holz	0,073	0,069	0,068	0,067	0,063
		Kunststoff	0,063	0,059	0,057	0,057	0,058
		Aluminium	0,426	0,430	0,440	0,446	0,455
	240	Holz	0,083	0,075	0,073	0,072	0,072
		Kunststoff	0,072	0,066	0,063	0,060	0,060
		Aluminium	0,453	0,454	0,462	0,468	0,477

Tabelle A.7 Thermische Bewertung von außengedämmten Anschlusssituationen bei Variation der Dicke d des Mauerwerks und der außenseitigen Dämmung und des Materials des Fenstersystems – Sturzanschluss, Fensterlage in Dämmebene

Beschreibung Berechnungsvarianten			längenbezogener Wärmedurchgangskoeffizient Ψ [W/(m·K)]				
			Dicke $d_{Dä}$ [mm]				
Skizze	Dicke d_{MW} [mm]	Fenstersystem	100	120	160	200	240
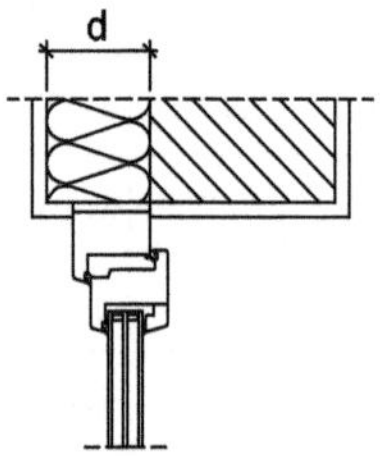	175	Holz	0,024	0,018	0,014	0,012	0,012
		Kunststoff	0,022	0,016	0,012	0,010	0,010
		Aluminium	0,348	0,349	0,355	0,361	0,367
	240	Holz	0,034	0,025	0,019	0,016	0,015
		Kunststoff	0,032	0,023	0,017	0,013	0,013
		Aluminium	0,375	0,374	0,380	0,384	0,390

Tabelle A.8 Thermische Bewertung von außengedämmten Anschlusssituationen bei Variation der Dicke d des Mauerwerks und der außenseitigen Dämmung und des Materials des Fenstersystems – Brüstungsanschluss, Fensterlage mittig in Wandbildner

Beschreibung Berechnungsvarianten			**längenbezogener Wärmedurchgangskoeffizient Ψ [W/(m·K)]**				
			Dicke $d_{Dä}$ [mm]				
Skizze	**Dicke d_{MW} [mm]**	**Fenster-system**	**100**	**120**	**160**	**200**	**240**
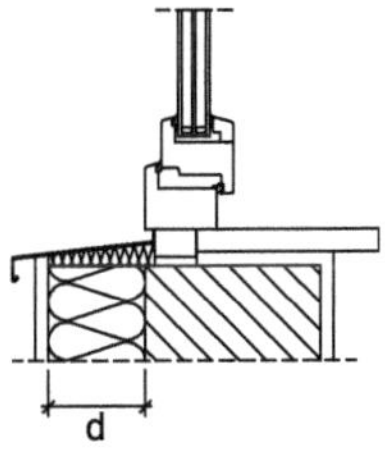	175	Holz	0,056	0,061	0,067	0,070	0,073
		Kunststoff	0,069	0,071	0,077	0,079	0,083
		Aluminium	0,089	0,091	0,097	0,099	0,102
	240	Holz	0,059	0,060	0,065	0,068	0,069
		Kunststoff	0,070	0,071	0,075	0,078	0,081
		Aluminium	0,089	0,090	0,094	0,097	0,099

Tabelle A.9 Thermische Bewertung von außengedämmten Anschlusssituationen bei Variation der Dicke d des Mauerwerks und der außenseitigen Dämmung und des Materials des Fenstersystems – Brüstungsanschluss, Fensterlage in Dämmebene

Beschreibung Berechnungsvarianten			**längenbezogener Wärmedurchgangskoeffizient Ψ [W/(m·K)]**				
			Dicke $d_{Dä}$ [mm]				
Skizze	**Dicke d_{MW} [mm]**	**Fenster-system**	**100**	**120**	**160**	**200**	**240**
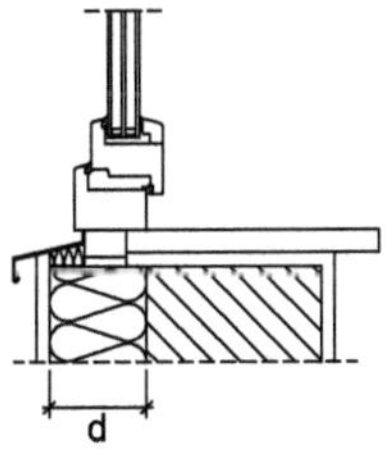	175	Holz	0,033	0,033	0,036	0,037	0,040
		Kunststoff	0,048	0,047	0,050	0,051	0,053
		Aluminium	0,076	0,075	0,049	0,078	0,080
	240	Holz	0,038	0,036	0,038	0,038	0,040
		Kunststoff	0,052	0,050	0,052	0,052	0,054
		Aluminium	0,078	0,072	0,078	0,078	0,080

1.1.3 Kerngedämmte Bauweise

Tabelle A.10 Thermische Bewertung von kerngedämmten Anschlusssituationen bei Variation der Dicke d des Mauerwerks und der außenseitigen Dämmung und des Materials des Fenstersystems – Laibungsanschluss, Fensterlage mittig in Wandbildner

Beschreibung Berechnungsvarianten			**längenbezogener Wärmedurchgangskoeffizient Ψ [W/(m·K)]**				
			Dicke $d_{Dä}$ [mm]				
Skizze	**Dicke d_{MW} [mm]**	**Fenster-system**	**100**	**120**	**160**	**200**	**240**
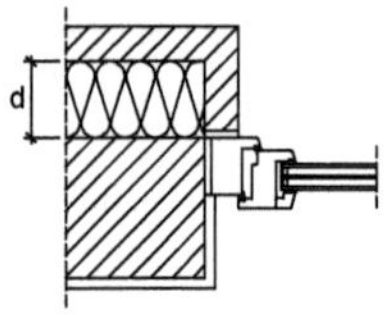	175	Holz	0,030	0,034	0,039	0,042	0,046
		Kunststoff	0,029	0,032	0,037	0,040	0,044
		Aluminium	0,047	0,051	0,056	0,059	0,063
	240	Holz	0,030	0,033	0,036	0,041	0,044
		Kunststoff	0,028	0,032	0,036	0,039	0,042
		Aluminium	0,046	0,049	0,054	0,058	0,060

Tabelle A.11 Thermische Bewertung von kerngedämmten Anschlusssituationen bei Variation der Dicke d des Mauerwerks und der außenseitigen Dämmung und des Materials des Fenstersystems – Laibungsanschluss, Fensterlage in Dämmebene

Beschreibung Berechnungsvarianten			**längenbezogener Wärmedurchgangskoeffizient Ψ [W/(m·K)]**				
			Dicke $d_{Dä}$ [mm]				
Skizze	**Dicke d_{MW} [mm]**	**Fenster-system**	**100**	**120**	**160**	**200**	**240**
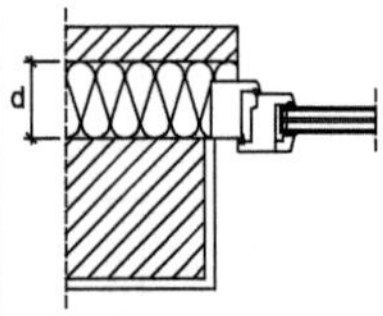	175	Holz	0,000	0,002	0,005	0,007	0,010
		Kunststoff	-0,001	0,001	0,004	0,006	0,010
		Aluminium	0,009	0,012	0,015	0,017	0,021
	240	Holz	0,003	0,004	0,007	0,009	0,011
		Kunststoff	0,003	0,004	0,006	0,008	0,010
		Aluminium	0,012	0,014	0,017	0,019	0,021

Tabelle A.12 Thermische Bewertung von kerngedämmten Anschlusssituationen bei Variation der Dicke d des Mauerwerks und der außenseitigen Dämmung und des Materials des Fenstersystems – Sturzanschluss, Fensterlage mittig in Wandbildner

Beschreibung Berechnungsvarianten			**längenbezogener Wärmedurchgangskoeffizient Ψ [W/(m·K)]**				
			Dicke $d_{Dä}$ [mm]				
Skizze	**Dicke d_{MW} [mm]**	**Fenster-system**	**100**	**120**	**160**	**200**	**240**
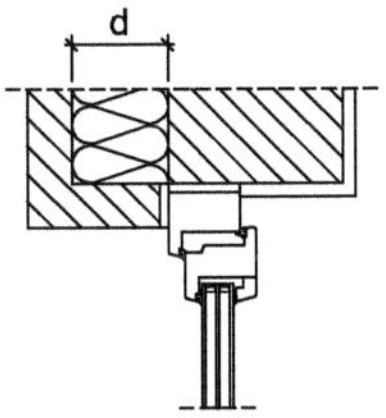	175	Holz	0,106	0,106	0,108	0,108	0,112
		Kunststoff	0,100	0,100	0,102	0,103	0,106
		Aluminium	0,149	0,151	0,151	0,154	0,157
	240	Holz	0,111	0,111	0,111	0,112	0,113
		Kunststoff	0,104	0,105	0,105	0,106	0,107
		Aluminium	0,155	0,155	0,155	0,157	0,159

Tabelle A.13 Thermische Bewertung von kerngedämmten Anschlusssituationen bei Variation der Dicke d des Mauerwerks und der außenseitigen Dämmung und des Materials des Fenstersystems – Sturzanschluss, Fensterlage in Dämmebene

Beschreibung Berechnungsvarianten			**längenbezogener Wärmedurchgangskoeffizient Ψ [W/(m·K)]**				
			Dicke $d_{Dä}$ [mm]				
Skizze	**Dicke d_{MW} [mm]**	**Fenster-system**	**100**	**120**	**160**	**200**	**240**
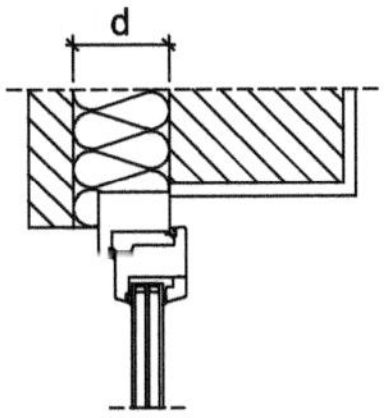	175	Holz	0,016	0,016	0,016	0,016	0,019
		Kunststoff	0,015	0,015	0,015	0,009	0,018
		Aluminium	0,028	0,028	0,029	0,030	0,033
	240	Holz	0,023	0,021	0,020	0,020	0,021
		Kunststoff	0,022	0,021	0,019	0,019	0,020
		Aluminium	0,035	0,034	0,033	0,033	0,034

Tabelle A.14 Thermische Bewertung von kerngedämmten Anschlusssituationen bei Variation der Dicke d des Mauerwerks und der außenseitigen Dämmung und des Materials des Fenstersystems – Brüstungsanschluss, Fensterlage mittig in Wandbildner

Beschreibung Berechnungsvarianten			längenbezogener Wärmedurchgangskoeffizient Ψ [W/(m·K)]				
			Dicke $d_{Dä}$ [mm]				
Skizze	Dicke d_{MW} [mm]	Fenster-system	100	120	160	200	240
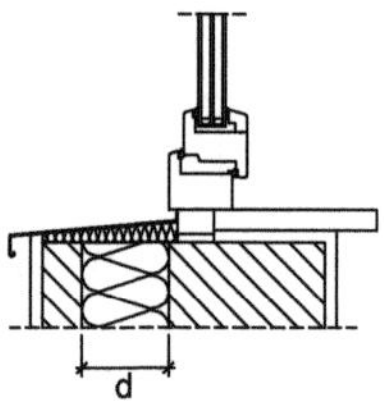	175	Holz	0,062	0,065	0,069	0,072	0,076
		Kunststoff	0,073	0,075	0,079	0,082	0,085
		Aluminium	0,092	0,095	0,099	0,101	0,104
	240	Holz	0,061	0,064	0,068	0,071	0,073
		Kunststoff	0,072	0,075	0,078	0,081	0,083
		Aluminium	0,091	0,093	0,086	0,097	0,101

Tabelle A.15 Thermische Bewertung von kerngedämmten Anschlusssituationen bei Variation der Dicke d des Mauerwerks und der außenseitigen Dämmung und des Materials des Fenstersystems – Brüstungsanschluss, Fensterlage in Dämmebene

Beschreibung Berechnungsvarianten			längenbezogener Wärmedurchgangskoeffizient Ψ [W/(m·K)]				
			Dicke $d_{Dä}$ [mm]				
Skizze	Dicke d_{MW} [mm]	Fenster-system	100	120	160	200	240
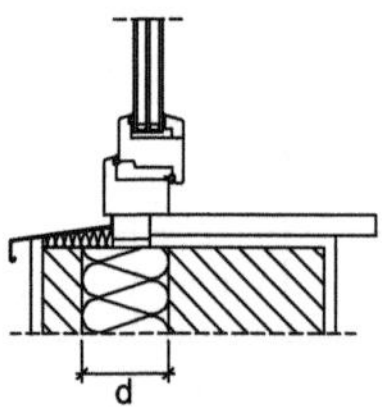	175	Holz	0,034	0,036	0,038	0,039	0,042
		Kunststoff	0,048	0,050	0,051	0,052	0,055
		Aluminium	0,076	0,076	0,050	0,078	0,082
	240	Holz	0,039	0,038	0,039	0,040	0,042
		Kunststoff	0,051	0,052	0,053	0,054	0,055
		Aluminium	0,077	0,078	0,079	0,080	0,081

1.1.4 Altbauanschlusssituationen

Die Bewertung der Bestandsanschlusssituationen erfolgt für die in Bild A.6 bis Bild A.8 dargestellten monolithischen Außenwandkonstruktionen mit stumpfem Anschlag, monolithischen Außenwandkonstruktionen mit Innenanschlag und Außenwandkonstruktionen mit Klinkervorsatzschale.

Die energetische Qualität der monolithischen Außenwandkonstruktionen wird anhand der Wärmedurchgangskoeffizienten U bei unterschiedlichen Baualter des Gebäudes, siehe Tabelle A.16, abgeleitet.

In Bild A.6 bis Bild A.8 wurde auf die Darstellung der Abdichtung verzichtet.

Tabelle A.16 Energetische Qualität von Außenwänden in Abhängigkeit der Baualtersklasse

Wärmedurchgangskoeffizienten U der Außenwand [W/(m²·K)]								
Baultersklasse								
bis 1918	1919 bis 1948	1949 bis 1957	1958 bis 1968	1969 bis 1978	1979 bis 1983	1984 bis 1994	1995 bis 2001	ab 2002
1,4	1,4	1,4	1,4	1,0	0,80	0,60	0,50	0,40

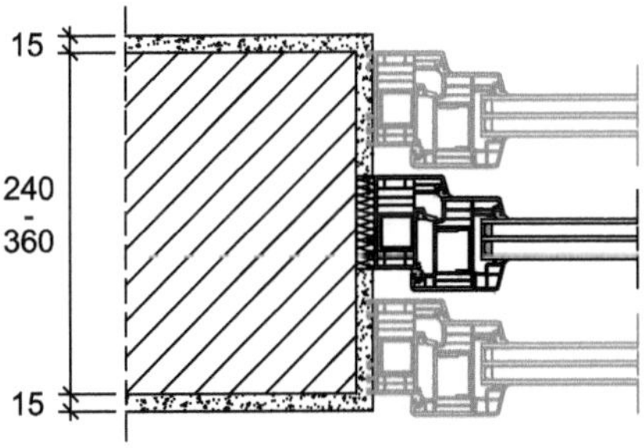

Bild A.6 Bewertete monolithische Anschlüsse mit Darstellung der in Ansatz gebrachten Materialkennwerte und Abmessungen

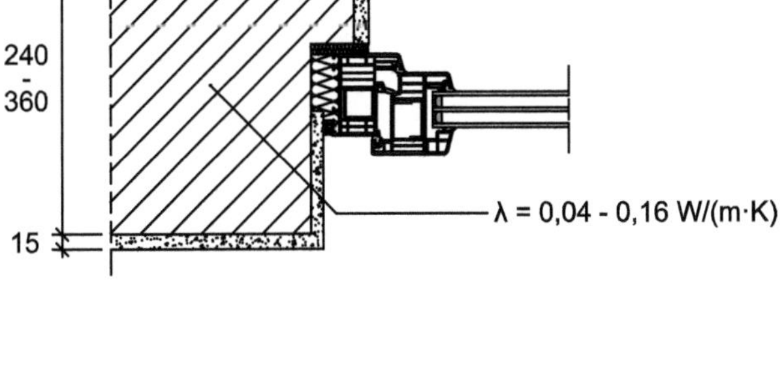

Bild A.7 Bewertete monolithische Anschlüsse mit Darstellung der in Ansatz gebrachten Materialkennwerte und Abmessungen

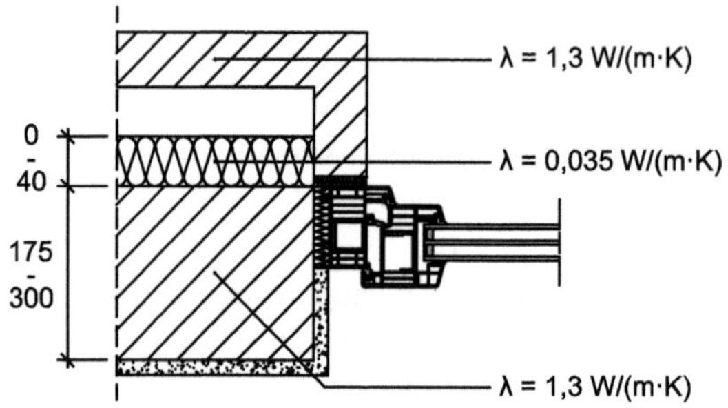

Bild A.8 Bewertete monolithische Anschlüsse mit Darstellung der in Ansatz gebrachten Materialkennwerte und Abmessungen

Für die Erhöhung der raumseitigen Oberflächentemperaturen und die Sicherstellung des Mindestwärmeschutzes nach DIN 4108-2 werden die in Bild A.9 dargestellten Sanierungsmaßnahmen untersucht.

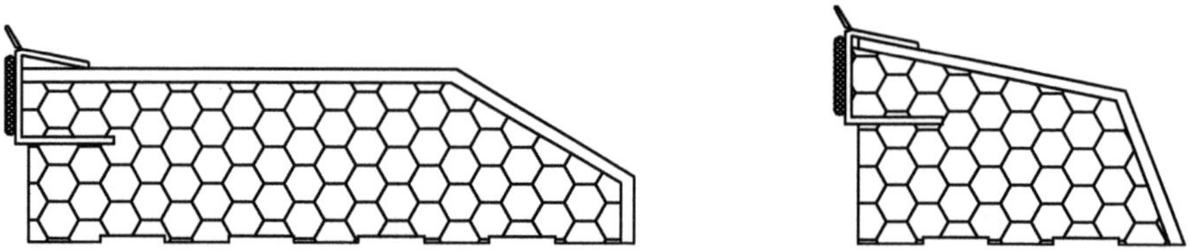

Bild A.9 Sanierleiste, links: für die raumseitige Anwendung, rechts: für die außenseitige Anwendung

1.1.5 Stumpfer Anschlag

Tabelle A.17 Thermische Bewertung von monolithischen Anschlusssituationen bei Variation der Baualtersklasse des Gebäudes, der Dicke d des Mauerwerks und des Materials des Fenstersystems – Laibungsanschluss, Fensterlage außen – ohne Sanierungsmaßnahme

tete Berechnungsvarianten			Temperaturfaktor f_{Rsi} [-] Baualtersklasse								
Skizze	**Dicke d_{MW} [mm]**	**Fenster-system**	**bis 1918**	**1919 bis 1948**	**1949 bis 1957**	**1958 bis 1968**	**1969 bis 1978**	**1979 bis 1983**	**1984 bis 1994**	**1995 bis 2001**	**ab 2002**
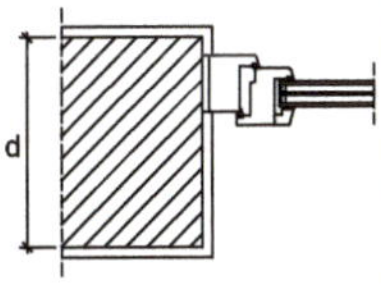	240	Holz	0,64	0,64	0,64	0,64	0,70	0,73	0,76	0,78	0,79
		Kunststoff	0,65	0,65	0,65	0,65	0,71	0,74	0,77	0,78	0,80
		Aluminium	0,70	0,70	0,70	0,70	0,73	0,74	0,76	0,77	0,78
	300	Holz	0,60	0,60	0,60	0,60	0,67	0,70	0,73	0,75	0,76
		Kunststoff	0,60	0,60	0,60	0,60	0,67	0,70	0,74	0,75	0,77
		Aluminium	0,67	0,67	0,67	0,67	0,71	0,73	0,74	0,75	0,76
	365	Holz	0,57	0,57	0,57	0,57	0,64	0,67	0,71	0,72	0,74
		Kunststoff	0,58	0,58	0,58	0,58	0,65	0,68	0,71	0,73	0,75
		Aluminium	0,65	0,65	0,65	0,65	0,69	0,71	0,73	0,74	0,75

Tabelle A.18 Thermische Bewertung von monolithischen Anschlusssituationen bei Variation der Baualtersklasse des Gebäudes, der Dicke d des Mauerwerks und des Materials des Fenstersystems – Laibungsanschluss, Fensterlage außen – mit raumseitiger Sanierungsleiste

Betrachtete Berechnungsvarianten			Temperaturfaktor f_{Rsi} [-] Baualtersklasse								
Skizze	**Dicke d_{MW} [mm]**	**Fenster-system**	**bis 1918**	**1919 bis 1948**	**1949 bis 1957**	**1958 bis 1968**	**1969 bis 1978**	**1979 bis 1983**	**1984 bis 1994**	**1995 bis 2001**	**ab 2002**
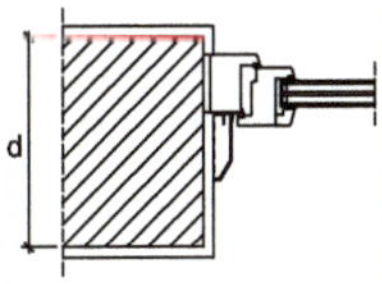	240	Holz	0,77	0,77	0,77	0,77	0,81	0,84	0,86	0,88	0,89
		Kunststoff	0,78	0,78	0,78	0,78	0,82	0,85	0,87	0,88	0,89
		Aluminium	0,79	0,79	0,79	0,79	0,83	0,85	0,88	0,89	0,90
	300	Holz	0,72	0,72	0,72	0,72	0,77	0,80	0,83	0,85	0,86
		Kunststoff	0,74	0,74	0,74	0,74	0,79	0,81	0,84	0,85	0,87
		Aluminium	0,74	0,74	0,74	0,74	0,79	0,82	0,85	0,86	0,88
	365	Holz	0,69	0,69	0,69	0,73	0,78	0,82	0,85	0,87	0,89
		Kunststoff	0,69	0,69	0,69	0,69	0,74	0,77	0,80	0,82	0,84
		Aluminium	0,71	0,71	0,71	0,71	0,76	0,79	0,82	0,84	0,86

Tabelle A.19 Thermische Bewertung von monolithischen Anschlusssituationen bei Variation der Baualtersklasse des Gebäudes, der Dicke d des Mauerwerks und des Materials des Fenstersystems – Laibungsanschluss, Fensterlage mittig – ohne Sanierungsmaßnahme

Betrachtete Berechnungsvarianten			Temperaturfaktor f_{Rsi} [-]								
			Baualtersklasse								
Skizze	Dicke d_{MW} [mm]	Fenster-system	bis 1918	1919 bis 1948	1949 bis 1957	1958 bis 1968	1969 bis 1978	1979 bis 1983	1984 bis 1994	1995 bis 2001	ab 2002
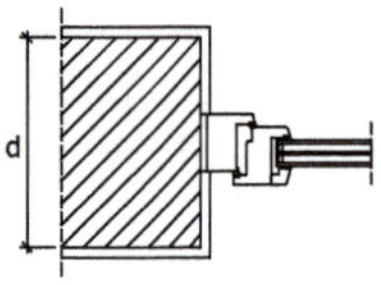	240	Holz	0,68	0,68	0,68	0,68	0,74	0,76	0,79	0,80	0,82
		Kunststoff	0,69	0,69	0,69	0,69	0,74	0,77	0,80	0,81	0,82
		Aluminium	0,72	0,72	0,72	0,72	0,75	0,76	0,78	0,78	0,79
	300	Holz	0,66	0,66	0,66	0,66	0,72	0,74	0,77	0,79	0,80
		Kunststoff	0,66	0,66	0,66	0,66	0,72	0,75	0,78	0,79	0,81
		Aluminium	0,71	0,71	0,71	0,71	0,74	0,75	0,77	0,77	0,78
	365	Holz	0,64	0,64	0,64	0,64	0,70	0,73	0,75	0,77	0,78
		Kunststoff	0,64	0,64	0,64	0,64	0,70	0,73	0,76	0,77	0,79
		Aluminium	0,69	0,69	0,69	0,69	0,73	0,74	0,76	0,77	0,77

Tabelle A.20 Thermische Bewertung von monolithischen Anschlusssituationen bei Variation der Baualtersklasse des Gebäudes, der Dicke d des Mauerwerks und des Materials des Fenstersystems – Laibungsanschluss, Fensterlage mittig – mit raumseitiger Sanierungsleiste

Betrachtete Berechnungsvarianten			Temperaturfaktor f_{Rsi} [-]								
			Baualtersklasse								
Skizze	Dicke d_{MW} [mm]	Fenster-system	bis 1918	1919 bis 1948	1949 bis 1957	1958 bis 1968	1969 bis 1978	1979 bis 1983	1984 bis 1994	1995 bis 2001	ab 2002
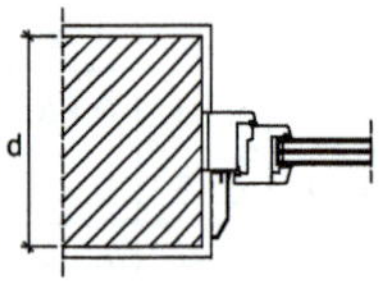	240	Holz	0,80	0,80	0,80	0,80	0,84	0,86	0,88	0,90	0,91
		Kunststoff	0,81	0,81	0,81	0,81	0,85	0,87	0,89	0,90	0,91
		Aluminium	0,82	0,82	0,82	0,82	0,86	0,88	0,90	0,91	0,92
	300	Holz	0,78	0,78	0,78	0,78	0,83	0,85	0,87	0,89	0,90
		Kunststoff	0,78	0,78	0,78	0,78	0,83	0,85	0,88	0,89	0,90
		Aluminium	0,79	0,79	0,79	0,79	0,84	0,86	0,89	0,90	0,91
	365	Holz	0,75	0,75	0,75	0,75	0,80	0,83	0,86	0,87	0,88
		Kunststoff	0,76	0,76	0,76	0,76	0,81	0,83	0,86	0,87	0,89
		Aluminium	0,77	0,77	0,77	0,77	0,82	0,84	0,87	0,88	0,90

Tabelle A.21 Thermische Bewertung von monolithischen Anschlusssituationen bei Variation der Baualtersklasse des Gebäudes, der Dicke d des Mauerwerks und des Materials des Fenstersystems – Laibungsanschluss, Fensterlage mittig – mit raum- und außenseitiger Sanierungsleiste

Betrachtete Berechnungsvarianten			Temperaturfaktor f_{Rsi} [-]								
			Baualtersklasse								
Skizze	Dicke d_{MW} [mm]	Fenster-system	bis 1918	1919 bis 1948	1949 bis 1957	1958 bis 1968	1969 bis 1978	1979 bis 1983	1984 bis 1994	1995 bis 2001	ab 2002
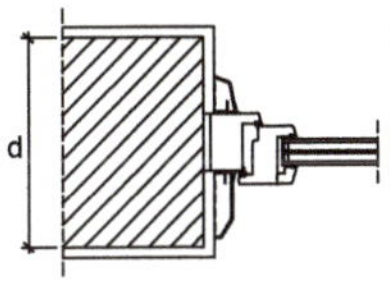	240	Holz	0,81	0,81	0,81	0,81	0,85	0,87	0,89	0,90	0,91
		Kunststoff	0,81	0,81	0,81	0,81	0,85	0,87	0,89	0,90	0,91
		Aluminium	0,82	0,82	0,82	0,82	0,86	0,88	0,90	0,91	0,92
	300	Holz	0,79	0,79	0,79	0,79	0,83	0,86	0,88	0,89	0,90
		Kunststoff	0,79	0,79	0,79	0,79	0,84	0,86	0,88	0,90	0,91
		Aluminium	0,80	0,80	0,80	0,80	0,84	0,87	0,89	0,90	0,91
	365	Holz	0,76	0,76	0,76	0,76	0,81	0,84	0,86	0,88	0,89
		Kunststoff	0,77	0,77	0,77	0,77	0,82	0,84	0,87	0,88	0,89
		Aluminium	0,77	0,77	0,77	0,77	0,82	0,85	0,87	0,89	0,90

Tabelle A.22 Thermische Bewertung von monolithischen Anschlusssituationen bei Variation der Baualtersklasse des Gebäudes, der Dicke d des Mauerwerks und des Materials des Fenstersystems – Laibungsanschluss, Fensterlage innen – ohne Sanierungsmaßnahme

Betrachtete Berechnungsvarianten			Temperaturfaktor f_{Rsi} [-]								
			Baualtersklasse								
Skizze	Dicke d_{MW} [mm]	Fenster-system	bis 1918	1919 bis 1948	1949 bis 1957	1958 bis 1968	1969 bis 1978	1979 bis 1983	1984 bis 1994	1995 bis 2001	ab 2002
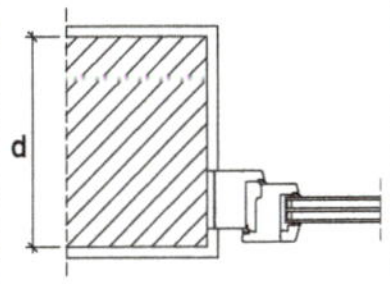	240	Holz	0,71	0,71	0,71	0,71	0,76	0,79	0,81	0,83	0,84
		Kunststoff	0,72	0,72	0,72	0,72	0,77	0,79	0,82	0,83	0,84
		Aluminium	0,74	0,74	0,74	0,74	0,76	0,78	0,79	0,80	0,80
	300	Holz	0,69	0,69	0,69	0,69	0,75	0,77	0,80	0,82	0,83
		Kunststoff	0,69	0,69	0,69	0,69	0,75	0,78	0,81	0,82	0,83
		Aluminium	0,73	0,73	0,73	0,73	0,75	0,77	0,78	0,79	0,80
	365	Holz	0,67	0,67	0,67	0,67	0,73	0,76	0,79	0,81	0,82
		Kunststoff	0,68	0,68	0,68	0,68	0,74	0,77	0,80	0,81	0,82
		Aluminium	0,71	0,71	0,71	0,71	0,75	0,76	0,78	0,79	0,79

Tabelle A.23 Thermische Bewertung von monolithischen Anschlusssituationen bei Variation der Baualtersklasse des Gebäudes, der Dicke d des Mauerwerks und des Materials des Fenstersystems – Sturzanschluss, Fensterlage mittig – ohne Sanierungsmaßnahme

Betrachtete Berechnungsvarianten			Temperaturfaktor f_{Rsi} [-] Baualtersklasse								
Skizze	Dicke d_{MW} [mm]	Fenster-system	bis 1918	1919 bis 1948	1949 bis 1957	1958 bis 1968	1969 bis 1978	1979 bis 1983	1984 bis 1994	1995 bis 2001	ab 2002
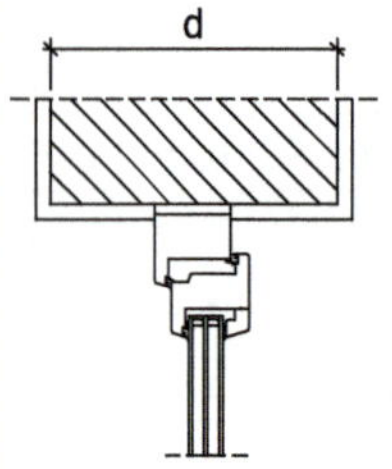	240	Holz	0,66	0,66	0,66	0,66	0,66	0,66	0,66	0,66	0,66
		Kunststoff	0,67	0,67	0,67	0,67	0,67	0,67	0,67	0,67	0,67
		Aluminium	0,72	0,72	0,72	0,72	0,72	0,72	0,72	0,72	0,72
	300	Holz	0,68	0,68	0,68	0,68	0,68	0,68	0,68	0,68	0,68
		Kunststoff	0,68	0,68	0,68	0,68	0,68	0,68	0,68	0,68	0,68
		Aluminium	0,73	0,73	0,73	0,73	0,73	0,73	0,73	0,73	0,73
	365	Holz	0,69	0,69	0,69	0,69	0,69	0,69	0,69	0,69	0,69
		Kunststoff	0,70	0,70	0,70	0,70	0,70	0,70	0,70	0,70	0,70
		Aluminium	0,73	0,73	0,73	0,73	0,73	0,73	0,73	0,73	0,73

Tabelle A.24 Thermische Bewertung von monolithischen Anschlusssituationen bei Variation der Baualtersklasse des Gebäudes, der Dicke d des Mauerwerks und des Materials des Fenstersystems – Sturzanschluss, Fensterlage mittig – mit raumseitiger Sanierungsleiste

Betrachtete Berechnungsvarianten			Temperaturfaktor f_{Rsi} [-] Baualtersklasse								
Skizze	Dicke d_{MW} [mm]	Fenster-system	bis 1918	1919 bis 1948	1949 bis 1957	1958 bis 1968	1969 bis 1978	1979 bis 1983	1984 bis 1994	1995 bis 2001	ab 2002
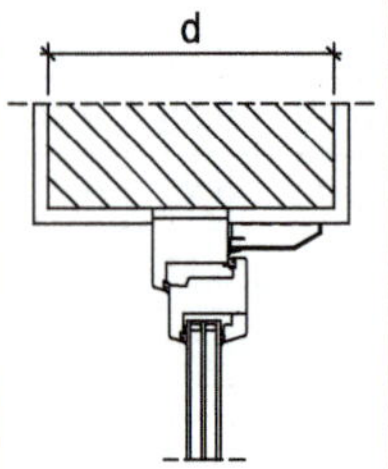	240	Holz	0,70	0,70	0,70	0,70	0,70	0,70	0,70	0,70	0,70
		Kunststoff	0,70	0,70	0,70	0,70	0,71	0,71	0,71	0,71	0,71
		Aluminium	0,72	0,72	0,72	0,73	0,72	0,72	0,72	0,72	0,72
	300	Holz	0,72	0,72	0,72	0,72	0,72	0,72	0,72	0,72	0,72
		Kunststoff	0,73	0,73	0,73	0,73	0,73	0,73	0,73	0,73	0,73
		Aluminium	0,74	0,74	0,74	0,74	0,74	0,74	0,74	0,74	0,74
	365	Holz	0,76	0,76	0,76	0,76	0,76	0,76	0,76	0,76	0,76
		Kunststoff	0,76	0,76	0,76	0,76	0,77	0,77	0,77	0,77	0,77
		Aluminium	0,78	0,78	0,78	0,78	0,78	0,78	0,78	0,78	0,78

Tabelle A.25 Thermische Bewertung von monolithischen Anschlusssituationen bei Variation der Baualtersklasse des Gebäudes, der Dicke d des Mauerwerks und des Materials des Fenstersystems – Sturzanschluss, Fensterlage mittig – mit raum- und außenseitiger Sanierungsleiste

Betrachtete Berechnungsvarianten			Temperaturfaktor f_{Rsi} [-]								
			Baualtersklasse								
Skizze	Dicke d_{MW} [mm]	Fenster-system	bis 1918	1919 bis 1948	1949 bis 1957	1958 bis 1968	1969 bis 1978	1979 bis 1983	1984 bis 1994	1995 bis 2001	ab 2002
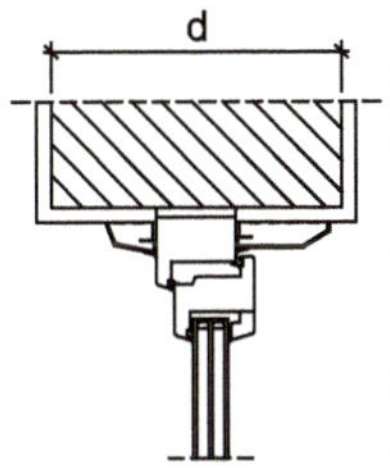	240	Holz	0,70	0,70	0,70	0,70	0,71	0,71	0,71	0,71	0,70
		Kunststoff	0,71	0,71	0,71	0,71	0,71	0,71	0,71	0,71	0,71
		Aluminium	0,72	0,72	0,72	0,72	0,72	0,72	0,72	0,72	0,72
	300	Holz	0,73	0,73	0,73	0,73	0,73	0,73	0,73	0,73	0,73
		Kunststoff	0,73	0,73	0,73	0,73	0,73	0,73	0,73	0,73	0,73
		Aluminium	0,74	0,74	0,74	0,74	0,74	0,74	0,74	0,74	0,74
	365	Holz	0,76	0,76	0,76	0,76	0,76	0,77	0,77	0,77	0,76
		Kunststoff	0,77	0,77	0,77	0,77	0,77	0,77	0,77	0,77	0,77
		Aluminium	0,78	0,78	0,78	0,78	0,78	0,78	0,78	0,78	0,78

Tabelle A.26 Thermische Bewertung von monolithischen Anschlusssituationen bei Variation der Baualtersklasse des Gebäudes, der Dicke d des Mauerwerks und des Materials des Fenstersystems – Sturzanschluss, Fensterlage außen – ohne Sanierungsmaßnahme

Betrachtete Berechnungsvarianten			Temperaturfaktor f_{Rsi} [-]								
			Baualtersklasse								
Skizze	Dicke d_{MW} [mm]	Fenster-system	bis 1918	1919 bis 1948	1949 bis 1957	1958 bis 1968	1969 bis 1978	1979 bis 1983	1984 bis 1994	1995 bis 2001	ab 2002
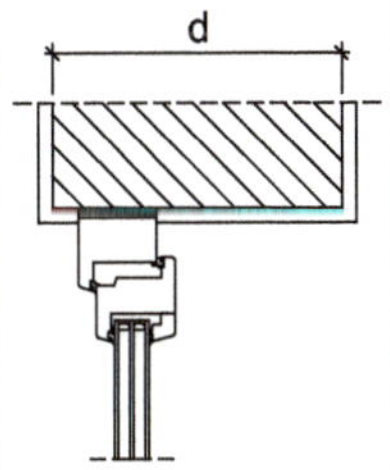	240	Holz	0,71	0,71	0,71	0,71	0,71	0,71	0,71	0,71	0,71
		Kunststoff	0,71	0,71	0,71	0,71	0,71	0,71	0,71	0,71	0,71
		Aluminium	0,74	0,74	0,74	0,74	0,74	0,74	0,74	0,74	0,74
	300	Holz	0,71	0,71	0,71	0,71	0,71	0,71	0,71	0,71	0,71
		Kunststoff	0,71	0,71	0,71	0,71	0,71	0,71	0,71	0,71	0,71
		Aluminium	0,74	0,74	0,74	0,74	0,74	0,74	0,74	0,74	0,74
	365	Holz	0,70	0,70	0,70	0,70	0,70	0,71	0,71	0,71	0,71
		Kunststoff	0,71	0,71	0,71	0,71	0,71	0,71	0,71	0,71	0,71
		Aluminium	0,73	0,73	0,73	0,73	0,73	0,73	0,73	0,73	0,74

Tabelle A.27 Thermische Bewertung von monolithischen Anschlusssituationen bei Variation der Baualtersklasse des Gebäudes, der Dicke d des Mauerwerks und des Materials des Fenstersystems – Sturzanschluss, Fensterlage außen – mit raumseitiger Sanierungsleiste

Betrachtete Berechnungsvarianten			**Temperaturfaktor f_{Rsi} [-]**								
			Baualtersklasse								
Skizze	**Dicke d_{MW} [mm]**	**Fenstersystem**	**bis 1918**	**1919 bis 1948**	**1949 bis 1957**	**1958 bis 1968**	**1969 bis 1978**	**1979 bis 1983**	**1984 bis 1994**	**1995 bis 2001**	**ab 2002**
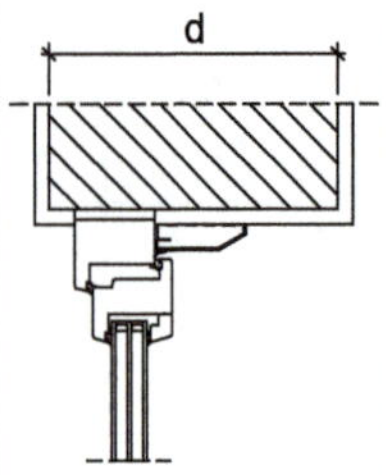	240	Holz	0,73	0,73	0,73	0,73	0,73	0,73	0,73	0,73	0,73
		Kunststoff	0,73	0,73	0,73	0,73	0,73	0,73	0,73	0,73	0,73
		Aluminium	0,75	0,75	0,75	0,75	0,75	0,75	0,75	0,75	0,75
	300	Holz	0,75	0,75	0,75	0,75	0,75	0,75	0,75	0,75	0,75
		Kunststoff	0,75	0,75	0,75	0,75	0,75	0,75	0,75	0,75	0,75
		Aluminium	0,77	0,77	0,77	0,77	0,77	0,77	0,77	0,77	0,77
	365	Holz	0,75	0,75	0,75	0,75	0,75	0,75	0,75	0,75	0,75
		Kunststoff	0,75	0,75	0,75	0,75	0,76	0,76	0,76	0,76	0,76
		Aluminium	0,77	0,77	0,77	0,77	0,77	0,77	0,77	0,77	0,77

Tabelle A.28 Thermische Bewertung von monolithischen Anschlusssituationen bei Variation der Baualtersklasse des Gebäudes, der Dicke d des Mauerwerks und des Materials des Fenstersystems – Sturzanschluss, Fensterlage innen – ohne Sanierungsmaßnahme

Betrachtete Berechnungsvarianten			**Temperaturfaktor f_{Rsi} [-]**								
			Baualtersklasse								
Skizze	**Dicke d_{MW} [mm]**	**Fenstersystem**	**bis 1918**	**1919 bis 1948**	**1949 bis 1957**	**1958 bis 1968**	**1969 bis 1978**	**1979 bis 1983**	**1984 bis 1994**	**1995 bis 2001**	**ab 2002**
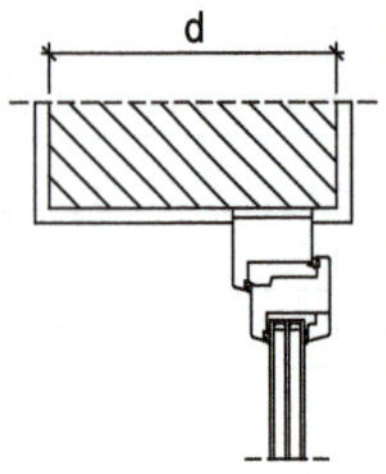	240	Holz	0,66	0,66	0,66	0,66	0,66	0,66	0,66	0,66	0,66
		Kunststoff	0,67	0,67	0,67	0,67	0,67	0,67	0,67	0,67	0,67
		Aluminium	0,72	0,72	0,72	0,72	0,72	0,72	0,72	0,72	0,72
	300	Holz	0,68	0,68	0,68	0,68	0,68	0,68	0,68	0,68	0,68
		Kunststoff	0,68	0,68	0,68	0,68	0,68	0,68	0,68	0,68	0,68
		Aluminium	0,73	0,73	0,73	0,73	0,73	0,73	0,73	0,73	0,73
	365	Holz	0,69	0,69	0,69	0,69	0,69	0,69	0,69	0,69	0,69
		Kunststoff	0,70	0,70	0,70	0,70	0,70	0,70	0,70	0,70	0,70
		Aluminium	0,73	0,73	0,73	0,73	0,73	0,73	0,73	0,73	0,73

Tabelle A.29 Thermische Bewertung von monolithischen Anschlusssituationen bei Variation der Baualtersklasse des Gebäudes, der Dicke d des Mauerwerks und des Materials des Fenstersystems – Brüstungsanschluss, Fensterlage außen – ohne Sanierungsmaßnahme

Betrachtete Berechnungsvarianten			Temperaturfaktor f_{Rsi} [-]								
			Baualtersklasse								
Skizze	Dicke d_{MW} [mm]	Fenster-system	bis 1918	1919 bis 1948	1949 bis 1957	1958 bis 1968	1969 bis 1978	1979 bis 1983	1984 bis 1994	1995 bis 2001	ab 2002
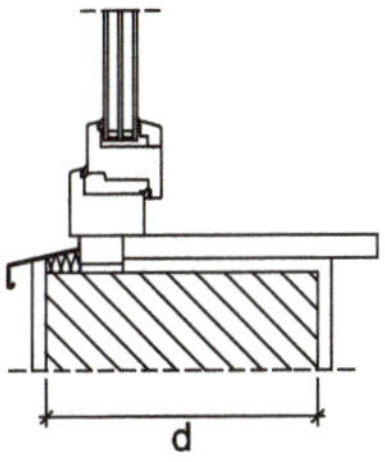	240	Holz	0,71	0,71	0,71	0,71	0,76	0,78	0,80	0,81	0,83
		Kunststoff	0,68	0,68	0,68	0,68	0,73	0,75	0,78	0,79	0,80
		Aluminium	0,72	0,72	0,72	0,72	0,74	0,75	0,77	0,77	0,78
	300	Holz	0,67	0,67	0,67	0,67	0,72	0,74	0,77	0,78	0,80
		Kunststoff	0,64	0,64	0,64	0,64	0,70	0,73	0,75	0,77	0,78
		Aluminium	0,69	0,69	0,69	0,69	0,72	0,74	0,75	0,76	0,77
	365	Holz	0,63	0,63	0,63	0,63	0,69	0,72	0,75	0,77	0,79
		Kunststoff	0,61	0,61	0,61	0,61	0,67	0,70	0,73	0,75	0,76
		Aluminium	0,67	0,67	0,67	0,67	0,71	0,72	0,74	0,75	0,76

Tabelle A.30 Thermische Bewertung von monolithischen Anschlusssituationen bei Variation der Baualtersklasse des Gebäudes, der Dicke d des Mauerwerks und des Materials des Fenstersystems – Brüstungsanschluss, Fensterlage mittig – ohne Sanierungsmaßnahme

Betrachtete Berechnungsvarianten			Temperaturfaktor f_{Rsi} [-]								
			Baualtersklasse								
Skizze	Dicke d_{MW} [mm]	Fenster-system	bis 1918	1919 bis 1948	1949 bis 1957	1958 bis 1968	1969 bis 1978	1979 bis 1983	1984 bis 1994	1995 bis 2001	ab 2002
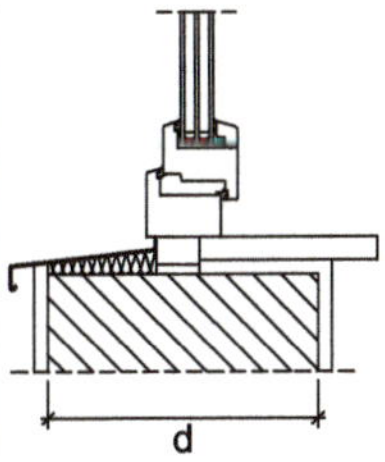	240	Holz	0,76	0,76	0,76	0,76	0,79	0,80	0,82	0,83	0,83
		Kunststoff	0,73	0,73	0,73	0,73	0,77	0,79	0,81	0,82	0,83
		Aluminium	0,75	0,75	0,75	0,75	0,77	0,78	0,79	0,79	0,79
	300	Holz	0,74	0,74	0,74	0,74	0,78	0,80	0,82	0,83	0,84
		Kunststoff	0,71	0,71	0,71	0,71	0,75	0,78	0,80	0,81	0,82
		Aluminium	0,74	0,74	0,74	0,74	0,76	0,77	0,78	0,78	0,79
	365	Holz	0,72	0,72	0,72	0,72	0,76	0,78	0,80	0,81	0,82
		Kunststoff	0,69	0,69	0,69	0,69	0,74	0,76	0,78	0,79	0,81
		Aluminium	0,73	0,73	0,73	0,73	0,75	0,76	0,77	0,78	0,78

Tabelle A.31 Thermische Bewertung von monolithischen Anschlusssituationen bei Variation der Baualtersklasse des Gebäudes, der Dicke d des Mauerwerks und des Materials des Fenstersystems – Brüstungsanschluss, Fensterlage innen – ohne Sanierungsmaßnahme

Betrachtete Berechnungsvarianten			Temperaturfaktor f_{Rsi} [-]								
			Baualtersklasse								
Skizze	Dicke d_{MW} [mm]	Fenster-system	bis 1918	1919 bis 1948	1949 bis 1957	1958 bis 1968	1969 bis 1978	1979 bis 1983	1984 bis 1994	1995 bis 2001	ab 2002
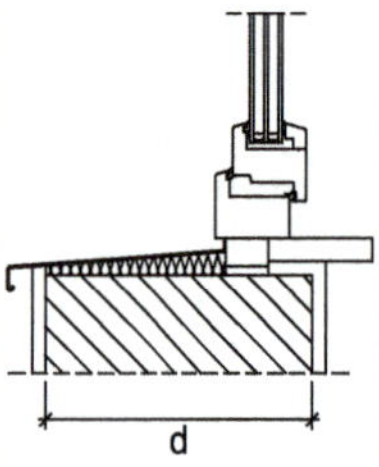	240	Holz	0,81	0,81	0,81	0,81	0,83	0,84	0,85	0,86	0,87
		Kunststoff	0,78	0,78	0,78	0,78	0,81	0,82	0,84	0,84	0,85
		Aluminium	0,77	0,77	0,77	0,77	0,79	0,79	0,80	0,80	0,80
	300	Holz	0,79	0,79	0,79	0,79	0,82	0,83	0,85	0,85	0,86
		Kunststoff	0,77	0,77	0,77	0,77	0,80	0,81	0,83	0,83	0,84
		Aluminium	0,77	0,77	0,77	0,77	0,79	0,79	0,80	0,80	0,80
	365	Holz	0,79	0,79	0,79	0,79	0,81	0,83	0,84	0,85	0,86
		Kunststoff	0,77	0,77	0,77	0,77	0,80	0,81	0,83	0,84	0,84
		Aluminium	0,77	0,77	0,77	0,77	0,78	0,79	0,80	0,80	0,80

1.1.6 Innenanschlag

Tabelle A.32 Thermische Bewertung von monolithischen Anschlusssituationen bei Variation der Baualtersklasse des Gebäudes, der Dicke d des Mauerwerks und des Materials des Fenstersystems – Laibungsanschluss, Fensterlage gegen Innenanschlag – ohne Sanierungsmaßnahme

Betrachtete Berechnungsvarianten			Temperaturfaktor f_{Rsi} [-]								
			Baualtersklasse								
Skizze	Dicke d_{MW} [mm]	Fenster-system	bis 1918	1919 bis 1948	1949 bis 1957	1958 bis 1968	1969 bis 1978	1979 bis 1983	1984 bis 1994	1995 bis 2001	ab 2002
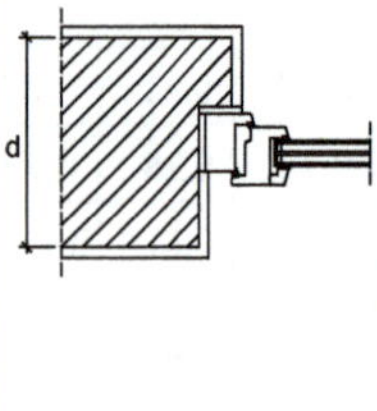	240	Holz	0,73	0,73	0,73	0,73	0,78	0,81	0,83	0,84	0,86
		Kunststoff	0,73	0,73	0,73	0,73	0,78	0,81	0,83	0,85	0,86
		Aluminium	0,74	0,74	0,74	0,74	0,77	0,78	0,79	0,80	0,81
	300	Holz	0,68	0,68	0,68	0,68	0,74	0,77	0,80	0,81	0,83
		Kunststoff	0,69	0,69	0,69	0,69	0,74	0,77	0,80	0,81	0,83
		Aluminium	0,72	0,72	0,72	0,72	0,75	0,76	0,78	0,79	0,79
	365	Holz	0,64	0,64	0,64	0,64	0,71	0,74	0,77	0,79	0,80
		Kunststoff	0,65	0,65	0,65	0,65	0,71	0,74	0,77	0,79	0,80
		Aluminium	0,70	0,70	0,70	0,70	0,73	0,75	0,76	0,77	0,78

Tabelle A.33 Thermische Bewertung von monolithischen Anschlusssituationen bei Variation der Baualtersklasse des Gebäudes, der Dicke d des Mauerwerks und des Materials des Fenstersystems – Laibungsanschluss, Fensterlage gegen Innenanschlag – mit raumseitiger Sanierungsleiste

Betrachtete Berechnungsvarianten			Temperaturfaktor f_{Rsi} [-]								
			Baualtersklasse								
Skizze	Dicke d_{MW} [mm]	Fenster-system	bis 1918	1919 bis 1948	1949 bis 1957	1958 bis 1968	1969 bis 1978	1979 bis 1983	1984 bis 1994	1995 bis 2001	ab 2002
	240	Holz	0,80	0,80	0,80	0,80	0,84	0,87	0,89	0,90	0,91
		Kunststoff	0,80	0,80	0,80	0,80	0,85	0,87	0,89	0,90	0,91
		Aluminium	0,82	0,82	0,82	0,82	0,85	0,87	0,89	0,90	0,91
	300	Holz	0,79	0,79	0,79	0,79	0,84	0,86	0,89	0,90	0,91
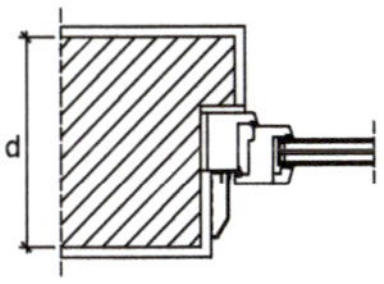 d		Kunststoff	0,79	0,79	0,79	0,79	0,84	0,86	0,89	0,90	0,91
		Aluminium	0,80	0,80	0,80	0,80	0,85	0,87	0,89	0,90	0,91
	365	Holz	0,75	0,75	0,75	0,75	0,80	0,83	0,85	0,87	0,88
		Kunststoff	0,75	0,75	0,75	0,75	0,80	0,83	0,86	0,87	0,89
		Aluminium	0,76	0,76	0,76	0,76	0,81	0,84	0,86	0,88	0,89

Tabelle A.34 Thermische Bewertung von monolithischen Anschlusssituationen bei Variation der Baualtersklasse des Gebäudes, der Dicke d des Mauerwerks und des Materials des Fenstersystems – Sturzanschluss, Fensterlage gegen Innenanschlag – ohne Sanierungsmaßnahme

Betrachtete Berechnungsvarianten			Temperaturfaktor f_{Rsi} [-]								
			Baualtersklasse								
Skizze	Dicke d_{MW} [mm]	Fenster-system	bis 1918	1919 bis 1948	1949 bis 1957	1958 bis 1968	1969 bis 1978	1979 bis 1983	1984 bis 1994	1995 bis 2001	ab 2002
	240	Holz	0,70	0,70	0,70	0,70	0,70	0,70	0,70	0,70	0,70
		Kunststoff	0,70	0,70	0,70	0,70	0,70	0,70	0,70	0,70	0,70
		Aluminium	0,74	0,74	0,74	0,74	0,73	0,73	0,73	0,73	0,73
	300	Holz	0,73	0,73	0,73	0,73	0,73	0,73	0,73	0,73	0,73
d 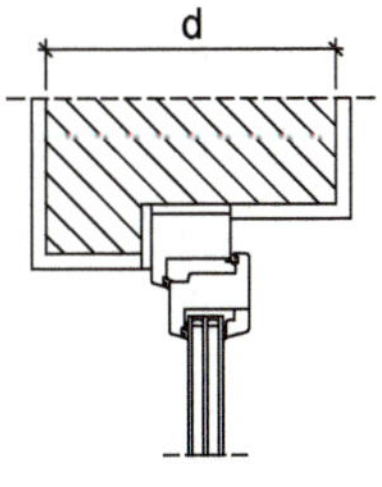		Kunststoff	0,73	0,73	0,73	0,73	0,73	0,73	0,73	0,73	0,73
		Aluminium	0,75	0,75	0,75	0,75	0,75	0,75	0,75	0,75	0,75
	365	Holz	0,73	0,73	0,73	0,73	0,73	0,73	0,73	0,73	0,73
		Kunststoff	0,73	0,73	0,73	0,73	0,73	0,73	0,73	0,73	0,73
		Aluminium	0,75	0,75	0,75	0,75	0,75	0,75	0,75	0,75	0,75

Tabelle A.35 Thermische Bewertung von monolithischen Anschlusssituationen bei Variation der Baualtersklasse des Gebäudes, der Dicke d des Mauerwerks und des Materials des Fenstersystems – Sturzanschluss, Fensterlage gegen Innenanschlag – mit raumseitiger Sanierungsleiste

Betrachtete Berechnungsvarianten			**Temperaturfaktor f_{Rsi} [-]** – **Baualtersklasse**								
Skizze	**Dicke d_{MW} [mm]**	**Fenster-system**	**bis 1918**	**1919 bis 1948**	**1949 bis 1957**	**1958 bis 1968**	**1969 bis 1978**	**1979 bis 1983**	**1984 bis 1994**	**1995 bis 2001**	**ab 2002**
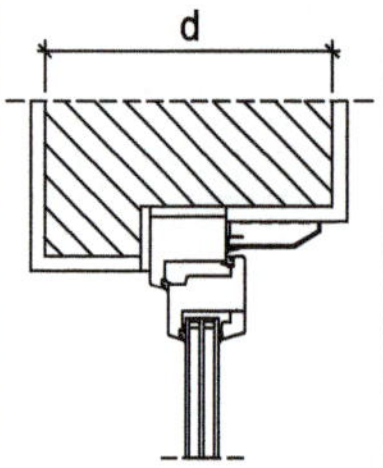 	240	Holz	0,69	0,69	0,69	0,69	0,69	0,69	0,69	0,69	0,69
		Kunststoff	0,69	0,69	0,69	0,69	0,69	0,69	0,69	0,69	0,69
		Aluminium	0,71	0,71	0,71	0,71	0,71	0,71	0,71	0,71	0,71
	300	Holz	0,72	0,72	0,72	0,72	0,72	0,72	0,72	0,72	0,72
		Kunststoff	0,72	0,72	0,72	0,72	0,72	0,72	0,72	0,72	0,72
		Aluminium	0,73	0,73	0,73	0,73	0,73	0,74	0,74	0,73	0,73
	365	Holz	0,76	0,76	0,76	0,76	0,76	0,76	0,76	0,76	0,76
		Kunststoff	0,76	0,76	0,76	0,76	0,77	0,77	0,77	0,77	0,76
		Aluminium	0,78	0,78	0,78	0,78	0,78	0,78	0,78	0,78	0,78

Tabelle A.36 Thermische Bewertung von monolithischen Anschlusssituationen bei Variation der Baualtersklasse des Gebäudes, der Dicke d des Mauerwerks und des Materials des Fenstersystems – Brüstungsanschluss, Fensterlage gegen Innenanschlag – ohne Sanierungsmaßnahme

Betrachtete Berechnungsvarianten			**Temperaturfaktor f_{Rsi} [-]** – **Baualtersklasse**								
Skizze	**Dicke d_{MW} [mm]**	**Fenster-system**	**bis 1918**	**1919 bis 1948**	**1949 bis 1957**	**1958 bis 1968**	**1969 bis 1978**	**1979 bis 1983**	**1984 bis 1994**	**1995 bis 2001**	**ab 2002**
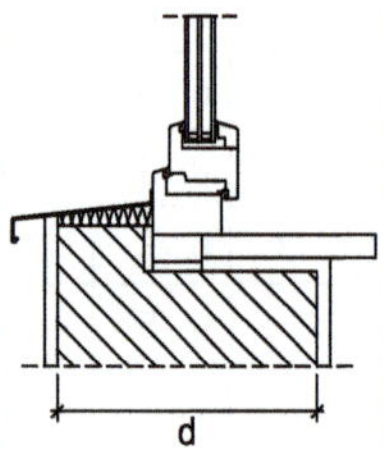 	240	Holz	0,78	0,78	0,78	0,78	0,81	0,82	0,84	0,85	0,86
		Kunststoff	0,75	0,75	0,75	0,75	0,79	0,80	0,82	0,83	0,84
		Aluminium	0,76	0,76	0,76	0,76	0,78	0,78	0,79	0,80	0,80
	300	Holz	0,73	0,73	0,73	0,73	0,78	0,80	0,82	0,83	0,84
		Kunststoff	0,71	0,71	0,71	0,71	0,75	0,78	0,80	0,81	0,82
		Aluminium	0,74	0,74	0,74	0,74	0,76	0,77	0,78	0,78	0,79
	365	Holz	0,70	0,70	0,70	0,70	0,74	0,77	0,79	0,80	0,82
		Kunststoff	0,67	0,67	0,67	0,67	0,72	0,75	0,77	0,78	0,80
		Aluminium	0,71	0,71	0,71	0,71	0,74	0,75	0,77	0,77	0,78

1.1.7 Klinkervorsatzschale

Tabelle A.37 Thermische Bewertung von Außenwandkonstruktionen mit Klinkervorsatzschale ohne Dämmung bei Variation der Baualtersklasse des Gebäudes, der Dicke d des Mauerwerks und des Materials des Fenstersystems – Laibungsanschluss, Fensterlage außen – ohne Sanierungsmaßnahme

Betrachtete Berechnungsvarianten			Temperaturfaktor f_{Rsi} [-] – Baualtersklasse								
Skizze	Dicke d_{MW} [mm]	Fenster-system	bis 1918	1919 bis 1948	1949 bis 1957	1958 bis 1968	1969 bis 1978	1979 bis 1983	1984 bis 1994	1995 bis 2001	ab 2002
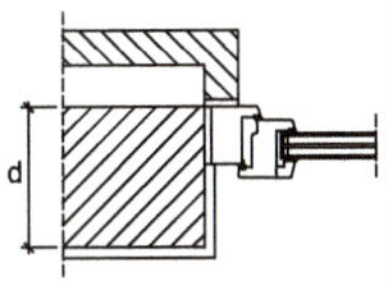	175	Holz	0,77	0,77	0,77	0,77	0,78	0,79	0,79	0,80	0,80
		Kunststoff	0,77	0,77	0,77	0,77	0,78	0,79	0,80	0,80	0,81
		Aluminium	0,77	0,77	0,77	0,77	0,77	0,77	0,77	0,77	0,77
	240	Holz	0,76	0,76	0,76	0,76	0,77	0,77	0,77	0,77	0,78
		Kunststoff	0,76	0,76	0,76	0,76	0,77	0,77	0,78	0,78	0,78
		Aluminium	0,76	0,76	0,76	0,76	0,76	0,76	0,76	0,76	0,76
	300	Holz	0,75	0,75	0,75	0,75	0,75	0,76	0,76	0,76	0,76
		Kunststoff	0,76	0,76	0,76	0,76	0,76	0,76	0,76	0,76	0,76
		Aluminium	0,76	0,76	0,76	0,76	0,76	0,76	0,75	0,75	0,75

Tabelle A.38 Thermische Bewertung von Außenwandkonstruktionen mit Klinkervorsatzschale ohne Dämmung bei Variation der Baualtersklasse des Gebäudes, der Dicke d des Mauerwerks und des Materials des Fenstersystems – Laibungsanschluss, Fensterlage außen – mit raumseitiger Sanierungsmaßnahme

Betrachtete Berechnungsvarianten			Temperaturfaktor f_{Rsi} [-] – Baualtersklasse								
Skizze	Dicke d_{MW} [mm]	Fenster-system	bis 1918	1919 bis 1948	1949 bis 1957	1958 bis 1968	1969 bis 1978	1979 bis 1983	1984 bis 1994	1995 bis 2001	ab 2002
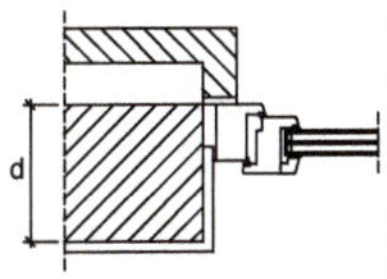	175	Holz	0,77	0,77	0,77	0,77	0,78	0,79	0,79	0,80	0,80
		Kunststoff	0,77	0,77	0,77	0,77	0,78	0,79	0,80	0,80	0,81
		Aluminium	0,77	0,77	0,77	0,77	0,77	0,77	0,77	0,77	0,77
	240	Holz	0,76	0,76	0,76	0,76	0,77	0,77	0,77	0,77	0,78
		Kunststoff	0,76	0,76	0,76	0,76	0,77	0,77	0,78	0,78	0,78
		Aluminium	0,76	0,76	0,76	0,76	0,76	0,76	0,76	0,76	0,76
	300	Holz	0,75	0,75	0,75	0,75	0,75	0,76	0,76	0,76	0,76
		Kunststoff	0,76	0,76	0,76	0,76	0,76	0,76	0,76	0,76	0,76
		Aluminium	0,76	0,76	0,76	0,76	0,76	0,76	0,75	0,75	0,75

Tabelle A.39 Thermische Bewertung von Außenwandkonstruktionen mit Klinkervorsatzschale mit 20 mm Dämmung bei Variation der Baualtersklasse des Gebäudes, der Dicke d des Mauerwerks und des Materials des Fenstersystems – Laibungsanschluss, Fensterlage außen – ohne Sanierungsmaßnahme

Betrachtete Berechnungsvarianten			Temperaturfaktor f_{Rsi} [-] Baualtersklasse								
Skizze	Dicke d_{MW} [mm]	Fenster-system	bis 1918	1919 bis 1948	1949 bis 1957	1958 bis 1968	1969 bis 1978	1979 bis 1983	1984 bis 1994	1995 bis 2001	ab 2002
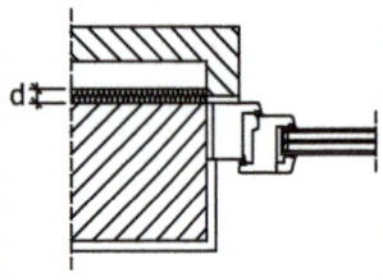	175	Holz	0,83	0,83	0,83	0,83	0,83	0,83	0,83	0,83	0,83
		Kunststoff	0,83	0,83	0,83	0,83	0,83	0,83	0,83	0,83	0,83
		Aluminium	0,81	0,81	0,81	0,81	0,80	0,80	0,80	0,80	0,80
	240	Holz	0,82	0,82	0,82	0,82	0,82	0,82	0,82	0,82	0,82
		Kunststoff	0,82	0,82	0,82	0,82	0,82	0,82	0,82	0,82	0,82
		Aluminium	0,80	0,80	0,80	0,80	0,80	0,80	0,79	0,79	0,79
	300	Holz	0,82	0,82	0,82	0,82	0,81	0,81	0,81	0,81	0,80
		Kunststoff	0,82	0,82	0,82	0,82	0,82	0,81	0,81	0,81	0,81
		Aluminium	0,80	0,80	0,80	0,80	0,80	0,79	0,79	0,79	0,79

Tabelle A.40 Thermische Bewertung von Außenwandkonstruktionen mit Klinkervorsatzschale mit 20 mm Dämmung bei Variation der Baualtersklasse des Gebäudes, der Dicke d des Mauerwerks und des Materials des Fenstersystems – Laibungsanschluss, Fensterlage außen – mit raumseitiger Sanierungsmaßnahme

Betrachtete Berechnungsvarianten			Temperaturfaktor f_{Rsi} [-] Baualtersklasse								
Skizze	Dicke d_{MW} [mm]	Fenster-system	bis 1918	1919 bis 1948	1949 bis 1957	1958 bis 1968	1969 bis 1978	1979 bis 1983	1984 bis 1994	1995 bis 2001	ab 2002
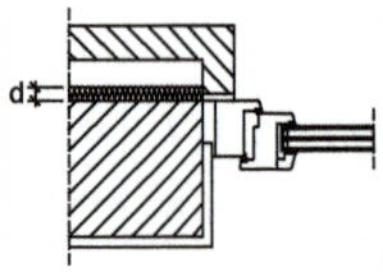	175	Holz	0,89	0,89	0,89	0,89	0,90	0,90	0,91	0,91	0,91
		Kunststoff	0,89	0,89	0,89	0,90	0,90	0,91	0,91	0,91	0,92
		Aluminium	0,89	0,89	0,89	0,90	0,90	0,91	0,91	0,92	0,92
	240	Holz	0,87	0,87	0,87	0,88	0,88	0,88	0,89	0,89	0,89
		Kunststoff	0,88	0,88	0,88	0,88	0,88	0,89	0,89	0,89	0,90
		Aluminium	0,88	0,88	0,88	0,88	0,89	0,89	0,90	0,90	0,90
	300	Holz	0,87	0,87	0,87	0,87	0,87	0,87	0,87	0,88	0,88
		Kunststoff	0,87	0,87	0,87	0,87	0,87	0,87	0,88	0,88	0,88
		Aluminium	0,87	0,87	0,87	0,87	0,87	0,88	0,88	0,89	0,89

Tabelle A.41 Thermische Bewertung von Außenwandkonstruktionen mit Klinkervorsatzschale mit 40 mm Dämmung bei Variation der Baualtersklasse des Gebäudes, der Dicke d des Mauerwerks und des Materials des Fenstersystems – Laibungsanschluss, Fensterlage außen – ohne Sanierungsmaßnahme

Betrachtete Berechnungsvarianten			Temperaturfaktor f_{Rsi} [-]								
			Baualtersklasse								
Skizze	Dicke d_{MW} [mm]	Fenster-system	bis 1918	1919 bis 1948	1949 bis 1957	1958 bis 1968	1969 bis 1978	1979 bis 1983	1984 bis 1994	1995 bis 2001	ab 2002
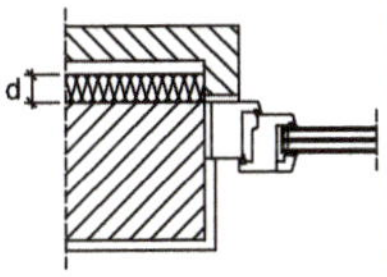	175	Holz	0,85	0,85	0,85	0,85	0,85	0,85	0,85	0,84	0,84
		Kunststoff	0,85	0,85	0,85	0,85	0,85	0,85	0,85	0,85	0,85
		Aluminium	0,82	0,82	0,82	0,82	0,81	0,81	0,81	0,81	0,80
	240	Holz	0,85	0,85	0,85	0,85	0,84	0,84	0,84	0,83	0,83
		Kunststoff	0,85	0,85	0,85	0,85	0,84	0,84	0,84	0,84	0,84
		Aluminium	0,82	0,82	0,82	0,82	0,81	0,81	0,80	0,80	0,80
	300	Holz	0,85	0,85	0,85	0,85	0,84	0,83	0,83	0,83	0,82
		Kunststoff	0,85	0,85	0,85	0,85	0,84	0,84	0,83	0,83	0,83
		Aluminium	0,82	0,82	0,82	0,82	0,81	0,81	0,80	0,80	0,80

Tabelle A.42 Thermische Bewertung von Außenwandkonstruktionen mit Klinkervorsatzschale mit 40 mm Dämmung bei Variation der Baualtersklasse des Gebäudes, der Dicke d des Mauerwerks und des Materials des Fenstersystems – Laibungsanschluss, Fensterlage außen – mit raumseitiger Sanierungsmaßnahme

Betrachtete Berechnungsvarianten			Temperaturfaktor f_{Rsi} [-]								
			Baualtersklasse								
Skizze	Dicke d_{MW} [mm]	Fenster-system	bis 1918	1919 bis 1948	1949 bis 1957	1958 bis 1968	1969 bis 1978	1979 bis 1983	1984 bis 1994	1995 bis 2001	ab 2002
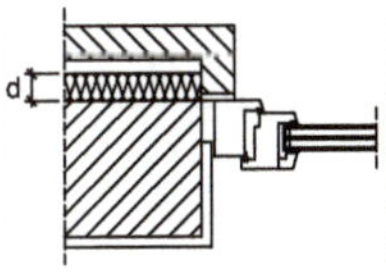	175	Holz	0,90	0,90	0,90	0,91	0,91	0,91	0,92	0,92	0,92
		Kunststoff	0,91	0,91	0,91	0,91	0,92	0,92	0,92	0,92	0,93
		Aluminium	0,90	0,90	0,90	0,91	0,91	0,92	0,92	0,92	0,92
	240	Holz	0,90	0,90	0,90	0,89	0,90	0,90	0,90	0,90	0,90
		Kunststoff	0,90	0,90	0,90	0,90	0,90	0,90	0,90	0,90	0,91
		Aluminium	0,89	0,89	0,89	0,90	0,90	0,90	0,91	0,91	0,91
	300	Holz	0,89	0,89	0,89	0,89	0,89	0,89	0,89	0,89	0,89
		Kunststoff	0,89	0,89	0,89	0,89	0,89	0,89	0,89	0,89	0,90
		Aluminium	0,89	0,89	0,89	0,89	0,89	0,89	0,89	0,90	0,90

Tabelle A.43 Thermische Bewertung von Außenwandkonstruktionen mit Klinkervorsatzschale ohne Dämmung bei Variation der Baualtersklasse des Gebäudes, der Dicke d des Mauerwerks und des Materials des Fenstersystems – Sturzanschluss, Fensterlage außen – ohne Sanierungsmaßnahme

Betrachtete Berechnungsvarianten			**Temperaturfaktor f_{Rsi} [-]**								
			Baualtersklasse								
Skizze	**Dicke d_{MW} [mm]**	**Fenster-system**	**bis 1918**	**1919 bis 1948**	**1949 bis 1957**	**1958 bis 1968**	**1969 bis 1978**	**1979 bis 1983**	**1984 bis 1994**	**1995 bis 2001**	**ab 2002**
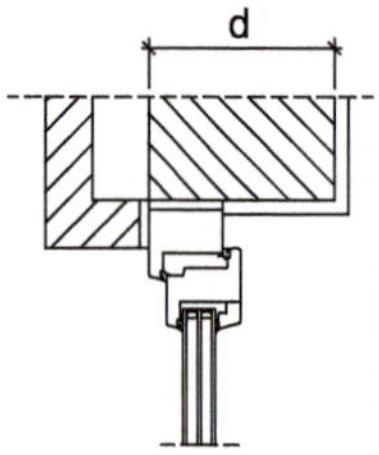	175	Holz	0,76	0,76	0,76	0,76	0,73	0,71	0,70	0,69	0,68
		Kunststoff	0,76	0,76	0,76	0,76	0,73	0,71	0,70	0,69	0,68
		Aluminium	0,76	0,76	0,76	0,76	0,74	0,73	0,72	0,72	0,71
	240	Holz	0,76	0,76	0,76	0,76	0,73	0,71	0,70	0,69	0,68
		Kunststoff	0,76	0,76	0,76	0,76	0,73	0,72	0,70	0,69	0,69
		Aluminium	0,76	0,76	0,76	0,76	0,74	0,73	0,72	0,72	0,71
	300	Holz	0,76	0,76	0,76	0,76	0,73	0,71	0,70	0,69	0,69
		Kunststoff	0,76	0,76	0,76	0,76	0,73	0,72	0,70	0,70	0,69
		Aluminium	0,76	0,76	0,76	0,76	0,74	0,73	0,72	0,72	0,72

Tabelle A.44 Thermische Bewertung von Außenwandkonstruktionen mit Klinkervorsatzschale ohne Dämmung bei Variation der Baualtersklasse des Gebäudes, der Dicke d des Mauerwerks und des Materials des Fenstersystems – Sturzanschluss, Fensterlage außen – mit raumseitiger Sanierungsmaßnahme

Betrachtete Berechnungsvarianten			**Temperaturfaktor f_{Rsi} [-]**								
			Baualtersklasse								
Skizze	**Dicke d_{MW} [mm]**	**Fenster-system**	**bis 1918**	**1919 bis 1948**	**1949 bis 1957**	**1958 bis 1968**	**1969 bis 1978**	**1979 bis 1983**	**1984 bis 1994**	**1995 bis 2001**	**ab 2002**
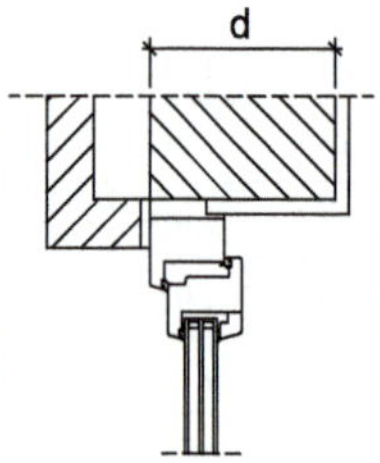	175	Holz	0,80	0,80	0,80	0,77	0,76	0,75	0,74	0,73	0,72
		Kunststoff	0,80	0,80	0,80	0,78	0,76	0,75	0,74	0,73	0,73
		Aluminium	0,79	0,79	0,79	0,77	0,76	0,75	0,74	0,74	0,73
	240	Holz	0,80	0,80	0,80	0,78	0,76	0,75	0,74	0,74	0,73
		Kunststoff	0,80	0,80	0,80	0,78	0,77	0,76	0,75	0,74	0,73
		Aluminium	0,80	0,80	0,80	0,78	0,77	0,76	0,75	0,75	0,73
	300	Holz	0,80	0,80	0,80	0,78	0,77	0,76	0,75	0,74	0,73
		Kunststoff	0,80	0,80	0,80	0,78	0,77	0,76	0,75	0,74	0,73
		Aluminium	0,80	0,80	0,80	0,78	0,77	0,76	0,75	0,74	0,74

Tabelle A.45 Thermische Bewertung von Außenwandkonstruktionen mit Klinkervorsatzschale mit 20 mm Dämmung bei Variation der Baualtersklasse des Gebäudes, der Dicke d des Mauerwerks und des Materials des Fenstersystems – Sturzanschluss, Fensterlage außen – ohne Sanierungsmaßnahme

Betrachtete Berechnungsvarianten			**Temperaturfaktor f_{Rsi} [-]**								
			Baualtersklasse								
Skizze	**Dicke d_{MW} [mm]**	**Fenster-system**	**bis 1918**	**1919 bis 1948**	**1949 bis 1957**	**1958 bis 1968**	**1969 bis 1978**	**1979 bis 1983**	**1984 bis 1994**	**1995 bis 2001**	**ab 2002**
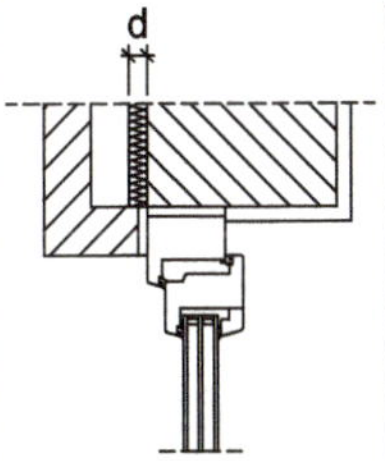	175	Holz	0,84	0,84	0,84	0,84	0,83	0,83	0,82	0,82	0,82
		Kunststoff	0,84	0,84	0,84	0,84	0,83	0,83	0,82	0,82	0,82
		Aluminium	0,82	0,82	0,82	0,82	0,81	0,81	0,81	0,80	0,80
	240	Holz	0,84	0,84	0,84	0,84	0,83	0,82	0,82	0,82	0,82
		Kunststoff	0,84	0,84	0,84	0,84	0,83	0,83	0,82	0,82	0,82
		Aluminium	0,81	0,81	0,81	0,81	0,81	0,81	0,81	0,80	0,80
	300	Holz	0,83	0,83	0,83	0,83	0,83	0,82	0,82	0,82	0,82
		Kunststoff	0,83	0,83	0,83	0,83	0,83	0,82	0,82	0,82	0,82
		Aluminium	0,81	0,81	0,81	0,81	0,81	0,81	0,81	0,80	0,80

Tabelle A.46 Thermische Bewertung von Außenwandkonstruktionen mit Klinkervorsatzschale mit 20 mm Dämmung bei Variation der Baualtersklasse des Gebäudes, der Dicke d des Mauerwerks und des Materials des Fenstersystems – Sturzanschluss, Fensterlage außen – mit raumseitiger Sanierungsmaßnahme

Betrachtete Berechnungsvarianten			**Temperaturfaktor f_{Rsi} [-]**								
			Baualtersklasse								
Skizze	**Dicke d_{MW} [mm]**	**Fenster-system**	**bis 1918**	**1919 bis 1948**	**1949 bis 1957**	**1958 bis 1968**	**1969 bis 1978**	**1979 bis 1983**	**1984 bis 1994**	**1995 bis 2001**	**ab 2002**
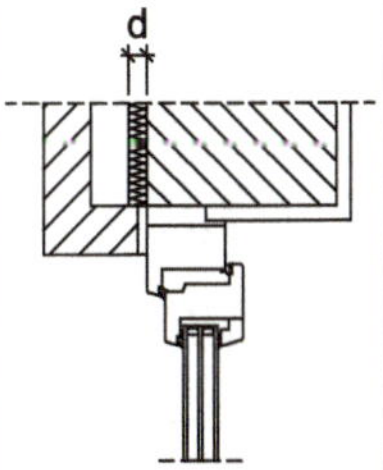	175	Holz	0,87	0,87	0,87	0,86	0,86	0,85	0,85	0,85	0,85
		Kunststoff	0,87	0,87	0,87	0,86	0,86	0,86	0,85	0,85	0,85
		Aluminium	0,86	0,86	0,86	0,86	0,86	0,85	0,85	0,85	0,85
	240	Holz	0,87	0,87	0,87	0,86	0,86	0,85	0,85	0,85	0,85
		Kunststoff	0,87	0,87	0,87	0,86	0,86	0,86	0,85	0,85	0,85
		Aluminium	0,86	0,86	0,86	0,86	0,86	0,85	0,85	0,85	0,85
	300	Holz	0,86	0,86	0,86	0,86	0,86	0,85	0,85	0,85	0,85
		Kunststoff	0,87	0,87	0,87	0,86	0,86	0,86	0,85	0,85	0,85
		Aluminium	0,86	0,86	0,86	0,86	0,86	0,85	0,85	0,85	0,85

Tabelle A.47 Thermische Bewertung von Außenwandkonstruktionen mit Klinkervorsatzschale mit 40 mm Dämmung bei Variation der Baualtersklasse des Gebäudes, der Dicke d des Mauerwerks und des Materials des Fenstersystems – Sturzanschluss, Fensterlage außen – ohne Sanierungsmaßnahme

Betrachtete Berechnungsvarianten			**Temperaturfaktor f_{Rsi} [-]**								
			Baualtersklasse								
Skizze	**Dicke d_{MW} [mm]**	**Fenster-system**	**bis 1918**	**1919 bis 1948**	**1949 bis 1957**	**1958 bis 1968**	**1969 bis 1978**	**1979 bis 1983**	**1984 bis 1994**	**1995 bis 2001**	**ab 2002**
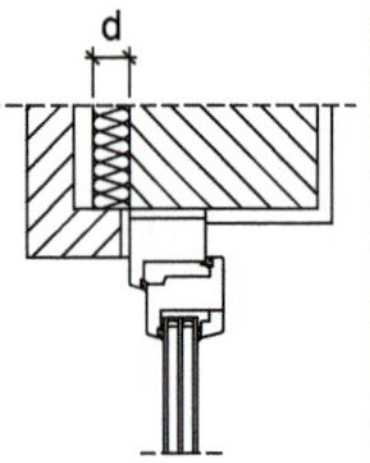	175	Holz	0,86	0,86	0,86	0,86	0,86	0,86	0,86	0,86	0,86
		Kunststoff	0,86	0,86	0,86	0,86	0,86	0,86	0,86	0,86	0,86
		Aluminium	0,83	0,83	0,83	0,83	0,83	0,83	0,83	0,83	0,83
	240	Holz	0,86	0,86	0,86	0,86	0,86	0,86	0,86	0,86	0,86
		Kunststoff	0,86	0,86	0,86	0,86	0,86	0,86	0,86	0,86	0,86
		Aluminium	0,83	0,83	0,83	0,83	0,83	0,83	0,83	0,83	0,83
	300	Holz	0,86	0,86	0,86	0,86	0,86	0,86	0,85	0,85	0,85
		Kunststoff	0,86	0,86	0,86	0,86	0,86	0,86	0,86	0,86	0,86
		Aluminium	0,83	0,83	0,83	0,83	0,83	0,83	0,83	0,83	0,83

Tabelle A.48 Thermische Bewertung von Außenwandkonstruktionen mit Klinkervorsatzschale mit 40 mm Dämmung bei Variation der Baualtersklasse des Gebäudes, der Dicke d des Mauerwerks und des Materials des Fenstersystems – Sturzanschluss, Fensterlage außen – mit raumseitiger Sanierungsmaßnahme

Betrachtete Berechnungsvarianten			**Temperaturfaktor f_{Rsi} [-]**								
			Baualtersklasse								
Skizze	**Dicke d_{MW} [mm]**	**Fenster-system**	**bis 1918**	**1919 bis 1948**	**1949 bis 1957**	**1958 bis 1968**	**1969 bis 1978**	**1979 bis 1983**	**1984 bis 1994**	**1995 bis 2001**	**ab 2002**
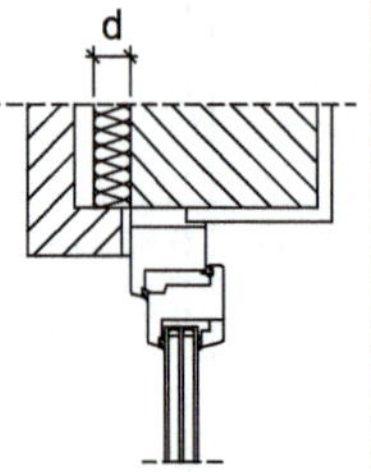	175	Holz	0,89	0,89	0,89	0,89	0,89	0,89	0,88	0,88	0,88
		Kunststoff	0,89	0,89	0,89	0,89	0,89	0,89	0,89	0,89	0,89
		Aluminium	0,89	0,89	0,89	0,88	0,88	0,88	0,88	0,88	0,88
	240	Holz	0,89	0,89	0,89	0,89	0,89	0,88	0,88	0,88	0,88
		Kunststoff	0,89	0,89	0,89	0,89	0,89	0,89	0,89	0,89	0,89
		Aluminium	0,89	0,89	0,89	0,88	0,88	0,88	0,88	0,88	0,88
	300	Holz	0,89	0,89	0,89	0,89	0,88	0,88	0,88	0,88	0,88
		Kunststoff	0,89	0,89	0,89	0,89	0,89	0,89	0,89	0,88	0,88
		Aluminium	0,89	0,89	0,89	0,88	0,88	0,88	0,88	0,88	0,88

Tabelle A.49 Thermische Bewertung von Außenwandkonstruktionen mit Klinkervorsatzschale ohne Dämmung bei Variation der Baualtersklasse des Gebäudes, der Dicke d des Mauerwerks und des Materials des Fenstersystems – Brüstungsanschluss, Fensterlage außen – ohne Sanierungsmaßnahme

Betrachtete Berechnungsvarianten			Temperaturfaktor f_{Rsi} [-]								
			Baualtersklasse								
Skizze	Dicke d_{MW} [mm]	Fenster-system	bis 1918	1919 bis 1948	1949 bis 1957	1958 bis 1968	1969 bis 1978	1979 bis 1983	1984 bis 1994	1995 bis 2001	ab 2002
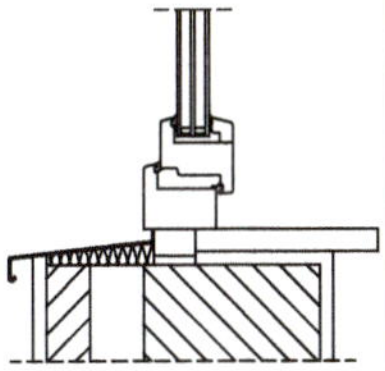	175	Holz	0,78	0,78	0,78	0,78	0,79	0,80	0,81	0,81	0,82
		Kunststoff	0,77	0,77	0,77	0,77	0,78	0,79	0,79	0,80	0,80
		Aluminium	0,77	0,77	0,77	0,77	0,77	0,77	0,78	0,78	0,78
	240	Holz	0,76	0,76	0,76	0,76	0,78	0,79	0,80	0,81	0,81
		Kunststoff	0,75	0,75	0,75	0,75	0,76	0,77	0,77	0,78	0,78
		Aluminium	0,76	0,76	0,76	0,76	0,76	0,77	0,77	0,77	0,77
	300	Holz	0,76	0,76	0,76	0,76	0,77	0,78	0,79	0,79	0,80
		Kunststoff	0,74	0,74	0,74	0,74	0,75	0,76	0,76	0,76	0,76
		Aluminium	0,75	0,75	0,75	0,75	0,76	0,76	0,76	0,76	0,76

Tabelle A.50 Thermische Bewertung von Außenwandkonstruktionen mit Klinkervorsatzschale mit 20 mm Dämmung bei Variation der Baualtersklasse des Gebäudes, der Dicke d des Mauerwerks und des Materials des Fenstersystems – Brüstungsanschluss, Fensterlage außen – ohne Sanierungsmaßnahme

Betrachtete Berechnungsvarianten			Temperaturfaktor f_{Rsi} [-]								
			Baualtersklasse								
Skizze	Dicke d_{MW} [mm]	Fenster-system	bis 1918	1919 bis 1948	1949 bis 1957	1958 bis 1968	1969 bis 1978	1979 bis 1983	1984 bis 1994	1995 bis 2001	ab 2002
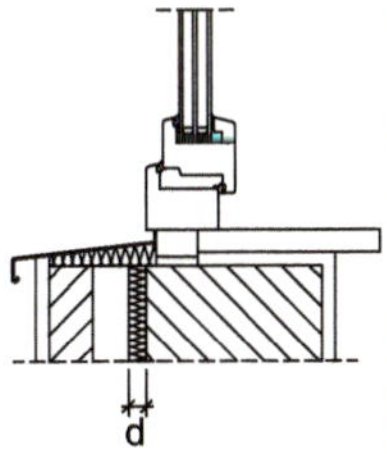	175	Holz	0,82	0,82	0,82	0,82	0,83	0,84	0,84	0,85	0,85
		Kunststoff	0,82	0,82	0,82	0,82	0,82	0,82	0,82	0,83	0,83
		Aluminium	0,79	0,79	0,79	0,79	0,79	0,79	0,79	0,79	0,79
	240	Holz	0,82	0,82	0,82	0,82	0,83	0,83	0,83	0,83	0,83
		Kunststoff	0,81	0,81	0,81	0,81	0,81	0,81	0,81	0,81	0,81
		Aluminium	0,79	0,79	0,79	0,79	0,79	0,78	0,78	0,78	0,78
	300	Holz	0,82	0,82	0,82	0,82	0,81	0,81	0,81	0,81	0,81
		Kunststoff	0,81	0,81	0,81	0,81	0,80	0,80	0,80	0,80	0,80
		Aluminium	0,79	0,79	0,79	0,79	0,78	0,78	0,78	0,78	0,78

Tabelle A.51 Thermische Bewertung von Außenwandkonstruktionen mit Klinkervorsatzschale mit 40 mm Dämmung bei Variation der Baualtersklasse des Gebäudes, der Dicke d des Mauerwerks und des Materials des Fenstersystems – Brüstungsanschluss, Fensterlage außen – ohne Sanierungsmaßnahme

Betrachtete Berechnungsvarianten			Temperaturfaktor f_{Rsi} [-]								
			Baualtersklasse								
Skizze	Dicke d_{MW} [mm]	Fenster-system	bis 1918	1919 bis 1948	1949 bis 1957	1958 bis 1968	1969 bis 1978	1979 bis 1983	1984 bis 1994	1995 bis 2001	ab 2002
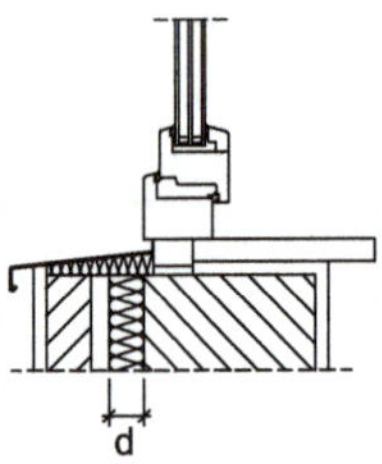	175	Holz	0,83	0,83	0,83	0,83	0,83	0,84	0,84	0,84	0,84
		Kunststoff	0,84	0,84	0,84	0,84	0,84	0,83	0,83	0,83	0,83
		Aluminium	0,80	0,80	0,80	0,80	0,80	0,80	0,80	0,80	0,80
	240	Holz	0,84	0,84	0,84	0,84	0,84	0,83	0,83	0,83	0,83
		Kunststoff	0,83	0,83	0,83	0,83	0,83	0,83	0,83	0,82	0,82
		Aluminium	0,80	0,80	0,80	0,80	0,79	0,79	0,79	0,79	0,79
	300	Holz	0,84	0,84	0,84	0,84	0,84	0,84	0,84	0,84	0,84
		Kunststoff	0,83	0,83	0,83	0,83	0,82	0,82	0,82	0,82	0,82
		Aluminium	0,80	0,80	0,80	0,80	0,79	0,79	0,79	0,79	0,79

2 Ausbildung der Bauteilanschlussfugen

Anforderungen an die Fugenausbildung von Fenstern und Fenstertüren finden sind im Leitfaden zur Montage. Der untere Anschluss von bodentiefen Elementen, wie Fenstertüren oder Haustüren im erdnahen Bereich oder im Bereich von Balkonen und Terrassen, müssen nach den Vorgaben der Bauwerksabdichtungen nach DIN 18531 (Abdichtung von Dächern sowie von Balkonen, Loggien und Laubengängen) und DIN 18533 (erdberührte Bauteile) abgedichtet werden. Anforderungen an die Ausbildung von Fensterbänken, vor allem an die Unterfensterbank als zweite wasserführende Ebene, ergeben sich ebenfalls aus dem Leitfaden zur Montage und zudem aus den Richtlinien zur Ausführung der Fensterbank der Österreichischen Arbeitsgemeinschaft Fensterbank und den Empfehlungen für den Einbau/Ersatz von Metall-Fensterbänken der Gütegemeinschaft Wärmedämmung von Fassaden e.V. In Bild A. 10 sind die anzuwenden Normen und Richtlinien dargestellt.

Anforderungen an Bauteilanschlussfugen

Die Fuge muss hierbei die Luftdichtheit, den Wärmeschutz, den Schallschutz, den Feuchteschutzes und den außenseitigen Wetterschutz sicherstellen. Der grundlegende Fugenaufbau eines Fensteranschlusses ist vergleichbar mit einer

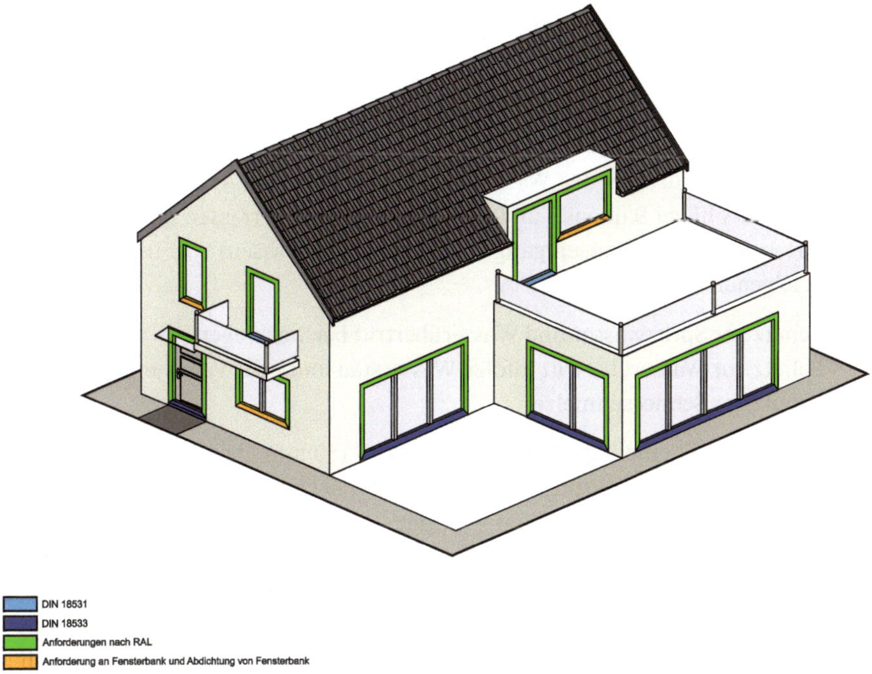

Bild A.10 Übersicht der anzuwendenden Richtlinien zur Abdichtung von Fenstern, Fenstertüren und Haustüren

Holzständerwand und wird als Ebenenmodell bezeichnet. Dieses besteht, wie eine Holzständerwand, aus einem außenseitigen Wetterschutz, einer Ebene zur Lastabtragung bzw. für Schall- und Wärmeschutz und einer raumseitigen Ebene zur Trennung von Raum- und Außenklima. Dieser Aufbau ist in Bild A.11 schematisch für einen Fensteranschluss mit angrenzender Wand dargestellt.

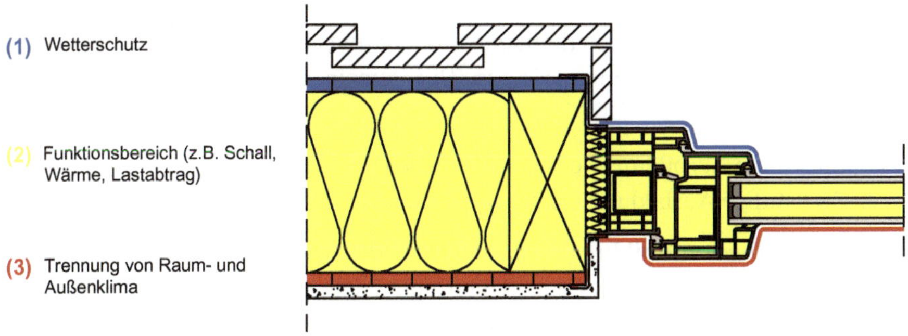

Bild A.11 Darstellung des Ebenenmodells und die Übertragung auf die Fensteranschlussfuge nach (RAL Gütegemeinschaft, 2024)

Ausbildung von unteren Anschlüssen im Neubau

Die Anforderungen an die Abdichtung des unteren Fenstertür- bzw. Haustüranschlusses ergeben sich aus den Regelwerken zur Bauwerksabdichtung (DIN 18531 und DIN 18533) und der Flachdachrichtlinie. Hierbei werden Maßnahmen zum Schutz gegen eindringendes Wasser gefordert. Derartige Anschlusssituationen kommen sowohl bei Balkonen und wärmegedämmten Terrassen als auch bei erdberührten Bauteilen (Hauseingänge, erdberührte Terrassen) vor. In allen Fällen gelten folgende Ziele:

- Schutz vor Spritzwasser und Wasserübertritt bei Starkregen
- Schutz vor Wasserübertritt infolge Wasserstau und/oder Vereisung
- Schutz vor Schneeschmelze

Üblicherweise gilt eine Regelanschlusshöhe von 150 mm über der Oberfläche des Belags oder der Überschüttung als ausreichend. Bei Unterschreitung dieser Regelanschlusshöhe sind baulichen Kompensationsmaßnahmen herzustellen, um nicht drückendes Wasser aus Niederschlag und Spritz- bzw. Schmelzwasser sicher abzuleiten. Nach DHV-Merkblatt „Praxisgerechte Sockelausbildung“ , BDF- Merkblatt „Sockel“ (beide DE) oder HFA Leitfaden „Richtlinie Sockelanschluss im Holzbau“ (AT) können Gitterroste, die Führung einer zweiteiligen Abdichtungsebene bis zur Regelabdichtungshöhe, ein offener Belag oder ein konstruktiver Schlagregenschutz mit wasserableitender Oberfläche als Kompensationsmaßnahmen angesehen werden.

Ausbildung der Fensterbank im Neubau

Die äußere Fensterbank soll in erster Linie ein Ablaufen von Oberflächenwasser von Fassade und Fenster mit Untergreifung des Blendrahmens durch die Fensterbank sicherstellen. Dabei muss die Anbindung an Blendrahmen und Laibungen, entweder mit vorkomprimierten Fugendichtbändern der Klasse BG1 oder geeignete Dichtprofile, dicht ausgeführt werden.

Die Ausführung von Fensterbänken kann mit und ohne Gleitfunktion des Bordprofils in folgenden Varianten erfolgen (Gütegemeinschaft Wärmedämmung von Fassaden):

1. Einstufige Ausbildung - ohne zusätzliche Dichtungsebene
2. Zweistufige Ausbildung - mit zusätzlicher Dichtungsebene

Bei der einstufigen Ausbildung erfolgt die Abdichtung in der Regel vor der Montage des Wärmedämmverbundsystems. Unterhalb der Fensterbank wird diese durch einen Trennschnitt oder Trennstreifen vom Putz getrennt, um unkontrollierte Putzabrisse zu vermeiden.

Wenn keine Gewährleistung der Dauerhaftigkeit Funktionstüchtigkeit der ersten Abdichtungsebene gewährleistet ist, erfolgt die Umsetzung eines zweistufigen Aufbaus. Dabei wird das über die erste Dichtebene eingedrungene Wasser auf eine zweite gesammelt und kontrolliert nach außen abgeleitet.

Die Ausbildung erfolgt wannenförmig nach Durchtrocknung des armierten Unterputzes. Entweder wird eine geeignete Dichtschlämme auf der geneigten Horizontalfläche und ca. 5 cm hoch in die Laibung aufgetragen oder eine Bauabdichtungsbahn bis auf die Höhe des Bordprofils aufgeklebt.

3 Erläuterungen

Pflaster

Beim Einsatz von Montageklötzen sind diese auf der Innenseite bei der Anwendung einer Folienabdichtung mit einem „Pflaster" zu versehen. Die Ausbildung des Pflasters erfolgt wie im nachfolgenden Bild luftdicht an das Fenster und die angrenzende Wandkonstruktion.

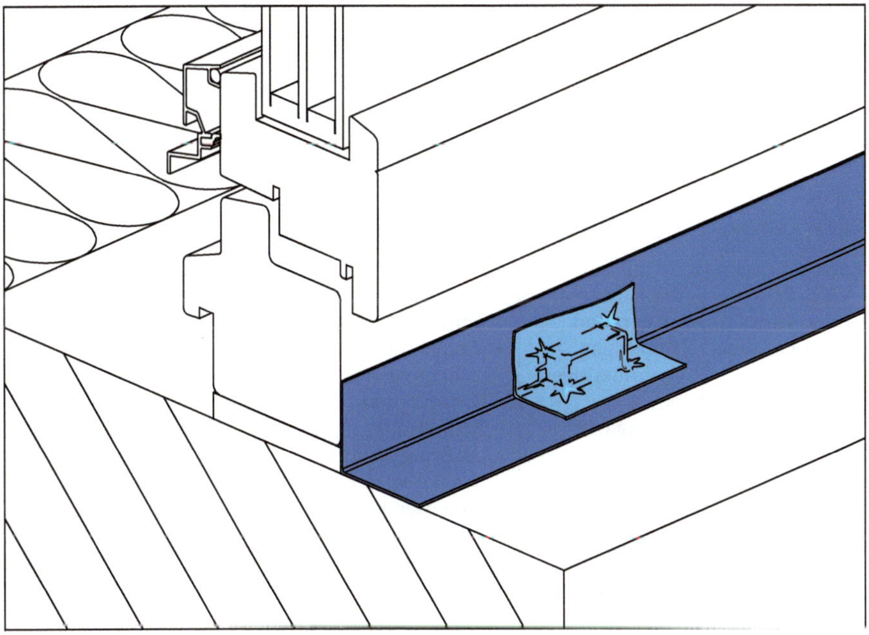

4 Verwendete Produkte

In den nachfolgenden Tabellen A.52 bis A.60 sind die, in den dargestellten Anschlusssituationen, verwendeten Produkte mit deren Anwendungsbereich, Eigenschaften und Montagehinweise dargestellt. Materialkennwerte finden sich in den jeweiligen Produktdatenblätter vom Hersteller.

Tabelle A.52 Multifunktionsbänder

Produkt	Anwendungsbereich	Eigenschaften	Montagehinweise
VKP Trio U-1050 High Performance	Abdichtung von Fenster- und Türanschlussfugen. Auch gut für Rollladenkästen geeignet, da geringe Expansionskraft.	• Abdichtung gegen Schlagregen bis 1050Pa • Wärme- und Schallisolierung. • Wellenförmig angeordnete, luftdichte und feuchtevariable Membran im Bandinneren • Luftdichte, graue Schaumstofflagen am Rand als zusätzliche Sicherheit • Einbaurichtung Innen/Außen variabel • Hohe Fugentoleranzen • Erfüllt die Anforderungen nach MF1	• Bei unteren Haustüranschlüssen bzw. bodentiefen Fensterelementen DIN 18533 beachten, im unteren Anschlussbereich ist eine zweite wasserabführende Ebene herzustellen. • Band darf nach dem Einbau nicht weiter als bis zur maximal angegebenen Fugeneinsatzbreite aufgehen
VKP Trio 1050 High Performance	Abdichtung von Fenster- und Türenfugen, Anschlussfugen von Wintergärten an das Hauptgebäude und sonstigen Bauanschlüssen.	• Dampfdruckgefälle von Innen nach Außen • Abdichtung gegen Schlagregen bis 1050Pa • Wärme- und Schallisolierung. • Außenseite mit Wasserbarriere • Innenseite mit Polymerfilm für sehr gute Luftdichtheit • Energieeinsparung durch hohe Dichtheit • Erfüllt die Anforderungen nach MF1	• Bei unteren Haustüranschlüssen bzw. bodentiefen Fensterelementen DIN 18533 beachten, im unteren Anschlussbereich ist eine zweite wasserabführende Ebene herzustellen. • Band darf nach dem Einbau nicht weiter als bis zur maximal angegebenen Fugeneinsatzbreite aufgehen

Tabelle A.52 (Fortsetzung)

Produkt	Anwendungsbereich	Eigenschaften	Montagehinweise
VKP Trio 750	Abdichtung von Fenster- und Türenfugen, Anschlussfugen von Wintergärten an das Hauptgebäude und sonstigen Bauanschlüssen	• Dampfdruckgefälle von innen nach außen. • Abdichtung gegen Schlagregen bis 750 Pa. • Wärme- und Schallisolierung. • Erfüllt die Anforderungen nach MF1.	• Bei unteren Haustüranschlüssen bzw. bodentiefen Fensterelementen DIN 18533 beachten, im unteren Anschlussbereich ist eine zweite wasserabführende Ebene herzustellen. • Band darf nach dem Einbau nicht weiter als bis zur maximal angegebenen Fugeneinsatzbreite aufgehen
VKP Trio 600 SF*	Für Einbau von Bauelementen mit schmaler Fugentiefe	• Geprüfte Luftdichtheitseigenschaft (a < 0,1) • Schlagregendicht, wärmedämmend und luftdicht • nach außen wasserdampfdurchlässig • Mittig angeordnete Sperrmembran als zusätzliche Sicherheit • Einbaurichtung Innen/ Außen variabel • Erfüllt die Anforderungen nach MF1	• Band schlagregendicht, muss aber bei drückendem oder stehendem Wasser zusätzlich von außen mit Dichtfolie als 2. Dichtebene abgedichtet werden • Folie als 2. Dichtebene • Bei unteren Haustüranschlüssen bzw. bodentiefen Fensterelementen DIN 18533 beachten, im unteren Anschlussbereich ist eine zweite wasserabführende Ebene herzustellen. • Band darf nach dem Einbau nicht weiter als bis zur maximal angegebenen Fugeneinsatzbreite aufgehen

Tabelle A.53 Vorkomprimierte Dichtbänder

Produkt	Anwendungsbereich	Eigenschaften	Montagehinweise
VKP Max	Für Fugen, bei denen größere Fugentoleranzen vorliegen, z.B.: Metallleichtbau, Fensterbau, Holz- und Blockhausbau, Fertigteilbau.	• Überbrückt höhere Fugentoleranzen • Schlagregendicht bis 600Pa • Erfüllt die Anforderungen nach BG1 • Sehr gute Witterungsbeständigkeit	• Band darf nach dem Einbau nicht weiter als bis zur maximal angegebenen Fugeneinsatzbreite aufgehen
VKP Plus	Abdichtung von Dehnungsfugen, Abdichtungen zwischen Fertigbauteilen, Fenster- und Türanschlüssen, Trennwänden.	• Schlagregendicht bis 600Pa • Erfüllt die Anforderungen nach BG1 • Sehr gute Witterungsbeständigkeit	• Band darf nach dem Einbau nicht weiter als bis zur maximal angegebenen Fugeneinsatzbreite aufgehen

Tabelle A.54 Folien

Produkt	Anwendung-sbereich	Eigenschaften	Montagehinweise
U - 305 (Innen + Außen)	Abdichtung von Fenster- und Türfugen im Neubau und in der Sanierung.	• verbessertes Diffusionsverhalten • UV-Beständigkeit bis max. 9 Monate • überputzbar	• Auf mineralischen und stark saugenden Untergründen ist als Voranstrich Sprühprimer oder Butyl- /Bitumenprimer zu verwenden. • Geeignet für glatte Mauerwerkslaibungen. • Bei Haustüren oder bodentiefen Elementen die Vorschriften der DIN 18195 und DIN 18533 zu beachten.
U - 100 (Innen + Außen)	Abdichtung von Fensterfugen sowie Anschlussfugen bei Wintergärten	• Feuchtevariabel: • luftdicht und schlagregendicht • überputzbar	• Bei Haustüren oder bodentiefen Elementen die Vorschriften der DIN 18195 und DIN 18533 zu beachten.
I- 300 Innen und O-300 außen	Abdichtung von Fenster- und Türenfugen im Neubau und in der Sanierung.	• überputzbar • geprüfte Dichtungseigenschaften • innen dampfdiffusionsdichter als außen • Außen schlagregen- und winddicht	• Geeignet für glatte Mauerwerkslaibungen • Bei Haustüren oder bodentiefen Elementen die Vorschriften der DIN 18195 und DIN 18533 zu beachten.

Tabelle A.55 Schäume

Produkt	Anwendungsbereich	Eigenschaften	Montagehinweise
Purlogic Schaum Top	Zum hochwertigen und sicheren Dämmen, Füllen und Isolieren von Fensteranschlüssen, Fensterbankanschlüssen und Rollladenkästen.	• Schall- und Wärmedämmung	–
Purlogic Schaum Flex	Zum Dämmen, Füllen und Isolieren von Fensteranschlüssen, Rohrdurchführungen, Mauerdurchbrüchen, Wandanschlüssen, Hohlräumen, Kühlwagen, Kühlräume, Dachausbauten, Rollladenkästen, Fensterbänken.	• hohe Elastizität • Wintertauglich bis zu -15 °C	–

Tabelle A.56 Flüssigabdichtung

Produkt	Anwendungsbereich	Eigenschaften	Montagehinweise
Flüssigkunststoff 1-K Pro im System	Zur Abdichtung von genutzten/nicht genutzten Dächern, Balkonen, erdberührten Bauteilen, Innenräumen, Behältern & Fenstern.	• UV-Beständig • $S_d \approx 2$ m • Hochelastisch	• Abdichtung nach: DIN 18531, DIN 18532, DIN 18533 und DIN 18535

Tabelle A.57 Anputzdichtleisten

Produkt	Anwendungsbereich	Eigenschaften	Montagehinweise
Anputzdichtleiste 3D Profi mit Gewebe	Anputzdichtleiste für kritische Klebeuntergründe zur schlagregendichten Abdichtung von Anschlussfugen an Fenster und Türen	• Anschlussfugenabdichtung auf kritischen Klebeuntergründen • Geeignet auch für Dämmstärken > 300 mm und Großverglasungen bis 10 m^2 • hohe 3D-Bewegungsaufnahme • UV-Beständig • Geprüft nach ift-Richtlinie MO-01	• Durch Dichtbandüberstand am Profilende keine zusätzliche Abdichtung im Stoßbereich notwendig.

(Fortsetzung)

Tabelle A.57 (Fortsetzung)

Produkt	Anwendungsbereich	Eigenschaften	Montagehinweise
Anputzdichtleiste 3D Premium mit Gewebe	Anputzdichtleiste mit hoher 3D-Bewegungsaufnahme zur schlagregendichten Abdichtung von Anschlussfugen an Fenster und Türen	• Geeignet für Großverglasungen bis 10 m² • UV-Beständig • Geprüft nach ift-Richtlinie MO-01	–
Anputzdichtleiste 3D Plus mit Gewebe	Anputzdichtleiste mit hoher 3D-Bewegungsaufnahme zur schlagregendichten Abdichtung von Anschlussfugen an Fenster und Türen	• Geeignet für Großverglasungen bis 10 m² • Hohe 3D-Bewegungsaufnahme • UV-Beständig • Geprüft nach ift-Richtlinie MO-01	–
Anputzdichtleiste 3D Alu mit Gewebe	Profil zur schlagregendichten Abdichtung von Anschlussfugen an Fenster und Türen mit Alu-Vorsatzschalen	• hohe 3D-Bewegungsaufnahme • Einsetzbar für Vorsatzschalen von 5–25 mm • UV-Beständig	-
Anputzdichtleiste 3D Reno mit Gewebe	Schmale Anputzdichtleiste zur schlagregendichten Abdichtung von Anschlussfugen an Fenster und Türen mit wenig Platz	• Geeignet für Großverglasungen bis 10 m² • Sehr hohe 3D-Bewegungsaufnahme • geeignet für den Einsatz bei Renovierungen • UV-Beständig • Geprüft nach ift-Richtlinie MO-01	• Nur für Renovierungen oder in Ausnahmefällen im Neubau anwendbar, bei wenig Platz für herkömmliche Anputzdichtleisten.
Anputzdichtleiste 3D Smart	Anputzdichtleiste mit hoher 3D-Bewegungsaufnahme zur schlagregendichten Abdichtung von Anschlussfugen an Fenster und Türen bei Innen- und Außenputzsystemen	• Geeignet für Großverglasungen bis 10 m²: • Hohe 3D-Bewegungsaufnahme	-

Tabelle A.59 Flachleiste

Produkt	Anwendungsbereich	Eigenschaften	Montagehinweise
Flachleisten allgemein	Zur Verleistung und Verblendung von Anschlussfugen	• selbstklebende Kunststoffflachleiste zur Überdeckung von Anschlussfugen • Schnelle und einfache Montage durch Schaumklebeband	• Produkt nur für optischen Aufwertung der Anschlussfugen • Anschlussfuge übernimmt daher keinerlei Abdichtfunktion

Tabelle A.58 Wasserdichte Unterfensterbank

Produkt	Anwendungsbereich	Eigenschaften	Montagehinweise
EPDM außen SK, EPDM außen In 1,2 mm	Dauerhafte und sichere Abdichtungen von Fugen im Außenbereich, z.B.beiFenstersimsen, bodentiefen Fenstern und Balkontüren, bei Außentürschwellen, Wintergärten und im Fassadenbereich. Anwendbar nach: W1.1-E, W1.2-E, W2.1-E und W4.E	• nach außen diffusionsfähig • UV-Beständig • Witterungsbeständig	• Nicht geeignet für Abdichtungen nach den W2.2-E, W3-E nach DIN 18533 sowie Abdichtungen gegen drückendes Wasser nach DIN 18195-6. • Band nicht überputzbar
EPDM außen SK, EPDM außen In 0,8 mm	Dauerhafte und sichere Abdichtungen von Fugen im Außenbereich, bei bodentiefen Fenstern und Balkontüren, bei Außentürschwellen, Wintergärten und im Fassadenbereich. Mauersperrbahn Anwendbar nach: W1.1-E, W1.2-E, W1-E W2.1-E und W4.E	• Diffusionsfähiges, elastisches und witterungsbeständiges Dichtband • Wasserdicht und diffusionsfähiges • nach außen diffusionsoffen • Gute Bitumenverträglichkeit	• Nicht geeignet für Abdichtungen nach den W2.2-E nach DIN 18195-6 • Band nicht überputzbar

Tabelle A.60 Flachleiste mit Abdichtfunktion

Produkt	Anwendungsbereich	Eigenschaften	Montagehinweise
außen	Zur Verleistung und Verblendung von Anschlussfugen	• Geprüft nach ift-Richtlinie MO-01	–
innen	Zur Verleistung und Verblendung von Anschlussfugen	• Geprüft nach ift-Richtlinie MO-01	–
Anputzleiste Standard für innen und außen	Zur Anbindung von Anschlussfugen Putz an Fenster und Türen		• Bewegungsaufnahme >2 mm

A2

Details Neubauanschlüsse

Neubau Laibung monolithisch
N 1.1.1 Fensterlage mittig in Wandbildner
Folienabdichtung

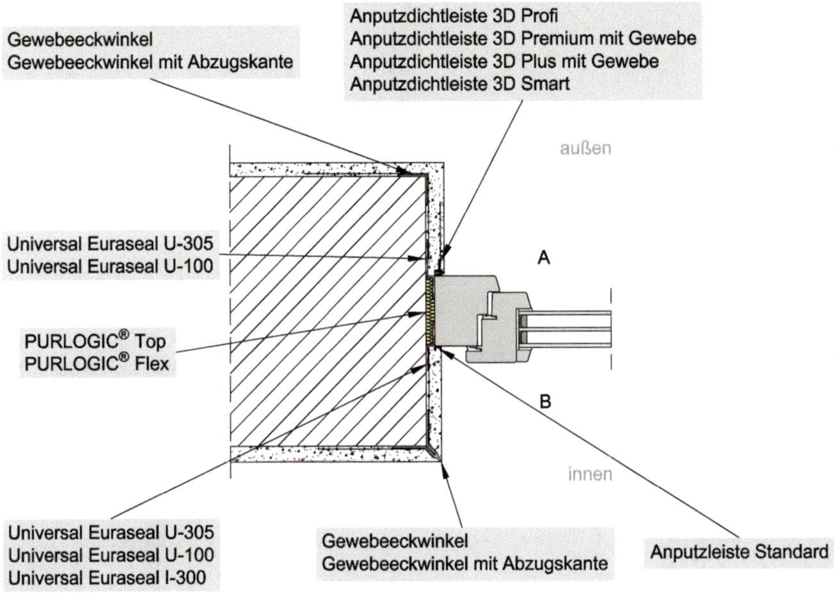

Detail A

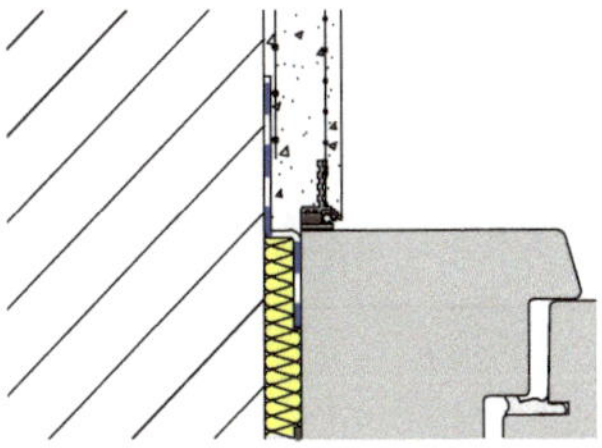

Detail B

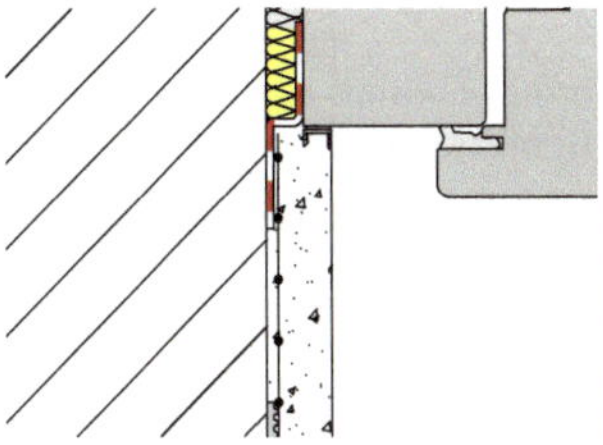

Bemerkung:

Verwendung von Montageklötzen möglich. In den Bereichen der Montageklötze ist ein besonderes Augenmerk auf die raumseitige Luftdichtheit zu legen, ggfs. sind überstehende Montageklötze mit einem Pflaster abzudichten.

Eckbereiche sind schlaufenförmig auszubilden und in den Eckbereichen der Laibung luftdicht anzubinden. Offene Stirnseiten evtl. notwendiger Zusatzprofile müssen in Funktionsebene 2 liegen oder sind stirnseitig zur Sicherstellung der Luftdichtheit abzudichten.

Außenseitige Abdichtung zur temporären Regensicherheit während des Bauzustands notwendig.

Befestigung und Abdichtung von Fenstern und Türen. Regelwerke, Bauphysik, Baurecht, Praxisbeispiele. 2. Auflage.
J. Küenzlen, E. Scheller, M. Klatecki.

Neubau Laibung monolithisch
N 1.1.2 Fensterlage mittig in Wandbildner
Abdichtung mit Multifunktionsband

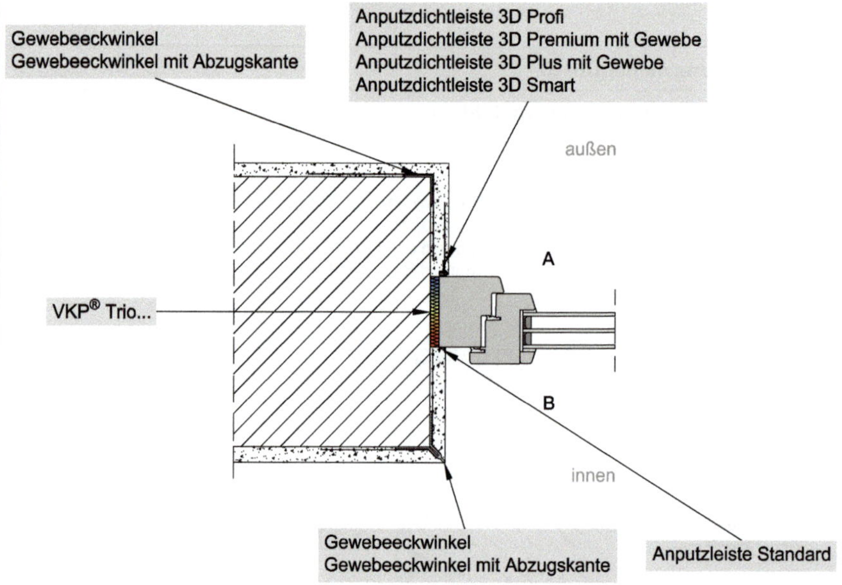

Detail A

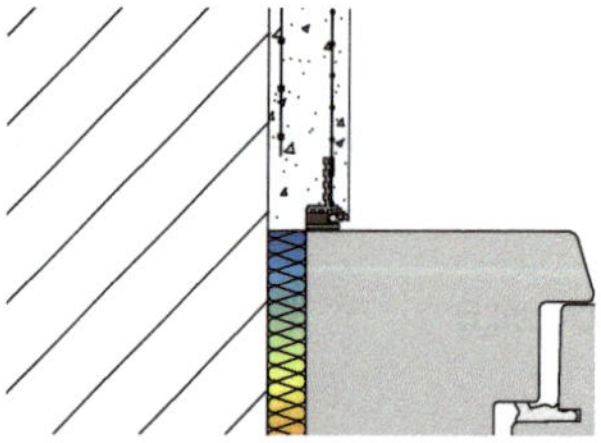

Detail B

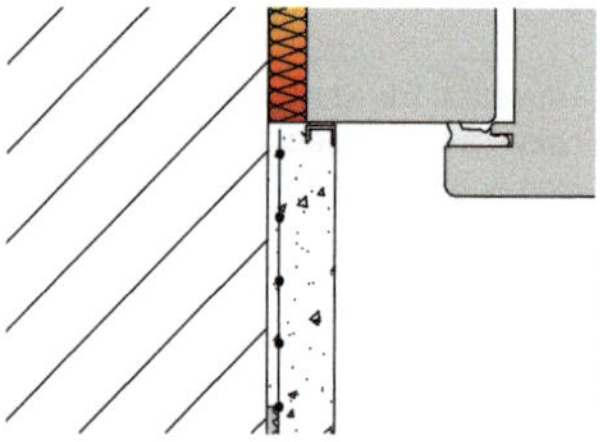

Bemerkung:

Verwendung von Montageklötzen nur bedingt möglich. Notwendige Montageklötze sind nachträglich, ggfs. mittels Pflaster, abzudichten.

Neubau Sturz monolithisch

N 1.2.1 Fensterlage mittig in Wandbildner

Folienabdichtung

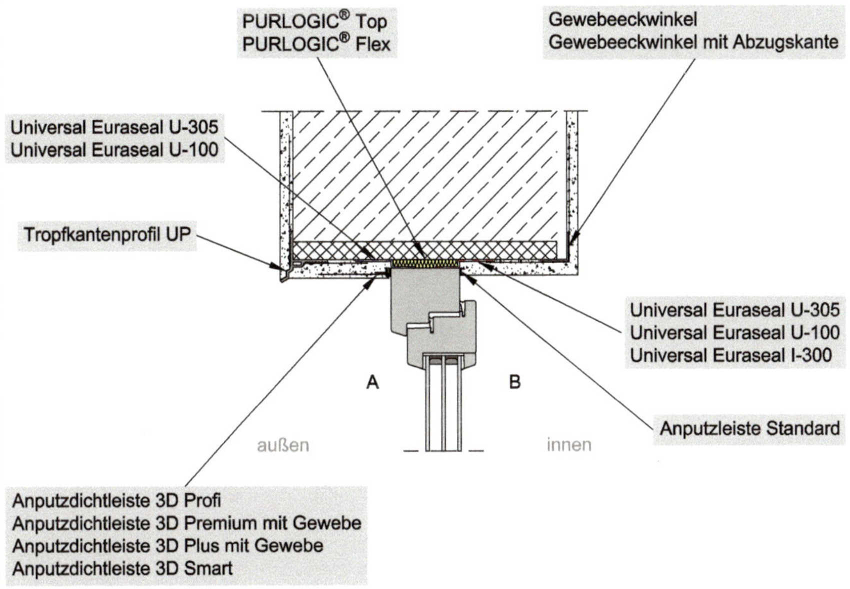

Detail A

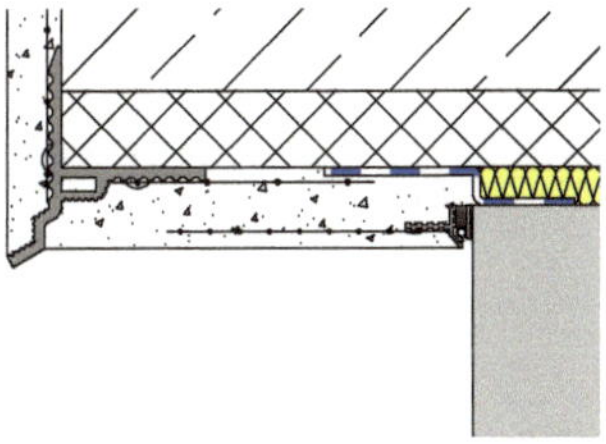

Detail B

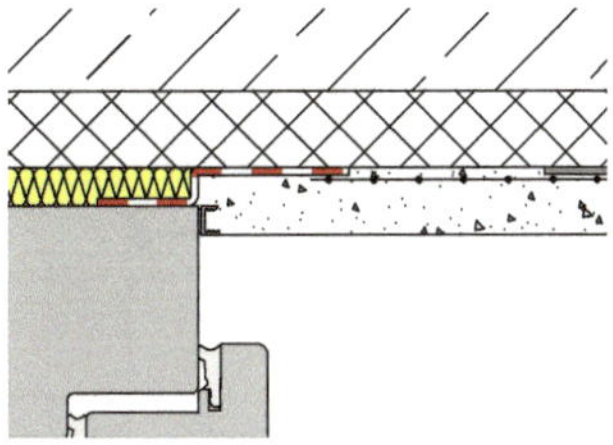

Bemerkung:

Verwendung von Montageklötzen möglich. In den Bereichen der Montageklötze ist ein besonderes Augenmerk auf die raumseitige Luftdichtheit zu legen, ggfs. sind überstehende Montageklötze mit einem Pflaster abzudichten.

Eckbereiche sind schlaufenförmig auszubilden und in den Eckbereichen der Laibung luftdicht anzubinden.

Außenseitige Abdichtung zur temporären Regensicherheit während des Bauzustands notwendig.

Neubau Sturz monolithisch

N 1.2.2 Fensterlage mittig in Wandbildner

Abdichtung mit Multifunktionsband

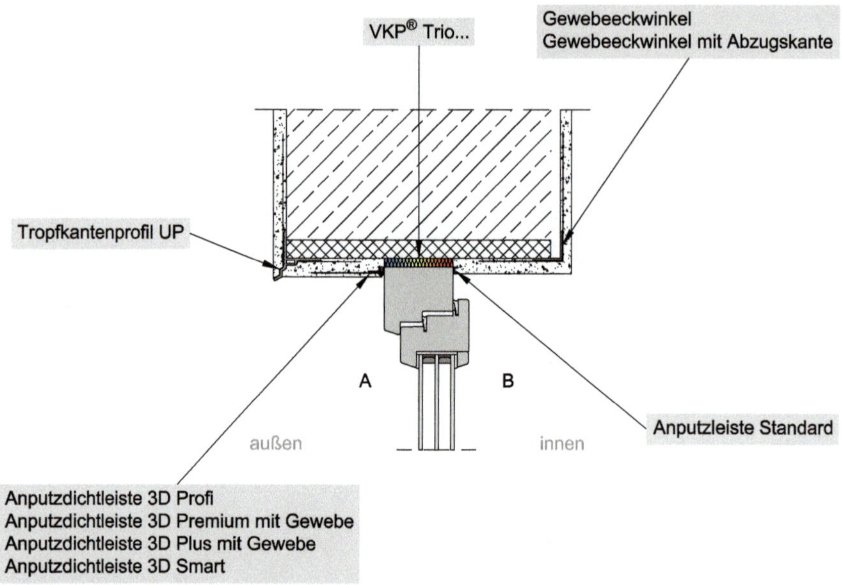

Detail A

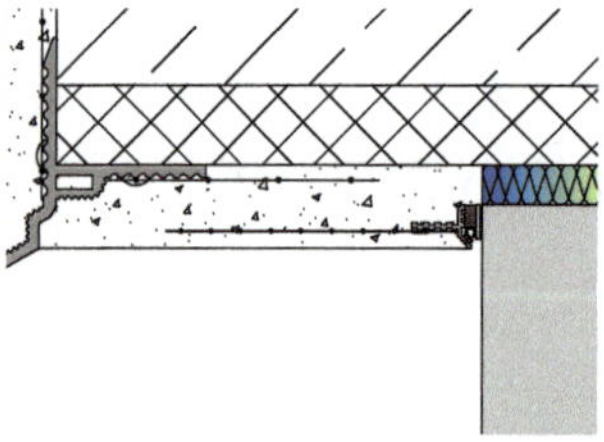

Detail B

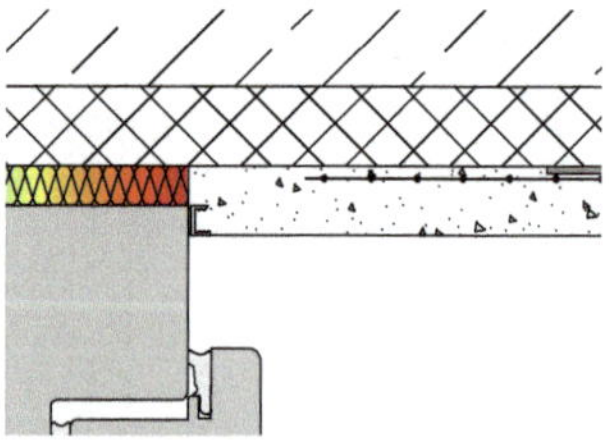

Bemerkung:

Verwendung von Montageklötzen nur bedingt möglich. Notwendige Montageklötze sind nachträglich, ggfs. mit Pflaster, abzudichten.

Neubau Brüstung monolithisch

N 1.3.1 Fensterlage mittig in Wandbildner

Folienabdichtung

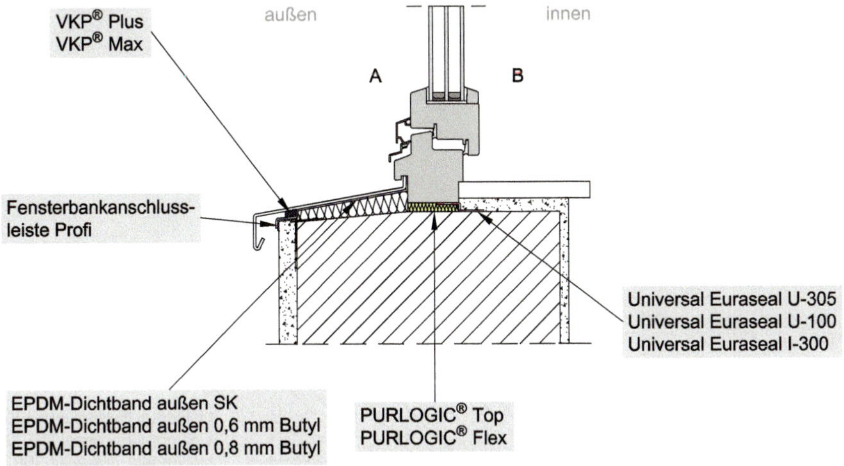

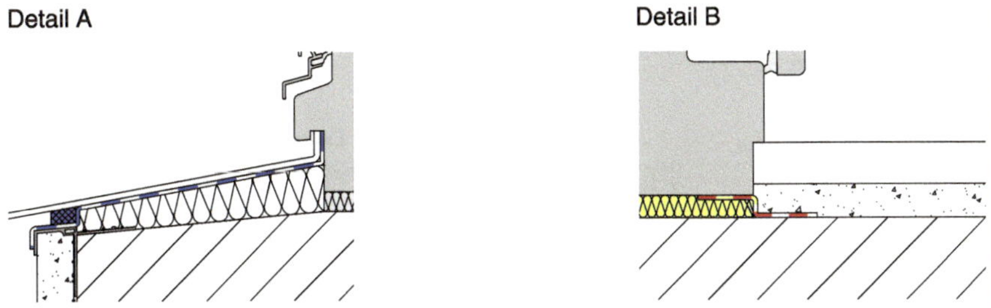

Bemerkung:

Verwendung von Montageklötzen möglich. In den Bereichen der Montageklötze ist ein besonderes Augenmerk auf die raumseitige Luftdichtheit zu legen, ggfs. sind überstehende Montageklötze mit einem Pflaster abzudichten.

Eckbereiche sind schlaufenförmig auszubilden und in den Eckbereichen der Laibung luftdicht anzubinden. Offene Stirnseiten evtl. notwendiger Zusatzprofile müssen in Funktionsebene 2 liegen oder sind stirnseitig zur Sicherstellung der Luftdichtheit abzudichten.

Außenseitige Abdichtung zur temporären Regensicherheit während des Bauzustands notwendig.

Die Ausbildung der Unterfensterbank erfolgt wannenförmig, mittels Bauabdichtungsbahn bis auf Höhe des Bordprofils. Das Ablaufen des Wassers auf der Abdichtung über das Putzanschlussprofil muss sichergestellt werden. Bei Rollladenschienen muss gewährleistet werden, dass das Wasser aus den Rollladenführungsschienen auf die Fensterbankfläche geleitet wird.

Neubau Brüstung monolithisch

N 1.3.2 Fensterlage mittig in Wandbildner

Folienabdichtung mit Dämmkeil

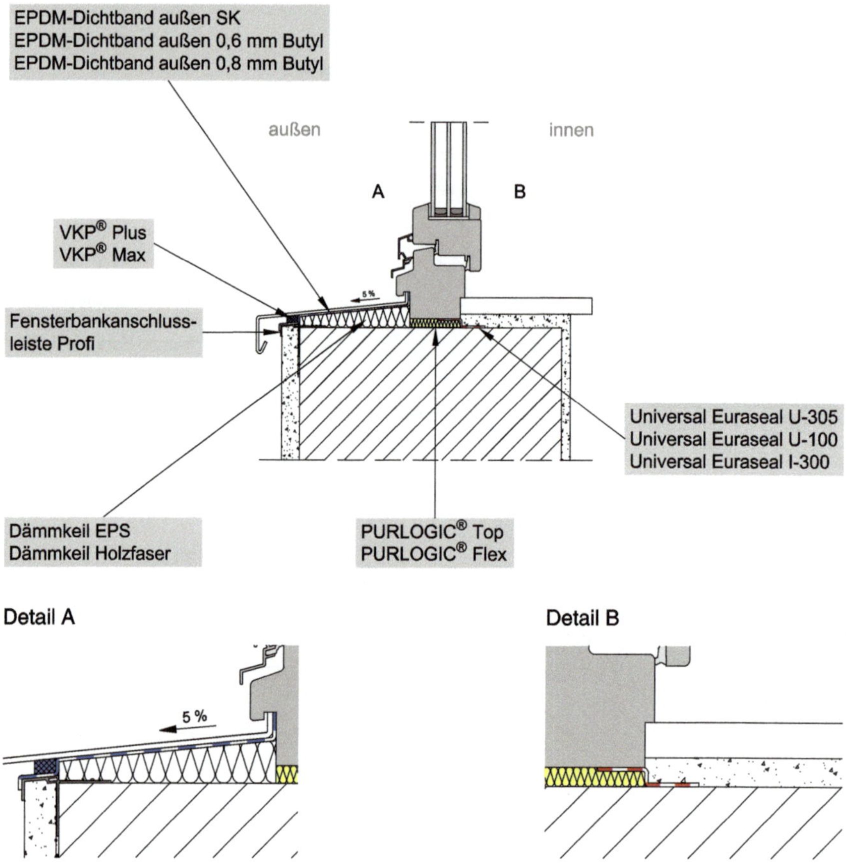

Bemerkung:

Verwendung von Montageklötzen möglich. In den Bereichen der Montageklötze ist ein besonderes Augenmerk auf die raumseitige Luftdichtheit zu legen, ggfs. sind überstehende Montageklötze mit einem Pflaster abzudichten.

Eckbereiche sind schlaufenförmig auszubilden und in den Eckbereichen der Laibung luftdicht anzubinden. Offene Stirnseiten evtl. notwendiger Zusatzprofile müssen in Funktionsebene 2 liegen oder sind stirnseitig zur Sicherstellung der Luftdichtheit abzudichten.

Außenseitige Abdichtung zur temporären Regensicherheit während des Bauzustands notwendig.

Die Dämmkeile werden mit ihrer Rückseite vollflächig an das Fensterbasisprofil gestoßen, so dass sie dieses über die ganze Länge berühren, auch bei gestückelten Keilen. Eventuelle Lücken zum Basisprofil, an Stößen und zu den Laibungsseiten werden Dichtbandkleber oder mit Pistolenschaum verfüllt.

Die Ausbildung der Unterfensterbank erfolgt wannenförmig, mittels Bauabdichtungsbahn bis auf Höhe des Bordprofils. Das Ablaufen des Wassers auf der Abdichtung über das Putzanschlussprofil muss sichergestellt werden. Bei Rollladenschienen muss gewährleistet werden, dass das Wasser aus den Rollladenführungsschienen auf die Fensterbankfläche geleitet wird.

Neubau Laibung außengedämmt

N 2.1.1 Fensterlage außen in Wandbildner

Folienabdichtung

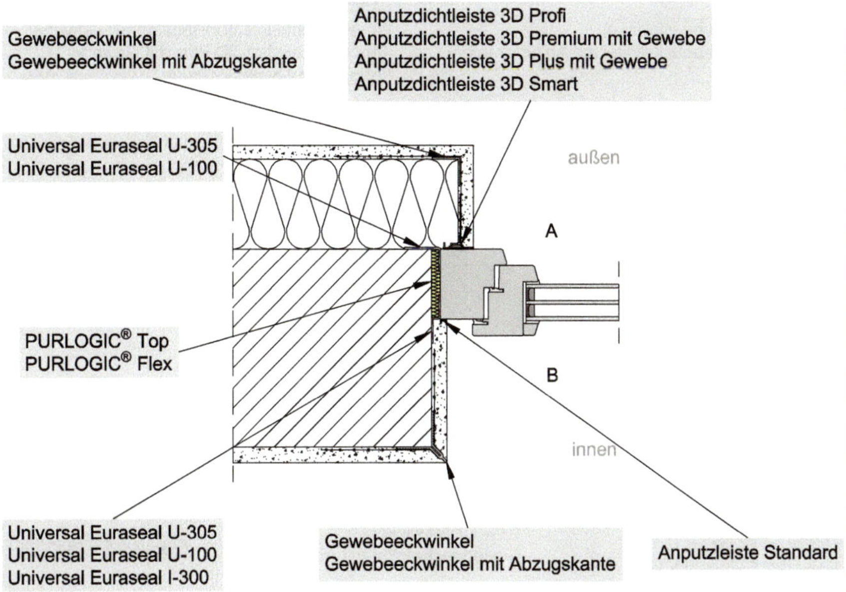

Detail A

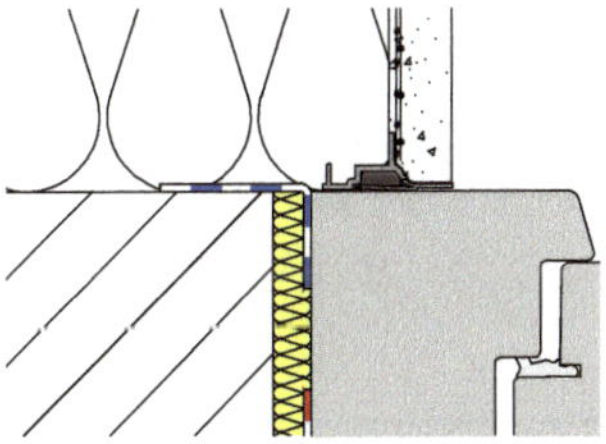

Detail B

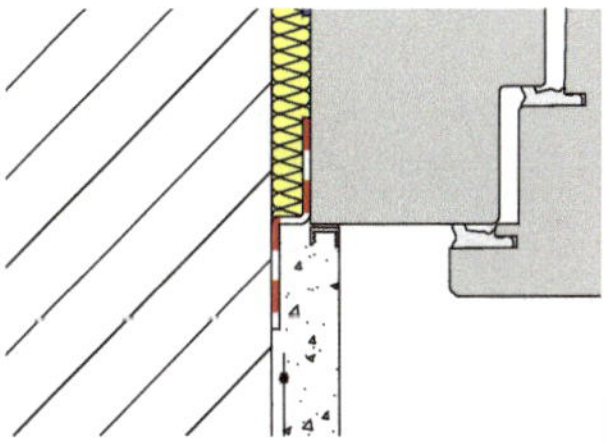

Bemerkung:

Verwendung von Montageklötzen möglich. In den Bereichen der Montageklötze ist ein besonderes Augenmerk auf die raumseitige Luftdichtheit zu legen, ggfs. sind überstehende Montageklötze mit einem Pflaster abzudichten.

Eckbereiche sind schlaufenförmig auszubilden und in den Eckbereichen der Laibung luftdicht anzubinden. Offene Stirnseiten evtl. notwendiger Zusatzprofile müssen in Funktionsebene 2 liegen oder sind stirnseitig zur Sicherstellung der Luftdichtheit abzudichten.

Außenseitige Abdichtung zur temporären Regensicherheit während des Bauzustands notwendig.

Neubau Laibung außengedämmt

N 2.1.2 Fensterlage in Dämmebene

Folienabdichtung

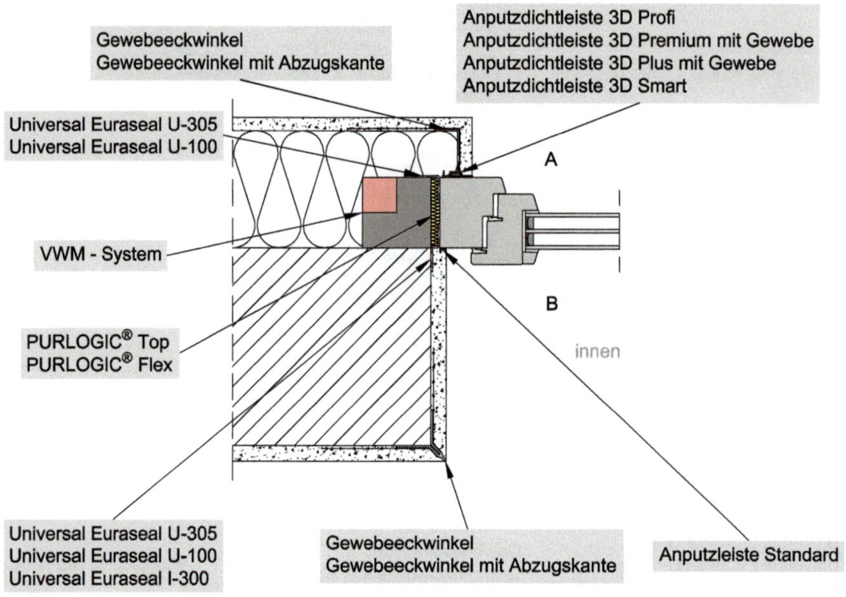

Detail A

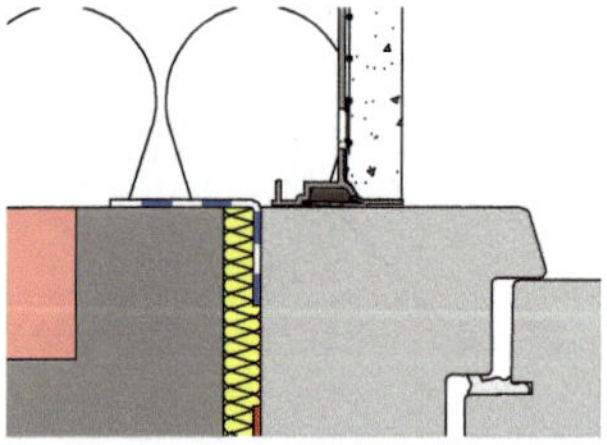

Detail B

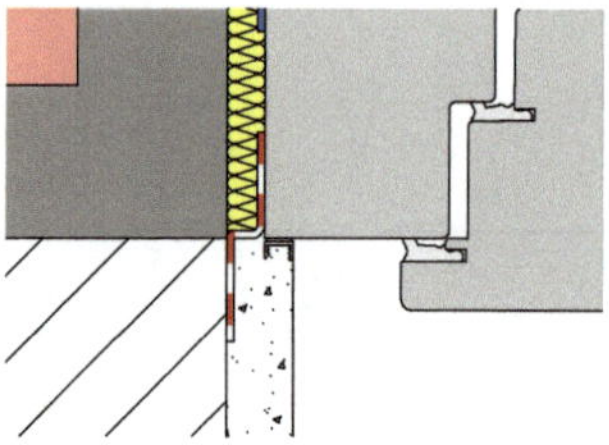

Bemerkung:

Verwendung von Montageklötzen möglich. In den Bereichen der Montageklötze ist ein besonderes Augenmerk auf die raumseitige Luftdichtheit zu legen, ggfs. sind überstehende Montageklötze mit einem Pflaster abzudichten.

Eckbereiche sind schlaufenförmig auszubilden und in den Eckbereichen der Laibung luftdicht anzubinden. Offene Stirnseiten evtl. notwendiger Zusatzprofile müssen in Funktionsebene 2 liegen oder sind stirnseitig zur Sicherstellung der Luftdichtheit abzudichten.

Außenseitige Abdichtung zur temporären Regensicherheit während des Bauzustands notwendig.

Neubau Laibung außengedämmt

N 2.1.3 Fensterlage in Dämmebene

Folienabdichtung

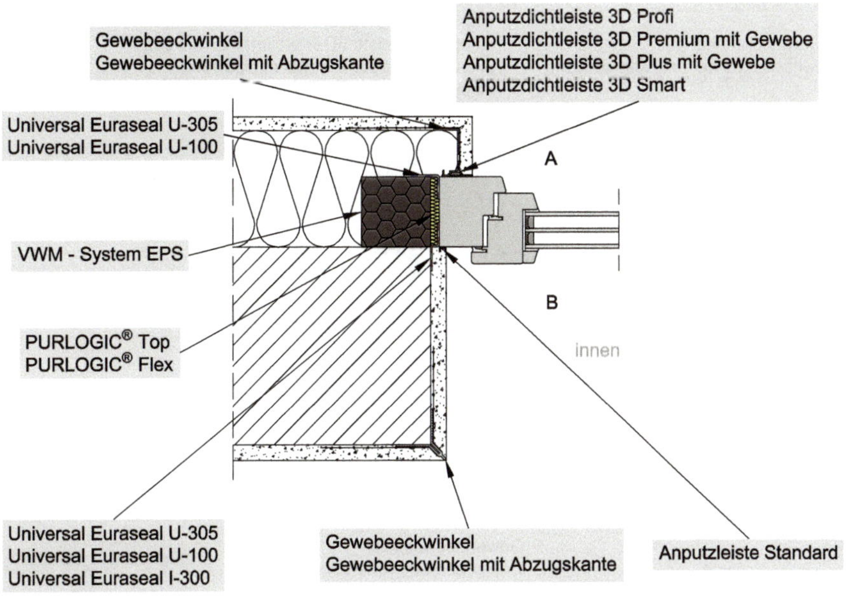

Detail A

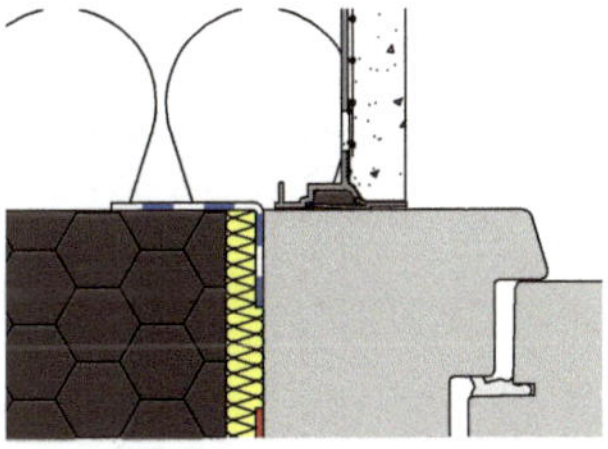

Detail B

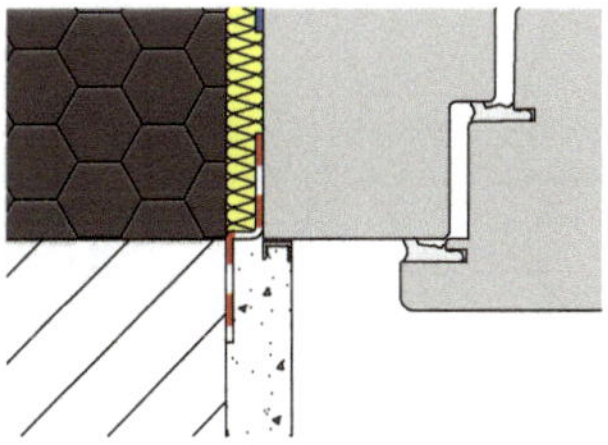

Bemerkung:

Verwendung von Montageklötzen möglich. In den Bereichen der Montageklötze ist ein besonderes Augenmerk auf die raumseitige Luftdichtheit zu legen, ggfs. sind überstehende Montageklötze mit einem Pflaster abzudichten.

Eckbereiche sind schlaufenförmig auszubilden und in den Eckbereichen der Laibung luftdicht anzubinden. Offene Stirnseiten evtl. notwendiger Zusatzprofile müssen in Funktionsebene 2 liegen oder sind stirnseitig zur Sicherstellung der Luftdichtheit abzudichten.

Außenseitige Abdichtung zur temporären Regensicherheit während des Bauzustands notwendig.

Neubau Laibung außengedämmt

N 2.1.4 Fensterlage außen in Wandbildner

Abdichtung mit Multifunktionsband

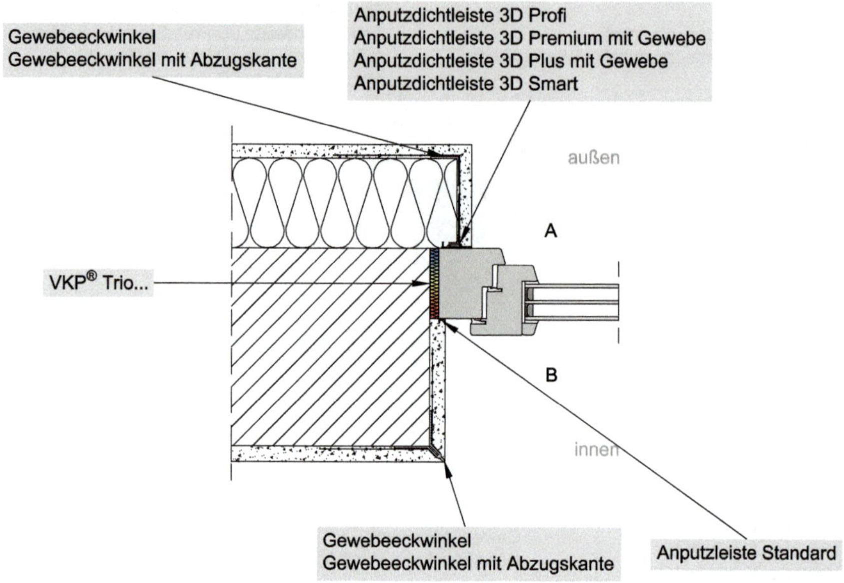

Detail A

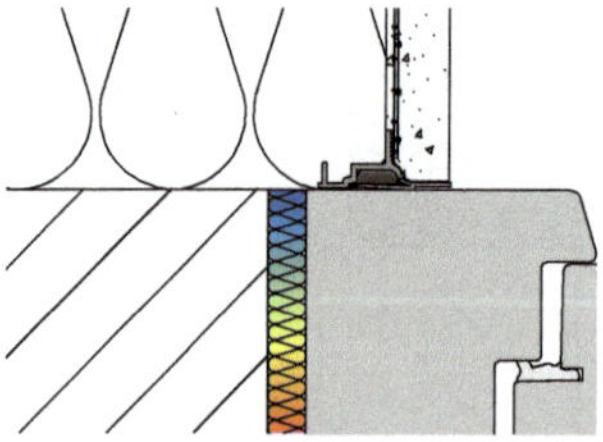

Detail B

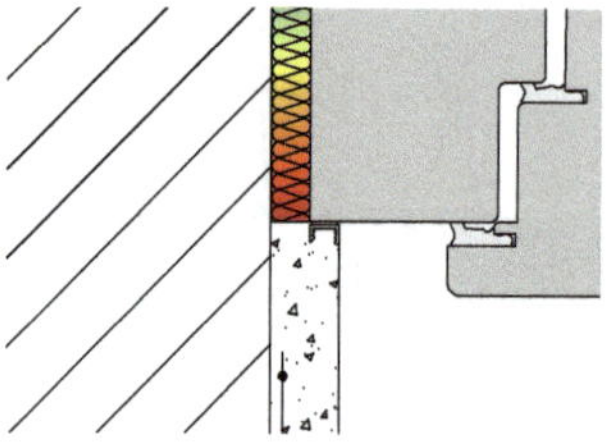

Bemerkung:

Verwendung von Montageklötzen nur bedingt möglich. Notwendige Montageklötze sind nachträglich, ggfs. mit Pflaster, abzudichten.

Neubau Laibung außengedämmt
N 2.1.5 Fensterlage in Dämmebene
Abdichtung mit Multifunktionsband

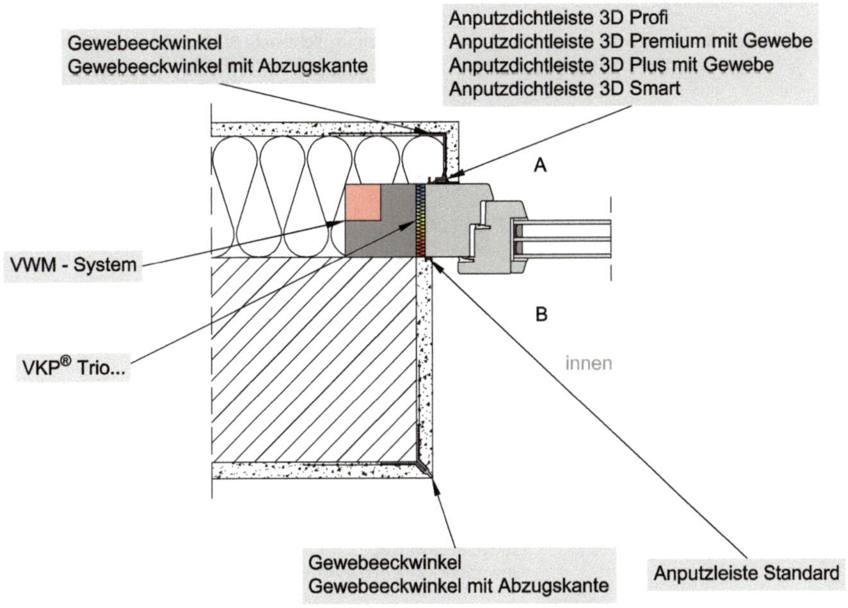

Detail A

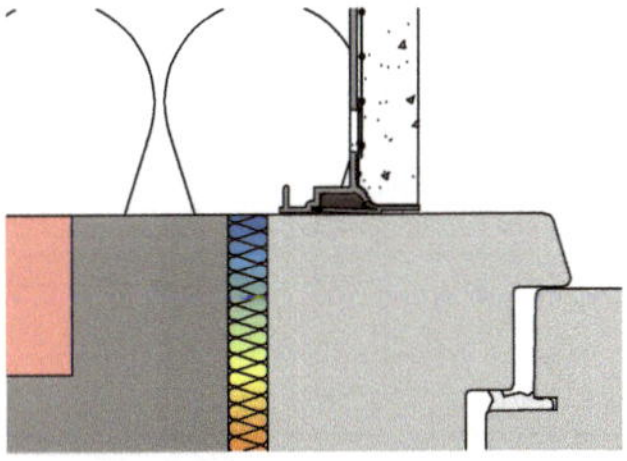

Detail B

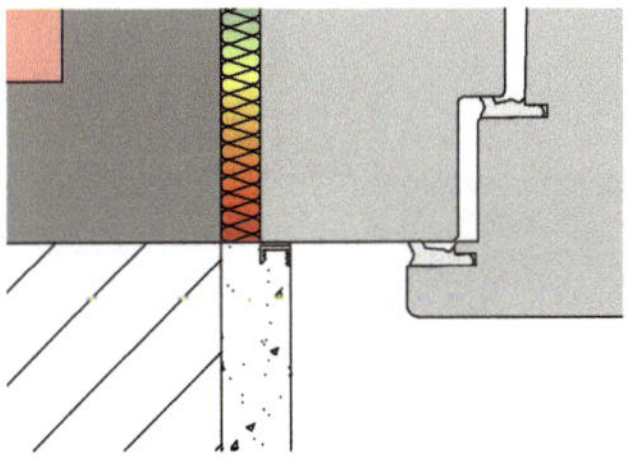

Bemerkung:

Verwendung von Montageklötzen nur bedingt möglich. Notwendige Montageklötze sind nachträglich, ggfs. mittels Pflaster, abzudichten.

Neubau Laibung außengedämmt
N 2.1.6 Fensterlage in Dämmebene
Abdichtung mit Multifunktionsband

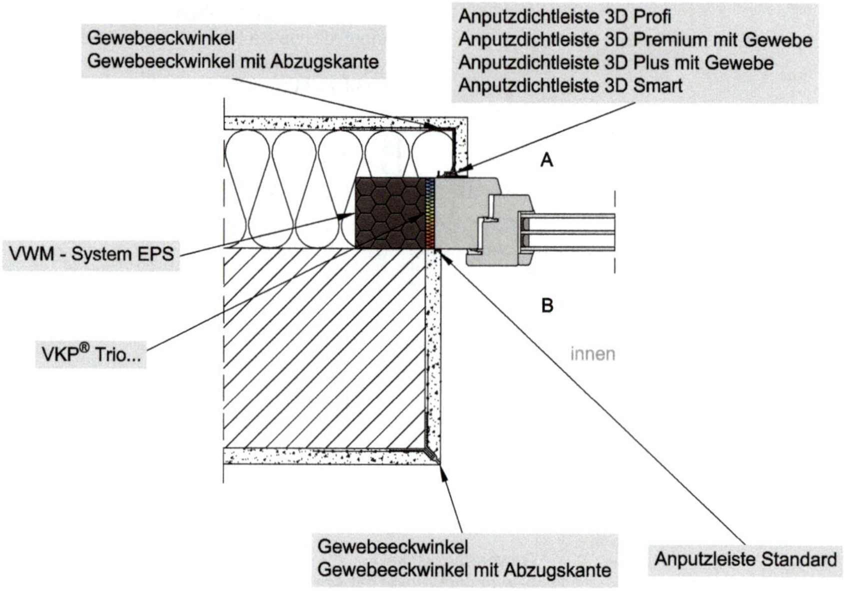

Detail A

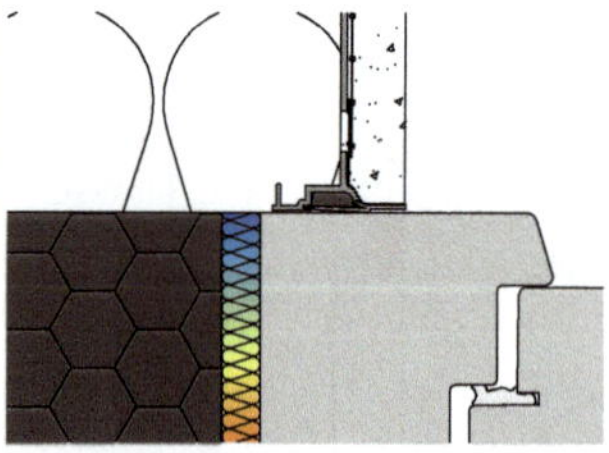

Detail B

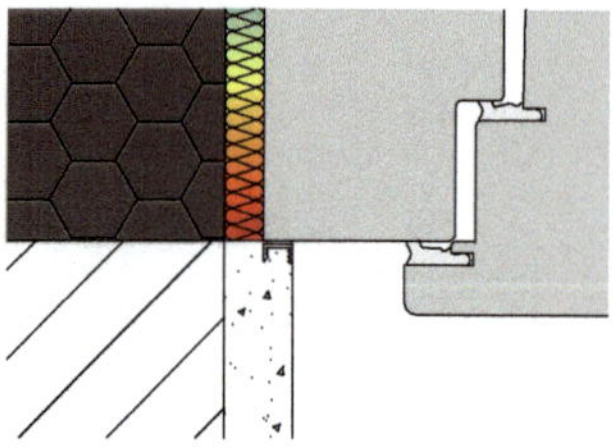

Bemerkung:

Verwendung von Montageklötzen nur bedingt möglich. Notwendige Montageklötze sind nachträglich, ggfs. mittels Pflaster, abzudichten.

Neubau Sturz außengedämmt

N 2.2.1 Fensterlage außen in Wandbildner

Folienabdichtung

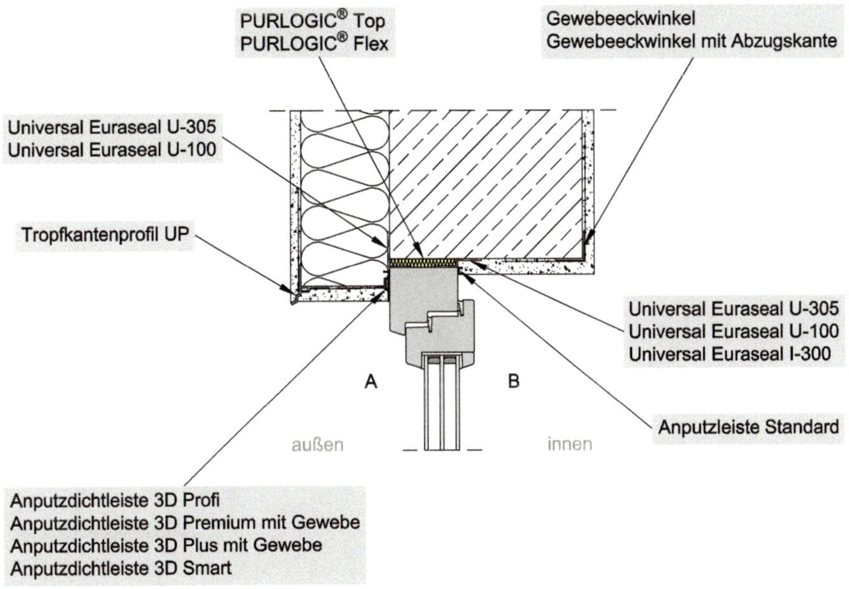

Detail A

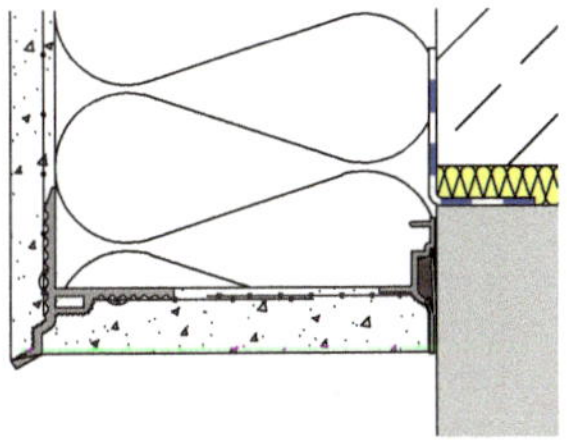

Detail B

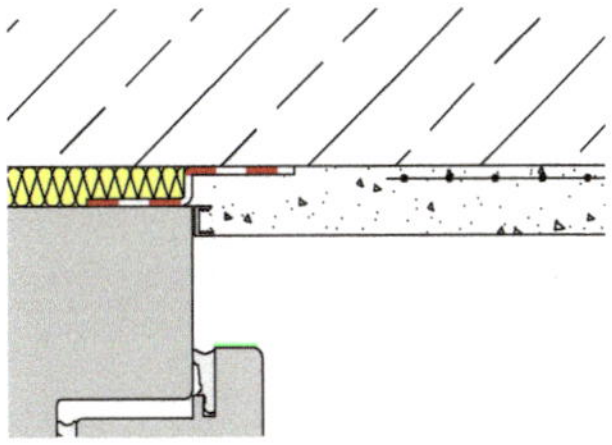

Bemerkung:

Verwendung von Montageklötzen möglich. In den Bereichen der Montageklötze ist ein besonderes Augenmerk auf die raumseitige Luftdichtheit zu legen, ggfs. sind überstehende Montageklötze mit einem Pflaster abzudichten.

Eckbereiche sind schlaufenförmig auszubilden und in den Eckbereichen der Laibung luftdicht anzubinden. Offene Stirnseiten evtl. notwendiger Zusatzprofile müssen in Funktionsebene 2 liegen oder sind stirnseitig zur Sicherstellung der Luftdichtheit abzudichten.

Außenseitige Abdichtung zur temporären Regensicherheit während des Bauzustands notwendig.

Neubau Sturz außengedämmt

N 2.2.2 Fensterlage in Dämmebene

Folienabdichtung

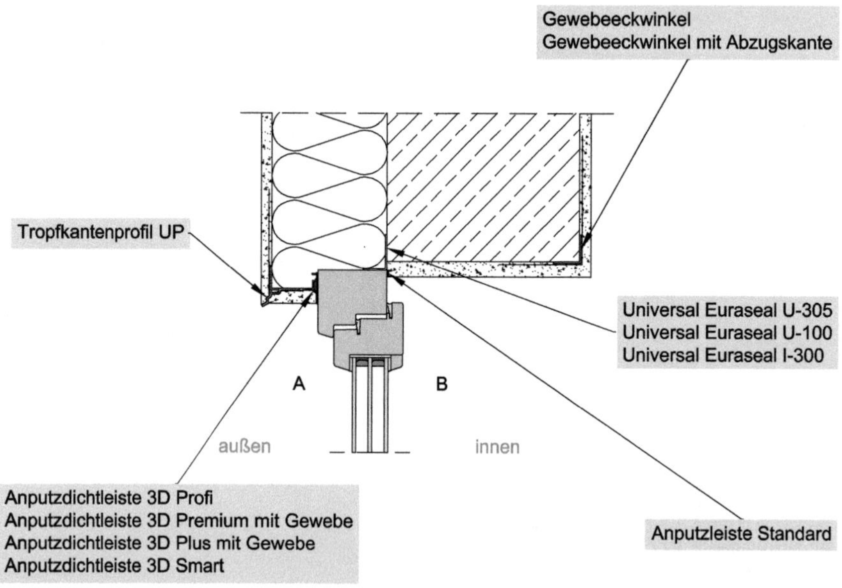

Detail A

Detail B

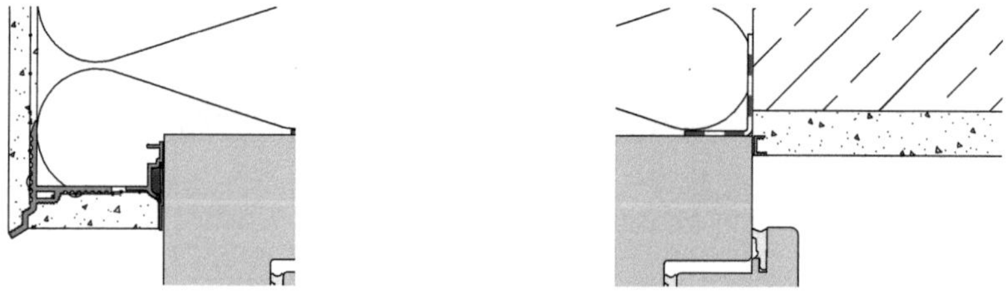

Bemerkung:

Lastabtragung erfolgt punktuell mittels Konsolen oder Fenstermontageschienen.

Außenseitige Abdichtung zur temporären Regensicherheit während des Bauzustands notwendig.

Neubau Sturz außengedämmt

N 2.2.3 Fensterlage in Dämmebene

Folienabdichtung

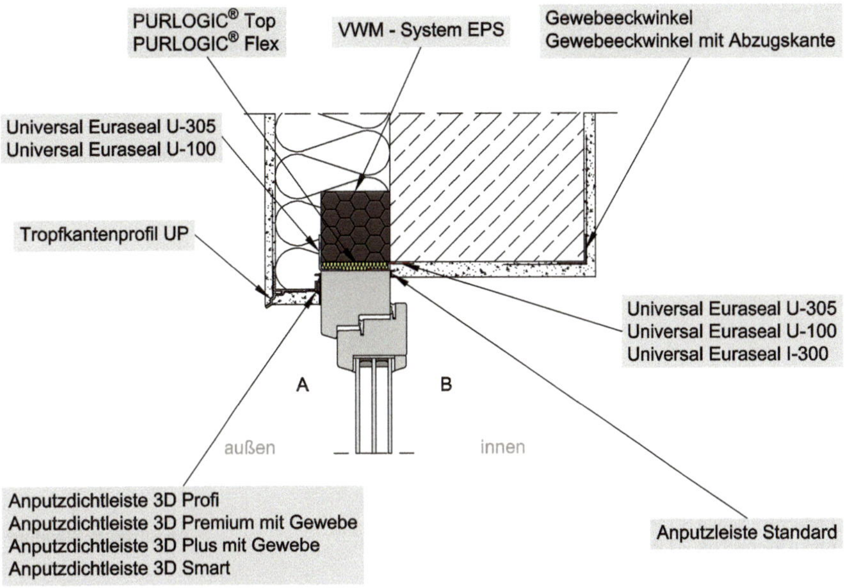

Detail A

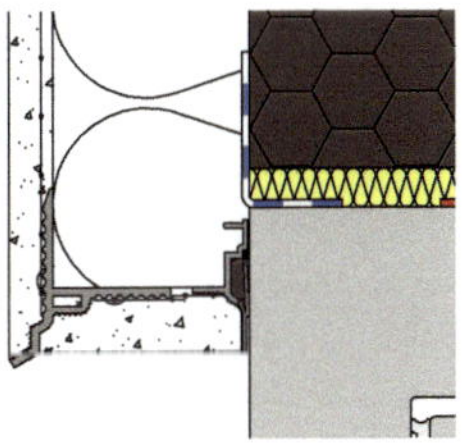

Detail B

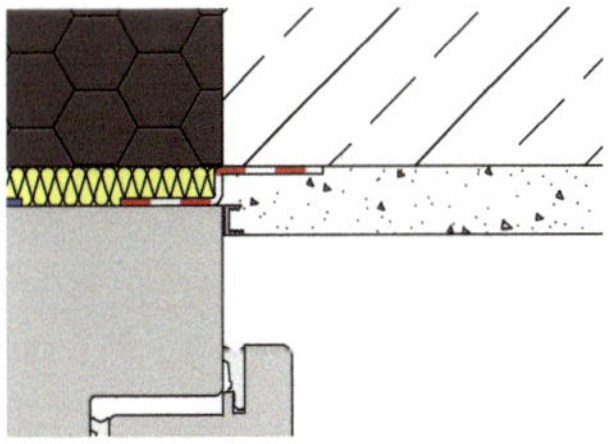

Bemerkung:

Verwendung von Montageklötzen möglich. In den Bereichen der Montageklötze ist ein besonderes Augenmerk auf die raumseitige Luftdichtheit zu legen, ggfs. sind überstehende Montageklötze mit einem Pflaster abzudichten.

Eckbereiche sind schlaufenförmig auszubilden und in den Eckbereichen der Laibung luftdicht anzubinden. Offene Stirnseiten evtl. notwendiger Zusatzprofile müssen in Funktionsebene 2 liegen oder sind stirnseitig zur Sicherstellung der Luftdichtheit abzudichten.

Außenseitige Abdichtung zur temporären Regensicherheit während des Bauzustands notwendig.

Neubau Sturz außengedämmt

N 2.2.4 Fensterlage in Dämmebene

Folienabdichtung

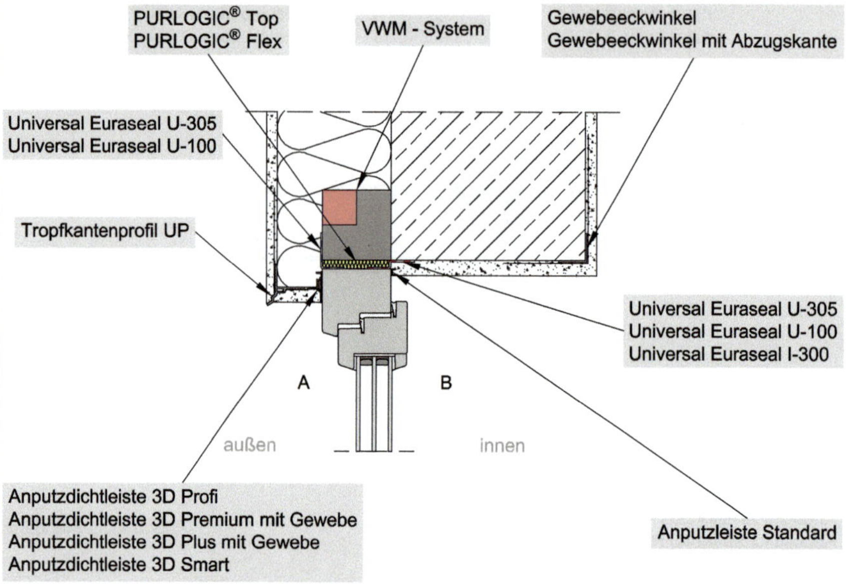

Detail A

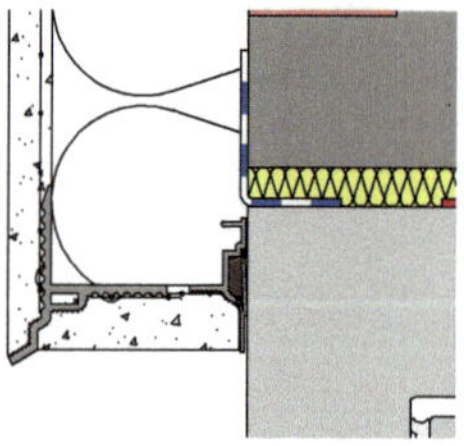

Detail B

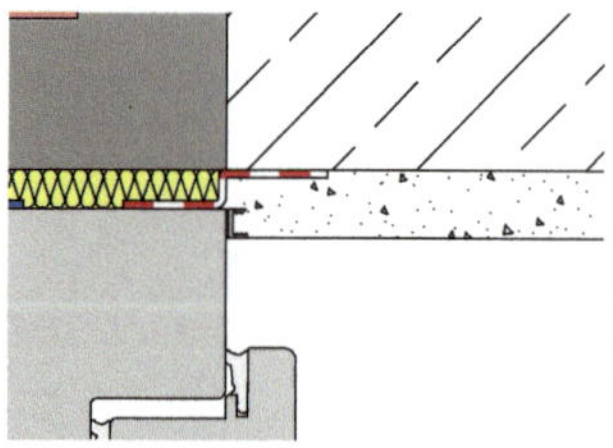

Bemerkung:

Verwendung von Montageklötzen möglich. In den Bereichen der Montageklötze ist ein besonderes Augenmerk auf die raumseitige Luftdichtheit zu legen, ggfs. sind überstehende Montageklötze mit einem Pflaster abzudichten.

Eckbereiche sind schlaufenförmig auszubilden und in den Eckbereichen der Laibung luftdicht anzubinden. Offene Stirnseiten evtl. notwendiger Zusatzprofile müssen in Funktionsebene 2 liegen oder sind stirnseitig zur Sicherstellung der Luftdichtheit abzudichten.

Außenseitige Abdichtung zur temporären Regensicherheit während des Bauzustands notwendig.

Neubau Sturz außengedämmt

N 2.2.5 Fensterlage außen in Wandbildner

Abdichtung mit Multifunktionsband

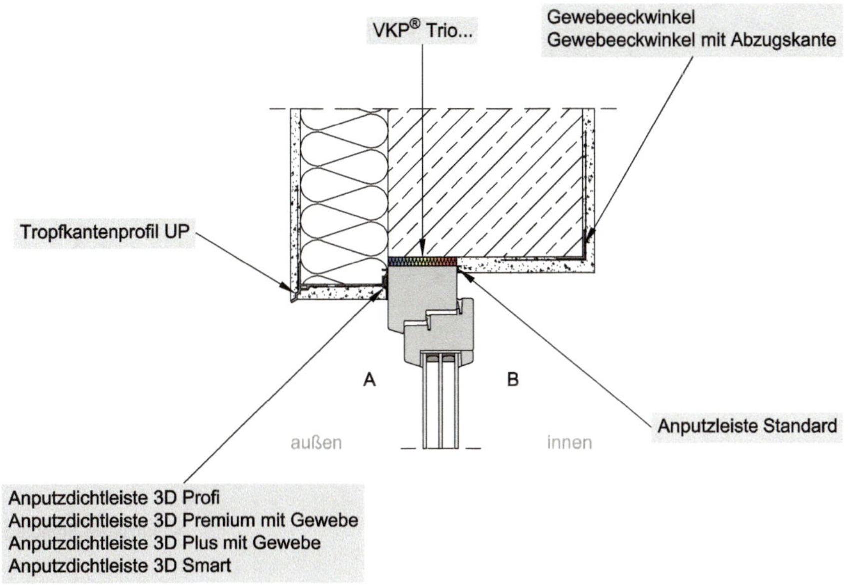

Detail A

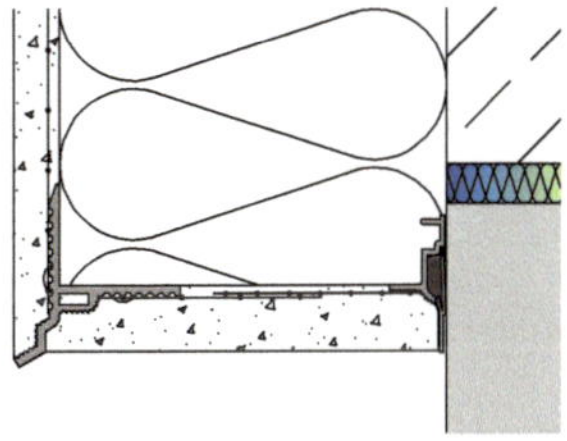

Detail B

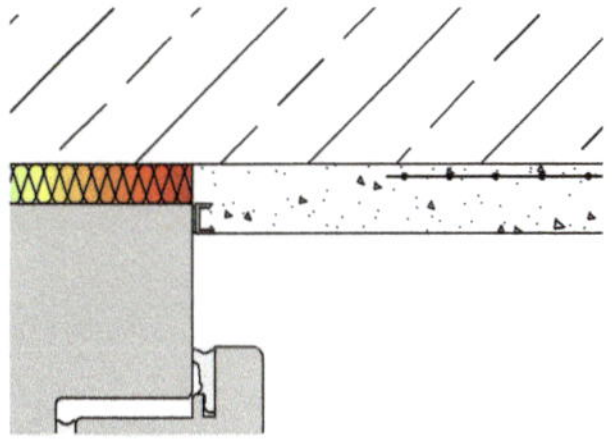

Bemerkung:

Verwendung von Montageklötzen nur bedingt möglich. Notwendige Montageklötze sind nachträglich, ggfs. mit Pflaster, abzudichten.

Neubau Sturz außengedämmt

N 2.2.6 Fensterlage in Dämmebene

Abdichtung mit Multifunktionsband

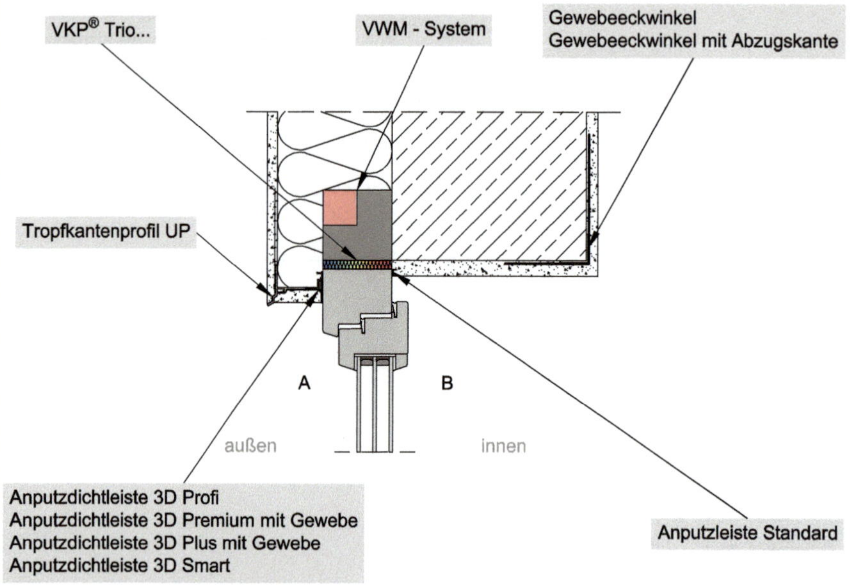

Detail A

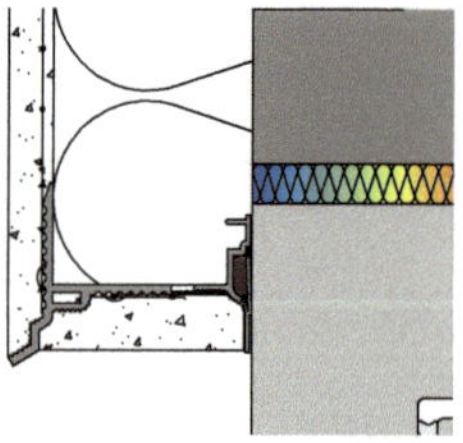

Detail B

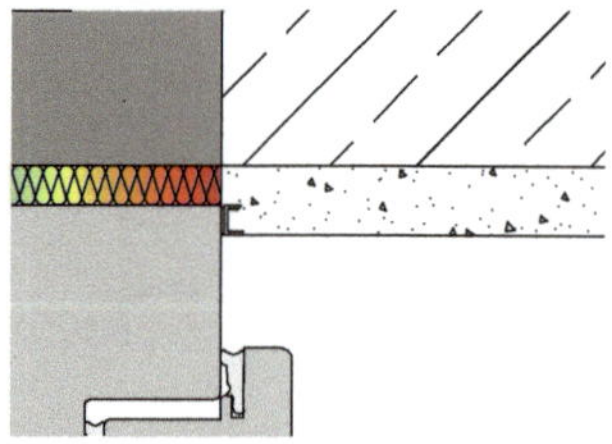

Bemerkung:

Verwendung von Montageklötzen nur bedingt möglich. Notwendige Montageklötze sind nachträglich, ggfs. mittels Pflaster, abzudichten.

Neubau Sturz außengedämmt

N 2.2.7 Fensterlage in Dämmebene

Abdichtung mit Multifunktionsband

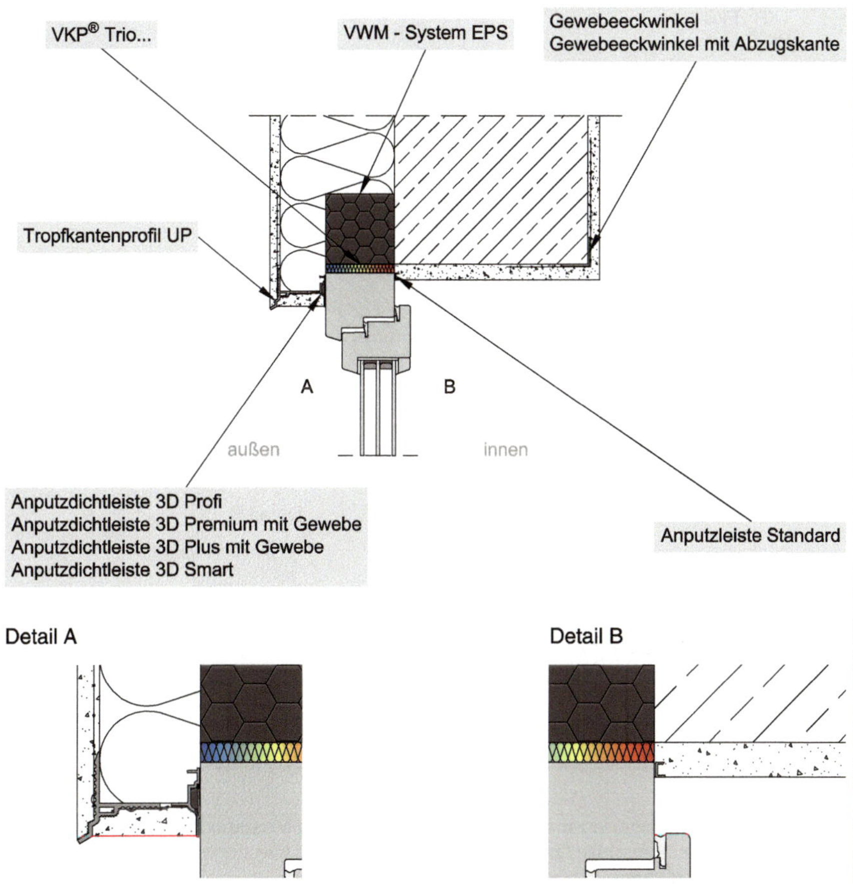

Bemerkung:

Verwendung von Montageklötzen nur bedingt möglich. Notwendige Montageklötze sind nachträglich, ggfs. mit Pflaster, abzudichten.

Neubau Brüstung außengedämmt

N 2.3.1 Fensterlage außen in Wandbildner

Folienabdichtung

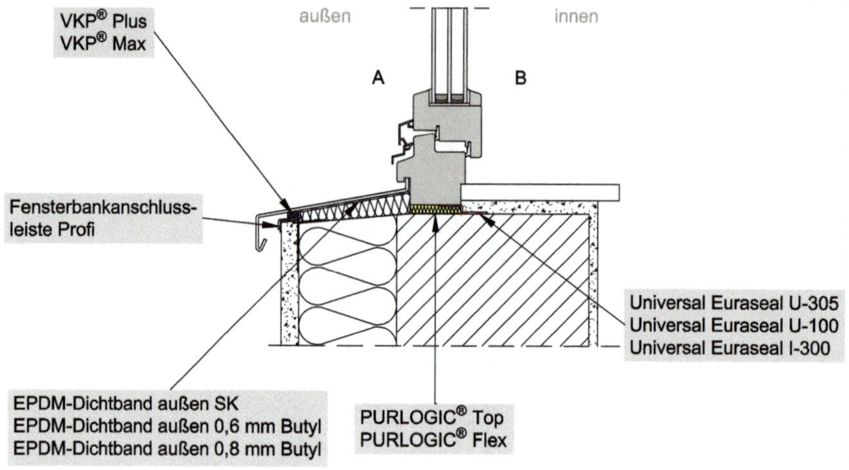

Detail A

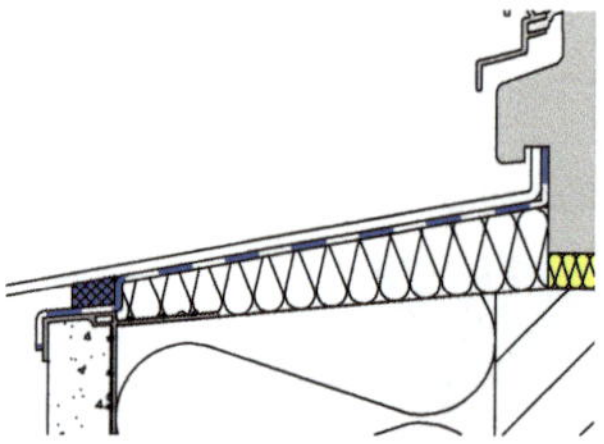

Detail B

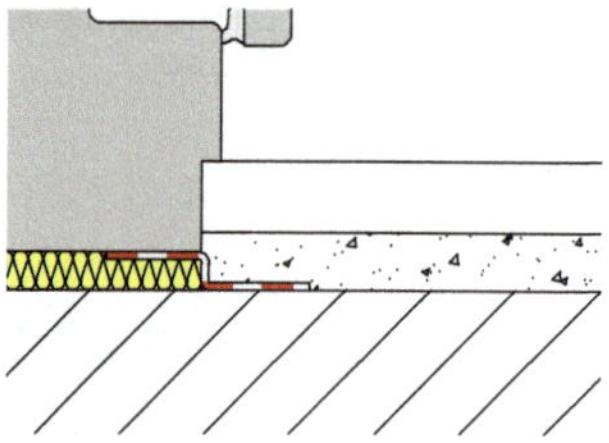

Bemerkung:

Verwendung von Montageklötzen möglich. In den Bereichen der Montageklötze ist ein besonderes Augenmerk auf die raumseitige Luftdichtheit zu legen, ggfs. sind überstehende Montageklötze mit einem Pflaster abzudichten.

Eckbereiche sind schlaufenförmig auszubilden und in den Eckbereichen der Laibung luftdicht anzubinden. Offene Stirnseiten evtl. notwendiger Zusatzprofile müssen in Funktionsebene 2 liegen oder sind stirnseitig zur Sicherstellung der Luftdichtheit abzudichten.

Außenseitige Abdichtung zur temporären Regensicherheit während des Bauzustands notwendig.

Die Ausbildung der Unterfensterbank erfolgt wannenförmig, mittels EPDM-Dichtband bis auf die Höhe des Bordprofils. Das ablaufen des Wassers auf der Abdichtung über das Putzanschlussprofil muss sichergestellt werden. Bei Rollladenschienen muss gewährleistet werden, dass das Wasser aus den Rollladenführungsschienen auf die Fensterbankfläche geleitet wird.

Neubau Brüstung außengedämmt

N 2.3.2 Fensterlage in Dämmebene

Folienabdichtung

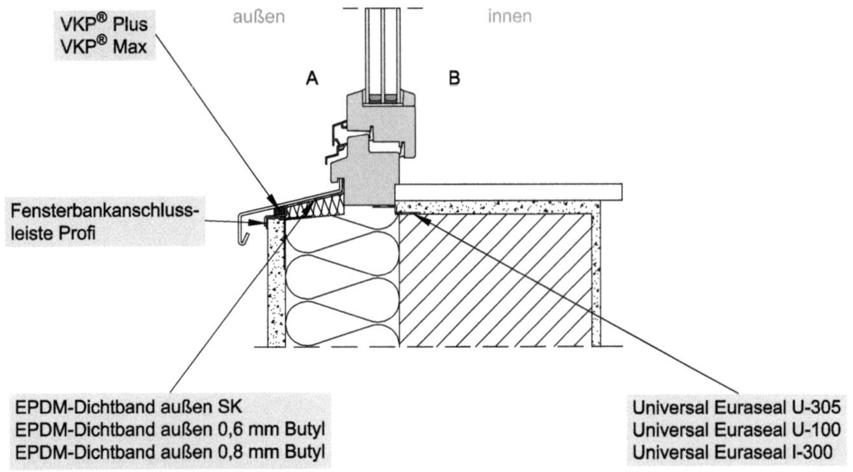

Detail A

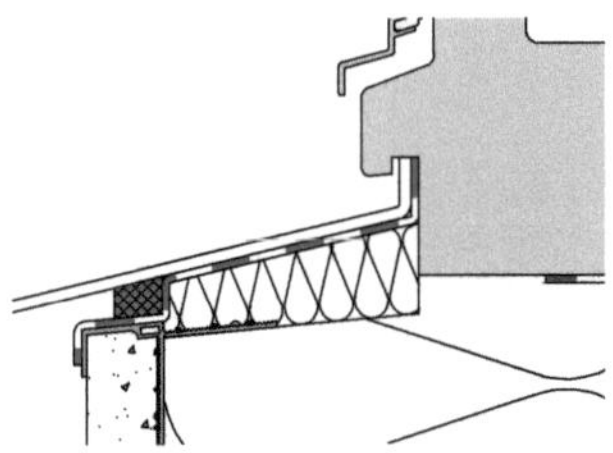

Detail B

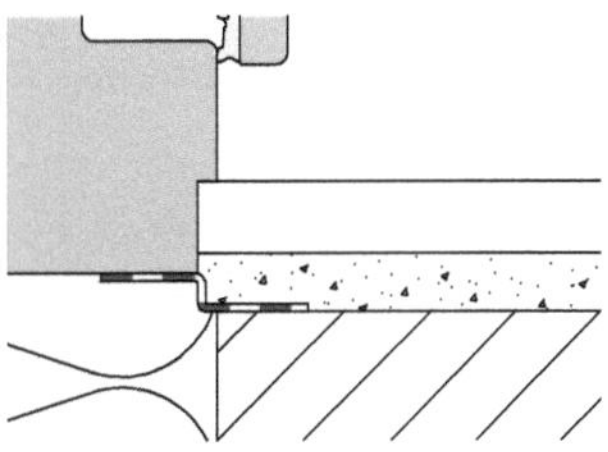

Bemerkung:

Lastabtragung erfolgt punktuell mittels Konsolen oder Fenstermontageschienen.

Außenseitige Abdichtung zur temporären Regensicherheit während des Bauzustands notwendig.

Die Ausbildung der Unterfensterbank erfolgt wannenförmig, mittels EPDM-Dichtband bis auf die Höhe des Bordprofils. Das ablaufen des Wassers auf der Abdichtung über das Putzanschlussprofil muss sichergestellt werden. Bei Rollladenschienen muss gewährleistet werden, dass das Wasser aus den Rollladenführungsschienen auf die Fensterbankfläche geleitet wird.

Neubau Brüstung außengedämmt

N 2.3.3 Fensterlage in Dämmebene

Folienabdichtung

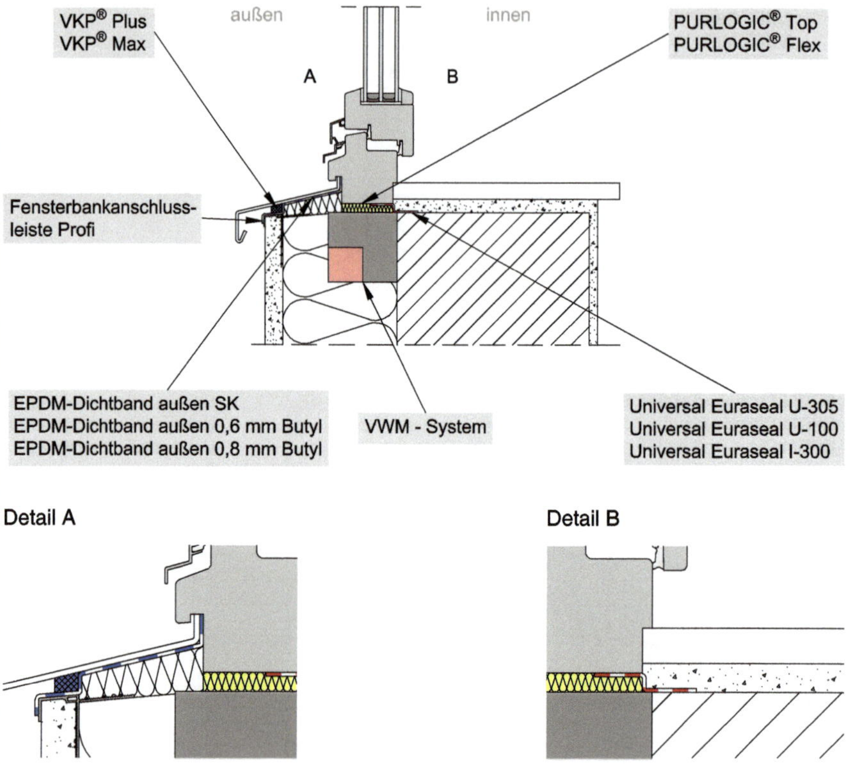

Bemerkung:

Verwendung von Montageklötzen möglich. In den Bereichen der Montageklötze ist ein besonderes Augenmerk auf die raumseitige Luftdichtheit zu legen, ggfs. sind überstehende Montageklötze mit einem Pflaster abzudichten.

Eckbereiche sind schlaufenförmig auszubilden und in den Eckbereichen der Laibung luftdicht anzubinden. Offene Stirnseiten evtl. notwendiger Zusatzprofile müssen in Funktionsebene 2 liegen oder sind stirnseitig zur Sicherstellung der Luftdichtheit abzudichten.

Außenseitige Abdichtung zur temporären Regensicherheit während des Bauzustands notwendig.

Die Ausbildung der Unterfensterbank erfolgt wannenförmig, mittels EPDM-Dichtband bis auf die Höhe des Bordprofils. Das ablaufen des Wassers auf der Abdichtung über das Putzanschlussprofil muss sichergestellt werden. Bei Rollladenschienen muss gewährleistet werden, dass das Wasser aus den Rollladenführungsschienen auf die Fensterbankfläche geleitet wird.

Neubau Brüstung außengedämmt

N 2.3.4 Fensterlage in Dämmebene

Folienabdichtung

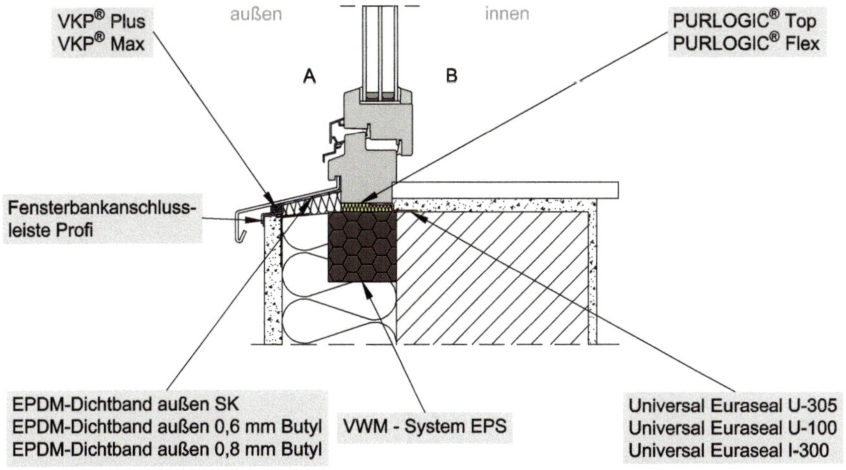

Detail A

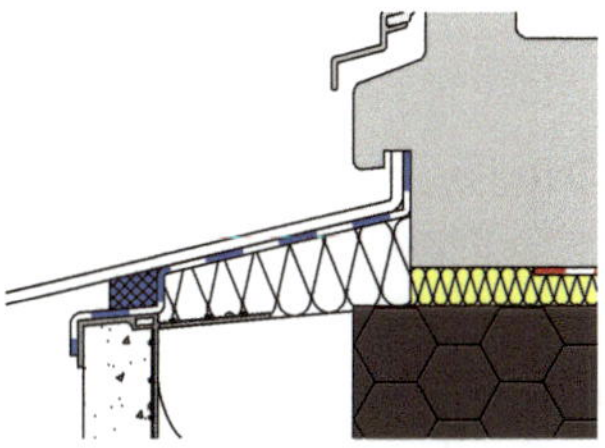

Detail B

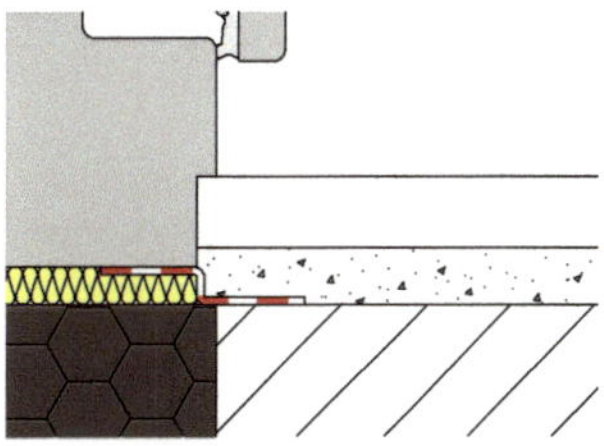

Bemerkung:

Verwendung von Montageklötzen möglich. In den Bereichen der Montageklötze ist ein besonderes Augenmerk auf die raumseitige Luftdichtheit zu legen, ggfs. sind überstehende Montageklötze mit einem Pflaster abzudichten.

Eckbereiche sind schlaufenförmig auszubilden und in den Eckbereichen der Laibung luftdicht anzubinden. Offene Stirnseiten evtl. notwendiger Zusatzprofile müssen in Funktionsebene 2 liegen oder sind stirnseitig zur Sicherstellung der Luftdichtheit abzudichten.

Außenseitige Abdichtung zur temporären Regensicherheit während des Bauzustands notwendig.

Die Ausbildung der Unterfensterbank erfolgt wannenförmig, mittels EPDM-Dichtband bis auf die Höhe des Bordprofils. Das ablaufen des Wassers auf der Abdichtung über das Putzanschlussprofil muss sichergestellt werden. Bei Rollladenschienen muss gewährleistet werden, dass das Wasser aus den Rollladenführungsschienen auf die Fensterbankfläche geleitet wird.

Neubau Laibung kerngedämmt
N 3.1.1 Fensterlage außen in Wandbildner
Folienabdichtung

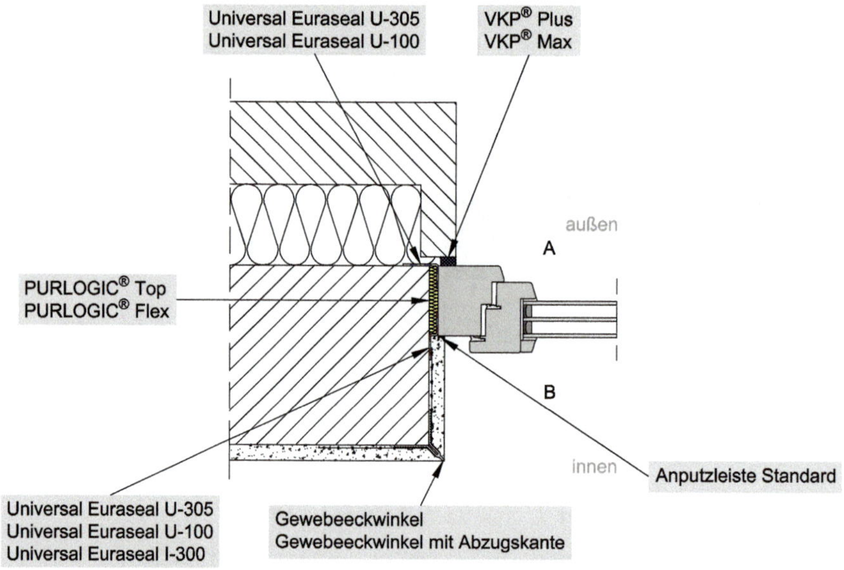

Bemerkung:

Verwendung von Montageklötzen möglich. In den Bereichen der Montageklötze ist ein besonderes Augenmerk auf die raumseitige Luftdichtheit zu legen, ggfs. sind überstehende Montageklötze mit einem Pflaster abzudichten.

Eckbereiche sind schlaufenförmig auszubilden und in den Eckbereichen der Laibung luftdicht anzubinden. Offene Stirnseiten evtl. notwendiger Zusatzprofile müssen in Funktionsebene 2 liegen oder sind stirnseitig zur Sicherstellung der Luftdichtheit abzudichten.

Außenseitige Abdichtung zur temporären Regensicherheit während des Bauzustands notwendig.

Neubau Laibung kerngedämmt
N 3.1.2 Fensterlage in Dämmebene
Folienabdichtung

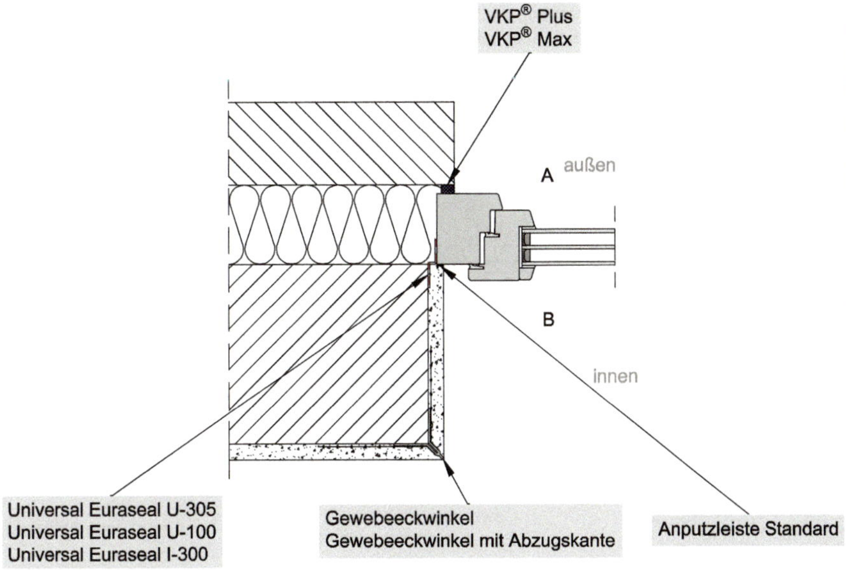

Detail A

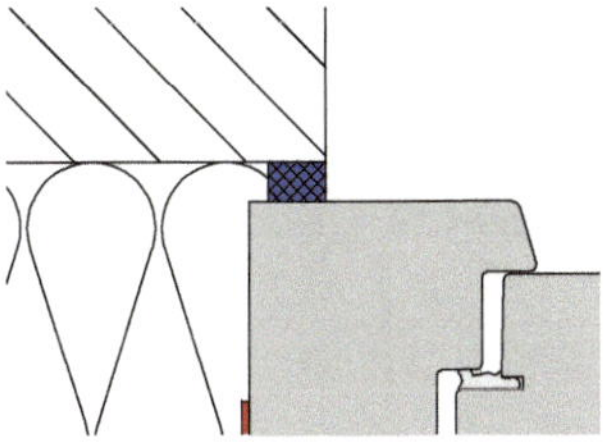

Detail B

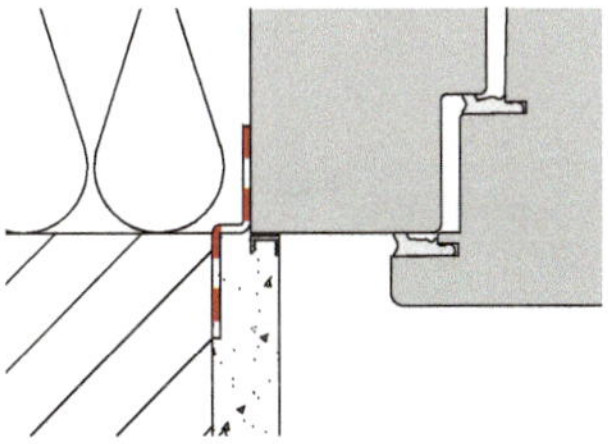

Bemerkung:

Lastabtragung erfolgt punktuell mittels Konsolen oder Fenstermontageschienen.

Außenseitige Abdichtung zur temporären Regensicherheit während des Bauzustands erfolgt über Folienabdichtungsband.

Neubau Laibung kerngedämmt

N 3.1.3 Fensterlage in Dämmebene

Folienabdichtung

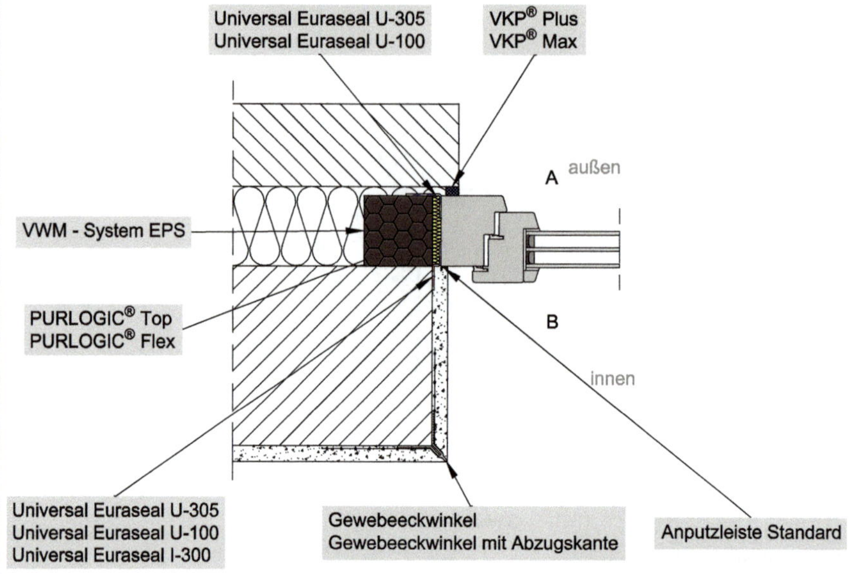

Detail A

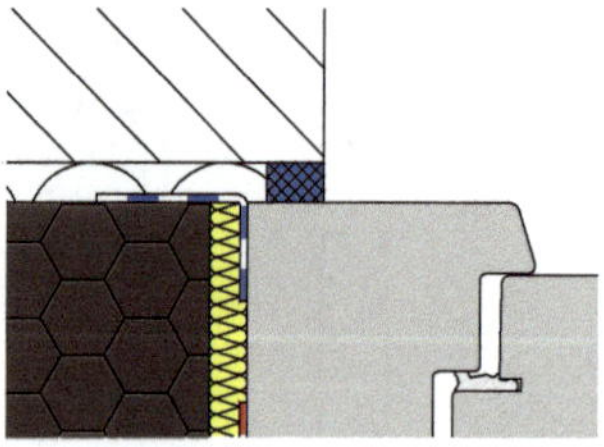

Detail B

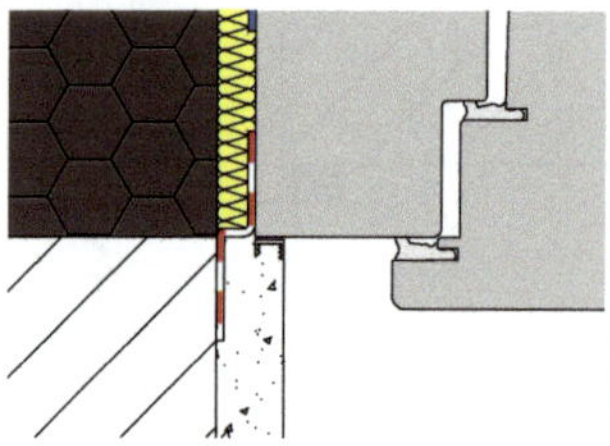

Bemerkung:

Verwendung von Montageklötzen möglich. In den Bereichen der Montageklötze ist ein besonderes Augenmerk auf die raumseitige Luftdichtheit zu legen, ggfs. sind überstehende Montageklötze mit einem Pflaster abzudichten.

Eckbereiche sind schlaufenförmig auszubilden und in den Eckbereichen der Laibung luftdicht anzubinden. Offene Stirnseiten evtl. notwendiger Zusatzprofile müssen in Funktionsebene 2 liegen oder sind stirnseitig zur Sicherstellung der Luftdichtheit abzudichten.

Außenseitige Abdichtung zur temporären Regensicherheit während des Bauzustands notwendig.

Neubau Laibung kerngedämmt
N 3.1.4 Fensterlage in Dämmebene
Folienabdichtung

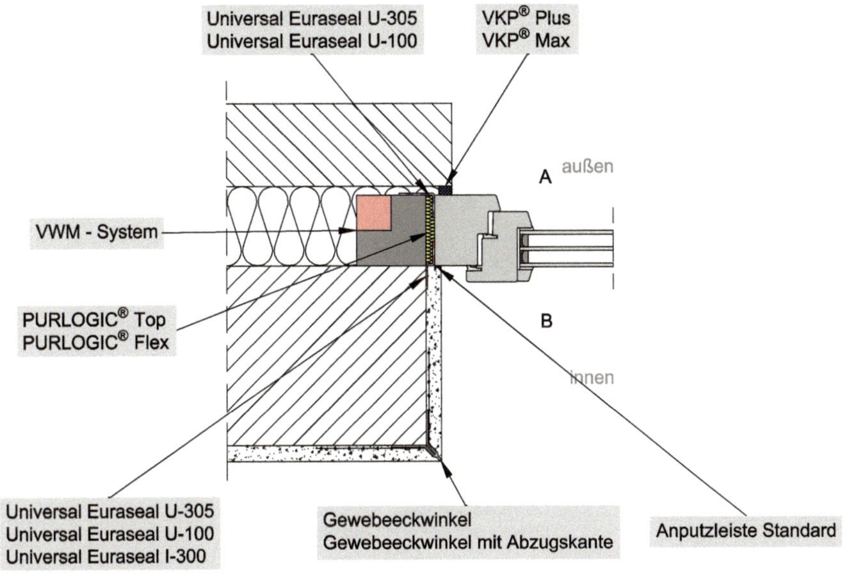

Detail A

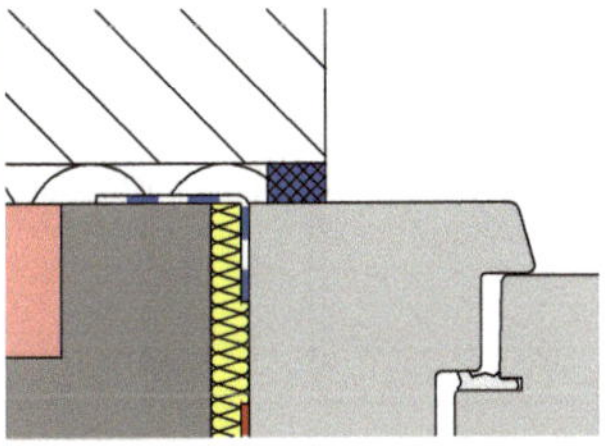

Detail B

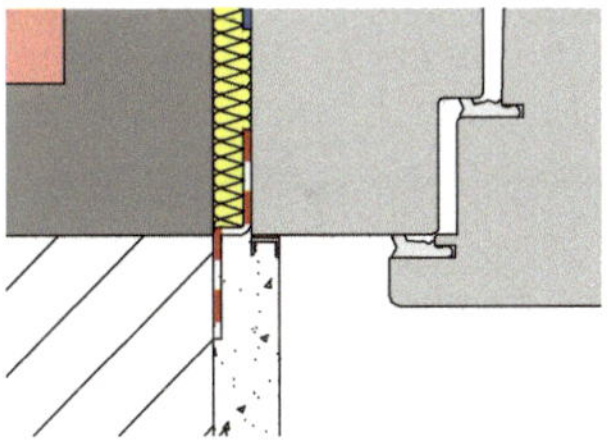

Bemerkung:

Verwendung von Montageklötzen möglich. In den Bereichen der Montageklötze ist ein besonderes Augenmerk auf die raumseitige Luftdichtheit zu legen, ggfs. sind überstehende Montageklötze mit einem Pflaster abzudichten.

Eckbereiche sind schlaufenförmig auszubilden und in den Eckbereichen der Laibung luftdicht anzubinden. Offene Stirnseiten evtl. notwendiger Zusatzprofile müssen in Funktionsebene 2 liegen oder sind stirnseitig zur Sicherstellung der Luftdichtheit abzudichten.

Außenseitige Abdichtung zur temporären Regensicherheit während des Bauzustands notwendig.

Neubau Laibung kerngedämmt

N 3.1.5 Fensterlage außen in Wandbildner

Abdichtung mit Multifunktionsband

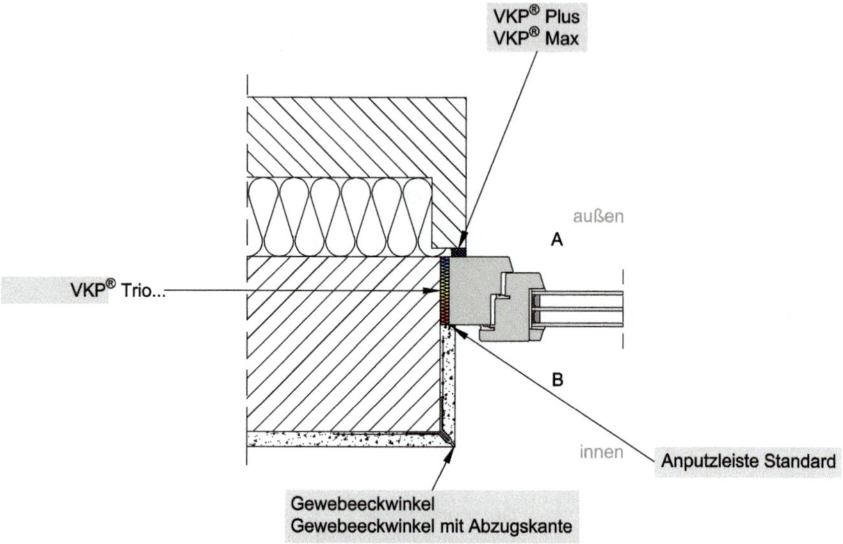

Detail A

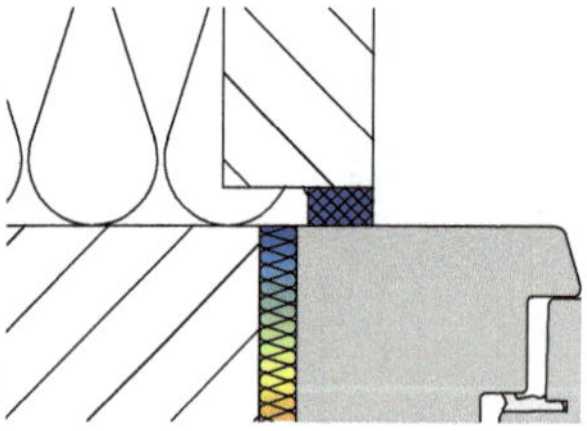

Detail B

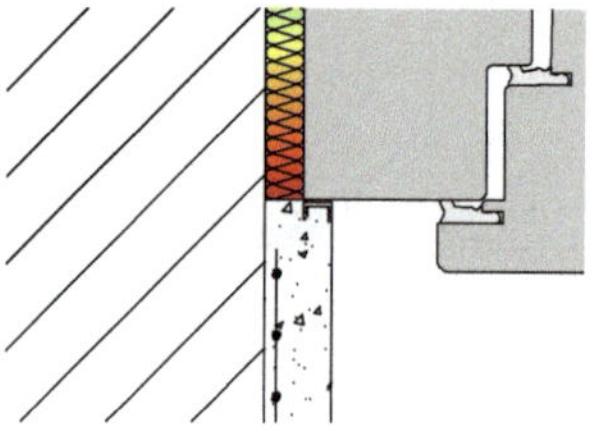

Bemerkung:

Verwendung von Montageklötzen nur bedingt möglich. Notwendige Montageklötze sind nachträglich, ggfs. mit Pflaster, abzudichten.

Neubau Laibung kerngedämmt
N 3.1.6 Fensterlage in Dämmebene
Abdichtung mit Multifunktionsband

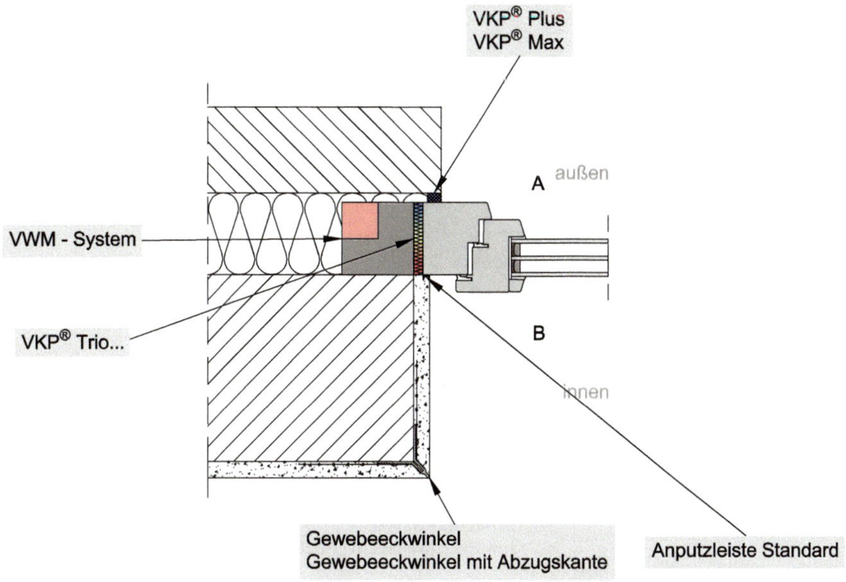

Detail A

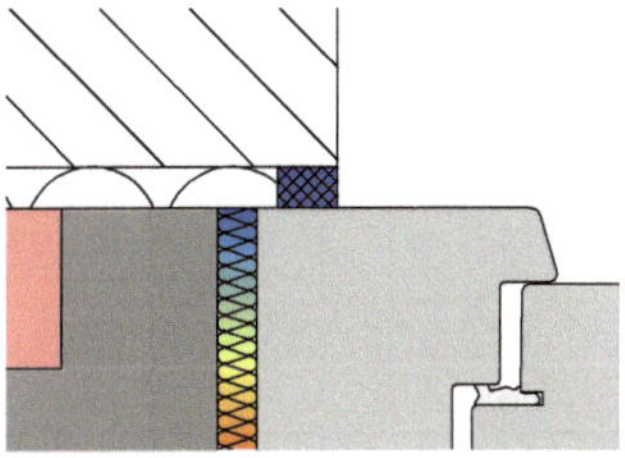

Detail B

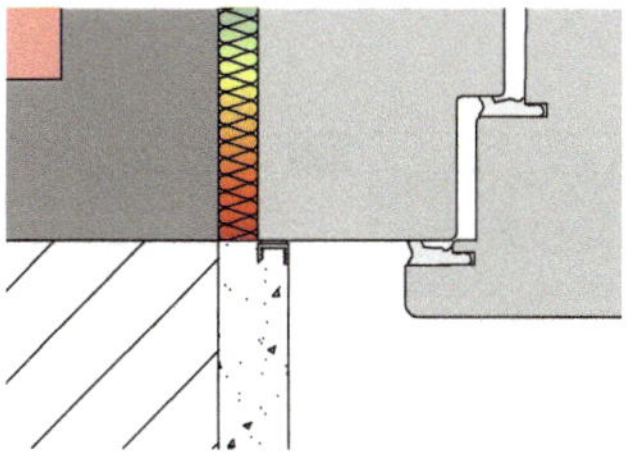

Bemerkung:

Verwendung von Montageklötzen nur bedingt möglich. Notwendige Montageklötze sind nachträglich, ggfs. mit Pflaster, abzudichten.

Neubau Laibung kerngedämmt
N 3.1.7 Fensterlage in Dämmebene
Abdichtung mit Multifunktionsband

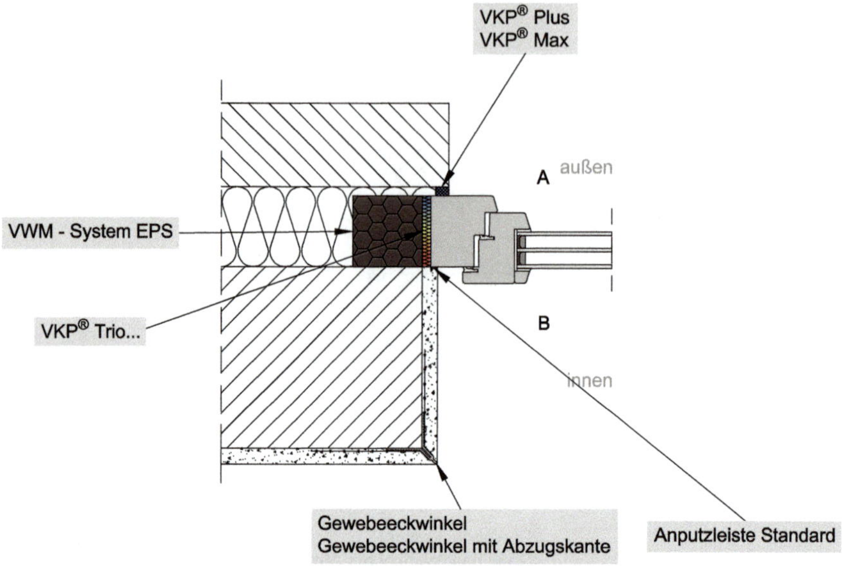

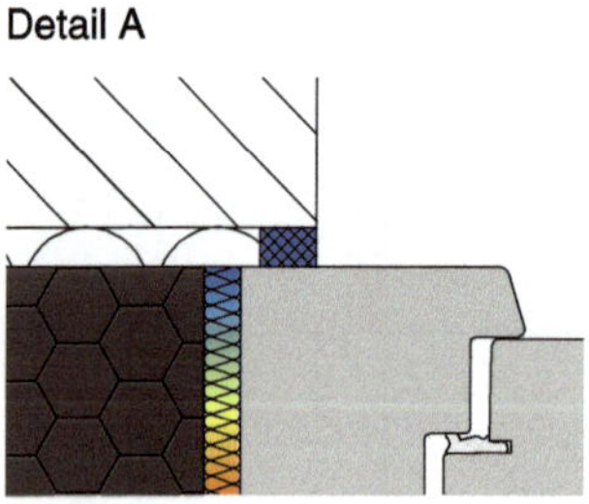

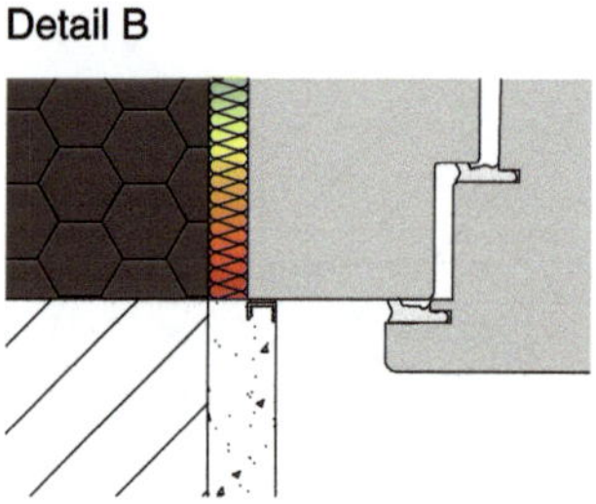

Bemerkung:

Verwendung von Montageklötzen nur bedingt möglich. Notwendige Montageklötze sind nachträglich, ggfs. mit Pflaster, abzudichten.

Neubau Sturz kerngedämmt

N 3.2.1 Fensterlage außen in Wandbildner

Folienabdichtung

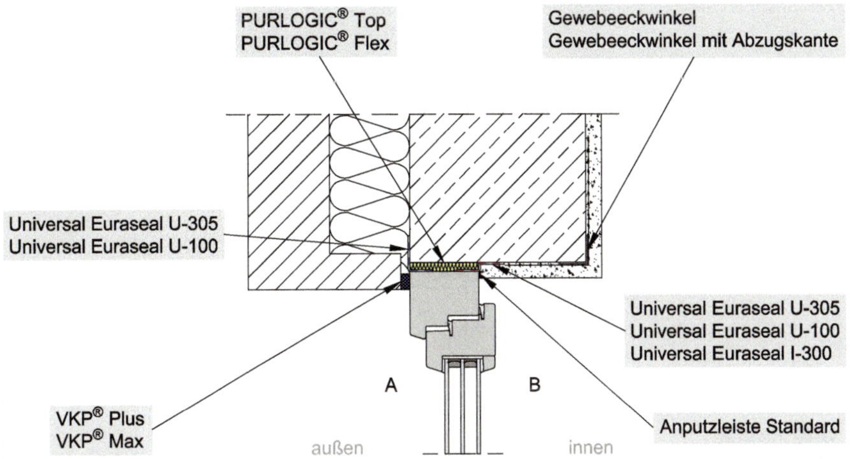

Detail A

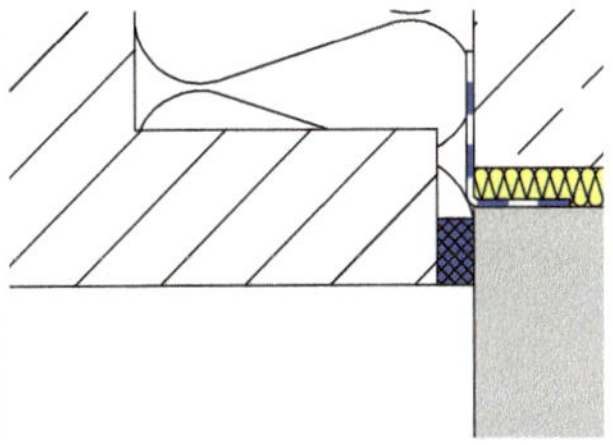

Detail B

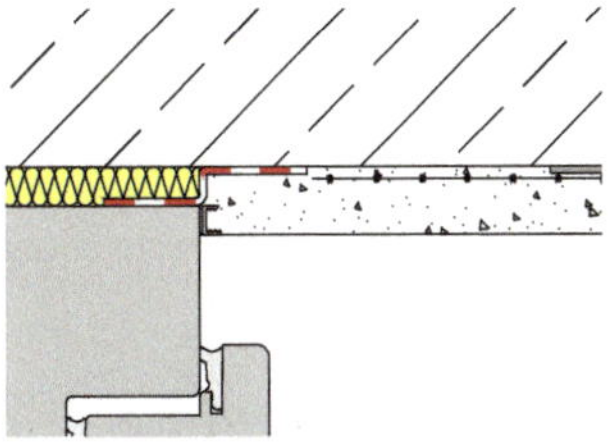

Bemerkung:

Verwendung von Montageklötzen möglich. In den Bereichen der Montageklötze ist ein besonderes Augenmerk auf die raumseitige Luftdichtheit zu legen, ggfs. sind überstehende Montageklötze mit einem Pflaster abzudichten.

Eckbereiche sind schlaufenförmig auszubilden und in den Eckbereichen der Laibung luftdicht anzubinden. Offene Stirnseiten evtl. notwendiger Zusatzprofile müssen in Funktionsebene 2 liegen oder sind stirnseitig zur Sicherstellung der Luftdichtheit abzudichten.

Außenseitige Abdichtung zur temporären Regensicherheit während des Bauzustands notwendig.

Neubau Sturz kerngedämmt

N 3.2.2 Fensterlage in Dämmebene

Folienabdichtung

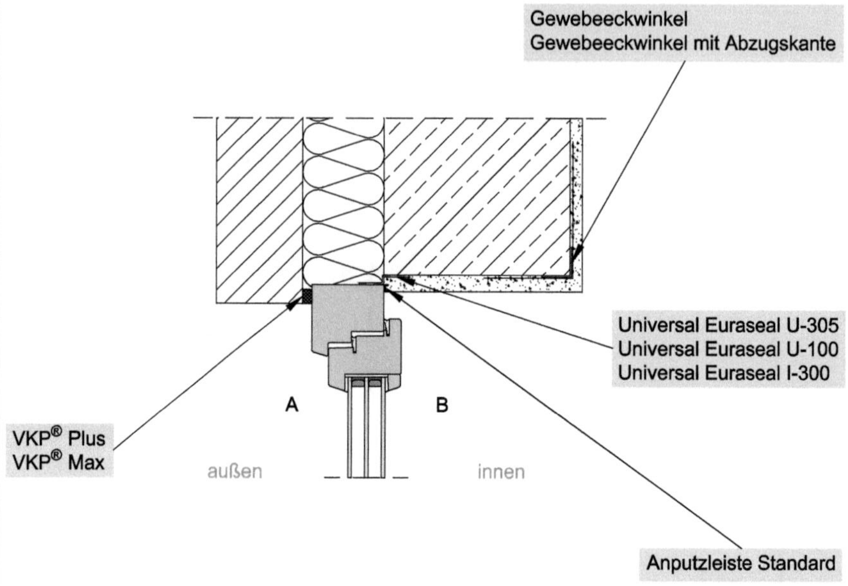

Detail A

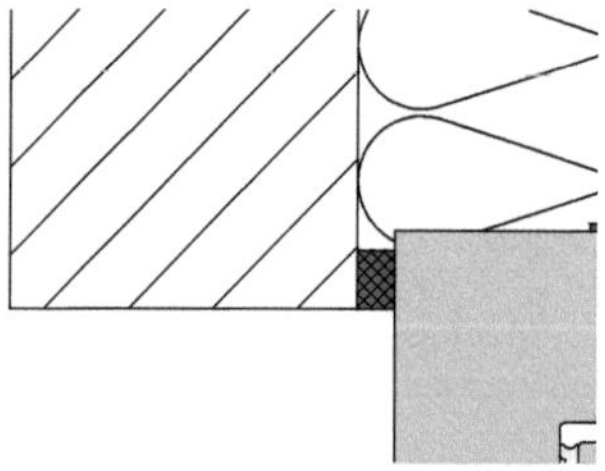

Detail B

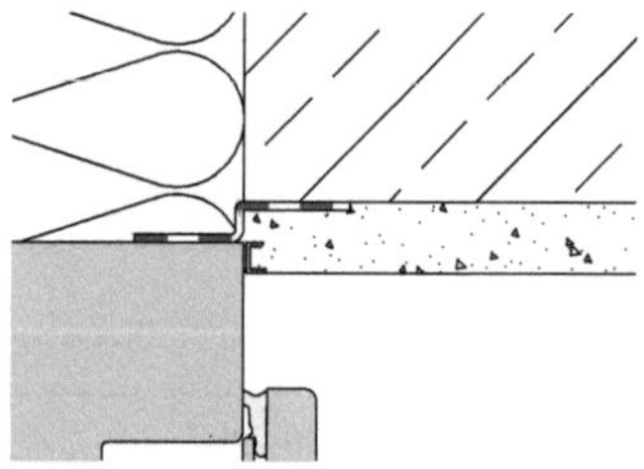

Bemerkung:

Lastabtragung erfolgt punktuell mittels Konsolen oder Fenstermontageschienen.

Außenseitige Abdichtung zur temporären Regensicherheit während des Bauzustands erfolgt über Folienabdichtungsband.

Neubau Sturz kerngedämmt

N 3.2.3 Fensterlage in Dämmebene

Folienabdichtung

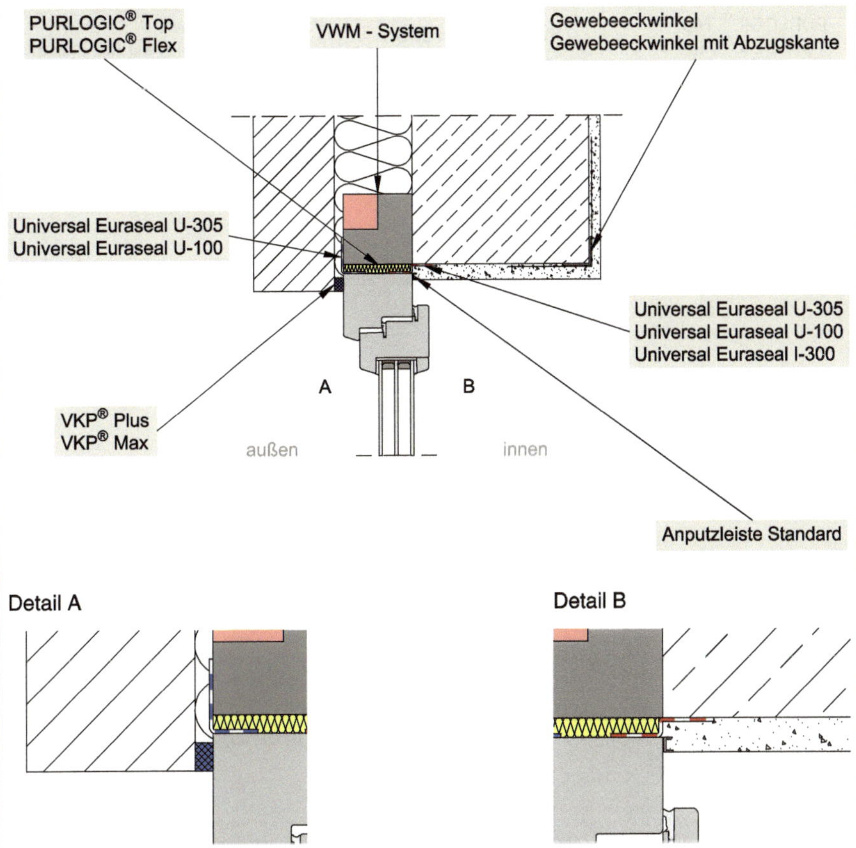

Bemerkung:

Verwendung von Montageklötzen möglich. In den Bereichen der Montageklötze ist ein besonderes Augenmerk auf die raumseitige Luftdichtheit zu legen, ggfs. sind überstehende Montageklötze mit einem Pflaster abzudichten.

Eckbereiche sind schlaufenförmig auszubilden und in den Eckbereichen der Laibung luftdicht anzubinden. Offene Stirnseiten evtl. notwendiger Zusatzprofile müssen in Funktionsebene 2 liegen oder sind stirnseitig zur Sicherstellung der Luftdichtheit abzudichten.

Außenseitige Abdichtung zur temporären Regensicherheit während des Bauzustands notwendig.

Neubau Sturz kerngedämmt

N 3.2.4 Fensterlage in Dämmebene

Folienabdichtung

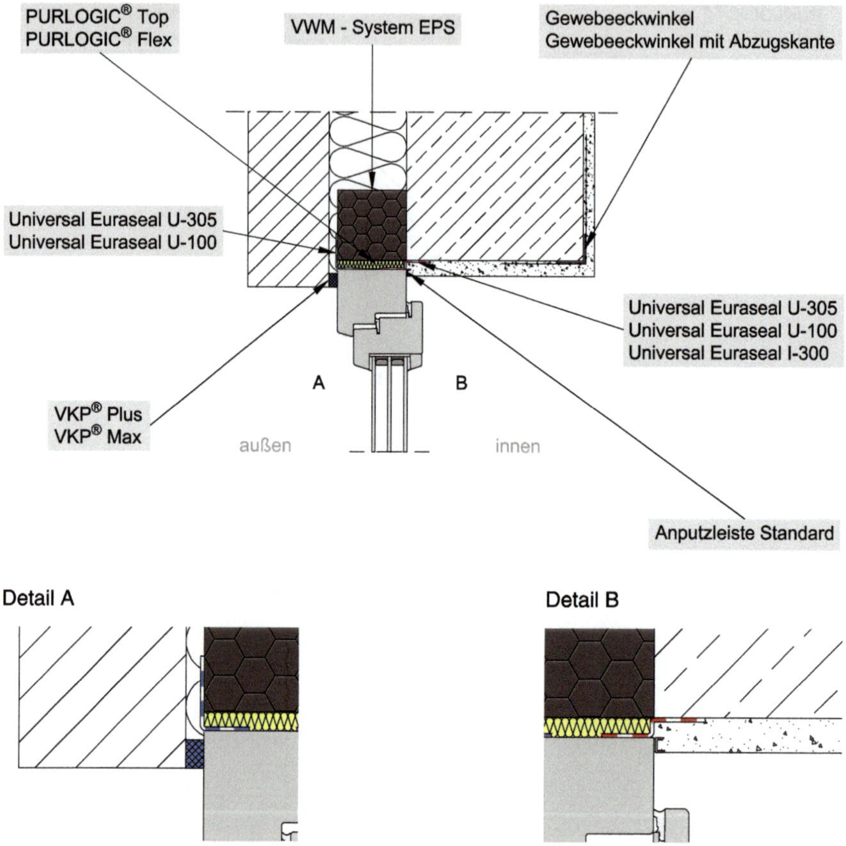

Bemerkung:

Verwendung von Montageklötzen möglich. In den Bereichen der Montageklötze ist ein besonderes Augenmerk auf die raumseitige Luftdichtheit zu legen, ggfs. sind überstehende Montageklötze mit einem Pflaster abzudichten.

Eckbereiche sind schlaufenförmig auszubilden und in den Eckbereichen der Laibung luftdicht anzubinden. Offene Stirnseiten evtl. notwendiger Zusatzprofile müssen in Funktionsebene 2 liegen oder sind stirnseitig zur Sicherstellung der Luftdichtheit abzudichten.

Außenseitige Abdichtung zur temporären Regensicherheit während des Bauzustands notwendig.

Neubau Sturz kerngedämmt
N 3.2.5 Fensterlage außen in Wandbildner
Abdichtung mit Multifunktionsband

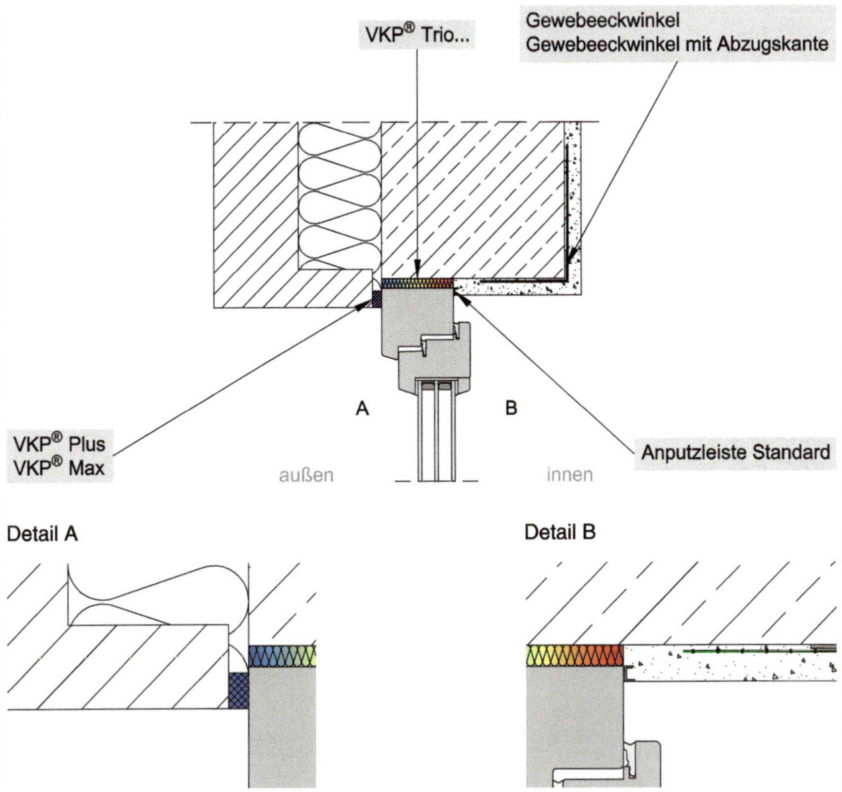

Bemerkung:

Verwendung von Montageklötzen nur bedingt möglich. Notwendige Montageklötze sind nachträglich, ggfs. mit Pflaster, abzudichten.

Neubau Sturz kerngedämmt

N 3.2.6 Fensterlage in Dämmebene

Abdichtung mit Multifunktionsband

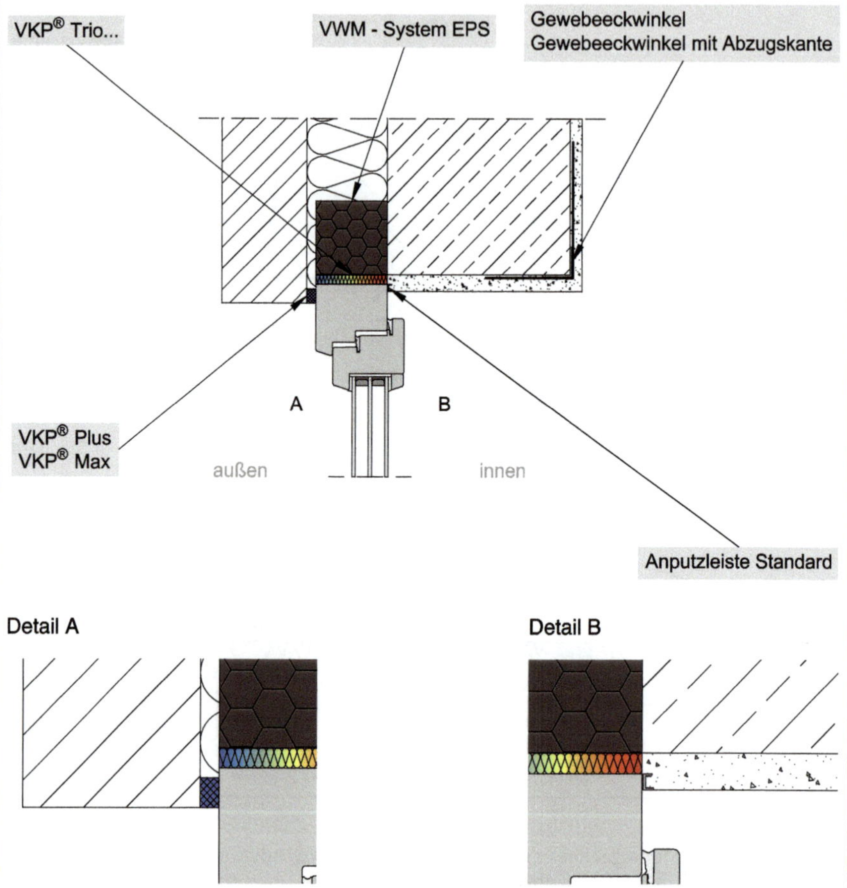

Bemerkung:

Verwendung von Montageklötzen nur bedingt möglich. Notwendige Montageklötze sind nachträglich, ggfs. mit Pflaster, abzudichten.

Neubau Sturz kerngedämmt

N 3.2.7 Fensterlage in Dämmebene

Abdichtung mit Multifunktionsband

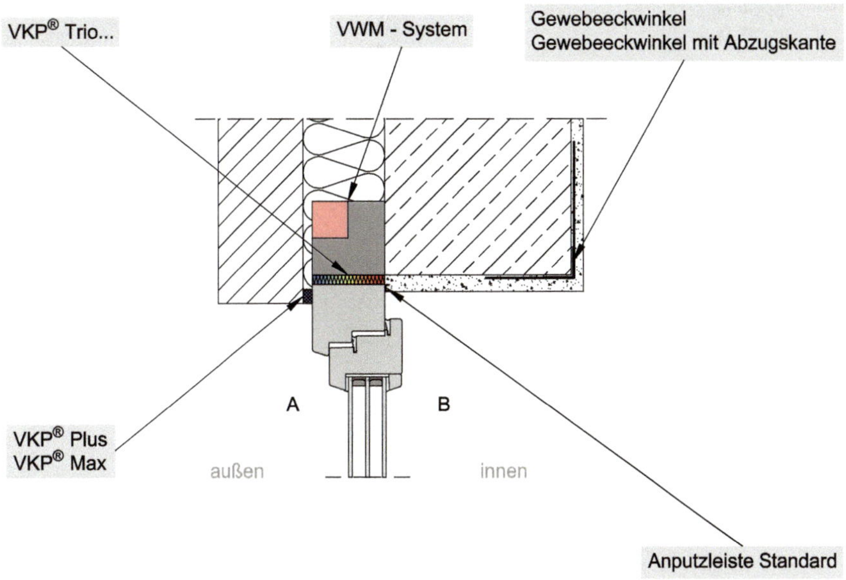

Detail A

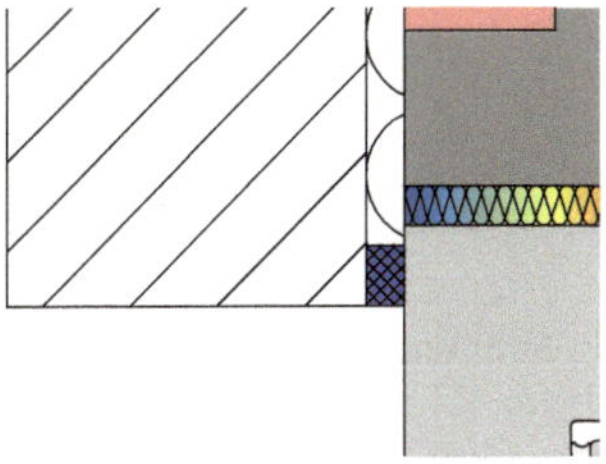

Detail B

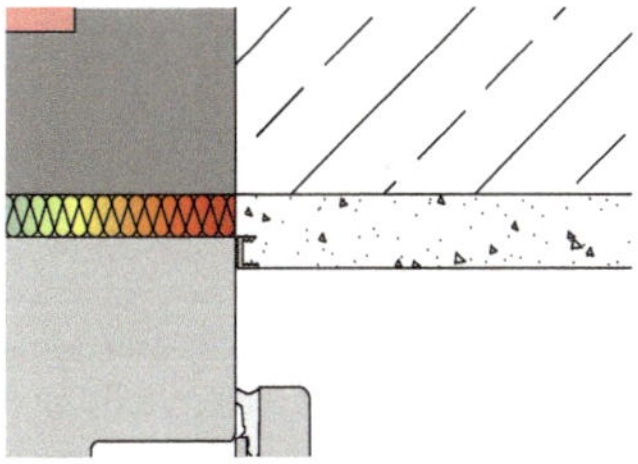

Bemerkung:

Verwendung von Montageklötzen nur bedingt möglich. Notwendige Montageklötze sind nachträglich, ggfs. mit Pflaster, abzudichten.

Neubau Brüstung kerngedämmt
N 3.3.1 Fensterlage außen in Wandbildner
Folienabdichtung

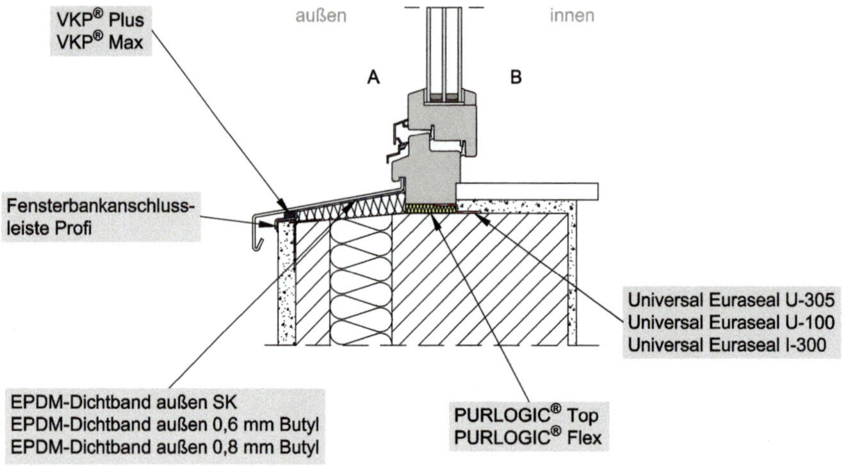

Detail A

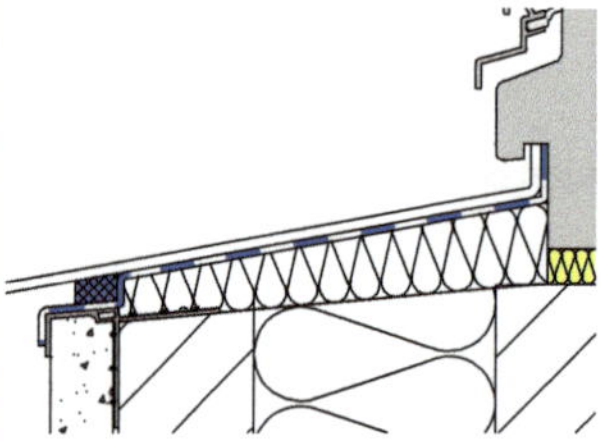

Detail B

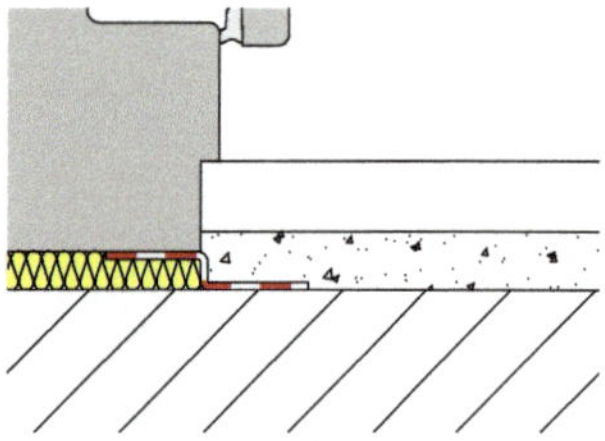

Bemerkung:

Offene Stirnseiten evtl. notwendiger Zusatzprofile müssen in Funktionsebene 2 liegen oder sind stirnseitig zur Sicherstellung der Luftdichtheit abzudichten.

Außenseitige Abdichtung zur temporären Regensicherheit während des Bauzustands notwendig.

Die Ausbildung der Unterfensterbank erfolgt wannenförmig, mittels EPDM-Dichtband bis auf die Höhe des Bordprofils. Das ablaufen des Wassers auf der Abdichtung über das Putzanschlussprofil muss sichergestellt werden. Bei Rollladenschienen muss gewährleistet werden, dass das Wasser aus den Rollladenführungsschienen auf die Fensterbankfläche geleitet wird.

Neubau Brüstung kerngedämmt

N 3.3.2 Fensterlage in Dämmebene

Folienabdichtung

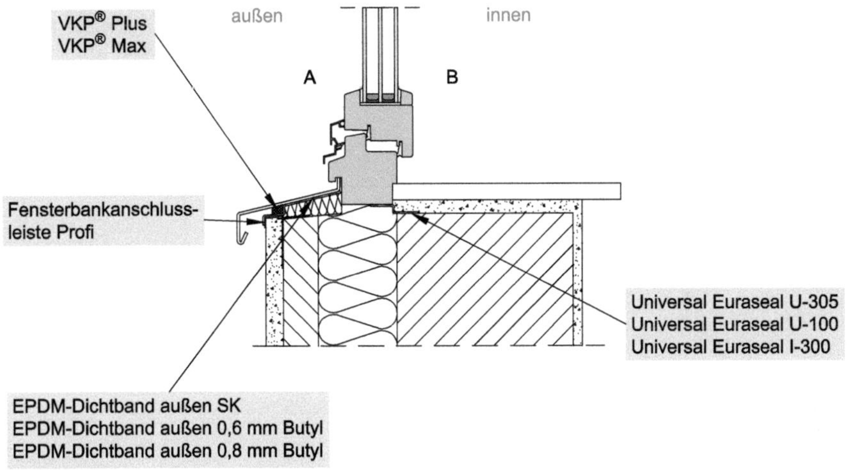

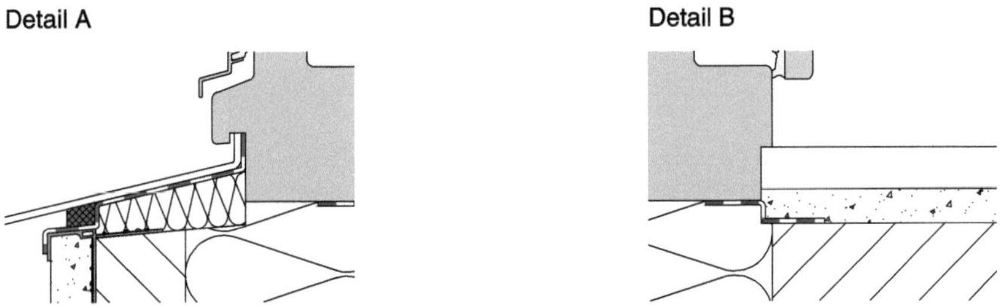

Bemerkung:

Lastabtragung erfolgt punktuell mittels Konsolen oder Fenstermontageschienen.

Offene Stirnseiten evtl. notwendiger Zusatzprofile müssen in Funktionsebene 2 liegen oder sind stirnseitig zur Sicherstellung der Luftdichtheit abzudichten.

Außenseitige Abdichtung zur temporären Regensicherheit während des Bauzustands notwendig.

Die Ausbildung der Unterfensterbank erfolgt wannenförmig, mittels EPDM-Dichtband bis auf die Höhe des Bordprofils. Das ablaufen des Wassers auf der Abdichtung über das Putzanschlussprofil muss sichergestellt werden. Bei Rollladenschienen muss gewährleistet werden, dass das Wasser aus den Rollladenführungsschienen auf die Fensterbankfläche geleitet wird.

Neubau Brüstung kerngedämmt

N 3.3.3 Fensterlage in Dämmebene

Folienabdichtung

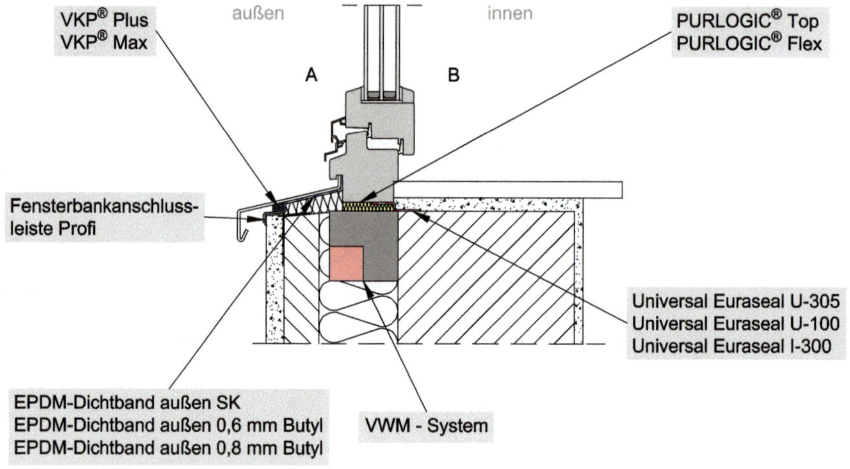

Detail A

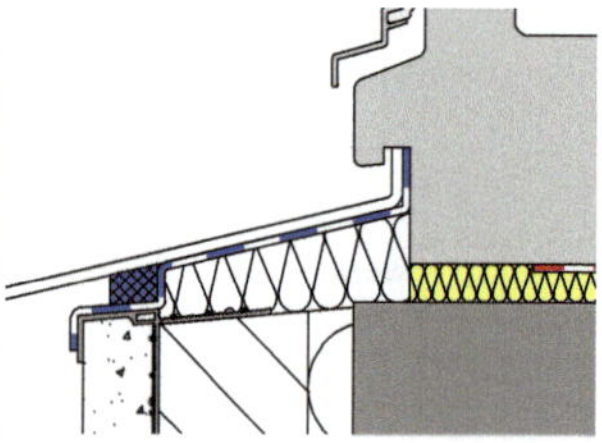

Detail B

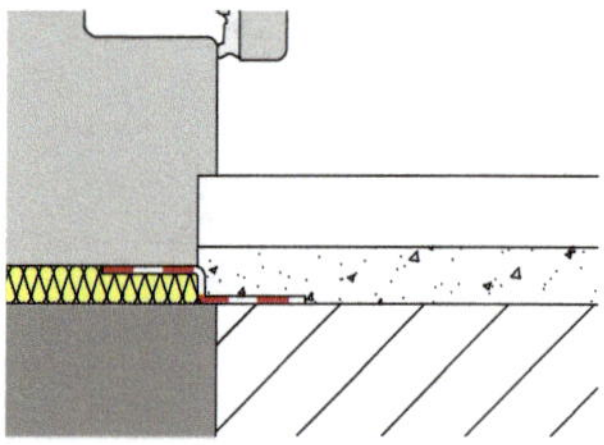

Bemerkung:

Offene Stirnseiten evtl. notwendiger Zusatzprofile müssen in Funktionsebene 2 liegen oder sind stirnseitig zur Sicherstellung der Luftdichtheit abzudichten.

Außenseitige Abdichtung zur temporären Regensicherheit während des Bauzustands notwendig.

Die Ausbildung der Unterfensterbank erfolgt wannenförmig, mittels EPDM-Dichtband bis auf die Höhe des Bordprofils. Das ablaufen des Wassers auf der Abdichtung über das Putzanschlussprofil muss sichergestellt werden. Bei Rollladenschienen muss gewährleistet werden, dass das Wasser aus den Rollladenführungsschienen auf die Fensterbankfläche geleitet wird.

Neubau Brüstung kerngedämmt
N 3.3.4 Fensterlage in Dämmebene
Folienabdichtung

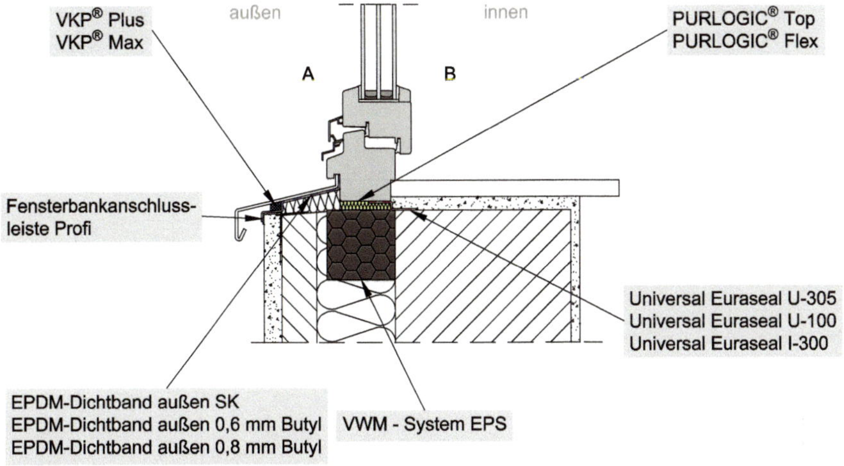

Detail A

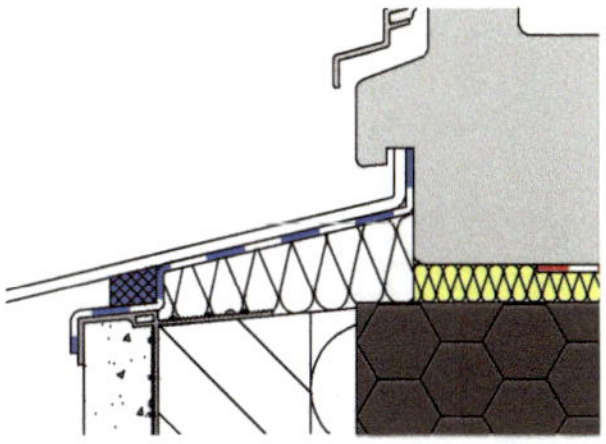

Detail B

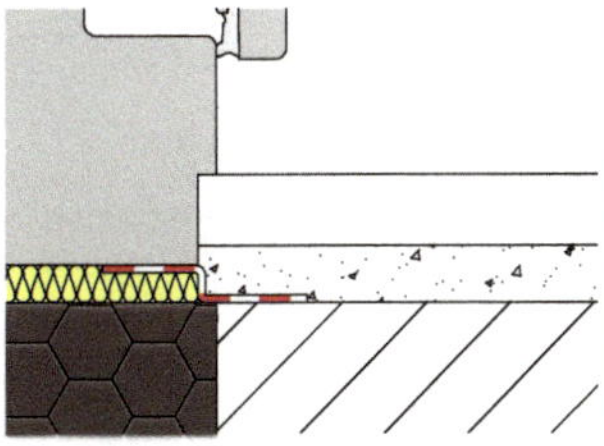

Bemerkung:

Offene Stirnseiten evtl. notwendiger Zusatzprofile müssen in Funktionsebene 2 liegen oder sind stirnseitig zur Sicherstellung der Luftdichtheit abzudichten.

Außenseitige Abdichtung zur temporären Regensicherheit während des Bauzustands notwendig.

Die Ausbildung der Unterfensterbank erfolgt wannenförmig, mittels EPDM-Dichtband bis auf die Höhe des Bordprofils. Das ablaufen des Wassers auf der Abdichtung über das Putzanschlussprofil muss sichergestellt werden. Bei Rollladenschienen muss gewährleistet werden, dass das Wasser aus den Rollladenführungsschienen auf die Fensterbankfläche geleitet wird.

Neubau Brüstung kerngedämmt

N 3.3.5 Fensterlage in Dämmebene

Folienabdichtung

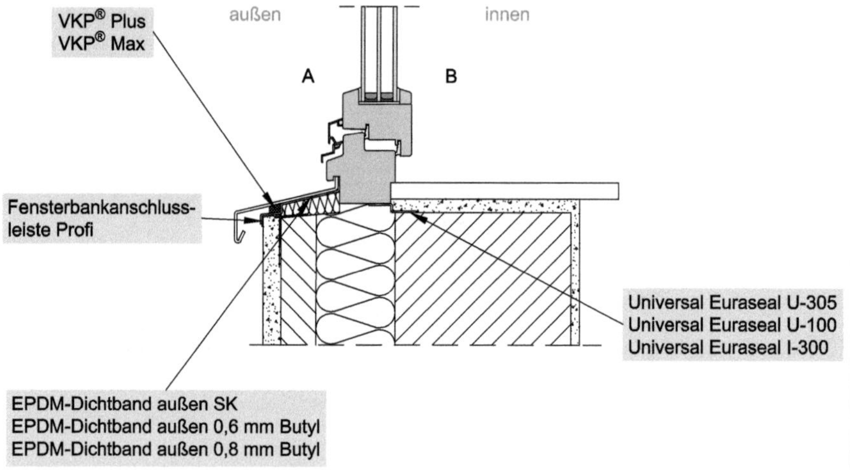

Detail A

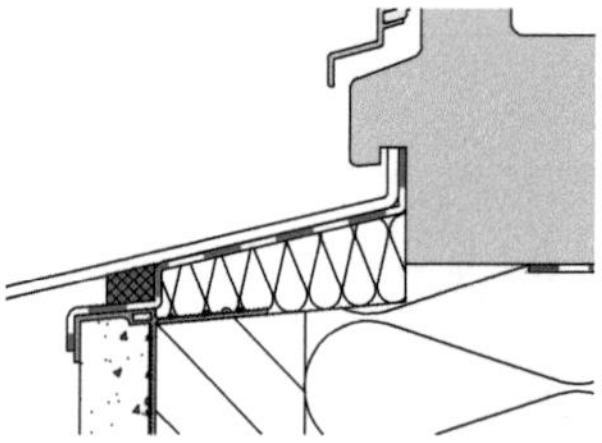

Detail B

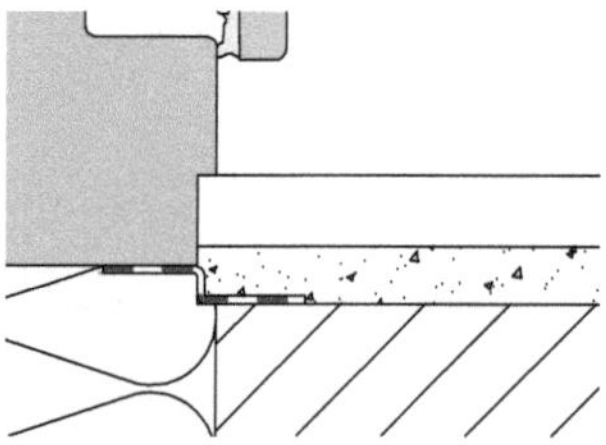

Bemerkung:

Lastabtragung erfolgt punktuell mittels Konsolen oder Fenstermontageschienen.

Außenseitige Abdichtung zur temporären Regensicherheit während des Bauzustands notwendig.

Die Ausbildung der Unterfensterbank erfolgt wannenförmig, mittels EPDM-Dichtband bis auf die Höhe des Bordprofils. Das ablaufen des Wassers auf der Abdichtung über das Putzanschlussprofil muss sichergestellt werden. Bei Rollladenschienen muss gewährleistet werden, dass das Wasser aus den Rollladenführungsschienen auf die Fensterbankfläche geleitet wird.

Neubau Laibung Holzbau

N 4.1.1 Fensterlage mittig in Wandbildner

Folienabdichtung

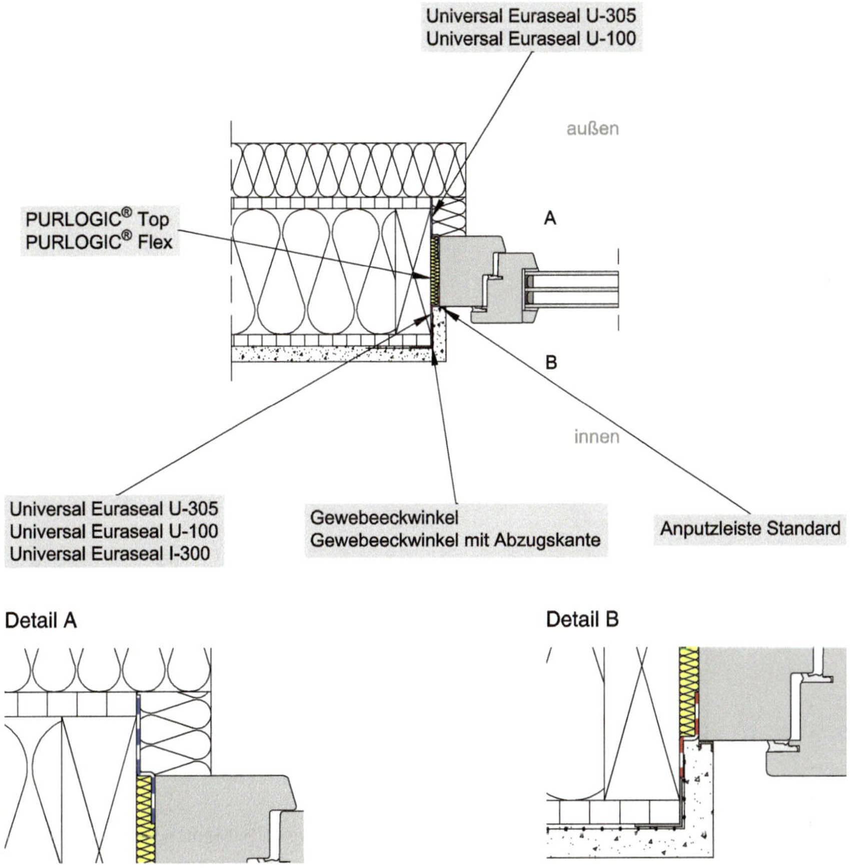

Bemerkung:

Verwendung von Montageklötzen möglich. In den Bereichen der Montageklötze ist ein besonderes Augenmerk auf die raumseitige Luftdichtheit zu legen, ggfs. sind überstehende Montageklötze mit einem Pflaster abzudichten.

Eckbereiche sind schlaufenförmig auszubilden und in den Eckbereichen der Laibung luftdicht anzubinden. Offene Stirnseiten evtl. notwendiger Zusatzprofile müssen in Funktionsebene 2 liegen oder sind stirnseitig zur Sicherstellung der Luftdichtheit abzudichten.

Außenseitige Abdichtung zur temporären Regensicherheit während des Bauzustands notwendig.

Neubau Laibung Holzbau

N 4.1.2 Fensterlage mittig in Wandbildner

Abdichtung mit Multifunktionsband

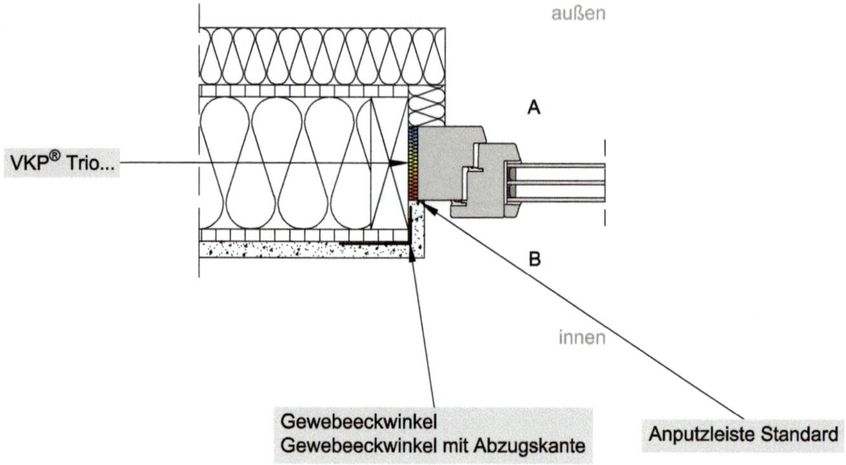

Detail A

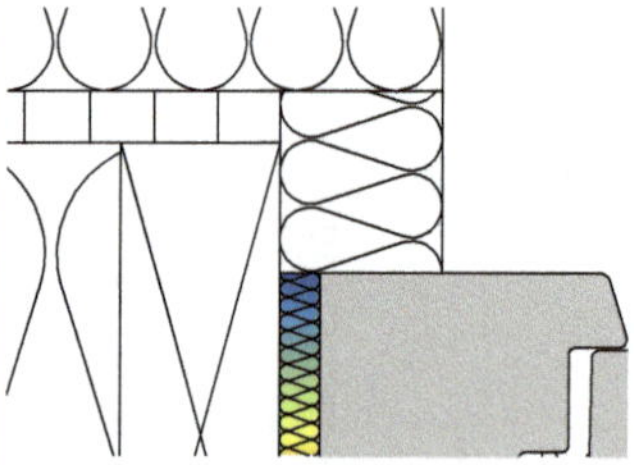

Detail B

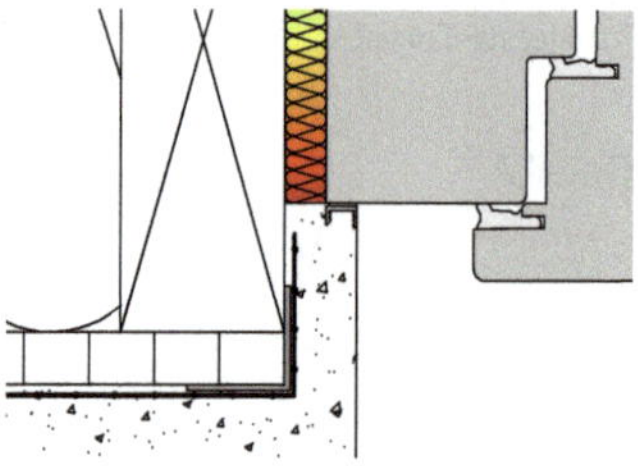

Bemerkung:

Verwendung von Montageklötzen nur bedingt möglich. Notwendige Montageklötze sind nachträglich, ggfs. mittels Pflaster, abzudichten.

Neubau Sturz Holzbau

N 4.2.1 Fensterlage mittig in Wandbildner

Folienabdichtung

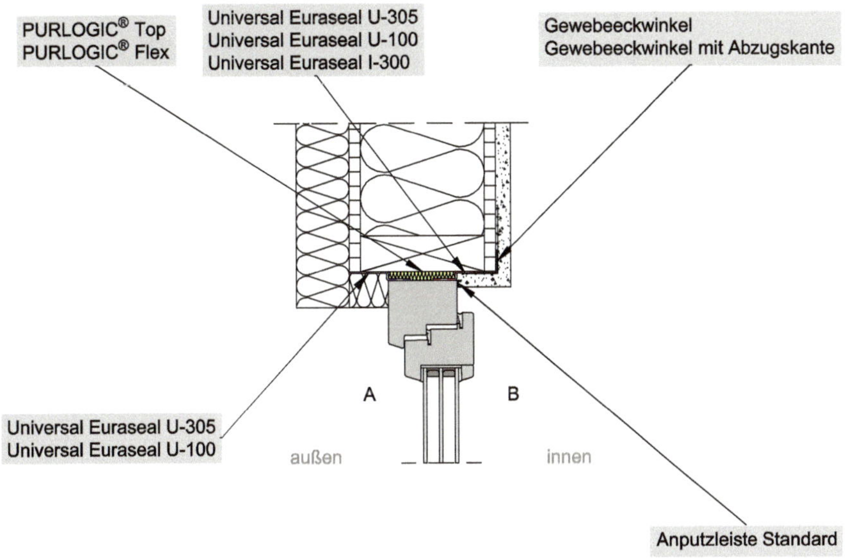

Detail A

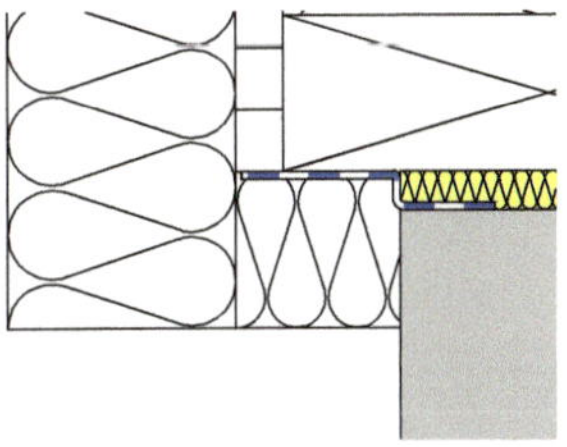

Detail B

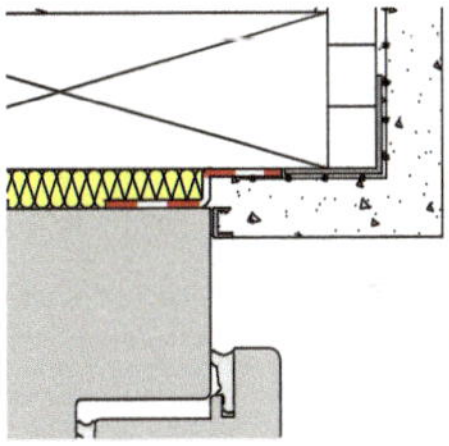

Bemerkung:

Verwendung von Montageklötzen möglich. In den Bereichen der Montageklötze ist ein besonderes Augenmerk auf die raumseitige Luftdichtheit zu legen, ggfs. sind überstehende Montageklötze mit einem Pflaster abzudichten.

Eckbereiche sind schlaufenförmig auszubilden und in den Eckbereichen der Laibung luftdicht anzubinden. Offene Stirnseiten evtl. notwendiger Zusatzprofile müssen in Funktionsebene 2 liegen oder sind stirnseitig zur Sicherstellung der Luftdichtheit abzudichten.

Außenseitige Abdichtung zur temporären Regensicherheit während des Bauzustands notwendig.

Neubau Sturz Holzbau

N 4.2.2 Fensterlage mittig in Wandbildner

Abdichtung mit Multifunktionsband

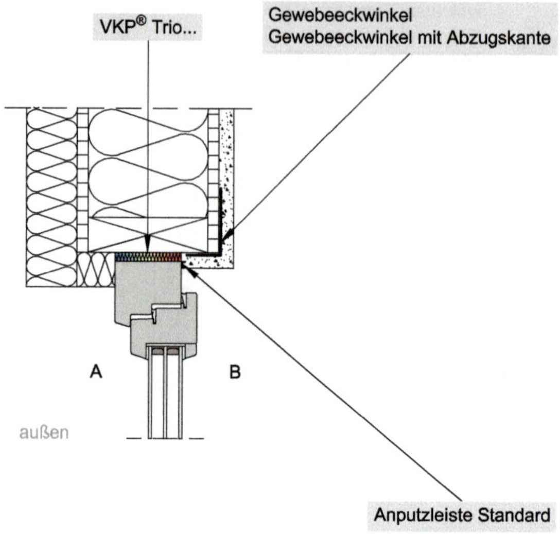

Detail A

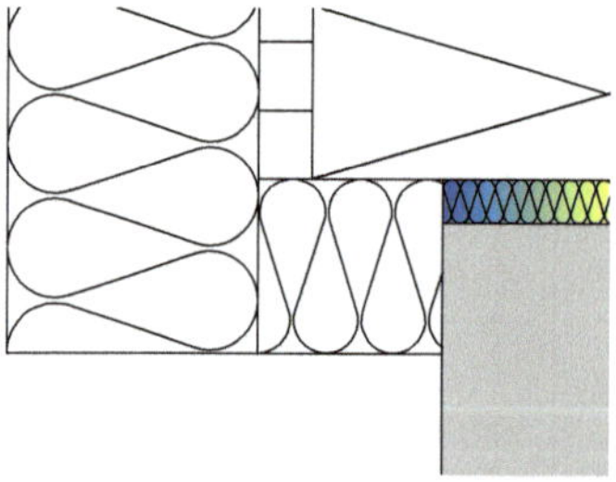

Detail B

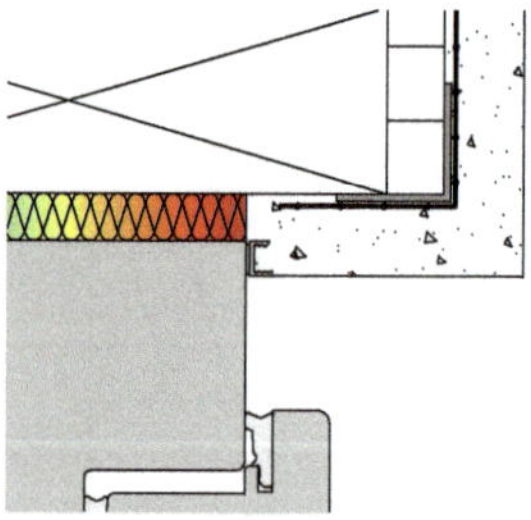

Bemerkung:

Verwendung von Montageklötzen nur bedingt möglich. Notwendige Montageklötze sind nachträglich, ggfs. mittels Pflaster, abzudichten.

Neubau Brüstung Holzbau

N 4.3.1 Fensterlage mittig in Wandbildner

Folienabdichtung

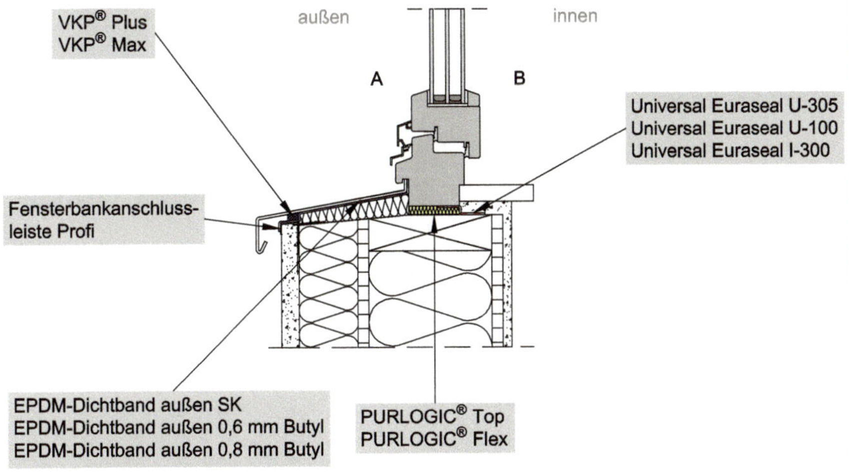

Detail A

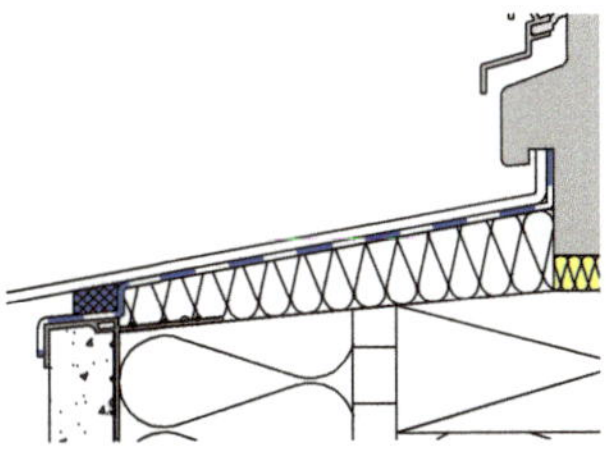

Detail B

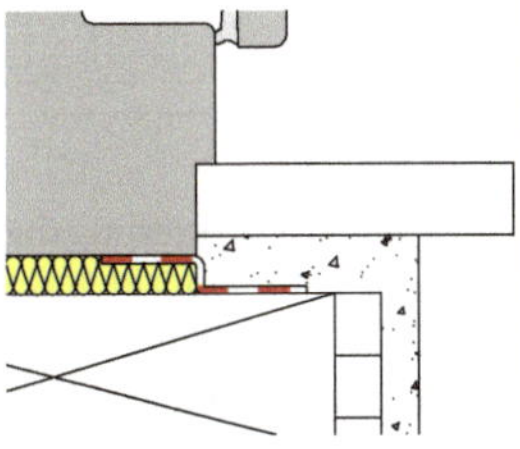

Bemerkung:

Offene Stirnseiten evtl. notwendiger Zusatzprofile müssen in Funktionsebene 2 liegen oder sind stirnseitig zur Sicherstellung der Luftdichtheit abzudichten.

Außenseitige Abdichtung zur temporären Regensicherheit während des Bauzustands notwendig.

Die Ausbildung der Unterfensterbank erfolgt wannenförmig, mittels Bauabdichtungsbahn bis auf Höhe des Bordprofils. Das ablaufen des Wassers auf der Abdichtung über das Putzanschlussprofil muss sichergestellt werden. Bei Rollladenschienen muss gewährleistet werden, dass das Wasser aus den Rollladenführungsschienen auf die Fensterbankfläche geleitet wird.

Neubau unterer Fenstertüranschluss
N 5.1.1 Fenstertür auf Bodenplatte
Abdichtung mit EPDM-Dichtband

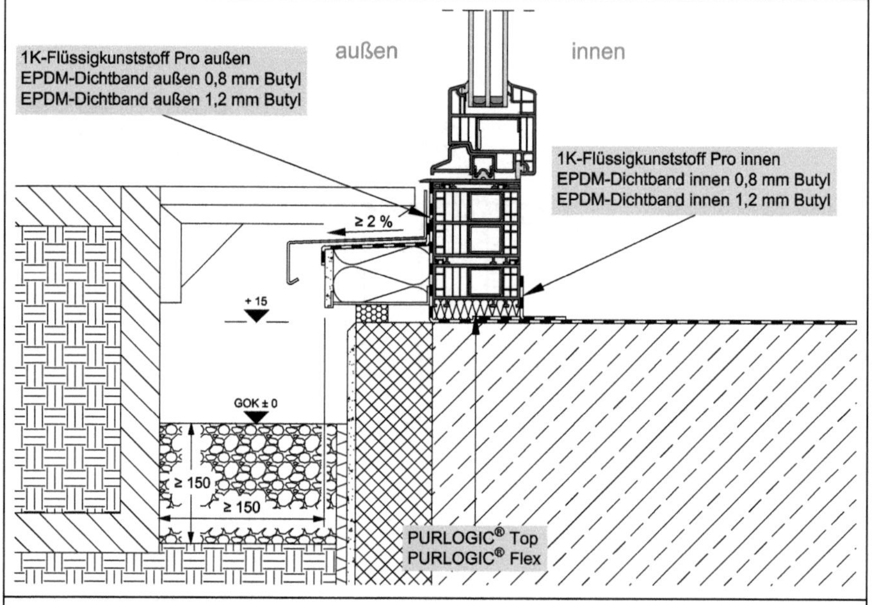

Bemerkung:

Bei direkter Bewitterung der äußeren Abdichtung, ist diese bei Verwendung von Bitumen-, Kunststoff- und Elastomerbahnen an ihrem oberen Abschluss mit besonderen Einbauteilen gegen Abrutschen und Ablösen zu sichern.

Klebefläche im Bereich der Verbreiterung ist vor- und rücksprungsfrei auszubilden.

Lochanteil des Gitterrosts muss min. 50 % betragen.

Neubau unterer Fenstertüranschluss
N 5.1.2 Fenstertür auf Bodenplatte
Abdichtung mit EPDM-Dichtband

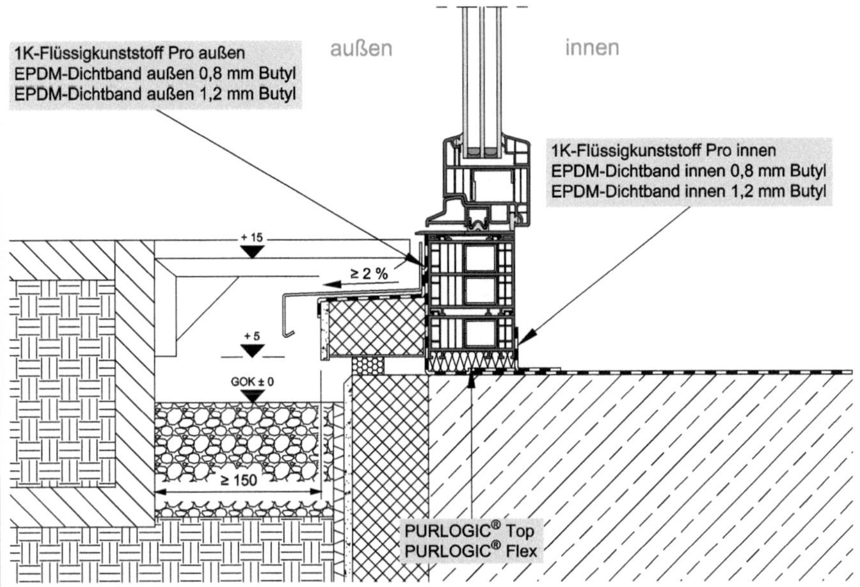

Bemerkung:

Bei direkter Bewitterung der äußeren Abdichtung, ist diese bei Verwendung von Bitumen-, Kunststoff- und Elastomerbahnen an ihrem oberen Abschluss mit besonderen Einbauteilen gegen Abrutschen und Ablösen zu sichern.

Klebefläche im Bereich der Verbreiterung ist vor- und rücksprungsfrei auszubilden.

Lochanteil des Gitterrosts muss min. 50 % betragen.

Neubau unterer Fenstertüranschluss

N 5.1.3 Fenstertür auf Bodenplatte

Abdichtung mit EPDM-Dichtband

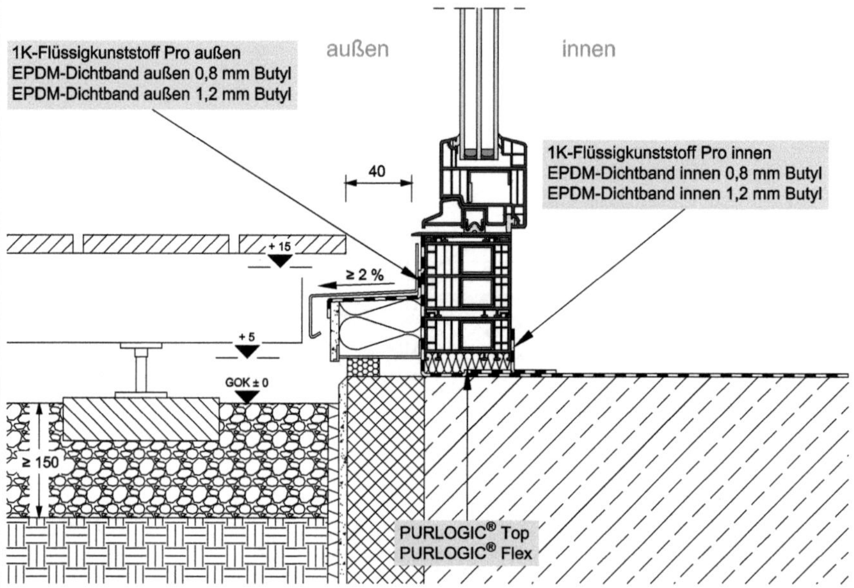

Bemerkung:

Bei direkter Bewitterung der äußeren Abdichtung, ist diese bei Verwendung von Bitumen-, Kunststoff- und Elastomerbahnen an ihrem oberen Abschluss mit besonderen Einbauteilen gegen Abrutschen und Ablösen zu sichern.

Klebefläche im Bereich der Verbreiterung ist vor- und rücksprungsfrei auszubilden.

Lochanteil des Gitterrosts muss min. 50 % betragen.

Neubau unterer Fenstertüranschluss
N 5.1.4 Fenstertür auf Bodenplatte
Abdichtung mit EPDM-Dichtband

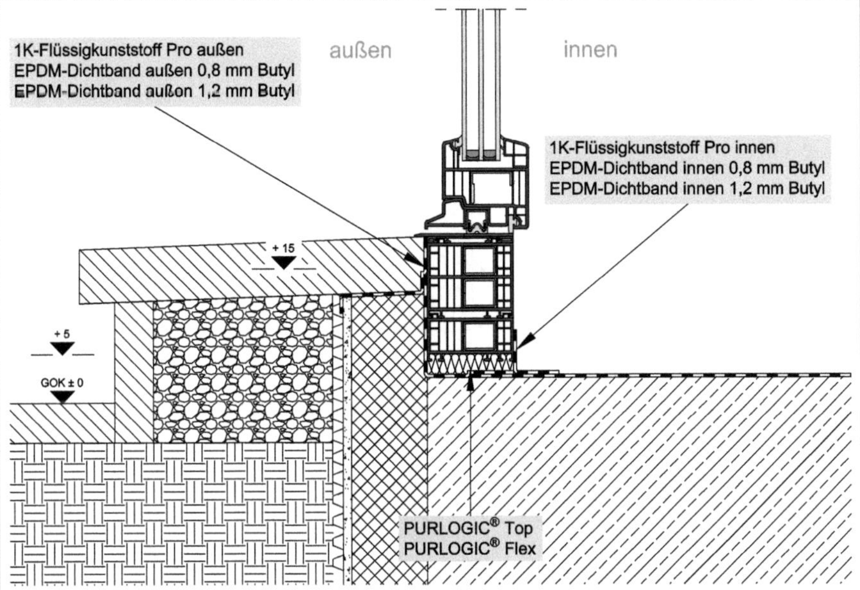

Bemerkung:

Ausbildung nur min konstruktiven Schlagregenschutz in Verbindung mit wasserableitender Oberfläche möglich.

Klebefläche im Bereich der Verbreiterung ist vor- und rücksprungsfrei auszubilden.

Lochanteil des Gitterrosts muss min. 50 % betragen.

Neubau unterer Fenstertüranschluss

N 5.1.5 Fenstertür auf Balkon oder Terrasse

Abdichtung mit EPDM-Dichtband

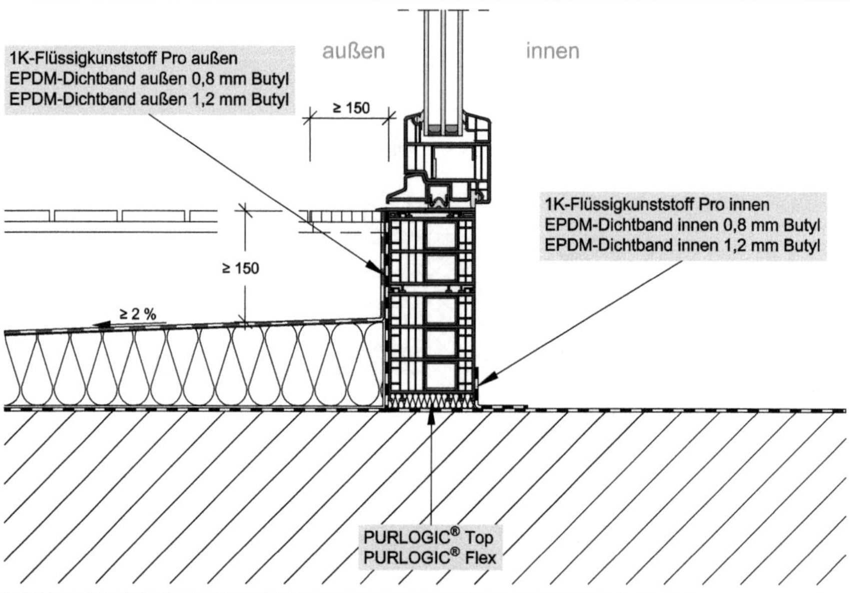

Bemerkung:

Regelanschlusshöhe von 150 mm ist eingehalten.

Klebefläche im Bereich der Verbreiterung ist vor- und rücksprungsfrei auszubilden.

Abdichtung ist in den seitlichen Bereichen min. 50 mm hochzuführten.

Lochanteil des Gitterrosts muss min. 50 % betragen.

Neubau unterer Fenstertüranschluss

N 5.1.6 Fenstertür auf Balkon oder Terrasse

Abdichtung mit EPDM-Dichtband

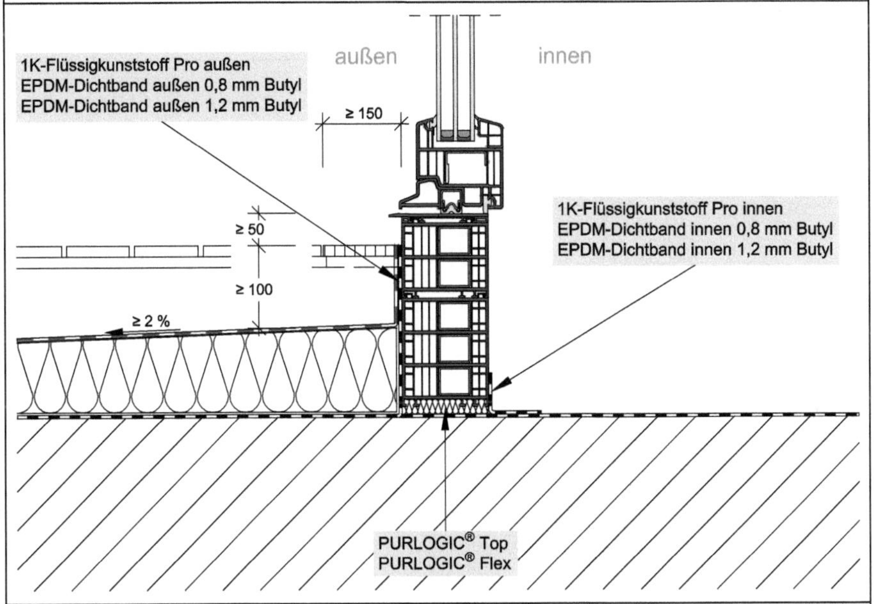

Bemerkung:

Regelanschlusshöhe von 150 mm wird unterschritten. Es wird ein Abstand zwischen Oberkante der Abdeckung und der Abdichtung von mindestens 150 mm sichergestellt.

Klebefläche im Bereich der Verbreiterung ist vor- und rücksprungsfrei auszubilden.

Abdichtung ist in den seitlichen Bereichen min. 50 mm hochzuführten.

Lochanteil des Gitterrosts muss min. 50 % betragen.

A3

Details Altbauanschlüsse

Laibung Altbau monolithisch

A 1.1 Fensterlage mittig, Erhalt des Bestandputzes

Folienabdichtung mit außenseitigem, imprägniertem, vorkomprimiertem Dichtungsband

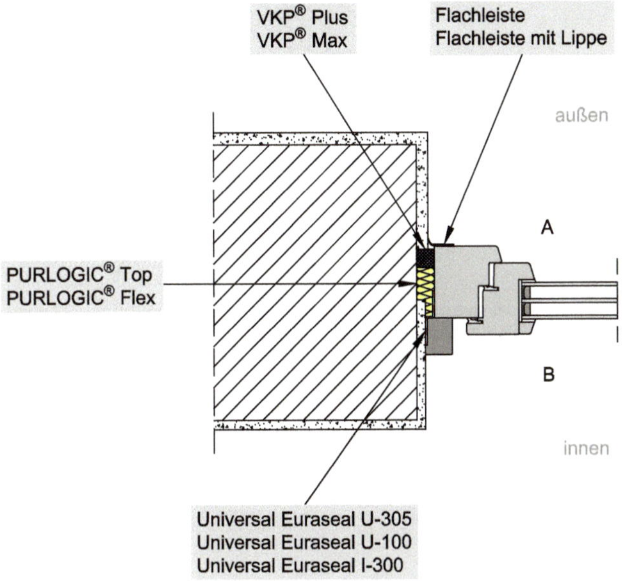

Detail A

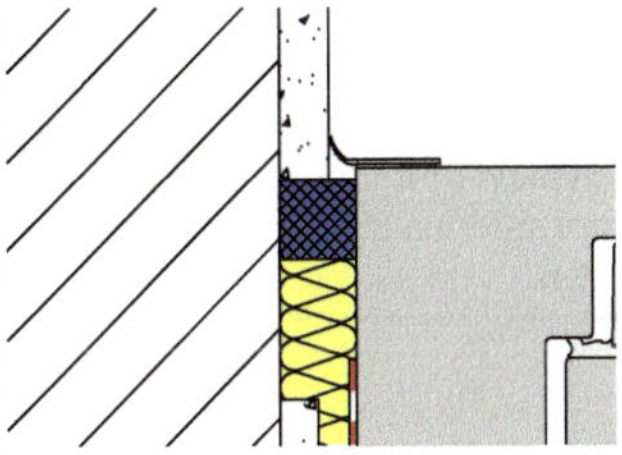

Detail B

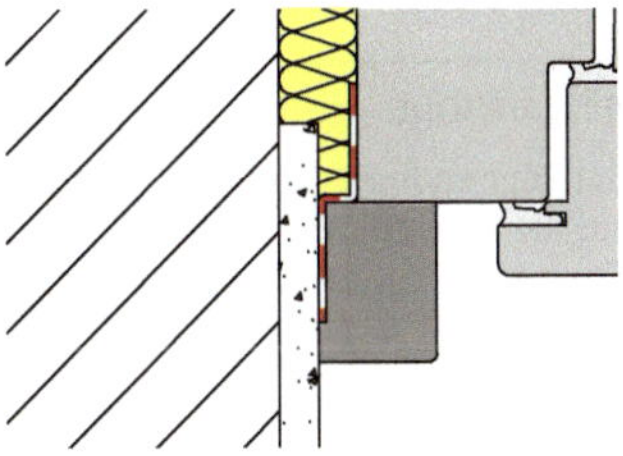

Bemerkung:

Bei Verwendung einer außenseitigen Flachleiste mit geprüfter Abdichtfunktion nach ift-Richtlinie MO-01 kann auf die Verwendung eines imprägnierten, vorkomprimierten Dichtungsbandes verzichtet werden.

Befestigung und Abdichtung von Fenstern und Türen. Regelwerke, Bauphysik, Baurecht, Praxisbeispiele. 2. Auflage.
J. Küenzlen, E. Scheller, M. Klatecki.

Laibung Altbau monolithisch
A 1.2 Fensterlage mittig, Erhalt des Bestandputzes
Abdichtung mit raumseitiger Hinterfüllschnur und Maleracryl und außenseitigem, imprägniertem, vorkomprimiertem Dichtungsband

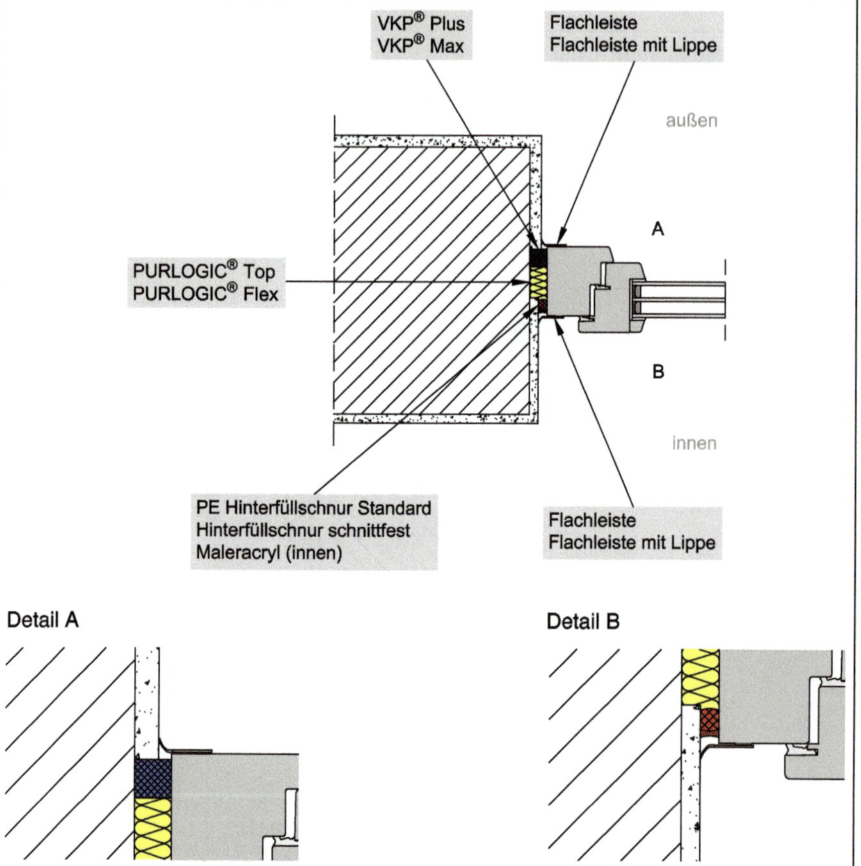

Bemerkung:

Bei Verwendung von Flachleisten mit geprüfter Abdichtfunktion nach ift-Richtlinie MO-01 kann auf die Verwendung eines außenseitiges imprägnierten, vorkomprimierten Dichtungsbandes und die raumseitige Hinterfüllschnur mit Maleracryl verzichtet werden.

Laibung Altbau monolithisch
A 1.3 Fensterlage mittig, Erhalt des Bestandputzes
Folienabdichtung mit außenseitigem, imprägniertem, vorkomprimiertem Dichtungsband

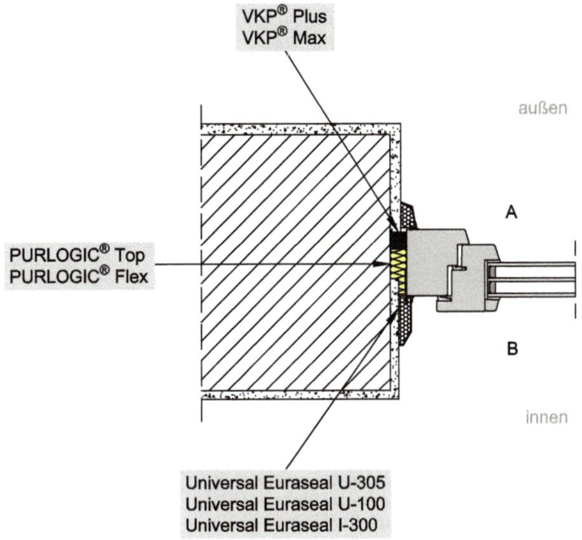

Detail A

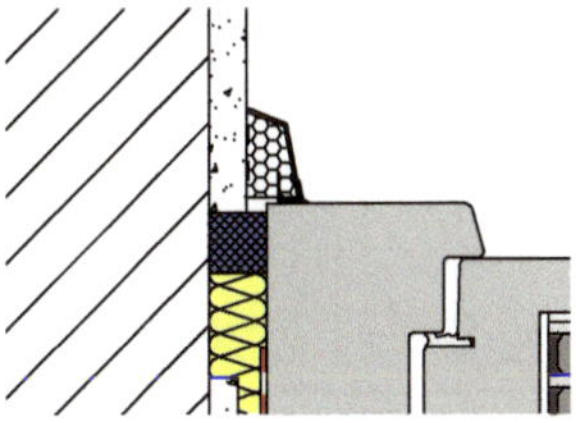

Detail B

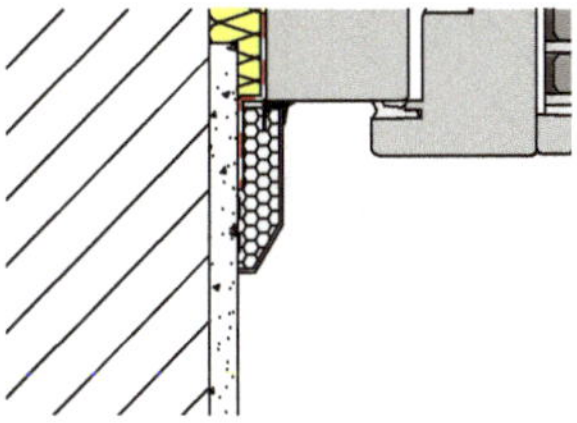

Bemerkung:

Bei Verwendung von Sanierleisten mit geprüfter Abdichtfunktion nach ift-Richtlinie MO-01 kann auf das außenseitige imprägnierte, vorkomprimierte Dichtungsband und das raumseitige Fensterdichtband verzichtet werden.

Laibung Altbau monolithisch

A 1.4 Fensterlage mittig, Erhalt des Bestandputzes

Folienabdichtung mit außenseitigem, imprägniertem, vorkomprimiertem Dichtungsband

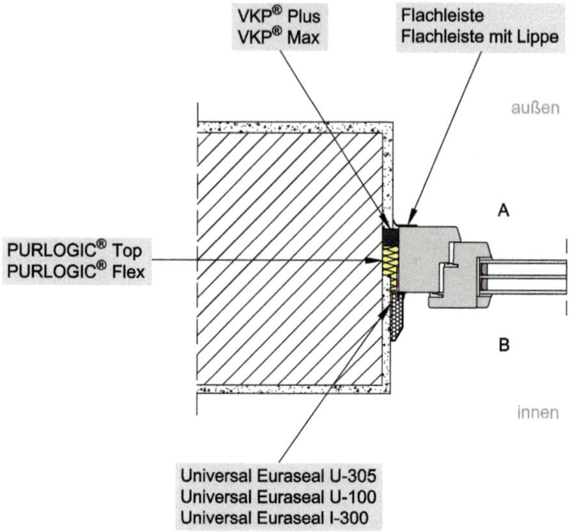

Detail A

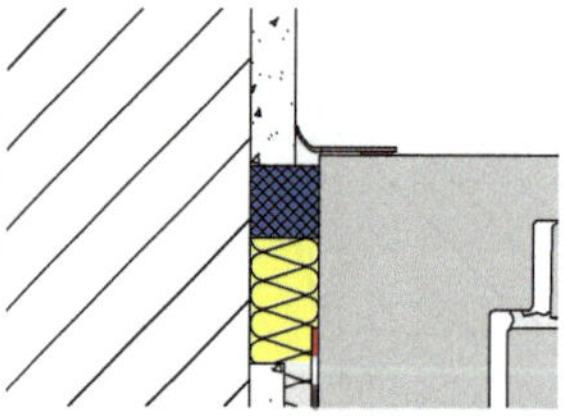

Detail B

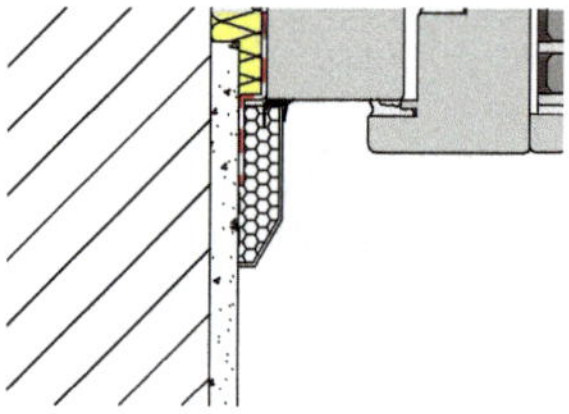

Bemerkung:

Bei Verwendung einer außenseitigen Flachleiste mit geprüfter Abdichtfunktion nach ift-Richtlinie MO-01 kann auf die Verwendung eines imprägnierten, vorkomprimierten Dichtungsbandes verzichtet werden.

Bei Verwendung einer raumseitigen Sanierleisten mit geprüfter Abdichtfunktion nach ift-Richtlinie MO-01 kann auf das raumseitige Fensterdichtband verzichtet werden.

Laibung Altbau monolithisch

A 1.5 Fensterlage mittig, Putzerneuerung im Anschlussbereich

Abdichtung mit außenseitigem, imprägniertem, vorkomprimiertem Dichtungsband

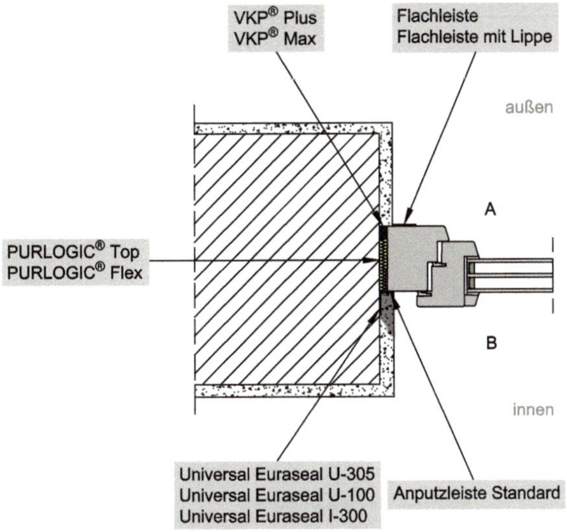

Detail A

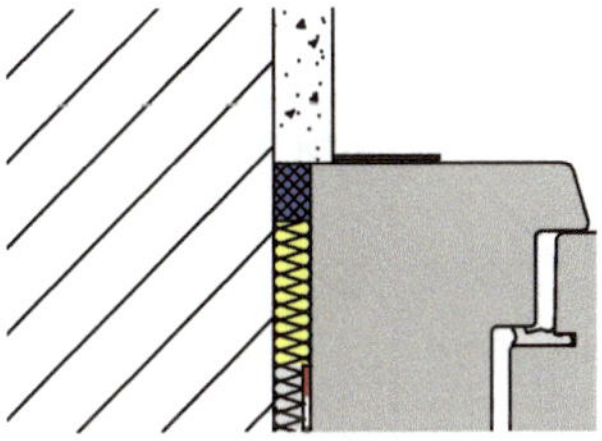

Detail B

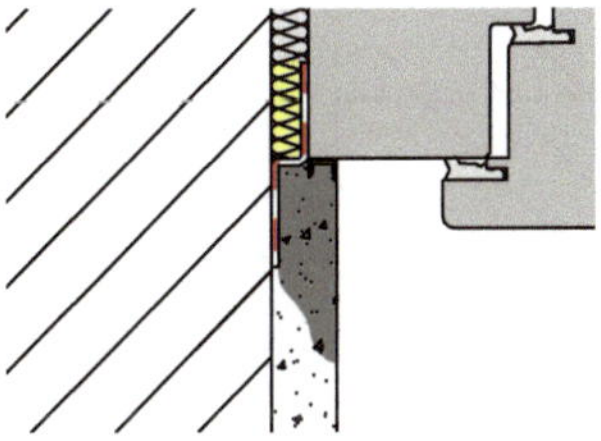

Bemerkung:

Bei Verwendung einer außenseitigen Flachleiste mit geprüfter Abdichtfunktion nach ift-Richtlinie MO-01 kann auf die Verwendung eines imprägnierten, vorkomprimierten Dichtungsbandes verzichtet werden.

Laibung Altbau monolithisch
A 1.6 Fensterlage mittig, Putzerneuerung im Anschlussbereich
Folienabdichtung mit außenseitigem, imprägniertem, vorkomprimiertem Dichtungsband

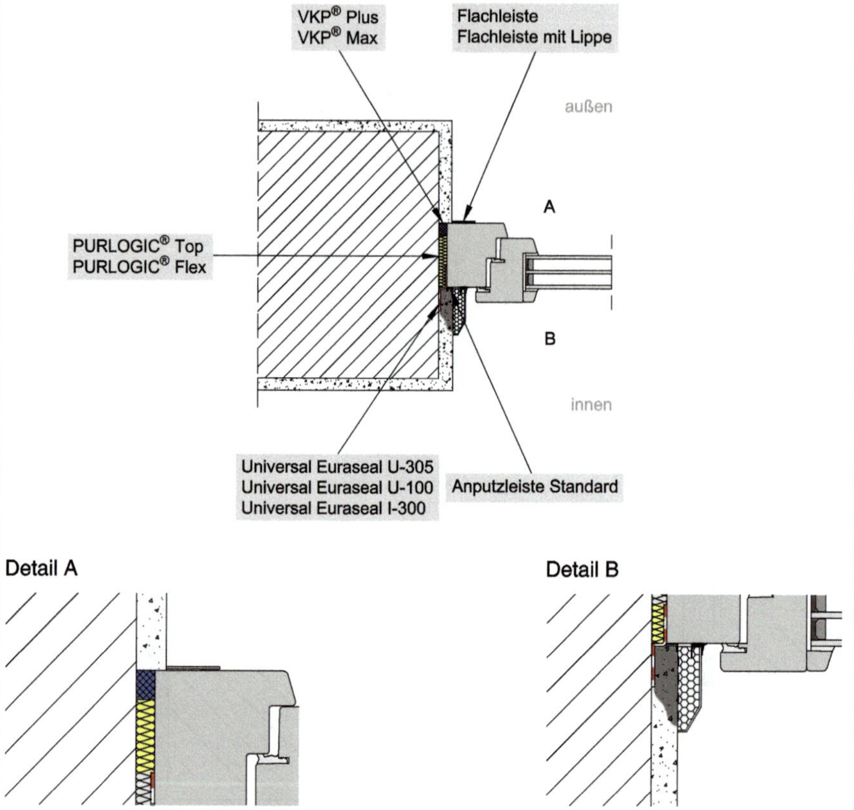

Bemerkung:

Bei Verwendung einer Flachleiste mit geprüfter Abdichtfunktion nach ift-Richtlinie MO-01 kann auf das außenseitige imprägnierte, vorkomprimierte Dichtungsband verzichtet werden.

Bei Verwendung von Sanierleisten mit geprüfter Abdichtfunktion nach ift-Richtlinie MO-01 kann auf das raumseitige Fensterdichtband verzichtet werden.

Laibung Altbau monolithisch

A 1.7 Fensterlage mittig, Putzerneuerung im Anschlussbereich

Folienabdichtung mit außenseitigem, imprägniertem, vorkomprimiertem Dichtungsband

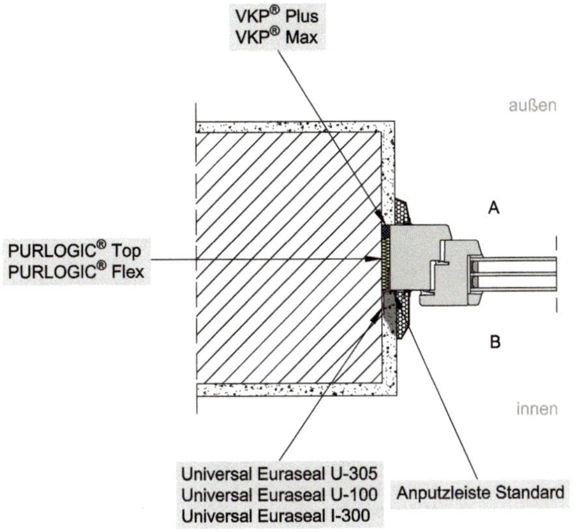

Detail A

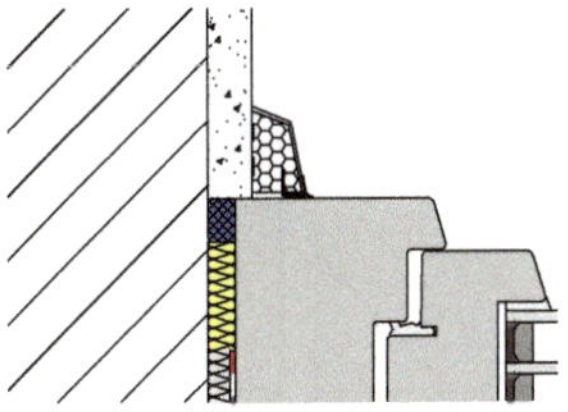

Detail B

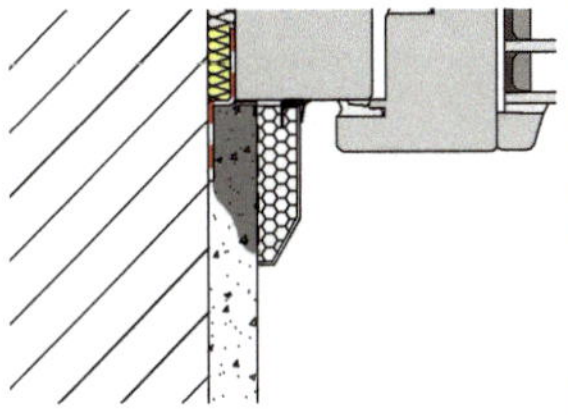

Bemerkung:

Bei Verwendung von Sanierleisten mit geprüfter Abdichtfunktion nach ift-Richtlinie MO-01 kann auf das außenseitige imprägnierte, vorkomprimierte Dichtungsband und das raumseitige Fensterdichtband verzichtet werden.

Laibung Altbau Innenanschlag

A 1.8 Fensterlage gegen Anschlag, Erhalt des Bestandputzes

Abdichtung mit raumseitiger Hinterfüllschnur mit Maleracryl und außenseitigem, imprägniertem, vorkomprimiertem Dichtungsband

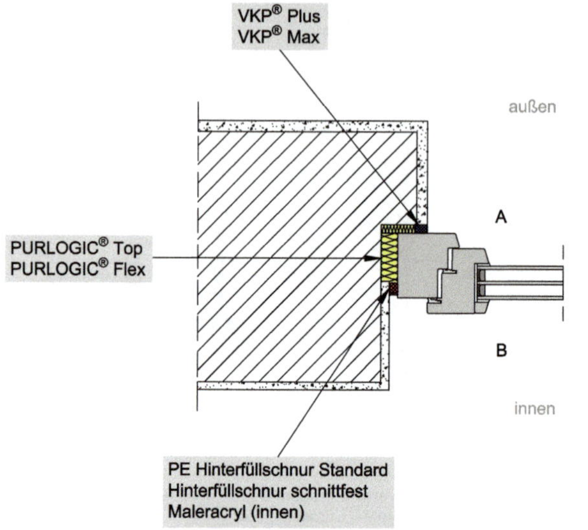

Detail A

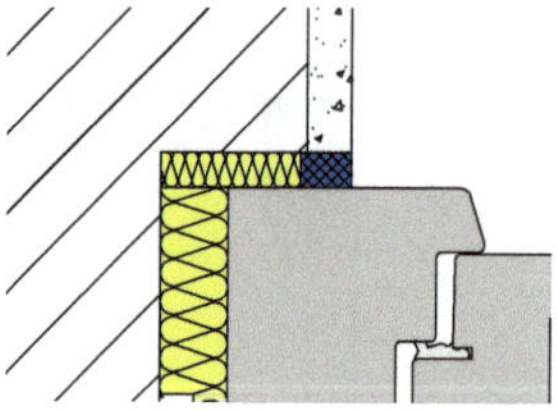

Detail B

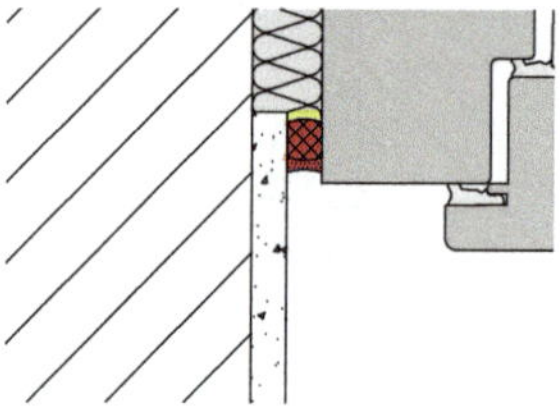

Bemerkung:

–

Laibung Altbau Innenanschlag

A 1.9 Fensterlage gegen Anschlag, Erhalt des Bestandputzes

Folienabdichtung mit außenseitigem, imprägniertem, vorkomprimiertem Dichtungsband

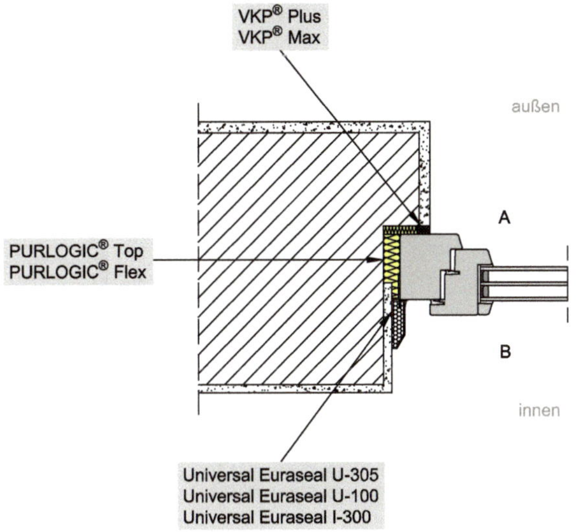

Detail A

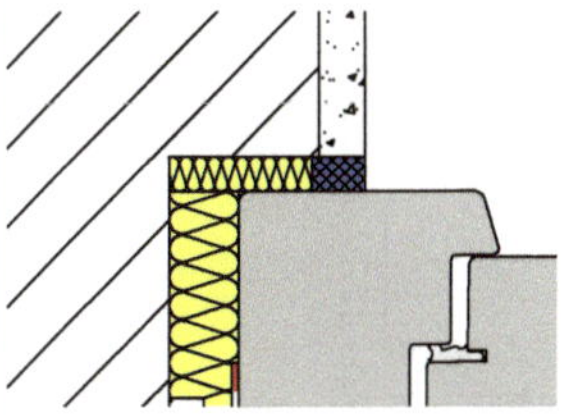

Detail B

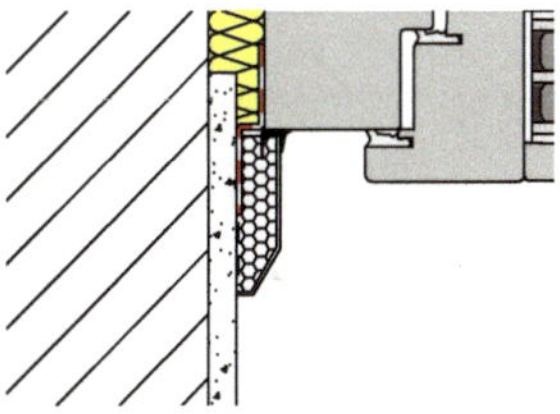

Bemerkung:

Bei Verwendung einer raumseitigen Sanierleiste mit geprüfter Abdichtfunktion nach ift-Richtlinie MO-01 kann auf die Verwendung eines Fensterdichtband verzichtet werden.

Laibung Altbau Innenanschlag

A 1.10 Fensterlage gegen Anschlag, Putzerneuerung im Anschlussbereich

Abdichtung mit außenseitigem, imprägniertem, vorkomprimiertem Dichtungsband

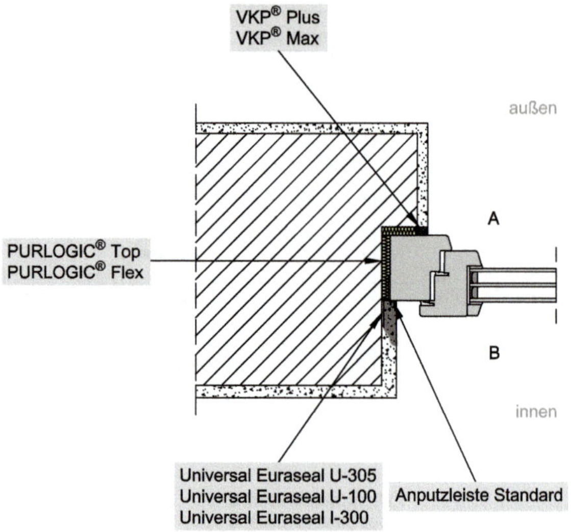

Detail A

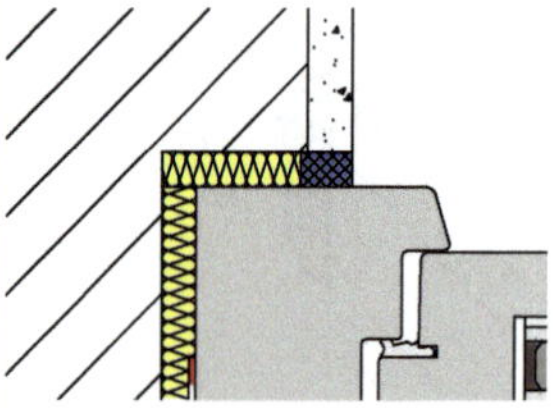

Detail B

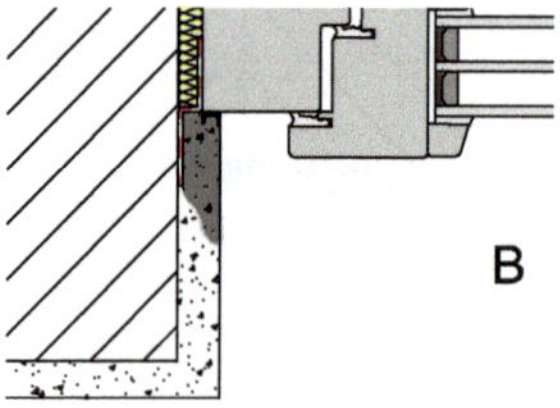

Bemerkung:

–

Laibung Altbau Innenanschlag

A 1.11 Fensterlage gegen Anschlag, Putzerneuerung im Anschlussbereich

Abdichtung mit außenseitigem, imprägniertem, vorkomprimiertem Dichtungsband

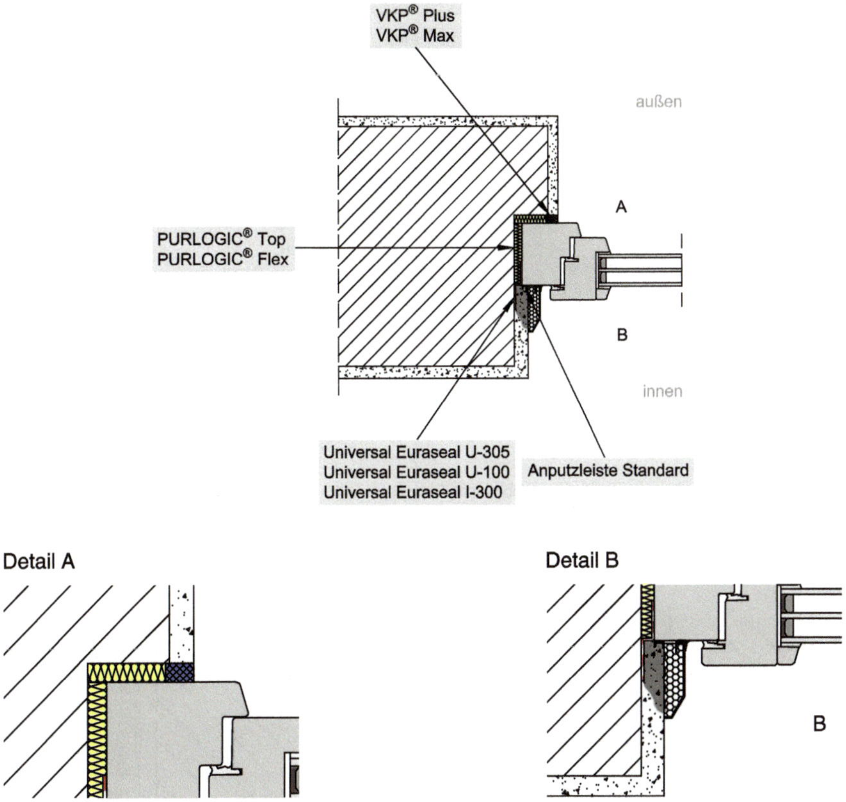

Bemerkung:

Bei Verwendung einer raumseitigen Sanierleiste mit geprüfter Abdichtfunktion nach ift-Richtlinie MO-01 kann auf die Verwendung eines Fensterdichtband verzichtet werden.

Laibung Altbau Innenanschlag
A 1.12 Fensterlage gegen Anschlag, Erhalt des Bestandputzes
Folienabdichtung mit außenseitigem, imprägniertem, vorkomprimiertem Dichtungsband

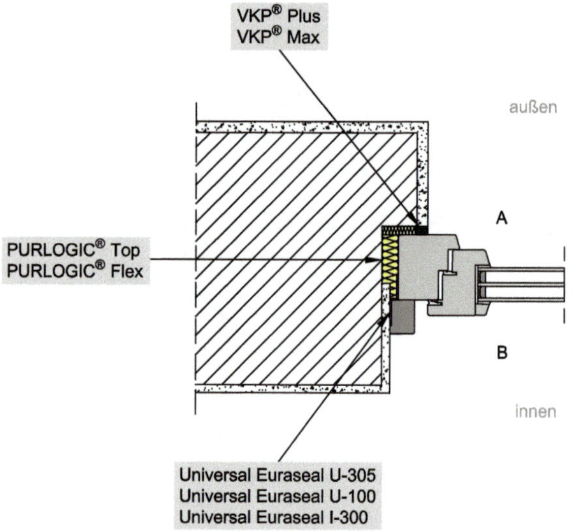

Detail A

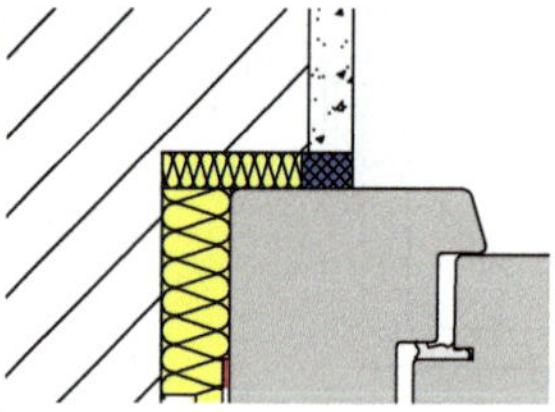

Detail B

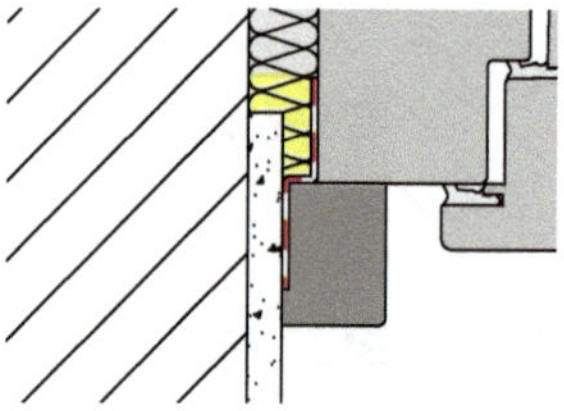

Bemerkung:

–

Laibung Altbau monolithisch
A 1.13 Fensterlage mittig, Erhalt des Bestandputzes
Abdichtung mit Multifunktionsband

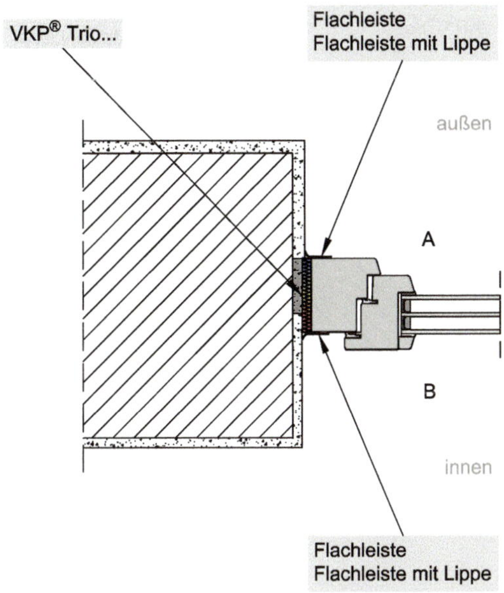

Detail A

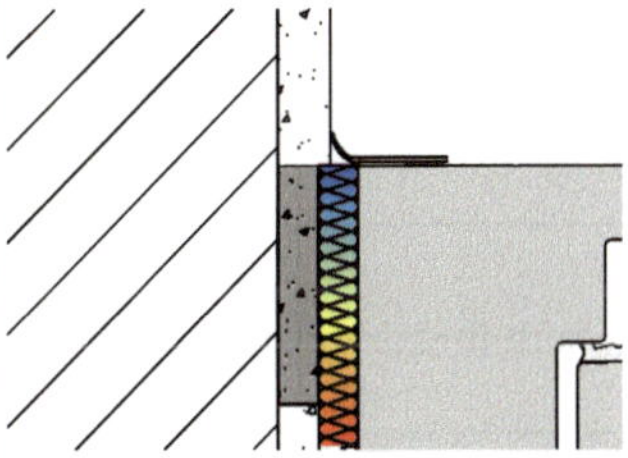

Detail B

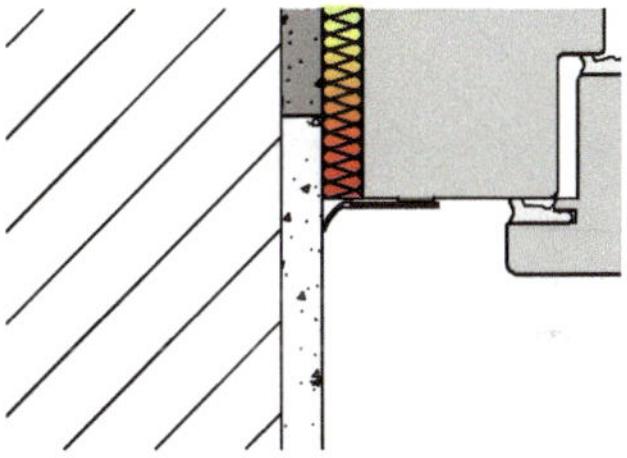

Bemerkung:

Zur Sicherstellung der Funktionstüchtigkeit des verwendeten Multifunktionsbandes ist ein Glattputz im Bereich der Putzfehlstelle erforderlich.

Laibung Altbau monolithisch

A 1.14 Fensterlage mittig, Erhalt des Bestandputzes

Abdichtung mit Multifunktionsband

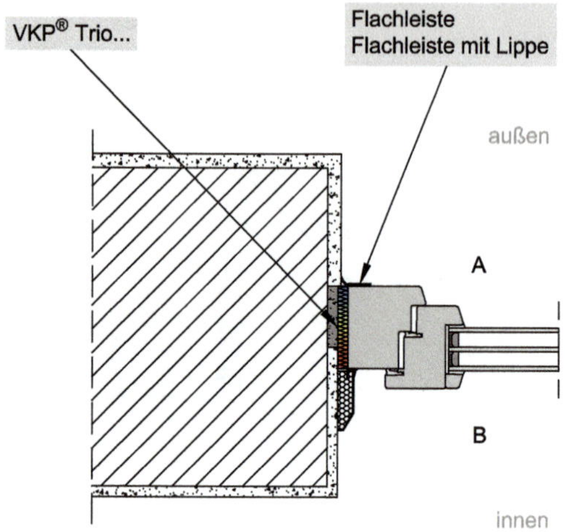

Detail A

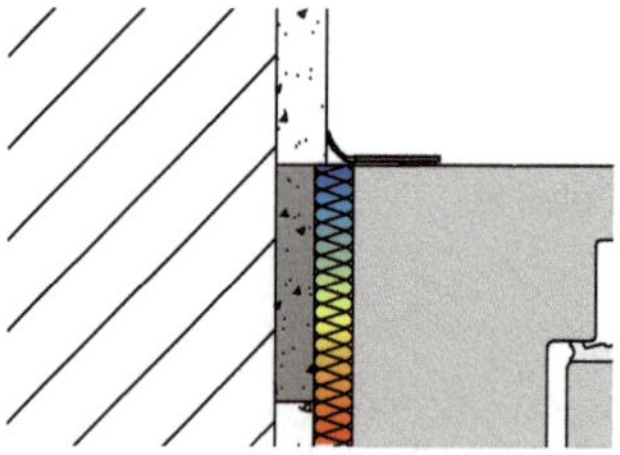

Detail B

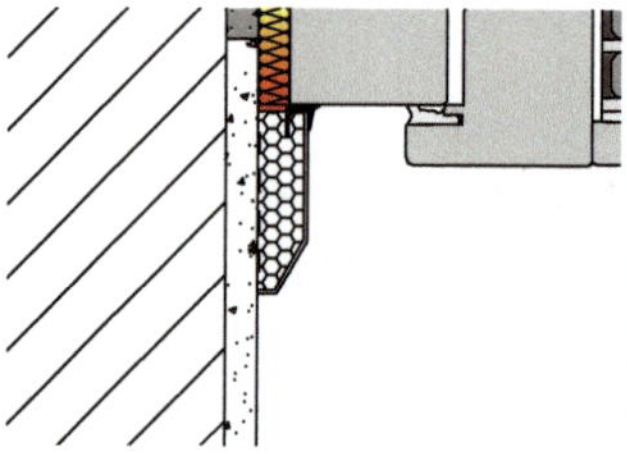

Bemerkung:

Zur Sicherstellung der Funktionstüchtigkeit des verwendeten Multifunktionsbandes ist ein Glattputz im Bereich der Putzfehlstelle erforderlich.

Laibung Altbau monolithisch

A 1.15 Fensterlage mittig, Erhalt des Bestandputzes

Abdichtung mit Multifunktionsband

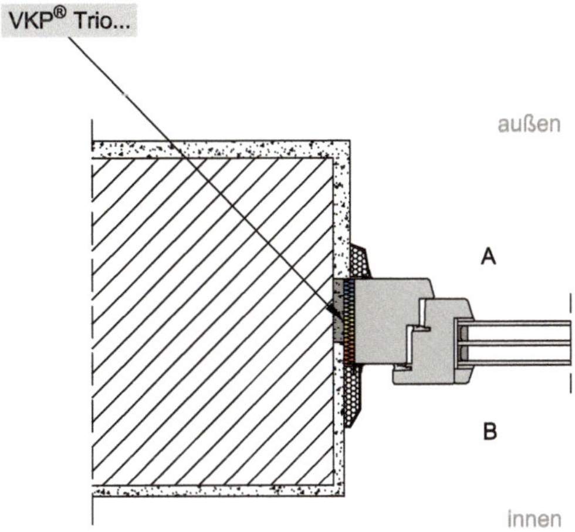

Detail A

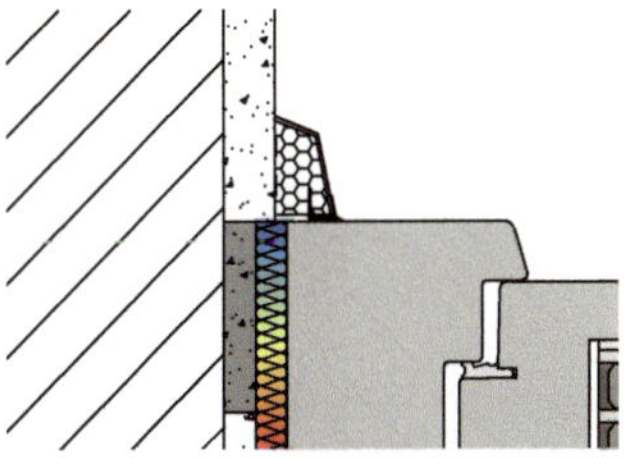

Detail B

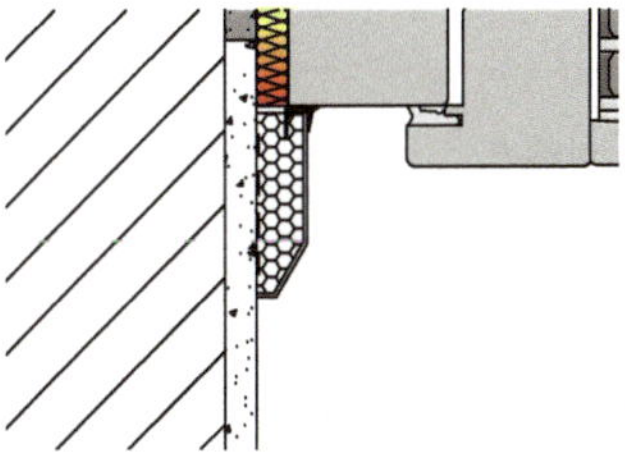

Bemerkung:

Zur Sicherstellung der Funktionstüchtigkeit des verwendeten Multifunktionsbandes ist ein Glattputz im Bereich der Putzfehlstelle erforderlich.

Laibung Altbau monolithisch

A 1.16 Fensterlage mittig, Putzerneuerung im Anschlussbereich

Abdichtung mit Multifunktionsband

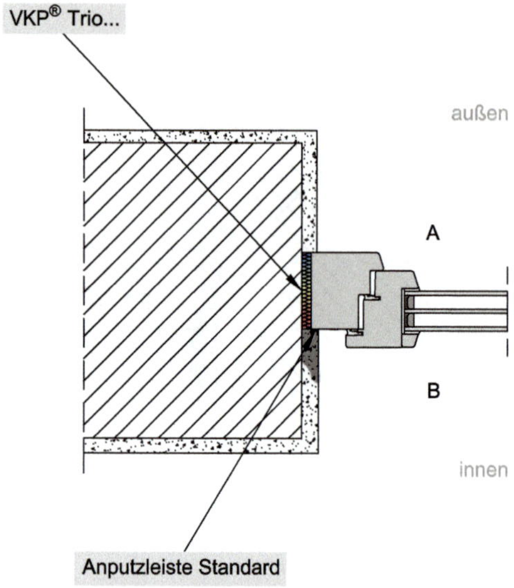

Detail A

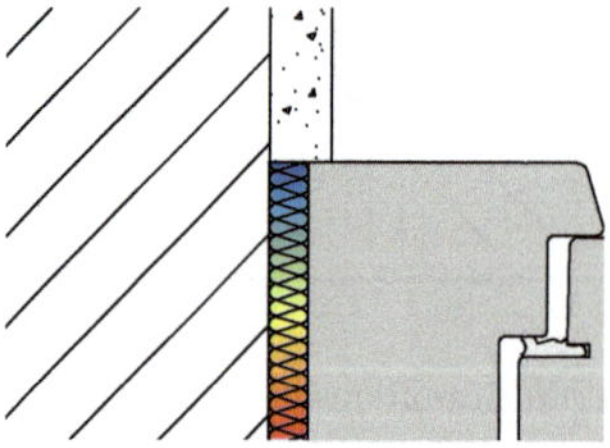

Detail B

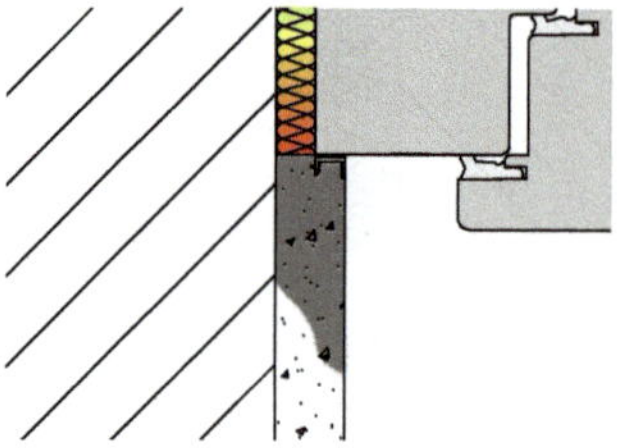

Bemerkung:

Zur Sicherstellung der Funktionstüchtigkeit des verwendeten Multifunktionsbandes ist ein Glattputz im Bereich der Putzfehlstelle erforderlich.

Zur besseren Einbringung des Fensters in die Öffnung, Ausrichtung und Montage ist es in Einzelfällen erforderlich, den Putz weiter zu entfernen.

Laibung Altbau monolithisch

A 1.17 Fensterlage mittig, Putzerneuerung im Anschlussbereich

Abdichtung mit Multifunktionsband

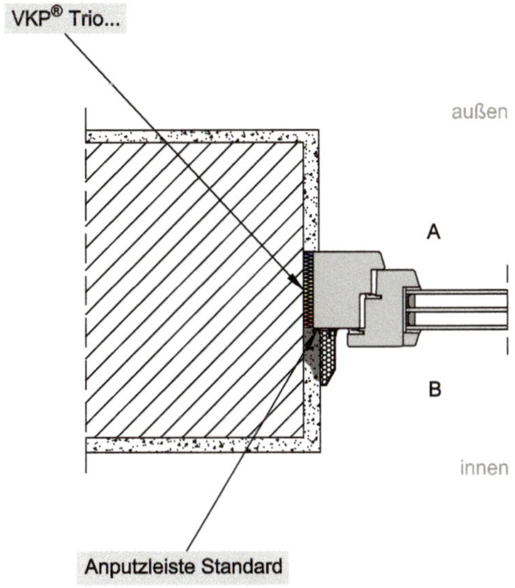

Detail A

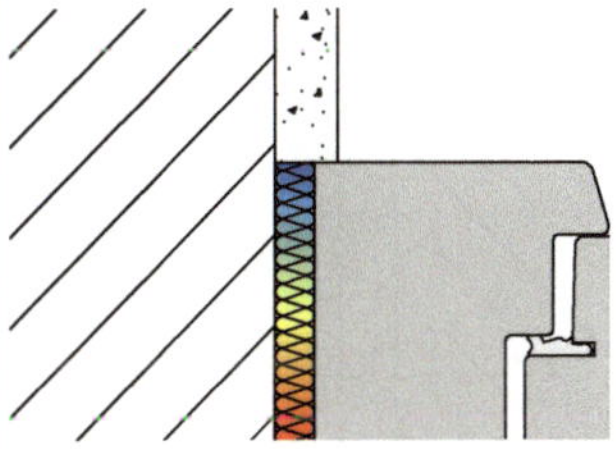

Detail B

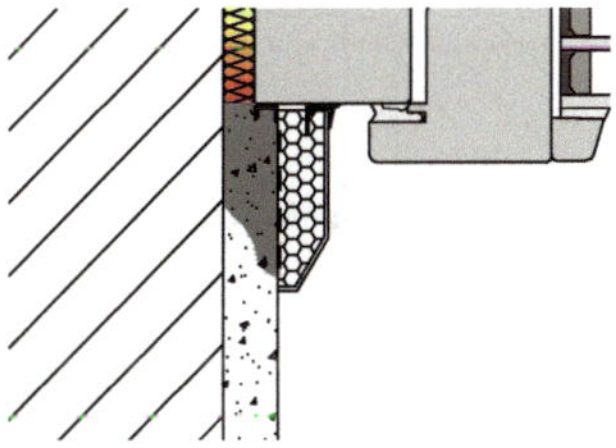

Bemerkung:

Zur Sicherstellung der Funktionstüchtigkeit des verwendeten Multifunktionsbandes ist ein Glattputz im Bereich der Putzfehlstelle erforderlich.

Zur besseren Einbringung des Fensters in die Öffnung, Ausrichtung und Montage ist es in Einzelfällen erforderlich, den Putz weiter zu entfernen.

Laibung Altbau monolithisch

A 1.18 Fensterlage mittig, Putzerneuerung im Anschlussbereich

Abdichtung mit Multifunktionsband

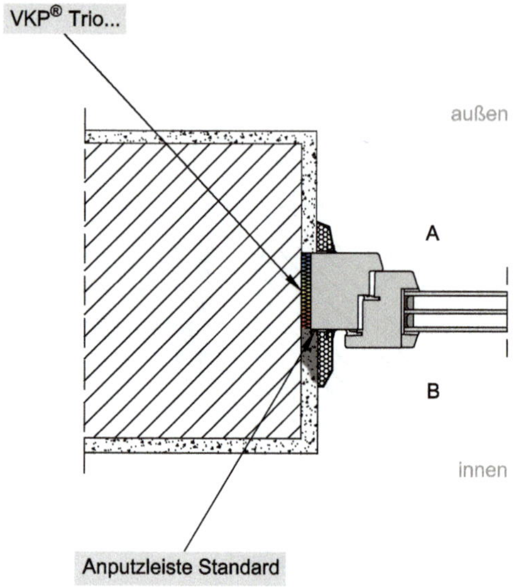

Detail A

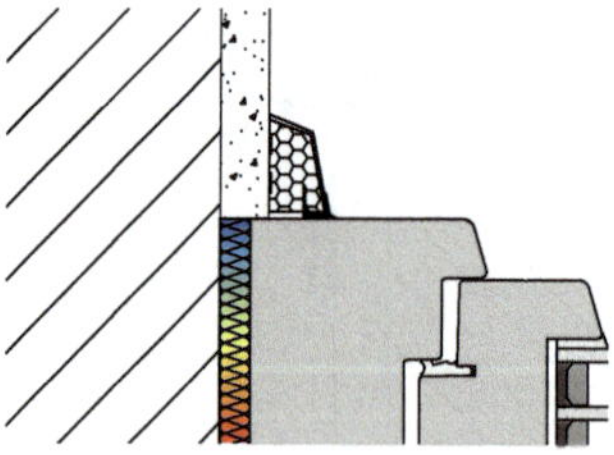

Detail B

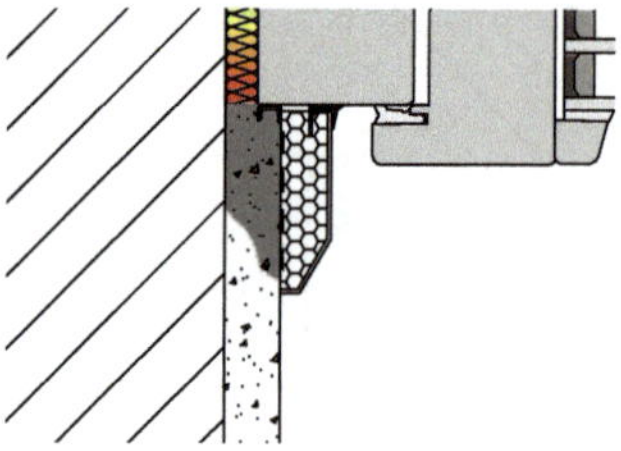

Bemerkung:

Zur Sicherstellung der Funktionstüchtigkeit des verwendeten Multifunktionsbandes ist ein Glattputz im Bereich der Putzfehlstelle erforderlich.

Zur besseren Einbringung des Fensters in die Öffnung, Ausrichtung und Montage ist es in Einzelfällen erforderlich, den Putz weiter zu entfernen.

Sturz Altbau monolithisch

A 2.1 Fensterlage mittig, Erhalt des Bestandputzes

Folienabdichtung mit außenseitigem, imprägniertem, vorkomprimiertem Dichtungsband

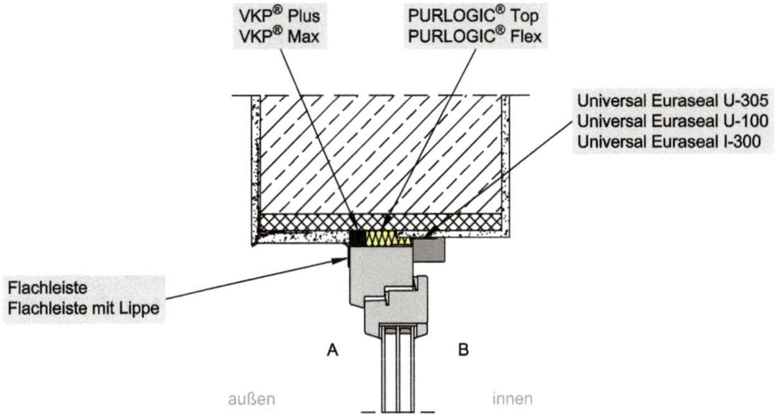

Detail A

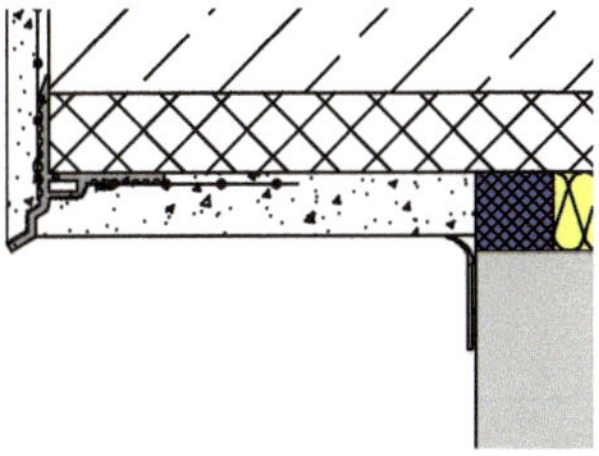

Detail B

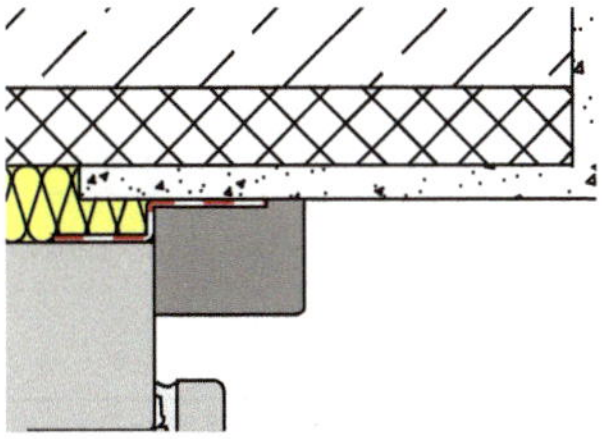

Bemerkung:

Bei Verwendung einer außenseitigen Flachleiste mit geprüfter Abdichtfunktion nach ift-Richtlinie MO-01 kann auf die Verwendung eines imprägnierten, vorkomprimierten Dichtungsbandes verzichtet werden.

Sturz Altbau monolithisch

A 2.2 Fensterlage mittig, Erhalt des Bestandputzes

Abdichtung mit außenseitigem, imprägniertem, vorkomprimiertem Dichtungsband

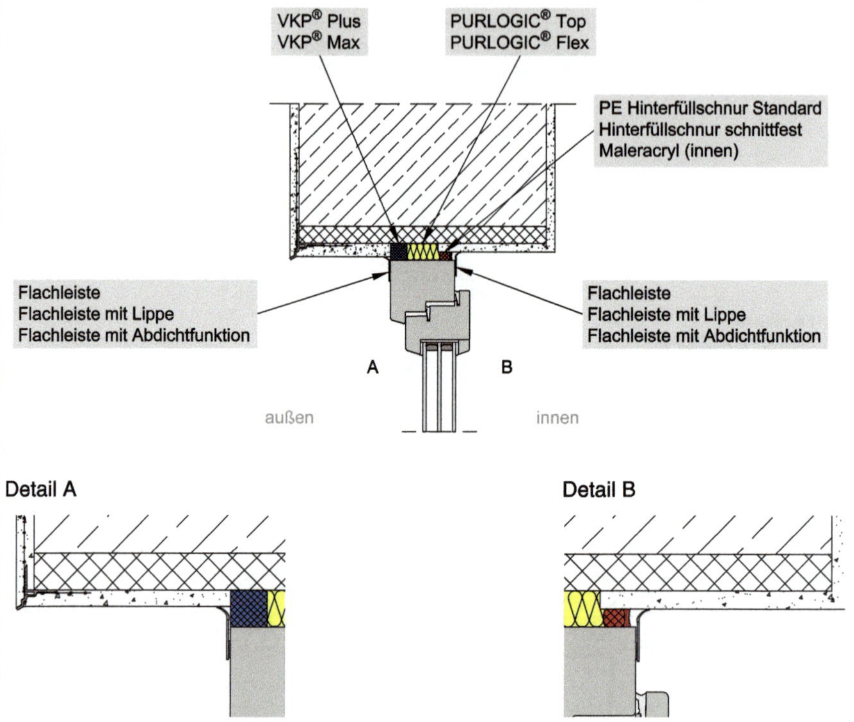

Bemerkung:

Bei Verwendung von Flachleisten mit geprüfter Abdichtfunktion nach ift-Richtlinie MO-01 kann auf die Verwendung eines außenseitiges imprägnierten, vorkomprimierten Dichtungsbandes und die raumseitige Hinterfüllschnur mit Maleracryl verzichtet werden.

Sturz Altbau monolithisch

A 2.3 Fensterlage mittig, Putzerneuerung im Anschlussbereich

Abdichtung mit außenseitigem, imprägniertem, vorkomprimiertem Dichtungsband

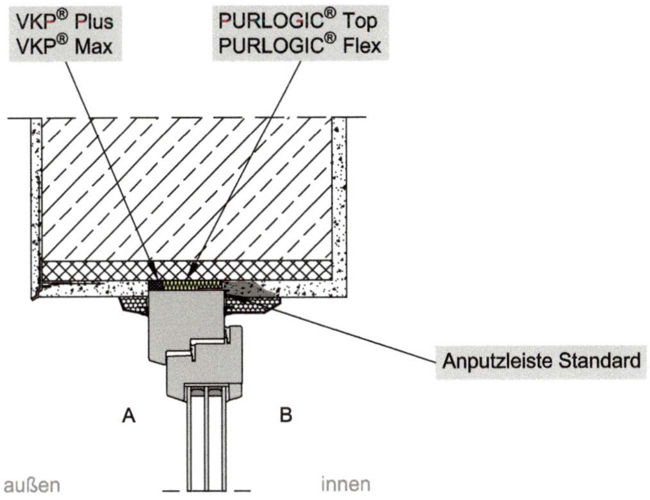

Detail A

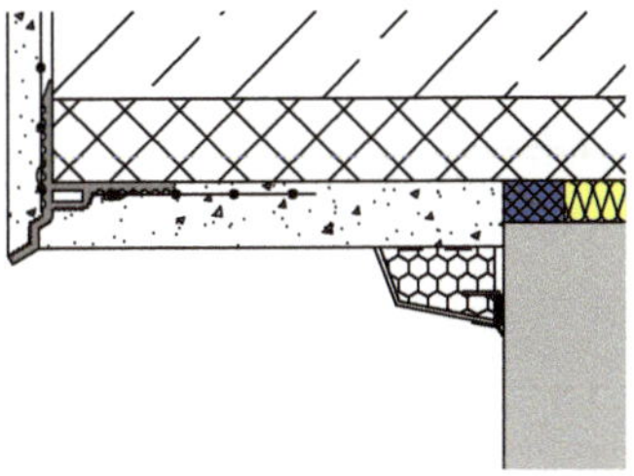

Detail B

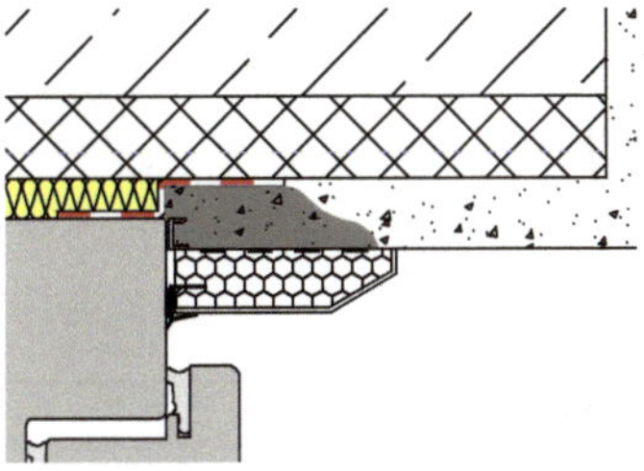

Bemerkung:

Bei Verwendung einer äußeren Sanierleiste mit geprüfter Abdichtfunktion nach ift-Richtlinie MO-01 kann auf das außenseitige imprägnierte, vorkomprimierte Dichtungsband verzichtet werden.

Sturz Altbau monolithisch

A 2.4 Fensterlage mittig, Erhalt des Bestandputzes

Folienabdichtung mit außenseitigem, imprägniertem, vorkomprimiertem Dichtungsband

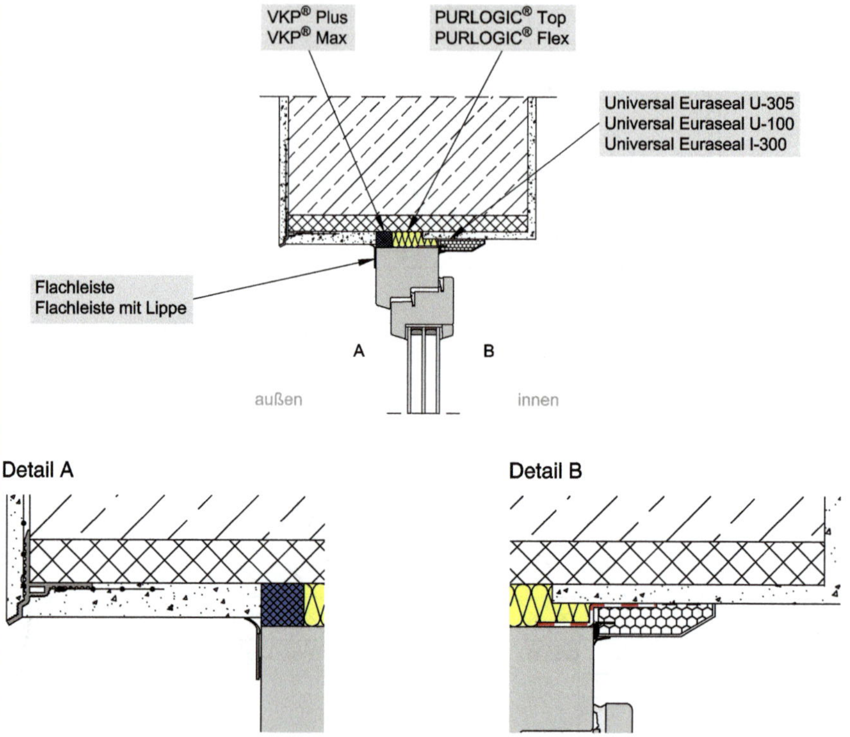

Bemerkung:

Bei Verwendung einer außenseitigen Flachleiste mit geprüfter Abdichtfunktion nach ift-Richtlinie MO-01 kann auf die Verwendung eines imprägnierten, vorkomprimierten Dichtungsbandes verzichtet werden.

Bei Verwendung einer raumseitigen Sanierleisten mit geprüfter Abdichtfunktion nach ift-Richtlinie MO-01 kann auf das raumseitige Fensterdichtband verzichtet werden.

Sturz Altbau monolithisch

A 2.5 Fensterlage mittig, Erhalt des Bestandputzes

Folienabdichtung mit außenseitigem, imprägniertem, vorkomprimiertem Dichtungsband

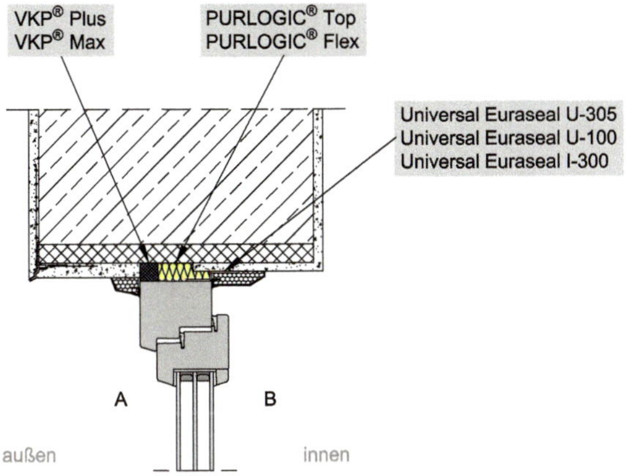

Detail A

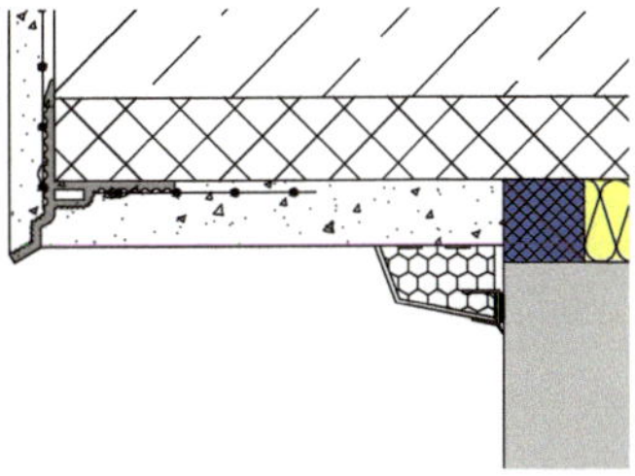

Detail B

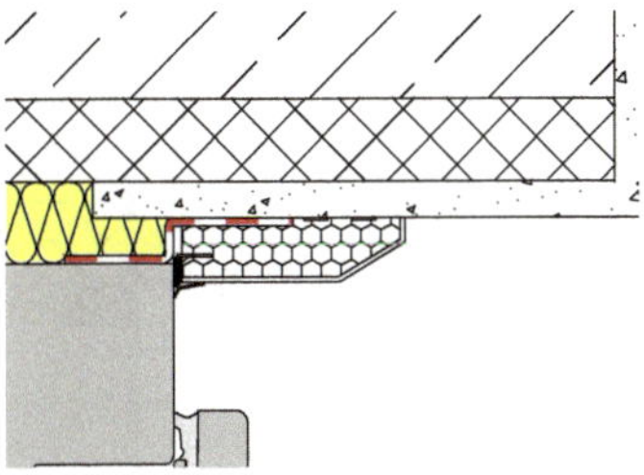

Bemerkung:

Bei Verwendung einer außenseitigen Flachleiste mit geprüfter Abdichtfunktion nach ift-Richtlinie MO-01 kann auf die Verwendung eines imprägnierten, vorkomprimierten Dichtungsbandes verzichtet werden.

Bei Verwendung einer raumseitigen Sanierleisten mit geprüfter Abdichtfunktion nach ift-Richtlinie MO-01 kann auf das raumseitige Fensterdichtband verzichtet werden.

Sturz Altbau monolithisch

A 2.6 Fensterlage mittig, Putzerneuerung im Anschlussbereich

Abdichtung mit außenseitigem, imprägniertem, vorkomprimiertem Dichtungsband

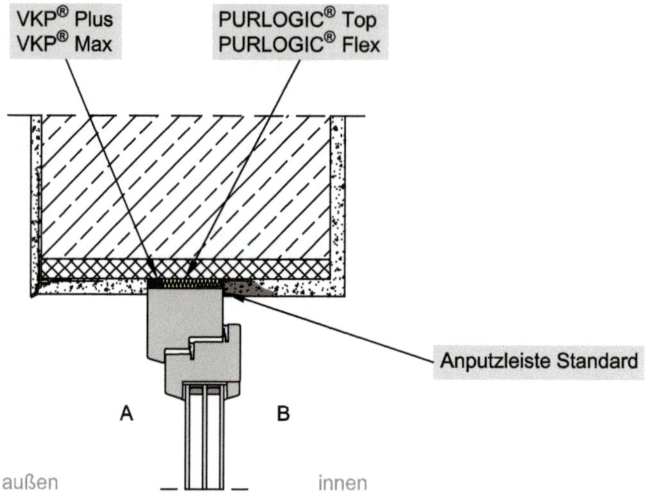

Detail A

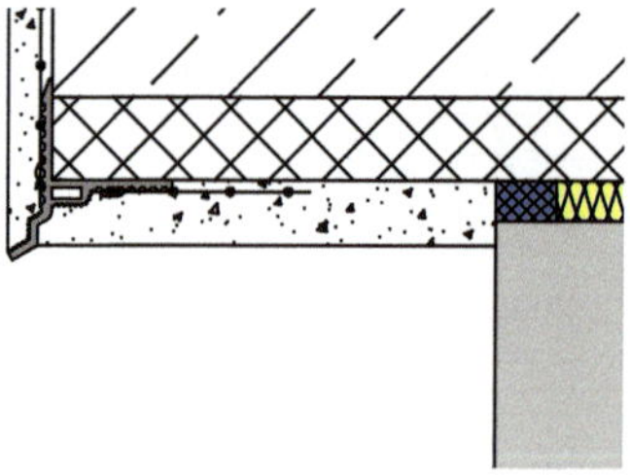

Detail B

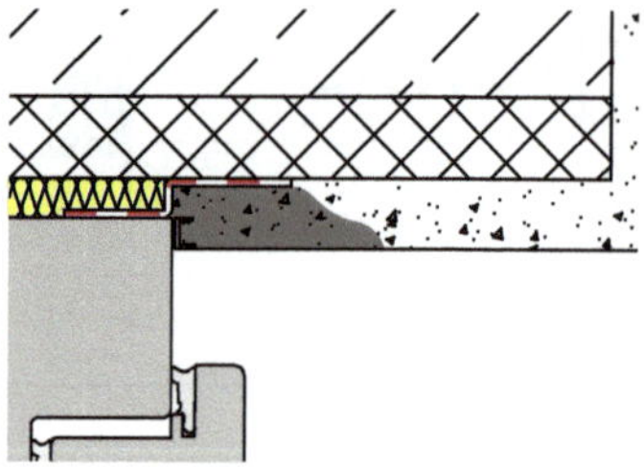

Bemerkung:

–

Sturz Altbau monolithisch
A 2.7 Fensterlage mittig, Putzerneuerung im Anschlussbereich
Abdichtung mit außenseitigem, imprägniertem, vorkomprimiertem Dichtungsband

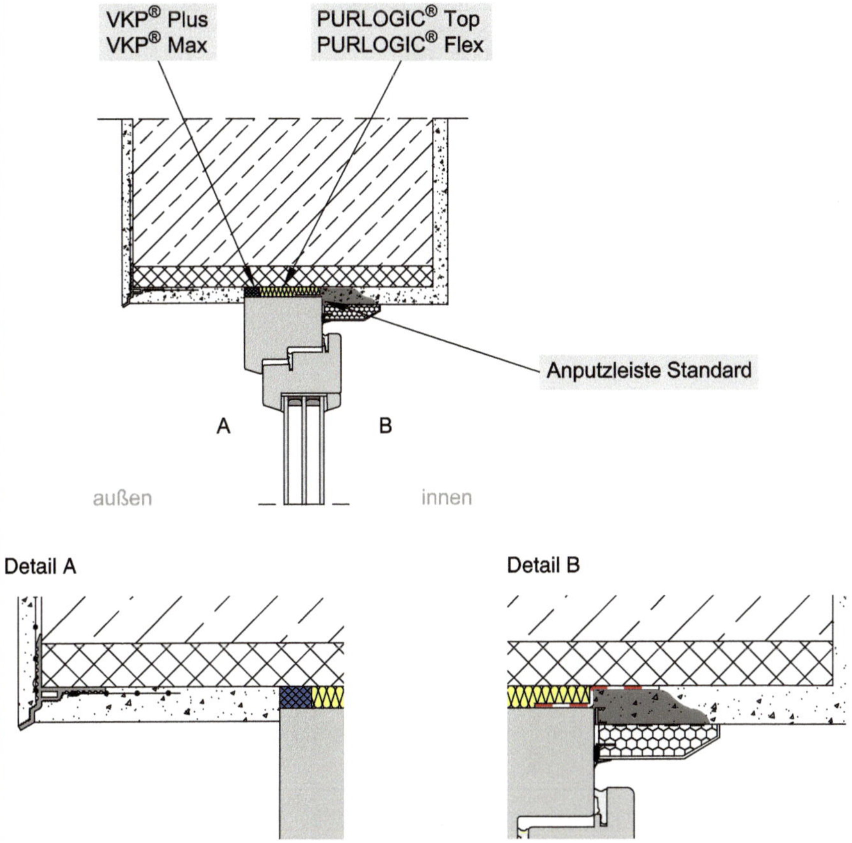

Bemerkung:

Bei Verwendung einer raumseitigen Sanierleisten mit geprüfter Abdichtfunktion nach ift-Richtlinie MO-01 kann auf das raumseitige Fensterdichtband verzichtet werden.

Sturz Altbau Innenanschlag

A 2.8 Fensterlage gegen Anschlag, Erhalt des Bestandputzes

Folienabdichtung mit außenseitigem, imprägniertem, vorkomprimiertem Dichtungsband

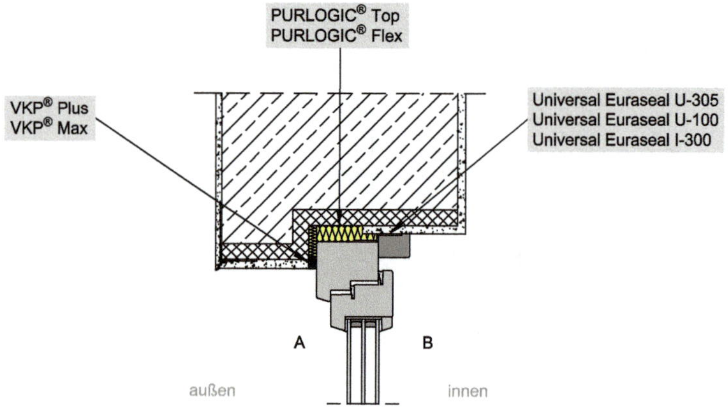

Detail A

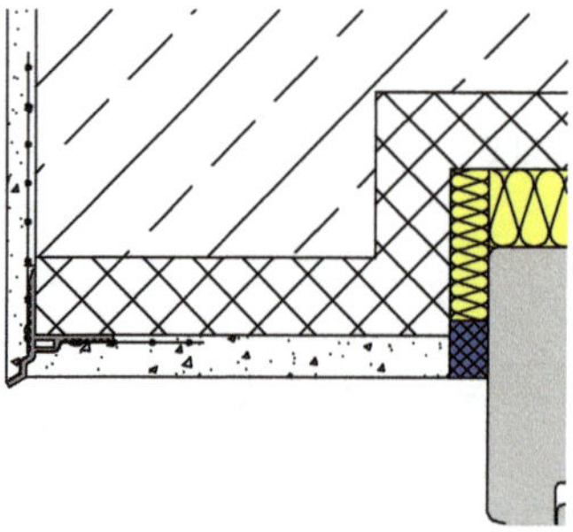

Detail B

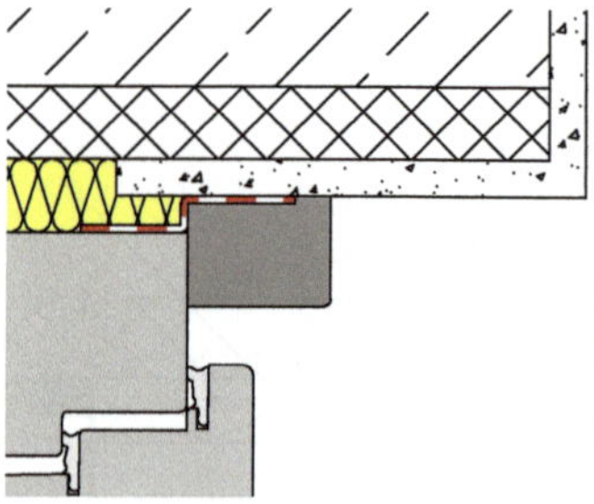

Bemerkung:

–

Sturz Altbau Innenanschlag

A 2.9 Fensterlage gegen Anschlag, Erhalt des Bestandputzes

Abdichtung raumseitiger Hinterfüllschnur mit Maleracryl und außenseitigem, imprägniertem, vorkomprimiertem Dichtungsband

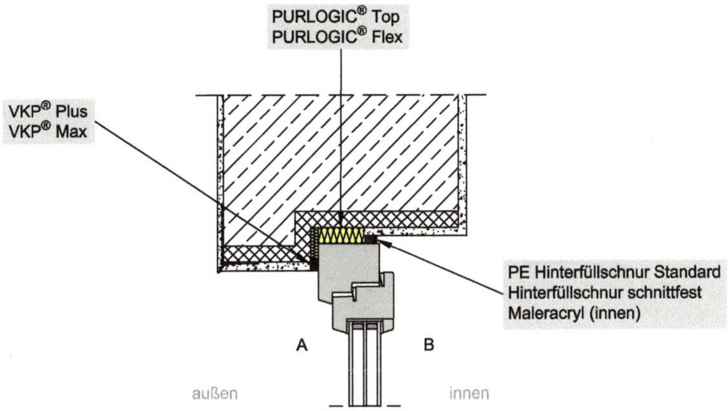

Detail A

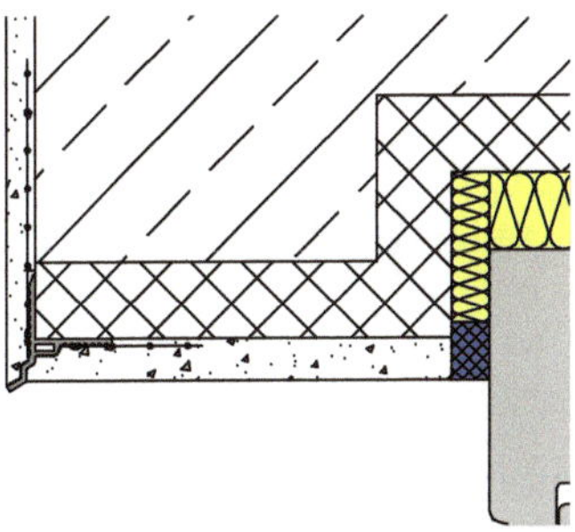

Detail B

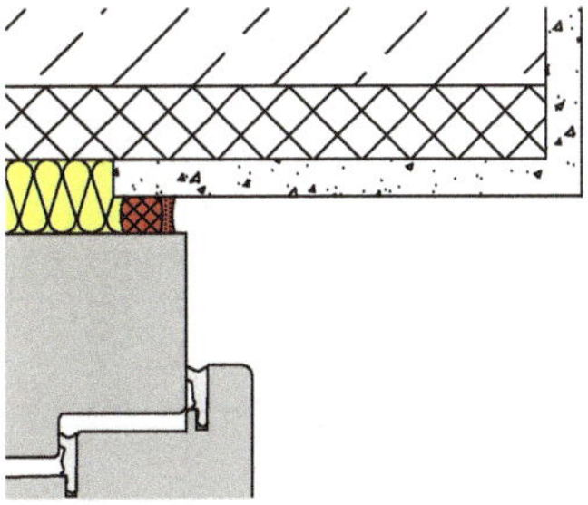

Bemerkung:

–

Sturz Altbau Innenanschlag

A 2.10 Fensterlage gegen Anschlag, Erhalt des Bestandputzes

Folienabdichtung mit außenseitigem, imprägniertem, vorkomprimiertem Dichtungsband

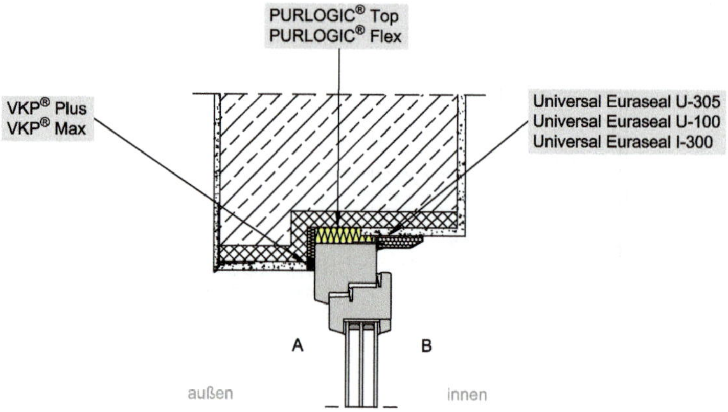

Detail A

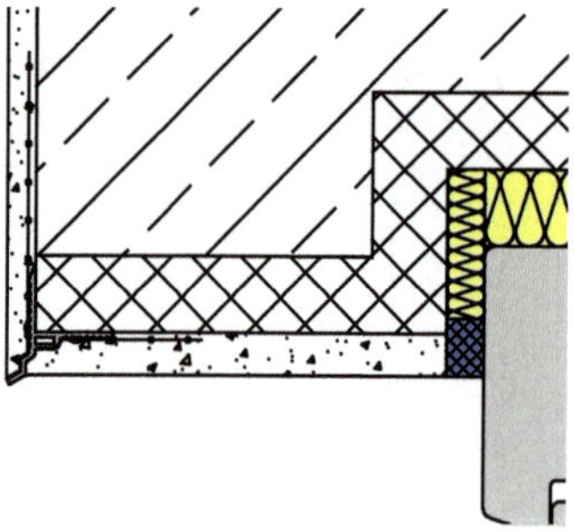

Detail B

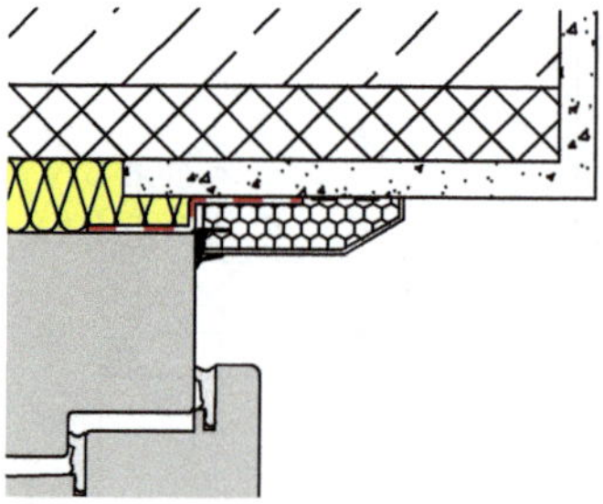

Bemerkung:

Bei Verwendung von Sanierleisten mit geprüfter Abdichtfunktion nach ift-Richtlinie MO-01 kann auf das raumseitige Fensterdichtband verzichtet werden.

Sturz Altbau Innenanschlag

A 2.11 Fensterlage gegen Anschlag, Putzerneuerung im Anschlussbereich

Abdichtung mit außenseitigem, imprägniertem, vorkomprimiertem Dichtungsband

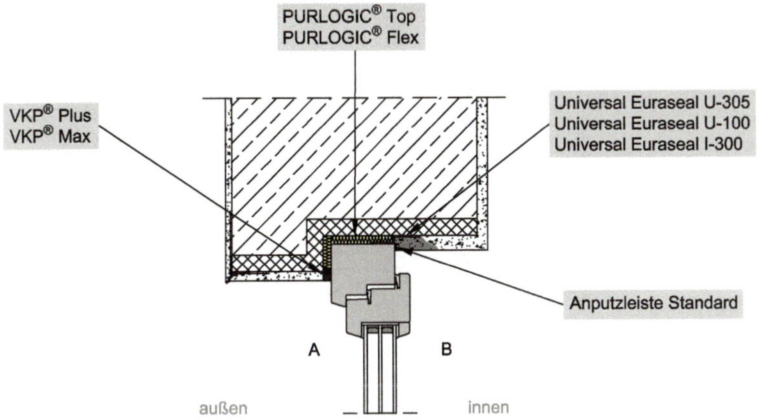

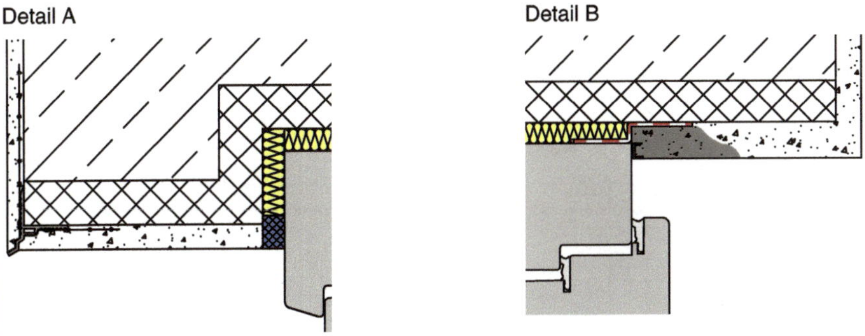

Bemerkung:

–

Sturz Altbau Innenanschlag

A 2.12 Fensterlage gegen Anschlag, Putzerneuerung im Anschlussbereich

Abdichtung mit außenseitigem, imprägniertem, vorkomprimiertem Dichtungsband

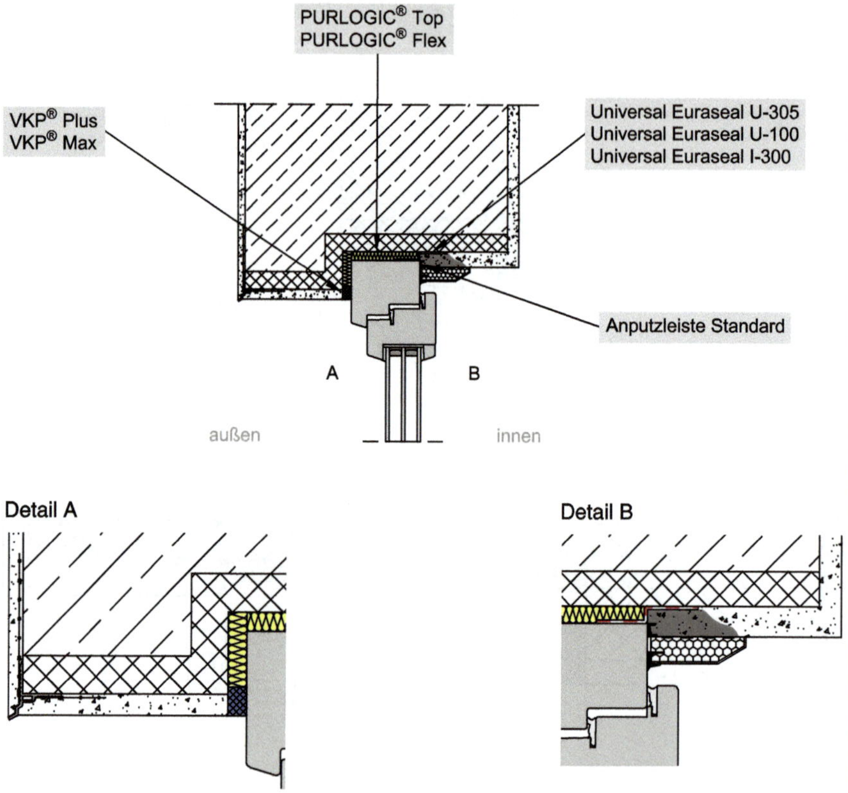

Bemerkung:

Bei Verwendung einer raumseitigen Sanierleisten mit geprüfter Abdichtfunktion nach ift-Richtlinie MO-01 kann auf das raumseitige Fensterdichtband verzichtet werden.

Sturz Altbau monolithisch

A 2.13 Fensterlage mittig, Erhalt des Bestandputzes

Abdichtung mit Multifunktionsband

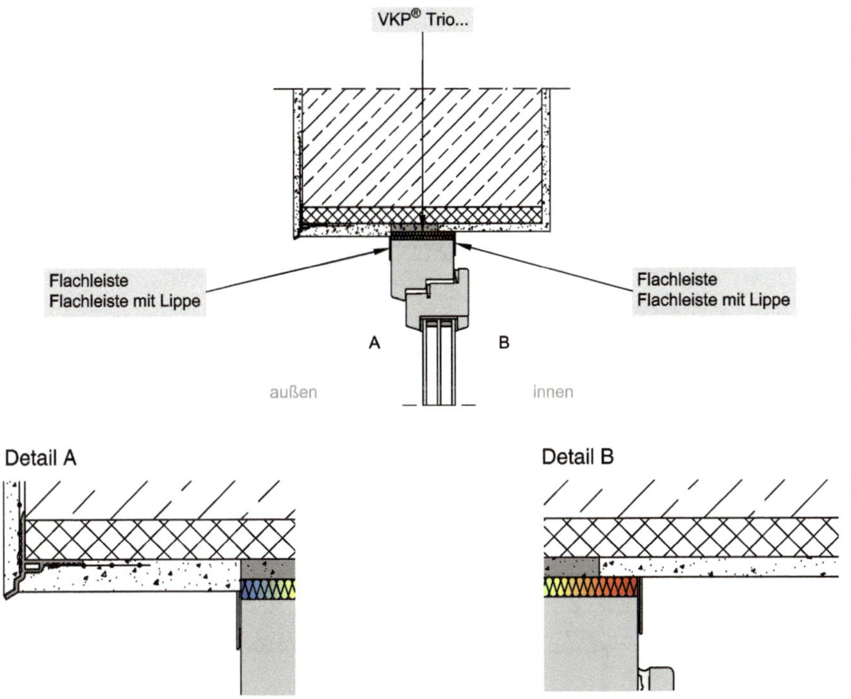

Bemerkung:

Zur Sicherstellung der Funktionstüchtigkeit des verwendeten Multifunktionsbandes ist ein Glattputz im Bereich der Putzfehlstelle erforderlich.

Sturz Altbau monolithisch
A 2.14 Fensterlage mittig, Erhalt des Bestandputzes
Abdichtung mit Multifunktionsband

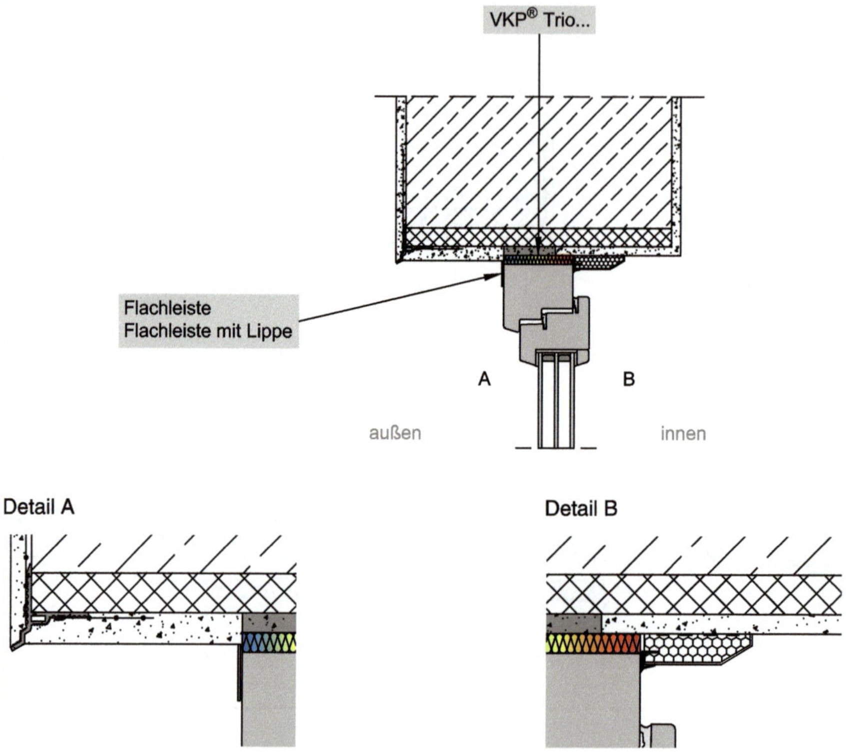

Bemerkung:

Zur Sicherstellung der Funktionstüchtigkeit des verwendeten Multifunktionsbandes ist ein Glattputz im Bereich der Putzfehlstelle erforderlich.

Sturz Altbau monolithisch
A 2.15 Fensterlage mittig, Erhalt des Bestandputzes
Abdichtung mit Multifunktionsband

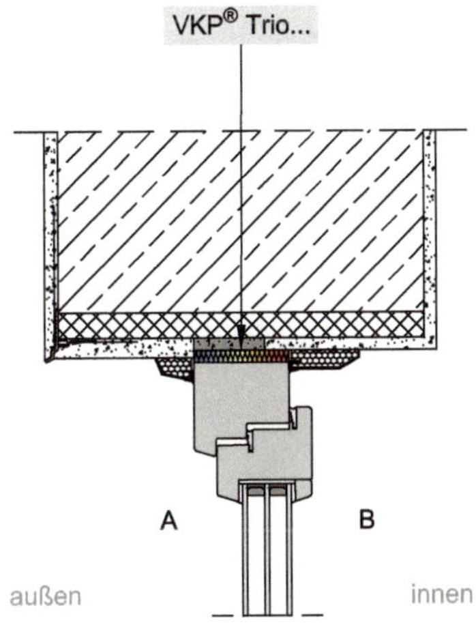

Detail A

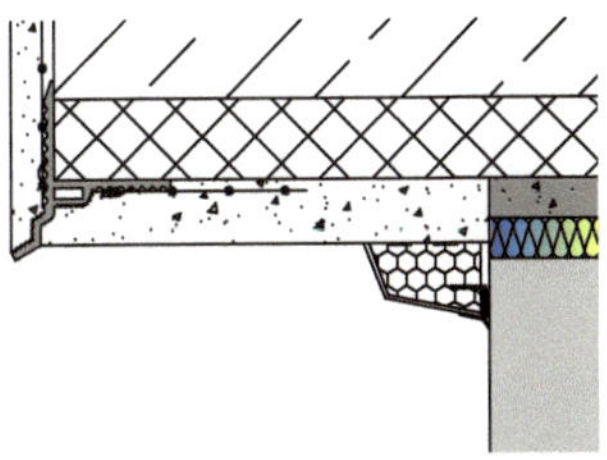

Detail B

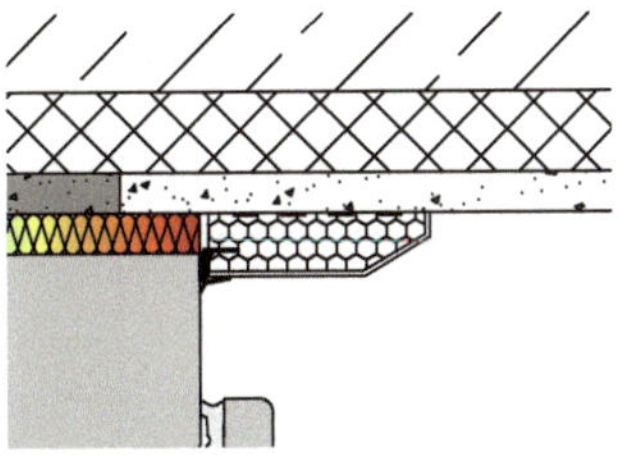

Bemerkung:

Zur Sicherstellung der Funktionstüchtigkeit des verwendeten Multifunktionsbandes ist ein Glattputz im Bereich der Putzfehlstelle erforderlich.

Sturz Altbau monolithisch

A 2.16 Fensterlage mittig, Putzerneuerung im Anschlussbereich

Abdichtung mit Multifunktionsband

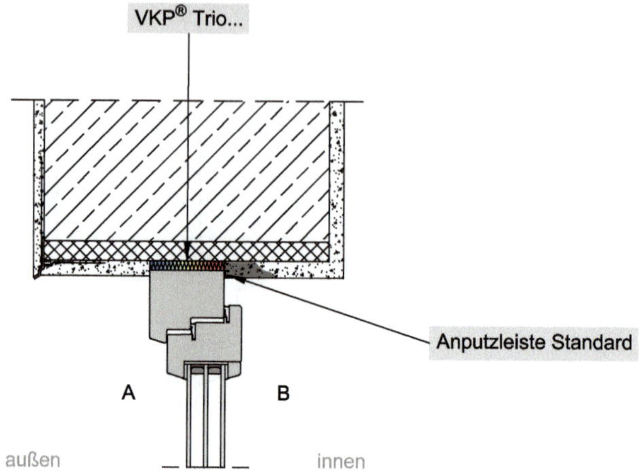

Detail A

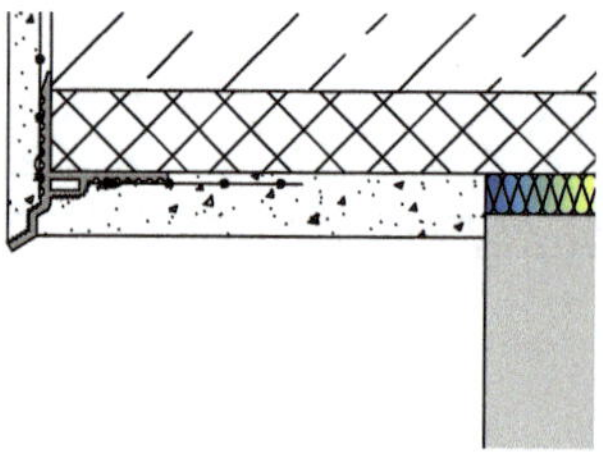

Detail B

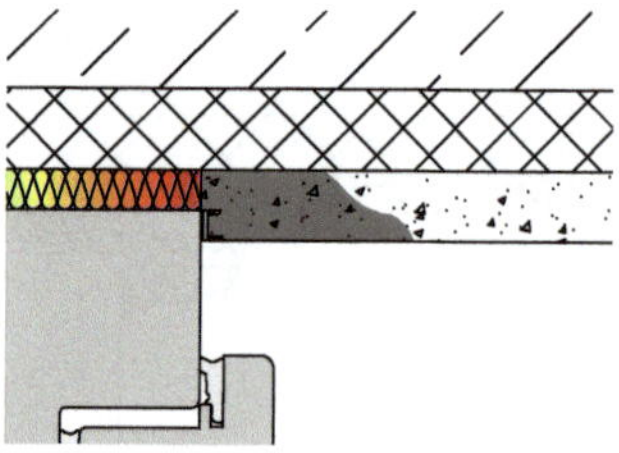

Bemerkung:

Zur Sicherstellung der Funktionstüchtigkeit des verwendeten Multifunktionsbandes ist ein Glattputz im Bereich der Putzfehlstelle erforderlich.

Zur besseren Einbringung des Fensters in die Öffnung, Ausrichtung und Montage ist es in Einzelfällen erforderlich, den Putz weiter zu entfernen.

Sturz Altbau monolithisch

A 2.17 Fensterlage mittig, Putzerneuerung im Anschlussbereich

Abdichtung mit Multifunktionsband

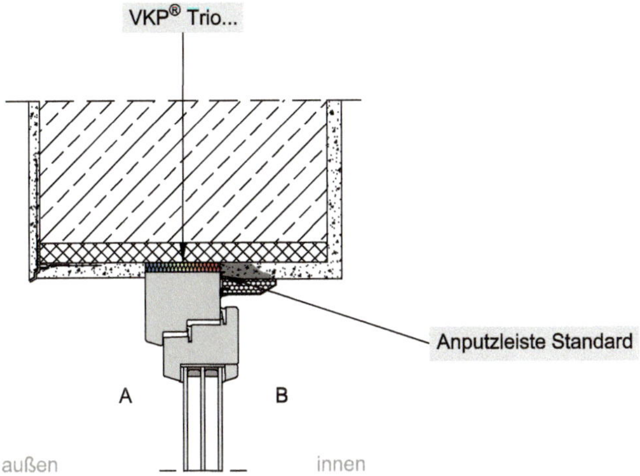

Detail A

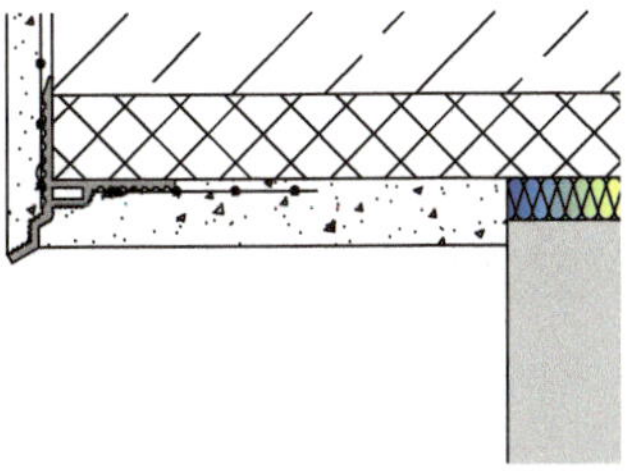

Detail B

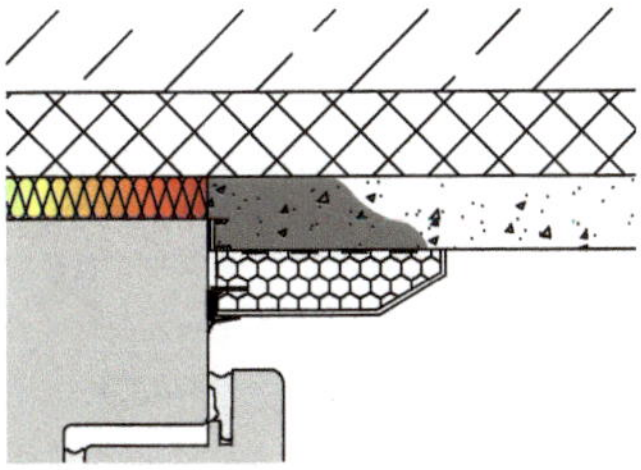

Bemerkung:

Zur Sicherstellung der Funktionstüchtigkeit des verwendeten Multifunktionsbandes ist ein Glattputz im Bereich der Putzfehlstelle erforderlich.

Zur besseren Einbringung des Fensters in die Öffnung, Ausrichtung und Montage ist es in Einzelfällen erforderlich, den Putz weiter zu entfernen.

Sturz Altbau monolithisch

A 2.18 Fensterlage mittig, Putzerneuerung im Anschlussbereich

Abdichtung mit Multifunktionsband

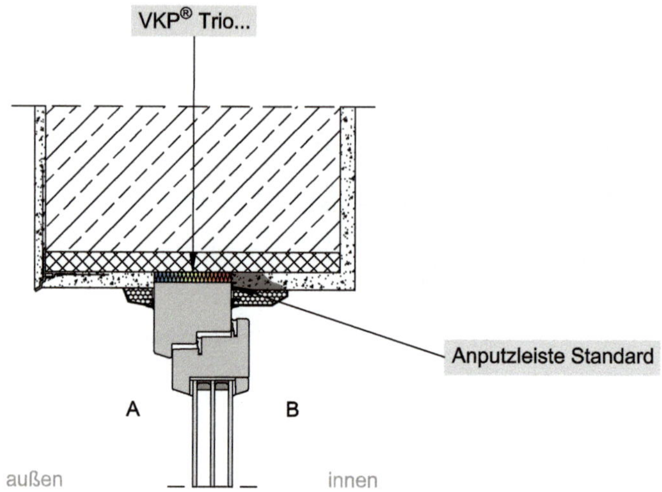

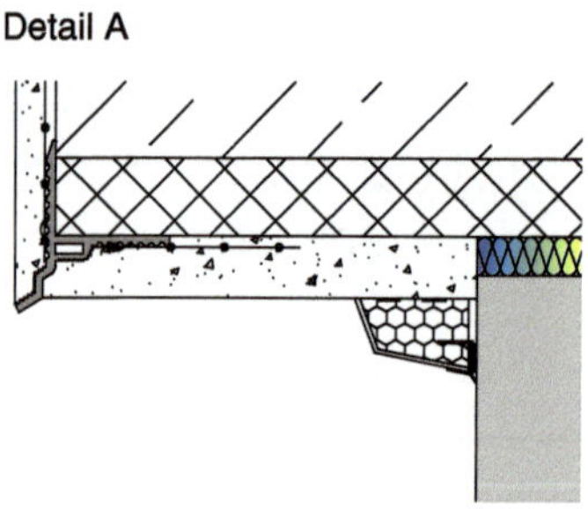

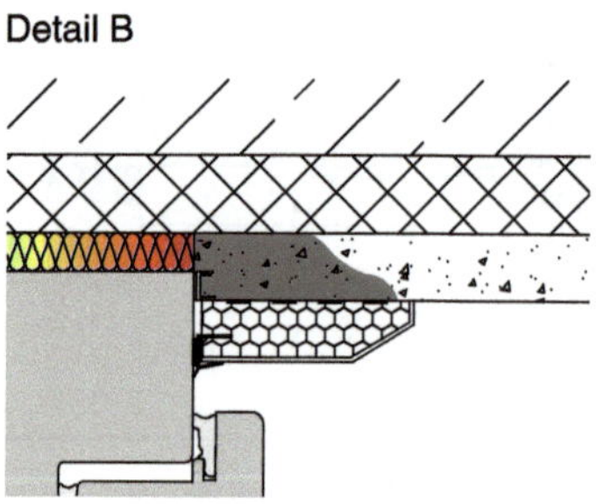

Bemerkung:

Zur Sicherstellung der Funktionstüchtigkeit des verwendeten Multifunktionsbandes ist ein Glattputz im Bereich der Putzfehlstelle erforderlich.

Zur besseren Einbringung des Fensters in die Öffnung, Ausrichtung und Montage ist es in Einzelfällen erforderlich, den Putz weiter zu entfernen.

Brüstung Altbau
A 3.1 Fensterlage mittig
Abdichtung mit raumseitigen Maleracryl

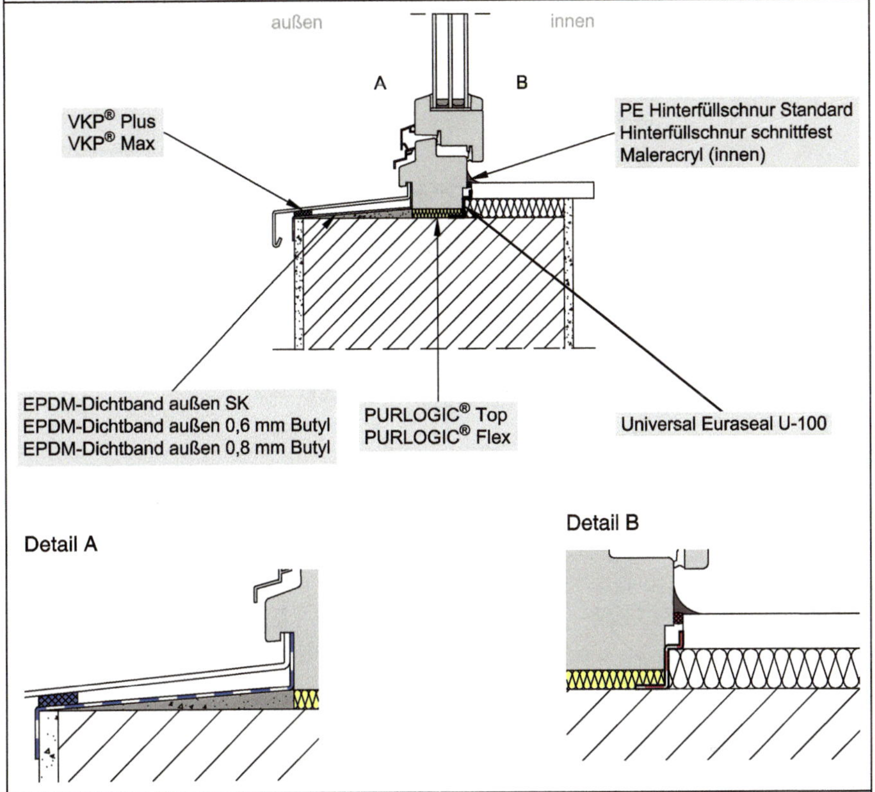

Bemerkung:

Zur Herstellung eines Gefälles ist nach Demontage ein angeschrägter Putz für das EPDM-Dichtband aufzubringen.

Bei Verzicht einer Unterfensterbank muss die Ausbildung des Fensterbankanschlusses einstufig erfolgen. Abschlüsse sind wasserdicht mittels vorkomprimiertem Dichtungsband an Bestandsmauerwerk anzubinden. An der Unterseite der Fensterbank ist ein Trennstreifen umzusetzen.

Brüstung Altbau

A 3.2 Fensterlage gegen Anschlag

Abdichtung mit Multifunktionsband

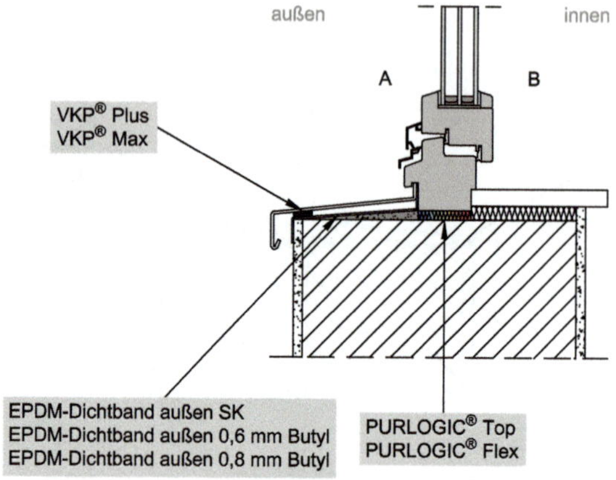

Detail A

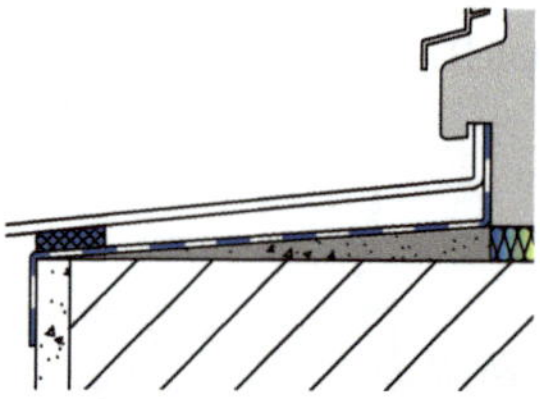

Detail B

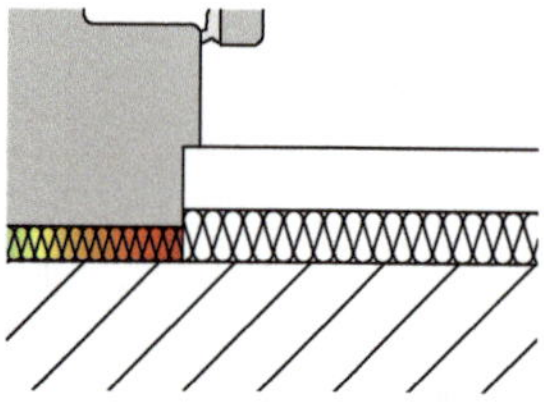

Bemerkung:

Zur Herstellung eines Gefälles ist nach Demontage ein angeschrägter Putz für das EPDM-Dichtband aufzubringen.

Bei Verzicht einer Unterfensterbank muss die Ausbildung des Fensterbankanschlusses einstufig erfolgen. Abschlüsse sind wasserdicht mittels vorkomprimiertem Dichtungsband an Bestandsmauerwerk anzubinden. An der Unterseite der Fensterbank ist ein Trennstreifen umzusetzen.